教育部高等教育司推荐
国外优秀信息科学与技术系列教学用书

操作系统概念

Caozuo Xitong Gainian

（第七版 翻译版）

OPERATING SYSTEM CONCEPTS

(Seventh Edition)

Abraham Silberschatz
[美] Peter Baer Galvin 著
Greg Gagne

郑扣根 译

WILEY

高等教育出版社·北京

图字：01-2006-5425 号

Operating System Concepts, Seventh Edition, Simplified Chinese Edition

[美]Abraham Silberschatz, Peter Baer Galvin, Greg Gagne 著，郑扣根 译

本书封面贴有 John Wiley & Sons, Inc. 防伪标签，无标签者不得销售。

图书在版编目（CIP）数据

操作系统概念：第七版：翻译版 /（美）西尔伯查茨（Silberschatz, A.），
（美）高尔文（Galvin, P.B.），（美）加根（Gagne, G.）著；郑扣根译. —
北京：高等教育出版社，2010.1（2019.5 重印）
书名原文：Operating System Concepts, Seventh Edition
ISBN 978-7-04-028341-9

Ⅰ. 操…　Ⅱ. ①西…　②高…　③加…　④郑…　Ⅲ. 操作系统-高等
学校-教材　Ⅳ. TP316

中国版本图书馆 CIP 数据核字（2009）第 224835 号

出版发行	高等教育出版社	咨询电话	400-810-0598
社　　址	北京市西城区德外大街 4 号	网　　址	http:// www.hep.edu.cn
邮政编码	100120		http:// www.hep.com.cn
印　　刷	北京鑫海金澳胶印有限公司	网上订购	http:// www.landraco.com
开　　本	787mm×1092mm　1/16		http:// www.landraco.com.cn
印　　张	52	版　　次	2010 年 1 月第 1 版
字　　数	1 096 000	印　　次	2019 年 5 月第 13 次印刷
购书热线	010-58581118	定　　价	74.00 元

本书如有缺页、倒页、脱页等质量问题，请到所购图书销售部门联系调换。

版权所有　侵权必究

物 料 号　28341-00

序

　　20 世纪末，以计算机和通信技术为代表的信息科学和技术对世界经济、科技、军事、教育和文化等产生了深刻影响。信息科学技术的迅速普及和应用，带动了世界范围信息产业的蓬勃发展，为许多国家带来了丰厚的回报。

　　进入 21 世纪，尤其随着我国加入 WTO，信息产业的国际竞争将更加激烈。我国信息产业虽然在 20 世纪末取得了迅猛发展，但与发达国家相比，甚至与印度、爱尔兰等国家相比，还有很大差距。国家信息化的发展速度和信息产业的国际竞争能力，最终都将取决于信息科学技术人才的质量和数量。引进国外信息科学和技术优秀教材，在有条件的学校推动开展英语授课或双语教学，是教育部为加快培养大批高质量的信息技术人才采取的一项重要举措。

　　为此，教育部要求由高等教育出版社首先开展信息科学和技术教材的引进试点工作。同时提出了两点要求，一是要高水平，二是要低价格。在高等教育出版社和信息科学技术引进教材专家组的努力下，经过比较短的时间，第一批引进的 20 多种教材已经陆续出版。这套教材出版后受到了广泛的好评，其中有不少是世界信息科学技术领域著名专家、教授的经典之作和反映信息科学技术最新进展的优秀作品，代表了目前世界信息科学技术教育的一流水平，而且价格也是最优惠的，与国内同类自编教材相当。

　　这项教材引进工作是在教育部高等教育司和高等教育出版社的共同组织下，由国内信息科学技术领域的专家、教授广泛参与，在对大量国外教材进行多次遴选的基础上，参考了国内和国外著名大学相关专业的课程设置进行系统引进的。其中，John Wiley 公司出版的贝尔实验室信息科学研究中心副总裁 Silberschatz 教授的经典著作《操作系统概念》，是我们经过反复谈判，做了很多努力才得以引进的。William Stallings 先生曾编写了在美国深受欢迎的信息科学技术系列教材，其中有多种教材获得过美国教材和学术著作者协会颁发的计算机科学与工程教材奖，这批引进教材中就有他的两本著作。留美中国学者 Jiawei Han 先生的《数据挖掘》是该领域中具有里程碑意义的著作。由达特茅斯学院 Thomas Cormen 和麻省理工学院、哥伦比亚大学的几位学者共同编著的经典著作《算法导论》，在经历了 11 年的锤炼之后于 2001 年出版了第二版。目前任教于美国 Massachusetts 大学的 James Kurose 教授，曾在美国三所高校先后 10 次获得杰出教师或杰出教学奖，由他主编的《计算机网络》出版后，以其体系新颖、内容先进而备受欢迎。在努力降低引进教材售价方面，高等教育出版社做了大量和细致的工作。

这套引进的教材体现了权威性、系统性、先进性和经济性等特点。

教育部也希望国内和国外的出版商积极参与此项工作,共同促进中国信息技术教育和信息产业的发展。我们在与外商的谈判工作中,不仅要坚定不移地引进国外最优秀的教材,而且还要千方百计地将版权转让费降下来,要让引进教材的价格与国内自编教材相当,让广大教师和学生负担得起。中国的教育市场巨大,外国出版公司和国内出版社要通过扩大发行数量取得效益。

在引进教材的同时,我们还应做好消化吸收,注意学习国外先进的教学思想和教学方法,提高自编教材的水平,使我们的教学和教材在内容体系上,在理论与实践的结合上,在培养学生的动手能力上能有较大的突破和创新。

目前,教育部正在全国 35 所高校推动示范性软件学院的建设和实施,这也是加快培养信息科学技术人才的重要举措之一。示范性软件学院要立足于培养具有国际竞争力的实用性软件人才,与国外知名高校或著名企业合作办学,以国内外著名 IT 企业为实践教学基地,聘请国内外知名教授和软件专家授课,还要率先使用引进教材开展教学。

我们希望通过这些举措,能在较短的时间,为我国培养一大批高质量的信息技术人才,提高我国软件人才的国际竞争力,促进我国信息产业的快速发展,加快推动国家信息化进程,进而带动整个国民经济的跨越式发展。

教育部高等教育司

二〇〇二年三月

译　者　序

　　操作系统对学习计算机的人来说早已不是什么陌生的字眼，作为计算机系统的基本组成部分，它正在以惊人的速度发生着变化；而同样作为计算机科学专业教学的基本组成部分的操作系统课程，也在随之发生许多改变。书店中的此类书籍可谓琳琅满目，但真正的好书却凤毛麟角。一本书，能被人誉为经典，当然是一本好书。由 John Wiley 公司出版的美国耶鲁大学计算机科学系主任 Silberschatz 教授等编写的《操作系统概念》（第七版）就是这样一本经典之作，自第一版问世以来，经历了 20 余年的锤炼，已经成为操作系统教材的一本"圣经"。相信本系列书的每一位读者都和我一样，从接触到它的某一版本开始，便将之作为学习操作系统的不二之选，不断地收藏和学习它的每个更新版本，仔细品读，并从中获益匪浅。

　　该书的影印版是高等教育出版社为配合教育部提出的加快培养大批高质量的信息技术人才的工作所引进的国外信息科学和技术优秀教材之一。该书的影印版出版后，受到了广泛的好评，选用本书的多为高等院校研究生院的师生，对其科学性、实用性均给予了高度评价。为了让国内读者更好地学习和理解书中的知识，并在更广范围内推广使用，高等教育出版社出版了此书的中译本。

　　作为一本操作系统的经典之作，除了传承本书之前版本的优点之外，本版主要有以下几个特点：

　　1．内容全面。全书共分八部分，内容涉及操作系统的主要部件以及基本的计算机组成结构、进程管理、内存管理、存储管理、保护与安全、分布式系统、专用系统，以及对 Linux、Windows XP 等实例进行分析与讨论的案例研究，覆盖了操作系统的各个重要方面。

　　2．书中所有提及的原理都有相应的详细解释，并配有很多实例和插图帮助读者理解，以充实的内容在抽象概念和实际实现之间架设了桥梁。本书讨论了操作系统中的基本概念与算法，提供了大量与特定操作系统相关的例子，如 Sun Microsystems 的 Solaris，Linux，Mach，Microsoft 的 MS-DOS、Windows NT、Windows 2000 和 Windows XP，DEC VMS 和 TOPS-20，IBM OS/2，以及 Apple Mac OS X。为读者深入浅出地学习和理解操作系统提供了坚实的理论基础，用风趣而智慧的语言讲解许多抽象的概念。

　　3．内容新颖。由于该书已连续出版七次，每次更新都对前一次的不足进行了修改，而且还结合当前的技术，增加了最新的内容。与第六版相比，此版本不但采纳了读者对以前版本的许多评论和建议，而且还加入一些快速发展的操作系统和网络领域的新概念，对绝大多数章节的内容进行了改写以反映最新的变化，对不再适用的内容作了删除。本书的大多数示例程序是用 C 语言写的，如果您对 Java 编程环境更为熟悉，建议您阅读本书的 Java 版本（《操作系统概念——Java 实现》（第七版））。

整体上看，本书具有内容新颖、全面，实用性、指导性强等特点，不但是从事操作系统应用开发等专业人士的必备之书，同时也是高等院校相关专业的师生教学的最佳教材。由衷地希望所有读者都能从本书中充分体会到操作系统的精髓，并能在今后的相关工作中游刃有余。

本书的翻译力求忠实于原著。我们在许多操作系统的专业术语后面注明了英文原文。这一方面是为了方便读者能对照理解，为其以后的学习打下基础；另一方面也为了避免因不同中文译法带来的歧义，从而节省读者宝贵的时间。

本书由郑扣根教授翻译。在本书的翻译过程中，得到了姜富强、杨蕾婧、孙莹莹、田稷等同志的许多帮助，在此表示深深的谢意。同时也非常感谢高等教育出版社的编辑们给予我们耐心的等待和支持。

由于种种原因，书中难免存在错误和不妥之处，恳请读者批评指正。

译 者

2009 年 12 月

前　　言

操作系统是计算机系统的基本组成部分。同样，"操作系统"课程也是计算机教学的基本组成部分。随着计算机在众多领域（从儿童游戏到极为尖端的政府和跨国公司使用的规划工具等）得到广泛应用，操作系统也正在以惊人的速度发展。然而，操作系统的基本概念仍然是比较清晰的，这些概念是本书所讨论的基础。

本书是一本操作系统导论的教科书，适用于大学三、四年级和研究生一年级学生。我们也希望它对相关工程技术人员也有所帮助。本书清晰地描述了操作系统的基本概念。作为阅读本书的前提，我们假设读者熟悉基本的数据结构、计算机组成和一种高级语言，例如 C。本书第 1 章介绍了学习操作系统所需的硬件知识。示例代码主要采用 C 语言编写，有时也使用 Java 语言编写。不过，即使读者没有这些语言的全面知识，也能理解这些算法。

本书不仅直观地描述了概念，同时还给出了重要理论的结论，但省略了形式化的证明。推荐读物指出了相关研究论文，其中有的论文首次提出并证明了这些结论，有的资料是可供进一步阅读的材料。本书还通过图和例子来代替证明，以说明我们所关注的结论的正确性。

本书所描述的基本概念和算法通常是基于既有的商用操作系统，我们的目的是根据通用操作系统而不是特定操作系统来描述这些概念和算法。本书还提供了大量最通用和最有创造性的操作系统的例子，如 Sun Microsystems 的 Solaris，Linux，Mach，Microsoft 的 MS-DOS、Windows NT、Windows 2000 和 Windows XP，DEC VMS 和 TOPS-20，IBM OS/2，以及 Apple Mac OS X 操作系统。

在本书中，当以 Windows XP 作为示例操作系统时，表示同时适用于 Windows XP 和 Windows 2000 两个系统。如果某项特性只存在于 Windows XP 中而 Windows 2000 没有，那么我们将明确说明；反之亦然。

本　书　结　构

本书的结构是根据笔者多年来讲授"操作系统"课程的经验来安排的，同时也参考了本书评审专家提供的反馈，以及以前版本的读者提交的意见。此外，本书内容还符合 IEEE 计算机学会和计算机协会（ACM）联合工作组发布的《计算机学科教程 2001（Computing Curricula 2001）》为讲授"操作系统"课程提出的建议。

在本书的支持网页上，提供了几个教学大纲样本，可在讲授"操作系统导论"和"高级操作系统"课程中使用。一般情况下，建议读者按章节顺序阅读本书，因为这样可以最全面地研究操作系统。不过，读者也可以依据教学大纲样本选择不同的顺序阅读各章（或各章的每个小节）。

本 书 内 容

本书共有八个部分：

- **概述**。第 1 章和第 2 章解释了操作系统是什么，能做什么，以及它们是如何设计与构造的。这一部分讨论了操作系统的公共特性，操作系统为用户提供的服务，操作系统为计算机系统操作员提供的功能。这些描述主要是激励性和解释性的内容。在这两章中，我们避免讨论这些问题的内部实现细节。因此，这部分适合于那些需要了解操作系统而不需要知道其内部算法细节的低年级学生或有关人员。

- **进程管理**。第 3 章到第 7 章描述了进程和并发的概念，这是现代操作系统的核心。进程是系统的工作单元。一个系统由一组并发执行的进程组成，其中部分是系统进程（执行系统代码），其余是用户进程（执行用户代码）。这一部分包括进程调度、进程间通信、进程同步及死锁处理的方法。这部分还讨论了有关线程的知识。

- **内存管理**。第 8 章和第 9 章主要讨论进程执行过程中的内存管理问题。为了改善 CPU 的利用率及其对用户的响应速度，计算机必须将多个进程同时保存在内存中。内存管理的方案有很多，这反映了有多种途径可进行内存管理，特定算法的有效性与具体应用情形有关。

- **存储管理**。第 10 章到第 13 章描述了现代计算机系统如何处理文件系统、大容量存储和 I/O。文件系统为磁盘上的数据和程序提供了在线存储和访问机制。这些章节描述了存储管理内部的经典算法和结构。这部分内容有助于深入理解这些算法，例如算法的特性、优点和缺点。由于连接到计算机的 I/O 设备种类如此之多，操作系统需要为应用程序提供大量的功能以允许它们全面控制这些设备工作。这部分深入讨论了系统 I/O，包括 I/O 系统设计、接口及系统内部的结构和功能。在很多方面，I/O 设备也是计算机中速度最慢的主要组成部件。因为设备是性能瓶颈，所以这部分也讨论了性能问题。另外，这部分还讨论了与二级存储和三级存储有关的问题。

- **保护与安全**。第 14 章和第 15 章讨论了为使系统中的进程彼此之间不会相互影响，如何对系统中的进程加以保护。出于保护和安全的目的，我们采用了这样一种机制：只有获得操作系统授权的进程才可以使用相应的文件、内存、CPU 和其他资源。保护是一种用来控制程序、进程和用户对计算机系统资源访问的机制，这种机制必须提供指定控制和实施控制的方法。安全机制保护系统所存储的信息（数据和代码）和计算机的物理资源，从而避免未经授权的访问、恶意破坏和修改，以及意外地引入不一致。

- **分布式系统**。第 16 章到第 18 章讨论了一组不共享内存或时钟的处理器——分布式系统。这类系统允许用户访问系统所维护的各种资源，从而提高计算速度，改善数据的可用性和可靠性。这类系统也为用户提供了分布式文件系统，分布式文件系统是一种用户、服务器和存储设备分散于分布式系统不同位置的文件服务系统。分布式系统必须提供各种机制来处理进程同步和通信问题，以及处理死锁问题和各种集中式系统所未曾遇到的各种故障。

- **特殊用途系统**。第 19 章和第 20 章论述了用于特殊用途的系统，包括实时系统和多媒体系统。这些系统有不同于本书其余部分所关注的那些通用系统的特殊需求。实时系统可能不仅要求计算结果"正确"，而且要求结果要在特定期限内产生。多媒体系统要求服务质量保证，确保多媒体数据在特定时间段内传送到客户端。

- **案例研究**。本书的第 21 章到第 23 章通过描述实际操作系统，将本书描述的概念融合起来。这些系统包括 Linux、Windows XP、FreeBSD、Mach 和 Windows 2000。我们选择 Linux 和 FreeBSD，是因为 Linux 虽小但足以用于理解操作系统的内涵，而且不是"玩具"操作系统。它们内部算法的选择主要是基于其简单的特性而不是速度和复杂性。在计算机科学系，通常可以很容易得到 Linux 和 FreeBSD 系统，因此许多学生都可以接触到这些系统。我们选择 Windows XP 和 Windows 2000，是因为它为研究在设计和实现上与 UNIX 有很大不同的现代操作系统提供了机会。第 23 章也简要地描述了其他一些有影响的操作系统。

操作系统环境

本书使用了许多实际的操作系统来解释操作系统的基本概念。并且，我们特别关注了微软的操作系统家族（包括 Windows NT、Windows 2000 和 Windows XP）和 UNIX 的各种版本（包括 Solaris、BSD 和 Mac OS X）。我们还用了大量的篇幅来描述 Linux 2.6 版内核，这是写作本书时该系统的最新内核。

本书还提供了几个用 C 和 Java 语言编写的示例程序。这些程序需要运行在以下编程环境中：

- **Windows 系统**。Windows 系统的主要编程环境是 Win32 API（应用程序接口）。Win32 API 为管理进程、线程、内存和外部设备提供了完整的函数集合。我们提供了几个 C 程序来演示 Win32 API 的使用。示例程序均在 Windows 2000 和 Windows XP 系统上测试过。

- **POSIX**。POSIX（可移植操作系统接口）代表了一组基于 UNIX 操作系统的标准接口。虽然 Windows XP 和 Windows 2000 也可以运行部分 POSIX 程序，但我们主要针对 UNIX 和 Linux 操作系统来描述 POSIX。POSIX 兼容的系统必须实现 POSIX 核心标准（POSIX.1），Linux、Solaris 和 Mac OS X 都是 POSIX 兼容系统。POSIX 还定义了核心标准的一些扩展，包括实时扩展（POSIX1.b）和线程库扩展（POSIX1.c，又称为 Pthread）。我们提供了 POSIX 基本 API、Pthread 和实时扩展的演示程序，这些程序用 C 语言编写。这些演示程序在 Debian Linux 2.4 和 2.6、Mac OS X 以及 Solaris 9 系统上测试过，测试用的编译器是 gcc 3.3。

- **Java**。Java 是一种广泛使用的编程语言，它有丰富的 API，并对线程创建和管理有内建语言支持。Java 程序可以运行在支持 Java 虚拟机的任何操作系统上。我们用 Java 程序展示了许多操作系统和网络概念，这些程序在 Java 1.4 虚拟机上测试过。

选择这三种编程环境的原因是，我们认为它们代表了最流行的两个操作系统模型 Windows 和 UNIX/Linux，以及广泛使用的 Java 环境。大多数示例程序是用 C 语言写的，期望读者习惯这种编程语言；对 C 语言和 Java 语言都熟悉的读者可以很容易地理解本书提供的大多数示例程序。

有时我们会使用三种编程环境来分别解释一个概念，例如线程创建。这让读者在解决相同任务的时候可以比较这三个不同的库。在其他情况下，可能仅用其中一种来解释某个概念。例如使用 POSIX API 来解释共享内存，使用 Java API 来解释 TCP/IP 下的 Socket 编程。

第 七 版

在编写本书时，我们不但采纳了读者对以前版本的许多评论和建议，而且还加入了一些快速发展的操作系统和网络领域的新概念。我们对绝大多数章节的内容进行了改写以反映最新的变化，对不再适用的内容做了删除。

我们对许多章节都做了大量改写和重新组织。最为重要的是，我们完全重新组织了第 1 章和第 2 章的内容，并增加了两章来描述特殊用途系统（实时嵌入式系统和多媒体系统）。因为保护和安全在操作系统中越来越流行，所以把这部分内容提前了，并且大量地更新和扩展了对安全的讨论。

下面简要介绍本书各章的主要变化。

- **第 1 章　导论**，已经全部修改。之前的版本中，本章给出了操作系统发展历史的概述。新的第 1 章概述了操作系统的主要部件，以及基本的计算机组成结构。
- **第 2 章　操作系统结构**，是以前第 3 章的修订版，它有很多新增内容，包括对系统调用和操作系统结构的更深入的论述，另外还包括对虚拟机的重要更新。
- **第 3 章　进程**，是以前的第 4 章。它新增了在 Linux 中如何表示进程和使用 POSIX 和 Win32 API 来说明进程创建。通过一个 POSIX 系统中共享内存 API 的示例程序，增强了对共享内存的描述。
- **第 4 章　线程**，是以前的第 5 章。本章增强了对线程库的论述，包括 POSIX、Win32 API 和 Java 线程库，并更新了 Linux 线程的内容。

- **第 5 章　CPU 调度**，是以前的第 6 章。本章对多处理器系统的调度问题有很多新的讨论，包括处理器亲和性和负载平衡算法。新增"线程调度"一节，包括 Pthread 和 Solaris 中表驱动调度的更新内容。Linux 调度的小节已修订，反映了 Linux 2.6 内核中的调度器。

- **第 6 章　进程同步**，是以前的第 7 章。由于现代处理器不能保证双进程算法的正确执行，因此删除了双进程算法的内容，现在只讨论 Peterson 解法。本章还新增了对 Linux 内核和 Pthread API 中的同步的描述。

- **第 7 章　死锁**，是以前的第 8 章。新增内容包括一个多线程 Pthread 程序的死锁例子。

- **第 8 章　内存管理**，是以前的第 9 章。本章不再涉及覆盖（overlay）。此外，分段部分做了很大修改，包括加强了对 Pentium 系统中分段的论述和 Linux 中如何设计分段系统的论述。

- **第 9 章　虚拟内存**，是以前的第 10 章。本章扩展了对虚拟内存和内存映射文件的论述，提供了一个通过内存映射文件实现共享内存的示例程序，该示例程序使用 Win32 API 编写。更新了对内存管理硬件细节的描述。新增的小节描述了在内核中使用 Buddy 算法和 slab 分配器来分配内存。

- **第 10 章　文件系统接口**，是以前的第 11 章。本章增加了 Windows XP ACL 的例子。

- **第 11 章　文件系统实现**，是以前的第 12 章。新增 WAFL 文件系统的全面描述和对 Sun 的 ZFS 文件系统的讨论。

- **第 12 章　大容量存储器的结构**，是以前的第 14 章。新增现代存储阵列的内容，包括新的 RAID 技术和特性，如精简配置。

- **第 13 章　I/O 输入系统**，是对以前第 13 章的更新，增加了新内容。

- **第 14 章　保护**，是对以前第 18 章的更新，新增最小权限原则。

- **第 15 章　安全**，是以前的第 19 章。本章进行了很大的修改，更新了所有小节。新增一个缓冲区溢出的完整例子，扩展了威胁、加密和安全工具的内容。

- **第 16 章到第 18 章**，是以前的第 15 章到第 17 章，增加了新内容。

- **第 19 章　实时系统**，是全新的一章，集中研究实时和嵌入式计算机系统，它们的要求不同于传统系统。本章概述了实时计算机系统，并描述了如何构建操作系统以满足这些系统的严格的时间期限。

- **第 20 章　多媒体系统**，是全新的一章，详述了相对较新的多媒体系统领域的发展。多媒体数据不同于常规数据，因为多媒体数据（如视频中的帧）必须按照特定时间限制完成传输（流化）。本章探索这些要求如何影响操作系统的设计。

- **第 21 章　Linux 系统**，是以前的第 20 章，更新反映了 Linux 2.6 内核的改变，Linux 2.6 内核是本书编写时最新的 Linux 内核。

- **第 22 章　Windows XP**，已更新。

- **第 23 章　有影响的操作系统，已更新。**

以前的第 21 章（Windows 2000）已改成现在的附录 C。与本书之前的版本一样，附录在线提供。

编程练习和项目

为了巩固本书所介绍的概念，我们提供几个新的编程练习和项目，它们使用 POSIX、Win32 API 或 Java。我们新增加了 15 个以上的编程练习，强化了进程、线程、共享内存、进程同步和网络。此外，还增加了几个编程项目，它们比标准编程练习更复杂。这些项目包括给 Linux 内核增加一个系统调用、使用 fork()系统调用创建一个 UNIX Shell、创建一个多线程矩阵应用程序以及使用共享内存的生产者-消费者问题。

教学辅助材料和网页

本书的网页包括很多资料，如与本书配套的一套幻灯片、课程教学大纲样本、所有的 C 和 Java 的源代码和最新勘误表。网页也包括本书的三个案例研究附录和分布式通信附录。网址是：

http://www.os-book.com

本版新增一个称为“学生解答手册”(Student Solutions Manual)的书面补充材料，它包括一些问题和练习的答案（本书没有这些答案），应该有助于学生理解本书的概念。读者可以在 John Wiley 的网站上购买该书面材料，在 http://www.wiley.com/college/silberschatz 上选择学生解答手册的链接。

为了得到受限制的资源，如本书习题的解答指导，请与本地的 John Wiley & Sons 销售代理联系。注意，这些资源只对使用本书的教师可用。读者可以通过“Find a Rep?”网页（http://www.jsw-edcv.wiley.com/college/findarep）来找到当地的代理。

邮　件　列　表

我们现在改用邮件系统来方便使用本书的用户联系。如果你希望使用这项功能，请访问下面的网址，按步骤订阅：

http://mailman.cs.yale.edu/mailman/listinfo/os-book-list

邮件列表系统提供了很多便利，如存档信息以及几个订阅选项，包括只订阅摘要和网页。要发送消息到该列表，可以发 E-mail 到：

os-book-list@cs.yale.edu

基于邮件内容，我们将个人单独回复或转发邮件到邮件列表的每个人。列表是受控的，因此读者不会收到垃圾邮件。

使用本书作为教材的学生，不应使用列表询问习题的答案，我们也不会提供答案。

建　议

我们已尽量消除本版中的所有错误，但是与操作系统一样，可能仍然存在一些隐藏的错误。我们非常希望收到您所发现的任何本书的文字错误或遗漏。

如果您希望提供改进建议或提供习题，那么我们也非常高兴。请发送邮件至 os-book@cs.yale.edu。

致　谢

本书是根据以前版本修改而来的，前三版是与 James Peterson 合著的。帮助完成以前版本的人还有：Hamid Arabnia、Rida Bazzi、Randy Bentson、David Black、Joseph Boykin、Jeff Brumfield、Gael Buckley、Roy Campbell、P.C.Capon、John Carpenter、Gil Carrick、Thomas Casavant、Ajoy Kumar Datta、Joe Deck、Sudarshan K.Dhall、Thomas Doeppner、Caleb Drake、M.Racsit Eskicioglu、Hans Flack、Robert Fowler、G.Scott Graham、Richard Guy、Max Hailperin、Rebecca Hartman、Wayne Hathaway、Christopher Haynes、Bruce Hillyer、Mark Holliday、Ahmed Kamel、Richard Kieburtz、Carol Kroll、Morty Kwestel、Thomas LeBlanc、John Leggett、Jerrold Leichter、Ted Leung、Gary Lippman, Carolyn Miller、Michael Molloy、Yoichi Muraoka、Jim M.Ng、Banu Ozden、Ed Posnak、Boris Putanec、Charles Qualline、John Quarterman、Mike Reiter、Gustavo RodriguezRivera、Carolyn J.C.Schauble、Thomas P.Skinner、Yannis Smaragdakis、Jesse St.Laurent、John Stankovic、Adam Stauffer、Steven Stepanek、Hal Stern、Louis Stevens、Pete Thomas、David Umbaugh、Steve Vinoski、TommyWagner、Larry L.Wear、John Werth、James M.Westall、J.S.Weston 和 Yang Xiang。

第 12 章的部分内容取自 Hillyer 和 Silberschatz[1996]的一篇论文。第 17 章的部分内容取自 Levy 和 Silberschatz[1990]的一篇论文。第 21 章取自 Stephen Tweedie 未发表的手稿。第 22 章取自 Dave Probert、Cliff Martin 和 Avi Silberschatz 未发表的手稿。附录 C 取自 Cliff Martin 未发表的手稿。Cliff Martin 还帮助更新了 UNIX 附录以描述 FreeBSD。Mike Shapiro、Bryan Cantrill 和 Jim Mauro 回答了多个有关 Solaris 的问题。Josh Dees 和 Rob Reynolds 对微软的.NET 的讨论做出了贡献。美国佛蒙特州 Winooski 市 St. Michael's College 的 John Trono 提供了设计和增强 UNIX Shell 接口的项目。

本版有很多新的习题和相应的解答是由 Arvind Krishnamurthy 提供的。

　　我们感谢审阅本版的以下各位：Bart Childs、Don Heller、Dean Hougen Michael Huangs、Morty Kewstel、Euripides Montagne 和 John Sterling。

　　顾问编辑 Bill Zobrist 和 Paul Crockett 在我们写作本书期间给予了专家级指导。他们的助理 Simon Durkin 管理了许多细节以保证本书顺利完成。高级制作编辑是 Ken Santor。封面制作是 Susan Cyr，封面设计是 Madelyn Lesure。Beverly Peavler 负责了编辑审稿。校对是 Katrina Avery（自由职业），索引制作是 Rosemary Simpson（自由职业）。Marilyn Turnamin 帮助生成了图和演示幻灯片。

　　最后，我们还希望感谢一些人。Avi 开始了他人生的新篇章，重新回到学术界，并和 Valerie 开始了新生活，这使他可以全心地写作本书。Pete 感谢他的家人、朋友和同事在项目期间的支持和理解。Greg 感谢家人一直以来的关心和支持。他还要特别感谢 Peter Ormsby，他不管多忙总是首先询问"写作进行得怎么样了？"。

Abraham Silberschatz, New Haven, CT, 2004

Peter Baer Galvin, Burlington, MA, 2004

Greg Gagne, Salt Lake City, UT, 2004

目　　录

第一部分　概　　述

第二部分　进　程　管　理

第三部分 内 存 管 理

第四部分 存 储 管 理

第五部分 保护与安全

第六部分　分布式系统

第七部分　特殊用途系统

第八部分 案 例 研 究

第一部分 概 述

操作系统是作为计算机硬件和计算机用户之间的中介的程序。操作系统的目的是为用户提供方便且有效地执行程序的环境。

操作系统是管理计算机硬件的软件。硬件必须提供合适的机制来保证计算机系统的正确运行，以及确保系统不受用户程序干扰正常运行。

根据操作系统不同的组织方式，它们内部各不相同。设计一个新的操作系统是主要的任务。在设计开始之前明确所设计系统的目标是非常重要的。这些目标构成了选择不同算法和策略的基础。

因为操作系统庞大而复杂，因此它必须被分块构造。每一块都是系统中明确定义的一部分，具有严格定义的输入、输出和功能。

第1章 导　　论

操作系统是管理计算机硬件的程序，它还为应用程序提供基础，并且充当计算机硬件和计算机用户的中介。令人惊奇的是操作系统完成这些任务的方式多种多样。大型机的操作系统设计的主要目的是为了充分优化硬件的使用率，个人计算机的操作系统是为了能支持从复杂游戏到商业应用的各种事物，手持计算机的操作系统是为了给用户提供一个可以与计算机方便地交互并执行程序的环境。因此，有的操作系统设计是为了*方便*，有的设计是为了*高效*，而有的设计目标则是兼而有之。

在研究计算机操作系统的细节之前，首先需要了解系统结构的知识。本章从讨论系统启动、I/O 和存储的基本功能开始，并讨论能编写一个可用操作系统的基本计算机体系。

由于操作系统非常庞大且复杂，必须逐个部分地生成。每一部分都必须是构造好的系统的一部分，并严格定义了输入、输出和功能。本章提供了操作系统主要部件梗概。

本章目标
- 提供对操作系统主要部件的浏览。
- 提供基本的计算机系统体系结构的概述。

1.1　操作系统做什么

本章通过了解操作系统在计算机系统中所扮的角色开始讨论。操作系统是几乎所有计算机系统的一个重要部分。计算机系统可以大致分为 4 个组成部分：*计算机硬件、操作系统、系统程序与应用程序和用户*（见图 1.1）。

硬件，如**中央处理单元**（central processing unit, CPU）、**内存**（memory）、**输入输出设备**（input/output devices, I/O devices），为系统提供基本的计算资源。**应用程序**如字处理程序、电子制表软件、编译器、网络浏览器规定了用户按何种方式使用这些资源。操作系统控制和协调各用户的应用程序对硬件的使用。

计算机系统的组成部分包括硬件、软件及数据。在计算机系统的操作过程中，操作系统提供了正确使用这些资源的方法。操作系统类似于政府。与政府一样，操作系统本身并不能实现任何有用的功能。它只不过提供了一个方便其他程序做有用工作的环境。

为了更加全面地理解操作系统所担当的角色，接下来从两个视角探索操作系统：即从用户的视角和系统的视角来研究。

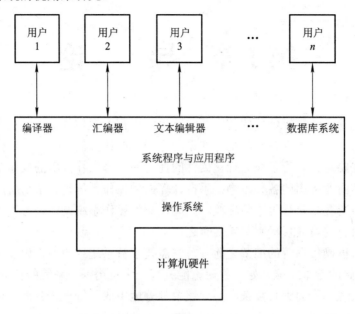

图 1.1　计算机系统组成部分的逻辑图

1.1.1　用户视角

　　计算机的用户观点因所使用接口的不同而异。绝大多数计算机用户坐在一台这样的 PC 前，PC 由显示器、键盘、鼠标和主机组成。这类系统设计是为了让单个用户单独使用其资源，其目的是优化用户所进行的工作（或游戏）。对于这种情况，操作系统的设计目的是为了用户**使用方便**，性能是次要的，而且不在乎**资源使用率**——如何共享硬件和软件资源。性能对用户来说非常重要，而不是资源使用率，这种系统主要为了优化单用户的情况。

　　在某些情况下，有些用户坐在与**大型机**或**小型机**相连的终端前，其他用户通过其他的终端访问同一计算机。这些用户共享资源并可交换信息。操作系统设计为**资源使用**做了优化：确保所有的 CPU 时间、内存和 I/O 都能得到充分使用，并且确保没有用户使用超出其权限以外的资源。

　　在另一些情况下，其他用户坐在**工作站**前，工作站与其他工作站和服务器相连。这些用户不但可以使用专用的资源，而且可以使用共享资源，如网络和服务器及文件、计算和打印服务器。因此，这类操作系统的设计目的是个人使用性能和资源利用率的折中。

　　近来，各种手持计算机开始成为时尚。绝大多数这些设备为单个用户所独立使用。有的也通过有线或（更为常见）无线与网络相连。由于受电源、速度和接口所限，它们只能执行相对较少的远程操作。绝大多数这类操作系统的设计目的是为了方便个人使用，当然如何在有限的电池容量中发挥最大的效用也很重要。

有的计算机几乎没有或根本没有用户观点。例如，在家电和汽车中所使用的嵌入式计算机可能只有键盘，只能打开和关闭指示灯来显示状态，而且这些设备及其操作系统通常设计成无需用户干预就能自行运行。

1.1.2 系统视角

从计算机的角度来看，操作系统是与硬件最为密切的程序。本节中，可以将操作系统看做**资源分配器**。计算机系统可能有许多资源，用来解决 CPU 时间、内存空间、文件存储空间、I/O 设备等问题。操作系统管理这些资源。面对许多甚至冲突的资源请求，操作系统必须决定如何为各个程序和用户分配资源，以便计算机系统能有效而公平地运行。众所周知，资源分配对多用户访问主机或微型计算机特别重要。

操作系统的一个稍稍不同的观点是强调控制各种 I/O 设备和用户程序的需要。操作系统是控制程序。**控制程序**管理用户程序的执行以防止计算机资源的错误使用或使用不当。它特别关注 I/O 设备的操作和控制。

1.1.3 定义操作系统

读者已经从用户的视角和系统的视角了解了操作系统，但是，可以定义操作系统是什么吗？一般来说，目前没有一个关于操作系统的十分完整的定义。操作系统之所以存在，是因为它们提供了解决创建可用的计算机系统问题的合理途径。计算机系统的基本目的是执行用户程序并能更容易地解决用户问题。为实现这一目的，构造了计算机硬件。由于仅仅有硬件并不一定容易使用，因此开发了应用程序。这些应用程序需要一些共同操作，如控制 I/O 设备。这些共同的控制和分配 I/O 设备资源的功能集合组成了一个软件模块：操作系统。

另外，也没有一个广泛接受的究竟什么属于操作系统的定义。一种简单观点是操作系统包括当你预定一个"操作系统"时零售商所装的所有东西。当然，包括的特性随系统不同而变化很大。有的系统只有不到 1 MB 的空间甚至没有全屏编辑器，而其他系统则需要数百 MB 空间并且完全采用图形窗口系统（1 KB = 1 024 B，1 MB = 1 024^2 B，1 GB = 1 024^3 B；但是计算机制造商通常认为 1 MB=10^6 B，1 GB=10^9 B）。一个比较公认的定义是，操作系统是一直运行在计算机上的程序（通常称为**内核**），其他程序则为系统程序和应用程序。这一定义是人们通常所采用的。

现在，什么组成了操作系统这个问题变得越来越重要了。1998 年，美国司法部控告微软公司将过多的功能加到操作系统中，因此妨碍了其他应用程序开发商的公平竞争。例如，将 Web 浏览器作为操作系统的一个整体部分，结果，微软公司因独占使用其操作系统以限制竞争受到处罚。

1.2 计算机系统组织

在研究计算机系统如何操作的细节之前，需要对计算机系统的结构有一个全面的了解。本章将研究这一结构的若干方面以复习背景知识。本章主要讨论计算机的系统结构，如果您已经理解这些概念，那么就可以浏览或跳过本章。

1.2.1 计算机系统操作

现代通用计算机系统由一个或多个 CPU 和若干设备控制器通过共同的总线相连而成，该总线提供了对共享内存的访问（见图 1.2）。每个设备控制器负责一种特定类型的设备（如磁盘驱动器、音频设备、视频显示器）。CPU 与设备控制器可以并发工作，并竞争内存周期。为了确保对共享内存的有序访问，需要内存控制器来协调对内存的访问。

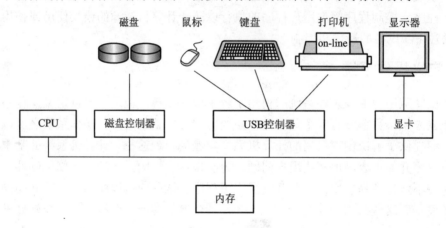

图 1.2 现代计算机系统

当打开电源或重启时，计算机开始运行，它需要运行一个初始化程序。该初始化程序或**引导程序**（bootstrap program）比较简单，通常位于 ROM 或 EEPROM 中，称为计算机硬件中的固件。它初始化系统中的所有部分，包括 CPU 寄存器、设备控制器和内存内容。引导程序必须知道如何装入操作系统并开始执行系统。为了完成这一目标，引导程序必须定位操作系统内核并把它装入内存。接着，操作系统开始执行第一个进程如 init，并等待事件的发生。

事件的发生通常通过硬件或软件**中断**（interrupt）来表示。硬件可随时通过系统总线向 CPU 发出信号，以触发中断。软件通过执行特别操作如**系统调用**（system call）（也称为**监视器调用**（monitor call））也能触发中断。

当 CPU 中断时，它暂停正在做的事并立即转到固定的位置去继续执行。该固定位置通常是中断服务程序开始位置的地址。中断服务程序开始执行，在执行完后，CPU 重新执行被中断的计算。这一操作的时间线路如图 1.3 所示。

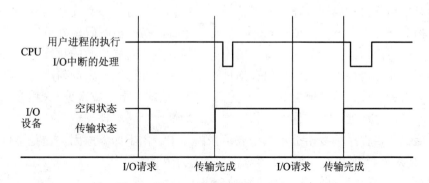

图 1.3　单个进程执行输出的中断时间线路

中断是计算机结构的重要部分。每个计算机设计都有自己的中断机制，但是有些功能是共同的。中断必须将控制转移到合适的中断处理程序。处理转移的简单方法是调用一个通用子程序以检查中断信息。接着，该子程序会调用相应的中断处理程序。不过，处理中断要快，由于只有少量的预先定义的中断，所以可使用中断处理子程序的指针表。这样通过指针表可间接调用中断处理子程序，而不需要通过其他中间子程序。通常，指针表位于低地址内存（前 100 左右的位置）。这些位置包含各种设备的中断处理子程序的地址。这种地址的数组或**中断向量**（interrupt vector）可通过唯一设备号来索引（对于给定的中断请求），以提供设备的中断处理子程序的地址。许多操作系统如 Windows 或 UNIX 都采用这种方式来处理中断。

中断体系结构也保存被中断指令的地址。许多旧的设计简单地在固定位置中（或在可用设备号来索引的地址中）保存中断地址。更为现代的结构将返回系统堆栈中的地址。如果中断处理程序需要修改处理器状态，如修改寄存器的值，它必须明确地保存当前状态并在返回之前恢复该状态。在处理中断之后，保存的返回地址会装入程序计数器，被中断的计算可以重新开始，就好像中断没有发生过一样。

1.2.2　存储结构

计算机程序必须在内存（或**随机访问内存**（random access memory，**RAM**））中以便于运行。内存是处理器可以直接访问的唯一的大容量存储区域（数兆到数千兆字节）。它通常是用被称为**动态随机访问内存**（dynamic random access memory，DRAM）的半导体技术来实现的，是一组内存字的数组，每个字都有其地址。通过对特定内存地址执行一系列 load 或 store 指令来实现交互。指令 load 能将内存中的字移到 CPU 的寄存器中，而指令 store

能将寄存器的内容移到内存。除了显式使用 load 和 store 外，CPU 可自动从内存中装入指令来执行。

一个典型指令执行周期（在冯·诺依曼体系结构上执行时）首先从内存中获取指令，并保存在**指令寄存器**（instruction register）中。接着，指令被解码，并可能导致从内存中获取操作数或将操作数保存在内部寄存器中。在指令完成对操作数的执行后，其结果可以存回到内存。注意内存单元只看见内存地址流，它并不知道它们是如何产生的（通过指令计数器、索引、间接、常量地址等），或它们是什么地址（指令或数据）。相应地，可忽视程序如何产生内存地址，只对程序运行所生成的地址序列感兴趣。

理想情况下，程序和数据都永久地驻留在内存中。由于如下原因，这是不可能的：

① 内存太小，不能永久地存储所有需要的程序和数据。

② 内存是*易失性*存储设备，当掉电时会失去所有内容。

因此，绝大多数计算机系统都提供**辅存**（secondary storage）以作为内存的扩充。对辅存的主要要求是它要能够永久地存储大量的数据。

最为常用的辅存设备为**磁盘**（magnetic disk），它能存储程序和数据。绝大多数程序（网页浏览器、编译器、字处理器、电子制表软件等）保存在磁盘上，直到要执行时才装入到内存。许多程序都使用磁盘作为它们所处理信息的来源和目的。因此，适当的管理磁盘存储对计算机系统来说十分重要，这将在第 12 章中加以讨论。

上面描述的存储结构由寄存器、内存和磁盘组成，这些仅仅是一种存储系统。除此之外，还有高速缓存、CD-ROM、磁带等。每个存储系统都提供了基本功能以存储数据，或保存数据以便日后提取。各种存储系统的主要差别是速度、价格、大小和易失性。

根据速度和价格，可以按层次结构来组织计算机系统的不同类型的存储系统（图 1.4）。层次越高，价格越贵，但是速度越快。随着层次降低，单个位的价格通常降低，而访问时间通常增加。这种折中是合理的：如果一个给定的存储系统比另一个更快更便宜，而其他属性一样，那么就没有理由再使用更慢更昂贵的存储器。事实上，许多早期存储设备，如纸带和磁芯存储器，之所以现在已经送进博物馆，就是因为磁带和半导体内存已变得更快更便宜。图 1.4 中的上面四层存储通常采用半导体内存技术。

除了不同的速度和价格，存储系统还分为易失的和非易失的。当没有电源时，正如前面所讲，**易失存储**（volatile storage）会丢失其中的内容。如果没有昂贵的电池和发电机后备系统，那么数据必须写到**非易失存储**（nonvolatile storage）中以便保护。在图 1.4 所示的层次结构中，**电子磁盘**（electronic disk）之上的存储系统为易失的，而之下的为非易失的。电子磁盘可以被设计为易失的或者非易失的。在普通操作情况下，电子磁盘将数据保存在一个大的 DRAM 数组上，这是易失的。但是，许多电子磁盘设备都有一个隐藏的磁盘和电池作为备份电源。当外部电源发生中断时，电子磁盘控制器将数据从 RAM 复制到磁盘。当外部电源恢复时，控制器将数据复制回 RAM 中。另一种电子磁盘是闪存，它在照相机、

PDA 和机器人中使用得很广泛，并越来越多地作为通用计算机上的可移动的存储设备。闪存比 DRAM 慢，但不需要电源来保存它的内容。另一种非易失存储器是 **NVRAM**，即具有备用电池的 DRAM。这种存储可以像 DRAM 那样快，但其存储时限是有时间限制的。

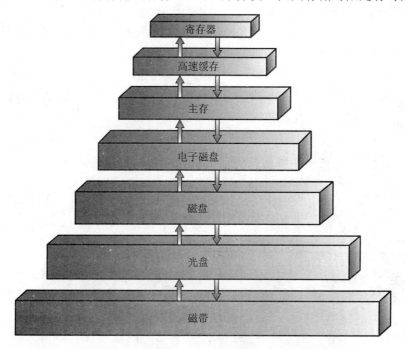

图 1.4　存储设备层次

一个完整存储系统的设计必须平衡所有因素：它只使用必需的昂贵存储器，而提供尽可能便宜的、非易失的存储器。对于两个部分存在较大访问时间或传输速率差别时，可通过安装高速缓存来改善性能。

1.2.3　I/O 结构

在计算机中，存储器只是众多 I/O 设备中的一种，操作系统的大部分代码用来进行 I/O 管理，这既是因为它对系统可靠性和性能的十分重要，也是因为设备变化的特性。因此，在此仅讨论 I/O 的概况。

通用计算机系统由一个 CPU 和多个设备控制器组成，它们通过共同的总线连接起来。每个设备控制器负责特定类型的设备，可有多个设备与其相连。例如，**SCSI**（small computer system interface）控制器可有 7 个或更多的设备与之相连。设备控制器维护一定量的本地缓冲存储和一组特定用途的寄存器。设备控制器负责在其所控制的外部设备与本地缓冲存储之间进行数据传递。通常，操作系统为每个设备控制器提供一个设备驱动程序。这些设备驱动程序理解设备控制器，并提供一个设备与其余操作系统的统一接口。

为了开始 I/O 操作，设备驱动程序在设备控制器中装载适当的寄存器。相应地，设备控制器检查这些寄存器的内容以决定采取什么操作（如从键盘中读取一个字符）。控制器开始从设备向其本地缓冲区传输数据。一旦完成数据传输，设备控制器就会通过中断通知设备驱动程序它已完成操作。然后，设备驱动程序返回对操作系统的控制，如果是一个读操作，可能将数据或数据的指针返回。对其他操作，设备驱动程序返回状态信息。

这种 I/O 中断驱动适合移动少量数据，但对大块的数据移动，如磁盘 I/O，就会带来超载问题。**DMA**（direct memory access，直接内存访问）就是为了解决这个问题而设计的。在为这种 I/O 设备设置好缓冲、指针和计数器之后，设备控制器能在本地缓冲和内存之间传送一整块数据，而无需 CPU 的干预。每块只产生一个中断，来告知设备驱动程序操作已完成，而不是像低速设备那样每个字节产生一个中断。当设备控制器在执行这些操作时，CPU 可去完成其他工作。

一些高端的系统采用交换而不是总线结构。在这些系统中，多个部件可以与其他部件并发对话，而不是在公共总线上争夺周期。此时，DMA 更为有效。图 1.5 表示了计算机系统所有部件的互相作用。

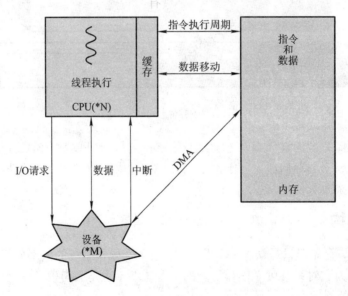

图 1.5　现代计算机系统工作模式

1.3　计算机系统体系结构

1.2 小节介绍了一个典型的计算机系统的通用结构。计算机系统可能通过许多不同的途径组织，可以大致通过其采用的通用处理器的数量来分类。

1.3.1　单处理器系统

　　绝大多数系统采用单处理器。单处理器系统的种类可能令人惊讶，从 PDA 到大型机都有。在单处理器系统中，有一个主 CPU 能够执行一个通用指令集，包括来自于用户进程的指令。绝大多数系统还包括其他特定目的的处理器，它们可能以专用设备处理器（比如磁盘、键盘、图形控制器）的形式出现；在大型机上，它们可能以通用处理器的形式出现，比如在系统部件间快速移动数据的 I/O 处理器。

　　所有这些专用处理器运行一个受限的指令集，并不运行用户进程。有时它们由操作系统管理，此时操作系统将接下来的任务信息发给它们，并监控它们的状态。例如，磁盘控制器微处理器接收来自于主 CPU 的一系列请求，执行它们自己的磁盘队列和调度算法。这种安排克服了主 CPU 的磁盘调度超载问题。PC 在其键盘上用一个微处理器来将击键转换为代码，并发送给 CPU。在其他系统或环境中，专用处理器被构建成硬件的低级部件。操作系统不能与这些部件通信，后者独立地做自己的工作。使用专用处理器很常见，并不会将一个单处理器系统变成多处理器系统。如果只有一个通用 CPU，系统则为单处理器系统。

1.3.2　多处理器系统

　　虽然绝大多数系统都属于单处理器系统，**多处理器系统**（也称为**并行系统**（parallel system）或**紧耦合系统**（tightly coupled system））的重要性也日益突出。这类系统有多个紧密通信的 CPU，它们共享计算机总线，有时还有时钟、内存和外设等。

　　多处理器系统有三个主要优点：

　　① **增加吞吐量**：通过增加处理器的数量，希望能在更短的时间内做更多的事情。用 N 个处理器的加速比不是 N，而是比 N 小。当多个 CPU 在同一件事情上时，为了使得各部分能正确工作，会产生一定的额外开销。这些开销，加上对共享资源的竞争，会降低因增加了 CPU 的期望增益。这与一组 N 位程序员在一起紧密地工作，并不能完成 N 倍的单个程序员的工作量类似。

　　② **规模经济**：多处理器系统比单个处理器系统能节省资金，这是因为它们能共享外设、大容量存储和电源供给。当多个程序需要操作同样的数据集合时，如果将这些数据放在同一磁盘上并让多处理器共享，将比用许多有本地磁盘的计算机和多个数据复制更为节省。

　　③ **增加可靠性**：如果将功能分布在多个处理器上，那么单个处理器的失灵将不会使得整个系统停止，只会使它变慢。如果有 10 个处理器而其中一个出了故障，那么剩下的 9 个会分担起故障处理器的那部分工作。因此，整个系统只是比原来慢了 10%，而不是停止运行。

在许多应用中，计算机系统不断增加的可靠性是很关键的。这种能提供与正常工作的硬件成正比的服务的能力被称为**适度退化**（graceful degradation），有些系统超出适度退化的能力被称为**容错**（fault tolerant），因为它们能忍受单个部件的错误并继续操作。容错需要一定的机制来对故障进行检测、诊断和纠错（如果可能）。HP NonStop 系统（即先前的 Tandem）通过使用冗余的硬件和软件来确保在故障时也能继续工作。该系统具有多对 CPU，它们同步工作。每一对处理器都各自执行自己的指令并比较结果。如果结果不一样，则其中一个 CPU 出错，此时两个皆停止。然后执行的进程被送到另一对 CPU 中，刚才出错的指令重新开始执行。这种方法比较昂贵，因为它用到了专用硬件和相当多的冗余硬件。

现在使用的多处理器系统主要有两种类型。有的系统使用**非对称多处理**（asymmetric multiprocessing），即每个处理器都有各自特定的任务。一个主处理器控制系统，其他处理器或者向主处理器要任务或做预先定义的任务。这种方案称为主－从关系。主处理器调度从处理器并安排工作。

现在最为普遍的多处理器系统使用**对称多处理**（symmetric multiprocessing，SMP），每个处理器都要完成操作系统中的所有任务。SMP 意味着所有处理器对等，处理器之间没有主－从关系。图 1.6 显示了一个典型的 SMP 结构。一个典型的 SMP 例子是 Solaris，一个由 Sun Microsystems 设计的商用 UNIX。一个 Solaris 系统可配置成使用数十个处理器，并且都运行 Solaris。这种模型的好处是如果有 N 个 CPU，那么 N 个进程可以同时运行且并不影响性能。然而，必须仔细控制 I/O 以确保数据到达合适的处理器。另外，由于各 CPU 互相独立，一个可能空闲而另一个可能过载，导致效率低。如果处理器共享一定的数据结构，那么可以避免这种低效率。这种形式的多处理器允许进程和资源（包括内存）在各处理器之间动态共享，能够降低处理器之间的差异。这样的系统需要仔细设计，如第 6 章所述。目前几乎所有现代操作系统，包括 Windows、Windows XP、Mac OS X 和 Linux 等，都支持 SMP。

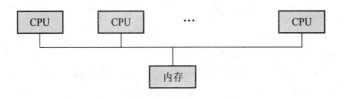

图 1.6　对称多处理体系结构

对称与非对称多处理之间的差异可能是由于硬件或软件的原因。特定的硬件可以区分处理器，软件也可编写成选择一个处理器为主，其他的为辅。例如，在同样的硬件上，Sun 操作系统 SunOS V4 只提供非对称多处理，而 SunOS V5（Solaris）则提供对称多处理。

最新的 CPU 设计趋势是将多个计算机**内核**（core）设计到单个芯片上。它们实际上是多处理器芯片。现在双芯片正在成为主流，而 N 芯片则在高级系统中越来越常用。除考虑体系结构，如缓存、内存及总线竞争外，这些多核 CPU 对操作系统而言就像是 N 个标准处理器。

最后，最近开发的**刀片服务器**（blade server）将多处理器板、I/O 板和网络板全部置于同一底板上。它和传统多处理器系统的不同在于，每个刀片处理器独立启动并运行各自的操作系统。有些刀片服务器板也是多处理器的，从而模糊了计算机类型的划分。实际上，这些服务器包括了多个独立的多处理器系统。

1.3.3 集群系统

多 CPU 系统的另一种类型是**集群系统**（clustered system）。与多处理器系统一样，集群系统将多个 CPU 集中起来完成计算任务。然而，集群系统与多处理器系统不同，它是由两个或多个独立的系统耦合起来的。*集群*的定义目前尚未定形，许多商业软件对什么是集群系统及为什么一种形式的集群比另一种好有不同的理解。较为常用的定义是集群计算机共享存储并通过局域网络连接（如 1.10 节所述）或更快的内部连接（如 InfiniBand）。

集群通常用来提供**高可用性**（high availability）服务，这意味着即使集群中的一个或多个系统出错，服务仍然继续。高可用性通常通过在系统中增加一定的冗余来获取。集群软件运行在集群节点之上，每个都能监视（通过局域网）一个或多个其他节点。如果被监视的机器失效，那么监视机器能取代存储拥有权，并重新启动在失效机器上运行的应用程序。应用程序的用户和客户机只感觉到很短暂的中断。

集群可以是对称的，也可以是非对称的。**非对称集群**（asymmetric clustering）中，一台机器处于**热备份模式**（hot standby mode），而另一台运行应用程序。热备份主机（机器）只监视活动服务器。如果该服务器失效，那么热备份主机会成为现行服务器。对于**对称集群**（symmetric clustering），两个或多个主机都运行应用程序，它们互相监视。这种模式因为充分使用了现有硬件，所以更为高效。这要求具有多个应用程序可供运行。

其他形式的集群有并行集群和 WAN 集群（如 1.10 小节所述）。并行集群允许多个主机访问共享存储上的相同数据。由于绝大多数操作系统不支持多个主机同时访问数据，并行集群通常需要由专门软件和应用程序来完成。例如，Oracle Parallel Server 是一种可运行在并行集群上的 Oracle 数据库版本。每个机器都运行 Oracle，且有软件跟踪共享磁盘的访问。每个机器对数据库内的所有数据都可以完全访问。为了提供这种对数据的共享访问，系统必须提供对文件的访问控制和加锁，以确保不出现冲突操作。有些集群技术中包括了这种通常称为**分布式锁管理器**（distributed lock manager，DLM）的服务。

集群技术发展迅速。有些集群产品支持几十个系统，即使集群中的节点之间间隔几英里。其中许多发展可能随着 **SAN**（storage-area network）的流行而进一步扩大，关于 SAN，请参见 12.3.3 小节，它允许很多系统附有存储池。如果应用程序和数据存储在 SAN 中，集群软件可以分配应用程序在任何附着在 SAN 上的主机上运行。如果主机出错，可以用其他主机取代。在数据库集群中，数十个主机可以共享相同的数据库，从而大大地提升了性能和可用性。

1.4　操作系统结构

前面已经讨论了计算机系统的组织和体系，现在将要讨论操作系统了。操作系统提供执行程序的环境。从内部讲，操作系统的组成变化非常大，因为它们通过许多不同的线路组织。但也有许多共有特点，本节将会涉及。

操作系统最重要的一点是要有多道程序处理能力。单个用户通常不能总是使得 CPU 和 I/O 设备都忙。**多道程序设计**通过组织作业（编码或数据）使 CPU 总有一个作业可执行，从而提高了 CPU 的利用率。

这种思想如下：操作系统同时将多个任务保存在内存中（见图 1.7）。该作业集可以是作业池中作业集的子集（作业池中包括所有进入系统的作业），这是因为可同时保存在内存中的作业数要比可在作业池中的作业数少。操作系统选择一个位于内存中的作业并开始执行。最终，该作业可能必须等待另一个任务如 I/O 操作的完成。对于非多道程序系统，CPU 就会空闲；对于多道程序系统，CPU 会简单地切换到另一个作业并执行。当该作业需要等待时，CPU 会切换到另一个作业。最后，第一个作业完成等待且重新获得 CPU。只要有一个任务可以执行，CPU 就决不会空闲。

图 1.7　多道程序系统的内存分布

这种思想在日常生活中也常见。例如，一个律师在一段时间内不只为一个客户工作。

当一个案件需要等待审判或需要准备文件时，该律师可以处理另一个案件。如果有足够多的客户，那么他就决不会因没有工作要做而空闲（空闲的律师会成为政客，因此让律师忙碌有积极的社会意义）。

多道程序系统提供了一个可以充分使用各种系统资源（如 CPU、内存、外设）的环境，但是它们没有提供与计算机系统直接交互的能力。**分时系统**（或**多任务**）是多道程序设计的延伸。在分时系统中，虽然 CPU 还是通过在作业之间的切换来执行多个作业，但是由于切换频率很高，用户可以在程序运行期间与之进行交互。

共享需要一种**交互计算机系统**，它能提供用户与系统之间的直接通信。用户通过输入设备，如键盘或鼠标，向操作系统或程序直接发出指令，并等待输出设备立即出来的结果。相应地，**响应时间**（response time）应该比较短，通常小于 1 秒。

分时操作系统允许许多用户同时共享计算机。由于分时系统的每个动作或命令都较短，因而每个用户只要少量 CPU 时间。随着系统从一个用户快速切换到另一个用户，每个用户会感到整个系统只为自己所用，尽管它事实上为许多用户所共享。

分时操作系统采用 CPU 调度和多道程序设计以提供用户分时计算机的一小部分。每个用户在内存中至少有一个程序。装入到内存并执行的程序通常称为**进程**（process）。当进程执行时，它通常只执行较短的一段时间，此时它并未完成或者需要进行 I/O 操作。I/O 可能是交互的，即输出到用户的显示器，从用户的键盘、鼠标或其他设备输入。由于交互 I/O 通常按人的速度来运行，因此它需要很长时间完成。例如，输入通常受用户打字速度的限制；每秒 7 个字符对人来说可能很快，但是对计算机来说相当慢了。在用户交互输入时，操作系统为了不让 CPU 空闲，会将 CPU 切换到其他用户的程序。

分时和多道程序设计需要在存储器中同时保存有几个作业。通常由于主存较小而不能容纳太多作业，所以这些作业刚开始存储在磁盘的**作业池**（job pool）中。该池由所有驻留在磁盘中需要等待分配内存的作业组成。如果多个作业需要调入内存但没有足够的内存，那么系统必须在这些作业中做出选择，这样的决策被称为**作业调度**（job scheduling），这将在第 5 章介绍。当操作系统从作业池中选中一个作业，就将它调入内存来执行。在内存中同时有多个程序可运行，需要一定形式的内存管理，这将在第 8 章和第 9 章讨论。另外，如果有多个任务同时需要执行，那么系统必须做出选择，这样的选择称为 **CPU 调度**（CPU scheduling），这将在第 5 章讨论。最后，多个并发执行的作业需要操作系统在各方面限制进程的互相影响，如进程调度、磁盘存储和内存管理，这些将贯穿本书。

在分时操作系统中，操作系统必须保证合理的响应时间，这有时需要通过交换来得到。交换时进程被换入内存或由内存换出到磁盘。实现这一目的更常用方法是使用**虚拟内存**（virtual memory），虚拟内存允许将一个执行的作业不完全放在内存中（第 9 章）。虚拟内存的主要优点是程序可以比**物理内存**（physical memory）大。再者，它将内存抽象成一个庞大且统一的存储数组，将用户所理解的**逻辑内存**（logical memory）与真正的物理内存区分开来。这种安排使得程序员不必为内存空间的限制而担心。

分时操作系统也必须提供文件系统（参见第 10 章和第 11 章）。文件系统驻留在一组磁盘上，因此也必须提供磁盘管理（参见第 12 章）。另外，分时系统要提供一种保护资源以防不当使用的机制（参见第 14 章）。为了确保有序执行，系统必须提供实现作业同步和通信（参见第 6 章）的机制，它也要确保作业不会进入死锁，进而无尽地互相等待（参见第 7 章）。

1.5 操作系统操作

如前所述，现代操作系统是由中断驱动的。如果没有进程要执行，没有 I/O 设备要服务，也没有用户请求要响应，操作系统将会静静地等待某件事件的发生。事件总是由中断或陷阱引起。**陷阱**（或**异常**）是一种软件中断，源于出错（如除数为零或无效的存储访问），或源于用户程序的一个特别请求（完成操作系统服务）。这种操作系统的中断特性定义了系统的通用结构。对每一种中断，操作系统中不同的代码段决定了将要采取的动作。中断服务程序被用来处理中断。

由于操作系统和用户共享了计算机系统的硬件和软件，必须保证用户程序中的一个出错仅影响正在运行的程序。采用共享，许多进程可能会受到一个程序中的一个漏洞（bug）的不利影响。例如，如果一个进程陷入死循环，那么这个死循环可能会阻止很多其他进程的正确操作。在多道程序设计中可能会发生更为微妙的错误，如一个错误的程序可能修改另一个程序、另一程序的数据，甚至操作系统本身。

如果没有保护来处理这些错误，那么计算机只能一次执行一个进程，否则所有输出都值得怀疑。操作系统的合理设计必须确保错误程序（或恶意程序）不会造成其他程序执行错误。

1.5.1 双重模式操作

为了确保操作系统的正常执行，必须区分操作系统代码和用户定义代码的执行。许多操作系统所采取的方法是提供硬件支持以允许区分各种执行模式。

至少需要两种独立的操作模式：**用户模式**（user mode）和**监督程序模式**（monitor mode）（也称为**管理模式**（supervisor mode）、**系统模式**（system mode）或**特权模式**（privileged mode））。在计算机硬件中增加一个称为**模式位**（mode bit）的位以表示当前模式：监督程序模式（0）和用户模式（1）。有了模式位，就可区分为操作系统所执行的任务和为用户所执行的任务。当计算机系统表示用户应用程序正在执行，系统处于用户模式。然而，当用户应用程序需要操作系统的服务（通过系统调用），它必须从用户模式转换过来执行请求，如图 1.8 所示。正如所将看到的，这种结构改进对于许多系统操作都很有用。

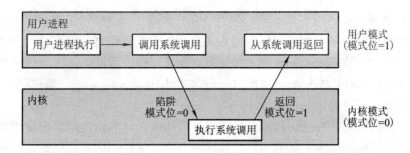

图 1.8　用户模式到内核模式的转换

　　系统引导时，硬件开始处于内核模式。接着，装入操作系统，开始在用户模式下执行用户进程。一旦出现陷阱或中断，硬件会从用户模式切换到内核模式（即将模式位设为 0）。因此，只要操作系统获得了对计算机的控制，它就处于内核模式。系统在将控制交还给用户程序时会切换到用户模式（将模式位设为 1）。

　　双重模式操作提供了保护操作系统和用户程序不受错误用户程序影响的手段。其实现方法为：将能引起损害的机器指令作为**特权指令**（privileged instruction）。如果在用户模式下试图执行特权指令，那么硬件并不执行该指令，而是认为该指令非法，并将其以陷阱的形式通知操作系统。

　　转换到用户模式就是一个特权指令，其他的例子包括 I/O 控制、定时器管理和中断管理。在本书中，我们还将看到许多其他的特权指令。

　　现在可以了解一下计算机系统中的指令执行的生命周期问题。最初的控制发生在操作系统中，在此指令以内核模式来执行。当控制权转到一个用户应用程序后，模式变为用户模式。最后，通过中断、陷阱或系统调用将控制权返回给操作系统。

　　系统调用为用户程序请求操作系统代表用户程序完成预留给操作系统的任务提供了方法。系统调用可以采用多种途径，具体采用哪种途径取决于由下层处理器提供的功能。不管哪种途径，它都是一种进程请求操作系统执行动作的方法。系统调用通常采用陷阱到中断向量中的一个指定位置的方式。该陷阱可以由普通 trap 指令来执行，尽管有些系统（如MIPS R2000 系列）具有专门的 syscall 指令。

　　当系统调用被执行时，硬件会将它作为软件中断。控制权会通过中断向量转交到操作系统的中断处理程序，模式位设置成内核模式。系统调用服务程序是操作系统的一部分。内核检查中断指令以确定发生了什么系统调用；参数表示用户程序请求什么类型的服务。请求所需要的其他信息可通过寄存器、堆栈或内存（内存的指针可传递给寄存器）来传递。内核检验参数是否正确和合法，再执行请求，然后将控制返回到系统调用之后的指令。2.3小节将详细介绍系统调用。

　　缺乏硬件支持的双重模式会在操作系统内产生一些缺点。例如，MS-DOS 是为 Intel

8088 体系结构而编写，它没有模式位，因而没有双重模式。运行错误的程序可通过写数据来清除整个操作系统，多个程序可同时对设备进行写操作则可能引起灾难性的结果。Intel CPU 的最近的版本，如 Pentium，确实提供双重模式操作。因此，更多现代操作系统，如 Microsoft Windows 2000、Windows XP、Linux 和 Solaris 的 x86 系统，都利用了这一特征，并为操作系统提供了更强大的保护。

一旦硬件保护到位，硬件可检测到违反模式的错误。这些错误通常由操作系统处理。如果一个用户程序出现失败，如试图执行非法指令或者访问不属于自己地址空间的内存，那么硬件会向操作系统发出陷阱信号。陷阱如同中断一样，能通过中断向量将控制转交给操作系统。只要一个程序出现错误，操作系统就必须对它进行异常终止。这种情况的处理代码与用户请求的异常终止的处理代码一样，会给出一个适当的出错信息，程序内存会被转储。内存信息转储通常写到文件以便用户或程序员能检查它，纠正错误，并重新启动程序。

1.5.2　定时器

必须确保操作系统能维持对 CPU 的控制，也必须防止用户程序陷入死循环或不调用系统服务，并且不将控制权返回到操作系统。为了实现这一目标，可使用**定时器**（timer）。可将定时器设置为在给定时间后中断计算机，时间段可以是固定的（例如 1/60 s）或可变的（例如，1 ms～1 s）。**可变定时器**（variable timer）一般通过一个固定速率的时钟和计数器来实现。操作系统设置计数器。每经过一个时钟周期，计数器都要递减。当计数器的值为 0 时，产生中断。例如，对于 10 位的计数器和 1 ms 精度的时钟，可允许在 1～1 024 ms 的时间间隔内产生中断，时间步长为 1 ms。

操作系统在将控制权交给用户之前，应确保设置好定时器以便产生中断。如果定时器产生中断，那么控制权会自动交给操作系统，而操作系统可以将中断作为致命错误来处理，也可以给予用户程序更多的时间。显然，用于修改定时器操作的指令是特权指令。

因此，可以使用定时器来防止用户程序运行时间过长。一种简单技术是用程序所允许执行的时间来初始化计数器。例如，能运行 7 分钟的程序可以将计数器设置为 420。定时器每秒产生一次中断，计数器相应减 1。只要计数器的值为正，控制就返回到用户程序。当计数器的值为负时，操作系统会中止程序执行，因为它超过了所赋予时间的限制。

1.6　进 程 管 理

程序在未被 CPU 执行之前不会做任何事。如前面提到过的，处于执行中的程序被称为进程。分时用户程序，如编译器，就是一个进程。由 PC 上的个人用户所运行的字处理程序是一个进程。系统任务，如将输出发送到打印机也可以是一个进程（或至少是其中的一部分）。现在，可以将进程视为作业或分时程序，但以后，进程的概念将更为广泛。正如将在第 3 章所要学习的，将提供允许进程创建子进程以并发执行的系统调用。

进程需要一定的资源（包括 CPU 时间、内存、文件、I/O 设备）以完成其任务。这些资源可以在进程创建时分配给进程，也可以在执行进程时分配给进程。除了在创建时得到各种物理和逻辑资源外，进程还可以接受传输过来的各种初始化数据（输入）。例如，考虑这样一个进程，它的功能是在终端或者屏幕上显示文件状态。该进程会得到一个文件名作为输入，并且执行适当的指令和系统调用以得到和显示终端所需的信息。当进程中止时，操作系统将收回所有可再用的资源。

需要强调的是，程序本身并不是进程，程序是被动的实体，如同存储在磁盘上的文件内容，而进程是一个活动的实体。单线程进程具有一个**程序计数器**来明确下一个执行的指令（第 4 章将涉及线程问题）。这样一个进程的执行必须是连续的。CPU 一个接着一个地执行进程的指令，直至进程终止。再者，在任何时候，最多只有一个指令代表进程被执行。因此，尽管两个进程可能与同一个程序相关联，然而这两个进程都有其各自的执行顺序。多线程进程具有多个程序计数器，每一个指向下一个给定线程要执行的指令。

进程是系统工作的单元。系统由多个进程组成，其中一些是操作系统进程（执行系统代码），其余的是用户进程（执行用户代码）。所有这些进程可以潜在地并发执行，如通过在单 CPU 上采用 CPU 复用来实现。

操作系统负责下述与进程管理相关的活动：

- 创建和删除用户进程和系统进程。
- 挂起和重启进程。
- 提供进程同步机制。
- 提供进程通信机制。
- 提供死锁处理机制。

从第 3 章到第 6 章，将讨论进程管理技术。

1.7 内存管理

正如 1.2.2 小节所讨论的，内存是现代计算机系统操作的中心。内存是一个大的字节或字的数组，其大小从数十万到数十亿。每个字节或字都有其自己的地址。内存是可以被 CPU 和 I/O 设备所共同快速访问的数据仓库。中央处理器在获取指令周期时从内存中读取指令，而在获取数据周期时对内存内的数据进行读出或写入（在冯·诺依曼结构中）。内存通常是 CPU 所能直接寻址和访问的唯一大容量存储器。例如，如果 CPU 需要处理磁盘内的数据，那么这些数据必须首先通过 CPU 生成的 I/O 调用传送到内存中。同样，如果 CPU 需要执行指令，那么这些指令必须在内存中。

如果一个程序要执行，那么它必须先变换成绝对地址并装入内存。随着程序的执行，进程可以通过产生绝对地址来访问内存中的程序指令和数据。最后，程序终止，其内存空间得以释放，并且下一程序可以装入并得以执行。

为改善 CPU 的利用率和计算机对用户的响应速度，通用计算机必须在内存中保留多个程序，从而产生对内存管理的需要。内存管理有多种不同的方案。这些方案反映出各种各样的方法，所有特定算法的有效率取决于特定环境。对于某一特定系统的内存管理方法的选择，必须考虑许多因素——尤其是系统的*硬件*设计。每个算法都要求特定的硬件支持。

操作系统负责下列有关内存管理的活动：

- 记录内存的哪部分正在被使用及被谁使用。
- 当有内存空间时，决定哪些进程可以装入内存。
- 根据需要分配和释放内存空间。

内存管理技术将在第 8 章和第 9 章中讨论。

1.8 存 储 管 理

为了便于使用计算机系统，操作系统提供了统一的逻辑信息存储观点。操作系统对存储设备的物理属性进行了抽象，定义了逻辑存储单元，即文件。操作系统将文件映射到物理介质上，并通过这些存储介质访问这些文件。

1.8.1 文件系统管理

文件管理是操作系统最为常见的组成部分。计算机可以在多种类型的物理介质上存储信息。磁带、磁盘和光盘是最常用的介质。这些介质都有自己的特点和物理组织。每种介质通过一个设备来控制，如磁盘驱动器或磁带驱动器等，它们都有自己的特点。这些属性包括访问速度、容量、数据传输率和访问方法（顺序或随机）。

文件是由其创建者定义的一组相关信息的集合。通常，文件表示程序（源程序和目标程序）和数据。数据文件可以是数值的、字符的、字符数值或二进制的。文件可以没有格式（例如文本文件），也可以有严格的格式（例如固定域）。显然，文件概念相当广泛。

操作系统通过管理大容量存储器，如磁盘和磁带及控制它们的设备，来实现文件这一抽象概念。而且，文件通常组成目录以方便使用。最后，当多个用户可以访问文件时，需要控制由什么人及按什么方式（例如，读、写、附加）来访问文件。

操作系统负责下列有关文件管理的活动：

- 创建和删除文件。
- 创建和删除目录来组织文件。
- 提供操作文件和目录的原语。

- 将文件映射到二级存储上。
- 在稳定存储介质上备份文件。

文件管理技术将在第 10 章和第 11 章讨论。

1.8.2 大容量存储器管理

如前所述，由于内存太小不能容纳所有数据和程序，再加上掉电会失去所有数据，计算机系统必须提供**二级存储器**（secondary storage）以备份内存。绝大多数现代计算机系统都采用硬盘作为主要在线存储介质来存储程序和数据。许多程序，如编译程序、汇编程序、字处理器、编辑器和格式化程序等，都存储在硬盘上，要执行时才调入内存，在执行时将硬盘作为处理的来源地和目的地。因此，硬盘的适当管理对计算机系统尤为重要。操作系统负责下列有关硬盘管理的活动：

- 空闲空间管理。
- 存储空间分配。
- 硬盘调度。

由于二级存储器使用频繁，因此必须高效。计算机操作的最终速度可能与硬盘子系统的速度和管理该子系统的算法有关。

但是，有时也使用许多比二级存储更慢、价格更低的存储器（有时有更高的容量），如磁盘数据的备份、很少使用的数据、长期档案存储。磁带驱动器及其磁带、CD/DVD 驱动器及光盘就是典型的**三级存储**（tertiary storage）设备。这些介质（磁带和光盘）格式包括 WORM（一次写，多次读）和 RW（读-写）。

三级存储对系统性能并不是关键，但也必须管理好。有些操作系统对之加以管理，而另一些则将三级存储管理交给应用程序管理。有些操作系统提供的功能包括安装和卸载设备介质、为进程互斥使用分配和释放设备，以及将数据从二级存储器上迁移到三级存储器上。

二级和三级存储管理技术将在第 12 章中讨论。

1.8.3 高速缓存

高速缓存是计算机系统的重要概念之一。信息通常保存在一个存储系统中（如内存）。当使用它时，它会被临时地复制到更快的存储系统——高速缓存中。当需要特定信息时，首先检查它是否在高速缓存中。如果是，可直接使用高速缓存中的信息；否则，使用位于内存中的信息，同时将其复制到高速缓存中以便下次再用。

另外，内部可编程寄存器（如索引寄存器）为内存提供了高速缓存。程序员（或编译程序）使用寄存器分配和替换算法以决定哪些信息应在寄存器中而哪些应在内存中。有的高速缓存完全是由硬件实现的。例如，绝大多数系统都有指令高速缓存以保存下一个要执行的指令。没有这一高速缓存，CPU 将会等待多个时钟周期以便从内存中获取指令。基于类似原因，绝大多数系统在其存储层次结构中有一个或多个高速缓存。本书并不关心单独的硬件高速缓存，因为它们不受操作系统所控制。

由于高速缓存大小有限，所以高速缓存管理（cache management）的设计很重要。对高速缓存大小和置换策略的仔细选择可以极大地提高性能。图 1.9 比较了一个大型工作站与小服务器上的存储性能，展示了对高速缓存的需求。关于软件控制的高速缓存的各种置换算法将在第 9 章中加以讨论。

级别	1	2	3	4
名称	寄存器	高速缓存	内存	磁盘存储
典型大小	<1 KB	>16 MB	>16 GB	>100 GB
实现技术	带多个端口的定制内存, CMOS	片上或片下 CMOS SRAM	CMOS DRAM	磁盘
访问时间(ns)	0.25~0.5	0.5~25	80~250	5 000 000
带宽(MBps)	20 000~100 000	5 000~10 000	1 000~5 000	20~150
受控于	编译器	硬件	操作系统	操作系统
底层支持者	高速缓存	内存	磁盘	CD或磁带

图 1.9　不同级别存储器的性能

内存可用做外存的高速缓存，因为外存数据必须先复制到内存才可使用，数据在移至外存保存前也必须保存在内存中。永久地驻留在外存上的文件系统数据，可以出现在存储系统的许多层次上。在最高层，操作系统可在内存中保存一个文件系统数据的高速缓存。而且，电子 RAM 磁盘（固体磁盘（solid-state disk））也可用做通过文件系统接口访问的高速存储。外存以磁盘为主。磁盘存储又可以用磁带或可移动磁盘来备份数据以免受磁盘损坏的影响。有的系统自动地将位于磁盘上的旧文件的数据备份到三级存储，如磁带塔上，以降低存储费用（参见第 12 章）。

存储层次之间的信息移动可以是显式的，也可以是隐式的，这取决于硬件设计和所控制的操作系统软件。例如，高速缓存到 CPU 和寄存器之间的数据传递通常为硬件功能，无需操作系统的干预。另一方面，磁盘到内存的数据传递通常是由操作系统控制的。

对于层次存储结构，同样的数据可能出现在不同层次的存储系统上。例如，整数 A 位于文件 B 中且需要加 1，而文件 B 位于磁盘上。加 1 操作这样进行：先发出 I/O 操作以将 A 所在的磁盘块调入内存。之后，A 被复制到高速缓存和硬件寄存器。这样，A 的副本出现在许多地方：磁盘上，内存中，高速缓存中，硬件寄存器中（见图 1.10）。一旦加法在内部寄存器中执行后，A 的值在不同存储系统会不同。只有在 A 的新值从内部寄存器写回磁盘时，A 的值才会一样。

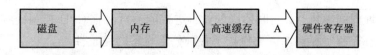

图 1.10　整数 A 从磁盘到寄存器的迁移

对于同时只有一个进程执行的计算环境，这种安排没有困难，因为对 A 的访问总是在层次结构的最高层进行。不过，对于多任务环境，CPU 会在进程之间来回切换，所以需要十分谨慎以确保当多个进程访问 A 时，每个进程都得到最近已更新的 A 值。

对于多处理器环境，这种情况变得更为复杂，因为每个 CPU 不但有自己的内部寄存器，还有本地高速缓存。对于这种环境，A 的副本会同时出现在多个高速缓存中。由于多个 CPU 可并发执行，必须确保在一个高速缓存中对 A 值的更新马上反映在所有其他 A 所在的高速缓存中。这称为**高速缓存一致性**（cache coherency），这通常是硬件问题（在操作系统级别之下处理）。

对于分布式环境，这种情况变得异常复杂。在这种情况下，同一文件的多个副本会出现在多个分布在不同场所的不同计算机上。由于各个副本可能会被并发访问和更新，所以必须确保当一处的副本被更新时，所有其他副本应尽可能快地加以更新。如第 17 章所述，有许多方法可达到这种条件。

1.8.4　I/O 系统

操作系统的目的之一在于对用户隐藏具体硬件设备的特性。例如，在 UNIX 系统中，I/O 子系统对操作系统本身隐藏了 I/O 设备的特性。I/O 子系统包括如下几个部分：

- 一个包括缓冲、高速缓存和假脱机的内存管理部分。
- 通用设备驱动器接口。
- 特定硬件设备的驱动程序。

只有设备驱动程序知道它被赋给的特定设备的特性。

1.2.3 小节讨论了中断处理器和设备驱动程序是如何应用到有效的 I/O 子系统中的。在第 13 章，将要讨论 I/O 子系统如何提供给其他系统部件接口、管理设备、转输数据，以及检测 I/O 完成。

1.9　保护和安全

如果计算机系统有多个用户，并允许多个进程并发执行，那么必须系统地管理对数据的访问。为此，系统采用了各种机制确保只有从操作系统中获得了恰当授权的进程才可以操作相应的文件、内存段、CPU 和其他的资源。例如，内存寻址硬件保证一个进程仅可以在它自己的地址空间内执行，定时器确保没有进程能一直占有 CPU 控制权而不释放它，用户不能访问设备控制寄存器，因而保护了各种外部设备的完整性。

保护是一种控制进程或用户对计算机系统资源的访问的机制。这个机制必须为强加控制提供一种规格说明方法和一种强制执行方法。

通过检测组件子系统接口的潜在错误进行保护能够提高可靠性。早期检测接口错误通常能防止已经发生故障的子系统影响其他健康的子系统。一个未受保护的资源无法抵御未授权或不合格用户的访问（或误用）。面向保护的系统会提供辨别授权使用和未授权使用的方法，第 14 章将会涉及相关内容。

系统可以获得足够的保护，但也会出错和发生不合适的访问。考虑一个授权信息被偷窃的用户（向系统标识自己的方法），其数据可能被复制或删除，但文件和内存保护仍在运行。**安全**（security）的主要工作是防止系统不受外部或内部攻击。这些攻击范围很广，包括病毒和蠕虫、拒绝服务攻击（使用所有的系统资源以致合法的用户不能使用）、身份偷窃、服务偷窃（未授权的系统使用）。在有些系统中，阻止这些攻击需要考虑操作系统的功能，而另一些系统则是采用策略或者软件阻止方法。由于安全事件急剧增长，操作系统的安全问题成了快速增长的研究和实现的领域。第 15 章将介绍安全问题。

保护和安全需要系统能区分它的所有用户。绝大多数操作系统维护一个用户和相关用户标识（user ID，UID）的链表。在 Windows NT 中，这称为**安全 ID**（Secure ID，SID）。这些数值对每个用户来说是唯一的。当用户登录到系统，鉴别步骤会确定用户的合适 ID。该用户 ID 与所有该用户的进程和线程相关联。当用户（人）需要这些 ID 为可读时，它们可通过用户名称链表而转换成用户名。

有些环境中，需要区分用户集而不是单个用户。例如，UNIX 系统上一个文件的拥有者可能被允许对文件进行所有操作，而有些选定的用户只能读文件。为此，需要定义一个组名以及属于该组的用户集。组功能可用系统范围内的组名列表和**组标识**（group idendity）来实现。一个用户可以属于一个或多个组，这取决于操作系统设计方法。用户的组 ID 也包含在每一个相关的进程和线程中。

在一般的系统使用中，用户 ID 和组 ID 就足够了。但用户有时需要**升级特权**（escalate privilege）来获取对一个活动的额外特权。例如，该用户可能需要访问受限的设备。操作系统提供了各种允许升级特权的方法。例如，在 UNIX 系统中，程序的 setuid 属性使得程序以文件所属用户的 ID 来运行，而不是当前的用户 ID。进程用此**有效 UID**（effective UID）运行，直至它关掉特权或终止。考虑一个在 Solaris10 中的例子，通过/etc/passwd:pbg:x: 101:14::/export/home/pbg:/usr/bin/bash，赋予用户 pbg 的用户 ID 为 101，组 ID 为 14。

1.10 分布式系统

分布式系统是将一组物理上分开来的、各种可能异构的计算机系统通过网络连接在一起，为用户提供系统所维护的各种资源的计算机的集合。访问共享资源增加了计算速度、功能、数据可用性及可靠性。有些操作系统将网络访问简化为一种文件访问，网络细节包含在网络接口驱动程序中，而其他的系统采用用户调用网络函数的方式。通常，系统包括两种模式组合——如 FTP 和 NFS。生成分布式系统的协议通常会影响系统的效用和普及程度。

网络，简单地说，就是两个或多个系统之间的通信路径。分布式系统通过网络提供功能。网络随所使用的协议、节点距离、传输介质的变换而不同。TCP/IP 是最常用的网络协议，ATM 和其他协议也有所应用。同样，操作系统对协议的支持也不同。绝大多数操作系统（如 Windows 和 UNIX 操作系统）支持 TCP/IP。有的系统只支持专用协议以满足其需求。对于操作系统而言，一个网络协议只简单地需要一个接口设备，如网络适配器，加上管理它的驱动程序以及按网络协议处理数据的软件。这些概念将在本书中进行讨论。

网络可根据节点间的距离来划分。**局域网**（local-area network，LAN）位于一个房间、一楼层或一栋楼内。**广域网**（wide-area network，WAN）通常位于楼群之间、城市之间或国家之间。一个全球性的公司可以用 WAN 将其全世界范围内的办公室连起来。这些网络可能运行单个或多个协议。新技术的不断出现带来新型网络。例如，**城域网**（metropolitan-area network，MAN）可以将一个城市内的楼宇连接起来。蓝牙（BlueTooth）和 802.11 技术可以在数米内实现无线通信，创建了可能建在房间内的**小域网**（small-area network，SAN）。

承载网络的介质同样是不同的，包括铜线、光纤、卫星之间的无线传输、微波和无线电。当计算设备连接到手机时，就创建了一个网络。即使非常近距离的红外通信也可用来构建网络。基本上，无论计算机何时通信，它们都要使用或构建一个网络。这些网络的性能和可靠性各不相同。

有些操作系统采用了比只提供网络连接更进一步的网络和分布式系统的概念。**网络操作系统**（network operating system）就是这样一种操作系统，它提供跨网络的文件共享、包括允许在不同计算机上的进程进行消息交换的通信方法等功能。相对于网络上的其他计算机，运行网络操作系统的计算机是自治的。分布式操作系统提供较少的自治环境：不同的操作系统紧密地连接，好像是一个操作系统在控制网络一样。

第 16 章到第 18 章将介绍有关计算机网络和分布式系统的内容。

1.11　专　用　系　统

迄今为止，所讨论的主要是大家都很熟悉的通用计算机系统。但也有些其他类型的计算机系统，它们的功能有限，其目的在于处理有限的计算领域。

1.11.1　实时嵌入式系统

嵌入式计算机是目前最为流行的一种计算机形式，从汽车引擎和制造机器人，到录像机和微波炉，到处都可以找到它们的身影。它们都具有特定的任务，所运行的系统都很简单，因此操作系统仅提供了有限的功能。通常，它们只具有很少甚至没有用户接口，而将它们的时间花费在监视和管理硬件设备上，如汽车引擎和机械手。

这些嵌入式系统种类变化相当大。有些是通用计算机，运行标准的操作系统，如 UNIX，具有专门的应用程序来实现其功能，而其他是具有专用嵌入式操作系统的硬件设备，仅提供所需要的功能。然而，还有其他的硬件设备，它们具有不采用操作系统就能完成任务的特殊集成电路（**ASIC**）。

嵌入式系统的应用还在延伸。这些设备的能力，无论是作为独立单元还是作为网络或 Web 的组成，都在增强。即便现在，一幢房屋也都可以电脑化，以便一个中心计算机（无论是通用计算机还是嵌入式计算机）可以控制光和热、警报系统，甚至是咖啡机。Web 访问使主人可以告诉他的房子在他回家之前加温。有一天，冰箱可能也可以在发现牛奶没有时通知食品杂货店送货。

嵌入式系统几乎都运行**实时操作系统**。当对处理器操作或数据流动有严格时间要求时，就需要使用实时系统。因此，它常用于控制特定应用的设备。传感器将数据送给计算机，计算机必须分析这些数据并可能调整控制以改变传感器的输入。对科学实验、医学成像系统、工业控制系统和部分显示系统进行控制的系统为实时系统。有些汽车喷油系统、家电控制器和武器系统也属于实时系统。

实时系统有明确而固定的时间约束。处理*必须*在固定时间约束内完成，否则系统将会失败。例如，如果机械手在打坏所造的汽车之后才能停止，那么这就不行了。一个实时系统只有在其时间约束内返回正确结果才是正确工作。可将这一要求与分时系统（只是需要（而不是必须）响应快）或批处理系统（没有任何时间约束）相比较。

第 19 章将更为详细地讲述嵌入式系统。第 5 章将讨论在操作系统中用来实现实时功能的调度组件。第 9 章将介绍实时计算的内存管理。最后，第 22 章将研究 Windows XP 操作系统的实时部件。

1.11.2 多媒体系统

大多数操作系统被设计用来处理传统的数据，如文本文件、程序、字处理文档和电子表格。但是，最近的技术发展趋势是将**多媒体数据**加入到计算机系统中。多媒体数据包括声音和图像数据，以及其他常用的文件。这些数据与常用数据不同之处在于多媒体数据，如图像帧，必须根据确定的时间限制（如每秒 30 帧）来传输（流）。

多媒体带来了广泛的应用，现在用得非常普遍，包括如 MP3、DVD 电影、视频会议、短的录像剪辑，或从 Internet 下载的新闻故事。多媒体应用还包括现场 Web 广播（WWW 上的广播）或运动事件，以及允许一个在曼哈顿的观察者观察在巴黎的咖啡馆的一个顾客的网络摄影。多媒体应用不需要声音或视频，但它通常包括它们的组合。例如，电影可能包括单独的声音和视频轨道。另外，不必仅为桌面个人计算机提供多媒体应用。多媒体越来越多地直接应用到更小的设备，包括 PDA 和手机。例如，一个股票交易人通过无线将股市行情实时地传输到他自己的 PDA 上。

第 20 章将研究多媒体应用的需求，多媒体数据与常用数据有何不同，这些特性如何影响操作系统的设计，以支持多媒体系统的需要。

1.11.3 手持系统

手持系统（handheld system）包括个人数字助理（personal digital assistant，PDA），如 Palm、Pocket-PC 和手机，其中许多都使用专门的嵌入式操作系统。手持系统和应用程序的开发人员面临着许多挑战，绝大多数是由于这些设备的有限尺寸。例如，PDA 通常长约 5 英寸而宽约 3 英寸，重不到半磅。由于尺寸有限，绝大多数手持设备内存小，处理速度慢，屏幕小。下面简要讨论一下这些限制。

手持设备的物理内存取决于设备本身，通常只有 512 KB～128 MB 的内存空间（而 PC 或工作站有数 GB 的内存）。因此，操作系统和应用程序必须有效地管理内存。这包括一旦已分配的内存不再使用就应返回给内存管理器。第 9 章将会研究虚拟内存，它允许开发人员编写程序时可以认为系统有比物理内存更多的可用内存。现在，许多手持设备都不使用虚拟内存，因此程序开发人员必须在有限物理内存的约束内工作。

手持设备开发人员关心的第二点是设备所使用处理器的速度。绝大多数手持设备处理器的速度通常只有 PC 处理器速度的几分之一。更快的处理器需要更多电源。在手持设备中使用更快处理器需要使用更大电池，这会导致更加频繁地替换电池（或充电）。大多数手持设备使用耗电更少的、体积更小、速度更慢的处理器。因此，操作系统和应用程序的设计不能加重处理器的负担。

手持设备程序设计人员所面临的最后一个问题是 I/O 问题。缺乏物理空间限制了小键盘、手写识别或者基于小屏幕键盘的输入方法。显示屏幕小限制了输出选择。虽然家用计算机的显示器可达 30 英寸，但是手持设备的显示屏往往不到 3 平方英寸。常用的任务，如阅读电子邮件或游览网页，必须在更小的显示器上进行。一种显示网页的方法是**网页剪辑**（Web clipping），即在手持设备上只传送和显示一小部分网页。

有些手持设备可使用无线技术，如蓝牙或 802.11，允许远程访问电子邮件和游览网页，与 Internet 相连的手机就属于这一类型。然而，对于不支持无线访问的 PDA，为了下载数据到这些设备，通常需要先将数据下载到 PC 或工作站，接着再下载到 PDA。有的 PDA 允许通过红外线在 PDA 之间实现数据复制。

不过，PDA 的这些功能限制被其方便性和便携性所抵消。随着网络功能的增加和其他选择（如照相机和 MP3 播放机）不断扩展其应用，它们的使用会不断地增加。

1.12　计　算　环　境

到目前为止，已经大致了解了计算机系统的组织以及主要的操作系统部件，下面简单地分析一下这些系统的计算环境。

1.12.1　传统计算

随着计算的不断发展，许多传统计算的分界已变得模糊。现在考虑一下"典型办公环境"。几年前，这种环境由一些连网的 PC 组成，服务器提供文件和打印服务，远程访问很不方便，移动功能是通过在办公室内携带笔记本计算机来完成的。许多公司都有与主机相连的终端，其远程访问能力和移动性就更差。

现代发展趋势是提供更多方法访问这些计算环境。Web 技术正在扩展传统计算机的边界。公司实现了**入口**（portal）以访问内部服务器。**网络计算机**（network computer）是可以实现 Web 计算的终端。手持计算机能与 PC 同步来实现对公司信息的可移动使用。手持 PDA 也可以通过**无线网络**来使用公司的 Web 入口（和其他 Web 资源）。

在家里，过去绝大多数用户都有一台计算机通过低速的调制解调器与公司或 Internet 相连。现在，曾经很昂贵的高速网络连接也已经很便宜，这允许用户访问更多的数据。这些快速数据连接允许家庭计算机提供 Web 服务，运行自己的网络（包括打印机、客户端 PC 和服务器）。有的家庭还有**防火墙**（firewall）来保护家庭内部环境以避免被破坏。这些防火墙几年前价值数千美元，而 10 年前几乎不存在。

20 世纪下半叶，计算机资源非常贫乏（在此之前它们根本就不存在）。有一段时间，系统或是批处理的，或是交互式的。批处理系统以批量的方式处理作业，具有事先定义的输入（从文件或其他数据资源）；而交互式系统等待来自用户的输入。为了优化计算资源的使用，采用多个用户来共享这些系统的时间。分时系统采用定时器和调度算法，通过 CPU 迅速地循环进程，给其中每一用户分配资源。

现在，传统的分时系统不太常见了。相同的调度技术仍在工作站和服务器上使用，但进程通常为同一用户所拥有（或单个用户和操作系统），用户进程及提供用户服务的系统进程一起管理，都能获得一定时间的计算。例如，在用户使用一台 PC 时，会创建许多窗口，它们同时执行不同的任务。

1.12.2 客户机-服务器计算

随着 PC 变得更快、更强大和更便宜，设计者开始抛弃中心系统结构。与中心系统相连的终端开始被 PC 所取代。相应地，过去为中心系统所处理的用户接口功能也被 PC 所取代。因此，今天中心系统成为**服务器系统**（server system）以满足**客户机系统**（client system）的请求。这种被称为**客户机-服务器**（client-server）系统的专有分布式系统，具有如图 1.11 所示的通用结构。

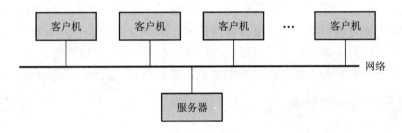

图 1.11　客户机-服务器系统的常用结构

服务器系统可大致分为计算服务器和文件服务器：

- **计算服务器系统**提供了一个接口，以接收用户所发送的执行操作的请求（如读数据），执行操作，并将操作结果返回给客户机。运行响应客户机数据请求的数据库的服务器就是一个这样的例子。

- **文件服务器系统**提供文件系统接口，以便客户机能创建、更新、访问和删除文件。Web 服务器就是该系统的一个例子，它将文件传送到正在运行 Web 浏览器的客户机。

1.12.3 对等计算

分布式系统的另一种结构是对等（P2P）系统模式。采用该模式，客户机和服务器彼此并不区别，而是系统中的所有节点都是对等的，每一个都可作为客户机或服务器，这取决于它是请求还是提供服务。对等系统相对于传统的客户机-服务器系统提供了更好的性能。在客户机-服务器系统中，存在服务器瓶颈问题；但在对等系统中，可以由分布在网络中的多个节点来提供服务。

为了加入对等系统，节点必须先加入对等网络。一旦节点加入对等网络，它就可以开始向网络中的其他节点提供服务或请求服务。可用下面两种方法来决定当前有哪些服务可用：

● 当一个节点加入网络时，它用网络集中查询服务来注册它的服务。任何需要某种服务的节点首先与此集中查询服务联系，以决定哪个节点能提供此服务。剩下的通信就在客户机和服务者之间进行。

● 作为客户机的对等行动必须首先通过向所有网络中的其他节点广播服务请求，以发现哪个节点提供所需的服务。提供该服务的节点（或多个节点）响应发出此请求的对等节点。为了支持该方法，必须提供一种*发现协议*（discovery protocol），以允许网络上的对等节点能发现服务。

对等网络在 20 世纪 90 年代后期在多文件共享服务上得到广泛的应用，如 Napster 和 Gnutella，它们能对等交换文件。Napster 系统采用类似上述的第一种方法：一个中央服务器维护存储在 Napster 网络上对等节点的所有文件的索引，实际的文件交换发生在对等节点之间。Gnutella 系统采用类似上述的第二种方法：一个客户机向系统中的其他节点广播文件请求，能够服务该请求的节点直接响应请求。文件交换的未来并不确定，因为有很多文件是有产权保护的（如音乐），传播这些授权的材料存在着法律上的限制。但无论如何，对等技术在将来许多服务中仍将扮演它的角色，包括查询、文件交换和 E-mail。

1.12.4　基于 Web 的计算

Web 几乎无处不在，能为多种设备所访问，这是数年前所难以想象的。PC 仍然是最为普通的访问设备，而工作站、手持 PDA 和手机等也能访问 Web。

Web 计算增加了网络的重要性。过去不能连网的设备现在已能提供有线或无线访问。能连网的设备，通过改进网络技术或优化网络实现代码，现在已能提供更快的网络连接。

Web 计算的实现也导致了新一类设备的出现，如**负载平衡器**（load balancer），它能在一组相似的服务器之间实现负荷分配。操作系统过去只能作为 Web 客户机（如 Windows 95），现在也发展成为既可做 Web 服务器，又可作为客户机（如 Linux 和 Windows XP）。通常因为用户需要支持 Web 驱动，所以增加了设备的复杂性。

1.13　小　　结

操作系统是管理计算机硬件并提供应用程序运行环境的软件。也许操作系统最为直观之处在于它提供了人与计算机系统的接口。

为了让计算机执行程序，程序必须位于内存中。内存是处理器能直接访问的唯一的大容量存储区域。内存为字节或字的数组，容量为数百 KB 到数百 MB。每个字都有其地址。内存是易失性存储器，当没有电源时会失去其内容。绝大多数计算机系统都提供了外存以扩充内存。二级存储器提供了一种非易失存储，它可以长久地存储大量数据。最常用的二级存储器是磁盘，它提供对数据和程序的存储。

　　根据速度和价格，可以将计算机系统的不同存储系统按层次来组织。最高层最为昂贵但也最快。随着向层次结构下面移动，每一个位的存储价格通常降低，而访问时间通常增加。

　　计算机系统的设计有多种不同的方法。单处理器系统只有一个处理器，而多处理器系统包含两个或更多的处理器来共享物理存储及外设。对称多处理技术（SMP）是最为普通的多处理器设计技术，其中所有的处理器被视为对等的，且彼此独立地运行。集群系统是一种特殊的多处理器系统，它由通过局域网连接的多个计算机系统组成。

　　为了最好地利用 CPU，现代操作系统采用允许多个作业同时位于内存中的多道程序设计，以保证 CPU 中总有一个作业在执行。分时系统是多道程序系统的扩展，它采用调度算法实现作业之间快速的切换，好像每个作业在同时进行一样。

　　操作系统必须确保计算机系统的正确操作。为了防止用户干预系统的正常操作，硬件有两种模式：用户模式和内核模式。许多指令（如 I/O 指令和停机指令）都是特权的，只能在内核模式下执行。操作系统所驻留的内存也必须加以保护以防止用户程序修改。定时器防止无穷循环。这些工具（如双模式、特权指令、内存保护、定时器中断）是操作系统所使用的基本单元，用以实现正确操作。

　　进程（或作业）是操作系统工作的基本单元。进程管理包括创建和删除进程、为进程提供与其他进程通信和同步的机制。操作系统通过跟踪内存的哪部分被使用及被谁使用来管理内存。操作系统还负责动态地分配和释放内存空间，同时还管理存储空间，包括为描述文件提供文件系统和目录，以及管理大存储器设备的空间。

　　操作系统必须考虑到它与用户的保护和安全问题。保护是提供控制进程或用户访问计算机系统资源的机制。安全措施用来抵御计算机系统所受到的外部或内部的攻击。

　　分布式系统允许用户共享通过网络连接的、在地理位置上是分散的计算机的资源。可以通过客户机-服务器模式或对等模式来提供服务。在集群系统中，多个机器可以完成驻留在共享存储器上的数据的计算，即便某些集群的子集出错，计算仍可以继续。

　　局域网和广域网是两种基本的网络类型。局域网允许分布在较小地理区域内的处理器进行通信，而广域网允许分布在较大地理区域内的处理器进行通信。局域网通常比广域网快。

　　计算机系统具有一些特殊的服务目的，包括为嵌入式环境设计的实时操作系统，如消费设备、汽车和机器人。实时操作系统具有已定义的、固定的时间约束。进程必须在定义的约束内执行，否则系统将出错。多媒体系统涉及多媒体数据传送，常常有显示或使用音频、视频或者同步的音频和视频流的特别要求。

　　近来，由于 Internet 和 WWW 的影响，现代操作系统也集成了 WWW 浏览器、网络和通信软件。

习 题

1.1 在多道分时环境下，有几个用户同时使用一个系统，这种情况可能导致各种安全问题。

  a. 列出两个此类问题。

  b. 在一个分时系统中，能否像在特殊用途系统中一样确认同样的安全程度？并解释它。

1.2 资源利用问题在不同的操作系统中以不同的形式出现。请指出下面哪些资源必须被仔细地管理：

  a. 主机系统或微型计算机

  b. 通过服务器连接的工作站

  c. 手持计算机

1.3 在何种环境下，用户使用分时系统优于 PC 或单用户工作站？

1.4 在所列的两种设置中，哪些功能需要操作系统提供支持：(a)手持设备和(b)实时系统。

  a. 批编程

  b. 虚拟内存

  c. 分时

1.5 描述对称多处理和非对称多处理的区别。多处理系统有哪些优点和缺点？

1.6 集群系统与多处理器系统有何区别？属于一个集群的两个机器协作提供高可用性服务需要什么？

1.7 区别分布式系统的客户机-服务器模式和对等计算模式。

1.8 设想由两个运行数据库的节点构成的一个集群，说出集群软件管理磁盘数据访问的两种方法。论述每种方法的优点和缺点。

1.9 网络计算机与传统计算机有什么区别？请描述在哪些情况下使用网络计算机更为有利。

1.10 中断有何作用？陷阱和中断有何区别？用户程序能否有意地生成陷阱？如果是，有什么目的？

1.11 直接内存访问被用到高速 I/O 设备中，以避免日益增加的 CPU 执行负荷。

  a. CPU 接口与设备如何协作调度？

  b. CPU 如何知道内存操作何时结束？

  c. 当 DMA 控制器在调度数据时，允许 CPU 执行其他程序。该进程与用户程序的执行会不会冲突？如是，说出将会导致何种冲突。

1.12 有些计算机系统不支持硬件操作特权模式。能否为这些计算机系统构建一种安全的操作系统？请给出能或不能的理由。

1.13 给出高速缓存有用的两个理由。它们解决什么问题？这些问题产生的原因是什么？如果一个高速缓存的容量可以做成和要缓存的设备一样大（如一个和磁盘一样大的缓存），为什么不直接用同样容量的缓存代替该设备呢？

1.14 举例说明在下列环境中，如何维护高速缓存数据的一致性：

  a. 单处理器系统

  b. 多处理器系统

  c. 分布式系统

1.15 请描述一种加强内存保护以防止程序修改其他程序的内存的相关机制。

1.16 什么样的网络配置最适合下面的这些情况？

  a. 宿舍的一层

  b. 一个大学校园

  c. 一个州

  d. 一个国家

1.17 列出下列类型操作系统的基本特点。

  a. 批处理

  b. 交互式

  c. 分时

  d. 实时

  e. 网络

  f. 并行

  g. 分布

  h. 集群

  i. 手持

1.18 手持计算机中固有的折中属性有哪些?

文 献 注 记

  Brookshear[2003]给出了计算机科学的概述。

  Bovet 和 Cesati[2002]提供了关于 Linux 操作系统的综述。Solomon 和 Russinovich[2000]论述了 Windows 操作系统及重要的系统内部和部件的技术细节。Mauro 和 McDougall[2001]介绍了 Solaris 操作系统,而 http://www.apple.com/macosx 给出了有关 Mac OS X 的信息。

  Parameswaran 等[2001]、Gong[2002]、Ripeaun 等[2002]、Agre[2003]、Balakrishnan 等[2003]和 Loo[2003]都涉及了对等系统的内容。Lee[2003]中讨论了对等文件共享系统。Buyya[1999]提供了一个关于集群计算的很好的综述,Ahmed[2000]对近来集群计算的进展进行了讨论。Tanenbaum 和 Van Renesse[1985]探讨了有关操作系统支持分布式系统的内容。

  有许多关于操作系统的教科书,包括 Stallings[2000b]、Nutt[2004]和 Tanenbaum[2001]。Hamacher 等[2002]介绍了计算机组织,Hennessy 和 Patterson[2002]讨论了一般 I/O 系统、总线和系统结构。

  Smith[1982]描述和分析了高速缓存(包括关联存储器),还包括相关书目。

  Freedman[1983]和 Harker 等[1981]论述了磁盘技术。Kenville[1982]、Fujitani[1984],O'Leary 和 Kitts[1985],Gait[1988]、Olsen 和 Kenly[1989]讨论了光盘。Pechura 和 Schoeffler[1983]和 Sarisky[1983]讨论了软盘。Chi[1982]和 Hoagland[1985] 论述了大容量存储技术。

  Kurose 和 Ross[2005]、Tanenbaum[2003]、Peterson 和 Davie[1996],以及 Halsall[1992]提供了计算机网络的概观。Fortier[1989]给出了关于计算机网络硬件和软件的详细论述。

  Wofl[2003]研究了开发嵌入式系统的最近发展,Myers 和 Beigl[2003]、Di Pietro 和 Mancini[2003]论述了有关手持设备的相关内容。

第 2 章　操作系统结构

操作系统为执行程序提供环境。从内部结构来说，操作系统变化很大，有很多组织方式。设计一个新的操作系统是个大型任务。在开始设计前，定义好系统目标非常重要。所要设计系统的类型决定了如何选择各种算法和策略。

可以从多个角度来研究操作系统。第一是通过考察所提供的服务。第二是通过考察为用户和程序员提供的接口。第三是研究系统的各个组成部分及其相互关系。在本章里，将从用户角度、程序员角度和操作系统设计人员角度来分别研究操作系统的三个方面。本章将研究操作系统提供什么服务、如何提供服务、设计操作系统的各种方法。最后，介绍如何生成操作系统，以及计算机如何启动它的操作系统。

本章目标
- 介绍操作系统为用户、进程和其他系统提供的服务。
- 讨论组织操作系统的不同方法。
- 解释如何安装、定制操作系统，以及如何启动。

2.1　操作系统服务

操作系统提供一个环境以执行程序。它向程序和这些程序的用户提供一定的服务。当然，所提供的具体服务随操作系统而不同，但还是有一些共同特点。这些操作系统服务方便了程序员，使得编程更加容易。

一组操作系统服务提供对用户很有用的函数：

- **用户界面**：所有的操作系统都有**用户界面**（user interface, UI）。用户界面可以有多种形式。一种是**命令行界面**（command-line interface, CLI），它采用文本命令，并用一定的方法输入（即一种允许输入并编辑的命令）。另一种是批界面，其中控制这些命令和命令的指令被输入文件中，通过执行文件来实现。最为常用的是**图形用户界面**（graphical user interface, GUI），此时界面是一个视窗系统，它具有定位设备来指挥 I/O、从菜单来选择、选中部分并用键盘输入文本。有些系统还提供了两种甚至所有这三种界面。

- **程序执行**：系统必须能将程序装入内存并运行程序。程序必须能结束执行，包括正常或不正常结束（指明错误）。

- **I/O 操作**：运行程序可能需要 I/O，这些 I/O 可能涉及文件或设备。对于特定设备，需要特定的功能（如刻录 CD 或 DVD 驱动器，或清屏）。为了提高效率和进行保护，用户通常不能直接控制 I/O 设备。因此，操作系统必须提供进行 I/O 操作的方法。

- **文件系统操作**：文件系统特别重要。很明显，程序需要读写文件和目录，也需要根据文件名来创建和删除文件、搜索一个给定的文件、列出文件信息。最后，有些程序还包括了基于文件所有权的允许或拒绝对文件或目录的访问管理。

- **通信**：在许多情况下，一个进程需要与另一个进程交换信息。这种通信有两种主要形式。一种是发生在同一台计算机运行的两个进程之间。另一种是运行在由网络连接起来的不同的计算机上的进程之间。通信可以通过*共享内存*来实现，也可通过*消息交换技术*来实现（对于消息交换，消息包通过操作系统在进程之间移动）。

- **错误检测**：操作系统需要知道可能出现的错误。错误可能发生在 CPU 或内存硬件（如内存错误或电源失败）、I/O 设备（磁带奇偶出错，网络连接出错，打印机缺纸）和用户程序中（如算术溢出，试图访问非法内存地址，使用 CPU 时间太长）。对于每种类型的错误，操作系统应该采取适当的动作以确保正确和一致的计算。调试工具可以在很大程度上加强用户和程序员有效使用系统的能力。

另外，还有一组操作系统函数，它们不是帮助用户而是确保系统本身高效运行。多用户系统通过共享计算机资源可以提高效率。

- **资源分配**：当同时有多个用户或多个作业运行时，系统必须为它们中的每一个分配资源。操作系统管理多种不同的资源。有的资源（如 CPU 周期、内存和文件存储）可能要有特别的分配代码，而其他的资源（如 I/O 设备）可能只需要通用的请求和释放代码。例如，为了最好地使用 CPU，操作系统需要采用 CPU 调度算法以考虑 CPU 的速度、必须执行的作业、可用的寄存器数和其他因素。还有一些其他程序可以分配打印机、Modem、USB 存储设备和其他外设。

- **统计**：需要记录哪些用户使用了多少和什么类型的资源。这种记录可用于记账（以便让用户交费），或用于统计数据。使用统计数据对研究人员很有用，可用于重新配置系统以提高计算服务能力。

- **保护和安全**：对于保存在多用户或网络连接的计算机系统中的信息，用户可能需要控制信息的使用。当多个进程并发执行时，一个进程不能干预另一个进程或操作系统本身。保护即确保所有对系统资源的访问是受控的。系统安全不受外界侵犯也很重要。这种安全从用户向系统证明自己（利用密码）开始，以获取对系统资源访问权限。安全也包括保护外部 I/O 设备，如 Modem 和网络适配器不受非法访问，并记录所有非法闯入的企图。如果一个系统需要保护和安全，那么系统中的所有部分都要预防。一条链子的强度与其最弱的链环相关。

2.2 操作系统的用户界面

用户与操作系统的界面有两种基本的方法。第一种方法是提供命令行界面或命令中断，允许用户直接输入通过操作系统完成的命令；第二种方法允许用户通过图形用户界面（GUI）与操作系统交互。

2.2.1 命令解释程序

有的操作系统在其内核部分包含命令解释程序。其他操作系统，如 Windows XP 和 UNIX，将命令解释程序作为一个特殊程序，当一个任务开始时或用户首次登录时（分时系统），该程序就会运行。在具有多个命令解释程序选择的系统中，解释程序被称为**外壳**（Shell）。例如，在 UNIX 和 Linux 系统中，有多种不同的 Shell 可供用户选择，包括：Bourne Shell、C Shell、Bourne-Again Shell、Korn Shell 等。许多 Shell 除细小的差别外，都提供类似的功能，许多用户对 Shell 的选择只是基于个人偏好。

命令解释程序的主要作用是获取并执行用户指定的下一条命令。这一层中提供的许多命令都是操作文件的：创建、删除、列出、打印、复制、执行等，MS-DOS 和 UNIX 的 Shell 就是这样工作的。执行这些命令有两种常用的方法。

一种方法是命令解释程序本身包含代码以执行这些命令。例如，删除文件的命令可能导致命令解释程序转到相应的代码段以设置参数和执行合适的系统调用。对于这种方法，所能提供的命令的数量决定了命令解释程序的大小，这是因为每个程序需要它自己实现代码。

另一种方法为许多操作系统如 UNIX 所使用，由系统程序实现绝大多数命令。这样，命令解释程序不必理解什么命令，它只要用命令来识别文件以装入内存并执行。因此，UNIX 删除文件的命令

rm file.txt

会搜索名为 rm 的文件，将该文件装入内存，并用参数 file.txt 来执行。与 rm 命令相关的功能是完全由文件 rm 的代码所决定。这样，程序员能通过创建合适名称的新文件以轻松地向系统增加新命令。这种命令解释程序可能很小，在增加新命令时不必改变。

2.2.2 图形用户界面

与操作系统交互的第二种方法是采取友好的用户图形界面（GUI）。与用户通过命令行直接输入命令不同，GUI 允许提供基于鼠标的窗口和菜单系统作为接口。GUI 提供了桌面的概念，用户移动鼠标把指针定位到屏幕（桌面）的图像（图标，**icon**）上。图标代表程序、文件、目录和系统功能。根据鼠标指针的位置，按一下鼠标按钮可以调用程序、选择

文件和目录（被称为文件夹）或打开包含命令的菜单。

图形用户界面首次出现在 20 世纪 70 年代的 Xerox PARC 研究设备的研究工作中。1973年产生了第一个 GUI 界面。但是，直到 20 世纪 80 年代随苹果公司 Macintosh 计算机的出现，图形界面才变得普及。这些年来，Macintosh 操作系统（Mac OS）的用户界面经过了许多变化，最显著的变化是 Mac OS X 采用的 Aqua 界面。微软公司的第一个 Windows 版本（版本 1.0）就是基于给 MS-DOS 操作系统提供的 GUI 界面。后续的 Windows 版本对 GUI 的外观做了一些表面改进，并加强了一些功能，包括 Windows Explorer。

传统上，UNIX 系统使用命令行界面。然而还有很多不同的 GUI 界面，包括通用桌面环境（CDE）和 X 窗口系统，已在诸如 Solaris 和 IBM 的 AIX 系统等 UNIX 商用系统中广为应用。当然，还是有大量的**开源**（open source）项目的 GUI 设计开发出现，如 K 桌面环境（*KDE*）和 GNU 项目的 *GNOME* 桌面。KDE 和 GNOME 桌面都可以运行在 Linux 和不同的 UNIX 系统中，可根据开放源代码许可获得（这意味着它们的源代码是公共的）。

选择命令行还是 GUI 界面取决于个人喜好。一般规律是，许多 UNIX 用户更喜欢命令行界面，因为它提供了更强大的 Shell 界面。另一方面，绝大多数 Windows 用户喜欢 Windows 的 GUI 环境，而几乎从不使用 MS-DOS 命令行 Shell 界面。Macintosh 操作系统所经历的变化提供了很好的与此相反的研究。在历史上，Mac OS 并没有提供命令行界面，而是要求它的使用者通过 GUI 与操作系统交互。但随着 Mac OS X（部分实现采用 UNIX 内核）的发行，操作系统提供了新的 Aqua 界面和命令行界面两种界面方式。

用户界面可随系统的不同甚至用户的不同而变化。它常被从实际系统结构中删除。因此，友好且有用的用户界面的设计不再是操作系统统管的功能。本书中，集中研究向用户程序提供足够功能的基本问题。从操作系统的角度而言，不用区分用户程序和系统程序。

2.3 系 统 调 用

系统调用（system call）提供了操作系统提供的有效服务界面。这些调用通常用 C 或 C++编写，当然，对底层的任务（如必须直接访问的硬件），可能以汇编语言指令的形式提供。

在讨论操作系统如何使其系统调用可用之前，首先用一个例子来解释如何使用系统调用：编写一个从一个文件读取数据并复制到另一个文件的简单程序。程序首先所需要的输入是两个文件的名称：输入文件名和输出文件名。根据操作系统设计的不同，这些名称有许多不同的表示方法。一种方法是程序向用户提问然后得到两个文件名。对于交互系统，这种方法需要一系列的系统调用：先在屏幕上写出提示信息，再从键盘上读取定义两个文件名称的字符。对于基于鼠标和基于图标的系统，一个文件名的菜单通常显示在一个窗口中。用户通过鼠标选择源文件名，另一个类似窗口可以用来选择目的文件名。这个过程需要许多 I/O 系统调用。

在得到两个文件名后，该程序打开输入文件并创建输出文件。每个操作都需要另一个系统调用。每个操作都有可能遇到错误情况。当程序设法打开输入文件时，它可能发现该文件不存在或者该文件受保护而不能访问。在这些情况下，程序应该在终端上打印出消息（另一系列系统调用），并且非正常地终止（另一个系统调用）。如果输入文件存在，那么必须创建输出文件。用户可能会发现具有同一名称的输出文件已存在。这种情况可能导致程序中止（一个系统调用），或者必须删除现有文件（另一个系统调用）并创建新的文件（另一个系统调用）。对于交互式系统，另一选择是问用户（一系列的系统调用以输出提示信息并从终端读入响应）是否需要替换现有文件或中止程序。

现在两个文件都已设置好，可以进入循环以从输入文件中读（一个系统调用）并向输出文件中写(另一个系统调用)。每个读和写都必须返回一些关于各种可能错误的状态信息。对于输入，程序可能发现已经到达文件的结束，或者在读过程中发生了一个硬件失败（如奇偶检验误差）。对于写操作，根据输出设备的不同可能出现各种错误（如没有磁盘空间、打印机没纸等）。

最后，在整个文件复制完成后，程序可以关闭两个文件（另一个系统调用），在终端或窗口上写一个消息（更多系统调用），最后正常结束（最后的系统调用）。可见，一个简单的程序也会大量使用操作系统。通常，系统每秒执行数千个系统调用。图 2.1 显示了这个系统调用序列。

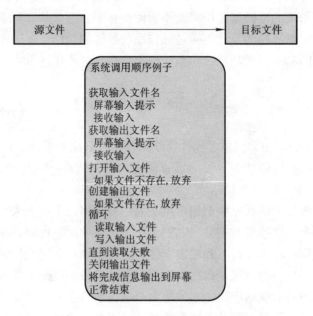

图 2.1　如何使用系统调用的例子

不过，绝大多数程序员不会看到这些细节。一般应用程序开发人员根据**应用程序接口**（API）设计程序。API 是一系列适用于应用程序员的函数，包括传递给每个函数的参数及其返回的程序员想得到的值。有三种应用程序员常用的 API：适用于 Windows 系统的 Win32 API，适用于 POSIX 系统的 POSIX API（包括几乎所有 UNIX、Linux 和 Mac OS X 版本），以及用于设计运行于 Java 虚拟机程序的 Java API。

注意，贯穿本书的系统调用名是常用的例子，每个操作系统都有自己的系统调用命名。

标准 API 的例子

作为标准 API 的一个例子，可考虑 Win32 API 中的 ReadFile()方法，它从文件中读取。这个方法的 API 如图 2.2 所示。

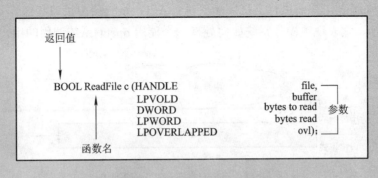

图 2.2 ReadFile()函数的 API

ReadFile()函数的参数描述如下：

- HANDLE file：所要读取的文件。
- LPVOID buffer：读进写出的数据缓冲。
- DWORD bytesToRead：将要读入缓冲区中的字节数。
- LPDWORD bytesRead：上次读操作读的字节数。
- LPOVERLAPPED ovl：指示是否使用重叠 I/O。

在后台，组成 API 的函数通常为应用程序员调用实际的系统调用。例如，Win32 函数 CreateProcess()（用于生成一个新的进程）实际上调用 Windows 内核中的 NTCreateProcess() 系统调用。为什么一个应用程序员宁可根据 API 来编程，而不是调用实际的系统调用呢？这有几个原因。根据 API 编程的好处之一在于程序的可移植性，一个采用 API 设计程序的应用程序员希望她的程序能在任何支持同样 API 的系统上编译并执行（尽管事实上，体系的不同常使其很困难）。此外，对一个应用程序员而言，实际的系统调用比 API 更为注重细节和困难。尽管如此，调用 API 中的函数和与其相关的内核系统调用之间还是常常存在紧密的联系。事实上，许多 Win32 和 POSIX 的 API 与 UNIX、Linux 和 Windows 操作系统提供的自身的系统调用是相类似的。

绝大多数程序设计语言的运行时支持系统（与编译器一起的预先构造的函数库）提供了系统调用接口，作为应用程序与操作系统的系统调用的链接。系统调用接口截取 API 的函数调用，并调用操作系统中相应的系统调用。通常，每个系统调用一个与其相关的数字，系统调用接口根据这些数字维护一个列表索引。然后，系统调用接口来调用所需的操作系统内核中的系统调用，并返回系统调用状态及其他返回值。

调用者不需要知道如何执行系统调用或者执行过程中它做了什么，它只需遵循 API 并了解执行系统调用后，系统做了什么。因此，对于程序员，通过 API 操作系统接口的绝大多数细节被隐藏起来，并被执行支持库所管理。API、系统调用接口和操作系统之间的关系如图 2.3 所示，它表现了操作系统如何处理一个调用 open()系统调用的用户应用。

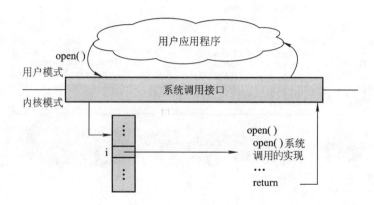

图 2.3　处理一个调用 open()系统调用的用户应用程序

系统调用根据使用的计算机的不同而不同。通常，需要提供比所需系统调用识别符更多的信息。这些信息的具体类型和数量根据特定操作系统和调用而有所不同。例如，为了获取输入，可能需要指定作为源的文件或设备和用于存放输入的内存区域的地址和长度。当然，设备或文件和长度也可以隐含在调用中。

向操作系统传递参数有三种方法。最简单的是通过寄存器来传递参数。不过有时，参数数量会比寄存器多。这时，这些参数通常存在内存的块和表中，并将块的地址通过寄存器来传递（见图 2.4）。Linux 和 Solaris 就采用这种方法。参数也可通过程序放在或*压入堆栈*中，并通过操作系统*弹出*。有的系统采用块或堆栈方法，因为这些方法并不限制所传递参数的数量或长度。

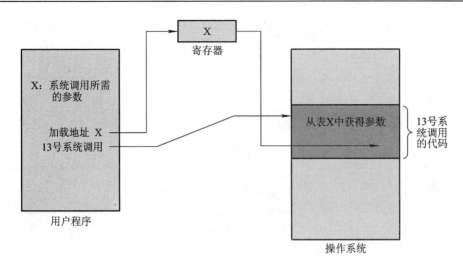

图 2.4　参数作为表传递

2.4　系统调用类型

　　系统调用大致可分成五大类：**进程控制、文件管理、设备管理、信息维护**和**通信**。在 2.4.1 小节到 2.4.5 小节，将简要描述操作系统可能提供的系统调用类型。这些系统调用大多支持后面几章所讨论的有关概念和功能，或被其所支持。图 2.5 总结了操作系统通常提供的系统调用类型。

2.4.1　进程控制

　　运行程序需要能正常或非正常地中断其执行（end 或 abort）。如果一个系统调用被用来非正常地中断执行程序，或者程序运行碰到问题而引起错误陷阱，那么可能会有内存信息转储并产生一个错误信息。内存信息转储通常写到磁盘上，并被**调试器**（帮助程序员发现和纠正错误的系统程序）检查和确定问题原因。不管是正常还是非正常中止，操作系统都必须将控权制转交给调用命令解释器。命令解释器接着读取下一个命令。对于交互系统，命令解释器只不过简单地读取下一个命令，因为假定用户会采取合适的命令以处理错误。对于 GUI 系统，一个弹出窗口可提醒用户出错并请求建议。对于批处理系统，命令解释器通常终止整个作业并继续下一个作业。当出现一个错误的时候，有的系统允许控制卡指出一个具体的恢复动作。**控制卡**是一个批处理系统概念，它是一个管理进程执行的命令。如果程序发现输入有错并想要非正常地终止，那么它可能也需要定义一个错误级别。更加严重的错误可以用更高级的错误参数来表示。如果将正常终止定义为级别为 0 的错误，那么可能将正常和非正常终止混合起来。命令解释器和下一个程序能利用错误级别来自动决定下一个动作。

- ● 进程控制
  - ○ 结束，放弃
  - ○ 装入，执行
  - ○ 创建进程，终止进程
  - ○ 取得进程属性，设置进程属性
  - ○ 等待时间
  - ○ 等待事件，唤醒事件
  - ○ 分配和释放内存
- ● 文件管理
  - ○ 创建文件，删除文件
  - ○ 打开，关闭
  - ○ 读、写、重定位
  - ○ 取得文件属性，设置文件属性
- ● 设备管理
  - ○ 请求设备，释放设备
  - ○ 读、写、重定位
  - ○ 取得设备属性，设置设备属性
  - ○ 逻辑连接或断开设备
- ● 信息维护
  - ○ 读取时间或日期，设置时间或日期
  - ○ 读取系统数据，设置系统数据
  - ○ 读取进程，文件或设备属性
  - ○ 设置进程，文件或设备属性
- ● 通信
  - ○ 创建，删除通信连接
  - ○ 发送，接受消息
  - ○ 传递状态消息
  - ○ 连接或断开远程设备

图 2.5 系统调用的类型

执行一个程序的进程或作业可能需要装入和执行另一个程序。这一点允许命令解释器来执行一个程序，该命令可通过用户命令、鼠标单击或批处理命令来表示。当装入程序终止时，一个有趣的问题是控制权返回到哪里。这个问题与现有程序是否丢失、保存或与新程序继续并发执行有关。

如果新程序终止时控制权返回到现有程序，那么必须保存现有程序的内存映像。因此，事实上创建了一个机制以便一个程序调用另一个程序。如果两个程序并发继续，那么创建了一个新作业和进程以便多道执行。通常，有的系统调用专门用于这一目的（如 create process 或 submit job)。

如果创建一个新作业或进程，或者一组作业或一组进程，那么应该能控制它的执行。这种控制要求能决定和重置进程或作业的属性，包括作业的优先级、最大允许执行时间等(get process attributes 和 set process attributes)。如果发现所创建的进程不正确或不再需要，那么也要能终止它(terminate process)。

标准 C 程序库的例子

标准 C 程序库提供了许多 UNIX 和 Linux 版本的部分系统调用接口。举个例子，假定 C 程序调用了 printf() 语句。C 程序库拦截这个调用来调用必要的操作系统系统调用(在本例中是 write() 系统调用)。C 程序库把 write() 的返回值传递给用户程序，见图 2.6。

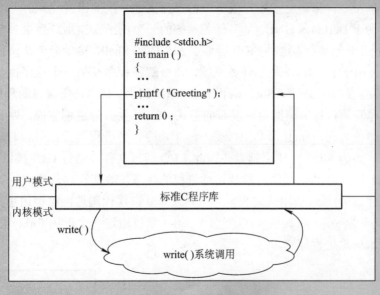

图 2.6 write() 的 C 库函数处理

创建了新作业和进程之后，可能需要等待其完成执行。这需要等待一定时间(等待时间)，更有可能需要等待某个事件的出现(等待事件)。当事件出现时，作业或进程就会响应(响应事件)。第 6 章将深入讨论处理并发进程同步的系统调用。

另一组系统调用有助于调试程序。许多系统提供转储内存信息的系统调用。这有助于调试。程序 trace 在执行时能列出所用的每条执行的指令，但是只有少数几类系统提供。即使微处理器也提供一个称为单步的 CPU 模式，这种模式在每个指令运行后能执行一个陷阱。该陷阱通常为调试程序所用。

许多操作系统都提供程序的时间表，以表示一个程序在某个位置或某些位置执行所花的时间。时间表要求具有跟踪功能或定时时间中断。在每次出现定时中断时，会记录程序计数器的值。如果有足够频繁的时间中断，就可得到程序各部分所用时间的统计数据。

进程或作业控制有许多方面和变化，下面将通过两个例子来解释这些概念——一个涉及单任务系统，而另一个涉及多任务系统。MS-DOS 操作系统是一个单任务系统的例子，它在计算机开始时就运行一个命令解释程序（见图 2.7(a)）。由于 MS-DOS 是单任务的，它采用了一个简单方法来执行程序且不创建新进程。它将程序装入内存，并改写它自己的绝大部分，以便为新程序提供尽可能多的空间（见图 2.7(b)）。然后它将指令指针设为程序的第一条指令。接着运行程序，或者一个错误会引起中断，或者程序执行一个系统调用以终止。不管如何，错误代码会保存在系统内存中以便在后面使用。最后，命令解释程序中尚未改写的部分会重新开始执行。其首要任务是从磁盘中重新装入命令解释器的其他部分。当完成任务时，命令解释器会向用户或下一程序提供上一次的错误代码。

FreeBSD(源于 Berkeley UNIX)是多任务系统的一个例子。当用户登录到系统时，从用户所选择的 Shell 开始执行。这种 Shell 类似于 MS-DOS Shell，接受命令并执行用户所要求的程序。不过，由于 FreeBSD 是多任务系统，命令解释程序在另一个程序执行时可继续执行（图 2.8）。为了启动新进程，Shell 执行 fork()系统调用。接着，所选择的程序通过 exec()装入内存，程序开始执行。根据命令发布的方式，Shell 要么等进程完成，要么在后台执行进程。对于后一种情况，Shell 可马上接受下一个命令。当进程运行在后台时，它不能直接接受键盘输入，因为 Shell 在使用键盘。因此，I/O 通过文件或通过 GUI 接口完成。同时，用户可以让 Shell 执行其他程序，监视运行进程的状态，改变程序优先级，等等。当进程完成时，它执行 exit()系统调用来终止，并将 0 或非 0 错误代码返回给调用进程。这一状态（或错误）代码可为 Shell 或其他程序所使用。第 3 章将通过一个使用 fork()和 exit()系统调用的程序例子来讨论进程问题。

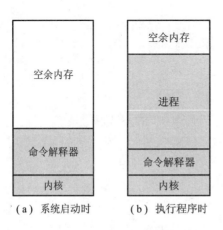

图 2.7 MS-DOS 执行状态　　　　图 2.8 运行多个程序的 FreeBSD

Solaris 10 动态跟踪工具

使操作系统更容易理解、调试和调整是热门的研究方向,取得了一些成就。比如,Solaris 10 操作系统包含了 dtrace 动态跟踪工具,它可以动态探测运行的系统。可以用 D 语言来查询这些探测,从而确定数量惊人的内核、系统状态和进程活动信息。比如,图 2.9 所示为在一个应用程序执行系统调用 ioctl 的时候跟踪它,然后进一步显示内核在执行系统调用 ioctl 的时候进行的其他系统调用。以"U"结尾的行是在用户态执行的,以"K"结尾的行是在内核态执行的。

```
# ./all. d 'pgrep xclock'  XEventQueued
Dtrace: script  './all. d' matched 52377 probes
CPU FUNCTION
  0  - > XEventQueued                          U
  0   - > _XEventQueued                         U
  0     - > _XllTransBytesReadable              U
  0     < - _XllTransBytesReadable              U
  0     - > _XllTransSocketBytesReadable        U
  0     < - _XllTransSocketBytesReadable        U
  0     - > ioctl                               U
  0      - > ioctl                              K
  0       - > getf                              K
  0        - > set_active_fd                    K
  0        < - set_active_fd                    K
  0       < - getf                              K
  0       - > get_udatamodel                    K
  0       < - get_udatamodel                    K
  ...
  0        - > releasef                         K
  0         - > clear_active_fd                 K
  0         < - clear_active_fd                 K
  0         - > cv_broadcast                    K
  0         < - cv_broadcast                    K
  0        < - releasef                         K
  0      < - ioctl                              K
  0    < - ioctl                                U
  0   < - _XEventQueued                         U
  0  < - XEventQueued                           U
```

图 2.9 Solaris 10 内核中跟踪一个系统调用

其他操作系统开始包括各种性能和跟踪工具,这为许多机构的研究所支持(包括 Paradyn 项目)。

2.4.2 文件管理

在第 10 章和第 11 章,将深入讨论文件系统。不过,现在指出一些有关文件的常用系统调用。

首先需要能创建和删除文件。每个系统调用需要文件名,还可能需要一些文件属性。一旦创建了文件后,就需要打开并使用它。也可能需要读、写或重定位(例如,倒回到或跳到文件末尾）。最后，需要关闭文件，以表示不再使用它。

如果用目录结构来组织文件系统内的文件，那么目录也需要同样的操作。另外，不管是文件还是目录，都需要能确定其属性，或设置其属性。文件属性包括文件名、文件类型、保护模式、计账信息等。至少需要两个系统调用（读取文件属性和设置文件属性）完成这一功能。有的操作系统提供更多的调用，如文件移动和复制。其余的，一部分可能提供采用代码或系统调用完成这些操作的 API，另一部分可能仅提供完成这些任务的系统程序。如果系统程序被其他程序所调用，则其中每一个均可以被其他系统调用视为一个 API。

2.4.3　设备管理

程序在执行时需要用到一些资源才能继续运行，例如内存、磁盘驱动、文件访问等。如果有可用资源，那么系统允许请求，控制应返回到用户程序；否则，程序必须等待可用的足够多的资源。

操作系统控制的不同的资源可当做设备看待，这些设备有些是物理设备（如磁带），而其他可当做抽象或虚拟的设备（如文件）。如果系统有多个用户，那么用户必须请求设备以确保能独自使用它。在使用完设备之后，用户需要释放它。这些函数类似于文件的打开和关闭（open 和 close）的系统调用。另一些操作系统允许不受管理的设备访问，这带来的危害是潜在的设备争夺以及可能发生的死锁，这将在第 7 章中讨论。

一旦请求了设备（并得到设备）之后，就能如同对文件一样，来对设备进行读、写、（可能）重定位。事实上，I/O 设备和文件非常相似，以至于许多操作系统如 UNIX 将这两者合并为文件-设备结构。这时，一套系统调用可用在文件和设备上。有时，I/O 设备可通过特殊文件名、目录位置或文件属性来表示。

即便内在的系统调用不同，UI 同样可以使文件和设备表现相似。这是为什么要深入研究操作系统和用户接口的另一个例子。

2.4.4　信息维护

许多系统调用只不过用于用户程序与操作系统之间传递信息。例如，绝大多数操作系统都有一个系统调用以返回当前的时间和日期。其他系统调用可返回系统的其他信息，如当前用户数、操作系统的版本、空闲内存或磁盘的多少等。

另外，操作系统维护所有进程的信息，有些系统调用可访问这些信息。一般来说，也有系统调用用于设置进程信息（读取进程属性和设置进程属性）。在 3.1.3 小节，将讨论通常需要维护什么信息。

2.4.5　通信

有两种通信模型：消息传递模型和共享内存模型。对于**消息传递模型**（message-passing

model), 通信进程通过彼此之间交换消息来交换信息。直接或间接地通过一个共同的邮箱, 消息可以在进程之间得到交换。在通信前, 必须先打开连接。必须知道另一个通信实体的名称, 它可能是同一 CPU 的另一个进程, 也可能是通过与网络相连的另一计算机上的进程。网络上的每台计算机都有一个**主机名**, 这通常是已知的。同样, 主机也有一个网络标识, 如 IP 地址。类似地, 每个进程也有**进程名**, 它通常转换成标识符以便操作系统引用。系统调用 get hostid 和 get processid 用于这一转换。这些标识符再传递给文件系统提供的通用 open 和 close 系统调用, 或 open connection 和 close connection 系统调用, 这是由系统的通信模型决定的。接受方进程通常通过 accept connection 调用来允许通信。能接收连接的进程为特殊用户的后台程序, 这些程序是专用的系统程序。它们执行 wait for connection 调用, 当有连接时会被唤醒。通信源被称为客户机, 而接受方则被称为服务器, 通过 read message 和 write message 系统调用来交换消息。close connection 调用将终止通信。

对于**共享内存模型**（shared-memory model）, 进程使用 shared memory create 和 shared memory attach 系统调用来获得其他进程所拥有的内存区域的访问权。回想一下操作系统通常需要阻止一个进程访问另一个进程的内存。共享内存要求两个甚至多个进程都同意取消这一限制, 这样它们就可以通过读写公共区域来交换信息。数据的形式和位置是由这些进程来定的, 不受操作系统所控制。进程也负责确保它们不会同时向同一个地方写。这些机制将在第 6 章讨论。第 4 章将讨论进程模型的一种变形, 即**线程**, 一般来说它们共享内存。

上面讨论的两种模型在操作系统中都常用, 而且大多数系统两种都实现了。消息传递对交换少量数据很有用, 这是因为不必避免冲突。对于计算机间的通信, 它也比共享内存更容易实现。共享内存允许最大速度地通信并且十分方便, 这时因为当通信发生在计算机内, 它能以内存的速度进行。不过, 在保护和同步方面, 进程共享内存存在一些问题。

2.5 系统程序

现代系统的另一方面是一组系统程序。回顾一下图 1.1, 它描述了计算机逻辑层次。最底层是硬件, 上面是操作系统, 接着是系统程序, 最后是应用程序。系统程序提供了一个方便的环境, 以开发程序和执行程序。其中一小部分只是系统调用的简单接口, 其他的可能是相当复杂的。它们可分为如下几类:

- **文件管理**: 这些程序创建、删除、复制、重新命名、打印、转储、列出和操作文件和目录。

- **状态信息**: 一些程序从系统那里得到日期、时间、可用内存或磁盘空间的数量、用户数或类似状态信息。另一些更为复杂, 能提供详细的性能、登录和调试信息。通常, 这些信息经格式化后, 再打印到终端、输出设备或文件, 或在 GUI 的窗体上显示。有些系统还支持**注册表**, 它被用于存储和检索配置信息。

- **文件修改**：有多个编辑器可以创建和修改位于磁盘或其他存储设备上的文件内容。也可能有特殊的命令被用于查找文件内容或完成文本的转换。
- **程序语言支持**：常用程序设计语言（如 C、C++、Java、Visual Basic 和 Perl 等）的编译程序、汇编程序、调试程序和解释程序通常与操作系统一起提供给用户。
- **程序装入和执行**：一旦程序汇编或编译后，它必须装入内存才能执行。系统可能要提供绝对加载程序、重定位加载程序、链接编辑器和覆盖式加载程序。系统还需要有高级语言或机器语言的调试程序。
- **通信**：这些程序提供了在进程、用户和计算机系统之间创建虚拟连接的机制。它们允许用户在互相的屏幕上发送消息，浏览网页，发送电子邮件，远程登录，从一台机器向另一台机器传送文件。

除系统程序外，绝大多数操作系统都提供程序以解决一般问题和执行一般操作。这些程序包括网页浏览器、字处理器和文本格式化器、电子制表软件、数据库系统、编译编译器、打印和统计分析包以及游戏。这些程序称为**系统工具**或**应用程序**。

绝大多数用户所看到的操作系统是由应用和系统程序而不是系统调用所决定的，例如 PC 的使用。当计算机运行 Mac OS X 操作系统时，用户可能看到 GUI、鼠标或窗口接口。另一种可能是，在 GUI 的某个窗体上，计算机可能有一个命令行 UNIX Shell。两者都使用同样集合的系统调用，但是系统调用看起来不同并且其动作也不同。

2.6　操作系统设计和实现

本节讨论设计和实现系统时所遇到的一些问题。虽然对这些问题没有完整的解决方案，但是有些方法还是很成功的。

2.6.1　设计目标

系统设计的第一个问题是定义系统的目标和规格。在最高层，系统设计受到硬件选择和系统类型的影响：批处理、分时、单用户、多用户、分布式、实时或通用目标。

除了最高设计层，这些要求可能难以描述。需求可分为两个基本类：*用户目标*和*系统目标*。

用户要求一些明显的系统特性：系统应该方便和容易使用、容易学习、可靠、安全和快速。当然，这些规格对于系统设计并不特别有用，因为人们并没有在如何达到这些目标上达成一致的意见。

设计、创建、维护和操作系统的有关人员可以定义另一组要求：操作系统应该容易设计、实现和维护，也应该灵活、可靠、高效且没有错误。显然，这些要求在系统设计时并不明确，并可能产生不同的理解。

总之，关于定义操作系统的要求，没有一个唯一的解决方案。现实中存在许多类型的系统，说明了不同要求能形成对不同环境的解决方案。例如，一种嵌入式系统的实时操作系统 VxWorks 的要求与用于 IBM 大型机的多用户、多访问操作系统 MVS 的要求差别很大。

操作系统的规格和设计属于高度创造性工作。虽然没有教科书会告诉你如何去做，但是一般的**软件工程**原理还是适用的。现在就来讨论这些规则。

2.6.2　机制与策略

一个重要原理是**策略**（policy）和**机制**（mechanism）的区分。机制决定如何做，策略决定做什么。例如，定时器结构（参见 1.5.2 小节）是一种 CPU 保护的机制，但是对于特定用户将定时器设置成多长时间是个策略问题。

策略和机制的区分对于灵活性来说很重要。策略可能会随时间或位置而有所改变。在最坏情况下，每次策略改变都可能需要底层机制的改变。系统更需要通用机制，这样策略的改变只需要重定义一些系统参数。例如，考虑一种赋予某种程序相对于其他程序的优先级的机制。如果该机制正确地与策略区分开来，则它可以用来支持 I/O 密集型程序应该比 CPU 密集型程序有更高的优先级的策略，亦或支持相反的策略。

通过实现一组基本且简单的构造块，微内核操作系统（参见 2.7.3 小节）把机制与策略的区分利用到了极致。这些块与策略无关，允许通过用户创建的内核模块或用户程序本身来增加更高级的机制和策略。例如，想一想 UNIX 的历史，刚开始时，它实行分时调试，而到最新的 Solaris 版本，调度由可加载的表控制。根据当前加载的表，系统可以是分时的、批处理的、实时的或公平分配的。制定调试机制的目的在于通过单个 load-new-table 命令得到巨大的策略改变。另一种极端如 Windows 系统，其中机制和策略在系统中被编码以形成统一的系统风格。所有应用程序都有类似的接口，因为接口本身已在内核和系统库中构造。Mac OS X 操作系统也有类似的功能。

策略决定对所有的资源分配都很重要。无论何时，只要决定是否分配资源，就必须做出策略决定。只要问题是"如何做"而不是"是什么"，这就必须要由机制决定。

2.6.3　实现

在设计操作系统之后，就必须实现它。传统的操作系统是用汇编语言来编写的。不过，现在操作系统都是用高级语言如 C 或 C++来编写的。

第一个不是用汇编语言编写的系统可能是用于 Burroughs 计算机的主控程序（MCP）。MCP 是采用 ALGOL 语言编写的，MIT 开发的 MULTICS 主要是用 PL/1 语言来编写的。Linux 和 Windows XP 操作系统主要是用 C 语言编写的，有少数主要用于设备驱动程序与保存和恢复寄存器状态的代码是用汇编语言来编写的。

使用高级语言或至少是系统实现语言来实现操作系统，可以得到与用高级语言来编写应用程序同样的优点：代码编写更快，更为紧凑，更容易理解和调试。另外，编译技术的改进使得只要通过重新编译就可改善整个操作系统的生成代码。最后，如果用高级语言来编写，操作系统将更容易移植到不同的平台上。例如，MS-DOS 是用 Intel 8088 汇编语言编写的，因而只能用于 Intel 类型的 CPU。Linux 操作系统主要是用 C 语言来编写的，可用于许多不同的 CPU，如 Intel 80x86、Motorola 680x0、SPARC 和 MIPS RX000 等。

用高级语言来实现操作系统的缺点仅仅在于降低了速度和增加了存储要求，但这对当今的系统不再是主要问题。虽然汇编语言高手能编写更快、更小的子程序，但是现代编译器能对大程序进行复杂的分析并采用高级优化技术以生成优良代码。现代处理器都有很大的流水线和多个功能单元块，它们能处理复杂相关性，这些是人类的有限思维能力所难以处理的。

与其他系统一样，操作系统的重要性能改善很可能是由于更好的数据结构和算法，而不是由于优秀的汇编语言代码。另外，虽然操作系统很大，但是只有一小部分代码对于高性能来说是很关键的；内存管理器和 CPU 调度程序可能是最为关键的子程序。在系统编写完并能正确工作之后，就可以找出瓶颈子程序，并用相应的汇编语言子程序来替代。

为了识别瓶颈，必须要能监视系统性能，并增加代码以计算及显示系统行为的测量。对有的系统，操作系统通过生成系统行为的跟踪列表来执行这一任务。所有事件的时间和重要参数都记录下来，并写到文件中。之后，分析程序能处理日志文件以确定系统性能，并识别瓶颈和低效率。这些同样的跟踪能作为所建议改进系统模拟的输入。跟踪也有助于帮助找出操作系统行为的错误。

2.7 操作系统结构

对于像现代操作系统这样庞大而复杂的系统，为了能正常工作并能容易修改，必须认真设计。通常方法是将这一任务分成小模块而不只是一个单块系统。每个这样的模块都应该是明确定义的系统部分，且具有明确定义的输入、输出和功能。在第 1 章中已简要讨论了操作系统的常用模块，本节讨论这些模块如何连接起来以组成内核。

2.7.1 简单结构

许多商业系统没有明确定义的结构。通常，这些操作系统最初是较小、简单且功能有限的系统，但后来渐渐超过了其原来的范围。MS-DOS 就是一个这样的操作系统。它最初是由几个人设计和实现的，当时并没有想到它会如此受欢迎。由于它主要是利用最小的空间提供最多的功能，因此它并没有被仔细地划分成模块。图 2.10 显示了其结构。

在 MS-DOS 系统中，并没有很好地区分接口和功能层次。例如，应用程序能够访问基本的 I/O 子程序，直接写到显示器和磁盘驱动程序中。这种任意性使 MS-DOS 易受错误（或恶意）程序的伤害，从而导致用户程序出错时整个系统的崩溃。当然，MS-DOS 还受限于同时代的硬件，Intel 8088 未能提供双模式和硬件保护，MS-DOS 设计者除了允许基本的硬件的访问外，没有其他选择。

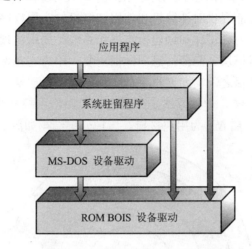

图 2.10　MS-DOS 层次结构

另一个受限结构的例子是原始的 UNIX 操作系统。UNIX 是另一个最初受到硬件功能限制的系统。它由内核和系统程序两个独立部分组成。内核进一步分成为一系列接口和驱动程序，这些年随着 UNIX 的发展，这些程序被不断地增加和扩展。可以将传统的 UNIX 操作系统分层来研究。如图 2.11 所示，物理硬件之上和系统调用接口之下的所有部分作为内核。内核通过系统调用以提供文件系统、CPU 调度、内存管理和其他操作系统功能。总的来说，这一层里面组合了大量的功能。这种单一式结构使得 UNIX 难以增强。

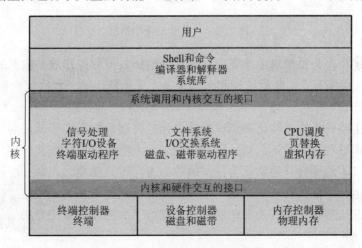

图 2.11　UNIX 系统结构

2.7.2 分层方法

采用适当硬件支持,操作系统可以分成比原来 MS-DOS 和 UNIX 所允许的更小和更合适的模块。这样操作系统能提供对计算机和使用计算机的应用程序更多的控制。实现人员能更加自由地改变系统的内部工作和创建模块操作系统。采用自顶向下方法,可先确定总的功能和特征,再划分成模块。隐藏信息同样很重要,因为它在保证子程序接口不变和子程序本身执行其功能的前提之下,允许程序员自由地实现低层函数。

系统模块化有许多方法。一种方法是**分层法**,即操作系统分成若干层(级)。最底层(层 0)为硬件,最高层(层 N)为用户接口。这种分层结构如图 2.12 所示。

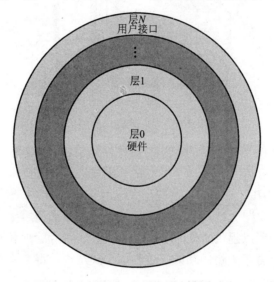

图 2.12　一种分层操作系统

操作系统层可作为抽象对象来实现,该对象包括数据和操作这些数据的操作。一个典型操作系统层(层 M)它由数据结构和一组可为上层所调用的子程序集合所组成。层 M 能调用底层的操作。

分层法的主要优点在于构造和调试的简单化。每层只能利用较低层的功能和服务。这种方法简化了调试和系统验证。第一层能先调试而不需要考虑系统其他部分,因为根据定义它只使用了基本的硬件(通常认为是正确的)来实现其功能。在第一层调试之后,可以认为它已正确运作,这样可以调试第二层,如此进行。如果在调试特定层时发现了错误,那么错误必然在该层,这是因为其低层都已调试好了。因此,系统分层简化了系统的设计和实现。

每层都是利用较低层所提供的功能来实现的。该层不必知道如何实现这些操作,它只需要知道这些操作能做什么。因此，每层为较高层隐藏了一定的数据结构、操作和硬件的存在。

分层法的主要困难涉及对层的详细定义，这是因为一层只能使用其下的较低层。例如，用于备份存储的设备驱动程序（虚拟内存算法所使用的磁盘空间）必须位于内存管理子程序之下，因为内存管理需要能使用磁盘空间。

其他则要求并不十分明显。备份存储驱动程序通常在 CPU 调用程序之上，因为该程序需要等待 I/O 完成，并在这段时间内可以重新调度 CPU。不过，对于大型系统，CPU 调度程序会有更多关于适合在内存中的活动进程的信息。因此，这些信息需要换入和换出内存，从而要求备份存储驱动程序位于 CPU 调度之下。

分层法实现的最后一个问题是与其他方法相比其效率稍差。例如，当一个用户程序执行 I/O 操作时，它执行系统调用，并陷入到 I/O 层；I/O 层会调用内存管理层，内存管理层接着调用 CPU 调度层，最后传递给硬件。在每一层，参数可能被修改，数据可能需要传递等。每层都为系统调用增加了额外开销；最终结果是系统调用比在非分层系统上要执行更长的时间。

这些限制在近年来引起了分层法的略微倒退。现在使用数量更少而功能更多的分层设计，提供了绝大多数模块化代码的优点，同时避免了层定义和交互的问题。

2.7.3 微内核

随着 UNIX 操作系统的扩充，内核变得更大且更难管理。在 20 世纪 80 年代中期，卡内基-梅隆大学的研究人员开发了一个称为 Mach 的操作系统，该系统采用**微内核**（microkernel）技术来模块化内核。这种方法将所有非基本部分从内核中移走，并将它们实现为系统程序或用户程序。这样得到了更小的内核。关于哪些应保留在内核内，而哪些应在用户空间内实现，并没有定论。不过，微内核通常包括最小的进程和内存管理以及通信功能。

微内核的主要功能是使客户程序和运行在用户空间的各种服务之间进行通信。通信以消息传递形式提供，参见 2.4.5 小节。例如，如果客户程序希望访问一个文件，那么它必须与文件服务器进行交互。客户程序和服务器决不会直接交互，而是通过微内核的消息传递来通信。

微内核方法的好处之一在于便于扩充操作系统。所有新服务可以在用户空间增加，因而并不需要修改内核。当内核确实需要改变时，所做的改变也会很小，因为微内核本身很小。这样的操作系统很容易从一种硬件平台设计移植到另一种硬件平台设计。由于绝大多数服务是作为用户而不是作为内核进程来运行的，因此微内核也就提供了更好的安全性和可靠性。如果一个服务器出错，那么操作系统其他部分并不受影响。

许多现代操作系统使用了微内核方法。Tru64 UNIX（前身是 Digital UNIX）向用户提供了 UNIX 接口，但是它是用 Mach 微内核来实现的。Mach 微内核将 UNIX 系统调用映射成对适当用户层服务的消息。

另一个例子是 QNX。QNX 也是一个基于微内核设计的实时操作系统。QNX 微内核提供了消息传递和进程调度服务。它也处理低层网络通信和硬件中断。所有 QNX 的其他服务是通过标准进程（运行在内核之外的用户模式）提供的。

遗憾的是，微内核必须忍受由于系统功能总开销的增加而导致系统性能的下降。回顾一下 Windows NT 的历史。它的第一个版本具有分层的微内核组织，不过，其性能要比 Windows 95 差。Windows NT 4.0 通过将有些层从用户空间移到内核空间，以及更紧密地集成这些层来提高性能。到设计 Windows XP 时，它更像是单一内核而不是微内核。

2.7.4 模块

也许最新的操作系统设计方法是用面向对象编程技术来生成模块化的内核。这里，内核有一组核心部件，以及在启动或运行时对附加服务的动态链接。这种方法使用动态加载模块，并在现代的 UNIX，如 Solaris、Linux 和 Mac OS X 中很常见。例如，如图 2.13 所示的 Solaris 操作系统结构被组织为 7 个可加载的内核模块围绕一个核心内核构成：

① 调度类。
② 文件系统。
③ 可加载的系统调用。
④ 可执行格式。
⑤ STREAMS 模块。
⑥ 杂项模块。
⑦ 设备和总线驱动。

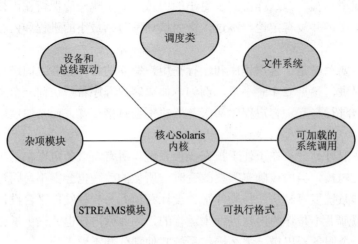

图 2.13 可加载的 Solaris 模块

这样的设计允许内核提供核心服务，也能动态地实现特定的功能。例如，特定硬件的设备和总线驱动程序可以加载给内核，而对各种文件系统的支持也可作为可加载的模块加入其中。所得到的结果就好像一个分层系统，它的每个内核部分都有被定义和保护的接口。但它比分层系统更为灵活，它的任一模块都能调用任何其他模块。进一步讲，这种方法类似于微内核方法，核心模块只有核心功能以及其他模块加载和通信的相关信息，但这种方法更为高效，因为模块不需要调用消息传递来通信。

苹果 Mac OS X 操作系统采用一种混合结构。Mac OS X（也被称为 Darwin）采用分层技术构建操作系统，其中一层包括 Mach 微内核。Mac OS X 结构如图 2.14 所示。

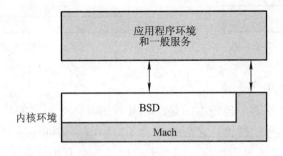

图 2.14　Mac OS X 结构

上面的层包括应用环境和一组向应用提供的图形接口的服务。它们的下面是内核环境，主要包括 Mach 微内核和 BSD 内核。Mach 提供内存管理，支持远程程序调用（RPC）和进程间通信（IPC）工具，包括消息传递和线程调度。而 BSD 提供了 BSD 命令行接口，支持网络和文件系统，以及 POSIX API 的实现，包括 Pthread。除 Mach 和 BSD 外，内核环境为设备驱动的开发和动态加载模块（Mac OS X 中指的是内核扩展）提供一个 I/O 工具。正如图 2.14 所示，应用和公共服务可以直接使用 Mach 或 BSD 方法。

2.8　虚　拟　机

2.7.2 小节介绍的分层方法逻辑可延伸为**虚拟机**概念。虚拟机的基本思想是单个计算机（CPU、内存、磁盘、网卡等）的硬件抽象为几个不同的执行部件，从而造成一种"幻觉"，仿佛每个独立的执行环境都在自己的计算机上运行一样。

通过利用 CPU 调度（参见第 5 章）和虚拟内存技术（参见第 9 章），操作系统能带来一种"幻觉"，即进程认为有自己的处理器和自己的（虚拟）内存。当然，进程通常还有其他特征，如系统调用和文件系统，这些是硬件计算机所不能提供的。而虚拟机方法除了提供了与基本硬件相同的接口之外，并不提供额外功能。每个进程都有一个与基本计算机一样的（虚拟）副本（见图 2.15）。

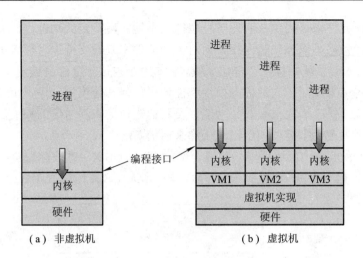

图 2.15 系统模型

创建虚拟机有几个原因，最根本的是，在并行运行几个不同的执行环境（即不同的操作系统）时能够共享相同的硬件。之后将在 2.8.2 小节更详细地学习虚拟机的优点。本小节将讨论 IBM 系统的 VM 操作系统，因为它提供了一个有用的例子，而且 IBM 首创了这方面的工作。

虚拟机方法的主要困难与磁盘系统有关。假设物理机器有 3 个磁盘驱动器但是要提供 7 个虚拟机。显然，它不能为每个虚拟机分配一个磁盘驱动器，因为虚拟机软件本身需要一定的磁盘空间以提供虚拟内存。解决方法是提供虚拟磁盘（在 IBM 的 VM 操作系统中被称为*小型磁盘*（*minidisk*），它们除了大小外，在其他各方面都相同。系统通过在物理磁盘上为小型磁盘分配所需要的磁道数以实现小型磁盘。显然，所有小型磁盘的大小的总和必须比可用的物理磁盘要小。

因此用户拥有自己的虚拟机后，他们能运行原来机器所具有的任何操作系统或软件包。对 IBM VM 系统来说，用户通常运行 CMS——一种单用户交互操作系统。虚拟机软件主要在一个物理机器上多道运行多个虚拟机，但并不需要考虑任何用户支持软件。这种安排将提供把多用户交互系统分为两个更小部分的一种有效的划分。

2.8.1 实现

虽然虚拟机概念有用，但是实现困难。提供与底层机器完全一样的副本需要做大量的工作。底层机器有两种模式：用户模式和内核模式。虚拟机软件可以运行在内核模式，因为它就是操作系统。虚拟机本身只能运行在用户模式。正如物理机器有两种模式一样，虚拟机也有两种模式。因此，必须有虚拟用户模式和虚拟内核模式，这两种模式都运行在物理用户模式。在真正机器上引起从用户模式到内核模式转换的动作（如系统调用或试图执行特许指令）也必须在虚拟机上引起从虚拟用户模式到虚拟内核模式的转换。

这种转换可按下述方法实现。例如，当一个以虚拟用户模式而在虚拟机上运行的程序执行系统调用时，它会在真实机器上引起一个到虚拟机监控器的转换。当虚拟机监控器获得控制，它能改变虚拟机的寄存器内容和程序计数器以模拟系统调用的效果。接着它能重新启动虚拟机，注意它现在是在虚拟内核模式下执行。

当然，主要的差别是时间。虽然真正 I/O 可能需要 100 ms，但是虚拟 I/O 可能需要更少的时间（因为脱机操作）或更多时间（因为解释执行）。另外，CPU 在多个虚拟机间多道执行，也会使得虚拟机按不可预计的方式慢下来。在极端情况下，可能需要模拟所有指令以提供真正的虚拟机。VM 能在 IBM 机器上工作，这是因为虚拟机的通常指令能直接在硬件上执行。只有特许指令（主要用于 I/O）必须模拟，因而执行更慢。

2.8.2　优点

虚拟机的理念具有许多优点。注意，在这样的环境中，不同的系统资源具有完全的保护。每个虚拟机完全独立于其他虚拟机，因此没有安全问题，但同时也没有直接资源共享。提供共享有两种实现方法。第一，可以通过共享小型磁盘来共享文件，这种方案模拟了共享物理磁盘，但通过软件实现。第二，可以通过定义一个虚拟机的网络，每台虚拟机通过虚拟通信网络来传递消息。同样，该网络是按物理通信网络来模拟的，但是通过软件实现的。

这样的虚拟机系统是用于研究和开发操作系统的好工具。通常，修改操作系统是一项艰难的任务。因为操作系统程序庞大且复杂，所以改变一处可能会在另一处产生未知的错误。操作系统的威力使得这种情况尤为危险。由于操作系统工作在内核模式，一个指针的错误变化可能会引起足以破坏整个文件系统的错误。因此，有必要仔细检查所有操作系统的改变。

不过，操作系统运行并控制整个机器。因此，必须停止当前系统，暂停其使用以便进行改变和测试。这个周期称为**系统开发时间**。由于在这段时间内系统不能被用户使用，因此系统开发时间通常安排在晚上和周末进行，这时系统负荷小。

虚拟机系统可能基本取消这个问题。系统程序有自己的虚拟机，系统开发可在虚拟机而不是真实的物理机器上进行。正常系统操作无须进行中断来开发系统。

2.8.3　实例

尽管虚拟机有这么多优点，但它在第一次开发的很多年后都没引起注意。但是现在，虚拟机成为一种解决系统兼容性的流行方法。本节介绍两种同时流行的虚拟机：VMware 和 Java 虚拟机。正如将要看到的，这些虚拟机运行在前面所述的任何设计类型的操作系统之上。因此，操作系统设计方法（单层的、微内核的、模块化的、虚拟机的）并不相互排斥。

1．VMware

VMware 是一个流行的商业应用程序，它将 Intel 80x86 硬件抽象为独立的虚拟机。VMware 作为一种应用程序运行在主操作系统如 Windows 或 Linux 之上，并允许主操作系统将几个不同的**客户操作系统**作为独立的虚拟机来并行地运行。

考虑下面的情形：一个开发人员设计了一个应用程序，并希望能在 Linux、FreeBSD、Windows NT 和 Windows XP 上测试。对她而言，一种选择是获取 4 个不同的计算机，每个都运行这些操作系统中的一个副本。另一种选择，她首先在计算机系统中装一个 Linux 系统并测试应用程序，然后装上 FreeBSD 并测试应用程序，如此继续。这个选择允许她使用同样的物理计算机，但是却更耗费时间，因为她必须为每一次测试装上新的操作系统。而这样的测试可以使用 VMware 在同样的物理计算机上并行完成。此时，程序员可以在主操作系统和三个客户操作系统上测试应用程序，每个客户操作系统都作为一个独立的虚拟机运行。

这种系统结构如图 2.16 所示。此时，Linux 作为主操作系统运行，FreeBSD 、Windows NT 和 Windows XP 作为客户操作系统运行。虚拟层是 VMware 的核心，因为它将物理硬件抽象为独立的作为客户操作系统的虚拟机运行。每个虚拟机都有它自己的虚拟 CPU、内存、磁盘驱动、网络接口等。

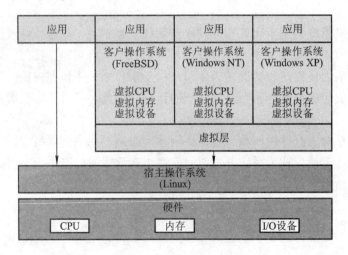

图 2.16 VMware 结构

2．Java 虚拟机

Java 是由 Sun Microsystems 公司在 1995 年后推出的一种深受欢迎的面向对象语言。除了其语言规范和大量 API 库，Java 还提供了 **Java 虚拟机（JVM）**。

　　Java 对象用类结构来描述；Java 程序由一个或多个类组成。对于每个 Java 类，Java 编译器会生成与平台无关的**字节码**（bytecode）输出文件（.class），它可运行在任何 JVM 上。

　　JVM 是一个抽象计算机的规范。它包括**类加载器**和执行与平台无关的字节码的 Java 解释器，如图 2.17 所示。类加载器从 Java 程序和 Java API 中加载编译过的.class 文件，以便为 Java 解释器所执行。在装入类后，验证器会检查.class 文件是否为有效的 Java 字节代码，有无堆栈的溢出和下溢。它也确保字节代码不进行指针操作，因为这可能会提供非法内存访问。如果类通过验证，那么就可为 Java 解释器所执行。JVM 通过执行**垃圾收集**（garbage collection，回收不再使用的内存并返回给系统）来自动管理内存。为了提高虚拟机中 Java 程序的性能，许多研究集中在垃圾收集算法上。

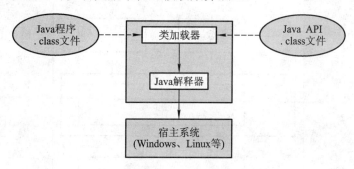

图 2.17　Java 虚拟机

　　JVM 可以在主操作系统如 Windows、Linux、Mac OS X 的上层软件中实现，或作为 Web 浏览器的一部分。另一个选择是 JVM 可以在特别为 Java 程序设计的芯片硬件上实现。如果在软件上实现 JVM，Java 解释程序一次只能执行一个字节代码。一种更快的软件技术是采用 **JIT**（**just-in-time**）编译器。第一次调用 Java 方法时，该方法的字节码被转换成主机的本地机器语言。然后，这些操作被隐藏起来，以使随后的调用通过采用本地机器指令和字节码操作来完成，而不再需要全部重新解释一次。有一种技术能使 JVM 在芯片硬件上运行得更快，它将 Java 字节码操作当做本地码来执行，从而不需要软件解释程序或 just-in-time 编译程序。

.NET 框架

　　.NET 框架是一套包含了类库集合、执行环境和软件开发平台的技术。这个平台允许基于.NET 框架编程而不是针对任何特定平台。基于.NET 框架编写的程序不需要担心平台特性或者底层操作系统的特性。因此，任何实现了.NET 的体系结构都可以成功执行.NET 程序。这是因为运行环境对这些细节进行了抽象，提供了一个介于底层体系结构和被运行的程序之间的虚拟机。

.NET 框架的核心是公共语言运行时间（CLR）。CLR 是.NET 虚拟机的实现。它提供了运行任何.NET 语言编写程序的环境。用 C#或者 VB.NET 编写的程序被编译为一种平台无关的中间语言（叫做微软中间语言 MS-IL）。这些被编译好的文件叫做组合（assembly），它包含了 MS-IL 指令和元数据。它们的文件名后缀是.dll 或者.exe。当要运行这些程序的时候，CLR 把这些组合加载进**应用程序域**（Application Domain）。当程序要求执行指令的时候，CLR 把 MS-IL 指令即时编译为特定的底层体系结构的本地代码。一旦指令被编译为本地代码，它们就被保存下来以便 CPU 执行。.NET 框架的 CLR 结构见图 2.18。

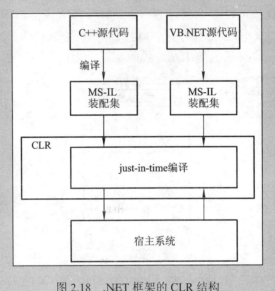

图 2.18　.NET 框架的 CLR 结构

2.9　系 统 生 成

可以为某处的某台机器专门设计、编写和实现操作系统。不过，操作系统通常设计成能运行在一类计算机上，这些计算机位于不同的场所，并具有不同的外设配置。对于某个特定的计算机场所，必须要配置和生成系统，这一过程有时称为**系统生成**（system generation, **SYSGEN**）。

操作系统通常通过磁盘或 CD-ROM 来发布。为了生成系统，可以使用一个特殊程序。SYSGEN 程序从给定文件读取，或询问系统操作员有关硬件系统的特定配置，或直接检测硬件以决定有什么部件。下面几类信息必须要确定下来。

- 使用什么 CPU？安装什么选项（扩展指令集，浮点操作等）？对于多 CPU 系统，必须描述每个 CPU。

● 有多少可用内存？有的系统通过对内存位置一个个地访问直到出现非法地址的方法确定这一值。该过程定义了最后合法地址和可用内存的数量。

● 有什么可用设备？系统需要知道如何访问这些设备（设备号码）、设备中断号、设备类型和模型以及任何特别设备的特点。

● 需要什么操作系统选项或使用什么参数值？这些选项包括需要使用多少和多大的缓冲，需要什么类型的 CPU 调度算法，所支持进程的最大数量是多少，等等。

这些信息确定之后，可以有多种方法来使用。对一种极端情况，系统管理员可用这些信息来修改操作系统的源代码副本。接着完全重新编译操作系统。数据说明、初始化、常量和其他一些条件编译，生成了专门适用于所描述系统的操作系统的目标代码。

对于另外一种稍微定制过的层，系统描述可用来创建表，并从预先编译过的库中选择模块。这些表格连接起来以形成所生成的操作系统。选择允许库包括所有支持 I/O 设备的驱动程序，但是只有所需要的才连接到操作系统。因为系统没有重编译，所以系统生成较快，但是所生成的系统可能过分通用。

对于另外一种极端情况，可以构造完全由表驱动的系统。所有代码都是系统的组成部分，选择发生在执行时而不是在编译或连接时。系统生成只是创建适当的表以描述系统。绝大多数现代操作系统按这种方式来构造。

这些方法的主要差别是所生成系统的大小和通用性，以及因硬件配置变化所进行修改的方便性。考虑一下修改系统以支持新图形终端和另一个磁盘驱动器的代价。当然，与该代价相对的是这些改变的频率。

2.10 系 统 启 动

在生成操作系统之后，它必须要为硬件所使用。但是硬件如何知道内核在哪里，或者如何装入内核？装入内核以启动计算机的过程称为引导系统。绝大多数计算机系统都有一小块代码，它称为引导程序或引导装载程序。这段代码能定位内核，将它装入内存，开始执行。有的计算机系统，如个人计算机，采用两步完成：一个简单的引导程序从磁盘上调入一个较复杂的引导程序，而后者再装入内核。

当 CPU 接收到一个重置事件时，例如它被加电或重新启动，具有预先定义内存位置的指令寄存器被重新装载，并在此开始执行。该位置就是初始引导程序的所在。该程序为只读存储器（ROM）形式，因为系统启动时 RAM 处于未知状态。由于不需要初始化和不受计算机病毒的影响，用 ROM 是很方便的。

引导程序可以完成一系列任务。通常，一个任务要运行诊断程序来确定机器的状态。如果诊断通过，程序可按启动步骤继续进行。系统的所有部分都可以被初始化，从 CPU 寄存器到设备控制器，以及内存的内容。最后，操作系统得以启动。

有些系统（如手机、PDA 和游戏控制台）在 ROM 中保存完整的操作系统。在 ROM 中存储完整的操作系统特别适合小型操作系统，它支持简单的硬件和操作。该方法存在的一个问题是，改变引导程序代码需要改变 ROM 芯片。有些系统通过使用可擦写只读存储器（EPROM）来解决这个问题，它是一个只读存储器，只有当明确给定一个命令时才会变为可写。所有形式的 ROM 都是固件，因为它们的特征介于硬件与软件之间。通常，固件存在的问题是在此执行代码比在 RAM 中慢。有些系统将操作系统存储在固件中，并将之复制在 RAM 中以获得更快的执行速度。固件的最后一个问题是它相对比较贵，所以通常用得很少。

对大型操作系统（包括大多数通用的操作系统，如 Windows、Mac OS X 和 UNIX）或经常改变的系统，引导程序被存储在固件中，而操作系统保存在磁盘上。此时，引导程序运行诊断程序，它具有能够从磁盘固定位置（0 区块）读取整块信息到内存的代码，并从引导块执行代码。存储在引导块的程序多半足够复杂，可以将一个完整的操作系统装载到内存并开始执行。更为典型的是，代码很简单（适合于单磁盘区块），仅仅知道在磁盘上的地址以及引导程序余下的长度信息。所有这些磁盘绑定的引导程序和操作系统本身可以通过向磁盘写入新的版本，从而很容易地进行改变。具有引导分区（详见 12.5.1 小节）的磁盘被称为引导磁盘或系统磁盘。

既然完全的引导程序已被装入，它可以扫描文件系统以找到操作系统内核，将之装入内存，启动并执行。只有到了这个时候才能说系统开始运行了。

2.11 小   结

操作系统提供若干服务。在最底层，系统调用允许运行程序直接向操作系统发出请求。在高层，命令解释程序或 Shell 提供了一个机制以便用户不必编写程序就能发出请求。命令可以来自文件（批处理模式），或者直接来自键盘输入（交互模式或分时模式）。系统程序用来满足一些常用用户操作。

请求类型随请求级别而变化。系统调用级别提供基本功能，如进程控制、文件和设备管理。由命令解释程序或系统程序来完成的高级别请求需要转换成一系列的系统请求。系统服务可分成许多类型：程序控制、状态请求和 I/O 请求。程序出错可作为对服务的一种隐式请求。

在定义了系统服务之后，就可开发操作系统的结构。需要用各种表记录一些信息，这些信息定义了计算机的系统状态和系统的作业状态。

设计一个新操作系统是一项重大任务。在设计开始之前，定义好系统目标是很重要的。系统设计的类型是作为选择各种必要算法和策略的基础。

由于操作系统大，所以模块化很重要。按一系列层或采用微内核来设计系统是比较好的技术。虚拟机概念采用了分层方法，并将操作系统内核和硬件都作为硬件来考虑。其他操作系统可以建立在这一虚拟机之上。

实现 JVM 的任何操作系统能运行所有 Java 程序，因为 JVM 为 Java 程序抽象化了底层系统，以提供平台无关接口。

在整个操作系统设计周期中，必须仔细区分策略决定和实现细节（机制）。在后面需要修改策略时，这种区分允许最大限度的灵活性。

现在操作系统几乎都是用系统实现语言或高级语言来编写的。这一特征改善了操作系统的实现、维护和可移植性。为特定机器配置并创建操作系统，必须执行系统生成。

为了运行计算机系统，必须初始化 CPU 和在固件系统中启动执行引导程序。如果操作系统也在固件系统中，引导程序可以直接启动操作系统。否则，它必须完成这样一道程序：逐步地从固件或磁盘装载更聪明的程序，直到操作系统本身被装入内存并执行。

习　　题

2.1　操作系统提供的服务和功能可以主要分为两大类。简要描述这两大类并讨论它们的区别。

2.2　列出操作系统提供使用户更为方便地使用计算机系统的 5 个服务，并说明在哪些情况下用户级程序不能够提供这些服务。请解释为什么。

2.3　给出三种向操作系统传递参数的常用方法。

2.4　介绍一下如何获得一个程序在执行其不同部分的代码时所耗时间的统计简表。讨论获得该统计简表的重要性。

2.5　操作系统关于文件管理的 5 个主要功能是什么？

2.6　操作文件和设备时，采用同样的系统调用界面有什么优点和缺点？

2.7　命令解释器的用途是什么？为什么它经常是与内核分开的？是否可能采用操作系统提供的系统调用接口为用户开发一个新的命令解释器？

2.8　进程间通信的两个模式是什么？这两种方法有何长处和缺点？

2.9　为什么要将机制和策略区分开来？

2.10　为什么 Java 提供从 Java 程序调用以 C 或 C++编写的本地方法？举出一个本地方法的例子。

2.11　如果操作系统的两个部件相互依赖，有时实现分层方法会很困难。请区别两个功能紧密耦合的系统部件如何分层。

2.12　系统设计采用微内核设计的主要优点是什么？用户程序和系统服务在微内核结构内如何相互影响？采用微内核设计的缺点又是什么？

2.13　模块化内核方法和分层方法在哪些方面类似？哪些方面不同？

2.14　操作系统设计员采用虚拟机结构的主要优点是什么？对用户来说主要有什么好处？

2.15　为什么说一个 JIT（just-in-time）编译器对执行一个 Java 程序是有用的？

2.16　在 VMware 这样的系统中，客户操作系统与主操作系统有什么关系？选择主操作系统要考虑什么因素？

2.17　实验性的 Synthesis 操作系统在内核里有一个汇编器。为了优化系统调用的性能，内核通过在内核空间内汇编程序来缩短系统调用必须经过的途径。这是一种与分层设计相对立的设计，经过内核的途径在这种设计中被延伸了，使操作系统的建立更加简单。分别从支持和反对的角度来讨论这种 Synthesis 设计方式对内核设计和性能优化的影响。

2.18　在 2.3 小节中，介绍了一个从一个文件向一个目标文件复制内容的程序。这个程序首先提示用户输入源文件和目标文件的名称。用 Win32 或 POSIX 的 API 写出这个 C 程序，并确信包括了所有必需的错误检测和文件存在的保证。一旦你正确地设计并测试了此程序，如果用一个系统来支持它，采用跟踪系统调用的工具来运行它。Linux 系统提供了 ptrace 工具，而 Solaris 系统则采用 truss 或 dtrace 命令。在 Mac OS X 中，dtrace 工具提供了类似的功能。

项目：向 Linux 内核增加一个系统调用

在此项目中，你将学习 Linux 操作系统提供的系统调用接口，以及一个用户程序如何通过该接口与操作系统内核实现通信。你的任务是将一个新的系统调用加入内核中，然后扩展该操作系统的功能。

1．开始

用户模式过程调用通过堆栈或寄存器传递参数给被调用的过程来完成，保存当前的状态和程序计数器值，跳至与被调过程相对应的编码的开始部分。进程像以前一样继续拥有相同的特权。

对用户程序而言，系统调用就像过程调用一样，但在执行上下文和特权方面有所改变。在 Intel 386 结构的 Linux 中，系统调用通过将系统调用号存储在 EAX 寄存器中，将参数存储在另一个硬件寄存器中，并执行一个陷阱指令（即为 INT 0x80 汇编指令）来完成。陷阱执行后，系统调用号被用做一个代码指针表的索引，以获得执行系统调用的名柄号的开始地址。然后进程跳到该地址，进程的特权也从用户模式转为内核模式。得到扩展的特权的进程现在可以执行内核代码了，包括不能在用户模式下执行的特权指令。之后内核代码就可以完成与 I/O 设备交互等服务请求，以及完成进程管理和其他不能在用户模式下完成的活动。

Linux 内核最新版本的系统调用号列在/user/src/linux-2.x/include/asm-i386/unistd.h 下（如对应于系统调用 close()的_NR_close，它被用来调用关闭文件描述符，被定义为值 6）。系统调用句柄的指针列表一般存储在文件/usr/src/linux-2.x/arch/i386/kernel/entry.S 的 ENTRY（sys_call_table）下。请注意在表中 sys_close 被保存在 entry number 为 6 之处，以与在文件 unistd.h 中定义的系统调用号一致（关键词.long 表示 entry 将占据与 long 类型的数据值相同的字节数）。

2．构建新的内核

在增加新的系统调用到内核前，必须使自己熟悉从内核源代码构造二进制码的任务，并用新构造的内核启动机器。该活动包括如下任务，其中一些任务取决于 Linux 操作系统特定的安装。

- 获取 Linux 分发版的内核代码。如果已事先在机器上安装了代码包，/usr/src/linux 或 /usr/src/linux-2.x（此后缀相当于内核版本号）目录下的文件可以使用；如果没有事先安装此代码，可从 Linux 发行版提供商或 http://www.kernel.org 处下载。
- 学习如何配置、编译和安装 Linux 二进制文件。这在不同的 Linux 发行版间有所不同，但构建内核（进入保存内核代码的目录后）的一些典型的命令包括：
  - make xconfig。
  - make dep。
  - make bzImage。
- 增加新的由系统支持的可启动的内核集的 entry。Linux 操作系统通常使用 lilo 或 grub 等工具来维护可启动内核列表，用户在机器启动期间能够从中加以选择。如果你使用的系统支持 lilo，可向 lilo.conf 增加一个 entry：

```
image=/boot/bzImage.mykernel
label=mykernel
root=/dev/hda5
read-only
```

其中/boot/bzImage.mykernel 是内核 image，mykernel 是新的内核相关的标签。完成这个步骤后，你可以选择启动新的内核，或在新构建的内核不能正常运作时启动没有修改过的内核。

3．扩展内核源

现在可以试着增加新的文件到用来编译内核的源文件集中。通常，源代码保存在/usr/src/linux-2.x/kernel 目录下，当然其位置可能在 Linux 发行版中有些不同。增加系统调用有两种方法。第一种选择是增加系统调用到一个该目录下已经存在的源文件中；第二种选择是在源文件目录下生成一个新的文件，并修改/usr/src/linux-2.x/kernel/Makefile 以在编译过程中包括新生成的文件。第一种方法的优点在于通过修改已作为编译过程的一部分并已存在的文件，不再需要修改 Makefile。

4．向内核增加新的系统调用

现在你已经熟悉与构建和启动 Linux 内核相关的各种背景任务，那么可以开始向 Linux 内核增加新的系统调用了。在这个项目中，系统调用具有有限的功能，它将简单地从用户模式转为内核模式，打印用内核消息记录的一则消息，并转为用户模式，在此称之为 helloworld 系统调用。尽管只有有限的功能，它还是说明了系统调用机制，并清楚地显示了用户程序和内核之间的交互。

- 生成新的名为 hellowworld.c 的文件来定义系统调用，包括头文件 linux/linkage.h 和 linux/kernel.h，将下述代码增加到该文件中：

```
#include <linux/linkage.h>
#include <linux/kernel.h>
asmlinkage int sys_helloworld() {
    printk(KERN_EMERG "hello world!");

    return 1;
}
```

这会生成名为 sys_helloworld() 的系统调用。如果将此系统调用增加到源代码目录下已存在的文件中，所需做的就是将 sys_helloworld() 函数增加到所选择的文件中。代码中的 asmlinkage 是从同时用 C 语言和 C++语言编写 Linux 的时代遗留下来，指示代码是用 C 语言写的。printk() 函数被用来打印给内核日志文件的消息，因此仅能从内核调用。在 printk() 的参数中指定的内核消息被记录到文件/var/log/kernel/warnings 中，printk() 调用的函数原型在/usr/include/linux/kernel.h 中定义。

- 在/usr/src/linux-2.x/include/asm-i386/unistd.h 中为__NR_hellowworld 定义一个新的系统调用号。用户程序可以用此号来识别新增加的系统调用。同样还要保证增加__NR_syscalls 的值，它被保存在相同的文件中，该常数跟踪在内核中定义的系统调用号。

- 增加一个条目 .long sys_helloworld 到/usr/src/linux-2.x/arch/i386/kernel/entry.S 文件中的 sys_call_table 中，如前所述，系统调用号被用作该表的索引，以查找被调用的系统调用的句柄编码的位置。

- 将 hellowworld.c 文件增加到 Makefile（如果为系统调用生成新的文件）。保存一个旧的内核二进制码镜像的备份（以防新生成的内核出现问题）。现在你可以构建新的内核了，将它重新命名以区别未修改的内核，并向装入程序配置文件增加一个 entry（如 lilo.conf）。完成这些步骤后，就既可以启动旧的内核，也可以启动包括你的系统调用的新内核了。

5．从一个用户程序使用系统调用

当你用新的内核启动时，它将支持新定义的系统调用。你现在只需要从用户程序调用这个系统调用。通常，标准的 C 语言库支持为 Linux 操作系统定义的系统调用接口。当新的系统调用没有与 C 语言库连接时，调用你的系统调用将会需要人工干预。

正如前面提及的，通过保存适当的值到硬件寄存器并完成一个陷阱指令来调用系统调用。不幸的是，这些都是低级操作，不能用 C 语句来完成，而需要用到汇编语言。幸运的是，Linux 提供了宏指令。例如，如下 C 程序使用_syscall0() 宏来调用新定义的系统调用：

```
#include <linux/errno.h>
#include <sys/syscall.h>
#include <linux/unistd.h>

_syscall0(int, helloworld);
```

```
main()
{
    helloworld();
}
```

- _syscall0()采用了两个参数。第一个参数定义系统调用返回值的类型，第二个参数是系统调用的名称。该名称被用来标识在执行陷阱指令前保存在硬件寄存器中的系统调用号。如果你的系统调用需要参数，可以采用一个不同的宏（如_syscall0()，后缀表明参数数量）来代替完成系统调用所需的汇编代码。

- 用新构建的内核编译并执行程序。此时在内核日志文件/var/log/kernel/warnings 中应有一个消息 "hello world"，以表明系统调用被执行。

下一步，需要考虑扩展系统调用的功能。如何将整数值或字符串传递给系统调用，并在其内核日志文件中打印出来？不是简单地使用硬件寄存器从用户程序传递一个整数值给内核，而是传递指向用户程序地址空间的指针。这意味着什么？

文 献 注 记

Dijkstra[1968]提倡操作系统的层次设计。Brinch-Hansen[1970]是一个操作系统应作为一个内核，在其上能建立完整的系统的观点的早期支持者。

Tamches 和 Mille_r[1999]介绍了系统指令和动态跟踪。Cantrill 等[2004]中讨论了 Dtrace。Cheung 和 Loong[1995]从微内核到扩展的系统探讨了操作系统指令问题。

MS-DOS 3.1 版，见 Microsoft[1986]。Windows NT 和 Windows 2000 在 Solomon[1998]、Solomon 和 Russinovich[2000]中有所介绍。BSD UNIX 见 McKusick 等[1996]。Bovet 和 Cesati[2002]包括了详细的 Linux 内核的内容。一些 UNIX 系统（包括 Mach）详见 Vahalia[1996]。有关 Mac OS X 的信息可在 http://www.apple.com/macosx 中找到。Massalin 和 Pu[1989]论述了试验性的综合操作系统。Mauro 和 McDougall[2001]全面介绍了 Solaris。

第一个提供了一个虚拟机的操作系统是在 IBM 360/67 上的 CP/67。IBM VM/370 操作系统是源自 CP/67 的商业版本。关于基于微内核的操作系统 Mach 的详细信息，可在 Young 等[1987]中找到。Kaashoek 等[1997]提供了关于 exkernel 操作系统的详细信息，该系统的结构从保护中分离管理问题，从而给不信任的软件行使对硬件和软件资源控制的能力。

Gosling 等[1996]和 Lindholm 和 Yellin[1999]分别描述了 Java 语言和 Java 虚拟机的特点。Venners[1998]全面介绍了 Java 虚拟机的内部工作机制。Golm 等[2002]强调了 JX 操作系统，Back 等[2000]论述了 Java 操作系统的设计。更多的有关 Java 的信息见 http://java.sun.com。关于 VMware 的实现细节可在 Sugerman 等[2001]中找到相关信息。

第二部分　进　程　管　理

进程可看做是正在执行的程序。进程需要一定的资源（如 CPU 时间、内存、文件和 I/O 设备）来完成其任务。这些资源在创建进程或执行进程时被分配。

进程是大多数系统中的工作单元。这样的系统由一组进程组成：操作系统进程执行系统代码，用户进程执行用户代码。所有这些进程可以并发执行。

虽然从传统意义上讲，进程运行时只包含一个控制线程，但目前大多数现代操作系统支持多线程进程。

操作系统负责进程和线程管理，包括用户进程与系统进程的创建与删除，进程调度，提供进程同步机制、进程通信机制与进程死锁处理机制。

第 3 章　进　　程

早期的计算机系统只允许一次执行一个程序。这种程序对系统有完全的控制，能访问所有的系统资源。现代计算机系统允许将多个程序调入内存并发执行。这一要求对各种程序提供更严格的控制和更好的划分。这些需求产生了进程的概念，即执行中的程序。进程是现代分时系统的工作单元。

操作系统越复杂，就越能为用户做更多的事。虽然操作系统的主要目标是执行用户程序，但是也需要顾及内核之外的各种系统任务。因此，系统由一组进程组成：操作系统进程执行系统代码而用户进程执行用户代码。通过 CPU 多路复用，所有这些进程可以并发执行。通过进程之间的切换，操作系统能使计算机更为高效。

本章目标
- 介绍进程的概念——执行中的程序，形成所有计算的基础。
- 介绍进程的不同特点，包括调度、创建和删除，以及通信。
- 介绍客户机-服务器系统间的通信。

3.1　进　程　概　念

讨论操作系统的一个障碍是如何称呼所有这些 CPU 的活动。批处理系统执行*作业*，而分时系统使用*用户程序*或*任务*。即使单用户系统如 Microsoft Windows，也能让用户同时执行多个程序：字处理程序、网页浏览器和电子邮件程序。即使用户一次只能执行一个程序，操作系统也需要支持其内部的程序活动，如内存管理。所有这些活动在许多方面都相似，因此称它们为*进程*。

本书中时常同时使用*作业*与*进程*这两个概念。虽然笔者自己偏爱*进程*，但是许多操作系统的理论和技术是在操作系统的主要活动被称为*作业处理*期间发展起来的。如果因为进程取代了作业，而简单地避免使用有关*作业*的常用短语（如*作业调度*），则会令人误解。

3.1.1　进程

正如前述，进程是执行中的程序，这是一种非正式的说法。进程不只是程序代码，程序代码有时称为**文本段**（或**代码段**）。进程还包括当前活动，通过**程序计数器**的值和处理器寄存器的内容来表示。另外，进程通常还包括进程**堆栈段**（包括临时数据，如函数参数、返回地址和局部变量）和**数据段**（包括全局变量）。进程还可能包括**堆**（heap），是在进程运行期间动态分配的内存。内存中的进程结构如图 3.1 所示。

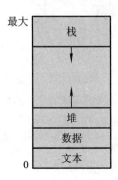

图 3.1　内存中的进程

这里强调：程序本身不是进程；程序只是*被动*实体，如存储在磁盘上包含一系列指令的文件内容（常被称为可执行文件），而进程是*活动*实体，它有一个程序计数器用来表示下一个要执行的命令和相关资源集合。当一个可执行文件被装入内存时，一个程序才能成为进程。装载可执行文件通常有两种方法，即双击一个代表此可执行文件的图标或在命令行中输入该文件的文件名（如 prog.exe 或 a.out）。

虽然两个进程可以是与同一程序相关，但是它们被当作两个独立的执行序列。例如，多个用户可运行不同的电子邮件副本，或者同一用户能调用多个 Web 浏览器程序的副本。这些都是独立的进程，虽然文本段相同，但是数据段、堆、堆栈段却不同。一个进程在执行时产生许多进程是很常见的。本书将在 3.4 节中讨论这些问题。

3.1.2　进程状态

进程在执行时会改变状态。进程**状态**在某种程度上是由当前活动所定义的。每个进程可能处于下列状态之一：

- **新的**：进程正在被创建。
- **运行**：指令正在被执行。
- **等待**：进程等待某个事件的发生（如 I/O 完成或收到信号）。
- **就绪**：进程等待分配处理器。
- **终止**：进程完成执行。

这些状态的名称较随意，且随操作系统不同而变化。不过，它们所表示的状态可以出现在所有系统上。有的系统更为详细地描述了进程状态。必须认识到一次只有一个进程可在一个处理器上*运行*，但是多个进程可处于*就绪*或*等待*状态。与这些状态相对的状态图见

图 3.2。

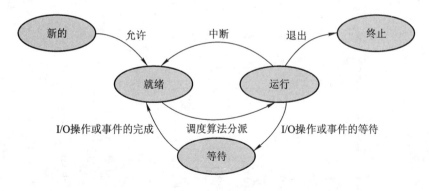

图 3.2　进程状态图

3.1.3　进程控制块

每个进程在操作系统内用**进程控制块**（process control block，PCB，也称为任务控制块）来表示。图 3.3 给出了一个 PCB 的例子，它包含许多与一个特定进程相关的信息。

图 3.3　进程控制块（PCB）

- **进程状态**：状态可包括新的、就绪、运行、等待、停止等。
- **程序计数器**：计数器表示进程要执行的下个指令的地址。
- **CPU 寄存器**：根据计算机体系结构的不同，寄存器的数量和类型也不同。它们包括累加器、索引寄存器、堆栈指针、通用寄存器和其他条件码信息寄存器。与程序计数器一起，这些状态信息在出现中断时也需要保存，以便进程以后能正确地继续执行（见图 3.4）。
- **CPU 调度信息**：这类信息包括进程优先级、调度队列的指针和其他调度参数（第 5

章讨论进程调度）。

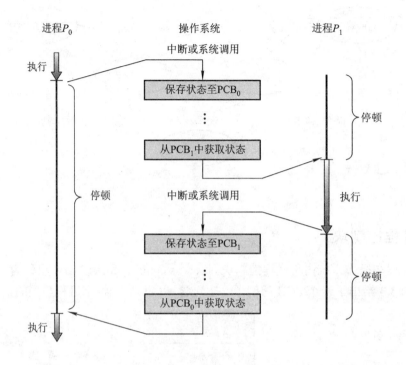

图 3.4 CPU 在进程间的切换

- **内存管理信息**：根据操作系统所使用的内存系统，这类信息包括基址和界限寄存器的值、页表或段表（见第 8 章）。
- **记账信息**：这类信息包括 CPU 时间、实际使用时间、时间界限、记账数据、作业或进程数量等。
- **I/O 状态信息**：这类信息包括分配给进程的 I/O 设备列表、打开的文件列表等。

简而言之，PCB 简单地作为这些信息的仓库，这些信息在进程与进程之间是不同的。

3.1.4 线程

迄今为止所讨论的进程模型暗示：一个进程是一个只能进行单个执行线程的程序。例如，如果一个进程运行一个字处理器程序，那么只能执行单个线程指令。这种单一控制线程使得进程一次只能执行一个任务。例如，用户不能在同一进程内，同时输入字符和进行拼写检查。许多现代操作系统扩展了进程概念以支持一次能执行多个线程。第 4 章将讨论多线程进程。

3.2 进程调度

多道程序设计的目的是无论何时都有进程在运行，从而使 CPU 利用率达到最大化。分时系统的目的是在进程之间快速切换 CPU 以便用户在程序运行时能与其进行交互。为了达到此目的，**进程调度**选择一个可用的进程（可能从多个可用进程集合中选择）到 CPU 上执行。单处理器系统从不会有超过一个进程在运行。如果有多个进程，那么余下的则需要等待 CPU 空闲并重新调度。

3.2.1 调度队列

进程进入系统时，会被加到**作业队列**中，该队列包括系统中的所有进程。驻留在内存中就绪的、等待运行的进程保存在**就绪队列**中。该队列通常用链表来实现，其头节点指向链表的第一个和最后一个 PCB 块的指针。每个 PCB 包括一个指向就绪队列的下一个 PCB 的指针域。

Linux 中的进程表示

Linux 操作系统中的进程控制块是通过 C 结构 task_struct 来表示的。这个结构包含了表示一个进程所需要的所有信息，包括进程的状态、调度和内存管理信息、打开文件列表和指向父进程和所有子进程的指针（创建进程的进程是父进程，被进程创建的进程为子进程）。task_struct 的这些字段包括：

```
pid_t pid;                        /* process identifier */
long state;                       /* state of the process */
unsigned int time_slice           /* scheduling information */
struct files_struct *files;       /* list of open files */
struct mm_struct *mm;             /* address space of this process */
```

例如，进程的状态是通过这个结构中的 long state 字段来表示的。在 Linux 内核里，所有活动的进程是通过一个名为 task_struct 的双向链表来表示的，内核为当前正在运行的进程保存了一个指针(current)，如图 3.5 所示。

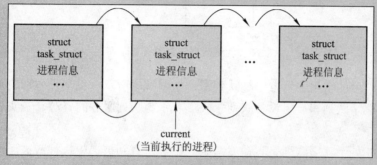

图 3.5 Linux 系统中的活动进程

解释一下内核如何操作一个指定进程的 task_struct 字段。假定操作系统想把当前运行进程的状态值修改成 new_state。如果 current 是指向当前进程的指针，那么要改变状态可以如下进行：

```
current->state = new_state;
```

操作系统也有其他队列。当给进程分配了 CPU 后，它开始执行并最终完成，或被中断，或等待特定事件发生（如完成 I/O 请求）。假设进程向一个共享设备（如磁盘）发送 I/O 请求，由于系统有许多进程，磁盘可能会忙于其他进程的 I/O 请求，因此该进程可能需要等待磁盘。等待特定 I/O 设备的进程列表称为**设备队列**。每个设备都有自己的设备队列（见图 3.6）。

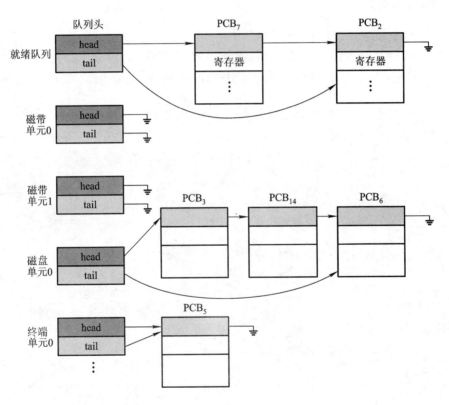

图 3.6 就绪队列和各种设备队列

讨论进程调度的常用表示方法是**队列图**，如图 3.7 所示。每个长方形表示一个队列。有两种队列：就绪队列和一组设备队列。圆形表示为队列服务的资源，箭头表示系统内进程的流向。

新进程开始处于就绪队列。它在就绪队列中等待直到被选中执行或被派遣。当进程分配到 CPU 并执行时，可能发生下面几种事件中的一种：

- 进程可能发出一个 I/O 请求, 并被放到 I/O 队列中。
- 进程可能创建一个新的子进程, 并等待其结束。
- 进程可能会由于中断而强制释放 CPU, 并被放回到就绪队列中。

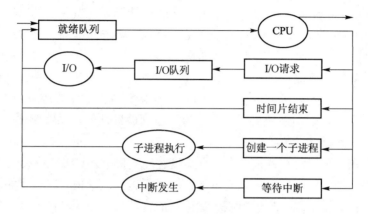

图 3.7　表示进程调度的队列图

对于前两种情况, 进程最终从等待状态切换到就绪态, 并放回到就绪队列中。进程继续这一循环直到终止, 到时它将从所有队列中删除, 其 PCB 和资源将得以释放。

3.2.2　调度程序

进程在其生命周期中会在各种调度队列之间迁移。为了调度, 操作系统必须按某种方式从这些队列中选择进程。进程选择是由相应的**调度程序**（scheduler）来执行的。

通常对于批处理系统, 进程更多地是被提交, 而不是马上执行。这些进程被放到大容量存储设备（通常为磁盘）的缓冲池中, 保存在那里以便以后执行。**长期调度程序**（long-term scheduler）或**作业调度程序**（job scheduler）从该池中选择进程, 并装入内存以准备执行。**短期调度程序**（short-term scheduler）或 **CPU 调度程序**从准备执行的进程中选择进程, 并为之分配 CPU。

这两个调度程序的主要差别是它们执行的频率。短期调度程序必须频繁地为 CPU 选择新进程。进程可能执行数毫秒（ms）就会进行 I/O 请求, 短期调度程序通常每 100 ms 至少执行一次。由于每次执行之间的时间较短, 短期调度程序必须要快。如果需要 10 ms 来确定执行一个运行 100 ms 的进程, 那么 $10/(100+10) \approx 9\%$ 的 CPU 时间会用于（或浪费在）调度工作上。

长期调度程序执行得并不频繁, 在系统内新进程的创建之间可能有数分钟间隔。长期调度程序控制**多道程序设计的程度**（内存中的进程数量）。如果多道程序的程度稳定, 那么创建进程的平均速度必须等于进程离开系统的平均速度。因此, 只有当进程离开系统后,才可能需要调度长期调度程序。由于每次执行之间时间间隔得较长，长期调度程序能使用更多时间来选择执行进程。

长期调度程序必须仔细选择。通常，绝大多数进程可分为：I/O 为主或 CPU 为主。I/O 为主的进程(I/O-bound process)在执行 I/O 方面比执行计算要花费更多的时间。另一方面，CPU 为主的进程(CPU-bound process)很少产生 I/O 请求，与 I/O 为主的进程相比将更多的时间用在执行计算上。因此，长期调度程序应该选择一个合理的包含 I/O 为主的和 CPU 为主的组合进程。如果所有进程均是 I/O 为主的，那么就绪队列几乎为空，从而短期调度程序没有什么事情可做。如果所有进程均是 CPU 为主的，那么 I/O 等待队列将几乎总为空，从而几乎不使用设备，因而系统会不平衡。为了达到最好性能，系统需要一个合理的 I/O 为主和 CPU 为主的组合进程。

对于有些系统，可能没有或很少有长期调度程序。例如，UNIX 或微软 Windows 的分时系统通常没有长期调度程序，只是简单地将所有新进程放在内存中以供短期调度程序使用。这些系统的稳定性依赖于物理限制（如可用的终端数）或用户的自我调整。如果多用户系统性能下降到令人难以接受，那么将有用户退出。

有的操作系统如分时系统，可能引入另外的中期调度程序（medium-term scheduler），如图 3.8 所示。中期调度程序的核心思想是能将进程从内存（或从 CPU 竞争）中移出，从而降低多道程序设计的程度。之后，进程能被重新调入内存，并从中断处继续执行。这种方案称为交换（swapping）。通过中期调度程序，进程可换出，并在后来可被换入。为了改善进程组合，或者因内存要求的改变引起了可用内存的过度使用而需要释放内存，就有必要使用交换。交换将在第 8 章讨论。

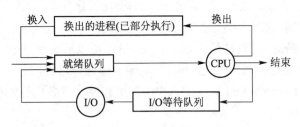

图 3.8　增加了中期调度的队列图

3.2.3　上下文切换

正如 1.2.1 小节所述，中断使 CPU 从当前任务改变为运行内核子程序，这样的操作在通用系统中发生得很频繁。当发生一个中断时，系统需要保存当前运行在 CPU 中进程的上下文，从而在其处理完后能恢复上下文，即先中断进程，之后再继续。进程上下文用进程的 PCB 表示，它包括 CPU 寄存器的值、进程状态（见图 3.2）和内存管理信息等。通常，通过执行一个**状态保存**（state save）来保存 CPU 当前状态（不管它是内核模式还是用户模式），之后执行一个**状态恢复**（state restore）重新开始运行。

将 CPU 切换到另一个进程需要保存当前进程的状态并恢复另一个进程的状态，这一任务称为**上下文切换**（context switch）。当发生上下文切换时，内核会将旧进程的状态保存在其 PCB 中，然后装入经调度要执行的并已保存的新进程的上下文。上下文切换时间是额外开销，因为切换时系统并不能做什么有用的工作。上下文切换速度因机器而不同，它依赖于内存速度、必须复制的寄存器的数量、是否有特殊指令（如装入或保存所有寄存器的单个指令），一般需几毫秒。

上下文切换时间与硬件支持密切相关。例如，有的处理器（如 Sun UltraSPARC）提供了多组寄存器集合，上下文切换只需要简单地改变当前寄存器组的指针。当然，如果活动进程数超过了寄存器集合数量，那么系统需要像以前一样在寄存器与内存之间进行数据复制。而且，操作系统越复杂，上下文切换所要做的工作就越多。如第 8 章将要谈到的，高级内存管理技术在各个上下文切换中要求切换更多的数据。例如，在使用下一个任务的空间之前，当前进程的地址空间需要保存。进程空间如何保存和保存它需要做多少工作，取决于操作系统的内存管理方法。

3.3 进 程 操 作

绝大多数系统内的进程能并发执行，它们可以动态创建和删除，因此操作系统必须提供某种机制（或工具）以创建和终止进程。本节探讨进程创建和删除的机制，并举例说明 UNIX 系统和 Windows 系统的进程创建。

3.3.1 进程创建

进程在其执行过程中，能通过创建进程系统调用（create-process system call）创建多个新进程。创建进程称为**父**进程，而新进程称为**子**进程。每个新进程可以再创建其他进程，从而形成了进程树。

大多数操作系统（包括 UNIX 和 Windows 系列操作系统）根据一个唯一的进程标识符（process identifier, pid）来识别进程，pid 通常是一个整数值。图 3.9 所示是一个典型的 Solaris 系统中的进程树，显示了每个进程的名字和 pid。在 Solaris 系统中，树顶端的进程是标识符为 0 的 Sched 进程。Sched 进程生成几个子进程——包括 pageout 和 fsflush。这些进程负责管理内存和文件系统，Sched 进程还生成 init 进程，它作为所有用户进程的根进程。在图 3.9 中，有两个 init 的子进程——inetd 和 dtlogin。inetd 负责网络服务，如 telnet 和 ftp；而 dtlogin 表示用户登录界面。当一个用户登录时，dtlogin 生成一个 X-windows 会话，它反过来又生成 sdt_shel 进程。在 sdt_shel 进程之下，生成一个用户命令行 Shell——C Shell

或 Csh。这是一个用户调用不同子进程的命令行接口，如 ls 或 cat 命令。同样还可以看到进程标识符为 7778 的 Csh 进程，它表示一个登录到系统使用 telnet 的用户。该用户启动了 Netscape 浏览器（进程标识符为 7785）和 emacs 编辑器（进程标识符为 8105）。

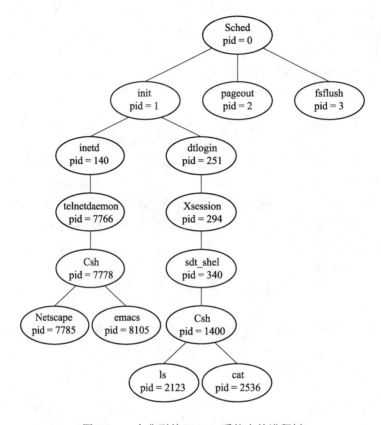

图 3.9　一个典型的 Solaris 系统中的进程树

在 UNIX 系统中，使用 ps 命令可以得到一个进程列表。例如，输入命令 ps –el 将会列出系统所有当前活动进程的完整信息。通过递归跟踪父进程至 init 进程，可以很方便地构造类似于图 3.9 的进程树。

通常，进程需要一定的资源（如 CPU 时间、内存、文件、I/O 设备）来完成其任务。在一个进程创建子进程时，子进程可能从操作系统那里直接获得资源，也可能只从其父进程那里获得资源。父进程可能必须在其子进程之间分配资源或共享资源（如内存或文件）。限制子进程只能使用父进程的资源能防止创建过多的进程带来的系统超载。

在进程创建时，除了得到各种物理和逻辑资源外，初始化数据（或输入）由父进程传递给子进程。例如，考虑一个进程，其功能是在终端屏幕上显示文件（如 img.jpg）的状态。在创建时，作为它的父进程的输入，它会得到文件 img.jpg 的名称，并能使用此名称打开文件，以及写出内容。它也能得到输出设备的名称。有的操作系统将资源传递给子进程。在这类系统上，新进程可得到两个打开文件，即 img.jpg 和终端设备，新进程只需在两者之间传递数据。

当进程创建新进程时，有两种执行可能：

① 父进程与子进程并发执行。

② 父进程等待，直到某个或全部子进程执行完。

新进程的地址空间也有两种可能：

① 子进程是父进程的复制品（具有与父进程相同的程序和数据）。

② 子进程装入另一个新程序。

为了说明这些不同实现，现在来看一下 UNIX 操作系统。在 UNIX 中，每个进程都用一个唯一的整数形式的进程标识符来标识。通过 fork()系统调用，可创建新进程。新进程通过复制原来进程的地址空间而成。这种机制允许父进程与子进程方便地进行通信。两个进程（父进程和子进程）都继续执行位于系统调用 fork()之后的指令。但是，有一点不同：对于新（子）进程，系统调用 fork()的返回值是 0；而对于父进程，返回值为子进程的进程标识符（非零）。

通常，在系统调用 fork()之后，一个进程会使用系统调用 exec()，以用新程序来取代进程的内存空间。系统调用 exec()将二进制文件装入内存(消除了原来包含系统调用 exec()的程序的内存映射)，并开始执行。采用这种方式，两个进程能相互通信，并能按各自的方法执行。父进程能创建更多的子进程，或者如果在子进程运行时没有什么可做，那么它采用系统调用 wait()把自己移出就绪队列来等待子进程的终止。

如图 3.10 所示的 C 程序说明了上述 UNIX 系统调用。现在有两个不同的进程运行同一程序。子进程的 pid 值为 0，而父进程的 pid 值大于 0。子进程通过系统调用 execlp()(execlp()是系统调用 exec()的一种版本)，用 UNIX 命令/bin/ls（用来列出目录清单）来覆盖其地址空间。父进程通过系统调用 wait()来等待子进程的完成。当子进程完成时(通过显示或隐式调用 exit())，父进程会从 wait()调用处开始继续，并调用系统调用 exit()以表示结束。这可用图 3.11 表示。

再如，考虑在 Windows 中的进程生成。Win32 API 通过采用 CreateProcess()函数（它与 fork()中的父进程生成子进程类似）创建进程。然而，fork()中子进程继承了父进程的地址空间，而 CreateProcess()生成函数时，需要将一个特殊程序装入子进程的地址空间。进一步讲，与 fork()不需要传递参数不同，CreateProcess()至少需要传递 10 个参数。

图 3.12 所示的 C 程序是一个 CreateProcess()函数，它生成一个装载 mspaint.exe 应用程序的子进程。选择 10 个参数中的默认值传递给 CreateProcess()函数。需要了解 Win32 API 中进程生成和管理细节的读者可以查阅本章后面的推荐读物。

```
#include <sys/types.h>
#include <stdio.h>
#include <unistd.h>

void main (int argc, char *argv[])
{
pid_t pid;
    /* fork a child process */
    pid = fork();

    if (pid < 0) { /* error occurred */
        fprintf(stderr, "Fork Failed");
        exit(-1);
    }
    else if （pid == 0）{ /* child process */
        execlp("/bin/ls", "ls", NULL);
    }
    else { /* parent process */
        /* parent will wait for the child to complete */
        wait(NULL);
        printf("Child Complete");
        exit(0);
    }
}
```

图 3.10　创建另外一个进程的 C 程序

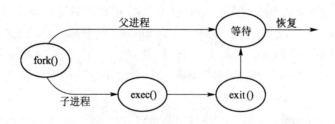

图 3.11　进程生成

传递给 CreateProcess()的两个参数是 STARTUPINFO 和 PROCESS_INFORMATION 结构的实例。STARTUPINFO 指明新进程的许多特性，如窗口大小、标准输入及输出文件的句柄。PROCESS_INFORMATION 结构包含一个句柄以及新的生成进程和线程的标识。在调用 CeateProcess()之前，调用 ZeroMemory()函数来为其中每个结构清空内存。

```
#include <stdio.h>
#include <windows.h>

int main(VOID)
{
    STARTUPINFO si;
    PROCESS_INFORMATION pi;

    //allocate memory
    ZeroMemory(&si, sizeof(si));
    si.cb = sizeof(si);
    ZeroMemory(&pi, sizeof(pi));

    //create child process
    if  (!CreateaProcess(NULL, //use command line
    "C:\\WINDOWS\\system32\\mspaint.exe", //command line
    NULL, //don't inherit process handle
    NULL, //don't inherit thread handle
    FALSE, //disable handle inheritance
    0, //no creation flags
    NULL, //use parent's environment block
    NULL, //use parent's existing directory
    &si,
    &pi))
    {
        fprintf(stderr, "create Process Failed");
        return −1;
    }
    // parent will wait for the child to complete
    WaitForSingleObject(pi.hProcess, INFINITE);
    Printf("Child Complete");

    // close handles
    CloseHandle(pi.hProcess);
    CloseHandle(pi.hThread);
}
```

图 3.12　使用 Win32 API 生成一个单独的进程

　　首先传递给 CeateProcess()函数的两个参数是应用名和命令行参数。如果应用名为 NULL（此时它就是 NULL），命令行参数指明了要装入的应用。在这个例子中，装入的是微软 Windows 中的 mspaint.exe 应用程序。除这两个初始参数之外，使用系统默认参数来继承进程和线程句柄和指定不创建标志，还使用父进程的已有环境块和启动目录。最后，提供了两个指向程序刚开始生成的 STARTUPINFO 和 PROCESS_INFORMATION 结构的指针。在图 3.10 中，父进程通过调用 wait()系统调用等待子进程结束，在 Win32 中有相同功能的是 WaitForSingleObject()，它的参数指定一个子进程的句柄（pi.hProcess）即等待进程结束。一旦子进程结束，控制将从 WaitForSingleObject()函数返回到父进程。

3.3.2　进程终止

当进程完成执行最后的语句并使用系统调用 exit()请求操作系统删除自身时，进程终止。这时，进程可以返回状态值（通常为整数）到父进程（通过系统调用 wait()）。所有进程资源（包括物理和虚拟内存、打开文件和 I/O 缓冲）会被操作系统释放。

在其他情况下也会出现终止。进程通过适当的系统调用（如 Win32 中的 TerminatePorcess()）能终止另一个进程。通常，只有被终止进程的父进程才能执行这一系统调用。否则，用户可以任意地终止彼此的作业。记住，父进程需要知道其子进程的标识符。因此，当一个进程创建新进程时，新创建进程的标识符要传递给父进程。

父进程终止其子进程的原因有很多，如：

- 子进程使用了超过它所分配到的一些资源。（为判定是否发生这种情况，要求父进程有一个检查其子进程状态的机制。）
- 分配给子进程的任务已不再需要。
- 父进程退出，如果父进程终止，那么操作系统不允许子进程继续。

有些系统，包括 VMS，不允许子进程在父进程已终止的情况下存在。对于这类系统，如果一个进程终止（正常或不正常），那么它的所有子进程也将终止。这种现象，称为**级联终止**（cascading termination），通常由操作系统进行。

为了说明进程执行和终止，可考虑一下 UNIX：可以通过系统调用 exit()来终止进程，父进程可以通过系统调用 wait()以等待子进程的终止。系统调用 wait()返回了终止子进程的进程标识符，以使父进程能够知道哪个子进程终止了。如果父进程终止，那么其所有子进程会以 init 进程作为父进程。因此，子进程仍然有一个父进程来收集状态和执行统计。

3.4　进程间通信

操作系统内并发执行的进程可以是独立进程或协作进程。如果一个进程不能影响其他进程或被其他进程所影响，那么该进程是**独立的**。显然，不与任何其他进程共享数据的进程是独立的。另一方面，如果系统中一个进程能影响其他进程或被其他进程所影响，那么该进程是**协作**的。显然，与其他进程共享数据的进程为协作进程。

可能需要提供环境以允许进程协作，这有许多理由：

- **信息共享**（information sharing）：由于多个用户可能对同样的信息感兴趣（例如共享

的文件），所以必须提供环境以允许对这些信息进行并发访问。

- **提高运算速度**（computation speedup）：如果希望一个特定任务快速运行，那么必须将它分成子任务，每个子任务可以与其他子任务并行执行。注意，如果要实现这样的加速，需要计算机有多个处理单元（例如 CPU 或 I/O 通道）。

- **模块化**（modularity）：可能需要按模块化方式构造系统，如第 2 章所讨论，可将系统功能分成独立进程或线程。

- **方便**（convenience）：单个用户也可能同时执行许多任务。例如，一个用户可以并行进行编辑、打印和编译操作。

协作进程需要一种进程间通信机制（interprocess communication, IPC）来允许进程相互交换数据与信息。进程间通信有两种基本模式：（1）共享内存，（2）消息传递。在共享内存模式中，建立起一块供协作进程共享的内存区域，进程通过向此共享区域读或写入数据来交换信息。在消息传递模式中，通过在协作进程间交换消息来实现通信。图 3.13 给出了这两种模式的对比。

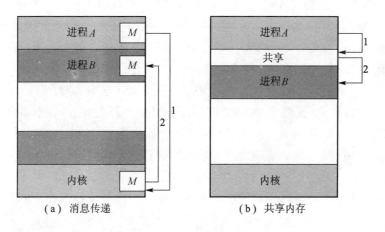

图 3.13　通信模型

在操作系统中，上述两种模式都很常用，而且许多系统也实现了这两种模式。消息传递对于交换较少数量的数据很有用，因为不需要避免冲突。对于计算机间的通信，消息传递也比共享内存更易于实现。共享内存允许以最快的速度进行方便的通信，在计算机中它可以达到内存的速度。共享内存比消息传递快，消息传递系统通常用系统调用来实现，因此需要更多的内核介入的时间消耗。与此相反，在共享内存系统中，仅在建立共享内存区域时需要系统调用，一旦建立了共享内存，所有的访问都被处理为常规的内存访问，不需要来自内核的帮助。本节后面的部分将更为详细地讨论每种 IPC 模式。

3.4.1　共享内存系统

采用共享内存的进程间通信需要通信进程建立共享内存区域。通常，一块共享内存区域驻留在生成共享内存段进程的地址空间。其他希望使用这个共享内存段进行通信的进程必须将此放到它们自己的地址空间上。回忆一下，通常操作系统试图阻止一个进程访问另一进程的内存。共享内存需要两个或更多的进程取消这个限制，它们通过在共享区域内读或写来交换信息。数据的形式或位置取决于这些进程而不是受控于操作系统。进程还负责保证它们不向同一区域同时写数据。

为了说明协作进程这一概念，可研究一下生产者-消费者问题，这是协作进程的通用范例。**生产者进程**产生信息以供**消费者进程**消费。例如，编译器产生的汇编代码供汇编程序使用，而汇编程序反过来产生目标代码供链接和装入程序使用。生产者-消费者问题同时还为客户机-服务器范例提供了有用的隐喻。通常将客户机当作一个生产者，而将服务器当作一个消费者。例如，一个 Web 服务器生产（提供）HTML 文件和图像，它们被请求资源的客户 Web 浏览器所消费（读取）。

采用共享内存是解决生产者-消费者问题方法中的一种。为了允许生产者进程和消费进程能并发执行，必须要有一个缓冲来被生产者填充并被消费者所使用。此缓冲驻留在生产者进程和消费者进程的共享内存区域内，当消费者使用一项时，生产者能产生另一项。生产者和消费者必须同步，以免消费者消费一个没有生产出来的项。

可以使用两种缓冲。**无限缓冲**（unbounded-buffer）对缓冲大小没有限制。消费者可能不得不等待新的项，但生产者总是可以产生新项。**有限缓冲**（bounded-buffer）假设缓冲大小固定。对于这种情况，如果缓冲为空，那么消费者必须等待；如果缓冲为满，那么生产者必须等待。

更进一步了解进程共享内存如何使用有限缓冲。下面驻留在内存中的变量由生产者和消费者共享：

```
#define BUFFER_SIZE 10

typedef struct {
 . . .
} item;

item buffer[BUFFER_SIZE];
int in  = 0;
int out = 0;
```

共享缓冲是通过循环数组和两个逻辑指针来实现的：in 和 out。变量 in 指向缓冲中下一个空位；out 指向缓冲中的第一个满位。当 in == out 时，缓冲为空；当(in+1) %

BUFFER_SIZE == out 时，缓冲为满。

生产者进程和消费者进程代码分别如图 3.14 和图 3.15 所示。生产者进程有一个局部变量 nextProduced 以存储所产生的新项。消费者进程有一个局部变量 nextConsumed 以存储所要使用的新项。

```
item nextProduced

while (true) {
    /* produce an item in nextProduced */
    while ( ((in + 1) % BUFFER_SIZE) == out )
        ; /* do nothing */
    buffer[in] = nextProduced;
    in = (in +1) % BUFFER_SIZE;
}
```

图 3.14　生产者进程

```
item nextConsumed

while (true) {
    while ( in == out)
        ; // do nothing

    nextConsumed = buffer[out];
    out = (out+1) % BUFFER_SIZE;
    /* consume the item in nextConsumed */
}
```

图 3.15　消费者进程

这种方法最多允许缓冲的最大项数为 BUFFER_SIZE-1，允许最大项数为 BUFFER_SIZE 的问题留作练习。在 3.5.1 节，将讨论 POSIX API 中的共享内存。

刚才的例子没有解决生产者和消费者同时访问共享内存的问题。在第 6 章，将讨论在共享内存环境下协作进程如何有效实现同步。

3.4.2　消息传递系统

3.4.1 小节讨论协作进程如何能通过共享内存来通信。这种方法要求进程共享一个内存区域，并且需要应用程序员自己明确编写访问和操作共享内存的代码。实现同样效果的另一种方法是由操作系统提供机制，让协作进程能通过消息传递工具来进行通信。

消息传递提供一种机制以允许进程不必通过共享地址空间来实现通信和同步，这在分布式环境中（通信进程可能位于由网络连接起来的不同计算机上）特别有用。例如，用于 WWW 的 chat 程序就是通过消息交换来实现通信。

消息传递工具提供至少两种操作：发送（消息）和接收（消息）。由进程发送的消息可以是定长的或变长的。如果只能发送定长消息，那么系统级的实现十分简单。不过，这一限制却使得编程任务更加困难。相反地，变长消息要求更复杂的系统级实现，但是编程任务变得简单。这是贯穿整个操作系统设计的一种常见的折中问题。

如果进程 P 和 Q 需要通信，那么它们必须彼此相互发送消息和接收消息，它们之间必须要有**通信线路**（communication link）。该线路有多种实现方法。这里不关心线路的物理实现（如共享内存、硬件总线或网络，参见第 16 章），而只关心逻辑实现。如下是一些逻辑实现线路和 send()/receive()操作的方法：

- 直接或间接通信。
- 同步或异步通信。
- 自动或显式缓冲。

下面研究这些相关问题。

1. 命名

需要通信的进程必须有一个方法以互相引用。它们可使用直接或间接通信。

对于**直接通信**，需要通信的每个进程必须明确地命名通信的接收者或发送者。采用这种方案，原语 send()和 receive()定义如下：

- send(P, message)：发送消息到进程 P。
- receive(Q, message)：接收来自进程 Q 的消息。

这种方案的通信线路具有如下属性：

- 在需要通信的每对进程之间自动建立线路。进程仅需知道相互通信的标识符。
- 一个线路只与两个进程相关。
- 每对进程之间只有一个线路。

这种方案展示了对称寻址，即发送和接收进程必须命名对方以便通信。这种方案一个变形采用非对称寻址，即只要发送者命名接收者，而接收者不需要命名发送者。采用这种方案，原语 send()和 receive()定义如下：

- send(P, message)：发送消息到进程 P。
- receive(id, message)：接收来自任何进程的消息，变量 id 设置成与其通信的进程名称。

对称和非对称寻址方案的缺点是限制了进程定义的模块化。改变进程的名称可能必须检查所有其他进程定义。所有旧名称的引用都必须找到，以便修改成为新名称。与下面介绍的间接调用方法相比，通常，这种标识符必需明确指出的**硬编码**技术用得更少。

在**间接通信**中，通过邮箱或端口来发送和接收消息。邮箱可以抽象成一个对象，进程可以向其中存放消息，也可从中删除消息，每个邮箱都有一个唯一的标识符。例如，POSIX 消息队列采用一个整数值来标识一个邮箱。对于这种方案，一个进程可能通过许多不同的邮箱与其他进程通信，但两个进程仅在其共享至少一个邮箱时可相互通信。原语 send()和 receive()定义如下：

- send(A, message)：发送一个消息到邮箱 A。
- receive(A, message)：接收来自邮箱 A 的消息。

对于这种方案，通信线路具有如下属性：

- 只有在两个进程共享一个邮箱时，才能建立通信线路。
- 一个线路可以与两个或更多的进程相关联。
- 两个通信进程之间可有多个不同的线路，每个线路对应于一个邮箱。

现在假设进程 P_1、P_2 和 P_3 都共享邮箱 A。进程 P_1 发送一个消息到 A，而进程 P_2 和 P_3 都对 A 执行 receive()。哪个进程能收到 P_1 所发的消息呢？答案取决于所选择的方案：

- 允许一个线路最多只能与两个进程相关联。

- 一次最多允许一个进程执行 receive() 操作。

- 允许系统随意选择一个进程以接收消息(即进程 P_2 和 P_3 都可以接收消息，但两者不能同时接收消息)。系统同样可以定义一个算法来选择哪个进程是接收者（即 round robin，进程轮流接收消息的地方）。系统可以给发送者标识接收者。

进程或操作系统可以拥有邮箱。如果邮箱为进程所有（即邮箱是进程地址空间的一部分），那么需要区分拥有者（只能通过邮箱接收消息）和使用者（只能向邮箱发送消息）。由于每个邮箱都有唯一的标识符，所以谁能接收发到邮箱的消息是没有什么疑问的。当拥有邮箱的进程终止，那么邮箱将消失。任何进程后来向该邮箱发送消息，都会得知邮箱不再存在。

与此相反，由操作系统所拥有的邮箱是独立存在的，并不属于某个特定的进程。因此，操作系统必须提供机制以允许进程进行如下操作：

- 创建新邮箱。

- 通过邮箱发送和接收消息。

- 删除邮箱。

创建新邮箱的进程默认为邮箱的拥有者。开始时，拥有者是唯一能通过该邮箱接收消息的进程。不过，通过系统调用，拥有权和接收特权可能传递给其他进程。当然，该规定会导致每个邮箱有多个接收者。

2. 同步

进程间的通信可以通过调用原语 send() 和 receive() 来进行。这些原语的实现有不同的设计选项。消息传递可以是**阻塞**或非阻塞——也称为**同步**或**异步**。

- **阻塞 send**：发送进程阻塞，直到消息被接收进程或邮箱所接收。

- **非阻塞 send**：发送进程发送消息并再继续操作。

- **阻塞 receive**：接收者阻塞，直到有消息可用。

- **非阻塞 receive**：接收者收到一个有效消息或空消息。

send() 和 receive() 可以进行多种组合。当 send() 和 receive() 都阻塞时，则在发送者和接收者之间就有一个**集合点**（rendezvous）。当使用阻塞 send() 和 receive() 时，如何解决生产者-消费者问题就不再重要了。生产者仅需调用阻塞 send() 调用并等待，直到消息被送到接收者或邮箱。同样地，当消费者调用 receive() 时，发生阻塞直到有一个消息可用。

注意，同步和异步的概念常常出现在操作系统的 I/O 算法中，读者将在本书中多次见到。

3．缓冲

不管通信是直接的或是间接的，通信进程所交换的消息都驻留在临时队列中。简单地讲，队列实现有三种方法：

● 零容量：队列的最大长度为 0；因此，线路中不能有任何消息处于等待。对于这种情况，必须阻塞发送，直到接收者接收到消息。

● 有限容量：队列的长度为有限的 n；因此，最多只能有 n 个消息驻留其中。如果在发送新消息时队列未满，那么该消息可以放在队列中（或者复制消息或者保存消息的指针），且发送者可继续执行而不必等待。不过，线路容量有限。如果线路满，必须阻塞发送者直到队列中的空间可用为止。

● 无限容量：队列长度可以无限，因此，不管多少消息都可在其中等待，从不阻塞发送者。

零容量情况称为没有缓冲的消息系统，其他情况称为自动缓冲。

3.5 IPC 系统的实例

本节讨论三种不同的 IPC 系统。首先了解共享内存的 POSIX API；然后讨论 Mach 操作系统中的消息传递；最后讨论 Windows XP，它采用了共享内存作为提供特定类型消息传递的机制。

3.5.1 实例：POSIX 共享内存

有几种 IPC 机制适用于 POSIX 系统，包括共享内存和消息传递。在此讨论的是共享内存的 POSIX API。

进程必须首先用系统调用 shmget()创建共享内存段（shmget()由 Shared Memory GET 派生而来），下面的例子说明了 shmget()的使用：

    segment_id = shmget(IPC_PRIVATE, size, S_IRUSR | S_IWUSR);

第一个参数指的是共享内存段关键字（标识符）。如果将其赋予 IPC_PRIVATE，则生成一个新的共享内存段。第二个参数指的是共享内存段的大小（按字节数）。最后第三个参数标识模式，它明确了如何使用共享内存段——即用来读、用来写或二者都包括。通过把模式设置为 S_IRUSR | S_IWUSR，指定了拥有者可以向内存段读出或写入。一个成功的 shmget()调用返回一个共享内存段整数标识值。其他想使用共享内存区域的进程必须指明这个标识符。

想访问共享内存段的进程必须采用 shmat()（SHared Memory ATtach）系统调用来将其加入地址空间。对 shmat()的调用需要三个参数。第一个是希望加入的共享内存段的整数标识值。第二个是内存中的一个指针位置，它表示将要加入到的共享内存所在。如果传递一个值 NULL，操作系统则为用户选择位置。第三个参数表示一个标志，它指定加入到的共享内存区域是只读模式还是只写模式。通过传递一个参数 0，表示向共享内存区域进行读或写操作均可。

第三个参数指的是一个标识模式。如果设置了该模式，则允许将要加入到的共享内存区域为只读模式；如果设置为 0，则允许向共享内存进行读和写操作。下面用 shmat() 加入一个共享内存：

shared_memory = (char *) shmat(id, NULL, 0);

如果成功，shmat() 返回一个指向附属的共享内存区域的内存中初始位置的指针。

一旦共享内存区域被加入到进程的地址空间，进程就可以采用从 shmat() 返回的指针，作为一般的内存访问来访问共享内存。在这个例子中，shmat() 返回一个指向字符串的指针。因此，可以按照下面的方法写入共享内存区域：

sprintf(shared_memory, "Writing to shared memory");

其他共享这个内存段的进程将会看到这个更新。

通常，采用已有共享内存段的进程首先将共享内存段加入其地址空间，然后再访问（还可能更新）共享内存区域。当一个进程不再需要访问共享内存段时，它将从其地址空间中分离出这一段。为了分离出这一共享内存段，进程可以按照下面的方法将共享内存区域的指针传递给系统调用 shmdt()：

shmdt(shared_memory);

最后，可以采用系统调用 shmctl()（把标志 IPC_RMID 和共享内存段的标识符一起作为参数），从系统中删除共享内存段。

图 3.16 所示的程序演示了上述的 POSIX 共享内存 API。该程序生成了 4 096 B 的共享内存段。一旦共享内存区域被加入，进程向共享内存中写入消息 "Hi, There!"。在向更新的内存输出这个内容后，它分离并删除共享内存区域。本章结尾的编程练习中提供了更进一步的使用 POSIX 共享内存 API 的练习。

3.5.2　实例：Mach

作为基于消息操作系统的例子，下面考虑一下由卡耐基-梅隆大学开发的 Mach 操作系统。作为 Mac OS X 的一部分，在第 2 章中曾介绍过 Mach 操作系统。Mach 内核支持多任务的创建和删除，这里的任务与进程相似，但能有多个控制线程。Mach 的绝大多数通信（包括绝大多数系统调用和所有任务间信息）是通过*消息*实现的。消息通过邮箱（Mach 称之为端口）来发送和接收。

即使系统调用也是通过消息进行的。每个任务在创建时，也创建了两个特别邮箱：**内核邮箱**和**通报**（notify）**邮箱**。内核使用内核邮箱与任务通信，使用通报邮箱发送事件发生的通知。消息传输只需要三个系统调用。调用 msg_send() 向邮箱发送消息。消息可通过 msg_receive() 接收。**远程过程调用**（**RPC**）通过 msg_rpc() 执行，它能发送消息并只等待来自发送者的一个返回消息。这样，RPC 模拟了典型的子程序过程调用，但它还能在*系统之间工作——这就解释了*远程。

```c
#include <stdio.h>
#include<sys/shm.h>
#include<sys/stat.h>

int main()
{
/* the identifier for the shared memory segment */
int segment_id;=
/* a pointer to the shared memory segment */
char* shared_memory;
/* the size (in bytes) of the shared memory segment */
const int size = 4096;

    /* allocate a shared memory segment */
    segment_id = shmget(IPC_PRIVATE, size, S_IRUSR   |   S_IWUSR)

    /* attach the shared memory segment */
    shared_memory = (char *) shmat(segment_id, NULL, 0);

    /* write a message to the shared memory segment */
    sprintf(shared_memory, "Hi There!");

    /* now print out the string from shared memory */
    printf("*%s\n", shared_memory);

    /* now detach the shared memory segment */
    shmdt(shared_memory);

    /* now remove the shared memory segment */
    shmctl(segment_id, IPC_RMID, NULL);

    return 0;

}
```

图 3.16 演示 POSIX 共享内存 API 的 C 程序

系统调用 port_allocate() 创建新邮箱并为其消息队列分配空间。消息队列的最大长度默认为 8 个消息。创建邮箱是该邮箱拥有者的任务。拥有者也被允许接收来自邮箱的消息。一次只能有一个任务能拥有邮箱或从邮箱接收，但是如果需要，这些权利也能发送给其他任务。

开始时，邮箱的消息队列为空。随着消息向邮箱发送，消息被复制到邮箱中。所有消息具有同样的优先级。Mach 确保来自同一发送者的多个消息按照 FIFO 顺序来排队，但并不确保绝对顺序。例如，来自两个发送者的消息可以按任意顺序排队。

消息本身由固定大小的头部和可变长的数据部分组成。头部包括消息长度和两个邮箱名。当发送消息时，一个邮箱名是消息发送的目的地。通常，发送线程也期待回应，所以发送的邮箱名传递到接收任务，接收任务可用它作为"返回地址"以发回消息。

消息的可变部分为具有类型的数据项的链表。链表内的每一项都有类型、大小和值。消息内所表示的对象类型很重要，因为操作系统定义的对象，如拥有权或接收访问权限、任务状态、内存段，可通过消息发送。

发送和接收操作本身很灵活。例如，当向一个邮箱发送消息时，该邮箱可能已满。如果邮箱未满，消息可复制到邮箱，发送线程继续。如果邮箱已满，发送线程有 4 个选择：

- 无限等待，直到邮箱有空间为止。
- 最多等待 n 毫秒。
- 根本不等待，而是立即返回。
- 暂时缓存消息。即使所要发送到的邮箱已满，操作系统还是可以保存一条消息。当消息能被放进邮箱时，一条通报消息会送到发送者。对于给定发送线程，在任何时候，只能有一个给已满邮箱等待处理的消息。

最后一项用于服务器任务，如行式打印机的驱动程序。在处理完请求之后，这些任务可能需要给请求服务的任务发送一个一次性的应答，但即使在客户邮箱已满时也必须继续处理其他服务请求。

接收操作必须指明从哪个邮箱或**邮箱集合**来接收消息。一个邮箱集合是由任务所声明的，能组合在一起作为一个邮箱以满足任务的一组邮箱。任务中的线程只能从任务具有接收权限的邮箱或邮箱集合中接收消息。系统调用 port_status() 能返回给定邮箱的消息数量。receive 操作试图从如下两处接收消息：

- 邮箱集合内的任何邮箱。
- 特定的（已命名的）邮箱。

如果没有消息等待接收，那么接收线程可能等待（最多等 n 毫秒或不等待）。

Mach 系统专门为分布式系统而设计，关于这点将在第 16 章到第 18 章讨论，但是它也适用于单处理器系统，Mach 被 Mac OS X 系统包括进去证明了这一点。消息系统的主要问题是由于消息双重复制导致性能差，即消息首先被从发送方复制到邮箱，再从邮箱复制到接收方。通过使用虚拟内存管理技术（第 9 章），Mach 消息系统试图避免双重复制。其关键在于 Mach 将发送者的地址空间映射到接收者的地址空间，消息本身并不真正复制。

这种消息管理技术大大地提高了性能，但是只适用于系统内部的消息传递。Mach 操作系统在本书网站的附加章节中有相关讨论。

3.5.3　实例：Windows XP

Windows XP 操作系统是现代设计的典范，它利用模块化增加功能，并降低了用以实现新特性所需的时间。Windows XP 支持多个操作环境或子系统，应用程序可通过消息传递机制进行通信，并可作为 Windows XP 子系统服务器的客户。

Windows XP 的消息传递工具称为本地过程调用（LPC）工具。Windows XP 的 LPC 在位于同一机器的两进程之间通信。它类似于被广泛使用的 RPC，但是为 Windows XP 进行了优化。与 Mach 一样，Windows XP 使用了端口对象以建立和维护两进程之间的连接。调用子系统的每个客户需要一个通信频道，由端口对象提供且不能继承。Windows XP 使用两种类型的端口：连接端口和通信端口。它们事实上是相同的，但根据实际使用情况而具有不同名称。连接端口称为对象，为所有进程可见，它们允许应用程序建立通信频道（参见第 22 章）。这种通信工作如下：

① 客户机打开系统的连接端口对象的句柄。

② 客户机发送连接请求。

③ 服务器创建两个私有通信端口，并返回其中之一的句柄给客户机。

④ 客户机和服务器使用相应端口句柄以发送消息或回调，并等待回答。

Windows XP 使用两种端口消息传递技术，端口可在客户机建立频道时被指明。最为简单的类型，是用于小消息的，使用端口队列作为中间存储，并将消息从一个进程复制到另一个进程。采用这种方式，可发送最多 256 B 的消息。

如果客户机需要发送更大的消息，那么它可通过**区段对象**（构建共享内存）来传递消息。客户机在建立频道时，必须确定它是否需要发送大消息。如果客户机确定它确实需要发送大消息，那么它请求建立区段对象。同样，如果服务器确定回复将会是很大的消息，它创建一个区段对象。为了能使用区段对象，需要发送一个小消息，它包括关于区段的一个指针和大小信息。这种方法比第一种更为复杂，但是它避免了数据复制。对于这两种情况，当客户程序或服务程序不能马上响应请求时，可使用回调机制。回调机制允许它们执行异步消息传递。Windows XP 中的本地过程调用结构如图 3.17 所示。

注意，Windows XP 中的 LPC 工具并不是 Win32 API 的一部分，故也不能被应用程序员所见，这是很重要的。应用程序员使用 Win32 API 调用标准的远程过程调用。当 RPC 被同一系统中的同一进程所调用，RPC 通过本地过程调用被间接地处理。LPC 也用于其他的 Win32 API 函数中。

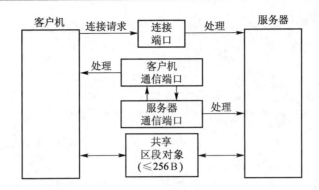

图 3.17 Windows XP 中的本地过程调用

3.6 客户机-服务器系统通信

3.4 小节介绍进程如何利用共享内存和消息传递进行通信。这些技术也可用于客户机-服务器系统的通信（参见 1.12.2 小节）。在本小节，将要探讨三种其他的客户机-服务器系统通信方法：Socket、远程过程调用（RPC）和 Java 的远程方法调用（RMI）。

3.6.1 Socket

Socket（套接字）可定义为通信的端点。一对通过网络通信的进程需要使用一对Socket——即每个进程各有一个。Socket 由 IP 地址与一个端口号连接组成。通常，Socket采用客户机-服务器结构。服务器通过监听指定端口来等待进来的客户请求。一旦收到请求，服务器就接受来自客户 Socket 的连接，从而完成连接。服务器实现的特定服务（如 telnet、ftp 和 http）是通过监听众所周知的端口来进行的（telnet 服务器监听端口 23，ftp 服务器监听端口 21，Web 或 http 服务器监听端口 80）。所有低于 1024 的服务器端口都被认为是众所周知的，可以用它们来实现标准服务。

当客户机进程发出连接请求时，它被主机赋予一个端口。该端口是大于 1024 的某个任意数。例如，如果 IP 地址为 146.85.5.20 的主机 X 的客户希望与地址为 161.25.19.8 的Web 服务器（监听端口 80）建立连接，它可能被分配端口 1625。该连接由一对 Socket 组成：主机 X 上的（146.86.5.20：1625），Web 服务器上的（161.25.19.8：80），如图 3.18 所示。根据目的端口，在主机间传输的数据包可分送给合适的进程。

所有连接必须唯一。因此，如果主机 X 的另一个进程希望与同样的 Web 服务器建立另一个连接，那么它会被分配另一个大于 1024 但不等于 1625 的端口号。这确保了所有连接都有唯一的一对 Socket。

虽然本书的绝大多数程序例子使用 C 语言，但是这里使用 Java 语言来演示 Socket，这是因为 Java 提供了一个 Socket 的简单接口，而且也提供了丰富的网络类库。如果对用 C 或 C++进行网络编程感兴趣，可以参考本章最后的推荐读物。

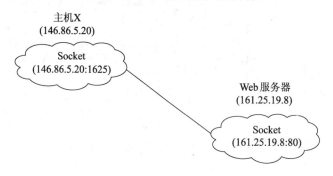

图 3.18　使用 Socket 通信

Java 提供了三种不同类型的 Socket。**面向连接（TCP）Socket** 是用 Socket 类实现的。**无连接（UDP）Socket** 使用了 DatagramSocket 类。最后一种类型是多点传送 Socket 类（MulticastSocket class），它是 DatagramSocket 类的子类。多点传送 Socket 允许数据发送给多个接收者。

下面通过例子介绍使用面向连接的 TCP Socket 的日期服务器。此操作允许客户机从服务器请求当前的日期和时间。服务器监听端口 6013，当然端口号可以是任何大于 1024 的数字。接收到连接时，服务器将日期和时间返回给客户机。

日期服务器程序如图 3.19 所示。服务器创建了 ServerSocket 以监听端口号 6013。接着它通过采用 accept()方法开始监听端口。服务器阻塞在方法 accept()上等待客户请求连接。当接收到连接请求时，accept()会返回一个 Socket 以供服务器用来与客户进程通信。

有关服务器如何与 Socket 通信的细节如下。首先服务器建立 PrintWriter 对象，用来与客户进行通信。PrintWriter 对象允许服务器通过普通的输出方法 print()和 println()来向 Socket 进行写操作。服务器通过调用方法 println()将日期时间发送给客户机。一旦将日期时间写到 Socket，服务器就关闭与客户相连的 Socket，并重新监听其他请求。

客户机通过创建 Socket 和服务器监听的端口相连来与服务器进行通信。图 3.20 所示的 Java 程序实现了客户机程序。客户机创建了 Socket，并请求与 IP 为 127.0.0.1、端口号为 6013 的服务器建立连接。一旦建立了连接，客户就通过普通流 I/O 语句来对 Socket 进行读。在得到服务器的日期时间后，客户机关闭端口并退出。IP 地址 127.0.0.1 为特殊 IP 地址，称为**回送**（loopback）。当计算机引用地址 127.0.0.1 时，它其实是在引用自己。这一机制允许同一主机上的客户机和服务器通过 TCP/IP 协议进行通信。IP 地址 127.0.0.1 可以被运行日期服务器的另一个主机的 IP 地址所替代。除 IP 地址外，也可使用如 www.westminstercollege.edu 这样的主机名。

```
import java.net.*;
import java.io.*;

public class DateServer
{
    public static void main(String[] args)  {
      try{
        ServerSocket sock = new ServerSocket(6013);

        // now listen for connections
        while (true)    {
            Socket client = sock.accept();

                PrintWriter pout = new
                PrintWriter(client.getOutputStream(), true);

                // write the Date to the socket
                pout.println(new java.util.Date().toString());

                //close the socket an dresume
                //listening for connections
                client.close();
            }
        }
        catch (IOException ioe)    {
            System.err.println(ioe);
        }
    }
}
```

图 3.19　日期服务器程序

　　使用 Socket 进行通信，虽然常用和高效，但是它属于较为低级的分布式进程通信。原因之一在于 Socket 只允许在通信线程之间交换无结构的字节流。客户机或服务器程序需要负责加上数据结构。下面两小节将介绍两种更高级的通信方法：远程过程调用（RPC）和远程方法调用（RMI）。

```java
import java.net.*;
import java.io.*;

public class DateClient
{
    public static void main(String[] args)    {
        try {
            // make connection to server socket
            sock = new Socket("127.0.0.1", 6013);

            inputStream in = sock.getInputStream();
            BufferedReader bin = new
                BufferedReader(new InputStreamReader(in));

            //read the date from the socket
            String line;
            While ( (line = bin.readLine()) != null )
                System.out.println(line);

            //close the socket connection
            sock.close();
        }
        catch (IOException ioe)    {
            System.err.println(ioe);
        }
    }
}
```

图 3.20　日期客户端程序

3.6.2　远程过程调用

3.5.2 小节中简要介绍了一种最为普通的远程服务——RPC 方式。RPC 设计成抽象过程调用机制，用于通过网络连接系统。它在许多方面都类似于 3.4 节所述的 IPC 机制，并且通常建立在这种系统之上。因为在所处理的环境中，进程在不同系统上执行，所以必须提供基于消息的通信方案来提供远程服务。与 IPC 工具不同，用于 RPC 交换的消息有很好的结构，因此不再仅仅是数据包。每个消息传递给位于远程系统上监听端口号的 RPC 服务器，每个都包含要执行函数的名称和传递给函数的参数。该函数根据请求而执行，任何结果通过另一个消息送回给请求者。

*端口*只是一个数字，并包含在消息包的开始处。虽然一个系统通常只有一个网络地址，但是它在这一地址内有许多端口号以区分所支持的多种网络服务。如果一个远程进程需要服务，那么它就向适当端口发送消息。例如，如果一个系统允许其他系统能列出其当前用户，那么它可以有一个服务器支持这样的 RPC，并监听一个端口，例如 3027。任何远程系统只要向位于服务器的 3027 端口发送一个消息，就能得到所需要的信息（即列出当前用户），数据可通过回复消息收到。

RPC 语义允许客户机调用位于远程主机上的过程，就如同调用本地过程一样。通过在客户端提供**存根**（stub），RPC 系统隐藏了允许通信发生的必要细节。通常，对于每个独立的远程过程都有一个存根。当客户机调用远程过程时，RPC 系统调用合适的存根，并传递远程过程的参数。该存根位于服务器的端口，并编组（marshal）参数。参数编组涉及将参数打包成可通过网络传输的形式。接着存根使用消息传递向服务器发送一个消息。服务器的一个类似存根接收到这一消息，并调用服务器上的过程。如果有必要，返回值可通过同样技术传回给客户机。

有一个必须处理的事项是关于如何处理客户机和服务器系统的数据表示的差别。考虑一个 32 位整数的表示。有的系统使用高内存地址以存储高字节（称为大尾端，big-endian），而其他系统使用高内存地址以存储低字节（称为小尾端，little-endian）。为了处理这一问题，许多 RPC 系统都定义了数据的机器无关表示。一种这样的表示称为**外部数据表示**（**XDR**）。在客户机端，参数编组涉及将机器有关数据在被发送到服务器之前编组成 XDR。在服务器端，XDR 数据重新转换成服务器所用的机器有关表示。

另一个重要的事项就是调用的语义。虽然本地过程调用只有在极端情况下才可能失败，但是由于普通网络错误，RPC 可能会失败或重复多次执行。处理该问题的一种方法是操作系统确保一个消息刚好执行一次，而不是最多只执行一次。大多数本地过程调用具有"刚好一次"的属性，但是很难实现。

首先考虑"最多一次"。这可以通过为每个消息附加时间戳的方法来做到。服务器对其所处理的消息，必须有一个完整的或足够长的时间戳历史，以便确保能检测到重复消息。进来的消息，如果其时间戳已在历史上，则被忽略。之后，客户机能够一次或多次发送消息，并确保仅执行一次（如何产生时间戳将在 18.1 小节中讨论）。

对"刚好一次"，需要消除服务器从未收到请求的风险。为了实现此目的，服务器必须执行前面介绍的"最多一次"协议，但必须通知客户端已经接收到 RPC 且已执行。网络中这些 ACK 消息很常用。客户机必须周期性重发每个 RPC 调用，直到它接收到对该调用的 ACK。

另一个重要事项是关于服务器与客户机间的通信问题。对于标准过程调用，在连接、装入或执行时（参见第 8 章）会出现一定形式的绑定，从而使过程名称被过程的内存地址所代替。RPC 方案要求有一个类似于客户机和服务器端口的绑定，但是客户机如何知道服务器上的端口呢？没有一个系统拥有其他系统完全的信息，因为它们并不共享内存。

对此有两种常用方法。第一种方法，绑定信息以固定端口地址形式预先固定。在编译时，RPC 调用有一个相应的固定端口。一旦程序编译后，服务器就不能改变请求服务的端口号。第二种方法，绑定通过集合点机制动态地进行。通常，操作系统在一个固定 RPC 端口上提供集合点服务程序（也称为 matchmaker）。客户机程序发送一个包括 RPC 的名称的消息给集合点服务程序，以请求它所需要执行的 RPC 端口地址。该端口号返回，RPC 调用可发送到这一端口号直到进程终止(或服务器失败)。这种方式需要初始请求的额外开销，但是比第一种灵活。图 3.21 说明了一个简单的交互例子。

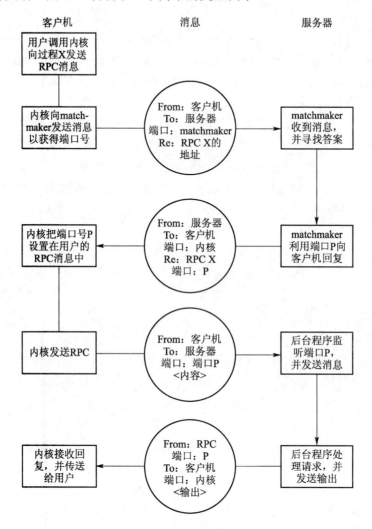

图 3.21 远程过程调用(RPC)的执行

RPC 方法对实现分布式文件系统（参见第 17 章）非常有用。这种系统可通过一组 RPC 服务程序和客户机来实现。消息发送到服务器的分布式文件系统端口以进行文件操作。消息包括要执行的磁盘操作。磁盘操作可能是 read、write、rename、delete 或 status，对应通常的文件相关的系统调用。返回消息包括来自调用（分布式文件系统服务程序在客户机执行）的任何数据。例如，一个消息可能包括一个传输整个文件到客户机上的请求，或限制为简单块请求。对于后者，如果需要传输整个文件，可能需要多个这样的请求。

3.6.3　远程方法调用

远程方法调用（remote method invocation，RMI）是一个类似于 RPC 的 Java 特性。RMI 允许线程调用远程对象的方法。如果对象位于不同的 JVM 上，那么就认为它是远程的。因此，远程可能在同一计算机或通过网络连接的主机的不同 JVM 上。这种情况如图 3.22 所示。

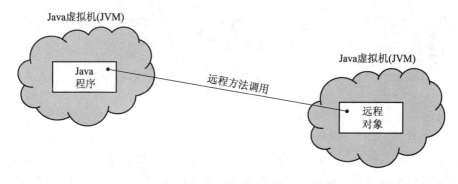

图 3.22　远程方法调用

RMI 和 RPC 在两方面有根本的不同。第一，RPC 支持子程序编程，即只能调用远程的子程序或函数；而 RMI 是基于对象的，它支持调用远程对象的方法。第二，在 RPC 中，远程过程的参数是普通数据结构，而 RMI 可以将对象作为参数传递给远程方法。RMI 通过允许 Java 程序调用远程对象的方法，使得用户能够开发分布在网络上的 Java 应用程序。

为了使远程方法对客户机和服务器透明，RMI 采用存根（stub）和骨干（skeleton）实现远程对象。存根为远程对象的代理，它驻留在客户机中。当客户机调用远程方法时，远程对象的存根被调用。这种客户端存根负责创建一个包，它具有服务器上要调用方法的名称和用于该方法的编排参数。存根将该包发送给服务器，远程对象的骨干会接收它。骨干负责重新编排参数并调用服务器上所要执行的方法。骨干接着编排返回值（或异常），然后打包，并将该包返回给客户机。存根重新编排返回值，并传递给客户机。

下面更详细地说明这一过程是如何工作的。假设客户机希望调用远程对象 server 的一个方法，该方法具有签名 someMethod (Object, Object)并返回布尔值。客户机执行如下语句：

```
boolean val = server.someMethod (A, B);
```

使用参数 A 和 B 的 someMethod()调用了远程对象的存根。存根将参数 A 和 B 以及要在服务器上执行的方法名称一起打包，接着将该包发送给服务器。服务器上的骨干会重新编排参数并调用方法 someMethod()。someMethod ()的真正实现驻留在服务器上。一旦方法完成，骨干会编排从 someMethod()返回的布尔值，并将该值发回给客户机。存根重新编排该返回值，并传递给客户机。这一过程如图 3.23 所示。

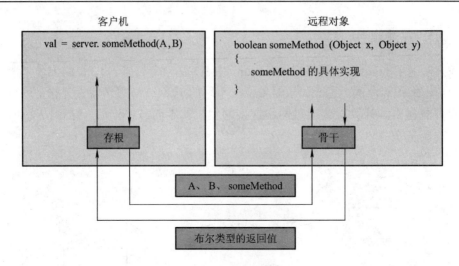

图 3.23　编排参数

幸运的是，RMI 提供的抽象程度使得存根和骨干透明，从而允许 Java 开发人员能编写程序并如同调用本地方法一样地调用分布方法。不过，你必须理解有关参数传递行为的几个规则：

- 如果编排参数是**本地（非远程）**对象，那么通过称为对象串行化的技术来复制传递。不过，如果参数也是远程对象，那么可通过引用传递。对于上述例子，如果 A 是本地对象而 B 是远程对象，那么 A 就串行化并复制传递，而 B 通过引用传递。这是可以允许服务器远程执行 B 的方法。

- 如果本地对象需要作为参数传递给远程对象，那么就必须实现接口 java.io.Serializable。核心 Java API 中的许多对象都实现了 Serializable，因此可用于 RMI。对象串行化允许将对象状态写入字节流。

3.7　小　结

进程是执行中的程序。随着进程的执行，它改变状态。进程状态由进程当前活动所定义。每个进程可处于：新的、就绪、运行、等待或终止等状态。每个进程在操作系统内通过自己的进程控制块（PCB）来表示。

当前不在执行的进程会放在某个等待队列中。操作系统有两种主要队列：I/O 请求队列和就绪队列。就绪队列包括所有准备执行并等待 CPU 的进程。每个进程都有 PCB，PCB 链接起来就形成了就绪队列。长期（作业）调度通过选择进程来争用 CPU。通常，长期调度会受资源分配考虑，尤其是内存管理的影响。短期调度从就绪队列中选择进程。

操作系统必须为父进程创建子进程提供一种机制。父进程在继续之前可以等待它的子进程终止，也可以并发执行父进程和子进程。并发执行有许多优点，例如信息共享、提高运算速度、模块化和便利性等。

　　操作系统的执行进程可以是独立进程或协作进程。协作进程需要进程间有互相通信的机制。主要有两种形式的通信：共享内存和消息系统。共享内存方法要求通信进程共享一些变量。进程通过使用这些共享变量来交换信息。对于共享内存系统，主要由应用程序员提供通信，操作系统只需要提供共享内存。消息系统方法允许进程交换信息。提供通信的主要责任在于操作系统本身。这两种方法并不互相排斥，能在同一操作系统内同时实现。

　　客户机-服务器系统中的通信可能使用：（1）Socket，（2）远程过程调用（RPC），（3）Java 的远程方法调用（RMI）。Socket 定义为通信的端点。一对应用程序间的连接由一对 Socket 组成，每端各有一个通信频道。RPC 是另一种形式的分布式通信。当一个进程（或线程）调用一个远程应用的方法时，就出现了 RPC。RMI 是 RPC 的 Java 版。RMI 允许线程如同调用本地对象一样来调用远程对象的方法。RPC 和 RMI 的主要区别是 RPC 传递给远程过程的数据是按普通数据结构形式的，而 RMI 允许把对象传递给远程方法。

习　题

3.1　论述长期、中期、短期调度之间的区别。

3.2　描述内核在两个进程间进行上下文切换的过程。

3.3　考虑 RPC 机制。描述因为没有强制或者"最多一次"或者"刚好一次"的语义带来的不必要的后果。讨论没有提供任何保证的机制的可能使用。

3.4　使用图 3.24 所示的程序，说明 LINE A 可能输出什么。

```
#include < sys/types.h >
#include < stdio.h >
#include < unistd.h >

int value = 5;
int main()
{
pid_t pid;

    pid = fork();

    if (pid == 0) {/* child process*/
        value += 15;
    }
    else if (pid > 0) {/* parent process*/
        wait (NULL);
        printf("PARENT : value = %d", value); /*LINE A*/
        exit();
    }
}
```

图 3.24　C 程序

3.5 下面设计的优点和缺点分别是什么？系统层次和用户层次都要考虑。

  a. 同步和异步通信

  b. 自动和显式缓冲

  c. 复制传送和引用传送

  d. 固定大小和可变大小消息

3.6 Fibonacci 序列是一组数：0，1，1，2，3，5，8，…，通常它可以表示为：

$$fib_0 = 0$$
$$fib_1 = 1$$
$$fib_n = fib_{n-1} + fib_{n-2}$$

使用系统调用 fork() 编写一个 C 程序，它在其子程序中生成 Fibonacci 序列，序列的号码将在命令行中提供。例如，如果提供的是 5，Fibonacci 序列中的前 5 个数将由子进程输出。由于父进程和子进程都有它们自己的数据副本，对子进程而言，输出序列是必要的。退出程序前，父进程调用 wait() 调用来等待子进程结束。执行必要的错误检查以保证不会接受命令行传递来的负数号码。

3.7 重复上述练习，这次使用 Win32 API 中的 CreateProcess()。在这个例子中，需要指定一个单独的程序以被从 CreateProcess() 中调用。此程序将会作为一个输出 Fibonacci 序列的子进程来运行。执行必要的错误检查以保证不会接受命令行传递来的负数号码。

3.8 修改图 3.19 所示的日期服务器，以使其发送随机的 fortune，而不是当前的日期。允许此 fortune 包含多行。图 3.20 所示的日期客户机可用来读取 fortune 服务器返回的多行 fortune。

3.9 一个 echo 服务器是一个无论从客户机接收到什么都原样返回（echoes back）的服务器。例如，客户机向服务器发送字符串"Hello there!"，服务器将会原样回答它从客户机收到的数据——即 Hello there!

使用 3.6.1 小节介绍的 Java 网络 API 编写一个 echo 服务器程序，该服务器将会使用 accept() 方法等待一个客户机连接。当接收到一个客户机连接时，服务器将循环完成如下步骤：

① 从 socket 读取数据到缓冲。

② 将缓冲的内容写回客户机。

只有当客户机关闭连接，服务器得以终止，才能使服务器摆脱循环。

图 3.19 的日期服务器使用了 java.io.BufferedReader 类。BufferedReader 扩展了 java.io. Reader 类，后者被用来读取字符流。然而，echo 服务器不能保证它将会从客户机读取字符，它还可能接收二进制数据。java.io.InputStream 类将数据处理为字节级而不是字符级。因此，echo 服务器必需使用对象来扩展 java.io.InputStream。当客户机关闭它末端的 socket 连接后，java.io.InputStream 类中的 read() 方法返回 -1。

3.10 在习题 3.6 中，由于父进程和子进程都有它们自己的数据副本，子进程必须输出 Fibonacci 序列。设计此程序的另一个方法是在父进程和子进程之间建立一个共享内存段。此方法允许子进程将 Fibonacci 序列的内容写入共享内存段，当子进程完成时，父进程输出此序列。由于内存是共享的，每个子进程的变化都会影响到共享内存，也会影响到父进程。

这个程序将采用 3.5.1 小节介绍的 POSIX 共享内存方法来构建。程序首先需要创建共享内存段的数据结构，这可以通过利用 struct 来完成。此数据结构包括两项：（1）长度为 MAX_SEQUENCE 的固定长度数组，它保存 Fibonacci 的值；（2）子进程生成的序列的大小——sequence_size，其中 sequence_size≤MAX_SEQUENCE。这些项可表示成如下形式：

```
#define MAX_SEQUENCE 10

typedef struct {
```

```
        long fib_sequence [MAX_SEQUENCE];
        int sequence_size;
    } shared_data;
```

父进程将会按下列步骤进行：

　　a. 接受命令行上传递的参数，执行错误检查以保证参数不大于 MAX_SEQUENCE。

　　b. 创建一个大小为 shared_data 的共享内存段。

　　c. 将共享内存段附加到地址空间。

　　d. 在命令行将命令行参数值赋予 shared_data。

　　e. 创建子进程，调用系统调用 wait() 等待子进程结束。

　　f. 输出共享内存段中 Fibonacci 序列的值。

　　g. 释放并删除共享内存段。

由于子进程是父进程的一个副本，共享内存区域也将被附加到子进程的地址空间。然后，子进程将会把 Fibonacci 序列写入共享内存并在最后释放此区域。

　　采用协作进程的一个问题涉及同步问题。在这个练习中，父进程和子进程必须是同步的，以使在子进程完成生成序列之前，父进程不会输出 Fibonacci 序列。采用系统调用 wait()，这两个进程将会同步。父进程将调用 wait()，这将使其被挂起，直到子进程退出。

　　3.11　大多数 UNIX 和 Linux 系统提供了 IPCS 命令。此命令列出各种 POSIX 进程间通信机制的状态，包括共享内存段。许多关于此命令的信息来自于数据结构 struct shmid_ds，它可在/usr/include/sys/shm.h 文件中找到。此结构包括：

- int shm_segsz——共享内存段的大小。
- short shm_nattch——附加到共享内存段的数目。
- struct ipc_perm shm_perm——共享内存段的许可结构。

struct ipc_perm 数据结构（在/usr/include/sys/ipc.h 文件中）包括：

- unsigned short uid——共享内存段用户的标识。
- unsigned short mode——许可模式。
- key_t key(Linux 系统中为__key)——用户指定的关键标识。

许可模式是根据如何利用系统调用 shmget() 建立共享内存段的设置，按如下标识：

模　　　式	含　　　义	模　　　式	含　　　义
0400	拥有者可读	0020	组可写
0200	拥有者可写	0004	全局可读
0040	组可读	0002	全局可写

可以通过使用位 AND 操作符"&"来得到许可。例如，如果语句 mode & 0400 值为真，则许可模式允许共享内存段的拥有者能进行读操作。

　　共享内存段可根据用户指定的方法或系统调用 shmget() 返回的整数值来标识，后者表示创建共享内存段的整数标识。一个给定的整数段标识符的 shm_ds 结构可以通过如下的系统调用 shmctl() 获得：

```
    /* identifier of the shared memory segment*/
    int segment_id;
    shm_ds shmbuffer;
    shmctl(segment_id, IPC_STAT, &shmbuffer);
```

如果成功，shmctl()返回 0；否则，返回–1。

编写一个 C 程序，来为共享内存段传递标识。程序将调用 shmctl()函数以得到它的 shm_ds 结构。然后它将输出给定共享内存段的下列值：

- 段的 ID。
- 关键字。
- 模式。
- 拥有者 UID。
- 大小。
- 附加的数目。

项目：UNIX Shell 和历史特点

此项目由修改一个 C 程序组成，它作为接收用户命令并在单独的进程执行每个命令的 Shell 接口。Shell 接口在下一个命令进入之后为用户提供了提示符。下面的例子说明了提示符 sh>和用户的下一个命令：cat prog.c，此命令使用 UNIX cat 命令在终端上显示文件 prog.c。

```
sh> cat prog.c
```

实现 Shell 接口的一种技术是父进程首先读用户命令行的输入（即 cat prog.c），然后创建一个独立的子进程来完成这个命令。除非另做说明，父进程在继续之前等待子进程退出。这在功能上有点类似于图 3.11。然而，UNIX Shell 一般也允许子进程在后台运行（或并发地运行），通过在命令的最后使用"&"符号。将上面的命令重写为：

```
sh> cat prog.c &
```

现在父进程和子进程可以并发执行了。

用系统调用 fork()来创建独立的子进程，通过使用 exec()族中的一种系统调用（3.3.1 小节所介绍）来执行用户命令。

1．简单 Shell

图 3.25 给出了一种基本的命令行 Shell 操作的 C 程序。此程序包括两个函数：main()和 setup()。setup()函数读取用户的下一条命令（最多 80 个字符），然后将之分析为独立的标记，这些标记被用来填充命令的参数向量（如果将要在后台运行命令，它将以"&"结尾，setup()将会更新参数 background，以使 main()函数相应地执行）。当用户按快捷键 Ctrl+D 后，setup()调用 exit()，此程序被终止。

main()函数打印提示符 COMMAND->，然后调用 setup()，它等待用户输入命令。用户输入命令的内容被装入一个 args 数组。例如，如果用户在 COMMAND-> 提示符处输入 ls –l，args[0]等同于字符串 ls 和 args[1]被设置为字符串–1（这里的字符串指的是以 0 结束的 C 字符串变量）。

```
#include <stdio.h>
#include <unistd.h>

#define MAX LINE 80

/** setup() reads in the next command line, separating it into
distinct tokens using whitespace as delimiters.
setup() modifies the args parameter so that it holds pointers
to the null-terminated strings that are the tokens in the most
recent user command line as well as a NULL pointer, indicating
the end of the argument list, which comes after the string
pointers that have been assigned to args. */

void setup(char inputBuffer[], char *args[],int *background)
{
        /** full source code available online */
}
int main(void)
{
        char inputBuffer[MAX LINE]; /* buffer to hold command entered */
        int background; /* equals 1 if a command is followed by '&' */
        char *args[MAX LINE/2 + 1]; /* command line arguments */

        while (1) {
                background = 0;
                printf(" COMMAND->");
                /* setup() calls exit() when Control-D is entered */
                setup(inputBuffer, args, &background);

                /** the steps are:

                (1) fork a child process using fork()

                (2) the child process will invoke execvp()

                (3) if background == 1, the parent will wait,
                otherwise it will invoke the setup() function again. */
        }
}
```

图 3.25　简单 Shell 的框架

这个项目由两部分组成：（1）创建子进程，并在子进程中执行命令；（2）修改 Shell 以允许一个历史特性。

2．创建子进程

项目的第一部分是修改图 3.25 中的 main()函数，以使从 setup()返回时，创建一个子进程，并执行用户的命令。

如前面所指出的，setup()函数用用户指定命令装载 args 数组的内容，args 数组将被传递给 execvp()函数，该函数具有如下接口：

$$execvp(char\ *command,\ char\ *params[]);$$

其中 command 表示要执行的命令，params 保存命令的参数。对于该项目，execvp()函数应作为 execvp(args[0], args)来调用；需要保证检测 background 的值，以决定父进程是否需要等待子进程退出。

3. 创建历史特性

下面的任务就是修改图 3.25 中的程序，使其能提供一个历史特性来允许用户能访问 10 个最近输入的命令。这些命令将从 1 开始编号，并将继续增长甚而超过 10，例如，如果用户输入 35 个命令，那么 10 个最近输入的命令应为命令 26～35。这些历史特性将用一些不同的技术来实现。

首先，当用户按下 SIGINT 信号 Ctrl+C 键时，系统能列出这些命令。UNIX 使用**信号**（signals）来通知进程发生了一个特定事件。信号可以是同步的，也可以是异步的，这取决于资源及发出信号事件的原因。一旦因一个特定事件发生而生成了一个信号（如被零除，非法内存访问，或用户按快捷键 Ctrl+C 等），该信号被传送到必须处理该信号的进程。接收信号的进程可按如下方法处理：

- 忽略信号。
- 使用错误信号处理器。
- 提供一个单独的信号处理函数。

可以首先在 C 结构 struct sigaction 中设置特定的域，然后将此结构传递给 sigaction()函数来处理信号。信号在 include 文件/usr/include/sys/signal.h 中定义。例如，信号 SIGINT 表示用控制序列 Ctrl+C 终止程序的信号。SIGINT 默认的信号处理器为终止程序。

作为另一种选择，程序可以选择建立自己的信号处理函数，这可通过在 struct sigaction 中设置 sa_handler 域为处理信号的函数的名称，然后调用 sigaction()函数，并将它传递给（1）正在为信号建立的处理器，（2）指向 struct sigaction 的指针来完成。

图 3.26 给出了一个使用函数 handle_SIGINT()来处理 SIGINT 信号的 C 程序。该函数用来打印消息"Caught Control C"，然后调用 exit()函数来终止程序（必须使用 write()函数来完成输出，而不是用前面的 printf()。因为 write()是**信号安全**的，表明它可以从一个信号处理函数内调用，而 printf()则完成不了）。该程序将在 while(1)循环运行，直至用户按快捷键 Ctrl+C。此时，信号处理函数 handle_SIGINT()将被调用。

信号处理函数应在 main()之前声明，并且由于控制可在任意点传递给该函数，没有参数可以传递给它。因此，在程序中，它所访问的任意数据必须定义为全局，即在源文件的顶部、函数声明之前。在从信号处理函数返回之前，它应重发指令提示。

```
#include <signal.h>
#include <unistd.h>
#include <stdio.h>

#define BUFFER_SIZE 50
char buffer[BUFFER_SIZE];

/* 信号处理函数 */
void handle_SIGINT()
{
    write(STDOUT_FILENO, buffer, strlen(buffer));

    exit (0);
}

int main(int argc, char *argv[])
{
    /*创建信号处理器*/
    struct sigaction hander;
    handler.sa_handler = handle_SIGINT;
    sigaction(SIGINT, &handler, NULL);

    /*生成输出消息*/
    strcpy(buffer, "Caught Control C\n");

    /*循环运行，直至接收到<Ctrl+C>*/
    while(1)
        ;

    return 0;
}
```

图 3.26　信号处理程序

　　如果用户按快捷键 Ctrl+C，信号处理器将输出最近的 10 个命令列表。根据该列表，用户通过输入"r x"可以运行之前 10 个命令中的任何一个，其中"x"为该命令的第一个字母。如果有个命令以"x"开头，则执行最近的一个。同样，用户可以通过仅输入"r"来再次运行最近的命令。可以假定只有一个空格来将"r"和第一个字母分开，并且该字母后面跟着'\n'。而且，如果希望执行最近的命令，单独的"r"将紧跟\n。

　　用这种方式执行的任何命令应该在用户的屏幕上回显，而该命令被放入历史缓存中来作为下一个命令（r、x 并不进入历史缓存列表，但它所指定的实际命令会进入）。

如果用户试图使用历史缓存工具来运行命令，而该命令被检测为*错误*，则应将一则出错消息传给用户，并且该命令不进入历史列表，也不应调用 execvp()函数（最好可以知道不正确组成的命令，它们被传递给 execvp()，表面看起来有效，但实际并非如此，并且在历史缓存中并不包括它们。但这超过了这个简单的 Shell 程序的能力）。同时应该修改 setup()函数，以使其返回一个整数值，指示是否成功地创建了一个有效的变量列表， main()也应做相应的修改。

文 献 注 记

Brinch-Hansen[1970] 论述了关于 RC 4000 系统的进程间通信。 Schlichting 和 Schneider[1982]论述了异步消息传递原语。Bershad 等[1990]论述了在用户层实现IPC 机制。

Gray[1997]详细论述了 UNIX 系统的进程间通信。Barrera[1991]和 Vahalia[1996]论述了 Mach 系统的进程间通信。Solomon、Russinovich[2000]和 Stevens[1999]分别概述了 Windows 2000 和 UNIX 的进程间通信。

Brirrell 和 Nelson[1984]论述了 RPC 的实现。Shrivastava 和 Panzieri[1982]设计了可靠的 RPC 机制。Tay 和 Ananda[1990]综述了 RPC。Stankovic[1982]和 Staunstrup[1982]比较了过程调用和消息传递通信。Crosso[2002]非常详细地讨论了 RMI。Calvert 和 Donahoo[2001]提供了 Java 中 Socket 编程的内容。

第4章 线　　程

第3章讨论的进程模型假设进程是一个具有单个控制线程的执行程序。现在，许多现代操作系统都提供使单个进程包括多个控制线程的功能。本章引入了与多线程计算机系统相关的许多概念，包括有关 Pthread API、Win32 API 和 Java 线程库的讨论。将研究与多线程编程相关的许多事项以及它是如何影响操作系统设计的。最后将研究 Windows XP 和 Linux 操作系统如何在内核级提供对线程的支持。

本章目标
- 引入线程的概念——一种 CPU 利用的基本单元，它是形成多线程计算机的基础。
- 讨论 Pthread API、Win32 API 和 Java 线程库。

4.1　概　　述

线程是 CPU 使用的基本单元，它由线程 ID、程序计数器、寄存器集合和栈组成。它与属于同一进程的其他线程共享代码段、数据段和其他操作系统资源，如打开文件和信号。一个传统**重量级**（heavyweight）的进程只有单个控制线程。如果进程有多个控制线程，那么它能同时做多个任务。图 4.1 说明了传统**单线程**进程和**多线程**进程的差别。

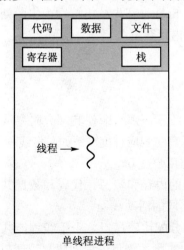
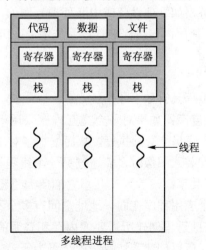

图 4.1　单线程进程和多线程进程

4.1.1　动机

运行在现代桌面 PC 上的许多软件包都是多线程的。一个应用程序通常是作为一个具有多个控制线程的独立进程实现的。例如，网页浏览器可能有一个线程用于显示图像和文本，另一个线程用于从网络接收数据；文档处理器可能有一个线程用于显示图形，另一个线程用于读入用户的键盘输入，还有一个线程用于在后台进行拼写和语法检查。

有的时候，一个应用程序可能需要执行多个相似任务。例如，网页服务器接收用户关于网页、图像、声音等的请求。一个忙碌的网页服务器可能有多个（或数千个）客户并发访问它。如果网页服务器作为传统单个线程的进程来执行，那么只能一次处理一个请求。这样，客户必须等待很长的处理请求的时间。

一种解决方法是让服务器作为单个进程运行接收请求。当服务收到请求时，它会创建另一个进程以处理请求。事实上，这种进程创建方法在线程流行之前很常用。如上一章所述，进程创建很耗时间和资源。如果新进程与现有进程执行同样的任务，那么为什么需要这些开销呢？如果一个具有多个线程的进程能达到同样目的，那么将更为有效。这种方案要求网页服务器进程是多线程的。服务器创建一个独立线程以监听客户请求.当有请求时，服务器不是创建进程,而是创建线程以处理请求。

线程在远程过程调用（RPC）系统中也有很重要的作用。回顾第 3 章，RPC 通过提供一种类似于普通函数或子程序调用的通信机制，以允许进程通信。通常，RPC 服务器是多线程的。当一个服务器接收到消息，它使用独立线程处理消息。这允许服务器能处理多个并发请求。Java 的 RMI 系统也以类似方式工作。

最后，现代的许多操作系统都是多线程的，少数线程在内核中运行，每个线程完成一个指定的任务，如管理设备或中断处理。例如，Solaris 在内核中特别为中断处理创建线程集合，Linux 使用内核线程来管理系统中的空闲内存数量。

4.1.2　优点

多线程编程具有如下 4 个优点：

① 响应度高：如果对一个交互程序采用多线程，那么即使其部分阻塞或执行较冗长的操作，该程序仍能继续执行，从而增加了对用户的响应程度。例如，多线程 Web 浏览器在用一个线程装入图像时，能通过另一个线程与用户交互。

② 资源共享：线程默认共享它们所属进程的内存和资源。代码和数据共享的优点是它能允许一个应用程序在同一地址空间有多个不同的活动线程。

③ 经济：进程创建所需要的内存和资源的分配比较昂贵。由于线程能共享它们所属进程的资源，所以创建和切换线程会更为经济。实际地测量进程创建和管理与线程创建和管理的差别较为困难，但是前者通常要比后者花费更多的时间。例如，对于 Solaris，进程

创建要比线程创建慢 30 倍，而进程切换要比线程切换慢 5 倍。

④ **多处理器体系结构的利用**：多线程的优点之一是能充分使用多处理器体系结构，以便每个进程能并行运行在不同的处理器上。不管有多少 CPU，单线程进程只能运行在一个 CPU 上。在多 CPU 上使用多线程加强了并发功能。

4.2 多线程模型

迄今为止只是泛泛地讨论了线程。不过有两种不同方法来提供线程支持：用户层的**用户线程**或内核层的**内核线程**。用户线程受内核支持，而无须内核管理；而内核线程由操作系统直接支持和管理。事实上所有当代操作系统，如 Windows XP、Linux、Mac OS X、Solaris、Tru64 UNIX (前身是 Digital UNIX)，都支持内核线程。

最后，在用户线程和内核线程之间必然存在一种关系。本节研究三种常用的建立此关系的方法。

4.2.1 多对一模型

多对一模型（见图 4.2）将许多用户级线程映射到一个内核线程。线程管理是由线程库在用户空间进行的，因而效率比较高。但是如果一个线程执行了阻塞系统调用，那么整个进程会阻塞。而且，因为任一时刻只有一个线程能访问内核，多个线程不能并行运行在多处理器上。**Green thread**（Solaris 所应用的线程库）就使用了这种模型，另外还有 **GNU 可移植线程**（GNU Portable Threads）。

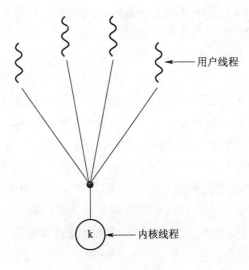

← 用户线程

k ← 内核线程

图 4.2 多对一模型

4.2.2　一对一模型

一对一模型（见图 4.3）将每个用户线程映射到一个内核线程。该模型在一个线程执行阻塞系统调用时，能允许另一个线程继续执行，所以它提供了比多对一模型更好的并发功能；它也允许多个线程能并行地运行在多处理器系统上。这种模型的唯一缺点是每创建一个用户线程就需要创建一个相应的内核线程。由于创建内核线程的开销会影响应用程序的性能，所以这种模型的绝大多数实现限制了系统所支持的线程数量。Linux 与 Windows 操作系统家族（包括 Windows 95、Windows 98、Windows NT、Windows 2000 和 Windows XP）实现了一对一模型。

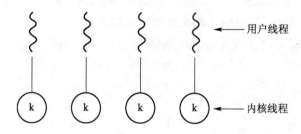

图 4.3　一对一模型

4.2.3　多对多模型

多对多模型（见图 4.4）多路复用了许多用户线程到同样数量或更小数量的内核线程上。内核线程的数量可能与特定应用程序或特定机器有关（位于多处理器上的应用程序可比单处理器上分配更多数量的内核线程）。虽然多对一模型允许开发人员创建任意多的用户线程，但是因为内核只能一次调度一个线程，所以并没有增加并发性。一对一模型提供了更大的并发性，但是开发人员必须小心，不要在应用程序内创建太多的线程（有时可能会限制创建线程的数量）。多对多模型没有这两者的缺点：开发人员可创建任意多的用户线程，并且相应内核线程能在多处理器系统上并发执行。而且，当一个线程执行阻塞系统调用时，内核能调度另一个线程来执行。

一个流行的多对多模型的变种仍然多路复用了许多用户线程到同样数量或更小数量的内核线程上，但也允许将一个用户线程绑定到某个内核线程上。这个变种有时被称为二级模型（见图4.5），被 IRIX、HP-UX、Tru64 UNIX 等操作系统所支持。Solaris 在其 Solaris 9 之前的版本中支持二级模型，但从 Solaris 9 开始使用一对一模型。

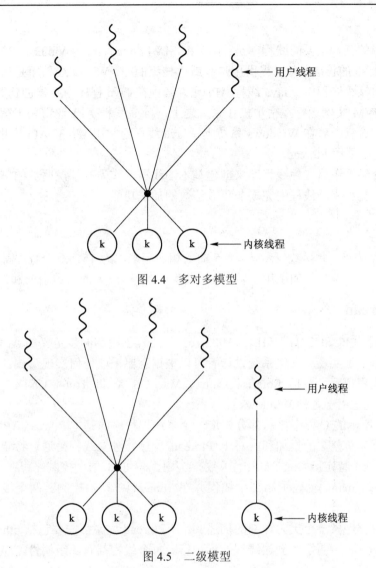

图 4.4 多对多模型

图 4.5 二级模型

4.3 线 程 库

线程库（thread library）为程序员提供创建和管理线程的 API。主要有两种方法来实现线程库。第一种方法是在用户空间中提供一个没有内核支持的库，此库的所有代码和数据结构都存在于用户空间中。调用库中的一个函数只是导致了用户空间中的一个本地函数调用，而不是系统调用。第二种方法是执行一个由操作系统直接支持的内核级的库。此时，库的代码和数据结构存在于内核空间中。调用库中的一个 API 函数通常会导致对内核的系统调用。

目前使用的三种主要的线程库是：（1）POSIX Pthread、（2）Win32、（3）Java。Pthread 作为 POSIX 标准的扩展，可以提供用户级或内核级的库。Win32 线程库是适用于 Windows 操作系统的内核级线程库。Java 线程 API 允许线程在 Java 程序中直接创建和管理。然而，由于大多数 JVM 实例运行在宿主操作系统之上，Java 线程 API 通常采用宿主系统上的线程库来实现。这意味着在 Windows 系统上，Java 线程通常用 Win32 API 实现，而在 UNIX 和 Linux 系统中采用 Pthread。

接下来介绍采用这三种线程库来创建基本的线程。作为一个说明性的例子，设计一个多线程程序，在独立的线程中完成非负数整数的加法功能：

$$sum = \sum_{i=0}^{N} i$$

例如，如果 N 为 5，此函数表示从 0～5 的数相加起来，为 15。三个程序都要求在命令行输入加法的上限。例如，如果用户输入 8，将会输出从 0～8 的整数值的和。

4.3.1　Pthread

Pthread 是由 POSIX 标准（IEEE 1003.1c）为线程创建和同步定义的 API。这是线程行为的*规范*，而不是*实现*。操作系统设计者可以根据意愿采取任何实现形式。许多操作系统实现了这个线程规范，包括 Solaris、Linux、Mac OS X 和 Tru64 UNIX，公开可获取的 Shareware 实现适用于各种 Windows 操作系统。

如图 4.6 所示的 C 程序显示部分构造一个多线程程序的基本 Pthread API，它通过一个独立线程计算非负整数的累加和。对于 Pthread 程序，独立线程是通过特定函数执行的。在图 4.6 中，这个特定函数是 runner()函数。当程序开始时，单个控制线程在 main()中开始。在初始化之后，main()创建了第二个线程并在 runner()中开始控制。两个线程共享全局数据 sum。

现在对该程序做一个更为详细的描述。所有 Pthread 程序都需要包括 pthread.h 头文件。语句 pthread_t tid 声明了所创建线程的标识符。每个线程都有一组属性，包括栈大小和调度信息。pthread_attr_t attr 表示线程的属性，通过函数调用 pthread_attr_init(&attr)来设置这些属性。由于没有明确地设置任何属性，故使用提供的默认属性（第 5 章讨论由 Pthread API 提供的一些调度属性）。通过函数调用 pthread_create()创建一个独立线程。除了传递线程标识符和线程属性外，还要传递函数名称（这里为 runner()）以便新线程可以开始执行。最后传递由命令行参数 argv[1]所提供的整数参数。

程序此时有两个线程：main()的初始（父）线程和通过 runner()函数执行累加和（子）线程。在创建了累加和线程之后，父线程通过调用 pthread_join()函数，以等待 runner()线程的完成。累加和线程在调用了函数 pthread_exit()之后就完成了。一旦累加和线程返回，父线程将输出累加和的值。

```
# include <pthread.h>
# include <stdio.h>

int sum;   /* this data is shared by the thread(s) */
void* runner(void *param);   /* the thread */

int main (int argc, char *argv[])
{
    pthread_t tid; /* the thread identifier */
    pthread_attr_t attr ; /* set of thread attributes */

    if ( argc !=2) {
        fprintf(stderr, "usage: a.out <integer value>\n");
        return -1;
    }
    if (atoi(argv[1])<0){
        fprintf(stderr,"%d must be <= 0\n",atoi(argv[1]));
        return -1;
    }

    /* get the default attributes */
    pthread_attr_init(&attr);
    /* create the thread */
    pthread_create(&tid,&attr,runner,argv[1]);
    /* now wait for the thread to exit */
    pthread_join(tid ,NULL);

    printf("sum = %d\n",sum);
}

/* The thread will begin control in this function */
void *runner(void *param)
{
        int i, upper = atoi(param);
        sum =0;

        for(i=1;i<=upper;i++)
          sum +=i;

        pthread_exit(0);
}
```

图 4.6　使用 Pthread API 的多线程 C 程序

4.3.2　Win32 线程

采用 Win32 线程库创建线程的技术在某些方面类似于 Pthread 技术。图 4.7 给出了 C 程序中的 Win32 线程。注意，在使用 Win32 API 时必须包括 windows.h 头文件。

```
#include <windows.h>
#include <stdio.h>
DWORD Sum; /* data is shared by the threads*/

/* the thread runs in this separate function*/
DWORD WINAPI Summation(LPVOID Param)
{
        DWORD Upper = *(DWORD*)Param;
        for(DWORD i = 0; i <= Upper; i++)
                Sum += i;

        return ();
}

int main(int argc, char *argv[])
{
        DWORD ThreadId;
        HANDLE ThreadHandle;
        int Param;

        /* perform some basic error checking*/
        if(argc != 2){
                fprintf(stderr, "An integer parameter is required\n");
                return -1;
        }
        Param = atoi(argv[1]);
        if(Param < 0){
                fprintf(stderr, "An integer >= 0 is required\n");
                return -1;
        }

        // create the thread
        ThreadHandle = CreateThread(
                NULL, // default security attributes
                0, // default stack size
                Summation, // thread function
                &Param, // parameter to thread function
                0, // default creation flags
                &ThreadId); // returns the thread identifier

        if(ThreadHandle != NULL){
                // now wait for the thead to finish
                WaitForSingleObject(ThreadHandle, INFINITE);

                // close the thread handle
                CloseHandle(ThreadHandle);

                printf("sum = %d\n", Sum);
        }
}
```

图 4.7　使用 Win32API 的多线程 C 程序

正如图 4.6 所示的 Pthread 例子，独立线程共享的数据（在此为 sum）被声明为全局变量（DWORD 数据类型是一个无符号的 32 位整数），还定义了一个在独立的线程中完成的 Summation()函数，向该函数传递一个 void 指针，Win32 将其定义为 LPVOID。完成此函数的线程将全局数据 sum 赋值为从 0 到传递给 Summation()的参数的和。

在 Win32 API 中，线程的创建还使用了 CreateThread()函数（正如在 Pthread 中那样）将一组线程的属性传递给此函数。这些属性包括安全信息、栈大小、一个用以表明挂起状态的线程是否开始的标志。这个程序中采用了这些属性的默认值（没有将线程初始化为挂起状态，而是使其具有被 CPU 调度的资格）。一旦创建了累加和线程，在输出累加值之前，父线程必须等待累加和线程完成，因为该值是累加和赋予的。回顾 Pthread 程序（见图 4.6），其中采用 pthread_join()语句实现父线程等待累加和线程。在 Win32 中采用同等功能的函数 WaitForSingleObject()，从而使创建者线程阻塞，直至累加和线程退出（第 6 章将详细介绍同步对象）。

4.3.3 Java 线程

线程是 Java 程序中程序执行的基本模型，Java 语言和它的 API 为创建和管理线程提供了丰富的特征集。所有 Java 程序至少由一个控制线程组成——即使一个只有 main()函数的简单 Java 程序也是在 JVM 中作为一个线程运行的。

在 Java 程序中有两种创建线程的技术。一种方法是创建一个新的类，它从 Thread 类派生，并重载它的 run()函数。另外一种更常使用的方法是定义一个实现 Runnable 接口的类。Runnable 接口定义如下：

```
public interface Runnable
{
    public abstract void run();
}
```

当一个类执行 Runnable 时，它必须定义 run()函数。而实现 run()函数的代码被作为一个独立的线程执行。

图 4.8 是计算非负整数累加和的多线程例子的 Java 版。Summation 类实现了 Runnable 接口。通过创建一个 Thread 类的对象实例和传递 Runnable 对象的结构来创建线程。

创建 Thread 对象并不会创建一个新的线程，实际上是用 start()函数来创建新线程。为新的对象调用 start()函数需要做两件事：

① 在 JVM 中分配内存并初始化新的线程。

② 调用 run()函数，使线程适合在 JVM 中运行（注意，从不直接调用 run()函数，而是调用 start()函数，然后它再调用 run()函数）。

```java
class Sum
{
        private int sum;
        public int getSum(){
            return sum;
        }
        public void setSum(int value){
            this.sum = sum;
        }
}

class Summation implements Runnable
{
        private int upper;
        private Sum sumValue;

        public Summation(int upper, Sum sumValue){
            this.upper = upper;
            this.sumValue = sumValue;
        }

        public void run(){
            int sum = 0;
            for(int i = 0; i <= upper; i++)
                sum += i;
            sumValue.setValue(sum);
        }
}

public class Driver
{
        public static void main(String[] args){
            if(args.length > 0){
                if(Integer.parseInt(args[0]) < 0)
                    System.err.println(args[0] + "must be >= 0.");
                else{
                    // create the object to be shared
                    Sum sum = new Sum();
                    int upper = Integer.parseInt(args[0]);
                    Thread thrd = new Thread(new Summation(upper, sum));
                    thrd.start();
                    try{
                        thrd.join();
                        System.out.println
                            ("The sum of   " + upper+ " is " + sum.getSum());
                    }catch(InterruptedException ie){}
                }
            }
            else
                System.err.println("Usage: Summation <integer value>");
        }
}
```

图 4.8　非负整数累加的 Java 程序

当累加和程序运行时，通过 JVM 创建两个线程。第一个是父线程，它在 main()函数中开始执行。第二个线程在调用 Thread 对象的 start()函数时创建，这个子线程在 Summation 类的 run()函数中开始执行。在输出累加和的值后，当此线程从 run()函数中退出后线程终止。

在 Win32 和 Pthread 中线程间共享数据很方便，因为共享数据被简单地声明为全局数据。作为一个纯面向对象语言，Java 没有这样的全局数据的概念。在 Java 程序中如果两个或更多的线程需要共享数据，通过向相应的线程传递对共享对象的引用来实现。在图 4.8 所示的 Java 程序中，main 线程和累加和线程共享 Sum 类的对象实例，通过 getSum()和 setSum()函数引用共享对象（读者可能好奇为什么不使用 java.lang.Integer 对象，而是设计一个新的 Sum 类。这是因为 java.lang.Integer 类是**不可变的**——即一旦被赋予值，就不可改变）。

回忆一下 Pthread 和 Win32 库中的父线程，它们在继续之前，分别使用 pthread_join 或 WaitForSingleObject()等待累加和线程结束。Java 中的 join()函数提供了类似的功能。注意，join()可能扔掉中断异常，这里选择忽略。

JVM 和宿主操作系统

JVM 一般在操作系统之上实现（参见图 2.17）。这种方式允许 JVM 隐藏基本的操作系统实现细节，并提供一种一致的、抽象的环境以允许 Java 程序能在任何支持 JVM 的平台上运行。JVM 的规范并没有指明 Java 线程如何被映射到底层的操作系统，而是让特定的 JVM 实现来决定。例如，Windows XP 操作系统采用一对一模式，因此每一个运行在这样系统上的 JVM 的 Java 线程映射到内核线程。在使用多对多模式的操作系统上（如 Tru64 UNIX），根据多对多模型来映射 Java 线程。Solaris 系统刚开始时采用多对一模型（如前所述的绿色线程库）来实现 JVM，后来采用了多对多模型。从 Solaris 9 开始，采用多对多模型来映射 Java 线程。此外，在 Java 线程库和宿主操作系统线程库之间存在联系。例如，Windows 系列操作系统的 JVM 实现可以在创建 Java 线程时使用 Win32 API，Linux 和 Solaris 系统则可以采用 Pthread API。

4.4 多线程问题

本节将讨论与多线程程序有关的一些问题。

4.4.1 系统调用 fork()和 exec()

第 3 章讨论了系统调用 fork()如何用于创建独立的、复制的进程。在多线程程序中，系统调用 fork()和 exec()的语义有所改变。

如果程序中的一个线程调用 fork()，那么新进程会复制所有线程，还是新进程只有单个线程？有的 UNIX 系统有两种形式的 fork()，一种复制所有线程，另一种只复制调用了系统调用 fork() 的线程。

系统调用 exec() 的工作方式与第 3 章所述的方式通常相同，即如果一个线程调用了系统调用 exec()，那么 exec() 参数所指定的程序会替换整个进程，包括所有线程。

fork() 的两种形式的使用与应用程序有关。如果调用 fork() 之后立即调用 exec()，那么没有必要复制所有线程，因为 exec() 参数所指定的程序会替换整个进程。在这种情况下，只复制调用线程比较适当。不过，如果在 fork() 之后另一进程并不调用 exec()，那么另一进程就应复制所有线程。

4.4.2 取消

线程取消（thread cancellation）是在线程完成之前来终止线程的任务。例如，如果多个线程并发执行来搜索数据库，并且一个线程已经得到了结果，那么其他线程就可被取消。另一种可能发生的情况是用户单击网页浏览器上的按钮以停止进一步装入网页。通常由几个线程装入网页——每个图像都是在一个独立线程中被装入的。当用户单击浏览器的停止按钮时，所有装入网页的线程就被取消了。

要取消的线程通常称为**目标线程**。目标线程的取消可在如下两种情况下发生：

① **异步取消**（asynchronous cancellation）：一个线程立即终止目标线程。

② **延迟取消**（deferred cancellation）：目标线程不断地检查它是否应终止，这允许目标线程有机会以有序方式来终止自己。

如果资源已分配给要取消的线程或要取消的线程正在更新与其他线所共享的数据，那么取消就会有困难。对于异步取消尤其麻烦。操作系统回收取消线程的系统资源，但是通常并不回收所有资源。因此，异步取消线程并不会使所需的系统资源空闲。相反采用延迟取消时，一个线程指示目标线程要被取消，不过，只有当目标线程检查一个标志以确定它是否应该取消时才会发生取消。这允许一个线程检查它是否是在安全的点被取消，Pthread 称这些点为**取消点**（cancellation point）。

4.4.3 信号处理

信号在 UNIX 中用来通知进程某个特定事件已发生了。根据需要通知信号的来源和事件的理由，信号可以同步或异步接收。不管信号是同步或异步的，所有信号具有同样模式：

① 信号是由特定事件的发生所产生的。

② 产生的信号要发送到进程。

③ 一旦发送，信号必须加以处理。

同步信号的例子包括非法访问内存或被 0 所除。在这种情况下，如果运行程序执行这些动作，那么就产生信号。同步信号发送到执行操作而产生信号的同一进程（这就是为什么被认为是同步的原因）。

当一个信号由运行进程之外的事件产生，那么进程就异步接收这一信号。这种信号的例子包括使用特殊键（按如 Ctrl+C 键）或定时器到期。通常，异步信号被发送到另一个进程。

每个信号可能由两种可能的处理程序中的一种来*处理*：

① 默认信号处理程序。

② 用户定义的信号处理程序。

每个信号都有一个**默认信号处理程序**（default signal handler），当处理信号时是在内核中运行的。这种默认动作可以用**用户定义的信号处理程序**来改写。信号可按不同的方式处理。有的信号可以简单地忽略（如改变窗口大小），其他的（如非法内存访问）可能要通过终止程序来处理。

单线程程序的信号处理比较直接，信号总是发送给进程。不过，对于多线程程序，发送信号就比较复杂，因为进程可能有多个线程。信号会发送到哪里呢？

通常有如下选择：

① 发送信号到信号所应用的线程。

② 发送信号到进程内的每个线程。

③ 发送信号到进程内的某些固定线程。

④ 规定一个特定线程以接收进程的所有信号。

发送信号的方法依赖于产生信号的类型。例如，同步信号需要发送到产生这一信号的线程，而不是进程的其他线程。不过，对于异步信号，情况就不是那么清楚了。有的异步信号如终止进程的信号（例如按 Ctrl+C 键）应该发送到所有线程。

大多数多线程版 UNIX 允许线程描述它会接收什么信号和拒绝什么信号。因此，有时一个异步信号只能发送给那些不拒绝它的线程。不过，因为信号只能处理一次，所以信号通常发送到不拒绝它的第一个线程。标准的发送信号的 UNIX 函数是 kill(pid_t pid, int signal)，在这里指定了信号的发送进程(pid)。不过 POSIX Pthread 还提供了 pthread_kill (pthread_t tid, int signal)函数，此函数允许信号被传送到一个指定的线程（tid）。

虽然 Windows 并不明确提供对信号的支持，但是它们能通过**异步过程调用**（asynchronous procedure call，APC）来模拟。APC 工具允许用户线程指定一个函数以便在用户线程收到特定事件通知时能被调用。正如其名称所表示的，APC 与 UNIX 的异步信号相当。不过，UNIX 需要处理多线程环境的信号，而 APC 较为直接，因为 APC 只发送给特定线程而不是进程。

4.4.4 线程池

4.1 小节描述了对 Web 服务器进行多线程编程的情况。在这种情况下，每当服务器收到请求，它就创建一个独立线程以处理请求。虽然创建一个独立线程显然要比创建一个独立进程要好，但是多线程服务器也有一些潜在问题。第一个是关于在处理请求之前用以创建线程的时间，以及线程在完成工作之后就要被丢弃这一事实。第二个问题更为麻烦：如果允许所有并发请求都通过新线程来处理，那么将没法限制在系统中并发执行的线程的数量。无限制的线程会耗尽系统资源，如 CPU 时间和内存。解决这个问题的一种方法是使用**线程池**（thread pool）。

线程池的主要思想是在进程开始时创建一定数量的线程，并放入到池中以等待工作。当服务器收到请求时，它会唤醒池中的一个线程（如果有可以用的线程），并将要处理的请求传递给它。一旦线程完成了服务，它会返回到池中再等待工作。如果池中没有可用的线程，那么服务器会一直等待直到有空线程为止。

线程池具有如下主要优点：

① 通常用现有线程处理请求要比等待创建新的线程要快。

② 线程池限制了在任何时候可用线程的数量。这对那些不能支持大量并发线程的系统非常重要。

线程池中的线程数量由系统 CPU 的数量、物理内存的大小和并发客户请求的期望值等因素决定。比较高级的线程池能动态调整线程的数量，以适应具体情况。这类结构的优点是在系统负荷低时减低内存消耗。

Win32 API 提供了几个与线程池相关的函数。使用线程池 API 类似于用 ThreadCreate() 函数创建新线程，如 4.3.2 小节所介绍的。在此，定义了一个作为独立线程运行的函数，该函数可能如下：

```
DWORD WINAPI PoolFunction(AVOID Param){
    /**
    * this function runs as a separate thread.
    **/

}
```

一个指向 PoolFunction()函数的指针被传递给线程池 API 中的一个函数，池中的一个线程执行这个函数。QueueUserWorkItem()函数是线程池 API 的成员之一，它被传递了三个参数：

- LPTHREAD_START_ROUTINE Funtion：指向作为独立线程运行的函数的指针。
- PVOID Param：传递给 Funtion 的参数。
- ULONG Flags：显示线程池如何创建和管理线程的执行的标志。

一个调用的例子如下：

```
QueueUserWorkItem(&PoolFunction, NULL, 0);
```

这使线程池中的线程代表程序员来调用 PoolFunction()函数。在这个例子中，没有向 PoolFunction()传递参数。这是因为将 0 指定为一个标志，并提供了没有特别说明的线程池来创建线程。

Win32 线程池 API 的另一成员包括在一个周期性区间或一个异步 I/O 请求结束时调用函数的工具。Java 1.5 中的 java.util.concurrent 包提供了一个线程池工具。

4.4.5 线程特定数据

同属一个进程的线程共享进程数据。事实上，这种数据共享提供了多线程编程的一种优势。不过，在有些情况下每个线程可能需要一定数据的自己的副本。这种数据称为**线程特定数据**（thread-specific data）。例如，对于事务处理系统，可能需要通过独立线程以处理请求。而且，每个事务都有一个唯一标识符。为了让每个线程与其唯一标识符相关联，可能使用线程特定数据。绝大多数线程库，包括 Win32 和 Pthread，都提供了对线程特定数据的一定支持，Java 也提供这种支持。

4.4.6 调度程序激活

多线程编程的最后一个问题是内核与线程库之间的通信问题，这就需要用到 4.2.3 小节讨论的多对多模型和二级模型。这种协调允许动态调整内核线程的数量以保证其最好的性能。

许多实现多对多模型或二级模型的系统在用户和内核线程之间设置一种中间数据结构。这种数据结构（通常是轻量级进程（LWP）），如图 4.9 所示。对于用户线程库，LWP 表现为一种应用程序可以调度用户线程来运行的虚拟处理器。每个 LWP 与内核线程相连，该内核线程被操作系统调度到物理处理器上运行。如果内核线程阻塞（如在等待一个 I/O 操作结束），LWP 也阻塞。在这个关系链的顶端，与 LWP 相连的用户线程也阻塞。

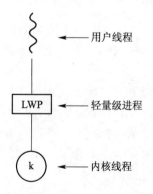

图 4.9 轻量级进程（LWP）

为了高效地运行，应用程序可能需要一定数量的 LWP。考虑一个 CPU 约束的运行在单处理器上的应用程序。此时，一次只能运行一个线程，所以只要一个 LWP 就够了，但一个 I/O 请求密集的应用程序可能需要多个 LWP 来执行。通常，每个并发阻塞系统调用需要一个 LWP。例如，设想一下有 5 个不同文件读请求可能同时发生的情况，此时就需要 5

个 LWP，因为每个都需要等待内核 I/O 的完成。如果进程只有 4 个 LWP，那么第 5 个请求必须等待其中一个 LWP 从内核返回。

一种解决用户线程库与内核间通信的方法被称为**调度器激活**（scheduler activation）。它按如下方式工作：内核提供一组虚拟处理器（LWP）给应用程序，应用程序可调度用户线程到一个可用的虚拟处理器上。进一步说，内核必须告知与应用程序有关的特定事件。这个过程被称为 **upcall**。upcall 由具有 **upcall 处理句柄**的线程库处理，upcall 处理句柄必须在虚拟处理器上运行。当一个应用线程将要阻塞时，事件引发一个 upcall。在这个例子中，内核向应用程序发出一个 upcall，通知它线程阻塞并标识特殊的线程。然后内核分配一个新的虚拟处理器给应用程序，应用程序在这个新的虚拟处理器上运行 upcall 处理程序，它保存阻塞线程状态和放弃阻塞线程运行的虚拟处理器。然后 upcall 调度另一个适合在新的虚拟处理器上运行的线程，当阻塞线程事件等待发生时，内核向线程库发出另一个 upcall，来通知它先前阻塞的线程现在可以运行了。此事件的 upcall 处理程序也需要一个虚拟处理器，内核可能分配一个新的虚拟处理器或先占一个用户线程并在其虚拟处理器上运行 upcall 处理程序。在使非阻塞线程可以运行后，应用程序调度符合条件的线程来在一个适当的虚拟处理器上运行。

4.5　操作系统实例

本节研究在 Windows XP 和 Linux 中如何实现线程。

4.5.1　Windows XP 线程

Windows XP 实现了 Win32 API。Win32 API 是 Microsoft 操作系统家族的主要 API（如 Windows 95/98/NT/2000 和 Windows XP）。事实上，本节所讨论的也适用于这整个操作系统家族。

一个 Windows XP 应用程序以独立进程方式运行，每个进程可包括一个或多个线程。4.3.2 小节讨论了创建线程的 Win32 API。Windows XP 使用了如 4.2.2 小节所述的一对一映射，其中每个用户线程映射到相关的内核线程。不过，Windows XP 也提供了对 **fiber** 库的支持，该库提供了多对多模型（参见 4.2.3 小节）的功能。通过使用线程库，同属一个进程的每个线程都能访问进程的地址空间。

一个线程通常包括如下部分：

- 一个线程 ID，以唯一标识线程。
- 一组寄存器集合，以表示处理器状态。
- 一个用户栈，以供线程在用户模式下运行；一个内核堆栈，以供线程在内核模式下运行。
- 一个私有存储区域，为各种运行时库和动态链接库（DLL）所用。

寄存器集合、栈和私有存储区域通常称为线程的**上下文**。线程的主要数据结构包括：
- ETHREAD：执行线程块。
- KTHREAD：内核线程块。
- TEB：线程执行环境块。

ETHREAD 主要包括线程所属进程的指针和线程开始控制的子程序的地址。ETHREAD 也包括相应的 KTHREAD 的指针。

KTHREAD 包括线程的调度和同步信息。另外，KTHREAD 也包括内核栈（当线程在内核模式下运行时使用）和 TEB 的指针。

ETHREAD 和 KTHREAD 完全处于内核空间，这意味着只有内核可以访问它们。TEB 是用户空间的数据结构，可供线程在用户模式下运行时访问。TEB 除了包括许多其他域外，还包括用户模式栈和用于线程特定数据的数组（Windows 称之为*线程本地存储*）。Windows XP 线程的结构如图 4.10 所示。

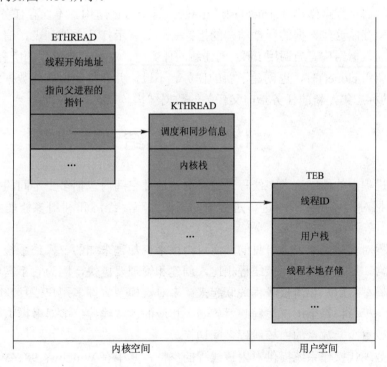

图 4.10 Windows XP 线程的数据结构

4.5.2 Linux 线程

正如第 3 章所讲，Linux 提供了具有传统进程复制功能的系统调用 fork()，还提供了使用系统调用 clone()创建线程的功能，Linux 并不区分进程和线程。事实上，Linux 在讨论程序控制流时，通常称之为*任务*而不是进程或线程。clone()被调用时，它被传递一组标志，以决定父任务与子任务之间发生多少共享。其中一些标志列举如下：

标 志	含 义	标 志	含 义
CLONE_FS	共享文件系统信息	CLONE_SIGHAND	共享信号处理程序
CLONE_VM	共享共同的内存空间	CLONE_FILES	共享打开文件集

例如，如果将 CLONE_FS、CLONE_VM、CLONE_SIGHAND 和 CLONE_FILES 标志传递给 clone()，父任务和子任务将共享相同的文件系统信息（如当前工作目录）、相同的内存空间、相同的信号处理程序和相同的打开文件集。使用这种 clone()相当于本章介绍的创建线程，因为父任务和其子任务共享大多数资源。不过，如果当调用 clone()时没有设置一个标志，则不会发生共享，导致类似于系统调用 fork()提供的功能。

共享级别的变化是可能的，这源于 Linux 内核中任务表达的方式。系统中每个任务都有一个唯一的内核数据结构（struct task_struct），这个数据结构并不保存任务本身的数据，而是指向其他存储这些数据的数据结构的指针——如表示打开文件列表、信号处理信息和虚拟内存等的数据结构。当调用 fork()创建新的任务时，它具有父进程的所有数据的*副本*。当调用系统调用 clone()时，也创建了新的任务。不过，并非复制所有的数据结构，根据传递给 fork()的标志集，新的任务指向父任务的数据结构。

4.6 小 结

线程是进程内的控制流。多线程进程在同一地址空间内包括多个不同的控制流。多线程的优点包括对用户响应的改进、进程内的资源共享、经济和利用多处理器体系结构的能力。

用户线程对程序员来说是可见的，而对内核来说却是未知的。操作系统支持和管理内核线程。通常，用户线程跟内核线程相比，创建和管理要更快，因为它不需要内核干预。有三种不同模型将用户和内核线程关联起来：多对一模型将许多用户线程映射到一个内核线程；一对一模型将每个用户线程映射到一个相应的内核线程；多对多模型将多个用户线程在同样（或更少）数量的内核线程之间切换。

绝大多数现代操作系统提供对内核线程的支持，其中有 Windows 98、Windows NT、Windows 2000 和 Windows XP，还包括 Solaris 和 Linux。

线程库为应用程序员提供了创建和管理线程的 API，通常有三种主要的线程库：POSIX Pthread API 、Windows 系统的 Win32 线程以及 Java 线程。

多线程程序为程序员带来了许多挑战，包括系统调用 fork()和 exec()的语义。其他事项包括线程取消、信号处理和特定线程数据。

习　　题

4.1　举两个多线程程序设计的例子，其中多线程的性能比单线程的性能差。

4.2　描述线程库进行用户级线程上下文切换的过程所采取的措施。

4.3　在什么环境中，采用多内核线程的多线程方法比单处理器系统的单线程提供更好的性能？

4.4　在多线程进程中，下列哪些程序状态组成被共享？

　　a. 寄存器值

　　b. 堆内存

　　c. 全局变量

　　d. 栈内存

4.5　使用多用户线程的多线程解决方案，在多处理器系统中可以比在单处理器系统中获得更好的性能吗？

4.6　如 4.5.2 小节所介绍，Linux 并不区分进程和线程，而是将两者同样对待，将一个任务视为进程或线程，这取决于传递给 clone()系统调用的标志集。然而，许多操作系统，如 Windows XP 和 Solaris，对待进程和线程是不一样的。通常，这类系统使用标记，其中进程的数据结构中包含指向属于进程的不同线程。试在内核中比较这两种对进程和线程建模的方法。

4.7　如图 4.11 所示的程序使用了 Pthread API，程序中 LINE C 和 LINE P 将会输出什么？

```
#include <pthread.h>
#include <stdio.h>

int value = 0;
void *runner(void *param); /* the thread */

int main(int argc, char *argv[])
{
    int pid;
    pthread_t tid;
    pthread_attr_t attr;

    pid = fork();
    if (pid == 0) { /* child process */
          pthread_attr_init(&attr);
          pthread_create(&tid, &attr, runner, NULL);
          pthread_join(tid, NULL);
          printf("CHILD: value = %d", value); /*LINE C */
    }
        else if (pid > 0) { /* parent process */
          wait(NULL);
          printf("PARENT: value = %d", value); /*LINE P */
    }
}

void *runner(void *param){
    value = 5;
    pthread_exit(0);
}
```

图 4.11　习题 4.7 的 C 程序

4.8 考虑多处理器系统和采用多对多线程模式编写的多线程程序，使程序中用户级线程数比系统中处理器数多。讨论下列情形的性能影响：

  a. 分配给程序的内核线程数比处理器数少。

  b. 分配给程序的内核线程数与处理器数相等。

  c. 分配给程序的内核线程数比处理器数多，但少于用户线程数。

4.9 编写一个多线程的 Java、Pthread 或 Win32 程序来输出素数。程序应这样工作：用户运行程序时在命令行输入一个数字，然后创建一个独立线程来输出小于或等于用户输入数的所有素数。

4.10 修改第 3 章中基于 Socket 的日期服务器（图 3.19），使得服务器在不同的线程中服务每一个客户端请求。

4.11 Fibonacci 序列为 0,1,1,2,3,5,8,…，通常，这可表达为：

$fib_0 = 0$

$fib_1 = 1$

$fib_n = fib_{n-1} + fib_{n-2}$

使用 Java、Pthread 或 Win32 线程库编写一个多线程程序来生成 Fibonacci 序列。程序应这样工作：用户运行程序时在命令行输入要产生 Fibonacci 序列的数，然后程序创建一个新的线程来产生 Fibonacci 数，把这个序列放到线程共享的数据中（数组可能是一种最方便的数据结构）。当线程执行完成后，父线程将输出由子线程产生的序列。由于在子线程结束前，父线程不能开始输出 Fibonacci 序列，因此父线程必须等待子线程的结束，这可采用 4.3 节所述的技术。

4.12 第 3 章的习题 3.9 使用 Java 线程 API 设计一个 echo 服务器，但这个服务器是单线程的，即服务器不能对当前并发的 echo 客户机进行响应，除非当前的客户机退出。修改习题 3.9 的解答，以使 echo 服务器在单独的线程中服务每个客户机。

项目：矩阵乘法

给定两个矩阵 A 和 B，其中 A 是具有 M 行、K 列的矩阵，B 为 K 行、N 列的矩阵，A 和 B 的**矩阵积**为矩阵 C，C 为 M 行、N 列。矩阵 C 中第 i 行、第 j 列的元素 $C_{i,j}$ 就是矩阵 A 第 i 行每个元素和矩阵 B 第 j 列每个元素乘积的和，即

$$C_{i,j} = \sum_{n=1}^{K} A_{i,n} \times B_{n,j}$$

例如，如果 A 是 3×2 的矩阵，B 是 2×3 的矩阵，则元素 $C_{3,1}$ 将是 $A_{3,1} \times B_{1,1}$、$A_{3,2} \times B_{2,1}$ 的和。

对于该项目，计算每个 $C_{i,j}$ 是一个独立的工作线程，因此它将会涉及生成 $M \times N$ 个工作线程。主线程（或称为父线程）将初始化矩阵 A 和 B，并分配足够的内存给矩阵 C，它将容纳矩阵 A 和 B 的积。这些矩阵将声明为全局数据，以使每个工作线程都能访问矩阵 A、B 和 C。

矩阵 A 和 B 可以静态初始化为：

```
#define M 3
#define K 2
```

```
#define N 3

int A [M] [K] = { {1,4}, {2,5}, {3,6} };
int B [K] [N] = { {8,7,6}, {5,4,3} };
int C [M] [N];
```

或者，它们也可以从一个文件中读入。

1. 向每个线程传递参数

父线程将生成 $M \times N$ 个工作线程，给每个线程传递行 i 和列 j 的值，工作线程利用行和列的值来计算矩阵积。这需要向每个线程传递两个参数。最简单的方法是利用 Pthread 和 Win32 中的 struct 生成一个数据结构，该数据结构的成员为 i 和 j，即：

```
/*structure for passing data to threads */
struct v
{
    int i; /* row */
    int j; /* column */
};
```

Pthread 和 Win32 程序都将采用如下算法生成工作线程：

```
/* We have to creat M*N worker threads*/
for (i = 0; i < M, i++)
    for(j = 0; j < N, j++ ) {
        struct v *data = (struct v *) malloc(sizeof(struct v));
        data - > i = i;
        data - > j = j;
        /*Now create the thread passing it data as a parameter */
    }
```

数据指针将被传递给 pthread_create()(Pthreads)函数或 CreateThread()(Win32)函数，然后又将它作为参数传递给作为独立线程运行的函数。

Java 线程之间共享数据与 Pthread 或 Win32 是不同的。一种方法是主线程创建和初始化矩阵 A、B 和 C，然后该主线程将创建工作线程，传递三个矩阵（与第 i 行和第 j 列一起）给每个工作线程的构造函数。工作线程大致如下：

```
public class WorkerThread implements Runnable
{
    private int row;
    private int col;
    private int [] [] A;
    private int [] [] B;
    private int [] [] C;
```

```
public WorkThread( int row, int col, int [] [] A, int [] [] B, int
[] [] C) {
    this.row = row;
    this.col = col;
    this.A = A;
    this.B = B;
    this.C = C;
}
public void run(){
    /*Calculate the matrix product in C[row][col]*/
}
}
```

2. 等待线程结束

一旦所有的工作线程结束，主线程将输出包含在矩阵 *C* 中的积。这需要主线程等待所有的工作线程完成其工作，然后才能输出矩阵积的值。有几种不同的方法用来使一个线程等待其他线程的结束。4.3 小节描述了在如何采用 Java、Pthread 或 Win32 线程库等待子线程结束。Win32 提供了 WaitForSingleObject()函数，Pthread 和 Java 则分别采用 pthread_join() 和 join()函数。然而，在这些程序例子中，父线程等待单个子线程的结束，完成这个练习需要等待多个线程。

4.3.2 小节介绍了 WaitForSingleObject()函数，它被用来等待单个线程的结束。但 Win32 API 同时还提供了 WaitForMultipleObjects()函数，它被用来等待多个线程的结束。WaitForMultipleObjects()函数被传递了 4 个参数：

- 所要等待的对象数。
- 指向对象数组的指针。
- 表明是否所有对象都以 signal 通知的标志。
- 超时时间（或 INFINITE）。

例如，如果 THandles 是一个大小为 *N* 的线程 HANDLE 对象的数组，使用下列语句，父线程可以等待所有子线程结束：

WaitForMultipleObjects(N, Thandles, TRUE, INFINITE);

一个简单的策略是，使用 Pthread 的 pthread_join()或 Java 的 join()等待多个线程结束的算法被封装到一个简单的 for 循环的 join 操作中。例如，可以使用图 4.12 所示的 Pthread 代码加入 10 个线程，相应的 Java 线程代码如图 4.13 所示。

```
#define NUM_THREADS 10

/*an array of threads to be joined upon*/
pthread_t workers[NUM_THREADS];

for( int i = 0; i < NUM_THREADS, i ++)
        pthread_join(workers[i], NULL);
```

图 4.12　等待 10 个线程的 Pthread 代码

```
final static int NUM_THREADS = 10;

/* an array of threads to be joined upon*/
Thread[] workers = new Thread[NUM_THREADS];

for(int i = 0; i < NUM_THREADS; i++){
        try{
                workers[i].join();
        }catch(InterruptedException ie){}
}
```

图 4.13　等待 10 个线程的 Java 代码

文 献 注 记

Anderson 等[1989]论述了线程的性能，后来 Anderson 等[1991]对内核支持的用户级线程性能进行了评估。Bershad 等[1990]描述了结合使用线程与 RPC。Engleschall[2000]论述了支持用户级线程的一个技巧。Ling 等[2000]里有最佳线程池大小的分析。Anderson 等[1991] 和 Williams[2002]讨论了 NetBSD 系统中的调度器激活问题。Marsh 等[1991]、Govindan 和 Anderson[1991]、Draves 等[1991]、Black[1990]讨论了另一个用户级线程库和内核之间的协作机制。Zabatta 和 Young [1998]比较了在对称多处理器上的 Windows NT 和 Solaris 线程。Pinilla 和 Gill[2003]在 Linux、Windows 和 Solaris 系统中的 Java 线程的性能。

Vahalia[1996]论述了许多版本的 UNIX 线程问题。Mauro 和 McDougall[2001]描述了 Solaris 内核中的线程的新发展。Solomon 和 Russionvich[2000]描述了 Windows 2000 中的线程，Bovet、Cesati[2002] 和 Love[2004]解释了 Linux 如何处理线程。

Lewis 和 Berg[1998]、Butenhof[1997]中给出了 Pthread 的编程信息。Solaris 中的线程编程信息可以参看 Sun Microsystems[1995]。Oaks 和 Wong[1999]、Lewis 和 Berg[2000]和 Holub[2000]讨论了 Java 中的多线程编程问题。Beveridge 和 Wiener[1997]、Cohen 和 Woodring[1997]介绍了使用 Win32 进行多线程编程。

第 5 章　CPU 调度

CPU 调度是多道程序操作系统的基础。通过在进程之间切换 CPU，操作系统可以提高计算机的吞吐率。本章将介绍基本调度概念和多个不同的 CPU 调度算法，也将研究为特定系统选择算法的问题。

在第 4 章为进程模型引入了线程。对于支持它们的操作系统，是内核级的线程被操作系统调度，而不是进程。不过，术语**线程调度**或**进程调度**常常被交替使用。本章在讨论普通调度概念时使用*进程调度*，特别指定为线程概念时使用*线程调度*。

本章目标
- 介绍 CPU 调度，它是多道程序操作系统的基础。
- 描述各种 CPU 调度算法。
- 讨论为特定系统选择 CPU 调度算法的评估标准。

5.1　基　本　概　念

对于单处理器系统，每次只允许一个进程运行；任何其他进程必须等待，直到 CPU 空闲能被调度为止。多道程序的目标是在任何时候都有某些进程在运行，以使 CPU 使用率最大化。多道程序的思想较为简单。进程执行直到它必须等待，通常等待某些 I/O 请求的完成。对于一个简单计算机系统，CPU 就会因此空闲，所有这些等待时间就浪费了，而没有完成任何有用的工作。采用多道程序设计，系统试图有效地使用这一时间，多个进程可同时处于内存中。当一个进程必须等待时，操作系统会从该进程拿走 CPU 的使用权，而将 CPU 交给其他进程，如此继续。在该进程必须等待的时间内，另一个进程就可以拿走 CPU 的使用权。

这种调度是操作系统的基本功能。几乎所有的计算机资源在使用前都要调度。当然，CPU 是最重要的计算机资源之一。因此，CPU 调度对于操作系统设计来说很重要。

5.1.1　CPU-I/O 区间周期

CPU 的成功调度依赖于进程的如下属性：进程执行由 CPU 执行和 I/O 等待周期组成。进程在这两个状态之间切换。进程执行从 **CPU 区间**（CPU burst）开始，在这之后是 **I/O**

区间（I/O burst），接着是另一个 CPU 区间，然后是另一个 **I/O 区间**，如此进行下去。最终，最后的 CPU 区间通过系统请求终止执行（见图 5.1）。

这些 CPU 区间的长度已被大量地测试过。虽然它们随着进程和计算机的不同变化很大，但是呈现出类似于图 5.2 所示的频率曲线。该曲线通常为指数或超指数形式，具有大量短 CPU 区间和少量长 CPU 区间。I/O 约束程序通常具有很多短 CPU 区间。CPU 约束程序可能有少量的长 CPU 区间。这种分布有助于选择合适的 CPU 调度算法。

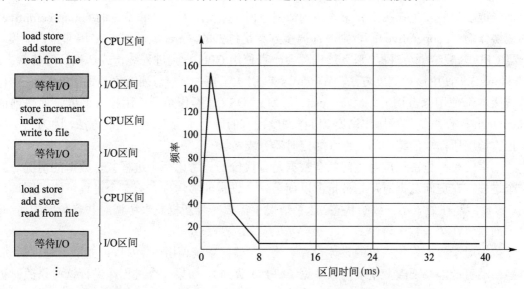

图 5.1　CPU 区间和 I/O 区间
　　　　的交替序列

图 5.2　CPU 区间时间曲线图

5.1.2　CPU 调度程序

每当 CPU 空闲时，操作系统就必须从就绪队列中选择一个进程来执行。进程选择由**短期调度程序**（short-term scheduler）或 CPU 调度程序执行。调度程序从内存中选择一个能够执行的进程，并为之分配 CPU。

就绪队列不必是先进先出（FIFO）队列。正如研究各种调度算法时将看到的，就绪队列可实现为 FIFO 队列、优先队列、树或简单的无序链表。不过，从概念上来说，就绪队列内的所有进程都要排队以等待在 CPU 上运行。队列中的记录通常为进程控制块（PCB）。

5.1.3　抢占调度

CPU 调度决策可在如下 4 种环境下发生：
- 当一个进程从运行状态切换到等待状态（例如，I/O 请求，或调用 wait 等待一个子进程的终止）。

- 当一个进程从运行状态切换到就绪状态（例如，当出现中断时）。
- 当一个进程从等待状态切换到就绪状态（例如，I/O 完成）。
- 当一个进程终止时。

对于第 1 和第 4 两种情况，没有选择而只有调度。一个新进程（如果就绪队列中已有一个进程存在）必须被选择执行。不过，对于第 2 和第 3 两种情况，可以进行选择。

当调度只能发生在第 1 和第 4 两种情况下时，称调度方案是**非抢占的**（nonpreemptive）的或**协作的**（cooperative）；否则，称调度方案是**抢占的**（preemptive）。采用非抢占调度，一旦 CPU 分配给一个进程，那么该进程会一直使用 CPU 直到进程终止或切换到等待状态。Windows 3.x 使用该种调度方法，Windows 95 引入了抢占调度，所有之后的 Windows 操作系统版本都使用抢占调度。Macintosh 的 Mac OS X 操作系统使用抢占调度，而之前的 Macintosh 操作系统依赖协作调度。协作调度在有的硬件平台上是唯一的方法，因为它不要求抢占调度所需要的特别的硬件（如定时器）支持。

不幸的是，抢占调度对访问共享数据是有代价的。考虑两个进程共享数据的情况。第一个进程正在更新数据时，它被抢占以使第二个进程能够运行。第二个进程可能试图读数据，该数据现在处于不一致的状态。这种情况下需要一种新机制来协调对共享数据的访问。这一问题将在第 6 章中讨论。

抢占对于操作系统内核的设计也有影响。在处理系统调用时，内核可能忙于进程活动。这些活动可能涉及要改变重要内核数据（如 I/O 队列）。如果一个进程在进行这些修改时被抢占，内核（或设备驱动）需要读取或修改同样的结构，那么会有什么结果呢？肯定会导致混乱。有的操作系统，包括绝大多数 UNIX 系统，通过在上下文切换之前等待系统调用完成或等待发生 I/O 阻塞来处理这一问题。不幸的是，这种内核执行模式对实时计算和多进程的支持较差。这些问题及其解决方案将在 5.4 和 19.5 节中讨论。

因为根据定义中断能随时发生，而且不能总是被内核所忽视，所以受中断影响的代码段必须加以保护以避免同时访问。操作系统需要在任何时候都能接受中断，否则输入会丢失或输出会被改写。为了这些代码段不被多个进程同时访问，在进入时要禁止中断，而在退出时要重新允许中断。注意到禁止中断代码段发生并不频繁，而且常常只包括很少的指令，这很重要。

5.1.4 分派程序

与 CPU 调度功能有关的另一个部分是**分派程序**（dispatcher）。分派程序是一个模块，用来将 CPU 的控制交给由短期调度程序选择的进程。其功能包括：

- 切换上下文。
- 切换到用户模式。

- 跳转到用户程序的合适位置，以重新启动程序。

分派程序应尽可能快，因为在每次进程切换时都要使用。分派程序停止一个进程而启动另一个所要花的时间称为**分派延迟**（dispatch latency）。

5.2 调度准则

不同的 CPU 调度算法具有不同属性，且可能对某些进程更为有利。为了选择算法以适应特定情况，必须分析各个算法的特点。

为了比较 CPU 调度算法，分析员提出了许多准则，用于比较的特征对确定最佳算法有很大影响。这些准则包括如下：

- **CPU 使用率**：需要使 CPU 尽可能忙。从概念上讲，CPU 使用率从 0%～100%。对于真实系统，它应从 40%（轻负荷系统）～90%（重负荷系统）。
- **吞吐量**：如果 CPU 忙于执行进程，那么就有工作在完成。一种测量工作量的方法称为*吞吐量*，它指一个时间单元内所完成进程的数量。对于长进程，吞吐量可能为每小时一个进程；对于短进程，吞吐量可能为每秒 10 个进程。
- **周转时间**：从一个特定进程的角度来看，一个重要准则是运行该进程需要多长时间。从进程提交到进程完成的时间段称为*周转时间*。周转时间为所有时间段之和，包括等待进入内存、在就绪队列中等待、在 CPU 上执行和 I/O 执行。
- **等待时间**：CPU 调度算法并不影响进程运行和执行 I/O 的时间；它只影响进程在就绪队列中等待所花的时间。*等待时间*为在就绪队列中等待所花费时间之和。
- **响应时间**：对于交互系统，周转时间并不是最佳准则。通常，进程能相当早就产生输出，并继续计算新结果同时输出以前的结果给用户。因此，另一时间是从提交请求到产生第一响应的时间。这种时间称为*响应时间*，是开始响应所需要的时间，而不是输出响应所需要的时间。周转时间通常受输出设备速度的限制。

需要使 CPU 使用率和吞吐量最大化，而使周转时间、等待时间和响应时间最小化。在绝大多数情况下，需要优化平均值。不过在有的情况下，需要优化最小值或最大值，而不是平均值。例如，为了保证所有用户都得到好的服务，可能需要使最大响应时间最小。

对于交互系统（如分时系统），有的分析人员建议最小化响应时间的*方差*要比最小化平均响应时间更为重要。具有合理的可预见的响应时间的系统，比对平均值来说更快但变化大的系统更为理想。不过，在 CPU 调度算法如何使方差最小化方面，得到的研究成果并不多。

下面在讨论各种 CPU 调度算法时，将会描述其操作。由于精确描述需要涉及许多进程，且每个进程有数百个 CPU 区间和 I/O 区间的序列。为了简化描述，在所举的例子中只考虑每个进程有一个 CPU 区间（以 ms 计）。所比较的量是平均等待时间。更为精确的评选机制将在 5.7 节中讨论。

5.3　调 度 算 法

CPU 调度处理是从就绪队列中选择进程并为之分配 CPU 的问题。有多种不同的 CPU 调度算法，本节描述其中一些 CPU 调度算法。

5.3.1　先到先服务调度

显然，最简单的 CPU 调度算法是**先到先服务调度算法**（first-come, first-served（**FCFS**）Scheduling algorithm）。采用这种方案，先请求 CPU 的进程先分配到 CPU。FCFS 策略可以用 FIFO 队列来容易地实现。当一个进程进入到就绪队列，其 PCB 链接到队列的尾部。当 CPU 空闲时，CPU 分配给位于队列头的进程，接着该运行进程从队列中删除。FCFS 调度的代码编写简单且容易理解。

不过，采用 FCFS 策略的平均等待时间通常较长。考虑如下一组进程，它们在时间 0 时到达，其 CPU 区间时间长度按 ms 计：

进程	区间时间
P_1	24
P_2	3
P_3	3

如果进程按 P_1、P_2、P_3 的顺序到达，且按 FCFS 顺序处理，那么得到如下 Gantt 图所示的结果：

进程 P_1 的等待时间为 0 ms，进程 P_2 的等待时间为 24 ms，和进程 P_3 的等待时间为 27 ms。因此，平均等待时间为(0 + 24 + 27) / 3 = 17 ms。不过，如果进程按 P_2、P_3、P_1 的顺序到达，那么其结果如下 Gantt 图所示：

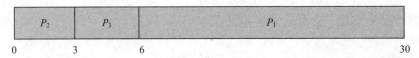

现在平均等待时间为 (6 + 0 +3) / 3 = 3 ms。这一减少很大。因此，采用 FCFS 策略的平均等待时间通常不是最小，且如果进程 CPU 区间时间变化很大，平均等待时间也会变化很大。

另外，考虑 FCFS 调度在动态情况下的性能。假设有一个 CPU 约束进程和许多 I/O 约束进程。随着进程在系统中运行，如下情况可能会发生：CPU 约束进程得到 CPU 并控制它。在这段时间内，所有其他进程会处理完它们的 I/O 并转移到就绪队列以等待 CPU。当这些进程在就绪队列里等待时，I/O 设备空闲。最终，CPU 约束进程完成其 CPU 区间并移动到 I/O 区间。所有 I/O 约束进程，由于只有很短的 CPU 区间，故很快执行完并移回到 I/O 队列。这时，CPU 空闲。之后，CPU 约束进程会移回到就绪队列并被分配到 CPU。再次，所有 I/O 进程会在就绪队列中等待 CPU 约束进程的完成。由于所有其他进程都等待一个大进程释放 CPU，这称为**护航效果**（convoy effect）。与让较短进程最先执行相比，这样会导致 CPU 和设备的使用率变得更低。

FCFS 调度算法是非抢占的。一旦 CPU 被分配给了一个进程，该进程就会保持 CPU 直到释放 CPU 为止，即程序终止或是请求 I/O。FCFS 算法对于分时系统（每个用户需要定时地得到一定的 CPU 时间）是特别麻烦的。允许一个进程保持 CPU 时间过长将是个严重错误。

5.3.2 最短作业优先调度

另一种 CPU 调度方法是**最短作业优先调度算法**（shortest-job-first (SJF) scheduling algorithm）。这一算法将每个进程与其下一个 CPU 区间段相关联。当 CPU 为空闲时，它会赋给具有最短 CPU 区间的进程。如果两个进程具有同样长度，那么可以使用 FCFS 调度来处理。注意，一个更为适当的表示是最短下一个 CPU 区间的算法，这是因为调度检查进程的下一个 CPU 区间的长度，而不是其总长度。使用术语 SJF 是因为绝大多数教科书和人员称这种调度策略为 SJF。

作为一个例子，考虑如下一组进程，其 CPU 区间时间以 ms 计：

进程	区间时间
P_1	6
P_2	8
P_3	7
P_4	3

采用 SJF 调度，就能根据如下 Gantt 图来调度这些进程：

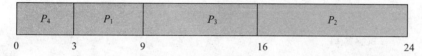

进程 P_1 的等待时间是 3 ms，进程 P_2 的等待时间为 16 ms，进程 P_3 的等待时间为 9 ms，进程 P_4 的等待时间为 0 ms。因此，平均等待时间为(3 + 16 + 9 +0) / 4 = 7 ms。如果使用 FCFS 调度方案，那么平均等待时间为 10.25 ms。

SJF 调度算法可证明为最佳的，这是因为对于给定的一组进程，SJF 算法的平均等待时间最小。通过将短进程移到长进程之前，短进程等待时间的减少大于长进程等待时间的增加。因而，平均等待时间减少了。

SJF 算法的真正困难是如何知道下一个 CPU 区间的长度。对于批处理系统的长期（作业）调度，可以将用户提交作业时所指定的进程时间极限作为长度。因此，用户有根据地精确估计进程时间，这是因为低值可能意味着更快的响应（过小的值会引起时间极限超出错误，并需要重新提交）。SJF 调度经常用于长期调度。

虽然 SJF 算法最佳，但是它不能在短期 CPU 调度层次上加以实现。因为没有办法知道下一个 CPU 区间的长度。一种方法是近似 SJF 调度。虽然不知道下一个 CPU 区间的长度，但是可以*预测*它。认为下一个 CPU 区间的长度与以前的相似。因此，通过计算下一个 CPU 区间长度的近似值，能选择具有最短预测 CPU 区间的进程来运行。

下一个 CPU 区间通常可预测为以前 CPU 区间的测量长度的**指数平均**。设 t_n 为第 n 个 CPU 区间的长度，设 τ_{n+1} 为下一个 CPU 区间的预测值。因此，对于 $\alpha, 0 \leqslant \alpha \leqslant 1$，定义

$$\tau_{n+1} = \alpha t_n + (1-\alpha)\tau_n$$

公式定义了一个指数平均。t_n 值包括最近信息，τ_n 存储了过去历史。参数 α 控制了最近和过去历史在预测中的相对加权。如果 $\alpha = 0$，那么 $\tau_{n+1} = \tau_n$，近来历史没有影响（当前情形为暂时的）；如果 $\alpha = 1$，那么 $\tau_{n+1} = t_n$，只有最近 CPU 区间才重要（历史的被认为是陈旧的、无关的）。更为常见的是，$\alpha = 1/2$，这样最近历史和过去历史同样重要。初始值 τ_0 可作为常量或作为系统的总体平均值。图 5.3 说明了一个指数平均值，其中 $\alpha = 1/2$，$\tau_0 = 10$。

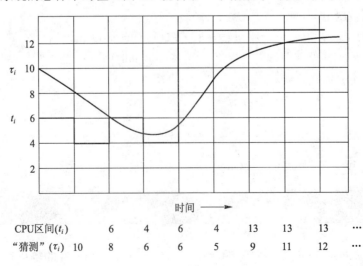

CPU区间(t_i)	6	4	6	4	13	13	13	...
"猜测" (τ_i)	10	8	6	6	5	9	11	12	...

图 5.3　下一个 CPU 区间长度的预测

为了便于理解指数平均，通过替换 τ_n，可扩展 τ_{n+1}，从而得到

$$\tau_{n+1} = \alpha t_n + (1-\alpha)\alpha t_{n-1} + \cdots + (1-\alpha)^j \alpha t_{n-j} + \cdots + (1-\alpha)^{n+1} \tau_0$$

由于 α 和 $(1-\alpha)$ 小于或等于 1，所以后面项的权比前面项的权要小。

SJF 算法可能是抢占的或非抢占的。当一个新进程到达就绪队列而以前进程正在执行时，就需要选择。与当前运行的进程相比，新进程可能有一个更短的 CPU 区间。抢占 SJF 算法可抢占当前运行的进程，而非抢占 SJF 算法会允许当前运行的进程先完成其CPU区间。抢占 SJF 调度有时称为**最短剩余时间优先调度**（shortest-remaining-time-first scheduling）。

例如，考虑如下四个进程，其 CPU 区间时间以 ms 计：

进程	到达时间	区间时间
P_1	0	8
P_2	1	4
P_3	2	9
P_4	3	5

如果进程按所给定的时间到达就绪队列，且需要所给定的区间时间，那么所产生的抢占 SJF 调度如下面的 Gantt 图所示。

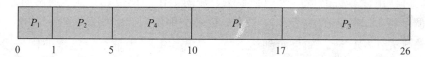

进程 P_1 在时间 0 时开始，因为这时只有进程 P_1。进程 P_2 在时间 1 时到达。进程 P_1 剩余时间（7 ms）大于进程 P_2 所需要的时间（4 ms），因此进程 P_1 被抢占，而进程 P_2 被调度。对于这个例子，平均等待时间为((10–1) + (1–1) + (17–2) +(5–3)) / 4 = 26/4 = 6.5 ms。如果使用非抢占 SJF 调度，那么平均等待时间为 7.75 ms。

5.3.3 优先级调度

SJF 算法可作为通用**优先级调度算法**（priority scheduling algorithm）的一个特例。每个进程都有一个优先级与其关联，具有最高优先级的进程会分配到CPU。具有相同优先级的进程按 FCFS 顺序调度。SJF 算法属于简单优先级算法，其优先级（p）为下一个（预测的）CPU 区间的倒数。CPU 区间越大，则优先级越小，反之亦然。

注意，按照*高*优先级和*低*优先级来讨论调度。优先级通常为固定区间的数字，如 0～7，或 0～4 095。不过，对于 0 是最高还是最低的优先级，并没有定论。有的系统用小数字表示低优先级，有的系统用小数字表示高优先级。这一差异可能导致混淆。在本书中，用小数字表示高优先级。

例如，考虑下面一组进程，它们在时间 0 时按顺序 $P_1, P_2, \cdots, P_5$ 到达，其 CPU 区间时间按 ms 计：

进程	区间时间	优先级
P_1	10	3
P_2	1	1
P_3	2	4
P_4	1	5
P_5	5	2

采用优先级调度，会按照下面的 Gantt 图来调度这些进程。

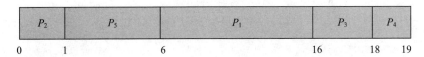

平均等待时间为 8.2 ms。

优先级可通过内部或外部方式来定义。内部定义优先级使用一些测量数据以计算进程优先级。例如，时间极限、内存要求、打开文件的数量和平均 I/O 区间与平均 CPU 区间之比都可以用于计算优先级。外部优先级是通过操作系统之外的准则来定义的，如进程重要性、用于支付使用计算机的费用类型和数量、赞助工作的单位、其他（通常为政治）因素。

优先调度可以是抢占的或者非抢占的。当一个进程到达就绪队列时，其优先级与当前运行进程的优先级相比较。如果新到达进程的优先级高于当前运行进程的优先级，那么抢占优先级调度算法会抢占 CPU。而非抢占优先级调度算法只是将新进程加到就绪队列的头部。

优先级调度算法的一个主要问题是**无穷阻塞**（indefinite blocking）或**饥饿**（starvation）。可以运行但缺乏 CPU 的进程可认为是阻塞的，它在等待 CPU。优先级调度算法会使某个低优先级进程无穷等待 CPU。通常，会发生两种情况。要么进程最终能运行（在系统最后为轻负荷时，如星期日凌晨 2 点），要么系统最终崩溃并失去所有未完成的低优先级进程（据说，在 1973 年关闭 MIT 的 IBM 7094 时，发现有一个低优先级进程是于 1967 年提交但是一直还未运行）。

低优先级进程无穷等待问题的解决之一是**老化**（aging）。老化是一种技术，以逐渐增加在系统中等待很长时间的进程的优先级。例如，如果优先级为从 127（低）到 0（高），那么可以每 15 分钟递减等待进程的优先级的值。最终初始优先级值为 127 的进程会有最高优先级并能执行。事实上，不超过 32 小时，优先级为 127 的进程会老化为优先级为 0 的进程。

5.3.4　轮转法调度

轮转法（round-robin，RR）调度算法是专门为分时系统设计的。它类似于 FCFS 调度，但是增加了抢占以切换进程。定义一个较小时间单元，称为**时间片**（time quantum, or time slice）。时间片通常为 10～100 ms。将就绪队列作为循环队列。CPU 调度程序循环就绪队列，为每个进程分配不超过一个时间片的 CPU。

为了实现 RR 调度，将就绪队列保存为进程的 FIFO 队列。新进程增加到就绪队列的尾部。CPU 调度程序从就绪队列中选择第一个进程，设置定时器在一个时间片之后中断，再分派该进程。

接下来将可能发生两种情况。进程可能只需要小于时间片的 CPU 区间。对于这种情况，进程本身会自动释放 CPU。调度程序接着处理就绪队列的下一个进程。否则，如果当前运行进程的 CPU 区间比时间片要长，定时器会中断并产生操作系统中断，然后进行上下文切换，将进程加入到就绪队列的尾部，接着 CPU 调度程序会选择就绪队列中的下一个进程。

不过，采用 RR 策略的平均等待时间通常较长。考虑如下一组进程，它们在时间 0 时到达，其 CPU 区间以 ms 计：

进程	区间时间
P_1	24
P_2	3
P_3	3

如果使用 4 ms 的时间片，那么 P_1 会执行最初的 4 ms。由于它还需要 20 ms，所以在第一时间片之后它会被抢占，而 CPU 就被交给队列中的下一个进程。由于 P_2 不需要 4 ms，所以在其时间片用完之前会退出。CPU 接着被交给下一个进程，即进程 P_3。在每个进程都得到了一个时间片之后，CPU 又交给了进程 P_1 以继续执行。因此，RR 调度结果如下：

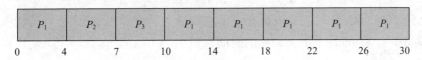

平均等待时间为 17/3 = 5.66 ms。

对于 RR 调度算法，队列中没有进程被分配超过一个时间片的 CPU 时间（除非它是唯一可运行的进程）。如果进程的 CPU 区间超过了一个时间片，那么该进程会被抢占，而被放回到就绪队列。RR 调度算法是可抢占的。

如果就绪队列中有 n 个进程且时间片为 q，那么每个进程会得到 $1/n$ 的 CPU 时间，其长度不超过 q 时间单元。每个进程必须等待的 CPU 时间不会超过 $(n-1)q$ 个时间单元，直到它的下一个时间片为止。例如，如果有 5 个进程，且时间片为 20 ms，那么每个进程每 100 ms 会得到不超过 20 ms 的时间。

RR 算法的性能很大程度上依赖于时间片的大小。在极端情况下，如果时间片非常大，那么 RR 算法与 FCFS 算法一样。如果时间片很小（如 1 ms），那么 RR 算法称为**处理器共**

享,(从理论上来说)n 个进程对于用户都有它自己的处理器,速度为真正处理器速度的 $1/n$。这种方法用在 Control Data Corporation(CDC)的硬件上,可以用一组硬件和 10 组寄存器实现 10 个外设处理器。硬件为一组寄存器执行一个指令,然后为下一组执行。这种循环不断进行,形成了 10 个慢处理器而不是 1 个快处理器。(实际上,由于处理器比内存快很多,而每个指令都要使用内存,所以这些处理器并不比 10 个真正处理器慢很多。)

如果使用软件,那么还必须考虑上下文切换对 RR 调度的影响。假设只有一个需要 10 个时间单元的进程。如果时间片为 12 个时间单元,那么进程在一个时间片不到就能完成,且没有额外开销。如果时间片为 6 个时间单元,那么进程需要 2 个时间片,并产生了一个上下文切换。如果时间片为 1 个时间单元,那么就会有 9 个上下文切换,相应地使进程执行减慢(见图 5.4)。

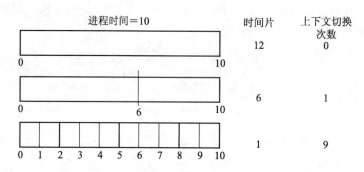

图 5.4　小的时间片如何增加上下文切换开销

因此,人们希望时间片要比上下文切换时间长。如果上下文切换时间约为时间片的 10%,那么约 10% 的 CPU 时间会浪费在上下文切换上。事实上,绝大多数现代操作系统的时间分配为 10~100 ms,上下文切换的时间一般少于 10 μs。因此,上下文切换的时间仅占时间片的一小部分。

周转时间也依赖于时间片的大小。正如从图 5.5 中所看到的,这组进程的平均周转时间并未随着时间片大小的增加而改善。通常,如果绝大多数进程能在一个时间片内完成,那么平均周转时间会改善。例如有 3 个进程,都需要 10 个时间单元,如果时间片为 1 个时间单元,那么平均周转时间为 29。如果时间片为 10,那么平均周转时间会降为 20。如果再加上上下文切换时间,那么平均周转时间对于较小时间片会增加,这是因为需要更多的上下文切换。

尽管时间片应该比上下文切换时间长,但也不能太大。如果时间片太大,那么 RR 调度就演变成了 FCFS 调度。根据经验,80% 的 CPU 区间应该小于时间片。

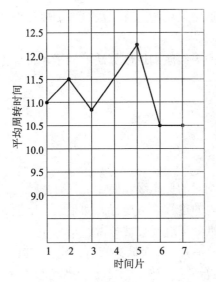

进程	时间
P_1	6
P_2	3
P_3	1
P_4	7

图 5.5　显示周转时间随着时间片的大小而改变

5.3.5　多级队列调度

在进程可容易地分成不同组的情况下，可以建立另一类调度算法。例如，一个常用的划分方法是**前台（交互）**进程和**后台（批处理）**进程。这两种不同类型的进程具有不同响应时间要求，也有不同调度需要。另外，与后台进程相比，前台进程要有更高（或外部定义）的优先级。

多级队列调度算法（multilevel queue scheduling algorithm）将就绪队列分成多个独立队列（见图 5.6）。根据进程的属性，如内存大小、进程优先级、进程类型，一个进程被永久地分配到一个队列。每个队列有自己的调度算法。例如，前台进程和后台进程可处于不同队列。前台队列可能采用 RR 算法调度，而后台队列可能采用 FCFS 算法调度。

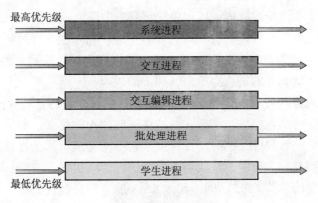

图 5.6　多级队列调度

另外，队列之间必须有调度，通常采用固定优先级抢占调度。例如，前台队列可以比后台队列具有绝对的优先级。

现在来研究一下具有 5 个队列的多级队列调度算法的例子，按优先级来排列：

① 系统进程。

② 交互进程。

③ 交互编辑进程。

④ 批处理进程。

⑤ 学生进程。

每个队列与更低层队列相比有绝对的优先级。例如，只有系统进程、交互进程和交互编辑进程队列都为空，批处理队列内的进程才可运行。如果在一个批处理进程运行时有一个交互进程进入就绪队列，那么该批处理进程会被抢占。

另一种可能是在队列之间划分时间片。每个队列都有一定的 CPU 时间，这可用于调度队列内的进程。例如，对于前台-后台队列的例子，前台队列可以有 80%的 CPU 时间用于在进程之间进行 RR 调度，而后台队列可以有 20%的 CPU 时间采用 FCFS 算法调度进程。

5.3.6　多级反馈队列调度

通常在使用多级队列调度算法时，进程进入系统时被永久地分配到一个队列。例如，如果前台进程和后台进程分别有独立队列，进程并不从一个队列转移到另一个队列，这是因为进程并不改变前台或后台性质。这种设置的优点是低调度开销，缺点是不够灵活。

与之相反，**多级反馈队列调度算法**（multilevel feedback queue scheduling algorithm）允许进程在队列之间移动。主要思想是根据不同 CPU 区间的特点以区分进程。如果进程使用过多 CPU 时间，那么它会被转移到更低优先级队列。这种方案将 I/O 约束和交互进程留在更高优先级队列。此外，在较低优先级队列中等待时间过长的进程会被转移到更高优先级队列。这种形式的老化阻止饥饿的发生。

例如，考虑一个多级反馈队列调度程序，它有三个队列，从 0～2（图 5.7）。调度程序首先执行队列 0 内的所有进程。只有当队列 0 为空时，它才能执行队列 1 内的进程。类似地，只有队列 0 和 1 都为空时，队列 2 的进程才能执行。到达队列 1 的进程会抢占队列 2 的进程。同样，到达队列 0 的进程会抢占队列 1 的进程。

进入就绪队列的进程被放入队列 0 内。队列 0 中的每个进程都有 8 ms 的时间片。如果一个进程不能在这一时间内完成，那么它就被移到队列 1 的尾部。如果队列 0 为空，队列 1 的头部进程会得到一个 16 ms 的时间片。如果它不能完成，那么将被抢占，并被放到队列 2 中。只有当队列 0 和 1 为空时，队列 2 内的进程才根据 FCFS 来运行。

这种调度算法将给那些 CPU 区间不超过 8 ms 的进程最高优先级。这种进程可以很快地得到 CPU，完成其 CPU 区间，并处理下一个 I/O 区间。所需超过 8 ms 但不超过 24 ms

的进程也会很快被服务，但是它们的优先级比最短进程要低一点。长进程会自动沉入到队列 2，在队列 0 和队列 1 不用的 CPU 周期可按 FCFS 顺序来服务。

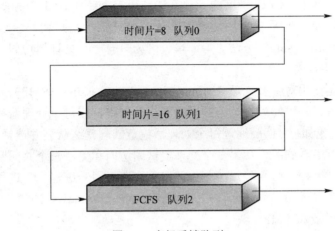

图 5.7 多级反馈队列

通常，多级反馈队列调度程序可由下列参数来定义：
- 队列数量。
- 每个队列的调度算法。
- 用以确定何时升级到更高优先级队列的方法。
- 用以确定何时降级到更低优先级队列的方法。
- 用以确定进程在需要服务时应进入哪个队列的方法。

多级反馈队列调度程序的定义使它成为最通用的 CPU 调度算法。它可被配置以适应特定系统设计。不幸的是，由于需要一些方法来选择参数以定义最佳的调度程序，它也是最复杂的算法。

5.4 多处理器调度

迄今为止，主要集中讨论了单处理器系统内的 CPU 调度问题。如果有多个 CPU，则**负载分配**（load sharing）成为可能，但调度问题也相应地变得更为复杂。已试验过许多可能的方法，与单处理器中的 CPU 调度算法一样，没有最好的解决方案。下面简要讨论多处理器调度的相关问题。其中主要讨论处理器功能相同（或**同构**）的系统，可以将任何处理器用于运行队列内的任何进程（但请注意，即使对同构多处理器，也有一些调度限制。考虑一个系统，有一个 I/O 设备与一个处理器通过私有总线相连，希望使用该设备的进程必须调度到该处理器上运行）。

5.4.1　多处理器调度的方法

在一个多处理器中，CPU 调度的一种方法是让一个处理器(主服务器)处理所有的调度决定、I/O 处理以及其他系统活动，其他的处理器只执行用户代码。这种**非对称多处理**（asymmetric multiprocessing）方法更为简单，因为只有一个处理器访问系统数据结构，减轻了数据共享的需要。

另一种方法是使用**对称多处理**（symmetric multiprocessing，SMP）方法，即每个处理器自我调度。所有进程可能处于一个共同的就绪队列中，或每个处理器都有它自己的私有就绪进程队列。无论如何，调度通过每个处理器检查共同就绪队列并选择一个进程来执行。正如将要在第 6 章中看到的，如果多个处理器试图访问和更新一个共同数据结构，那么每个处理器必须仔细编程：必须确保两个处理器不能选择同一进程，且进程不会从队列中丢失。事实上，许多现代操作系统，包括 Windows XP、Windows 2000、Solaris、Linux 和 Mac OS X，它们都支持 SMP。

下面的讨论主要是关于 SMP 系统的。

5.4.2　处理器亲和性

考虑一下，当一个进程在一个特定处理器上运行时，缓存中会发生些什么。进程最近访问的数据进入处理器缓存，结果是进程所进行的连续内存访问通常在缓存中得以满足。现在考虑一下，如果进程移到其他处理器上时，会发生什么：被迁移的第一个处理器的缓存中的内容必须为无效，而将要迁移到的第二个处理器的缓存需重新构建。由于使缓存无效或重新构建的代价高，绝大多数 SMP 系统试图避免将进程从一个处理器移至另一个处理器，而是努力使一个进程在同一个处理器上运行，这被称为**处理器亲和性**，即一个进程需有一种对其运行所在的处理器的亲和性。

处理器亲和性有几种形式。当一个操作系统具有设法让一个进程保持在同一个处理器上运行的策略，但不能做任何保证时，则会出现**软亲和性**（soft affinity）。此时，进程可能在处理器之间移动。有些系统，如 Linux，还提供一个支持**硬亲和性**（hard affinity）的系统调用，从而允许进程指定它不允许移至其他处理器上。

5.4.3　负载平衡

在 SMP 系统中，保持所有处理器的工作负载平衡，以完全利用多处理器的优点，这是很重要的。否则，将会产生一个或多个处理器空闲，而其他处理器处于高工作负载状态，并有一系列进程在等待 CPU。负载平衡（load balancing）设法将工作负载平均地分配到 SMP 系统中的所有处理器上。值得注意的是，负载平衡通常只是对那些拥有自己私有的可执行进程的处理器而言是必要的。在具有共同队列的系统中，通常不需要负载平衡，因为一旦处理器空闲，它立刻从共同队列中取走一个可执行进程。但同样值得注意的是，在绝大多数支持 SMP 的当代操作系统中，每个处理器都具有一个可执行进程的私有队列。

负载平衡通常有两种方法：**push migration** 和 **pull migration**。对于 push migration，一个特定的任务周期性地检查每个处理器上的负载，如果发现不平衡，即通过将进程从超载处理器移到（或推送）空闲或不太忙的处理器，从而平均地分配负载。当空闲处理器从一个忙的处理器上推送（pull）一个等待任务时，发生 pull migration。push migration 和 pull migration 不能相互排斥，事实上，在负载平衡系统中它们常被并行地实现。例如，在 Linux 调度程序（参见 5.6.3 小节）及适用于 FreeBSD 系统的 ULE 调度程序中实现了这两种技术。Linux 每过 200 ms（push migration）或每当一个处理器的运行队列为空时（pull migration），运行其负载平衡算法。

有趣的是，负载平衡常会抵消 5.4.2 小节所介绍的处理器亲和性的优点。即保持一个进程在同一处理器上运行的优点在于，进程可以利用它在处理器缓存中的数据。无论是从一个处理器向另一处理器 push 或 pull 进程，都使此优点失效。事实上，在系统工程中，关于何种方式是最好的，没有绝对的规则。因此，在某些系统中，空闲的处理器常会从非空闲的处理器中 pull 进程，而在另一些系统中，只有当不平衡达到一定额度后才会移动进程。

5.4.4 对称多线程

通过提供多个物理处理器，SMP 系统允许同时运行几个线程。另一种方法是提供多个*逻辑*（而不是*物理的*）处理器来实现。这种方法被称为对称多线程（SMT），在 Intel 处理器中，它也被称为**超线程**（hyperthreading）技术。

SMT 的思想是在同一个物理处理器上生成多个逻辑处理器，向操作系统呈现一个多逻辑处理器的视图，即使系统仅有单处理器。每个逻辑处理器都有它自己的**架构状态**，包括通用目的和机器状态寄存器。进一步讲，每个逻辑处理器负责自己的中断处理，这意味着中断被送到并被逻辑处理器所处理，而不是物理处理器。否则，每个逻辑处理器共享其物理处理器的资源，如缓存或总线。图 5.8 所示是一个典型的具有两个物理处理器的 SMT 结构，每个物理处理器包括两个逻辑处理器。从操作系统的角度看来，系统有 4 个处理器可以工作。

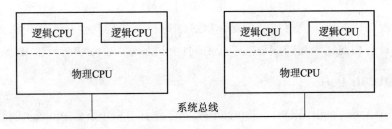

图 5.8 典型 SMT 架构

SMT 是硬件而不是软件提供的，认识到这一点很重要。硬件应该提供每个逻辑处理器的架构状态的表示以及中断处理方法。如果要在同一个 SMT 系统上运行，操作系统不必被特殊设计，但如果操作系统意识到它是在这样一个系统上运行，它还是可以得到性能的提升。例如，考虑一个具有两个物理处理器的系统，两个处理器均为空闲。调度程序首先设法把不同线程分别调度到每个物理处理器上，而不是调度到同一物理处理器中不同逻辑处理器上。否则，同一物理处理器上的两个逻辑处理器可能很忙，而另一个物理处理器则很空闲。

5.5　线 程 调 度

第 4 章把线程引入到了进程模型，区别了*用户线程*和*内核线程*。对支持它们的操作系统而言，系统调度的是内核线程，而不是进程。用户线程由线程库管理，内核并不了解它们。为了能在 CPU 上运行，用户线程最终必须映射到相应的内核级线程，尽管这种映射可能是间接的，可能使用轻量级进程（LWP）。本节探讨有关用户线程和内核线程的调度问题，并介绍调度 Pthread 的例子。

5.5.1　竞争范围

用户线程与内核线程的区别之一在于它们是如何被调度的。在执行多对一模型（见 4.2.1 小节）和多对多（参见 4.2.3 小节）模型的系统上，线程库调度用户级线程到一个有效的 LWP 上运行，这被称为**进程竞争范围**（process-contention scope, PCS）方法，因为 CPU 竞争发生在属于相同进程的线程之间。当提及线程库*调度*用户线程到有效的 LWP 时，并不意味着线程实际上就在 CPU 上运行，这需要操作系统将内核线程调度到物理 CPU 上。为了决定调度哪个内核线程到 CPU，内核采用**系统竞争范围**（system-contention scope, SCS）方法来进行。采用 SCS 调度方法，竞争 CPU 发生在系统的所有线程中，采用一对一的模型（如 Windows XP、Solaris 9、Linux）的系统，调度仅使用 SCS 方法。

典型地，PCS 是根据优先级完成的——调度程序选择具有最高优先级的可运行的线程来运行。用户级线程优先级由程序员给定，并且不被线程库调节，尽管有些线程库允许程序员改变线程的优先级。值得注意的是，PCS 通常抢占当前具有较高优先级的正在运行的线程，但在具有相同优先级的线程间并没有时间分割（参见 5.3.4 小节）的保证。

5.5.2　Pthread 调度

4.3.1 小节给出了一个 POSIX Pthread 程序的例子，并介绍了 Pthread 的线程生成。现在，强调在线程生成过程中允许指定是 PCS 或 SCS 的 POSIX Pthread API。Pthread 识别下面的竞争范围值：
- PTHREAD_SCOPE_PROCESS 调度线程采用 PCS 调度。
- PTHREAD_SCOPE_SYSTEM 调度线程采用 SCS 调度线程。

在实现多对多模型（参见 4.2.3 小节）的系统上，PTHREAD_SCOPE_PROCESS 方法调度用户线程到有效的 LWP 上。LWP 的数量由线程库维持，可能采用调度程序来激活（参见 4.4.6 小节）。在多对多模型的系统上，PTHREAD_SCOPE_SYSTEM 调度方法将为每个用户级线程生成并绑定一个 LWP，采用一对一方法（参见 4.2.2 小节）有效地映射线程。

Pthread IPC 为得到及设置竞争范围方法，提供下面两个函数：
- pthread_attr_setscope (pthread_attr_t　*attr,　int scope)。
- pthread_attr_getscope(pthread_attr_t　*attr,　int *scope)。

两个函数中的第一个参数包括一个到线程属性集的指针，pthread_attr_setscope()函数的第二个参数被传递 PTHREAD_SCOPE_SYSTEM 或 PTHREAD_SCOPE_PROCESS 的值，表示竞争范围如何被设置的。在 pthread_attr_getscope()函数中，第二个参数包含一个到赋予竞争范围当前值的整数值的指针。如果出错，每个函数返回一个非零值。

图 5.9 给出一个 Pthread 程序，它首先决定现有的竞争范围并将之赋予 PTHREAD_SCOPE_PROCESS。然后生成 5 个将使用 SCS 调度方法来运行的独立线程。注意，在某些系统中，仅允许特定的竞争范围值。例如，Linux 和 Mac OS X 就仅允许 PTHREAD_SCOPE_SYSTEM。

```
# include < pthread.h >
# include < stdio.h >
# define NUM_THREADS 5

int main ( int argc, char *argv[] )
{
    int i, scope;
    pthread_t tid [ NUM_THREADS];
    pthread_attr_t attr;

    /*get the default attributes */
    pthread_attr_init(&attr);

    /* first inquire on the current scope */
    if ( pthread_attr_getscope(&attr, &scope) != 0 )
        fprintf ( stderr, " Unable to get scheduling scope\n ");
    else {
        if (scope == PTHREAD_SCOPE_PROCESS)
            printf("PTHREAD_SCOPE_PROCESS ");
        else if (scope == PTHREAD_SCOPE_SYSTEM)
            printf("PTHREAD_SCOPE_SYSTEM ");
```

```
        else
                fprintf ( stderr, "Illegal scope value. \n" );
        }

        /* set the scheduling algorithm to PCS or SCS */
        pthread_attr_setscope ( &attr, PTHREAD_SCOPE_SYSTEM);

        /* create the threads */
        for ( i = 0; i < NUM_THREADS; i++ )
                pthread_create( &tid[i], &attr, runner, NULL);

        /* now join on each thread */
        for ( i = 0; i < NUM_THREADS; i++ )
                pthread_join( tid[i], NULL);
}

/* Each thread will begin control in this function */
void *runner( void *param)
{
    /* do some work…*/

    pthread_exit(0);
}
```

图 5.9 Pthread 调度 API

5.6 操作系统实例

接下来介绍 Solaris、Windows XP 和 Linux 操作系统的调度方法。注意，现在讨论的是 Solaris 和 Windows XP 的内核线程的调度，记得 Linux 并不区分进程和线程，在讨论 Linux 调度程序时使用术语*任务*（task）。

5.6.1 实例：Solaris 调度

Solaris 采用基于优先级的线程调度。根据优先级不同，它有 4 类调度，分别为：

- 实时。
- 系统。
- 分时。
- 交互。

每个类型内有不同的优先级和调度算法。Solaris 调度如图 5.10 所示。

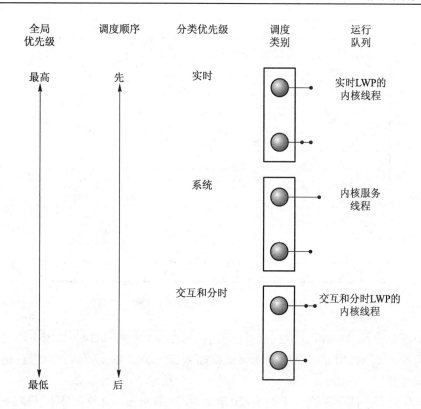

图 5.10 Solaris 调度

进程默认的调度类型是分时。分时调度方法采用多级反馈队列，动态地调整优先级和赋予不同长度的时间片。默认地，在优先级和时间片之间有反比关系：优先级越高，时间片越小；优先级越低，时间片越大。交互进程通常有更高的优先级，CPU 约束进程有更低的优先级。这种调度策略对交互进程有好的响应时间，对 CPU 约束进程有好的吞吐量。交互类型与分时类型使用同样的调度策略，但是它能给窗口应用程序更高的优先级以提高性能。

图 5.11 给出了调度交互和分时线程的分配表。这两种调度类型包括 60 个优先级，但为了简洁起见，此处仅给出其中的少数几个。图 5.11 中的分配表包括下面字段：

- **优先级**：分时和交互类型的依赖类型的优先级。数值越高，优先级越大。
- **时间片**：优先级相关的时间片。这表明优先级与时间片之间相反的关系：最低优先级（优先级为 0）具有最长的时间片（200 ms），最高优先级（优先级为 59）具有最短的时间片（20 ms）。
- **时间片到期**：用完了其全部时间片而未堵塞的线程的新的优先级。这种线程被认为是 CPU 密集的。如图 5.11 中所示，这些线程会被降低优先级。

优先级	时间片	时间片到期	从睡眠返回
0	200	0	50
5	200	0	50
10	160	0	51
15	160	5	51
20	120	10	52
25	120	15	52
30	80	20	53
35	80	25	54
40	40	30	55
45	40	35	56
50	40	40	58
55	40	45	58
59	20	49	59

图 5.11　Solaris 中的交互和时间共享线程的分发表

● **从睡眠中返回**：从睡眠中返回的线程的优先级（如等待 I/O）。如表中所示，当一个等待线程有 I/O 可用的时候，它的优先级被提高到 50～59，以支持给交互进程提供好的响应时间的调度策略。

Solaris 9 引入了两种新的调度类型：**固定优先级**（fixed priority）和**公平共享**（fair share）。固定优先级类型的线程具有与分时类型相同的优先级范围，但其优先级不能动态调节。公平共享调度类型采用 CPU 共享代替优先级来做出调度决定。CPU 共享表明了可用 CPU 资源的权利，并被分配进程集（被称为一个 **project**）。

Solaris 使用系统类来运行内核进程，如调度程序和换页服务。一旦创建，系统进程的优先级就不改变。系统类专为内核所使用（在内核模式下运行的用户进程并不属于系统类）。

实时类型的线程具有最高优先级。这种安排允许实时进程保证在给定时间内响应。实时进程能在其他类型的进程之前运行。通常，只有少数进程属于实时类型。

每种调度类型具有一定的优先级集合。然而，调度程序会将特定类的优先级转换为全局优先级，并从中选择最高全局优先级线程来执行。所选择的线程会在 CPU 上执行，直到它：（1）阻塞，（2）用完时间片，或（3）被更高优先级的线程抢占。如果多个线程具有同样优先级，那么调度程序采用循环队列。如前所讲，传统的 Solaris 使用多对多模型（见 4.2.3 小节），但 Solaris 9 却使用一对一模型（见 4.2.2 小节）。

5.6.2　实例：Windows XP 调度

Windows XP 采用基于优先级的、抢占调度算法来调度线程。Windows XP 调度程序确保最高优先级的线程总是运行。Windows XP 内核中用于处理调度的部分称为*调度程序*。由调度程序选择运行的线程会一直运行，直到被更高优先级的进程所抢占，或终止，或其时间片已到，或调用了阻塞系统调用，如 I/O。如果在低优先级线程运行时更高优先级的实时线程就绪，那么低优先级线程被抢占。这种抢占使得实时线程在需要使用 CPU 时能优先得到使用。

调度程序使用 32 级优先级方案以确定线程执行的顺序。优先级分为两大类型：**可变类型**（variable class）包括优先级从 1～15 的线程，**实时类型**（real-time class）包括优先级从 16～31 的线程（还有一个线程运行在优先级 0，它用于内存管理）。调度程序为每个调度优先级使用一个队列，从高到低检查队列，直到它发现一个线程可以执行。如果没有找到就绪线程，那么调度程序会执行一个称为**空闲线程**（idle thread）的特别线程。

在 Windows XP 内核和 Win32 API 的优先级数值之间有一个关系。Win32 API 定义了一个进程可能属于的一些优先级类型。它们包括：

- REALTIME_PRIORITY_CLASS。
- HIGH_PRIORITY_CLASS。
- ABOVE_NORMAL_PRIORITY_CLASS。
- NORMAL_PRIORITY_CLASS。
- BELOW_NORMAL_PRIORITY_CLASS。
- IDLE_PRIORITY_CLASS。

除了 REALTIME_PRIORITY_CLASS 外，所有优先级类型都是可变类型优先级，这意味着属于这些类型的线程优先级能改变。

每个给定优先级类型的线程拥有相对优先级。相对优先级的值包括：

- TIME_CRITICAL。
- HIGHEST。
- ABOVE_NORMAL。
- NORMAL。
- BELOW_NORMAL。
- LOWEST。
- IDLE。

每个线程的优先级是基于它所属的优先级类型和它在其中的相对优先级。图 5.12 说明了这种关系。每个类型的值出现在顶行。左列包括不同的相对优先级的值。例如，如果一个线程属于 ABOVE_NORMAL_PRIORITY_CLASS 类型，且相对优先级为 NORMAL，那么该线程的优先级为 10。

另外，每个线程在其所属的类型中有一个基础优先级值。默认地，基础优先级为一个类型中的 NORMAL 相对优先级的值。每个优先级类型的基础优先级为：

- REALTIME_PRIORITY_CLASS——24。
- HIGH_PRIORITY_CLASS——13。
- ABOVE_NORMAL_PRIORITY_CLASS——10。
- NORMAL_PRIORITY_CLASS——8。
- BELOW_NORMAL_PRIORITY_CLASS——6。
- IDLE_PRIORITY_CLASS——4。

	REALTIME_PRIORITY_CLASS	HIGH_PRIORITY_CLASS	ABOVE_NORMAL_PRIORITY_CLASS	NORMAL_PRIORITY_CLASS	BELOW_NORMAL_PRIORTY_CLASS	IDLE_PRIORITY_CLASS
TIME_CRITICAL	31	15	15	15	15	15
HIGHEST	26	15	12	10	8	6
ABOVE_NORMAL	25	14	11	9	7	5
NORMAL	24	13	10	8	6	4
BELOW_NORMAL	23	12	9	7	5	3
LOWEST	22	11	8	6	4	2
IDLE	16	1	1	1	1	1

图 5.12　Windows XP 优先级

进程通常属于 NORMAL_PRIORITY_CLASS，除非父进程为 IDLE_PRIORITY_CLASS 或在创建进程时指定了其他类型。线程的初值通常为线程所属进程的基础优先级。

在线程时间片用完时，线程被中断。如果属于可变优先级类型，那么优先级降低。不过，优先级绝不会降低到基础优先级之下。降低线程优先级限制了 CPU 约束线程的 CPU 使用。当可变优先级线程从等待操作释放时，调度程序提升其优先级。提升多少与线程等待什么有关，例如，等待键盘 I/O 的线程会得到较大提升，而等待磁盘操作的线程得到一般提升。这种策略能给使用鼠标和窗口的交互线程更好的响应时间。它也能让 I/O 线程保持 I/O 设备忙，同时允许计算约束线程在后台使用空闲的 CPU 周期。这种策略为包括多个分时操作系统的 UNIX 所采用。另外，与用户交互的当前窗口也会得到优先级提升，以缩短其响应时间。

当用户运行交互程序时，系统需要为该进程提供特别好的性能。为此，Windows XP 对 NORMAL_PRIORITY_CLASS 进程有一个特别调度规则。Windows XP 区分前台进程（在屏幕上选择的）和后台进程（没有选择的）。当一个进程进入前台时，Windows XP 增加其调度时间片的倍数，通常为 3。这一增加给了前台进程三倍多的运行时间。

5.6.3　实例：Linux 调度

在 2.5 版本之前，Linux 内核运行传统的 UNIX 调度算法。但传统的 UNIX 调度算法存在两个问题，即它不提供对 SMP 系统足够的支持，以及当系统任务数量增加时不能按比例调整。在 2.5 版本中，调度程序被分解，内核提供了在固定时间内运行的调度算法，即 O（1），而不管系统中的任务多少。新的调度程序还提供了对 SMP 的支持，包括处理器亲和性和负载平衡，以及提供了公平及对交互式任务的支持。

Linux 调度程序是抢占的、基于优先级的算法，具有两个独立的优先级范围：从 0～99 的 **real-time** 范围和从 100～140 的 **nice** 范围。这两个范围映射到全局优先级，其中数值越低表明优先级越高。

与包括 Solaris（参见 5.6.1 小节）和 Windows XP（参见 5.6.2 小节）在内的其他许多系统的调度程序不同，Linux 给较高的优先级分配较长的时间片，给较低的优先级分配较短的时间片。图 5.13 表明了优先级与时间片长度之间的关系。

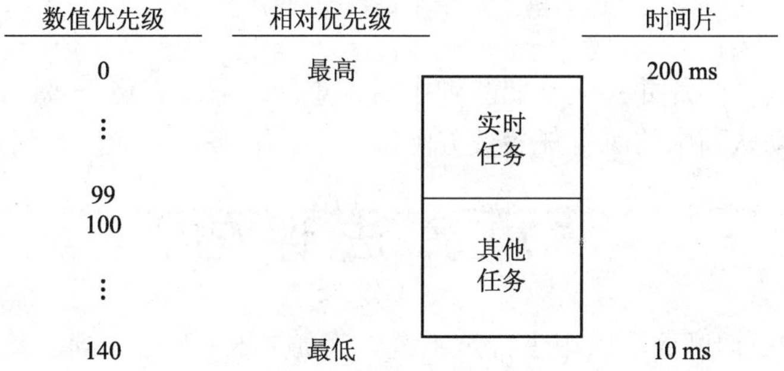

数值优先级	相对优先级		时间片
0	最高	实时任务	200 ms
⋮			
99			
100		其他任务	
⋮			
140	最低		10 ms

图 5.13 优先级和时间片长度的关系

一个可运行的任务被认为适合在 CPU 上执行，只要它在其时间片中具有剩余的时间。当任务耗尽其时间片后，它被认为是到期了，不适合再执行，直到所有其他任务都耗尽了它们的时间片。内核在**运行队列**数据结构中维护所有可运行任务的列表。由于对 SMP 的支持，每个处理器维护它自己的运行队列，并独立地调度它自己。每个运行队列包括两个优先级队列——**活动**的和**到期**的。活动队列包括所有在其时间片中尚有剩余时间的任务，而到期队列包括所有已到期的任务。每个优先级队列都有一个根据其优先级索引的任务列表（图 5.14），调度程序从活动队列中选择最高优先级的任务来在 CPU 上执行。对于多处理器系统，这意味着每个处理器从其自己的运行队列中调度最高优先级的任务。当所有任务都耗尽其时间片（即活动队列为空）时，两个优先级队列相互交换，到期队列变为活动队列，反之亦然。

Linux 根据在 5.5.2 小节中介绍过 POSIX.1b 来实现实时调度。实时任务被分配静态优先级，所有其他任务都具有动态优先级，并基于它们自己的 nice 值加上或减去 5。任务的交互性决定了从 *nice* 值中加上还是减去 5，而任务的交互性决定于它在等待 I/O 时沉睡了多长时间。交互性更强的任务通常具有更长的沉睡时间，因此更可能按–5 来调整，因为调度程序偏爱交互式任务。这种调度的结果将可能使这些任务的优先级更高。相反地，睡眠时间短的任务通常更受 CPU 制约，因此使其优先级更低。

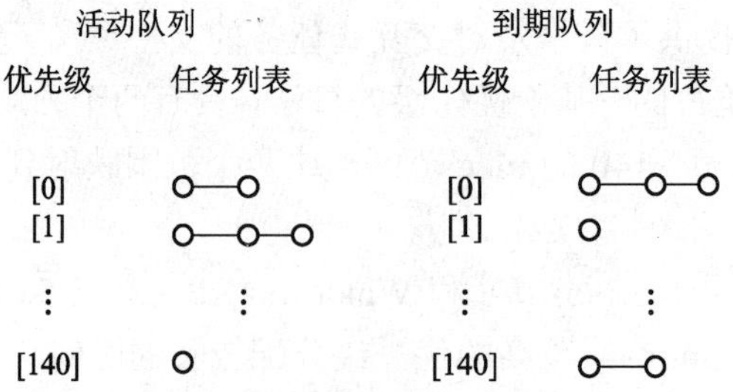

图 5.14 根据优先级编号的任务列表

当任务耗尽其时间片并移至到期队列中后，重新计算动态优先级。因此，当两个队列交换后，新的活动队列中的所有任务被分配以新的优先级及相应的时间片。

5.7 算 法 评 估

如何选择 CPU 调度算法以用于特定系统？正如在 5.3 节所看到，调度算法有许多，且各有自己的参数。因此，选择算法可能会比较困难。

第一个问题是定义用于选择算法的准则。正如在 5.2 节所看到的，准则通常是通过 CPU 使用率、响应时间或吞吐量来定义的。为了选择算法，首先必须定义这些参数的相对重要性。准则可包括如下参数，如：

- 最大化 CPU 使用率，同时要求最大响应时间为 1s。
- 最大化吞吐量，例如，要求（平均）周转时间与总的执行时间成正比。

一旦定义了选择准则，需要评估所考虑的各种算法。接下来将讨论可以采用的不同的评估方法。

5.7.1 确定模型

一种主要类型的评估方法称为**分析评估法**（analytic evaluation）。分析评估法使用给定算法和系统负荷，产生一个公式或数字，以评估对于该负荷算法的性能。

一种类型的分析评估是**确定模型法**（deterministic modeling）。这种方法采用特殊预先确定的负荷，计算在给定负荷下每个算法的性能。例如，假设下面的给定负荷。所有 5 个进程按所给顺序在时刻 0 时到达，CPU 区间时间的长度都以 ms 计：

进程	区间时间
P_1	10
P_2	29
P_3	3
P_4	7
P_5	12

在这组进程中，主要研究 FCFS、SJF 和 RR 调度算法（时间片为 10 ms），并判断哪个算法的平均等待时间最小。

对于 FCFS 算法，按如下方式执行进程：

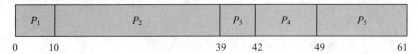

P_1 的等待时间是 0 ms，P_2 的等待时间是 10 ms，P_3 的等待时间是 39 ms，P_4 的等待时间是 42 ms，P_5 的等待时间是 49 ms。因此，平均等待时间(0 + 10 + 39 + 42 + 49) / 5 = 28 ms。

对于非抢占 SJF 调度，按如下方式执行进程：

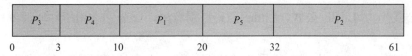

P_1 的等待时间是 10 ms，P_2 的等待时间是 32 ms，P_3 的等待时间是 0 ms，P_4 的等待时间是 3 ms，P_5 的等待时间是 20 ms。因此，平均等待时间(10 + 32 + 0 + 3 + 20) / 5 = 13 ms。

对于 RR 算法，按如下方式执行进程：

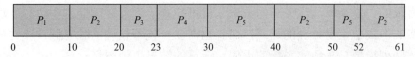

P_1 的等待时间是 0 ms，P_2 的等待时间是 32 ms，P_3 的等待时间是 20 ms，P_4 的等待时间是 23 ms，P_5 的等待时间是 40 ms。因此，平均等待时间(0 + 32 + 20 + 23 + 40) / 5 = 23 ms。

可以看到，在这种情况下，SJF 调度所产生的平均等待时间为 FCFS 调度的一半不到，而 RR 算法在两者之间。

确定模型不但简单而且快速。它给出了数字，以允许人们对算法进行比较。然而，它要求输入为精确数字，而且其答案只适用于这些情况。确定模型的主要用途在于描述调度算法和提供例子。在有的情况下，可以一次次地运行同样程序，并能精确测量程序的处理要求，以便使用确定模型来选择调度算法。而且，对于一组例子，确定算法可表示趋势以供分析和证明。例如，对于刚才所描述的环境（所有的进程和它们的时间都在时刻 0 已知），SJF 策略总能产生最小的等待时间。

5.7.2　排队模型

在许多系统上运行的进程每天都在变化,因此没有静态的进程(或时间)集合用于确定模型。然而,CPU 和 I/O 区间的分布是可以确定的。这些分布可以被测量,然后近似或简单估计。其结果是一个数学公式以表示特定 CPU 区间的分布。通常,这种分布是指数的,可用其平均值来表示。类似地,进程到达系统的时间分布(即到达时间分布)也必须给定。根据这两种分布,可以为绝大多数算法计算平均吞吐量、利用率和等待时间等。

计算机系统可描述为服务器网络。每个服务器都有一个等待进程队列。CPU 是具有就绪队列的服务器,而 I/O 系统是具有设备队列的服务器。知道了到达率和服务率,可计算使用率、平均队列长度、平均等待时间等。这种研究称为**排队网络分析**(queueing-network analysis)。

作为一个例子,设 n 为平均队列长度(不包括正在服务的进程),W 为队列的平均等待时间,λ 为新进程到达队列的平均到达率(如每秒三个进程)。那么,在进程等待的 W 时间内,则有 $\lambda \times W$ 个新进程到达队列。如果系统处于稳定状态,那么离开队列的进程的数量必须等于到达进程的数量。因此,

$$n = \lambda \times W$$

这一公式称为 **Little 公式**。Little 公式特别有用,因为它适用于任何调度算法和到达分布。

大家可以利用 Little 公式,根据 3 个变量中的两个来计算另外一个。例如,已知平均每秒 7 个进程到达,通常有 14 个进程在队列里,那么可以计算平均等待时间是每个进程 2 秒。

排队分析可用于比较调度算法,但它也有限制。就目前而言,可以处理的算法和分布还是比较有限的。复杂算法或分布的数学分析可能难于处理。因此,到达和处理分布被定义成不现实的但数学上易处理的形式,而且也需要一些不精确的独立假设。这些困难产生的结果是,队列模型只是现实系统的近似,计算的结果也值得怀疑。

5.7.3　模拟

为了获得更为精确的调度算法评估,可使用**模拟**(simulation)。模拟涉及对计算机系统进行建模。软件数据结构表示系统的主要组成部分。模拟程序有一个变量以表示时钟;当该变量的值增加时,模拟程序会修改系统状态以反映设备、进程和调度程序的活动。随着模拟程序的执行,用以表示算法性能的统计数字可以被收集并打印出来。

驱动模拟的数据可由许多方法产生。最为普通的方法使用随机数生成器,以根据概率分布生成进程、CPU 区间时间、到达时间、离开时间等。分布可以数学地(统一的、指数的、泊松的)或经验地加以定义。如果经验定义分布,那么要对所研究的真实系统进行测

量。其结果可用来定义真实系统事件的真实分布，该分布再用来驱动模拟。

然而，由于真实系统前后事件之间有关系，分布驱动模拟可能不够精确。频率分布只表示每个事件发生了多少次，它并不能表示事件的发生顺序。可以采用**跟踪磁带**来解决这个问题。通过监视真实的系统，记录下事件发生的顺序来建立跟踪磁带（见图 5.15），然后使用这个顺序来驱动模拟。跟踪磁带提供了基于真实输入来比较两种算法的很好的方法。这种方法针对给定输入产生了精确的结果。

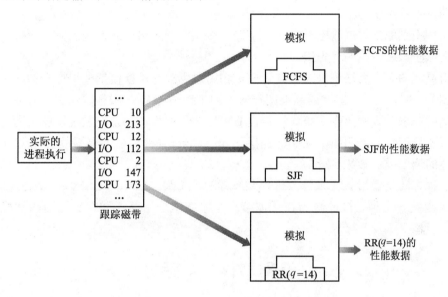

图 5.15 通过模拟来评估调度算法

然而模拟通常需要数小时的计算时间，所以是昂贵的。为了提供更精确的结果，需要更细致的模拟，但是也需要更多的计算时间。而且跟踪磁带需要大量的存储空间。最后，模拟程序的设计、编码、调试是其主要的工作。

5.7.4 实现

即使是模拟，精确度也是有限的。针对评估调度算法，唯一完全精确的方法是对它进行编程，将它放在操作系统内，并观测它如何工作。这一方法将真实算法放入操作系统，然后在真实操作系统内进行评估。

该方法的主要困难是其高昂的代价。所引起的代价不但包括对算法进行编程、修改操作系统以支持该算法（以及相关的数据结构），而且包括用户对不断改变操作系统的反应。绝大多数用户并不关心创建更好的操作系统，而只需要能执行程序并使用其结果。经常性地改变操作系统并不能帮助用户得到他们所想要的。

存在的另一个困难是算法所使用的环境会发生改变。环境变化不但包括新用户程序的编写和问题类型的变化，而且也包括调度程序性能所引起的结果。如果小进程获得优先级，那么用户会将大进程分成小进程。如果交互进程比非交互进程获得优先级，那么用户就切换到交互进程。

例如，研究人员设计一个系统，它通过观察终端 I/O 数量来自动将进程分成交互的和非交互的。如果一个进程在一分钟内没有对终端进行输入或输出，那么该进程就被划分为非交互的，并移到较低优先级队列。这种策略导致了如下情况：一位程序员修改了其程序，每隔一分钟不到的时间就输出一个任意字符到终端上。虽然该终端输出完全没有意义，但是系统却赋予该程序高的优先级。

最为灵活的调度算法可以为系统管理员和用户所改变，以使其能为特定的应用或应用集合所调节。例如，一个能完成高端图形应用的工作站与 Web 服务器或文件服务器有完全不同的调度需求。有些操作系统（特别是 UNIX 的几种版本）允许系统管理员为特定的应用配置调整调度参数。例如，Solaris 提供了 dispadmin 命令，以允许系统管理员修改 5.6.1 小节所述的调度类的参数。

另一种方法是使用 API 来修改进程或线程的优先级。Java、POSIX 和 Win32 API 都提供了这类函数。这种方法的缺点在于调节一个系统或应用并不能在更通用的情况下改进性能。

5.8 小   结

CPU 调度的任务是从就绪队列中选择一个等待进程，并为其分配 CPU。CPU 由调度程序分配给所选中的进程。

先到先服务（FCFS）调度是最简单的调度算法，但是它会让短进程等待非常长的进程。最短作业优先（SJF）调度可证明是最佳的，它提供了最短平均等待时间。实现 SJF 调度比较困难，因为预测下一个 CPU 区间的长度有难度。SJF 算法是通用优先级调度算法（将 CPU 简单地分配给具有最高优先级的进程）的特例。优先级和 SJF 调度会产生饥饿。老化技术可阻止饥饿。

轮转法（RR）调度对于分时（交互）系统更为合适。RR 调度让就绪队列的第一个进程使用 CPU 的 q 个时间单元，这里 q 是时间片。在 q 时间单元之后，如果该进程还没有释放 CPU，那么它被抢占并放到就绪队列的尾部。该算法的主要问题是选择时间片。如果时间片太大，那么 RR 调度就成了 FCFS 调度；如果时间片太小，那么因上下文切换而引起的调度开销就过大。

FCFS 算法是非抢占的，而 RR 算法是抢占的。SJF 和优先级算法可以是抢占的，也可以是非抢占的。

多级队列调度算法允许多个不同算法用于各种类型的进程。最为常用的模型包括使用 RR 调度的前台交互队列，以及使用 FCFS 调度的后台批处理队列。多级反馈队列调度算法允许进程在队列之间迁移。

许多当前的计算机系统支持多处理器，并允许每个处理器独立地调度它自己。通常，每个处理器维护自己的私有进程（或线程）队列，它们都可以运行。与多处理器调度相关的问题包括处理器亲和性和负载平衡。

如果操作系统在内核级支持线程，那么必须调度线程而不是进程来执行。Solaris 和 Windows XP 就是这样的系统，它们采用抢占的、基于优先级的调度算法，并支持实时线程。Linux 进程调度也使用基于优先级算法，并提供实时支持。这三种操作系统通常偏爱交互进程而不是批处理进程或 CPU 约束进程。

因为有多种不同的调度算法可用，所以需要某种方法来选择它们。分析方法使用数学分析以确定算法性能。模拟方法通过对代表性的进程采用调度算法模拟并计算其性能来确定优劣。不过，模拟最多也只是提供对真实系统性能的近似，评估调度算法唯一可靠的技术是在真实系统上的实现算法并在真实环境中进行性能跟踪。

习　　题

5.1 为什么对调度程序而言，区分 CPU 约束程序和 I/O 约束程序很重要？

5.2 讨论下列几对调度标准如何在一定设置中冲突：

　　a. CPU 利用率和响应时间

　　b. 平均周转时间（turnaround time）和最大等待时间

　　c. I/O 设备利用率和 CPU 利用率

5.3 考虑用于预测下一个 CPU 区间长度的指数平均公式。将下面的值赋给算法中的参数的含义是什么？

　　a. $\alpha = 0$ 且 $\tau_0 = 100$ ms

　　b. $\alpha = 0.99$ 且 $\tau_0 = 10$ ms

5.4 考虑下面一组进程，进程占用的 CPU 区间长度以毫秒来计算：

进程	区间时间	优先级
P_1	10	3
P_2	1	1
P_3	2	3
P_4	1	4
P_5	5	2

假设在 0 时刻进程以 P_1、P_2、P_3、P_4、P_5 的顺序到达。

　　a. 画出 4 个 Gantt 图分别演示使用 FCFS、SJF、非抢占优先级（数字越小代表优先级越高）和 RR（时间片＝1）算法调度时进程的执行过程。

　　b. 每个进程在每种调度算法下的周转时间是多少？

    c. 每个进程在每种调度算法下的等待时间是多少？

    d. 哪一种调度算法的平均等待时间最小（对所有的进程）？

5.5   下面哪种调度算法能导致饥饿？

    a. 先到先服务

    b. 最短作业优先

    c. 轮转法

    d. 优先级

5.6   考虑 RR 调度算法的一个变种，在这个算法里，就绪队列里的项是指向 PCB 的指针。

    a. 在就绪队列中如果把两个指针指向同一个进程，会有什么效果？

    b. 这个方案的两个主要优点和两个主要缺点是什么？

    c. 如何修改基本的 RR 调度算法不用两个指针达到同样的效果？

5.7   考虑一个运行 10 个 I/O 约束任务和 1 个 CPU 约束任务的系统，假设 I/O 约束任务每进行 1 ms 的 CPU 计算发射一次 I/O 操作，以及每个 I/O 操作花费 10 ms 完成。同时假设上下文切换花费 0.1 ms，且所有的进程都是长运行任务。下列条件下 RR 调度程序的 CPU 利用率如何？

    a. 时间片为 1 ms

    b. 时间片为 10 ms

5.8   考虑一个实现多级队列调度的系统。计算机用户可以采用何种策略来最大化分配给用户进程的 CPU 时间？

5.9   考虑下面的动态改变优先级的抢占式优先级调度算法。大的优先级数代表高优先级。当一个进程在等待 CPU 时（在就绪队列中，但没执行），优先级以 α 速率改变；当它运行时，优先级以 β 速率改变。所有的进程在进入等待队列时指定优先级为 0。参数 α 和 β 可以进行设定得到许多不同的调度算法。

    a. $\beta > \alpha > 0$ 是什么算法？

    b. $\alpha < \beta < 0$ 是什么算法？

5.10   解释下面调度算法对短进程偏好程度上的区别。

    a. FCFS

    b. RR

    c. 多级反馈队列

5.11   采用 Windows XP 调度算法，下列情况的线程的数字优先级如何？

    a. 在 REALTIME_PRIORITY_CLASS 中的线程具有相对优先级 HIGHEST。

    b. 在 NORMAL_PRIORITY_CLASS 中的线程具有相对优先级 NORMAL。

    c. 在 HIGH_PRIORITY_CLASS 中的线程具有相对优先级 ABOVE_NORMAL。

5.12   考虑下面在 Solaris 操作系统的时间共享线程的调度算法中：

    a. 优先级为 10 的线程的时间片为多少（按 ms 计）？如果优先级为 55 呢？

    b. 假设优先级为 35 的线程使用了它的全部时间片而不产生阻塞，调度程序将分配给该线程的新优先级为多少？

    c. 假设优先级为 35 的线程在时间片到期之前阻塞在 IO 上。调度程序将分配给该线程的新优先级是多少？

5.13   传统的 UNIX 调度程序使优先级数字与优先级呈相反的关系。优先级数字越大，优先级越低。调度程序使用下列函数每计算进程优先级一次：

Priority = (recent CPU usage / 2) + base

其中，base = 60，而"recent CPU usage"指的是从上次计算优先级以来进程使用 CPU 的频率。

假设进程 P_1 最近使用 CPU 为 40，进程 P_2 为 18，进程 P_3 为 10。当优先级被重新计算后，这三个进程的新的优先级为多少？基于此信息，传统 UNIX 调度程序是提高还是降低了 CPU 约束进程的相对优先级？

文 献 注 记

Corbato 等[1962]中描述了最初在 CTSS 系统中实现的反馈队列。Schrage[1967]分析了这种反馈队列调度系统。Kleinrock[1975]提供了关于抢占优先级调度算法的习题第 5.9 题。

Anderson 等[1989]、Lewis 和 Berg[1998]、Philbin 等[1996]讨论线程调度。Tucker 和 Gupta[1989]、Zahorjan 和 McCann[1990]、Feitelson 和 Rudolph[1990]、Leutenegger 和 Vernon[1990]、Blumofe 和 Leiserson[1994]、Polychronopoulos 和 Kuck[1987]以及 Lucco[1992]给出了关于多处理器的调度的论述。Fisher[1981]、Hall 等[1996]、Lowney 等[1993]考虑了关于在运行之间进程执行时间的问题。

Liu 和 Layland[1973]、Abbot[1984]、Jensen 等[1985]、Hong 等[1989]、Khanna 等[1992]给出了有关实时系统中的调度的论述。Zhao[1989]修改了一个特殊版的实时操作系统 *Operating System Review*。

Henry[1984]、Woodside[1986]、Kay 和 Lauder[1988]论述了公平共享调度。

Bach[1987]介绍了 UNIX V 操作系统中使用的调度策略，McKusick 等[1996]提出了 UNIX BSD 4.4 中所使用的策略，Black[1990]则介绍了 Mach 操作系统中所使用的策略。Bovet 和 Cesati[2002] 涉及了 Linux 调度。Mauro 和 McDougall[2001]给出了 Solaris 调度论述，Solomon [1998]、Solomon 和 Russinovich[2000]中分别包括 Windows NT 和 Windows 2000 的调度论述。Butenhof[1997]、Lewis 和 Berg[1998]介绍了 Pthread 系统中的调度问题。

第6章 进程同步

协作进程是可以与在系统内执行的其他进程互相影响的进程。互相协作的进程可以直接共享逻辑地址空间（即代码和数据），或者只通过文件或消息来共享数据。前者可通过轻量级进程或线程来实现，参见第4章。共享数据的并发访问可能会产生数据的不一致。本章将讨论各种机制，以用于确保共享同一逻辑地址空间的协作进程可有序地执行，从而能维护数据的一致性。

本章目标

- 引入临界区域问题，其解决方案可用于确保共享数据的一致性。
- 描述临界区域问题的多种软件解决方案。
- 描述临界区域问题的多种硬件解决方案。
- 引入原子事务的概念，并描述确保原子操作的有关机制。

6.1 背 景

第 3 章讨论了一种系统模型，该模型包括若干协作顺序进程或线程（cooperating sequential processes or threads），这些进程或线程均异步执行且可能共享数据。下面用具有代表性的操作系统问题，即生产者-消费者问题，举例说明这个模型。在 3.4.1 小节中，还特地采用了有限缓冲方案来处理进程共享内存的问题。

现在回到有限缓冲问题的共享内存解决方案。正如所指出的，该解决方案允许同时在缓冲区内最多只有 BUFFER_SIZE–1 项。假如要修改这一算法以弥补这个缺陷。一种可能方案是增加一个整数变量 counter，并初始化为 0。每当向缓冲区增加一项时，counter 就递增；每当从缓冲区移走一项时，counter 就递减。生产者进程代码可修改如下：

```
while (true) {
    /* produce an item in nextProduced */
    while (counter == BUFFER_SIZE)
      ; /* do nothing */
    buffer[in] = nextProduced;
    in = (in+1) % BUFFER_SIZE;
    counter++;
```

```
    }
```
消费者进程代码可修改如下：
```
    while (true) {
        while (counter == 0)
          ; /* do nothing */
        nextConsumed = buffer [out];
        out = (out + 1) % BUFFER_SIZE;
        counter--;
        /* consume the item in nextConsumed */

    }
```

虽然生产者和消费者程序各自都正确，但是当并发执行时它们可能不能正确运行。为了便于说明，假设变量 counter 的值现在为 5，且生产者进程和消费者进程并发执行语句"counter++"和"counter−−"。根据这两条语句的执行，变量 counter 的值可能是 4、5 或 6！唯一正确的结果应是 counter == 5；如果生产者和消费者独立执行，那么会有正确的结果。

若按如下方式，counter 的值就可能不正确。注意语句"counter++"可按如下方式以机器语言（在一个典型的机器上）实现：

$$register_1 = counter$$
$$register_1 = register_1+1$$
$$counter= register_1$$

其中，$register_1$ 为 CPU 局部寄存器。类似地，语句"counter−−"可按如下方式来实现：

$$register_2 = counter$$
$$register_2 = register_2-1$$
$$counter = register_2$$

其中，$register_2$ 为 CPU 局部寄存器。虽然 $register_1$ 和 $register_2$ 可以为同一寄存器（如累加器），但是要记住，中断处理程序会保存和恢复该寄存器的值（参见 1.2.3 小节）。

并发执行"counter++"和"counter−−"相当于按任意顺序来交替执行上面所表示的低级语句（每条高级语句内的顺序不能变）。一种交叉形式如下

```
T₀: producer  execute  register₁ = counter        { register₁ = 5}
T₁: producer  execute  register₁ = register₁+1     { register₁ = 6}
T₂: consumer  execute  register₂ = counter         { register₂ = 5}
T₃: consumer  execute  register₂ = register₂−1     { register₂ = 4}
T₄: producer  execute  counter = register₁         { register₁ = 6}
T₅: consumer  execute  counter = register₂         { register₂ = 4}
```

注意，现在得到了表示有 4 个缓冲区满了的不正确的状态"counter == 4"，而事实上有 5 个缓冲区满了。如果交换 T_4 和 T_5 两条语句，那么会得到不正确的状态"counter == 6"。

之所以得到了不正确状态，是因为允许两个进程并发操作变量 counter。像这样的情况，

即多个进程并发访问和操作同一数据且执行结果与访问发生的特定顺序有关，称为**竞争条件**（race condition）。为了避免竞争条件，需要确保一段时间内只有一个进程能操作变量 counter。为了实现这种保证，要求进行一定形式的进程同步。

这种情况经常出现在操作系统中，因为系统的不同部分操作资源。显然，需要这些变化不会互相影响。由于同步的重要性，因此本章的主要部分都是关于**进程同步**（process synchronization）和**协调**（coordination）的。

6.2 临界区问题

假设某个系统有 n 个进程 $\{P_0, P_1, \cdots, P_{n-1}\}$。每个进程有一个代码段称为**临界区**（critical section），在该区中进程可能改变共同变量、更新一个表、写一个文件等。这种系统的重要特征是当一个进程进入临界区，没有其他进程可被允许在临界区内执行，即没有两个进程可同时在临界区内执行。*临界区问题（critical-section problem）*是设计一个以便进程协作的协议。每个进程必须请求允许进入其临界区。实现这一请求的代码段称为**进入区**（entry section），临界区之后可有**退出区**（exit section），其他代码为**剩余区**（remainder section）。一个进程 P_i 的通用结构如图 6.1 所示。进入段和退出段被框起来以突出这些代码段的重要性。

临界区问题的解答必须满足如下三项要求：

- **互斥**（mutual exclusion）：如果进程 P_i 在其临界区内执行，那么其他进程都不能在其临界区内执行。

- **前进**（progress）：如果没有进程在其临界区内执行且有进程需进入临界区，那么只有那些不在剩余区内执行的进程可参加选择，以确定谁能下一个进入临界区，且这种选择不能无限推迟。

```
do {

    ┌─────────┐
    │  进入区  │
    └─────────┘
      临界区
    ┌─────────┐
    │  退出区  │
    └─────────┘
      剩余区
} while(TRUE);
```

图 6.1 典型进程 P_i 的通用结构

- **有限等待**(bounded waiting)：从一个进程做出进入临界区的请求，直到该请求允许为止，其他进程允许进入其临界区的次数有上限。

假定每个进程的执行速度不为 0。然而，不能对 n 个进程的**相对速度**（relative speed）做任何假设。

一个操作系统，在某个时刻，可同时存有多个处于内核模式的活动进程。因此，实现操作系统的代码（内核代码（kernel code））会出现竞争条件。例如，以系统内维护打开文件的内核数据结构链表为例。当新打开或关闭一个文件时，这个链表需要更新（向链表增加一个文件或删除一个文件）。如果两个进程同时打开文件，那么这两个独立的更新操作可能会产生竞争条件。其他会导致竞争条件的内核数据结构包括维护内存分配、维护进程列表及处理中断处理程序的数据结构。内核开发人员有必要确保其操作系统不会产生竞争条件。

有两种方法用于处理操作系统内的临界区问题：**抢占内核**（preemptive kernel）与**非抢占内核**（nonpreemptive kernel）。抢占内核允许处于内核模式的进程被抢占，非抢占内核不允许处于内核模式的进程被抢占。处于内核模式运行的进程会一直运行，直到它退出内核模式、阻塞或自动退出 CPU 的控制。显然，非抢占内核的内核数据结构从根本上不会导致竞争条件，因为某个时刻只有一个进程处于内核模式。然而，对于抢占内核，就不能这样简单说了，这些抢占内核需要认真设计以确保其内核数据结构不会导致竞争条件。对于 SMP 体系结构，抢占内核更难设计，因为两个处于内核模式的进程可同时运行在不同的处理器上。

那么，为什么抢占内核会比非抢占内核更受欢迎呢？抢占内核更适合实时编程，因为它能允许实时进程抢占处于内核模式运行的其他进程。再者，抢占内核的响应更快，因为处于内核模式的进程在释放 CPU 之前不会运行过久。当然，可以通过设计内核代码以最小化响应时间，从而避免出现这种情况。

Windows XP 与 Windows 2000 为非抢占内核，传统的 UNIX 也是非抢占内核。Linux 2.6 以前的内核也是非抢占内核。然而，随着 2.6 内核的发布，Linux 变为抢占内核，其他商家的 UNIX（如 Solaris 与 IRIX）也是抢占内核。

6.3 Peterson 算法

下面讨论 Peterson 算法，这是一个经典的基于软件的临界区问题的解答。由于现代计算机体系架构执行基本机器语言指令，如 load 与 store 的不同方式，Peterson 算法在这类机器上不能确保正确运行。然而，由于这一算法提供了解决临界区问题的一个很好算法，并能说明满足互斥、前进、有限等待等要求的软件设计的复杂性，所以这里还是介绍这一算法。

Peterson 算法适用于两个进程在临界区与剩余区间交替执行。两个进程为 P_0 和 P_1。为了方便，当使用 P_i 时，用 P_j 来表示另一个进程，即 j == 1–i。

Peterson 算法需要在两个进程之间共享两个数据项：

```
int turn;
boolean flag[2];
```

变量 turn 表示哪个进程可以进入其临界区。即如果 turn == i，那么进程 P_i 允许在其临界区内执行。数组 flag 表示哪个进程想要进入其临界区。例如，如果 flag[i] 为 true，即进程 P_i 想要进入其临界区。在理解了这些数据结构后，可以按图 6.2 所示来描述这一算法：

do {

```
flag[i] = TRUE;
turn = j;
while (flag[j] && turn == j);
```

临界区

```
flag[i] = FALSE;
```

剩余区

} while(TRUE);

图 6.2 Peterson 算法中的进程 P_i 的结构

为了进入临界区，进程 P_i 首先设置 flag[i]的值为 true，且设置 turn 的值为 j，从而表示如果另一个进程 P_j 希望进入临界区，那么 P_j 能进入。如果两个进程同时试图进入，那么 turn 会几乎在同时设置成 i 和 j。只有一个赋值语句的结果会保持，另一个也会设置，但会立即被重写。最终 turn 值决定了哪个进程能允许先进入其临界区。

现在证明这一解答是正确的，这需要证明：

① 互斥成立。

② 前进要求满足。

③ 有限等待要求满足。

为了证明第一点，要注意到只有当 flag[j]==false 或者 turn==i 时，进程 P_i 才进入其临界区。而且，注意到如果两个进程同时在其临界区内执行，那么 flag[0] == flag[1] == true。这两点意味着 P_0 和 P_1 不可能成功地同时执行它们的 while 语句，因为 turn 的值只可能为 0 或 1，而不可能同时为两个值。因此，只有一个进程（如 P_j）能成功地执行完 while 语句，而进程 P_i 至少必须执行一个附加的语句（"turn==j"）。而且，由于只要 P_j 在其临界区内，flag[j]==true 和 turn==j 就同时成立。结果是：互斥成立。

为了证明第 2 点和第 3 点，应注意到，只要条件 flag[j]==true 和 turn==j 成立，进程 P_i 陷入 while 循环语句，那么 P_i 就能被阻止进入临界区。如果 P_j 不准备进入临界区，那么 flag[j]==false，P_i 能进入临界区。如果 P_j 已设置 flag[j]为 true 且也在其 while 语句中执行，那么 turn==j 或 turn==i。如果 turn==i，那么 P_i 进入临界区；如果 turn==j，那么 P_j 进入临界区。然而，当 P_j 退出临界区，它会设置 flag[j]为 false，以允许 P_i 进入其临界区。如果 P_j 重新设置 flag[j]为 true，那么它也必须设置 turn 为 i。因此由于进程 P_i 执行 while 语句时并不改变变量 turn 的值，所以 P_i 会进入临界区（前进），且 P_i 最多在 P_j 进入临界区一次后就能进入（有限等待）。

6.4 硬 件 同 步

在上一节中，描述了基于软件的临界区问题的解答。一般来说，可以说任何临界区问题都需要一个简单工具——**锁**。通过要求临界区用锁来防护，就可以避免竞争条件，即一个进程在进入临界区之前必须得到锁，而在其退出临界区时释放锁，如图 6.3 所示。

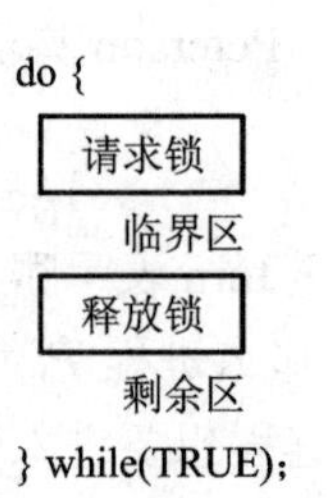

从现在开始，将讨论更多的临界区问题的解决方案，这些方案采用了从硬件到应用程序员可见的软件 API 等一系列技术。所有这些解决方案都是基于锁为前提的，不过，读者也将看到，这些锁的设计可能非常复杂。

硬件特性能简化编程任务且提高系统效率。在本节，将介绍一

```
do {

  请求锁

  临界区

  释放锁

  剩余区

} while(TRUE);
```

图 6.3 采用锁的临界区问题的解答

些许多系统都拥有的简单硬件指令,并描述了如何用它们来解决临界区问题。

对于单处理器环境,临界区问题可简单地加以解决:在修改共享变量时要禁止中断出现。这样,就能确保当前指令序列的执行不会被中断。由于其他指令不可能执行,所以共享变量也不会被意外修改。这种方法通常为非抢占内核所采用。

然而,在多处理器环境下,这种解决方案是不可行的。在多处理器上由于要将消息传递给所有处理器,所以禁止中断可能很费时。这种消息传递导致进入每个临界区都会延迟,进而会降低系统效率。而且,该方法影响了系统时钟(如果时钟是通过中断来加以更新的)。

因此,许多现代计算机系统提供了特殊硬件指令以允许能**原子地**(不可中断地)检查和修改字的内容或交换两个字的内容(作为不可中断的指令)。可以使用这些特殊指令来相对简单地解决临界区问题。这里并不讨论某个机器的特定指令,而是抽象了这类指令背后的主要概念。

指令 TestAndSet()可以按图 6.4 所示定义。其主要特点是该指令能原子地执行。因此,如果两个指令 TestAndSet()同时执行在不同的 CPU 上,那么它们会按任意顺序来顺序执行。如果机器支持指令 TestAndSet(),那么可这样实现互斥:声明一个 Boolean 变量 lock,初始化为 false。进程 P_i 的结构如图 6.5 所示。

```
boolean TestAndSet(boolean *target) {
    boolean rv = *target;
    *target = TRUE;
    return rv;
}
```

图 6.4 TestAndSet 指令的定义

```
do {
    while (TestAndSetLock(&lock))
        ; // do nothing
        // critical section
    lock = FALSE;
        // remainder section
}while (TRUE);
```

图 6.5 使用 TestAndSet 的互斥实现

与指令 TestAndSet 相比,指令 Swap 操作两个数据,其定义如图 6.6 所示。与指令 TestAndSet 一样,它也原子执行。如果机器支持指令 Swap,那么互斥可按如下方式实现。声明一个全局布尔变量 lock,初始化为 false。另外,每个进程也有一个局部 Boolean 变量 key。进程 P_i 的结构如图 6.7 所示。

```
void Swap(boolean *a, boolean *b) {
    boolean temp = *a;
    *a = *b;
    *b = temp;
}
```

图 6.6 Swap 指令的定义

```
do {
    key = TRUE;
    while (key == TRUE)
        Swap(&lock, &key);
        // critical section
    lock = FALSE;
        // remainder section
}while (TRUE);
```

图 6.7 使用 Swap 的互斥实现

这些算法解决了互斥，但是并没有解决有限等待要求。下面，介绍一个使用指令 TestAndSet 的算法，如图 6.8 所示。该算法满足所有临界区问题的三个要求。共用数据结构如下：

```
boolean waiting[n];
boolean lock;
```

这些数据结构均初始化 false。为了证明满足互斥要求，注意，只有 waiting[i] == false 或 key ==flase 时，进程 P_i 才进入临界区。只有当 TestAndSet 执行时，key 的值才变成 false。执行 TestAndSet 的第一个进程会发现 key == false；所有其他进程必须等待。只有其他进程离开其临界区时，变量 waiting[i] 的值才能变成 false；每次只有一个 waiting[i] 被设置为 false，以满足互斥要求。

```
do {
    waiting[i] = TRUE;
    key = TRUE;
    while (waiting[i] && key)
        key = TestAndSet(&lock);
    waiting[i] = FALSE;

        // critical section

    j = (i + 1) % n;
    while ((j != i) && !waiting[j])
        j = (j + 1) % n;

    if (j == i)
        lock = FALSE;
    else
        waiting[j] = FALSE;

        // remainder section
}while (TRUE);
```

图 6.8　使用 TestAndSet 的有限等待互斥

为了证明满足前进要求，有关互斥的论证也适用。由于进程在退出其临界区时或将 lock 设为 false，或将 waiting[j] 设为 false。这两种情况都允许等待进程进入临界区以执行。

为了证明满足有限等待，当一个进程退出其临界区时，它会循环地扫描数组 waiting[i]（$i+1, i+2, \cdots, n-1, 0, \cdots, i-1$），并根据这一顺序而指派第一个等待进程（waiting[j] ==true）作为下一个进入临界区的进程。因此，任何等待进入临界区的进程只需要等待 $n-1$ 次。

然而，对于硬件设计人员，在多处理器上实现原子指令 TestAndSet 并不简单。关于这种实现可参见计算机体系结构方面的书籍。

6.5 信 号 量

在 6.4 节中所描述的基于硬件的临界区问题的解决方案（采用 TestAndSet() 与 Swap() 指令），对于应用程序员而言，使用比较复杂。为了解决这个困难，可以使用称为**信号量**（semaphore）的同步工具。

信号量 S 是个整数变量，除了初始化外，它只能通过两个标准原子操作：wait() 和 signal() 来访问。这些操作原来被称为 P（荷兰语 proberen, 测试）和 V（荷兰语 verhogen, 增加）。wait() 的定义可表示为

```
wait(S) {
  while(S<=0)
    ; // no-op
  S--;
}
```

signal 的定义可表示为

```
signal(S) {
  S++;
}
```

在 wait() 和 signal() 操作中，对信号量整型值的修改必须不可分地执行，即当一个进程修改信号量值时，不能有其他进程同时修改同一信号量的值。另外，对于 wait(S)，对 S 的整型值的测试（S<=0）和对其可能的修改（S−−），也必须不被中断地执行。下面将在 6.5.2 小节描述如何实现这些操作。现在先研究如何使用信号量。

6.5.1 用法

通常操作系统区分计数信号量与二进制信号量。**计数信号量**的值域不受限制，而**二进制信号量的值**只能为 0 或 1。有的系统，将二进制信号量称为**互斥锁**，因为它们可以提供*互斥*。

可以使用二进制信号量来处理多进程的临界区问题。这 n 个进程共享一个信号量 mutex，并初始化为 1。每个进程的结构如图 6.9 所示。

计数信号量可以用来控制访问具有若干个实例的某种资源。该信号量初始化为可用资源的数量。当每个进程需要使用资源时，需要对该信号量执行 wait() 操作（减少信号量的计数）。当进程释放资源时，需要对该信号量执行 signal() 操作（增加信号量的计数）。当信号量的计数为 0 时，所有资源都被使用。之后，

```
do {
  waiting(mutex);
    // critical section
  signal(mutex);
    // remainder section
}while (TRUE);
```

图 6.9　使用信号量的互斥实现

需要使用资源的进程将会阻塞，直到其计数大于 0。

也可以使用信号量来解决各种同步问题。例如，有两个并发进程：P_1 有语句 S_1 而 P_2 有语句 S_2，假设要求只有在 S_1 执行完之后才执行 S_2。可以很容易地实现这一要求：让 P_1 和 P_2 共享一个共同信号量 synch，且将其初始化为 0，进程 P_1 中插入语句：

```
S₁;
signal (synch);
```

进程 P_2 中插入语句：

```
wait(synch);
S₂;
```

因为 synch 初始化为 0，P_2 只有在 P_1 调用 signal(synch)（即 S_1）之后，才会执行 S_2。

6.5.2　实现

这里所定义的信号量的主要缺点是都要求**忙等待**（busy waiting）。当一个进程位于其临界区内时，任何其他试图进入其临界区的进程都必须在其进入代码中连续地循环。这种连续循环在实际多道程序系统中显然是个问题，因为这里只有一个处理器为多个进程所共享。忙等待浪费了 CPU 时钟，这本来可有效地为其他进程所使用。这种类型的信号量也称为**自旋锁**（spinlock），这是因为进程在其等待锁时还在运行（自旋锁有其优点，进程在等待锁时不进行上下文切换，而上下文切换可能需要花费相当长的时间。因此，如果锁的占用时间短，那么自旋锁就有用了；自旋锁常用于多处理器系统中，这样一个线程在一个处理器自旋时，另一线程可在另一处理器上在其临界区内执行）。

为了克服忙等，可以修改信号量操作 wait() 和 signal() 的定义。当一个进程执行 wait() 操作时，发现信号量值不为正，则它必须等待。然而，该进程不是忙等而是阻塞自己。阻塞操作将一个进程放入到与信号量相关的等待队列中，并将该进程的状态切换成等待状态。接着，控制转到 CPU 调度程序，以选择另一个进程来执行。

一个被阻塞在等待信号量 S 上的进程，可以在其他进程执行 signal() 操作之后被重新执行。该进程的重新执行是通过 wakeup() 操作来进行的，该操作将进程从等待状态切换到就绪状态。接着，该进程被放入到就绪队列中（根据 CPU 调度算法的不同，CPU 有可能会、也可能不会从正在运行的进程切换到刚刚就绪的进程）。

为了实现此种定义的信号量，将信号量定义为如下一个 "C" 结构：

```
typedef struct {
  int value;
  struct process *list;
} semaphore;
```

每个信号量都有一个整型值和一个进程链表。当一个进程必须等待信号量时，就加入到进程链表上。操作 signal() 会从等待进程链表中取一个进程以唤醒。

信号量操作 wait()现在可按如下来定义

```
wait(semaphore *S) {
  S->value--;
  if (S->value < 0) {
    add this process to S ->list;
    block();
  }
}
```

信号量操作 signal()现在可按如下来定义

```
signal(semaphore *S) {
  S->value++;
  if (S->value <=0 ) {
    remove a process P from S->list;
    wakeup(P);
  }
}
```

操作 block()挂起调用它的进程。操作 wakeup(P)重新启动阻塞进程 P 的执行。这两个操作都是由操作系统作为基本系统调用来提供的。

注意，在具有忙等的信号量的经典定义下，信号量的值不可能为负，但是本实现可能产生负的信号量值。如果信号量的值为负，那么其绝对值就是等待该信号量的进程的个数。出现这种情况是因为 wait()操作实现中递减和测试次序的互换。

等待进程的链表可以利用进程控制块 PCB 中的一个链接域来加以轻松实现。每个信号量包括一个整型值和一个 PCB 链表的指针。向链表中增加和删除一个进程以确保有限等待的一种方法可以使用 FIFO 队列，即信号量包括队列的首指针和尾指针。然而，一般来说，链表可以使用任何排队策略。信号量的正确使用并不依赖于信号量链表的特定排队机制。

信号量的关键之处是它们原子地执行。必须确保没有两个进程能同时对同一信号量执行操作 wait()和 signal()。这属于临界区问题，可通过两种方法来解决。在单处理器环境下（即只有一个 CPU 存在时），可以在执行 wait()和 signal()操作时简单地禁止中断。这种方案在单处理器环境下能工作，这是因为一旦禁止中断，不同进程指令不会交织在一起。只有当前运行进程执行，直到中断重新允许和调度器能重新获得控制为止。

在多处理器环境下，必须禁止每个处理器的中断；否则，运行在不同处理器上的不同进程可能会以任意不同方式交织在一起执行。但是，禁止每个处理器的中断不仅会很困难，而且还会严重影响性能。因为，SMP 系统必须提供其他加锁技术（如自旋锁），以确保 wait()与 signal()可原子地执行。

必须承认对于这里的 wait()和 signal()操作的定义，并没有完全取消忙等，而是取消了应用程序进入临界区的忙等。而且，将忙等限制在操作 wait()和 signal()的临界区内，这些区比较短（如经合理编码，它们不会超过 10 条指令）。因此，临界区几乎不被占用，忙等很少发生，且所需时间很短。对于应用程序，却是一种完全不同的情况，临界区可能很长（数分钟或甚至小时）或几乎总是被占用。这时，忙等极为低效。

6.5.3 死锁与饥饿

具有等待队列的信号量的实现可能导致这样的情况：两个或多个进程无限地等待一个事件，而该事件只能由这些等待进程之一来产生。这里的事件是 signal() 操作的执行。当出现这样的状态时，这些进程就称为**死锁**（deadlocked）。

为了说明，考虑一个由两个进程 P_0 和 P_1 组成的系统，每个都访问共享信号量 S 和 Q，这两个信号量的初值均为 1：

```
        P₀              P₁
wait(S);        wait(Q);

wait(Q);        wait(S);
    ⋮               ⋮
signal(S);      signal(Q);

signal(Q);      signal(S);
```

假设 P_0 执行 wait(S)，接着 P_1 执行 wait(Q)。当 P_0 执行 wait(Q) 时，它必须等待，直到 P_1 执行 signal(Q)。类似地，当 P_1 执行 wait(S)，它必须等待，直到 P_0 执行 signal(S)。由于这两个操作都不能执行，那么 P_0 和 P_1 就死锁了。

说一组进程处于死锁状态，即组内的每个进程都等待一个事件，而该事件只可能由组内的另一个进程产生。这里主要关心的事件是资源获取和释放（resource acquisition and release）。然而，如第 7 章所述，其他类型的事件也能导致死锁。在第 7 章，将讨论各种机制以处理死锁问题。

与死锁相关的另一个问题是**无限期阻塞**（indefinite blocking）或**饥饿**(starvation)，即进程在信号量内无限期等待。如果对与信号量相关的链表按 LIFO 顺序来增加和移动进程，那么可能会发生无限期阻塞。

6.6 经典同步问题

在本节，将介绍若干不同的同步问题，以作为大量并发控制问题的例子。这些问题用来测试几乎所有新提出的同步方案。在这里，将采用信号量作为同步问题的解答。

6.6.1 有限缓冲问题

*有限缓冲*问题在 6.1 节中已讨论过，它通常用来说明同步原语的能力。这里，介绍一种该方案的通用解决结构，而不是只局限于某个特定实现。在本章后面的练习中，提供了一个相关的编程项目。

假定缓冲池有 n 个缓冲项，每个缓冲项能存一个数据项。信号量 mutex 提供了对缓冲池访问的互斥要求，并初始化为 1。信号量 empty 和 full 分别用来表示空缓冲项和满缓冲项的个数。信号量 empty 初始化为 n；而信号量 full 初始化为 0;

生产者进程的代码如图 6.10 所示；消费者进程的代码如图 6.11 所示。注意生产者和消费者之间的对称性。可以这样来理解代码：生产者为消费者生产满缓冲项，而消费者为生产者生产空缓冲项。

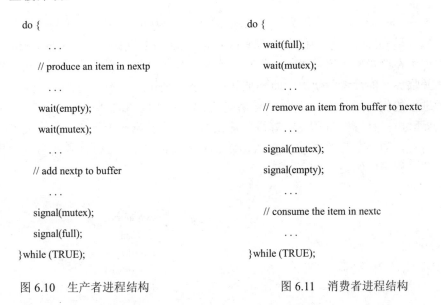

```
do {                              do {
    . . .                             wait(full);
    // produce an item in nextp        wait(mutex);
    . . .                             . . .
    wait(empty);                      // remove an item from buffer to nextc
    wait(mutex);                      . . .
    . . .                             signal(mutex);
    // add nextp to buffer            signal(empty);
    . . .                             . . .
    signal(mutex);                    // consume the item in nextc
    signal(full);                     . . .
}while (TRUE);                     }while (TRUE);
```

图 6.10　生产者进程结构　　　　　图 6.11　消费者进程结构

6.6.2 读者-写者问题

一个数据库可以为多个并发进程所共享。其中，有的进程可能只需要读数据库，而其他进程可能要更新（即读和写）数据库。为了区分这两种类型的进程，将前者称为**读者**，而将后者称为**写者**。显然，如果两个读者同时访问共享数据，那么不会产生什么不利的结果。然而，如果一个写者和其他线程（既不是读者也不是写者）同时访问共享对象，很可能混乱。

为了确保不会产生这样的困难，要求写者对共享数据库有排他的访问。这一同步问题称为读者-写者问题。自从它被提出后，就一直用来测试几乎所有新的同步原语。读者-写者问题有多个变种，都与优先级有关。最为简单的，通常称为*第*一读者-写者问题，要求没有读者需要保持等待除非已有一个写者已获得允许以使用共享数据库。换句话说，没有读者会因为有一个写者在等待而会等待其他读者的完成。*第二*读者-写者问题要求，一旦写者就绪，那么写者会尽可能快地执行其写操作。换句话说，如果一个写者等待访问对象，那么不会有新读者开始读操作。

对这两个问题的解答都可能导致饥饿问题。对第一种情况，写者可能饥饿；对第二种情况，读者可能饥饿。由于这个原因，提出了问题的其他变种。这里介绍一个对第一读者-写者问题的解答。关于读者-写者问题的没有饥饿的解答，请参见本章末尾推荐读物的有关文献。

对于第一读者-写者问题的解决，读者进程共享以下数据结构：

```
semaphore mutex, wrt;
int readcount;
```

信号量 mutex 和 wrt 初始化为 1；readcount 初始化为 0。信号量 wrt 为读者和写者进程所共用。信号量 mutex 用于确保在更新变量 readcount 时的互斥。变量 readcount 用来跟踪有多少进程正在读对象。信号量 wrt 供写者作为互斥信号量。它为第一个进入临界区和最后一个离开临界区的读者所使用，而不被其他读者所使用。

写者进程的代码如图 6.12 所示；读者进程的代码如图 6.13 所示。注意，如果有一个进程在临界区内，且 n 个进程处于等待，那么一个读者在 wrt 上等待，而 $n-1$ 个在 mutex 上等待。而且，当一个写者执行 signal(wrt)时，可以重新启动等待读者或写者的执行。这一选择由调度程序所做。

```
do {
    wait(wrt);
    . . .
    // writing is performed
    . . .
    signal(wrt);
}while (TRUE);
```

图 6.12　写者进程结构

```
do {
    wait(mutex);
    readcount++;
    if (readcount == 1)
        wait(wrt);
    signal(mutex);
    . . .
    // reading is performed
    . . .
    wait(mutex);
    readcount- -;
    if (readcount == 0)
        signal(wrt);
    signal(mutex);
}while (TRUE);
```

图 6.13　读者进程结构

读者-写者问题及其解答可以进行推广，用来对某些系统提供**读写**锁。在获取读写锁时，需要指定锁的模式：读访问或写访问。当一个进程只希望读共享数据时，可申请读模式的读写锁；当一个进程希望修改数据时，则必须申请写模式的读写锁。多个进程可允许并发获取读模式的读写锁；而只有一个进程可为写操作而获取读写锁。

读写锁在以下情况下最为有用：

- 当可以区分哪些进程只需要读共享数据而哪些进程只需要写共享数据。
- 当读者进程数比写进程多时。这是因为读写锁的建立开销通常比信号量或互斥锁要大，而这一开销可以通过允许多个读者来增加并发度的方法进行弥补。

6.6.3 哲学家进餐问题

假设有 5 个哲学家，他们用一生来思考和吃饭。这些哲学家共用一个圆桌，每位都有一把椅子。在桌子中央是一碗米饭，在桌子上放着 5 只筷子（见图 6.14）。当某位哲学家思考时，他与其他同事不交互。时而，他会感到饥饿，并试图拿起与他相近的两只筷子（筷子在他和他的左、右邻座间）。一个哲学家一次只能拿起一只筷子。显然，他不能从其他哲学家手里拿走筷子。当一个饥饿的哲学家同时有两只筷子时，他就能吃了。吃完后，他会放下两只筷子，并开始思考。

*哲学家进餐问题*是一个典型的同步问题，这不是因为其本身实际重要性，也不是因为计算机科学家不喜欢哲学家，而是因为它是一个并发控制问题的例子。它是需要在多个进程之间分配多个资源且不会出现死锁和饥饿的典型例子。

一种简单的解决方法是每只筷子都用一个信号量来表示。一个哲学家通过执行 wait() 操作试图获取相应的筷子，他会通过执行 signal() 操作以释放相应的筷子。因此，共享数据

```
semaphore chopstick[5];
```

其中所有 chopstick 的元素初始化为 1。哲学家 i 的结构如图 6.15 所示。

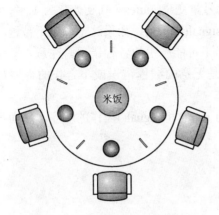

图 6.14 哲学家进餐时的情况

```
do {
    wait(chopstick[i]);
    wait(chopstick[(i+1) % 5]);
        . . .
    // eat
        . . .
    signal(chopstick[i]);
    signal(chopstick[(i+1) % 5]);
        . . .
    // think
        . . .
}while (TRUE);
```

图 6.15 哲学家 i 进程结构

　　虽然这一解答确保没有两个哲学家同时使用同一只筷子，但是这一解决应丢弃，因为它可能会导致死锁。假若这 5 个哲学家同时饥饿，且同时拿起左边的筷子。所有筷子的信号量现在均为 0。当每个哲学家试图拿右边的筷子时，他会永远等待。

　　下面列出了多个可能解决死锁问题的方法。在 6.7 节中，会介绍一个不会导致死锁的哲学家进餐问题的解决方法。

- 最多只允许 4 个哲学家同时坐在桌子上。
- 只有两只筷子都可用时才允许一个哲学家拿起它们（他必须在临界区内拿起两只筷子）。
- 使用非对称解决方法，即奇数哲学家先拿起左边的筷子，接着拿起右边的筷子，而偶数哲学家先拿起右边的筷子，接着拿起左边的筷子。

　　最后，有关哲学家进餐问题的任何满意的解决必须确保没有一个哲学家会饿死。没有死锁的解决方案并不能消除饿死的可能性。

6.7 管　程

　　虽然信号量提供了一种方便且有效的机制以处理进程同步，但是使用不正确仍然会导致一些时序错误，并且难以检测，因为这些错误只有在特定执行顺序的情况下才会出现，而这些顺序并不总是会出现。

　　在 6.1 节所介绍的*生产者-消费者*问题的解答中，当使用计数器时，就出现过这样的时序错误的例子。在该例子中，时序问题只不过是很少出现，而且那时计数器的值看起来似乎合理——只差 1。然而，这样的解答显然是不能接受的。正是因为这个原因，才引入了信号量。

　　然而，即使采用了信号量，这样的时序错误还是会出现。为了说明，回顾一下使用信号量解决临界区的问题。所有进程共享一个信号量变量 mutex，其初始化为 1。每个进程在进入临界区之前执行 wait(mutex)，之后执行 signal(mutex)。如果这一顺序不被遵守，那么两个进程会同时出现在临界区内。下面研究一下可能产生的各种错误。注意，即使只有一个进程不正确，也会出现这些错误。这可能是无意的编程错误或不合作的程序员有意的结果。

- 假设一个进程交换了对信号量 mutex 的 wait() 和 signal() 操作的顺序，从而产生了如下结构：

```
signal(mutex);
    ...
  critical section
    ...
wait(mutex);
```

这样，多个进程可能同时在其临界区内执行，因而违反了互斥要求。这种错误只有在多个进程同时在其临界区内执行时才会被发现。注意，这种情况并不是总能再现的。

- 假设一个进程用 wait(mutex)替代了 signal(mutex)，即

```
wait(mutex);
    ...
    critical section
    ...
wait(mutex);
```

这样，会出现死锁。

- 假设一个进程省略了 wait(mutex)或 signal(mutex)或两者都省略了。这样，可能会出现死锁，也可能会破坏互斥。

这些例子说明了当信号量不正确地用来解决临界区问题时，会很容易地产生各种类型的错误。类似问题也会出现在 6.7 节中讨论的其他同步模型中。

为了处理刚才这些类型的错误，研究者提出了一些高级语言构造。本节将介绍一种基本的、高级的同步构造，即**管程**（monitor）类型。

6.7.1 使用

类型或抽象数据类型，封装了私有数据类型及操作数据的公有方法。管程类型提供了一组由程序员定义的、在管程内互斥的操作。管程类型的表示包括一组变量的声明（这些变量的值定义了一个类型实例的状态）和对这些变量操作的子程序和函数的实现。管程的语法如图 6.16 所示。管程类型的表示不能直接为各个进程所使用。因此，在管程内定义的子程序只能访问位于管程内那些局部声明的变量和形式参数。类似地，管程的局部变量只能被局部子程序访问。

管程结构确保一次只有一个进程能在管程内活动。因此，程序员不需要显式地编写同步代码（见图 6.17）。然而，现在所定义的管程结构还未强大到能处理一些特定同步方案的地步。为此，需要定义一些额外的同步机制。这些可由条件（condition）结构来提供。需要自己编写同步方案的程序员可定义一个或多个 *condition* 类型的变量：

```
condition x, y;
```

对条件变量仅有的操作是 wait()和 signal()。操作

```
x.wait();
```

意味着调用操作的进程会挂起，直到另一进程调用

```
x.signal();
```

操作 x.signal()重新启动一个悬挂的进程。如果没有进程悬挂，那么操作 signal()就没有作用；即 x 的状态如同没有执行操作（见图 6.18）。这一操作与信号量相关的操作 signal()不同，后者能影响信号量的状态。

```
monitor monitor name
{
    // shared variable declarations
    procedure P1 (···) {
        ...
    }
    procedure P2 (···) {
        ...
    }
    ...
    procedure Pn (···) {
        ...
    }
    initialization code (···) {
        ...
    }
}
```

图 6.16 管程的语法

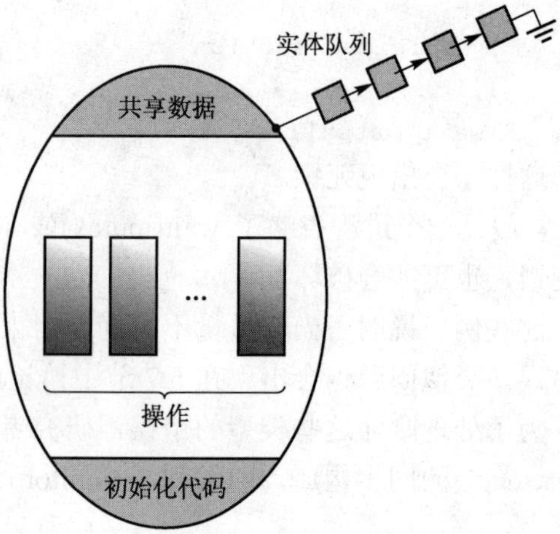

图 6.17 管程的示意图

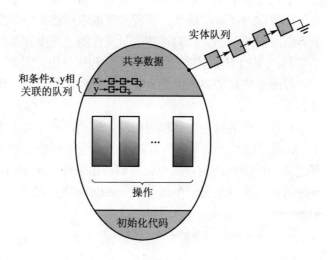

图 6.18 带条件变量的管程

现在假设当操作 x.signal() 为一个进程 P 所调用时，有一个悬挂进程 Q 与条件变量 x 相关联。显然，如果悬挂进程 Q 允许重执行，那么进程 P 必须等待。否则，两个进程 P 和 Q 会同时在管程内执行。然而应注意到，从概念上说两个进程都可以继续执行。因此，有两种可能性存在：

    ① 唤醒并等待：进程 P 等待直到 Q 离开管程或者等待另一个条件。

    ② 唤醒并继续：进程 Q 等待直到 P 离开管程，或者等待另一个条件。

对于选择 1 或选择 2，都有合理的解释。由于 P 已经在管程中执行，所以选择 2 似乎更为合理。然而，如果允许进程 P 继续，那么 Q 所等待的逻辑条件在 Q 重新启动时可能已不再成立。并行 Pascal 语言采用了两种选择的折中。当进程 P 执行操作 signal() 时，它会立即离开管程。因此，进程 Q 会立即重新执行。

6.7.2 哲学家进餐问题的管程解决方案

下面通过一个哲学家进餐问题的无死锁解答来说明管程的概念。这个解决方案要求一个哲学家在两只筷子均可用时才拿起筷子。为了编写这个解答，需要区分哲学家所处的三个状态。为此，引入了如下数据结构：

```
enum {THINKING, HUNGRY, EATING} state[5];
```

哲学家 i 只有在其两个邻居不在进餐时才能将变量 state[i] 设置为 eating：(state[(i+4)% 5] != eating) 和 (state[(i+1) % 5] != eating)。

还需要声明

```
condition self[5];
```

其中哲学家 i 在饥饿且又不能拿到所需的筷子时可延迟自己。

现在可以描述哲学家进餐问题的解答。筷子分布是由管程 dp 来控制的，管程 dp 的定义如图 6.19 所示。每个哲学家在用餐之前，必须调用操作 pickup()。这可能挂起该哲学家进程。在成功完成该操作之后，该哲学家才可进餐。接着，他可调用操作 putdown()，并开始思考。因此，哲学家 i 必须按以下顺序来调用操作 pickup() 和 putdown()。

```
dp.pickup(i);
    ...
    eat
    ...
dp.putdown(i);
```

很容易看出这一解答确保了相邻两个哲学家不会同时用餐，且不会出现死锁。然而，应注意到哲学家可能会饿死。在此就不再讨论关于这个问题的解答了，而是将它作为练习让您来解决。

6.7.3 基于信号量的管程实现

下面将介绍用信号量来实现管程机制。对每个管程，都有一个信号量 mutex(初始化为 1)。进程在进入管程之前必须执行 wait(mutex)，在离开管程之后必须执行 signal(mutex)。

```
monitor dp
{
    enum {THINKING, HUNGRY, EATING}state[5];
    condition self[5];

    void pickup(int i) {
        state[i] = HUNGRY;
        test(i);
        if (state[i] != EATING)
            self[i].wait();
    }

    void putdown(int i) {
        state[i] = THINKING;
        test((i + 4) % 5);
        test((i + 1) % 5);
    }

    void test(int i) {
        if ((state[(i + 4) % 5] != EATING) &&
            (state[i] == HUNGRY) &&
            (state[(i + 1) % 5] != EATING)) {
                state[i] = EATING;
                self[i].signal();
        }
    }

    initialization_code() {
        for (int i = 0; i < 5; i++)
            state[i] = THINKING;
    }
}
```

图 6.19 哲学家进餐问题的管程解法

因为信号进程必须等待，直到重新启动的进程离开或等待，所以引入了另一个信号量 next(初始化为 0)以供信号进程挂起自己。另外还提供了整数变量 next_count，以对挂起在 next 上的进程数量进行计数。因此，每个外部子程序 F 会替换成

```
wait(mutex);
    ...
  body of F
    ...
if (next_count > 0)
  signal(next);
else
  signal(mutex);
```

这样，确保了管程内的互斥。

现在介绍如何实现条件变量。对每个条件变量 x，引入信号量 x_sem 和整数变量 x_count，两者均初始化为 0。操作 x.wait()现在可实现如下：

```
x_count++;
if (next_count > 0)
  signal(next);
else
  signal(mutex);
wait(x_sem);
x_count--;
```

操作 x.signal()可实现如下：

```
if(x_count>0) {
  next_count++
  signal(x_sem);
  wait(next);
  next_count--;
}
```

这种实现适用于由 Hoare 和 Brinch-Hansen 所给出的管程定义。然而，在有些情况下，这种实现的通用性是不必要的，且有可能在效率上进行重大改进。将这个问题作为练习 6.17 留给读者来完成。

6.7.4　管程内的进程重启

现在讨论管程内进程重新启动的顺序。如果多个进程悬挂在条件 x 上，且某个进程执行了操作 x.signal()，那么如何决定应重新运行哪个挂起进程？一个简单解决方法是使用 FCFS 顺序，这样等待最长的进程先重新运行。然而，在许多情况下，这种简单调度方案是不够的。为此，可使用**条件等待**构造；它具有如下形式

x.wait(c)

其中 c 是整数表达式，需要在执行操作 wait()时进行计算。c 的值称为**优先值**（priority number），会与悬挂进程的名称一起存储。当执行 x.signal()时，与最小优先值相关联的进程会被重新启动。

```
monitor ResourceAllocator
{
    boolean busy;
    condition x;

    void acquire(int time) {
        if (busy)
                x.wait(time);
        busy = TRUE;
    }

    void release() {
        busy = FALSE;
        x.signal();
    }

    initialization code() {
        busy = FALSE;
    }
}
```

图 6.20　用来分配单个资源的管程

为了说明这种新机制，考虑一个如图 6.20 所示的 ResourceAllocator 管程，它用于在多个竞争进程中控制对单个资源的访问。每个进程，在请求资源分配时，说明它计划使用资源的最大时间。管程将资源分配给具有最短分配请求的进程。需要访问有关资源的进程必须按如下顺序进行：

```
R.acquire(t);
    ...
  access the resource;
    ...
R.release();
```

其中 R 是类型 ResourceAllocation 的实例。

但是，管程概念不能保证以上顺序能得到遵守。尤其是会引起以下的情况：

- 一个进程可能没有先获得资源访问权限就访问资源。
- 一个进程可能在其获得资源访问权限之后就不释放资源。
- 一个进程可能试图释放一个它从来没有请求的资源。
- 一个进程可能请求同一资源两次（中间没有释放资源）。

信号量结构也碰到过同样困难，这些困难与起初鼓励使用管程结构时的困难的性质相似。以前，必须关注信号量的正确使用。现在，必须关注程序员定义的高级操作的正确使用，对此编译器无能为力。

对以上问题的一种可能的解决办法是将资源访问操作包括在 ResourceAllocation 管程中。然而，这种方法会导致资源调度是根据管程的内置调度算法，而不是根据自己所编写的调度算法来进行的。

为了确保进程遵守适当的顺序，必须检查所有使用管程 ResourceAllocation 和其他管理资源的程序。为了确保系统的正确性，有两个条件是必须检查的。第一，用户进程必须总是按正确顺序来对管程进行调用。第二，必须确保一个不合作的进程不能简单地忽略由管程所提供的互斥关口，以及在不遵守协议的情况下直接访问共享资源。只有确保这两个条件，才能保证没有时间依赖性错误发生，且调度算法不会失败。

虽然这种检查对小的、静态的系统是可能的，但是对于大的或动态的系统是不合理的。这种访问控制问题只能通过由第 14 章所讨论的附加机制来解决。

许多编程语言都采用了本节所讨论的管程概念，如并行 Pascal、Mesa、C#以及 Java。其他语言（如 Erlang）采用了类似机制，提供了其他类型的并发支持。

6.8 同 步 实 例

这里将讨论由 Solaris、Windows XP、Linux 等操作系统与 Pthread API 所提供的同步机制。选择这三个操作系统，是因为它们采用了不同方法来同步内核；选择 Pthread API 是因为 UNIX 与 Linux 平台广泛使用其以进行线程的创建与同步。正如本节所述，这些不同系统的同步方法在很多方面都有区别。

6.8.1 Solaris 同步

为了控制访问临界区，Solaris 提供了适应互斥、条件变量、信号量、读写锁和十字转门。Solaris 实现信号量和条件变量的方法与 6.5 和 6.7 节所述的方法基本相同。本节介绍适应互斥、读写锁和十字转门。

Java 管程

Java 为线程同步提供一个类似于管程的并行机制。Java 中的每个对象都有一个单独的锁。当方法声明为 synchronized 时,调用方法要求拥有对象的锁。通过在方法定义中设置 synchronized 关键词来声明同步方法。比如下面定义了 synchronized safeMethod() 方法:

```
public class SimpleClass {
    ...
    public synchronized void safeMethod() {
    /*Implementation of safeMethod() */
    ...
    }
}
```

下面,假设创建对象实例 SimpleClass,如下所示:

```
SimpleClass sc = new SimpleClass();
```

调用 sc.safeMethod() 的方法要求拥有对象实例 sc 的锁。如果锁被其他线程所有,则调用同步方法的线程阻塞,并被放在对象锁的进入集合中。进入集合表示正在等待锁可用的线程集合。如果同步方法被调用且锁可用,调用线程将成为对象锁的拥有者,可以进入该方法。当线程退出方法时,释放锁;同时从进入集合中选择一个线程成为锁的新拥有者。

Java 也提供 wait() 方法和 notify() 方法,类似于管程的 wait() 和 signal() 的功能。发布的 Java 虚拟机 1.5 版本,在 java.util.concurrent 包中为信号量、条件变量和互斥锁(另外还有其他并发机制)提供 API 支持。

适应互斥(adaptive mutex)保护对每个临界数据项的访问。在多处理器系统中,适应互斥以自旋锁实现的标准信号量而开始。如果数据已加锁,即已在使用,那么适应互斥有两个选择。如果锁是被正在另一个 CPU 上运行的线程所拥有,那么拥有锁的线程可能会很快结束,所以请求锁的线程就自旋并等待锁可用。如果拥有锁的线程现在不处于运行状态,那么线程就阻塞并进入睡眠,直到锁释放时被唤醒。因为锁不能很快释放(由睡眠线程所拥有的锁可能属于这一类),所以它进行睡眠以避免自旋。在单处理器系统中,如果线程碰到锁,那么总是睡眠而不是自旋锁,这是因为某一时刻只有一个线程可以运行。

Solaris 使用适应互斥方法以保护那些为较短代码段所访问的数据,即如果锁只持续少于几百条指令,那么就使用互斥。如果代码较长,那么自旋等待就极为低效了。对于较长的代码段,可以使用条件变量和信号量。如果所要的锁已经被占,那么线程就等待且进入睡眠。当一个线程释放锁时,它发出一个信号给队列中下一个睡眠线程。线程进入睡眠和唤醒以及相关的上下文切换的额外开销要比在自旋锁上浪费数百条指令的开销要少。

读写锁用于保护经常访问但通常是只读访问的数据。在这些情况下,读写锁要比信号量更为有效，因为多个线程可以同时读数据，而信号量只允许顺序访问数据。读写锁相对来说实现代价较大，因此它们通常只用于很长的代码段。

Solaris 使用十字转门以安排等待获取适应互斥和读写锁的线程链表。**十字转门**（turnstile）是一个队列结构，它包含阻塞在锁上的线程。例如，如果一个线程现拥有同步对象的锁，那么所有其他线程试图获取锁时会阻塞并进入该锁的十字转门。当释放该锁时，内核会从十字转门中选择一个线程以作为锁的下一个拥有者。每个同步对象有至少一个线程在其上阻塞时，都需要一个独立的十字转门。然而，Solaris 不是将每个同步对象与一个十字转门相关联，而是给每个内核线程一个十字转门。这是因为一个线程只能某一时刻阻塞在一个对象上，所以这比每个对象都有一个十字转门要更为高效。

用于第一个线程阻塞于同步对象的十字转门成为对象本身的十字转门。以后阻塞于该锁上的线程会增加到该十字转门中。当最初线程最终释放锁时，它会从内核所维护的空闲十字转门中获得一个新的十字转门。为了防止**优先级倒置**，十字转门根据**优先级继承协议**（见 19.5 节）来组织。这意味着如果较低优先级的线程现在拥有一个较高优先级线程所阻塞的锁，那么该低先级线程会暂时继承较高优先级线程的级别。在释放线程之后，线程会返回到它原来的优先级。

注意，内核所用的锁机制与用户级线程所用的是同样实现的，因此同样类型的锁在内核内外都可用。一个重要实现差别是优先级继承协议。内核阻塞子程序遵守调度程序所使用的内核优先级继承机制。用户级线程阻塞机制并不提供这种功能。

为了优化 Solaris 的性能，开发人员不断地改善加锁方法。因为锁经常使用，且通常用于关键内核子程序，所以仔细调节其实现和使用能大大地改善性能。

6.8.2 Windows XP 同步

Windows XP 操作系统采用了多线程机制，并支持实时应用程序和多处理器。当 Windows XP 访问位于单处理器系统上的全局资源时，它暂时屏蔽所有可能访问该全局资源的中断处理程序的中断。在多处理器系统上，Windows XP 采用自旋锁来保护对全局资源的访问。与 Solaris 一样，内核只使用自旋锁来保护较短代码段。而且，由于效率原因，内核会确保拥有自旋锁的线程决不会被抢占。

对于内核外线程的同步，Windows XP 提供了**调度对象**（dispatcher object）。采用调度对象，线程可根据多种不同机制，包括互斥、信号量、事件和定时器等，来进行同步。共享数据可以通过要求线程获取访问数据的互斥拥有权和使用完后释放拥有权，来加以保护。信号量就像 6.5 节所描述的那样。**事件**是一个同步机制，其使用与条件变量相似，即当所需条件出现时会通知等待线程。最后，定时器用来在一定时间后通知一个或多个线程。

调度对象可以处于**触发状态**或**非触发状态**。**触发状态**（signal state）表示对象可用且线程在获取它时不会阻塞。**非触发状态**（nonsignaled state）表示对象不可用且当线程试图获取它时会阻塞。图 6.21 显示了互斥锁调度对象的状态转换。

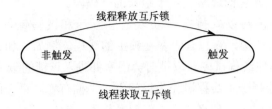

线程释放互斥锁

非触发　　　　　　触发

线程获取互斥锁

图 6.21　互斥分发器对象

调度对象状态和线程状态之间有一定的关系。当线程阻塞在非**触发**调度对象上时，其状态从就绪转变为等待，且该线程被放到对象的等待队列上。当调度对象的状态成为**触发**时，内核会检查是不是有线程在该对象上等待。如果有，那么内核将改变一个或多个线程的状态，使其从等待状态切换到就绪状态以重新执行。内核从等待队列中所选择的进程的数量与它们所等待对象的调度类型有关。对于互斥，内核只从等待队列中选择一个线程，因为一个互斥对象只能为单个线程所拥有。对于事件对象，内核可选择所有等待事件的线程。

采用互斥锁作为例子说明调度对象和线程状态。如果一个线程试图获取处于非**触发**状态的互斥调度对象，那么该线程会挂起，并被放到互斥对象的等待队列上。当互斥变为**触发**状态（由于另外一个线程释放了该互斥上的锁），等待该互斥的线程会从等待状态变为就绪状态，并获取互斥锁。

在本章结束时将提供一个编程项目，要求该项目采用 Win32 API 的互斥锁和信号量来完成。

6.8.3　Linux 同步

Linux 2.6 以前的版本为非抢占内核，即纵然有更高优先级的进程可以运行，也不能抢占在内核模式下运行的其他进程。然而，现在的 Linux 内核完全可抢占，这样在内核态下运行的任务也能被抢占。

Linux 内核提供自旋锁和信号量（还有这两种锁的读者-写者版本），以进行内核加锁。对于 SMP 机器，基本的锁机制为自旋锁，内核设计成短期运行可采用自旋锁。对于单处理器机器，自旋锁不适合使用，可以替换成内核抢占的允许与禁止。即对于单处理器机器，内核不使用自旋锁，而是禁止内核抢占；不是释放自旋锁，而是允许内核抢占。这可总结如下：

单处理器	多处理器
禁止内核抢占	获取自旋锁
使用内核抢占	释放自旋锁

Linux 采用一种有趣的方法来禁止与允许内核抢占。它提供两个简单系统调用——preempt_disable()与 preempt_enable()，以用于禁止与允许内核抢占。另外，如果内核模式的任务占有锁，那么内核是不能被抢占。为此，每个系统任务都有一个 thread-info 数据结构，它包括一个计数器 preempt_count，以表示该任务所占有的锁的数量。当获得一个锁时，preempt_count 会递增。它释放一个锁时，preempt_count 会递减。如果某个运行任务的preempt_count 值大于 0，那么由于该任务占有锁，所以抢占内核就不安全。如果计数为零，那么可以被安全地中断（假设没有正在调用 preempt_disable()）。

自旋锁，和内核抢占允许与禁止一起，只有短期占用锁（或禁止内核抢占）时，才可用于内核。当一个锁需要长时间使用时，那么使用信号量更适合。

6.8.4 Pthread 同步

Pthread API 为线程同步，提供互斥锁、条件变量、读写锁。这种 API 为应用程序员所用，而不是任何特殊内核的一部分。互斥锁为 Pthread 的基本同步技术。互斥锁用于保护临界区代码，即当进入临界区时，线程获取锁；当退出临界区时，线程将释放锁。Pthread 的条件变量与 6.7 节所述的相同。读写锁与 6.6.2 小节所述的锁闭机制相似。许多实现 Pthread 的系统也提供信号量，这不属于 Pthread API 标准，而属于 POSIX SEM 的扩展。其他 Pthread API 的扩展包括自旋锁，虽然这些自旋锁并不都兼容。在本章结束，将提供一个编程项目，要求该项目采用 Pthread API 的互斥锁和信号量来完成。

6.9 原 子 事 务

临界区的互斥确保临界区原子地执行，即如果两个临界区并发执行，那么其结果相当于它们按某个次序顺序执行。虽然这一属性在许多应用领域都有用，但是在许多情况下，希望确保临界区作为一个逻辑工作单元，要么完全执行，要么什么也不做。资金转账是其中的一个例子，即一个账号要借，另一个账号要贷。显然，为了保持数据一致性，要么同时借和贷，要么既不借也不贷。

数据库系统关注于数据的存储和提取及数据的一致性。近来，有一个将数据库系统技术应用于操作系统的热潮。操作系统可看做数据的操作者，因此，也能得益于数据库研究所取得的高级技术和模型。例如，操作系统所使用的用于管理文件的许多特定技术只要替代为更正式的数据库方法，就可以更为灵活和强大。从 6.9.2 到 6.9.4 小节，将描述这些数据库技术，并介绍如何将它们用于操作系统。不过，首先讨论事务原子操作的若干问题。这是数据库所关注的重要特性。

6.9.1　系统模型

执行单个逻辑功能的一组指令或操作称为**事务**（transaction）。处理事务的主要问题是不管出现什么计算机系统的可能失败，都要保证事务的原子性。

可以认为事务是访问且可能更新各种驻留在磁盘文件中的数据项的程序单元。从用户观点来看，事务只是一系列 read 操作和 write 操作，并以 commit 操作或 abort 操作终止。操作 commit 表示事务已成功执行；操作 abort 表示因各种逻辑错误，事务必须停止执行。已成功完成执行的终止事务称为**提交**（committed）；否则，称为**撤销**（aborted）。

由于被中止的事务可能已改变了它所访问的数据，这些数据的状态与事务在原子执行情况下是不一样的。被中止的事务必须对其所修改的数据不产生任何影响，以便确保原子特性。因此，被中止的事务所访问的数据状态必须恢复到事务刚刚开始执行之前，即这个事务已经**回退**（rolled back）。确保这一属性是系统的责任。

为了决定系统如何确保原子性，首先需要识别用于存储事务所访问的各种数据的设备的属性。不同类型的存储介质可以通过它们的相对速度、容量和容错能力来区分。

- **易失性存储**：驻留在易失性存储上的信息通常在系统崩溃后不能保存。内存和高速缓存就是这种存储的例子。对易失性存储的访问非常快，这是由于内存访问本身的速度以及易失性存储内的任何数据项都可以直接访问。
- **非易失性存储**：驻留在非易失性存储上的信息通常在系统崩溃后能保存。磁盘和磁带就是这种存储介质的例子。磁盘比内存更为可靠，磁带比磁盘更为可靠。然而，磁盘和磁带也会出错，从而导致信息遗失。当前，非易失性存储要比易失性存储慢几个数量级，因为磁盘和磁带设备为机电的且要求物理运动以访问数据。
- **稳定存储**：驻留在稳定存储上的信息绝不会损失（"绝不"应该打个折扣，因为从理论上来说这样的保证是不成立的）。为了实现这种存储的近似，需要在多个具失败模式独立的非易失性存储介质（通常是磁盘）上复制信息，并按一定的控制方式来更新信息（参见 12.8 节）。

这里只关心在易失性存储上出现信息损失的情况下，确保事务的原子性。

6.9.2　基于日志的恢复

确保原子性的一种方法是在稳定存储上记录有关事务对其访问的数据所做各种修改的描述信息。实现这种形式记录最为常用的方法是**先记日志后操作**。系统在稳定存储上维护一个被称为日志的数据结构。每个日志记录描述了一个事务写出的单个操作，并具有如下域：

- **事务名称**：执行写操作事务的唯一名称。
- **数据项名称**：所写数据项的唯一名称。

- **旧值**：写操作前的数据项的值。
- **新值**：写操作后的数据项的值。

其他特殊日志记录用于记录处理事务的重要事件，如事务开始和事务的提交或放弃。

在事务 T_i 开始执行前，记录< T_i starts>被写到记录。在执行时，每个 T_i 的写操作之前都要将适当新记录先写到日志。当 T_i 提交时，记录< T_i commits>被写到日志中。

因为日志信息用于构造各种事务所访问数据项的状态，所以在将相应日志记录写出到稳定存储之前，不能允许真正地更新数据项。因此，要求在执行操作 write(X)之前，对应于 X 的日志记录要先写到稳定存储上。

注意这种系统的内在开销。对每个逻辑请求写，需要两个物理写。而且，需要更多存储——用于数据本身和变更日志记录。当数据极为重要且出错快速恢复必要时，这是值得的。

采用日志，系统可处理错误，以便不会在非易失性存储上造成数据损失。恢复算法采用两个步骤：

- undo(T_i)：事务 T_i 更新的所有数据的值恢复到原来值。
- redo(T_i)：事务 T_i 更新的所有数据的值设置成新值。

由 T_i 所更新的数据与原来值和新值的集合可以在日志中找到。

操作 undo 和 redo 必须幂等（即一个操作的多次执行与一次执行有同样结果），以确保正确的行为（无论恢复过程是否有错误发生）。

如果事务 T_i 夭折，那么可通过执行 undo(T_i)以恢复所更新数据的状态。如果系统出现错误，那么可通过检测日志以确定哪些事务需要重做而哪些事务需要撤销。这种事务分类可按如下方式进行：

- 如果日志包括< T_i starts>记录但没有包括< T_i commits>记录，那么事务 T_i 需要撤销。
- 如果日志包括< T_i starts>和< T_i commits>记录，那么事务 T_i 需要重做。

6.9.3 检查点

当系统出现了错误，必须参考日志以确定哪些事务需要重做而哪些事务需要撤销。从原理上来说，需要搜索整个日志以便做出这些决定。这种方法有两个主要缺点：

- 搜索进程费时。
- 绝大多数所根据的算法需要重做的事务（如日志记录所说的那样）已经更新了数据。虽然重做数据修改并没有什么损坏（因为幂等），但是它会导致恢复需要较长时间。

为了降低这些类型的额外开销，在此引入了**检测点**（checkpoint）的概念。在执行时，系统维护写前日志。另外，系统定期执行检查点并执行如下动作：

① 将当前驻留在易失性存储（通常是内存）上的所有日志记录输出到稳定存储上。
② 将当前驻留在易失性存储上的所有修改数据输出到稳定存储上。

③ 在稳定存储上输出一个日志记录<checkpoint>。

日志记录的<checkpoint>的存在允许系统简化其恢复过程。考虑一个在检测点之前已提交的事务。<T_i commits>记录在日志记录中，出现在<checkpoint>记录之前。T_i 所做任何修改必然在检查点之前或作为检测点的一部分，已经存入稳定存储。因此，在恢复时，没有必要对 T_i 进行重做。

这一特点允许重新调整恢复算法。在出现差错之后，恢复程序检查日志以确定在最近检查点之前开始执行的最近事务。可以这样查找这种事务：首先向后搜索日志以查找第一条<checkpoint>记录，接着再查找<T_i start>记录。

一旦找到 T_i，redo 和 undo 操作只需要应用于事务 T_i 和自 T_i 之后开始执行的所有事务 T_j。下面用集合 T 表示这些事务。日志其他部分可以忽略。因此，恢复操作可修改如下：

- 对于属于 T 的所有事务 T_k，只要<T_k commits>出现在日志中，就执行 redo(T_k)。
- 对于属于 T 的所有事务 T_k，只要<T_k commits>没有出现在日志中，就执行 undo(T_k)。

6.9.4　并发原子操作

前面已经考虑了一次只有一个事务执行的情况，现在，考虑多个事务同时执行的情况。因为每个事务是原子性的，所以事务的并发执行必须相当于这些事务按任意顺序串行执行。这一属性称为**串行化**（serializability），可以简单地在临界区内执行每个事务，即所有这些事务共享一个信号量 mutex，其初始值为 1。当事务开始执行时，其第一个动作是执行 wait（mutex）。在事务提交或夭折之后，它执行 signal（mutex）。

虽然这种方案确保了所有并发执行事务的原子性，但是其限制太严。正如下面将要看到的，在许多情况下，可以允许这些事务互相重叠，而又能保证其串行化。有多个不同**并发控制算法**可确保串行化。下面将对它们进行讨论。

1．串行化能力

考虑一个系统，其中有两个数据项 A 和 B，它们被两个事务 T_0 和 T_1 读和写。假若这两个操作按先 T_0 后 T_1 的顺序以原子地执行，这个执行顺序称为一个**调度**，如图 6.22 所示。在图 6.22 所示的调度 1 中，指令执行顺序按时间顺序从上到下，并且 T_0 的指令出现在左边的列中，而 T_1 的指令出现在右边的列中。

每个事务原子地执行的调度称为**串行调度**。每个串行调度由不同事务指令的序列组成，其中属于单个事务的指令在调度中一起出现。因此，对于 n 个事务的集合，共有 $n!$ 个不同的有效的串行调度。每个串行调度都是正确的，因为它相当于各个参与事务按某一特定顺序原子地执行。

如果允许两个事务重叠执行，那么这样的调度就不再是串行的。**非串行调度**不一定意味着其执行结果是不正确的（即与串行调度不同）。为了说明这种情况，需要定义**冲突操作**(conflicting operation)。

考虑一个调度 S，有两个事务 T_i 和 T_j，其执行顺序分别为 O_i 和 O_j。如果 O_i 和 O_j 访问同样数据项并且这些操作中至少有一个为 write 操作，那么就说 O_i 和 O_j 冲突。为了说明冲突操作这一概念，考虑图 6.23 所示的非串行调度 2。T_0 的操作 write(A) 与 T_1 的操作 read(A) 冲突，T_1 的操作 write(A) 与 T_0 的操作 read(B) 并不冲突，因为这两个操作访问不同的数据项。

T_0	T_1
read(A)	
write(A)	
read(B)	
write(B)	
	read(A)
	write(A)
	read(B)
	write(B)

图 6.22 调度 1：T_1 紧跟 T_0 的串行调度

T_0	T_1
read(A)	
write(A)	
	read(A)
	write(A)
read(B)	
write(B)	
	read(B)
	write(B)

图 6.23 调度 2：并发调度

设 O_i 和 O_j 为调度 S 的顺序操作。如果 O_i 和 O_j 为不同事务的操作，且 O_i 和 O_j 并不冲突，那么可交换 O_i 和 O_j 的顺序以产生新的调度 S'。推测 S 跟 S' 是相当的，因为除了 O_i 和 O_j 外（其顺序无所谓），两个调度的所有其他操作的顺序完全相同。

下面通过考虑图 6.23 所示的调度来研究交换这一思想。由于 T_1 的操作 write（A）与 T_0 的操作 read（B）不冲突，可交换这两个操作以产生相同的调度。不管初始系统状态，两个调度产生了相同的系统最终状态。继续这种非冲突操作的交换，得到：

- 交换 T_0 的操作 read(B) 和 T_1 的操作 read(A)。
- 交换 T_0 的操作 write(B) 和 T_1 的操作 write(A)。
- 交换 T_0 的操作 write(B) 和 T_1 的操作 read(A)。

这些交换的最后结果是图 6.22 的调度 1，这是一个串行调度。因此，证明了调度 2 相当于一个串行调度。这一结果表示不管初始系统状态，调度 2 会产生与某个串行调度相同的最终状态。

如果调度 S 可以通过一系列非冲突操作的交换而转换成串行调度 S'，说调度 S 为**冲突可串行化**（conflict serializable）的。因此，调度 2 为冲突可串行化的，因为它可转换成串行调度 1。

2. 加锁协议

确保串行化能力的一种方法是为每个数据项关联一个锁，并要求每个事务遵循**加锁协议**（locking protocol）以控制锁的获取与释放。对数据项加锁有许多方式。在这里，只讨论两种方式：

- **共享**（shared）：如果事务 T_i 获得了数据项 Q 的共享模式锁（记为 S），那么 T_i 可读取这一项，但不能修改它。

• **排他**(exclusive)：如果事务 T_i 获得了数据项 Q 的排他模式锁（记为 X），那么 T_i 可读和写 Q。

要求每个事务根据其对数据项 Q 所要进行操作的类型，以便按适当模式来请求数据项 Q 的锁。

为了访问数据项 Q，事务 T_i 必须首先按适当模式锁住 Q。如果 Q 当前未被加锁，那么就允许加锁，T_i 就可访问它。然而，如果数据项 Q 已被某个其他事务加锁，那么 T_i 必须等待。具体地说，假定 T_i 请求 Q 的排他锁。在这种情况下，T_i 必须等待直到 Q 上的锁被释放为止。如果 T_i 请求 Q 的共享锁，而且 Q 已按排他方式加锁，那么 T_i 必须等待。否则，它可得到锁并访问 Q。注意这种方案与 6.6.2 小节所描述的读者-写者算法十分类似。

一个事务可以释放它以前加在某个数据项上的锁。然而，在访问该数据项时，它必须锁住它。另外，因为要确保串行化能力，所以一个事务在完成其数据项访问之后，不一定需要马上释放锁。

确保串行化能力的一种协议为**两阶段加锁协议**（two-phase locking protocol）。这个协议要求每个事务按两个阶段来发出加锁和放锁请求：

• **增长阶段**：事务可获取锁，但不能释放锁。

• **收缩阶段**：事务可释放锁，但不能获取新锁。

开始时，事务处于增长阶段。事务根据其需要获取锁。一旦事务释放锁，它就进入收缩阶段，而不再提出加锁请求。

两阶段加锁协议确保了冲突串行化（习题 6.25）。然而，它不能确保不会死锁。需要注意可能有这样的情况：对于某组事务，存在冲突串行化调度，但却不能通过两阶段加锁协议来得到。然而，为了改善两阶段加锁协议的性能，需要知道有关事务的更多信息，或增加某些结构，或对数据集进行重排。

3．基于时间戳的协议

对于以上描述的加锁协议，每对冲突事务的顺序是由在执行时它们所请求的第一次不兼容的锁所决定的。确定串行化顺序的另一方法是事先在事务之前选择一个顺序。这样做的最为常用的方法是使用**时间戳**（timestamp）排序方案。

对于系统内的每个事务 T_i，都为之关联一个唯一固定的时间戳，并记为 TS(T_i)。这个时间戳在事务 T_i 开始执行前，由系统赋予。如果一个事务 T_i 已经赋予了时间戳 TS(T_i)，那么对以后进入系统的事务 T_j，就有 TS(T_i) < TS(T_j)。有两个简单方法实现这种方案：

• 采用系统时钟值作为时间戳，即事务的时间戳等于当事务进入系统时的时钟值。这种方法不适用于处于不同系统上的事务，也不适用于不共享时钟的多处理器系统。

• 采用逻辑计数器作为时间戳。即事务的时间戳等于当事务进入系统时的计数器的值。在赋予新时间戳之后，计数器的值会增加。

事务的时间戳决定了串行化的顺序。因此，如果 $TS(T_i) < TS(T_j)$，那么系统必须确保所产生的调度相当于事务 T_i 在事务 T_j 之前的串行化调度。

为了实现这个方案，为每个数据项 Q 关联两个时间戳值：

- **W-timestamp(Q)**：表示成功执行 write(Q) 的任何事务的最大时间戳。
- **R-timestamp(Q)**：表示成功执行 read(Q) 的任何事务的最大时间戳。

只要执行新 read(Q) 和 write(Q) 指令时，就更新这些时间戳。

时间戳顺序协议确保任何冲突的 read 和 write 操作按时间戳顺序执行。这个协议按如下方式工作：

- 假定事务 T_i 发出 read(Q)：
  - 如果 $TS(T_i) < W{-}timestamp(Q)$，那么这个状态表示 T_i 需要读 Q 的值而其值已经被改写。因此，read 操作被拒绝，T_i 回滚。
  - 如果 $TS(T_i) >= W{-}timestamp(Q)$，那么就执行 read 操作，$R{-}timestamp(Q)$ 就设置成 $R{-}timestamp(Q)$ 和 $TS(T_i)$ 的最大值。
- 假定事务 T_i 发出 write(Q)：
  - 如果 $TS(T_i) < R{-}timestamp(Q)$，那么这个状态表示 T_i 正在产生以前需要的 Q 值，T_i 假定这个值决不会产生。因此，write 操作被拒绝，T_i 回滚。
  - 如果 $TS(T_i) < W{-}timestamp(Q)$，那么这个状态表示 T_i 正在试图写 Q 的陈旧值。因此，write 操作被拒绝，T_i 回滚。
  - 否则，就执行 write 操作。

事务 T_i 如果由于发出 read 和 write 操作而被并发控制算法回滚，则被赋予新时间戳并重新开始。

为了举例说明这个协议，考虑如图 6.24 所示的调度 3，它具有两个事务 T_2 和 T_3。假定事务在第一个指令之前赋予一个时间戳。因此，在调度 3 中，$TS(T_2) < TS(T_3)$，在时间戳协议条件下这个调度是可能的。

T_2	T_3
read(B)	
	read(B)
	write(B)
read(A)	
	read(A)
	write(A)

图 6.24　调度 3：时间戳协议下的可能调度

这个执行也可由两阶段加锁协议产生。然而，在两阶段加锁下有的调度可能，而在时间戳协议下却不可能，反之亦然。

时间戳协议确保冲突串行化能力。这种能力是由于冲突操作按时间戳顺序来处理的。该协议确保避免了死锁，因为没有事务需要等待。

6.10 小 结

对于共享数据的一组协作的顺序进程必须提供互斥。一种解决方法是确保在某个时候只能有一个进程或线程可使用代码的临界区。在假定只有存储式连锁可用时，可有许多不同方法解决临界区问题。

这些用户级解决方案的主要缺点是它们都需要忙等。信号量可克服这个困难。信号量可用于解决各种同步问题，且可高效地加以实现（尤其是在硬件支持原子操作时）。

各种不同的同步问题（如有限缓存区问题、读者-写者问题和哲学家进餐问题）均很重要，这是因为这些问题是大量并发控制问题的例子。这些问题用于测试几乎所有新提出的同步方案。

操作系统必须提供机制以防止时序出错问题。人们提出了多个不同结构以处理这些问题。管程为共享抽象数据类型提供了同步机制。条件变量提供了一个方法，以供管程程序阻塞其执行直到其被通知可继续为止。

操作系统提供同步支持。例如，Solaris、Windows XP 和 Linux 都提供同步机制，如信号量、互斥、自旋锁以及条件变量，以提供对共享数据的访问。Pthread API 提供了对互斥与条件变量的支持。

事务是一个原子执行的程序单元，即要么与其相关的所有操作都执行完，要么什么操作都不做。为了确保原子性（即使在系统出错时），可使用写前日志。所有更新记录在日志上，而日志保存在稳定存储上。如果系统出现死机，日志信息可用于恢复更新数据项的状态，这由 undo 和 redo 操作实现。为了降低在系统错误发生时搜索日志的额外开销，可以使用检测点方案。

当多个事务重叠执行时，这样的执行可能不再与当这些操作原子执行时的相同。为了确保正确执行，必须使用并发控制方案以保证串行化。有各种不同并发控制方案以确保串行化，或者延迟操作或撤销发布这个操作的事务。最为常用的方法为加锁协议和时间戳顺序协议。

习 题

6.1 第一个著名的正确解决两个进程的临界区问题的软件方法是由 Dekker 设计的。两个进程 P_0 和

P_1 共享以下变量：

```
boolean flag[2];/*initially false*/
int turn;
```

进程 P_i（i==0 或 1）的结构见图 6.25，另一个进程为 P_j（j==0 或 1）。试证明这个算法满足临界区问题的所有三个要求。

6.2　第一个将等待次数降低到 $n-1$ 范围内的正确解决 n 个进程临界区问题的软件解决方法是由 Eisenberg 和 McGuire 设计的。这些进程共享以下变量：

```
enum pstate{idle, want_in, in_cs};
pstate flag[n];
int turn;
```

flag 的所有成员被初始化为 idle; turn 的初始值无关紧要（在 0 和 $n-1$ 之间）。进程 P_i 的结构见图 6.26。试证明这个算法满足临界区问题的所有三个要求。

```
                                    do {
                                      while (TRUE) {
                                        flag[i] = want in;
                                        j = turn;

                                        while (j != i) {
                                          if (flag[j] != idle) {
                                            j = turn;
                                          else
                                            j = (j + 1) % n;
                                        }

                                        flag[i] = in cs;
                                        j = 0;

                                        while ( (j < n) && (j == i || flag[j] != in cs) )
                                          j++;
                                        if ( (j >= n) && (turn == i || flag[turn] == idle) )
                                          break;
                                      }

                                        // critical section

                                      j = (turn + 1) % n;

                                      while (flag[j] == idle)
                                        j = (j + 1) % n;

        do {                          turn = j;
          flag[i] = TRUE;             flag[i] = idle;
          while (flag[j]) {
            if (turn == j) {            // remainder section
              flag[i] = false;       }while (TRUE);
              while (turn == j)
                ; // do nothing
              flag[i] = TRUE;
            }
          }
            // critical section
          turn = j;
          flag[i] = FALSE;
            // remainder section
        }while (TRUE);
```

　　图 6.25　Dekker 算法中的进程 P_i 结构　　图 6.26　Eisenberg 和 McGuire 算法中的进程 P_i 结构

6.3 术语忙等的含义是什么？操作系统中其他类型的等待有哪些？忙等能否完全避免？为什么？

6.4 试解释为什么自旋锁对单处理器系统不合适而对多处理器系统合适。

6.5 试解释为什么在单处理器系统上通过禁止中断实现同步原语方法不适用于用户级程序。

6.6 试解释为什么通过禁止中断实现同步原语不适合于多处理器系统。

6.7 描述如何用swap()指令来实现互斥并满足有限等待要求。

6.8 服务器可设计成限制打开的连接数。例如，某个服务器可能需要在某个时刻只能打开 N 个 Socket 连接。一旦有 N 个连接，那么服务器就不再接受新的连接请求，直到有现有连接释放为止。解释如何采用信号量来限制并发连接的数量。

6.9 试说明如果wait()和signal()操作不是原子化操作，那么互斥可能是不稳定的。

6.10 试采用 TestAndSet 指令，实现用于多处理器环境的信号量的 wait() 与 signal()操作。该实现应具有最小忙等待。

6.11 **理发店问题**。一家理发店有一间有 n 把椅子的等待室和一间有一把理发椅的理发室。如果没有顾客，理发师就去睡觉。如果顾客来时所有的椅子都有人，那么顾客将会离去。如果理发师在忙，而又有空闲的椅子，那么顾客会坐在其中一个空闲的椅子上。如果理发师在睡觉，顾客会摇醒他。编写一个程序来协调理发师和顾客。

6.12 试证明信号量与管程是相当的，因为它们可用于解决同样类型的同步问题。

6.13 试编写一个有限缓冲的管程，在这个管程中，缓冲区内嵌在管程内部。

6.14 管程中的严格互斥使习题 6.13 中的有限缓冲管程主要适合于小的临界区。

    a. 解释为什么这种说法是正确的。

    b. 设计一个新的适合大的临界区的方案。

6.15 试论述读者-写者问题的操作公平性及吞吐量，并设计一个新方法解决读者-写者问题且不会产生饥饿。

6.16 试解释管程的 signal()操作与信号量 signal()操作的区别。

6.17 假设 signal()只能作为一个管程子程序的最后一个语句出现，可以怎样简化 6.7 节中描述的实现。

6.18 假设一个系统有进程 P_1, P_2, …, P_n, 每个进程都有一个不同的优先级数。编写一个管程并分配三个相同的行式打印机给这些进程，用优先级数来决定分配的顺序。

6.19 一个文件被多个进程共享，每个进程有一个不同的数。文件在下面限制条件下可被多个进程同时访问：所有访问文件的进程的数的和必须小于 n。编写一个管程协调访问这个文件的进程。

6.20 当管程内条件变量被执行 signal()操作时，执行 signal()操作的进程要么继续执行，要么切换到另一个被唤醒的进程。针对这两种可能，请论述上一练习会有何不同。

6.21 假设将管程中 wait()和 signal()操作替换成一个单一的 await(B)，这里 B 是一个普通的布尔表达式，进程执行直到 B 变成真。

    a. 用这种方法编写一个管程实现读者－写者问题。

    b. 解释问什么一般来说这种结构实现的效率不高。

    c. 要使这种结构实现高效率，需要对 await 语句加上哪些限制（提示：限制 B 的一般性，见 Kessels[1997]）？

6.22 编写一个管程来实现一个闹钟，要求它能通过调用一个程序来让它自身延迟指定数个时间单元（tick）。你可以假设有一个硬件时钟在规则的间隔时间调用管程中的 tick 过程。

6.23 为什么 Solaris、Linux 和 Windows 2000 都使用自旋锁作为多处理器系统的同步机制而不作为单处理器系统的。

6.24　对于支持事务的日志系统，在记录相应条目之前，不可以更新数据项。为什么这个限制是必要的？

6.25　证明两段锁协议能确保冲突的串行执行。

6.26　将新时间赋予已回滚的事务意味着什么？对于在回滚事务之后发出的事务并且其时间戳小于回滚事务的新回滚事务，系统如何处理？

6.27　假设需要管理某个类型的一定数量的资源。进程可请求若干资源，在使用完后，可返回它们。例如，许多商业软件包提供给定数量的许可证，表示多少个应用程序可以同时并发执行。当启动应用程序时，许可证数量减少。当终止应用程序时，许可证数量增加。当所使用的许可证用完，那么启动新的应用程序将被拒绝。当现有应用程序退出并返回许可证时，新的启动请求才被允许。

下面的程序片断用来管理一定数量的可用资源。资源的最大数量以及可用资源数量可按如下方式声明：

```
#define MAX_RESOURCES  5
int available_resources = MAX_RESOURCES;
```

当一个进程需要获取若干资源时，它会调用函数 decrease_count()：

```
/* decrease available_resources by count resources */
/* return 0 if sufficient resources available, */
/*otherwise return -1 */
int decrease_count(int count) {
  if (available_resources < count)
    return -1;
  else{
    available_resources -= count;
    return 0;
  }
}
```

当一个进程需要返回若干资源时，它会调用函数 increase_count()：

```
/* increase available_resources by count */
int increase_count(int count) {
    available_resources += count;
    return 0;
}
```

以上片断会出现竞争条件。试：

a. 指出与竞争条件有关的数据。

b. 指出与竞争条件有关的代码位置。

c. 采用信号量，解决竞争条件。

6.28　习题 6.27 中的 decrease_count()函数在有足够资源时返回 0，否则返回-1。这会导致一个需要获取若干资源的进程按如下笨办法来进行：

```
while ( decrease_count(count) == -1);
```

试采用管程与条件变量重写资源管理器代码以便 decrease_count()函数会挂起进程直到有足够的资源

为止。这会允许进程按如下方式调用 decrease_count()函数：

```
decrease_count(count);
```

只有有足够资源时，该进程才从本调用返回。

项目：生产者–消费者问题

在 6.6.1 小节中，讨论了基于信号量的有限缓冲的生产者–消费者问题。对于本项目，将设计一个程序来解决有限缓冲问题,其中的生产者与消费者进程如图 6.10 与图 6.11 所示。在 6.6.1 小节中，使用了三个信号量：empty（以记录有多少空位）、full（以记录有多少满位）以及 mutex（二进制信号量或互斥信号量，以保护对缓冲插入与删除的操作）。对于本项目，empty 与 full 将采用标准计数信号量，而 mutex 将采用二进制信号量。生产者与消费者作为独立线程，在 empty、full、mutex 的同步前提下，对缓冲进行插入与删除。本项目，可采用 Pthread 或 Win32 API。

1. 缓冲区

从内部来说，缓冲区是一个元数据类型为 buffer_item（可通过 typedef 来定义）的固定大小的数组。而从使用上来说，这个数组可按环形队列来处理。buffer_item 的定义及缓冲区大小可保存在头文件中，如下所示：

```
/* buffer.h */
typedef int buffer item;
#define BUFFER SIZE 5
```

缓冲区可通过如下两个函数来实现：insert_item()与 remove_item()。这两个函数将为生产者和消费者线程所分别使用，其函数结构如下所示：

```
#include <buffer.h>

/* the buffer */
buffer item buffer[BUFFER SIZE];

int insert item(buffer item item) {
    /* insert item into buffer
    return 0 if successful, otherwise
    return -1 indicating an error condition */
}

int remove item(buffer item *item) {
    /* remove an object from buffer
    placing it in item
    return 0 if successful, otherwise
```

```
            return -1 indicating an error condition */
        }
```

函数 insert_item() 与 remove_item() 采用如图 6.10 与图 6.11 所示的算法来同步生产者与消费者。另外，还需要一个初始化函数来实现互斥对象 mutex 和信号量 empty、full 等的初始化。

主函数 main() 将初始化缓冲，创建生产者与消费者线程。在创建完这些线程后，主函数 main() 将睡眠一段时间，并在被唤醒的时候终止应用程序。主函数 main() 将接收三个命令行参数：

- 睡眠多长之后才终止。
- 生产者线程数量。
- 消费者线程数量。

主函数 main() 的结构如下：

```
#include <buffer.h>

int main(int argc, char *argv[]) {
    /* 1. Get command line arguments argv[1], argv[2], argv[3] */
    /* 2. Initialize buffer */
    /* 3. Create producer thread(s) */
    /* 4. Create consumer thread(s) */
    /* 5. Sleep */
    /* 6. Exit */
}
```

2. 生产者与消费者线程

生产者线程不断交替地执行如下两个阶段：睡眠一段随机时间，向缓冲插入一个随机数。函数 rand() 可以用来生成随机数，其值位于 0 与 RAND_MAX 之间。消费者也可睡眠随机时间，在醒后，会试图从缓冲内取出一项。生产者与消费者线程的结构如下：

```
#include <stdlib.h> /* required for rand() */
#include <buffer.h>

void *producer(void *param) {
    buffer item rand;

    while (TRUE) {
        /* sleep for a random period of time */
        sleep(…);
        /* generate a random number */
        rand = rand();
        printf("producer produced %f\n",rand);
        if (insert item(rand))
```

```
                fprintf("report error condition");
            }
        }

    void *consumer(void *param) {
        buffer item rand;

        while (TRUE) {
            /* sleep for a random period of time */
            sleep(…);
            if (remove item(&rand))
                fprintf("report error condition");
            else
                printf("consumer consumed %f\n",rand);
        }
    }
```

下面再讨论 Pthread 的细节，最后讨论 Win32 API 的细节。

3．Pthread 线程创建

通过 Pthread API 创建线程已在第四章讨论过。关于利用 Pthread 来创建生产者与消费者的细节，请参考其他相关图书。

4．Pthread 互斥锁

下面这段代码示例说明了如何利用 Pthread API 的互斥锁来保护临界区。

```
        #include <pthread.h>
        pthread mutex t mutex;

        /* create the mutex lock */
        pthread mutex init(&mutex,NULL);

        /* acquire the mutex lock */
        pthread mutex lock(&mutex);

        /*** critical section ***/

        /* release the mutex lock */
        pthread mutex unlock(&mutex);
```

Pthread 的互斥锁采用 pthread_mutex_t 数据类型。函数 pthread_mutex_init（&mutex，NULL）用来创建互斥锁，其第一个参数为互斥锁的指针。通过将第二个参数设为 NULL，可以将互斥锁设置为默认值。函数 pthread_mutex_lock()和 pthread_mutex_unlock()用来获取与释放锁。当调用 pthread_mutex_lock()函数时，如果互斥锁不可用，那么调用线程会阻塞直到互斥锁占有 pthread_mutex_unlock()函数为止。所有互斥函数正确执行时，返回 0；否则，会返回非 0 错误码。

5. Pthread 信号量

Pthread 提供两种类型的信号量：有名称的与无名称的。对于本项目，使用无名称的信号量。下面的代码说明如何创建一个无名称信号量。

```
#include <semaphore.h>
sem t sem;

/* Create the semaphore and initialize it to 5 */
sem init(&sem, 0, 5);
```

函数 sem_init()创建并初始化一个信号量。这个函数有三个参数：

- 信号量的指针。
- 表示共享级别的标记。
- 信号量的初始值。

在本例中，传递 0 给标记，这表示该信号量只能为创建本线程的进程的其他线程所共享。如果传递了非 0，那么表示其他进程也可以访问本信号量。在本例中，信号量的初值设为 5。

在 6.5 节中，讨论了经典信号量操作 wait()与 signal()。Pthread 将 wait()与 signal()分别称为 sem_wait()与 sem_post()。下面的代码创建了一个二进制信号量 mutex，其初值为 1，并说明了如何用来保护临界区：

```
#include <semaphore.h>
sem t sem mutex;

/* create the semaphore */
sem init(&mutex, 0, 1);

/* acquire the semaphore */
sem wait(&mutex);

/*** critical section ***/

/* release the semaphore */
sem post(&mutex);
```

6. Win32

关于利用 Win32 API 来创建线程的细节，请参见第 4 章。

7. Win32 互斥锁

互斥锁是一种分配器对象（dispatcher object），如 6.8.2 小节所述。下面说明了如何用 CreateMutex()来创建互斥锁：

```
#include <windows.h>

HANDLE Mutex;
Mutex = CreateMutex(NULL, FALSE, NULL);
```

其第一个参数表示互斥锁的安全属性，将其设为 NULL，表示不允许任何子进程继承该锁的句柄。第二个参数表示创建该锁的是否为初始拥有者。参数为 FALSE 表示创建该锁的不是初始拥有者，关于如何获取锁将在下面分析。第三个参数表示锁的命名。由于传递了 NULL，所以没有对其命名。如果成功，CreateMutex()返回互斥锁的句柄；否则，返回 NULL。

在 6.8.2 小节中，将分配器对象分为*触发态*(signaled)与*非触发态*（nonsignaled）。触发态对象可以被拥有；一旦被获取，就转为非触发态。当被释放后，就转为触发态。

函数 WaitForSingleObject()用来获取互斥锁，其第一个参数为锁句柄而第二个参数为表示等待多久的标记。下面的代码说明了如何用来获取上面创建的锁：

```
WaitForSingleObject(Mutex, INFINITE);
```

参数 INFINITE 表示可以等待无穷时间。其他值表示如果在规定时间内锁不可用，可以允许调用线程超时。如果锁处于信号态时，那么 WaitForSingleObject()就立即返回，并将锁设为非信号态。调用 ReleaseMutex()可以释放锁（转为非信号态），如：

```
ReleaseMutex(Mutex);
```

8. Win32 信号量

Win32 信号量也是分配器对象，与互斥锁一样使用同样的机制。信号量按如下方法创建：

```
#include <windows.h>

HANDLE Sem;
Sem = CreateSemaphore(NULL, 1, 5, NULL);
```

第一参数与最后一个参数表示安全属性和信号量的名称，与互斥锁一样。第二个值和第三个值表示信号量的初值与最大值。在这里，初值为 1，最大值为 5。如果 CreateSemaphore()成功，那么返回指向信号量的句柄；否则返回 NULL。

与互斥锁一样，信号量可以通过 WaitForSingleObject()来获取。可以通过如下方法来获取信号量：

```
WaitForSingleObject(Semaphore, INFINITE);
```

如果信号量的值为>0，那么信号量处于触发态，并可以为调用线程所获取。否则，由于指定了 INFINITE，所以调用线程会进行无穷等待直到信号量为触发态。

　　Win32 信号量的相于 signal()的操作为函数 ReleaseSemaphore()。这个函数有三个参数：
（1）信号量的句柄；（2）信号量的递增大小；（3）信号量原值的指针。用下面的语句按 1
来递增信号量。

```
ReleaseSemaphore(Sem, 1, NULL);
```

如果成功，ReleaseSemaphore() 与 ReleaseMutex()返回 0；否则，返回非 0。

文 献 注 记

　　Dijkstra[1965a]的经典论文最先论述了互斥的问题。荷兰的数学家 T.Dekker 开发了第
一个关于两个进程互斥问题的正确软件解决方法——Dekker 算法（参见习题 6.1）。Dijkstra
[1965a]也描述了这个算法。Pererson[1981]给出了一个关于两个进程互斥问题的简单解决方
法（参见图 6.2）。

　　Dijkstra[1965b]给出了第一个有关多个进程互斥的解决方案，可是在这个方法里，没有
给出一个进程在被允许进入关键区以前必须等待的次数上限。Knuth[1966]给出了第一个有
限制的算法，它的限制是 2^n。deBruijin[1967]改进了 Knuth 算法将等待次数减少到 n^2 次。
后来，Eisenberg 和 McGuire[1972]成功地将次数减少到 $n-1$ 次（参见习题 6.4）。Lamport[1974]
开发了面包店算法。它也要等待 $n-1$ 次，但它更容易被编程实现和理解。Burns[1978]开发
了满足有限制等待要求的硬件解决算法。

　　Lamport[1986]和 Lamport[1991]给出了关于互斥问题的一般论述。Raynal[1986]给出了
一组关于互斥的算法。

　　Dijkstra[1965a]提出了信号量的概念。Patil[1971]分析了信号量能否解决所有可能的同
步问题。Parnas[1975]指出了 Patil 论述中的缺陷。Kosaraju[1973]继续 Patil 的工作，并提出
了一个不能用 wait()和 signal()操作解决的问题。Lipton[1974]论述了各种同步原语的限制。

　　所叙述的经典进程协同问题是一大类并发控制问题的范例。有界限缓冲问题、哲学家
进餐问题和理发店问题（参见习题 6.11）是由 Dijkstra[1965a]和 Dijkstra[1971]提出的。
Patil[1971]提出了抽烟者问题（参见习题 6.8）。Courtois 等[1971]提出了读者-写者问题。
Lamport[1977]论述了并行读写问题。Lamport[1976]论述了独立进程的同步问题。

　　Hoare[1972]和 Brinch-Hansen[1972]提出了临界区概念。Brinch-Hansen[1972]提出了管
程的概念。Hoare[1974]给出了管程的完整描述。Kessels[1977]提出了一个允许自动发信号
的扩展管程。Lampson 与 Redell[1979]讨论了有关并发程序，BenAri[1990]与 Birrell[1989] 给
出了关于并行编程的一般论述。

　　Lamport[1987]、Mllor-Crummey 与 Scott[1991]及 Anderson[1990]等研究了锁相关原语
的优化。Herlihy[1993]、Bershad[1993]、Kopetz 与 Reisinger[1993]等研究了不需要使用临
界区而使用共享对象。Culler 等[1998]、Goodman 等[1989]、Barnes[1993]、Helihy 与 Moss[1993]

等研究了实现同步机制的新硬件。

Mauro 和 McDougall[2001]论述了一些关于 Solaris 2 中锁机制的细节。注意，内核用的锁机制对用户级线程也一样，所以在内核内外都有同样的锁。在 Solomon 和 Russinovich[2000]中可以找到关于 Windows 2000 同步的细节。

Gray 等[1981]首先介绍了 System R 中的写前记录方案。Eswaran 等[1976]联系他们工作中 System R 的并发控制，阐述了串行执行的概念。Eswaran 等[1976]提出了两段锁协议。Reed[1983]提出了以时间戳为基础的并发控制方案。Bernstein 和 Goodman[1980]中讨论了多种不同以时间戳为基础的并发控制算法。

第7章 死 锁

在多道程序环境下，多个进程可能竞争一定数量的资源。某个进程申请资源，如果这时资源不可用，那么该进程进入等待状态。如果所申请的资源被其他等待进程占有，那么该等待进程有可能再也无法改变其状态。这种情况称为**死锁**（deadlock）。第6章已经结合信号量讨论了这类情况。

最好的死锁例子可能是 Kansas 立法机构于 20 世纪初通过的一个法规，其中说到"当两列列车在十字路口逼近时，它们要完全停下来，且在一列列车开走之前，另一列列车不能启动。"

本章介绍一些方法，以便操作系统用于预防或处理死锁。虽然现在绝大多数操作系统并不提供死锁预防功能，但是这些功能可能很快会加入。随着以下趋势的不断发展：更多数量的进程、多线程程序、更多的系统资源、持久文件和数据库服务越来越被重视（而不是批处理），死锁问题会变得更普遍。

本章目标
- 描述死锁现象，即使得一组并发进程不能完成其任务的现象。
- 提供一些方法以预防或避免计算机系统内的死锁。

7.1 系 统 模 型

某系统拥有一定数量的资源，分布在若干竞争进程之间。这些资源可分成多种类型，每种类型有一定数量的实例。资源类型的例子有内存空间、CPU 周期、文件、I/O 设备（打印机和 DVD 驱动器）等。如果系统有两个 CPU，那么资源类型 *CPU* 就有两个实例。类似地，资源类型*打印机*可能有 5 个实例。

如果一个进程申请某个资源类型的一个实例，那么分配这种类型的*任何*实例都可满足申请。否则，这些实例就不相同，且资源类型的分类也没有正确定义。例如，一个系统有两台打印机。如果没有人关心哪台打印机打印哪些输出，那么这两台打印机可定义为属于同一资源类型。然而，如果一台打印机在九楼，而另一台在一楼，那么九楼的用户就不会认为这两台打印机是相同的，这样每个打印机就可能需要定义为属于不同类型。

进程在使用资源前必须申请资源，在使用资源之后必须释放资源。一个进程可能会申请许多资源以便完成其指定的任务。显然，所申请的资源数量不能超过系统所有资源的总量。换言之，如果系统只有两台打印机，那么进程就不能申请三台打印机。

在正常操作模式下，进程只能按如下顺序使用资源：

① **申请**：如果申请不能立即被允许（例如，所申请资源正在为其他进程所使用），那么申请进程必须等待，直到它获得该资源为止。

② **使用**：进程对资源进行操作（例如，如果资源是打印机，那么进程就可以在打印机上打印了）。

③ **释放**：进程释放资源。

如第 2 章所述，资源的申请与释放为系统调用，例如系统调用：request()/release()（设备）、open()/close()（文件）、allocate()/free()（内存）。其他资源的申请与释放可以通过信号量的 wait 与 signal 操作或通过互斥锁的获取与释放来完成。因此，对于进程或线程的每次使用，操作系统会检查以确保使用进程已经申请并获得了资源。系统表记录了每个资源是否空闲或已被分配，分配给了哪个进程。如果进程所申请的资源正在为其他进程所使用，那么该进程会增加到该资源的等待队列。

当一组进程中的每个进程都在等待一个事件，而这一事件只能由这一组进程的另一进程引起，那么这组进程就处于死锁状态。这里所关心的主要事件是资源获取和释放。资源可能是物理资源（例如，打印机、磁带驱动器、内存空间和 CPU 周期）或逻辑资源（例如，文件、信号量和管程）。然而，其他类型事件也会导致死锁（例如，第 4 章所讨论的 IPC 功能）。

为说明死锁状态，以一个具有三个 CD 刻录机的系统为例。假定有三个进程，每个进程都占用了一个 CD 刻录机。如果每个进程现在需要另一个刻录机，那么这三个进程会处于死锁状态。每个进程都在等待事件“CD 刻录机释放”，这只可能由一个等待进程来完成。这个例子说明了涉及同一种资源类型的死锁。

死锁也可能涉及不同资源类型。例如，某一个系统有一台打印机和一台 DVD 驱动器。假如进程 P_i 占有 DVD 驱动器而 P_j 占有打印机，如果 P_i 申请打印机而 P_j 申请 DVD 驱动器，那么就会出现死锁。

开发多线程应用程序的程序员必须特别关注这个问题，因为多个线程可能因为竞争共享资源而容易产生死锁。

7.2　死　锁　特　征

当出现死锁时，进程永远不能完成，并且系统资源被阻碍使用，阻止了其他作业开始执行。在讨论处理死锁问题的各种方法之前，先深入讨论一下死锁的特征。

7.2.1 必要条件

如果在一个系统中下面 4 个条件同时满足，那么会引起死锁。

① **互斥**：至少有一个资源必须处于非共享模式，即一次只有一个进程使用。如果另一进程申请该资源，那么申请进程必须等到该资源被释放为止。

② **占有并等待**：一个进程必须占有至少一个资源，并等待另一资源，而该资源为其他进程所占有。

③ **非抢占**：资源不能被抢占，即资源只能在进程完成任务后自动释放。

④ **循环等待**：有一组等待进程 $\{P_0, P_1, \cdots, P_n\}$，$P_0$ 等待的资源为 P_1 所占有，P_1 等待的资源为 P_2 所占有，……，P_{n-1} 等待的资源为 P_n 所占有，P_n 等待的资源为 P_0 所占有。

在此，强调所有 4 个条件必须同时满足才会出现死锁。循环等待条件意味着占有并等待条件，这样 4 个条件并不完全独立。然而，在 7.4 节中将会看到分开考虑这些条件是有意义的。

互斥锁中的死锁

下面来看在一个使用互斥锁的 Pthread 多线程程序中的死锁。pthread_mutex_init() 函数初始化一个未锁的互斥体。互斥锁分别通过 pthread_mutex_lock() 以及 pthread_mutex_unloc() 来获取和释放。如果一个线程试图获取一个已加锁的互斥体，pthread_mutex_lock() 调用就会阻塞该线程，直到互斥锁所有者调用 pthread_mutex_unlock() 为止。

下面的代码例子创建了两个互斥锁：

```
/* Create and initialize the mutex locks */
pthread_mutex_t first_mutex;
pthread_mutex_t second_mutex;

pthread_mutex_init(&first_mutex,NULL);
pthread_mutex_init(&second_mutex,NULL);
```

下一步创建两个线程 thread_one 和 thread_two，这两个线程都能访问这两个互斥锁。thread_one 和 thread_two 分别运行在 do_work_one() 和 do_work_two() 函数中，如图 7.1 所示。

在这个例子中，thread_one 试图以顺序(1)first_mutex、(2)second_mutex 来获取互斥锁，thread_two 试图以顺序(1)second_mutex、(1)first_mutex 来获取互斥锁。如果 thread_one 获得了 first_mutex，同时 thread_two 获得了 second_mutex，那么就可能发生死锁。

注意，虽然死锁的发生是可能的，但是如果 thread_one 能够在 thread_two 试图获得锁之前，获得并释放互斥锁 first_mutex 和 second_mutex，那么死锁仍然不会发生。这个例子说明了处理死锁的一个问题：很难识别并测试只在某种情况下发生的死锁。

```
/* thread_one runs in this function */
void *do_work_one(void *param)
{
    pthread_mutex_lock(&first_mutex);
    pthread_mutex_lock(&second_mutex);
    /**
     * Do some work
     */
    pthread_mutex_unlock(&second_mutex);
    pthread_mutex_unlock(&first_mutex);


    pthread_exit(0);
}


/* thread_two runs in this function */
void *do_work_two(void *param)
{
    pthread_mutex_lock(&second_mutex);
    pthread_mutex_lock(&first_mutex);
    /**
     * Do some work
     */
    pthread_mutex_unlock(&first_mutex);
    pthread_mutex_unlock(&second_mutex);


    pthread_exit(0);
}
```

图 7.1 死锁例子

7.2.2 资源分配图

死锁问题可用称为**系统资源分配图**的有向图进行更为精确地描述。这种图由一个节点集合 V 和一个边集合 E 组成。节点集合 V 可分成两种类型的节点：$P=\{ P_1, P_2, \cdots, P_n\}$

（系统活动进程的集合）和 $R = \{R_1, R_2, \cdots, R_m\}$（系统所有资源类型的集合）。

由进程 P_i 到资源类型 R_j 的有向边记为 $P_i \rightarrow R_j$，它表示进程 P_i 已经申请了资源类型 R_j 的一个实例，并正在等待该资源。由资源类型 R_j 到进程 P_i 的有向边记为 $R_j \rightarrow P_i$，它表示资源类型 R_j 的一个实例已经分配给进程 P_i。有向边 $P_i \rightarrow R_j$ 称为**申请边**，有向边 $R_j \rightarrow P_i$ 称为**分配边**。

在图上，用圆形表示进程 P_i，用矩形表示资源类型 R_j。由于资源类型 R_j 可能有多个实例，所以在矩形中用圆点表示实例。注意申请边只指向矩形 R_j，而分配边必须指定矩形内的某个圆点。

当进程 P_i 申请资源类型 R_j 的一个实例时，就在资源分配图中加入一条申请边。当该申请可以得到满足时，那么申请边就*立即*转换成分配边。当进程不再需要访问资源时，它就释放资源，因此就删除分配边。

图 7.2 的资源分配图表示了如下情况：

- 集合 P、R 和 E：
  - $P = \{P_1, P_2, P_3\}$。
  - $R = \{R_1, R_2, R_3, R_4\}$。
  - $E = \{ P_1 \rightarrow R_1, P_2 \rightarrow R_3, R_1 \rightarrow P_2, R_2 \rightarrow P_2, R_2 \rightarrow P_1, R_3 \rightarrow P_3 \}$。
- 资源实例：
  - 资源类型 R_1 有 1 个实例。
  - 资源类型 R_2 有 2 个实例。
  - 资源类型 R_3 有 1 个实例。
  - 资源类型 R_4 有 3 个实例。
- 进程状态：
  - 进程 P_1 占有资源类型 R_2 的 1 个实例，等待资源类型 R_1 的 1 个实例。
  - 进程 P_2 占有资源类型 R_1 的 1 个实例和资源类型 R_2 的 1 个实例，等待资源类型 R_3 的 1 个实例。
  - 进程 P_3 占有资源类型 R_3 的 1 个实例。

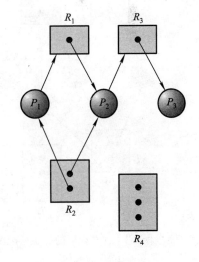

图 7.2 资源分配图

根据资源分配图的定义，可以证明：如果分配图没有环，那么系统就没有进程死锁。如果分配图有环，那么可能存在死锁。

如果每个资源类型刚好有一个实例，那么有环就意味着已经出现死锁。如果环涉及一组资源类型，而每个类型只有一个实例，那么就出现死锁。环所涉及的进程就死锁。在这种情况下，图中的环就是死锁存在的充分必要条件。

如果每个资源类型有多个实例，那么有环并不意味着已经出现了死锁。在这种情况下，图中的环就是死锁存在的必要条件而不是充分条件。

为了说明这个概念，下面回到图 7.2 所示的资源分配图。假设进程 P_3 申请了资源类型 R_2 的一个资源。由于现在没有资源实例可用，所以就增加了有向边 $P_3 \rightarrow R_2$（见图 7.3）。这时，在系统中有两个最小环：

$$P_1 \rightarrow R_1 \rightarrow P_2 \rightarrow R_3 \rightarrow P_3 \rightarrow R_2 \rightarrow P_1$$
$$P_2 \rightarrow R_3 \rightarrow P_3 \rightarrow R_2 \rightarrow P_2$$

进程 P_1、P_2 和 P_3 是死锁。进程 P_2 等待资源类型 R_3，而它又被进程 P_3 占有。另一方面，进程 P_3 等待进程 P_1 或进程 P_2 以释放资源类型 R_2。另外，进程 P_1 等待进程 P_2 释放资源 R_1。

现在考虑图 7.4 所示的资源分配图。在这个例子中，也有一个环

$$P_1 \rightarrow R_1 \rightarrow P_3 \rightarrow R_2 \rightarrow P_1$$

然而，却没有死锁。注意进程 P_4 可能释放资源类型 R_2 的实例。这个资源可分配给进程 P_3，以打破环。

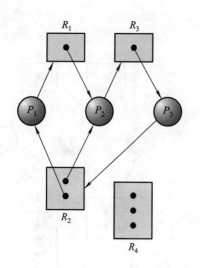
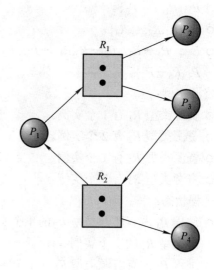

图 7.3 存在死锁的资源分配图   图 7.4 存在环但是没有死锁的资源分配图

总而言之，如果资源分配图没有环，那么系统就不处于死锁状态。另一方面，如果有环，那么系统可能会处于死锁状态。在处理死锁问题时，这点是很重要的。

7.3 死锁处理方法

从原理上来说，有三种方法可处理死锁问题：

- 可使用协议以预防或避免死锁，确保系统不会进入死锁状态。
- 可允许系统进入死锁状态，然后检测它，并加以恢复。
- 可忽视这个问题，认为死锁不可能在系统内发生。

这里第三种方法为绝大多数操作系统所采用，包括 UNIX 和 Windows。因此应用程序开发人员需要自己来处理死锁。

接下来，将简单描述每种死锁处理方法。然后，在 7.4 节到 7.7 节中，将详细讨论每种算法。不过，在开始之前，有必要说明有些科研人员认为这些基本方法不能单独用来处理操作系统的所有资源分配问题。然而，可以将这些基本方法组合起来，以便为每种系统资源选择一种最佳方法。

为了确保死锁不会发生，系统可以采用死锁预防或死锁避免方案。**死锁预防**（deadlock prevention）是一组方法，以确保至少一个必要条件不成立（参见 7.2.1 小节）。这些方法通过限制如何申请资源的方法来预防死锁。在 7.4 节中将讨论这些方法。

死锁避免（deadlock avoidance）要求操作系统事先得到有关进程申请资源和使用资源的额外信息。有了这些额外信息，系统可确定：对于一个申请，进程是否应等待。为了确定当前申请是允许还是延迟，系统必须考虑现有可用资源、已分配给每个进程的资源、每个进程将来申请和释放的资源。在 7.5 节中将讨论这些方案。

如果系统不使用死锁预防或死锁避免算法，那么可能发生死锁情况。在这种情况下，系统可提供一个算法来检查系统状态以确定死锁是否发生，并提供另一个算法来从死锁中恢复（如果死锁确实已发生）。在 7.6 和 7.7 节中将讨论这些问题。

如果系统不能确保不会发生死锁，且也不提供机制进行死锁检测和恢复，那么可能出现这种情况：系统处于死锁而又没有办法检测到发生了什么。在这种情况下，未检查死锁会导致系统性能下降，因为资源被不能运行的进程所占有，而越来越多进程会因申请资源而进入死锁。最后，整个系统会停止工作，并且需要人工重新启动。

虽然这看起来似乎不是一个解决死锁问题的可行方法，但是它却为某些操作系统所使用。对许多系统，死锁很少发生（如一年一次），因此，与使用频繁的并且开销昂贵的死锁预防、死锁避免和死锁检测与恢复相比，这种方法更为便宜。而且，在有的情况下，系统处于冻结状态而不是死锁状态。比如，一个实时进程运行于最高优先级（或其他进程运行于非抢占调用程序之下）且不将控制返回给操作系统。因此，系统必须人工地从非死锁状态中恢复，这也是死锁恢复采用的技术。

7.4 死 锁 预 防

如 7.2.1 小节所述，出现死锁有 4 个必要条件。只要确保至少一个必要条件不成立，就能预防死锁发生。下面通过详细讨论这 4 个必要条件来研究死锁预防方法。

7.4.1　互斥

对于非共享资源，必须要有互斥条件。例如，一台打印机不能同时为多个进程所共享。另一方面，共享资源不要求互斥访问，因此不会涉及死锁。共享资源的一个很好的例子是只读文件。如果多个进程试图同时打开只读文件，那么它们能同时获得对只读文件的访问。进程决不需要等待共享资源。然而，通常不能通过否定互斥条件来预防死锁：有的资源本身就是非共享的。

7.4.2　占有并等待

为了确保占有并等待条件不会在系统内出现，必须保证：当一个进程申请一个资源时，它不能占有其他资源。一种可以使用的协议是每个进程在执行前申请并获得所有资源。可以实现通过要求申请资源的系统调用在所有其他系统调用之前进行。

另外一种协议允许进程在没有资源时才可申请资源。一个进程可申请一些资源并使用它们。然而，在它申请更多其他资源之前，它必须释放其现已分配的所有资源。

为了说明这两种协议之间的差别，考虑一个进程，它将数据从 DVD 驱动器复制到磁盘文件，并对磁盘文件进行排序，再将结果打印到打印机上。如果所有资源必须在进程开始之前申请，那么进程必须一开始就申请 DVD 驱动器、磁盘文件和打印机。在其整个执行过程中，它会一直占有打印机，尽管它只在结束时才需要打印机。

第二种方法允许进程在开始时只申请 DVD 驱动器和磁盘文件。它将数据从 DVD 复制到磁盘，再释放 DVD 驱动器和磁盘文件。然后，进程必须再申请磁盘文件和打印机。当数据从磁盘文件复制到打印机之后，它就释放这两个资源并终止。

这两种协议有两个主要缺点。第一，资源利用率（resource utilization）可能比较低，因为许多资源可能已分配，但是很长时间没有被使用。例如，在所给的例子中，只有确认数据始终在磁盘文件上的情况下，才可以释放 DVD 驱动器和磁盘文件，并再次申请磁盘文件和打印机资源。否则，不管采用哪种协议，必须在开始之前申请所有资源。第二，可能发生饥饿。一个进程如需要多个常用资源，可能会永久等待，因为其所需要的资源中至少有一个已分配给其他进程。

7.4.3　非抢占

第三个必要条件是对已分配的资源不能抢占。为了确保这一条件不成立，可以使用如下协议：如果一个进程占有资源并申请另一个不能立即分配的资源，那么其现已分配的资源都可被抢占。换句话说，这些资源都被隐式地释放了。抢占资源分配到进程所等待的资源的链表上。只有当进程获得其原有资源和所申请的新资源时，进程才可以重新执行。

换句话说，如果一个进程申请一些资源，那么首先检查它们是否可用。如果可用，那么就分配它们。如果不可用，那么检查这些资源是否已分配给其他等待额外资源的进程。如果是，那么就从等待进程中抢占这些资源，并分配给申请进程。如果资源不可用且也不被其他等待进程占有，那么申请进程必须等待。当一个进程处于等待时，如果其他进程申请其拥有资源，那么该进程的部分资源可以被抢占。一个进程要重新执行，它必须分配到其所申请的资源，并恢复其在等待时被抢占的资源。

这个协议通常应用于状态可以保存和恢复的资源，如 CPU 寄存器和内存。它一般不适用于其他资源，如打印机和磁带驱动器。

7.4.4 循环等待

死锁的第 4 个也是最后一个条件是循环等待。一个确保此条件不成立的方法是对所有资源类型进行完全排序，且要求每个进程按递增顺序来申请资源。

设 $R=\{R_1, R_2, \cdots, R_m\}$ 为资源类型的集合。为每个资源类型分配一个唯一整数来允许比较两个资源以确定其先后顺序。可以定义一个函数 $F: R \rightarrow N$，其中 N 是自然数的集合。例如，如果资源类型 R 的集合包括磁带驱动器、磁盘驱动器和打印机，那么函数 F 可以定义如下：

```
F(tape drive)=1
F(disk drive)=5
F(printer) =12
```

可以采用如下协议以预防死锁：每个进程只按递增顺序申请资源，即一个进程开始可申请任何数量的资源类型 R_i 的实例。之后，当且仅当 $F(R_j)>F(R_i)$ 时，该进程可以申请资源类型 R_j 的实例。如果需要同一资源类型的多个实例，那么对它们必须一起申请。例如，对于以上给定函数，一个进程需要同时使用磁带驱动器和打印机，那么就必须先申请磁带驱动器，再申请打印机。换句话说，要求当一个进程申请资源类型 R_j 时，它必须先释放所有资源 R_i（$F（R_i）\geqslant F(R_j)$）。

如果使用这两个协议，那么循环等待就不可能成立。可以通过反证法来证明这一点。假定有一个循环等待存在。设涉及循环等待的进程集合为 $\{P_0, P_1, \cdots, P_n\}$，其中 P_i 等待一个资源 R_i，而 R_i 又为进程 P_{i+1} 所占有（对于索引采用模数代数，因此 P_n 等待由 P_0 所占有的资源 R_n）。因此，由于进程 P_{i+1} 占有资源 R_i 而同时申请资源 R_{i+1}，所以对所有 i，必须有 $F(R_i)<F(R_{i+1})$。而这意味着 $F(R_0) < F(R_1) < \cdots < F(R_n) < F(R_0)$。根据传递规则，$F(R_0) < F(R_0)$，这显然是不可能的。因此，不可能有循环等待。

通过对系统内所有同步对象进行完全排序，可以在应用程序中实现这种方案。所有这些同步对象的请求必须按递增顺序进行。例如，如果将图 7.1 所示的 Pthread 程序的锁的顺序定义为：

```
F(first_mutex) = 1
F(second_mutex) = 5
```

那么 thread_two 不能按错误顺序来申请锁。

请记住，设计一个完全排序或层次并不能防止死锁，而是要靠应用程序员来按顺序编写程序。另外，函数 F 应该根据系统内资源使用的正常顺序来定义。例如，由于磁带通常在打印机之前使用，所以定义 $F(tape\ drive) < F(printer)$ 较为合理。

虽然应用程序员有责任确保按适当顺序获取资源，但是有些软件可以用来验证锁是否按顺序获取。如果不按顺序申请且可能出现死锁，那么这些软件会给出适当的警告。Witness 就是一种锁顺序验证器，它运行于 BSD UNIX 上类似于 FreeBSD。Witness 采用互斥锁来保护临界区域，如第 6 章所述；它通过动态维护系统内的锁顺序来工作。下面通过图 7.1 所示的例子来说明。假设 thread_one 首先获取锁，并按如下顺序：(1)first_mutex, (2) second_mutex。Witness 记录这种关系：获取 first_mutex 必须在获取 second_mutex 之前进行。如果 thread_two 后来不按这个顺序来获取锁，那么 witness 就在系统终端上生成一个警告信息。

7.5　死　锁　避　免

在 7.4 节讨论的死锁预防算法中，通过限制资源申请的方法来预防死锁。这种限制确保 4 个必要条件之一不会发生，因此死锁不成立。然而，通过这种方法预防死锁的副作用是低设备使用率和系统吞吐率。

避免死锁的另一种方法是，获得以后如何申请资源的附加信息。例如，对于有一台磁带驱动器和一台打印机的系统，可能知道进程 P 会先申请磁带驱动器，再申请打印机，之后释放这些资源。另一方面，进程 Q 会先申请打印机，再申请磁带驱动器。有了关于每个进程的申请与释放的完全顺序，可决定进程是否因申请而等待。每次申请要求系统考虑现有可用资源、现已分配给每个进程的资源和每个进程将来申请与释放的资源，以决定当前申请是否满足或必须等待，从而避免死锁发生的可能性。

根据这种方法，有不同的算法，它们在所要求的信息量和信息的类型上有所不同。最为简单和最为有用的模型要求每个进程说明可能需要的每种资源类型实例的*最大需求*。根据每个进程可能申请的每种资源类型实例的最大需求的事先信息，可以构造一个算法以确保系统决不会进入死锁状态。这种算法定义了**死锁避免**（deadlock-avoidance）方法。**死锁避免**算法动态地检测资源分配状态以确保循环等待条件不可能成立。资源分配状态是由可用资源和已分配资源，及进程最大需求所决定的。下面来研究两个死锁避免算法。

7.5.1　安全状态

如果系统能按某个顺序为每个进程分配资源（不超过其最大值）并能避免死锁，那么系统状态就是安全的。更为准确地说，如果存在一个**安全序列**，那么系统处于安全状态。

进程顺序$<P_1, P_2, \cdots, P_n>$，如果对于每个 P_i，P_i 仍然可以申请的资源数小于当前可用资源加上所有进程 P_j（其中 $j<i$）所占有的资源，那么这一顺序称为安全序列。在这种情况下，进程 P_i 所需要的资源即使不能立即可用，那么 P_i 可等待直到所有 P_j 释放其资源。当它们完成时，P_i 可得到其所需要的所有资源，完成其给定任务，返回其所分配的资源并终止。当 P_i 终止时，P_{i+1} 可得到其所需要的资源，如此进行。如果没有这样的顺序存在，那么系统状态就处于*不安全状态*。

安全状态不是死锁状态。相反，死锁状态是不安全状态。然而，不是所有不安全状态都能导致死锁状态（见图 7.5）。不安全状态*可能*导致死锁。只要状态为安全，操作系统就能避免不安全（和死锁）状态。在不安全状态下，操作系统不能阻止进程以会导致死锁的方式申请资源。进程行为控制了不安全状态。

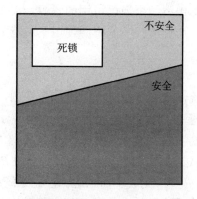

图 7.5 安全、不安全和死锁状态空间

例如，考虑一个系统，有 12 台磁带驱动器和三个进程 P_0、P_1、P_2。进程 P_0 最多要求 10 台磁带驱动器，P_1 最多要求 4 台磁带驱动器，P_2 最多要求 9 台磁带驱动器。假定，在时间 t_0 时，进程 P_0 占有 5 台磁带驱动器，进程 P_1 占有 2 台磁带驱动器，进程 P_2 占有 2 台磁带驱动器（因此，还有 3 台空闲磁带驱动器）。

	最大需求	当前需求
P_0	10	5
P_1	4	2
P_2	9	2

在时刻 t_0，系统处于安全状态。顺序$<P_1, P_0, P_2>$满足安全条件，这是因为进程 P_1 可立即得到其所有磁带驱动器并接着归还它们（系统会有 5 台磁带驱动器），接着进程 P_0 可得到其所有磁带驱动器并归还它们（这时系统会有 10 台磁带驱动器），最后进程 P_2 得到其所有磁带驱动器并归还它们（系统会有 12 台磁带驱动器）。

系统可以从安全状态转换为不安全状态。假定在时刻 t_1，进程 P_2 申请并又得到了 1 台磁带驱动器，系统就不再安全了。这时，只有进程 P_1 可得到其所有磁带驱动器。当其返回这些资源时，系统只有 4 台磁带驱动器可用。由于进程 P_0 已分配了 5 台磁带驱动器而其最大需求为 10 台磁带驱动器，所以它还需要 5 台磁带驱动器。因为现在不够，所以进程 P_0 必须等待。类似地，进程 P_2 还需要 6 台磁带驱动器，也必须等待，导致了死锁。这时的错误在于允许进程 P_2 再获得 1 台磁带驱动器。如果让 P_2 等待直到其他进程之一完成并释放其资源，那么就能避免死锁。

有了安全状态的概念，可定义避免算法以确保系统不会死锁。其思想是简单地确保系统始终处于安全状态。开始，系统处于安全状态。当进程申请一个可用的资源时，系统必须确定这一资源申请是可以立即分配还是要等待。只有分配后使系统仍处于安全状态，才允许申请。

采用这种方案，如果进程申请一个现已可用的资源，那么它可能必须等待。因此，与没有采用死锁避免算法相比，这种情况下的资源使用率可能更低。

7.5.2　资源分配图算法

如果有一个资源分配系统，每种资源类型只有一个实例，那么 7.2.2 小节所定义的资源分配图可修改以用于死锁避免。除了申请边和分配边外，引入一新类型的边，称为**需求边**。需求边 $P_i{\rightarrow}R_j$ 表示进程 P_i 可能在将来某个时候申请资源 R_j。这种边类似于同一方向的申请边，但是用虚线表示。当进程 P_i 申请资源 R_j 时，需求边 $P_i{\rightarrow}R_j$ 变成了申请边。类似地，当进程 P_i 释放 R_j 时，分配边 $R_j{\rightarrow}P_i$ 变成了需求边。注意系统必须事先说明所要求的资源，即当进程 P_i 开始执行时，所有需求边必须先处于资源分配图。可放宽这个条件，以允许只有在进程 P_i 的所有相关的边都为需求边时才将需求边 $P_i{\rightarrow}R_j$ 增加到图中。

假设进程 P_i 申请资源 R_j。只有在将申请边 $P_i{\rightarrow}R_j$ 变成分配边 $R_j{\rightarrow}P_i$ 而不会导致资源分配图形成环时，才允许申请。注意，通过采用环检测算法，检测安全性。检测图中是否有环的算法需要 n^2 级的操作，其中 n 是系统的进程数量。

如果没有环存在，那么资源分配会使得系统处于安全状态。如果有环存在，那么分配会导致系统处于不安全状态。因此，进程 P_i 必须等待其资源申请被满足。

为了说明这个算法，考虑图 7.6 所示的资源分配图。假设进程 P_2 申请资源 R_2。虽然 R_2 现在可用，但是不能将它分配给 P_2，因为这会创建一个环（如图 7.7 所示）。环表示系统处于不安全状态。如果 P_1 申请 R_2 且 P_2 申请 R_1，那么会发生死锁。

7.5.3　银行家算法

对于每种资源类型有多个实例的资源分配系统，资源分配图算法就不适用了。下面所要描述的死锁避免算法适用于这种系统，但是其效率要比资源分配图方案低。这一算法通常称为银行家算法。该算法如此命名是因为它可用于银行系统，当它不能满足所有客户的需要时，银行决不会分配其现金。

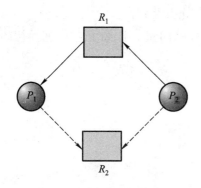

图 7.6 死锁避免的资源分配图

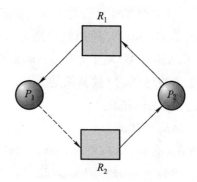

图 7.7 资源分配图的不安全状态

当新进程进入系统时，它必须说明其可能需要的每种类型资源实例的最大数量，这一数量不能超过系统资源的总和。当用户申请一组资源时，系统必须确定这些资源的分配是否仍会使系统处于安全状态。如果是，就可分配资源；否则，进程必须等待直到某个其他进程释放足够资源为止。

为了实现银行家算法，必须有几个数据结构。这些数据结构对资源分配系统的状态进行了记录。设 n 为系统进程的个数，m 为资源类型的种类。需要如下数据结构：

• **Availabe**：长度为 m 的向量，表示每种资源的现有实例的数量。如果 $Availabe[j]=k$，那么资源类型 R_j 现有 k 个实例。

• **Max**：$n \times m$ 矩阵，定义每个进程的最大需求。如果 $Max[i][j]=k$，那么进程 P_i 最多可申请 k 个资源类型 R_j 的实例。

• **Allocation**：$n \times m$ 矩阵，定义每个进程现在所分配的各种资源类型的实例数量。如果 $Allocation[i][j]=k$，那么进程 P_i 现在已分配了 k 个资源类型 R_j 的实例。

• **Need**：$n \times m$ 矩阵，表示每个进程还需要的剩余的资源。如果 $Need[i][j]=k$，那么进程 P_i 还可能申请 k 个资源类型 R_j 的实例。注意，$Need[i][j] = Max[i][j]-Allocation[i][j]$。

这些数据结构的大小和值会随着时间而改变。

为了简化银行家算法的描述，可以采用一些符号。设 X 和 Y 为长度为 n 的向量，则 $X \le Y$ 当且仅当对所有 $i=1, 2, \cdots, n$，$X[i] \le Y[i]$。例如，如果 $X=(1,7,3,2)$ 而 $Y=(0,3,2,1)$，那么 $Y \le X$。如果 $Y \le X$ 且 $Y \ne X$，那么 $Y < X$。

可以将矩阵 $Allocation$ 和 $Need$ 的每行作为向量，并分别用 $Allocation_i$ 和 $Need_i$ 来表示。向量 $Allocation_i$ 表示分配给进程 P_i 的资源；向量 $Need_i$ 表示进程为完成其任务可能仍然需要申请的额外资源。

1．安全性算法

确定计算机系统是否处于安全状态的算法分为如下几步：

① 设 *Work* 和 *Finish* 分别为长度为 *m* 和 *n* 的向量。按如下方式进行初始化，*Work=Available* 且 对于 $i=0,1,\cdots,n-1$, *Finish*[*i*]=*false*。

② 查找这样的 *i* 使其满足

a. *Finish*[*i*] = false

b. $Need_i \leqslant Work$

如果没有这样的 *i* 存在，那么就转到第④步。

③ $Work = Work + Allocation_i$

Finish[*i*] = true

返回到第②步。

④ 如果对所有 *i*，*Finish*[*i*]=true，那么系统处于安全状态。

这个算法可能需要 $m \times n^2$ 数量级的操作以确定系统状态是否安全。

2．资源请求算法

现在，描述如何判断是否可安全允许请求的算法。

设 $Request_i$ 为进程 P_i 的请求向量。如果 $Request_i$ [*j*]== *k*，那么进程 P_i 需要资源类型 R_j 的实例数量为 *k*。当进程 P_i 作出资源请求时，采取如下动作。

① 如果 $Request_i \leqslant Need_i$，那么转到第②步。否则，产生出错条件，这是因为进程 P_i 已超过了其最大请求。

② 如果 $Request_i \leqslant Available$，那么转到第③步。否则，$P_i$ 必须等待，这是因为没有可用资源。

③ 假定系统可以分配给进程 P_i 所请求的资源，并按如下方式修改状态：

$Available = Available - Request_i;$

$Allocation_i = Allocation_i + Request_i;$

$Need_i = Need_i - Request_i;$

如果所产生的资源分配状态是安全的，那么交易完成且进程 P_i 可分配到其所需要资源。然而，如果新状态不安全，那么进程 P_i 必须等待 $Request_i$ 并恢复到原来资源分配状态。

3．举例

最后，为了说明银行家算法的使用，考虑这样一个系统，有 5 个进程 $P_0 \sim P_4$，3 种资源类型 *A*、*B*、*C*。资源类型 *A* 有 10 个实例，资源类型 *B* 有 5 个实例，资源类型 *C* 有 7 个实例。假定在时刻 T_0，系统状态如下：

	Allocation			Max			Available		
	A	B	C	A	B	C	A	B	C
P_0	0	1	0	7	5	3	3	3	2
P_1	2	0	0	3	2	2			
P_2	3	0	2	9	0	2			
P_3	2	1	1	2	2	2			
P_4	0	0	2	4	3	3			

矩阵 *Need* 的内容定义成 *Max-Allocation*：

	Need		
	A	B	C
P_0	7	4	3
P_1	1	2	2
P_2	6	0	0
P_3	0	1	1
P_4	4	3	1

可以认为系统现在处于安全状态。事实上，顺序$<P_1, P_3, P_4, P_2, P_0>$满足安全条件。现在假定进程 P_1 再请求 1 个资源类型 A 和 2 个资源类型 C，这样 $Request_1 = (1, 0, 2)$。为了确定这个请求是否可以立即允许，首先检测 $Request_1 \leqslant Available$（即，$(1,0,2) \leqslant (3,3,2)$），其值为真。接着假定这个请求被满足，会产生如下新状态：

	Allocation			Need			Available		
	A	B	C	A	B	C	A	B	C
P_0	0	1	0	7	4	3	2	3	0
P_1	3	0	2	0	2	0			
P_2	3	0	2	6	0	0			
P_3	2	1	1	0	1	1			
P_4	0	0	2	4	3	1			

必须确定这个状态是否安全。为此，执行安全算法，并找到顺序$< P_1, P_3, P_4, P_0, P_2 >$满足安全要求。因此，可以立即允许进程 P_1 的这个请求。

然而，可以发现当系统处于这一状态时，是不能允许 P_4 的请求（3，3，0）的，因为没有这么多资源可用。也不能允许 P_0 的请求(0，2，0)：虽然有资源可用，但是这会导致系统处于不安全状态。

如何实现银行家算法，这就留给读者作为一个编程练习。

7.6　死锁检测

如果一个系统既不采用死锁预防算法也不采用死锁避免算法，那么可能会出现死锁。在这种环境下，系统应提供：

- 一个用来检查系统状态从而确定是否出现了死锁的算法。
- 一个用来从死锁状态中恢复的算法。

在以下讨论中，将针对每种资源类型只有单个实例和每种资源类型可有多个实例这两种情况，并分别研究这两个算法。不过，现在需要注意到检测并恢复方案会有额外开销，这些不但包括维护所需信息和执行检测算法的运行开销，而且也包括死锁恢复所引起的损失。

7.6.1　每种资源类型只有单个实例

如果所有资源类型只有单个实例，那么可以定义这样一个死锁检测算法，该算法使用了资源分配图的一个变种，称为*等待*（wait-for）图。从资源分配图中，删除所有资源类型节点，合并适当边，就可以得到等待图。

更确切地说，等待图中的由 P_i 到 P_j 的边意味着进程 P_i 等待进程 P_j 释放一个 P_i 所需的资源。等待图有一条 $P_i \rightarrow P_j$ 的边，当且仅当相应的资源分配图中包含两条边 $P_i \rightarrow R_q$ 和 $R_q \rightarrow P_j$，其中 R_q 为资源。例如，图 7.8 显示了资源分配图和对应的等待图。

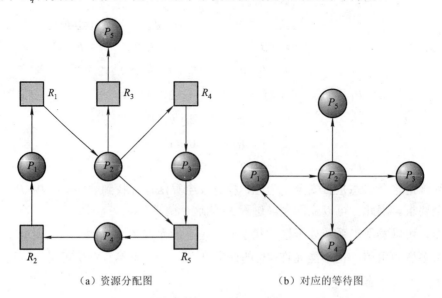

（a）资源分配图　　　　　　　（b）对应的等待图

图 7.8　资源分配图和对应的等待图

与以前一样，当且仅当等待图中有一个环，系统中存在死锁。为了检测死锁，系统需要*维护*等待图，并周期性地*调用*在图中进行搜索的算法。从图中检测环的算法需要 n^2 级别操作，其中 n 为图中的节点数。

7.6.2 每种资源类型可有多个实例

等待图方案并不适用于每种资源类型可有多个实例的资源分配系统。下面所描述的死锁检测算法适用于这样的系统。该算法使用了一些随时间而变化的数据结构，与银行家算法（参见 7.5.3 小节）相似。

- **Available**：长度为 m 的向量，表示各种资源的可用实例。
- **Allocation**：$n \times m$ 矩阵，表示当前各进程的资源分配情况。
- **Request**：$n \times m$ 矩阵，表示当前各进程的资源请求情况。如果 $Request[i][j]=k$,那么 P_i 现在正在请求 k 个资源 R_j。

两矢量间小于等于关系与 7.5.3 小节所定义的一样。为了简化起见，将 *Allocation* 和 *Request* 的行作为向量，且分别称为 *Allocation$_i$* 和 *Request$_i$*。这里所描述的检测算法为需要完成的所有进程研究各种可能的分配序列。请将本算法与银行家算法做一比较。

① 设 *Work* 和 *Finish* 分别为长度为 m 和 n 的矢量。初始化 *Work=Available*。对 $i=0,1,\cdots,n-1$,如果 *Allocation$_i$* 不为 0，则 *Finish[i]* = false；否则，*Finish[i]* = true。

② 找这样的 i，以便同时使

a. *Finish[i]* =false

b.*Request$_i$* $\leqslant$*Work*

如果没有这样的 i，则转到第④步。

③ *Work=Work+Allocation$_i$*

Finish[i]=true

转到第②步。

④ 如果对某个 i（$0 \leqslant i < n$），*Finish[i]*==false，则系统处于死锁状态。而且，如果 *Finish[i]*==false。则进程 P_i 死锁。

该算法需要 $m \times n^2$ 级操作来检测系统是否处于死锁状态。

你可能不明白为什么只要确定 *Request$_i$* $\leqslant$*Work*（第②步的 b），就收回了进程 P_i 的资源（第③步）。已知 P_i 现在不参与死锁（因 *Request$_i$* $\leqslant$*Work*），因此，可以乐观地认为 P_i 不再需要更多资源以完成其任务，它会返回其现已分配的所有资源。如果假定的不正确，那么稍后会发生死锁。下次调用死锁算法时，就会检测到死锁状态。

为了举例说明这一算法，考虑这样一个系统，它有 5 个进程 $P_0 \sim P_4$ 和 3 个资源类型 A、B、C。资源类型 A 有 7 个实例，资源类型 B 有 2 个实例，资源类型 C 有 6 个实例。假定在时刻 T_0，有如下资源分配状态：

	Allocation			Request			Available		
	A	B	C	A	B	C	A	B	C
P_0	0	1	0	0	0	0	0	0	0
P_1	2	0	0	2	0	2			
P_2	3	0	3	0	0	0			
P_3	2	1	1	1	0	0			
P_4	0	0	2	0	0	2			

认为系统现不处于死锁状态。事实上，如果执行检测算法，会找到这样一个序列$< P_0, P_2,$ $P_3, P_1, P_4>$会导致对所有 i，$Finish[i]$ = true。

现在假定进程 P_2 又请求了资源类型 C 的一个实例。这样，$Request$ 矩阵修改成如下形式。

	Request		
	A	B	C
P_0	0	0	0
P_1	2	0	2
P_2	0	0	1
P_3	1	0	0
P_4	0	0	2

认为现在系统是死锁。虽然可收回进程 P_0 所占有的资源，但是现有资源并不足以满足其他进程的请求。因此，会存在一个包含进程 P_1，P_2，P_3 和 P_4 的死锁。

7.6.3　应用检测算法

应该何时调用检测算法？答案取决于两个因素。

- 死锁可能发生的*频率*是多少？
- 当死锁发生时，有多少进程会受影响？

如果经常发生死锁，那么就应经常调用检测算法。分配给死锁进程的资源会一直空着，直到死锁被打破。另外，参与死锁循环的进程数量可能会不断增加。

只有当某个进程提出请求且得不到满足时，才会出现死锁。这一请求可能是完成等待进程链的最后请求。在极端情况下，每次请求分配不能立即允许时，就调用死锁检测算法。在这种情况下，不仅能确定哪些进程处于死锁，而且也能确定哪个特定进程"造成"了死锁（而实际上，每个死锁进程都是资源图的环的一个链节，因此，其实是所有进程一起造成了死锁）。如果有许多不同资源类型，那么一个请求可能造成资源图的许多环，每个环由最近请求所完成且由可确定的进程所"造成"。

当然，对于每个请求都调用死锁检测算法会引起相当大的计算开销。另一个不太昂贵的方法是以一个不太高的频率调用检测算法,如每小时一次,或当 CPU 使用率低于 40%时(死锁最终会使系统性能下降,并造成 CPU 使用率下降)。如果在不确定的时间点调用检测算法,那么资源图会有许多环。通常不能确定死锁进程中是哪些"造成"了死锁。

7.7 死 锁 恢 复

当死锁检测算法确定死锁已存在,那么可以采取多种措施。一种措施是通知操作员死锁已发生,以便操作人员人工处理死锁。另一种措施是让系统从死锁状态中自动恢复过来。打破死锁有两个方法。一个方法是简单地终止一个或多个进程以打破循环等待。另一个方法是从一个或多个死锁进程那里抢占一个或多个资源。

7.7.1 进程终止

有两种方法通过终止进程以取消死锁。不管采用哪个方法,系统都会收回分配给被终止进程的所有资源。

- **终止所有死锁进程**。这种方法显然终止了死锁循环,但其代价也大。这些进程可能已计算了很长时间,这些部分计算结果必须放弃,以后可能还要重新计算。

- **一次只终止一个进程直到取消死锁循环为止**。这种方法的开销会相当大,这是因为每次终止一个进程,都必须调用死锁检测算法以确定进程是否仍处于死锁。

终止一个进程并不容易。如果进程正在更新文件,那么终止它会使文件处于不一致状态。类似地,如果进程正在打印文件,那么系统必须将打印机重新设置到正确状态,以便打印下一个文件。

如果采用了部分终止,那么对于给定死锁进程,必须确定终止哪个进程或哪些进程可以打破死锁。这个确定类似于 CPU 调度问题,是个策略选择。该问题基本上是个经济问题,应该终止代价最小的进程。然而,"代价最小"并不精确,许多因素都影响着应选择哪个进程,包括:

① 进程的优先级是什么?
② 进程已计算了多久,进程在完成指定任务之前还需要多久?
③ 进程使用了多少什么类型的资源(例如,这些资源是否容易抢占)?
④ 进程需要多少资源以完成?
⑤ 多少进程需要被终止?
⑥ 进程是交互的还是批处理的?

7.7.2 资源抢占

通过抢占资源以取消死锁,逐步从进程中抢占资源给其他进程使用,直到死锁环被打破为止。

如果要求使用抢占来处理死锁，那么有三个问题需要处理：

① **选择一个牺牲品**：抢占哪些资源和哪个进程？与进程取消一样，必须确定抢占顺序以使代价最小化。代价因素包括许多参数，如死锁进程所拥有的资源数量，死锁进程到现在为止在其执行过程中所消耗的时间。

② **回滚**：如果从一个进程那里抢占一个资源，那么应对该进程做些什么安排？显然，该进程不能正常执行，它缺少所需要的资源。必须将进程回滚到某个安全状态，以便从该状态重启进程。通常确定一个安全状态并不容易，所以最简单的方法是完全回滚：终止进程并重新执行。更为有效的方法是将进程回滚到足够打破死锁。另一方面，这种方法要求系统维护有关运行进程状态的更多信息。

③ **饥饿**：如何确保不会发生饥饿？即如何保证资源不会总是从同一个进程中被抢占？如果一个系统是基于代价来选择牺牲进程，那么同一进程可能总是被选为牺牲品。结果，这个进程永远不能完成其指定任务，任何实际系统都需要处理这种饥饿情况。显然，必须确保一个进程只能有限地被选择为牺牲品。最为常用的方法是在代价因素中加上回滚次数。

7.8 小 结

如果两个或更多的进程永久等待某个事件，而该事件只能由这些等待进程的某一个引起，那么会出现死锁状态。从原理上来说，有三种方法可以处理死锁：

- 使用一些协议来预防或避免死锁，确保系统永远都不会进入死锁状态。
- 允许系统进入死锁状态，检测死锁，并恢复。
- 忽略这个问题，并假设系统中永远都不会出现死锁。

第三种方法为绝大多数的系统所采用，包括 UNIX 和 Windows。

当且仅当系统内的 4 个必要条件同时成立时（互斥、占有并等待、非抢占、循环等待），才会发生死锁。为了预防死锁，要确保这 4 个必要条件中的至少一个不成立。

死锁避免算法要比预防算法要求低，只要事先了解进程使用资源的情况即可。例如，银行家算法需要知道每个进程所请求的每种资源的最大数量。采用这种信息，可以采用死锁避免算法。

如果不采用协议以确保死锁不会发生，那么就必须使用检测并恢复方案。必须调用检测算法以确定是否出现了死锁。如果检测到死锁，那么系统必须通过终止某些死锁进程，或通过抢占某些死锁进程的资源从死锁中恢复。

如通过抢占来处理死锁，那么有三点必须要考虑：选择一个牺牲品、回滚以及饥饿。如果系统主要根据代价以选择牺牲进程来进行回滚，那么可能会出现饥饿现象，导致所选择进程永远不能完成指定任务。

最后，在这些方法有没有一个可独自处理操作系统的所有资源分配问题上，研究人员有些争议。不过，通过将这些方法组合起来，可以最佳地处理系统的各种类型资源的分配问题。

习　题

7.1　假设有如图 7.9 所示的交通死锁情况：

　　a. 证明这个例子中实际上包括了死锁发生的 4 个必要条件。

　　b. 给出一个简单的规则使这个系统避免死锁。

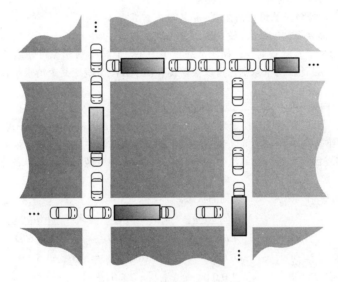

图 7.9　习题 7.1 交通死锁

7.2　当哲学家一次只拿一支筷子时，哲学家就餐问题会出现死锁。请讨论这种情况下的 4 个死锁必要条件确实存在，并讨论如何通过取消 4 个中的一个必要条件来避免死锁。

7.3　一种防止死锁的方法是有一个更高优先级的资源，在申请其他资源前，必须先申请该高优先级资源。例如，如果多个线程试图访问同步对象 A、…、E，可能出现死锁（这些同步对象可以包括互斥、信号量、条件变量等）。通过增加第 6 个对象 F，可以防止死锁。当任一线程需要获取对象 A、…、E 的同步锁时，它必须先获取对象 F 的锁。这种方法称为包含：对象 A、…、E 的锁包含在对象 F 的锁中。请将这一方法与 7.4.4 小节中的循环等待做一比较。

7.4　根据如下两点，比较循环等待方法与各种死锁避免方法（如银行家算法）：

　　a. 运行时开销。

　　b. 系统吞吐量。

7.5　在一个真实的计算机系统中，可用的资源和进程对资源的要求都不会持续很久（几个月）。资源会损坏和被替换，新的进程会进入和离开系统，新的资源会被购买和加入系统。如果用银行家算法控制死锁，下面哪些变化在什么情况下是安全的（不会导致死锁）？

  a. 增加*可用资源*（新的资源被加入系统）

  b. 减少*可用资源*（资源被从系统中永久性地移出）

  c. 增加一个进程的 *Max*（进程需要更多的资源，超过所允许的资源）

  d. 减少一个进程的 *Max*（进程不再需要那么多资源）

  e. 增加进程的数量

  f. 减少进程的数量

  7.6 假设有 4 个相同类型的资源被 3 个进程共享。每个进程最多需要 2 个资源。试证明这个系统不会死锁。

  7.7 假设一个系统有 m 个相同类型的资源被 n 个进程共享，进程每次只请求或释放一个资源。试证明只要符合下面两个条件，系统就不会发生死锁。

  a. 每个进程需要资源的最大值在 $1\sim m$ 之间。

  b. 所有进程需要资源的最大值的和小于 $m+n$。

  7.8 考虑这样的哲学家就餐问题：筷子放在桌子中央，且一个哲学家可使用任两只筷子。假定一次只能请求一只筷子。设计一简单规则，可以根据现有筷子分配来确定某个请求是否可满足而不会出现死锁。

  7.9 考虑与前面问题相同的情景。现在假定每个哲学家需要三只筷子，且资源请求必须仍然单独进行。设计一简单规则，可以根据现有筷子分配来确定某个请求是否可满足而不会出现死锁。

  7.10 将数组的维数减少到 1，可以容易地从一般银行家算法中得到只对一种类型资源的银行家算法。给出例子说明多资源类型银行家算法方案不可以通过对每种资源单独运用单资源银行家算法的方法来实现。

  7.11 考虑下面的一个系统在某一时刻的状态。

	Allocation	Max	Available
	A B C D	A B C D	A B C D
P_0	0 0 1 2	0 0 1 2	1 5 2 0
P_1	1 0 0 0	1 7 5 0	
P_2	1 3 5 4	2 3 5 6	
P_3	0 6 3 2	0 6 5 2	
P_4	0 0 1 4	0 6 5 6	

使用银行家算法回答下面问题：

  a. *Need* 矩阵的内容是怎样的？

  b. 系统是否处于安全状态？

  c. 如果从进程 P_1 发来一个请求（0,4,2,0），这个请求能否立刻被满足？

  7.12 死锁检测算法的最乐观的假设是什么？这个假设为什么不成立？

  7.13 编写一个多线程程序，实现 7.5.3 小节所描述的银行家算法。创建 n 个线程来向银行申请或释放资源。只有保证系统安全，银行家才会批准请求。可以用 Pthread 或 Win32 线程来编程。注意共享数据的并发访问要安全。可以通过互斥锁（Pthread 或 Win32 API 中都有）来保证访问安全。关于这两个库的互斥锁的讨论，请参见第 6 章 "生产者-消费者问题" 项目。

7.14 有一个单道的桥，连接两个 Vermont 村庄：北 Tunbridge 和南 Tunbridge。这个村庄的农场主通过这个桥，将其收成送到附近的城镇。如果北 Tunbridge 和南 Tunbridge 的农场主同时使用这个桥，那么会出现死锁现象（Vermont 农场主比较顽固，不愿后退）。通过信号量，设计一算法以防止死锁。开始时，不必考虑饥饿问题（如向北的农场主通过使用桥不让向南的农场主使用，或相反）。

7.15 修改习题 7.14 的解决方案，以便它不会出现饥饿问题。

文 献 注 记

Dijkstra[1965a]是死锁领域最早和最有影响的贡献者。Holt[1972]是本章中所展示的将死锁问题用图理论模型进行形式化的第一人。Holt[1972]论述了饥饿问题。Hyman[1985]给出了堪萨斯州议会死锁的例子。最近的有关死锁的研究，见 Levine [2003]。

Havender[1968]曾设计了 IBM OS/360 系统中的资源排序方案，给出了多种死锁预防算法。

Dijkstra[1965]提出了对单个资源类型的银行家死锁避免算法。Habermann[1969]将此算法扩展到多种资源。习题 7.6 和 7.7 来自 Holt[1971]。

Coffman 等[1971]给出了 7.6.2 小节中描述的单种资源多实例的死锁检测算法。

Bach[1987]叙述了在传统的 UNIX 内核中有多少种死锁处理方法。Culler [1998]、Rodeheffer 与 Schroeder [1991]讨论了网络死锁问题的解决方案。

Baldwin [2002]给出了证人锁顺序校检器。

第三部分　内存管理

计算机系统的主要用途是执行程序。在执行时，这些程序及其所访问的数据必须在内存里（至少部分是如此）。

为改善 CPU 的使用率和对用户的响应速度，计算机必须在内存里保留多个进程。内存管理方案有很多，以适应各种不同的需求，每个算法的有效性与特定情况有关。对系统内存管理方案的选择取决于很多因素，特别是系统的*硬件*设计。每个算法都需要有自己的硬件支持。

第8章 内存管理

在第 5 章，讨论了 CPU 如何被一组进程所共享。正是由于 CPU 调度的结果，才能提高 CPU 的使用率和计算机对用户的响应速度。但是，为了实现这一性能改进，必须将多个进程保存在内存中；也就是说，必须*共享*内存。

本章将讨论各种内存管理的方法。内存管理算法有很多，从简单的裸机方法，到分页和分段策略，各种方法都有其优点和缺点。为特定系统选择内存管理方法取决于很多因素，特别是系统的*硬件*设计。正如将会看到的，尽管现在的设计已经将硬件和操作系统紧密地结合在一起，但是许多算法仍然需要硬件的支持。

本章目标
- 详细描述内存硬件的各种组织方法。
- 讨论各种内存管理技术，包括分页与分段。
- 详细描述 Intel Pentium 芯片，它支持纯分段和带分页的分段。

8.1 背　景

正如第 1 章所述，内存是现代计算机运行的中心。内存由很大一组字或字节组成，每个字或字节都有它们自己的地址。CPU 根据程序计数器（PC）的值从内存中提取指令，这些指令可能会引起进一步对特定内存地址的读取和写入。

例如，一个典型指令执行周期，首先从内存中读取指令。接着该指令被解码，且可能需要从内存中读取操作数。在指令对操作数执行后，其结果可能被存回到内存。内存单元只看到地址流，而并不知道这些地址是如何产生的（由指令计数器、索引、间接寻址、实地址等）或它们是什么地址（指令或数据）。相应地，可以忽略内存地址是*如何*由程序产生的，而只是对由运行中的程序产生的内存地址感兴趣。

这部分首先讨论与内存管理技术有关的几个问题，包括基本硬件概述，符号内存地址到实际物理地址的绑定，以及逻辑地址与物理地址的差别。最后讨论动态装载、动态链接代码及共享库。

8.1.1 基本硬件

CPU 所能直接访问的存储器只有内存和处理器内的寄存器。机器指令可以用内存地址作为参数，而不能用磁盘地址作为参数。因此，执行指令以及指令使用的数据必须在这些直接可访问的存储设备上。如果数据不在内存中，那么在 CPU 使用前必须先把数据移到内存中。

CPU 内置寄存器通常可以在一个 CPU 时钟周期内完成访问。对于寄存器中的内容，绝大多数 CPU 可以在一个时钟周期内解析并执行一个或多个指令，而对于内存（其访问通过内存总线上的事务进行）就不行了。完成内存访问可能需要多个 CPU 时钟周期，由于没有数据以便完成正在执行的指令，CPU 通常需要**暂停**（stall）。由于内存访问频繁，这种情况是难以忍受的。解决方法是在 CPU 与内存之间，增加高速内存。这种协调速度差异的内存缓存区，称为**高速缓存**（cache），这在 1.8.3 小节已讨论过了。

除了保证访问物理内存的相对速度之外，还要确保操作系统不被用户进程所访问，以及确保用户进程不被其他用户进程访问。这种保护可通过硬件来实现。硬件实现有许多方法，将在本章后面讨论。这里，只简述一种可能方案。

首先需要确保每个进程都有独立的内存空间。为此，需要确定进程可访问的合法地址的范围，并确保进程只访问其合法地址。如图 8.1 所示，通过两个寄存器即基地址寄存器和界限地址寄存器，可以实现这种保护。**基地址寄存器**（base register）含有最小的合法物理内存地址，而**界限地址寄存器**（limit register）决定了范围的大小。例如，如果基地址寄存器为 300040，而界限寄存器为 120900，那么程序可以合法访问从 300040 到 420940（含）的所有地址。

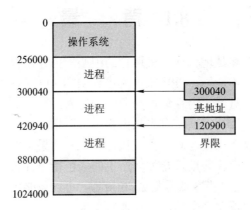

图 8.1 基地址寄存器和界限地址寄存器定义逻辑地址空间

内存空间保护的实现，是通过 CPU 硬件对用户模式所产生的*每一个地址*与寄存器的地址进行比较来完成的。如用户模式下执行的程序试图访问操作系统内存或其他用户内存，则会陷入到操作系统，并作为致命错误处理（图 8.2）。这种方案防止用户程序（有意或无意地）修改操作系统或其他用户的代码或数据结构。

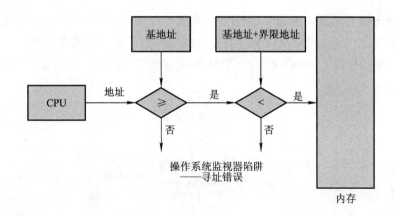

图 8.2 采用基地址寄存器和界限地址寄存器的硬件地址保护

只有操作系统可以通过特殊的特权指令来加载基地址寄存器和界限地址寄存器。由于特权指令只可在内核模式下执行，而只有操作系统在内核模式下执行，所以只有操作系统可以加载基地址寄存器和界限地址寄存器。这种方案允许操作系统修改这两个寄存器的值，而不允许用户程序修改它们。

操作系统在内核模式下执行，可以无限制地访问操作系统和用户的内存。因此操作系统可以将用户程序装入用户内存，在出错时输出这些程序，访问并修改系统调用的参数等。

8.1.2 地址绑定

通常，程序以二进制可执行文件的形式存储在磁盘上。为了执行，程序被调入内存并放在进程空间内。根据所使用的内存管理方案，进程在执行时可以在磁盘和内存之间移动。在磁盘上等待调入内存以便执行的进程形成**输入队列**（input queue）。

通常的步骤是从输入队列中选取一个进程并装入内存。进程在执行时，会访问内存中的指令和数据。最后，进程终止，其地址空间将被释放。

许多系统允许用户进程放在物理内存的任意位置。因此，虽然计算机的地址空间从00000 开始，但用户进程的开始地址不必也是 00000。这种组织方式会影响用户程序能够使用的地址空间。在绝大多数情况下，用户程序在执行前，需要经过好几个步骤，其中有的是可选的（参见图 8.3）。在这些步骤中，地址可能有不同的表示形式。源程序中的地址通常是用符号来表示的（如 count）。编译器通常将这些符号地址**绑定**（bind）在可重定位的地址（如"从本模块开始的第 14 字节"）。链接程序或加载程序再将这些可重定位的地址绑定成绝对地址（如 74014）。每次绑定都是从一个地址空间到另一个地址空间的映射。

通常，将指令与数据绑定到内存地址有以下几种情况：

- **编译时**（compile time）：如果在编译时就知道进程将在内存中的驻留地址，那么就可以生成**绝对代码**（absolute code）。例如，如果事先就知道用户进程驻留在内存地址 *R* 处，那么所生成的编译代码就可以从该位置开始并向后扩展。如果将来开始地址发生变化，那么就必须重新编译代码。MS-DOS 的 .COM 格式程序就是在编译时绑定成绝对代码的。

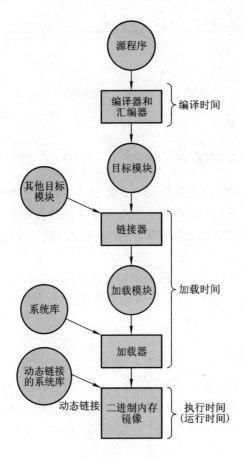

图 8.3　一个用户程序的多步骤处理

● **加载时**（load time）：如果在编译时并不知道进程将驻留在内存的什么地方，那么编译器就必须生成**可重定位代码**（relocatable code）。对于这种情况，最后绑定会延迟到加载时才进行。如果开始地址发生变化，只需重新加载用户代码以引入改变值。

● **执行时**（execution time）：如果进程在执行时可以从一个内存段移到另一个内存段，那么绑定必须延迟到执行时才进行。正如 8.1.3 小节所述，采用这种方案需要特定的硬件。绝大多数通用计算机操作系统采用这种方法。

本章的主要部分将描述如何在计算机系统中有效地实现这些绑定，并将讨论合适的硬件支持。

8.1.3　逻辑地址空间与物理地址空间

CPU 所生成的地址通常称为**逻辑地址**（logical address），而内存单元所看到的地址（即加载到**内存地址寄存器**（memory-address register）中的地址）通常称为**物理地址**（physical address）。

编译和加载时的地址绑定方法生成相同的逻辑地址和物理地址。但是，执行时的地址绑定方案导致不同的逻辑地址和物理地址。对于这种情况，通常称逻辑地址为**虚拟地址**（virtual address）。在本书中，对**逻辑地址**和**虚拟地址**不作区分。由程序所生成的所有逻辑地址的集合称为**逻辑地址空间**（logical address space），与这些逻辑地址相对应的所有物理地址的集合称为**物理地址空间**(physical address space)。因此，对于执行时地址绑定方案，逻辑地址空间与物理地址空间是不同的。

运行时从虚拟地址到物理地址的映射是由被称为**内存管理单元**（memory-management unit，MMU）的硬件设备来完成的。正如将在 8.3 到 8.7 节所要讨论的，有许多可选择的方法来完成这种映射。在此，用一个简单的 MMU 方案来实现这种映射，这是 8.1.1 小节所描述的基地址寄存器方案的推广。基地址寄存器在这里称为**重定位寄存器**（relocation register）。用户进程所生成的地址在送交内存之前，都将加上重定位寄存器的值（如图 8.4 所示）。例如，如果基地址为 14000，那么用户对位置 0 的访问将动态地重定位为位置 14000；对地址 346 的访问将映射为位置 14346。运行于 Intel 80x86 系列 CPU 的 MS-DOS 操作系统在加载和运行进程时，可使用 4 个重定位地址寄存器。

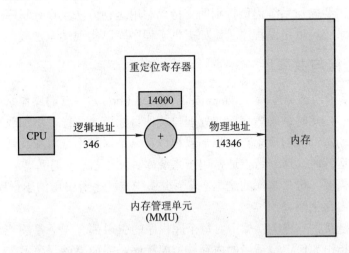

图 8.4　使用重定位寄存器的动态重定位

用户程序决不会看到*真正*的物理地址。程序可以创建一个指向位置 346 的指针，将它保存在内存中，使用它，将它与其他地址进行比较，等等，所有这些操作都是基于 346 进行的。只有当它作为内存地址时（例如，在间接加载和存储时），它才进行相对于基地址寄存器的重定位。用户程序处理*逻辑*地址，内存映射硬件将逻辑地址转变为物理地址。这种运行时绑定已在 8.1.2 小节中讨论过。所引用的内存地址只有在引用时才最后定位。

现在有两种不同的地址：逻辑地址（范围为 0 到 max）和物理地址（范围为 $R+0$ 到 $R+max$，其中 R 为基地址）。用户只生成逻辑地址，且认为进程的地址空间为 0 到 max。用户提供逻辑地址，这些地址在使用前必须映射到物理地址。

*逻辑地址空间*绑定到单独的一套*物理地址空间*这一概念对内存的管理至关重要。

8.1.4　动态加载

迄今为止所讨论的是一个进程的整个程序和数据必须处于物理内存中，以便执行。因此进程的大小受物理内存大小的限制。为了获得更好的内存空间使用率，可以使用**动态加载**（dynamic loading）。采用动态加载时，一个子程序只有在调用时才被加载。所有子程序都以可重定位的形式保存在磁盘上。主程序装入内存并执行。当一个子程序需要调用另一个子程序时，调用子程序首先检查另一个子程序是否已加载。如果没有，可重定位的链接程序将用来加载所需要的子程序，并更新程序的地址表以反映这一变化。接着，控制传递给新加载的子程序。

动态加载的优点是不用的子程序决不会被加载。如果大多数代码需要用来处理异常情况，如错误处理，那么这种方法特别有用。对于这种情况，虽然总体上程序比较大，但是所使用的部分（即加载的部分）可能小很多。

动态加载不需要操作系统提供特别的支持。利用这种方法来设计程序主要是用户的责任。不过，操作系统可以帮助程序员，如提供子程序库以实现动态加载。

8.1.5　动态链接与共享库

图 8.3 也显示了**动态链接库**（dynamically linked library）。有的操作系统只支持**静态链接**（static linking），此时系统语言库的处理与其他目标模块一样，由加载程序合并到二进制程序镜像中。动态链接的概念与动态加载相似。只是这里不是将加载延迟到运行时，而是将链接延迟到运行时。这一特点通常用于系统库，如语言子程序库。没有这一点，系统上的所有程序都需要一份语言库的副本（或至少那些被程序所引用的子程序）。这一要求浪费了磁盘空间和内存空间。

如果有动态链接，二进制镜像中对每个库程序的引用都有一个*存根*（stub）。存根是一小段代码，用来指出如何定位适当的内存驻留库程序，或如果该程序不在内存时应如何装入库。当执行存根时，它首先检查所需子程序是否已在内存中。如果不在，就将子程序装入内存。不管如何，存根会用子程序地址来替换自己，并开始执行子程序。因此，下次再执行该子程序代码时，就可以直接进行，而不会因动态链接产生任何开销。采用这种方案，使用语言库的所有进程只需要一个库代码副本就可以了。

动态链接也可用于库更新（如修改漏洞）。一个库可以被新的版本所替代，且使用该库的所有程序会自动使用新的版本。没有动态链接，所有这些程序必须重新链接以便访问新的库。为了不使程序错用新的、不兼容版本的库，程序和库将包括版本信息。多个版本的库可以都装入内存，程序将通过版本信息来确定使用哪个库副本。不太重要的改动保持了同样的版本号，而重要改动增加版本号。因此，只有用新库编译的程序才会受新库的不兼容变化影响。在新程序装入之前所链接的其他程序可以继续使用老库。这种系统也称为**共享库**。

与动态加载不同，动态链接通常需要操作系统的帮助。如果内存中进程是彼此保护的，那么只有操作系统才可以检查所需子程序是否在其他进程内存空间内，或是允许多个进程访问同一内存地址。在 8.4.4 小节讨论分页时，将进一步进行讨论。

8.2 交　　换

进程需要在内存中以便执行。不过，进程可以暂时从内存中**交换**（swap）到**备份存储**（backing store）上，当需要再次执行时再调回到内存中。例如，假如有一个 CPU 调度算法采用轮转法的多道程序环境，当时间片用完，内存管理器开始将刚刚执行过的进程换出，将另一进程换入到刚刚释放的内存空间中（图 8.5）。同时，CPU 调度器可以将时间片分配给其他已在内存中的进程。当每个进程用完时间片，它将与另一进程进行交换。在理想情况下，内存管理器可以以足够快的速度交换进程，以便当 CPU 调度器需要调度 CPU 时，总有进程在内存内可以执行。除此之外，时间片必须足够大，以保证交换之间可以进行一定量的计算。

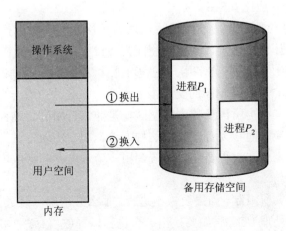

图 8.5　使用磁盘作为备份存储的两个进程的交换

这种交换策略的变种被用在基于优先级的调度算法中。如果有一个更高优先级的进程且需要服务，内存管理器可以交换出低优先级的进程，以便可以装入和执行更高优先级的进程。当更高优先级的进程执行完后，低优先级进程可以交换回内存以继续执行。这种交换有时称为**滚出**（roll out）和**滚入**（roll in）。

通常，一个交换出的进程需要交换回它原来所占有的内存空间。这一限制是由地址绑定方式决定的。如果绑定是在汇编时或加载时所定的，那么就不可以移动到不同的位置。如果绑定在运行时才确定，由于物理地址是在运行时才确定的，那么进程可以移到不同的地址空间。

交换需要备份存储。备份存储通常是快速磁盘。这必须足够大，以便容纳所有用户的内存镜像副本，它也必须提供对这些内存镜像的直接访问。系统有一个**就绪队列**，它包括在备份存储或在内存中准备运行的所有进程。当 CPU 调度程序决定执行进程时，它调用调度程序。调度程序检查队列中的下一进程是否在内存中。如果不在内存中且没有空闲内存空间，调度程序将一个已在内存中的进程交换出去，并换入所需的进程。然后，它重新装载寄存器，并将控制转交给所选择的进程。

交换系统的上下文切换时间比较长。为了明确上下文切换时间的概念，假设用户进程的大小为 10 MB 且备份存储是传输速度为 40 MBps 的标准硬盘。10 MB 进程传入或传出内存的时间为

$$10\ 000\ \text{KB}/40\ 000\ \text{KBps} = 1/4\ \text{s}$$
$$= 250\ \text{ms}$$

假定无须磁头寻址且平均延迟为 8 ms，交换时间为 258 ms。由于需要换出和换入，因此总的交换时间约为 516 ms。

为了有效使用 CPU，需要使每个进程的执行时间比交换时间长。例如，对于轮转法 CPU 调度算法，时间片应比 0.516 s 要大。

注意交换时间的主要部分是转移时间。总的转移时间与所交换的内存空间总量成正比。如果有这样一个计算机系统，其内存空间为 512 MB，驻留操作系统为 25 MB，用户的最大空间为 487 MB。但是，许多用户进程可能比这小很多，例如为 10 MB。10 MB 进程的换出需要 258 ms，而 256 MB 的交换需要 6.4 s。因此，知道一个用户进程所真正需要的内存空间，而不是其*可能*所需要的内存空间，是非常有用的。这样，只需要交换真正使用的内存，以减少交换时间。为有效使用这种方法，用户需要告诉系统其内存需求情况。因此，具有动态内存需求的进程要通过系统调用（请求内存和释放内存）来通知操作系统其内存需求变化情况。

交换也受其他因素所限制。如果要换出进程，那么必须确保该进程完全处于空闲状态。尤其值得关注的是待处理 I/O。假如要换出一个进程以释放内存，而该进程正在等待 I/O 操作。如果 I/O 异步访问用户内存的 I/O 缓冲区，那么该进程就不能被换出。假定由于设备

忙，I/O 操作在排队等待。如果换出进程 P_1 而换入进程 P_2，那么 I/O 操作可能试图使用现在已属于进程 P_2 的内存。对这个问题有两种解决方法，一是不能换出有待处理 I/O 的进程，二是 I/O 操作的执行只能使用操作系统缓冲区。仅当换入进程后，才执行操作系统缓冲与进程内存之间的数据转移。

前面提到交换时假设不需要或只需要少许移动磁头，需要进一步解释。有关详细情况，将在第 12 章涉及外存结构时再讨论。简单地说，交换空间通常作为磁盘的一整块，且独立于文件系统，因此使用就可能很快。

现在，标准交换使用不多。交换需要很多时间，而且提供很少的执行时间，因此这不是一种有效的内存管理解决方案。然而，一些交换的变种却在许多系统中得以应用。

一种修正过的交换就在许多 UNIX 版本中得以使用。通常并不执行交换，但当有许多进程运行且内存空间吃紧时，交换开始启动。如果系统负荷降低，那么交换就暂停。UNIX 所用的内存管理将在 21.7 节和附录 A.6 中讨论。

早期 PC 缺乏高级硬件（或者是能充分利用好硬件的操作系统）来实现高级内存的管理方法，但是通过使用修正过的交换可以运行多个大进程。一个重要例子就是 Microsoft Windows 3.1 操作系统，该系统内存中的进程可并发执行。如果需要装入一个进程，但没有足够的内存空间，那么一个老的进程就被交换到磁盘上。该操作系统并不支持完全交换，这是因为不是调度器而是用户来决定何时为一个进程抢占另一进程。换出的进程一直处于换出状态，直到用户再选择执行该进程为止。后来的 Microsoft 操作系统充分利用了 PC 的高级 MMU 特性。本章的 8.4 节和第 9 章（讨论虚拟内存）将探索这些特性。

8.3 连续内存分配

内存必须容纳操作系统和各种用户进程，因此应该尽可能有效地分配内存的各个部分。本节将介绍一种常用方法——连续内存分配。

内存通常分为两个区域：一个用于驻留操作系统，另一个用于用户进程。操作系统可以位于低内存，也可位于高内存。影响这一决定的主要因素是中断向量的位置。由于中断向量通常位于低内存，因此程序员通常将操作系统也放在低内存。在本书中，只讨论操作系统位于低内存的情况。其他情况的讨论类似。

通常需要将多个进程同时放在内存中，因此需要考虑如何为输入队列中需要调入内存的进程分配内存空间。采用**连续内存分配**（contiguous memory allocation）时，每个进程位于一个连续的内存区域。

8.3.1 内存映射与保护

在讨论内存分配前，必须先讨论内存映射与保护问题。通过采用重定位寄存器（已在

8.1.3 小节讨论）和界限地址寄存器（已在 8.1.1 小节讨论），可以实现这种保护。重定位寄存器含有最小的物理地址值；界限地址寄存器含有逻辑地址的范围值（例如，重定位=100040，界限=74600）。有了重定位寄存器和界限地址寄存器，每个逻辑地址必须小于界限地址寄存器。MMU *动态地*将逻辑地址加上重定位寄存器的值后映射成物理地址。映射后的物理地址再送交内存单元（见图 8.6）。

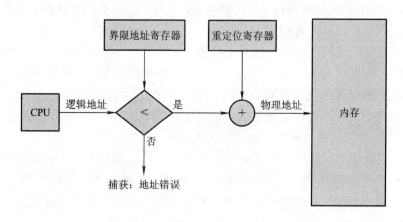

图 8.6　重定位寄存器和界限地址寄存器的硬件支持

当 CPU 调度器选择一个进程来执行时，作为上下文切换工作的一部分，调度程序会用正确的值来初始化重定位寄存器和界限地址寄存器。由于 CPU 所产生的每一地址都需要与寄存器进行核对，所以可以保证操作系统和其他用户程序和数据不受该进程的运行所影响。

重定位寄存器机制为允许操作系统动态改变提供了一个有效方法。许多情况都需要这一灵活性。例如，操作系统的驱动程序需要代码和缓冲空间。如果某驱动程序（或其他操作系统服务）不常使用，可以不必在内存中保留该代码和数据，这部分空间可以用于其他目的。这类代码有时称为暂时（transient）操作系统代码；它们根据需要调入或调出。因此，使用这种代码可以在程序执行时动态改变操作系统的大小。

8.3.2　内存分配

现在来讨论内存分配。最为简单的内存分配方法之一就是将内存分为多个固定大小的**分区**（partition）。每个分区只能容纳一个进程。因此，多道程序的程度会受分区数所限制。如果使用这种**多分区方法**（multiple-partition method），当一个分区空闲时，可以从输入队列中选择一个进程，以调入到空闲分区。当进程终止时，其分区可以被其他进程所使用。这种方法最初为 IBM OS/360 操作系统（称为 MFT）所使用，现在已不再使用。下面所描述的方法是固定分区方案的推广（称为 MVT），它主要用于批处理环境。这里所描述的许多思想也可用于采用纯分段内存管理的分时操作系统（参见 8.6 节）。

在**可变分区**（variable-partition）方案里，操作系统有一个表，用于记录哪些内存可用和哪些内存已被占用。一开始，所有内存都可用于用户进程，因此可以作为一大块可用内存，称为**孔**（hole）。当有新进程需要内存时，为该进程查找足够大的孔。如果找到，可以从该孔为该进程分配所需的内存，孔内未分配的内存可以下次再用。

随着进程进入系统，它们将被加入到输入队列。操作系统根据所有进程的内存需要和现有可用内存情况来决定哪些进程可分配内存。当进程分配到空间时，它就装入内存，并开始竞争 CPU。当进程终止时，它将释放内存，该内存可以被操作系统分配给输入队列中的其他进程。

在任意时候，有一组可用孔（块）大小列表和输入队列。操作系统根据调度算法来对输入队列进行排序。内存不断地分配给进程，直到下一个进程的内存需求不能满足为止，这时没有足够大的可用孔来装入进程。操作系统可以等到有足够大的空间，或者往下扫描输入队列以确定是否有其他内存需求较小的进程可以被满足。

通常，一**组**不同大小的孔分散在内存中。当新进程需要内存时，系统为该进程查找足够大的孔。如果孔太大，那么就分为两块：一块分配给新进程，另一块还回到孔集合。当进程终止时，它将释放其内存，该内存将还给孔集合。如果新孔与其他孔相邻，那么将这些孔合并成大孔。这时，系统可以检查是否有进程在等待内存空间，新合并的内存空间是否满足等待进程。

这种方法是通用**动态存储分配问题**的一种情况（根据一组空闲孔来分配大小为 n 的请求）。这个问题有许多解决方法。从一组可用孔中选择一个空闲孔的最为常用方法有**首次适应**（first-fit）、**最佳适应**（best-fit）、**最差适应**（worst-fit）。

- **首次适应**：分配*第一个*足够大的孔。查找可以从头开始，也可以从上次首次适应结束时开始。一旦找到足够大的空闲孔，就可以停止。
- **最佳适应**：分配*最小的*足够大的孔。必须查找整个列表，除非列表按大小排序。这种方法可以产生最小剩余孔。
- **最差适应**：分配*最大的*孔。同样，必须查找整个列表，除非列表按大小排序。这种方法可以产生最大剩余孔，该孔可能比最佳适应方法产生的较小剩余孔更为有用。

模拟结果显示首次适应和最佳适应方法在执行时间和利用空间方面都好于最差适应方法。首次适应和最佳适应方法在利用空间方面难分伯仲，但是首次适应方法要更快些。

8.3.3 碎片

首次适应方法和最佳适应方法算法都有**外部碎片问题**（external fragmentation）。随着进程装入和移出内存，空闲内存空间被分为小片段。当所有总的可用内存之和可以满足请求，但并不连续时，这就出现了外部碎片问题，该问题可能很严重。在最坏情况下，每两个进程之间就有空闲块（或浪费）。如果这些内存是一整块，那么就可以再运行多个进程。

在首次适应和最佳适应之间的选择可能会影响碎片的量（对一些系统来说首次适应更好，对另一些系统最佳适应更好）。另一个影响因素是从空闲块的哪端开始分配（顶端还是末端）。不管使用哪种算法，外部碎片始终是个问题。

根据内存空间总的大小和平均进程大小的不同，外部碎片的重要程度也不同。例如，对采用首次适应方法的统计说明，不管使用什么优化，假定有 N 个可分配块，那么可能有 $0.5N$ 个块为外部碎片。即 1/3 的内存可能不能使用。这一特性称为 **50%规则**。

内存碎片可以是内部的，也可以是外部的。设想有一个 18 464 B 大小的孔，并采用多分区分配方案。假如有一个进程需要 18 462 B。如果只准确分配所要求的块，那么还剩下一个 2 B 的孔。维护这一小孔的开销要比孔本身大得多。因此，通常将内存以固定大小的块为单元（而不是字节）来分配。采用这种方案，进程所分配的内存可能比所要的要大。这两个数字之差称为**内部碎片**，这部分内存在分区内，但又不能使用。

一种解决外部碎片问题的方法是**紧缩**（compaction）。紧缩的目的是移动内存内容，以便所有空闲空间合并成一整块。但紧缩并非总是可能的。如果重定位是静态的，并且在汇编时或装入时进行的，那么就不能紧缩。紧缩仅在重定位是动态并在运行时可采用。如果地址被动态重定位，可以首先移动程序和数据，然后再根据新基地址的值来改变基地址寄存器。如果能采用紧缩，还需要评估其开销。最简单的合并算法是简单地将所有进程移到内存的一端，而将所有的孔移到内存的另一端，以生成一个大的空闲块。这种方案开销较大。

另一种可能解决外部碎片问题的方法是允许物理地址空间为非连续，这样只要有物理内存就可为进程分配。这种方案有两种互补的实现技术：分页（见 8.4 节）和分段（见 8.6 节）。这种两种技术也可合并（见 8.7 节）。

8.4　分　　页

分页（paging）内存管理方案允许进程的物理地址空间可以是非连续的。分页避免了将不同大小的内存块匹配到交换空间上这样的麻烦，前面所述内存管理方案都有这个问题。当位于内存中的代码或数据需要换出时，必须先在备份存储上找到空间，这时问题就产生了。备份存储也有前面所述与内存相关的碎片问题，只不过访问更慢，因此不适宜采用合并。各种形式的分页由于其优越性，因此通常为绝大多数操作系统所采用。

传统上，分页支持一直是由硬件来处理的。然而，最近的设计是通过将硬件和操作系统相配合来实现分页（尤其是在 64 位微处理器上）。

8.4.1　基本方法

实现分页的基本方法涉及将物理内存分为固定大小的块，称为**帧**（frame）；而将逻辑内存也分为同样大小的块，称为**页**（page）。当需要执行进程时，其页从备份存储中调入到可用的内存帧中。备份存储也分为固定大小的块，其大小与内存帧一样。

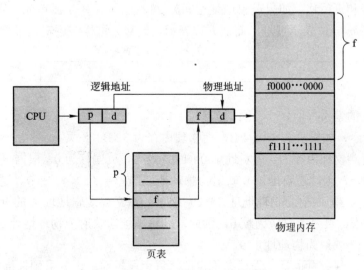

图 8.7　分页的硬件支持

分页硬件支持如图 8.7 所示。由 CPU 生成的每个地址分为两个部分：**页号**（p）和**页偏移**（d）。页号作为**页表**中的索引。页表包含每页所在物理内存的基地址，这些基地址与页偏移的组合就形成了物理地址，就可送交物理单元。内存的页模型如图 8.8 所示。

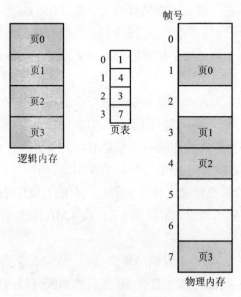

图 8.8　逻辑内存和物理内存的分页模型

页大小（与帧大小一样）是由硬件来决定的。页的大小通常为 2 的幂，根据计算机结构的不同，其每页大小从 512 B～16 MB 不等。选择页的大小为 2 的幂可以方便地将逻辑地址转换为页号和页偏移。如果逻辑地址空间为 2^m，且页大小为 2^n 单元（字节或字），那么逻辑地址的高 $m–n$ 位表示页号，而低 n 位表示页偏移。这样，逻辑地址如下所示：

页号	页偏移
p	d
$m–n$	n

其中 p 作为页表的索引，而 d 作为页的偏移。

如图 8.9 所示，如果页大小为 4 B，而物理内存为 32 B（8 页），考虑一下用户视角的内存是如何映射到物理内存的。逻辑地址 0 的页号为 0，页偏移为 0。根据页表，可以查到页号 0 对应为帧 5，因此逻辑地址 0 映射为物理地址 20（=（5×4）+0）。逻辑地址 3（页号为 0，页偏移为 3）映射为物理地址 23（=（5×4）+3）。逻辑地址 4 的页号为 1，页偏移为 0，根据页表，页号 1 对应为帧 6，因此，逻辑地址 4 映射为物理地址 24（=（6×4）+0）。逻辑地址 13 映射为物理地址 9。

读者可能注意到分页也是一种动态重定位。每个逻辑地址由分页硬件绑定为一定的物理地址。采用分页类似于使用一组基（重定位）地址寄存器，每个基地址对应着一个内存帧。

采用分页技术不会产生外部碎片：每个帧都可以分配给需要它的进程。不过，分页有内部碎片。注意分配是以帧为单元进行的。如果进程所要求的内存并不是页的整数倍，那么最后一个帧就可能用不完。例如，如果页的大小为 2 048 B，一个大小为 72 776 B 的进程需要 35 个页和 1 086 B。该进程会得到 36 个帧，因此有 2 048–1 086=962 B 的内部碎片。在最坏情况下，一个需要 n 页再加 1 B 的进程，需要分配 $n+1$ 个帧，这样几乎产生一个整个帧的内部碎片。

如果进程大小与页大小无关，那么可以推测每个进程可能有半页的内部碎片。这一结构意味着小一点的页可能好些。不过，由于页表中的每项也有一定的开销，该开销随着页的增大而降低。而且，磁盘 I/O 操作随着传输量的增大会更为有效（见第 12 章）。一般来说，随着时间的推移，页的大小也随着进程、数据和内存的不断增大而增大。现在，页大小通常为 4～8 KB，有的系统可能支持更大的页。有的 CPU 内核可能支持多种页大小。例如，Solaris 根据页所存储的数据，可使用 8 KB 或 4 MB 的大小的页。研究人员正在研究对快速可变的页大小的支持。

每个页表的条目通常为 4B，不过这是可变的。一个 32 位的条目可以指向 2^{32} 个物理帧中的任一个。如果帧为 4 KB，那么具有 4B 条目的系统可以访问 2^{44} B 大小（或 16 TB）的物理内存。

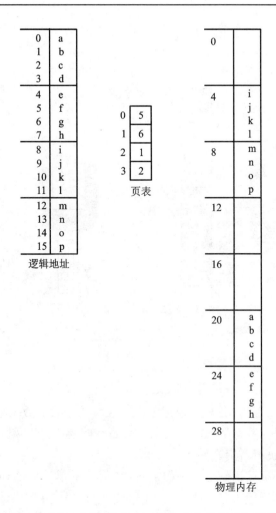

图 8.9　使用 4 B 的页对 32 B 的内存进行分页的例子

　　当系统进程需要执行时，它将检查该进程的大小（按页来计算），进程的每页都需要一帧。因此，如果进程需要 n 页，那么内存中至少应有 n 个帧。如果有，那么就可分配给新进程。进程的第一页装入一个已分配的帧，帧号放入进程的页表中。下一页分配给另一帧，其帧号也放入进程的页表中等（见图 8.10）。

　　分页的一个重要特点是用户视角的内存和实际的物理内存的分离。用户程序将内存作为一整块来处理，而且它只包括这一个进程。事实上，一个用户程序与其他程序一起，分布在物理内存上。用户视角的内存和实际的物理内存的差异是通过地址转换硬件协调的。逻辑地址转变成物理地址。这种映射是用户所不知道的，但是受操作系统所控制。注意用户进程根据定义是不能访问非它所占用的内存的。它无法访问其页表所规定之外的内存，页表只包括进程所拥有的那些页。

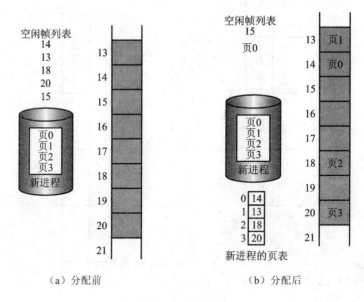

（a）分配前　　　　　　　　　　　（b）分配后

图 8.10　空闲帧

由于操作系统管理物理内存，它必须知道物理内存的分配细节：哪些帧已占用，哪些帧可用，总共有多少帧，等等。这些信息通常保存在称为帧表的数据结构中。在**帧表**（frame table）中，每个条目对应着一个帧，以表示该帧是空闲还是已占用，如果占用，是被哪个（或哪些）进程的哪个页所占用。

另外，操作系统必须意识到用户进程是在用户空间内执行，且所有逻辑地址必须映射到物理地址。如果用户执行一个系统调用（例如进行 I/O），并提供地址作为参数（如一个缓冲），那么这个地址必须映射成物理地址。操作系统为每个进程维护一个页表的副本，就如同它需要维护指令计数器和寄存器的内容一样。当操作系统必须手工将逻辑地址映射成物理地址时，这个副本可用来将逻辑地址转换为物理地址。当一个进程可分配到 CPU 时，CPU 调度程序可以根据该副本来定义硬件页表。因此，分页增加了切换时间。

8.4.2　硬件支持

每个操作系统都有自己的方法来保存页表。绝大多数都为每个进程分配一个页表。页表的指针与其他寄存器的值（如指令计数器）一起存入进程控制块中。当调度程序需要启动一个进程时，它必须首先装入用户寄存器，并根据所保存的用户页表来定义正确的硬件页表值。

页表的硬件实现有多种方法。最为简单的一种方法是将页表作为一组专用**寄存器**

（register）来实现。这些寄存器应用高速逻辑电路来构造，以便有效地进行分页地址的转换。由于对内存的每次访问都要经过分页表，因此效率很重要。CPU 调度程序在装入其他寄存器时，也需要装入这些寄存器。装入或修改页表寄存器的指令是特权级的，因此只有操作系统才可以修改内存映射图。DEC PDP-11 就是这种类型的结构。它的地址有 16 位，而页面大小为 8 KB，因此页表有 8 个条目可放在快速寄存器中。

如果页表比较小（例如 256 个条目），那么页表使用寄存器还是比较合理的。但是，绝大多数当代计算机都允许页表非常大（如 1 百万个条目）。对于这些机器，采用快速寄存器来实现页表就不可行了。因而需要将页表放在内存中，并将**页表基寄存器**（page-table base register，PTBR）指向页表。改变页表只需要改变这一寄存器就可以，这也大大降低了切换时间。

采用这种方法的问题是访问用户内存位置需要一些时间。如果要访问位置 i，那么必须先用 PTBR 中的值再加上页号 i 的偏移，来查找页表。这一任务需要内存访问。根据所得的帧号，再加上页偏移，就得到了真实物理地址。接着就可以访问内存中所需的位置。采用这种方案，访问一个字节需要*两次内存访问*（一次用于页表条目，一次用于字节）。这样，内存访问的速度就减半。在绝大多数情况下，这种延迟是无法忍受的，还不如采用交换机制。

对这一问题的标准解决方案是采用小但专用且快速的硬件缓冲，这种缓冲称为**转换表缓冲区**（translation look-aside buffer，TLB）。TLB 是关联的快速内存。TLB 条目由两部分组成：键（标签）和值。当关联内存根据给定值查找时，它会同时与所有键进行比较。如果找到条目，那么就得到相应的值域。这种查找方式比较快，不过硬件也比较昂贵。通常，TLB 的条目数并不多，通常在 64~1 024 之间。

TLB 与页表一起按如下方法使用：TLB 只包括页表中的一小部分条目。当 CPU 产生逻辑地址后，其页号提交给 TLB。如果找到页号，那么也就得到了帧号，并可用来访问内存。整个任务与不采用内存映射相比，其时间增加不会超过 10%。

如果页码不在 TLB 中（称为 **TLB 失效**），那么就需要访问页表。当得到帧号后，就可以用它来访问内存（如图 8.11 所示）。同时，将页号和帧号增加到 TLB 中，这样下次再用时就可很快查找到。如果 TLB 中的条目已满，那么操作系统会选择一个来替换。替换策略有很多，从最近最少使用替换（LRU）到随机替换等。另外，有的 TLB 允许有些条目固定下来，也就是说它们不会从 TLB 中被替换。通常内核代码的条目是固定下来的。

有的 TLB 在每个 TLB 条目中还保存**地址空间标识符**（address-space identifier, ASID）。ASID 可用来唯一地标识进程，并为进程提供地址空间保护。当 TLB 试图解析虚拟页号时，它确保当前运行进程的 ASID 与虚拟页相关的 ASID 相匹配。如果不匹配，那么就作为 TLB 失效。除了提供地址空间保护外，ASID 也允许 TLB 同时包括多个不同进程的条目。如果 TLB 不支持独立的 ASID，每次选择一个页表时（例如，上下文切换时），TLB 就必须被冲刷（flushed）或删除，以确保下一个进程不会使用错误的地址转换。否则，TLB 中可能有老的条目，这些条目不包括有效的页号地址，而包括从上一个进程留下来的无效的物理地址。

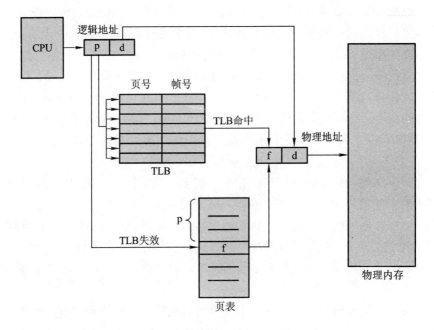

图 8.11 带 TLB 的分页硬件

页号在 TLB 中被查找到的百分比称为**命中率**。80%的命中率意味着有 80%的时间，可以在 TLB 中找到所需的页号。假如查找 TLB 需要 20 ns，访问内存需要 100 ns，如果访问位于 TLB 中的页号，那么采用内存映射访问需要 120 ns。如果不能在 TLB 中找到，那么必须先访问位于内存中的页表以得到帧号（100 ns），并进而访问内存中的所需字节（100 ns），这总共要花费 220 ns。为了得到**有效内存访问时间**，必须根据概率来对每种情况进行加权。

有效内存访问时间 $= 0.80 \times 120 + 0.20 \times 220 = 140$（ns）

对于这种情况，现在内存访问速度要慢 40%（从 100～140 ns）。

如果命中率为 98%，那么

有效内存访问时间 $= 0.98 \times 120 + 0.02 \times 220 = 122$（ns）

由于提高了命中率，现在内存访问速度只慢了 22%。在第 9 章中，将进一步讨论命中率对 TLB 的影响。

8.4.3 保护

在分页环境下，内存保护是通过与每个帧相关联的保护位来实现的。通常，这些位保存在页表中。

可以用一个位来定义一个页是可读写还是只读的。每次地址引用都要通过页表来查找正确的帧码，在计算物理地址的同时，可以通过检查保护位来验证有没有对只读页进行写操作。对只读页进行写操作会向操作系统产生硬件陷阱（或内存保护冲突）。

可以很容易地扩展这一方法以提供更细致的保护。可以创建硬件以提供只读、读写、只执行保护。或者，通过为每种访问情况提供独立保护位，实现这些访问的各种组合；非法访问会被操作系统捕捉到。

还有一个位通常与页表中的每一条目相关联：**有效–无效位**。当该位为有效时，表示相关的页在进程的逻辑地址空间内，因此是合法（或有效）的页。当该位为无效时，表示相关的页不在进程的逻辑地址空间内。通过使用**有效–无效**位可以捕捉到非法地址。操作系统通过对该位的设置可以允许或不允许对某页的访问。

例如，对于 14 位地址空间（0~16 383）的系统，有一个程序，其有效地址空间为 0~10 468。如果页的大小为 2 KB，那么得到如图 8.12 所示的页表。页 0、1、2、3、4 和 5 的地址可以通过页表正常映射。然而，如果试图产生页 6、7 中的地址，就会发现有效–无效位为无效，这样操作系统就会捕捉到这一非法操作（无效地址引用）。

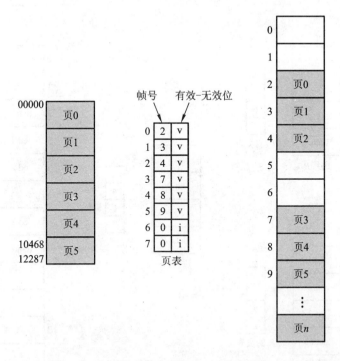

图 8.12　在页表中的有效位（v）或无效位（i）

注意，这种方法也生产了一个问题。由于程序的地址只到 10 468，所以任何超过该地址的引用都是非法的。不过，由于对页 5 的访问是有效的，因此到 12 287 为止的地址都是有效的，只有 12 288～16 383 的地址才是无效的。这个问题是由于页大小为 2 KB 的原因，也反映了分页的内部碎片。

一个进程很少会使用其所有的地址空间。事实上，许多进程只使用一小部分可用的地址空间。对这些情况，如果为地址范围内的所有页都在页表中建立一个条目，这将是非常浪费的。表中的绝大多数并不会被使用，却占用可用的地址空间。有些系统提供硬件如**页表长度寄存器**(page-table length register, PTLR)来表示页表的大小，该寄存器的值可用于检查每个逻辑地址以验证其是否位于进程的有效范围内。如果检测无法通过，会被操作系统捕捉到。

8.4.4　共享页

分页的优点之一在于可以共享公共代码，这种考虑对分时环境特别重要。考虑一个支持 40 个用户的系统，每个用户都执行一个文本编辑器。如果文本编辑器包括 150 KB 的代码及 50 KB 的数据空间，则需要 8 000 KB 来支持这 40 个用户。如果代码是**可重入代码**（reentrant code，或称为**纯代码**），则可以共享，如图 8.13 所示。在此将看到 3 个页的编辑器——每页 50 KB 大小（为了简化图，采用了大页面）——在 3 个进程间共享。每个进程都有它自己的数据页。

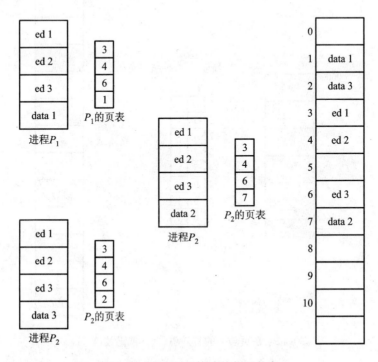

图 8.13　在分页环境下的代码共享

可重入代码是不能自我修改的代码，它从不会在执行期间改变。因此，两个或更多的进程可以在相同的时间执行相同的代码。每个进程都有它自己的寄存器副本和数据存储，以控制进程执行的数据。当然，两个不同的进程的数据也将不同。

只需要在物理内存中保存一个编辑器副本。每个用户的页表映射到编辑器的同一物理副本，而数据页映射到不同的帧。因此，为支持 40 个用户，只需要一个编辑器副本（150 KB），再加上 40 个用户数据空间副本 50 KB，总的需求空间为 2 150 KB，而不是 8 000 KB，这是一个明显的节省。

其他常用程序也可能共享，如编译器、窗口系统、运行时库、数据库系统等。要共享，代码必须能重入。共享代码的只读特点不能只通过正确代码来保证，而需要操作系统来强制实现。

一个系统多个进程的内存共享类似于一个任务的多线程地址空间的共享（如第 4 章所述）。第 3 章已描述过共享内存作为一种进程通信机制。有的操作系统通常共享页来实现共享内存。

除了允许多个进程共享同样的物理页外，按页组织内存也提供了许多其他优点。在第 9 章，将讨论其他优点。

8.5 页 表 结 构

本节将讨论一些组织页表的常用技术。

8.5.1 层次页表

绝大多数现代计算机系统支持大逻辑地址空间（$2^{32} \sim 2^{64}$）。在这种情况下，页表本身可以非常大。例如，设想一下具有 32 位逻辑地址空间的计算机系统。如果系统的页大小为 4 KB（2^{12}），那么一个页表可以包含 1 百万个条目（$2^{32}/2^{12}$）。假设每个条目有 4 B，那么每个进程需要 4 MB 物理地址空间来存储页表本身。显然，我们并不可能在内存中连续地分配这个页表。这个问题的一个简单解决方法是将页表划分为更小部分。划分有许多方法。

一种方法是使用两级分页算法，就是将页表再分页（见图 8.14）。仍以之前一个 4 KB 页大小的 32 位系统为例。一个逻辑地址被分为 20 位的页码和 12 位的页偏移。因为要对页表进行再分页，所以该页号可分为 10 位的页码和 10 位的页偏移。这样，一个逻辑地址就分为如下形式：

页码		页偏移
p_1	p_2	d
10	10	12

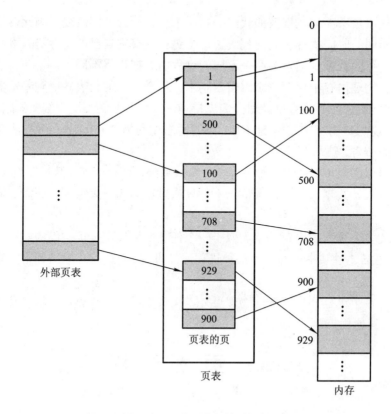

图 8.14 一个两级页表方案

其中，p_1 是用来访问外部页表的索引，而 p_2 是外部页表的页偏移。采用这种结构的地址转换方法如图 8.15 所示。由于地址转换由外向内，这种方案也称为**向前映射页表**（forward-mapped page table）。

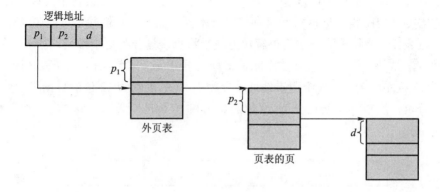

图 8.15 二级 32 位分页体系的地址转换

VAX 体系结构也支持一种两层分页的变种。VAX 是 32 位机器，其页大小为 512B。进程的逻辑地址空间被分为 4 个区，每个区为 2^{30} B。每个区表示一个进程的逻辑地址空间的不同部分。逻辑地址的头两个高位表示适当的区，中间 21 位表示区内的页号，后 9 位表示所需页中的偏移。通过按这种方式来分页，操作系统可以只在进程需要时才使用某些分区。VAX 体系结构的地址按如下形式分为：

区	页	偏移
s	p	d
2	21	9

其中，s 表示区号，p 表示页表的索引，而 d 表示页内的偏移。即使采用此方法，一个 VAX 进程如使用一个区，其一层的页表大小为 $2^{21} \times 4$ B=8 MB。为了进一步减少对主存的使用，VAX 对用户进程的页表进行换页。

对于 64 位的逻辑地址空间的系统，两级分页方案就不再适合。为了说明这一点，假设系统的页大小为 4 KB(2^{12})。这时，页表可由 2^{52} 条目组成。如果使用两级分页方案，那么内部页表可方便地定为一页长，或包括 2^{10} 个 4 B 的条目。地址形式如下所示：

外部页表	内部页表	偏移
p_1	p_2	d
42	10	12

外部页表有 2^{42} 个条目，或 2^{44} B。避免这样一个大表的显而易见的方法是将外部页表再进一步细分。这种方法也可用于 32 位处理器来增加灵活性和有效性。

可以有很多方式来划分外部页表。可以再分外部页表，得到三层分页方案。假设外部页表由标准大小的页组成（2^{10} 个条目或者 2^{12} B）组成，那么 64 位地址空间仍然是很大的：

第二级外部页表	外部页表	Inter page	Offset
p_1	p_2	p_3	d
32	10	10	12

最外部表的大小仍然为 2^{34} B。

下一步是四级分页方案，这时二级外部页表被再次细分。32 位 SPARC 体系结构采用了三级分页方案，而 32 位 Motorola 68030 体系结构采用了四级分页方案。

然而，对于 64 位体系结构，层次页表通常并不适合。例如，64 位 UltraSPARC 体系结构可采用 7 级分页，这可以说是一个有效转换逻辑地址的内存访问的极限。

8.5.2 哈希页表

处理超过 32 位地址空间的常用方法是使用**哈希页表**（hashed page table），并以虚拟页码作为哈希值。哈希页表的每一条目都包括一个链表的元素，这些元素哈希成同一位置（要处理碰撞）。每个元素有 3 个域：(1)虚拟页码，(2)所映射的帧号，(3)指向链表中下一个元素的指针。

　　该算法按如下方式工作：虚拟地址中的虚拟页号转换到哈希表中，用虚拟页号与链表中的每一个元素的第一个域相比较。如果匹配，那么相应的帧号（第二个域）就用来形成物理地址；如果不匹配，那么就对链表中的下一个节点进行比较，以寻找一个匹配的页号。该方案如图 8.16 所示。

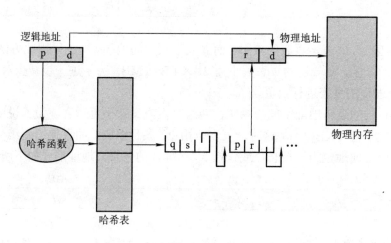

图 8.16　哈希页表

　　人们提出了这种方法的一个变种，它比较适合 64 位的地址空间。**群集页表**（clustered page table）类似于哈希页表，不过这种哈希页表的每一条目不只包括一页信息，而是包括多页（例如 16）。因此，一个页表条目可以存储多个物理页帧的映射。群集页表对于**稀疏**地址空间特别有用，稀疏地址空间中的地址引用不连续，且分散在整个地址空间。

8.5.3　反向页表

　　通常，每个进程都有一个相关页表。该进程所使用的每个页都在页表中有一项（或者每个虚拟地址都有一项，不管后者是否有效）。这种页的表示方式比较自然，这是因为进程是通过页的虚拟地址来引用页的。操作系统必须将这种引用转换成物理内存地址。由于页表是按虚拟地址排序的，操作系统能够计算出所对应条目在页表中的位置，并可以直接使用用该值。这种方法的缺点之一是每个页表可能有很多项。这些表可能消耗大量物理内存，却仅用来跟踪物理内存是如何使用的。

　　为了解决这个问题，可以使用**反向页表**（inverted page table）。反向页表对于每个真正的内存页或帧才有一个条目。每个条目包含保存在真正内存位置的页的虚拟地址以及拥有该页的进程的信息。因此，整个系统只有一个页表，对每个物理内存的页只有一条相应的条目。图 8.17 说明了反向页表的操作,将它与图 8.7 的标准页表操作相比较。因为系统只有一个页表,而有多个地址空间映射物理内存,所以反向页表的条目中通常需要一个地址空间标识符(见 8.4.2 小节),以确保一个特定进程的一个逻辑页可以映射到相应的物理帧。采用反向页表的系统包括 64 位的 UltraSPARC 和 PowerPC。

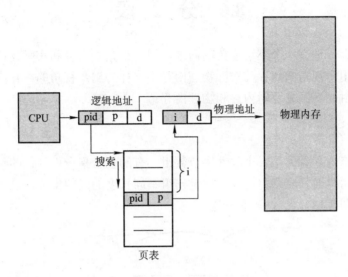

图 8.17 反向页表

为了说明这种方法,这里描述一种简化的反向页表实现,IBM RT 就使用这种方法。系统的每个虚拟地址有一个三元组

        <process-id, page-number, offset>

每个反向页表的条目为一对<process-id, page-number>,其中 process-id 用来作为地址空间的标识符。当需要内存引用时,由<process-id, page-number>组成的虚拟地址部分送交内存子系统。通过查找反向页表来寻找匹配。如果匹配找到,例如条目 i,那么就产生了物理地址<i, offset>。如果没有匹配,那么就是试图进行非法地址访问。

虽然这种方案减少了存储每个页表所需要的内存空间,但是当引用页时,它增加了查找页表所需要的时间。由于反向页表按物理地址排序,而查找是根据虚拟地址,因此可能需要查找整个表来寻求匹配。这种查找会花费很长时间。为了解决这一问题,可以使用 8.5.2 小节介绍的哈希页表来将查找限制在一个或少数几个页表条目。当然,每次访问哈希页表也为整个过程增加了一次内存引用,因此一次虚拟地址引用至少需要两个内存读:一个查找哈希页表条目,另一个查找页表。为了改善性能,可以在访问哈希页表时先查找 TLB。

采用反向页表的系统在实现共享内存时存在困难。共享内存通常作为被映射到一个物理地址的多虚拟地址(其中每一个进程共享内存)来实现。这种标准的方法不能用到反向页表，因为此时每个物理页只有一个虚拟页条目，一个物理页不可能有两个（或更多）的共享虚拟地址。解决该问题的一个简单方法是允许页表仅包含一个虚拟地址到共享物理地址的映射，这意味着对未被映射的虚拟地址的引用将导致页错误。

8.6 分 段

采用分页内存管理有一个不可避免的问题：用户视角的内存和实际物理内存的分离。前面已经看到，用户视角的内存与实际物理内存不一样。用户视角的内存需要映射到实际物理内存，该映射允许区分逻辑内存和物理内存。

8.6.1 基本方法

用户是否会将内存看做是一个线性字节数组，有的包含指令而其他的包含数据？绝大多数人会说不。用户通常愿意将内存看做是一组不同长度的段的集合，这些段之间并没有一定的顺序（见图 8.18）。

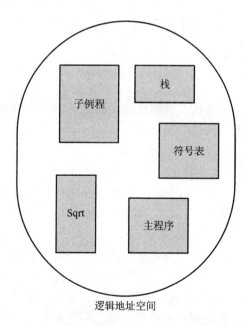

逻辑地址空间

图 8.18 用户眼中的程序

想一下你在写程序时是如何考虑程序的。人们会认为程序是由主程序加上一组方法、过程、函数所构成的，还有各种数据结构：对象、数组、堆栈、变量等。每个模块或其他数据元素都可通过名称引用。人们会说"堆栈"、"数学库"、"主程序"，而并不关心这些元素所在内存的位置，不关心栈是放在函数 Sqrt()之前还是之后。这些段的长度是不同的，其长度是由这些段在程序中的目的所定的。段内的元素是通过它们距段首的偏移来指定：程序的第一条语句、栈里的第 7 个栈帧、函数 Sqrt()的第 5 条指令等。

分段(segmentation)就是支持这种用户视角的内存管理方案。逻辑地址空间是由一组段组成的。每个段都有名称和长度。地址指定了段名称和段内偏移。因此用户通过两个量来指定地址：段名称和偏移（请将这一方案与分页相比较。在分页中，用户只指定一个地址，该地址通过硬件分为页码和偏移，对于这些，程序员是看不见的）。

为实现简单起见，段是编号的，是通过段号而不是段名来引用的。因此，逻辑地址由*有序对*组成：

```
<segment-number, offset>
```

通常，在编译用户程序时，编译器会自动根据输入程序来构造段。

一个 C 编译器可能会创建如下段：

① 代码。

② 全局变量。

③ 堆（内存从堆上分配）。

④ 每个线程采用的栈。

⑤ 标准的 C 库函数。

在编译时链接的库可能被分配不同的段。加载程序会装入所有这些段，并为它们分配段号。

8.6.2　硬件

虽然用户现在能够通过二维地址来引用程序中的对象，但是实际物理内存仍然是一维序列的字节。因此，必须定义一个实现方式，以便将二维的用户定义地址映射为一维物理地址。这个地址是通过**段表**(segment table)来实现的。段表的每个条目都有*段基地址*和*段界限*。段基地址包含该段在内存中的开始物理地址，而段界限指定该段的长度。

段表的使用如图 8.19 所示。一个逻辑地址由两部分组成：段号 s 和段内的偏移 d。段号用做段表的索引，逻辑地址的偏移 d 应位于 0 和段界限之间。如果不是这样，会陷入到操作系统中（逻辑地址试图访问段的外面）。如果偏移 d 合法，那么就与段基地址相加而得到所需字节在物理内存的地址。因此段表是一组基地址和界限寄存器对。

如图 8.20 所示，有 5 个段，编号为 0～4。各段按图中所示存储。每个段都在段表中有一个条目，它包括段在物理内存内的开始地址（或基地址）和该段的长度（或界限）。例如，段 2 为 400 B 长，开始于位置 4300。因此，对段 2 第 53 字节的引用映射成位置 4300+53=4353。对段 3 第 852 字节的引用映射成位置 3200+852=4052。段 0 第 1222 字节的引用会陷入操作系统，这是由于该段仅为 1 000 B 长。

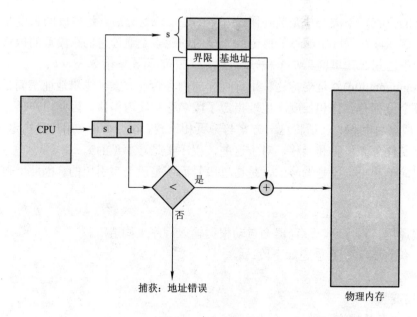

图 8.19　分段硬件

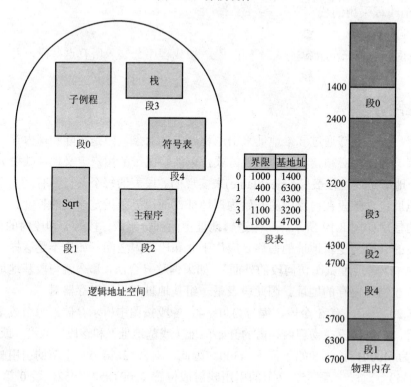

图 8.20　分段的例子

8.7 实例：Intel Pentium

分页或分段都有其优缺点。事实上，有些体系结构两种都提供。本节将讨论支持单纯的分段或分页加分段的 Intel Pentium 体系结构。在此并不会给出对 Pentium 内存管理结构的完整介绍，而是介绍它所基于的主要思想。最后以对 Pentium 系统上 Linux 地址转换概述作为讨论的结束。

在 Pentium 系统中，CPU 产生逻辑地址，它被赋给分段单元。分段单元为每个逻辑地址生成线性地址，然后线性地址交给分页单元，它接下来生成内存中的物理地址。因此，分段单元和分页单元相当于内存管理单元（MMU）。这种方案如图 8.21 所示。

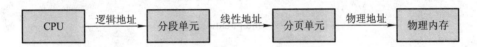

图 8.21 Pentium 中逻辑地址到物理地址的转换

8.7.1 Pentium 分段

Pentium 结构允许一个段的大小最多可达 4 GB，每个进程最多的段的数量为 16 K 个。进程的逻辑地址空间被分为两部分：第一个部分最多由 8 K 个段组成，这部分为私有；第二个部分最多由 8 K 个段组成，这部分为所有进程所共享。关于第一个部分的信息保存在**本地描述符表**（local descriptor table，LDT）中，而关于第二个部分的信息保存在**全局描述符表**（global descriptor table，GDT）中。LDT 和 GDT 的每个条目为 8 B，包括一个段的详细信息，如基位置和段界限等。

逻辑地址是一对（selector, offset），选择器（selector）是一个 16 位的数：

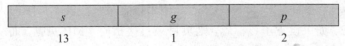

其中，s 表示段号，g 表示段是在 GDT 还是在 LDT 中，p 表示保护信息。偏移（offset）是一个 32 位的数，用来表示字节（或字）在段内的位置。

机器有 6 个段寄存器，允许一个进程可以同时访问 6 个段。它还有 6 个 8 B 的微程序寄存器，用来保存相应的来自于 LDT 或 GDT 的描述符。这一缓冲区允许 Pentium 不必在每次内存引用时都从内存中读取描述符。

Pentium 的线性地址为 32 位长，按如下方式来形成：段寄存器指向 LDT 或 GDT 中的适当条目，段的基地址和界限信息用来产生**线性地址**。首先，界限用来检查地址的合法性。如果地址无效，就产生内存出错，导致陷入操作系统。如果有效，偏移值就与基地址的值相加，产生 32 位的线性地址，如图 8.22 所示。下一小节将讨论分页单元如何将线性地址转换成物理地址。

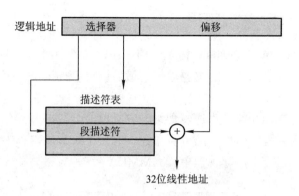

图 8.22　Intel Pentium 分段

8.7.2　Pentium 分页

Pentium 体系结构允许页的大小为 4 KB 或 4 MB。对于 4 KB 的页，Pentium 采用二级分页方案，其中 32 位线性地址如下形式划分：

页码		页偏移
p_1	p_2	d
10	10	12

这种体系结构的地址转换方案类似于图 8.15。Intel Pentium 地址转换的详细情况如图 8.23 所示。最高 10 位引用最外层页表的条目，它被称为**页目录**（page directory）（CR3 寄存器指向当前进程的页目录）。页目录条目指向由线性地址中最内层的 10 位内容索引的内部页表。最后，最低的 0～11 位是页表项所指向的 4 KB 页面内的偏移。

页目录中的一个条目是 Page Size 标志，如果设置了它，表示页帧的大小为 4 MB，而不是标准的 4 KB。如果设置了该标志，则页目录直接指向 4 MB 页帧，而绕过了内层页表，且线性地址的最低 22 位指向 4 MB 页帧的偏移。

为了提高物理内存的使用效率，Intel Pentium 的页表可以交换到磁盘上。这时，页目录条目的无效位可用来表示相应的页表是在内存还是在磁盘上。如果在磁盘上，操作系统可以使用其他的 31 位来表示页表在磁盘上的位置，该页表可根据需要调入内存。

8.7.3　Pentium 系统上的 Linux

作为一个例子，考虑运行在 Intel Pentium 体系结构上的 Linux 系统。由于 Linux 被设计为在一系列处理器上运行（其中许多可能仅提供对段的有限支持）Linux 并不依赖段，并最低程度地使用它。在 Pentium 中，Linux 仅使用 6 个段：

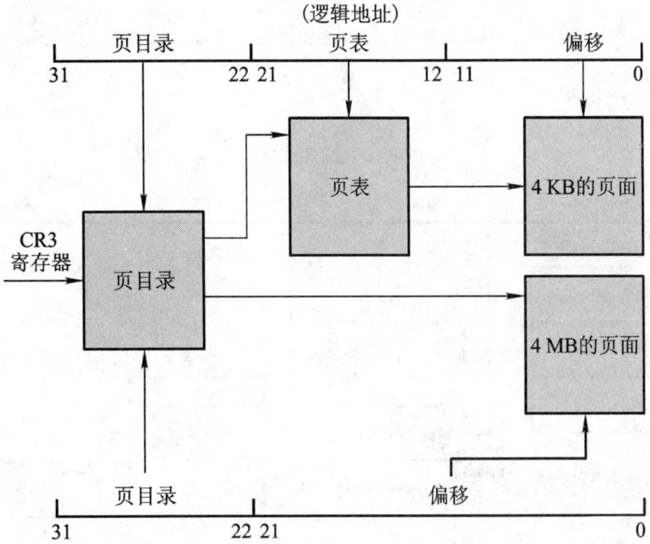

图 8.23 Pentium 体系结构中的分页

- 内核代码段。
- 内核数据段。
- 用户代码段。
- 用户数据段。
- 任务状态段（TSS）。
- 默认的 LDT 段。

用户代码段和用户数据段为所有以用户模式运行的进程所共享。由于所有进程使用相同的逻辑地址空间且所有段描述符保存在全局描述符表（GDT）内，因此这是可能的。进一步讲，每个进程都有它自己的任务状态段（TSS），该段的描述符被保存在 GDT 中。该 TSS 被用来保存在上下文切换中每个进程的硬件上下文。通常，默认的 LDT 段被所有进程所共享，且通常并不被使用。不过，如果一个进程需要它自己的 LDT，则它可以生成一个 LDT，并用它代替默认的 LDT。

正如所指出的，每个段选择器包括一个 2 位保护域，因此 Pentium 允许四级保护。在此四级保护中，Linux 仅识别用户模式与内核模式。

尽管 Pentium 采用二级分页模式，Linux 被设计为能运行多种硬件平台，其中许多平台是 64 位的，而二级分页对此并不合适。因此，Linux 采用适合 32 位和 64 位体系结构的三级分页方案。

Linux 中的线性地址分成如下 4 个部分：

全局目录	中间目录	页表	偏移

图 8.24 中明确了 Linux 中的三级分页模式。

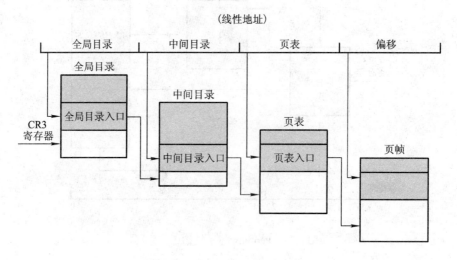

图 8.24　Linux 中的三级分页模式

根据体系结构的不同，线性地址的每一部分的位的多少也有变化。但是，正如本节前面所讲的，Pentium 体系结构仅采用二级分页模式。那 Linux 是如何在 Pentium 上使用三级模式的呢？此时，中间目录的大小为零位，实际上绕开了中间目录。

Linux 中的每个任务都有它自己的页表，如图 8.23 所示，CR3 寄存器指向了当前执行的任务的全局目录。在上下文切换中，CR3 寄存器的值被保存和恢复是在与上下文切换相关任务的 TSS 段中进行的。

8.8　小　　结

用于多道程序设计的操作系统的内存管理算法，包括从简单的单用户系统方法到分页分段方法。一个特定系统所采用方法的最大决定因素是硬件所提供的支持。CPU 所产生的每个内存地址都必须先进行合法性检查，才可映射成为物理地址。检查是不能通过软件来（有效地）实现，因此实现受到可用硬件的限制。

不同的内存管理算法（连续分配、分页、分段，以及分页与分段结合）在许多方面都呈现出不同的特点。在比较不同内存管理策略时，需要考虑如下几点：

● **硬件支持**：对单分区和多分区方案，只需要一个基地址寄存器或一对基地址和界限寄存器就够了；而对于分页和分段，需要映射表以定义地址映射。

- **性能**：随着内存管理算法变得越来越复杂，逻辑地址到物理地址的映射所需要的时间也有所增加。对于简单系统，只需要对逻辑地址进行比较和加减操作（这些较为简单）。如果表能通过快速寄存器来加以实现，那么分页和分段操作也会很快。不过，如果表在内存中，那么用户内存访问速度就大大地降低。TLB 可以用来改善性能。

- **碎片**：如果多道程序的级别更高，那么多道程序系统通常会更有效地执行。对于给定的一组进程，可以通过将更多进程装入内存以增加多道程序的程度。为了完成这一任务，必须降低内存浪费或碎片。采用固定大小分配单元（如单个分区和分页）的系统会有内部碎片问题。采用可变大小分配单元（如多个分区和分段）的系统会有外部碎片问题。

- **重定位**：外部碎片问题的解决方案之一是紧缩。紧缩涉及在内存中移动程序而不影响到程序。这种方案要求在执行时逻辑地址能动态地进行重定位。如果地址只能在装入时进行重定位，那么就不能采用紧缩。

- **交换**：任何算法都可加上交换操作。进程可以定时地（由操作系统来定，通常由 CPU 调度策略来决定）从内存交换到外存，之后再交换到内存。这种方法能允许更多进程运行，但它们不能同时装入内存。

- **共享**：另一个增加多道程序程度的方法是让不同用户共享代码和数据。共享通常要求分页或分段，以便共享较小的信息区域（如页或段）。共享在有限内存情况下能运行许多进程，但是共享的程序和数据需要仔细设计。

- **保护**：如果提供了分页或分段，那么用户程序的不同区域可以声明为只可执行、只读或可读写。这种限制对于共享代码和数据是必要的，对于常见程序设计错误能提供简单的运行时的检查。

习　　题

8.1　试说明内部碎片与外部碎片的区别。

8.2　考虑下面生成二进制的过程。编译器被用来生成单个单元的目标代码，链接器被用来将多个目标单元合并为一个程序二进制。链接器如何改变指令和数据到内存地址的绑定？需要将什么信息从编译器传递给链接器，以协助完成链接器的内存绑定任务？

8.3　如果有内存块 100 KB、500 KB、200 KB、300 KB 和 600 KB（按顺序），首次适应算法、最佳适应算法、最差适应算法各自将怎样放置大小分别为 212 KB、417 KB、112 KB 和 426 KB（按顺序）的进程？哪一种算法的内存利用率最高？

8.4　绝大多数系统允许程序在执行时分配更多的内存给它自己的地址空间。程序的堆段中的数据分配就是这样一个内存分配实例。在下面的方法中，支持动态内存分配需要什么？

　　a. 连续内存分配

　　b. 纯分段

　　　c. 纯分页

　　8.5　对下列问题，试比较连续内存分配方案、纯分段方案和纯分页方案中的内存组织方法：

　　　a. 外部碎片

　　　b. 内部碎片

　　　c. 共享跨进程代码的能力

　　8.6　在一个分页系统中，进程不能访问不属于它的内存，为什么？操作系统怎样才能允许访问其他的内存？应不应该，为什么？

　　8.7　试比较分页与分段在将虚拟地址转换到物理地址过程中地址转换结构所需要的内存量。

　　8.8　许多系统中，程序二进制常见的结构如下：代码从一个小的固定虚拟地址（如 0）开始保存。代码段后是用来保存程序变量的数据段，当程序开始执行时，栈在虚拟地址空间的另一端被分配，并被允许向更低的虚拟地址方向递增。在下列方案中，采用上述结构有何意义？

　　　a. 连续内存分配

　　　b. 纯分段

　　　c. 纯分页

　　8.9　假设一个将页表存放在内存的分页系统：

　　　a. 如果一次内存访问需 200 ns，访问一页内存要用多长时间？

　　　b. 如果加入 TLB，并且 75% 的页表引用发生在 TLB，内存有效访问时间是多少？（假设在 TLB 中查找页表项占用零时间，如果页表项在其中。）

　　8.10　为什么时常将分页与分段在同一个方案中结合使用？

　　8.11　试说明为什么使用分段比使用纯分页更容易共享一个可重入模块。

　　8.12　假设有下面的段表：

段	基地址	长度
0	219	600
1	2300	14
2	90	100
3	1327	580
4	1952	96

下面逻辑地址的物理地址是多少？

　　　a. 0430

　　　b. 110

　　　c. 2500

　　　d. 3400

　　　e. 4122

　　8.13　页表分页的目的是什么？

　　8.14　考虑 VAX 体系结构所采用的多级分页方案，当用户程序执行一个内存装载操作时，完成了多少内存操作？

　　8.15　比较一下在处理大型地址空间时的分段分页方案与哈希页表方案。两者分别适合什么环境？

　　8.16　考虑如图 8.22 所示的 Intel 地址转换方案：

　　　a. 描述 Intel Pentium 将逻辑地址转换成物理地址的所有步骤。

b. 使用这样复杂的地址转换方案对操作系统有什么好处？

c. 这样的地址转换系统有没有什么缺点？如果有，有哪些？如果没有，为什么不是每个制造商都使用这种方案？

文 献 注 记

Knuth[1973]论述了动态内存分配（参见 2.5 节），他还从模拟结果中发现首次适应分配算法比最佳适应算法好。Knuth[1973]讨论了 50%规则。

分页的概念要归功于 Atlas 系统的设计者们，Kilburn 等[1961]和 Howarth 等[1961]描述了这些。Dennis[1965]论述了分段的概念。GE 645 最先支持分页分段，在它上面最初实现 MULTICS（Organick[1972]、Daley 和 Dennis[1967]）。

Chang 和 Mergen[1988]在关于 IBM RT 的存储管理的论文中讨论了反向页表。

Jacob 和 Mudge[1997]讨论了有关地址转换的软件方法。

Hennessy 和 Patterson[2002]讨论了 TLB、Cache、MMU 的硬件特性。Talluri 等[1995]讨论了 64 位地址空间的页表。Wahbe 等[1993a]、Chase 等[1994]、Bershad 等[1995a]和 Thorn[1997]提出并研究了另一种强制内存保护的可选方法。Dougan 等[1999]、Jacob 和 Mudge[2001]讨论了一种管理 TLB 的技巧。Fang 等[2001]评估了对大页面的支持。

Tanenbaum[2001]讨论了 Intel 80386 的分页。Jacob 和 Mudge[1998a]描述了多种体系结构的内存管理，像 Pentium Ⅱ、PowerPC 和 UltraSPARC。Bovet 和 Cesati[2002]提出了 Linux 系统的分段问题。

第 9 章　虚　拟　内　存

第 8 章讨论了计算机系统所使用的各种内存管理策略。所有这些策略都是为同一目的：同时将多个进程存放在内存中，以便允许多道程序设计。不过，这些策略都需要在进程执行之前将整个进程放在内存中。

虚拟内存技术允许执行进程不必完全在内存中。这种方案的一个显著的优点就是程序可以比物理内存大。而且，虚拟内存将内存抽象成一个巨大的、统一的存储数组，进而将用户看到的逻辑内存与物理内存分开。这种技术允许程序员不受内存存储的限制。虚拟内存也允许进程很容易地共享文件和地址空间，还为创建进程提供了有效的机制。但是，虚拟内存的实现并不容易，如果使用不当可能会大大地降低性能。本章通过按需分页来讨论虚拟内存，并研究其复杂性与开销。

本章目标
- 介绍虚拟内存系统的优点。
- 描述按需调页概念、页替换算法和帧分配算法。
- 讨论工作集模型原理。

9.1　背　　景

第 8 章所介绍的内存管理算法都基于一个基本要求：执行指令必须在物理内存中。满足这一要求的第一种方法是将整个进程放在内存中。动态载入能帮助减轻这一限制，但是它需要程序员特别小心并且需要一些额外的工作。

指令必须都在物理内存内的这一限制，这似乎是必需和合理的，但也是不幸的，因为这使得程序的大小被限制在物理内存的大小以内。事实上，研究实际程序会发现，在许多情况下并不需要将整个程序放到内存中。例如：

- 程序通常有处理异常错误条件的代码。由于这些错误即使有也是很少发生，所以这种代码几乎不执行。

- 数组、链表和表通常分配了比实际所需要的更多的内存。声明一个有 100 ×100 个元素的数组，可能实际使用的只是 10×10 个元素。虽然汇编程序系统表可能有 3 000 个符号空间，但是程序平均可能用到的只有不到 200 个符号。

- 程序的某些选项或功能可能很少使用。例如，美国政府计算机上的用于平衡预算的程序就很少使用。

即使在需要完整程序时，也并不是同时需要所有的程序。

能够执行只有部分在内存中的程序可带来很多好处：

- 程序不再受现有的物理内存空间限制。用户可以为一个巨大的**虚拟地址空间**（virtual address space）编写程序，简化了编程工作量。

- 因为每个用户程序使用了更少的物理内存，所以更多的程序可以同时执行，CPU 使用率也相应增加，而响应时间或周转时间并不增加。

- 由于载入或交换每个用户程序到内存内所需的 I/O 会更少，用户程序会运行得更快。

因此，运行一个部分在内存中的程序不但有利于系统，还有利于用户。

虚拟内存（virtual memory）将用户逻辑内存与物理内存分开。这在现有物理内存有限的情况下，为程序员提供了巨大的虚拟内存（见图 9.1）。虚拟内存使编程更加容易，因为程序员不再需要担心可用的有限物理内存空间，只需要关注所要解决的问题。

进程的**虚拟地址空间**就是进程如何在内存中存放的逻辑（或虚拟）视图。通常，该视图为进程从某一逻辑地址（如地址 0）开始，连续存放，如图 9.2 所示。根据第八章，物理地址可以按页帧来组织，且分配给进程的物理页帧也可能不是连续的。这就需要内存管理单元（MMU）将逻辑页映射到内存的物理页帧。

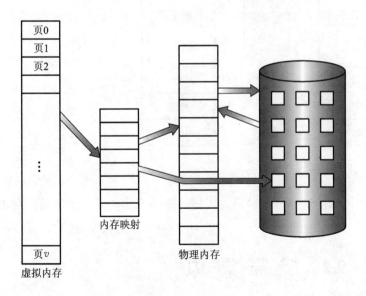

图 9.1　虚拟内存大于物理内存的图

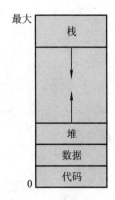

图 9.2　虚拟地址空间

如图 9.2 所示，允许随着动态内存分配，堆可向上生长。类似地，还允许随着子程序的不断调用，栈可以向下生长。堆与栈之间的巨大空白空间（或洞）为虚拟地址的一部分，只有在堆与栈生长时，才需要实际的物理页。包括空白的虚拟地址空间称为**稀**地址空间。

采用稀地址空间的优点是：随着程序的执行，栈或堆段的生长或需要载入动态链接库（或共享对象）时，这些空白可以填充。

除了将逻辑内存与物理内存分开，虚拟内存也允许文件和内存通过共享页而为两个或多个进程所共享（见 8.4.4 小节）。这带来了如下优点：

- 通过将共享对象映射到虚拟地址空间，系统库可为多个进程所共享。虽然每个进程都认为共享库是其虚拟地址空间的一部分，而共享库所用的物理内存的实际页是为所有进程所共享。通常，库是按只读方式来链接每个进程的空间。

- 类似地，虚拟内存允许进程共享内存。如第 3 章所述，两个或多个进程之间可以通过使用共享内存来通信。虚拟内存允许一个进程创建内存区域，以便与其他进程进行共享。共享该内存区域的进程认为它是其虚拟地址空间的一部分，而事实上这部分是共享的，如图 9.3 所示。

- 虚拟内存可允许在用系统调用 fork() 创建进程期间共享页，从而加快进程创建。

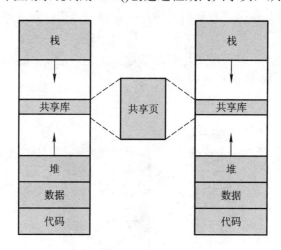

图 9.3　使用虚拟内存的共享库

后面将会进一步探讨虚拟内存的优点。不过，首先要讨论一下如何采用按需调页来实现虚拟内存。

9.2　按 需 调 页

看看一个执行程序是如何从磁盘载入内存的。一种选择是在程序执行时，将整个程序载入到内存。不过，这种方法的问题是可能开始并不需要整个程序在内存中。如有的程序开始时带有一组用户可选的选项。载入整个程序，也就将所有选项的执行代码都载入到内存中，而不管这些选项是否使用。另一种选择是在需要时才调入相应的页。这种技术称为

按需调页（demand paging），常为虚拟内存系统所采用。对于按需调页虚拟内存，只有程序执行需要时才载入页，那些从未访问的页不会调入到物理内存。

按需调页系统类似于使用交换的分页系统（见图 9.4），进程驻留在第二级存储器上（通常为磁盘）。当需要执行进程时，将它换入内存。不过，不是将整个进程换入内存，而是使用**懒惰交换**（lazy swapper）。懒惰交换只有在需要页时，才将它调入内存。由于将进程看做是一系列的页，而不是一个大的连续空间，因此使用*交换*从技术上来讲并不正确。交换程序(swapper)对整个进程进行操作，而**调页程序**（pager）只是对进程的单个页进行操作。因此，在讨论有关按需调页时，需要使用*调页程序*而不是*交换程序*。

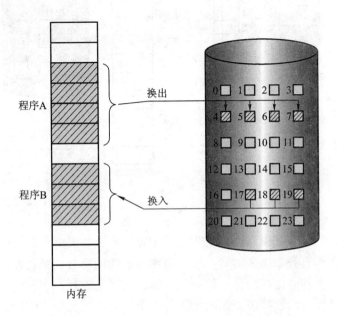

图 9.4 分页的内存到连续的磁盘空间之间的传送

9.2.1 基本概念

当换入进程时，调页程序推测在该进程再次换出之前会用到哪些页。调页程序不是调入整个进程，而是把那些必需的页调入内存。这样，调页程序就避免了读入那些不使用的页，也减少了交换时间和所需的物理内存空间。

对这种方案，需要一定形式的硬件支持来区分哪些页在内存里，哪些页在磁盘上。在8.5 节中所描述的有效-无效位（valid-invalid bit）可以用于这一目的。不过，现在当该位设置为"有效"时，该值表示相关的页既合法且也在内存中。当该位设置为"无效"时，该值表示相关的页为无效（也就是，不在进程的逻辑地址空间内），或者有效但是在磁盘上。对于调入内存的页，其页表条目的设置与平常一样；但是对于不在内存的页，其页表条目设置为无效，或包含该页在磁盘上的地址。这种情况如图 9.5 所示。

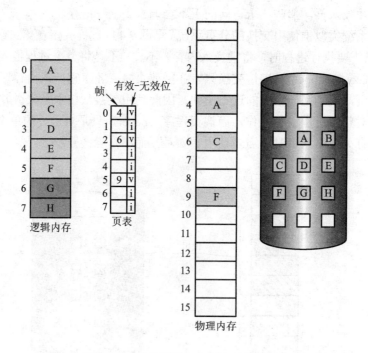

图 9.5　当有些页不在内存中时的页表

注意，如果进程从不试图访问标记为无效的页，那么并没有什么影响。因此，如果推测正确并且只调入所有真正需要的页，那么进程就可如同所有页都已调入一样正常运行。当进程执行和访问那些驻留在内存中的页时，执行会正常进行。

但是当进程试图访问那些尚未调入到内存的页时，情况又如何呢？对标记为无效的访问会产生**页错误陷阱**（page-fault trap）。分页硬件，在通过页表转换地址时，将发现已设置了无效位，会陷入操作系统。这种陷阱是由于操作系统未能将所需的页调入内存引起的。处理这种页错误的程序比较简单（见图 9.6）：

① 检查进程的内部页表（通常与 PCB 一起保存），以确定该引用是合法还是非法的地址访问。

② 如果引用非法，那么终止进程。如果引用有效但是尚未调入页面，那么现在应调入。

③ 找到一个空闲帧（例如，从空闲帧链表中选取一个）。

④ 调度一个磁盘操作，以便将所需要的页调入刚分配的帧。

⑤ 当磁盘读操作完成后，修改进程的内部表和页表，以表示该页已在内存中。

⑥ 重新开始因陷阱而中断的指令。进程现在能访问所需的页，就好像它似乎总在内

存中。

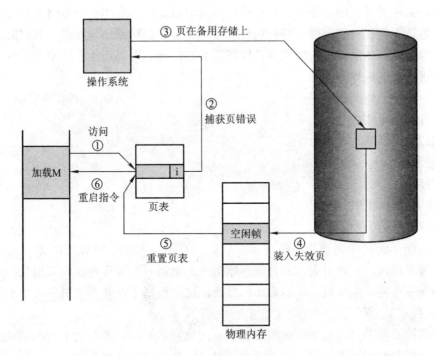

图 9.6　处理页错误的步骤

一种极端情况是所有的页都不在内存中，就开始执行进程。当操作系统将指令指针指向进程的第一条指令时，由于其所在的页并不在内存中，进程立即出现页错误。当页调入内存时，进程继续执行，并不断地出现页错误直到所有所需的页均在内存中。这时，进程可以继续执行且不出现页错误。这种方案称为**纯粹按需调页**（pure demand paging）：只有在需要时才将页调入内存。

从理论上来说，有的程序的单个指令可能访问多个页的内存（一页用于指令，其他页用于数据），从而一个指令可能产生多个页错误。这种情况会产生令人无法接受的系统性能。幸运的是，对运行进程的分析说明了这种情况是极为少见的。如 9.6.1 小节所述，程序具有**局部引用**（locality of reference），这使得按需调页的性能较为合理。

支持按需调页的硬件与分页和交换的硬件一样：

- **页表**：该表能够通过有效–无效位或保护位的特定值，将条目设为无效。
- **次级存储器**：该次级存储器用来保存不在内存中的页。次级存储器通常为快速磁盘。它通常称为交换设备，用于交换的这部分磁盘称为**交换空间**（swap space）。交换空间的分配将在第 12 章中讨论。

请求调页的关键要求是能够在页错误后重新执行指令。在出现页错误时，保存中断进程的状态（寄存器、条件代码、指令计数器），必须能够按完全相同的位置和地址重新开始执行进程，只不过现在所需要的页已在内存中且可以访问。对绝大多数情况来说，这种要求容易满足。页错误可能出现在任何内存引用中。如果页错误出现在指令获取时，那么可以再次获取指令。如果页错误出现在获取操作数时，那么可以再次获取指令、再次译码指令，然后再次获取操作数。

作为一个最坏情况的例子，考虑一个三地址的指令，如 ADD，该指令将 A 和 B 的内容相加，并将结果放在 C 中。执行这一指令的步骤如下：

① 获取并译码指令（ADD）。

② 获取 A。

③ 获取 B。

④ 将 A 和 B 相加。

⑤ 将结果存入 C 中。

如果在保存到 C 中时出现页错误（因为 C 现在不在内存中的页内），那么必须得到所需的页，将它调入，更正页表，并重新开始指令。重新开始需要再次获取指令，再次译码指令，再次获取两个操作数，然后相加。然而，这种重复工作并不会很多（小于一个完整指令），这种重复只有在出现页错误时才是必需的。

主要的困难在于一个指令可能改变多个不同位置。例如，考虑一个 IBM 系统 360/370 的 MVC 指令（移动字符），该指令能够将多达 256 B 的块从一处移到另一处（可能重叠）。如果任何一块（源或目的）跨越页边界，在移动执行了部分后可能会出现页错误。另外，如果源和目的块有重叠，源块可能已经修改，这时并不能简单地再次执行该指令。

这个问题有两种不同的解决方法。一种方案是微码计算并试图访问两块的两端。如果可能会出现页错误，那么就在这一步出现（在修改之前）。因为知道没有页错误（由于所有页都在内存中），现在可以执行移动。另一方案是使用临时寄存器来保存覆盖位置的值。如果有页错误，那么所有原来的值可在出现页错误之前写回到内存。这一动作在指令开始之前将内存恢复到原来的状态，这样指令就能够重复。

这决不是在向一个已有体系中增加分页以允许按需调页时产生的仅有的体系问题，不过它已说明了一些虚拟技术的困难。分页是加在计算机系统的 CPU 和内存之间的。它应该对用户进程完全透明。这样，人们就通常假定分页能够应用到任何系统中。虽然这个假定对于非按需调页环境来说是正确的，因为在这种环境中，页错误就代表了一个致命错误，但是对于页错误仅意味着另外一个额外的页需调入内存，然后进程重新运行的情况来说是不正确的。

9.2.2　按需调页的性能

按需调页对计算机系统的性能有重要影响。为了说明起见，下面计算一下关于按需调页内存的**有效访问时间**（effective access time）。对绝大多数计算机系统而言，内存访问时间（用 ma 表示）的范围为 10～200 ns。只要没有出现页错误，那么有效访问时间等于内存访问时间。然而，如果出现页错误，那么就必须先从磁盘中读入相关页，再访问所需要的字。

设 p 为页错误的概率（$0 \leqslant p \leqslant 1$）。希望 p 接近于 0，即页错误很少。那么**有效访问时间**为：

有效访问时间 $= (1-p) \times ma + p \times$ 页错误时间

为了计算有效访问时间，必须知道处理页错误需要多少时间。页错误会引起如下序列的动作产生：

① 陷入到操作系统。

② 保存用户寄存器和进程状态。

③ 确定中断是否为页错误。

④ 检查页引用是否合法并确定页所在磁盘的位置。

⑤ 从磁盘读入页到空闲帧中。

a. 在该磁盘队列中等待，直到处理完读请求。

b. 等待磁盘的寻道和/或延迟时间。

c. 开始将磁盘的页传到空闲帧。

⑥ 在等待时，将 CPU 分配给其他用户（CPU 调度，可选）。

⑦ 从 I/O 子系统接收到中断（以示 I/O 完成）。

⑧ 保存其他用户的寄存器和进程状态（如果执行了第 6 步）。

⑨ 确定中断是否来自磁盘。

⑩ 修正页表和其他表以表示所需页现已在内存中。

⑪ 等待 CPU 再次分配给本进程。

⑫ 恢复用户寄存器、进程状态和新页表，再重新执行中断的指令。

以上步骤并不是在所有情况下都是必需的。例如，假设在第 6 步，在执行 I/O 时，将 CPU 分配给另一进程。这种安排允许多道程序以提高 CPU 使用，但是在执行完 I/O 时也需要额外的时间来重新启动页错误处理程序。

不管如何，都有如下三个主要的页错误处理时间：

① 处理页错误中断。

② 读入页。

③ 重新启动进程。

第 1 和第 3 个任务开销可以降低，如仔细编码，可只有数百条指令。这些任务每次可能只花费 1～100 ms。另一方面，页切换时间可能接近 8 ms。（一个典型硬盘的寻道时间为 5 ms，延迟时间为 3 ms，传输时间为 0.05 ms。因此，总的页错误处理时间可能为 8 ms，包括硬件和软件时间）。而且，要注意这里只考虑了设备处理时间。如果有一队列的进程在等待设备（其他进程也引起了页错误），那么必须加上等待设备的时间，这又增加了页错误处理时间。

设平均页错误处理时间为 8 ms，内存访问时间为 200 ns，那么有效内存访问时间（以 ns 计）为

$$有效访问时间 = (1-p) \times 200 + p \times 8 \text{ ms}$$
$$= (1-p) \times 200 + p \times 8\ 000\ 000$$
$$= 200 + 7\ 999\ 800 \times p$$

从上可以看出，有效访问时间与**页错误率**直接有关。如果每 1 000 次访问中有一个页错误，那么有效访问时间为 8.2 μs，即计算机会因为采用按需调页，而慢 40 倍。如果需要性能降低不超过 10%，那么需要

$$220 > 200 + 7\ 999\ 800 \times p$$
$$20 > 7\ 999\ 800 \times p$$
$$p < 0.0000025$$

即为了让因页错误而出现的性能降低可以接受，只能允许每 399 990 次访问中出现不到一次的页错误。总之，对于按需调页，降低页错误率是非常重要的。否则，有效访问时间会增加，会显著地降低进程的执行速度。

按需调页的另一个重要方面是交换空间的处理和使用。磁盘 I/O 到交换空间通常比到文件系统要快。这是因为交换空间是按大块来分配的，并不使用文件查找和间接分配方法（第 12 章）。因此，如果在进程开始时将整个文件镜像复制到交换空间，并从交换空间执行按页调度，那么有可能获得更好的调页效果。另一选择是开始时从文件系统中进行按需调页，但是当出现页置换时则将页写入交换空间，这种方法确保只有所需的页才从文件系统中调入，而以后出现的调页是从交换空间中读入的。

有的系统在使用二进制文件时，试图限制交换空间的使用。对这些文件的请求页面是直接从文件系统中读取的。当出现页置换时，这些页只是被重写（因为它们没有被修改）；当再次需要时，再直接从文件系统中读入。采用这种方法，文件系统本身就是备份仓库。然而，对那些与文件无关的页还是需要使用交换空间；这些页包括进程的**栈**（stack）和**堆**（heap）。这种方法看来是个较好的折中，它用于许多操作系统，如 Solaris 与 BSD UNIX。

9.3　写　时　复　制

9.2 节描述了一个进程如何采用按需调页，仅调入包括第一条指令的页，从而能很快地开始执行。但是，通过采用类似页面共享的技术（如 8.4.4 小节所述），采用系统调用 fork 创建进程的开始阶段可能不需要按需调页。这种技术提供了快速进程创建，且最小化新创

建进程必须分配的新页面的数量。

回想一下系统调用 fork()是将子进程创建为父进程的复制品。传统上，fork()为子进程创建一个父进程地址空间的副本，复制属于父进程的页。然而，由于许多子进程在创建之后通常马上会执行系统调用 exec()，所以父进程地址空间的复制可能没有必要。因此，可以使用一种称为**写时复制**（copy-on-write）的技术。这种方法允许父进程与子进程开始时共享同一页面。这些页面标记为写时复制页，即如果任何一个进程需要对页进行写操作，那么就创建一个共享页的副本。写时复制如图 9.7 和图 9.8 所示，这两个图反映了进程 1 修改页 C 前后的物理内存的情况。

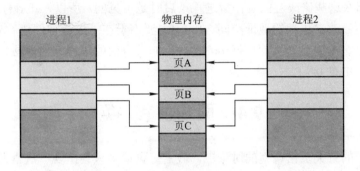

图 9.7　进程 1 修改页 C 之前

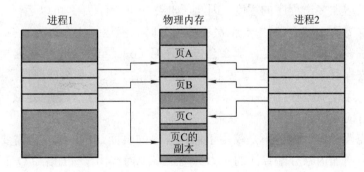

图 9.8　进程 1 修改页 C 之后

例如，假设子进程试图修改含有部分栈的页，且操作系统能识别出该页被设置为写时复制页，那么操作系统就会创建一个该页的副本，并将它映射到子进程的地址空间内。这样，子进程会修改其复制的页，而不是父进程的页。采用写时复制技术，很显然只有能被进程修改的页才会被复制；所有非修改页可为父进程和子进程所共享。注意只有可能修改的页才需要标记为写时复制。不能修改的页（即包含可执行代码的页）可以为父进程和子进程所共享。写时复制是一种常用技术，为许多操作系统所采用，如 Windows XP、Linux

和 Solaris。

当确定一个页要采用写时复制时，从哪里分配空闲页是很重要的。许多操作系统为这类请求提供了空闲缓冲**池**（pool）。这些空闲页在进程栈或堆必须扩展时可用于分配，或用于管理写时复制页。操作系统通常采用**按需填零**（zero-fill-on-demand）的技术以分配这些页。按需填零页在需要分配之前先填零，因此清除了以前的内容。

许多 UNIX 版本（包括 Solaris 和 Linux）也提供了系统调用 fork()的变种——vfork()（**虚拟内存** fork）。vfork()的操作不同于写时复制的 fork()。vfork()会将父进程挂起，子进程使用父进程的地址空间。由于 vfork()不使用写时复制，因此如果子进程修改父进程地址空间的任何页，那么这些修改过的页在父进程重启时是可见的。所以，vfork()必须小心使用，以确保子进程不修改父进程的地址空间。vfork()主要用于在子进程被创建后立即调用exec()的情况。由于没有出现复制页面，vfork()是一种非常有效的进程创建方法，有时用于实现 UNIX 命令行 shell 的接口。

9.4 页 面 置 换

在迄今为止的有关页错误率的讨论中，假定每页最多只会出现一次错误（即在其首次引用时）。这种描述并不严格和准确。如果一个进程具有 10 页而事实上只使用其中的 5 页，那么请求页面调度就节省了用以装入（从不使用的）另 5 页所必需的 I/O。也可以通过运行两倍的进程以增加多道程序的程度。因此，如果有 40 帧，那么可以运行 8 个进程，而不是当每个进程都需要 10 帧（其中 5 个决不使用）时只能运行 4 个进程。

如果增加了多道程序的程度，那么会**过度分配**（over-allocating）内存。如果运行 6 个进程，且每个进程有 10 页大小但事实上只使用其中的 5 页，那么就获得了更高的 CPU 利用率和吞吐量，且有 10 帧可作备用。然而，有可能每个进程，对于特定数据集合，会突然试图使用其所有的 10 页，从而产生共需要 60 帧，而只有 40 帧可用。

再者，还需要考虑到内存不是仅用于保存程序的页面。I/O 缓存也需要使用大量的内存。这种使用会增加内存分配算法的压力。确定多少内存用于分配给 I/O 而多少内存分配给程序页面是个棘手问题。有的系统为 I/O 缓存分配了一定比例的内存，而其他系统允许用户进程和 I/O 子系统竞争使用所有系统内存。

内存的过度分配会出现以下问题。当一个用户进程执行时，一个页错误发生。操作系统会确定所需页在磁盘上的位置，但是却发现空闲帧列表上并没有空闲帧，所有内存都在使用（见图 9.9）。

这时操作系统会有若干选择。它可以终止用户进程。然而，按需调页是操作系统试图改善计算机系统的使用率和吞吐量的技术。用户并不关心其进程是否运行在调页系统上：调页对用户而言应是透明的。因此，这种选项并不是最佳选择。

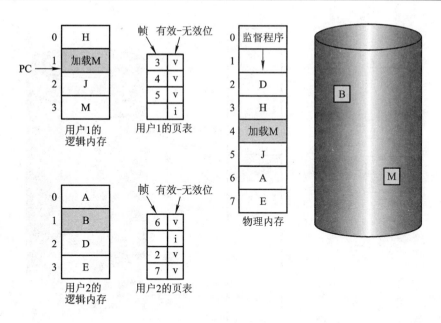

图 9.9　需要页置换的情况

操作系统也可以交换出一个进程，以释放其所有帧，并降低多道程序的级别。这种选择在有些环境下是好的，这将在 9.6 节中加以讨论。现在讨论一个更为常用的解决方法：**页置换**（page replacement）。

9.4.1　基本页置换

页置换采用如下方法。如果没有空闲帧，那么就查找当前没有使用的帧，并将其释放。可采用这样的方式样来释放一个帧：将其内容写到交换空间，并改变页表（和所有其他表）以表示该页不在内存中（见图 9.10）。现在可使用空闲帧来保存进程出错的页。修改页错误处理程序以包括页置换：

① 查找所需页在磁盘上的位置。

② 查找一个空闲帧：

a. 如果有空闲帧，那么就使用它。

b. 如果没有空闲帧，那么就使用页置换算法以选择一个"**牺牲**"帧（victim frame）。

c. 将"牺牲"帧的内容写到磁盘上，改变页表和帧表。

③ 将所需页读入（新）空闲帧，改变页表和帧表。

④ 重启用户进程。

注意，如果没有帧空闲，那么需要采用两个页传输（一个换出，一个换入）。这种情况实际上把页错误处理时间加倍了，且也相应地增加了有效访问时间。

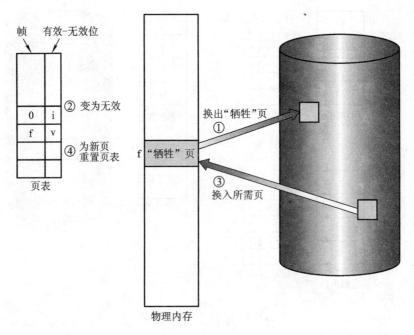

图 9.10　页置换

可以通过使用**修改位**（modify bit）或**脏位**（dirty bit）以降低额外开销。每页或帧可以有一个修改位，通过硬件与之相关联。每当页内的任何字或字节被写入时，硬件就会设置该页的修改位以表示该页已修改。如果修改位已设置，那么就可以知道自从磁盘读入后该页已发生了修改。在这种情况下，如果该页被选择为替换页，就必须要把该页写到磁盘上去。然而，如果修改位没有设置，那么也就知道自从磁盘读入后该页并没有发生修改。因此，磁盘上页的副本的内容没有必要（例如用其他页）重写，因此就避免了将内存页写回磁盘上：它已经在那里了。这种技术也适用于只读页（例如，二进制代码的页）。这种页不能被修改。因此，如需要，可以放弃这些页。这种方案可显著地降低用于处理页错误所需要的时间，因为如果页没有修改它，可以降低一半的 I/O 时间。

页置换是按需调页的基础。它分开了逻辑内存与物理内存。采用这种机制，小的物理内存能为程序员提供巨大的虚拟内存。对于非按需调页，用户地址被映射到物理地址，所以这两地址可以不同。然而，所有进程的页必须在物理内存中。对于按需调页，逻辑地址空间的大小不再受物理内存所限制。如果有一个具有 20 页的用户进程，那么可简单地通过按需调页先用 10 个帧来执行它，如果有必要可以用置换算法来查找空闲帧。如果已修改的页需要被置换，那么其内容会复制到磁盘上。后来对该页的引用会产生页错误。这时，该页可以再调回内存，有可能会置换进程的其他页。

为实现按需调页，必须解决两个主要问题：必须开发**帧分配算法**（frame-allocation algorithm）和**页置换算法**（page-replacement algorithm）。如果在内存中有多个进程，那么必须决定为每个进程各分配多少帧。而且，当需要页置换时，必须选择要置换的帧。设计合适的算法以解决这些问题是个重要任务，因为磁盘 I/O 非常费时。即使请求页面调度方面的很小改进也会对系统性能产生显著的改善。

有许多不同的页置换算法。每个操作系统可能都有其自己的置换算法。如何选择一个置换算法呢？通常采用最小页错误率的算法。

可以这样来评估一个算法：针对特定内存引用序列，运行某个置换算法，并计算出页错误的数量。内存的引用序列称为**引用串**（reference string）。可以人工地生成引用串（例如，通过随机数生成器），或可跟踪一个给定系统并记录每个内存引用的地址。后一方法产生了大量数据（以每秒数百万个地址的速度）。为了降低数据量，可利用以下两个事实。

第一，对给定页大小（页大小通常由硬件或系统来决定），只需要考虑页码，而不需要完整地址。第二，如果有一个对页 p 的引用，那么任何紧跟着的对页 p 的引用决不会产生页错误。页 p 在第一次引用时已在内存中，任何紧跟着的引用不会出错。

例如，如果跟踪一个特定进程，那么可记录如下地址顺序：

    0100, 0432, 0101, 0612, 0102, 0103, 0104, 0101, 0611, 0102, 0103,
    0104, 0101, 0610, 0102, 0103, 0104, 0101, 0609, 0102, 0105

如果页大小为 100 B，那么就得到如下引用串：

    1, 4, 1, 6, 1, 6, 1, 6, 1, 6, 1

针对某一特定引用串和页置换算法，为了确定页错误的数量，还需要知道可用帧的数量。显然，随着可用帧数量的增加，页错误的数量会相应地减少。例如，对于上面的引用串，如果有 3 个或更多的帧，那么只有 3 个页错误，对每个页的首次引用会产生一个错误。另一方面，如果只有一个可用帧，那么每个引用都要产生置换，共产生 11 个页错误。通常，期待着如图 9.11 所示的曲线。随着帧数量的增加，页错误数量会降低至最小值。当然，增加物理内存就会增加帧的数量。

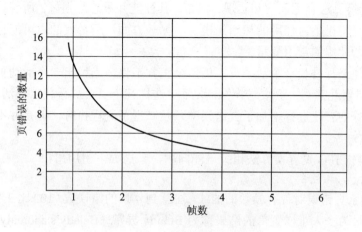

图 9.11　页错误和帧数量图

为了讨论页置换算法，将采用如下引用串：

    7, 0, 1, 2, 0, 3, 0, 4, 2, 3, 0, 3, 2, 1, 2, 0, 1, 7, 0, 1

而可用帧的数量为 3。

9.4.2 FIFO 页置换

最简单的页置换算法是 FIFO 算法。FIFO 页置换算法为每个页记录着该页调入内存的时间。当必须置换一页时，将选择最旧的页。注意并不需要记录调入一页的确切时间。可以创建一个 FIFO 队列来管理内存中的所有页。队列中的首页将被置换。当需要调入页时，将它加到队列的尾部。

对于前面的样例引用串，3 个帧开始为空。开始的 3 个引用（7,0,1）会引起页错误，将调入这些空帧中。下一个引用(2)置换 7，这是因为页 7 最先调入。由于 0 是下一个引用，但已在内存中，所以对该引用不会出现页错误。由于页 0 是现在位于内存中的最先被调入的页，对 3 的首次引用导致页 0 被替代。由于这一替代，下一个对 0 的引用会产生页错误，页 1 被页 0 所替代。该进程按图 9.12 所示的方式继续进行，每次有页错误时，都显示哪些页在 3 个帧中。总共有 15 次帧错误。

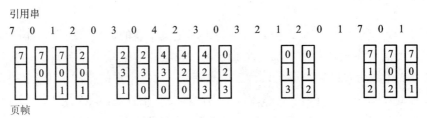

图 9.12 FIFO 页置换算法

FIFO 页置换算法容易理解和实现。但是，其性能并不总是很好。所替代的页可能是很久以前使用的、现已不再使用的初始化模块。另一方面，所替代的页可能包含一个以前初始化的并且不断使用的常用变量。

注意，即使选择替代一个活动页，仍然会正常工作。当换出一个活动页以调入一个新页时，一个页错误几乎马上会要求换回活动页。这样某个页会被替代以将活动页调入内存。因此，一个不好的替代选择增加了页错误率，且减慢了进程执行，但是并不会造成不正确执行。

为了说明与 FIFO 页置换算法相关可能问题，考虑如下引用串：

    1,2,3,4,1,2,5,1,2,3,4,5

图 9.13 显示页错误对现有帧数的曲线。注意到 4 帧的错误数（10）比 3 帧的错误数（9）还要大。这种最为令人难以置信的结果称为 **Belady 异常**（Belady's anomaly）：对有的页置换算法，页错误率可能会随着所分配的帧数的增加而增加，而原期望为进程增加内存会改

善其性能。在早期研究中，研究人员注意到这种推测并不总是正确的。因此，发现了 Belady
异常。

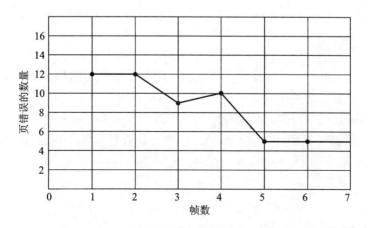

图 9.13　一个引用串的 FIFO 置换的页错误曲线

9.4.3 最优置换

Belady 异常发现的结果之一是对**最优页置换算法**（optimal page-replacement algorithm）
的搜索。最优页置换算法是所有算法中产生页错误率最低的，且绝没有 Belady 异常的问题。
这种算法确实存在，它被称为 OPT 或 MIN。它会置换最长时间不会使用的页。使用这种
页置换算法确保对于给定数量的帧会产生最低可能的页错误率。

例如，针对前面的引用串样例，最优置换算法会产生 9 个页错误，如图 9.14 所示。头
3 个引用会产生错误以填满空闲帧。对页 2 的引用会置换页 7，这是因为页 7 直到第 18 次
引用时才使用，而页 0 在第 5 次引用时使用，页 1 在第 14 次引用时使用。对页 3 的引用，
会置换页 1，因为页 1 是位于内存中的 3 个页中最迟引用的页。有 9 个页错误的最优页置
换算法要好于有 15 个页错误的 FIFO 算法（如果忽视头 3 个页错误（所有算法均会有的），
那么最优置换要比 FIFO 置换好一倍）。事实上，没有置换算法能只用 3 个帧且少于 9 个页
错误就能处理该引用串。

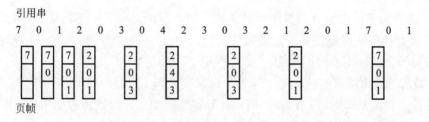

图 9.14　最优置换算法

然而,最优置换算法难以实现,因为需要引用串的未来知识(在 5.3.2 小节讨论 SJF CPU 调度时,碰到过一个类似问题)。因此,最优算法主要用于比较研究。例如,如果知道一个算法不是最优,但是与最优相比最坏不差于 12.3%,平均不差于 4.7%,那么也是很有用的。

9.4.4 LRU 页置换

如果最优算法不可行,那么最优算法的近似算法或许成为可能。FIFO 和 OPT 算法(而不是向后看或向前看)的关键区别在于,FIFO 算法使用的是页调入内存的时间,OPT 算法使用的是页将来使用的时间。如果使用离过去最近作为不远将来的近似,那么可置换最长时间没有使用的页(见图 9.15),这种方法称为**最近最少使用算法**(least-recently-used(LRU)algorithm)。

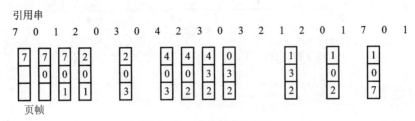

图 9.15　LRU 页置换算法

LRU 置换为每个页关联该页上次使用的时间。当必须置换一页时,LRU 选择最长时间没有使用的页。这种策略为向后看(而不是向前看)最优页置换算法。(奇怪的是,如果 S^R 表示引用串 S 的倒转,那么针对 S 的 OPT 算法的页错误率与针对 S^R 的 OPT 算法的页错误率是一样的。类似地,针对 S 的 LRU 算法的页错误率与针对 S^R 的 LRU 算法的页错误率是一样的。)

对引用串样例,采用 LRU 置换的结果如图 9.15 所示。LRU 算法产生 12 次错误。注意,头 5 个错误与最优算法一样。然而,当出现对页 4 的引用时,LRU 算法知道页 2 最近最少使用。因此,LRU 算法置换页 2,并不知道页 2 会马上要用。接着,当页 2 出错时,LRU 算法会置换页 3,这是因为位于内存的 3 个页中,页 3 最近最少使用。虽然存在这些问题,有 12 个页错误的 LRU 置换仍然要比有 15 个页错的 FIFO 置换要好。

LRU 策略经常用做页置换算法,且被认为相当不错。其主要问题是如何实现 LRU 置换。LRU 页置换算法可能需要一定的硬件支持。它的问题是为页帧确定一个排序序列,这个序列按页帧上次使用的时间来定。有两种可行实现:

●**计数器**:最为简单的情况是,为每个页表项关联一个使用时间域,并为 CPU 增加一个逻辑时钟或计数器。对每次内存引用,计数器都会增加。每次内存引用时,时钟寄存器的内容会被复制到相应页所对应页表项的使用时间域内。用这种方式就得到每页的最近引用时间。置换具有最小时间的页。这种方案需要搜索页表以查找 LRU 页，且每次内存访问都要写入内存（到页表的使用时间域）。在页表改变时（因 CPU 调度）也必须保持时间。必须考虑时钟溢出。

• **栈**：实现 LRU 置换的另一个方法是采用页码栈。每当引用一个页，该页就从栈中删除并放在顶部。这样，栈顶部总是最近使用的页，栈底部总是 LRU 页（图 9.16）。由于必须从栈中部删除项，所以该栈可实现为具有头指针和尾指针的双向链表。这样，删除一页并放在栈顶部在最坏情况下需要改变 6 个指针。虽说每个更新有点费时，但是置换不需要搜索；尾指针指向栈底部，就是 LRU 页。对于用软件或微代码的 LRU 置换的实现，这种方法十分合适。

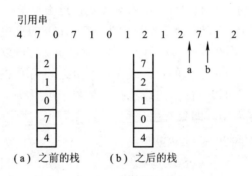

图 9.16　用栈来记录最近使用的页

最优置换和 LRU 置换都没有 Belady 异常。这两个都属于同一类算法，称为**栈算法**（stack algorithm），都绝不可能有 Belady 异常。栈算法可以证明为：对于帧数为 n 的内存页集合是对于帧数为 $n+1$ 的内存页集合的子集。对于 LRU 算法，如果内存页的集合为最近引用的页，那么对于帧的增加，这 n 页仍然为最近引用的页，所以也仍然在内存中。

注意，如果只有标准 TLB 寄存器而没有其他硬件支持，那么这两种 LRU 实现都是不可能的。每次内存引用都必须更新时钟域或栈。如果对每次引用都采用中断，以允许软件更新这些数据结构，那么它会使内存引用慢至少 10 倍，进而使用户进程运行慢 10 倍。几乎没有系统可以容忍如此程度的内存管理的开销。

9.4.5　近似 LRU 页置换

很少有计算机系统能提供足够的硬件来支持真正的 LRU 页置换。有的系统不提供任何支持，因此必须使用其他置换算法（如 FIFO 算法）。然而，许多系统都通过引用位方式提供一定的支持。页表内的每项都关联着一个**引用位**（reference bit）。每当引用一个页时（无论是对页的字节进行读或写），相应页表的引用位就被硬件置位。

开始，操作系统会将所有引用位都清零。随着用户进程的执行，与引用页相关联的引用位被硬件置位（置为 1）。之后，通过检查引用位，能够确定哪些页使用过而哪些页未使用过。虽然不知道使用顺序，但是知道哪些页用过而哪些页未用过。这信息是许多近似 LRU 页置换算法的基础。

1．附加引用位算法

通过在规定时间间隔里记录引用位，可以获得额外顺序信息。可以为位于内存内的每个表中的页保留一个 8 位的字节。在规定时间间隔（如，每 100 ms）内，时钟定时器产生中断并将控制转交给操作系统。操作系统把每个页的引用位转移到其 8 位字节的高位，而将其他位向右移一位，并抛弃最低位。这些 8 位移位寄存器包含着该页在最近 8 个时间周期内的使用情况。例如，如果移位寄存器含有 00000000，那么该页在 8 个时间周期内没有使用；如果移位寄存器的值为 11111111，那么该页在过去每个周期内都至少使用过一次。具有值为 11000100 的移位寄存器的页要比值为 01110111 的页更为最近使用。如果将这 8 位字节作为无符号整数，那么具有最小值的页为 LRU 页，且可以被置换。注意这些数字并不唯一。可以置换所有具有最小值的页，或在这些页之间采用 FIFO 来选择置换。

当然，历史位的数量可以修改，可以选择（依赖于可用硬件）以尽可能快地更新。在极端情况下，数量可降为 0，即只有引用位本身。这种算法称为**第二次机会页置换算法**（second-chance page-replacement algorithm）。

2．二次机会算法

二次机会置换的基本算法是 FIFO 置换算法。当要选择一个页时，检查其引用位。如果其值为 0，那么就直接置换该页。如果引用位为 1，那么就给该页第二次机会，并选择下一个 FIFO 页。当一个页获得第二次机会时，其引用位清零，且其到达时间设为当前时间。因此，获得第二次机会的页在所有其他页置换（或获得第二次机会）之前，是不会被置换的。另外，如果一个页经常使用以致其引用位总是被设置，那么它就不会被置换。

一种实现二次机会算法（有时称为时钟算法）的方法是采用循环队列。用一个指针表示下次要置换哪一页。当需要一个帧时，指针向前移动直到找到一个引用位为 0 的页。在向前移动时，它将清除引用位（见图 9.17）。一旦找到牺牲页，就置换该页，新页就插入到循环队列的该位置。注意：在最坏情况下，所有位均已设置，指针会遍历整个循环队列，以便给每个页第二次机会。它将清除所有引用位后再选择页来置换。这样，如果所有位均已设置，那么二次机会置换就变成了 FIFO 置换。

3．增强型二次机会算法

通过将引用位和修改位（将在 9.4.1 小节中介绍）作为一有序对来考虑，可以改进二次机会算法。采用这两个位，有下面四种可能类型：

① （0，0）最近没有使用且也没有修改——用于置换的最佳页。

② （0，1）最近没有使用但修改过——不是很好，因为在置换之前需要将页写出到磁盘。

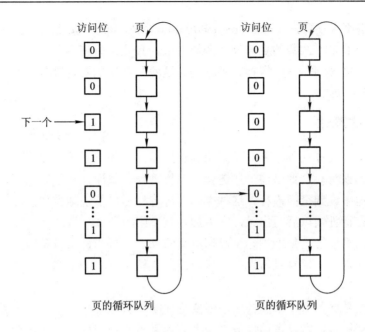

图 9.17 二次机会（时钟）页置换算法

③（1，0）最近使用过但没有修改——它有可能很快又要被使用。

④（1，1）最近使用过且修改过——它有可能很快又要被使用，且置换之前需要将页写出到磁盘。

每个页都属于这四种类型之一。当页需要置换时，可使用时钟算法，不是检查所指页的引用位是否设置，而是检查所指页属于哪个类型。置换在最低非空类中所碰到的页。注意在找到要置换页之前，可能要多次搜索整个循环队列。

这种方法与简单时钟算法的主要差别是这里给那些已经修改过的页以更高的级别，从而降低了所需 I/O 的数量。

9.4.6 基于计数的页置换

还有许多其他算法可用于页置换。例如，可以为每个页保留一个用于记录其引用次数的计数器，并可形成如下两个方案。

- **最不经常使用页置换算法**（least frequently used (LFU) page-replacement algorithm）要求置换计数最小的页。这种选择的理由是活动页应该有更大的引用次数。这种算法会产生如下问题：一个页在进程开始时使用很多，但以后就不再使用。由于其使用过很多，所以它有较大次数，所以即使不再使用仍然会在内存中。解决方法之一是定期地将次数寄存器右移一位，以形成指数衰减的平均使用次数。

• **最常使用页置换算法**（most frequently used (MFU) page-replacement algorithm）是基于如下理论：具有最小次数的页可能刚刚调进来，且还没有使用。

可以想象，MFU 和 LFU 置换都不常用。这两种算法的实现都很费时，且并不能很好地近似 OPT 置换算法。

9.4.7　页缓冲算法

除了特定页置换算法外，还经常采用其他措施。例如，系统通常保留一个空闲帧缓冲池。当出现页错误时，会像以前一样选择一个牺牲帧。然而，在牺牲帧写出之前，所需要的页就从缓冲池中读到空闲内存。这种方法允许进程尽可能快地重启，而无须等待牺牲帧页的写出。当在牺牲帧以后写出时，它再加入到空闲帧池。

这种方法的扩展之一是维护一个已修改页的列表。每当调页设备空闲时，就选择一个修改页并写到磁盘上，接着重新设置其修改位。这种方案增加了当需要选择置换时干净页的概率而不必写出。

另一种修改是保留一个空闲帧池，但要记住哪些页在哪些帧中。由于当帧写到磁盘上时其内容并没有修改，所以在该帧被重用之前如果需要使用原来页，那么原来页可直接从空闲帧池中取出来使用。这时并不需要 I/O。当一个页错误发生时，先检查所需要页是否在空闲帧池中。如果不在，那么才必须选择一个空闲帧来读入所需页。

这种技术与 FIFO 置换算法一起用于 VAX/VMS 系统中。当 FIFO 置换算法错误地置换了一个常用页时，该页会从空闲帧池中很快调出，而不需要 I/O。这种空闲缓冲池提供了相对差但却简单的 FIFO 置换算法的弥补。因为早期 VAX 并不正确实现引用位，所以这种方法是必需的。

许多 UNIX 系统将这种方法与二次机会算法一起使用。这可用来改进任何页替换算法，以降低因错误选择牺牲页而引起的开销。

9.4.8　应用程序与页置换

在有些情况下，应用程序通过操作系统虚拟内存来访问数据会比操作系统不提供任何缓冲区更坏。数据库就是一个例子，它可提供自己的内存管理与 I/O 缓冲。这类程序比提供通用算法的操作系统更能理解自己的内存使用与磁盘使用。如果操作系统提供 I/O 缓冲而应用程序也提供 I/O 缓冲，那么用于这些 I/O 的内存自然就加倍。

数据仓库是另一个例子，它通常执行大量顺序磁盘读操作，并进行计算和写。LRU 算法会删除旧的而保留新的，而应用程序可能更需要旧的而不是新的（因为它是按照顺序读取的）。这里，MFU 可能比 LRU 更为高效。

因为这些问题，有的操作系统允许特殊程序将磁盘作为逻辑块数组使用，而不需要通过文件系统的数据结构。这种数组有时称为**生磁盘**（raw disk），而对数组的 I/O 则称为生

I/O。生 I/O 可以绕过所有文件系统服务，如文件 I/O 按需调页、文件锁、提前读、空间分配、文件名及目录等。注意，虽然有些应用程序使用其特有磁盘存储服务更为高效，但是绝大多数程序使用通用文件系统服务会更好。

9.5 帧 分 配

下面研究如何分配的问题。如何在各个进程之间分配一定的空闲内存？如果有 93 个空闲帧和 2 个进程，那么每个进程各得到多少帧？

最为简单情况是单用户系统。考虑一个单用户系统，其页大小为 1 KB，其总内存为 128 KB。因此，共有 128 帧。操作系统可能使用 35 KB，这样用户进程可以使用 93 帧。如果采用纯按需调页，那么所有 93 帧开始都放在空闲链表上。当用户进程开始执行时，它会产生一系列页错误。头 93 页错误会从空闲帧链表中获得帧。当空闲帧链表用完后，必须使用页置换算法以从位于内存的 93 个页中选择一个置换为第 94 页，以此类推。当进程终止时，这 93 个帧将再次放在空闲帧链表上。

这种简单策略有许多变种。可以要求操作系统从空闲帧链表上分配其所有缓存和表空间。当操作系统不再需要这些空间时，它们可用以支持用户调页。也可以试图确保空闲帧链表上任何时候至少有 3 个空闲帧。因此，当出现页错误时，可以将页调入可用的帧。当发生页交换时，可以选择一个页，在用户进程继续执行时将其内容写到磁盘上。虽然其他变种也可能，但是其基本策略是清楚的：用户进程会分配到任何空闲帧。

9.5.1 帧的最少数量

帧分配策略受到多方面的限制。例如，所分配的帧不能超过可用帧的数量（除非有页共享），也必须分配至少最少数量的帧。这里对后者作一讨论。

分配至少最少数量的帧的原因之一是性能。显然，随着分配给每个进程的帧数量的减少，页错误会增加，从而减慢进程的执行。另外，记住：当在指令完成之前出现页错误时，该指令必须重新执行。因此，必须有足够的帧来容纳所有单个指令所引用的页。

例如，考虑这样一个机器，其所有机器指令只有一个内存地址。因此，至少需要一帧用于指令，另一帧用于内存引用。另外，如果允许一级间接引用（例如，一条在 16 页上的 load 指令引用了 0 页上的地址，而这个地址又间接引用了第 23 页），那么每个进程至少需要 3 个帧。想一想如果只有 2 个帧，那么会如何。

帧的最少数量是由给定计算机结构定义的。例如，PDP-11 的移动指令的长度在一些寻址模式下为多个字长，因此指令本身可能跨在 2 个页上。另外，它有 2 个操作数，而每个操作数都可能是间接引用，因此，共需要 6 个帧。另一个例子是 IBM 370 MVC 指令。由于该指令是从一处存储到另一处存储的，它需要 6 B 且可能跨 2 页。要移动的字符的块和要移动到目的的区域也可能都要跨页。这种情况需要 6 个帧（事实上，最坏情况可能是：MVC 指令作为 EXECUTE 指令的参数，后者本身跨两页；这样需要 8 帧）。

最坏情况出现在如下结构的计算机中：它们允许多层的间接（例如，每个 16 位的字可能包括一个 15 位的地址和 1 位的间接标记符）。从理论上来说，一个简单 load 指令可以引用另一个间接地址，而它可能又引用另一个间接地址（在另一页上），而它可能又再次引用另一个间接地址（又在另一页上），以此类推，直到所涉及的页都在虚拟内存中。因此，在最坏情况下，整个虚拟内存都必须在物理内存中。为了解决这一困难，必须对间接引用加以限制（例如，限制一个指令只能有 16 级的间接引用）。当出现首次间接引用时，计数器设置为 16；对该指令以后的每次间接引用，该计数器要减 1。如果计数器减为 0，那么出现陷阱（过分间接引用）。这种限制使得每个指令的最大内存引用为 17，因而也要求同样数量的帧。

每个进程帧的最少数量是由体系结构决定的，而最大数量是由可用物理内存的数量来决定。在这两者之间，关于帧分配还是有很多选择的。

9.5.2 分配算法

在 n 个进程之间分配 m 个帧的最为容易的方法是给每个一个平均值，即 m/n 帧。例如，如果有 93 个帧和 5 个进程，那么每个进程可得到 18 个帧，剩余 3 个帧可以放在空闲帧缓存池中。这种方案称为**平均分配**（equal allocation）。

另外一种方法是要认识到各个进程需要不同数量的内存。考虑一下这样的系统，其帧大小为 1 KB。如果只有两个进程运行在系统上，且空闲帧数为 62，一个进程为具有 10 KB 的学生进程，另一个进程为具有 127 KB 的交互数据库，那么给每个进程各 31 个进程帧就没有道理了。学生进程所需要的帧不超过 10 个，因此其他 21 帧就完全浪费了。

为了解决这个问题，可使用比例分配（proportional allocation）。根据进程大小，而将可用内存分配给每个进程。设进程 p_i 的虚拟内存大小为 s_i，且定义

$$S = \Sigma s_i$$

这样，如果可用帧的总数为 m，那么进程 p_i 可分配到 a_i 个帧，这里 a_i 近似为

$$a_i = s_i / S \times m$$

当然，必须调整 a_i 使之成为整数且大于指令集合所需要的帧的最少数量，并使所有帧不超过 m。

采用比例分配，在两个进程之间（一个进程为 10 页，另一个为 127 页）按比例分配 62 帧：一个为 4 帧，另一个为 57 帧。 这是因为

$$10/137 \times 62 \approx 4$$
$$127/137 \times 62 \approx 57$$

这样两个进程根据它们的需要（而不是平均地）获得可用帧。

当然，对于平均和比例分配，每个进程所分配的数量会随着多道程序的级别而有所变化。如果多道序程度增加，那么每个进程会失去一些帧来提供给新进程使用。另一方面，如果多道序程度降低，那么原来分配给离开进程的帧可以分配给剩余进程。

注意，对于平均或比例分配，高优先级进程与低优先级进程一样处理。然而，根据定义，可能要给高优先级更多内存以加快其执行，同时就会损害到低优先级进程。另一个方法是使用比例分配的策略，但是不根据进程相对大小，而是根据进程优先级，或大小和优先级的组合。

9.5.3 全局分配与局部分配

为各个进程分配帧的另一个重要因素是页置换。当有多个进程竞争帧时，可将页置换算法分为两大类：**全局置换**（global replacement）和**局部置换**（local replacement）。全局置换允许一个进程从所有帧集合中选择一个置换帧，而不管该帧是否已分配给其他进程，即一个进程可以从另一个进程中拿到帧。局部置换要求每个进程仅从其自己的分配帧中进行选择。

例如，考虑这样一个分配方案：允许高优先级进程从低优先级进程中选择帧以便置换。一个进程可以从自己的帧中或任何低优先级进程中选择置换帧。这种方法允许高优先级进程增加其帧分配而以损失低优先级进程为代价。

采用局部置换策略，分配给每个进程的帧的数量不变。采用全局置换，一个进程可能从分配给其他进程的帧中选择一个进行置换，因此增加了所分配的帧的数量（假定其他进程不从它这里选择帧来置换）。

全局置换算法的一个问题是进程不能控制其页错误率。一个进程的位于内存的页集合不但取决于进程本身的调页行为，还取决于其他进程的调页行为。因此，相同进程由于外部环境不同，可能执行很不一样（有的执行可能需要 0.5 秒，而有的执行可能需要 10.3 秒）。局部置换算法就没有这样的问题。在局部置换下，进程内存中的页只受该进程本身的调页行为所影响。但是，因为局部置换不能使用其他进程的不常用的内存，所以会阻碍一个进程。因此，全局置换通常会有更好的系统吞吐量，且更为常用。

9.6 系 统 颠 簸

如果低优先级进程所分配的帧数量少于计算机体系结构所要求的最少数量，那么必须暂停进程执行。接着应换出其他所有剩余页，以便使其所有分配的帧空闲。这引入了中程CPU 调度的换进换出层。

事实上，需要研究一下没有"足够"帧的进程。如果进程没有它所需要的活跃使用的帧,那么它会很快产生页错误。这时,必须置换某个页。然而,其所有页都在使用,它置换一个页,但又立刻再次需要这个页。因此,它会一而再地产生页错误,置换一个页,而该页又立即出错且需要立即调进来。

这种频繁的页调度行为称为**颠簸**(thrashing)。如果一个进程在换页上用的时间要多于执行时间,那么这个进程就在颠簸。

9.6.1 系统颠簸的原因

颠簸将导致严重的性能问题。考虑如下情况,这是基于早期调页系统的真实行为。

操作系统在监视 CPU 的使用率。如果 CPU 使用率太低,那么向系统中引入新进程,以增加多道程序的程度。采用全局置换算法,它会置换页而不管这些页是属于哪个进程的。现在假设一个进程进入一个新执行阶段,需要更多的帧。它开始出现页错误,并从其他进程中拿到帧。然而,这些进程也需要这些页,所以它们也会出现页错误,从而从其他进程中拿到帧。这些页错误进程必须使用调页设备以换进和换出页。随着它们排队等待换页设备,就绪队列会变空,而进程等待调页设备,CPU 使用率就会降低。

CPU 调度程序发现 CPU 使用率降低,因此会*增加*多道程序的程度。新进程试图从其他运行进程中拿到帧,从而引起更多页错误,形成更长的调页设备的队列。因此,CPU 使用率进一步降低,CPU 调度程序试图再增加多道程序的程度。这样就出现了系统颠簸,系统吞吐量陡降,页错误显著增加。因此,有效内存访问时间增加。最终因为进程主要忙于调页,系统不能完成一件工作。

这种现象如图 9.18 所示,显示了 CPU 使用率与多道程序程度的关系。随着多道程序程度增加,CPU 使用率(虽然有点慢)增加,直到达到最大值。如果多道程序的程度还要继续增加,那么系统颠簸就开始了,且 CPU 使用率急剧下降。这时,为了增加 CPU 使用率和降低系统颠簸,必须*降低*多道程序的程度。

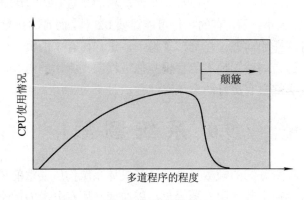

图 9.18　系统颠簸

通过**局部置换算法**(local replacement algorithm)(或**优先置换算法**(priority replacement algorithm）） 能限制系统颠簸。采用局部置换，如果一个进程开始颠簸，那么它不能从其他进程拿到帧，且不能使后者也颠簸。然而这个问题还没有完全得到解决。如果进程颠簸，那么绝大多数时间内也会排队来等待调页设备。由于调页设备的更长的平均队列，页错误的平均等待时间也会增加。因此，即使对没有颠簸的进程，其有效访问时间也会增加。

为了防止颠簸，必须提供进程所需的足够多的帧。但是如何知道进程"需要"多少帧呢？有多种技术。工作集合策略（9.6.2 节）是研究一个进程实际正在使用多少帧。这种方法定义了进程执行的**局部模型**（locality model）。

局部模型说明，当进程执行时，它从一个局部移向另一个局部。局部是一个经常使用页的集合（见图 9.19）。一个程序通常由多个不同局部组成，它们可能重叠。

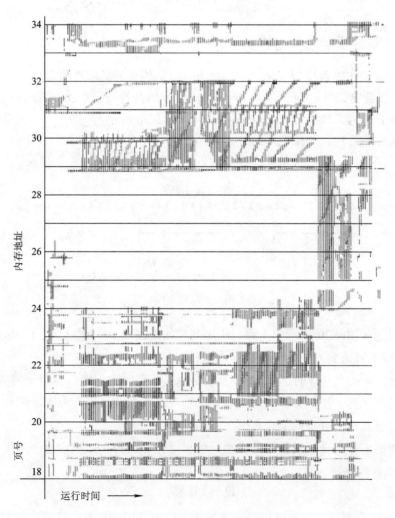

图 9.19　内存引用模式中的局部性

例如，当一个子程序被调用时，它就定义了一个新局部。在这个局部里，内存引用包括该子程序的指令、其局部变量和全局变量的子集。当该子程序退出时，因为子程序的局部变量和指令现已不再使用，进程离开该局部。也可能在后面再次返回该局部。

因此，可以看到局部是由程序结构和数据结构来定义的。局部模型说明了所有程序都具有这种基本的内存引用结构。注意局部模型是本书到目前为止还未明说的原理，它是缓存的基础。如果对任何数据类型的访问是随机的而没有一定的模式，那么缓存就没有用了。

假设为每个进程都分配了可以满足其当前局部的帧。该进程在其局部内会出现页错误，直到所有页均在内存中；接着它不再会出现页错误直到它改变局部为止。如果分配的帧数少于现有局部的大小，那么进程会颠簸，这是因为它不能将所有经常使用的页放在内存中。

9.6.2 工作集合模型

前面提到，**工作集合模型**（working-set model）是基于局部性假设的。该模型使用参数Δ定义**工作集合窗口**（working-set window）。其思想是检查最近Δ个页的引用。这最近Δ个引用的页集合称为**工作集合**（working set）（如图 9.20 所示）。如果一个页正在使用中，那么它就在工作集合内。如果它不再使用，那么它会在其上次引用的Δ时间单位后从工作集合中删除。因此，工作集合是程序局部的近似。

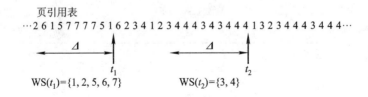

图 9.20　工作集合模型

例如，对于如图 9.20 所示的内存引用序列，如果Δ为 10 个内存引用，那么t_1时的工作集合为{1,2,5,6,7}。到t_2时，工作集合则为{3，4}。

工作集合的精确度与Δ的选择有关。如果Δ太小，那么它不能包含整个局部；如果Δ太大，那么它可能包含多个局部。在最为极端的情况下，如果Δ为无穷大，那么工作集合为进程执行所接触到的所有页的集合。

最为重要的工作集合的属性是其大小。如果经计算而得到系统内每个进程的工作集合为WSS_i，那么就得到

$$D = \Sigma WSS_i$$

其中 D 为总的帧需求量。每个进程都经常要使用位于其工作集合内的页。因此，进程 i 需

要 WSS_i 帧。如果总的需求大于可用帧的数量（$D>m$），那么有的进程就会得不到足够的帧，从而会出现颠簸。

一旦确定了 Δ，那么工作集合模型的使用就较为简单。操作系统跟踪每个进程的工作集合，并为进程分配大于其工作集合的帧数。如果还有空闲帧，那么可启动另一进程。如果所有工作集合之和的增加超过了可用帧的总数，那么操作系统会选择暂停一个进程。该进程的页被写出，且其帧可分配给其他进程。挂起的进程可以在以后重启。

这种工作集合策略防止了颠簸，并尽可能地提高了多道程序的程度。因此，它优化了 CPU 使用率。

工作集合模型的困难是跟踪工作集合。工作集合窗口是移动窗口。在每次引用时，会增加新引用，而最老的引用会失去。如果一个页在工作集合窗口内被引用过，那么它就处于工作集合内。

通过固定定时中断和引用位，能近似模拟工作集合模型。例如，假设 Δ 为 10 000 个引用，且每 5 000 个引用会产生定时中断。当出现定时中断时，先复制再清除所有页的引用位。因此，当出现页错误时，可以检查当前引用位和位于内存内的两个位，从而确定在过去的 10 000 到 15 000 个引用之间该页是否被引用过。如果使用过，至少有一个位会为 1。如果没有使用过，那么所有这 3 个位均为 0。只要有 1 个位为 1，那么就可认为处于工作集合中。注意，这种安排并不完全准确，这是因为并不知道在 5 000 个引用的什么位置出现了引用。通过增加历史位的位数和中断频率（例如，10 位和每 1 000 个引用就产生中断），可以降低这一不确定性。然而，处理这些更为经常的中断的时间也会增加。

9.6.3 页错误频率

工作集合模型是成功的，工作集合知识能用于预先调页（参见 9.9.1 小节），但是用于控制颠簸有点不太灵活。一种更为直接的方法是采用**页错误频率**（page-fault frequency，PFF）策略。

这里的问题是如何防止颠簸。颠簸具有高的页错误率。因此，需要控制页错误率。当页错误率太高时，进程需要更多帧。类似地，如果页错误率太低，那么进程可能有太多的帧。可以为所期望的页错误率设置上限和下限（见图 9.21）。如果实际页错误率超过上限，那么为进程分配更多的帧；如果实际页错误率低于下限，那么可从该进程中移走帧。因此，可以直接测量和控制页错误率以防止颠簸。

与工作集合策略一样，也可能必须暂停一个进程。如果页错误增加且没有可用帧，那么必须选择一个进程暂停。接着，可将释放的帧分配给那些具有高页错误率的进程。

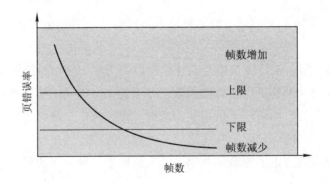

图 9.21   页错误频率

工作集合与页错误率

　　进程的工作集合和它的页错误率之间有直接的关系。如图 9.20 所示，随着进程对代码和数据的引用从一个局部迁移到另一个局部，进程的工作集合也在改变。假定有足够的内存来存储进程的工作集合（也就是说，进程没有颠簸），进程的页错误率随着时间进入波峰或波谷。图 9.22 显示了这种常见的行为。

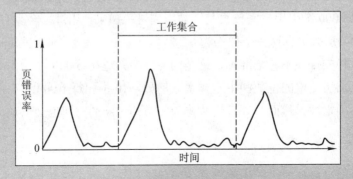

图 9.22   随时间变化的页错误率

　　当对一个新的局部按需调页时，页错误率进入波峰。一旦新局部的工作集合在内存内，页错误率开始下降。当进程进入一个新的工作集合，页错误率又一次升到波峰，然后随着工作集合载入到内存而再次降到波谷。从一个波峰的开始到下一个波峰的开始，这一时间跨度显示了工作集合的迁移。

9.7   内存映射文件

　　考虑一下采用标准系统调用 open()、read() 和 write()，并在磁盘上对文件进行一系列的读操作。文件每次访问时都需要一个系统调用和磁盘访问。另外一种方法是，可使用所讨论的虚拟内存技术来将文件 I/O 作为普通内存访问。这种方法称为文件的**内存映射**（memory mapping），它允许一部分虚拟内存与文件逻辑相关联。

9.7.1 基本机制

文件的内存映射可将一磁盘块映射成内存的一页（或多页）。开始的文件访问按普通请求页面调度来进行，会产生页错误。这样，一页大小的部分文件从文件系统读入物理页（有的系统会一次读入多个一页大小的内容）。以后文件的读写就按通常的内存访问来处理，由于是通过内存操作文件而不是使用系统调用 read()和 write()，从而简化了文件访问和使用。

注意对映射到内存中的文件进行写可能不会立即写到磁盘上的文件中。有的操作系统定期检查文件的内存映射页是否改变，以选择是否更新到物理文件。关闭文件会导致内存映射的数据写回到磁盘，并从进程的虚拟内存中删除。

有的操作系统只能通过特定的系统调用提供内存映射，而通过标准的系统调用处理所有其他文件 I/O。然而，有的系统不管文件是否说明为内存映射，都选择对文件进行内存映射。下面通过 Solaris 为例来说明。如果一个文件说明为内存映射（采用系统调用 mmap()），那么 Solaris 将该文件映射到进程的地址空间中。然而，如果一个文件采用普通系统调用如 open()、read()和 write()来用于打开和访问，那么 Solaris 仍然对文件进行内存映射，不过是将其映射到内核地址空间。无论文件是如何打开的，Solaris 都将所有文件 I/O 作为内存映射，以允许文件访问在高效的内存子系统中进行。

多个进程可以允许将同一文件映射到各自的虚拟内存中，以允许数据共享。其中任一进程修改虚拟内存中的数据，都会为其他映射相同文件部分的进程所见。根据虚拟内存的相关知识，可以清楚地看到内存映射部分的共享是如何实现的：每个共享进程的虚拟内存表都指向物理内存的同一页，该页有磁盘块的复制。这种内存共享如图 9.23 所示。内存映射系统调用还支持写时复制功能，允许进程共享只读模式的文件，但也有它们所修改数据的各自副本。为了协调共享数据的访问，有关进程可使用第 6 章所述的互斥机制。

在许多方面，内存映射文件的共享类似于 3.4.1 小节所述的共享内存。不是所有系统都为两者使用相同的机制。例如，UNIX 与 Linux 系统使用 mmap()系统调用进行内存映射，而使用 POSIX 兼容的 shmget()与 shmat()系统调用进行内存共享。但是，对于 Windows NT、Windows 2000 和 Windows XP 系统，共享内存是通过内存映射文件来实现的。这些系统可以通过共享内存来通信，而共享内存是通过映射同样文件到其虚拟地址空间来实现的。内存映射文件作为相互通信进程的共享内存区域，参见图 9.24。在接下来的部分，将说明 Win32 API 对使用内存映射文件来进行共享内存的支持。

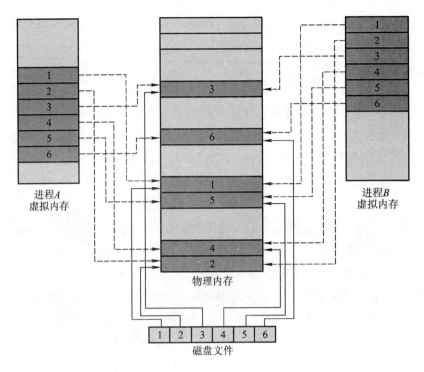

图 9.23　内存映射文件

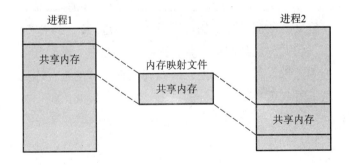

图 9.24　Windows 中使用内存映射 I/O 共享内存

9.7.2　Win32 API 中的共享内存

在 Win32 API 中，要使用内存映射文件来创建一个共享内存区域的大致过程是这样的：首先为要映射的文件创建一个**文件映射**（file mapping），然后在进程的虚拟地址空间中确立一个映射文件的*视图*（view），另一个进程就可以在它的虚拟地址空间中打开和创建映射文件的视图。映射文件代表了共享内存对象，从而可以实现进程间的通信。

　　接下来更详细地说明这些步骤。在这个例子中，一个生产者进程首先通过 Win32 API 中的内存映射特性创建了一个共享内存对象，之后生产者就向共享内存中写入一条消息。然后，一个消费者进程打开一个到共享内存对象的映射，并从中读取生产者写入的消息。

　　为了建立一个内存映射文件，一个进程首先要用 CreateFile() 函数打开要进行映射的文件，这个函数会返回一个打开文件的 HANDLE。然后该进程就可以使用 CreateFileMapping() 函数来创建这个文件的 HANDLE 的映射。一旦文件映射建立，进程就可以在它的虚拟地址空间中用 MapViewOfFile() 函数建立该映射文件的一个视图。映射文件的视图表示了进程虚拟地址空间中被映射文件的部分，可以是整个文件或者只是被映射的一部分。在图 9.25 中给出了这个例子的程序（为使代码简洁，里面省略了许多错误检查）。

```
#include <windows.h>
#include <stdio.h>

int main(int argc, char *argv[])
{
    HANDLE hFile, hMapFile;
    LPVOID lpMapAddress;

    hFile = CreateFile("temp.txt", // file name
        GENERIC READ | GENERIC WRITE, // read/write access
        0, // no sharing of the file
        NULL, // default security
        OPEN ALWAYS, // open new or existing file
        FILE ATTRIBUTE NORMAL, // routine file attributes
        NULL); // no file template

    hMapFile = CreateFileMapping(hFile, // file handle
        NULL, // default security
        PAGE READWRITE, // read/write access to mapped pages
        0, // map entire file
        0,
        TEXT("SharedObject")); // named shared memory object

    lpMapAddress = MapViewOfFile(hMapFile, // mapped object handle
        FILE MAP ALL ACCESS, // read/write access
        0, // mapped view of entire file
        0,
        0);

    // write to shared memory
    sprintf(lpMapAddress,"Shared memory message");

    UnmapViewOfFile(lpMapAddress);
    CloseHandle(hFile);
    CloseHandle(hMapFile);
}
```

图 9.25　生产者使用 Win32 API 写共享内存

CreateFileMapping()函数的调用创建了一个称为共享对象（SharedObject）的**命名共享内存对象**（named shared-memory object）。消费者进程通过创建一个到相同的命名对象的映射，从而使用这个共享内存段进行通信。将 0 传递给最后 3 个参数表明映射视图为整个文件。也可以传递指定偏移量和大小的值，这样创建的视图只包含文件的一部分（注意，对于整个文件的映射不可能在映射建立时就全部载入内存，映射文件可能是按需调页的，因此只有在需要访问时才会将相应页调入内存）。MapViewOfFile()函数返回一个共享内存对象的指针，对这个内存位置的任意访问就是对共享内存文件的访问。在这个例子中，生产者进程将消息"Shared memory message"写入共享内存。

消费者进程建立命名共享内存对象视图的程序如图 9.26 所示。这个程序比图 9.25 中的要简单，因为这个进程所需做的就是创建一个到已有命名共享内存对象的映射。消费者进程必须也要创建一个映射文件视图，正如图 9.25 中的生产者进程一样。然后消费者就从共享内存中读取由生产者进程写入的消息"Shared memory message"。

```c
#include <windows.h>
#include <stdio.h>

int main(int argc, char *argv[])
{
    HANDLE hMapFile;
    LPVOID lpMapAddress;

    hMapFile = OpenFileMapping(FILE MAP ALL ACCESS, // R/W access
        FALSE, // no inheritance
        TEXT("SharedObject")); // name of mapped file object

    lpMapAddress = MapViewOfFile(hMapFile, // mapped object handle
        FILE MAP ALL ACCESS, // read/write access
        0, // mapped view of entire file
        0,
        0);

    // read from shared memory
    printf("Read message %s", lpMapAddress);

    UnmapViewOfFile(lpMapAddress);
    CloseHandle(hMapFile);
}
```

图 9.26　消费者使用 Win32 API 从共享内存中读取消息

最后，两个进程调用 UnmapViewOfFile()来移除映射文件的视图。在本章结尾，给出了一个编程练习来使用 Win32 API 通过内存映射使用共享内存。

9.7.3 内存映射 I/O

对于 I/O,如 1.2.1 小节所述,每个 I/O 控制器包括存放命令及传递数据的寄存器。通常,专用 I/O 指令允许寄存器和系统内存之间进行数据传递。为了更方便地访问 I/O 设备,许多计算机都提供内存映射 I/O。这样,一组内存地址就专门映射到设备寄存器。对这些内存地址读写就如同对设备寄存器的读写。这种方法对于具有快速响应的设备,如视频控制器,比较合适。在 IBM PC 中,屏幕上的每个位置都映射到一个内存位置。只需要将文本写到合适的内存映射位置,就可容易地在屏幕上显示文本。

内存映射 I/O 对其他设备也适用,如用来连接 modem 和打印机的串口与并口。通过读写这些设备寄存器(称为 I/O 端口),CPU 可以与这些设备传递数据。当通过内存映射串口发送一长串字节时,CPU 写一个数据字节到数据寄存器,并设置控制寄存器的一个位以表示有字节可用。设备读取字节,并清除控制寄存器的位以表示可以接收下一个字节。接着,CPU 可传输下一个字节。如果 CPU 采用轮询方式来检测控制位,即不断地循环测试设备是否就绪,这种操作称为程序 I/O(programmed I/O, PIO)。如果 CPU 不采用轮询控制位方式,而采用接收设备就绪后可发下一个字节的中断的方式,这种数据传递方式称为中断驱动(interrupt driven)。

9.8 内核内存的分配

当用户态进程需要额外内存时,可以从内核所维护的空闲页帧链表中获取页。该链表通常由页替换算法(如 9.4 节所述的)来更新,且如前所述,这些页帧通常分散在物理内存中。另外,请记住,如果用户进程只需要一个字节的内存,那么会产生内部碎片,这是因为进程会得到整个页帧。

但是,内核内存的分配通常是从空闲内存池中获取的,而并不是从满足普通用户模式进程的内存链表中获取的。这主要有两个原因:

① 内核需要为不同大小的数据结构分配内存,其中有的不到一页。因此,内核必须谨慎使用内存,并试图减低碎片浪费。这一点非常重要,因为许多操作系统的内核代码与数据不受分页系统控制。

② 用户进程所分配的页不必要在连续的物理内存中。然而,有的硬件要直接与物理内存打交道,而不需要经过虚拟内存接口,因此需要内存常驻在连续的物理页中。

下面讨论对内核进程进行内存管理的两个方法。

9.8.1 Buddy 系统

"Buddy 系统"从物理上连续的大小固定的段上进行分配。内存按 2 的幂的大小来进行分配，即 4 KB、8 KB、16 KB 等。如果请求大小不为 2 的幂，那么需要调整到下一个更大的 2 的幂。例如，请求大小为 11 KB，那么会按 16 KB 来请求。下面用一个简单的例子来解释 Buddy 系统的操作。

假定内存段的大小原来为 256 KB，而内核申请 21 KB 的内存。这样原来的段就先分为两个段 A_L 和 A_R，其大小均为 128 KB。其中之一又分为 B_L 和 B_R，其大小均为 64 KB。接着，B_L 或 B_R 又分为 C_L 和 C_R，其大小均为 32 KB。如果再分，就得到 16 KB 的段，而这太小了，不能满足 21 KB 的请求。因此，其中一个 32 KB 的段可用来满足 21 KB。这种方案如图 9.27 所示，其中 C_L 用来满足 21 KB 的内存请求。

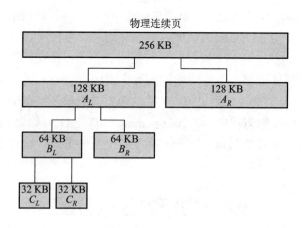

图 9.27　Buddy 系统分配

Buddy 系统的一个优点是可通过合并而快速地形成更大的段。例如，如果图 9.27 中的 C_L 被释放，那么 C_L 和 C_R 可合并成 64 KB 的段。而这个段 B_L 又可同 B_R 合并而得到 128 KB 的段。最终，得到了原来的大小为 256 KB 的段。

Buddy 系统的一个明显缺点是由于调整到下一个 2 的幂容易产生碎片。例如，33 KB 的内存请求只能用 64 KB 的段来满足。事实上，可能有 50% 的内存会因碎片而浪费。下面讨论另一种没有碎片损失的内存分配。

9.8.2　slab 分配

内核分配的另一种方案是 **slab 分配**。**slab** 是由一个或多个物理上连续的页组成的。高速缓存（cache）含有一个或多个 slab。每个内核数据结构都有一个 cache，如进程描述符、文件对象、信号量等。每个 cache 含有内核数据结构的**对象**实例。例如，信号量 cache 存储着信号量对象，进程描述符 cache 存储着进程描述符对象。图 9.28 描述 slab、cache 及对象三者之间的关系。该图中有两个 3 KB 大小的内核对象和三个 7 KB 大小的内核对象。它们分别位于各自的 cache 上。

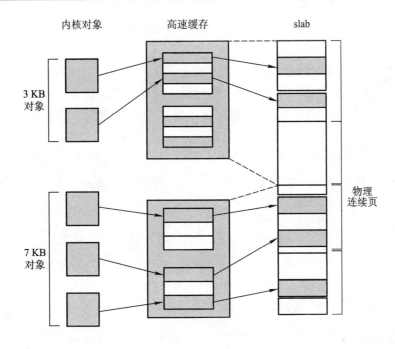

图 9.28　slab 页片分配

　　slab 分配算法采用 cache 存储内核对象。当创建 cache 时，起初包括若干标记为空闲的对象。对象的数量与 slab 的大小有关。例如，12 KB 的 slab（包括三个连续的页）可存储 6 个 2 KB 大小的对象。开始，所有对象都标记为空闲。当需要内核数据结构的对象时，可以从 cache 上直接获取，并将该对象标记为**使用**（used）。

　　下面考虑内核如何将 slab 分配给表示进程描述符的对象。在 Linux 系统中，进程描述符的类型是 struct task_struct，其大小约为 1.7 KB。当 Linux 内核创建新任务时，它会从 cache 中获得 struct task_struct 对象所需要的内存。Cache 上会有已分配好的并标记为空闲的 struct task_struct 对象来满足请求。

　　Linux 的 slab 可有三种状态：

- **满的**：slab 中的所有对象被标记为使用。
- **空的**：slab 中的所有对象被标记为空闲。
- **部分**：slab 中的对象有的被标记为使用，有的被标记为空闲。

　　slab 分配器首先从部分空闲的 slab 进行分配。如没有，则从空的 slab 进行分配。如没有，则从物理连续页上分配新的 slab，并把它赋给一个 cache，然后再从新 slab 分配空间。

　　slab 分配器有两个主要优点：

　　① 没有因碎片而引起的内存浪费。碎片不是问题，这是因为每个内核数据结构都有相应的 cache，而每个 cache 都由若干 slab 组成，而每个 slab 又分为若干个与对象大小相

同的部分。因此，当内核请求对象内存时，slab 分配器可以返回刚好可以表示对象所需的内存。

② 内存请求可以快速满足。slab 分配器对于需要经常不断分配内存、释放内存来说特别有效，而操作系统经常这样做。内存分配与释放可能费时。然而，由于对象预先创建，所以可从 cache 上快速分配。另外，当用完对象并释放时，只需要标记为空闲并返回给 cache，以便下次再用。

slab 分配器首先用在 Solaris 2.4 内核中。由于其通用性，现在也用于 Solaris 某些用户态内存请求。Linux 原来使用 Buddy 系统。然而，从 2.2 版本开始，Linux 内核也使用 slab 分配器。

9.9　其 他 考 虑

在本章的前面已讨论过，置换算法和分配策略的选择是调页系统的主要问题。然而，还有一些其他问题需要加以考虑。

9.9.1　预调页

纯按需调页系统的一个显著特性是当一个进程开始时会出现大量页错误。这种情况是由于试图将最初局部调入到内存的结果。在其他时候也会出现同样情况。例如，当重启一个换出进程时，由于其所有页都在磁盘上，所以每个页都必须通过自己的页错误而调入到内存。**预调页**（prepaging）试图阻止这种大量的初始调页。这种策略就是同时将所需要的所有页一起调入到内存中。有的操作系统如 Solaris，对小文件采用预调页调度。

例如，对于采用工作集合的系统，可以为每个进程保留一个位于其工作集合内的页的列表。如果必须暂停一个进程（由于 I/O 等待或缺少空闲帧），那么要记住该进程的工作集合。当该进程需要重启时（I/O 完成或有足够多的空闲帧），在重启进程之前会自动调入位于其工作集合内的所有页。

预调页有时可能比较好。关键问题是采用预调页的成本是否小于处理相应页错误的成本。通过预调页而调回内存的许多页可能没有被使用。

假设有 s 页被预调页到内存，而这些 s 页的 α 部分确实被使用了$(0 \leq \alpha \leq 1)$。问题是节省的 $s*\alpha$ 个页错误的成本是大于还是小于预调页其他 $s*(1-\alpha)$ 不必要页面的开销。如果 α 接近于 0，那么预调页是失败的；如果 α 接近于 1，那么预调页是成功的。

9.9.2　页大小

现有机器的操作系统的设计人员在页大小方面很少有选择。然而，在设计新机器时，必须对最佳页大小做出决定。正如人们所预期的，并不存在单一的最佳页大小，而是有许多因素会影响页面大小。页面大小总为 2 的幂，通常从 4 096(2^{12})～4 194 304(2^{22})B。

如何选择页大小呢？一方面是要考虑页表大小。对于给定虚拟内存空间，降低页大小增加了页的数量，因此也增加了页表大小。例如，对于 4 MB（2^{22}）的虚拟内存，如页大小为 1024 B，则有 4 096 页；如果页大小为 8 192 B，则只有 512 页。因为每个活动进程必须有其自己的页表，所以较大的页是比较理想的。

另一方面，较小的页可更好地利用内存。如果进程从位置 00000 开始分配内存，且一直继续到它所需要的内存为止，那么它可能不能刚好在页边界处结束。因此，最后页的一部分必须分配（因为页是分配单元）但并未使用（形成内部碎片）。假定进程大小与页大小无关，那么可以推测：平均来说，每个进程的最后页的一半将会被浪费。对于 512 B 的页，损失为 256 B；对于 8 192 B 的页，损失为 4 096 B。为了减少碎片，需要小的页。

另一个问题是页读写所需的时间。I/O 时间包括寻道、延迟和传输时间。传输时间与传输量（即页的大小）成正比，这看似需要小页。然而，在 12.1.1 小节将看到寻道和延迟时间远远超过传输时间。对于传输率为 2 MBps，传输 512 B 需要 0.2 ms。另一方面，寻道时间可能为 20 ms，而延迟时间可能为 8 ms。因此，在总的 I/O 时间（28.2 ms）内，1% 是用于真正传输的。加倍页的大小使 I/O 时间增加到 28.4 ms。读入页大小为 1 024 B 的单个页需要 28.4 ms，但是读入页大小为 512 B 的两个页需要 56.4 ms。因此，为了最小化 I/O 时间，需要较大的页。

然而，因为局部性得以改善，采用较小的页，总的 I/O 就会降低。较小的页允许每个页更精确地匹配程序局部。例如，考虑一个大小为 200 KB 的进程，其一半（100 KB）确实在执行时使用。如果只有一个大页，那么必须调入整个页，从而传输且分配了 200 KB。如果有大小为 1 B 的页，那么可调入确实使用的 100 KB，从而只传输且分配了 100 KB。采用较小的页，会有更好的精度，以允许只处理确实需要的内存。采用较大的页，不但必须分配且传输所需要的，而且还包括其他碰巧在页内的不需要的内容。因此，更小页应用导致更少的 I/O 和更少的总的分配内存。

另一方面，采用 1 B 大小的页，每字节会产生页错误。大小为 200 KB 的进程，只使用其中一半，如果采用 1 B 大小的页，那么会产生 102 400 个页错误。每个页错误会产生大量的额外开销以处理中断、保存寄存器、置换页、排队等待调页设备和更新表。为了降低页错误的数量，需要较大的页。

还有其他因素需要考虑（如页大小和调页设备的扇区大小的关系）。这个问题没有最佳答案。有的因素需要小页（内部碎片、局部性），而有的需要大页（表大小、I/O 时间）。然而，总的来说，是趋向更大的页。事实上，本书的第 1 版（1983）采用 4 096 B 为页大小的上限，这一数值是 1990 年最常用的页大小。然而，现代系统可能使用更大的页。下节将继续讨论这个问题。

9.9.3　TLB 范围

第 8 章讨论了 TLB 命中率（hit ratio）。TLB 命中率是指通过 TLB 而不是页表所进行的虚拟地址转换的百分比。显然，命中率与 TLB 的条数有关，增加 TLB 的条数可增加命中率。然而，这种方法的代价并不小，因为用于构造 TLB 的相关内存既昂贵又费电。

与命中率相关的另一类似测量尺度是 **TLB 范围**（TLB reach）。TLB 范围指通过 TLB 可访问的内存量，并且等于 TLB 条数与页大小之积。理想情况下，一个进程所有的工作集合应位于 TLB 中。否则，该进程因通过页表而不是 TLB 而浪费大量时间以进行地址转换。如果把 TLB 条数加倍，那么可加倍 TLB 范围。然而，对于某些使用大量内存的应用程序，这样做可能不足以存储工作集合。

增加 TLB 范围的另一个方法是增加页的大小或提供多种页大小。如果增加页大小，如从 8～32 KB，那么 TLB 将翻两番。然而，对于不需要像 32 KB 这样页大小的应用程序，就会产生碎片。另一种选择是，操作系统可使用不同大小的页。例如，UltraSPARC 支持 8 KB、64 KB、512 KB 和 4 MB 大小的页。在这些可用页大小中，Solaris 使用了 8 KB 和 4 MB 大小的页。对于具有 64 项的 TLB，Solaris 的 TLB 范围可从 512 KB（采用 8 KB 大小的页）～256 MB（采用 4 MB 大小的页）。对于绝大多数应用程序，8 KB 大小的页是足够了，但是 Solaris 还是用两个 4 MB 大小的页以映射内核代码和数据开始的 4 MB。Solaris 同样允许应用程序，如数据库，利用 4 MB 大小的页。

然而，提供对多种页的支持，要求操作系统而不是硬件来管理 TLB。例如，TLB 项的一个域必须用来表示对应 TLB 项的页大小。用软件而不是硬件来管理 TLB 会影响性能。然而，增加命中率和 TLB 范围也提高了性能。确实，现代趋势是用软件来管理 TLB 和操作系统提供对多种页大小的支持。UltraSPARC、MIPS、Alpha 体系结构都用软件来管理 TLB，而 PowerPC 和 Pentium 用硬件来管理 TLB。

9.9.4　反向页表

在 8.5.3 小节中，引入了反向页表的概念。这种形式的页管理能降低为了跟踪虚拟地址到物理地址转换所需的物理内存的数量。通过创建一个表，该表为每个物理页包含一个条目，且可根据<process-id，page-number>来索引，从而可以节省内存。

因为它们保留了有关每个物理帧保存哪个虚拟内存页面的信息，反向页表降低了保存这种信息所需的物理内存。然而，反向页表不再包括进程逻辑地址空间的完整信息，如果所引用页不在内存中，而又需要这种信息，请求页面调度需要用这种信息来处理页面错误。为了提供这种信息，每个进程必须保留一个外部页表。每个这样的表看起来如同传统的进程页表，其中包括每个虚拟页所在的位置。

但是，外部页表会影响反向页表的用途吗？由于这些表只有在出现页错误时才需要引用，所以它们不需要很快得到。事实上，它们本身可根据需要换进或换出内存。不过，可能会出现这样一个页错误（第一次页错误），以致在备份仓库上定位该虚拟页的外部虚拟页表需要调入内存（第二次页错误）。因此，虚拟内存管理器需要在内核中小心地处理并且在页查找处理时有一个延迟。

9.9.5 程序结构

对用户程序而言，请求页面调度被设计成透明的。在许多情况下，用户可完全不关心内存的调页特性。然而，在有些情况下，如果用户（或编译器）对按需调页有所了解，那么可以改善系统性能。

下面研究一个人为的但却有用的例子。假设页大小为 128 个字。考虑一个 Java 程序，其主要功能是将 128×128 的两维数组的所有元素清零。其代码如下：

```
int i,j;
int[128][128] data;

for (int j=0; j<128; j++)
  for (int i=0; i<128; i++)
    data[i][j] = 0;
```

注意数组是按行存放的。也就是说，数组存储顺序为：data[0][0], data[0][1], …, data[0][127], data[1][0], data[1][1], …, data[127][127]。如果，页大小为 128 字，那么每行需要一页。因此，以上代码只将每页的一个字清零，再将每页的下一个字清零，以此类推。如果操作系统分配给整个程序的帧数少于 128，那么其执行会产生 128×128=16 384 个页错误。如果将代码改为如下形式：

```
int i,j;
int[128][128] data;

for (int i=0; i<128; i++)
    for (int j=0; j<128; j++)
      data[i][j] = 0;
```

那么，在开始下页之前，会清除本页的所有字，从而将页错误的数量减低为 128。

数据结构和程序结构的仔细选择能增加局部性，并降低错误率和工作集合内的页数。例如，栈具有良好的局部性，因为访问局限于其顶部。另一方面，哈希表被设计成分散引用，导致局部性差。当然，引用局部性只是数据结构使用效率的度量之一。其他重要度量要素包括搜索速度、内存引用的总数、所涉及页面的总数等。

在后面的阶段，编译器和载入器（loader）对调页都有重要影响。代码和数据的分开和重入代码的生成意味着代码只能读且不能被修改。干净页在置换之前不必调出。载入器能避免子程序跨越页边界，以便使每个子程序完全在单个页内。互相多次调用的页可一起放在同一页内。这种打包是背包问题的操作研究的一个变形：试图将不同大小的代码段装入到固定大小的页中以便页间引用最少。这种方法对于大页尤其有用。

程序设计语言对调页也会有影响。例如，C 和 C++经常使用指针，指针趋向于使内存访问随机，因此降低了进程的局部性。有的研究表明，面向对象程序的引用局部性也较差。

9.9.6 I/O 互锁

在使用请求页面调度时，有时需要允许有些页在内存中被**锁住**。这种情况之一是需要对用户的（虚拟）内存进行 I/O。I/O 通常采用单独 I/O 处理器来实现。例如，USB 存储设备的控制器通常设置为需要传输多少字节和缓存的内存地址（见图 9.29）。当完成传输时，CPU 被中断。

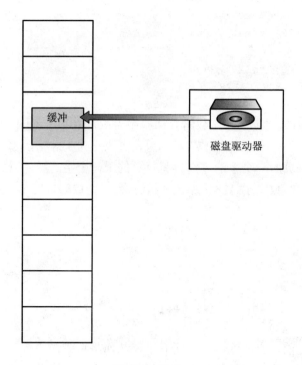

图 9.29 I/O 用到的帧必须在内存中的原因

必须确保按下面顺序的事件不会出现：一个进程发出一个 I/O 请求，并被加入到 I/O 设备的等待队列上，而同时 CPU 被交给了其他进程。这些进程引起页错误，采用全局置换算法，其中之一置换了等待进程用于 I/O 的缓存页，这些页被换出。之后，当 I/O 请求移到设备队列的头部时，就针对指定地址进行 I/O。然而，这时该帧已被属于另一个进程的不同页所使用。

对这个问题，通常有两种解决方法。一种解决方法是决不对用户内存进行 I/O，即 I/O 只能在系统内存和 I/O 设备之间进行，数据在系统内存和用户内存之间进行复制。为了向磁带上写一块，必须将该块复制到系统内存中，接着再写到磁带上。这种额外复制可能会导致令人难以接受的高开销。

另一种解决方法是允许页锁在内存中。每个帧都有一个锁住位。如果一个帧被锁住，那么它不能被置换。在这种情况下，为了向磁带上写一块，可以将包括该块内容的页锁住。而系统能像平常一样继续。锁住页不能被置换。当 I/O 完成时，页就被解锁。

锁住位有许多用途。操作系统内核的有些或所有页通常都锁在内存中。绝大多数操作系统不能容忍由内核引起的页错误。

锁住位的另一个用途涉及普通页置换。考虑如下顺序的事件：一个低优先级进程产生页错误，调页系统会选择一个置换帧，并将所需要页读入到内存。为了继续进行，应该让低优先级进程进入就绪队列并等待 CPU。由于是低优先级进程，所以可能有一段时间不被 CPU 调度程序所选择。在该低优先级进程等待时，一个高优先级进程出现页错误。调页系统寻找置换，发现一个页在内存中，但没有引用或修改——这是由低优先级进程刚才调入的。该页看起来正好可以置换——它是干净的，并不需要写出，且它很长时间没有使用过。

高优先级进程的页能否置换低优先级进程的页是个策略问题。毕竟，只是为了高优先级进程的利益而延迟了低优先级进程。另一方面，浪费了时间以调入低优先级进程的页。如果决定防止置换刚调入的页直到它至少运行一次，那么可用锁住位来实现这种机制。当一个页选择置换时，其锁住位打开；它一直打开直到出错进程再次分派为止。

然而，采用锁住位有时也有危险：锁住位可能被打开，但从未被关闭。如果出现这种情况（例如，由于操作系统的错误），那么锁住帧就不能使用了。对单用户操作系统来说，过分加锁只会损害加锁用户本身。多用户系统不能过分相信用户。例如，Solaris 允许加锁"提示"，但是当空闲帧池太少或单个进程请求在内存中锁住太多页时，能自动地忽略这些提示。

9.10　操作系统实例

本节将讨论 Windows XP 和 Solaris 如何实现虚拟内存。

9.10.1　Windows XP

Windows XP 采用请求页面调度加上簇（clustering）来实现虚拟内存。簇在处理页错误时，不但调入出错的页面，而且还调入出错页周围的页。当一个创建进程时，它会被分配工作集合的最小值和最大值。**工作集合最小值**（working-set minimum）是进程在内存中时所保证有的页数量的最小值。如果有足够多的内存可用，那么进程可分配更多的页面，直至其工作集合最大值。对于大部分应用程序，工作集合的最小值和最大值是 50 和 345 个页面（在有些环境下，进程可允许超过其工作集合的最大值）。虚拟内存管理器维护一个空闲帧的链表。与该链表相关联的是一个阈值，以用来表示是否有足够多的可用内存。如果一个进程的页数低于其工作集合最大值，且出现页错误，那么虚拟内存管理器可从该空闲链表上分配帧。如果一个进程的页数已达到其工作集合最大值且出现页错误，那么虚拟内存管理器就采用局部置换以选择置换页。

当空闲内存的量低于其阈值时，虚拟内存管理器采用**自动工作集合修整**（automatic working-set trimming），以便使该值在其阈值之上。自动工作集合修整按如下方式工作：计算分配给进程的帧数。如果进程分配的帧数大于其工作集合最小值，那么虚拟内存管理器从中删除帧直到进程的页数为最小工作集合最小值。一旦有足够多的空闲内存，那么具有工作集合最小值页数的进程会从空闲帧中分配帧。

用于确定从哪个工作集合中删除页的算法与操作系统所运行的处理器类型有关。对于单处理器 80x86 系统，Windows XP 使用 9.4.5 小节所讨论的*时钟*算法的变种。对于 Alpha 和多处理器 x86 系统，清除引用位需要使其他处理器的 TLB 内容无效。为了避免这种开销，Windows XP 使用了 9.4.2 小节所讨论的 FIFO 算法的一个变种。

9.10.2 Solaris

对于 Solaris，当一个线程产生一次页错误时，内核会从其所维护的空闲链表中为页错误线程分配一个页。因此，操作系统必须维护足够多的空闲内存空间。与空闲链表相关的一个参数是 *lotsfree*，用于表示开始调页的阈值。通常将 *lotsfree* 设置为物理内存大小的 1/64。内核每秒钟会检查 4 次看空闲内存是否小于 *lotsfree*。如果空闲页数少于 *lotsfree*，那么就启动称为**换页**（pageout）的进程。换页进程采用类似于如 9.4.5 小节所述的二次机会算法（也称为**双指针轮转算法**（two-handed-clock algorithm）），其不同之处在于使用两个指针扫描页面。换页进程按如下方式工作：时钟的第一个指针扫描内存的所有页，并将其引用位置 0。之后，时钟的第二个指针会检查内存页的引用位，以释放那些引用位仍然为 0 的页到空闲链表，并将已修改的页保存到磁盘上。Solaris 有一个已释放的但未重写的 cache 链表，而空闲链表的帧的内容无效。如果 cache 链表上的帧还未移到空闲链表上，那么可直接要回所需要的页。

换页算法使用多个参数控制扫描页的速度（称为*扫描速度*）。扫描速度用每秒页数来表示，其范围从 *slowscan* 到 *fastscan*。当空闲内存低于 *lotsfree* 时，扫描从每秒 *slowscan* 页的速度开始，并根据可用内存的数量可增加到每秒 *fastscan* 页。*slowscan* 的默认值为每秒 100 页。*fastscan* 通常设置为每秒(*total physical pages*)/2，且其最大值为每秒 8 192 次，参见图 9.30（*fastscan* 设置为最大值）。

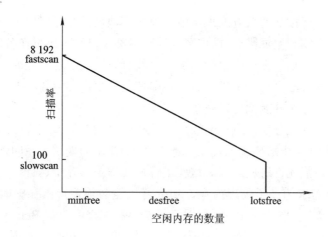

图 9.30　Solaris 页扫描器

　　时钟两针之间的距离（以页数表示）是由系统参数 *handspread* 来确定的。前针清除位和后针检查位的时间与 *scanrate* 和 *handspread* 有关。如果 *scanrate* 为每秒 100 页且 *handspread* 为每秒 1 024 页，那么在前针清除位和后针检查位之间有 10 秒。然而，由于对内存系统的需求，每秒数千页的 *scanrate* 并不是不常见。这意味着前针清除位和后针检查位之间的时间只有数秒。

　　如上所述，换页进程每秒检查内存 4 次。然而，如果内存低于 *desfree*（见图 9.29），那么换页会每秒运行 100 次以保证至少有 *desfree* 个空闲内存。如果在 30 秒内，换页进程不能使空闲内存的数量的平均值超过 *desfree*，那么内核开始交换进程，以释放分配给该进程的所有页。通常，内核会查找空闲最长时间的进程。最后，如果系统还不能维护空闲内存的数量至少为 *minfree*，那么每次请求新页时会执行换页进程。

　　最近的 Solaris 内核的版本提供了对调页算法的若干改进。改进之一是识别共享库的页。为多个进程所共享的属于库的页，即使能为扫描程序所需要，也会在扫描时跳过。另一改变是区分分配给进程的页和分配给普通文件的页。这称为**优先级调页**（priority paging），将在 11.6.2 小节中讨论。

9.11　小　　结

　　需要能执行这样一个进程，其逻辑地址空间大于可用物理地址空间。虚拟内存允许将大逻辑地址空间映射到小的物理内存。虚拟内存允许极大的进程运行，且提高了多道程序的程度，增加了 CPU 使用率。再者，它使得程序员不必考虑内存可用性。另外，虚拟内存允许进程共享系统库与内存。当父子进程共享内存页时，虚拟内存也允许采用写时复制来创建进程。

虚拟内存通常采用按需调页方式来实现。纯按需调页只有在引用页时才调入页。第一次引用就会使操作系统产生页错误。操作系统检查内部表以确定该页在备份仓库上的位置。接着，它找到空闲帧并从备份仓库中读入页。更新页表以反映这一修改，并重新执行产生页错误的指令。这种方法允许一个进程运行，即使其完整内存映像不能同时在内存中。只要页错误率足够低，那么性能就可以被接受。

使用按需调页以降低分配给进程的帧数。这种安排能增加多道程序的程度（允许更多进程同时执行），且（至少从理论上说）增加了系统 CPU 的使用率。即使进程内存需要超过总的物理内存，也能允许进程运行。这些进程可在虚拟内存中运行。

如果总的内存需求超过了物理内存，那么有可能必须置换内存中的页以便为新页所用。可以使用各种页置换算法。FIFO 页置换算法容易编程，但有 Belady 异常。最优页置换算法需要将来知识。LRU 页置换能近似最优算法，但是它也很难实现。绝大多数页置换算法，如二次机会算法，都是 LRU 置换的近似。

除了页置换算法，还需要帧分配策略。分配可以是固定的，如局部页置换算法；或动态的，如全局置换。工作集合模型假定进程在局部内执行。工作集合是位于当前局部所有页的集合。相应地，每个进程应该为其当前工作集合分配足够多的帧。如果进程没有足够多的内存以用于其工作集合，那么它就会颠簸。为进程提供足够多的内存以避免颠簸，可能需要进程交换和调度。

许多操作系统提供内存映射文件功能，如允许文件 I/O 像内存访问操作一样。Win32 API 通过内存映射来实现共享内存。

内核进程通常需要按物理连续方式来分配内存。buddy 系统允许内核进程按 2 的幂大小来分配，这会产生碎片。slab 分配器允许从由 slab 组成的 cache 进行分配，每个 slab 由若干物理连续的页组成。采用 slab 分配器，不会因碎片问题而产生内存浪费，内存请求可以很快得到满足。

除了要求解决页置换和帧分配的主要问题外，合理设计调页系统还要求考虑页大小、I/O、加锁、预调页、进程创建、程序结构和其他问题。

习 题

9.1 举例说明当源与目的相重叠时，重启 IBM 360/370 的 MVC 指令可能出现的问题。

9.2 讨论按需调页所需的硬件支持。

9.3 什么是写时复制？何时这种特点有效？实现这种特点需要什么硬件支持？

9.4 某台计算机给它的用户提供了 2^{32} B 的虚拟地址空间。计算机有 2^{18} B 的物理内存。虚拟内存使用页面大小为 4 096 B 的分页机制实现。一个用户进程产生虚拟地址 11123456，现在说明一下系统怎样建立相应的物理地址。区分一下软件操作和硬件操作。

9.5 假设有一个按需调页存储器，页表放在寄存器中。处理一个页错误，当有空的帧可用或被置换的帧没有被修改过时要用 8 ms，当被置换的帧被修改过时用 20 ms。存储器存取时间为 100 ns。假设被置换的页中有 70% 被修改过，有效存取时间不超过 200 ns 时最大可以接受的页错误率是多少？

9.6 假定要监视时钟算法的指针移动速度（可用来表示页替换的速度）。根据下面现象，可得到什么结论？

a. 指针移动快

b. 指针移动慢

9.7 讨论在何种情况下最少经常使用页替换算法要比最近最少使用页置换算法要好。并讨论相反情况。

9.8 讨论在何种情况下最多经常使用页置换算法要比最少近来使用算法要好。并讨论相反情况。

9.9 VAX/VMS 系统采用 FIFO 置换算法来处理常驻页和经常使用页的空闲帧池。假定空闲帧池采用最近最少使用置换算法。试回答下列问题：

a. 如果出现页错误而所需页不在空闲帧池中，那么新请求页如何从空闲中分配？

b. 如果出现页错误且所需页在空闲帧池中，那么新请求页如何由常驻页和经常使用页的空闲池来满足？

c. 如果常驻页的数量为 1，那么这样方法会退化成什么？

d. 如果空闲帧池的页数量为 0，那么这样方法会退化成什么？

9.10 假设一个具有下面时间利用率的按需调页系统：

CPU 利用率	20%
分页磁盘	97.7%
其他 I/O 设备	5%

试说明下面哪一项可能提高 CPU 的利用率，为什么？

a. 安装一个更快的 CPU

b. 安装一个更大的分页磁盘

c. 提高多道程序的程度

d. 降低多道程序的程度

e. 安装更多内存

f. 安装个更快的硬盘，或对多个硬盘用多个控制器

g. 加入预约式页面调度算法预取页

h. 增加页面大小

9.11 假定一台计算机提供采用一层间接寻址方案的指令来访问内存。当程序的所有页都不在内存中，且程序的第一条指令是间接寻址操作时，会出现什么样顺序的页错误？当操作系统采用按进程来分配内存，且只分配该进程两个页，那么会发生什么？

9.12 假设你的置换策略（在分页系统中）是有规律的检查每个页并将最近上一次检测后没有再被引用的页丢弃。比起 LRU 和二次机会置换算法有哪些好处和坏处？

9.13 一个页置换算法应使发生页面错误的次数最小化。可以通过将使用频率高的页平均分配到整个内存，而不是只使用少数几个帧来达到这种最小化。可以对每个帧设置一个计数器来记录与帧相关的页数。那么当置换一个页时就可以查找页数最少的帧来置换。

a. 基于这个基本思想定义一个页置换算法。特别注意的问题：

① 计数器初始化值是多少？

② 什么时候计数增加？

③ 什么时候计数减少？

④ 怎样选择被置换的页？

b. 设有 4 个帧，对于下面的页引用序列，你的算法会发生多少次页错误？

1，2，3，4，5，3，4，1，6，7，8，7，8，9，7，8，9，5，4，5，4，2

c. 最优页置换算法对于 4 帧的 b 中的页引用序列最小页错误数为多少？

9.14　假设一个请求调页系统具有一个平均访问和传输时间为 20 ms 的分页磁盘。地址转换是通过在主存中的页表来进行的，每次内存访问时间为 1 μs。这样，每个通过页表进行的内存访问都要访问内存两次。为了提高性能，加入一个相关存储器，当页表项在相关存储器中时，可以减少对内存的访问次数。假设 80%的访问发生在相关存储器中，而且剩下中的 10%（或总的 2%）会导致页错误。内存的有效访问时间是多少？

9.15　颠簸的原因是什么？系统怎样检测颠簸？一旦系统检测到颠簸，系统怎样来消除这个问题？

9.16　一个进程是否可有两个工作集合，一个用于数据，另一用于代码？试解释之。

9.17　在工作集合模型中，参数Δ用来定义工作集合窗口的大小。当为Δ设置一个小值时，对页错误频率及正在系统中执行进程的数量有何影响？当为Δ设置一个大值时，又如何？

9.18　假定采用 Buddy 系统进行内存分配，且初始段的大小为 1 024 KB。按图 9.27 所示，画出下面内存是如何分配的：

- 请求 240 B
- 请求 120 B
- 请求 60 B
- 请求 130 B

然后，按着下面内存释放方法来修改树（如可能，要执行合并操作）：

- 释放 240 B
- 释放 60 B
- 释放 120 B

9.19　slab 算法为每个不同对象类型采用独立高速缓存。假定每个对象类型都有高速缓存，那么这种方法不能很好地扩展到多 CPU。如何处理这个问题？

9.20　假设有一个系统允许为进程分配不同大小的页。这样的请求页系统有什么优点？如何修改虚拟内存系统以提供这种功能？

9.21　写个程序来实现本章中介绍的 FIFO 和 LRU 页置换算法。首先，产生一个随机的页面引用序列，页面数从 0～9。将这个序列应用到每个算法并记录发生的页错误的次数。实现这个算法时，要将页帧的数量设为可变（从 1～7）。假设使用请求调页。

9.22　Catalan 数是一个树枚举问题中的整数序列 C_n。对于 $n = 1$，2，3，…的第一个 Catalan 数是 1，2，5，14，42，132，…计算 C_n 的公式是：

$$C_n = \frac{1}{(n+1)}\binom{2n}{n} = \frac{(2n)!}{(n+1)!n!}$$

使用 Win32 API（参见 9.7.2 小节）设计两个利用共享内存通信的程序。生产者进程生成 Catalan 序列，并将其写入到共享内存对象。消费者进程从共享内存读取并输出序列。在这个例子中，生产者进程需要从命令行指定生成 Catalan 数的数目；例如，命令行指定 5 说明生产者进程会生成头 5 个 Catalan 数。

文 献 注 记

在 1960 年左右（Kilburn 等[1961]），按需调页最先在英国曼彻斯特大学 MUSE 计算机上实现，用在 Atlas 系统中。另一个早期的按需调页系统是 MULTICS，是在 GE 645 系统上实现的（Organick[1972]）。

Belady 等[1969]是最早观察到 FIFO 置换策略会产生现在命名为 Belady 异常现象的研究者。Mattson 等[1970]讲述了栈算法不会产生 Belady 异常。

Belady[1966]给出了最优置换算法。Mattson 等[1970]证明了它是最优的。Belady 的最优算法是针对确定分配的，Prieve 和 Fabry[1976]有一个针对可变分配的最优算法。

Carr 和 Hennessy[1981]论述了改进的时钟算法。

Denning[1968]开发了工作集合模型。Denning[1980]给出了有关工作集合的论述。

Wulf[1969]设计了管理页错误率的方案，还将这种技术应用到 Burroughs B5500 计算机系统中。

Wilson 等[1995]讨论了若干动态内存分配算法。Johnstone 和 Wilson[1998]研究有关内存碎片问题。Knowlton[1965]、Peterson 和 Norman[1977]、Purdom 和 Stigler[1970]均研究了 Buddy 系统内存分配。Bonwick[1994]讨论了 slab 分配算法，Bonwick 和 Adams[2001]把这一讨论扩展到了多处理器。Stephenson[1983]、Bays[1977]、 Brent[1989]等研究了其他内存分配算法。Wilson[1995]对内存分配算法作了一个综述。

Solomon 和 Russinovich[2000]描述了 Windows XP 是怎样实现虚拟内存的。Mauro 和 McDougall[2001]论述了 Solaris 的虚拟内存。Bovet 和 Cesati[2002]和 McKusick 等[1996]分别描述了 Linux 和 BSD 中的虚拟内存技术。Ganapathy、Schimmel[1998]和 Navarro 等[2002]论述了支持不同大小页面的操作系统。Ortiz[2001]描述了嵌入式实时操作系统所用的虚拟内存。

Jacob 和 Mudge[1998b]中有关于虚拟内存在 MIPS、PowerPC 和奔腾体系中实现的比较。一篇相应的文章（Jacob 和 Mudge[1998a]）中描述了在 6 个不同体系中对实现虚拟内存的硬件支持，包括 UltraSPARC。

第四部分　存　储　管　理

　　由于内存通常太小，并不足以永久保存所有数据和程序，所以计算机系统必须提供外存以备份内存。现代计算机系统采用磁盘作为主要在线存储以保存信息（程序与数据）。文件系统为存储与访问磁盘上的数据与程序提供机制。文件是一组由创建者所定义的相关信息的集合。操作系统将文件映射到物理设备上。文件通常按目录来组织，以便于使用。

　　计算机设备在很多方面都不同。有的设备一次传输一个或一块字符。有的按顺序访问，有的随机访问。有的同步传输，有的异步传输。有的专用，有的共享。有的只读，有的可读写。它们速度差异很大。在许多方面，外设是计算机中最慢的部分。

　　由于设备差异很大，所以操作系统需要提供一组功能以便于应用程序控制这些设备。操作系统的 I/O 子系统的重要目的之一是为系统其他部分提供最简单的接口。由于设备通常是性能瓶颈，所以另一重要目的是优化 I/O 以使程序并发运行。

第10章 文件系统接口

对绝大多数用户而言，文件系统是操作系统中最为可见的部分。它提供了在线存储和访问计算机操作系统和所有用户的程序与数据的机制。文件系统由两个不同部分组成：一组*文件*（文件用于存储相关数据）和*目录*结构（目录用于组织系统内的文件并提供有关文件的信息）。文件系统位于设备上，这里只稍作讨论，下面的章节将深入讨论。本章中，将考虑文件的许多方面和主要目录结构，并讨论在多个进程、用户和计算机之间文件共享的语义。最后，本章还讨论各种*文件保护*方法，当多个用户访问文件和需要控制哪些用户按什么方式访问文件时，保护是很有必要的。

本章目标

- 解释文件系统功能。
- 描述文件系统接口。
- 讨论文件系统设计的各个权衡，包括访问方法、文件共享、文件加锁以及目录结构等。
- 研究文件系统保护。

10.1 文 件 概 念

计算机能在多种不同介质上（如磁盘、磁带和光盘）存储信息。为了方便地使用计算机系统，操作系统提供了信息存储的统一逻辑接口。操作系统对存储设备的各种属性加以抽象，从而定义了逻辑存储单元（*文件*），再将文件映射到物理设备上。这些物理设备通常为非易失性的，这样其内容在掉电和系统重启时也会一直保持。

文件是记录在外存上的相关信息的具有名称的集合。从用户角度而言，文件是逻辑外存的最小分配单元，即数据除非在文件中，否则不能写到外存。通常，文件表示程序（源形式和目标形式）和数据。数据文件可以是数字、字符、字符数字或二进制。文件可以是自由形式，如文本文件，也可以具有严格的格式。通常，文件由位、字节、行或记录组成，其具体意义是由文件创建者和使用者来定义的。因此，文件的概念极为广泛。

文件信息是由其创建者定义的。文件可存储许多不同类型的信息：源程序、目标程序、可执行程序、数字数据、文本、工资记录、图像、声音记录等。文件根据其类型具有一定**结构**。文本文件是由行（或页）组成，而行（或页）是由字符组成的。*源文件*由子程序和函数组成，而它们又是由声明和执行语句组成的。*目标*文件是一系列字节序列，它们按目标系统链接器所能理解的方式组成。*可执行*文件为一系列代码段，以供装入程序调入内存执行。

10.1.1　文件属性

文件是有名称的，以方便用户通过名称对之加以引用。名称通常为字符串，如 *example.c*。有的系统区分名称中的大小写字母，而其他的则不加以区分。在文件被命名后，它就独立于进程、用户甚至创建它的系统。例如，一个用户可能创建了文件 *example.c*，而另一用户就可通过此名称来编辑该文件。文件拥有者可能将文件写入到软盘、通过 E-mail 发送或通过网络复制，并且在目的系统上它仍然被称为 *example.c*。

文件有一定的属性，这根据系统而有所不同，但是通常都包括如下属性：

- **名称**：文件符号名称是唯一的、按照人们容易读取的形式保存。
- **标识符**：标识文件系统内文件的唯一标签，通常为数字；对人而言这是不可读的文件名称。
- **类型**：被支持不同类型的文件系统所使用。
- **位置**：该信息为指向设备和设备上文件位置的指针。
- **大小**：文件当前大小（以字节、字或块来统计），该属性也可包括文件允许的最大容量值。
- **保护**：决定谁能读、写、执行等的访问控制信息。
- **时间、日期和用户标识**：文件创建、上次修改和上次访问的相关信息。这些数据用于保护、安全和使用跟踪。

所有文件的信息都保存在目录结构中，而目录结构也保存在外存上。通常，目录条目包括文件名称及其唯一标识符，而标识符又定位文件其他属性信息。一个文件的这些信息可能需要 1 KB 左右的空间来记录。在具有许多文件的系统中，目录本身大小可能有数兆字节。因为目录如同文件一样也必须是非易失性的，所以它们必须存放在设备上，并在需要时分若干次调入内存。

10.1.2　文件操作

文件属于**抽象数据类型**。为了合适地定义文件，需要考虑有关文件的操作。操作系统提供系统调用对文件进行创建、写、读、定位、删除和截短。下面讨论操作系统要执行 6 个基本文件操作需要做哪些事，这样可以很容易地了解类似操作（如重命名文件）是如何实现的：

- **创建文件**：创建文件有两个必要步骤。第一，必须在文件系统中为文件找到空间。

在第 11 章中将会讨论如何为文件分配空间。第二，在目录中为新文件创建一个条目。

- **写文件**：为了写文件，执行一个系统调用，其指明文件名称和要写入文件的内容。对于给定的文件名称，系统会搜索目录以查找该文件位置。系统必须为该文件维护一个*写位置*的指针。每当发生写操作时，必须更新写指针。

- **读文件**：为了读文件，使用一个系统调用，并指明文件名称和要读入文件块的内存位置。同样，需要搜索目录以找到相关目录项，系统要为该文件维护一个*读位置*的指针。每当发生读操作时，必须更新*读*指针。一个进程通常只对一个文件读或写，所以当前操作位置可作为每个进程**当前文件位置指针**。由于读和写操作都使用同一指针，这既节省了空间也降低系统复杂度。

- **在文件内重定位**：搜索目录相应条目，设置当前文件位置指针为给定值。在文件内重定位不需要包含真正的 I/O。该文件操作也称为*文件寻址*（seek）。

- **删除文件**：为了删除文件，在目录中搜索给定名称的文件。找到相关目录条目后，释放所有的文件空间以便其他文件使用，并删除相应目录条目。

- **截短文件**：用户可能只需要删除文件内容而保留其属性，而不是强制删除文件再创建文件。该函数将不改变所有文件属性，而只是将其长度设为 0 并释放其空间。

这 6 个基本操作组成了所需文件操作的最小集合。其他常用操作包括向现有文件之后*添加*新信息和*重命名*现有文件。这些基本操作可以组合起来实现其他文件操作。例如，创建一个文件的*副本*，或复制文件到另一 I/O 设备，如打印机或显示器。可以这样来完成：创建一个新文件，从旧文件读入并写出到新文件。用户可能还希望有文件操作用于获取和设置文件的各种属性。例如，可能需要文件操作以允许用户确定文件属性，如文件长度；允许用户设置文件属性，如文件拥有者。

以上所述的绝大多数文件操作都涉及为给定文件搜索相关目录条目。为了避免这种不断的搜索操作，许多系统要求在首次使用文件时，需要使用系统调用 open()。操作系统维护一个包含所有打开文件的信息表（**打开文件表**，*open-file table*）。当需要一个文件操作时，可通过该表的一个索引指定文件，而不需要搜索。当文件不再使用时，进程可*关闭*它，操作系统从打开文件表中删除这一条目。系统调用 create 和 delete 操作的是关闭文件而不是打开的文件。

有的系统在首次引用文件时，会隐式地打开它。在打开文件的作业或程序终止时会自动关闭它。然而，绝大多数操作系统要求程序员在使用文件之前，显式地打开它。操作 open() 会根据文件名搜索目录，并将目录条目复制到打开文件表。调用 open() 也可接受访问模式参数：创建、只读、读写、添加等。该模式可以根据文件许可位进行检查。如果请求模式获得允许，进程就可打开文件。系统调用 open() 通常返回一个指向打开文件表中一个条目的指针。通过使用该指针，而不是真实文件名称，进行所有 I/O 操作，以避免进一步搜索和简化系统调用接口。

在多进程可能同时打开同一文件（这有可能发生在多个不同应用程序同时打开同一文件的系统中）的环境中，open()和 close()操作的实现更为复杂。通常，操作系统采用两级内部表：单个进程的表和整个系统的表。单个进程表跟踪单个进程打开的所有文件。表内所存是该进程所使用的文件的信息。例如，每个文件的当前文件指针就保存在这里，另外还包括文件访问权限和记账信息。

单个进程表的每一条目相应地指向整个系统的打开文件表。整个系统表包含进程无关信息，如文件在磁盘上的位置、访问日期和文件大小。一旦一个进程打开一个文件，系统打开文件表就会在表中为打开文件增加相应的条目。当另一个进程执行调用 open()，其结果只不过简单地在其进程打开表中增加一个条目，并指向整个系统表的相应条目。通常，系统打开文件表的每个文件还有一个文件打开计数器 *open count*，以记录多少进程打开了该文件。每个 close()会递减 *count*，当打开计数器为 0 时，表示该文件不再被使用，该文件条目可从系统打开文件表中删除。

总而言之，每个打开文件有如下相关信息：

• **文件指针**：对于没有将文件偏移量作为系统调用 read()和 write()参数的系统，系统必须跟踪上次读写位置以作为当前文件位置指针。这种指针对打开文件的某个进程来说是唯一的，因此必须与磁盘文件属性分开保存。

• **文件打开计数器**：当文件关闭时，操作系统必须重用其打开文件表条目，否则表内的空间会不够用。因为多个进程可能打开一个文件，所以系统在删除打开文件条目之前，必须等待最后一个进程关闭文件。文件打开计数器跟踪打开和关闭的数量，在最后关闭时计数器为 0。这时，系统可删除该条目。

• **文件磁盘位置**：绝大多数操作要求系统修改文件数据。用于定位磁盘上文件位置的信息保存在内存中以避免每个操作从磁盘中读取该信息。

• **访问权限**：每个进程用一个访问模式打开文件。这种信息保存在单个进程打开的文件表中，以便操作系统能允许或拒绝以后的 I/O 请求。

有的操作系统提供接口以锁住文件（或部分文件）。文件锁允许一个进程锁住文件，以防止其他进程访问它。文件锁可用于由多个进程共享的文件，例如由系统内多个进程访问与修改的系统日志文件。

文件锁提供了类似于 6.6.2 小节所描述的读者-写者锁。**共享锁**（shared lock）类似于读者锁，可供多个进程并发获取。**专用锁**（exclusive lock）类似于写者锁，只有一个进程可获取此锁。注意，不是所有的操作系统都提供这两种锁，有些系统只提供专用锁。

Java 中的文件加锁

Java API 中获取锁需要先获得所要访问文件的 FileChannel。FileChannel 的 lock()方法用于获取锁，其 API 如下：

FileLock   lock(long begin, long end, boolean shared);

其中 begin 与 end 是所加锁区域的始端与终端位置。设 shared 为 true 时，为共享锁；反之，为专用锁。操作 lock() 所返回 FileLock 的 release()用来释放锁。

图 10.1 为文件加锁的 Java 程序。这个程序需要获取文件 file.txt 的两个锁。文件前半部分需要获取专用锁；而后半部分需要共享锁。

```java
import java.io.*;
import java.nio.channels.*;

public class LockingExample {
    public static final boolean EXCLUSIVE = false;
    public static final boolean SHARED = true;

    public static void main(String args[]) throws IOException {
        FileLock sharedLock = null;
        FileLock exclusiveLock = null;

        try {
            RandomAccessFile raf = new RandomAccessFile("file.txt", "rw");

            //get the channel for the file
            FileChannel ch = raf.getChannel();

            //this locks the first half of the file - exclusive
            exclusiveLock = ch.lock(0, raf.length() / 2, EXCLUSIVE);

            /** Now modify the data … */

            //release the lock
            exclusiveLock.release();

            //this locks the second half of the file - shared
            sharedLock = ch.lock(raf.length() / 2 + 1,raf.length(), SHARED);

            /** Now read the data … */

            //release the lock
            sharedLock.release();
        } catch (java.io.IOException ioe) {
            System.err.println(ioe);
        }
        finally {
            if (exclusiveLock != null)
                exclusiveLock.release();
            if (sharedLock != null)
                sharedLock.release();
        }
    }
}
```

图 10.1   Java 中的文件加锁例子

另外，操作系统可提供**强制**（mandatory）或**建议**（advisory）文件加锁机制。如果文件锁是强制的，那么有一个进程获得该锁后，操作系统就阻止其他进程访问已加锁的文件。例如，假设有一个进程获取了文件 system.log 的专用锁。如果试图从另一进程如文本编辑器打开 system.log，操作系统会阻止这样的访问，直到专用锁被释放为止（而不管文本编辑器是否要求获得此锁）。或者，如果用的是建议锁，那么操作系统并不阻止文本编辑器访问 system.log。而且，需要编写文本编辑器在访问文件前要获取此锁。换句话说，对于强制加锁，操作系统会确保加锁完整性；而对于建议加锁，软件开发人员需要确保适当地获取与释放锁。一般来说，Windows 操作系统采用强制加锁，而 UNIX 系统采用建议加锁。

与进程同步一样，使用文件加锁还是需要谨慎的。例如，基于强制加锁操作系统来开发的程序员应在访问文件时才应占用文件锁，否则，会阻止其他进程访问该文件。另外，还要采取措施防止进程因试图获取文件锁而死锁。

10.1.3 文件类型

当设计文件系统（事实上包括整个操作系统）时，总是要考虑操作系统是否应该识别和支持文件类型。如果操作系统识别文件类型，那么它就能按合理方式对文件进行操作。例如，一个常见错误是用户试图打印一个二进制目标形式的程序。这种尝试通常会产生垃圾，但是如果操作系统已知文件是二进制目标程序，那么就能阻止它被打印。

实现文件类型的常用技术是在文件名称内包含类型。这样，用户和操作系统仅仅通过文件名称就能确定文件类型是什么。名称可分为两部分：名称和*扩展名*（见图 10.2）。例如，绝大多数操作系统允许用户将文件名命名为一组字符，加上圆点，再加上扩展部分。文件名例子如 *resume.doc*、*Server.java*、*ReaderThread.c*。操作系统采用扩展名来表示文件类型及其可用的文件操作类型。例如，只有具有扩展名为*.com*、*.exe*、*.bat* 的文件才可*执行*。*.com* 和*.exe* 是两种形式的二进制可执行文件，而*.bat* 文件则是 ASCII 字符形式的**批处理文件**（batch file），包含操作系统的命令。虽然 MS-DOS 只识别少量扩展名，但是应用程序也可使用扩展名表示其所感兴趣的文件类型。例如，汇编程序认为其源文件具有*.asm*扩展名，*Microsoft Word* 字处理器认为其文件具有*.doc* 扩展名。这些扩展名并不是必需的，所以用户可以不用扩展名（节省打字）来指明文件，应用程序会根据给定名称和其所期待的扩展名来查找文件。因为这些扩展名不是由操作系统所支持的，所以它们只作为给操作它们的应用程序的提示。

另一个使用文件类型的例子来自 TOPS-20 操作系统。如果用户试图执行目标程序，且其源文件自从生成目标文件后已被修改或编辑，那么源文件就会自动被编译。这种功能确保用户总是运行最新的目标文件。否则，用户可能会浪费大量时间来执行旧的目标文件。为了实现这种功能，操作系统必须能区分目标文件和源文件，检查每个文件的创建或修改的时间，确定源程序的语言（以便使用正确的编译器）。

文 件 类 型	文件后缀名	功　　能
可执行文件	exe, com, bin or none	读并执行机器语言程序
目标文件	obj, o	已编译，机器语言，未链接
源文件	c, cc, java, pas, asm, a	各种语言的源代码
批处理文件	bat, sh	发送给命令解释器的命令
文本文件	txt, doc	文本数据，文档
文字处理文件	wp, tex, rtf, doc	各种文字处理器格式
库文件	lib, a, so, dll	为程序员提供的程序库
打印或视图文件	ps, pdf, jpg	用于打印或视图的 ASCII 或二进制格式的文件
档案文件	arc, zip, tar	相关的几个文件组成在一个文件中，通常为了归档或存储而经过压缩
多媒体文件	mpeg, mov, rm, mp3,avi	包含音频或 A/V 信息的二进制文件

图 10.2　通常的文件类型

下面考虑 Mac OS X 操作系统。对这种系统，每个文件都有其类型，如表示文本文件的 *TEXT* 或表示应用程序的 *APPL*。每个文件也有一个创建者属性，用来包含创建它的程序名称。这种属性是由操作系统在调用 create()时设置的，因此系统支持并强制其使用。例如，由字处理程序创建的文件会用字处理程序名称作为其创建者。当用户用鼠标双击表示该文件的图标来打开文件时，就会自动调用字处理程序，并将文件装入以便编辑。

UNIX 系统采用**幻数**（magic number）（保存在文件的开始部分）大致表明文件类型：可执行程序、批处理文件（**shell 脚本**）、*postscript* 文件等。不是所有文件都具有幻数，所以系统特性不能只根据这种信息。UNIX 也不记录文件创建程序的名称。UNIX 确实允许文件扩展名提示来帮助确定文件内容的类型,这些扩展名可以被给定应用程序所使用或忽视，这是由应用程序开发者所决定的。

10.1.4　文件结构

文件类型也可用于表示文件的内部结构。如 10.1.3 小节所述，源文件和目标文件具有一定结构，以适应相应处理程序的要求。而且，有些文件必须符合操作系统所要求的结构。例如，操作系统可能要求可执行文件具有特定结构，以便它能确定将文件装入到哪里以及第一个指令的位置是什么。有的操作系统将这种思想扩展到系统支持的一组文件结构中，采用特殊操作处理具有这些结构的文件。例如，DEC 的 VMS 操作系统有一个可支持三种文件结构定义的文件系统。

以上讨论中的可支持多个文件结构的操作系统不可避免地出现了一个缺点：操作系统会变大。如果操作系统定义了 5 个不同文件结构，那么它需要包含代码以支持这些文件结构。另外，每个文件可能都需要被定义成操作系统所支持的某一种类型。如果新应用程序要求按操作系统所不支持的结构来组织信息，那么就会出问题。

例如，假设一个系统支持两种文件类型：文本文件（由回车和换行所分开的 ASCII 字符组成）和可执行二进制文件。现在，如果（作为用户）想要定义加密文件以保护内容不被未经授权的用户读取，那么会发现两种文件类型均不合适。加密文件不是 ASCII 文本行，而是随机位组合。虽然加密文件看起来是二进制文件，但是它不是可执行的。因此，要么必须绕过或错误地使用操作系统文件类型机制，要么放弃加密方案。

有的操作系统强加（和支持）了最少数量的文件结构。这种方法为 UNIX、MS-DOS 和其他操作系统所采用。UNIX 认为每个文件是由 8 位字节序列所组成的；操作系统并不解释这些位。这种方案提供了最大限度的灵活性，但是什么也不支持。每个应用程序必须有自己的代码对输入文件进行合适的解释。当然，所有操作系统必须至少支持一种结构，即可执行文件结构，以便能装入和运行程序。

Macintosh 操作系统也支持最少数量的文件结构。它要求每个文件包括两个部分：**资源叉**（source fork）和**数据叉**（data fork）。资源叉包括用户所感兴趣的信息。例如，它包含程序显示按钮的标签。国外用户可按照自己使用的语言来重新标识这些按钮，Macintosh 操作系统提供工具以允许对资源叉中的数据进行修改。数据叉包括程序代码或数据，即传统的文件内容。为了在 UNIX 或 MS-DOS 上能实现同样任务，程序员必须要修改和重新编译源程序，除非他创建了用户可修改的数据文件。显然，操作系统支持常用结构是有用的，这能节省程序员大量的劳动。太少结构会使编程不够灵活，然而太多结构会使操作系统过大且会使程序员混淆。

10.1.5 内部文件结构

从内部而言，定位文件偏移量对操作系统来说可能是比较复杂的。磁盘系统通常具有明确定义的块大小，这是由扇区大小决定的。所有磁盘 I/O 是按块（物理记录）来执行的，且所有块都是同样大小。物理记录大小不太可能刚好与所需逻辑记录大小一样长，而且逻辑记录的长度是可变的。对这个问题的常用解决方法是先将若干个逻辑记录**打包**，再放入物理记录。

例如，UNIX 操作系统定义所有文件为字节流。每个字节可以从它到文件首（或尾）的偏移量来访问。在这种情况下，逻辑记录大小为 1B。文件系统通常会自动将字节打包以存入物理磁盘块，或从磁盘块中解包得到字节（如按需要可能为每块 512 B）。

逻辑记录大小、物理块大小和打包技术决定了多少逻辑记录可保存在每个物理块中。打包可由用户应用程序或操作系统来执行。

不管如何，文件都可当做一系列块的组合，所有基本 I/O 操作都是按块来进行的。逻辑记录与物理块之间的转换相对来说是个简单的软件问题。

由于磁盘空间总是按块来分配的，所以文件的最后一块的部分空间通常会被浪费。如果每块为 512 B，一个大小为 1 949 B 的文件会分配到 4 块（2 048 B）；最后 99 B 就浪费了。按块分配所浪费的字节称为**内部碎片**，块越大，内部碎片也越大。

10.2 访 问 方 法

文件用来存储信息。当使用时，必须访问和将这些信息读入到计算机内存。文件信息可按多种方式来进行访问。有的系统只提供了一种文件访问方式。其他系统，如 IBM，支持多种访问方式，因此为特定应用选择合适的访问方式是个重要的设计问题。

10.2.1 顺序访问

最为简单的访问方式是**顺序访问**。文件信息按顺序，一个记录接着一个记录地加以处理。这种访问模式最为常用，例如，编辑器和编译器通常按这种方式访问文件。

大量的文件操作是读和写。读操作读取下一文件部分，并自动前移文件指针，以跟踪 I/O 位置。类似地，写操作会向文件尾部增加内容，相应的文件指针移到新增数据之后（新文件结尾）。文件也可重新设置到开始位置，有的系统允许向前或向后跳过 n 个（这里 n 为整数，有时只能为 1）记录。顺序访问如图 10.3 所示。顺序访问基于文件的磁带模型，不仅适用于顺序访问设备，也适用于随机访问设备。

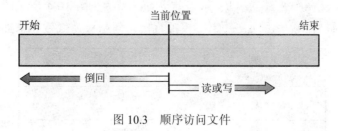

图 10.3　顺序访问文件

10.2.2 直接访问

另一方式是**直接访问**（或相对访问）。文件由固定长度的**逻辑记录**组成，以允许程序按任意顺序进行快速读和写。直接访问方式是基于文件的磁盘模型，这是因为磁盘允许对任意文件块进行随机读和写。对直接访问，文件可作为块或记录的编号序列。因此，可先读取块 14，再读块 53，最后再写块 7。对于直接访问文件，读写顺序是没有限制的。

直接访问文件可立即访问大量信息，所以极为有用。数据库通常使用这种类型的文件。

当有关特定主题的查询到达时，计算哪块包含答案，并直接读取相应块来提供所需信息。

举一个简单的例子，在一个航班订票系统上，可以将所有特定航班（如航班 713）的信息，保存在由航班号码所标识的块上。因此，航班 713 的空位数量保存在订票文件的块 713 上。为了存储关于某个更大集合（如人的信息），可以根据人名计算出一个 hash 函数，或者搜索位于内存中的索引以确定需要读和搜索的块。

对于直接访问方式，文件操作必须经过修改从而能将块号作为其参数。因此，有 *读 n* 的操作，其中 *n* 是块号，而不是 *读下一个*；有 *写n* 的操作，而不是 *写下一个*。另外一种方法是像顺序访问一样，保留 *读下一个* 和 *写下一个*，但是增加 *定位文件到 n*，其中 *n* 是块号。这样，要实现读 *n*，只要 *定位到 n* 并再执行 *读下一个*。

由用户向操作系统所提供的块号通常为**相对块号**。相对块号是相对于文件开始的索引。因此，文件的第一块的号码是 0，下一块为 1，依次类推，而第一块的真正绝对磁盘地址可能为 14703，下一块为 3192 等。使用相对块号允许操作系统决定该文件放在哪里（称为 *分配问题*，将在第 11 章中讨论），以阻止用户访问不属于其文件的其他的文件系统部分。有的系统的相对块号从 0 开始，其他的从 1 开始。

那么系统如何满足对某个文件中的第 *N* 个记录的请求呢？设逻辑记录长度为 *L*，记录 *N* 的请求可转换为从文件位置 *L×N* 开始的 *L* 字节的请求（设第一记录为 *N*=0）。由于逻辑记录为固定大小，所以它也容易读、写和删除记录。

不是所有操作系统都支持文件的顺序和直接访问。有的系统只允许顺序文件访问，也有的只允许直接访问。有的系统要求在创建文件时指定文件究竟是顺序访问还是直接访问，这样的文件只能按照所声明的方式进行访问。然而，对直接访问文件，可容易地模拟顺序访问。可简单地定义一个变量 *cp* 以表示当前位置，以按照图 10.4 所示的方式模拟顺序文件操作。另一方面，在顺序访问文件上，模拟直接访问是极为低效和笨拙的。

顺序访问	直接访问的实现
reset	cp = 0;
read next	read cp; cp = cp+1;
write next	write cp; cp = cp+1;

图 10.4　在直接访问文件上模拟顺序访问

10.2.3　其他访问方式

其他访问方式可建立在直接访问方式之上。这些访问通常涉及创建文件索引。**索引**包括各块的指针。为了查找文件中的记录，首先搜索索引，再根据指针直接访问文件，以查找所需要的记录。

例如，一个零售价格文件可能列出每个产品的通用商品编码（universal product code, UPC）及价格。每个记录包括 10 位数 UPC 和 6 位数价格，所以每个记录为 16 B。如果每个磁盘块有 1 024 B，那么每块存储 64 个记录。一个具有 120 000 个记录的文件可能占有 2 000 块（2 MB）。通过将文件按 UPC 排序，可将索引定义为包括每块的第一个 UPC。该索引有 2 000 个条目，每个条目为 10 位数，共计 20 000 B，因此可保存在内存中。为查找某一产品的价格，可以构建一个索引的对分搜索（binary search）。通过这个搜索，可以精确地知道哪个块包括所要的记录并访问该块。这种结构允许只通过少量 I/O 就能搜索大文件。

对于大文件，索引本身可能太大以至于不能保存在内存中。解决方法之一是为索引文件再创建索引。初级索引文件包括二级索引文件的指针，而二级索引再包括真正指向数据项的指针。

例如，IBM 的索引化顺序访问方法（ISAM）就使用小的主索引文件以指向二级索引的磁盘块，二级索引块再指向实际文件块。该文件按定义的键排序。当查找一特定项时，首先对主索引进行对分搜索，以得到二级索引的块号。读入该块，再通过对分搜索以查找包括所要记录的块。最后，按顺序搜索该块。这样，通过最多不超过两次直接访问就可定位记录。图 10.5 显示了一个类似情况，这是由 VMS 索引和相对文件所实现的。

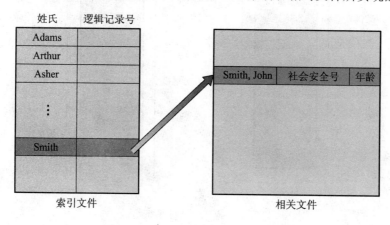

图 10.5　索引文件和相关文件的例子

10.3　目录结构

到目前，一直在讨论"文件系统"。实际上，系统可有若干文件系统，且文件系统可有不同类型。例如，一个典型的 Solaris 系统可有数个 UFS 文件系统、一个 VFS 文件系统以及一些 NFS 文件系统。文件系统实现的细节将在第 11 章中讨论。

计算机的文件系统可以非常大。有的系统在数太字节磁盘上保存了数以百万计的文件。为了管理所有这些数据，需要组织它们。这种管理涉及使用目录。本节将探讨目录结构。首先，需要解释存储结构的基本特点。

10.3.1 存储结构

磁盘（或任何足够大的存储设备）可以整体地用于一个文件系统。但是，有时需要在一个磁盘上装多种文件系统，或一部分用于文件系统而另一部分用于其他地方，如交换空间或非格式化的磁盘空间。这些部分称为**分区**或**片**，或称为**小型磁盘**（IBM 的说法）。每个磁盘分区可以创建一个文件系统。如下一章所述，这些部分可以组合成更大的可称为卷（volume）的结构，也可以在其上创建文件系统。现在，为简单起见，可以将存储文件系统的一大块存储空间作为卷。卷可以存放多个操作系统，使系统启动和运行多个操作系统。

包含文件系统的每个卷还必须包含系统上文件的信息。这些信息保存在**设备目录**或**卷表**中。设备目录（常简称为**目录**）记录卷上所有文件的信息如名称、位置、大小和类型等。图 10.6 显示了一个典型文件系统的结构。

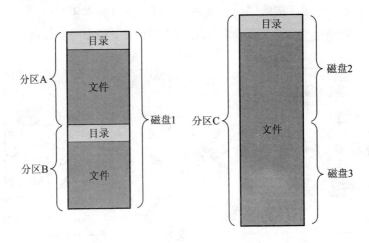

图 10.6　典型的文件系统组成

10.3.2 目录概述

目录可看做符号表，它能将文件名称转换成目录条目。如果采用这种观点，那么目录可按许多方式来加以组织。对目录，需要能够插入条目、删除条目、搜索给定条目、列出所有目录条目。这里，讨论用于定义目录系统的逻辑结构的若干方案。

在考虑特定目录结构时，需要记住目录相关操作：

- **搜索文件**：需要能够搜索目录结构以查找特定文件的条目。因为文件具有符号名称，且类似的名称可能表示文件之间的关系，所以要能查找文件名和某个模式相匹配的所有文件。
- **创建文件**：可以创建新文件并增加到目录中。
- **删除文件**：当不再需要文件时，可以从目录中删除它。
- **遍历目录**：需要能遍历目录内的所有文件以及其目录中每个文件条目的内容。
- **重命名文件**：因为文件名称可向用户表示其内容，当文件内容和用途改变时名称必须改变。重新命名文件也允许改变该文件在目录结构中的位置。
- **跟踪文件系统**：用户可能希望访问每个目录和每个目录的每个文件。为了可靠，定期备份整个文件系统的内容和结构是个不错的方法。这种备份通常将所有文件复制到磁带上。这种技术提供了备份副本以防止系统出错。除此之外，当文件不再使用时候，这个文件被复制到磁带上，该文件的原来占用磁盘空间可以释放以供其他文件所用。

下面，将讨论定义目录逻辑结构的常用方案。

10.3.3　单层结构目录

最简单的目录结构是单层结构目录。所有文件都包含在同一目录中，其特点是便于理解和支持（见图 10.7）。

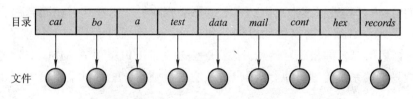

图 10.7　单层结构目录

然而，在文件类型增加时或系统有多个用户时，单层结构目录有严格限制。由于所有文件位于同一目录，它们必须具有唯一名称。如果两个用户都称其数据文件为 *test*，那么就违背了唯一名称规则。例如，在一个编程班级中，有 23 个学生将其第 2 作业称为 *prog*2，而另 11 位则称其为 *assign*2。虽然文件名称通常经过选择以反映文件内容，但是它们的长度通常有限制。MS-DOS 操作系统只允许 11 个字符的文件名，UNIX 允许 255 个字符。

随着文件数量增加，单层结构目录的单个用户会发现难以记住所有文件的名称。通常，一个用户在一个计算机系统上有数百个文件，在另外一个系统上也有同样数量的其他文件。在这种环境上，记住如此之多的文件是令人畏缩的。

10.3.4　双层结构目录

单层结构目录通常会在不同用户之间引起文件名称的混淆。标准解决方法是为每个用户创建*独立*目录。

对于双层结构目录的结构，每个用户都有自己的**用户文件目录**（user file directory，UFD）。每个 UFD 都有相似的结构，但只列出了单个用户的文件。当一个用户作业开始执行或一个用户注册时，就搜索系统的**主文件目录**（master file directory，MFD）。通过用户名或账号可索引 MFD，每个条目指向用户的 UFD（见图 10.8）。

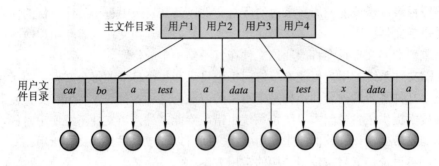

图 10.8　双层结构目录的结构

当一个用户引用特定文件时，只需搜索他自己的 UFD。因此，不同用户可拥有具有相同名称的文件，只要每个 UFD 内的所有文件名称唯一即可。当一个用户创建文件时，操作系统只搜索该用户的 UFD 以确定具有同样名称的文件是否存在。当删除文件时，操作系统只在局部 UFD 中对其进行搜索；因此，它并不会删除另一用户具有相同名称的文件。

用户目录本身必须根据需要加以创建和删除。这可通过运行一个特别的系统程序进行，再加上合适用户名称和账号信息。该程序创建新的 UFD，并在 MFD 中为之增加一项。该程序可能只能由系统管理员执行。用户目录的磁盘空间分配可以采用第 11 章所讨论的技术来处理。

虽然双层结构目录解决了名称冲突问题，但是它仍有缺点。这种结构有效地对用户加以隔离。这种隔离在用户需要完全独立时是优点，但是在用户需要在某个任务上进行合作和访问其他文件时却是个缺点。有的系统简单地不允许本地用户文件被其他用户所访问。

如果允许访问，那么一个用户必须能够指定另一用户目录内的文件。为了唯一指定位于两层目录内的特定文件，必须给出用户名和文件名。双层结构目录可作为高度为 2 的树或倒置树。树根为 MFD，其直接后代为 UFD。UFD 的后代为文件本身，文件为树的叶。在树中指定用户名和文件名就定义了从根（MFD）到叶（指定文件）的路径。因此，用户名和文件名定义了路径名。系统内的每个文件都有路径名。为了唯一指定文件，用户必须知道所要访问文件的路径名。

例如，如果用户 A 需要访问自己的名称为 *test* 的文件，那么他可简单地称之为 *test*。然而，为了访问用户 B（其目录名为 *userb*）的名称为 *test* 的文件，他必须称之为*/userb/test*。每个系统都有特写语法以指定不属于用户自己目录内的文件。

指定文件分区还需要额外语法。例如，在 MS-DOS 中，分区用一个字母加上冒号来指定。因此，指定文件可能为 C:\userb\test。有的系统做得还要细，对指定的分区名、目录名和文件名分别加以区分。例如，在 VMS 中，文件 *login.com* 可能表示为 *u:[sst.jdeck]login.com;1*，其中 *u* 为分区名，*sst* 为目录名，*jdeck* 为子目录名，*login.com* 为文件名，*1* 为版本号。其他系统只是简单地将分区名作为目录名。所给的第一个名称为分区名，其他的为目录名和文件名。例如，*/u/pbg/test* 可能表示分区 *u*、目录 *pbg* 和文件 *test*。

这种情况的一个特例是关于系统文件。作为系统一部分的程序如加载器、汇编程序、编译程序、工具程序、库等通常定义为文件。当向操作系统发出适当命令时，这些文件会被加载程序读入，然后开始执行。许多命令解释程序只是将命令作为所要装入和执行的文件名。如果目录系统按现在这样定义，那么程序文件只能在当前 UFD 中搜索。解决方法之一是将系统文件复制到每个 UFD。然而，复制所有系统文件会浪费巨大空间（如果系统文件要 5 MB，那么 12 个用户需要 5×12=60 MB 以存储系统文件的副本）。

标准的解决办法是稍稍修改搜索步骤。定义一个特殊的用户目录，它包括所有系统文件（例如，用户 0）。当给定名称文件需要装入时，操作系统首先会搜索本地 UFD。如果查找到，那么就使用。如果查找不到，那么系统会自动搜索特殊用户目录（它包括系统文件）。当给定一文件时，搜索的一系列目录称为**搜索路径**（search path）。这种方法可以加以扩展，以至于搜索路径可包括没有任何限制的目录链表。这种方法被 UNIX 和 MS-DOS 所使用。系统也可以设计为允许每个用户拥有自己的搜索路径。

10.3.5 树状结构目录

一旦理解了如何将两层结构目录作为两层树来看待，那么将目录结构扩展为任意高度的树就显得自然了（见图 10.9）。这种推广允许用户创建自己的子目录，相应地组织文件。事实上，树是最为常用的目录结构。树有根目录，系统内的每个文件都有唯一路径名。

目录（或子目录）包括一组文件和子目录。一个目录只不过是一个需要按照特定方式访问的文件。所有目录具有同样的内部格式。每个目录条目都用一位来定义其为文件（0）或子目录（1）。创建和删除目录条目需要使用特定的系统调用。

在通常情况下，每个进程都有一个当前目录。**当前目录**包括进程当前感兴趣的绝大多数文件。当需要引用一个文件时，就搜索当前目录。如果所需文件不在当前目录中，那么用户必须指定路径名或将当前目录改变为包括所需文件的目录。为了改变目录，用户可使用系统调用以重新定义当前目录，该系统调用需要有一个目录名作为参数。这样，用户需要时就可以改变当前目录。从当前改变直到下次改变，系统调用 open 搜索当前目录以打开所指定的文件。注意搜索目录可能有、也可能没有一个特殊条目表示当前目录。

用户的初始当前目录是在用户进程开始时或用户登录时指定的。操作系统搜索账户文件（或其他预先定义的位置）以得到该用户的相关条目（以便于记账）。账户文件有用户初始目录的指针（或名称）。该指针可复制到局部变量以指定用户初始的当前目录。从该 shell 开始，其他进程也纷纷启动。子进程的当前目录通常就是创建子进程时的父进程的当前目录。

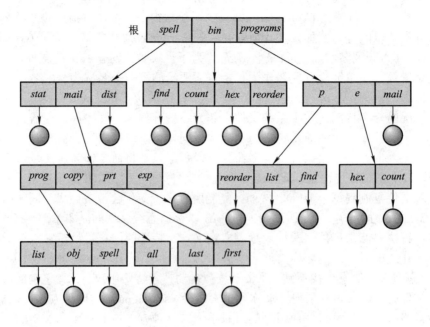

图 10.9　树状目录结构

　　路径名有两种形式：*绝对路径名*或*相对路径名*。**绝对路径名**从根开始并给出路径上的目录名直到所指定的文件。**相对路径名**从当前目录开始定义路径。例如在图 10.9 所示树状结构文件系统中，如果当前目录是 *root/spell/mail*，那么相对路径名 *prt/first* 与绝对路径名 *root/spell/mail/prt/frst* 指向同一文件。

　　允许用户定义自己的子目录结构可以使其能按一定结构组织文件。这种结构可以是按不同主题来组织文件（例如，可创建一个目录以包括本书的内容），或按不同信息类型来组织文件（例如，目录 *programs* 可以包含源程序，而目录 *bin* 可存储所有二进制文件）。

　　对于树状结构目录，一个有趣的策略决定是如何处理删除目录。如果目录为空，那么可简单地加以删除。然而，假如要删除的目录不为空，而是包括多个文件或子目录，那么可有两个选择。有的系统，如 MS-DOS，如果目录不为空就不能删除。因此，为了删除一个目录，用户必须首先删除其中的内容。如果有子目录存在，那么必须先删除其子目录的内容。这种方案可能会导致大量的工作。另一种方法，如 UNIX 的 *rm* 命令，提供了选择：当需要删除一个目录时，所有该目录的文件和子目录也可删除。这两种方法的实现均不难，这是策略问题。后一种策略更方便，但是更危险，因为用一个命令可以删除整个目录结构。如果错误地使用了这个命令，那么就必须从备份磁带中恢复大量文件和目录（假设存在备份）。

　　对于树状结构目录系统，用户除了能访问自己的文件外，还能访问其他用户的文件。例如，用户 B 通过指定路径名能够访问用户 A 的文件。用户 B 可使用绝对路径名或相对路径名。另外，用户 B 可改变其当前目录为用户 A 的目录，而直接用文件名来访问文件。

树状结构目录的文件路径可比双层结构目录的要长。为了让用户不必记住这些长路径就能访问程序，Macintosh 操作系统自动搜索可执行程序。它维护一个文件，称为*桌面文件*（*Desktop File*），用以包括它所看到的所有可执行程序的名称和位置。当系统增加了一个新硬盘或软盘，或网络访问时，操作系统会遍历目录结构，从而查找设备上的可执行程序并记录相关信息。这种机制允许以前所述的双击执行功能。当双击一个文件时，会读入其创建者属性，并搜索桌面文件以匹配查找。一旦查找到，就用所击文件作为输入而执行相应的可执行程序。Microsoft Windows 操作系统系列（Windows 95、Windows 98、Windows NT、Windows 2000、Windows XP）支持扩展的双层结构目录，其设备和目录名用驱动器字母表示（参见 10.4 节）。

10.3.6 无环图目录

考虑一下两个在进行一个合作项目的程序员。与该项目相关的文件可保存在一个子目录中，以区分两程序员的其他项目和文件。但是，由于两程序员都负责该项目，所以都希望该子目录在他自己的目录内。这种共同子目录应该*共享*。共享目录或文件可同时位于文件系统的两（或多）处。

树状结构禁止共享文件和目录。**无环图**（acyclic graph）允许目录含有共享子目录和文件（见图 10.10）。*同*一文件或子目录可出现在两个不同目录中。无环图是树状结构目录方案的扩展。

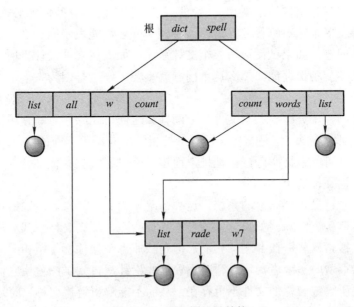

图 10.10　无环图目录结构

请注意，共享文件（或目录）不同于文件复制。如果有两个副本，每个程序员看到的是副本而不是原件；如果一个程序员改变了文件，那么这一改变不会出现在另一程序员的副本中。对于共享文件，只存在一个真正文件，所以任何改变都会为其他用户所见。共享对于子目录尤其重要，由一个用户创建的文件可自动出现在所有共享目录。

当人们作为一个组工作时，所共享的文件可放在一个目录中。所有组员的 UFD 可以将该共享文件目录作为其子目录。即使对于单个用户，也可能会要求有的文件出现在不同子目录中。例如，某个特定项目的程序不但可位于所有程序目录中，也可位于该项目的目录中。

实现共享文件和目录有许多方法。一个为许多 UNIX 系统所采用的常用方法是创建一个称为链接的新目录条目。**链接**实际上是另一文件或目录的指针。例如，链接可用绝对路径名或相对路径名来实现。当需要访问一个文件时，就可搜索目录。如果目录条目标记为链接，那么就可获得真正文件（或目录）的名称。链接可以通过使用路径名定位真正的文件来获得**解析**。链接可通过目录条目格式（或通过特殊类型）而容易地加以标识，它实际上是具有名称的间接指针。在遍历目录树时，操作系统忽略这些链接以维护系统的无环结构。

实现共享文件的另一个常用方法是简单地在共享目录中重复所有（被）共享文件的信息，因此两个目录条目完全相同。链接显然不同于原来的目录条目，因此，两者是不相同的。然而，重复目录条目会使原来的文件和复制品无法区分。复制目录条目存在的主要问题是在修改文件时要维护一致性。

无环图目录比树状结构目录更加灵活，但是也更为复杂。有些问题必须加以仔细考虑。现在一个文件可有多个绝对路径名。这样，不同文件名可能表示同一文件。这类似于程序设计语言的别名问题。如果试图遍历整个文件系统，如查找文件，计算所有文件的统计数据，复制所有文件到备份存储，那么这个问题就重要了，这是因为人们不希望多次重复地遍历共享目录。

另一问题是删除。分配给共享文件的空间什么时候可删除和重新使用？一种可能是每当用户删除文件时就删除，但是这样会留下悬挂指针指向不再存在的文件。更为糟糕的是，这些剩余文件指针可能包括实际磁盘地址，而该空间可能又被其他文件使用，这样悬挂指针就可能指向其他文件的中间部分。

对于采用符号链接实现共享的系统，这种情况较为容易处理。删除链接并不需要影响原文件，而只是链接被删除。如果文件条目本身被删除，那么文件空间就释放，并使链接指针无效。可以搜索这些链接并删除它们，但是除非每个文件都保留相关链接列表，否则这种搜索可能会很费时。或者，可以暂时不管这些指针，直到试图使用它们为止。到时，可以确定由链接所给定名称的文件不再存在，从而不能解析链接名称，将这种访问与其他非法文件名一样处理（在这种情况下，系统设计人员需要仔细考虑如下问题：当一个删除文件，而在使用其符号链接之前，创建了另一个具有同样名称的文件）。对于 UNIX 系统，当删除文件时，其符号链接并不删除，需要由用户认识到原来文件已被删除或替换。微软公司的 Windows（所有版本）也使用同样方法。

删除的另一方法是保留文件直到删除其所有引用为止。为了实现这种方法，必须有一种机制来确定最后文件引用已删除。可以为每个文件保留一个引用列表（目录条目或符号链接）。在建立一个目录条目的链接或复制时，需要将新条目增加到文件引用列表。当删除链接或目录条目时，删除列表上的相应条目。当其文件引用列表为空时，就删除文件本身。

这种方法的麻烦是可能会出现可变的、并可能很大的文件引用列表。然而，用户并不需要保留整个文件列表，只需要保留文件引用的数量。增加一个新链接或目录条目就增加引用*计数*，删除链接或条目就降低计数。当计数为 0 时，没有它的其他引用就能删除该文件。UNIX 操作系统对非符号链接（或**硬链接**）采用了这种方法，即在文件信息块（或 *inode*，参见附录 A.7.2）中保留一个引用计数。通过禁止对目录的多重引用，可以维护无环图结构。

为了避免这些问题，有的系统不允许共享目录和链接。例如，对 MS-DOS，目录结构是树状结构而不是无环图。

10.3.7 通用图目录

采用无环图结构的一个特别重要的问题是要确保没有环。如果从两层目录开始，并允许用户创建子目录，那么就产生了树状结构目录。可以容易地看出对已存在的树状结构目录简单地增加新文件和子目录将会保持树状结构性质。然而，当对已存在的树状结构目录增加链接时，树状结构就被破坏了，产生了简单的图结构（见图 10.11）。

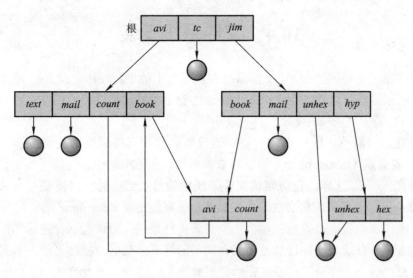

图 10.11 通用图目录

在考虑这种简单的图结构时，需要认识到无环图的主要优点是可用简单算法遍历图，并确定是否存在文件引用。这样做主要是因为性能原因，大家希望避免多次遍历无环图的共享部分。如果搜索一共享子目录以查找特定文件，但没有找到，那么需要避免再次搜索该子目录，第二次搜索只能浪费时间。

如果在目录中允许有环存在，那么无论是从正确性还是从性能角度而言，同样需要避免多次搜索同一部分。一个设计欠佳的算法可能会无穷地搜索循环而不终止。解决办法之一是可以强制限制在搜索时所访问目录的次数。

当试图确定一个文件什么时候可删除时，会存在另一个类似的问题。与无环图目录结构一样，引用计数为 0 意味着没有对文件或目录的引用，那么文件可删除。然而，当存在环时，即使不存在对文件或目录的引用，其引用计数也可能不为 0。这种异常是由于在目录中可能存在自我引用的缘故。在这种情况下，通常需要使用垃圾收集方案以确定什么时候可删除最后引用，释放其空间。垃圾收集涉及遍历整个文件系统，并标记所有可访问的空间。然后，第二次遍历将所有没有标记的收集到空闲空间链表上（一个类似标记步骤可用于确保只对文件系统内的文件或目录进行一次遍历或搜索）。然而，用于磁盘文件系统的垃圾收集是极为费时的，因此很少使用。

垃圾收集是需要的，这仅是因为图中可能存在环。因此，无环图结构更加便于使用。问题是如何在创建新链接时避免环。如何知道什么时候新链接会形成环呢？有些算法可用于检测图中的环，然而，这些算法极为费时，尤其当图位于磁盘上时。在处理目录和链接的特殊情况下，一个简单算法是在遍历目录时避开链接。这样，既避免了环，又没有其他开销。

10.4　文件系统安装

如同文件使用前必须要*打开*，文件系统在被系统上的进程使用之前必须*安装*（mount）。具体地说，目录结构可以建立在多个卷上，这些卷必须被安装以使它们在文件系统命名空间中可用。

安装步骤相对简单。操作系统需要知道设备名称和文件系统的安装位置（称为安装点）。通常，**安装点**（mount point）为空目录。例如，在 UNIX 中，包括用户主目录的文件系统可安装在*/home*。这样，在访问该文件系统中的目录结构时，只需要在目录名前加上*/home*，如*/home/jane* 即可。将文件系统安装在*/usr* 可使路径名*/usr/jane* 指向同一目录。

然后，操作系统验证设备是否包含一个有效文件系统。验证是这样进行的：通过设备驱动程序读入设备目录，验证目录是否具有期望的格式。最后，操作系统在其目录结构中记录如下信息：一个文件系统已安装在给定安装点上。这种方案允许操作系统遍历其目录结构，并根据需要可在文件系统之间进行切换。

为了说明文件系统的安装，考虑如图 10.12 所示的文件系统，其中三角形表示所感兴趣的目录子树。图 10.12(a)表示一个已有文件系统，而图 10.12(b)表示一个未安装的驻留在 */device/dsk* 上的文件系统。这时，只有现有文件系统上的文件可被访问。图 10.13 表示把 */device/dsk* 卷安装到*/usrs* 后的文件系统的情况。如果该卷被卸载，那么文件系统就又恢复到如图 10.12 所示的情况。

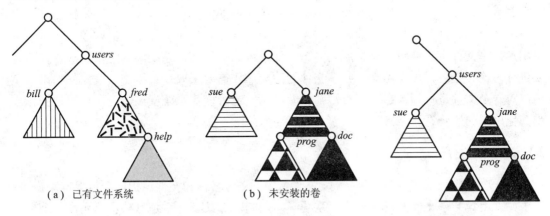

（a）已有文件系统　　　　（b）　未安装的卷

图 10.12　文件系统　　　　　　　　　　图 10.13　安装点

系统利用语义可以清楚地表达功能。例如，系统可能不允许在包含文件的目录上进行安装，或者使所安装的文件系统在目录中可用，并且使目录中已存的文件不可见，直到文件系统被卸载。文件系统的卸载会终止文件系统的使用，并且允许访问目录中原来的文件。另一个例子是，有的系统可允许对同一文件系统在不同的安装点上进行多次重复安装，或者只允许对一个文件系统安装一次。

考虑一个 Macintosh 操作系统的文件系统安装。当系统首次碰到磁盘时（硬盘在启动时查找到，软盘在插入时可被发现），Macintosh 操作系统会查找设备上的文件系统。如果找到，那么就会自动安装在根目录下，并在屏幕上增加一个标有文件系统名称的目录图标（保存在设备目录）。这样，用户按一下图标，就能显示所安装的文件系统。

微软 Windows 操作系统系列（Windows95、Windows98、WindowsNT、Windows Small Business Server 2000、WindowsXP）维护一个扩展的双层结构目录的结构，并用驱动器字母表示设备和卷。卷具有通常的图结构。特定文件的路径的形式如同 *driver-letter:\path\to\file*。最近的 Windows 版本允许文件系统安装在目录树的任意位置，这和 UNIX 一样。Windows 系统自动发现所有设备，然后在启动时安装所有定位到的文件系统。有的系统，如 UNIX，安装命令是显式的。系统配置文件包括一系列设备和安装点，以便在启动时自动安装，也可手动进行其他安装。

文件系统安装将在 11.2.2 小节和附录 A.7.5 中进一步讨论。

10.5 文 件 共 享

前面讨论了文件共享的动机和允许用户共享文件所碰到的一些困难。对于那些希望合作并且希望为达到一个计算目标减少所需工作的用户来说，文件共享很有用。因此，不管有什么困难，面向用户的操作系统必须满足共享文件的需要。

本节研究文件共享的其他问题。首先是多用户共享文件时可能产生的问题。一旦允许多用户共享文件，需要将共享扩展到多个文件系统如远程文件系统，这是个挑战，在此也要进行讨论。最后，需要考虑对共享文件的冲突操作需要采取什么措施。例如，如果多个用户对一个文件进行写，那么所有写都被允许吗？或者操作系统应该如何保护用户操作不受其他用户的影响？

10.5.1 多用户

当一个操作系统支持多个用户时，文件共享、文件名称和文件保护问题就尤其突出了。对于允许用户共享文件的目录结构，系统必须控制文件共享。系统可默认地允许一个用户访问其他用户的文件，也可要求一个用户明确授予文件访问权限。10.6 节将讨论访问控制和保护的问题。

为了实现共享和保护，多用户系统必须要比单用户系统维护更多的文件和目录属性。虽然过去有许多方法，但是现在绝大多数系统都采用了文件（或目录）*拥有者*（或用户）和*组*的概念。拥有者是目录最高控制权的用户，可以改变属性和授权访问。组属性定义对文件拥有相同权限的用户子集。例如，在 UNIX 系统中，一个文件的拥有者可对文件执行所有操作，文件组的成员只能执行这些操作的子集，而所有其他用户可能只能执行另一操作子集。组成员和其他用户对文件可以进行的操作取决于文件拥有者的定义。有关更多权限属性的细节，参见下一节。

一个文件或目录的拥有者 ID 和组 ID 与其他文件属性一起保存。当用户请求文件操作时，用户 ID 可与拥有者属性相比较，以确定请求者是不是文件拥有者。同样，可比较组 ID。比较结果表示可使用哪些权限。这样系统再用这些权限来检查所请求的操作，以决定是允许还是拒绝。

许多系统有多个局部文件系统，包括单个磁盘的分区或多个磁盘的多个分区。在这种情况下，只要文件系统已安装，那么 ID 检查和权限匹配就简单了。

10.5.2 远程文件系统

网络（参见第 16 章）的出现允许在远程计算机之间进行通信。网络允许在校园范围内或全世界范围内进行资源共享。文件形式的数据是一个重要共享资源。

随着网络和文件技术的发展，远程文件共享方式也不断改变。采用的第一种实现方式为，用户通过程序（如 ftp）可实现在机器之间进行文件的人工传输。采用第二种实现方式**分布式文件系统**（DFS），远程目录可从本机上直接访问。采用第三种方式万维网（这有点回到了第一种），可用浏览器获取对远程文件的访问，其单个操作（基本上是 FTP 的包装）用于传输文件。

ftp 可用于匿名访问和验证访问。**匿名访问**允许用户在没有远程系统账号的情况下传输文件。万维网几乎总是采用匿名文件交换。DFS 在访问远程文件的机器和提供文件的机器之间提供了更加紧密的结合。这种结合增加了复杂性，将在本节中进行讨论。

1. 客户机-服务器模型

远程文件系统允许一台计算机安装一台或多台远程机器上的一个或多个文件系统。在这种情况下，包含文件的机器称为服务器，需要访问文件的机器称为客户机。对于网络机器，客户机-服务器关系是常见的。通常，服务器声明一个资源可为客户机所用，并精确地说明是哪种资源（此时为哪些文件）和哪些客户。根据客户机-服务器关系的实现，一台服务器可服务多个客户机，而一台客户机也可使用多个服务器。

服务器通常标明目录或卷的哪些文件可用。客户机标识更为困难。客户机可通过其网络名称或其他标识符如 *IP 地址*来指定，但是这些可能被**欺骗**（或模仿）。未经验证的客户机可能欺骗服务器以使其认为该客户机是验证过的，这样它就可获得访问。更为安全的解决方案是客户机通过加密密钥向服务器进行安全验证。然而，安全也带来了许多挑战，包括确保客户机和服务器的兼容性（它们必须使用相同的加密算法）和安全密钥交换（被截的密钥可允许未经验证客户进行访问）。这些问题本身太过困难，所以绝大多数情况下使用不太安全的验证。

对于 UNIX 及其网络文件系统（NFS），验证默认是通过客户机网络信息进行的。采用这种方案，用户 ID 在客户机和服务器上要匹配。否则，服务器不能确定对文件的访问权限。考虑这样一个例子，用户 ID 在客户机上为 1000，而在服务器上为 2000。来自客户机并试图访问服务器上特定文件的请求可能不会得到正确处理，这是因为服务器认为用户 ID 1000 访问文件，而不是真正的用户 ID 2000。根据不正确的验证信息，访问可以被允许或拒绝。服务器必须相信客户机提供正确的用户 ID。NFS 协议允许多对多关系，即许多服务器可为多个客户机提供文件。事实上，一个机器不但可以对某些 NFS 客户机来说是服务器，还可以是其他 NFS 服务器的客户机。

一旦安装了远程文件系统，那么文件操作请求会代表用户通过网络按照 DFS 协议发送到服务器。通常，一个文件打开请求与其请求的用户 ID 一起发送。然后，服务器应用标准访问检查以确定该用户是否有权限按所请求的模式访问文件。请求可能被允许或拒绝。如果允许，那么文件句柄就返回给客户机应用程序，这样该程序就可执行读、写和其他文件操作。当访问完成时，客户机会关闭文件。操作系统可采用与本地文件系统安装相同的语义，也可采用不同的语义。

2．分布式信息系统

为了便于管理客户机-服务器服务，**分布式信息系统**也称为**分布式命名服务**，用来提供用于远程计算所需的信息的统一访问。**域名系统**（DNS）为整个 Internet（包括 WWW）提供了主机名称到网络地址的转换。在 DNS 发明和广泛使用之前，包含同样信息的文件是通过 E-mail 或 ftp 在网络机器之间进行交流的。这种方法不可扩展。DNS 将在 16.5.1 小节中讨论。

其他分布式信息系统为分布式应用提供了用户名称/口令/用户 ID/组 ID。UNIX 系统有很多分布式信息方法。Sun Microsystems 引入了黄页（后来改名为**网络信息服务**（Network Information System，NIS）），业界绝大多数都采用了它。它将用户名、主机名、打印机信息等加以集中管理。然而，它使用了不安全的验证方法，如发送未加密的用户密码，用 IP 地址来标识主机。Sun Microsystems 的 NIS+是 NIS 的更为安全的升级，但是也更为复杂且并未得到广泛使用。

对微软网络的**公共 Internet 文件系统**（common internet file system, CIFS），网络信息与用户验证信息（用户名和密码）一起，用以创建**网络登录**，这可以被服务器用来确定是否允许或拒绝对所请求文件系统的访问。要使验证有效，用户名必须在机器之间匹配（如 NFS）。微软采用两个分布式命名结构为用户提供单一名称空间。旧的技术命名是**域**，从 Windows XP 和 Windows 2000 之后采用了称为**活动目录**的新技术。一旦建立，分布式命名工具可供客户机和服务器用来验证用户。

现在，业界正在采用**轻量级目录存取协议**（**lightweight directory access protocol，LDAP**）作为安全的分布式命名机制。事实上，活动目录是基于 LDAP 的。Sun Microsystems 在操作系统中包含了 LDAP 来用于用户验证和获取系统范围内的信息，如打印机等。一个分布 LDAP 目录可用于存储一个企业内的所有计算机的所有用户和资源。这种结果是**单一密码签入**（secure single sign-on）：用户只需要输入一次验证信息，就可访问企业内的所有计算机。通过将分布于每个系统上的各种文件信息和不同分布信息服务集中起来，减轻了系统管理的工作负担。

3．故障模式

本地文件系统可能因各种原因而出错，如包含文件系统的磁盘出错、目录结构或其他磁盘管理信息（总称为**元数据**（metadata））的损坏、磁盘控制器故障、电缆故障或主机适配器故障。用户或系统管理员的错误也可能导致文件丢失，或整个目录或分区被删除。许多这类错误都会导致主机关闭、显示错误条件或需要人工干预以修补。

远程文件系统具有更多的故障模式。由于网络系统的复杂性和远程机器间所需的交互，所以会存在更多会影响远程文件系统正确操作的问题。在网络情况下，两主机间的网络可能被中断。这可能是由于硬件故障或配置错误，或有关主机的网络实现出现问题。虽然有的网络有内置的弹性,包括在主机之间有多个路径,但是还有很多网络没有这种功能。任何一个故障都会中断 DFS 命令流。

考虑一个客户机在使用远程文件系统。它打开了源自远程主机的文件,在许多动作中,它可能执行目录查找以打开文件、读写文件数据和关闭文件。现在,假设网络断开、服务器故障或服务器定期关机等,突然地,远程文件系统不可访问。这种情况很常见,所以客户机系统不应该将它作为本地文件系统故障一样来处理。但是,系统应该终止对故障服务器的所有操作,或者延迟操作直到服务器再次可用为止。这种故障语义是由远程文件系统协议所定义和实现的。终止所有操作会导致用户丢失数据和失去耐性,因此,绝大多数 DFS 协议强制或允许延迟对远程主机的文件系统操作,以寄希望于远程主机会再次可用。

要恢复这种故障,在客户机和服务器之间可能需要一定的**状态信息**。如果服务器和客户机都维持它们当前活动和打开的文件,它们就能无缝地从故障中恢复过来。如果服务器故障,那么它必须知道哪些文件系统已输出,哪些已经被远程安装了,哪些文件被打开了。NFS 采用了一种简单方法,以实现无状态 DFS。简单地说,它假定除非已经安装了远程文件,并打开了文件,否则客户机不会请求有关文件读写。NFS 协议携带所有需要的信息,以定位适当的文件并执行所请求的文件操作。同样,它并不跟踪哪个客户机安装了远程文件系统,而是假定客户机所请求的操作是合法的。这种无状态方法使 NFS 具有弹性并容易实现,但是它并不安全。例如,虽然没有进行必要的安装请求和许可检查,伪造的读写请求还是会被 NFS 服务器允许。这些问题在行业标准的 NFS 4 中提出,其中的 NFS 是有状态的,以提高其安全性、性能和功能。

10.5.3　一致性语义

一致性语义(consistency semantics)是评估文件系统对文件共享支持的一个重要准则。这是描述多用户同时访问共享文件时的语义。特别地,这些语义规定了一个用户所修改的数据何时对另一用户可见。这种语义通常是由文件系统代码来实现的。

一致性语义与第 6 章的进程同步算法直接相关。然而,由于磁盘和网络的巨大延迟和较慢的传输率,这些复杂算法似乎并不适合文件 I/O 操作。例如,对远程磁盘执行一个原子操作可能需要多个网络通信或多个磁盘读写,或者两者都要。试图实现完整功能集合的系统常常性能欠佳。一个成功实现了复杂共享语义的文件系统是 Andrew 文件系统(AFS)。

在下面的讨论中,假定一个用户所进行的同一文件的一系列操作(即读和写)包括在 open() 和 close() 操作之间。在 open() 和 close() 操作之间的这一系列访问称为**文件会话**。为了说明概念,下面简要介绍几个一致性语义的例子。

1. UNIX 语义
UNIX 文件系统(参见第 17 章)使用了如下的语义一致性:
- 一个用户对已经打开的文件进行写操作,可以被同时打开同一文件的其他用户所见。

● 有一种共享模式允许用户共享文件当前指针的位置。这样，一个用户向前移动指针会影响其他共享用户。这里，一个文件具有一个映像，它允许来自不同用户的交替访问。

采用 UNIX 语义，一个文件与单个物理映射相关联，该映射是作为互斥资源访问的。对这种单个映像的竞争会导致用户进程延迟。

2．会话语义

AFS 文件系统（Andrew file system，参见第 17 章）使用了如下语义一致性：

● 一个用户对打开文件的写不能立即被同时打开同一文件的其他用户所见。

● 一旦文件关闭，对其修改只能被以后打开的会话所见。已经打开文件的用户并不能看见这些修改。

采用这种语义，一个文件同时可与（可能不同的）多个物理映射暂时地相关联。因而，多个用户允许对自己的映像进行并发（没有延迟）的读写操作。访问调度上几乎没有任何限制。

3．不可修改共享文件语义

另一方法是针对**不可修改共享文件**的。一旦一个文件被其创建者声明为共享，它就不能被修改。不可修改共享文件有两个重要特性：文件名不能重用，文件内容不可修改。因此，永久文件的名称表示文件内容已固定。在分布式系统（参见第 17 章）中实现这种语义是简单的，因为共享是受限制的（只读）。

10.6　保　　护

当信息保存在计算机系统中，需要保护其安全，使之不受物理损坏（*可靠性*）和非法访问（*保护*）。

可靠性通常是由文件备份来提供的。许多计算机都有系统程序，自动（或通过计算机操作员人工干预）并定期地（一天或一周或一月一次）把可能被突然损坏的文件复制到磁带上。文件系统可能在以下情况下损坏：硬件问题（如读写错误）、电源过高或故障、磁头损坏、灰尘、温度不适和故意破坏等。文件可能被无意删除。文件系统软件错误也会引起文件内容丢失。可靠性将在第 12 章中更加详细地加以讨论。

保护有多种方法。对于小的、单用户系统，可以通过移走软盘和将它们锁在抽屉里或文件柜里提供保护。然而，对于多用户系统，则需要其他的机制。

10.6.1　访问类型

文件保护的需要是允许访问的直接结果。如果系统不允许对其他用户的文件进行访问，也就不需要保护了。因此，通过禁止访问可以提供完全保护。另外，可通过不加保护以提供自由访问。这两种方法都太极端，不适合普遍使用。人们所需要的是**控制访问**

（controlled access）。

通过限制可进行的文件访问类型，保护机制可提供控制访问。是否允许访问的决定因素有若干个，其中之一就是所请求的访问类型。以下几种类型的操作都可以加以控制：

- **读**：从文件中读。
- **写**：对文件进行写或重写。
- **执行**：将文件装入内存并执行它。
- **添加**：将新信息添加到文件结尾部分。
- **删除**：删除文件，使其空间用于其他目的。
- **列表清单**：列出文件名称及其属性。

其他操作，如文件的重命名、复制、编辑，也可加以控制。然而对于许多系统，这些高层功能可以用系统程序调用低层系统调用来实现。保护可以只在低层提供。例如，复制文件可利用一系列读请求来简单地实现。这样，具有读访问的用户就可对文件进行复制、打印等。

目前，提出了许多保护机制。每种机制都有其优缺点，适用于特定的应用。小计算机系统（只为少数几个研究成员所使用的）不需要提供大型企业级计算机（用于研究、财务和人事）一样的访问类型。关于保护问题的完整讨论，将在第 14 章进行。

10.6.2　访问控制

解决保护问题最为常用的方法是根据用户身份进行控制。不同用户可能对同一文件或目录需要有不同类型的访问。实现基于身份访问的最为普通的方法是为每个文件和目录增加一个**访问控制列表**（access-control list, ACL），以给定每个用户名及其所允许的访问类型。当一个用户请求访问一个特定文件时，操作系统检查该文件的访问控制列表。如果该用户属于可访问的，那么就允许访问。否则，会出现保护违约，且用户进程不允许访问文件。

这种方法的优点是可以使用复杂的访问方法。访问控制列表的主要问题是其长度。如果允许每个用户都能读文件，那么必须列出所有具有读访问权限的用户。这种技术有两个不好的结果：

- 创建这样的列表可能比较麻烦且很可能没有用处，尤其是在事先不知道系统的用户列表时。
- 原来固定大小的目录条目，现在必须是可变大小，这会导致更为复杂的空间管理。

这些问题可以通过使用精简的访问列表来解决。

为精简访问列表，许多系统为每个文件采用了三种用户类型：

- **拥有者**：创建文件的用户为拥有者。
- **组**：一组需要共享文件且需要类似访问的用户形成了组或工作组。
- **其他**：系统内的所有其他用户。

现在最为常用的方法是将访问控制列表与更为常用的用户、组和其他成员访问控制方案（前面所谈到的）一起组合使用。例如，Solaris 2.6 及后来版本一般使用三种访问类型，但在需要更详细的访问控制时可以允许增加访问控制列表。

作为一个例子，考虑一个用户 Sara 在写一本书。她雇了三个研究生（Jim、Dawn 和 Jill）来帮忙。该书的文本保存在名为 *book* 的目录中。与该目录相关的保护如下：

- Sara 应该能对其中文件执行所有操作。

- Jim、Dawn 和 Jill 应该只能对其中文件进行读和写，而不允许删除文件。

- 所有其他用户应用能对其中文件读但不能写（Sara 希望尽可能多的用户能读到该书，以便能收到合适反馈）。

为了实现这种保护，必须创建一个新组，称其为 *text*，并具有三个成员 Jim、Dawn 和 Jill。组 *text* 的名称必须与目录 *book* 相关联，且其访问权限必须按以上所描述的策略进行设置。

现在，假定有一个访问者，Sara 希望允许其暂时访问第 1 章。该访问者不能增加到组 *text* 中，因为这样会授予其访问所有章节的权利。由于文件只能在一个组，故不能向第 1 章增加另一个组。采用增加访问控制列表功能，访问者可增加到第 1 章的访问控制列表。

为了使该方案正常工作，许可和访问权限必须紧密控制。这种控制可以通过多种方式完成。例如，在 UNIX 系统中，只有管理员或超级用户可以创建和修改组。因此，这种控制是由人机交互来完成的。在 VMS 系统中，文件拥有者可创建和修改其列表。访问列表将在 14.5.2 小节中进一步讨论。

采用更为有限的保护分类只需要三个域就可定义保护。每个域通常为一组位，其中每位允许和拒绝相关访问。例如，UNIX 系统定义了三个域以分别用于文件拥有者、组和其他用户。每个域为三个位：rwx，其中 r 控制读访问，w 控制写访问，而 x 控制执行。一个单独的域用来保存的文件拥有者、文件的组，以及所有其他用户。采用这种方法，每个文件需要 9 位来记录保护信息。因此，对上面的例子，*book* 的保护域为：对于拥有者 Sara，所有三个位均已设置；对组 *text*，r 和 w 位设置；而对其他用户，则只有 r 位设置。

组合方法的困难之一是用户接口。用户必须能区分一个文件是否有可选的 ACL 许可。在 Solaris 例子中，普通许可之后的"+"表示有可选 ACL 许可。如

19 –rw-r--r--+ 1 jim staff 130 May 25 22:13 file1

是一组独立命令，setfacl 和 getfacl 用来管理 ACL。

Windows XP 用户通常采用 GUI 管理访问控制列表。图 10.14 说明了 Windows XP 的 NTFS 文件系统上的文件许可窗口。在此例子中，用户"Guest"被拒绝对文件 *10.tex* 进行访问。

另一困难是当许可和 ACL 冲突时谁占先。例如，如果 Joe 在一个文件的组中，该组具有读权限，但该文件有一个 ACL 允许 Joe 读和写，那么 Joe 能写吗？Solaris 允许 ACL 许

可占先（因为它们更为细致且默认并不指派）。这遵守一个通常准则：特殊操作应该占先。

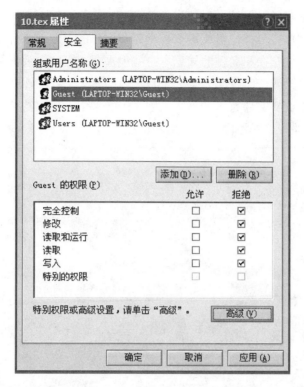

图 10.14　Windows XP 访问控制列表管理

10.6.3　其他保护方式

保护问题的另一解决方案是为每个文件加上密码。正如对计算机系统的访问通常用密码控制一样，对文件的访问也可用密码控制。如果随机选择密码且经常修改，那么这种方案可有效地用于限制文件为少数知道密码的用户所访问。然而，这种方案有多个缺点。第一，用户需要记住的密码的数量过大，以致这种方案不可行。第二，如果所有文件只使用一个密码，那么它一旦被发现，所有文件就可被访问。有的系统（如 TOPS-20）允许用户为目录而不是文件关联密码，以解决这个问题。IBM VM/CMS 操作系统允许一个分区有三个密码，以分别用于读、写和多次访问。

有些单用户操作系统，如 MS-DOS 和早于 Mac OS X 版本的 Macintosh 操作系统提供很少的文件保护。由于这些系统现已连网以共享文件和进行通信，所以必须向这些操作系统增加必要的保护机制。在现有的操作系统上增加功能要比在新操作系统上设计功能要难。而且，这种更新通常效果欠佳，且不可能无缝。

对于多层目录结构，不仅需要保护单个文件，而且还需要保护子目录内的文件，即需要提供一种机制来进行目录保护。保护目录的必要操作不同于文件操作。需要控制在一个目录中创建和删除文件。另外，可能需要控制一个用户能确定一个目录内是否有一个文件存在。有时，关于文件存在和名称的知识本身就很重要。因此，列出目录内容必须是个保护操作。类似地，如果一个路径名表示一个目录内的一个文件，那么用户必须允许访问其目录和该文件。对于支持文件有多个路径名的系统（采用无环图结构目录和通用图结构目录），根据所使用的路径名的不同，一个用户可能对同一个文件具有不同的访问权限。

UNIX 系统中的许可

在 UNIX 系统中，目录保护类似于文件保护，即每个子目录都有三个相关域：拥有者、组和其他，每个域都有三个位 rwx。因此，如果一个子目录的相应域的 r 位已设置，那么一个用户可列出其内容。类似地，如果一个子目录(foo)的相应域的 x 位已设置，那么用户可改变其当前目录为该目录（foo）。

图 10.15 显示了在 UNIX 环境下一个目录的列表。第一个域表示文件或目录的权限。第一个字母 d 表示子目录。图 10.15 还列出了文件链接数、拥有者名称、组名称、文件字节数、上次修改时间和文件名称（具有可选扩展部分）。

```
-rw-rw-r-     1 pbg    staff       31200    Sep  3 08:30    intro.ps
drwx-----     5 pbg    staff         512    Jul  8 09:33    private/
drwxrwxr-x    2 pbg    staff         512    Jul  8 09:35    doc/
drwxrwx--     2 pbg    student       512    Aug  3 14:13    student-proj/
-rw-r--r-     1 pbg    staff        9423    Feb 24 1999     program.c
-rwxr-xr-x    1 pbg    staff       20471    Feb 24 2000     program
drwx-x-x      4 pbg    faculty       512    Jul 31 10:31    lib/
drwx-----     3 pbg    staff        1024    Aug 29 06:52    mail/
drwxrwxrwx    3 pbg    staff         512    Jul  8 09:35    test/
```

图 10.15　目录列表示例

10.7　小　结

文件是由操作系统所定义和实现的抽象数据类型。它由一系列逻辑记录组成。逻辑记录可以是字节、行（固定或可变长度）或更为复杂的数据项。操作系统可自己支持各种记录类型或让应用程序提供支持。

操作系统的主要任务是将逻辑文件概念映射到物理存储设备，如磁盘或磁带。由于设备的物理记录大小可能与逻辑记录大小不一样，所以可能有必要将多个逻辑记录合并以存入物理记录。同样，这个任务可以由操作系统自己完成或由应用程序来提供。

文件系统的每个设备都有内容的卷表或设备目录，以列出设备上文件的位置。另外，可创建目录以组织文件。多用户系统的单层结构目录会有命名问题，因为每个文件必须具有唯一文件名。双层结构目录通过为每个用户创建独立目录来解决这个问题。每个用户有其自己的目录，包含自己的文件。目录可通过名称列出其文件，目录包括许多文件信息，如文件在磁盘上的位置、长度、拥有者、创建时间、上次使用时间等。

双层结构目录的自然扩展是树状结构目录。树状结构目录允许用户创建子目录以组织其文件。无环图结构目录允许共享子目录和文件，但是使得搜索和删除变得复杂了。通用图结构目录在文件和目录共享方面提供了更好的灵活性，但是有时需要采用垃圾收集以恢复未使用的空间。

磁盘分为一个或多个卷，每个卷可包括一个文件系统或无文件系统的生区（raw partition）。文件系统可安装到系统命名结构中，以使其可用。命名方案因操作系统而异。一旦安装，分区内的文件就可使用。文件系统可以卸载以不允许访问或用于维护。

文件共享依赖于系统所提供的语义。文件可有多个读者、多个写者或有限共享。分布式文件系统允许客户机安装来自服务器的分区或目录，只要能从网络访问就可。远程文件系统在可靠性、性能和安全方面有些挑战。分布式信息系统维护用户、主机、访问信息以便客户机和服务器能共享状态信息以管理使用和访问。

由于文件是绝大多数计算机的主要信息存储机制，所以需要文件保护。文件访问可以针对每种访问类型如读、写、执行、添加、删除、列表等分别加以控制。文件保护可以由口令、访问控制列表和其他特定技术来实现。

习　题

10.1　假设有一个文件系统，它里面的文件被删除后，连接到该文件的链接依然存在，但此时文件的磁盘空间再度被利用。如果一个新的文件被创建在同一个存储区域或具有同样的绝对路径，这会产生什么问题？如何才能避免这样的问题？

10.2　打开文件列表被用来维护当前打开文件的信息。操作系统应该为每个用户维护一个单独的列表，还是仅仅是一个列表，它包括同时被所有用户访问的文件的引用？如果相同的文件被两个不同的程序或用户所访问，打开文件列表应该有两个不同的条目吗？

10.3　提供强制锁而不是建议锁（其使用取决于用户）有何优点和缺点？

10.4　在文件的属性中记录下创建文件程序的名字，其优点和缺点是什么（在 Macintosh 中就是这么做的）？

10.5　有些系统当文件第一次被引用时会自动打开，当任务结束时关闭文件。论述这种方案与传统的由用户明确地打开和关闭文件的方案比较有什么优点和缺点。

10.6　如果操作系统知道某个应用按顺序访问文件数据，那么如何能利用此信息来提高性能？

10.7　给出一个可以从支持随机访问索引文件的操作系统中获益的应用例子。

10.8　讨论一下支持跨安装点的文件链接的优点和缺点（其中文件链接指向保存在不同卷上的文件）。

10.9　有些系统提供文件共享时只保留文件的一个副本，而另外的一些系统则保留多个副本，对每个用户提供一个副本。试论述每个方法的优点。

10.10　请讨论一下远程文件系统（保留在文件服务器上）故障语义与本地文件系统故障语义的优

缺点。

    10.11　对保存在远程文件系统上的文件的共享访问，支持 UNIX 语义一致性意味着什么？

文 献 注 记

    Grosshans[1986]给出了关于文件系统总体的论述。Golden 和 Pechura[1986]描述了微机文件系统的结构。Silberschatz 等[2006]中有数据库系统及其文件结构的充足论述。

    一个多层目录结构第一次在 MULTICS 系统上实现（Organick[1972]）。现在大多数的操作系统都实现了多层目录结构，包括 Linux（Bovet 和 Cesati[2002]）、Mac OS X（http://www.apple.com/macoxs/）、Solaris（Mauro 和 McDougall[2001]）、所有版本的 Windows（包括 Windows 2000（Solomon 和 Russinovich[2000]））。

    Sun Microsystems 设计的网络文件系统（NFS）允许目录结构分布在连网的计算机系统中。NFS 在 17 章中有详细的描述。NFS 4 在 RFC3505 中有介绍（http://www.ietf.org/rfc/rfc3530.txt）。

    Su[1982]最先提出 DNS，自从那以后已经修改过多次，Mockapetris[1987]增加了许多重要的特性。Eastlake[1999]建议对 DNS 进行安全扩展让它拥有安全钥匙。

    LDAP 又被称为 X.509，是 X.500 分布式目录协议的派生子集，是由 Yeong 等[1995]设计的，已经在多个操作系统上实现。

    文件系统接口——特别是与文件命名和属性相关的问题，有许多有趣的研究正在进行。例如，Bell 实验室（Lucent Technology）的 Plan 9 操作系统将所有的对象看做是文件系统。这样，要显示系统中进程的列表，用户可以列出*proc* 目录的内容。类似地，要显示日期时间，用户只要显示文件*/dev/time*。

第11章 文件系统实现

正如第 10 章所述，文件系统提供了在线存储和访问包括数据和程序在内的文件内容的机制。文件系统永久地驻留在*外存*上，外存可以永久存储大量数据。本章主要讨论在最为常用的外存即磁盘上，如何存储和访问文件的有关问题。讨论用各种方法来组织文件，分配磁盘空间，恢复空闲空间，跟踪数据位置，以及其他操作系统部分给外存提供的接口等。本章也将讨论性能问题。

本章目标
- 描述本地文件系统和目录结构的实现细节。
- 描述远程文件系统的实现。
- 讨论块分配、空闲块算法和权衡问题。

11.1 文件系统结构

磁盘提供大量的外存空间来维持文件系统。磁盘的下述两个特点，使其成为存储多个文件的方便介质：

① 可以原地重写，可以从磁盘上读一块，修改该块，并将它写回到原来的位置。

② 可以直接访问磁盘上的任意一块信息。因此，可以方便地按顺序或随机地访问文件，从一个文件切换到另一个文件只需要简单地移动读写磁头并等待磁盘转动即可以完成。

本书将在第 12 章讨论磁盘结构。

为了改善 I/O 效率，内存与磁盘之间的 I/O 转移是以*块*为单位而不是以字节为单位来进行的。每块为一个或多个扇区。根据磁盘驱动器的不同，扇区从 32～4 096 B 不等，通常为 512 B。

为了提供对磁盘的高效且便捷的访问，操作系统通过**文件系统**来轻松地存储、定位、提取数据。文件系统有两个不同的设计问题。第一个问题是如何定义文件系统对用户的接口。这个任务涉及定义文件及其属性、文件所允许的操作、组织文件的目录结构。第二个问题是创建数据结构和算法来将逻辑文件系统映射到物理外存设备上。

文件系统本身通常由许多不同的层组成。图 11.1 所示的结构是一个

应用程序

逻辑文件系统

文件组织系统

基本文件系统

I/O 控制

设备

图 11.1 分层设计的文件系统

分层设计的例子。设计中的每层利用较低层的功能创建新的功能来为更高层服务。

*I/O 控制*为最底层，由**设备驱动程序**和中断处理程序组成，实现内存与磁盘之间的信息传输。设备驱动程序可以作为翻译器。其输入由高层命令组成，如 "retrieve block 123"。其输出由底层的、硬件特定的命令组成，这些命令用于控制硬件控制器，通过硬件控制器可以使 I/O 设备与系统其他部分相连。设备驱动程序通常在 I/O 控制器的特定位置写入特定位格式来通知控制器在什么位置采取什么动作。设备驱动程序和 I/O 结构将在第 13 章中讨论。

基本文件系统只需要向合适的设备驱动程序发送一般命令就可对磁盘上的物理块进行读写。每个块由其数值磁盘地址来标识（例如，驱动器 1，柱面（cylinder）73，磁道（track）3，扇区（sector）10）。

文件组织模块（file-organization module）知道文件及其逻辑块和物理块。由于知道所使用的文件分配类型和文件的位置，文件组织模块可以将逻辑块地址转换成基本文件系统所用的物理块地址。每个文件的逻辑块按从 0 或 1 到 N 来编号，而包含数据的物理块并不与逻辑号匹配，因此需要通过翻译来定位块。文件组织模块也包括空闲空间管理器，用来跟踪未分配的块并根据要求提供给文件组织模块。

最后，**逻辑文件系统**管理元数据。元数据包括文件系统的所有结构数据，而不包括实际数据（或文件内容）。逻辑文件系统根据给定符号文件名来管理目录结构，并提供给文件组织模块所需要的信息。逻辑文件系统通过文件控制块来维护文件结构。**文件控制块**（file control block, FCB）包含文件的信息，如拥有者、权限、文件内容的位置。逻辑文件系统也负责保护和安全（参见第 10 章和第 14 章）。

采用分层的结构实现文件系统，能够最大限度地减少重复的代码。相同的 I/O 控制代码（有时候是基本文件系统的代码）可以被多个文件系统采用。然后每个文件系统有自己的逻辑文件系统和文件组织模块。

现在有许多文件系统正在被使用。绝大多数操作系统都支持多个文件系统。例如，绝大多数 CD-ROM 都是按 *ISO 9660* 的格式来刻录的，这一格式是 CD-ROM 制造商所遵循的标准格式。除可移动介质文件系统外，每个操作系统还有一个或多个基于磁盘的文件系统。UNIX 使用 **UNIX 文件系统**（**UFS**），它是基于伯克利快速文件系统（FFS）的。Windows NT、Windows2000、WindowsXP 支持磁盘文件系统 FAT、FAT32 和 NTFS（或 Windows NT File System），还有 CD-ROM、DVD 和软盘文件系统。虽然 Linux 支持超过 40 种不同的文件系统，标准的 Linux 文件系统是**可扩展文件系统**（extended file system），它最常见的版本是 ext2 和 ext3。同样还存在一些分布式文件系统，即服务器上的文件系统能够被一个或多个客户端加载。

11.2　文件系统实现

正如 10.1.2 小节所述，操作系统实现了 open() 和 close() 系统调用以便进程可以请求对文件内容的访问。本节将深入分析用于实现文件系统操作的结构和操作。

11.2.1　概述

实现文件系统要使用多个磁盘和内存结构。虽然这些结构因操作系统和文件系统而异，但是还是有一些通用规律的。

在磁盘上，文件系统可能包括如下信息：如何启动所存储的操作系统、总的块数、空闲块的数目和位置、目录结构以及各个具体文件等。上述的许多结构会在本章余下的部分详细讨论，这里简要地描述一下：

- （每个卷的）**引导控制块**（boot control block）包括系统从该卷引导操作系统所需要的信息。如果磁盘没有操作系统，那么这块的内容为空。它通常为卷的第一块。UFS 称之为**引导块**（boot block），NTFS 称之为**分区引导扇区**（partition boot sector）。

- （每个卷的）**卷控制块**（volume control block）包括卷（或分区）的详细信息，如分区的块数、块的大小、空闲块的数量和指针、空闲 FCB 的数量和指针等。UFS 称之为**超级块**（superblock），而在 NTFS 中它存储在**主控文件表**（Master File Table）中。

- 每个文件系统的目录结构用来组织文件。UFS 中它包含文件名和相关的**索引节点**（inode）号。NTFS 中它存储在主控文件表（Master File Table）中。

- 每个文件的 FCB 包括很多该文件的详细信息，如文件权限、拥有者、大小和数据块的位置。UFS 称之为索引节点（inode）。NTFS 将这些信息存在主控文件表中，主控文件表采用关系数据库结构，每个文件占一行。

内存内信息用于文件系统管理并通过缓存来提高性能。这些数据在文件系统安装的时候被加载，卸载的时候被丢弃。这些结构可能包括：

- 一个内存中的安装表，包括所有安装卷的信息。

- 一个内存中的目录结构缓存，用来保存近来访问过的目录信息（对于卷所加载的目录，可以包括一个指向卷表的指针）。

- **系统范围内的打开文件表**包括每个打开文件的 FCB 副本和其他信息。

- **单个进程的打开文件表**包括一个指向系统范围内已打开文件表中合适条目的指针和其他信息。

为了创建一个新文件，应用程序调用逻辑文件系统。逻辑文件系统知道目录结构形式。为了创建一个新文件，它将分配一个新的 FCB（如果文件系统实现在文件系统被创建的时候就已经创建了所有的 FCB，那么只是从空闲的 FCB 集合中分配一个）。然后系统把相应目录信息读入内存，用新的文件名更新该目录和 FCB，并将结果写回到磁盘。图 11.2 显示了一个典型的 FCB。

文件权限
文件日期（创建、访问、写）
文件所有者、组、访问控制列表（ACL）
文件大小
文件数据块或文件数据块指针

图 11.2　一个典型的文件控制块

有些操作系统，包括 UNIX，将目录按文件来处理，用一个类型域来表示是否为目录。其他操作系统如 Windows NT 为文件和目录提供了分开的系统调用，对文件和目录采用了不同的处理。不管结构如何，逻辑文件系统都能够调用文件组织模块来将目录 I/O 映射成磁盘块的号，再进而传递给基本文件系统和 I/O 控制系统。一旦文件被创建，它就能用于 I/O。不过，首先应*打开*文件。调用 open() 将文件名传给文件系统。系统调用 open() 会首先搜索系统范围内的打开文件表以确定某文件是否已被其他进程所使用。如果是，就在单个进程的打开文件表中创建一项，并指向现有系统范围内的打开文件表。该算法能节省大量开销。当打开文件时，根据给定文件名来搜索目录结构。部分目录结构通常缓存在内存中以加快目录操作。一旦找到文件，其 FCB 就复制到系统范围内的打开文件表。该表不但存储 FCB，而且还跟踪打开该文件的进程数量。

接着，在单个进程的打开文件表中会增加一个条目，并通过指针将系统范围内的打开文件表的条目和其他域相连。这些其他域可以包括文件当前位置的指针（用于下一次的读写操作）和文件打开模式等。调用 open() 返回一个指向单个进程的打开文件表中合适条目的指针。所有之后的文件操作都是通过该指针进行的。文件名不必是打开文件表的一部分，因为一旦完成对 FCB 在磁盘上的定位，系统就不再使用文件名了。然而它可以被缓存起来以节省后续打开相同文件的时间。对于访问打开文件表的索引有多种名称。UNIX 称之为**文件描述符**（file descriptor），Windows 称之为**文件句柄**（file handle）。因此，只要文件没有被关闭，所有文件操作都是通过打开文件表来进行的。

当一个进程关闭文件，就删除一个相应的单个进程打开文件表的条目，系统范围内打开文件表相应文件条目的打开数也会递减。当打开文件的所有用户都关闭一个文件时，更新的文件元数据会复制到磁盘的目录结构中，系统范围内的打开文件表的相应条目也将删除。

有的系统更加复杂，它们将文件系统作为对其他系统方面的访问接口，如网络。例如，UFS 的系统范围的打开文件表有关于文件和目录的索引节点（inode）和其他信息。它也有关于网络连接和设备的类似信息。采用这种方式，一种机制满足了多个目的。

　　文件系统结构的缓存也不应被忽视。大多数系统在内存中保留了打开文件的所有信息（除了实际的数据块）。BSD UNIX 系统在使用缓存方面比较典型，哪里能节省磁盘 I/O 哪里就使用缓存。其 85% 的缓存平均命中率说明了这些技术的实现是值得的。BSD UNIX 系统将在附录 A 中详细介绍。

　　图 11.3 总结了文件系统实现的操作结构。

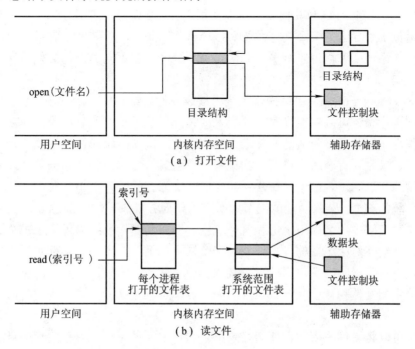

图 11.3　内存中的文件系统结构

11.2.2　分区与安装

　　磁盘布局因操作系统而异。一个磁盘可以分成多个分区，或者一个卷可以横跨多个磁盘上的数个分区。这里，讨论前一种情况，而后一种情况作为 RAID 的一种形式更为合适，将在 12.7 节中讨论。

　　分区可以是"生的"（或原始的，raw），即没有文件系统，或者"熟的"（cooked）即含有文件系统。**"生"磁盘**（raw disk）用于没有合适文件系统的地方。UNIX 交换空间可以使用生分区，因为它不使用文件系统而是使用自己的磁盘格式。同样，有的数据库使用生磁盘，格式化它来满足其特定需求。生磁盘也可以用于存储 RAID 磁盘系统所需要的信息，如用以表示哪些块已经镜像和哪些块已改变且需要镜像的位图。类似地，生磁盘可包括一个微型数据库，以存储 RAID 配置信息，如哪些磁盘属于 RAID 集合。生磁盘的使用将在 12.5.1 小节中进一步讨论。

引导信息能保存在各个分区中。同样，它有自己的格式，因为在引导时系统并没有文件系统设备驱动程序，所以并不能解释文件系统格式。因此，引导信息通常为一组有序块，并作为镜像文件读入内存。该镜像文件按预先指定的位置如第一个字节开始执行。引导信息除了包括如何启动一个特定操作系统外，还可以有其他指令。例如，可以把多个操作系统装在这样的系统上，PC 和其他系统可以**双引导**。系统如何知道引导哪个？ 一个启动加载器能够知道位于引导区的多个文件系统和多个操作系统。一旦装入，它可以引导位于磁盘上的一个操作系统。磁盘可以有多个分区，每个分区包含不同类型的文件系统和不同的操作系统。

根分区（root partition）包括操作系统内核或其他系统文件，在引导时装入内存。其他卷根据不同操作系统可以在引导时自动装入或在此之后手动装入。作为成功装入操作的一部分，操作系统会验证设备上的文件系统确实有效。操作系统通过设备驱动程序读入设备目录并验证目录是否有合适的格式。如果为无效格式，那么检验分区一致性，并根据需要自动和手动地加以纠正。最后，操作系统在其位于内存的**装入表**中注明该文件系统已装入和该文件系统的类型。装入功能的细节因操作系统而异。基于微软 Windows 的系统将卷装入到独立名称空间中，名称用字母和冒号表示。例如，操作系统为了记录一个文件系统已装在 f 盘上，会在对应 f 盘的设备结构的一个域中加上一个指向该文件系统的指针。当一个进程给定设备字母时，操作系统会查找到合适文件系统的指针，并遍历设备上的目录结构以查找给定的文件和目录。Windows 的后续版本可以在已有目录结构的任何一个点上安装文件系统。

UNIX 可以将文件系统装在任何目录上。这可以通过在位于内存的相应目录的索引节点（inode）上加上一个标记来实现。该标记表示此目录是安装点。一个域指向安装表上的一个条目，以表示哪个设备安装在哪里。该安装表条目包括一个指向位于设备上的文件系统的超级块的指针。这种方案使操作系统可以遍历其目录结构，并根据需要无缝切换文件系统。

11.2.3 虚拟文件系统

上一节清楚地说明了现代操作系统必须同时支持多个文件系统类型。但是操作系统如何才能把多个文件系统整合成一个目录结构？ 用户如何在访问文件系统空间时，可以无缝地在文件系统类型之间移动呢？ 现在来讨论这些实现细节。

实现多个类型文件系统的一个明显但不十分满意的方法是为每个类型编写目录和文件程序。但是，绝大多数操作系统包括 UNIX 都使用面向对象技术来简化、组织和模块化实现过程。使用这些方法允许不同文件系统类型可通过同样结构来实现，这也包括网络文件系统类型如 NFS。用户可以访问位于本地磁盘的多个文件系统类型，甚至位于网络上的文件系统。

采用数据结构和子程序，可以分开基本系统调用的功能和实现细节。因此，文件系统实现包括三个主要层次，如图 11.4 所示。第一层为文件系统接口，包括 open()、read()、write() 和 close() 调用以及文件描述符。

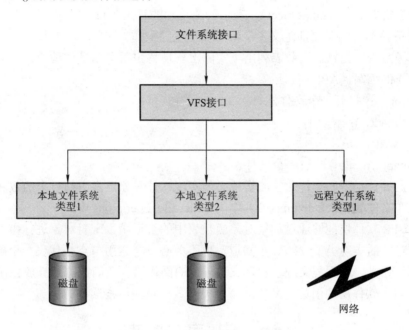

图 11.4 虚拟文件系统示意图

第二层称为**虚拟文件系统（VFS）层**，它有两个目的：

① VFS 层通过定义一个清晰的 VFS 接口，以将文件系统的通用操作和具体实现分开。多个 VFS 接口的实现可以共存在同一台机器上，它允许访问已装在本地的多个类型的文件系统。

② VFS 提供了在网络上唯一标识一个文件的机制。VFS 基于称为 **vnode** 的文件表示结构，该结构包括一个数值标识符以表示位于整个网络范围内的唯一文件（UNIX 索引节点 inode 在文件系统内是唯一的）。该网络范围的唯一性用来支持网络文件系统。内核中为每个活动节点（文件或目录）保存一个 vnode 结构。

因此，VFS 能区分本地文件和远程文件，根据文件系统类型可以进一步区分不同本地文件。

VFS 根据文件系统类型调用特定文件类型操作以处理本地请求，通过调用 NFS 协议程序来处理远程请求。文件句柄可以从相应的 vnode 中构造，并作为参数传递给程序。结构中的第三层实现文件系统类型或远程文件系统协议。

下面简要的讨论一下 Linux 中的 VFS 结构。Linux VFS 定义的 4 种主要对象类型是：

- **索引节点对象**（inode object），表示一个单独的文件。
- **文件对象**（file object），表示一个打开的文件。
- **超级块对象**（superblock object），表示整个文件系统。
- **目录条目对象**（dentry object），表示一个单独的目录条目。

VFS 对每种类型的对象都定义了一组必须实现的操作。这些类型的每一个对象都包含了一个指向函数表的指针。函数表列出了实际上实现特定对象的操作函数。比如，文件对象的一些操作的缩写（API）包括：

- int open(...)：打开一个文件。
- ssize_t read(...)：读文件。
- ssize_t write(...)：写文件。
- int mmap(...)：内存映射一个文件。

一个特定文件类型的文件对象的实现必须实现文件对象定义中的每个函数（文件对象的完整定义在文件/usr/include/linux/fs.h 中的 struct file_operations 中）。

因此，VFS 软件层能够通过调用对象函数表中的合适函数来对对象进行操作，而不需要事先知道对象的实现类型。VFS 不知道，也不关心一个索引节点是代表一个磁盘文件、一个目录文件还是一个远程文件。实现文件 read()操作的合适函数总是被放在函数表中的相同位置，VFS 软件层调用这些函数，而不关心数据是如何被读取的。

11.3　目　录　实　现

目录分配和目录管理算法的选择对文件系统的效率、性能和可靠性有很大影响。这一部分讨论这些算法的优缺点。

11.3.1　线性列表

最为简单的目录实现方法是使用存储文件名和数据块指针的线性列表。这种方法编程简单但运行时较为费时。要创建新文件，必须首先搜索目录以确定没有同样名称的文件存在。接着，在目录后增加一个新条目。要删除文件时，根据给定文件名搜索目录，接着释放分配给它的空间。如果要重用目录条目，可以有许多办法。可以将目录条目标记为不再使用（赋予它一个特定的文件，如全为空的名称或为每个条目增加一个使用-非使用位），或者可以将它加到空闲目录条目列表上。第三种方法是将目录的最后一个条目复制到空闲位置上，并减少目录长度。链表可以用来减少删除文件的时间。

目录条目的线性列表的真正缺点是查找文件需要线性搜索。目录信息需要经常使用，用户在访问文件时会注意到实现的快慢。事实上，许多操作系统采用软件缓存来存储最近访问过的目录信息。缓存命中避免了不断地从磁盘读取信息。排序列表可以使用二分搜索，并减少平均搜索时间。不过，列表始终需要排序的要求会使文件的创建和删除复杂化，这是因为可能需要移动不少的目录信息来保持目录的排序。一个更为复杂的树数据结构，如 B 树，可能更为有用。已排序列表的一个优点是不需要排序步骤就可生成排序目录信息。

11.3.2 哈希表

用于文件目录的另一个数据结构是**哈希表**。采用这种方法时，除了使用线性列表存储目录条目外，还使用了哈希数据结构。哈希表根据文件名得到一个值，并返回一个指向线性列表中元素的指针。因此，它大大地减少目录搜索时间。插入和删除也较简单，不过需要一些预备措施来避免**冲突**（collision）（两个文件名哈希到相同的位置）。

哈希表的最大困难是其通常固定的大小和哈希函数对大小的依赖性。例如，假设使用线性哈希表来存储 64 个条目。哈希函数可以将文件名转换为 0～63 的整数，例如采用除以 64 的余数。如果后来设法创建第 65 个文件，那么必须扩大目录哈希表，比如到 128 个条目。因此，需要一个新的哈希函数来将文件名映射到 0～127 的范围，而且必须重新组织现有目录条目以反映它们新的哈希函数值。

或者，可以使用 chained-overflow 哈希表。每个哈希条目可以是链表而不是单个值，可以采用向链表增加一项来解决冲突。由于查找一个名称可能需要搜索冲突条目组成的链表，因而查找可能变慢；但是，这比线性搜索整个目录可能还是要快很多。

11.4 分 配 方 法

磁盘的直接访问特点使大家能够灵活地实现文件。在绝大多数情况下，一个磁盘可存储许多文件。主要问题是如何为这些文件分配空间，以便有效地使用磁盘空间和快速地访问文件。常用的主要磁盘空间分配方法有三个：连续、链接和索引。每种方法都有其优点和缺点。有的系统（如 Data General 公司的用于 Nova 系列计算机的 RDOS 操作系统）对三种方法都支持。但是，更为常见的是一个系统只提供对一种方法的支持。

11.4.1 连续分配

连续分配（contiguous allocation）方法要求每个文件在磁盘上占有一组连续的块。磁盘地址为磁盘定义了一个线性序列。采用这种序列，假设只有一个作业访问磁盘，在访问块 b 后访问块 b+1 通常不需要移动磁头。当需要磁头移动（从一个柱面的最后扇区到下一个柱面的第一扇区），只需要移动一个磁道。因此，用于访问连续分配文件所需要的寻道数最小，在确实需要寻道时所需要的寻道时间也最小。使用连续分配方法的 IBM VM/CMS

操作系统提供了很好的性能。

　　文件的连续分配可以用第一块的磁盘地址和连续块的数量来定义。如果文件有 n 块长并从位置 b 开始，那么该文件将占有块 $b, b+1, b+2, \cdots, b+n-1$。一个文件的目录条目包括开始块的地址和该文件所分配区域的长度，参见图 11.5。

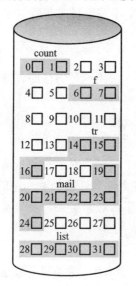

目录		
文件	起始	长度
count	0	2
tr	14	3
mail	19	6
list	28	4
f	6	2

图 11.5　磁盘空间的连续分配

　　对一个连续分配文件的访问很容易。要顺序访问，文件系统会记住上次访问过块的磁盘地址，如需要可读入下一块。要直接访问一个从块 b 开始的文件的块 i，可以直接访问块 $b+i$。因此连续分配支持顺序访问和直接访问。

　　不过，连续分配也有一些问题。一个困难是为新文件找到空间。被选择来管理空闲空间的系统决定了这个任务如何完成；这些管理系统将在 11.5 节中讨论。虽然可以使用任何管理系统，但是有的系统会比其他的要慢。

　　连续磁盘空间分配问题可以作为在 8.3 节中所述的通用**动态存储分配**（dynamic storage-allocation）问题的一个具体应用，即如何从一个空闲孔列表中寻找一个满足大小为 n 的空间。从一组空闲孔中寻找一个空闲孔的最为常用的策略是首次适合和最优适合。模拟结果显示在时间和空间使用方面，首次适合和最优适合都要比最坏适合更为高效。首次适合和最优适合在空间使用方面不相上下，但是首次适合运行速度更快。

　　这些算法都有**外部碎片**（external fragmentation）问题。随着文件的分配和删除，磁盘空闲空间被分成许多小片。只要空闲空间分成小片，就会存在外部碎片。当最大连续片不能满足需求时就有问题；存储空间分成了许多小孔，但没有一个足够大以存储数据。因磁盘空间的总数和文件平均大小的不同，外部碎片可能是一个小问题，但也可能是个大问题。

某些老式微型计算机系统对软盘采用了连续分配。为了防止由于外部碎片而导致的大量磁盘空间的浪费，用户必须运行一个重新打包程序，以将整个文件系统复制到另一个软盘或磁带上。原来的软盘完全变成空的，从而创建了一个大的连续空闲空间。接着，该重新打包程序又对这一大的连续空闲空间采用连续分配方法，以将文件复制回来。这种方案有效地将所有小的空闲空间**合并**（compact）起来，因而解决了碎片问题。这种合并的代价是时间。这种时间代价对于使用连续分配的大硬盘是很严重的，合并所有的空间可能需要几小时，因此可能只能一周运行一次。有些系统要求这个功能线下执行或卸载文件系统。在这**停机期间**（down time），不能进行正常操作，因此在生产系统中应尽可能地避免合并。大多数现代需要整理碎片的系统能够和正常的系统操作一起在线执行合并，但是性能下降会很明显。

连续分配的另一个问题是确定一个文件需要多少空间。当创建文件时，需要找到和分配文件所需要的总的空间。创建者（程序或人）又如何知道所创建文件的大小？有时，这个确定比较简单（例如，复制一个现有文件）；然而通常来说，输出文件的大小是比较难估计的。

如果为一个文件分配太小的空间，那么可能会发现文件不能扩展。尤其是采用了最优适合分配策略，文件两端可能已经使用。因此，不能在原地扩大文件。这时有两种可能性：第一，可以终止用户程序，并加上合适的错误消息。用户必须分配更多空间并再次运行程序。这些重复运行可能代价很高。为了防止这些问题，用户通常会过多地估计所需的磁盘空间，从而导致了空间浪费。另一种可能是找一个更大的孔，复制文件内容到新空间，释放以前的空间。只要空间存在这些动作就可以重复，不过这比较耗费时间。当然，在这种情况下，用户无需知道这些具体动作；系统虽然有问题但可继续运行，只不过会越来越慢。

即使事先已知一个文件所需的总的空间，预先分配的效率仍可能很低。一个文件在很长时间内慢慢增长（数月或数年），仍需要为它最后的大小分配足够空间，虽然其中大部分在很长时间内并不使用。因此，该文件有大量的内部碎片。

为了减少这些缺点，有的操作系统使用修正的连续分配方案。该方案开始分配一块连续空间，当空间不够时，另一块被称为**扩展**（extent）的连续空间会添加到原来的分配中。这样，文件块的位置就成为开始地址、块数、加上一个指向下一扩展的指针。在有的系统上，文件用户可以设置扩展大小，但如果用户设置不正确，将会影响效率。如果扩展太大，内部碎片可能仍然是个问题；随着不同大小的扩展的分配和删除，外部碎片可能也是个问题。商用 VFS 使用扩展来优化性能，它是标准 UNIX UFS 的高性能替代品。

11.4.2　链接分配

链接分配（linked allocation）解决了连续分配的所有问题。采用链接分配，每个文件是磁盘块的链表；磁盘块分布在磁盘的任何地方。目录包括文件第一块的指针和最后一块的指针。例如，一个有 5 块的文件可能从块 9 开始，然而是块 16、块 1、块 10，最后是块 25（见图 11.6）。每块都有一个指向下一块的指针。用户不能使用这些指针。因此，如果每块有 512 B，磁盘地址为 4 B，那么用户可以使用 508 B。

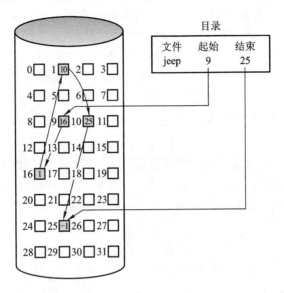

图 11.6 磁盘空间的链接分配

要创建新文件，可以简单地在目录中增加一个新条目。对于链接分配，每个目录条目都有一个指向文件首块的指针。该指针初始化为 *nil*（链表结束指针值），以表示空文件。大小字段也为 0。要写文件就会通过空闲空间管理系统找到一个空闲块，然后这个新块被写入并链接到文件的尾部。要读文件，可以通过块到块的指针，简单地读块。采用链接分配没有外部碎片，空闲空间列表上的任何块可以用来满足请求。当创建文件时，并不需要说明文件大小。只要有空闲块，文件就可以增大。因此，无需合并磁盘空间。

不过，链接分配确实也有缺点。主要问题是它只能有效地用于文件的顺序访问。要找到文件的第 i 块，必须从文件的开始起，跟着指针，找到第 i 块。对指针的每次访问都需要读磁盘，有时需要进行磁盘寻道。因此，链接分配不能有效地支持文件的直接访问。

链接分配的另一缺点是指针需要空间。如果指针需要使用 512 B 块中的 4 B，那么 0.78% 的磁盘空间将会用于指针，而不是其他信息。因而，每个文件也需要比原来更多的空间。

对这个问题的常用解决方法是将多个块组成**簇**（cluster），并按簇而不是按块来分配。例如，文件系统可能定义一个簇为 4 块，并以簇为单位来操作。这样，指针所使用的磁盘空间的百分比就更少。这种方法允许逻辑块到物理块的映射仍然简单，而且提高了磁盘输出（更少磁头移动），并降低了块分配和空闲列表管理所需要的空间。这种方法的代价是增加了内部碎片，如果一个簇而不是块没有充分使用，那么就会浪费更多空间。簇可以改善许多算法中的磁盘访问时间，因此应用于绝大多数操作系统中。

链接分配的另一个问题是可靠性。由于文件是通过指针链接的，而指针分布在整个磁盘上，试想一下如果指针丢失或损坏会产生什么结果。操作系统软件的 bug 或磁盘硬件的故障可能会导致获得一个错误指针。这种错误可能导致链接空闲空间列表或另一个文件。一个不彻底的解决方案是使用双向链表或在每个块中存上文件名和相对块数。不过，这些方案为每个文件增加了额外开销。

一个采用链接分配方法的变种是**文件分配表**（FAT）的使用。这一简单但有效的磁盘空间分配用于 MS-DOS 和 OS/2 操作系统。每个卷的开始部分用于存储该 FAT。每块都在该表中有一项，该表可以通过块号码来索引。FAT 的使用与链表相似。目录条目含有文件首块的块号码。根据块号码索引的 FAT 条目包含文件下一块的块号码。这条链会一直继续到最后一块，该块对应 FAT 条目的值为文件结束值。未使用的块用 0 值来表示。为文件分配一个新的块只要简单地找到第一个值为 0 的 FAT 条目，用新块的地址替换前面的文件结束值，用文件结束值替代 0。一个由块 217、618、339 组成的文件的 FAT 结构如图 11.7 所示。

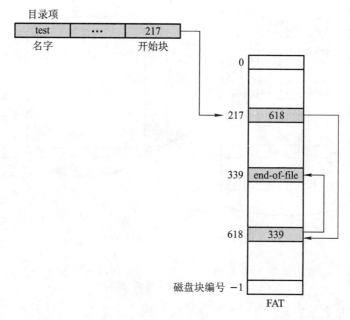

图 11.7 FAT

如果不对 FAT 采用缓存，FAT 分配方案可能导致大量的磁头寻道时间。磁头必须移到卷的开头以便读入 FAT，寻找所需要块的位置，接着移到块本身的位置。在最坏的情况下，每块都需要移动两次。其优点是改善了随机访问时间，因为通过读入 FAT 信息，磁头能找到任何块的位置。

11.4.3　索引分配

　　链接分配解决了连续分配的外部碎片和大小声明问题。但是，如果不用 FAT，那么链接分配就不能有效支持直接访问，这是因为块指针与块一起分布在整个磁盘，且必须按顺序读取。**索引分配**（indexed allocation）通过把所有指针放在一起，即通过**索引块**解决了这个问题。

　　每个文件都有其索引块，这是一个磁盘块地址的数组。索引块的第 i 个条目指向文件的第 i 个块。目录条目包括索引块的地址（见图 11.8）。要读第 i 块，通过索引块的第 i 个条目的指针来查找和读入所需的块。这一方法类似于 8.4 节所描述的分页方案。

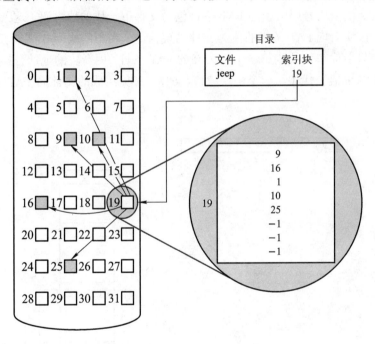

图 11.8　磁盘空间的索引分配

　　当创建文件时，索引块的所有指针都设为 *nil*。当首次写入第 i 块时，先从空闲空间管理器中得到一块，再将其地址写到索引块的第 i 个条目。

　　索引分配支持直接访问，且没有外部碎片问题，这是因为磁盘上的任一块都可满足更多空间的要求。索引分配会浪费空间。索引块指针的开销通常要比链接分配指针的开销大。设想一下在一般情况下，每个文件只有一块或两块长。采用链接分配，每块只浪费一个指针。采用索引分配，尽管只有一个或两个指针为非空，也必须分配一个完整的索引块。

　　这也提出了一个问题：索引块究竟应为多大？每个文件必须有一个索引块，因此需要索引块尽可能地小。不过，如果索引块太小，那么它不能为大文件存储足够多的指针。因此，必须采取一定机制来处理这个问题。针对这一目的的机制包括如下：

• **链接方案**：一个索引块通常为一个磁盘块。因此，它本身能直接读写。为了处理大文件，可以将多个索引块链接起来。例如，一个索引块可以包括一个含有文件名的头部和一组头 100 个磁盘块的地址。下一个地址（索引块的最后一个词）为 *nil*（对于小文件）或指向另一个索引块（大文件）。

• **多层索引**：链接表示的一种变种是用第一层索引块指向一组第二层的索引块，第二层索引块再指向文件块。为了访问一块，操作系统通过第一层索引查找第二层索引，再用第二层索引查找所需的数据块。这种方法根据最大文件大小的要求，可以继续到第三或第四层。对于有 4 096 B 的块，可以在索引块中存入 1 024 个 4 B 的指针。两层索引允许 1 048 576 个数据块，这允许最大文件为 4 GB。

• **组合方案**：在 UFS 中使用的另一方案是将索引块的头 15 个指针存在文件的 inode 中。这其中的头 12 个指针指向**直接块**；即它们包括了能存储文件数据的块的地址。因此，（不超过 12 块的）小文件不需要其他的索引块。如果块大小为 4 KB，那么不超过 48 KB 的数据可以直接访问。其他 3 个指针指向**间接块**。第一个间接块指针为**一级间接块**的地址。一级间接块为索引块，它包含的不是数据，而是那些包含数据的块的地址。接着是一个**二级间接块**指针，它包含了一个块的地址，而这个块中的地址指向了一些块，这些块中又包含了指向真实数据块的指针。最后一个指针为**三级间接块**指针。采用这种方法，一个文件的块数可以超过许多操作系统所使用的 4 B 的文件指针所能访问的空间。32 位指针只能访问 2^{32} B，即 4 GB。许多 UNIX 如 Solaris 和 IBM AIX 现在支持高达 64 位的文件指针。这样的指针允许文件和文件系统为数太字节。图 11.9 显示了一个 UNIX 的 inode。

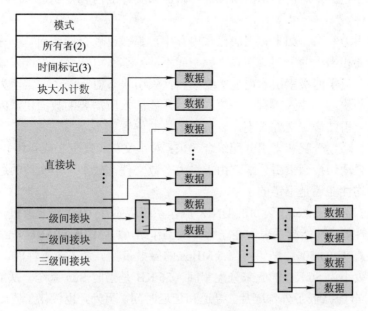

图 11.9　UNIX 的 inode

索引分配方案与链接分配一样在性能方面有所欠缺。特别是，虽然索引块可以缓存在内存中，但是数据块可能分布在整个分区上。

11.4.4 性能

前面所讨论的分配方法在存储效率和数据块访问时间上各有特点。这两个特性是为实现操作系统而选择合适算法时的重要依据。

在选择分配方法之前，需要确定将如何使用系统。一个主要为顺序访问的系统不应该与一个主要为随机访问的系统采用相同的方法。

不管什么类型的访问，连续分配需要访问一次就能得到磁盘块。由于能将文件的开始地址放在内存中，可以马上计算出第 i 块的磁盘地址（或下一块），并能直接读。

对于链接分配，也能将下一块的地址放在内存中，并能直接读取。对于顺序访问，这种方法还可以；但对于直接访问，对第 i 块的访问可能需要读 i 次磁盘。这一问题也说明了为什么链接分配不适用于需要直接访问的应用程序。

因此，有的系统通过使用连续分配以支持文件的直接访问，通过链接分配以支持文件的顺序访问。对于这些系统，所使用的访问类型必须在文件创建时加以说明。用于顺序访问的文件可以链接分配，但不能用于直接访问。用于直接访问的文件可以连续分配，且能支持直接访问和顺序访问，但是在创建时，必须说明其最大文件大小。在这种情况下，操作系统必须有合适的数据结构和算法以支持这*两种*分配方式。文件可以从一种类型转换成另一种类型：创建一个所需类型的新文件，将原来文件的内容复制过来，删除原来文件，重新命名新文件。

索引分配更为复杂。如果索引块已在内存中，那么可以直接访问。不过，将索引块保存在内存中需要相当大的空间。如果内存空间不够，那么可能必须先读入索引块，再读入所需的数据块。对于两级索引，可能需要读两次索引块。对于一个非常巨大的文件，访问文件结束附近的块需要读入所有索引块，最后才能读入所需要的数据块。因此，索引分配的性能依赖于索引结构、文件大小，以及所需块的位置。

有的系统将连续分配和索引分配组合起来：对小文件（只有 3 或 4 块）采用连续分配；当文件大时，自动切换到索引分配。由于绝大多数文件都较小，小文件的连续分配的效率又高，所以平均性能还是不错的。

例如，Sun Microsystems 公司的 UNIX 操作系统版本在 1991 年修改过，以改善文件系统分配算法的性能。性能测试表明在一个典型工作站（12-MIPS SPARC station1）最大磁盘吞吐量使用了 CPU 的 50%，产生了 1.5 MBps 的磁盘带宽。为了改善性能，Sun 做了改进，只要可能就按大小为 56 KB 的簇来分配空间（56 KB 是当时 Sun 系统一次 DMA 传输的最大能力）。这种分配减低了外部碎片、寻道和延迟时间。另外，也优化了读磁盘程序以方便读这些大簇。索引节点（inode）结构没有改变。这些改进，加上使用了向前读和后释放（将在 11.6.2 小节讨论），降低了 25%的 CPU 使用，大大地提高了磁盘吞吐量。

还有许多其他优化方法在使用。由于 CPU 和磁盘速度的不等，就是花费操作系统数千条指令以节省一些磁头移动都是值得的。再者，随着时间推移，这种不等程度会增加，甚至花费操作系统数十万条指令来优化磁头移动，也是值得的。

11.5 空闲空间管理

因为磁盘空间有限，所以如果可能需要将删除文件的空间用于新文件（只写一次的光盘只允许向任何扇区写一次，因而不可能重新使用）。为了记录空闲磁盘空间，系统需要维护一个**空闲空间链表**（free-space list）。空闲空间链表记录了所有空闲磁盘空间，即未分配给文件或目录的空间。当创建文件时，搜索空闲空间链表以得到所需要的空间，并分配给新文件。这些空间会从空闲空间链表中删除。当删除文件时，其磁盘空间会增加到空闲空间表上。空闲空间链表虽然称为链表，但不一定表现为链表，这一点随着后面的讨论将会清楚。

11.5.1 位向量

通常，空闲空间表实现为**位图**（bit map）或**位向量**（bit vector）。每块用一位表示。如果一块为空闲，那么其位为 1；如果一块已分配，那么其位为 0。

例如，假设有一个磁盘，其块 2、3、4、5、8、9、10、11、12、13、17、18、25、26、27 为空闲，其他块为已分配。那么，空闲空间位图如下：

00111100111111000110000011100000…

这种方法的主要优点是查找磁盘上第一个空闲块和 n 个连续空闲块时相对简单和高效。确实，许多计算机都有位操作指令，能有效地用于这一目的。例如，从 80386 开始的 Intel 系列和从 68020 开始的 Motorola 系列都有能返回一个字中第一个值为 1 的位的偏移的指令。在使用位图的系统上找到第一个空块来分配磁盘空间的一种技术是按顺序检查位图的每个字以检查其是否为 0，因为一个值为 0 的字表示其对应的所有块都已分配。再对第一个值为非 0 的字进行搜索值为 1 的位偏移，该偏移对应着第一个空闲块。该块号码的计算如下：

(值为 0 的字数)×(一个字的位数)+第一个值为 1 的位的偏移

这里，再次看到硬件特性简化了软件功能。不过，除非整个位向量都能保存在内存中（并时而写入到磁盘用于恢复的需要），否则位向量的效率就不高。对于小磁盘，完全保存在内存中是有可能的，但对于大的计算机就不行了。对于一个每块为 512 B、容量为 1.3 GB 的磁盘，可能需要 332 KB 来存储位向量，以便跟踪空闲空间。虽然如果采用按合并 4 个扇区为一个簇，那么该数字会变为每个磁盘需要 83 KB 的内存。一个 40 GB、每块为 1 KB

的磁盘需要超过 5 MB 的空间存储位图。

11.5.2 链表

空闲空间管理的另一种方法是将所有空闲磁盘块用链表连接起来，并将指向第一空闲块的指针保存在磁盘的特殊位置，同时也缓存在内存中。第一块包含一个下一空闲磁盘块的指针，如此继续下去。对上一个例子（参见 11.5.1 小节），有一个指向块 2（第一个空闲块）的指针。块 2 包含一个指向块 3 的指针，块 3 指向块 4，块 4 指向块 5，块 5 指向块 8 等（见图 11.10）。不过，这种方案的效率不高；要遍历整个表时，需要读入每一块，这需要大量的 I/O 时间。好在遍历整个表并不是一个经常操作。通常，操作系统只不过简单地需要一个空闲块以分配给一个文件，所以分配空闲表的第一块就可以了。FAT 方法将空闲块的计算结合到分配数据结构中，不再需要另外的方法。

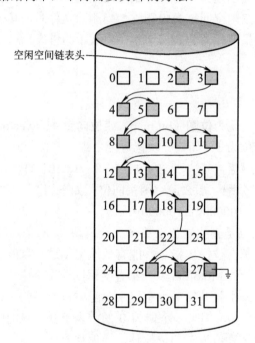

图 11.10　采用链接方式的磁盘空闲空间链表

11.5.3　组

对空闲链表的一个改进是将 n 个空闲块的地址存在第一个空闲块中。这些块中的前 $n-1$ 个确实为空，而最后一块包含另外 n 个空闲块的地址，如此继续。大量空闲块的地址可以很快地找到，这一点有别于标准链表方法。

11.5.4　计数

另外一种方法是利用这样一个事实：通常，有多个连续块需要同时分配或释放，尤其是在使用连续分配和采用簇时更是如此。因此，不是记录 n 个空闲块的地址，而是可以记录第一块的地址和紧跟第一块的连续的空闲块的数量 n。这样，空闲空间表的每个条目包括磁盘地址和数量。虽然每个条目会比原来需要更多空间，但是表的总长度会更短，这是因为连续块的数量常常大于 1。

11.6　效率与性能

既然已经讨论了块分配和目录管理方法，那么可以进一步考虑它们对性能和磁盘使用效率的影响。由于磁盘是计算机主要部件中最慢的部分，所以磁盘通常成为系统性能的瓶颈。在本节，将讨论各种技术，以改善外存的效率和性能。

11.6.1　效率

磁盘空间的有效使用主要取决于所使用的磁盘分配和目录管理算法。例如，UNIX 索引节点（inode）预先分配在卷上。即使一个"空"磁盘也会有一定百分比的空间用于存储索引节点。然而，由于预先分配索引节点并将其分布在整个卷上，改善了文件系统的性能。这种性能改善是由于 UNIX 所采用的分配和空闲空间算法所带来的，这些算法试图将文件数据与其索引节点信息存放在一起，从而降低了寻道时间。

作为另一个例子，下面再研究一下 11.4 节所讨论的簇技术，这有利于文件查找和文件传输，但以产生内部碎片为代价。为了降低这种碎片，BSD UNIX 根据文件大小来调节簇的大小。当大簇能填满时，就用大簇；对小文件和文件最后簇，就使用小簇。这种系统将在附录 A 中描述。

保留在文件目录条目（或索引节点）内的数据类型也需要加以考虑。通常，要记录"最近写日期"以提供给用户，如用于确定是否需要备份给定文件。有的系统也记录"最近访问日期"，以便用户能确定最后一次读文件在什么时候。由于保留了这个信息，每当读文件时，目录结构的一个域就必须进行更新。这意味着将相应块读入内存，修改相应部分，再将该块写回至磁盘，这是因为磁盘操作是以块（或簇）为单位来进行的。因此，每次文件打开以读取时，其目录条目也必须读入和写出。对于经常访问的文件，这种要求是低效的。因此，在设计文件系统时，必须平衡其优点和性能代价。通常，与文件相关的*所有*数据项都必须加以研究，以考虑其对效率和性能的影响。

作为一个例子，考虑用于访问数据的指针大小是如何影响效率的。绝大多数系统在其整个操作系统中，使用 16 位或 32 位指针。这些指针大小将文件大小限制为 2^{16} B（64 KB）

和 2^{32} B（4 GB）。有的系统实现了 64 位指针以将限制提高到 2^{64} B，这确实是个巨大的数字。然而，64 位指针需要更多空间来存储，相应地分配和空闲空间管理方法（链接、索引等）也将使用更多的磁盘空间。

选择指针大小（或操作系统内的其他任何固定分配大小）的困难之一是需要考虑技术变化的影响。早期的 IBM PC XT 只有 10 MB 硬盘，其 MS-DOS 文件系统只支持 32 MB（每个 FAT 条目为 12 位，指向大小为 8KB 的簇）。随着磁盘容量不断增加，更大的磁盘必须分成 32 MB 的分区，这是因为该文件系统只能跟踪 32 MB 以内的磁盘块。随着超过 100 MB 容量硬盘的普及，MS-DOS 的磁盘数据结构和算法必须加以修改以支持更大文件系统（每个 FAT 条目先扩展到 16 位，后来又到 32 位）。最初的文件系统是基于效率设计的，然而，随着 MS-DOS V4 的出现，数百万计算机用户必须很不方便地，切换到新的、更大的文件系统。Sun 的 ZFS 文件系统使用 128 位指针，这在理论上来说永远也不需要扩展（使用原子级别存储、能够容纳 2^{128} B 的设备的质量最少 272 万亿千克左右）。

作为另一个例子，来看一下 Sun Microsystems 公司 Solaris 操作系统的发展。最初，许多数据结构都是固定大小的，在系统启动时分配。这些结构包括进程表和打开文件表。当进程表已满时，就不能再创建进程。当文件表已满时，就不能再打开文件。从而，系统不能向用户提供服务。如果要增加这些表格的大小，就只能重新编译内核并重新启动。从 Solaris 2 发布以来，几乎所有内核结构都是动态分配的，取消了对系统性能的这些人为限制。当然，管理这些表格的算法也更加复杂，而且操作系统也有点慢（由于必须动态地分配和释放这些表条目），但是为了更为通用的功能，这种代价也是值得的，也是经常需要付出的。

11.6.2 性能

即使选择了基本文件系统，仍然能够从多方面来改善性能。就像在第 13 章将讨论的，绝大多数磁盘控制器都有本地内存以作为板载高速缓存，它足够大，能同时存储整个磁道。寻道之后，整个磁道就可从磁头所处的扇区开始，读入到磁盘缓存（以缓解延迟时间）。接着，磁盘控制器可将所请求的扇区传给操作系统。在数据块从磁盘控制器调入到内存之后，操作系统就可缓存它。

有的系统有一块独立内存用做**缓冲缓存**，位于其中的块假设马上需要使用。其他系统采用**页面缓存**（page cache）来缓存文件数据。页面缓存使用虚拟内存技术，将文件数据作为页而不是面向文件系统的块来缓存。采用虚拟地址来缓存文件数据，与采用物理磁盘块来缓存相比，更为高效。许多系统，包括 Solaris、Linux、Windows NT/2000/XP，都使用页面缓存来缓存进程页和文件数据。这称为**统一虚拟内存**（unified virtual memory）。

有的 UNIX 和 Linux 版本提供了统一缓冲缓存（unified buffer cache）。为展示统一缓冲缓存的优点，考虑文件打开和访问的两种方法。一种方法是使用内存映射（参见 9.7 节），另一种方法是使用标准系统调用 read()和 write()。如果没有统一缓冲缓存，那么情况会如图 11.11 所示。在这种情况下，标准系统调用 read()和 write()会经过缓冲缓存。内存映射调用需要使用两个缓存：页面缓存和缓冲缓存。内存映射先从文件系统中读入磁盘块并存放在缓冲缓存中。因为虚拟内存不能直接与缓冲缓存进行交流，所以缓冲缓存内的文件必须复制到页面缓存中。这种情况称为**双重缓存**（double caching），需要两次缓存文件数据。这不但浪费内存，而且也浪费重要的 CPU 和 I/O 时间（需要用于在系统存储之间进行数据移动）。而且，这两种缓存之间的不一致性也会破坏文件。相反，当提供了统一缓冲缓存，内存映射与 read()和 write()系统调用都使用同样的页面缓存。这避免了双重缓存，且也允许用虚拟内存系统来管理文件数据。这种统一缓冲缓存如图 11.12 所示。

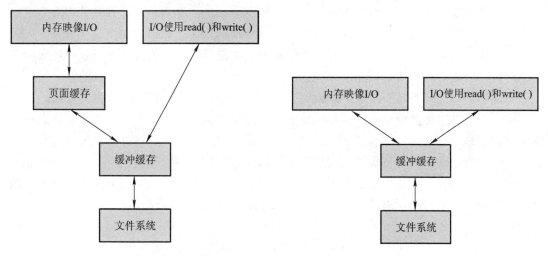

图 11.11　缺少统一缓冲缓存的 I/O　　　　图 11.12　采用了统一缓冲缓存的 I/O

不管是缓存磁盘块还是页，或者全部都缓存，LRU（参见 9.4.4 小节）都似乎是个用于块或页替换的、合理且通用的算法。然而，Solaris 页面缓存算法演变说明了选择算法的困难。Solaris 允许进程和页面缓存共享未使用的内存。在 Solaris 2.5.1 之前，为进程或页面缓存分配页是没有区别的。因此，执行许多 I/O 操作的系统会使用大多数可用内存进行页面缓存。由于有很高频率的 I/O，当空闲内存变少时，页扫描程序（参见 9.10.2 小节）会从进程而不是从页面缓存中收回页。Solaris 2.6 和 Solaris 7 可选择地实现*优先调页*，即页扫描程序赋予进程页更高的级别（而不是页面缓存）。Solaris 8 在进程页和文件系统页面缓存之间增加了固定限制，以阻止一方将另一方赶出内存。Solaris 9 和 10 为了最大化内存使用和最小化颠簸，又一次修改了算法。这一真实世界中的例子说明了性能优化和缓存的复杂性。

影响 I/O 性能还有其他因素，比如是同步还是异步向文件系统写入。**同步写**按磁盘子系统接收顺序来进行,写并不缓存。因此,调用子程序必须等待数据写到磁盘驱动器后再继续。绝大多数时间进行的是**异步写**。对于异步写,将数据存在缓存后就将控制返回给调用者。有些操作如元数据写可以是同步写。操作系统经常允许系统调用 open 包括一个标记,以表示允许进程请求执行同步写。例如,数据库的原子事务使用这种操作,以确保数据按给定顺序存入稳定存储中。

有的系统根据文件访问类型采用不同替换算法,以优化页面缓存。按顺序所进行的文件的读入或写出就不应采用 LRU 页替换,因为最近使用的页有可能最后才使用或根本不用。因此,顺序访问可以通过采用马上释放和预先读取来加以优化。**马上释放**(free-behind)是在一旦请求下一页时,马上从缓存中删除上一页。以前的页不可能再次使用,且浪费缓冲空间。采用**预先读取**(read-ahead)所请求的页和之后的一些页可一起读入并缓存。这些可能在本页处理之后就要被请求。从磁盘中一次性地读入这些数据并加以缓存节省了大量时间。可能有人认为对于多道程序系统,控制器上的磁盘缓存能代替这种需要。然而由于从磁道缓存到内存的许多小传输的高延迟和开销,执行预先读取仍然是有益的。

页面缓存、文件系统和磁盘驱动程序有着有趣的联系。当数据写到磁盘文件时,页先放在缓存中,并且磁盘驱动程序会根据磁盘地址对输出队列进行排序。这两个操作允许磁盘驱动程序最小化磁头寻道和优化写数据。除非要求同步写,否则进程写磁盘只是写入缓存,系统在方便时异步地将数据写到磁盘中。因而,用户觉得写非常快。当从磁盘中读入数据时,块 I/O 系统会执行一定的预读操作;结果是,写比读更加接近于异步。因此,通过文件系统输出到磁盘,通常要比从磁盘读入更加快;这与直觉相反。

11.7 恢 复

由于文件和目录可保存在内存和磁盘上,所以必须注意确保系统失败不会引起数据丢失和数据的不一致性,本书将在以下小节中讨论这些问题。

11.7.1 一致性检查

正如本书 11.3 节所述,部分目录信息保存在内存(或缓存)中以加快访问。因为缓存目录信息写到磁盘并不是马上进行的,所以内存目录信息通常要比相应磁盘信息更新。

考虑一下计算机崩溃所产生的可能影响。缓冲和缓存的内容、正在进行的 I/O 操作和与之相关的对打开文件的目录的修改都会丢失。这种事件会导致文件系统处于不一致状态:有的文件真实状态与目录结构所记录的不一样。通常,一个检查和纠正磁盘不一致的特殊程序需要在重启时运行。

一致性检查程序(consistency checker),例如 UNIX 下的 fsck 和 MS-DOS 下的 chkdsk 系统程序,将目录结构数据与磁盘数据块相比较,并试图纠正所发现的不一致。分配算法和空闲空间管理算法决定了检查程序能发现什么类型的问题，及其如何成功地纠正问题。例如，如果使用链接分配，那么每一块都指向下一块，这样整个文件可以从数据块来重建，并可重建目录结构。相反，对于采用索引分配系统，目录条目的损坏可能就严重了，因为数据块之间并没有什么联系。因此，UNIX 在读时缓存目录条目，而在执行导致空间分配或其他元数据变更的操作时同步地更新目录条目。当然，如果同步写操作被系统崩溃打断，问题仍会发生。

11.7.2　备份和恢复

磁盘有时会出错，所以必须注意确保数据在出错时不会永远丢失。为此，可以利用系统程序将磁盘数据**备份**到另一存储设备，如软盘、磁带、光盘或另一个硬盘上。恢复单个文件或整个磁盘时，只需要从备份中进行**恢复**就可以了。

为了降低复制量，可以利用每个文件的目录条目信息。例如，如果备份程序知道一个文件上次何时备份，且目录内该文件上次写日期表明该文件自上次备份以来并未改变，那么该文件不必再复制。一个典型备份计划可以如下进行：

- **第 1 天**：将磁盘上的所有数据备份到介质上，这称为**完全备份**（full backup）。
- **第 2 天**：将磁盘上的自第 1 天以来改变过的数据备份到介质上，这称为**增量备份**（incremental backup）。
- **第 3 天**：将磁盘上的自第 2 天以来改变过的数据备份到介质上。

　　　⋮

- **第 N 天**：将磁盘上的自第 N–1 天以来改变过的数据备份到介质上，再返回到第 1 天。

新一轮可以将备份写在以前或新的备份介质集合上。这样，可以从完全备份上开始恢复，并根据增量备份不断更新。当然，N 越大，完整恢复所读入的磁带或磁盘的数量就越多。这种备份周期的一个额外优点是：可以恢复任何一个在一个周期内所偶然删除的文件，只要通过从前一天备份中恢复删除文件就可以了。周期长度是由所需备份介质数量和恢复多少天的数据所决定的。为了减少恢复时需要读取的磁带数量，一种选择是执行一次全备份，之后每天备份与全备份相比被修改的文件。用这种方法，执行恢复只需要最新的增量备份和全备份，而不需要其他的增量备份。它的缺点是每天需要备份更多的修改文件，因此每次后续的增量备份包括了更多的文件和备份介质。

用户可能在文件损坏很久以后才发现数据不见或损坏。因此，通常需要不时进行完全备份以永远保存。将这些永久备份与普通备份分开保存是个不错的方法，这可避免危险，如失火会损坏计算机和所有备份。如果备份周期重新使用备份介质，那么必须注意不要过多次地使用备份介质：备份介质可能会磨损以致不能从备份中恢复数据。

11.8 基于日志结构的文件系统

计算机科学家经常会发现一个领域内的算法和技术在其他领域也同样有用。6.9.2 小节所描述的数据库基于日志恢复算法就属于这种情况。这些日志算法已成功应用到一致性检查问题。这种实现称为**基于日志的面向事务文件系统**（log-based transaction-oriented 或 journaling file system）。

回想一下磁盘文件系统数据结构如目录结构、空闲指针、空闲 FCB 指针，可能因系统崩溃而不一致。在操作系统采用基于日志技术之前，通常要适当地修改这些结构。一个典型操作如文件创建，可能涉及修改文件系统内的许多结构。修改目录结构，分配 FCB，分配数据块，减少这些块的空闲计数。这些修改可能因系统崩溃而中断，从而产生了数据的不一致。例如，空闲计数可能表示 FCB 已分配，但是目录结构还没有指向该 FCB。除非使用一致性检查程序，否则该 FCB 可能就丢失了。

虽然可以允许数据结构损坏再通过恢复来修补，但是这样做会有许多问题。一个问题是一致性可能无法修补。一致性检查可能不能恢复结构，从而导致文件甚至整个目录丢失。一致性检查可能需要人工干预以解决冲突，如果没有人在场那么这是不方便的。系统可能直到操作员告诉系统如何做前一直都不能使用。一致性检查也浪费系统时间。数太字节（TB）的数据检查可能需要数小时。

这个问题的解决可采用基于日志的恢复技术，以更新文件系统元数据。NTFS 和 VFS 都使用这种方法，Solaris 7 及其之后版本也为 UFS 增加了这种功能。事实上，这已为许多操作系统所采用。

简单地说，所有元数据都按顺序写到日志上。执行一个特殊任务的一组操作称为**事务**（transaction）。这些修改一旦写到这个日志上之后，就可认为已经提交，系统调用就可返回到用户进程，以允许它继续执行。同时，这些日志条目再对真实文件系统结构进行重放。随着修改的进行，可不断地更新一个指针以表示哪些操作已完成和哪些仍然没有完成。当一个完整提交事务已完成，那么就可从日志文件中删除（日志文件事实上是个环形缓冲）。**环形缓冲**写到空间末尾的时候，会从头开始写，从而覆盖掉以前的旧值。环形缓冲不能覆盖掉还没有保存的数据，因此这种情形会被避免。日志可能是文件系统的一个独立部分，或在另一个磁盘上。采用分开读写磁头可以减少磁头竞争和寻道时间，因此会更有效，但也更复杂。

如果系统崩溃，日志文件可能有零个或多个事务。它所包含的任何事务虽然已经由操作系统所提交，但是还没有（对文件系统）完成，所以必须要完成。可以执行事务直到该工作完成，因此文件系统结构仍能保持一致。唯一可能出现的问题是一个事务被中断，即在系统崩溃之前，它还没有被提交。这些事务所做文件系统的修改必须撤销，以恢复文件系统的一致性。这种恢复只是在崩溃时才需要，从而避免了与一致性检查有关的所有问题。

对磁盘元数据更新采用日志的另一好处是，这些更新比直接在磁盘上进行要快。这种改善原因是顺序 I/O 比随机 I/O 的性能要好。低效率的同步随机元数据写被转换成较高效的同步顺序写（到基于日志文件系统的记录区域）。这些修改再通过随机写而异步回放到适当数据结构。总的结果是面向元数据操作（如文件创建和文件删除）性能的提高。

11.9　NFS

网络文件系统已经普及。它们通常与客户系统的总体目录结构和接口相集成。NFS 是个很好的、广泛使用的网络文件系统的例子。这里用它作为例子来讨论网络文件系统的实现细节。

NFS 是用于通过局域网（或甚至广域网）访问远程文件的软件系统的实现和规范。NFS 是 ONC+的一部分，ONC+为绝大多数 UNIX 厂商和一些 PC 操作系统所支持。这里所描述的实现是关于 Solaris 操作系统的，这是基于 UNIX SVR4 的改进版，可运行在 Sun 工作站和其他硬件上。它采用了 TCP/IP 或 UDP/IP 协议（根据互连网络而定）。在这里有关 NFS 描述中，规范和实现交织在一起。在讨论细节时，参考 Sun 实现；在讨论一般原理时，只针对规范。

11.9.1　概述

NFS 将一组互连工作站作为具有独立文件系统的机器组合。目的是允许透明地（根据显式请求）共享这些文件系统。共享是基于客户机-服务器关系上的，一个机器可能或多数情况下既是客户机也是服务器。共享可在任何两个对等机器之间进行。为了确保机器独立，远程文件系统的共享只影响客户机而不是其他机器。

为了使一台特定机器 M1 透明地访问远程目录，M1 的一个客户端必须先执行安装（mount）操作。通过安装操作可将远程目录安装到本地文件系统的目录上。一旦完成安装，远程目录就与本地文件系统有机集成起来，从而取代了原来本地目录下的内容。本地目录就成为新安装目录的根的名称。远程目录作为安装参数按非透明方式提供，但必须提供远程目录位置（或主机名）。然而，在此之后，M1 的用户就可以完全透明地访问远程目录。

为了描述文件系统安装，考虑一下图 11.13 所示的文件系统，其中三角形表示所感兴趣的目录子树。图中有三台机器的 U、S1 和 S2 的三个独立文件系统。这时，每台机器只可访问本地文件系统。图 11.14(a)说明了将 S1:/usr/shared 安装到 U:/usr/local 的情况，该图说明了机器 U 的用户所看到的文件系统。注意，这些用户在安装完成后可采用/usr/local/dir1 来访问目录 dir1 内的任何文件。原来机器上的/usr/local 的内容不再可见。根据访问权限，任何文件系统或文件系统内的任何目录，均可远程安装在任何本地目录上。无盘工作站甚至可从服务器安装其根目录。

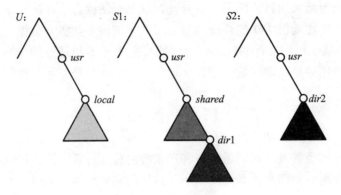

图 11.13 三个独立的文件系统

有的 NFS 实现也通过串联安装，即一个文件系统 F1 可安装在另一文件系统 F2 上，而文件系统 F2 又远程安装在另一个文件系统 F3 上。一个机器只受其自己安装所影响。通过安装远程文件系统，客户机不能获得对碰巧安装在以前文件系统上的其他文件系统的访问。因此，安装机制不具有转移性。

在图 11.14（b）中，通过继续前面的例子说明了串联安装。该图说明了安装 *S2:/usr/dir*2 到 *U:/usr/local/dir*1 的结果。*U* 的用户可使用前缀*/usr/local/dir*1 访问 *dir*2 上的内容。如果共享文件系统安装在网络上所有计算机的用户主目录上，那么用户可登录到任何工作站且获得其主环境。这种属性允许**用户移动性**（user mobility）。

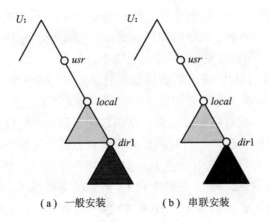

（a）一般安装　　　（b）串联安装

图 11.14 NFS 中的挂载

NFS 设计目标之一是允许在不同机器、操作系统和网络结构的异构环境中工作。NFS

规范与这些无关，因此允许其他实现。这种独立性是因为在两种独立实现接口之间采用基于外部数据表示（XDR）的 RPC 而带来的。因此，系统由异构机器和文件系统（满足 NFS 接口要求）所组成，不同类型文件系统可以本地或远程安装。

NFS 规范区分两种服务：一是由安装机制所提供的服务，二是真正远程文件访问服务。相应地，有两种协议用于这两种服务：一种是安装协议，另一种是远程文件访问协议，即 **NFS 协议**。协议是用 RPC 来表示的，而这些 RPC 是用于实现透明远程文件访问的基础。

11.9.2　安装协议

安装协议（mount protocol）在客户机和服务器之间建立初始逻辑连接。在 Sun 的实现中，每台机器都有一个服务进程，独立于内核，执行协议功能。

安装操作包括要安装的远程目录的名称和存储它的服务器的名称。安装请求映射到相应 RPC，并传送到在特定服务器上运行的安装服务程序。服务器维护一个**输出列表**（export list），它列出了哪些本地文件系统允许输出以便安装，并允许安装它们的机器名称（在 Solaris 上输出列表为*/etc/dfs/dfstab*，该文件只能由超级用户编辑）。该文件也可能制定了访问权限，如只读。为了简化维护输出列表和安装表，可采用分布式命名方案来存储这些信息，以供客户机使用。

输出文件系统的任何目录可以被授权机器远程安装。组件单元就是这样一个目录。当服务器收到满足其输出列表的安装请求时，它就返回客户机一个**文件句柄**（file handle），为进一步访问安装文件系统内的文件所用。该文件句柄包括服务器区分其所存储单个文件的所有信息。对于 UNIX，它由文件系统标识符和索引节点所组成，以标识安装文件系统内的确切安装目录。

服务器也维护一个客户机及相应当前安装目录的列表。该列表主要用于管理目的，如通知所有客户端服务器将要关机。通过安装协议影响服务器状态的唯一方法是增加和删除列表内的条目。

通常，一个系统中有一个静态安装预配置，这是在启动时建立的（在 Solaris 中为*/etc/vfstab*），然而，这种安排可修改。除了真正安装步骤外，安装协议还包括几个其他程序，如卸载和返回输出列表。

11.9.3　NFS 协议

NFS 协议提供了一组 RPC 以供远程文件操作。这些程序包括下列操作：
- 搜索目录内的文件。
- 读一组目录条目。
- 操作链接和目录。
- 访问文件属性。

● 读和写文件。

只有在远程目录的句柄已经建立了之后，才可以进行这些操作。

操作 open 和 close 的省略是故意的。NFS 服务器的一个显著特点是*无状态*。服务器并不维护客户机的每一步访问信息。服务器端没有像 UNIX 中的打开文件表和文件结构。因此，每个请求必须提供完整参数，包括唯一文件标识符和用于特定操作的文件内的绝对偏移。这种设计较为稳定，不需要采用特别措施以从崩溃状态中恢复过来。为此，文件操作必须是幂等的。每个 NFS 请求都有一个序列号，允许服务器确定一个请求是否重复和缺少。

上面所提到的客户机列表的维护似乎违反了服务器的无状态属性。然而，这种列表对客户机和服务器的正确运行并不重要，因此它不需要从服务器崩溃中加以恢复。因此，它可能包括不一致的数据，这只作为一个提示。

无状态服务器和 RPC 同步的结果是：修改数据（包括间接和状态块）必须在返回结果给客户机之前，提交到服务器磁盘上，即客户机可缓存写数据块，但是当其将数据发送到服务器时，它假定这些数据已到达服务器磁盘。服务器必须同步写所有 NFS 数据。因此，服务器崩溃和恢复对客户机来说是不可见的；服务器为客户机所管理的所有数据块要保持完好。由于没有缓存，因而性能损失是巨大的。可能采用它自己的非易失性的缓存（由电池备份的内存），以提高性能。磁盘控制器在写已存储在非易失性缓存上之后就确认磁盘写。这样主机将看到极快的同步写。这些块即使在系统崩溃后仍然完好，并定期地写到磁盘上。

单个 NFS 写程序可确保是原子的，不会与同一文件的其他写调用相混杂。然而，NFS 协议并不提供并发控制机制。一个系统调用 write 可能分成多个 RPC 写，因为每个 NFS 写或读只能包括 8 KB 的数据，而 UDP 包限制为 1 500 B。因此，两个用户对同一远程文件的写可能会导致数据相混杂。由于锁管理本身是有状态的，所以 NFS 外的服务必须提供加锁（Solaris 就这么做）。建议用户在 NFS 之外采用机制以协调对共享文件的访问。

NFS 通过 VFS 与操作系统集成。为了演示其架构，下面来跟踪对一个已打开远程文件的操作是如何进行的（参见图 11.15）。客户机通过普通系统调用来启动操作。操作系统层将这个调用映射成相应 *V* 节点（vnode）的 VFS 操作。VFS 层发现这个文件是远程的，因此调用适当 NFS 程序。一个 RPC 调用发送到远程的 NFS 服务层。该调用又插入到远程系统的 VFS 层，远程系统发现这是本地的并调用适当文件系统操作。计算结果再按这个步骤返回到客户机。这种结构的特点是客户机和服务器是对等的；因此一个机器可以是客户机、服务器，或两个都是。服务器的实际服务是由内核线程执行的。

11.9.4 路径名转换

NFS 中的**路径名转换**（path-name translation）包括把路径名解析成独立的目录条目或组成部分，比如把/usr/local/dir1/file.txt 变成(1)usr、(2)local 和(3)dir1。路径名转换将路径分成组成名称，并为每个组成名称和目录虚拟节点对执行独立的 NFS lookup 调用。一旦碰到安装点，每个组成部分查找就对服务器发送一个独立 RPC。这个低效率的路径转换方案是需要的，因为每个客户机的逻辑名称空间都是唯一的，这是由客户机所执行的安装决定的。在碰到安装点时，如果发送给服务器一个路径名并接收一个目标虚拟节点，那么可能更为高效。然而，服务器可能并不知道某个特定客户机有另一个安装点。

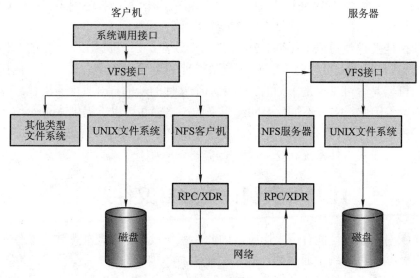

图 11.15　NFS 体系结构示意图

　　所以为了加快查找，客户端的路径转换缓存可保存远程目录名称的虚拟节点。这种缓存加快了引用具有同样初始路径名称文件的速度。当从服务器所返回的属性与缓存内的属性不匹配时，目录缓存就要加以更新。

　　记住有的 NFS 实现允许在一个已经远程安装的文件系统上再安装另一个远程文件系统（串联安装）。然而，服务器并不作为一个客户机和另一个服务器的中介。因此，客户机必须通过直接安装所需要目录，以便与第二个服务器建立客户机-服务器连接。当客户机有串联安装时，路径转换可能涉及多个服务。然而，每个组成查找都是在原客户机和某个服务器之间进行的。因此，当客户机查找一个目录且服务器在其上安装了文件系统时，客户机看到下面的目录，而不是安装目录。

11.9.5　远程操作

　　除了打开和关闭文件，在普通 UNIX 文件操作系统调用和 NFS 协议 RPC 之间，几乎有一个一对一的对应关系。因此，远程文件操作可直接转换成相应 RPC。从概念上来说，NFS 坚持远程服务形式，但是实际上采用了缓冲和缓存技术以提高性能。事实上，文件块和文件属性是由 RPC 获取的，并缓存在本地。以后远程操作将使用缓存数据，并受一致性的限制。

有两种缓存：文件属性（索引节点信息）缓存和文件块缓存。在打开文件时，内核检查远程服务器以确定是否要获取信息或使缓存信息重新生效。只在缓存属性为最新时，才使用相应文件数据块。缓存属性默认在 60 秒后丢弃。在服务器和客户机之间，采用提前读和延迟写技术。客户机并不释放延迟写块，直到服务器确认数据已经写到磁盘上。与使用 Sprite 分布式文件系统的系统相反，延迟写是保留的，不管文件是否按冲突模式并发打开。因此，没有保留 UNIX 语义（参见 10.5.3 小节）。

系统的性能要求使得很难保持 NFS 语义的一致性。一个机器上一些新的文件已经创建了 30 秒钟而其他机器上可能仍不知道，甚至在一个机器上写一个文件对于其他打开并在读这个文件的机器是否可见也是未知的。对于那个文件的新的打开只能看到已经提交到服务器的改变内容。因此，NFS 不提供 UNIX 语义的严格模仿，也不提供 Andrew（参见 10.5.3 小节）会话语义。尽管有这些缺点，它的实用和高效仍使其成为当前使用最广泛的、大多数厂家支持的分布式文件系统。

11.10 实例：WAFL 文件系统

磁盘 I/O 对于系统性能有巨大影响。因此，系统设计者需要非常注意文件系统的设计和实现。有一些文件系统是通用的，即它们能够对各种文件的大小、类型、I/O 负载提供合理的性能和功能；另外一些文件系统针对特殊任务，试图在这些任务领域提供比通用文件系统更好的性能。来自 Network Appliance 的 WAFL 文件系统是后者中的一个例子，WAFL（write-anywhere file layout）是针对随机写优化的强大且简洁的文件系统。

WAFL 只能用在由 Network Appliance 生产的网络文件服务器上，因此它是一个分布式文件系统。虽然它只是为 NFS 和 CIFS 设计的，但是它可以通过 NFS、CIFS、ftp 和 http 协议给客户机提供文件。当许多客户机使用这些协议和文件服务器通信时，服务器看到的可能是大量的随机读请求和更大数量的随机写请求。NFS 和 CIFS 协议已经给读操作缓存数据，因此文件服务器提供商最关心的是写操作。

WAFL 用在一个包含 NVRAM 写缓冲的文件服务器上。WAFL 的设计者利用前台带有稳定存储缓冲的特定的（硬件）结构，来优化文件系统的随机 I/O。因为 WAFL 被设计用在电器上，因此简化使用是其指导性原则之一。同时，它的创造者还让它包含了一项新的快照功能，即及时在不同的点创建文件系统的多个只读副本。

这个文件系统与 Berkeley 快速文件系统（Berkley Fast File System）类似，但又有许多修改。它是基于块的，使用索引节点描述文件。每个索引节点包含 16 个指向属于相应文件的块（或间接块）的指针。每个文件系统有一个根索引节点。所有的元数据都放在文件中：所有的索引节点放在一个文件，空闲块映射表在另一个文件，空闲索引节点映射表在第三个文件（见图 11.16）。因为这些都是标准文件，因此（文件）数据块的位置没有任何限制，可以放在任何地方。如果文件系统通过增加磁盘而扩展，文件系统自动扩展这些元数据文件的长度。

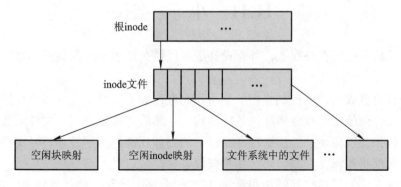

图 11.16　WAFL 文件结构

因此，WAFL 文件系统是以根索引节点为根的块组成的树。为了取得一份快照，WAFL 复制一份根节点。之后的任何文件或元数据更新都是在新块上执行，而不是覆盖已有的块。新的根节点指向因为写操作而变化的元数据和数据。同时，老的根节点仍然指向没有被更新的老的块，因此它就对创建快照时刻的文件系统提供访问途径，并且只用非常少的磁盘空间就做到这一点。实质上，快照所占据的额外磁盘空间只包括自从快照创建以来的所有被修改的块。

WAFL 与标准文件系统相比，一个重要变化是其空块映射表中每块有超过 1 位对应。它是一个给每个使用该块的快照提供一个位集合的位图。当所有曾经使用这个块的快照都删除了，这个块的位图就被清零，这个块就能被重新利用。正在使用的块从来都不会被覆盖，因为写可能发生在当前磁头位置附近的空闲块，因此写是非常快的。在 WAFL 还有许多其他的性能优化。

多个快照可以同时存在，因此可以每个小时或每天都创建一个快照。对有权访问这些快照的用户，任何时刻访问这些文件都好像是在快照创建的时刻。快照功能对于备份、测试、版本化等都是有用的。WAFL 的快照功能甚至不需要在块被修改之前采用写时复制的副本，在这个意义上它是非常高效的。其他文件系统也提供快照功能，但通常更低效。图 11.17 演示了 WAFL 的快照。

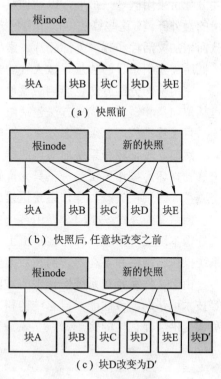

图 11.17　WAFL 快照

11.11 小　　结

文件系统持久驻留在外存上，外存设计成可以持久地容纳大量数据。最常用的外存介质是磁盘。

物理磁盘可分成区，以控制介质的使用和允许在同一磁盘上支持多个可能不同的文件系统。这些文件系统安装在逻辑文件系统结构上，然后才可以使用。文件系统通常按层结构或模块结构来加以实现：低层处理存储设备的物理属性，高层处理符号文件名和文件逻辑属性，中间层将逻辑文件概念映射到物理设备属性。

每个文件系统类型都有其结构和算法。VFS 层允许上层统一地处理每个文件系统类型。即使远程文件系统也能集成到文件系统目录结构中，通过 VFS 接口采用标准系统调用进行操作。

文件在磁盘上有三种不同空间分配方法：连续的、链接的或索引分配。连续分配有外部碎片问题，链接分配的直接访问效率低，索引分配可能因其索引块而浪费一定空间。连续分配可采用区域来扩展，以增加灵活性和降低外部碎片。索引分配需要为索引块提供大量的额外开销。这些算法可以用多种方式进行优化。连续分配的空间可以通过扩展来增大，从而增加灵活性和减少外部碎片。索引分配可按簇（为多个块）来进行，以增加吞吐量和降低所需索引条目的数量。按大簇的索引分配与采用区域的连续分配相似。

空闲空间分配方法也影响磁盘使用效率、文件系统性能、外存可靠性。所使用的方法包括位向量和链表。优化方法包括组合、计数和 FAT（将链表放在一个连续区域内）。

目录管理程序必须考虑效率、性能和可靠性。哈希表是最为常用的方法；它快速且高效。然而，表损坏和系统崩溃可能导致目录信息与磁盘内容不一致。一致性检查程序可用来修补损坏。操作系统备份工具允许磁盘数据复制到磁带，使得用户可以恢复数据甚至整个磁盘（因硬件失败、操作系统错误或用户错误）。

网络文件系统，如 NFS 使用客户机-服务器方法允许用户访问远程机器的文件和目录，就好像本地文件系统一样。客户机上的系统调用转换成网络协议，再转换成服务器的文件系统操作。网络和多客户访问在数据一致性和性能方面，增加了挑战。

由于文件系统在系统操作中的重要位置，其性能和可靠性十分关键。日志结构和缓存等技术可帮助改善性能，日志结构和 RAID 可提高可靠性。WAFL 文件系统为特定的 I/O 负载提供性能优化的例子。

习　　题

11.1　假设一个文件系统采用修改过的、支持扩展的连续分配算法。一个文件是一组扩展，每个扩展对应一个连续的块集合。这种系统中的关键问题是扩展大小的可变级别。下述机制的优点和缺点分别是什么？

        a. 所有扩展都一样大小，这个大小是预定义的。

        b. 扩展可以是任意大小，并且动态分配。

        c. 扩展可以从预定义的一些大小中选取。

11.2   链接分配的一种变种中，使用 FAT 把文件的所有块链接起来，它的优点和缺点是什么？

11.3   假设一个空闲空间都保存在空闲空间列表的系统。

        a. 假设指向空闲空间列表的指针丢失了，系统能够重新构建空闲空间列表吗？为什么？

        b. 假设一个类似于 UNIX 的使用索引分配的文件系统。要读一个很小的本地文件/a/b/c 需要多少磁盘 I/O 操作？假定任何磁盘块都没有被缓冲。

        c. 提出一种机制保证指针永远不会因为内存失败而丢失。

11.4   有一些文件系统允许磁盘空间在不同的粒度级别分配。比如，文件系统可以把 4 KB 的磁盘空间分配为一个 4 KB 的块，或者 8 个 512 B 的块。可以怎样利用这种特性来改进性能？要支持这种特性需要对空闲空间管理机制做什么修改？

11.5   讨论文件系统的性能优化会给计算机崩溃后保持系统的一致性带来什么困难。

11.6   设想一个在磁盘上的系统的逻辑块和物理块的大小都为 512 B。假设每个文件的信息已经在内存中。针对三种分配方法（连续分配、链接分配和索引分配），分别回答下面的问题。

        a. 逻辑地址到物理地址的映射是怎样进行的（对索引分配，假设文件总是小于 512 块）？

        b. 假设当前处在逻辑块 10（最后访问的块是块 10），现在想访问逻辑块 4，那么必须从磁盘上读多少个物理块？

11.7   一个存储设备上的存储碎片可以通过信息再压缩来消除。典型的磁盘设备没有重定位或基址寄存器（像内存被压缩时用的一样），那么怎样才能重定位文件呢？给出为什么再压缩和重定位常常被避免使用的三个原因。

11.8   在什么情况下，把内存用作一个 RAM 磁盘比用作磁盘高速缓存更有用？

11.9   考虑对远程文件访问协议的如下扩展。每个客户机保存了一个名字缓冲来缓冲从文件名到文件句柄的转换。当实现这种名字缓冲的时候，需要考虑什么问题？

11.10   解释为什么记录元数据更新能确保文件系统能从崩溃中恢复回来。

11.11   设想下面的备份方法。

- **第一天**：将所有文件从磁盘复制到备份介质。
- **第二天**：将从第一天开始变化的文件复制到另一介质。
- **第三天**：将从第一天开始变化的文件复制到另一介质。

    与 11.7.2 小节中的方法不同，这里将所有从第一次备份后改变的文件都复制。与 11.7.2 小节中的方法相比，有什么优点？有什么缺点？恢复操作是简单了还是复杂了？为什么？

文 献 注 记

Norton 和 Wilton[1988]中解释了 MS-DOS FAT 文件系统。Iacobucci[1988]里有 OS/2 的描述。这些操作系统使用 Intel 8086（Intel [1985b]、Intel [1985a]、Intel [1986]、Intel [1990]）CPU。Deitel[1990]里描述了 IBM 的分配方法。McKusick 等[1996]详细论述了 BSD UNIX

系统的内部机制，McVoy 和 Kleiman[1991]给出了 Solaris 中这些方法的优化。

Koch[1987]论述了以伙伴系统为基础的磁盘文件分配。Larson 和 Kajla[1984]论述了一个保证访问一次就成功检索的文件组织方法。Rosenblum 和 Ousterhout[1991]、Seltzer 等[1993]和 Seltzer 等[1995]讨论了增强效率和一致性的日志结构的文件组织。

McKeon[1985]和 Smith[1985]论述了磁盘缓冲。Nelson 等[1988]描述了实验性 Sprite 操作系统中的高速缓存。Chi[1982]和 Hoagland[1985]给出了关于大容量存储的综合论述。Folk 和 Zoellick[1987]综述了文件结构。Silvers[2000]论述了 NetBSD 操作系统的页缓冲的实现。

Sandberg 等[1985]、Sandberg[1987]、Sun[1990]和 Callaghan [2000]论述了网络文件系统（NFS）。Baker 等[1991]研究了分布式文件系统中的负载特性。Ousterhout [1991]讨论了网络文件系统中的分布式状态的角色。Hartman、Oustehout [1995]和 Thekkath 等[1997]提出了网络文件系统的日志结构的设计。Vahalia[1996]、Mauro 和 McDougall[2001]中描述了 NFS 和 UNIX 文件系统（UFS）。Solomon[1998]描述了 Windows NT 文件系统和 NTFS。Bovet 和 Cesati[2002]中描述了 Linux 中用的 Ext2 文件系统，Hitz 等[1995]描述了 WAFL 文件系统。

第 12 章 大容量存储器的结构

文件系统从逻辑上来看可分为三个部分。第 10 章讨论了用户和程序员所使用的文件系统接口，第 11 章描述了操作系统实现该接口所使用的数据结构和算法，本章将讨论文件系统的最底层：次级和三级存储结构。首先描述磁盘和磁带的物理结构。然后讨论为改善性能而调度磁盘 I/O 顺序的磁盘调度算法。接着讨论磁盘格式化和启动块、坏块以及交换空间的管理。然后研究次级存储结构，包括磁盘的可靠性和稳定存储的实现。最后简单描述三级存储设备及操作系统使用三级存储时涉及的问题。

> **本章目标**
> - 描述次级和三级存储设备的物理结构及使用这些设备的最终影响。
> - 说明大容量存储器设备的工作特性。
> - 讨论为大容量存储器提供的操作系统服务，包括 RAID 和 HSM。

12.1 大容量存储器结构简介

这一部分，概述次级和三级存储器设备的物理结构。

12.1.1 磁盘

磁盘（magnetic disk）为现代计算机系统提供了大容量的外存。从概念上来说，磁盘相对简单（见图 12.1）。每个磁盘片为扁平圆盘，如同 CD 一样。常用磁盘片的直径为 1.8～5.25 英寸。每个磁盘片的两面都涂着磁质材料。通过在磁片上进行磁记录可以保存信息。

读写头"飞行"于每个磁盘片的表面之上。磁头与**磁臂**（disk arm）相连，磁臂能将所有磁头作为一个整体而一起移动。磁盘片的表面被逻辑地划分成圆形**磁道**（track），磁道再进一步划分为**扇区**（sector）。位于同一磁臂位置的磁道集合形成了**柱面**（cylinder）。每个磁盘驱动器有数千个同心柱面，每个磁道可能包括数百个扇区。常用磁盘驱动器的存储容量是按 GB 来计算的。

当磁盘在使用时，驱动器马达会高速旋转磁盘。大多数驱动器每秒可转 60～200 圈。磁盘速度有两部分。**传输速率**（transfer rate）是在驱动器和计算机之间的数据传输速率。**定位时间**（positioning time），有时称为随机访问时间（random access time），由**寻道时间**（seek time）（移动磁臂到所要的柱面所需时间）和**旋转等待时间**（rotational latency）（等待所要的扇区旋转到磁臂下所需时间）组成。典型磁盘能以每秒数兆字节的速率传输，寻道时间和旋转等待时间为数毫秒。

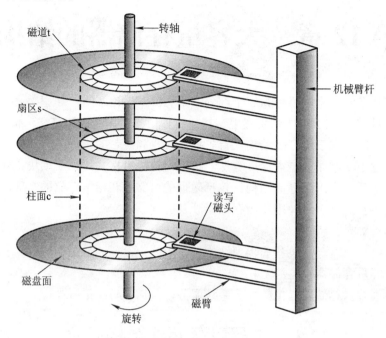

图 12.1 移动磁头的磁盘装置

> **磁盘传输速率**
>
> 正如计算的许多方面，磁盘发布的性能参数与现实中的性能参数是不一样的。
>
> 例如，磁盘所表现的传输速率总是低于有效的传输速率。传输速率是磁盘头从磁性介质读取比特速率，但这不同于给操作系统传输块的传输速率。

由于磁头飞行于极薄（数微米）的空气层上，所以磁头有与磁盘表面接触的危险。虽然磁盘片上涂了一层薄的保护层，但是磁头还是可能损坏磁盘表面，这种现象称为**磁头碰撞**（head crash）。磁头碰撞不能修复，此时整个磁盘必须替换。

磁盘可以移动或撤换，以便允许根据需要来装入不同的磁盘。可移动磁盘通常只有一个磁盘片，它被保存在塑料盒内，以防止不在驱动器内时被损坏。**软盘**（floppy disk）是较为便宜的可移动磁盘，它有一个软塑料盒以保存柔软的磁盘片。软盘驱动器的磁头通常直接与磁盘片相接触，所以与硬盘驱动器相比，该驱动器的旋转速度较慢。软磁盘的存储容量通常为 1.44 MB 左右。可移动磁盘像普通硬盘一样工作，但其容量是按 GB 来表示的。

磁盘驱动器通过一组称为 **I/O 总线**（I/O bus）的线与计算机相连。有多种可用总线，包括 **EIDE**（enhanced integrated drive electronics）、**ATA**（advanced technology attachment）、

串行 ATA（serial ATA，SATA）总线、USB（universal serial bus）、FC（fiber channel）以及 SCSI 总线。被称为**控制器**（controller）的特殊处理器执行总线上的数据传输。**主机控制器**（host controller）是计算机上位于总线末端的控制器。**磁盘控制器**（disk controller）位于磁盘驱动器内。为了执行磁盘 I/O 操作，计算机常常通过内存映射端口（如 9.7.3 小节所述），在主机控制器上发送一个命令。主机控制器接着通过消息将该命令传送给磁盘控制器，磁盘控制器操纵磁盘驱动器硬件以执行命令。磁盘控制器通常有内置缓存。磁盘驱动器的数据传输发生在其缓存和磁盘表面，而到主机的数据传输则以更快的速度在其缓存和主机控制器之间进行。

12.1.2 磁带

磁带（magnetic tape）曾经是早期次级存储介质。虽然它存储数据相对较长久，且能存储大量数据，但是与内存和磁盘相比其访问速度太慢。另外，磁带随机访问要比磁盘随机访问慢千倍，因此磁带对于次级存储而言用途不大。磁带主要用于备份，存储不常使用的信息，作为系统之间信息传输的介质。

磁带绕在轴上，向前转或向后转并经过读写磁头。移到磁带的正确位置需要数分钟，但是一旦定位后，就能以跟磁盘驱动器相似的速度进行数据读写。磁带容量变化很大，它取决于特定磁带驱动器。典型磁带能够存储 20～200 GB。有些带有内置压缩的磁带能使存储的效率提高一倍多。磁带及其驱动程序通常按其宽度来划分，包括 4 mm、8 mm、19 mm、1/4 英寸和 1/2 英寸。有的是根据技术命名的，如 LTO-2 和 SDLT。磁带存储将会在 12.9 节进一步讲解。

火　　线

火线（FireWire）指一个接口，用于将外部设备，例如硬盘驱动器、DVD 驱动器和数码摄像机连接到计算机系统。最早开发火线的是苹果电脑公司，并于 1995 年成为 IEEE 1394 标准。原来的 FireWire 标准提供的带宽可达 400 Mbps。最近，已经出现一个新的标准——火线 2，由 IEEE 的 1394b 标准确定。火线 2 提供的数据传输速率是原始火线的两倍即 800 Mbps。

12.2　磁　盘　结　构

现代磁盘驱动器可以看做一个一维的**逻辑块**的数组，逻辑块是最小的传输单位。逻辑块的大小通常为 512 B，虽然有的磁盘可以通过**低级格式化**来选择不同逻辑块大小，如 1 024 B，该选项可参见 12.5.1 小节。一维逻辑块数组按顺序映射到磁盘的扇区。扇区 0 是最外面柱面的第一个磁道的第一个扇区。该映射是先按磁道内扇区顺序，再按柱面内磁道顺序，最后按从外到内的柱面顺序来排序的。

通过映射，至少从理论上能将逻辑块号转换为由磁盘内的柱面号、柱面内的磁道号、磁道内的扇区号所组成的老式磁盘地址。事实上，执行这种转换并不容易，这有两个理由。第一，绝大多数磁盘都有一些缺陷扇区，因此映射必须用磁盘上的其他空闲扇区来替代这些缺陷扇区。第二，对有些磁盘，每个磁道的扇区数并不是常量。

下面看一下第二个原因。对使用**常量线性速度**（constant linear velocity，CLV）的介质，每个磁道的位密度是均匀的。磁道离磁盘中心越远，其长度越长，因而也能容纳更多的扇区。从外到内时，每个磁道的扇区数也会减少。外部磁道的扇区数通常比内部磁道的扇区数多 40%。随着磁头由外移到内，驱动器会增加速度以保持磁头续写的数据速率恒定。这种方法用于 CD-ROM 和 DVD-ROM 驱动器。另外，磁盘转动速度可以保持不变，因此内磁道到外磁道的位密度要不断降低以保持数据率不变。这种方法被用在硬盘中，称为**恒定圆角速度**（constant angular velocity，CAV）。

随着磁盘技术不断改善，每个磁道的扇区数不断增加。磁盘外部每个磁道通常有数百个扇区。类似地，每个磁盘的柱面数也不断增加，大磁盘有成千上万个柱面。

12.3　磁　盘　附　属

计算机访问磁盘存储有两种方式。一种方式是通过 I/O 端口（或**主机附属存储**（host-attached storage）），小系统常采用这种方式。另一方式是通过分布式文件系统的远程主机，这称为**网络附属存储**（network-attached storage）。

12.3.1　主机附属存储

主机附属存储是通过本地 I/O 端口访问的存储。这些端口使用多种技术。典型的台式计算机使用 I/O 总线结构，如 IDE 或 ATA。这种结构允许每条 I/O 总线支持最多两个端口，而 SATA 是一种新的简化了电缆连接的类似协议。高端工作站和服务器通常采用更为复杂的 I/O 结构，如 SCSI 或 FC（fiber channel）。

SCSI 是个总线结构，其物理介质通常为带状电缆，具有大量电线（通常 50 或 68）。SCSI 协议在一根总线上可支持 16 个设备。通常这些设备包括主机的一个控制器卡（**SCSI 引导器**）和 15 个存储设备（**SCSI 目标**）。SCSI 磁盘是个典型 SCSI 目标，但是协议给每个 SCSI 目标提供访问 8 个**逻辑单元**的能力。逻辑单元寻址的典型使用是向 RAID 阵列的成员或移动介质库的成员（如 CD 自动换片机向介质切换机制或一个驱动器发送命令）直接发送命令。

FC 是个高速串行结构。该结构可在光纤上或 4 芯铜线上运行。它有两种方式。一是大的交换结构，具有 24 位地址空间。这种方式可望在将来流行，是**存储区域网络（SAN）**的基础（参看 12.3.3 小节）。由于大地址空间和通信的交换特性，多主机和存储设备可以附属到光纤上，获得更灵活的 I/O 通信。另一种是**裁定循环**（**FC-AL**），可以访问 126 个设备（驱动器和控制器）。

有多种存储设备可用于主机附属存储。它们包括硬盘驱动器、RAID 阵列、CD、DVD 和磁带驱动器。向主机附属存储设备发出数据传输的 I/O 命令是针对特定存储单元的逻辑数据块的读和写（例如总线 ID、SCSI ID 和目标逻辑单元）。

12.3.2 网络附属存储

网络附属存储（network-attached storage, NAS）设备是数据网络中远程访问的专用存储系统（参见图 12.2）。客户通过远程进程调用接口来访问 NAS，如 UNIX 系统的 NFS 或 Windows 系统的 CIFS。远程进程调用（RPC）可通过 IP 网络（通常为向客户传输所有数据的局域网）的 TCP 或 UDP 来进行。网络附属存储单元通常用带有 RPC 接口软件的 RAID 阵列来实现。因此 NAS 就可以简单作为另一种存储访问协议。例如，不采用 SCSI 设备驱动程序和 SCSI 协议来访问存储，而是采用 NAS 的系统使用 TCP/IP 上的 RPC。

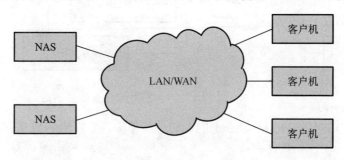

图 12.2　网络附加存储

网络附加存储为局域网上所有计算机提供了一个共享存储池的方便方法，其命名和访问与主机附加存储一样方便。然而，与主机附加存储相比，这种方法似乎效率更低、性能更差。

iSCSI 是最近的网络附加存储协议。它使用了 IP 网络协议来实现 SCSI 协议。因此，主机及其存储就可以通过网络而不是通过 SCSI 电缆互连。这样，即使存储远离主机，主机仍然可以像直接连接一样访问存储。

12.3.3 存储区域网络

网络附属存储系统的缺点之一是存储 I/O 操作需要使用数据网络的带宽，因此增加了网络通信延迟。这一问题对于大客户-服务器环境可能尤为明显——客户与服务器间的通信和存储设备与服务器间的通信互相竞争。

存储区域网络（storage area network，SAN）是服务器与存储单元之间的私有网络（采用存储协议而不是网络协议），如图 12.3 所示。SAN 的优势在于其灵活性。多个主机和多个存储阵列可以附加在同一 SAN 上，存储可以动态地分配给主机。SAN 的一个开关可以用来允许或者阻止主机和存储之间的访问。举个例子，如果一个主机缺少磁盘空间，那么可以配置 SAN 为该主机分配更多存储。SAN 可以使服务器集群共享同一存储，也可以使存储阵列与多个主机直连。与存储阵列相比，SAN 具有更多数量的端口，以及更少昂贵的端口。FC 是一种最常见的 SAN 互联。

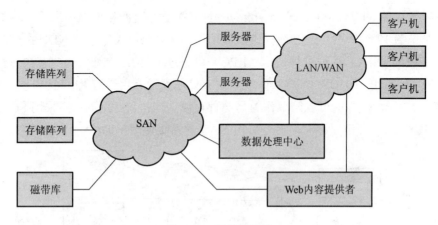

图 12.3 存储域网络

另一种新兴方式是称为 Infiniband 的专门总线架构，它在服务器和存储单元之间提供对高速互连网络的硬件和软件支持。

12.4 磁 盘 调 度

操作系统的任务之一就是有效地使用硬件。对磁盘驱动器来说，满足这一要求意味着要有较快的访问速度和较宽的磁盘带宽。访问时间包括两个主要部分（参见 12.1.1 小节）：寻道时间和旋转延迟。**寻道时间**是磁臂将磁头移动到包含目标扇区的柱面的时间。**旋转延迟**是磁盘需要将目标扇区转动到磁头下的时间。**磁盘带宽**是所传递的总的字节数除以从服务请求开始到最后传递结束时的总时间。可以通过使用适当的访问顺序来调度磁盘 I/O 请求，提高访问速度和带宽。

每当一个进程需要对磁盘进行 I/O 操作，它就向操作系统发出一个系统调用。该调用请求指定了一些信息：

- 操作是输入还是输出？
- 所传输的磁盘地址是什么？
- 所传输的内存地址是什么？

- 所传输的扇区数是多少？

如果所需的磁盘驱动器和控制器空闲，那么该请求会马上处理。如果磁盘驱动器或控制器忙，那么任何新的服务请求都会加到该磁盘驱动器的待处理请求队列上。对于一个有多个进程的多道程序设计系统，磁盘队列可能有多个待处理请求。因此，当完成一个请求时，操作系统可以选择处理哪个待处理请求。那么操作系统该如何选择呢？有多个磁盘调度算法可供使用，接下来将会加以讨论。

12.4.1　FCFS 调度

最简单的磁盘调度形式当然是先来先服务算法（FCFS）。这种算法本身比较公平，但是它通常不提供最快的服务。例如，有一个磁盘队列，其 I/O 对各个柱面上块的请求顺序如下：

$$98, 183, 37, 122, 14, 124, 65, 67$$

如果磁头开始位于 53，那么它将从 53 移到 98，接着再到 183、37、122、14、124、65，最后到 67，总的磁头移动为 640 柱面。图 12.4 显示了这种调度。

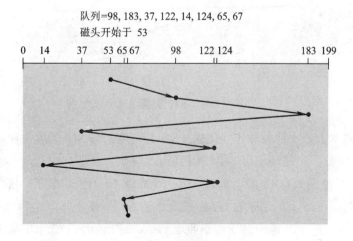

图 12.4　FCFS 磁盘调度

从 122 到 14 再到 124 的大摆动说明了这种调度的问题。如果对柱面 37 和 14 的请求一起处理，不管是在 122 和 124 之前或之后，总的磁头移动会大大地减少，且性能也会因此得以改善。

12.4.2　SSTF 调度

在将磁头移到远处以处理其他请求之前，先处理靠近当前磁头位置的请求可能较为合理。这个假设是**最短寻道时间优先算法**（shortest-seek-time-first, **SSTF**）的基础。SSTF 算法选择距当前磁头位置由最短寻道时间的请求来处理。由于寻道时间随着磁头所经过的柱面数而增加，SSTF 选择与当前磁头位置最近的待处理请求。

对于前面请求队列的例子，与开始磁头位置（53）最近的请求是位于柱面 65。当位于柱面 65，下个最近请求位于柱面 67。从柱面 67，由于柱面 37 比 98 还要近，所以下次处理 37。如此继续进行，会处理位于柱面 14，接着 98、122、124，最后处理 183 上的请求（参见图 12.5）。这种调度算法所产生的磁头移动为 236 柱面，约为 FCFS 调度算法所产生的磁头移动数量的三分之一强。这种算法大大提高了性能。

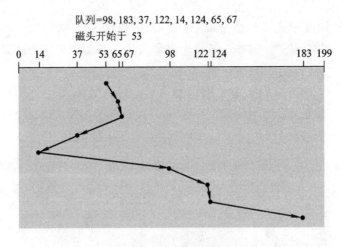

图 12.5　SSTF 磁盘调度

SSTF 调度基本上是一种最短作业优先（SJF）调度，与 SJF 调度一样，它可能会导致一些请求得不到服务。记住请求可能会随时到达。假如一个队列中有两个请求，分别为针柱面 14 和 186。当处理来自 14 的请求时，另一个靠近 14 的请求来了。这个新的请求会在下次处理，这样位于 186 上的请求要等。当处理该请求时，另一个靠近 14 的请求可能会来。从理论上来说，相近的一些请求会连续不断地到达，这样位于 186 上的请求可能永远得不到服务。如果待处理请求队列比较长，那么这种情况就很可能出现了。

虽然 SSTF 算法与 FCFS 算法相比有了很大改善，但是并不是最优的。对于这种例子，可以做得更好：如果先从 53 移到 37（虽然 37 并不是最近），再到 14，然后到 65，67，98，122，124，183。这种策略所产生的磁头移过的柱面数为 208。

12.4.3　SCAN 调度

对于 SCAN 算法，磁臂从磁盘的一端向另一端移动，同时当磁头移过每个柱面时，处理位于该柱面上的服务请求。当到达另一端时，磁头改变移动方向，处理继续。磁头在磁盘上来回扫描。SCAN 算法有时被称为**电梯算法**（elevator algorithm），因为磁头的行为就像大楼里面的电梯，先处理所有向上请求，然后再处理相反方向请求。

　　下面再接着看前面的例子。在应用 SCAN 算法来调度位于柱面 98，183，37，122，14，124，65，67 上的请求之前，不但需要知道磁头当前位置（53），而且还需要知道磁头移动方向。如果磁头朝 0 方向移动，那么磁头会先服务 37，再 14。在柱面 0 时，磁头会掉转方向，朝磁盘的另一端移动，并处理位于柱面 65,67,98,122,124,183（如图 12.6 所示）上的请求。如果一个请求刚好在磁头移动到请求位置之前加入到队列，那么它几乎将马上得到处理；如果一个请求刚好在磁头移动过请求位置之后加入到队列，那么它必须等待磁头到达磁盘的另一端，反向后，并返回才能处理。

队列=98, 183, 37, 122, 14, 124, 65, 67

磁头开始于 53

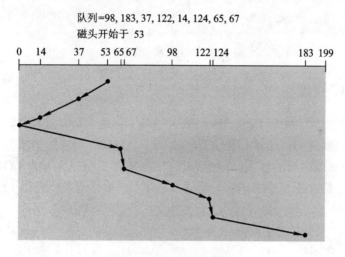

图 12.6　SCAN 磁盘调度

　　假设磁盘服务请求均匀地分布在各个柱面上，下面来研究一下当磁头移到磁盘一端并掉转方向时请求的分布情况。这时，紧靠磁头之前的请求只有少数，因为这些柱面上的请求刚刚处理过。而在磁盘的另一端的请求密度却最大。这些请求等待时间最长，那么为什么不首先去那里处理呢？这就是下一算法的思想。

12.4.4　C-SCAN 调度

　　C-SCAN（circular SCAN，C-SCAN）调度是 SCAN 调度的变种，主要提供一个更为均匀的等待时间。与 SCAN 一样，C-SCAN 将磁头从磁盘一端移到磁盘的另一端，随着移动不断地处理请求。不过，当磁头移到另一端时，它会马上返回到磁盘开始，返回时并不处理请求（参见图 12.7）。C-SCAN 调度算法基本上将柱面当做一个环链，以将最后的柱面和第一个柱面相连。

队列=98, 183, 37, 122, 14, 124, 65, 67
磁头开始于 53

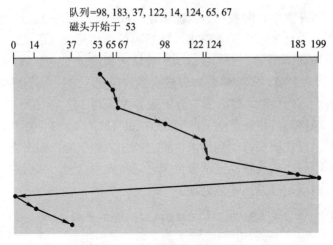

图 12.7 C-SCAN 磁盘调度

12.4.5 LOOK 调度

正如以上所述，SCAN 和 C-SCAN 使磁头在整个磁盘宽度内进行移动。事实上，这两个算法都不是这么实现的。通常，磁头只移动到一个方向上最远的请求为止。接着，它马上回头，而不是继续到磁盘的尽头。这种形式的 SCAN 和 C-SCAN 称为 **LOOK** 和 **C-LOOK** 调度，这是因为它们在朝一个方向移动会看（*look*）是否有请求（见图 12.8）。

队列=98, 183, 37, 122, 14, 124, 65, 67
磁头开始于 53

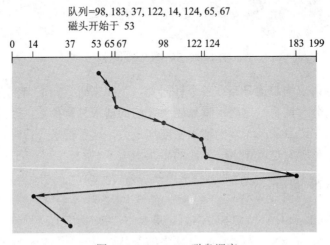

图 12.8 C-LOOK 磁盘调度

12.4.6 磁盘调度算法的选择

现在有如此之多的磁盘调度算法，如何选择最佳的呢？SSTF 较为普通且很有吸引力，因为它比 FCFS 的性能要好。SCAN 和 C-SCAN 对于磁盘负荷较大的系统会执行得更好，这是因为它不可能产生饿死问题。对于一个特定请求队列，可以定义一个最佳的执行顺序，但是查找最佳调度的所需时间有可能大于 SSTF 或 SCAN 节省的时间。对于任何调度算法，其性能主要依赖于请求的数量和类型。例如，假设队列通常只有一个待处理请求，那么所有调度算法几乎一样，因为它们移动磁头时只有一种选择：它们几乎都与 FCFS 调度一样。

磁盘服务请求很大程度上受文件分配方法所影响。程序在读一个连续分配文件时会产生数个在磁盘上相近位置的请求，因而产生有限的磁头移动。另一方面，链接或索引文件可能会有许多块，分散在磁盘上，因而产生大量的磁头移动。

目录和索引块的位置也很重要。由于文件必须打开后才能使用，打开文件要求搜索目录结构，目录会被经常访问。假如一个目录条目位于第一个柱面而文件数据位于最后柱面，对于这种情况，磁头必须移过整个磁盘宽度。如果目录条目位于中央柱面，那么磁头只需要移过不到一半的磁盘。在内存中缓存目录和索引块有助于降低磁头移动，尤其是对于读请求。

由于这些复杂因素，磁盘调度算法应作为一个操作系统的独立模块，这样如果有必要，它可以替换成另一个不同的算法。SSTF 或 LOOK 是比较合理的默认算法。

这里所描述的调度算法只考虑了寻道距离。对于现代磁盘，旋转等待几乎与平均寻道时间一样。但是操作系统比较难调度以改善旋转等待，这是因为现代磁盘并不透露逻辑块的物理位置。磁盘制造商通过在磁盘驱动器的控制器硬件中加上磁盘调度算法来缓解这个问题。如果操作系统向控制器发送一批请求，那么控制器可以对这些请求进行排队和调度，以改善寻道时间和旋转等待。

如果只是 I/O 性能需要考虑，那么操作系统会很乐意将磁盘调度的责任交给磁盘硬件。不过，事实上操作系统对请求服务顺序还有其他限制。例如，按需分页比应用程序 I/O 的优先级高。如果缓存将要用完空闲页，那么写就比读更重要。而且，可能需要保证写的顺序以使文件系统更加稳健，从而免受经常崩溃之苦。假如操作系统分配了一页给一个文件，应用程序已将数据写入到页中，但操作系统还没有在磁盘上更新修改 inode 和空闲空间列表。为了处理这些要求，操作系统需要选择自己的磁盘调度算法，将请求按批次（对于有的 I/O 类型，或一个一个地）交给磁盘控制器。

12.5 磁 盘 管 理

操作系统还负责磁盘管理方面其他的内容。这里讨论磁盘初始化、从磁盘引导、坏块恢复。

12.5.1 磁盘格式化

一个新的磁盘是一个空白板：它只是一些含有磁性记录材料的盘子。在磁盘能存储数据之前，它必须分成扇区以便磁盘控制器能读和写。这个过程称为**低级格式化**（或**物理格式化**）。低级格式化为磁盘的每个扇区采用特别的数据结构。每个扇区的数据结构通常由头、数据区域（通常为 512 B 大小）和尾部组成。头部和尾部包含了一些磁盘控制器所使用的信息，如扇区号码和**纠错代码**（**error-correcting code, ECC**）。当控制器在正常 I/O 时写入一个扇区的数据时，ECC 会用一个根据磁盘数据计算出来的值来更新。当读入一个扇区时，ECC 值会重新计算，并与原来存储的值相比较。如果这两个值不一样，那么这可能表示扇区的数据区可能已损坏或磁盘扇区可能变坏（参见 12.5.3 小节）。ECC 是纠错代码，这是因为它有足够多的信息，如果只有少数几个数据损坏，控制器能利用 ECC 计算出哪些数据已改变并计算出它们的正确值，然后回报一个可恢复**软错误**（soft error）。控制器在读写磁盘时会自动处理 ECC。

绝大多数硬盘在工厂时作为制造过程的一部分就已低级格式化了。这一格式化使得制造商能测试磁盘和初始化从逻辑块码到磁盘上无损扇区的映射。对许多硬盘，当通知磁盘控制器低级格式化磁盘时，也能选择在头部和尾部之间留下数据区的长度。通常有几个选择，如 256 B、512 B 和 1 024 B 等。用一个较大扇区去低级格式化磁盘意味着每个磁道上的扇区数会比较少，每个磁道上的头部和尾部信息也会比较少，因此增加了用户数据的可用空间。有的操作系统只能处理 512 B 大小的扇区。

为了使用磁盘存储文件，操作系统还需要将自己的数据结构记录在磁盘上。这分为两步。第一步是将磁盘分为由一个或多个柱面组成的**分区**。操作系统可以将每个分区作为一个独立的磁盘。例如，一个分区可以用来存储操作系统的可执行代码，而其他分区用来存储用户数据。在分区之后，第二步是**逻辑格式化**（创建文件系统）。在这一步，操作系统将初始的文件系统数据结构存储到磁盘上。这些数据结构包括空闲和已分配的空间（FAT 或者 inode）和一个初始为空的目录。

为了提高效率，大多数操作系统将块集中到一大块，通常称作**簇**（cluster）。磁盘 I/O 通过块完成，但是文件系统 I/O 通过簇完成，这样有效确保了 I/O 可以进行更多的顺序存取和更少的随机存取。

有的操作系统允许特别程序将磁盘分区作为一个逻辑块的大顺序数组，而没有任何文件系统数据结构。该数组有时称为生磁盘（raw disk），对该数组的 I/O 称为生 I/O（raw I/O）。例如，有的数据库系统比较喜欢生 I/O，因为它能控制每条数据库记录所存储的精确磁盘位置。生 I/O 避开了所有文件系统服务，如缓冲、文件锁、提前获取、空间分配、文件名和目录。某些应用程序在生磁盘分区上实现自己特殊存储服务的效率可能会更高，但是绝大多数应用程序在使用普通文件服务时会执行得更好。

12.5.2 引导块

为了让计算机开始运行，如当打开电源时或重启时，它需要运行一个初始化程序。该初始化*自举*（bootstrap）程序应该很简单。它初始化系统的各个方面，从 CPU 寄存器到设备控制器和内存，接着启动操作系统。为此，自举程序应找到磁盘上的操作系统内核，装入内存，并转到起始地址，从而开始操作系统的执行。

对绝大多数计算机，自举程序保存在**只读存储器（ROM）**中。这一位置较为方便，由于 ROM 不需要初始化且位于固定位置，这便于处理器在打开电源或重启时开始执行。而且，由于 ROM 是只读的，所以不会受计算机病毒的影响。问题是改变这种自举代码需要改变 ROM 硬件芯片。因此，绝大多数系统只在启动 ROM 中保留一个很小的自举加载程序，其作用是进一步从磁盘上调入更为完整的自举程序。这一更为完整的自举程序可以容易地进行修改：新版本可写到磁盘上。这个完整的自举程序保存在磁盘的启动块上，启动块位于磁盘的固定位置。拥有启动分区的磁盘称为**启动磁盘**（boot disk），或**系统磁盘**（system disk）。

启动 ROM 中的代码引导磁盘控制器将启动块读入到内存（这时尚没有装入设备驱动程序），并开始执行代码。完整自举程序比启动 ROM 内的自举加载程序更加复杂，它能从磁盘非固定位置中装入整个操作系统，并开始运行。即使如此，完整的自举程序仍可能很小。

考虑一下 Windows 2000 中的启动程序。Windows 2000 系统将其启动代码放在硬盘上的第一个扇区（被称为**主引导记录**（master boot record），或 **MBR**）。此外，Windows 2000 中允许硬盘分成一个或多个分区，一个分区为**引导分区**（boot partition），包含操作系统和设备驱动程序。Windows 2000 系统通过运行系统 ROM 上的代码，开始启动。此代码指示系统从 MBR 读取引导代码。除了含有引导代码，MBR 中包含一个硬盘分区列表和一个说明系统引导分区的标志，如图 12.9 所示。系统一旦确定引导分区，它读取该分区的第一个扇区（即所谓的**引导扇区**（boot sector）），并继续余下的启动过程，包括加载各种子系统和系统服务。

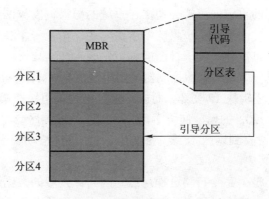

图 12.9　Windows 2000 中磁盘引导

12.5.3　坏块

由于磁盘有移动部件并且容错能力小（磁头在磁盘表面上飞行），所以容易出问题。有时问题严重，必须替换磁盘，其内容就要从备份介质上恢复到新磁盘上。但更常见的是，一个或多个扇区坏掉。绝大多数磁盘从工厂里出来时就有**坏块**。根据所使用的磁盘和控制器，对这些块有多种处理方式。

对于简单磁盘，如使用 IDE 控制器的磁盘，可手工处理坏扇区。例如，MS-DOS format 命令执行逻辑格式化，它将扫描磁盘以查找坏扇区。如果 format 找到坏扇区，那么它就在相应的 FAT 条目中写上特殊值以通知分配程序不要使用该块。如果在正常使用中块变坏，那么就必须人工地运行一个特殊程序，如 chkdsk 来搜索坏块，并像前面一样将它们锁在一边。坏块中的数据通常会丢失。

更为复杂的磁盘，如用于高端 PC、绝大多数工作站和服务器上的 SCSI 磁盘，对坏块的处理就更加智能化了。其控制器维护一个磁盘坏块链表。该链表在出厂前进行低级格式化时就已经初始化了，并在磁盘整个使用过程中不断更新。低级格式化将一些块放在一边作为备用，操作系统看不到这些块。控制器可以用备用块来逻辑地替代坏块。这种方案称为**扇区备用**（sector sparing）或**转寄**（forwarding）。

一个典型的坏扇区事务处理可能如下：

- 操作系统试图访问逻辑块 87。
- 控制器计算 ECC 的值，发现该块是坏的，它将此结果通知操作系统。
- 下次操作系统重启时，可以运行一个特殊程序以告诉 SCSI 控制器用备用块替代坏块。
- 之后，每当系统试图访问逻辑块 87 时，这一请求就转换成控制器所替代的扇区的地址。

这种控制器所引起的重定向可能会使操作系统的磁盘调度算法无效。为此，绝大多数磁盘在格式化时为每个柱面都留了少量的备用块，还保留了一个备用柱面。当坏块需要重新映射时，控制器就尽可能使用同一柱面的备用扇区。

作为扇区备用的另一方案，有的控制器采用**扇区滑动**（sector slipping）来替换坏扇区。这里有一个例子：假定逻辑块 17 变坏，而第一个可用的备用块在扇区 202 之后。那么，扇区滑动就将所有从 17～202 的扇区向下滑动一个扇区，即扇区 202 复制到备用扇区，201 到 202，200 到 201 等，直到扇区 18 复制到扇区 19。这样滑动扇区使得扇区 18 为空，这样可将扇区 17 映射到其中。

坏块替代通常并不是个完全自动进程，这是因为坏区中的数据通常会丢失。一些软错误可能触发一个进程，在这个进程中，复制块数据，进行块备份或滑动。但是，不可恢复的**硬错误**（hard error），将导致丢失数据。因此，任何使用了坏块的文件进行修复时（如从备份磁带中恢复），通常需要人工干预。

12.6 交换空间管理

交换首先出现在 8.2 节，讨论了在磁盘和内存间整个进程的移动。当物理内存的数量达到临界低点，进程（通常选择最不活跃的进程）从内存移到交换空间以释放内存空间。实际上，现代操作系统很少以这种方式实现交换而是将交换与虚拟内存技术以及交换页结合起来，不必对整个进程进行交换。事实上，现在有些系统可以互换使用术语：*交换*（swapping）和*分页*（paging），反映出这两个概念的融合。

交换空间管理是操作系统的另一底层任务。虚拟内存使用磁盘空间作为内存的扩充。由于磁盘访问比内存访问要慢很多，所以使用交换空间会严重影响系统性能。交换空间设计和实现的主要目的是为虚拟内存提供最佳吞吐量。这里讨论如何使用交换空间，交换空间在磁盘上的什么位置，以及交换空间该如何管理。

12.6.1 交换空间的使用

不同操作系统根据所实现的内存管理算法，可按不同方式来使用交换空间。例如，实现交换的系统可以将交换空间用于保存整个进程映像，包括代码段和数据段。换页系统也可能只用交换空间以存储换出内存的页。系统所需交换空间的量因此会受以下因素影响：物理内存的多少、所支持虚拟内存的多少、内存使用方式等。它可以是数 MB 到数 GB 的磁盘空间。

注意，对交换空间数量的高估要比低估更为安全。这是因为如果系统使用完了交换空间，那么可能会中断进程或使整个系统死机。高估只是浪费了一些空间（本可用于存储文件），但并没有造成什么损害。有些系统建议了交换空间的大小。例如，Solaris 建议设置交换空间数量与虚拟内存超出可分页物理内存的数量相等。过去，Linux 建议设置交换空间数量是虚拟内存数量的两倍，但是，现在大多数 Linux 系统使用相当少的交换空间。事实上，现在关于是否设置交换空间，Linux 内部有很多争论。

有的操作系统，如 Linux，允许使用多个交换空间。这些交换空间通常位于不同磁盘上，这样因换页和交换所引起的 I/O 系统的负荷可分散在各个系统 I/O 设备上。

12.6.2 交换空间位置

交换空间可有两个位置：交换空间在普通文件系统上加以创建，或者是在一个独立的磁盘分区上进行。如果交换空间是文件系统内的一个简单大文件，那么普通文件系统程序就可用来创建它、命名它并为它分配空间。这种方式虽然实现简单但是效率较低。遍历目录结构和磁盘分配数据结构需要时间和（可能）过多磁盘访问。外部碎片可能会通过在读写进程镜像时强制多次寻道，从而大大地增加了交换时间。通过将块位置信息缓存在物理内存中，以及采用特殊工具为交换文件分配物理上连续块等技术，可以改善性能，但是遍历文件系统数据结构的开销仍然存在。

另外一种方法是，交换空间可以创建在独立的**生**（raw）磁盘分区上。这里不需要文件系统和目录结构，只需要一个独立交换空间存储管理器以分配和释放块。这种管理器可使用适当算法以优化速度，而不是优化存储效率，因为交换空间比文件系统访问更频繁。内部碎片可能会增加，但还是可以接受的，这是因为交换空间内的数据的存储时间通常要比文件系统的文件的存储时间短很多。交换空间在启动的时候会初始化，因此任何碎片存在的时间都很短。这种方法在磁盘分区时创建一定量的交换空间。增加更多交换空间可能需要重新进行磁盘分区（可能涉及移动或删除文件系统，以及利用备份以恢复文件系统），或在其他地方增加另外交换空间。

有的操作系统较为灵活，可以使用原始分区空间和文件系统空间进行交换。Linux 就是这样的操作系统：策略和实现是分开的，系统管理员可决定使用何种类型。权衡取决于文件系统分配和管理的方便和原始分区交换的性能。

12.6.3 实例：交换空间管理

为了说明交换空间管理所使用的方法，下面研究一下 UNIX 交换和分页的发展。UNIX 开始只实现了交换，以便连续磁盘区域和内存之间进行整个进程的复制。后来随着分页硬件的出现，UNIX 发展成混合使用交换和换页。

对于 Solaris 1（SunOS），设计人员对标准 UNIX 方法做了修改，以改善效率和反映技术变化。当一个进程执行时，代码段从文件系统中调入，在内存中加以访问，如果需要换出时就丢弃。从文件系统中再次读入一页要比将它保存在交换空间中再从中读入更为高效。交换空间仅仅用作备份存储，来存储匿名内存页，包括给栈、堆和进程未初始化数据分配的内存。

Solaris 之后的版本又做了更多改变。最大的改变是 Solaris 只有在一页被强制换出物理内存时（而不是在首次创建虚拟内存页时）才分配交换空间。这一修改提高了现代计算机的性能，因为它们比旧系统有更多物理内存，减少了换页。

Linux 与 Solaris 相似，交换空间仅用于匿名内存或几个进程的共享内存区。Linux 允许建立一个或多个交换区。交换区可以是普通文件系统的交换文件或原始交换分区。每个交换区包含一系列的 4 KB 的**页槽**（page slot），用于存储交换页。每个交换区对应一个**交换映射**（swap map）——整数计数器数组，每个数对应于交换区的页槽。如果计数器值为 0，对应页槽可用。值大于 0 表示页槽被交换页占据。计数器的值表示交换页的映射数目。例如，值 3 表示交换页映射到 3 个不同进程（例如交换页存储 3 个进程的共享内存区）。Linux 系统中交换区的数据结构如图 12.10 所示。

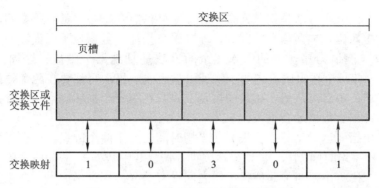

图 12.10　Linux 系统交换区的数据结构

12.7　RAID 结构

随着磁盘驱动器不断地变得更小更便宜，如今在一台计算机系统上装上大量磁盘从经济上来说已经可行了。一个系统拥有了大量磁盘，它就有机会改善数据读写速度（因为磁盘操作可并行进行）。而且，这种设置也使系统有机会改善数据存储的可靠性，因为可在多个磁盘上存储冗余信息。因此，一个磁盘损坏并不会导致数据丢失。这里的多种磁盘组织技术，通常统称为**磁盘冗余阵列（RAID）**技术，通常用于提高性能和可靠性。

过去，RAID 是由许多小的、便宜磁盘组成，可作为大的、昂贵磁盘的有效替代品。现在，RAID 的使用主要是因为其高可靠性和高数据传输率，而不是经济原因。因此，RAID 中的 I 表示"独立（independent）"而不是"便宜（inexpensive）"。

12.7.1　通过冗余改善可靠性

下面首先研究可靠性。在 N 个磁盘中有一个磁盘出错的概率要比某个特定磁盘出错的概率高得多。假如单个磁盘的**平均故障出现时间**为 100 000 小时，那么在 100 个磁盘中有一个磁盘变坏的平均时间则为 100 000/100＝1 000 小时或 41.66 天，这并不长！如果只存储数据的一个副本，那么一个磁盘出错会导致大量数据损坏，这样高的数据损坏率是难以接受的。

> **RAID 结构**
>
> RAID 存储器可以有多种方式的实现。例如，一个系统可以将磁盘直接附属到总线。这种情况下，操作系统或系统软件可以实现 RAID 功能。或者，智能主机控制器控制多种附属磁盘，在这些磁盘硬件中执行 RAID。最后，可以使用**存储阵列**或 **RAID 阵列**。RAID 阵列是一个独立单元，有自己的控制器、高速缓存（通常）和磁盘。它通过一个或多个标准 ATA SCSI 或 FC 控制器附属到主机。这种普遍设置允许任何没有 RAID 功能的操作系统和软件享有 RAID 保护的磁盘。由于它的简单性和灵活性，它甚至用于拥有 RAID 软件层的系统中。

可靠性问题的解决方法是引入**冗余**。存储额外信息，这是平常不需要的，但在磁盘出错时可以用来重新修补损坏信息。因此，即使磁盘损坏，数据也不会损坏。

最为简单（但最为昂贵）的引入冗余的方法是复制每个磁盘。这种技术称为**镜像**（mirroring）。因此每个逻辑磁盘由两个物理磁盘组成，每次写都要在两个磁盘上进行。如果一个磁盘损坏，那么可从另一磁盘中恢复。只有在第一个损坏磁盘没有替换之前而第二个磁盘又出错，那么数据才会丢失。

镜像磁盘出错（这里指数据丢失）的平均时间取决于两个因素：单个磁盘出错的平均时间，以及**修补平均时间**（用于替换损坏磁盘并恢复其中数据）。假如两个磁盘出错是相对**独立**的，即一个磁盘出错与另一磁盘出错之间没有关联。那么，如果一个磁盘出错的平均时间为 100 000 小时，且修补平均时间为 10 小时，则镜像磁盘系统的**数据丢失的平均时间**为 $100\,000^2/(2 \times 10) = 5 \times 10^8$ 小时或 57 000 年。

需要注意磁盘出错独立性假设并不有效。电源掉电和自然灾害如地震、火灾、水灾都可能导致两个磁盘同时损坏。而且，成批生产磁盘的制造缺陷会引起相关出错。随着磁盘老化，出错概率增加，也增加了在替代第一磁盘时第二个磁盘出错的概率。当然，尽管存在这些因素，镜像磁盘系统仍比单个磁盘系统提供更高的可靠性。

电源掉电是个特别值得关注的问题，因为它们比自然灾害更为常见。即使使用磁盘镜像，如果对两个磁盘都进行写同样块，且在数据完全写完之前电源掉电，那么这两块磁盘可能处于不一致的情况。这个问题的一种解决方法是先写一个副本，再写下一个，这样两个总是一致的。另一种是把非易失的 RAM（NARAM）加到 RAID 队列。当电源掉电时，写回（write-back）高速缓存就会受到保护，从而防止数据丢失。因此，假设 NVRAM 有一些错误避免和纠错功能，如 ECC 和镜像，那么就可以认为写在这一阶段完成。

12.7.2 通过并行处理改善性能

现在考虑多磁盘并行访问的益处。对于磁盘镜像，读请求处理的速度可以加倍，这是因为读请求可以发送给任一磁盘（只要两个磁盘都能工作，情况几乎总是这样）。每个读的传输率与单个磁盘系统一样，但是单位时间内读数量加倍了。

对于多个磁盘，通过在多个磁盘上分散数据，可以改善传输率。最简单形式是，**数据分散**是在多个磁盘上分散每个字节的各个位，这种分散称为**位级分散**。例如，如果有 8 个磁盘，可将每个字节的位 i 写到磁盘 i 上。这 8 个磁盘可作为单个磁盘使用，其扇区为正常扇区的 8 倍，更为重要的是它具有 8 倍的传输率。对于这种结构，每个磁盘都参与每次访问（读或写），这样每秒所能处理的访问数与单个磁盘的一样，但每次访问可在同样时间内读相当于单个磁盘系统 8 倍的数据。

位级分散可扩展到其他数量的磁盘，只要该数量为 8 的倍数或能除以 8。例如，如果有 4 个磁盘，每个字节的位 i 和位 $4+i$ 可存在磁盘 i 上。另外，分散不必在字节的位级上进行：例如，对于**块级分散**，一个文件的块可分散在多个磁盘上；对于 n 个磁盘，一个文件的块 i 可存在磁盘 $(i \bmod n) + 1$。其他分散级别，如扇区字节和块的扇区也是可能的。

块级分散是最常见的。

总之，磁盘系统并行访问有两个主要目的：

① 通过负荷平衡，增加了多个小访问（即页访问）的吞吐量。

② 降低大访问的响应时间。

12.7.3 RAID 级别

镜像提供高可靠性，但昂贵；分散提供了高数据传输率，但并未改善可靠性。通过磁盘分散和"奇偶"位（下面将要讨论）可以提供多种方案以在低代价环境下提供冗余。这些方案有不同的性价折中，可分成不同级别，称为 **RAID 级别**。这里讨论各种级别。图 12.11 描述了这些结构（图 12.11 中，P 表示差错纠正位，C 表示数据的第二副本。）在图 12.11 中所描述的各种情况中，4 个磁盘用于存储数据，其他磁盘用于存储冗余信息以便从差错中恢复。

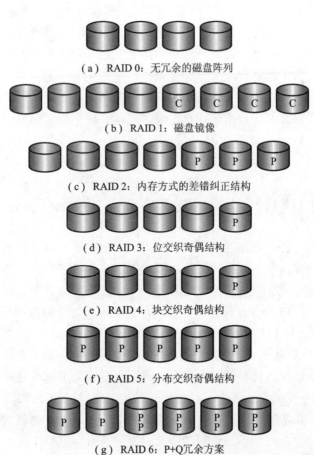

（a）RAID 0：无冗余的磁盘阵列

（b）RAID 1：磁盘镜像

（c）RAID 2：内存方式的差错纠正结构

（d）RAID 3：位交织奇偶结构

（e）RAID 4：块交织奇偶结构

（f）RAID 5：分布交织奇偶结构

（g）RAID 6：P+Q冗余方案

图 12.11 RAID 的级别

● **RAID 级别 0**：RAID 级别 0 指按块级别分散的磁盘阵列，但没有冗余（如镜像或奇偶位）。图 12.11(a)显示了大小为 4 的磁盘阵列。

● **RAID 级别 1**：RAID 级别 1 指磁盘镜像。图 12.11(b)表示了一个镜像组织。

● **RAID 级别 2**：RAID 级别 2 也称为**内存方式的差错纠正代码结构**。内存系统一直实现了基于奇偶位的错误检测。内存系统的每个字节都有一个相关奇偶位，以记录字节中置为 1 的个数是偶数（parity＝0）或是奇数（parity＝1）。如果字节的 1 个位损坏（或是 1 变成 0，或是 0 变成 1），那么字节的奇偶也将改变，因此与所存储的奇偶位就不匹配。类似地，如果所存储的奇偶位损坏了，那么它就与所计算的奇偶位不匹配。因此，单个位差错可为内存系统所检测。差错纠正方案存储两个或多个额外位，当单个位出错时可用来重新构造数据。ECC 的思想可直接用于将字节分散在磁盘上的磁盘阵列。例如，每个字节的第 1 位可存在磁盘 1 上，第 2 位可存在磁盘 2 上，如此进行，直到第 8 位可存在磁盘 8 上，而差错纠正代码存在其他磁盘上。图 12.11(c)显示了这种方案，其中标为 P 的磁盘存储了差错纠正位。如果一个磁盘出错，那么可从其他磁盘中读取字节的其他位和相关差错纠正位，以重新构造被损坏的数据。注意，对于 4 个磁盘的数据，RAID 级别 2 只用了三个额外磁盘，而 RAID 级别 1 则需要用 4 个额外磁盘。

● **RAID 级别 3**：RAID 级别 3 或基于**位交织奇偶结构**对级别 2 做了改进。与内存系统不同，磁盘控制器能检测到一个扇区是否正确读取，这样单个奇偶位就可用于差错检测和差错纠正。这种方案如下：如果一个扇区损坏，那么知道是哪个扇区，通过计算其他磁盘扇区相应位的奇偶值可得出所损坏位是 1 还是 0。如果其他位的奇偶值等于存储奇偶值，那么缺少位为 0；否则，就为 1。RAID 级别 3 与级别 2 一样好，但在额外磁盘数量方面要更便宜（它只有一个额外磁盘），这样级别 2 在实际中并不使用。这种方案如图 12.11(d)所示。

RAID 级别 3 与级别 1 相比有两个优点。第一，多个普通磁盘只需要一个奇偶磁盘，而级别 1 的每个磁盘都需要相应镜像磁盘，因此级别 3 降低了额外存储。第二，由于采用 N 路分散数据，字节的读写分布在多个磁盘上，所以采用 N 路分散后，单个块的读和写传输速率是采用 RAID 级别 1 的 N 倍。另一方面，正是因为每个磁盘都要参与每次的 I/O 访问，RAID 级别 3 的每秒 I/O 次数将较小。

RAID 3 的另一性能问题（其他奇偶检验 RAID 级别也有）是需要计算和写奇偶。与其他非奇偶检验 RAID 相比，这种额外开销会导致写更慢。为了减少这种性能损失，计算机 RAID 存储阵列包括一个具有专用奇偶计算硬件的控制器。这将 CPU 奇偶计算转移到 RAID 阵列。这种阵列也有**非易失性随机存储器（NVRAM）**，以在计算奇偶时存储块，以及缓存从控制器到磁盘的数据。这些措施使得奇偶 RAID 与非奇偶 RAID 几乎一样快。事实上，缓存的奇偶 RAID 可比非缓存的非奇偶的 RAID 要快。

● **RAID 级别 4**：RAID 级别 4 或**块交织奇偶结构**采用与 RAID 0 一样的块级分散，另外在一独立磁盘上保存其他 N 个磁盘相应块的奇偶块。这种方案如图 12.11(e)所示。如果一个磁盘出错,那么奇偶块可以与其他磁盘的相应块一起用于恢复出错磁盘的块。

读块只访问一个磁盘,可以允许其他磁盘处理请求。因此,每个访问的数据传输速度较慢,但是多个读访问可以并行处理,产生了更高的总的 I/O 速度。大量读的数据传输速度高,这是因为所有磁盘可以并行读;大量数据的写操作传输速度也高,这是因为数据和奇偶可以并行写。

少量的独立写不能并行进行。对于小于块大小数据的写必须访问数据所在块,修改数据后写回,相应的奇偶块也要相应更新。这称为**读-改-写**。因此,单个写需要 4 次磁盘访问:两次读入旧块,两次写入新块。

WAFL(参见第 11 章)使用 RAID 级别 4,因为这个 RAID 级别允许磁盘无缝加到 RAID 集合。如果加入的磁盘的块都初始化为 0,那么奇偶值不变,RAID 集合仍然正确。

- **RAID 级别 5**:RAID 级别 5 或**块交织分布奇偶结构**。不同于级别 4,它是将数据和奇偶分布在所有 $N+1$ 块磁盘上,而不是将数据存在 N 个磁盘上而奇偶存在单个磁盘上。对于每一块,一个磁盘存储奇偶,而其他的存储数据。例如,对于 5 个磁盘的阵列,第 n 块的奇偶保存在磁盘$(n \bmod 5)+1$ 上;其他 4 个磁盘的第 n 块保存该奇偶块对应的真正数据。这种方案如图 12.11(f)所示,其中 P 分布在所有磁盘上。奇偶块不能保存在同一磁盘上,这是因为一个磁盘出错会导致所有数据及奇偶丢失,因而无法恢复。通过将奇偶分布在所有磁盘上,RAID5 避免了 RAID4 方案的对单个奇偶磁盘的过度使用。RAID 5 是最常见的奇偶校验 RAID 系统。

- **RAID 级别 6**:RAID 级别 6,也称为 **P+Q 冗余方案**,与 RAID 级别 5 很类似,但是保存了额外冗余信息以防止多个磁盘出错。不是使用奇偶校验,而是使用了差错纠正码如 **Read-Solomon 码**。在如图 12.11(g)所示的方案中,每 4 个位的数据使用了 2 个位的冗余数据,而不是像级别 5 那样的一个奇偶位,这样系统可以容忍两个磁盘出错。

- **RAID 级别 0+1**:RAID 级别 0+1 指 RAID 级别 0 和级别 1 的组合。RAID 0 提供了性能,而 RAID 1 提供了可靠性。通常,它比 RAID 5 有更好的性能。它适用于对性能和可靠性都要求高的环境。然而,这增加了用于存储的磁盘数量,所以也更为昂贵。对 RAID 0+1,一组磁盘被分散成条,每一条再镜像到另一条。

另一现在正商业化的 RAID 选择是 RAID 1+0,即磁盘先镜像,再分散。这种 RAID 与 RAID 0+1 相比有一些理论上的优点。例如,如果 RAID 0+1 中的一个磁盘出错,那么整个条就不能访问,虽然所有其他条可用。对于 RAID 1+0,如果单个磁盘不可用,但其镜像仍如其他磁盘一样可用(见图 12.12)。

最后,要注意到对这里所描述的基本 RAID 方案有许多建议变种。因此,对于不同 RAID 级别的精确定义存在一定的混淆。

RAID 的实现也存在若干变种。考虑在下面层次中实现 RAID。

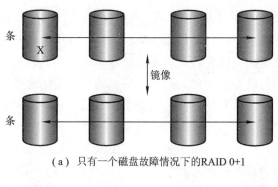

（a）只有一个磁盘故障情况下的RAID 0+1

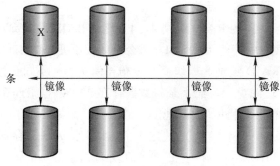

（b）只有一个磁盘故障情况下的RAID 1+0

图 12.12　RAID 0+1 和 1+0

- 卷管理软件在内核或系统软件层可以实现 RAID。这种情况下，存储器硬件提供最小特性，但仍是完整 RAID 解决方案中的部分。在软件中奇偶校验 RAID 实现相当慢，因此使用典型 RAID 0、RAID1 或 RAID 0+1。

- RAID 可在主机总线适配器（HBA）硬件中实现。只有直接连接到 HBA 的磁盘才能成为 RAID 集合的一部分。这种做法花费低，但不灵活。

- RAID 可在存储器阵列的硬件中实现。存储器阵列可以创建多级 RAID 集合，甚至将集合划分为较小的卷，呈现给操作系统。操作系统只需要实现每卷的文件系统。阵列可有多个可用连接，或是 SAN 的一部分，允许多个主机利用阵列的特性。

- RAID 可在 SAN 互联层中，通过磁盘虚拟设备实现。这种情况下，设备位于主机和存储器间。它接受来自服务器的命令，管理对存储器的访问。例如，通过写每个块到 2 个分散的存储设备来提供磁盘镜像。

其他特性，如快照和复制，在每个级别中都可以实现。**复制（replication）** 涉及分离站点间写的自动复制，为了冗余和失败恢复。复制是同步或异步的。在同步复制中，写完成之前，需要在本地和远程站点中写每个块，而异步复制中，写是成组和周期性的。如果原始站点失败，异步复制能导致数据丢失，但是，它速度快，没有距离限制。

这些特性的实现是不同的,因为 RAID 实现的层次不同。例如,如果 RAID 在软件上实现,每个主机可能需要实现和管理自己的复制。如果 RAID 在存储器阵列或 SAN 互连中实现,那么在任何主机操作系统或特性中,主机数据将被复制。

绝大多数 RAID 实现的另一方面是使用热备份磁盘。**热备份**不用于存储数据,但配置成替换出错磁盘。例如,当一个磁盘出错时,热备份可用于重新构造镜像磁盘。这样,RAID 级别就自动重新建立,而无需等待替换磁盘。分配更多热备份允许更多磁盘出错而无需人工干预。

12.7.4 RAID 级别的选择

RAID 级别很多,系统设计者要怎样选择一个 RAID 级别呢?其中要考虑的就是重建性能。如果一个磁盘损坏,那么重建其数据的时间可能很多且随所使用的 RAID 级别有所变化。对于 RAID 级别 1,重建较为容易,因为可从另一磁盘上复制数据;对于其他级别,需要读入所有阵列中的其他磁盘以重建出错磁盘上的数据。在需要连续提供数据时,如在高性能或交互数据系统中,RAID 系统的重建性能可能是个重要因素。而且,重建性能影响平均失败时间。RAID 5 重建大磁盘集合时间是小时级的。

RAID 级别 0 用于数据损失并不关键的高性能应用。RAID 级别 1 用于需要高可靠性和快速恢复的应用。RAID 0+1 和 RAID 1+0 用于性能和可靠性都重要的应用,例如小型数据库。由于 RAID 1 的高空间开销,RAID 5 通常用于存储量大的数据。级别 6 并不为许多 RAID 实现所支持,但它应该能比 RAID 5 提供更高的可靠性。

RAID 系统设计人员还必须做出其他几个决定。例如,一个组应有多少磁盘?每个奇偶位保护多少位?如果一个阵列有更多磁盘,那么数据传输率就更高,但是系统就更昂贵。如果一个奇偶位保护更多的位,那么因奇偶位所造成的额外开销就更低,但是在一个磁盘出错而需要替换之前而出现另一磁盘错误的概率就增加,这会导致数据损失。

12.7.5 扩展

RAID 概念可扩展到其他存储设备,包括磁带阵列,甚至无线系统上的数据广播。当用于磁带阵列时,即使磁带阵列中的一个磁带出现损坏,仍然可以利用 RAID 结构恢复数据。当用于数据广播时,一块数据可分成若干个小单元,并和奇偶单元一起广播;如果一个单元因某种原因不能收到,那么它可通过其他单元重构。通常,磁带驱动机器人控制多个磁带驱动器,可将数据分散在所有驱动器上以增加吞吐量和降低备份时间。

InServ 存储阵列

为了提供更好、更快、更低花费的方法,创新经常模糊之前区分不同技术的界线。下面考虑 3Par 中的 InServ 存储阵列。不像其他大多数存储阵列,InServ 不要求磁盘集合配置成特定 RAID 级别,而是将每个磁盘分成 256 MB 的块("chunklets")。RAID 以块级别来应用。块被用于多种卷，因此，磁盘可以参与多个多种 RAID 级别。

InServ 也提供快照，类似 WAFL 文件系统。InServ 快照可读、写和只读，这样允许多个主机加载一个给定文件系统的副本，而不需要复制整个文件系统。一个主机改变自己副本，是写复制的，不影响其他副本。

另一个创新点是**公用存储**（utility storage）。某些文件系统不扩展也不收缩。这样的文件系统，原始大小是唯一的大小，任何变化都要复制数据。管理者构建 InServ 来提供一个有大量逻辑存储数量的主机，最初只占少量物理存储。当主机开始使用存储器时，未使用的磁盘分配给这个主机，达到原始逻辑级别。按照这种方法，主机认为它有大的固定存储空间，并在其中创建文件系统等。通过 InServ，磁盘可从文件系统中加入或删除，而不需要文件系统干预。这个特性减少了主机所需磁盘数量，至少延迟了磁盘购买时间，直到磁盘真正需要。

12.7.6 RAID 的问题

不幸的是，RAID 不能一直保证数据对操作系统和使用者是可用的。例如，指向文件的指针可能是错误的，或文件结构内的指针是错误的。如果不能适当恢复，不完整写会导致数据崩溃。一些其他进程也会偶然写溢出文件结构。RAID 防止物理介质错误，但不能防止其他硬件和软件错误。与软件和硬件错误一样，这说明了系统数据潜在危险有多大。

Solaris ZFS 文件系统采用创新性的方法解决这些问题。ZFS 文件系统维护所有块的内部校验和，包括数据和元数据。加入的功能来自校验和的放置位置。块的校验和不与该块保存在一起，而是和指向该块的指针保存在一起。考虑一个索引节点 inode，带有指向其数据的指针。inode 中包含每个数据块的校验和。如果数据错误，校验和将错误，文件系统会发现它。如果数据是已经被镜像（mirror）过的，那么一个数据块有正确校验和，一个有错误校验和，ZFS 自动用好块更新坏块。同样的，指向索引节点 inode 的目录项有索引节点的校验和。当目录项被访问，可检测到索引节点中的错误。校验和操作发生在整个 ZFS 结构中，相对于 RAID 磁盘集合和标准文件系统来说，提供了更高级别的一致性、错误检测和错误纠正。由于 ZFS 的整体性能很好，校验和计算的额外开销和额外块读-改-写周期并不重要。

12.8　稳定存储实现

在第 6 章，讨论了预写式日志（write-ahead log），它要求使用稳定存储。根据定义，存储在稳定存储上的数据是*永远不会丢失的*。为了实现这种存储，需要在多个具有独立出错模式的存储设备（通常为磁盘）上复制所需信息。需要协调用于更新的写操作，以确保更新时所发生的差错不会使所有副本处于损坏状态，而且当恢复数据时，能强制使得所有数据处于一致和正确状态（即使在恢复时出现差错）。下面讨论如何满足这些要求。

磁盘写可能有三种情况：

- **成功完成**：数据正确写到磁盘上。
- **部分差错**：在传输中出现差错，这样有些扇区写上了新数据，而在差错发生时正在写的扇区已损坏。
- **完全差错**：在磁盘开始写之前发生差错，这样磁盘原来数据值没有变化。

当在写一块时发生差错，系统应检测到，并调用恢复程序使数据块恢复到一致状态。为此，系统必须为每个逻辑块维护两个物理副本。输出操作可按如下方式执行：

① 将信息写到第一物理块上。

② 当第一次写成功完成时，再将同样信息写到第二物理块上。

③ 只有在第二次写成功完成时，才声明写操作成功完成。

在从差错中恢复时，每对物理块都要检查。如果两个块相同且没有检测到差错，那么无需采取任何动作。如果一块检测有差错，那么用另一块的值来替代它。如果两块检测没有差错但内容不同，那么用第二块的内容替代第一块的内容。这种恢复程序确保对稳定存储的写要么完全成功，要么一点未做。

可以容易地扩展这种程序，以允许使用任意数量的稳定存储的块副本。虽然大量副本可降低出错概率，但是通常采用两个副本来模拟稳定存储较为合理。除非差错损坏了所有副本，否则稳定存储上的数据可确保安全。

因为等待磁盘写（同步 I/O）操作的完成是费时的，许多存储阵列增加了 NVRAM 作为缓存。由于这种内存是非易失性的（通常它用电池作为该单元电源的后备电源），所以可以相信它能够存储磁盘上的数据。因此，这些 NVRAM 也作为稳定存储的一部分。对它进行写要比对磁盘进行写快很多，这样大大地提高了性能。

12.9　三级存储结构

如果一个 VCR 里面只有一个磁带且你不能取出或替换，或者一个 DVD 或 CD 播放机里面只有一个封装好的磁盘，那么你会买它吗？当然不会。你希望使用带有多个相对便宜磁盘的 DVD 或 CD 播放机。对于计算机也一样，使用只带一个驱动器的许多便宜存储器可降低总体开销。低价格是三级存储的主要特征，这部分就讨论三级存储。

12.9.1　三级存储设备

由于价格因素，事实上，三级存储是用**可移动介质**制造的。最为普通的可移动介质有软盘，磁带和只读、一次写、可重写的 CD 和 DVD。还有许多其他类型的三级存储设备，包括可移动设备，这些设备将数据存在闪存上，并通过 USB 接口与计算机系统交互。

1. 可移动磁盘

可移动磁盘是一种三级存储设备。软盘是可移动磁盘的一个例子。它们由薄而灵活的盘片，加上磁性涂料和保护性塑料盒所制成。虽然普通软盘只能存储约 1.44 MB 的数据，但是相似技术可用于制造可容纳 1 GB 的可移动磁盘。可移动磁盘与硬盘几乎一样快，但是其记录层更容易因刮擦而受损。

磁光盘是另一种可移动磁盘。它将数据记录在涂有磁性材料的硬盘片上，但是记录技术与磁盘并不相同。与磁头相比，磁光头飞行时离表面更高，而且磁材料上加盖了较厚的塑料或玻璃的保护层。这种安排使磁光盘更能抵抗磁头碰撞。

驱动器有一线圈，以产生磁场。在室温下，这种磁场太大太弱以至于不能磁化磁盘上的一位。为了写一位，磁盘磁头在磁盘表面闪现一下激光束，该激光对准待写的小斑点。激光加热该斑点，以使其易于磁化。这样，大而弱的磁场就能记录一位。

由于磁光头距离磁盘表面太高，以致于不能像硬盘的磁头那样检测到较小的磁盘磁场。所以，驱动器读取一位的方法是采用一种称为 **Kerr 效应**的激光属性。当一束激光从磁场反弹回来时，根据磁场方向，激光束极性可能是顺时针或逆时针。这种转向就是磁头读取一位的方法。

另外一种类型的可移动磁盘是**光盘**。这些盘根本不使用磁。它们使用特殊材料，可以被激光所改变以出现一些相对明亮或相对暗一些的点。一种光盘技术的例子是相位变化盘。**相位变化盘**涂有一种材料，它可变成晶体或无组织状态。晶体状态更加透明，因此在穿过相位变化材料并反弹回来时，激光束会更亮。相位变化驱动器使用三种不同强度的激光：低强度以读取数据、中强度通过溶化并将材料变成晶体状态以删除数据、高强度溶化材料使其成为无组织状态以便写数据。这种技术的最为常用例子是可记录的 CD-RW 和 DVD-RW。

这里描述的各种盘可多次使用。它们称为**读写**（read-write）**盘**。相反，**一次写多次读**（Write-Once, Read-Many-times，WORM）**盘**属于另外一类。一种古老的制造 WORM 的方法是将一个铝薄膜盘片夹在两玻璃或塑料盘片之间。当写一位时，驱动器使用激光在铝薄膜上烧一小孔。由于这种烧技术是不可逆的，所以盘上的任何扇区只能写一次。虽然可通过处处烧孔以删除 WORM 盘上的所有数据，但是事实上并不可能改变磁盘数据，这是因为孔只可以增加，与每一扇区相关的 ECC 码可以用来检测这种孔的增加。WORM 盘是可靠的，经久的，因为金属层安全地夹在两片保护玻璃或塑料盘片之间，且磁场并不能损坏数据。更新的一次写技术将数据记录在高分子膜上而不是铝上：这种材料吸收光以形成标志。这种技术用于可记录的 CD-R 和 DVD-R 上。

一次写盘如 CD-ROM 和 DVD，从厂里出来就有数据了。它们使用了与 WORM 盘相似的技术（不过位是压上的而不是烧上的），它们非常耐用。

绝大多数可移动盘比非移动盘要更慢。与旋转和寻道时间一样，写过程会更慢。

2. 磁带

磁带是另一种类型的可移动介质。一般而言，磁带通常比磁盘或光盘能容纳更多的数据。磁带驱动器和磁盘驱动器具有相似传输速率。但是磁带随机访问要比磁盘寻道时间慢很多，这是因为磁带驱动器需要倒带或快进操作，这可能需要数秒或数分钟。

虽然一个典型磁带驱动器要比典型磁盘驱动器更为昂贵，但是由于磁带的价格要比相同容量的磁盘的价格更低，所以对于不需要快速随机访问的情况，磁带更为经济。磁带通常用于保存磁盘数据的备份，它们也用于大型超级计算中心以保存科学研究或大型企业所使用的海量数据。

大型磁带装置通常使用机器人磁带，以在磁带驱动器和磁带库的存储位之间移动磁带，这些机器允许计算机对大量磁带进行自动访问。

机器人磁带库可以降低数据存储的总开销。有段时间不需要使用的磁盘驻留文件可以**存档**到磁带上，磁带存储每 GB 的价格更低。如果将来需要该文件，那么计算机可将它**调回**到磁盘以便经常使用。机器人磁带库有时称为**近线存储**，这是因为它位于高性能的**在线磁盘**和低价格的**离线磁带**（位于保存房间的架子上）之间。

3. 未来技术

在将来，其他存储技术可能会更重要。**全息照相存储器**是一种有希望的存储技术，它使用激光在特殊介质上存储全息照片。可以将黑白照片作为三维的像素组。每个像素表示一位：黑表示 0，白表示 1。全息的所有位可以在激光一闪之间就能传输完，所以数据传输速率相当高。随着技术不断改进，全息照相存储器可能会具有商业价值。

另一种热门研究的存储技术是基于 **MEMS（Micro-Electronic Mechanical System，微电子机械系统）** 的。其思想是将生产电子芯片制造技术应用于制造小的数据存储机器。一种建议是制造 10 000 小磁头的阵列，该阵列之上是 $1cm^2$ 的磁性存储材料。当存储材料在磁头之后纵向移动时，每个磁头就读取材料上的自己的线性磁道。存储材料也可侧向轻轻移动，以便所有磁头读取其下一磁道。虽然这种技术是否会成功有待时日，但是它可能会提供非易失性数据存储技术，其传输速率高于磁盘而价格却低于半导体 DRAM。

不管存储介质是可移动磁盘、DVD 或磁带，操作系统需要提供多种功能以使用这些数据存储的可移动介质。这些功能将在 12.9.2 小节中讨论。

12.9.2 操作系统支持

操作系统的两个主要任务是管理物理设备和为应用程序提供一个虚拟机器的抽象。在本章，大家可以看到：对于磁盘，操作系统提供了两种抽象。一是生设备（raw device），即只是数据块的阵列。另一种是文件系统。对于磁盘上的文件系统，操作系统会对来自多个应用程序的交叉请求进行排队和调度。现在，讨论当存储介质是可移动时，操作系统应如何处理。

1. 应用接口

绝大多数操作系统几乎完全如同处理固定盘一样地处理可移动磁盘。当空盘插入到驱动器中（或安装时），空盘必须格式化，并进而创建一个空文件系统。这种文件系统可如同硬盘一样地使用。

磁带通常采用不同处理。操作系统通常将磁带作为存储介质。应用程序并不打开磁带上的一个文件，而是打开整个磁带以作为生设备。通常，磁带驱动器就专门被该应用程序所使用，直到它退出或关闭磁带设备。这种排他性有一定的道理，这是因为磁带随机访问可能需要花数十秒或甚至数分钟，因此不同应用程序所可能引起的交织的磁带随机访问很可能会产生抖动现象。

当磁带驱动器作为生设备时，操作系统就不必提供文件系统服务。应用程序必须决定如何使用块数组。例如，将硬盘内容备份到磁带的程序，可能在磁带开头保存文件名列表和大小，并按顺序将文件数据复制到磁带上。

不难看出这种方式使用磁带会出现一些问题。由于每个应用程序自己决定如何组织磁带的规则，所以一个装满数据的磁带通常只能为创建它的应用程序所使用。例如，即使知道一个备份磁带包括文件名和文件大小的列表及按顺序存储的文件数据，还是会发现难以使用该磁带。文件名称到底如何存储？文件大小如何？是二进制还是 ASCII？文件是一块一个，还是按字节串存储？用户甚至并不知道磁带的块大小，这是因为在写一块时可以进行选择。

对于磁盘驱动器，基本操作为 read()、write() 和 seek()。另一方面，对于磁带，有一组不同的基本操作。不是 seek()，磁带驱动器有 locate() 操作来替代 seek() 的功能。磁带 locate() 操作比磁盘 seek() 操作更为精确，因为它能定位磁带到某个特定逻辑块，而不是整个磁道。定位到块 0 与重新缠绕磁带一样。

对于绝大多数磁带驱动器，可以定位到已经写到磁带上的任一块。然而，对于部分满的磁带，不可能定位到超过已写区域的空闲空间，因为绝大多数磁带驱动器管理其物理空间的方式是不同于磁盘驱动器的。对于磁盘驱动器，扇区有固定大小，在写数据之前格式化进程必须用来将空扇区放在其最后位置。绝大多数磁带有可变的块大小，每块的大小是在写该块时确定的，坏块会跳过，然后再写另一块。这种操作解释了为什么不可能定位到已写区域之外的空闲空间：因为还没有确定逻辑块的位置和数量。

绝大多数磁带驱动器有一个 read_position() 操作以返回磁头所处的逻辑块号。许多磁带驱动器也支持 space() 操作以用于相对定位。例如，操作 space(–2) 可以向后移两个逻辑块。

对于绝大多数磁带驱动器，写一块具有副作用：即会删除写位置之后的所有内容。事实上，这种副作用意味着绝大多数磁带驱动器是只附加（append-only）设备，因为更新磁带中间的某一块会实际上删除之后的所有内容。磁带驱动器在写一块时通过放上 EOT（End Of Tape，磁带尾部）标记以实现这种附加。驱动器不允许定位到 EOT 之后，但是能定位到 EOT 并接着开始写。这样做改写了原来的 EOT，并将它放在刚刚新写的块之后。

从原理上来说，在磁带上可以实现一个文件系统。但是由于磁带的只附加属性，许多文件系统的数据结构和算法会与磁盘所用的不一样。

2. 文件命名

操作系统需要处理的另一问题是如何命名可移动介质上的文件。对于固定磁盘，命名并不难。在 PC 上，文件名由设备驱动器字母加上路径名组成。在 UNIX 上，文件名并不包括设备名，但是安装表使得操作系统能确定一个文件位于哪个驱动器上。但是如果磁盘是可移动的，那么知道某个驱动器过去某时包含一个盘并不意味着知道如何找到文件。如果世界上的每个可移动盘都有不同序列号，那么可移动盘可以用序列号作为前缀，但是为了确保不可能有两个相同序列号，那么每个序列号的长度应为 12 位数字。如果需要记住 12 位数字的序列号，那么谁能记住文件名？

当需要在一台计算机上向可移动磁盘上写数据而在另一台计算机上使用时，问题会更加困难。如果两个机器是同样类型并具有同样类型的可移动驱动器，那么这一困难只是知道可移动盘的内容和数据分布。但是如果机器或驱动器不同，那么会引起许多其他问题。即使驱动器兼容，那么不同计算机可能按不同顺序来存储字节，可能使用不同编码以分别存储二进制数字和字母（如 PC 的 ASCⅡ与大型机的 EBCDIC）。

现代操作系统通常对可移动介质的命名空间问题并不加以解决，而是让应用程序和用户来决定如何访问和解释这些数据。幸运的是，有些类型的可移动介质已经标准化，以至于所有计算机按同样方式进行使用。CD 就是一个例子。音乐 CD 具有统一格式，可为任何驱动器所使用。数据 CD 只有少数几种不同格式，所以驱动器和操作系统驱动程序可以处理所以这些格式。DVD 格式也已标准化。

3. 层次存储管理

自动光盘塔（robotic jukebox）能使计算机切换磁带或光盘驱动器内的可移动盘，而无需人工干预。这种技术的两个用途是备份和层次化存储系统。将自动光盘塔用做备份较简单：当一个可移动盘已满时，计算机会让**光盘塔**自动切换到另一可移动盘。有的自动存储塔可以容纳数十个驱动器和数百个可移动盘，其机器臂负责磁带到驱动器的移动。

层次存储系统扩展了存储层次，使其不但包括内存和外存（即磁盘），还包括可移动存储。可移动存储通常采用磁带或可移动盘塔形式来实现。这种存储层次大、便宜，但可能更慢。

虽然虚拟内存系统可直接扩展到第三级存储器，但是事实上这种扩展很少实现。其理由是从塔中获取数据要花费数十秒甚至数分钟，如此之久的延迟对于按需调页和其他虚拟内存来说是无法忍受的。

可移动存储通常用来扩展文件系统。小且经常使用的文件可以留在磁盘上，但大而旧且不常使用的文件可以备份到塔。对有的文件备份系统，文件目录条目仍继续存在，但是文件内容并不在外存上。如果应用程序试图打开文件时，那么系统调用 open()会阻塞直到文件内容从可移动存储中调入为止。当内容再次从磁盘上可用时，操作 open()会将控制返回到应用程序，以便使用数据的磁盘保留副本。

如今，**层次存储管理**（hierarchy storage management，HSM）常见于大量很少、偶然或周期使用的数据卷设备中。HSM 目前的工作包括扩展提供完整的**信息生命周期管理**（information life-cycle management，ILM）。这里，数据根据需要从磁盘移到磁带或移回磁盘，但要按调度或策略删除。例如，有些站点保存电子邮件七年，但想要确定在七年后删除。这时，数据可能存储在磁盘、HSM 磁带和备份磁带上。ILM 集中数据存储地点信息，使策略可以应用到这些地点。

12.9.3 性能

与操作系统其他组成部分一样，三级存储器最为重要的三个性能指标为速度、可靠性和价格。

1. 速度

三级存储器的速度有两个方面：带宽和延迟。按每秒多少字节来测量带宽。**持续带宽**是一个大传输的平均数据速率，即字节数量被传输时间所除。**有效带宽**计算整个 I/O 时间内（包括寻道或定位时间、盘片切换时间等）的平均值。从本质上来说，持续带宽为数据真正流动时的数据传输速率，有效带宽为驱动器所提供的总体数据传输速率。*驱动器的带宽通常指持续带宽。*

对于可移动磁盘，带宽可从最慢几 MBps 到最快超过 40 MBps。对于磁带，带宽范围相似，可从几 MBps 到超过 30 MBps。

速度的另一方面是**访问延迟**。对于这一性能参数，磁盘要比磁带快：磁盘存储基本上是二维的，所有数据位一经打开就可访问。磁盘访问时简单地移动磁头到给定柱面，等待旋转延迟，这可能不到 5 ms。相反，磁带存储是三维的。在任意时候，只有一小部分磁带可以被磁头所访问，而绝大多数数据位位于卷轴的数百或数千层磁带之下。磁带的随机访问要求缠绕磁带，直到所选块位于磁头之下，这可能需要数十或数百秒。所以，通常说磁带的随机访问要比磁盘的随机访问慢数千倍。

如果使用了光盘塔，那么访问延迟就更大了。为了换一个可移动磁盘，驱动器必须会停止旋转，接着光盘塔必须切换盘片，驱动器必须再开始旋转。这种操作可能需要数秒，约比同一磁盘下的随机访问慢一百倍之多。因此，光盘塔切换盘片导致相当高的性能损失。

对于磁带，机器臂时间与磁盘一样。但是当切换磁带时，原磁带通常必须重新缠绕以便弹出，这一操作可能需要 4 min 之长。并且，在装入新磁带之后，需要许多时间以便驱动器校准磁带和准备 I/O。虽然缓慢的磁带塔可能需要 1 min 或 2 min 的切换时间，但是与磁带的随机访问时间相比，这一时间并不长。

因此，可以这样说，随机访问磁盘塔的延迟为数十秒，而随机访问磁带塔的延迟为数百秒；切换磁带费时，但切换磁盘并不费时。但也有例外：有的较为昂贵的磁带塔可在 30 s 内，进行重新缠绕、弹出、装新磁带、快速转到所需位置。

如果只关心磁盘塔驱动器，那么带宽和延迟似乎不错。但是，如果再关注盘片，那么就有一个可怕的瓶颈。首先考虑带宽。与固定磁盘相比，移动库的带宽与存储容量之比并不好。读取一大磁盘上所存储的所有数据可能需要一小时，读取一个大的磁带库所存储的所有数据可能需要数年。同样，访问延迟也不好。为了便于说明，如果一个磁盘有 100 个请求的队列，那么平均等待时间为 1 s。如果一个磁带库有 100 个请求队列，那么平均等待时间可能超过 1 小时。三级存储的低价格主要是由于大量便宜磁带可共享少量的昂贵驱动器。由于库只能满足相对较小数量的每小时的 I/O 请求，所以可移动库最适用于不常使用数据的存储。

2．可靠性

虽然大家经常认为*高性能*意味着*高速度*，但是另一重要性能是*可靠性*。如果试图读取数据但因驱动器或介质出差错又不能读到，那么事实上访问时间可能无限长而带宽无限小。因此，可移动存储介质的可靠性是非常重要的。

可移动磁盘与固定磁盘相比，其可靠性较差，因为它更容受到外界环境的影响，如灰尘、温度和湿度的较大变化、机械力如震动和弯曲。光盘通常认为非常可靠，因为存储数据位的层由透明塑料和玻璃所保护。磁带的可靠性变化很大，且与驱动器有关。有的便宜驱动器只能使用一盘磁带数十次，而有的可以数百万次地使用同一磁带。与磁盘相比，磁带驱动器的磁头是个弱点。磁盘磁头在介质表面上飞行，而磁带磁头是与磁带相接触的。磁带擦碰会在数千或数万小时之后磨坏磁头。

总之，一般认为固定磁盘驱动器可能比可移动磁盘或磁带驱动器更为可靠，光盘可能比磁盘或磁带更为可靠。但是固定磁盘也有一个缺点。硬盘的磁头擦碰通常会损坏数据，而磁带或光盘驱动器的出错并不会损坏数据盒。

3．价格

存储价格是另一重要因素。这里有一个利用可移动介质以降低总的存储价格的实际例子。假设一个 X GB 磁盘的价格为\$200；其中，\$190 是用于包装、马达和控制器；\$10 是用于磁盘片的。这样，磁盘的价格为\$200/X GB。现在，假设采用可移动磁盘。对于一个驱动器和 10 盒盘，总价格为\$190＋\$100，容量为 *10X* GB，这样存储价格为\$29 / X GB。即使制造可移动盘可能更贵，可移动存储的每吉字节的价格可能仍比硬盘要低很多，因为驱动器的费用为许多可移动盘所平摊。

图 12.13、图 12.14 和图 12.15 分别显示了 DRAM、硬磁盘和磁带驱动器的每兆字节的价格趋势。图中的价格是登在不同计算机杂志上的广告中和每年年底的网络上的最低价格。这些价格反映了这些杂志的读者的微型计算机市场，与小型或大型计算机相比这些价格要

更低。对磁带，这里的价格是针对有一个磁带的驱动器的价格。当一个磁带驱动器用多个磁带时，那么磁带存储的总价格就会变得更低，因为一个磁带价格只是一个驱动器的价格的一小部分而已。然而，对于包括数千盒的磁带库，存储价格主要是这些磁带的价格。在写本书时即 2004 年，磁带的每吉字节价格约为$2。

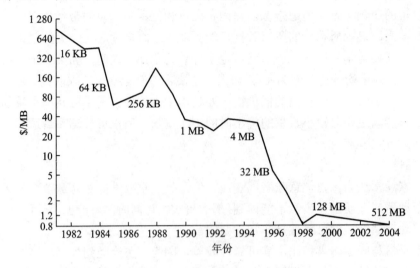

图 12.13　1981—2004 年 DRAM 价格（每兆字节）

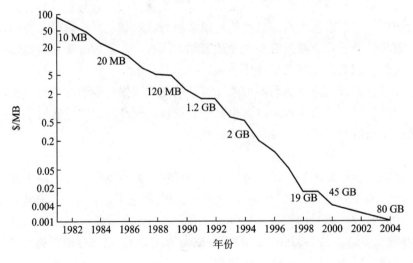

图 12.14　1981—2004 年硬盘价格（每兆字节）

　　DRAM 的价格波动很大。在 1981—2004 年间，有三次大幅度降价（约于 1981 年、1989年和 1996 年），这是由于过度生产所造成的。也可以看到两个时期的价格上涨（约于 1987年和 1993 年），这是由于市场缺货所造成的。对于硬盘，价格总的来说稳步下跌，但从 1992

年以来下跌速度似乎增加了。到 1997 年为止，磁带驱动器的价格也稳步下跌。自从 1997 年以来，低廉磁带驱动器的价格停止了下跌，但是中等磁带技术（如 DAT/DDS）仍旧继续下跌，现在已接近低廉磁带驱动器的价格。磁带驱动器的价格在 1984 年之间是没有的，这是因为前面提到杂志是面向小计算机用户的，在 1984 年之前小计算机通常不使用磁带驱动器。

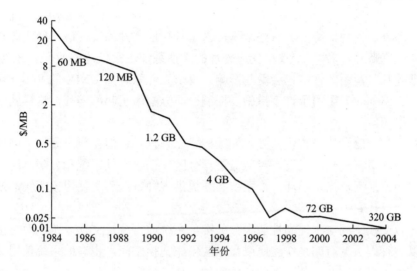

图 12.15　1984—2004 年磁带价格（每兆字节）

从这些图可以看出，在过去的二十年间，存储价格下跌很大。通过比较这些图，可以看到磁盘存储价格比 DRAM 和磁带下跌更快。

在过去的二十年内，磁盘每兆字节的价格已经下跌了 4 个数量级，而相应内存的价格下跌为三个数量级。现在内存要比磁盘贵 100 倍左右。

每兆字节磁盘驱动器的价格与磁带驱动器的价格相比，下跌更快。事实上，磁盘驱动器的每兆字节的价格已接近没有磁带驱动器的磁带盒的价格。因此，小型或中型磁带库要比具有同样容量的磁盘具有更高的价格。

磁盘价格的下跌使得第三级存储器几乎没用了：不再拥有价格远远低于磁盘的第三级存储器。看来第三级存储器的再次兴起必须要等待革命性技术突破。现在，磁带存储通常只用于备份磁盘驱动器，以及存储超过磁盘容量的海量数据。

12.10　小　　结

磁盘驱动器是绝大多数计算机的主要外存 I/O 设备。大多数次级存储设备是磁盘或磁带。现代磁盘驱动结构是一个大型逻辑磁盘块的一维阵列，每块一般是 512 B。

磁盘可通过两种方式与计算机系统相连：（1）通过主机的本地 I/O 端口，（2）通过网络连接如存储域网络。

磁盘 I/O 的请求主要由文件系统和虚拟内存系统所产生。每个请求以逻辑块号的形式指定所引用的磁盘的地址。磁盘调度算法可改善有效带宽、平均响应时间、响应时间偏差。许多算法如 SSTF、SCAN、C-SCAN、LOOK 和 C-LOOK 通过磁盘队列的重排以改善这些指标。

性能可因外部碎片而降低。有些系统提供工具扫描文件系统，进而确定碎片文件，它们可移动块以降低碎片。对一个严重变成碎片的文件系统进行碎片整理可显著地改善性能，但是在整理碎片时，系统性能也会受些影响。复杂文件系统如 UNIX 的 FFS（快速文件系统，Fast File System）采用了许多措施以控制空间分配所引起的碎片，这样就不需要对磁盘进行重新组织。

操作系统管理磁盘块。首先，必须低级格式化磁盘，从而在原来硬件上创建扇区，新磁盘通常已经低级格式化。接着，对磁盘进行分区、创建文件系统和分配启动块以存储系统的启动程序。最后，当块损坏时，系统必须提供一种方法避免使用该坏块，或用另一备份块从逻辑上替代它。

因为有效交换空间对于提高性能十分关键，系统通常绕过文件系统，而直接使用原始磁盘访问以进行调页。有的系统将原磁盘分区用作交换空间，也有的系统使用文件系统内的一个文件作为交换空间。其他系统提供两种选择，以允许用户或系统管理员做出决定。

由于大系统要求大量存储，所以经常通过 RAID 算法以使磁盘冗余。这些算法允许多个磁盘用于一个给定操作，即使在磁盘出错时也允许继续运行，甚至恢复数据。RAID 算法分成不同级别，每个级别都结合了不同的可靠性和数据传输速度。

写前日志方案要求使用稳定存储。为了实现这种存储，需要在多个、具有不同差错模式的非易失性存储设备（通常磁盘）上复制所需信息。也需要按一定控制方式来更新信息以确保能在数据传输出错或恢复出错之后能恢复数据。

三级存储器包括磁盘和磁带驱动器，它们使用可移动介质。这里涉及许多不同技术，包括磁带、可移动磁盘、磁光盘和光盘。

对于可移动磁盘，操作系统通常提供文件系统接口的全部功能，包括空间管理和请求队列调度。对于许多操作系统，可移动介质上的文件名称由驱动器名称和该驱动器内的文件名称所组成。与采用一个名称以标识特定介质相比，这种方法较简单但比较容易混淆。

对于磁带，操作系统通常只提供原始接口。对于光盘塔，许多操作系统都没有内置支持。光盘塔支持可通过驱动程序或专用于备份或 HSM 的应用程序来提供。

性能有三个重要方面：带宽、延迟和可靠性。磁盘和磁带有各种不同带宽，但是磁带随机访问延迟与磁盘相比要慢很多。光盘塔的盘片切换也相对较慢。因为光盘塔与磁盘片相比，有较低的驱动器速率，所以从光盘塔中读入大量数据需要大量时间。光介质（通过透明涂层保护敏感数据）要比磁介质（将磁材料暴露在外以至于可能更容易受到物理损坏）更耐用。

习　题

12.1　除了 FCFS，就没有其他的磁盘调度算法是真正公平的（可能会出现饥饿）。

　　a. 说明为什么这个断言是真。

　　b. 描述一个方法，修改像 SCAN 这样的算法以确保它公平。

　　c. 说明为什么在分时系统中公平是一个重要的目标。

　　d. 给出三个以上例子，在这些情况下操作系统在服务 I/O 请求时"不公平"很重要。

12.2　假设一个磁盘驱动器有 5 000 个柱面，从 0～4 999。驱动器正在为柱面 143 的一个请求提供服务，且前面的一个服务请求是在柱面 125。按 FIFO 顺序，即将到来的服务队列是

86，1470，913，1774，948，1509，1022，1750，130

从现在磁头位置开始，按照下面的磁盘调度算法，要满足队列中的服务要求磁头总的移动距离是多少？

　　a. FCFS

　　b. SSTF

　　c. SCAN

　　d. LOOK

　　e. C-SCAN

　　f. C-LOOK

12.3　基础物理中说：当一个物体在不变加速度 a 的情况下，距离 d 与时间 t 的关系可以用 $d = \dfrac{1}{2}at^2$ 来表示。假设在一次磁盘寻道中，像习题 12.2 中一样，在开始一半，磁头以一不变加速度加速，而在后一半，磁盘以同一加速度减速。假设磁盘完成一个临近柱面的寻道要 1 ms，一次寻道 5 000 柱面要 18 ms。

　　a. 寻道的距离是磁头移动经过的柱面数，说明为什么寻道时间和寻道距离的平方根成正比。

　　b. 写一个寻道时间是寻道距离的函数的等式。这个等式应该这样的形式 $t = x + y\sqrt{L}$，t 是以 ms 为单位的时间，L 是以柱面数表示的寻道距离。

　　c. 计算习题 12.2 中各种调度算法的总的寻道时间。比较哪一种最快（有最小的总寻道时间）。

　　d. "加速百分比"是节省下的时间除以原先要的时间。最快的调度算法与 FCFS 比较的"加速百分比"是多少。

12.4　假设习题 12.3 中的磁盘以 7 200 rpm 速度转动。

　　a. 磁盘的平均旋转延迟时间是多少？

　　b. 在 a 中你算出的时间里，可以寻道多少距离？

12.5　写一个 Java 程序，使用 SCAN 和 C-SCAN 磁盘调度算法来调度磁盘。

12.6　假设对同样均衡分发的请求，比较 C-SCAN 和 SCAN 调度的性能。考虑平均响应时间（从请求到达到请求的服务完成），响应时间的变化程度和有效带宽。请问性能对相关的寻道时间和旋转延迟的依赖如何？

12.7　请求常常不是均衡分发的，例如，包含文件系统 FAT 或索引节点的柱面比包含文件内容的柱

面访问的频率要高。假设知道 50%的请求都是对一小部分固定的柱面的。

  a. 对这种情况，本章讨论的算法中有没有哪些性能特别好？为什么？

  b. 设计一个磁盘调度算法，利用此磁盘上的"热点"，提供更好的性能。

  c. 文件系统一般是通过一个间接表找到数据块的，像 DOS 中的 FAT 或 UNIX 中的索引。描述一个或更多的利用此类间接表来提高磁盘性能的方法。

  12.8 对于读请求，RAID 级别 1 是否有可能比 RAID 级别 0 性能好（没有冗余分散数据）？若有，试具体说明。

  12.9 考虑 RAID 级别 5 包含 5 个磁盘，4 个磁盘的奇偶校验存储在第 5 个磁盘中。按下面的执行需要访问多少个块？

  a. 写 1 个块数据

  b. 写 7 个连续块数据

  12.10 比较 RAID 级别 5 和 RAID 级别 1 在以下操作中的吞吐量。

  a. 单个块读操作

  b. 多个连续块读操作

  12.11 比较 RAID 级别 5 和 RAID 级别 1 的写操作性能。

  12.12 假设混合结构构成磁盘组织 RAID 级别 1 和 RAID 级别 5 磁盘。假设系统可灵活决定用哪个磁盘组织存储特殊文件。为最优化性能，哪种文件应存储在 RAID 级别 1 磁盘，哪种文件应存储在 RAID 级别 5 磁盘？

  12.13 有没有方法能实现真正的稳定的存储？为什么？

  12.14 硬盘的可靠程度通常用一个叫做故障间平均时间（MTBF）的术语来描述。虽然这个量叫做"时间"，MTBF 实际上用每次故障的驱动器小时数来测量。

  a. 如果一个系统包含 1 000 个磁盘驱动器，每个磁盘驱动器的 MTBF 为 750 000 小时。下面关于这个特大容量磁盘多长时间会出现一次错误的描述，哪一个最好：千年一次，百年一次，十年一次，一年一次，一个月一次，一个星期一次，一天一次，一小时一次，一分钟一次，一秒一次？

  b. 死亡率统计显示，平均每个美国居民在 20～21 岁之间死亡的几率是 1:1 000，推断一个 20 岁的人的 MTBF 小时数。将这个小时数转化成年，这个 MTBF 告诉你这个 20 岁的人预期的寿命是多少？

  c. 制造商保证某种磁盘驱动器的 MTBF 是一百万个小时。你能从此推断出这些驱动器保修的年数是多少？

  12.15 试讨论扇区保留（sector sparing）和扇区滑动（sector slipping）各自的优点和缺点。

  12.16 试讨论操作系统为何要知道块存储在磁盘上的精确信息。根据这个信息，操作系统应如何提高文件系统的性能？

  12.17 操作系统一般把可移动磁盘作为一个共享的文件系统，但对于磁带驱动器，一次只允许一个应用使用。给出三个原因来解释为什么对待磁盘和磁带采取不同的方式。试描述一下操作系统如果支持对磁带驱动器的共享文件系统需要增加的新的特性，要共享磁带驱动器的应用程序是否需要新的属性？或它们是否可以像使用本地磁盘一样使用磁带中的文件？为什么？

  12.18 如果磁带和磁盘有相同的存储密度，对价格与性能有什么样影响（存储密度是每平方英寸千兆比特的数目）？

  12.19 你可以简单地通过对一个 1 000 GB 的由多个磁盘组成的和由三级存储组成的存储系统的花

费和性能进行比较来评估它们。假设每个磁盘容量为 100 GB，花费为\$1 000，传输速度为 5 MBps，平均访问延迟为 15 ms。假设一个磁带库花费为\$10 每吉字节，传输速度为 10 MBps，平均访问延迟为 20 s。计算一个纯磁盘系统的总花费，最大的总的数据传输速度，平均等待时间。如果对工作负载做了任何假设，描述清楚并证明它们。现在，假设百分之五的数据是经常用到的，所以它们必须存在磁盘上，其他的百分之九十五存在磁带库中。进一步假设磁盘系统处理百分之九十五的请求，磁带库处理百分之五的请求。对这个分层存储系统总花费，总的最大数据传输速率，平均等待时间分别是多少？

12.20　设想一个全息存储设备已经被发明出来。假设全息存储设备的花费为\$10 000，它的平均访问时间为 40 μs。假设它使用了一个价值\$100 的 CD 大小的盒子。这个盒子存储了 40 000 张图片，每个图片是分辨率为 6 000×6 000 像素（每个像素占 1 b）大小的方形黑白图像，再假设这个设备可以在 1 ms 的时间读或写一张图。请回答下面的问题。

　　a. 这个设备用在什么方面比较好？

　　b. 这个设备对计算机 I/O 的性能有什么影响？

　　c. 发明了这种设备将使哪些设备（如果有）过时？

12.21　假设一个 5.25 英寸的单面光盘的存储密度为每平方英寸 1 Gb，一个磁带的存储密度为每平方英寸 20 Mb，磁带的宽度为 0.5 英寸，长度为 1 800 英尺。计算并估计这两种存储设备的存储容量。假设存在一个"光带"和磁带一样的物理尺寸，但存储密度和光盘一样。这个"光带"能够存储多少数据？如果磁带的价格为\$25，那么对于"光带"来说适于销售的价格是多少？

12.22　讨论操作系统如何为磁带文件系统维护一个空闲空间链表。假设磁带是附加的，并且使用 EOT 标志和 12.9.2 小节中的 locate、space、read position 命令。

文 献 注 记

　　Patterson 等[1988]给出了关于磁盘冗余阵列（RAID）的论述，Chen 等[1994]给出了详细的综述。Katz 等[1989]论述了针对高性能计算的磁盘系统结构。Wilkes 等[1996]和 Yu 等[2000]描述了 RAID 系统的改善。Teorey 和 Pinkerton[1972]给出了早期的关于磁盘调度算法的比较分析。他们使用模拟器模拟一个寻道时间对于经过的柱面是线性相关的磁盘。对这个磁盘，LOOK 对于长度少于 140 的队列是个好的选择，C-LOOK 对于队列长度大于 100 时是个好的选择。King[1990]描述了通过在磁盘空闲时移动磁臂来减少寻道时间的一些方法。Seltzer 等[1990]和 Jacobson 以及 Wilkles[1991]描述了除寻道时间外还考虑旋转延迟的磁盘调度算法。Lumb 等[2000]讨论了磁盘空闲时间调度优化。Worthington 等[1994]讨论了磁盘性能，还证明了缺陷管理的可忽略的性能后果。Ruemmler 和 Wilkes[1991]和 Akyurek 和 Salem[1993]研究了合理的放置热数据可以减少寻道时间。Ruemmler 和 Wilkes[1994]描述了一个对于现代磁盘驱动器的精确性能模型。Worthington 等[1995]指出怎样设置一些像存储区结构之类的磁盘的低级属性，Schindler 和 Gregory[1999]给出了有关这些的进一步的论述。Douglis 等[1994]、Douglis 等[1995]、Greenawalt[1994]和 Golding 等[1995]讨论了磁盘功率管理问题。

　　工作负载的 I/O 数据的多少和随机性对磁盘性能有较大的影响。Ousterhout 等[1985]

和 Ruemmler 和 Wilkes[1993]总结了许多工作负载的有趣特性，包括很多文件都很小，新创建的文件会很快被删除，很多被打开读的文件全部是按顺序读的，多数查找是很短的。McKusick 等[1984]描述了 Berkeley 快速文件系统（FFS），这个文件系统使用了许多复杂的技术来对很多不同的工作负载取得良好的性能。McVoy 和 Kleiman[1991]论述了对基本 FFS 的进一步改进。Quinlan[1991]描述了如何在一个带有磁盘缓冲的 WORM 存储上实现文件系统。Richard[1990]论述了三级存储器的文件系统。Maher 等[1994]给出了关于分布式文件系统和三级存储器的概述。

分级存储的思想已经被研究了 30 多年。例如，Mattson 等[1970]的一篇文件描述了一个预测分级存储性能的数学方法。Alt[1993]描述了商业操作系统中的可移动存储设备。Miller 和 Katz[1993]描述了在超级计算机系统中的三级存储访问的特性。Benjamin[1990]给出了 NASA 的 EOSDIS 项目的大容量存储要求的概述。Gibson 等[1997b]、Gibson 等[1997a]、Riedel 等[1998]和 Lee、Thekkath[1996]讨论了网络附属磁盘和可编程磁盘的管理和使用。

全息存储技术是 Psaltis 和 Mok[1995]一篇文章的题目。Sincerbox[1994]汇总了 1963 年以来有关全息存储的文章。Asthana 和 Finkelstein[1995]描述了许多新兴存储技术，包括全息存储、光带、电子陷阱等。Toigo[2000]给出了一个关于现代磁盘技术和许多有潜力的未来存储技术的深度论述。

第 13 章　I/O 输入系统

　　计算机有两个主要任务：I/O 操作与计算处理。在许多情况下，主要任务是 I/O 操作，而计算处理只是附带的。例如，当浏览网页或编辑文件时，大家的主要兴趣是读取或输入信息，而不是计算答案。

　　操作系统在计算机 I/O 方面的作用是管理和控制 I/O 操作和 I/O 设备。虽然有关问题也出现在其他章节中，但是这里将把所有部分都组合起来以描述一幅完整的 I/O 图。首先，描述 I/O 硬件的基本特点，这是因为硬件接口本身会对操作系统的内部功能有所要求。然后，讨论操作系统所提供的 I/O 服务及其为应用程序所提供的接口。接着，解释操作系统如何缩小硬件接口与应用接口之间的差距。本章也将讨论 UNIX System V 的流机制，这个机制能使应用程序将设备代码动态地组合起来。最后，讨论 I/O 性能问题及用来提高 I/O 性能的操作系统设计原则。

本章目标
- 剖析操作系统 I/O 子系统结构。
- 讨论 I/O 硬件原理和复杂度。
- 提供 I/O 软、硬件性能方面的详细内容。

13.1　概　　述

　　对与计算机相连设备的控制是操作系统设计者的主要任务之一。因为 I/O 设备在其功能与速度方面存在很大差异（设想一下鼠标、硬盘及 CD-ROM 自动唱片点唱机），所以需要采用多种方法来控制设备。这些方法形成了 *I/O 子系统*的核心，该子系统使内核其他部分不必涉及复杂的 I/O 设备管理。

　　I/O 设备技术呈现两个相矛盾的趋势。一方面，可以看到硬件与软件接口日益增长的标准化。这一趋势有助于将设备集成到现有计算机和操作系统。另一方面，也可以看到 I/O 设备日益增长的多样性。有的新设备与以前的设备区别很大，以至于很难集成到计算机和操作系统中，这种困难需要运用硬件和软件技术一起来解决。I/O 设备的基本要素如端口、总线及设备控制器适用于许多不同的 I/O 设备。为了封装不同设备的细节与特点，操作系统内核设计成使用设备驱动程序模块的结构。**设备驱动程序**为 I/O 子系统提供了统一设备访问接口，就像系统调用为应用程序与操作系统之间提供了统一的标准接口一样。

13.2 I/O 硬件

计算机使用很多种设备。绝大多数设备都属于存储设备（磁盘、磁带）、传输设备（网卡、Modem）和人机交互设备（屏幕、键盘、鼠标）。其他设备则比较特殊，例如控制军用战斗机或航天飞机的设备。对这类飞机，只需要通过操纵杆和脚踏开关向飞行计算机提供输入，计算机就会发出命令以控制马达，从而改变方向、振动、猛冲等。尽管 I/O 设备存在令人难以置信的差异，却只需要通过少数几个概念就可以理解如何连接上设备和如何用软件来控制硬件。

设备与计算机系统的通信可以通过电缆甚至空气来传送信息。设备与计算机通信通过一个连接点（或端口），例如串行端口。如果一个或多个设备使用一组共同的线，那么这种连接则称为*总线*。**总线**（bus）是一组线和一组严格定义的可以描述在线上传输信息的协议。用电子学的话来说，信息是通过线上的具有一定时序的电压模式来传递的。如果设备 A 通过电缆连接到设备 B 上，设备 B 又通过电缆连接到设备 C 上，设备 C 通过端口连接到计算机上，那么这种方式称为**链环**（daisy chain）。链环常常按总线方式工作。

总线在计算机体系结构中使用很广。图 13.1 显示了一个典型的 PC 总线结构。该图显

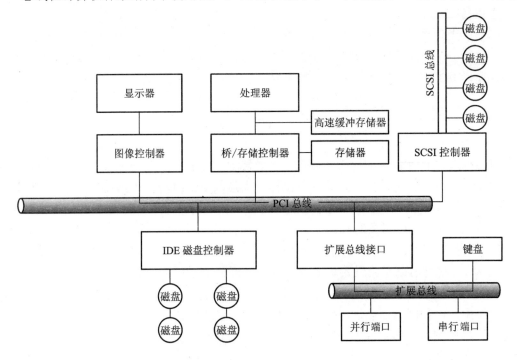

图 13.1 一个典型的 PC 总线结构

示了一个 **PCI 总线**（最为常用的 PC 系统总线）用以连接处理器-内存子系统与快速设备，**扩展总线**（expansion bus）用于连接串行、并行端口和相对较慢的设备（如键盘）。在该图的右上角，4 块硬盘一起连到与 SCSI 控制器相连的 SCSI 总线。

控制器（controller）是用于操作端口、总线或设备的一组电子器件。串行端口控制器是简单的设备控制器。它是计算机上的一块芯片或部分芯片，用以控制串行端口线上的信号。相比较而言，SCSI 总线就不那么简单。由于 SCSI 协议的复杂性，SCSI 总线控制器常常实现为与计算机相连接的独立的线路板或**主机适配器**（host adapter）。该适配器通常有处理器、微码及一部分私有内存，以便能处理 SCSI 协议信息。有的设备有内置的控制器。如果观察一下磁盘，那么就会看到贴近磁盘一侧的线路板，该板就是磁盘控制器。它实现了某种连接协议（如 SCSI 或 ATA）在磁盘方面的部分。它有微码和处理器来处理许多任务，如坏簇映射、预取、缓冲和高速缓存。

那么处理器如何向控制器发送命令和数据以完成 I/O 传输呢？简单的回答是控制器有一个或多个用于数据和控制信号的寄存器。处理器通过读写这些寄存器的位模式来与控制器通信。这种通信的一种方法是通过使用特殊 I/O 指令来向指定的 I/O 端口地址传输一个字节或字。I/O 指令触发总线线路来选择合适设备并将位信息传入或传出设备寄存器。另外，设备控制器也可支持**内存映射** I/O。这时，设备控制寄存器被映射到处理器的地址空间。处理器执行 I/O 请求是通过标准数据传输指令来完成对设备控制器的读写。

有的系统使用两种技术。例如，PC 使用 I/O 指令来控制一些设备，而使用内存映射来控制其他设备。图 13.2 显示了常用的 PC I/O 端口地址。图像控制器不但有 I/O 端口以完成基本控制操作，而且也有一个较大的内存映射区域以支持屏幕内容。进程通过将数据写入

I/O地址范围(十六进制)	设备
000~00F	DMA控制器
020~021	中断控制器
040~043	定时器
200~20F	游戏控制器
2F8~2FF	串行端口(辅助)
320~32F	硬盘控制器
378~37F	并行端口
3D0~3DF	图像控制器
3F0~3F7	磁盘驱动控制器
3F8~3FF	串行端口(主要)

图 13.2　PC 中的设备 I/O 端口位置（部分）

到内存映射区域来把输出发送到屏幕。图像控制器可以根据内存中的内容来生成屏幕图像。这种技术使用简单，而且向图像内存中写入数百万字节要比执行数百万条指令快得多。但是向内存映射 I/O 控制器写入的简便性也存在一个缺点。因为软件出错的常见类型之一就是通过一个错误指针向一个不该写的内存区域写数据，所以内存映射设备寄存器容易受到意外修改。当然，内存保护可以减低风险。

I/O 端口通常有 4 种寄存器，即状态寄存器、控制寄存器、数据输入寄存器与数据输出寄存器。

- **数据输入**寄存器被主机读出以获取数据。
- **数据输出**寄存器被主机写入以发送数据。
- **状态**寄存器包含一些主机可读取的位（bit）。这些位指示各种状态，例如，当前任务是否完成，数据输入寄存器中是否有数据可以读取，是否出现设备故障等。
- **控制**寄存器可以被主机用来向设备发送命令或改变设备状态。例如，一个串行端口的控制寄存器中的一个确定的位选择全工通信或单工通信，另一个位控制启动奇偶校验检查，第三个位设置字长为 7 或 8 位，其他位选择串行端口通信所支持的速度。

数据寄存器通常为 1～4 B。有的控制器有 FIFO 芯片，可用来保留多个输入或输出数据，以在数据寄存器大小的基础上扩展控制器的容量。FIFO 芯片可以保留少量突发数据，直到设备或主机可以接收数据。

13.2.1　轮询

主机与控制器之间交互的完成协议可能很复杂，但基本*握手*概念则比较简单。下面举例解释握手概念。假定有两个位来协调控制器与主机之间的生产者与消费者的关系。控制器通过*状态寄存器*的*忙位*（busy bit）来显示其状态（记住*置位*（set a bit）就是将 1 写到位中，而*清位*(clear a bit)就是将 0 写到位中）。控制器工作忙时就置*忙位*，而可以接收下一命令时就清*忙位*。主机通过*命令寄存器*中命令*就绪位*来表示其意愿。当主机有命令需要控制器执行时，就置*命令就绪位*。例如，当主机需要通过端口来写输出数据时，主机与控制器之间握手协调如下：

① 主机不断地读取*忙位*，直到该位被清除。

② 主机设置*命令*寄存器中的*写位*并向*数据输出*寄存器中写入一个字节。

③ 主机设置*命令就绪位*。

④ 当控制器注意到*命令就绪位*已被设置，则设置*忙位*。

⑤ 控制器读取命令寄存器，并看到写命令。它从*数据输出*寄存器中读取一个字节，并向设备执行 I/O 操作。

⑥ 控制器清除*命令就绪位*，清除状态寄存器的*故障位*表示设备 I/O 成功，清除*忙位*表

示完成。

输出每个字节，都要执行以上循环。

在步骤①中，主机处于**忙等待**（busy-waiting）或**轮询**（polling）：在该循环中，不断地读取*状态寄存器*直到*忙*位被清除。如果控制器和设备都比较快，那么这种方法比较合理。但如果等待时间长，那么主机应切换到另一任务。但是，主机又怎样知道控制器何时将变为空闲？对有些设备，主机应很快地处理设备请求，否则数据会丢失。例如，当数据是来自串行端口或键盘的数据流时，如果主机等待很久才来读取数据，那么串行端口或键盘控制器上的小缓冲器可能会溢出，数据会丢失。

对许多计算机体系结构，轮询设备只要使用三个 CPU 指令周期就足够了：*读取*设备寄存器，*逻辑 AND* 以提取状态位，如果不为 0 进行跳转。很明显，基本轮询操作还是效率很高的。但是如不断地重复轮询，主机很少会发现已准备好的设备，同时其他需要使用处理器处理的工作又不能完成，轮询效率就会变差。这时，如果让设备准备好时再通知处理器而不是由 CPU 轮询外设 I/O 是否已完成，那么效率就会更好。能使外设通知 CPU 的硬件机制称为**中断**（**interrupt**）。

13.2.2 中断

基本中断机制工作如下。CPU 硬件有一条**中断请求线**（Interrupt-request line, IRL）。CPU 在执行完每条指令后，都将检测 IRL。当 CPU 检测到已经有控制器通过中断请求线发送了信号，CPU 将保存当前状态并且跳转到内存固定位置的**中断处理程序**（interrupt-controller）。中断处理程序判断中断原因，进行必要的处理，重新恢复状态，最后执行中断返回（return from interrupt）指令以便使 CPU 返回中断以前的执行状态，即设备控制器通过中断请求线*发送信号*而*引起*（raise）中断，CPU *捕获*（catch）中断并*分发*（dispatch）到中断处理程序中，中断处理程序通过处理设备请求来*清除*（clear）中断。图 13.3 总结中断驱动 I/O 循环。

这一基本中断机制可以使 CPU 响应异步事件，例如，设备控制器处于就绪状态。对于现代操作系统，需要更为成熟的中断处理特性。

① 在进行关键处理时，能够延迟中断处理。

② 更为有效地将中断分发到合适的中断处理程序，而不是检查所有设备以决定哪个设备引起中断。

③ 需要多级中断，这样操作系统能区分高优先级或低优先级的中断，能根据紧迫性的程度来响应。

对现代计算机硬件来说，这三个特性是由 CPU 与**中断控制器**（interupt-controller）硬件提供的。

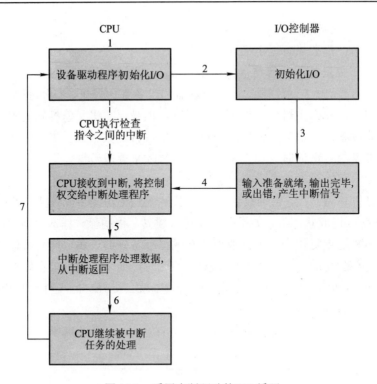

图 13.3 采用中断驱动的 I/O 循环

绝大多数 CPU 有两个中断请求线。一个是**非屏蔽中断**,主要用来处理如不可恢复内存错误等事件。另一个是**可屏蔽中断**,这可以由 CPU 在执行关键的不可中断的指令序列前加以屏蔽。可屏蔽中断可以被设备控制器用来请求服务。

中断机制接受一个**地址**,以用来从一小集合内选择特定的中断处理程序。对绝大多数体系机构,这个地址是一个称为**中断向量**(interrupt vector)的表中偏移量。该向量包含了特殊中断处理程序的内存地址。向量中断机制的目的是用来减少单个中断处理的需要,这些中断处理搜索所有可能的中断源以决定哪个中断需要服务。事实上,计算机设备(如中断处理器等)常常要比向量内的地址多。解决这一问题的常用方法之一就是**中断链接**(interupt chaining)技术,即中断向量内的每个元素都指向中断处理程序列表的头。当有中断发生时,相应链表上的所有中断处理程序都将一一调用,直到发现可以处理请求的为止。这种结构是在大型中断向量表的大开销与分发到单个中断处理程序的低效率之间的一个折中。

图 13.4 显示了 Intel Pentium 中断向量的设计。事件 0~31 为非屏蔽中断,用来表示各种错误条件信号。事件 32~255 为可屏蔽中断,用于设备产生的中断。

中断机制也实现了**中断优先级**(interrupt priority)。该中断机制能使 CPU 延迟处理低优先级中断而不屏蔽所有中断,也可以让高优先级中断抢占低优先级中断处理。

向量数	描述
0	除出错
1	调试异常
2	空中断
3	断点
4	INTO-检测溢出
5	边界范围异常
6	非法操作码
7	设备不可用
8	两次出错
9	协处理器段越界（保留）
10	非法任务状态段
11	段不存在
12	堆栈出错
13	通用保护
14	页出错
15	(Intel保留，不用)
16	浮点指针错误
17	对准检测
18	机器检测
19~31	(Intel保留，不用)
32~255	可屏蔽中断

图 13.4　Intel Pentium 处理的事件向量表

现代操作系统可以与中断机制进行多种方式的交互。在启动时，操作系统探查硬件总线以发现哪些设备是存在的，而且将相应中断处理程序安装到中断向量中。在 I/O 过程中，各种设备控制器如果准备好服务就会触发中断。这些中断表示输出已完成，或输入数据已准备好，或已检测到错误。中断机制也用来处理各种**异常**，如被 0 除，访问一个受保护的或不存在的内存地址，企图从用户态执行一个特权指令。触发中断的事件有一个共同特点：它们都是会导致 CPU 去执行一个紧迫的自我独立的程序的事件。

对于能够保存少量处理器的状态并能调用内核中的特权程序的高效硬件和软件机制来说，操作系统还有其他用途。例如，许多操作系统使用中断机制进行虚拟内存分页。页错误引起中断异常，该中断会挂起当前进程并跳转到内核的页错误处理程序。该处理程序保存进程状态，将所中断的进程加到等待队列中，进行页面缓存管理，安排一个 I/O 操作来获取所需页面，安排另一个进程恢复执行，并从中断返回。

另一个例子是系统调用的实现。通常一个程序使用库调用来执行系统调用。库程序检查应用程序所给的参数，建立一个数据结构将参数传递给内核，并执行一个称为**软中断**（software interrupt）或者**陷阱指令**（trap）的特殊指令。该指令有一个参数用来标识所需的内核服务。当系统调用执行陷阱指令时，中断硬件会保存用户代码的状态，切换到内核模式，分派到实现所请求服务的内核程序。陷阱所赋予的中断优先级要比设备中断优先级要低——为应用程序执行系统调用与在 FIFO 队列溢出并失去数据之前的处理设备控制器相比，后者更为紧迫。

中断也可以用来管理内核的控制流。例如，考虑一下完成磁盘读所需的处理。其中一步是从内核空间中将数据复制到用户缓存。这个复制耗费时间但并不紧迫，不应该阻塞其他更高优先级的中断处理。另一步是为该磁盘驱动器启动相应的下一个 I/O。这一步有更高的优先级：如果要使磁盘使用更为高效，必须在完成一个 I/O 操作之后马上启动另一个 I/O 操作。因此，一对中断处理程序实现了完成磁盘读的内核代码。高优先级处理记录了 I/O 状态，清除了设备中断，启动了下一个 I/O 操作，引起一个低优先级中断来完成任务。后来，当 CPU 没有更高优先级的工作时，将会处理低优先级中断。相应的处理将会把数据从内核缓存复制到用户空间，并调用进程调度程序将应用加入到就绪队列中，以完成用户级的 I/O 操作。

多线程的内核体系结构非常适合实现多优先级中断，并确保中断处理的优先级要高于内核后台处理和用户程序的优先级。可以用 Solaris 内核来说明这一点。Solaris 的中断处理是作为内核线程来执行的。一定范围的高优先级保留给这些线程。这些优先级使得中断处理程序的优先级高于应用程序和内核管理的优先级，并且实现了中断处理程序之间的优先级关系。该优先级使得 Solaris 线程调度器用高优先级中断处理程序抢占低优先级中断处理程序，多线程实现允许多处理器硬件能同时执行多个中断处理程序。在附录 A 和第 22 章中，将分别讨论 UNIX 和 Windows XP 的中断体系结构。

总而言之，中断在现代操作系统中用来处理异步事件和设置陷阱进入内核模式的管理程序。为了能使最紧迫的工作先做，现代计算机都使用中断优先级。设备控制器、硬件错误、系统调用都可以引起中断并触发内核程序。由于中断大量地用于时间敏感的处理，所以高性能系统需要高效中断处理。

13.2.3　直接内存访问

对于需要做大量传输的设备，例如磁盘驱动器，如果使用昂贵的通用处理器来观察状态位并按字节来向控制器寄存器送入数据——一个称为程序控制 I/O（**Programmed I/O，PIO**）的过程，那么就浪费了。许多计算机为了避免用 PIO 增加 CPU 的负担，将一部分任务下放给一个的专用处理器，称之为**直接内存访问**（direct-memory access，DMA）控制器。在开始 DMA 传输时，主机向内存中写入 DMA 命令块。该块包括传输的源地址指针、传输的目的地指针、传输的字节数。CPU 在将该命令块的地址写入到 DMA 控制器中后，就继续其他工作。DMA 控制器则继续下去直接操作内存总线，无须主 CPU 的帮助，就可以将地址放到总线以开始传输。一个简单的 DMA 控制器已经是 PC 的标准部件。一般来说，PC 上采用总线控制 I/O 的主板都拥有它们自己的高速 DMA 硬件。

DMA 控制器与设备控制器之间的握手通过一对被称为 DMA-request 和 DMA-acknowledge 的线来进行。当有数据需要传输时，设备控制器就通过 DMA-request 线发送信号。该信号会导致 DMA 控制器抓住内存总线，并在内存地址总线上放上所需地址，并通过 DMA-acknowledge 线发送信号。当设备控制器收到 DMA-acknowledge 信号时，就可以向内存传输数据，并清除 DMA-request 请求信号。

当整个传输完成后，DMA 控制器中断 CPU。图 13.5 描述了这一过程。当 DMA 控制器抓住内存总线时，CPU 会暂时不能访问主内存，但可以访问一级或二级高速缓存中的数据项。虽然这种**周期挪用**（cycle stealing）可能放慢 CPU 计算，但是将数据传输工作交给 DMA 控制器常常能改善系统总体性能。有的计算机体系结构的 DMA 使用物理内存地址，而有的使用**直接虚拟内存访问**（direct virtual-memory access，DVMA），这里所使用的虚拟内存地址需要经过虚拟到物理地址转换。DVMA 可以直接实现两个内存映射设备之间的传输，而无需 CPU 的干涉或使用主内存。

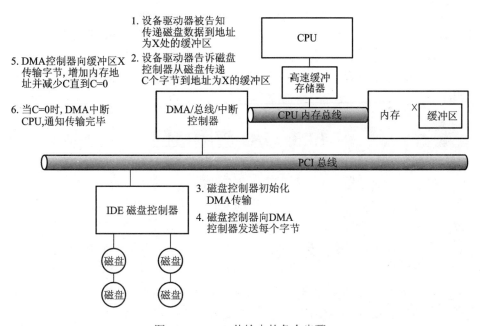

图 13.5　DMA 传输中的各个步骤

对于保护模式内核，操作系统通常不允许进程直接向设备发送命令。该规定保护数据以免违反访问控制，并保护系统不因设备控制器的错误使用而崩溃。取而代之的是，操作系统导出一些函数，这些函数可以被具有足够特权的进程用来访问低层硬件的底层操作。对于没有内存保护的内核，进程可以直接访问设备控制器。该直接访问可以得到高性能，这是因为它避免了内核通信、上下文切换及内核软件层。不过，这也破坏了系统的安全与稳定。通用操作系统的发展趋势是保护内存和设备，这样系统可以预防错误或恶意应用程序的破坏。

13.2.4 I/O 硬件小结

虽然从电子硬件设计层面来考虑 I/O 硬件是十分复杂的，但是前面描述的概念就足以理解操作系统 I/O 方面的许多问题。下面复习一下主要概念：

- 总线。
- 控制器。
- I/O 端口及其寄存器。
- 主机与设备控制器之间的握手关系。
- 通过轮询检测或中断的握手执行。
- 将大量传输任务下放给 DMA 控制器。

在本节中，举例说明了发生在设备控制器与主机之间的握手。事实上，大量不同的外设为操作系统实现者提出了一个问题。每种设备都有其自己的功能，控制位定义以及与主机交互的协议，这些都不相同。如何设计操作系统以使得新的外设可以直接加到计算机上而不必重写操作系统？再者，由于设备种类繁多，操作系统又是如何提供一个统一、方便的应用程序 I/O 端口，接下来将一一阐述这些问题。

13.3 I/O 应用接口

本节讨论操作系统的组织技术与接口，以便 I/O 设备可以按统一的标准方式来对待。例如，下面将解释应用程序如何打开磁盘上的文件而不必知道是什么磁盘，以及在不中断操作系统的情况下，新磁盘和其他设备是如何增加到计算机中的。

与其他复杂软件工程问题一样，这里的方式包括抽象、封装与软件分层。具体地说，可以从详细而不同的 I/O 设备中抽象出一些通用类型。每个通用类型都可以通过一组标准函数（即**接口**）来访问。具体的差别被内核模块（称为设备驱动程序）所封装，这些设备驱动程序一方面可以定制以适合各种设备，另一方面也提供了一组标准接口。图 13.6 说明了内核中与 I/O 相关部分是如何按软件层来组织的。

设备驱动程序层的作用是为内核 I/O 子系统隐藏设备控制器之间的差异，就如同 I/O 系统调用通用类型封装了设备行为，为应用程序隐藏了硬件差异。将 I/O 子系统与硬件分离简化了操作系统开发人员的任务，这也有利于硬件制造商，他们可以设计新的设备并使其与现有主机控制器接口相兼容（如 SCSI-2），或为流行操作系统编写新的设备驱动器。这样，新的外设可以与计算机相连而无需等待操作系统厂商开发支持代码。

对设备硬件制造商不利的是每种操作系统都有其自己的设备驱动接口标准。一个特定设备可能带有多种设备驱动器，例如，MS-DOS 驱动器、Windows 95/98 驱动器、Windows NT/2000 驱动器，以及 Solaris 驱动器。如图 13.7 所示，设备在许多方面都有很大差异：

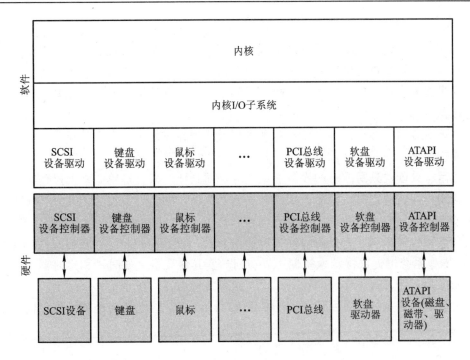

图 13.6 内核 I/O 结构

方面	差异	例子
数据传输模式	字符 块	终端 磁盘
访问方法	顺序 随机	调制解调器 CD-ROM
传输调度	同步 异步	磁带 键盘
共享	专用 可共享	磁带 键盘
设备速度	延迟 寻道时间 传输速率 操作之间的延迟	
I/O方向	只读 只写 读写	CD-ROM 图像控制器 磁盘

图 13.7 I/O 设备的特点

- **字符流或块**：字符流设备按一个字节一个字节地传输，而块设备以块为单位进行传输。

- **顺序或随机访问**：顺序设备按其固定顺序来传输数据，而随机访问设备的用户可以让设备寻找到任意数据存储位置。
- **同步或异步**：同步设备按一定响应时间来进行数据传输，而异步设备呈现的是无规则或不可预测的响应时间。
- **共享或专用**：共享设备可以被多个进程或线程并发使用，而专用设备则不能。
- **操作速度**：设备速度范围从每秒几个字节到每秒数吉字节。
- **读写、只读、只写**：有的设备能读能写，而其他的只支持单向数据操作。

对应用程序访问而言，许多差别都被操作系统所隐藏，设备也分为几种传统类型。由此产生的设备访问方式也被证明十分有用并广泛应用。虽然具体系统调用与操作系统有关，但是设备类型比较标准。主要访问方式包括块 I/O、字符流 I/O、内存映射文件访问与网络 Socket。操作系统也提供特殊系统调用以访问一些其他设备，如时钟和定时器。有的操作系统为图像显示器、视频与音频设备提供一组系统调用。

绝大多数操作系统存在**后门**（escape 或 back door），这允许应用程序将任何命令透明地传递到设备控制器。对 UNIX，这个系统调用是 ioctl()（I/O control）。系统调用 ioctl()能使应用程序访问由设备驱动程序所实现的一切功能，而不需要再设计新的系统调用。系统调用 ioctl 有三个参数。第一个是文件描述符，它通过引用由该驱动程序管理的硬件设备，将应用程序与设备驱动程序连接起来。第二个是整数，用来选择设备驱动程序所实现的命令。第三个是内存中一个数据结构的指针，这使得应用程序和驱动程序能传输任何必要的命令信息或数据。

13.3.1 块与字符设备

块设备接口规定了访问磁盘驱动器和其他基于块设备所需的各个方面。通常设备应能理解 read()和 write()命令，如果是随机访问设备，也应有 seek()命令以描述下次传输哪个块。应用程序通常通过文件系统接口访问设备。大家可以看到 read()、write()、seek()描述了块存储设备的基本特点，这样应用程序就不必关注这些设备的低层差别。

操作系统本身和特殊应用程序（如数据库管理系统）可能更加倾向于将块设备当做一个简单的线性块数组来访问。这种访问方式有时称为**原始 I/O**。如果应用程序执行自己的缓冲，那么使用文件系统会引起额外的不必要的缓冲。同样的，如果应用程序提供自己的文件块或者域的加锁，那么操作系统服务就会显得多余，在最坏的情况下甚至带来冲突。为了避免这些冲突，将原始设备访问控制由操作系统直接转移到应用程序。这样的后果是管理设备的操作系统服务不再存在了。一种越来越常见的折中办法是允许禁止缓存和锁的文件操作模式。在 UNIX 中，这种方式称为**直接 I/O**（direct I/O）。

内存映射文件访问是建立在块设备驱动程序之上的。内存映射接口并不提供 read 和

write 操作，而是通过内存中的字节数组来访问磁盘存储。将文件映射到内存的系统调用返回一个字节数组的虚拟内存地址，该字节数组包含了文件的一个副本。实际的数据传输在需要时才执行，以满足内存映像的访问。因为传输采用了与按需分页虚拟内存访问相同的机制，所以内存映射 I/O 比较高效。内存映射也有益于程序员——访问内存映射文件像读写内存一样简单。提供虚拟内存的操作系统常常为内核服务提供映射接口。例如，为了执行程序，操作系统将可执行程序映射到内存中，并切换到可执行程序的入口地址。内存映射也常被内核用来访问磁盘交换空间。

键盘是一种可以通过**字符流**接口访问的设备。这类接口的基本系统调用使得应用程序可以 get() 或 put() 一个字符。在此接口之上，可以构造库以提供具有缓冲和编辑功能的按行访问（例如，当用户输入了一个退格键，之前的字符可以从输入流中删除）。这种访问方式对有些输入很方便，如键盘、鼠标、modem，这些设备自发地提供输入数据，也就是说，应用程序无法预计这些输入。这种访问方式也有助于输出设备，如打印机、声卡，这些设备很适合于线性字节流的概念。

13.3.2 网络设备

由于网络 I/O 的性能和访问特点与磁盘 I/O 相比有很大差别，绝大多数操作系统所提供的网络 I/O 接口也不同于磁盘的 read()-write()-seek() 接口。许多操作系统所提供的接口是网络 Socket 接口，如 UNIX 和 Windows NT。

想一下墙上的电源插座：任何电器都可以插入。同样，Socket 接口的系统调用可以让应用程序创建一个 Socket，连接本地 Socket 和远程地址（将本地应用程序与由远程应用程序创建的 Socket 相连），监听要与本地 Socket 相连的远程应用程序，通过连接发送和接收数据。为支持服务器的实现，Socket 接口还提供了 select() 函数，以管理一组 Socket。调用 select() 可以得知哪个 Socket 已有接收数据需要处理，哪个 Socket 有空间可以接收数据以便发送。使用 select() 就不必再使用轮询和忙等待来处理网络 I/O。这些函数封装了基本的网络功能，大大地加快了使用网络硬件和网络协议的分布应用程序的创建。

进程间通信和网络通信的许多其他方式也已实现。例如，Windows NT 提供了一个访问网络硬件的接口，也提供了访问网络协议的接口（参看附录 C.6）。UNIX 在网络通信方面有着长久的得到实践检验的良好技术，如半双工管道、全双工 FIFO、全双工 STREAMS、消息队列和 Socket。关于 UNIX 网络编程的有关信息参见附录 A（A.9 部分）。

13.3.3 时钟与定时器

许多计算机都有硬件时钟和定时器以提供如下三个基本函数：

- 获取当前时间。
- 获取已经逝去的时间。

- 设置定时器，以在 T 时触发操作 X。

这些函数被操作系统和时间敏感的应用程序大量使用。不过，实现这些函数的系统调用并没有在操作系统之间实现标准化。

测量逝去时间和触发操作的硬件称为**可编程间隔定时器**（programmable interval timer）。它可被设置为等待一定的时间，然后触发中断。它也可以设置成做一次或重复多次，以产生周期性中断。调度程序可以使用这种机制来产生中断，以抢占时间片用完的进程。磁盘 I/O 子系统用它来定时清除已改变的缓冲区，网络子系统用它来定时取消一些由于网络拥塞或故障而太慢的操作。操作系统也为用户进程提供了使用定时器的接口。操作系统通过模拟虚拟时钟而支持比定时器硬件信道数更多的定时器请求。为此，内核（或定时器驱动程序）需要维护一组由内核请求和用户请求所需要的中断链表，该表按时间先后顺序排序。内核为最早时间设置定时器。当定时器触发中断时，内核通知请求者，并用下次最早时间重新设置定时器。

对许多计算机，由硬件时钟产生的中断率约在每秒 18～60 次计时单元（tick）。这种频率相对粗糙，因为现代计算机每秒可执行数百万条指令。触发器的精度受到定时器的粗糙频率和维护虚拟时钟的开销所限制。如果定时器计时单元用来维持系统时钟，那么系统时钟就会偏移。对绝大多数计算机，硬件时钟是由高频率时钟计数器来构造的。对有的计算机，计数器的值可通过设备寄存器来读取，这可作为高精度的时钟。虽然这种时钟不产生中断，但它可以提供时间间隔的精确测量。

13.3.4 阻塞与非阻塞 I/O

系统调用接口的另一方面与阻塞与非阻塞 I/O 的选择有关。当应用程序发出一个**阻塞**系统调用时，应用程序的执行就被挂起。应用程序将会从操作系统的运行队列移到等待队列上去。在系统调用完成后，应用程序就移回到运行队列，并在适合的时候继续执行并能收到系统调用返回的值。由 I/O 设备执行的物理动作常常是异步的：其执行时间可变或不可预计。然而，绝大多数操作系统为应用程序接口使用阻塞系统调用，这是因为阻塞应用代码比非阻塞应用代码更容易理解。

有的用户级进程需要使用**非阻塞** I/O。用户接口是其中的一个例子，它用来接收键盘和鼠标输入，同时还要处理并在屏幕上显示数据。另一个例子是一个视频应用程序，它用来从磁盘文件上读取帧，同时解压缩并在显示器上显示输出。

应用程序重叠 I/O 执行的方法之一是编写多线程应用程序。有的线程执行阻塞系统调用，而其他线程继续执行。Solaris 开发人员使用这种技术来实现用户级的异步 I/O 库，使应用程序开发人员不必考虑这一任务。有的操作系统提供非阻塞系统调用。一个非阻塞调用在程序执行过长时间时并不中止应用程序，它会很快返回，其返回值表示已经传输了多少字节。

除了非阻塞系统调用外，还有异步系统调用。异步系统调用不必等待 I/O 完成就可立即返回。应用程序继续执行其代码。在将来 I/O 完成时可以通知应用程序，通知方式可以是设置应用程序地址空间内的某个变量，或通过触发信号或软件中断，或应用程序执行流程之外的某个回调函数。非阻塞与异步系统调用的差别是非阻塞 read()调用会马上返回任何可用的数据，其所读的数据可以等于或少于所要求的，或为零。异步 read()调用所要求的传输应完整地执行，但其具体执行可以是将来某个特定时间。图 13.8 给出了这两种 I/O方法。

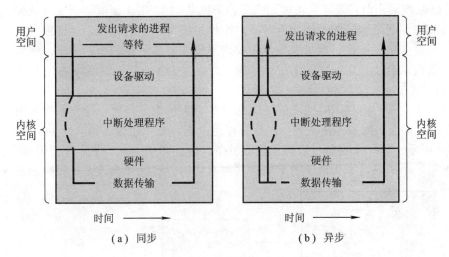

图 13.8 两种 I/O 方法

一个很好的非阻塞例子是用于网络 Socket 的 select()系统调用。该系统调用有一个参数以描述最大等待时间。如果设置为 0，应用程序可以轮流检测网络活动而无须阻塞。但是使用 select()也有额外开销，这是因为 select()调用只检查是否可进行 I/O。对数据传输，在select()之后，还需要使用 read()或 write()命令。在 Mach 中，有这种方法的变种，即阻塞多路读调用。通过这一系统调用可以对多个设备进行读，只要有一个完成就返回。

13.4　I/O 内核子系统

内核提供了许多与 I/O 有关的服务。许多服务如调度、缓冲、高速缓存、假脱机、设备预留及错误处理是由内核 I/O 子系统提供的，并建立在硬件和设备驱动程序结构之上。I/O 子系统还负责保护自己免受错误进程和恶意用户的危害。

13.4.1　I/O 调度

调度一组 I/O 请求就是确定一个合适的顺序来执行这些请求。应用程序所发布的系统调用的顺序并不一定总是最佳选择。调度能改善系统整体性能，能在进程之间公平地共享设备访问，能减少 I/O 完成所需要的平均等待时间。这里有一个简单的例子以说明这种情况。假设磁头位于磁盘开始处，三个应用程序向该磁盘发布阻塞读调用。应用程序 1 需要磁盘结束部分的块，应用程序 2 需要磁盘开始部分的块，应用程序 3 需要磁盘中间部分的块。操作系统如果按照 2、3、1 的顺序进行处理，则可以减低磁头所需移动的距离。按这种方法来重新安排服务顺序就是 I/O 调度的核心。

操作系统开发人员通过为每个设备维护一个请求队列来实现调度。当一个应用程序执行阻塞 I/O 系统调用时，该请求就加到相应设备的队列上。I/O 调度重新安排队列顺序改善系统总体效率和应用程序的平均响应时间。操作系统可以平均分配，这样没有应用程序会得到特别不良的服务；也可以将服务优先权给予那些对延迟很敏感的请求。例如，虚拟内存子系统的请求会比应用程序的请求有优先权。磁盘 I/O 的若干调度算法在 12.4 节中做了详细描述。

支持异步 I/O 的内核同时也要能够跟踪许多 I/O 请求。为此，操作系统为**设备状态表**（device status table）配备等待队列。内核管理这个表，表中包含了每一个 I/O 设备的条目，如图 13.9 所示。每一个表条目表明了设备类型、地址和状态（不工作、空闲或忙）。如果设备在忙于一个请求，那么请求的类型和其他参数将会被保存在该设备相应的表条目中。

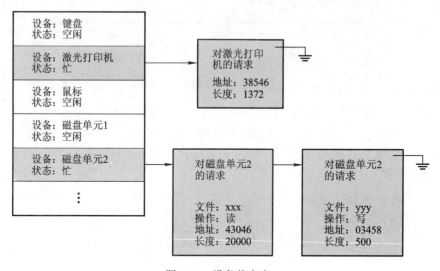

图 13.9　设备状态表

I/O 子系统改善计算机效率的一种方法是进行 I/O 操作调度。另一种方法是使用主存或磁盘上的存储空间的技术，如缓冲、高速缓存、假脱机。

13.4.2　缓冲

缓冲区是用来保存两个设备之间或在设备和应用程序之间所传输数据的内存区域。采用缓冲有三个理由。一个理由是处理数据流的生产者与消费者之间的速度差异。例如，假如从调制解调器接收到一个文件，并保存到硬盘上。调制解调器大约比硬盘慢数千倍。这样，可以在内存中创建缓冲区以累积从调制解调器处接收到的字节。当整个缓冲区填满时，就可以通过一次操作将缓冲区写入到磁盘中。由于写磁盘并不即时而且调制解调器需要一个空间继续保存输入数据，故需要两个缓冲区。当调制解调器填满第一个缓冲区后，就可以请求写磁盘。接着调制解调器开始填写第二个缓冲区，而这时第一个缓冲区正被写入磁盘。等到调制解调器写满第二个缓冲区时，第一个缓冲区应已写入磁盘，因此调制解调器可以切换到第一个缓冲区，而磁盘可以写第二个缓冲区。这种**双缓冲**将生产者与消费者进行分离解耦，因而缓和两者之间的时序要求。关于解耦需求可以参见图 13.10，该图列出了常用计算机硬件设备速度的巨大差异。

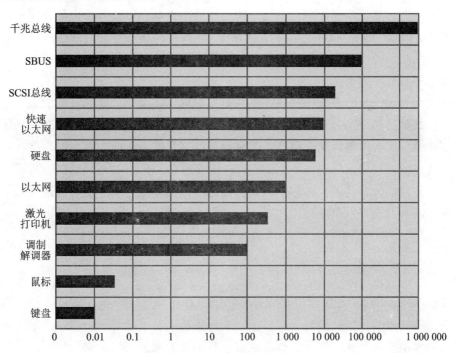

图 13.10 Sun Enterprise 6000 的设备传输率（对数形式）

缓冲的第二个用途是协调传输数据大小不一致的设备。这种不一致在计算机网络中特别常见，缓冲常常用来处理消息的分段和重组。在发送端，一个大消息分成若干小网络包。这些包通过网络传输，接收端将它们放在重组缓冲区内，以生成完整的源数据镜像。

缓冲的第三个用途是支持应用程序 I/O 的复制语义。一个例子可以阐明"复制语义"的含义。假如某应用程序需要将缓冲区内的数据写入到磁盘上。它可以调用 write()系统调用，并给出缓冲区的指针和表示所写字节数量的整数。当系统调用返回时，如果应用程序改变了缓冲区中的内容，那么会如何呢？根据**"复制语义"**，操作系统保证要写入磁盘的数据就是 write() 系统调用发生时的版本，而无须顾虑应用程序缓冲区随后发生的变化。一个简单方法就是操作系统在 write() 系统调用返回到应用程序之前将应用程序缓冲区复制到内核缓冲区中。磁盘写会在内核缓冲区中执行，这样后来应用程序缓冲区的改变就没有影响。操作系统常常使用内核缓冲和应用程序数据空间之间的数据复制，尽管这会有一定的开销，但是却获得了简洁的语义。类似地，通过使用虚拟内存映射和写复制页保护也可提供更为高效的结果。

13.4.3　高速缓存

高速缓存（cache）是可以保留数据副本的高速存储器。高速缓冲区副本的访问要比原始数据访问要更为高效。例如，正在运行的进程的指令既存储在磁盘上，也存在物理内存上，还被复制到 CPU 的二级和一级高速缓存中。缓冲与高速缓存的差别是缓冲可能是数据项的唯一的副本，而根据定义高速缓存只是提供了一个驻留在其他地方的数据在高速存储上的一个副本。

高速缓存和缓冲是两个不同功能，但有时一块内存区域也可以同时用于这两个目的。例如，为了维护复制语义和有效调度磁盘 I/O，操作系统在内存中开辟缓冲区来保留磁盘数据。这些缓冲区被用做高速缓存，以改善对某些文件的 I/O 操作效率，这些文件可被多个程序所共享或者被快速地写入和重读。当内核收到 I/O 请求时，内核首先检查高速缓存，以确定相应文件的内容是否在内存中。如果是这样，物理磁盘 I/O 就可以避免或延迟。而且，几秒的磁盘写也可以累加在缓冲区中，这样大量的传输导致高速的写调度。为了改善 I/O 效率而延迟写的策略将在 17.3 节中论述有关远程文件访问时进行讨论。

13.4.4　假脱机与设备预留

假脱机（Spooling）是用来保存设备输出的缓冲区，这些设备（如打印机）不能接收交叉的数据流。虽然打印机只能一次打印一个任务，但是可能有多个程序希望并发打印而又不将其输出混在一起。操作系统通过截取对打印机的输出来解决这一问题。应用程序的输出先是假脱机到一个独立的磁盘文件上。当应用程序完成打印时，假脱机系统将对相应的待送打印机的假脱机文件进行排队。假脱机系统一次复制一个已排队的假脱机文件到打印机上。有的操作系统采用系统守护进程来管理假脱机，而有的操作系统采用内核线程来处理假脱机。不管怎样，操作系统都提供了一个控制接口以便用户和系统管理员来显示队列，删除那些尚未打印的而不再需要的任务，当打印机工作时暂停打印等。

有的设备，如磁带和打印机，不能有效地多路复用多个并发应用程序的 I/O 请求。假脱机是一种操作系统可以用来协调并发输出的方法。处理并发设备访问的另一个方法是提供协调所需要的工具。有的操作系统（包括 VMS）提供对设备互斥访问的支持，如允许进程分配一个空闲设备以及不再需要时再释放该设备。而有的操作系统则对这种设备的打开文件句柄有所限制。许多操作系统都对允许进程的互斥访问提供了功能。例如，Windows NT 提供的系统调用可以等到设备对象有用为止。有的操作系统的系统调用 open() 也可由一个参数来表示其他并发线程所允许的访问类型。对这些系统，应用程序需要自己来避免死锁。

13.4.5 错误处理

采用内存保护的操作系统可以预防许多硬件和应用程序的错误，这样就不会因为小的机械失灵导致系统崩溃。设备和 I/O 传输的出错有多种方式，有的短暂，如网络过载；有的永久，如磁盘控制器缺陷。操作系统可以对短暂的出错进行弥补。例如，磁盘 read() 出错可以导致 read() 重试，网络 send() 出错可以导致 resend()（如果协议允许）。但是，如果某个重要系统组件出现了永久出错，那么操作系统就不可能从中恢复。

作为一个规则，I/O 系统调用通常返回一个位来表示调用状态信息，以表示成功或失败。对 UNIX 操作系统，一个名为 errno 的额外整数变量用来表示出错代码，约有 100 个，表示失败的一般原因（例如，参数超过范围，坏指针，文件未打开）。相反，有的硬件能提供很详细的出错信息，虽然目前许多操作系统并不将这些信息传递给应用程序。例如，SCSI 设备的失败可以通过 SCSI 协议以三个级别的详细信息表示：表达一般失败信息，如硬件出错或者非法请求的 **sense key**；表达失败类型，如错误命令参数或自检失败的 **additional sense code**；表达更详细信息的，如哪个命令参数出错或哪个硬件子系统自检失败的 **additional sense code qualifier**。另外，许多 SCSI 设备都维护一个出错日志信息以便主机查询，不过这一功能实际很少使用。

13.4.6 I/O 保护

错误与保护息息相关。通过发出非法 I/O 指令，用户程序可以有意或无意地中断系统的正常操作。可使用各种机制以确保这种中断不会发生。

为了防止用户执行非法 I/O，定义所有 I/O 指令为特权指令。因此，用户不能直接发出 I/O 指令，它们必须通过操作系统来进行。要进行 I/O，用户程序执行系统调用来请求操作系统代表用户程序执行 I/O 操作，如图 13.11 所示。操作系统在监控模式下，检查请求是否合法，如合法，则处理 I/O 请求，然后返回给用户。

另外，所有的内存映射和 I/O 端口内存位置都受到内存保护系统的保护，以阻止用户访问。注意，内核不能简单地拒绝所有用户访问。大多图形游戏和视频编辑以及重放软件需要直接访问内存映射的图形控制器内存来提高图像性能。内核在这种情况下，可能提供一种锁机制来使得图形内存的一部分（代表一个屏幕窗口）能够每次分配给一个进程。

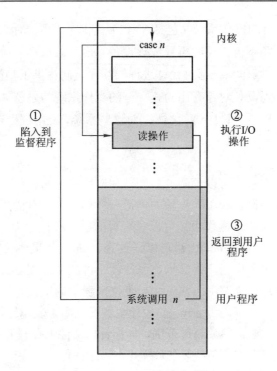

图 13.11　使用系统调用执行 I/O

13.4.7　内核数据结构

　　内核需要保存 I/O 组件使用的状态信息，可以通过若干内核数据结构如文件打开表等来完成，参见 11.1 节。内核使用许多类似的结构来跟踪网络连接、字符设备通信和其他 I/O 活动等。

　　UNIX 提供对若干实体，如用户文件、原设备和进程地址空间的文件系统访问。虽然所有实体都支持 read() 操作，但是语义不同。例如，读一个用户文件时，内核需要先检查一下缓存，然后再决定是否执行磁盘 I/O。读一个原始磁盘时，内核需要确保所请求的大小是磁盘扇区大小的倍数而且与扇区边界对齐。读一个进程镜像时，内核只需要从内存中读取数据。UNIX 通过面向对象技术采用统一结构来封装这些差异。打开文件的记录包括一个分发表，该表含有与文件类型相对应程序的指针，参见图 13.12。

　　有的操作系统更为广泛地使用了面向对象方法。例如，Windows NT 的 I/O 采用消息传递来实现。一个 I/O 请求首先转换成一条消息，然后再通过内核传递给 I/O 管理器，再到设备驱动程序，以下每一步都可能改变消息内容。对于输出，消息内容包括要写的数据。对于输入，消息包括接收数据的缓冲区。消息传递方法与采用共享数据结构的子程序调用技术相比，会增加开销，但是它能简化 I/O 系统的结构和设计，并增加灵活性。

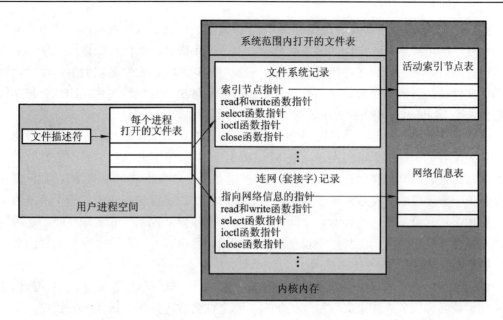

图 13.12 UNIX 的 I/O 内核结构

13.4.8 内核 I/O 子系统小结

总而言之，I/O 子系统为应用程序和内核其他部分提供了一个可扩展的服务集合。I/O 子系统负责：

- 文件和设备的命名空间的管理。
- 文件和设备的访问控制。
- 操作控制（例如，调制解调器不能使用 seek()）。
- 文件系统空间分配。
- 设备分配。
- 缓冲、高速缓存和假脱机。
- I/O 调度。
- 设备状态监控、错误处理以及失败恢复。
- 设备驱动程序的配置和初始化。

I/O 子系统的上层通过设备驱动程序所提供的统一接口来访问设备。

13.5 把 I/O 操作转换成硬件操作

以上描述了设备驱动程序与设备控制器之间的握手，但还没有解释操作系统是如何将应用程序的请求与网络线路或特定磁盘扇区连接起来的。这里以从磁盘读文件为例来考虑这一问题。应用程序通过文件名来访问数据。对于一个磁盘，文件系统通过文件目录从文件名进行映射，从而得到文件的空间分配。例如，MS-DOS 将文件名映射为一个数，该数显示了文件访问表的一个条目，该条目说明了哪些磁盘块被分配给文件。UNIX 将文件名映射为一个 inode 号，相应的 inode 包含了空间分配信息。

文件名到磁盘控制器（硬件端口地址或内存映射控制器寄存器）的连接是如何建立的呢？首先来看一个相对简单的操作系统 MS-DOS。MS-DOS 文件名在冒号前的部分是一个字符串，用来表示特定硬件设备。例如，C: 就是第一个硬盘上的每个文件名的第一部分；C:表示第一个硬盘的事实是内置在操作系统之中的；C: 通过设备表映射到一个特定的端口地址。由于冒号分隔符，设备名称空间有别于每个设备内文件系统的名称空间。这一区别有助于操作系统将额外功能与每个设备相连。例如，可以容易地对输出到打印机的文件进行假脱机。

如果设备名称空间集成到普通文件系统的名称空间，如 UNIX，那么就自动提供了普通文件系统名称服务。如果文件系统提供对所有文件名称进行所有权和访问控制，那么设备就有所有权和访问控制。由于文件保存在设备上，这种接口提供对 I/O 系统的双层访问。名称能用来访问设备，也用来访问存储在设备上的文件。

UNIX 通过普通文件系统名称空间来给设备命名。与 MS-DOS 文件名称不一样（即有冒号分隔符），UNIX 路径名并不区别设备部分。事实上，路径名中没有设备名称。UNIX 中有一个**装配表**（mount table），用来将路径名的前缀与特定设备名称相连。为了解析路径名，UNIX 检查装配表内的名称以找到最长的匹配前缀，装配表内相应条目就给出了设备名称。该设备名称在文件系统名称空间内也有一个名称。当 UNIX 在文件系统目录结构内查找该名称时，得到的不是 inode 号，而是设备号<*主，次*>。主设备号表示处理该设备 I/O 的设备驱动程序。次设备号传递给设备驱动程序以查找设备表。设备表内的相应条目会给出设备控制器的端口地址或内存映射地址。

现代操作系统通过对请求与物理设备控制器之间的多级表查找，可以获得巨大的灵活性。应用程序与驱动程序之间的请求传递机制是通用的。因此，不必重新编译内核也能为计算机引入新设备和新驱动程序。事实上，有的操作系统能够按需加载设备驱动程序，在启动时，系统首先检测硬件总线以确定有哪些设备，接着操作系统就马上或等首次 I/O 请求时装入所需的驱动程序。

下面描述阻塞读请求的典型周期，参见图 13.13。该图说明了 I/O 操作需要很多步骤，这也消耗了大量 CPU 时间。

① 一个进程对已打开文件的文件描述符调用阻塞 read()系统调用。

② 内核系统调用代码检查参数是否正确。对于输入，如果数据已在高速缓存中，那么就将该数据返回给进程并完成 I/O 请求。

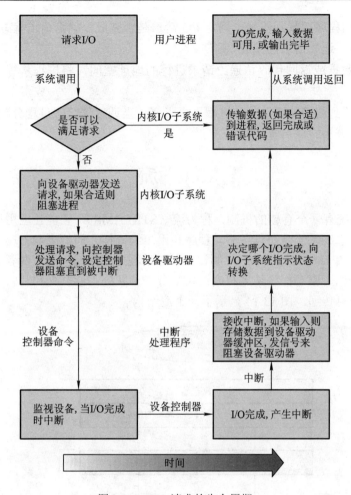

图 13.13　I/O 请求的生命周期

③ 否则，就需要执行物理 I/O 请求。这时，该进程会从运行队列移到设备的等待队列上，并调度 I/O 请求。最后 I/O 子系统对设备驱动程序发出请求。根据操作系统的不同，该请求可能通过子程序调用或内核消息传递。

④ 设备驱动程序分配内核缓冲区空间以接收数据，并调度 I/O。最后，设备驱动程序通过写入设备控制器寄存器来对设备控制器发送命令。

⑤ 设备控制器控制设备硬件以执行数据传输。

⑥ 驱动程序可以轮询检测状态和数据，或通过设置 DMA 将数据传入到内核内存。假定 DMA 控制器管理传输，当传输完成后会产生中断。

⑦ 合适的中断处理程序通过中断向量表收到中断，保存必要的数据，并向内核设备驱动程序发送信号通知，然后从中断返回。

⑧ 设备驱动程序接收到信号，确定 I/O 请求是否完成，确定请求状态，并向内核 I/O 子系统发送信号，通知请求已完成。

⑨ 内核将数据或返回代码传递给请求进程的地址空间，将进程从等待队列移到就绪队列。

⑩ 将进程移到就绪队列会使该进程不再阻塞。当调度器给该进程分配 CPU 时，该进程就继续在系统调用完成后继续执行。

13.6 流

UNIX V 系统有一个有趣的机制，称为**流**（STREAMS），它能让应用程序动态地组合驱动程序代码流水线。流是在设备驱动程序和用户级进程之间的全双工连接。它由与用户进程相连的**流开始**（stream head）、控制设备的**驱动程序结尾**、位于这两者之间的若干个**流模块**组成。流开始、驱动程序结尾和流模块都有一对队列：读队列和写队列。队列之间的数据传输使用消息传递。图 13.14 显示了一个流结构。

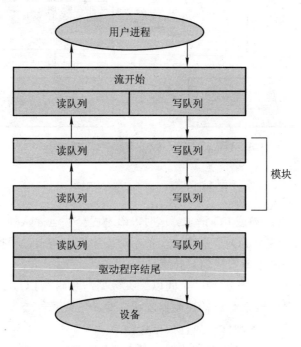

图 13.14　流结构

提供了流处理的功能模块可以通过使用 ioctl()系统调用*增加*（push）到流上。例如，一个进程能通过流打开一个串行端口设备，并能增加一个模块来处理输入编辑。因为相邻模块队列之间可以交换消息，所以一个模块的一个队列可能会使邻近队列溢出。为了防止这种事情发生，队列应支持**流控制**。如没有流控制，队列接收所有消息，没有缓冲就马上发送给邻近模块的队列。如有流控制，队列会缓冲消息，而且如没有足够缓冲空间就不会接收消息。流控制可以通过交换相邻队列之间的控制消息来实现。

用户进程采用 write()或 putmsg()系统调用来将数据写入到设备。系统调用 write()将原始数据写入到流中，而 putmsg()允许用户进程指定消息。不管用户进程使用何种系统调用，流开始将数据复制到消息中并递交给下一模块。消息不断地复制一直到驱动程序结尾和直至设备。类似地，用户进程采用 read()和 getmsg()系统调用来从流开始处读取数据。如果使用 read()，流开始从相邻队列得到消息，并将普通数据（无结构的字节流）返回给进程。如果使用 getmsg()，将消息返回给进程。

流 I/O 是异步的（或无阻塞的），除非用户进程与流开始(srteam head)直接通信。当对流进行写时，如果下一队列使用流控制而且需要等待空间复制消息，那么用户进程会阻塞。同样，当对流进行读时，如果需要等待数据，那么用户进程会阻塞。

驱动程序结尾与流开始和模块相似，也有读队列和写队列。然而，驱动程序端必须响应中断，例如，如果网络上有帧就绪而需要被读取时会触发中断。与流开始可以阻塞不一样，它不能将消息复制到下一队列，而驱动程序结尾就必须处理所有接收到的数据。驱动程序也必须支持流控制。然而，如果设备缓冲已满，那么设备通常需要扔掉接收到的数据。想想一块网卡，其输入缓冲区已满，则该网卡必须扔掉后面的消息直到有足够的缓冲区空间来存储输入的消息。

使用流的好处是流可以提供一个框架，以便以模块化以及递增的方式编写设备驱动程序和网络协议。模块可以为不同的流以及不同的设备所使用。例如网络模块可以被以太网和令牌网所共用。而且，不只是将字符设备 I/O 作为非结构化的数据流，流还支持消息边界和模块之间的控制信息。流在 UNIX 及其变种中得到广泛使用，因为流是较好的编写协议和设备驱动程序的方法。例如，在 UNIX V 和 Solaris 中，Socket 机制就是采用流方式来实现的。

13.7 性   能

I/O 是影响系统性能的重要因素之一。执行设备驱动程序代码以及随着进程阻塞变化而公平且高效地调度进程，这些都增加了 CPU 的负荷。由此而产生的上下文切换也增加了 CPU 及其硬件高速缓存的负担。I/O 暴露出内核中断机制的任何效率缺陷。控制器和物理内存之间的数据复制，以及应用程序数据空间和内核缓存区之间的数据复制都使内存总线的负荷过重。很好地处理这些问题是操作系统设计师所要关心的问题之一。

虽然现代计算机每秒能处理数千个中断，但是中断处理仍然是相对费时的任务：每个中断都会导致系统改变状态，执行中断处理，再恢复状态。如果程序控制 I/O 所需要忙等的计算机周期并不多，那么程序控制 I/O 可能比中断驱动 I/O 更为有效。I/O 完成通常会释放阻塞进程，进而会产生上下文切换的全部开销。

网络传输也能导致高上下文切换率。例如，设想一下一个从一台计算机到另一台计算机的远程登录，本地计算机上所输入的每个字节都要传送到另一台计算机中。在本地计算机上，每输入一个字符，都会产生一个中断，该字符通过中断处理程序传给设备驱动程序，再传给内核，最后到用户进程。用户进程执行一个网络 I/O 系统调用来将该字符送到远程计算机。该字符流入本地内核，通过构造网络包的网络层，再到网络设备驱动程序。网络设备驱动程序将该包送交网络控制器以发送该字符并产生中断，该中断回传到内核以完成网络 I/O 系统调用。

这时，远程系统的网络硬件收到包，并产生中断。该字符被网络协议解包后再送给网络服务程序。网络服务程序确定与哪个远程登录会话有关，进而将该包交给合适会话的子服务程序。整个流程有许多上下文切换和状态变化（参见图 13.15）。通常，接收者会将该字符送回给发送者。这种方式会使工作量加倍。

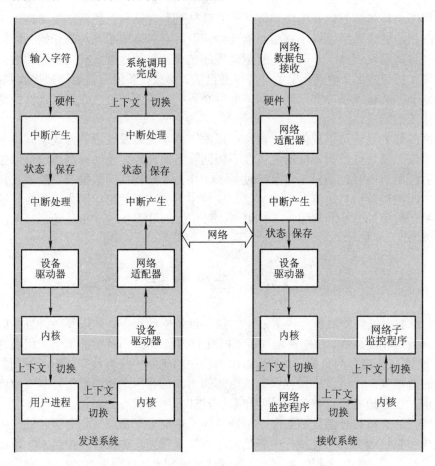

图 13.15　计算机之间的通信

　　Solaris 开发人员利用内核线程重新实现了 **telnet** 服务程序，消除了在服务程序与内核之间移动字符所涉及的上下切换。Sun Microsystems 公司估计这一改进会使大服务器上的最大网络登录数量从几百增加到几千。

　　其他系统为终端 I/O 使用了独立的**前端处理器**，以降低主 CPU 的中断负担。例如，**终端集中器**可以将数百个远程序终端多路复用成大型计算机上的一个端口。**I/O 通道**是大型机和高端系统所使用的专用 CPU。I/O 通道的任务是为主 CPU 承担 I/O 工作。其主要思想是通道保持数据平稳传输，而主 CPU 可以处理数据。与小型计算机所使用的设备控制器和 DMA 控制器一样，通道可以处理更多通用和复杂的程序，这样通道就可用来调节工作负载。

　　为了改善 I/O 效率，可以采用一些原则：

- 减少上下文切换的次数。
- 减少设备和应用程序之间传递数据时在内存之间的数据复制次数。
- 通过使用大传输、智能控制器、轮询（如果使忙等待最小化），以减少中断频率。
- 通过采用 DMA 智能控制器和通道来为主 CPU 承担简单数据复制，以增加并发。
- 将处理原语移入硬件，允许控制器内的操作与 CPU 和总线内的操作并发。
- 平衡 CPU、内存子系统、总线和 I/O 的性能，这是因为任何一处的过载都会引起其他部分空闲。

　　设备复杂性差异很大。例如，鼠标比较简单，鼠标移动和按钮单击会转换为数值，该值从硬件传递过来，经过鼠标驱动程序再到应用程序。相反，Windows NT 磁盘设备驱动程序所提供的功能复杂，它不但管理单个磁盘，也能实现 RAID 阵列（参见 12.7 节）。为了这样做，它将应用程序的读写请求转变为一组协调的 I/O 操作。而且，它也实现了精细出错处理和数据恢复算法，采用很多步骤来优化磁盘操作。

　　I/O 功能到底应在哪里实现呢？是硬件层，还是设备驱动程序，或是应用程序软件？有时，会观察到如图 13.16 所示的发展过程。

- 起初，为应用程序层实现试验性的 I/O 算法，这是因为应用程序灵活且应用程序故障不会使系统崩溃。再者，由于在应用程序层开发代码，所以避免了因代码修改而需要的重新启动或重新加载设备驱动程序。然而，由于上下文切换，应用程序不能充分利用内部内核数据结构和内核功能（如高效内核消息传递、多线程和锁定等），应用程序级的实现可能效率较低。

- 如果应用程序算法已验证了其价值，那么就可以在内核重新实现。这能改善其性能，但由于操作系统内核是一个复杂且庞大的软件系统，开发工作可能会更为困难。而且，内核实现必须经过完全调试以避免数据损坏和系统崩溃。

- 高性能可以通过设备或控制器的硬件来专门实现。硬件实现的不利因素包括做进一步改进或除去故障比较困难且代价较大，增加了开发时间（数月而不是数天），以及灵活性降低。例如，即使内核有关于负荷的特定信息可以使得内核改善 I/O 性能，硬件 RAID 控制器也不能帮助内核来对各个块的读写顺序或位置产生任何影响。

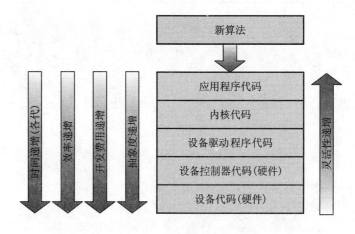

图 13.16　设备功能的发展

13.8　小　　结

相关 I/O 硬件的基本要素是总线、设备控制器和设备本身。设备与内存间的数据传输工作由 CPU 按程序控制 I/O 来完成，或转交给 DMA 控制器。控制设备的内核模块称为设备驱动程序。提供给应用程序的系统调用接口用来处理若干基本类型的硬件，包括块设备、字符设备、内存映射文件、网络 Socket、可编程间隔定时器。系统调用通常会使调用进程阻塞，但是非阻塞和异步调用可以为内核自己所使用，也可为不能等待 I/O 操作完成的应用程序所使用。

内核 I/O 子系统提供了若干服务。其中有 I/O 调度、缓冲、高速缓存、假脱机、设备预留以及出错处理。另一个服务是名称转换，即在硬件设备和应用程序所用的符号文件名之间建立连接。这包括多级映射，用来将字符文件名称映射到特定设备驱动程序和设备地址，然后到 I/O 端口和总线控制器的物理地址。这一映射可以发生在文件系统名称空间内，如 UNIX，也可以出现在独立的设备名称空间内，如 MS-DOS。

流是使得设备驱动程序可以重用和更容易使用的一种实现方法。通过流，驱动程序可以堆叠，数据可以按单向和双向来传输和处理。

由于物理设备和应用程序之间的多层软件，I/O 系统调用所用的 CPU 周期较多。这些层带来了多种开销，如穿过内核保护边界的上下文切换、用于 I/O 设备的信号和中断处理，用于内核缓冲区和应用程序空间之间的数据复制所需的 CPU 和内存系统的负荷。

习 题

13.1 当不同设备在同一时刻产生多个中断，优先级机制就会用来确定中断处理顺序。描述在给不同中断赋予优先级的时候需要考虑的因素。

13.2 内存映射 I/O 的设备控制寄存器的优点和缺点是什么？

13.3 考虑以下单用户 PC 的 I/O 情况：

    a. 用于图形用户界面的鼠标

    b. 多任务操作系统的磁带驱动器（假定并没有设备预分配）

    c. 包含用户文件的磁盘驱动器

    d. 能直接与总线相连且可以通过内存映射 I/O 访问的图形卡

针对这些 I/O，你会在设计操作系统的时候使用缓冲、假脱机、高速缓存还是多种技术的组合？你会使用轮询检测 I/O 还是中断驱动 I/O？请给出选择的理由。

13.4 在大多数多道程序系统中，用户程序通过虚拟地址来访问内存，而操作系统使用原始物理地址来访问内存。这种设计对由用户程序和操作系统执行的 I/O 操作各有什么影响？

13.5 在处理中断的时候，涉及的不同性能开销是什么？

13.6 试描述三种适合使用阻塞 I/O 的情况，再描述三种适合使用非阻塞 I/O 的情况。为什么不只实现非阻塞 I/O 而让进程忙等设备就绪？

13.7 一般来说，在设备 I/O 完成时，会触发中断，由主机处理器进行适当的处理。然而在某些设置下，执行代码在 I/O 操作完成时，会被分为两个独立片段，一段在 I/O 完成后立即执行，为稍后执行的另一代码段调度第二个中断。在设计中断处理程序时使用这种策略的目的是什么？

13.8 一些 DMA 控制器支持直接虚拟内存访问，这时在 DMA 过程中，会给 I/O 操作目标指定虚拟地址，并有虚拟地址和物理地址的转换。这种设计会如何导致 DMA 设计复杂化吗？提供这种功能的优点是什么？

13.9 UNIX 通过操作共享内核数据结构来协调内核 I/O 组件，而 Windows NT 却是通过内核 I/O 组件间的面向对象消息传递来完成的。请说出每种方法的三个优点和三个缺点。

13.10 用伪代码写出虚拟时钟的实现，包括内核和应用程序定时器请求的队列和管理。假定硬件提供三个定时器通道。

13.11 描述在流抽象中保证模块间可靠数据传输的优点和缺点。

文 献 注 记

Vahalia[1996]对 UNIX I/O 和网络做了很好的概述。Leffler 等[1989]详细说明了用于 BSD UNIX 的 I/O 结构和方法。Milenkovic [1987]讨论了 I/O 方法和实现的复杂性。Stevens [1992] 探讨了 UNIX 的各种进程间通信和网络协议的使用和编程。Brain [1996]提供了 Windows NT 应用程序接口说明文档。Tanenbaum 和 Woodhull [1997]描述了 MINIX OS 的 I/O 实现。Custer [1994]对 Windows NT I/O 消息传递的实现做了详细描述。

关于硬件级 I/O 处理和内存映射功能的细节，最好的资料是处理器参考手册（Motorola

[1993]和 Intel [1993]）。Hennessy 与 Patterson [2002]描述了多处理器系统和高速缓存一致性问题。Tanenbaum [1990]描述了硬件 I/O 的低层设计，Sargent 和 Shoemaker[1995]提供了针对低层 PC 硬件与软件的程序员指南。IBM [1983]给出了 IBM PC 设备 I/O 的地址图。1994年 3 月 IEEE Computer 专门讨论了高级 I/O 硬件和软件。Rago[1993]提供了一个关于流的讨论。

第五部分 保护与安全

保护机制通过限制用户的文件访问类型许可来控制对系统的访问。此外，保护必须确保只有从操作系统获得了恰当授权的进程才可以操作内存段、处理器和其他资源。

保护是由计算机系统提供的对程序、进程或用户对计算机系统资源的访问控制机制。这个机制必须为强加的控制提供一种规格说明方法和一种强制执行方法。

安全要确保系统用户的验证，以保护系统的物理资源和系统存储的信息（包括数据和代码）的完整性。安全系统要防止未授权的系统访问、恶意地破坏或更改数据，以及意外地引入不一致问题。

第 14 章 保　　护

操作系统中的进程必须加以保护，使其免受其他进程活动的干扰。为此，系统采用了各种机制确保只有从操作系统中获得了恰当授权的进程才可以操作相应的文件、内存段、CPU 和其他的资源。

保护是指一种控制程序、进程或用户对计算机系统资源进行访问的机制。这个机制必须为强加控制提供一种规格说明方法和一种强制执行方法。要区分保护和安全，安全是对系统完整性和系统数据安全的可信度的衡量。安全保障是一个比保护广泛得多的主题，第 15 章将会讨论这个主题。

本章目标

- 讨论现代计算机系统中保护的目的与原则。
- 解释保护域如何与访问矩阵结合以用于明确进程可以访问的资源。
- 检测基于权限的保护系统和基于语言的保护系统。

14.1　保 护 目 标

计算机系统越来越复杂，应用日益广泛，保护系统完整性的需求也随之增长。保护最初是多道程序设计操作系统的附属产物，以便不受信任的用户可以共享一个公有的逻辑名称空间（如文件目录）或公有的物理名称空间（如内存）。现代的保护观念演化为提高所有使用共享资源的复杂系统的可靠性。

需要提供保护基于如下理由：首先，需要防止用户有意地、恶意地违反访问约束；然而一个更普遍适用的理由是，需要确保系统中活动的程序组件只以与规定的策略一致的方式使用系统资源。此要求是一个可靠的系统所必需的。

通过检测组件子系统接口的潜在错误，保护能够提高可靠性。早期检测接口错误通常能防止已经发生故障的子系统影响其他健康的子系统。一个未受保护的资源无法抵御未授权或不合格用户的访问（或误用）。面向保护的系统会提供辨别授权使用和未授权使用的方法。

保护在一个计算机系统中扮演的角色是：为实施资源使用的控制策略提供一种机制。可以通过各种途径建立这些策略。有些已经固化在系统设计中；有些会在系统管理中定制；还有一些由个人用户定义，以保护他们自己的文件和程序。一个保护系统必须拥有一定的灵活性，从而能够实行多种策略。

资源使用的策略可能会随应用改变，而且可能会随时间改变。基于以上原因，安全不再只是操作系统设计者所要关心的问题。应用程序员同样需要使用保护机制，保护应用子系统创建和支持的资源，防止它们被误用。本章描述的是操作系统需要提供的保护机制，应用程序设计者可以将这些保护机制应用到自己的保护软件中。

*策略*和*机制*不同。机制决定*怎样做*，策略决定*做什么*。就灵活性而言，分离策略和机制是很重要的。策略可能会随着位置和时间变化。最坏的情况是，策略中的每个变化都可能要求底层的机制做相应的变化。使用通用机制可以避免这种情况的发生。

14.2　保　护　原　则

通常，一个指导性原则可以贯穿应用于项目，如设计一个操作系统。根据这项原则简化设计决策并且保持系统一致性并易于理解。一个经过时间检验的关键保护指导原则是**最小特权原则**（principle of least privilege）。它规定程序、用户，甚至包括系统仅拥有它们能够完成其任务的特权。

考虑一个有关安全的钥匙（passkey）的比喻。如果该钥匙允许士兵仅进入他所保卫的公共区域，那么误用钥匙将会导致较小的破坏。但如果钥匙允许访问所有的区域，那么丢失、偷窃、误用、复制或其他盗用将会带来较大的危害。

遵循最小特权原则的操作系统实现它的特性、程序、系统调用和数据结构，以使部件的出错或危害最小化，并且允许这个最小危害的发生。例如，系统监护缓存的溢出可能导致监护进程的失败，但不应该允许执行进程栈的代码，这可能使一个远程用户获取最大特权并访问整个系统（现在经常发生）。

这样的一个操作系统也提供允许用细粒度访问控制来编写应用程序的系统调用和服务。它提供这样一些机制：当需要它们时，特权生效；当不需要它们时，所有特权无效。另一个好处是创建跟踪检查来跟踪所有特权功能的访问。跟踪检查允许程序员、系统管理员或规则执行员跟踪系统所有的保护和安全活动。

用最小特权原则管理用户，必须为每个用户生成一个独立的账户，它仅具有用户必需的特权。需要登录磁带和将文件备份到系统的操作员仅仅访问那些完成该任务所需的命令和文件。有些系统通过实现基于角色的访问控制（RBAC）来提供此功能。

在最小特权原则下的计算机设备中，计算机实现可被限制运行特定的服务、通过特定服务器访问特定的远程主机，以及在特定的时间内做这些事。通常，可以通过将每个服务设置为有效或无效，或通过访问控制列表来实现这些限制，如 10.6.2 小节和 14.6 节中介绍的。

最小特权原则可以帮助生成更为安全的计算环境。但不幸的是，事实常常并非如此。

例如，Windows 2000 具有一个复杂的内核保护策略，但仍存在许多安全漏洞。相比较而言，Solaris 更为安全一些，即使它是 UNIX 的一个变种，而 UNIX 历来在设计上很少考虑安全问题。产生这种区别的原因之一可能在于 Windows 2000 比 Solaris 具有更多的代码行和更多的服务，因此需要更多的保护和安全。另一原因可能是 Windows 2000 的保护策略不完善，或保护了操作系统错误的方面，而使其他区域脆弱一些。

14.3 保 护 域

一个计算机系统是进程和对象的集合。*对象*分为**硬件对象**（如处理器、内存段、打印机、磁盘和磁带驱动器）和**软件对象**（如文件、程序和信号量）。每一个对象都有一个唯一的名字，这个唯一的名字将它所对应的对象和系统中的其他对象区分开来。用户只能通过定义好的、有意义的操作来访问对象。对象是重要的抽象数据类型。

可以执行的操作取决于对象。例如，CPU 用于执行指令，对内存段的操作是读和写，而 CD-ROM 和 DVD-ROM 只能实现读取，磁带驱动器可以进行读、写和回转操作，数据文件可以被创建、打开、读、写、关闭和删除，程序文件可以被读、写、执行和删除。

进程只能访问那些已经获得了授权的资源。而且，在任何时候，进程只能访问完成现阶段的任务所需要的资源。第二个要求通常被称为需要则知道（need-to-know）原则，它可以有效地限制错误进程对系统造成的伤害数量。例如，如果进程 p 调用程序 A()，程序 A() 只能访问它自己的变量和进程 p 传递给它的形式参数；它不能访问进程 p 的所有变量。同样的道理，如果进程 p 调用一个编译器来编译一个特殊的文件，编译器也不能任意访问所有文件，而只能访问所有文件中一个定义好的子集（如源文件、列表文件以及其他文件）。相反地，编译器也可用做统计或优化目的私有文件，进程 p 也不能访问这些文件。需要则知道原则类似于 14.2 节介绍的最小特权原则，其保护目的都在于最小化违反安全保护所带来的灾难。

14.3.1 域结构

为了方便研究这个策略，假定一个进程只在一个**保护域**（protection domain）内操作，该保护域指定了进程可以访问的资源。每个域定义了一个集合。集合的元素为对象和运用于集合中每一个对象上的操作的类型。在一个对象上执行一个操作的权限是一种**访问权限**（access right）。一个**域**是一个访问权限的集合，每一个访问权限是一个有序对<*对象名，权限集*>。例如，如果域 D 中有访问权限<*文件 F*，{读，写}>，那么一个在域 D 中执行的进程就能读写文件 F；然而，进程不能对文件 F 执行任何其他的操作。

域之间允许存在交集，它们可以共享访问权限。例如，在图 14.1 中，有三个保护域：D_1、D_2 和 D_3。访问权限<O_4，{打印}>是由 D_2 和 D_3 共享的，也就是说，运行在 D_2 或 D_3

上的任意一个进程都有打印对象 O_4 的权限。注意，一个进程只有运行在 D_1 上时才能读写对象 O_1，而只有域 D_3 中的进程才能执行对象 O_1。

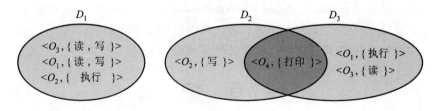

图 14.1　一个有三个保护域的系统

　　一个域和一个进程之间的关联可以是**静态**的，也可以是**动态**的。如果一个进程可获得的资源集合在进程的生命期固定不变，那么这种关联是静态的。可以预料到，创建动态保护域要比创建静态保护域复杂。

　　如果进程和域之间的关联固定不变，并且不想违反需要则知道原则，那么必须保证存在一个能够改变域的内容的机制。其原因在于一个进程可能会有两个不同的执行阶段，例如，它可能在一个阶段需要读访问，而在另一个阶段需要写访问。如果域是静态的，那么必须在域的定义中同时包含读访问和写访问。然而，在两个阶段中，这种安排都提供了过多的权限，因为在只需要写权限的阶段还拥有读权限，反过来也一样。因此，这里违反了需要则知道原则。必须允许修改域的内容，以便域能够随时反映所必需的最少的访问权限。

　　如果关联是动态的，则必须提供一个允许进程在域之间切换的**域切换**（domain switching）机制。用户可能还希望允许修改域的内容。如果不能更改一个域的内容，可以通过以下途径达到同样的效果：根据修改后的内容创建一个新域，然后在想更改域的内容时切换到这个新域。

　　一个域可以通过以下几种不同的途径来实现：

　　• 每个*用户*是一个域。这种情形下，可以访问的对象集取决于用户的身份。域切换动作在更换用户时发生——一般的情形是一个用户登出，另一个用户登入。

　　• 每个*进程*是一个域。这种情形下，对象集的访问取决于进程的身份。当一个进程发送消息给另外一个进程并等待回复时，就会发生域切换。

　　• 每个*过程*是一个域。这种情形下，可以访问的对象集对应这个过程中所定义的局部变量。域切换动作发生于过程调用发生时。

　　14.4 节将讨论域切换的细节。

　　考虑一下操作系统执行的标准双模式（监控-用户模式）模型。当一个进程在监控模式下执行时，它可以执行特权指令并完全控制计算机系统。另一方面，如果进程在用户模式下执行，它只能调用非特权指令。结果，它只能在它自己预先定义好的内存空间执行。这两种模式保护了操作系统（在监控域执行），使其免受用户进程（在用户域执行）的干扰。

在一个多道程序操作系统中，仅有两个保护域是不够的，因为还需要保证多个用户间互不干扰。因此，在这种情况下，需要一种更精巧的策略。接下来举例解释一下这种策略，看看 UNIX 和 MULTICS 这两个极具影响力的操作系统是怎样实现这些原理的。

14.3.2 实例：UNIX

在 UNIX 系统中，域和用户是关联的。域切换会配合用户身份的临时切换。这个变动由文件系统完成。具体过程是：每个文件都有一个所有者身份标识和一个域位（就是通常所说的*设置用户 ID 位*（*setuid bit*））与它相关联。当设置用户 ID 位打开，用户执行文件，用户 ID 被设置为文件的所有者；而当设置用户 ID 位关闭时，用户 ID 不改变。例如，当用户 A（用户 ID 为 A）开始执行一个属于 B 的文件时，如果此时 B 的关联域位是*关闭*的，那么该进程的用户 ID 会被设置成 A；如果这个设置用户 ID 位是*开启*的，那么该进程的用户 ID 应该设置为文件的所有者 B。如果进程退出，这个临时的用户 ID 的变动也就随之结束。

以用户 ID 为域定义的操作系统，还采用了一些其他的方法来实现域切换操作，因为几乎所有的系统都需要提供这么一种机制。当需要给普通用户群体提供使用特权的便利时，需要用到这种机制。例如，用户不用自己写网络程序，也同样能访问网络。在这种情形下，UNIX 系统的做法是，将网络程序的设置用户 ID 位设置成开启状态，程序运行时就会改变用户 ID。用户 ID 会变成拥有网络访问特权的用户（如 *root*，最强大的用户）。这个方法中存在一个问题：如果一个用户成功地以用户 ID *root* 创建了一个文件并且让它的设置用户 ID 位处于*开启*状态，那么这个用户可能会变成 *root* 用户，从此他可以对系统执行任何操作。附录 A 中将更深入地讨论设置用户 ID 这个机制。

这个方法在其他操作系统中的相对应的做法是将特权程序存放在一个特殊的目录下。运行这个特殊目录下的任意一个程序时，操作系统都会将程序的用户 ID 更改成与 *root* 等价的用户 ID 或者拥有这个目录的用户 ID。这样就解决了设置用户 ID 的安全问题：crackers 将其创建和隐藏（采用隐藏文件和目录名的方式），以备后续使用。然而，与 UNIX 采取的方法相比，这个方法缺少灵活性。

系统只要简单地禁止更改用户 ID，就会变得更具约束力，也更加安全。这些实例中，必须采用特殊技术为用户提供访问特权的便利。例如，一个**监护进程**（daemon process）可能在系统启动时就开始以特殊用户 ID 运行。然后用户运行一个单独的程序，当他们需要使用这些功能时就向监护进程发送请求。操作系统 TOPS-20 采用的就是这种方法。

任意系统在写特权程序时都必须格外小心。任何一个疏忽大意都可能让系统完全丧失保护。一般来说，这些程序是企图入侵系统的用户首先要攻击的对象。很不幸，这种攻击的成功几率很高。例如，很多 UNIX 系统的安全都因为设置用户 ID 这个特性而被破坏了。第 15 章将讨论安全问题。

14.3.3 实例：MULTICS

MULTICS 系统将保护域组织成一个环状层次结构。每个环对应一个单独的域（见图 14.2）。这些环按顺序用数字 0～7 编号。D_i 和 D_j（$0<=i$, $j<=7$）为任意的两个域；如果 $j<i$，那么 D_i 是 D_j 的一个子集。也就是说，在 D_j 中运行的进程比在 D_i 中运行的进程拥有更多特权。一个在 D_0 中执行的进程拥有最多特权。如果只存在两个环，那么这个策略就等价于监控-用户执行模式，监控模式对应 D_0，而用户模式对应 D_1。

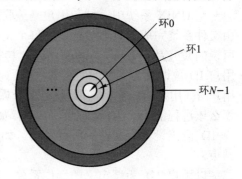

图 14.2　MULTICS 的环结构

MULTICS 有一个分段的地址空间，每个段是一个文件。每个段和这 8 个环中的一个相关联。一个段描述包含一个标识环编号的条目。此外，它还有三个访问位用来控制读、写和执行。段和环之间的关联是一个策略决策，本书不涉及这部分内容。

每个进程都有一个*当前环编*号计数器和它关联，标识该进程目前所在的域。当 $j<i$ 时，如果一个进程在环 i 中执行，那么它不能访问和环 j 相关联的段。然而，如果 $k\geqslant i$，那么它可以访问和环 k 相关联的段。访问类型由和段相关联的访问位决定。

在 MULTICS 下，当进程调用一个不在同一个环的过程时，它必须跨越环，此时域切换动作就会发生。很显然，这种切换必须在受控方式下完成；否则，一个进程可以在环 0 中开始执行，这样会使系统无法提供任何保护。为了实现受控的域切换，需要修改段描述中关于环的部分，具体包括以下三个方面：

- **访问对**：一个有序整数对（b_1, b_2），并且 $b_1 \leqslant b_2$。
- **限制**：存在一个整数 b_3 满足条件：$b_3 > b_2$。
- **条目列表**：标识可能调用段的条目点（或门）。

如果一个在环 i 上执行的进程调用一个访问对为（b_1, b_2）的过程或者段，如果 $b_1 \leqslant i \leqslant b_2$ 成立，那么这个调用是合法的，并且进程的当前环的编号仍然是 i。否则，进程会向操作系统抛出一个陷阱，处理的情形如下：

- 如果 $i < b_1$，那么允许访问，因为现在是要迁移到一个特权更少的环（或者域）。然而，如果传递的参数涉及编号更低的环里边的段（即被调用的过程不能访问的段），那么必须把这些段复制到一个调用过程可以访问的位置上。
- 如果 $i > b_2$，那么只有当 $b_3 \leqslant i$ 成立时才允许调用，并且调用被定向到条目列表中一个指定的条目点上。这个策略允许一个只有有限访问权限的进程调用一个在编号较低的环中的、比调用者拥有更多访问权限的过程，但是这种调用是在一个谨慎控制的方式下进行的。

环（或分级）结构的主要不足之处在于它不允许强制执行需要则知道策略。特别地，如果要使得一个对象在域 D_j 中一定可以访问，而在域 D_i 中一定不可以访问，那么要满足条件 $j<i$。这个要求意味着每个在 D_i 中可以访问的段在 D_j 中都可以访问。

与当前的操作系统相比，MULTICS 的保护系统通常比较复杂，并且效率较低。如果保护让系统的使用变得复杂，或者会大幅降低系统的性能，那么就必须在使用安全和系统目的之间慎重选择。比如，有一台被学校用来处理学生成绩、同时被学生用来完成课程作业的计算机，你想在这台计算机上安装一个复杂的保护系统。对于一台用作大量处理数据的计算机来说，类似的保护系统是不合适的，因为此时性能是最重要的。此时倾向于从保护策略中分离出机制，允许同样的系统根据用户的需求采用或繁或简的保护。为了要将机制从策略中分离，需要一些更通用的保护模型。

14.4 访问矩阵

可以将保护模型抽象为一个矩阵，称之为**访问矩阵**（access matrix）。矩阵的行代表域，列代表对象。矩阵的每个条目是一个访问集合。由于列明确地定义了对象，可以在访问权限中删除对象名称。访问条目 access(i,j) 定义了在域 D_i 中执行的进程在调用对象 O_j 时被允许执行的操作的集合。

如图 14.3 所示，访问矩阵中有 4 个域和 4 个对象，其中三个对象是文件（F_1，F_2，F_3），剩下的一个是激光打印机。进程在域 D_1 中执行时，它可以读文件 F_1 和 F_3。进程在域 D_4 中执行时拥有和在域 D_1 中执行时一样的特权，但除此之外，它还可以写文件 F_1 和 F_3。注意，只有在域 D_2 中执行的进程才可以访问激光打印机。

域 \ 对象	F_1	F_2	F_3	打印机
D_1	读		读	
D_2				打印
D_3		读	执行	
D_4	读、写		读、写	

图 14.3　访问矩阵

访问矩阵策略提供了一个指定多样化策略的机制。这个机制包括两个方面的内容，一是实现访问矩阵，二是确保维持在提纲中提及的语义属性。具体地说，必须确保在域 D_i 中执行的进程只能访问在行 i 中指定的对象，就跟访问矩阵条目定义的一样。

访问矩阵可以实现保护相关的策略决策。这个策略决策包括条目（i, j）中应当包含哪些权限，还必须决定每个进程执行时所在的域。最后的这条策略通常由操作系统决定。

通常由用户决定访问矩阵条目的内容。当用户创建一个新的对象 O_j 时，列 O_j 就被添加到访问矩阵，并根据创建者的指示恰当地初始化条目。用户可能会根据需要在列 j 中添加一些权限，并在别的条目中添加一些其他权限。

访问矩阵为进程和域之间的静态和动态关联提供了一种定义和实现严格控制的机制。当需要将一个进程从一个域切换到另外一个域时，其实是在一个对象（域）上执行一个操作（切换）。可以将域作为对象添加到访问矩阵，这样就可以控制域切换了。同样的道理，当更改访问矩阵的内容时，也是在对象即访问矩阵上执行某项操作。可以将访问矩阵本身作为一个对象，这样就可以控制这些变化了。实际上，因为矩阵对象中的每个条目都可能被单独修改，必须考虑将访问矩阵中的每个条目当做一个对象来保护。现在，只需要考虑这些新对象（域或访问矩阵）上的可能操作，并决定进程应该如何执行这些操作。

进程必须能够在域之间切换。当且仅当访问权限 switch∈access(i, j) 时，才允许从域 D_i 到域 D_j 的切换发生。因此，图 14.4 中，一个在域 D_2 中执行的进程可以切换到域 D_3 或域 D_4。一个域 D_4 中的进程可以切换到域 D_1，而域 D_1 中的进程可以切换到域 D_2。

域＼对象	F_1	F_2	F_3	激光打印机	D_1	D_2	D_3	D_4
D_1	读		读			切换		
D_2				打印			切换	切换
D_3		读	执行					
D_4	读、写		读、写		切换			

图 14.4　将域作为对象的图 14.3 的访问矩阵

要为访问矩阵的条目内容提供受控更改还需要三个额外的操作：复制（copy）、所有者（owner）和控制（control）。接下来检查这些操作。

从访问矩阵的一个域（行）中复制一个访问权限到另一个域，这种权限用附加在访问权限后边的"*"标记。*复制*权限只允许在定义了该权限的列内复制访问权限。例如，在图 14.5(a)中，一个在域 D_2 中执行的进程可以将读操作复制到任意与文件 F_2 相关联的条目。因此，图 14.5（a）中的访问矩阵可以被修改为图 14.5（b）中的访问矩阵。

这种策略有两种变形：

① 将一个权限从 access(i, j) 复制到 access(k, j)，然后将这个权限从 access(i, j) 中删

除。这种行为并不是复制一个权限，而是*迁移*一个权限。

对象\域	F_1	F_2	F_3
D_1	执行		写*
D_2	执行	读*	执行
D_3	执行		

（a）访问矩阵1

对象\域	F_1	F_2	F_3
D_1	执行		写*
D_2	执行	读	执行
D_3	执行	读*	

（b）访问矩阵2

图 14.5　带复制权限的访问矩阵

②　*复制*权限的传播是受限制的。也就是说，从 access(i, j) 复制权限 $R*$ 到 access(k, j)，实际上被创建的权限是 R（而不是 $R*$）。一个在域 D_k 中执行的进程不可以进一步复制权限 R。

一个系统也许会只选择这三种复制权限方法中的一种，也许会同时提供三种方法，将它们标记为三种不同的权限：*复制、迁移*和*受限的复制*。

同样需要提供一种这样的机制：它允许添加新的权限或者删除已有权限。由*所有者*权限控制这些操作。如果 access(i, j) 包含*所有者*权限，那么一个在域 D_i 执行的进程就可以添加和删除列 j 中的任意一个权限。例如，在图 14.6（a）中，域 D_1 是 F_1 的所有者，因此域 D_1 可以在列 F_1 中任意添加或删除有效权限。同样的道理，域 D_2 是 F_2 和 F_3 的所有者，因此可以在这两列中任意添加或删除有效权限。因此，图 14.6（a）中的访问矩阵可以被修改为图 14.6（b）中的访问矩阵。

有了*复制*和*所有者*权限之后，进程就可以在一个列中修改条目。此外，还需要一个允许在行中修改条目的机制。*控制*权限只适用于域对象。如果 access（i, j）包含*控制*权限，那么在域 D_i 中执行的进程可以从行 j 中删除任意一个访问权限。例如，假设在图 14.4 中，access（D_2, D_4）中包含*控制*权限。那么，一个在域 D_2 执行的进程就可以修改域 D_4，如图 14.7 所示。

对象域	F_1	F_2	F_3
D_1	所有者 执行		写
D_2		读* 所有者	读* 所有者 写*
D_3	执行		

(a) 访问矩阵1

对象域	F_1	F_2	F_3
D_1	所有者 执行		
D_2		所有者 读* 写*	读* 所有者 写*
D_3		写	写

(b) 访问矩阵2

图 14.6　有所有者权限的访问矩阵

对象域	F_1	F_2	F_3	激光打印机	D_1	D_2	D_3	D_4
D_1	读		读			切换		
D_2				打印			切换	切换控制
D_3		读	执行					
D_4	写		写	切换				

图 14.7　修改图 14.4 中的访问矩阵

*复制*和*所有者*权限提供了一个限制访问权限传播的机制。然而，它们并没有提供一个合适的工具用来防止信息传播（或泄露）。有一个问题被称为**限制问题**（confinement problem），它说的是要确保一个对象最初持有的信息不能迁移到对象的执行环境之外。这个问题其实是一个不可解问题。

这些在域和访问矩阵上的操作的重要之处不在它们自身，重要的是它们展现了访问矩阵模型的能力，满足了实现和控制动态保护需求。可以在访问矩阵模型中动态地创建并包含新的对象和域。这里只讨论基本机制，具体哪些域可以访问哪些对象、以哪种方式访问等问题都是系统设计者和用户需要考虑并做出决策的。

14.5 访问矩阵的实现

怎样才能有效地实现访问矩阵呢?一般情况下，访问矩阵是一个稀疏矩阵，也就是说大多数条目都是空的。虽说表示稀疏矩阵的数据结构技术已经很成熟了，但由于保护的使用方式的特殊性，这些技术在这里并不是很合适。这部分首先介绍集中访问矩阵的实现方法，接下来对这些方法进行比较。

14.5.1 全局表

实现访问矩阵的最简单的方式是采用一个全局表，这个表是一个有序三元关系<*域，对象，权限集合*>的集合。任何时候，当一个操作 M 在域 D_i 中作用于对象 O_j 时，系统就在全局表中查找三元关系<D_i, O_j, R_k>，查找条件是 $M \in R_k$。如果找到了这个三元关系，那么操作可以继续，否则，将会产生一个异常或错误。

这种实现有一些缺陷。这张表通常很大，以至于无法将整张表存放在内存中，所以需要额外的 I/O 开销。通常会采用虚拟内存技术来管理这张表。此外，也很难利用对象和域的特殊的分组方式。例如，如果每个用户能读取一个特定对象，那么这个对象必须在每个域都有一个单独的条目。

14.5.2 对象的访问列表

访问矩阵中的每个列都可以被实现成一个对象的访问列表，具体描述请参照 10.6.2 小节。显然，可以抛弃那些空的条目。最后，每个对象的列表由有序对<*域，权限集*>组成，这些有序对为该对象定义了所有有着非空访问权限集合的域。

可以对这个方法做一些扩充，定义一个列表和一个*默认*的访问权限集合。当用户想在域 D_i 中对对象 O_j 执行操作 M 时，系统开始在访问权限列表中为对象 O_j 查找条目<D_i, R_k>，查找条件是 $M \in R_k$。如果查找成功，那么操作可以继续；否则查找默认的集合。如果 M 在默认集合中，那么允许访问。否则，禁止访问并引发异常状态。为提高效率，可以首先查找默认集合，然后查找访问列表。

14.5.3 域的权限列表

前文中将访问矩阵的列和对象相关联，由此设计了访问列表，除此之外，还可以将每个行关联到它的域。域的**权限列表**由对象以及允许作用于这些对象上的操作组成。一个对象通常用它自己的物理名称或地址表示，被称为**权限**。如果要对对象 O_j 执行操作 M，由进程来执行这个操作，参数为对象 O_j 的权限（或指针）。对权限的简单**拥有**意味着访问是被允许的。

权限列表被关联到一个域，但在该域中执行的进程并不能直接地访问它。更确切地说，权限列表本身是一个被保护的对象，由操作系统持有，并被用户以间接的方式访问。基于权限的保护依赖于以下事实：决不允许这些权限迁移到任意一个用户进程可以直接访问的地址空间。如果所有的权限都是安全的，那么它们所保护的对象也是安全的，所有未经授权的用户都不能访问这个对象。

权限最初被定位为一种安全指针，目的是满足多作业计算机系统对资源保护的需求。这个内在保护指针的想法为扩展到应用层次的保护提供了一个很好的基础。

为了提供内在保护，必须将权限和其他对象区分开，并用一个抽象机器来解释权限，这个抽象机器必须能够运行高级语言程序。通常采用以下两种途径来区分权限和其他数据：

- 每个对象都有一个标识自身类型（权限/可访问数据）的**标志**。应用程序本身不能直接访问这些标志。可能会用硬件或者防火墙支持来强制执行这些约束。虽然一个位足以区分容量和其他对象，但通常会使用多个位。这样扩展之后，硬件就可以将所有的对象都标记上类型信息。这样，硬件就可以通过标志来区分整数、浮点数、指针、布尔变量、字符、指令、权限和未初始化的标识值。

- 另一种选择是：一个程序所关联的地址空间可以分成两部分。一部分存放程序的普通数据和指令，程序可以直接访问这个部分。另一部分存放权限列表，只有操作系统才可以访问。以段组织的内存空间（见 8.6 节）对这种方式提供了很好的支持。

业内已经开发了一些基于权限的保护系统，14.8 节将做简要描述。操作系统 Mach 也采用了基于权限的保护，附录 B 对此有具体描述。

14.5.4 锁-钥匙机制

锁-钥匙机制（lock-key scheme）是访问列表和权限列表之间的一个折中。每个对象都有一个由具有唯一性的位模式组成的列表，称为**锁**（lock）。类似地，每个域都有一个由具有唯一性的位模式组成的列表，称为**钥匙**（key）。仅当域拥有一把打开那个对象的锁的某把钥匙时，在该域执行的进程才可以访问相应的对象。

与权限列表的情形一样，操作系统代替域管理域的钥匙列表。用户不能直接检查或者修改钥匙（或锁）列表。

14.5.5 比较

现在来比较实现访问矩阵的各种技术。使用全局表很简单，但这张表可能很大，以致不能充分利用特殊对象或域分组的优点。访问列表直接和用户需求挂钩。当用户创建一个对象时，他可以指定哪些域可以访问该对象，可以对对象执行哪些操作。然而，一个特定域的访问权限信息不是局部的，因此判定每个域的访问权限集合是非常困难的。此外，每次访问对象都要检查，需要查找访问列表。对于一个庞大且有着很长的访问列表的系统来说，这种查找是相当费时的。

权限列表不是直接和用户需求挂钩的，然而它们对一个指定进程的局部信息非常有用。要访问的进程必须为访问准备一个权限。然后，保护系统只需要确认权限的合法性。然而，撤回权限的操作可能会效率很低（见 14.7 节）。

锁-钥匙机制是上文所提及的两种机制的折中。这个机制可以同时兼有有效性和灵活性，这取决于钥匙的长度。钥匙可以在域之间自由地传递。此外，只需要一个简单技术，即更改与对象相关联的锁中的部分锁，就可以有效地撤回访问特权（见 14.7 节）。

绝大多数系统综合使用访问列表和权限。当一个进程首次访问一个对象时，系统搜索访问列表。如果访问被拒绝，则会产生一个异常状态。否则，创建一个权限并将它附加给进程。之后的引用就使用权限快速地表明允许访问。最后一次访问结束后，权限被撤回。MULTICS 和 CAL 系统都采用这种策略。

例如，考虑这么一个文件系统，该系统的每一个文件都有一个关联的访问列表。当一个进程打开一个文件时，系统通过搜寻目录结构查找文件，检查访问许可，并分配缓冲区。所有这些信息都被记录到进程文件表的条目中。这个操作会返回一个在表中指向这个新打开的文件的索引。所有对该文件的操作都指定该文件表的索引。然后这个文件表中的条目指向文件和分配给文件的缓冲区。文件关闭后，这项文件条目会被删除。因为文件表是由操作系统维护的，用户不可能意外地损坏它。因此，用户只能访问已经打开的文件。由于在打开文件时要检查访问权限，因而提供了有效的保护。UNIX 系统采用了这种策略。

每次访问时，仍然*必须*检查访问权限，并且文件表的条目有一个仅被允许执行的操作设置的权限。如果打开文件用于读操作，那么就在文件表的条目中存放一个读访问的权限。如果企图写该文件，系统会通过比较要执行的操作和文件表条目中的权限来判断出保护违例。

14.6 访问控制

在 10.6.2 小节中，已经介绍了访问控制如何被用在文件系统中的文件上。每个文件和目录被分配给一个所有者、一个组或一组用户，并对每一个这样的实体都赋予了访问控制信息。在计算机系统的其他方面也可增加类似的功能，在 Solaris 10 系统中可以见到这样的例子。

通过**基于角色的访问控制**（role-based access control, RBAC）显式地增加最小特权原则，Solaris 10 加强了适用于 Sun Microsystems 操作系统的保护。此方法以特权为主要内容。特权是执行系统调用的权利或使用该系统调用一个选项的权利（如用写访问打开一个文件）。

特权可赋予进程，限制它们只访问完成其工作所需要的内容。也可将特权和程序分配给**角色**（role），角色可以分配给用户，用户也可以根据角色密码来获取角色。用这种方法，用户可以获取一个可以使用特权的角色，以便用户运行程序来完成一个指定任务，如图 14.8 所示。这种特权实现降低了与超级用户和设置用户 ID 程序的安全风险。

　　请注意，这个服务类似于 14.4 节中介绍的访问矩阵。此关系将在本章后面的习题中进一步探索。

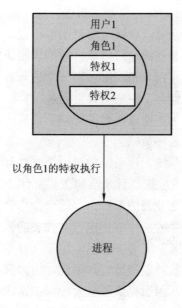

图 14.8　Solaris 10 系统中基于角色的访问控制

14.7　访问权限的撤回

　　在动态保护系统中，有时需要撤回不同用户共享的对象访问权限。撤回访问权限时可能会引发各种问题：

- **即时撤回还是延时撤回**：是立刻撤回访问权限，还是延迟到某个时机再撤回？如果是延迟撤回，那么能找到执行撤回动作的恰当时机吗？
- **选择性的还是一般性的**：当撤回一个对象的访问权限时，这个撤回动作是针对拥有这个对象的访问权限的所有用户呢，还是有选择地指定一个用户群体执行撤回操作？
- **部分的还是所有的**：可以只撤回和一个对象相关联的部分权限吗？还是必须撤回和该对象相关联的所有权限？
- **暂时的还是永久的**：访问权限可以被永久地撤回吗（就是说，撤回的访问权限永远不会再被使用）？还是说可以在撤回访问之后再次获得访问权限？

如果采用访问列表策略，那么撤回是个很简单的问题。首先在访问列表中搜索要撤回的访问权限，然后从列表中删除这些权限。访问列表策略中的撤回是立刻执行的，可以是一般性的也可以是选择性的，可以是所有的也可以是部分的，可以是永久的也可以是暂时的。

对于权限（capability）来说，撤回问题就麻烦许多。权限分布在整个系统中，在撤回之前必须先找到它们。实现权限撤回的策略如下：

- **重新获得**：系统将周期性地从每个域中删除权限。当一个进程要使用一个权限时，它可能会发现所需的权限已被删除，然后进程会尝试重新申请这个权限。如果访问已经被撤回，进程将无法重新获得权限。

- **折回指针**：每个对象都维护着一个指针列表，这些指针指向与该对象关联的所有权限。需要执行撤回操作时，系统就追踪这些指针，根据需要更改权限。MULTICS 系统采用了这一策略。尽管这个策略执行时要消耗很多资源，但还是有许多系统采用它。

- **间接**：权限指针间接地指向对象。每个权限指针都指向一张全局表中的一个具有唯一性的条目，而该条目转而指向对象。撤回操作分两步执行：首先在那张全局表中查找对应的条目，找到后删除该条目。如果有访问的企图，将会发现它指向一个表中一个不合法的条目。因为权限和表条目都拥有那个对象的独一无二的名字，所以其他权限很容易重用那个表条目。权限所对应的对象和表条目必须匹配。CAL 系统采用了这种策略。这种策略不允许选择性的撤回。

- **钥匙**：钥匙是一个可以关联每个权限的独一无二的位模式。这个钥匙是在创建权限的时候定义的，拥有这个权限的进程不能更改和检查它。关联到每个对象的**主钥匙**可以通过设置钥匙（set-key）操作进行定义和修改。创建一个权限时，主钥匙的当前值是和权限相关联的。当权限被使用时，系统会比较权限的值和主钥匙的值。如果这两个值匹配，操作可以继续；否则就产生一个异常状态。撤回操作通过设置钥匙操作将主钥匙的值替换成一个新的值，这样，之前与该对象相关联的所有权限都失效了。这个策略不允许选择性的撤回，因为每一个对象只有一个主钥匙和它相关联。如果一个对象和一个钥匙列表关联，那么就可以实现选择性撤回了。最后，可以将所有的钥匙组合成一个全局的钥匙表。权限只有在它的钥匙和表中的某个钥匙匹配时才是合法的。这种情形下，只要从表中删除匹配的钥匙，就能成功实现撤回。在这种策略下，一个钥匙可以和多个对象关联，并且多个钥匙也可以关联到一个对象，这提供了最大限度的灵活性。在基于钥匙的策略中，不应让所有用户都有执行定义钥匙、将钥匙插入到列表、从列表中删除钥匙等操作的权限。特别地，应该只有对象拥有者才能为对象设置钥匙，这也是合理的。然而，这个选择是一个策略决策，操作系统可以实现它但不能限定它。

14.8　面向权限的系统

本节将研究两个面向权限的保护系统。这些系统在复杂性和实现策略的类型方面有所区别。这两者的应用都不是很广泛，但它们为保护理论的研究提供了很好的基础。

14.8.1　实例：Hydra

Hydra 是一个面向权限的保护系统，它具有很大的灵活性。这个系统提供了一个固定的访问权限集合，系统知道这些访问权限并负责解释它们。这些访问权限包括基本的访问形式，如读权限、写权限，或者操作一个内存段的权限。此外，（保护系统的）用户可以声明其他权限。只有用户自己的程序才可以解释用户定义的权限，但是系统为这些权限以及系统定义权限的使用提供了访问保护。这些便利使得保护技术的发展上了一个很大的台阶。

对对象的操作是由程序定义的。这些实现操作的程序本身也是某种形式的对象，权限采取间接的方式访问这些特殊对象。如果系统要处理用户定义的类型，那么它首先要确认这些用户定义程序的名称。当 Hydra 被告知一个对象的定义时，对这个类型的操作的名称就成了一个**辅助权限**（auxiliary rights）。辅助权限在权限中可以被描述为一个类型实例。一个进程要对某个类型对象执行操作时，该进程所持有的该对象权限必须包含在其辅助权限中所要执行操作的名称。这个限制导致访问权限间出现不公平现象，实例和实例间，进程和进程间都存在差异。

Hydra 还提供了**权限扩展**（rights amplification）。这个策略允许一个程序被证明为在操作一个特定类型的正式参数上是*值得信赖的*，主要是保障了所有拥有执行这个程序权限的进程的利益。值得信赖的程序所持有的权限独立于、并且可能超出负责调用它的进程所持有的权限。然而，不能认为这样一个程序在全局范围内都是值得信赖的（例如，不允许程序作用于其他类型），并且不能将这个信赖扩展到任意一个可能被一个进程执行的过程或者程序段。

扩展允许实现过程访问一个抽象数据类型的各种表示方式。例如，一个进程持有一个类型对象 A，那么这个权限可能包含一个调用某些操作 P 的辅助权限，但不会包含所谓的核心权限，如读、写、执行代表 A 的段。这样的权限为进程提供了一个间接访问 A 的表示式的途径（通过操作 P），但限于某些特定目的。

如果一个进程调用一个对象 A 的操作 P，当控制被传递给 P 的代码体时，访问 A 的权限有可能会被扩展。这个扩展可能有必要让 P 拥有访问代表 A 的存储段的权限，以实现 P 在抽象数据类型上定义的操作。虽然调用进程不能直接访问 A 的段，P 的代码体却可以直接读、写 A 的段。在 P 返回时，A 的权限被重新设定为原来的值，即未扩展前的状态。这是很典型的进程所持有的访问受保护段的权限需要动态更新(取决于要完成的任务)的情况。动态调整权限的目的在于保证程序员定义的抽象的一致性。可以在一个抽象数据类型的声明处显式地向操作系统 Hydra 声明权限扩展。

当用户将一个对象作为一个参数传递给一个过程时，可能需要保证这个过程不会修改该对象。实现这个约束并不难，只要传递一个没有修改（写）权限的访问权限就可以了。然而，如果扩展可能发生，就有可能恢复修改权限。因此，可能会无法保障用户的保护需求。当然，一般来说，用户可以相信一个过程会正确地完成它的任务。然而，由于各种软硬件错误的存在，这个假设不可能总是成立的。Hydra 通过约束扩展解决了这个问题。

Hydra 的过程调用机制被设计成一个直接解决*双向怀疑子系统问题*的方案。以下是这个问题的定义。假设提供了这么一个程序，它可以作为一项服务同时被几个用户调用（如排序程序、编译器、游戏）。当用户调用这个服务程序时，他们是要冒风险的：程序可能发生错误，可能毁坏给定的数据，可能保留一些稍后要在别处用到（未授权）的数据的访问权限。同样地，服务程序会有一些私有文件（如为了计算），负责调用的用户程序不能直接访问这些文件。Hydra 提供了直接处理这个问题的机制。

一个 Hydra 的子系统建立在它的保护核心之上，并且可能需要保护它自己的组件。子系统通过调用一个核心定义的原型集合来与核心沟通，这些原型定义了对系统资源的访问权限。用户进程使用这些资源的策略可以由子系统设计者来定义，但他们被强制使用权限系统提供的标准访问保护。

在阅读参考手册、熟悉系统的特性之后，程序员可以直接利用保护系统。Hydra 提供了一个庞大的由系统定义的过程库，用户程序可以调用这些过程。在使用 Hydra 系统时，用户可以将系统过程的调用显式地合并到他自己的程序中，他也可以使用连接到 Hydra 的程序转换器。

14.8.2 实例：剑桥 CAP 系统

剑桥 CAP 系统的设计采用了另外一种面向权限的保护方法。CAP 的权限系统比较简单，远不如 Hydra 强大。然而，最近的调查显示，它同样可以为用户定义的对象提供安全保护。CAP 有两种权限。一种普通的被称为**数据权限**（data capability）。它被用来为对象提供访问权限，但只限于标准的读、写和执行与对象相关联的私有存储段等权限。CAP 机器的微代码负责解释数据权限。

第二种权限被称为**软件权限**（software capability），CAP 的微代码只为这种权限提供保护，但不负责解释。它的解释由一个*受保护的*（即特权的）过程负责，这个过程可能会被应用程序员写入子系统。一个特定类型的权限扩展是和一个受保护的过程相关联的。当执行这样一个过程的代码体时，进程会临时获得读写这个软件权限内容的权限。这个特定类型的权限扩展等价于一个封闭权限和非封闭权限原语的实现。当然，这种特权是从属于权限的类型检查的，以确保只有特定抽象类型的软件权限才可以被传递给任意一个这样的过程。通用的信任仅被存放在 CAP 机器的微代码中。

软件权限通过它包含的受保护过程来解释，由子系统全权负责。这个策略允许实现多样化的保护策略。虽然一个程序员可以定义自己的受保护过程（可能其中有不正确的），但是不能保证系统整体的安全性。基本的保护系统不允许一个未经检验的、用户定义的受保护过程去访问任何不属于该过程所处保护环境的存储段（或权限）。一个不安全的受保护过程所能带来的最严重的后果是：该过程负责的子系统发生保护故障。

CAP 系统的设计者已经意识到软件权限应用蕴涵的巨大商机，接着要做的是根据抽象资源的需求恰当地规范和实现保护策略。然而，如果一个子系统设计者要利用这些工具，仅仅阅读参考手册是不够的，这一点和 Hydra 系统不太一样。系统不提供过程库，他必须学习保护的原理和技术。

14.9　基于语言的保护

就现有计算机系统提供的保护而言，保护通常是由操作系统内核来完成的，操作系统内核作为安全代理，来检查和验证对受保护资源的访问请求。综合的访问核查是一个巨大的、却又无法避免的潜在开销来源，要么为它提供硬件支持以减少每次核查的开销，要么降低对保护的要求。如果已有的支持机制已经限制实现保护策略的灵活性，或者保护环境过大而无法保证提高操作效率，那么很难同时满足所有目标。

操作系统日益复杂，特别是要提供更高层次的用户接口，保护的目标也随之精练了许多。保护系统的设计者现在开始借用源于程序语言的概念，特别是抽象数据类型和对象这两个概念。保护系统的考虑现在已不再局限于确认要访问的资源，它还考虑要访问的功能性质。在最近的保护系统中，对要调用的功能的考虑已经延伸到系统定义的功能集合之外，如标准的文件访问方法，还包含了用户定义的功能。

资源使用的策略也会发生变化，这取决于应用，它们也可能会随时间变化。基于以上原因，保护不再只是操作系统设计者要考虑的问题。它应该成为一个应用程序设计者的工具，这样应用子系统的资源就可以免受外界干扰和错误的影响。

14.9.1　基于编译程序的强制

程序语言开始进入了视线。要指定对系统共享资源的访问控制权限，只需要为资源做一个声明陈述。只要扩展语言的用法，这种陈述就可以集成到语言。当保护和数据使用方法一起被声明时，子系统的设计者可以指定它的保护需求，还有它对系统中其他资源的需求。应该在写程序时直接指定以上内容，并且采用程序本身使用的语言。这种方法具有明显的优势：

① 保护需求只要简单声明就可以了，不需要调用一系列操作系统的过程。

② 保护需求可以用特定操作系统提供的工具独立地声明。

③ 子系统的设计者不需要提供强制执行的方法。

④ 访问特权和数据类型的语言概念有着密切联系，因此它的声明符号很自然。

编程语言实现可以提供各种技术来强制执行保护，但所有这些都会在一定程度上依赖底层机器和它的操作系统的支持。例如，假设采用某种语言来产生在剑桥 CAP 系统上运行的代码。在这个系统中，底层机器上的内存引用是通过一个权限间接发生的。这个约束随时防止所有进程访问自身保护环境之外的资源。然而，一个程序可能会强加一些专断的约束，限制某些资源在一个特定代码段的执行期间的使用方式。采用 CAP 提供的软件权限，可以很轻松地实现这些约束。软件权限会实现那些在语言中指定的保护策略，一个语言实现要提供标准的保护过程来解释这些软件权限。这个方法将策略指定这件事交付给程序员，同时不再要求他们实现强制的保护。

虽然这种系统提供的保护内核不如 Hydra 或 CAP 强大，但还是提供了足够的机制来实现程序语言中的保护规则。主要的差别在于这个保护的安全性不如保护内核提供的那么强大，原因是这种机制必须更多地依赖系统运转状态。编译器可以区分确定会发生保护违例和不会发生保护违例的参考内容，并将它们区别对待。这种方式的保护提供的安全要依赖于这么一个假设：这个编译器产生的代码在执行前和执行期间不会被修改。

与主要由编译器提供的强制相比，仅基于内核的强制的相对优势是什么？

• **安全**：和编译器的保护-检查代码生成提供的强制性相比，内核提供的强制为保护系统自身提供了更强的安全性。在一个支持编译器的策略中，安全要依赖以下几个方面：翻译器的正确性，一些底层的存储管理机制（保护已编译代码运行所在段），还有被加载的程序文件的安全性。这其中的一些因素也存在于受内核保护支持的软件中，但内核可能被固定存储到物理存储段中，并且可能要从一个指定的文件中装载，由于这些限制，这些因素相对少些。在一个带标记的权限系统中，所有的地址计算要么由硬件完成，要么由一个固定的微程序完成，因此安全性更好。硬件支持的保护对于硬件或系统软件的故障可能引发的保护侵犯，有着比较强的免疫力。

• **灵活性**：虽然保护内核为系统提供了足够的工具来强制实行系统自身的策略，但它在实现用户自定义的策略时，在灵活性方面有一些局限性。对编程语言来说，保护策略可以在实现时按需通过声明和强制提供来获取。如果某种语言不能提供足够的灵活性，那么可以扩展这种语言，或者做一些替代动作，这种做法在系统服务方面引发的混乱可能会比修改操作系统内核引发的混乱小一些。

• **效率**：如果硬件（或微代码）直接支持保护的强制执行，那么效率是最高的。然而通过软件支持的保护，面向语言的强制执行有着自己的优势：静态访问强制可以在编译期间离线验证；而且，一个智能编译器会根据特定的需要裁剪强制机制，可以避免原本不可或缺的内核调用的固定开销。

总之，在编程语言中指定保护，使资源的分配和使用策略的高级描述成为可能。当没有硬件支持的自动检查时，语言实现可以为保护强制提供软件。此外，它可以解释保护规范，产生面向硬件和操作系统提供的保护系统的调用。

为应用程序提供保护的一种方法是通过使用软件权限，它可以作为计算的一个对象。这个概念蕴涵这样的思想：某些特定的编程组件可以拥有创建和检查这些软件权限的特权。创建权限的程序将可以执行这么一个原子操作：密封一个数据结构，使得任何未持有密封和解封特权的程序组件都不能访问该数据结构。这些程序组件可以复制该数据结构的内容，或将它的地址传递给其他的程序组件，但不能访问它的内容。引入这些软件权限的目的是为编程语言引入一个保护机制。这个概念的唯一缺陷是：密封和解封操作的使用需要用一个过程式的方法来指定保护。如果要让应用程序员能够使用保护，一个非过程式的或者声明式的符号表示法是一个更好的方法。

要将权限分配给用户进程的系统资源，需要的是一个安全、动态的访问-控制机制。要想对系统整体的可靠性有所贡献，访问控制机制在使用时必须保证安全。要有实用性，则它还应该提供合理的效率。这个要求促进了一些语言结构的发展，这些语言结构允许程序员在使用指定的被管理资源时声明各种限制（参见文献注记）。这些结构为三种功能提供机制：

① 在客户进程中安全而有效地分配权限。特别地，机制要确保这一点，即一个用户进程只有在获得资源的一个权限时才能使用这个被管理的资源。

② 指定一个特定进程在分配资源时可能调用的操作的类型（例如，一个文件的读者只能读文件，一个文件的写者只能写文件）。不需要将同样的权限集合赋给所有的用户进程；除非有访问控制机制的授权，否则进程不能扩大自己的访问权限集合。

③ 指定一个特定进程调用某项资源的各种操作时要遵循的顺序（例如，文件只有先打开才能读）。两个进程可以在调用分配到资源的操作的顺序上有不同的约束。

将保护概念结合到编程语言中，作为一个系统设计的实用工具，尚处于萌芽阶段。有着分布式体系结构并且数据安全性需求日益迫切的新系统的设计者可能要开始更多地考虑保护问题。然后，使用恰当语言符号来表述保护需求的重要性可能会引起更广泛的关注。

14.9.2　Java 的保护

由于 Java 被设计在分布式环境中运行，Java 虚拟机（JVM）具有许多固定保护机制。Java 程序由**类**组成，每个类是一个数据域和操作该数据域的函数（叫做**方法**）的集合。JVM 会响应创建类实例的请求装载这个类。Java 最为新颖、实用的特性之一是：它支持从一个网络中动态地装载不可信任的类，支持在同一个的 JVM 中执行互不信任的类。

鉴于 Java 的这些能力，保护成为一个首先要考虑的问题。在同一个 JVM 中运行的类可以有不同的来源，也可以有不同的可信度。因此，JVM 进程级别的强制保护是不够的。

显然，是否允许一个打开文件的请求取决于请求打开文件的类。操作系统不具备这方面的信息。

因此，由 JVM 做这些保护决定。JVM 装载一个类时，它会给该类分配一个保护域，这个保护域给了类相关的权限。类被分配到哪一个保护域，这取决于类装载自哪个 URL 和类文件上的数字签名（数字签名参见 15.4.1 小节）。一个可配置的策略文件决定了要分配给相应的域（或它的类）的权限。例如：装载来自一个可信赖的服务器的类可能被分配到允许这些类访问用户目录文件的保护域中；而装载自不可信赖的服务器的类可能没有任何文件访问许可。

JVM 要决定由哪个类负责一个受保护资源的访问请求，这不是一件简单的事情。访问常常要间接通过系统库或其他的类来完成。例如，试想一下一个不允许打开网络链接的类。它可能会调用系统库来请求装载一个 URL 的内容。JVM 必须决定是否为这个请求打开一个网络链接。然而，应该根据哪个类来决定是否允许这个链接，是应用程序还是系统库？

Java 采用的哲学是：要求库类显式允许装载被请求的 URL 的网络链接。更普遍的做法是：如果要访问一个受保护资源，调用序列中引发该请求的方法必须显式地断言访问该资源的特权。这样的话，这个方法就要为这个请求*负责*；由此推测，它会承担起所有必要的检查以确保该请求的安全。当然，并不是任何方法都可以断言一个特权；只有当方法所属的类运行在一个可以执行这些特权的保护域上时，这个方法才可以这么做。

这个实现方法被称为**栈检查**（stack inspection）。JVM 中的每个线程都有一个相关联的栈，栈里存放的是该线程的正在进行中的方法调用。当方法的调用者可能不可靠时，它会在一个实施特权的 doPrivileged 块内执行一个访问请求来直接或间接地访问一个受保护的资源。doPrivileged()是访问控制类 AccessController 中的一种静态方法，通过调用 run()方法来将它传递给类。当方法进入这个实施特权的块时，与该方法相对应的栈帧就会被加上相应的注释以表明该事实的发生。然后，这个块的内容就会被执行。如果紧接着又有一个来自该方法本身或者它的调用者的访问受保护资源的请求，那么系统会调用一个许可检测 checkPermissions()来检查栈，以决定是否许可这个请求。该检查在调用线程的栈上检查栈帧，从最近添加的帧开始，一直到最老的那个帧。如果首先发现一个栈帧有执行特权 doPrivileged()的注释，那么许可检测 checkPermissions()就立即返回，并允许访问。如果首先发现一个基于该方法所属类的保护域的栈帧不允许访问该栈帧，那么许可检测 checkPermissions()会抛出一个 AccessControlException 异常。如果栈检查在检查完该栈之后，没有发现以上两种类型的栈帧，那么根据具体实现来决定是否允许访问（例如，有些 JVM 的实现可能允许访问，其他则可能不允许访问）。

栈检查如图 14.9 所示。图 14.9 中，在*不可信任的 Java 小应用程序*的保护域内，一个类的 gui()方法执行了两个操作，首先是一个 get()操作，然后是一个 open()操作。前者是在 *URL 加载器*保护域中的某个类的 get()方法的调用，它被允许打开与域 *lucent.com* 中的站点的会话，特别是一个代理服务器 *proxy.lucent.com*，该代理服务器用来重新获得 URL。因此，这个不可信任的小应用程序的 get()调用会成功：在网络库中，许可检测 checkPermissions()发现 get()方法的栈帧，而 get()方法在一个执行特权块完成它的打开操作。然而，因为许可检测 checkPermissions()在遇上 gui()方法的栈帧前不会找到执行特权的注释，所以一个不可信任的小应用程序的打开方法的调用会引发一个异常。

保护域：	不受信任的 Java 小应用程序	URL 加载器	网络
套接字许可：	没有	*.lucent.com:80, 连接	所有

类：	gui:
	…
	get(url):
	open(addr);
	…
		get(URL u):
		doPrivileged{
		　open('proxy.lucent.com:80');
		}
		<request u from proxy>
		…
			open(Addr a):
			…
			checkPermission(a, connect);
			connect(a);
			…

图 14.9　栈检查

当然，由于要执行栈检查，所以必须禁止一个程序在它自己的栈帧上修改注释，或者执行其他的栈检查操作。这是 Java 和许多其他语言（包括 C++）之间的最重要的差别之一。一个 Java 程序不能直接访问内存。确切地说，它只能操作一个它拥有引用的对象。引用是不可伪造的，而操作通过明确的接口完成。通过一个复杂的加载期和运行期检查集合，强制程序遵从前文所述的规定。最终，由于一个对象无法得到一个指向自身的栈或者保护系统的其他组件的引用，所以它无法操作自己的运行期栈。

更常见的是，Java 的装载期和运行期检查会对类强制要求类型安全。类型安全确保类不能将整数当做指针，不能在数组的范围之外访问数组，不能以任意方式访问内存。其实，一个程序只能通过对象所属类中定义的方法来访问一个对象。这让类达到了很好的封装效果，并保护自身的数据和方法免受装载在同一个 JVM 上的其他类的干扰，这是 Java 保护的基础，例如，一个变量可以被定义为私有的，这样就只有该变量所属类本身可以访问它；或者声明为被保护的，这样就只有该变量所属类本身、继承自该类的子类和同一个包中的类可以访问该变量。类型安全确保这些约束会被强制执行。

14.10　小　结

计算机系统包含许多对象，系统必须保护这些对象，防止它们被误用。对象可以是硬件（如内存、CPU 时间、I/O 设备），也可以是软件（如文件、程序、信号量）。一个访问权限是在一个对象上执行某项操作的许可。一个域是一个访问权限集合。进程在域中执行，并且可以使用域中的任意访问权限来访问、操作对象。在一个进程的生命周期中，可以将它绑定到一个保护域，也可以允许它从一个保护域切换到另一个保护域。

访问矩阵是一个普通的保护模型。不需要给系统或用户强加特定的保护策略，访问矩阵就可以为保护提供一种机制。策略和机制的分离是设计上的一个重要特性。

访问矩阵是稀疏矩阵。通常，它要么被实现为一系列关联到每个对象的访问列表，要么被实现为一系列关联到每个域的权限列表。如果将域和访问矩阵本身看做对象，就可以在访问矩阵模型中实现动态保护。将访问权限从一个动态保护模型中删除，在这方面，将访问列表策略和权限列表策略做一个比较，通常用前者要比用后者更容易实现。

实际的系统有着更多的限制，并且通常只为文件提供保护。UNIX 是一个代表，对每一个文件，它都分别为文件拥有者、组和普通公共用户提供了读、写和执行等权限保护。MULTICS 中，除了文件访问外，还采用了一个环结构。Hydra、剑桥 CAP 系统和 Mach 是权限系统，这些权限系统已经将保护的范围扩展到用户定义的软件对象。Solaris 10 通过基于角色的访问控制——一种访问矩阵形式，来实现最小特权原则。

和操作系统相比，面向语言的保护为请求和特权提供了更细致的颗粒化仲裁。例如，一个单独的 JVM 可以同时运行若干个线程，每个线程都在一个不同的保护类中。它通过复杂的栈检查和语言的类型安全来强制执行资源请求。

习　　题

14.1　考虑 MULTICS 中的环保护策略。如果要实现一个典型操作系统的系统调用，并将它们存储在与环 0 相关联的段中，段描述符的环域中应保存何值？在系统调用过程中，如果进程在更高编号的环中调用环 0 的过程时执行，会发生什么？

14.2　访问控制矩阵可用来决定进程是否能从域 A 转换到域 B，并能享受访问域 B 的权限。这种方法是否等同于域 B 的访问权限包含在域 A 中？

14.3　有这么一个计算机系统，学生只能在下午 10 点至上午 6 点的时段内玩游戏，教师只能在下午 5 点至上午 8 点的时段内玩游戏，而计算机中心的成员可以在任意时间玩游戏。设计一个能有效实现该策略的方法。

14.4　要在一个计算机系统中实现高效的权限操作需要哪些硬件特性的支持？能不能把这些特性应用到内存保护中？

14.5　试讨论采用与对象相关的访问列表实现访问矩阵的优点和缺点。

14.6　试讨论采用与域相关的权限实现访问矩阵的优点和缺点。

14.7　试解释为什么基于权限的系统，如 Hydra 系统，在强制保护策略方面比环保护更为灵活？

14.8　讨论 Hydra 对权限扩展的需求。如何将它与环保护方法中的跨环调用相比较？

14.9　什么是需要则知道策略？为什么对于一个保护系统来说，添加这个策略十分重要？

14.10　讨论下面哪个系统允许模块设计员加强需要则知道原则：

　　　　a．MULTICS 环保护方法

　　　　b．Hydra 的权限

　　　　c．JVM 的栈检查方法

14.11　如果允许一个 Java 程序直接修改它自身的栈帧的注释，那么 Java 的保护模型会付出什么样的代价？

14.12　访问矩阵和基于角色的访问控制有什么相同和不同之处？

14.13　最小特权原则如何帮助保护系统的生成？

14.14　实现最小特权原则的系统为何仍会存在引起违反安全的保护失败？

文 献 注 记

　　Lampson[1969] 和 Lampson[1971] 设计了域与对象间的保护的访问矩阵模型。Popek[1974]、Saltzer 和 Schroeder[1975] 提供了关于保护问题的优秀的综述。Harrison 等[1976] 使用了这个模型的一个正式版并使它们能够证明一个保护系统的数学属性。

　　权限的概念是从 Iliffe 和 Jodeit 的 *codewords* 演化而来的，而后者是在美国 Rice 大学的计算机上实现的（Iliffe 和 Jodeit[1962]）。术语*权限*是由 Dennis 和 Horn[1966] 引入的。

　　Wulf 等[1981] 描述了 Hydra 系统。Needham 和 Walker[1977] 描述了 CAP 系统。Organick[1972] 论述了 MULTICS 环保护系统。

　　Redell 和 Fabry[1974]、Cohen 和 Jefferson[1975]、Ekanadham 和 Bernstein[1979] 论述了撤回。Hydra（Levin 等[1975]）提倡规则与机制分离的原则。Lampson[1973] 首先论述了制约问题，Lipner[1975] 进一步论述了它。

　　Morris[1973] 最先使用高级语言来表示访问控制，他提出 14.9 节中论述的 seal 和 unseal 操作的使用。Kieburtz 和 Silberschatz[1978]、Kieburtz 和 Silberschatz[1983]、McGraw 和 Andrews[1979] 提出了用来处理一般动态资源管理的不同语言构造。Jones 和 Liskov[1978] 设想怎样将一个静态访问控制方案合并到一个编程语言中，以让它支持抽象数据结构。Exokernel 项目（Ganger 等[2002]、Kaashoek 等[1997]）采用最小操作系统支持来加强保护。Bershad 等[1995] 通过基于语言的保护机制来扩展系统代码。其他加强保护的技术包括沙箱技术（Goldberg 等[1996]）、软件故障隔离（Wahbe 等[1993]）。McCanne 和 Jacobson[1993]、Basu 等[1995] 中研究了有关降低与保护开销相关的负载问题，以及对网络设备的用户级访问问题。

　　在 Wallach 等[1997] 和 Gong 等[1997] 中可以找到关于栈检查的更详细的分析，包括使用其他方法与 Java 安全性的比较。

第15章 安　全

第 14 章讨论了保护。保护严格来讲是个*内部*问题：应该以一种怎样的方式来提供对存储在计算机系统中的程序和数据的受控访问？相对来说，**安全**除了需要一个适当的保护系统外，还需要考虑系统运行的*外部*环境。如果用户验证被放弃了或者程序被非授权用户运行，那么内部保护是无用的。

计算机资源必须被保护，以免受到未经授权者的访问，被恶意地更改或破坏，以及被意外地引入不一致问题。这些资源包括存储在系统中的信息（数据或代码）、CPU、内存、磁盘、磁带和计算机网络。本章首先考虑资源可能被偶然或有目的误用的途径，然后探索一种关键的安全方法——密码学。最后学习一些保卫或检测攻击的机制。

本章目标
- 讨论安全威胁和攻击。
- 解释加密、验证和 hashing 的基本原则。
- 考查计算中的密码学。
- 介绍各种针对安全攻击的对策。

15.1 安 全 问 题

在许多应用中，确保计算机系统的安全是一件值得努力的事。存有工资表或者其他金融数据的大型商业系统很容易引起盗贼的兴趣。不道德的竞争者可能会对存储着合作数据的系统产生兴趣。不管是因为意外还是因为受骗，数据丢失都会严重影响企业的运作。

第14章讨论了能够提供保护用户资源（包括程序和数据）机制（借助一些硬件支持）的操作系统。只有在用户遵守资源的使用和访问规则时，这些机制才能很好地发挥作用。只有用户可以在各种情况下按计划使用和访问资源时，才会认为系统是**安全**的。不幸的是，无法做到百分之百的安全。因此，必须有这么一些机制，它们能够将出现安全缺陷的情况控制在一个极小的概率范围内，这要比一般标准小得多。

系统的安全违例（或误用）可以分为有意的（恶意的）和无意。防止意外误用比防止恶意破坏要容易得多。对大部分而言，保护机制是保护意外发生的核心。下面列出了几种意外和恶意的违反安全的形式。注意，在讨论安全时，采用术语*入侵者*和*骇客*来代表那些试图违反安全的事。此外，**威胁**（threat）意味着对违反安全的潜在危险，如漏洞；而**攻**

击（attack）则是试图破坏安全。

- **攻击保密性**：这类违反涉及未授权的读数据（或偷信息）。违反保密性向来是入侵者的目标。从系统或数据流中捕获秘密数据，如信用卡信息或身份信息，可使入侵者得到直接经济回报。
- **攻击完整性**：这类违反涉及未授权的数据修改。例如，这种攻击可能导致将债务转给无辜的一方，或修改重要商业应用的源代码。
- **违反有用性**：这类违反涉及未授权的数据破坏。有些骇客宁愿制造巨大破坏并获取状态信息或吹牛资本，而不是获利。Web 站点的破坏就是这类安全违反常见的例子。
- **偷窃服务**：这类违反涉及未授权的资源利用。例如，一个入侵者（或入侵程序）可能在一个系统上安装后台程序作为文件服务器。
- **拒绝服务**：这类违反涉及阻止合法使用系统。**拒绝服务**（或 DOS）攻击有时是一种意外。当 bug 未能延缓它的传播速度后，最初的因特网蠕虫变成 DOS 攻击。15.3.3 小节将进一步介绍 DOS 攻击。

攻击者在试图违反安全时采用几种例行方法。最为常见的是**冒名顶替**（masquerading），即某人假装另一人（或另一台主机）参与通信。利用冒名顶替，攻击者破坏证实身份的**验证**，然后就能访问通常不允许他们访问的信息，或升级他们的特权——以获得他们不能以正常途径进入的特权。另一种常见的攻击方式是重放捕获的数据交换。**重放攻击**（replay attack）包括恶意或欺骗性的有效数据的重复传播。有时，重放包括完整的攻击——如请求重复转移金钱。但更为常见的是**消息篡改**（message modification），这也升级了特权。考虑这样做可能造成的破坏——如果有一个要求，其合法的身份验证用户的信息被改为未经授权的用户信息。另一类攻击方式是**中间人攻击**（man-in-middle attack），其中攻击者位于通信的数据流中，伪装成给接收方信息的发送方，或反过来。在网络通信中，中间人攻击之前可能发生**会话劫持**（session hijacking），其中活动的通信会话被拦截。图 15.1 描绘了几种攻击方法。

如前所述，要在系统中完全杜绝恶意滥用的现象是不可能的，不过可以采取措施，使得恶意破坏的代价非常高，以打消绝大多数入侵者的企图。有时，例如对一个拒绝服务攻击，能防止攻击更好，但是能检测出攻击并能采取对策就足够了。

要保护系统，必须在 4 个层次上采取安全机制：

- **物理**：必须采取物理措施保护计算机系统的站点，防止入侵者强行地或秘密地入侵。机房和能访问机器的终端或工作站都必须是安全的。
- **人**：必须谨慎地授权用户，以确保只有合适的用户能访问系统。然而，即便是授权用户，也可能"鼓励"让其他人使用他们的访问（如贿赂交易）。他们也可能通过**社会工程**（social engineering）被欺骗允许访问。一种社会工程攻击是**网络钓鱼**（phishing）。一个看起来合法的 E-mail 或网页使用户错误地输入机密信息。另一种技术被称为**垃圾搜寻**

（dumpster diving）——用来表示试图收集信息以获得对计算机未授权的访问（如通过查询垃圾、查找电话簿或查找包含口令的备忘录）的通用术语。这些安全问题是管理和人员问题，而不是操作系统的问题。

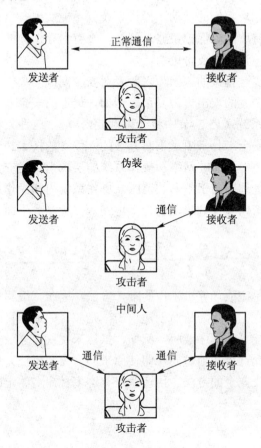

图 15.1　标准的安全攻击

• **操作系统**：操作系统必须防止自身遭受意外的或者有意的安全破坏。一个失去控制的进程可能导致一个意外的拒绝服务攻击，对服务的一次询问可能暴露密码，一次栈溢出可能启动一个未授权的进程。这一系列违反安全的事情几乎没完没了。

• **网络**：现代系统中的许多计算机数据都在私人租用的线、共享的线（如 Internet、无线连接和电话线）上传播。中途截取这些数据的危害和入侵计算机的危害是等同的。这些连接的中断可能引起一个远程的拒绝服务攻击，结果会降低系统的使用率和可信度。

如果要确保操作系统的安全，那么必须保证前两层的安全。如果一个高层次的安全（物理或人）中存在弱点，则它会欺骗低层次的安全（操作系统）措施。因此，有句谚语说，一根链条与它最弱的连接一样弱，系统安全也是如此。为了维护安全，必须解决所有这些方面的安全问题。

进一步讲，系统必须为安全措施的实现提供保护（参见第 14 章）。如果不能为用户和进程授权、控制访问、记录它们的活动，操作系统就不能实现安全措施或安全地运行。硬件保护特性需要用来支持所有的保护策略。例如，没有内存保护的系统不安全。新的硬件特点允许系统更为安全，正如将要讨论的。

不幸的是，安全很少是直接的。因为入侵者对安全漏洞的攻击，所以需要创建和部署安全对策。这将导致入侵者的攻击更为复杂。例如，最近的安全入侵包括使用间谍软件将垃圾信息传送给无辜的系统（15.2 节中将会讲到此内容）。这种猫和老鼠的游戏可能还要继续，而且需要更多的安全工具来阻止不断升级的入侵者的技术和活动。

在本章接下来的章节中，将在网络和操作系统的层次上讲述安全。物理和人这两层的安全虽然重要，但它们远远超出了本书的范围。操作系统内和操作系统间的安全实现途径有很多：涉及的范围从密码验证到防范病毒，再到入侵检测。下面首先研究安全威胁。

15.2 程 序 威 胁

进程与内核一起，是完成计算机工作的唯一方法。因此，编写程序来生成安全攻击，或导致一个正常进程改变它的行为从而创建攻击，是骇客的通常目的。事实上，甚至大多数非程序安全事件也可能导致程序威胁。例如，虽然未授权而登录一个系统有用，但是留一个**后门**以提供信息或允许容易地访问（即使原来的努力被阻挠）更加有用。本小节将介绍几个利用程序产生违反安全的方法。请注意，有许多种命名约定的安全漏洞，本书使用最常用的或描述性用语。

15.2.1 特洛伊木马

许多系统都提供了这种机制：允许程序作者之外的用户运行程序。如果这些程序运行时所在的域提供了用户的访问权限，那么其他的用户就可能误用这些权限。例如，一个文本编辑器，它可能允许根据关键字搜索要编辑的文件。如果有文件被搜索到，就会将整个文件的内容复制到一个文本编辑器的创建者可以访问到的特定区域中。一个误用自身环境的代码段被称为**特洛伊木马**（Trojan horse）。较长的搜索路径，如在 UNIX 系统中，常常会加剧特洛伊木马问题。给定一个模糊的程序名时，搜索路径通常会列出要搜索的目录的集合。在该路径中搜索目标文件，然后执行该文件。搜索路径中的所有目录都必须是安全的，否则就可能会有特洛伊木马进入搜索路径，并且被偶然间执行。

例如，在搜索路径中使用字符"."。字符"."告诉 shell 在搜索中包含当前目录。因此，如果一个用户在他的搜索路径中包含字符 "."，并且已经将他的当前目录设置到一个朋友的目录下，然后输入了一个普通的系统命令，结果这个命令就有可能从那个朋友的目录执行。程序将在该用户的域中运行，程序可以做该用户可以做的任何事情，包括删除该用户的文件。

特洛伊木马问题有一个变种，就是模仿一个登录程序。一个警惕性不高的用户开始在一个终端登录系统，稍后被告知输错了密码。他重新试了一遍正确的密码，然后登录成功。这期间发生了什么事呢？入侵者运行在这个终端的登录模拟器偷走了这个用户的验证密钥和密码。这个登录模拟器保存好密码，发出一个登录错误的消息，然后退出；然后用户收到一个真正的登录提示信息。如果操作系统在一个互动会话的终点给出一个使用消息，或者是采用一个不可捕捉的按键顺序，如所有现代的 Windows 操作系统中使用的 Ctrl＋Alt＋Delete 组合键，都可以击败模拟登录程序的攻击。

特洛伊木马的另一个变种是**间谍软件**（spyware）。间谍软件有时伴随用户所选择安装的程序。更为常见的是，它往往与免费软件或共享软件一起，但有时也包括在商用软件中。间谍软件的目的是下载广告显示到用户的系统上，当访问特定的站点时生成**弹出浏览窗口**（pop-up browser windows），或捕获用户的系统信息并将之反馈到一个中央站点。后一种模式就是普通分类攻击的一个例子，被称为**隐蔽通道**（covert channel），其间进行了秘密的通信。例如，在 Windows 系统中安装一个看起来无伤大雅的程序就可能导致安装了一个间谍软件后台程序。间谍软件可能与中央站点联系，得到消息及收件人地址列表，并从 Windows 机器上发送垃圾邮件给这些用户。这些进程持续进行，直至用户发现间谍软件。通常间谍软件并不容易被发现。在 2004 年，据统计有 80%的间谍软件都是利用这种方式进行传播的，这种盗窃服务在大多数国家甚至不被视为犯罪行为。

间谍软件只是宏观问题的一个微小的例子：违反最低权限原则。在绝大多数情况下，操作系统用户并不需要安装网络后台程序，这些后台程序是通过两种错误操作被安装上的。第一种，用户可能超出需求使用了更多的特权（如作为管理员），允许他所运行的程序超出需求地访问系统，这是一起人为错误——一个普遍的安全漏洞。第二种，操作系统默认地给出了比满足普通用户需求更多的特权，这是操作系统设计缺陷。操作系统（以及普通的软件）应该有细粒度访问和安全控制，但它也必须易于管理和理解。应规避不方便或缺乏安全保障的措施约束，它们将导致削弱整体设计的安全性。

15.2.2　后门

程序和系统的设计者都可能在软件中留一个只有他自己能使用的漏洞。电影《*战争游戏*》讲述的就是这种安全攻击（或**后门，trap door**）。例如，代码可能会检查特定的用户 ID 或密码，让这个特定的用户避开正常的安全程序。故事中的程序员因为盗用了银行的大笔存款被捕了；他们采取的手段是：在代码中引入四舍五入错误，不时地将半美分划到他们自己的账户上。想想一个大银行的交易次数，就知道这个账户的款额很可能累积成一个天文数字。

可以在一个编译器中包含一个巧妙的后门。不管被编译的源代码怎样，这个编译器都会在产生标准的目标代码的同时，另外产生一个后门。这种行为所带来的后果是极其可怕的，因为检查程序的源代码发现不了任何问题。只有编译器的源代码中才有问题的相关信息。

后门是一个很棘手的问题。经常为了查出一个后门，要分析一个系统的所有组件的源代码。大家都知道，软件系统可能由上百万行代码组成，我们不可能经常分析整个系统，其实这种分析从来都不做！

15.2.3　逻辑炸弹

考虑一个程序，它只在一定环境下开始一个安全事件。由于在正常操作下可能没有安全漏洞，因此可能很难检测。然而，当一个预定义的参数集符合时，可能产生一个安全漏洞。这种情况被称为**逻辑炸弹**（logic bomb）。例如，一个程序员可能编写代码来检测是否自己仍被雇佣，如果检查失败，则可能生成后台程序来允许远程访问，或者可能产生代码破坏站点。

15.2.4　栈和缓冲区溢出

一个来自系统外的攻击者，通过网络或电话线连接，访问目标系统，他最可能采用的攻击方式就是利用栈或缓冲区溢出。系统的授权用户也可能使用这种攻击方式以求特权升级（privilege escalation）。

从根本上说，这种攻击就是利用程序中的一个错误。这个错误可能是一个拙劣的程序中一个很简单的例子：程序员没有对输入域进行边界检查。在这种情况下，攻击者向程序发送比预期的数目多得多的数据。通过试验和错误，或者通过检查被攻击程序的源代码（如果有的话），攻击者将会发现程序的弱点，并自己写一个程序来完成以下几项任务：

① 使一个程序（如在一个网络监护程序）的输入域、命令行参数或者一个输入缓冲区溢出，直到写入栈中。

② 用步骤 3 中装载的攻击代码的地址覆盖栈内当前的返回地址。

③ 为紧接的栈空间写一段代码，这段代码包括了攻击者想要执行的命令，如，产生一个 shell。

这个攻击程序的执行结果是一个根 shell 或者其他特权命令的执行。

例如，如果一个网页表格要求用户往其中一栏输入一个用户名，攻击者就可以发送一个用户名，并添加额外的字符，目的是使缓冲区溢出并且写栈，往栈中添加一个新的返回地址和攻击者想要执行的代码。当读缓冲区的子程序从读缓冲区的操作中返回时，返回地址是攻击代码的地址，紧接着就开始执行攻击代码。

接下来看一下更为详细的缓冲区溢出问题。考虑一下如图 15.2 所示的简单的 C 程序。该程序生成一个大小为 BUFFER_SIZE 的字符数组，并复制命令行 argv[1]提供的参数内容。只要参数的长度小于 BUFFER_SIZE（需要一个字节来存放零终止），该程序正常运行。但考虑一下如果命令行提供的参数长度大于 BUFFER_SIZE 时将会发生什么。在这种情形下，strcpy()函数将从 argv[1]开始复制，直到它遇到零终止（\0），或程序崩溃。因此，该程序受到一个潜在的缓冲区溢出问题的困扰，其中复制的数据溢出了缓冲区数组。

注意，一个细心的程序员可以用 strncpy() 函数而不是 strcpy()函数完成 argv[1]边界检查，用"strncpy(buffer, argv[1], sizeof(buffer)–1);"置换"strcpy(buffer,argv[1])"。不幸的是，好的边界检查是异常而不是正常。

更进一步讲，缺乏边界检查不是导致图 15.2 中程序的行为的唯一可能。程序被仔细地设计后，可能危及系统的完整性。现在考虑一个缓冲区溢出的安全攻击。

当在一个典型的计算机结构中调用一个函数时，为函数定义的本地变量（有时称为**自变量**）、传递给函数的参数，以及一旦函数退出就返回控制的地址都被存储在一个**栈帧**（stack frame）中。图 15.3 所示的是一个典型栈帧的设计。自顶向下检查栈，首先是参数与函数定义自变量一起被传递给函数；接着是**帧指针**（frame pointer），它指向栈帧开始的地址。最后得到返回的地址，它指明一旦函数退出所返回控制的地址。帧指针必须保存在栈上，函数调用期间栈指针的值可以变化，所保存的帧指针允许对参数和自变量的相关访问。

```
#include < stdio.h>
#define BUFFER_SIZE 256

int main (int argc, char *argv[])
{
    char buffer[BUFFER_SIZE];

    if (argc < 2)
        return  –1;
    else {
        strcpy(buffer,argv[1]);
        return  0;
    }
}
```

图 15.2 具有缓冲区溢出条件的 C 程序   图 15.3 典型的栈帧布局

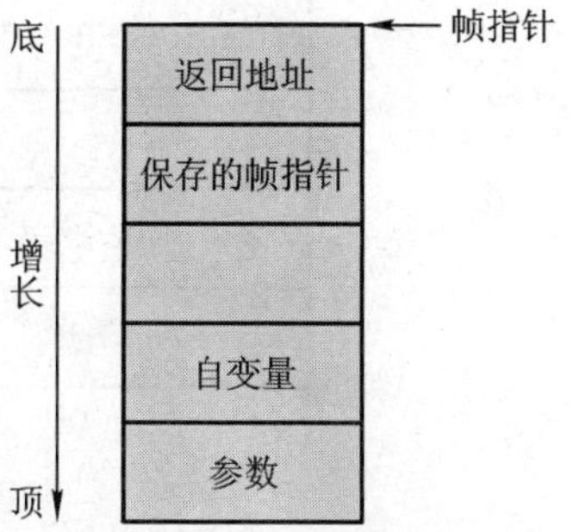

给出这个标准的内存分布，一个骇客可以执行一个缓冲区溢出攻击。他的目的是替代

栈帧中的返回地址，以使它现在指向包括攻击程序的代码段。

程序员首先写了如下代码段：

```
#include < stdio.h>
int main (int argc, char *argv[])
{
    execvp(' '\bin\sh' ', ' '\bin\sh' ',NULL);
    return 0;
}
```

使用函数调用 execvp()，此代码段生成一个 shell 进程。如果正在被攻击的程序在整个系统的权限内运行，此新生成的 shell 将得到对系统的完全访问。当然，这个代码段可以做任何被攻击的进程可以做的事。然后代码段被编译，以使汇编语言指令可被修改。其主要的修改是删除代码中不必要的特性，从而减短代码长度，使之适合放在栈帧内。现在，此汇编代码段是一个二进制序列，将位于攻击的中心。

再次看如图 15.2 所示的程序。假设在程序中调用 main()函数时，栈帧如图 15.4(a)所示。使用调试程序，程序员找到 buffer[0]在栈中的地址。该地址是攻击者想要执行代码的地址，故此二进制序列被添加上一定数量的 NO-OP 指令（空操作），以满足栈帧达到返回地址的位置，并加上 buffer[0]的位置和新的返回地址。攻击者将此二元序列作为进程的输入后攻击完成。然后该进程从 argv[1]将二进制序列复制到栈帧中的 buffer[0]位置。现在，当控制从 main()返回时，并不是返回到原先指定的返回地址，而是返回到修改的 shell 代码，它则运行具有访问权限的攻击程序！图 15.4（b）包含了被修改的 shell 代码。

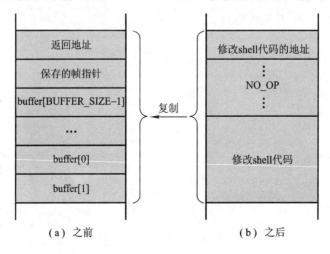

图 15.4　图 15.2 的假设栈帧

有许多方法可用来利用潜在的缓冲区溢出问题。在此例子中，考虑了程序被攻击的可能性，如图 15.2 所示，能在系统许可范围内运行。但是，一旦返回地址值已被修改，代码段运行可能完成任何类型的恶意行为，如删除文件、打开网络端口以进一步利用等。

上述缓冲区溢出例子需要大量的知识和编程技能来识别可利用的代码并使用这些代码。不幸的是，它不需要程序员来发起攻击，而是任何一个骇客都能确定漏洞并编写一个攻击程序。任何具有基本的计算机技能和访问攻击程序的人，被称为**脚本黑客**（只依赖工具进行攻击的黑客，script kiddie），都能试图对目标系统发起攻击。

利用缓冲区溢出的攻击特别致命，因为它可以在系统间运行，也可以在允许连接的信道间流窜。这样的攻击可能发生在用做连接机器的协议间，因此很难检测和防止。它们甚至能绕过防火墙（参见 15.7 节）的安全措施。

这个问题有一个解决办法：给 CPU 添加一个特性，让它禁止执行存放在栈内的代码。最新版本的 Sun 的 SPARC 芯片有这项设置，最新版本的 Solaris 激活了这项设置。还可以修改处理溢出的子程序的返回地址，但如果返回地址和将要执行的代码都在栈内，就会产生一个异常，程序由于发生错误而中止。

最新的 AMD 和 Intel x86 版本芯片利用 NX 特性来防止这种攻击。一些 x86 系统的操作系统，包括 Linux 和 Windows XP SP2 都支持这种特点。其硬件实现涉及在 CPU 页表中使用新的位，该位标记了不能执行的相关的页，不允许从它读指令或执行。随着这一特性的普及，缓冲区溢出问题会相应减少。

15.2.5 病毒

计算机攻击的另外一种形式是**病毒**。病毒是自我复制的，其设计就是为了"感染"其他程序。病毒通过修改和毁坏文件、导致系统崩溃和程序出错，从而在系统中搞破坏。病毒是一个内嵌到合法程序中的代码段。与大多数的渗透攻击一样，病毒是针对计算机结构、操作系统和应用的。对于个人计算机用户而言，病毒是个大问题。而对 UNIX 和其他多用户计算机而言，操作系统不允许写可执行程序，因此病毒对多用户计算机的危害要小一些。即便病毒感染了一个程序，因为系统的其他方面有很好的保护措施，病毒的影响仍然是很有限的。

病毒通常通过 E-mail 生成，垃圾邮件是最常见的载体。当用户从 Internet 共享文件服务上下载带病毒的程序或交换感染病毒的磁盘时，就会将病毒扩散开来。

另外一种常见的病毒传播形式是通过 Microsoft Office 文件的使用进行的，例如微软的 Word 文档。这些文档可能包含所谓的宏（或 Visual Basic 程序）、Office 套件（Word、PowerPoint、Excel）会自动执行这些宏。因为这些程序在用户自己的账号下运行，这些宏可以随心所欲地运行（如任意地删除用户文件）。通常，病毒也会把自己 E-mail 给用户联系列表中的其他用户。下面是一段代码例子，它说明了写一个 Visual Basic 宏程序的简单性，其中只要包含宏的文件被打开，病毒就可以使用此程序来格式化一个 Windows 系统的计算机硬盘。

```
Sub AutoOpen()
Dim_oFS
  Set oFS = CreateObject(' 'Scripting.FileSystemObject' ')
  vs = Shell(' ' c:
command.com / k format c: ' ', vbHide)
End Sub
```

病毒如何工作呢？一旦病毒到达目标机器，一个被称为**病毒 dropper** 的程序就将病毒内嵌到系统上了。病毒 dropper 通常是通过其他原因执行特洛伊木马从而安装病毒。病毒一经装入，就可能做许多事情中的一种。目前有上千种病毒存在，但主要可将它们分为几大类。注意，许多病毒可能同属多种类型。

- **文件病毒**：一个标准的文件病毒通过将它自己附在文件上来感染文件。它改变了程序的开始地址，以使程序跳转执行它的代码。执行完后，将控制权返与程序，从而隐蔽自身的执行。文件病毒有时被称为寄生病毒，因为它们没有留下完整的文件，并使宿主程序仍能工作。

- **启动病毒**：启动病毒感染系统的启动区，每次启动系统时都执行，并在操作系统前被装载。它寻找其他可启动的介质（如软盘）并感染它们。这些病毒也被称为内存病毒，因为它们不出现在文件系统中。图 15.5 说明了一个启动病毒是如何工作的。

- **宏病毒**：大多数病毒是用低级语言编写的病毒，如汇编语言或 C 语言。宏病毒是用高级语言编写的，如 VB。当能够执行宏指令的程序运行时，这些病毒被触发。例如，宏病毒可能包含在一个电子数据表格文件中。

- **源代码病毒**：源代码病毒寻找源代码并修改它们，以加入并扩散病毒。

- **多态病毒**：这种病毒在每次安装时都改变自己，以避免杀毒软件的检测。这种改变不影响病毒的功能，而是改变**病毒签名**。一个病毒签名是可被用来识别病毒的形式，一般是由一串字节来组成病毒代码。

- **加密病毒**：一个加密的病毒包括解密代码和加密的病毒，也是为了避免检测。这种病毒先解密，然后再执行。

- **隐形病毒**：这种病毒通过修改能检测病毒的系统部分来避免检测。例如，它可能修改 read 系统调用，以使当它所修改的文件被读取时，返回原来的代码而不是被感染的代码。

- **隧道病毒**：这种病毒通过将自己装入中断处理链中，试图逃过防病毒扫描。同样的，病毒可将自己装入设备驱动程序。

- **复合病毒**：这种病毒能感染系统的多个部分，包括引导区、内存和文件。因此检测和维护变得很困难。

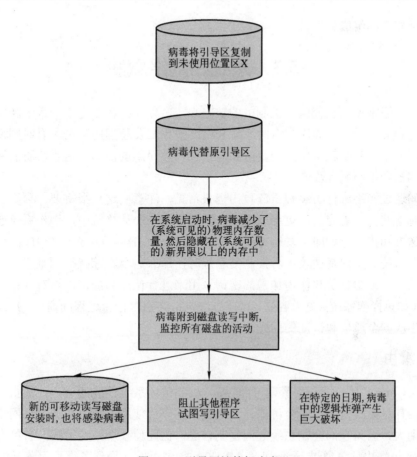

图 15.5　引导区计算机病毒

- **加壳病毒（armored）**：这类病毒被编码后，使自己很难被反病毒研究人员破解和理解，它们还可被压缩以逃避检测和杀毒。此外，通过文件属性或不可见的文件名，病毒 dropper 和其他部分被感染的完整文件常常被隐藏。

病毒的种类还在不断地增加。事实上，在 2004 年就检测到一种新的广泛传播的病毒。它利用三个分开的漏洞。该病毒首先感染数百个运行 Microsoft Internet 信息服务（IIS）的 Windows 服务器（包括许多受信任的站点），任何访问这些站点的易受攻击的 Microsoft 网页浏览器将会因下载接收到浏览器病毒。这些浏览器病毒装有后门程序，包括**击键记录器**，它记录了所有键盘上的事件（包括口令和信用卡数字）。同时它还安装监控程序来允许不设限的远程访问，安装另一个监控程序来通过被感染的台式计算机发送垃圾邮件。通常，病毒是破坏性最强的安全攻击，因为它们的有效性，它们将会不断地被写入和扩散。在计算机界最具争议的问题是许多系统运行相同的硬件、操作系统或应用软件，这种**单一性**将不断地增加由安全入侵带来的威胁和破坏。争论的问题在于如今是否有，甚至存在着一个单一性（由微软产品组成）。

15.3　系统和网络威胁

程序威胁通常使用系统保护机制中的缺陷来攻击程序。相比之下，系统和网络威胁则涉及对服务和网络连接的滥用。有时系统和网络被用来发起程序攻击，有时则反之。

系统和网络威胁引起操作系统资源和用户文件被误用的情形。这类威胁的例子包括蠕虫、端口扫描和拒绝服务攻击。

系统间通过网络进行伪装和重放攻击也很常见，注意到这点很重要。事实上，在涉及多个系统时这些攻击更为效，更难以对抗。例如，在一个计算机中，操作系统通常能确定消息的发送方和接收方。即使发送方改变为其他用户的 ID，也会有一个 ID 改变的记录。当涉及多个系统，特别是被攻击者控制的系统时，那么这个跟踪就很困难了。

共享秘密（证明身份和作为加密的密钥）用来进行认证和加密，这对存在安全共享方法的环境（如单操作系统）更为容易。这些方法包括共享内存和进程间通信。15.4 节和 15.5 节将讨论生成安全通信和认证的问题。

15.3.1　蠕虫

蠕虫（worm）是一个利用**繁殖**（spawn）机制破坏系统性能的进程。蠕虫大量产生自身的副本，耗尽系统资源，甚至可能让其他进程都停止使用系统。在计算机网络中，蠕虫的影响特别大，因为它们会在系统之间复制自己，借此使整个系统瘫痪。曾经有过这样的事情，1988 年蠕虫病毒通过 Internet 在 UNIX 系统中爆发，导致了上百万美元的损失。

在 1988 年 11 月 2 号左右，美国康奈尔大学的一年级的研究生 Robert Tappan Morris, Jr. 在若干台连到 Internet 上的主机上释放了一个蠕虫程序。这次攻击的目标是运行版本 4 BSD UNIX 系统系列的 Sun Microsystem 的 Sun 3 工作站和 VAX 计算机，蠕虫以极快的速度向远处传播；在释放后的短短几个小时内，蠕虫病毒就已经将系统资源消耗到足以让感染的机器崩溃的程度。

尽管 Morris 设计这种自我复制的程序的目的是复制和扩散，UNIX 网络环境的一些特性也为蠕虫在系统中繁殖提供了便利。Morris 选择最初感染的那台主机很可能是开放的，外边的用户可以访问它。在那台主机上，蠕虫程序发现了 UNIX 操作系统安全程序的缺陷，并且利用 UNIX 在简化本地网络资源共享方面的工具，获得了数以千计的连接站点的未授权访问。接下来将简要讨论 Morris 采用的攻击方法。

这个蠕虫程序由两部分组成：一个**挂钩**（grappling hook）（也被称为**引导**（bootstrap）或**向量**（vector））程序和一个主程序。名为 11.c 的挂钩程序由 99 行已编译的 C 代码构成，并且在每台已访问到的机器上运行。新感染系统上的挂钩创建工作一旦完成，挂钩就开始

连接到它原来的那台机器上，并从那台机器上复制一份主程序到*新感染的*系统中（见图
15.6）。主程序继续搜索新感染的系统能够轻易连接上的那些机器。在这些活动中，Morris
发掘了 UNIX 网络的功能（rsh）用于执行简单的远程任务。通过建立特殊文件，文件中列
出了"主机-登录名"对，列表中的用户不再需要在每次访问远程账户时都输入密码。蠕虫
在这些特殊文件中搜索那些不需要密码也允许远程登录的站点。在远程 shell 创建的地方上
传蠕虫程序并开始新一轮的攻击。

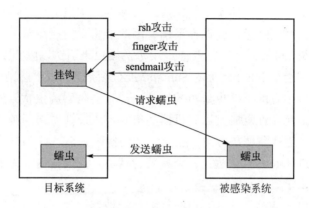

图 15.6　Morris 的 Internet 蠕虫

　　基于蠕虫的感染方法有三种，通过远程访问攻击是其中的一种。另外两种感染方法利
用了 UNIX finger 和 sendmail 程序中的操作系统 bug。

　　finger 像电话目录一样工作；命令为

　　　　finger 用户名@主机名

返回一个人的真实姓名和登录名，还有用户提供的其他一些信息，比如办公室和家庭地址、
电话号码、研究计划或座右铭等。finger 在 BSD 站点上是作为一个后台程序（或监控程序）
运行的，并响应来自 Internet 的询问。蠕虫在 finger 上执行缓冲区溢出攻击，程序用一个
精心设计的长度为 536B 的字符串询问 finger，超出分配给输入的缓冲，并覆写栈帧。finger
不是返回到它在 Morris 调用之前的正常的*主程序*中，这个监护进程 finger 被定向到一个存
储在栈内的入侵的 536B 长的字符串中。要执行的新进程/bin/sh，如果成功的话，会给蠕虫
一个被攻击机器上的远程 shell。

　　Sendmail 中的漏洞也包含可以被恶意入侵利用的监护进程。Sendmail 在一个网络环境
中传送、接收和传递电子邮件。这个工具的调试代码允许测试者识别并显示出邮件系统的
状态。对系统管理员而言，这个调试选项很有用，常被保留。Morris 在他的攻击中包含了
一个对调试的调用，这个调用没有像正常的测试那样指定用户地址，而是发出了一个用来
邮寄和执行一个挂钩程序复制的命令集。

　　一旦被安置好，蠕虫的主程序就开始系统地探测用户密码。开始时它只是试探那些不

需要密码或者密码由账号-用户名组合而成的情况，然后将结果和一个有着 432 个惯用密码的内部字典进行比较，然后执行最后一个步骤：将标准 UNIX 在线字典中的每个词都当做可能密码测试一遍。这个精巧高效的三步密码破解算法使得蠕虫可以进一步访问被感染系统中的其他账户。然后蠕虫开始在这些最近破解的账号中搜索 *rsh* 数据文件，并利用它们获得该账号在远程系统上的访问权限。

每一次新的攻击，蠕虫程序都会搜寻已经激活的副本。如果它找到一个，那么新的副本就退出，但如果新的副本是第 7 个实例，那么新的副本也会保留在目标机器上。每次重复瞄准一台目标机器时，蠕虫都会选择退出，因此要将它们检测出来确实很不容易。允许第 7 份副本继续感染（可能以此来挫败通过用*假的*蠕虫来引诱以阻止扩散的努力），正是蠕虫程序的这个策略制造了 Internet 上的 Sun 和 VAX 系统的大规模感染。

UNIX 网络环境中有助于蠕虫繁殖的特性同样也会阻碍蠕虫感染进程。电子通信的便利，将源文件和二进制文件复制到远程机器的机制，以及同时访问源代码和专家之间的协作，这些都有利于迅速找到解决方案。在第二天的傍晚之前，11 月 3 号，中止这个入侵程序的方法就已经通过 Internet 送达到各个系统管理员。几天之内，为那个安全漏洞定制的软件包就被开发出来了。

Morris 释放蠕虫的动机是什么？他的行为已经被定性为既是一次无害的恶作剧又是一次严重的犯罪攻击。从启动攻击的复杂性判断，蠕虫的释放和它选择的传播范围肯定是有意的。蠕虫精心设计了一些步骤，来掩盖自身踪迹和击退阻碍它传播的力量。然而，程序没有包含破坏和摧毁受感染系统的代码。作者显然具备编写这些代码的技能；实际上，在引导程序中包含了用来传播特洛伊木马或病毒程序的数据结构。程序的行为引起了人们的关注，但无从推测作者的动机。出乎意料的是它所导致的法律后果：美国联邦法庭将 Morris 处以 3 年监禁、400 小时的公共劳务和 10 000 美元的罚款，而 Morris 的诉讼费可能也超过了 100 000 美元。

安全专家继续评估减少或消除蠕虫的方法。但最近的一次事件表明，蠕虫仍在因特网上存在，同样也说明随着因特网的发展，甚至是"无害的"蠕虫的破坏性也日益增多起来。这个例子发生在 2003 年的 8 月，Sobig 蠕虫的第五个版本，称之为"W32.Sobig.F@mm"可能更合适，它被未知的人发行。它是迄今发布的蠕虫中传播速度最快的，其高峰时传染了数十万台计算机，此外 Internet 上每 17 个电子邮件就感染了 1 个。它堵塞了 E-mail 信箱，降低了网速，并花费了大量的时间来清理。

Sobig.F 利用窃取的信用卡创建的账户，通过将病毒上传到一个色情新闻组来发送。该病毒以 Microsoft Windows 系统为目标，利用其 SMTP 引擎来将它自己的 E-mail 传送给在被感染系统上发现的地址。它采用了各种邮件主题来避免检测，包括"谢谢您！"、"详细情况"、"回复：批准"，并采用主机上的一个随机地址作为"From"地址，从而使人们难以确定哪台机器是被感染的源头。Sobig.F 含有目标电子邮件读者能单击的一个附件，以及各种各样的名字。如果这个附件被执行，它将一个名为 WINPPR32.EXE 的程序和一个文本文件保存到默认的 Windows 目录下，同时还将修改 Windows 注册表。

包含在附件中的代码还定期地试图与 20 个服务器中的一个进行连接，并从那台服务器下载和执行程序。幸运的是，服务器在下载代码之前就关闭了。这些服务器中程序的内容还未被确定。如果代码是恶意的，那数量巨大的机器将可能受到感染。

15.3.2 端口扫描

端口扫描并不是攻击，而是骇客为了攻击检测系统漏洞的方法。端口扫描一般是自动进行的，采用工具来试图生成与一个或多个指定端口的 TCP/IP 连接。例如，在 sendmail 上有一个已知的漏洞，骇客可能发送一个端口扫描程序来试图连接一个特定系统或一系列系统的 25 号端口。如果连接成功，骇客（或工具）就能尝试与应答服务通信，以决定是否确实是 sendmail，如果是，那它是否是带有漏洞的版本。

现在来设想一种工具，其中每个操作系统的每个服务的每个漏洞都被编码。该工具尝试与一个或多个系统的每个端口连接，对应答的每个服务，它都可能试图使用每个已知的漏洞。通常这些 bug 是允许生成系统特权指令 shell 的缓冲区溢出。当然，骇客从那里可以安装特洛伊木马、后门程序等。

世界上没有这样的工具，但存在完成这种功能的子功能的工具。例如，nmap（http://www.insecure.org/nmap/）是研究网络和审查安全的具有多种功能的工具。当指向目标时，它将确定哪个服务运行，包括应用程序名称和版本以及确定宿主操作系统。同时，它还能提供关于防御的信息，如用什么防火墙保护目标。它并不利用任何已知的漏洞。

Nessus（http://www.nessus.org/）完成类似的功能，但它拥有和利用一个漏洞库。它可以扫描一系列系统，确定运行在这些系统上的服务，并尝试攻击所有合适的漏洞。它生成关于结果的报告，然而并不完成最后一步，即利用找到的 bug 进行攻击，但一个具有丰富知识的骇客或脚本黑客将能这么做。

由于端口扫描是可检测的（见 15.6.3 小节），它们常从**僵尸系统**（zombie system）发送出来。这种系统是以前被破坏的、独立的系统，当它们为其所有者服务时，将用于恶意目的，包括拒绝服务攻击和垃圾邮件中继。僵尸使得骇客特别难以被发现，因为检测攻击的资源和发起攻击的人员是非常具有挑战性的。这不仅包含了"有价值"的信息或服务的系统必须是安全的，而且"无足轻重"的系统也必须是安全的众多原因之一。

15.3.3 拒绝服务

如前所述，**拒绝服务**（denial of service，DOS）攻击的目的不是获取信息或盗用资源，但它会阻止系统或者设备的合法使用。绝大多数拒绝服务攻击的都是攻击者以前没有进入过的系统。实际上，对一个系统发动拒绝服务攻击通常要比入侵一台机器要容易得多。

拒绝服务攻击大都是基于网络的。它们分为两大类。第一种攻击会占用许多系统设备资源，却不做任何有用的工作。例如，在用户点击网页时，一个 Java 小程序被下载到本机上，紧接着开始执行，并占用所有可用的 CPU 资源，或无限制地跳出窗口。第二种情况是破坏网络设备。已经有过好几例拒绝服务攻击成功攻击大网站的案例。它们是滥用 TCP/IP 的一些基本功能的结果。例如，如果攻击者发送标准协议的开始部分，说"我想要开始一个 TCP 连接"，但接着不再发送标准协议的剩余部分"现在这个连接结束了"，可能会有部分 TCP 会话被创建，足够多的这种对话将耗尽系统所有的网络资源，阻止了后来的合法 TCP 连接。这些攻击可能会持续几个小时或者几天，部分地或者完全阻止合法用户使用目标设备。目前只能在网络层截断这些攻击，除非操作系统升级。

一般地说，很难预防拒绝服务攻击。这些攻击和常规操作采用同样的机制。更难阻止和解决的是**分布式拒绝服务攻击**（distributed denial of servicee，DDOS），这些攻击从多个站点同时开始，经常利用僵尸面向一个共同的目标攻击。

有时一个站点甚至不知道自己被攻击。很难断定是正常使用突然增多还是攻击导致了系统减速。例如一个成功的广告活动使站点的流量大增，而这可能被认为出现了 DDOS。

关于 DOS 攻击还有几个有趣的地方。例如，程序员和系统管理者需要完全理解他们所使用的算法和技术。如果认证算法在几次不正确的尝试后，锁住该账户一段时间，那么通过有目的地对所有账户进行不正确的尝试，攻击程序可能使所有的验证都被锁住。类似地，自动阻塞某些传输的防火墙，可能被诱导在不正确的时刻阻塞传输。最后，计算机科学班是偶然性系统 DOS 攻击的臭名远扬的来源。考虑学生学习如何生成子进程或线程的第一个编程练习。一个常见的漏洞是没完没了地衍生子进程，系统的空闲内存和 CPU 资源则没有机会使用。

15.4　作为安全工具的密码术

防御计算机攻击有许多措施，范围涉及从方法学到技术。对系统设计人员和用户适用最为广泛的是密码术。本小节将讨论密码术的细节问题及其在计算机安全中的应用。

在一台孤立的计算机中，操作系统控制着这台计算机中的所有连接信道，因此它能够可靠地确定所有进程间连接的发送者和接受者。而一台在网络中的计算机，情形就大不一样了。一台网络中的计算机从*网线*中接收位流，它没有及时可靠的方法来确定发送这些位的机器或者应用程序。同样的道理，计算机将位流发送到网络，也不知道最后谁会接收到这些位。

网络消息的潜在发送者和接收者通常是根据网络地址来推断的。到达时，网络包会携带一个源地址，比如一个 IP 地址。当计算机要发送消息时，它会通过指定一个目的地址来指定想要的接收者。然而，在强调安全的应用领域，如果认为可以根据包的源地址或者目的地址确定包的发送者或者接收者，那么是在自找麻烦。一台计算机可能会用一个伪造的源地址发送一条消息，并且，除了指定目的地址的计算机之外，可能另有几台计算机也会收到那个包。例如，通往目的地的路途中的所有路由都会收到这个包。那么，在无法信任请求中指定来源时，操作系统该如何来决定是否服务该请求呢？当操作系统无法确定谁会收到它通过网络发送的文件内容时，它该如何为该文件提供保护呢？

通常认为，无论网络的范围大小如何，要建立包的可靠的源地址和目的地址的网络，是不可行的。因此，唯一可行的替换办法是：减少对网络可靠性的依赖。这正是密码术要做的事。简要地说，**密码术**是用来限制一条消息的潜在发送者和接收者的。现代密码术是基于那些被称为**密钥**的密文。那些密钥被有选择地分布到网络中，用于加工消息。在密码术的帮助下，消息的接收者就能够确定消息是否由来自某台持有特定密钥的计算机，该密钥是消息的*来源*。同样的道理，发送者可以加密它的消息，这样只有拥有特定密钥的计算机才能破解该消息；这种情况下，密钥成了*目的地*。和网络地址不同，攻击者无法从由密钥产生的消息中推测出密钥，也无法从其他公共信息中推测出密钥。因此，在限制消息的发送者和接收者方面，密码术提供的方法要可靠得多。请注意，密码术本身就是一个研究领域，具有或大或小的复杂性和微妙性。在此，将探索密码术中与操作系统相关的最为重要的部分。

15.4.1 加密

由于解决了通信安全的许多问题，加密在现代计算的许多方面使用都很广泛。加密是一种约束消息的可能接收者的方法。在加密算法的帮助下，消息的发送者可以做到只让那些拥有特定密钥的计算机读取该消息。当然，消息的加密是一个古老的实践，有许多加密算法，可以追溯到恺撒时代前。本节将介绍现代加密原则及算法。

图 15.7 给出了两个用户在并不安全的通道上进行安全通信的例子。该图将贯穿本小节。注意密钥交换可直接发生在两个部分或通过一个可信的第三方（即认证授权）。

加密算法由以下部分构成：

- 一个密钥集合 K。
- 一个消息集合 M。
- 一个密文集合 C。
- 一个函数 E：$K \to (M \to C)$。也就是说，对任意 $k \in K$，$E(k)$ 是一个根据消息产生密文的函数。E 和任意 k 的 $E(k)$ 都必须是高效可计算函数。
- 一个函数 D：$K \to (C \to M)$。也就是说，对任意 $k \in K$，$D(k)$ 是一个根据密文推算消息的函数。D 和任意 k 的 $D(k)$ 都必须是高效可计算函数。

加密算法必须提供的基本属性是：给定一个密文 $c \in C$，计算机只有在拥有 $D(k)$ 时才能计算出满足条件 $E(k)(m)=c$ 的 m。因此，持有 $D(k)$ 的计算机可以将密文解密，得到相应的明文。没有 $D(k)$ 的计算机都无法解密密文。密文通常是暴露的，因此要尽力保证无法从密文推算出 $D(k)$。

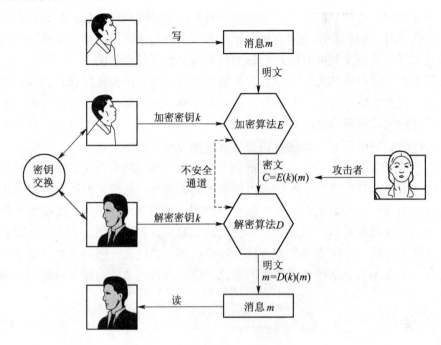

图 15.7 不安全介质上的安全通信

主要的加密算法有两种：对称加密算法和不对称加密算法。下面将讨论这两种算法。

1．对称加密算法

在**对称加密算法**（symmetric encryption algorithm）中，加密和解密用的是相同的密钥，即可以从 $D(k)$ 推算出 $E(k)$，也可以从 $E(k)$ 推算出 $D(k)$。因此，要对 $E(k)$ 和 $D(k)$ 实施同等程度的安全保护。

在过去的 20 年中，美国民用领域最常用的对称加密算法是**数据加密标准**（data encryption standard, DES），该算法已经被美国国家标准和技术协会（NIST）采用。DES 采用 64 位值和 56 位密钥来完成一系列转换。这些转换基于替换和排序操作，就像通常的对称加密转换那样。有些转换是**黑盒子转换**（black-box transformation），此时算法是隐藏的。事实上，它们也称为"S 盒子"，是由美国政府来分类的。比 64 位还长的消息被分解为 64 位一组，比它短的块要被填满以满足 64 位。由于 DES 每次以**分组密码**（block cipher）的大块为单位工作，如果相同的密钥被用来加密一个扩展的数据，这将特别容易被攻击。例如，如果采用相同的密钥和相同的加密算法，同样的资源块将会导致相同的密文。因此，该块不仅是加密的，而且还在加密之前与之前的密文块进行异或运算，这被称为**密码块链**

接（cipher-block chaining）。

现在 DES 在许多应用领域中都被认为是不安全的，因为现代计算机可以用穷尽法搜索出它的密钥。但 NIST 并非放弃 DES，而是做了一个更改，形成**三重 DES**（triple DES），其中对相同的明文，使用 2~3 个密钥——如 $c=E(k_3)(D(k_2)(E(k_1)(m)))$，DES 算法被重复三次（二次加密一次解密）。当使用三个密钥时，有效的密钥长度达到 168 位。三重 DES 现在应用得很广泛。

到 2001 年，NIST 采用了一种新的加密算法来替代 DES，该算法被称为**高级加密标准**（advanced encryption standard, AES）。AES 是另外一种对称分组密码。它可以使用的密钥长度为 128 位、192 位及 256 位，工作块为 128 位。这通过在矩阵块上进行 10~14 轮换来完成。一般说来，这种算法是紧凑而有效的。

还有一些现在在用的其他对称分组加密算法值得一提。**twofish** 算法是种快速、紧凑且易于实现的算法。它所使用的有效密钥长度达 256 位，工作块为 128 位。**RC5** 的密钥长度、转换数量和分组长度均可变化。由于仅使用了基本的计算操作，因此它可以在许多 CPU 上运行。

RC4 可能是最常使用的流密码。**流密码**（stream cipher）被设计用来对字节或位的流（而不是块）进行加密和解密，这在通信的长度可能使分组密码很慢时很有用。密钥被输入到一个伪随机比特生成器中，该生成器是用来生成随机位的算法。当反馈的是密钥时，生成器的输出是密钥流。**密钥流**（keystream）是一个密钥的无限集合，它能被用做明文流的密码。RC4 被用在数据流的加密中，如在无线局域网协议 WEP 中。它也用在 Web 浏览器和服务器的通信中，这在下面将会讲到。但不幸的是，当 RC4 用到 WEP 中时（IEEE 标准802.11），被发现在一定量的计算时间内，它会被破解。事实上，RC4 自身也存在弱点。

2. 非对称加密算法

非对称加密算法（asymmetric encryption algorithm）具有不同的加密和解密密钥。在此介绍一个被称为 RSA 的算法，它是用它的发明者名字（Rivest、Shamir 和 Adleman）命名的。RSA 密码是一个分组密码公钥算法，在非对称算法中用得最为广泛。然而，由于这种算法的密钥长度可以比同样量的密码术长度短，基于椭圆曲线的非对称算法正在取得进展。

无法从 $E(k_e, N)$ 推算出 $D(k_d, N)$，因此不需要为 $E(k_e, N)$ 提供保密措施，实际上完全可以将它散布到公共网络中。$E(k_e, N)$（或者仅仅是 k_e）是**公共密钥**，$D(k_d, N)$（或者仅仅是 k_d）是**私有密钥**。N 是两个巨大的、随机选定的素数 p 和 q 的乘积（例如，每个 p 和 q 都有 512 位）。加密算法是 $E(k_e, N)(m) = m^{k_e} \bmod N$，其中 k_e 要满足 $k_e k_d \bmod (p-1)(q-1)=1$。解密算法是 $D(k_d, N)(c) = c^{k_d} \bmod N$。

图 15.8 是采用较小值的例子。在此例子中，$p=7$，$q=13$。可以计算出 $N=7 \times 13=91$，以及 $(p-1)(q-1)=72$。接下来选择 k_e 相对 72 是素数且 <72，产生 5。最后，计算出 k_d 以使 $k_e k_d \bmod 72=1$，产生 9。那么现在有了自己的密钥：公共密钥 k_e，$N=5$，91，而私有密钥

k_d, $N = 29$,91。用公共密钥对消息 69 加密,将得到消息 62,然后它被接收方通过私有密钥解密。

使用非对称加密方法从目的地公共密钥的公布开始。对于双向通信,资源还必须发布它的公共密钥。"发布"可以处理得像处理密钥的电子副本那样简单,否则它会更复杂。私有密钥(或"秘密"的密钥)必须精心保护,任何持有该密钥的人都能解密任何由公有密钥匹配生成的消息。

应该注意到,密钥的用法在对称算法和非对称算法之间差别似乎很小,但实际相当大。非对称算法是基于数学函数而不是转换的,这使得它的执行需要更昂贵的计算。对一个计算机而言,在加密和解密文本信息上,使用常用的对称算法比非对称算法更快。那么,为什么要使用非对称算法呢?实际上,这些算法并非用于大量数据的常用目的的加密。但是,它们并非仅用于少量数据的加密,还用于验证、保密和密钥分布,下面将会讲到这些内容。

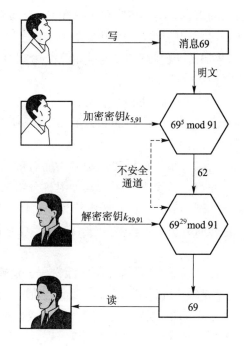

图 15.8 RSA 非对称密码系统的加密和解密

3. 验证

前面已经知道加密提供了一种约束可能接收到的消息集合的方法。约束消息潜在的发送者的集合被称为**验证**(authentication),因此验证是加密的补充。实际上,有时它们的功能重叠。考虑一下,一个被加密的消息也能证明发送方的身份。例如,如果 $D(k_d, N)(E(k_e, N)(m))$ 生成一个有效的消息,可以知道消息的创造者必须掌握 k_e。验证也可以用来证明消息没有被修改。在这里将讨论验证作为消息可能接收者的约束。注意,这种验证类似于用户认证,但也有区别。这将在 15.5 节中讨论。

验证算法由以下组件构成:

- 一个密钥集合 K。
- 一个消息集合 M。
- 一个验证者集合 A。
- 一个函数 $S: K \rightarrow (M \rightarrow A)$。也就是说,任意一个 $k \in K$,$S(k)$ 是一个根据消息产生验证者的函数。S 和 $S(k)$ 对于 k 取任意合法值,都必须是高效可计算函数。
- 一个函数 $V: V \rightarrow (M \times A \rightarrow \{\text{true}, \text{false}\})$。也就是说,任意一个 $k \in K$,$V(k)$ 是一个验证消息的验证者的函数。V 和 $V(k)$,对于 k 取任意值,都必须是高效可计算函数。

验证算法必须有的关键属性是:对于一条消息 m,当且仅当在计算机拥有 $S(k)$ 时,一台计算机能够产生一个属于 A 的验证者 a 使得 $V(k)$ (m, a) =true。因此，持有 $S(k)$ 的计算机都能够产生消息的验证者，这样其他持有 $V(k)$ 的计算机就能够验证这些验证者。然而，如果一台计算机没有 $S(k)$，那么它就无法产生可以用 $V(k)$ 验证的消息验证者。验证者通常是暴露的（例如它们跟消息一起被发送到网络上），因此要确保攻击者无法根据验证者推测出 $S(k)$。

正如有两种加密算法一样，验证算法主要也有两种。理解这些算法的第一步是探究 hash 函数。**hash 函数**（hash function）根据消息生成一个小的、固定大小的数据块，被称为**报文摘要**（message digest）或 **hash 值**（hash value）。hash 函数通过采取 n 位块的消息并处理这些块以产生 n 位 hash 来工作。H 必须是与 m 无碰撞的——即必须保证不能找到 $m' \neq m$，以致 $H(m) = H(m')$。如果 $H(m) = H(m')$，已经知道 $m' = m$，即知道消息未被修改。常用的报文摘要函数包括 **MD5**，它能生成 126 位的 hash；以及 **SHA-1**，它输出 160 位的 hash。

报文摘要对检测消息的改变很有用，但对验证是无用的。例如，$H(m)$ 可以随着消息传送，但如果 H 为已知，则有人可以修改 m 并重新计算 $H(m)$，而此消息的更改可能不会被检测到。因此，验证算法采取报文摘要并对它加密。

第一种验证算法使用对称加密方法。在**消息验证码**（message authentication code, MAC）中，密码系统的检验和从使用一把秘密密钥的消息生成。对 $V(k)$ 的认知和对 $S(k)$ 的认知是等同的，可以从其中任意一个推算出另外一个，所以 k 必须是保密的。这里有一个简单的 MAC 例子，定义 $S(k)$ (m) =$f(k, m)$，其中 f 是一个单向函数（即无法从 $f(k, H(m))$ 的结果推算 k）。由于 hash 函数是抗冲突的，完全有理由假设没有其他的消息生成完全相同的 MAC。一个合适的算法是：$V(k)$ $(m,a) \equiv (f(k, m) = a)$。请注意，计算 $S(k)$ 和 $V(k)$ 时都需要用到 k；也就是说，如果能够计算出其中一个，必定能够计算出另一个。

第二种主要的验证算法是**数字签名**（digital signature）算法，所产生的验证者被称为数字签名。在数字签名算法中，无法从 $V(k)$ 推算出 $S(k)$，特别是 V，它是一个单向函数。因此，将 k_v 叫做**公开密钥**，相反地，将 k_s 称为私有**密钥**（private key）。

这里将描述一个数字签名算法 RSA，它与 RSA 加密算法类似，但密钥的使用是相反的。消息的数字签名来源于 $S(k_s)(m) = H(m)^{k_s} \bmod N$。密钥 k_s 是一个有序对 $\langle d, N \rangle$，N 是两个很大的随机素数 p、q 的乘积。验证算法是 $V(k_v)(m,a) \equiv (a^{k_v} \bmod N = H(m))$，其中 k_v 满足条件 $k_v k_s \bmod (p-1)(q-1) = 1$。

如果加密能证明消息发送方的身份，那为何还需要单独的验证算法呢？这主要有如下三个原因：

- 验证算法通常需要更少的计算（RSA 算法是一个有名的例外）。对于大量纯文本数据，这个有效性将在资源的利用和验证消息所用的时间上存在很大的不同。
- 消息验证者几乎总是短于消息及其密文。这将改善空间的利用和传输效率。
- 有时，人们想要验证，但不需要机密性。例如，一个公司可能提供一个软件补丁并"签名"该补丁，以证实它们来自于该公司并且未被修改过。

验证是安全众多方面中的一个部分。例如，它是**认可**（nonrepudiation）的核心，而认可提供实体完成了一个活动的证明。认可的一个典型例子是将填写电子表格作为签署纸质合同的另一个选择。认可保证填写电子签名的人以后不能抵赖。

4. 密钥发布

当然，密码员（发明密码的人）和密码破译者（试图解码的人）之间的斗争都涉及密钥。根据对称算法，这两者都需要密钥，而其他人不应该拥有密钥。对称密钥的传递是一个巨大的挑战。有时，这通过**带外**（out-of-band）来完成——即通过纸质文档或会话来完成。但这种方法不能规模化，尚需考虑密钥管理带来的挑战。假设一个用户想与 N 个其他用户秘密地通话，那么该用户需要 N 个密钥，且为了更加安全起见，可能还需要不断地变换密钥。

这些都是努力创建非对称密钥算法的原因。不仅能公开地改变密钥，而且用户无论想与多少其他人通话，仅需要一个私有密钥。这也存在与各部分通信的公共密钥管理问题，但由于公钥不需要保密，**对密钥环**（key ring）进行简单的存储就可以了。

不幸的是，即便是公钥的发布也需要小心。考虑一下如图 15.9 所示的中间人攻击。其中，想要接收一个加密消息的人发出他的公钥，但一个攻击者也发出她的"坏"公钥（与她的私钥匹配）。想发出加密消息的人知道没有更好的，故使用坏密钥加密消息。攻击者就这样很高兴地解密了。

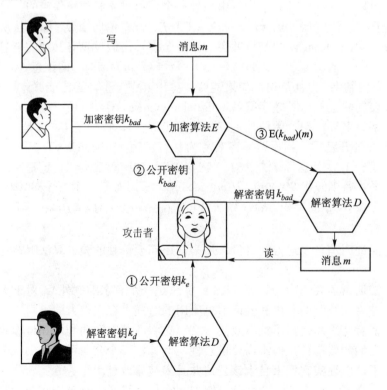

图 15.9　非对称密码系统中间人攻击

这就是授权存在的问题之一——需要证明谁（或什么）拥有公钥。解决此问题的一种方法是采用数字证书。**数字证书**（digital certificate）是由被信任的一方所签署的公钥。被信任的一方接受某一个实体证明的鉴定，并且证明公钥属于那个实体。但又如何知道相信这个证书呢？这些**证书认证**（certificate authority）在发布前，具有它们自己的包括在 Web 浏览器（及其他证书用户）中的公钥。然后，这些证书认证担保其他的权限（数字化签署这些其他权限的公钥），如此这般，创建一个受信任的网页。可以采用数字证书格式标准 X.509 来发布证书，它可能通过计算机来解析。这种方法被用到安全 Web 通信中，这将在 15.4.3 小节中讨论。

15.4.2　密码术的实现

通常采用分层的方式组织网络协议，每一层都是低一级的相邻层的客户。也就是说，当一个协议产生了一条消息，要将这条消息发送到另外一台机器上的对等协议时，它的做法是：将消息传递给网络协议栈中比它低一级的协议，通过它传送给另外一台机器上的对等协议。例如，在一个采用 IP 协议的网络中，TCP 协议（*传输层*协议）就是 IP 协议（*网络层*协议）的客户：为了将 TCP 包传送给 TCP 连接的另一端的 TCP 对等体，首先要将 TCP 包向下传递给 IP 协议。IP 协议在 IP 包中封装 TCP 包，然后，同样的道理，IP 包被向下传递给*数据链路层*，再通过网络传递给 IP 协议在目的计算机中的对等体。这个 IP 协议对等体再将 TCP 包向上传递给那台机器的 TCP 对等体。总而言之，**ISO 参考模型**（ISO Reference Model）定义了七层这样的协议层（读者可以在本书的第 16 章阅读更多关于 ISO 网络模型的内容，图 16.6 也给出了此模型图），这已经在数据网络中得到了广泛的应用。

密码术可以插入到 ISO 模型的任意层。例如，SSL 协议（参见 15.4.3 小节）在传输层提供安全。标准化的网络层安全（或 **IPSec**）中定义的 IP 包格式中允许插入验证者，和对数据包内容进行加密。它使用对称加密和 IKE 协议进行密钥交换。**虚拟私有网络**（**virtual private networks，VPN**）开始普遍采用 IPSec，其中两个 IPSec 端点之间所有的通信被加密，以形成一个私有网络。其他一些协议也开始在应用中发展起来，但应用本身必须被安全地实现。

在协议栈的哪个位置插入密码保护最好呢？一般来说，这个问题没有确定的答案。一方面，如果将保护放在协议栈中一个较低的位置，就会有更多的协议受到保护。例如，因为 IP 包封装了 TCP 包，加密 IP 包时（例如使用 IPSec）就会将封装的 TCP 包的内容隐藏起来。同样的道理，IP 包的验证者在检测时也会检测 TCP 的头信息的修改情况。

另一方面，如果将保护放在协议栈中一个较低的位置，恐怕就无法为处于较高层的协议提供足够的保护。例如，一台运行 IPSec 的应用程序服务器可以验证有请求的客户端。然而，如果要验证客户端的用户，可能需要另外用一个应用层的协议，比如，让用户输入一个密码。同样，考虑一下 E-mail 问题。通过工业标准 SMTP 协议传送的 E-mail 被保存和批转，在被传送之前，这常常需要进行多次。每一个这样的 hops 都可以通过安全或不安全的网络。对于安全的 E-mail，E-mail 消息需要加密，以使它的安全性独立于承载它的传输。

15.4.3　实例：SSL

SSL 3.0 是一个确保两台计算机之间安全连接的密码协议，也就是说，这两台计算机中的任意一台都可以将消息的发送者和接收者限定为另一台计算机。它是保证网页浏览器和网页服务器安全连接的标准协议，因此它很可能是当今 Internet 中应用最为广泛的密码协议。为了完整性，应该注意到 SSL 被 Netscape 设计，并转变了成工业标准的 TLS 协议。在下面的讨论中，SSL 表示 SSL 或 TLS。

SSL 是一个很复杂的协议，它有许多选项。这里来看一个 SSL 的简单变种，而且只是一个非常简单抽象的形式，目的在于分析 SSL 中使用的加密基本原理。下面将要看到的是非对称加密被应用的复杂情况，它使客户机和服务器能建立一个安全的**会话密钥**（session key），该密钥能被用来对会话进行对称加密——所有这一切同时避免中间人攻击和重放攻击。为了增加加密强度，一旦会话结束，会话密钥被抛弃。另一个二者之间的通信可能需要生成新的会话密钥。

SSL 协议的初始化是由一个安全连接到**服务器的客户机** c 完成的。在这个协议之前，假定服务器 s 已经从另外一个被称为**身份认证**（certification authority, CA）的机构中获得了一个**证书**（certificate），该证书用符号 $cert_s$ 表示。这个证书的内容如下：

- 服务器的各种属性 attrs，例如它的唯一的*特别的*名字，还有它的*普通的*（DNS）名字。
- 一个为服务器设计的公共加密算法 $E()$。
- 这个服务器的公共密钥 k_e。
- 一个有效区间 interval，即证书有效的时间区间。
- 一个由 CA 根据以上信息提供的数字签名 a，也就是说，$a = S(k_{CA})(\langle attrs, E(k_e), interval \rangle)$

除此之外，在这个协议之前，假定客户机已经为 CA 获得了公共验证算法 $V(k_{CA})$。在使用 Web 的情况下，在申请网页服务时，用户的浏览器已经从持有某个身份认证的验证算法的卖主中取得了算法。用户可以根据自己的需要往身份认证中添加或删除验证算法。

当客户机 c 连接 s 时，它会向服务器发送一个 28B 的随机值 n_c。服务器用它自己的值 n_s，加上它的证书，来响应客户机。客户机确认 $V(k_{CA})(\langle attrs, E(k_S), interval \rangle, a) = true$，并确认当前时间在有效区间 interval 内。如果两个条件都满足，服务器就证明了自己的身份。接着客户端就会产生一个随机的 46B 的**预先控制秘密**（premaster secret）pms，并向服务器

发送 $cpms=E(k_S)(pms)$。服务器恢复 $pms=D(k_d)(cpms)$。现在客户端和服务器都有了 n_c、n_s 和 pms，它们可以各自计算出一个 48B 的共享**控制秘密**（master secret）$ms=f(n_c,n_s,pms)$，其中 f 是一个单向、抗冲突函数。因为只有服务器和客户机知道 pms，因此只有它们俩可以计算出 ms。此外，ms 对 n_c 和 n_s 的依赖保证了 ms 会是一个新鲜的值，也就是说，之前协议运行时肯定没有使用过当前这个 ms 值。此时，客户机和服务器都开始根据 ms 计算以下这些值：

- 用来加密客户机到服务器消息的一个对称加密密钥 k_{cs}^{crypt}。
- 用来加密服务器到客户机消息的一个对称加密密钥 k_{sc}^{crypt}。
- 用来根据客户机到服务器消息产生验证者的一个 MAC 产生密钥 k_{cs}^{mac}。
- 用来根据服务器到客户机消息产生验证者的一个 MAC 产生密钥 k_{sc}^{mac}。

客户机要向服务器发送消息 m 时，它发送的是：

$$c = E(k_{cs}^{\text{crypt}})\left(\left\langle m, S(k_{cs}^{\text{mac}})(m)\right\rangle\right)$$

服务器在接收 c 时，它将会恢复以下内容：

$$\langle m,a\rangle = D(k_{cs}^{\text{crypt}})(c)$$

如果 $V(k_{cs}^{\text{mac}})(m,a)=true$，服务器就接收消息 m。同样的道理，服务器向客户机发送消息 m 时，它发送的是：

$$c = E(k_{sc}^{\text{crypt}})\left(\left\langle m, S(k_{sc}^{\text{mac}})(m)\right\rangle\right)$$

客户端恢复以下内容：

$$\langle m,a\rangle = D(k_{sc}^{\text{crypt}})(c)$$

如果 $V(k_{sc}^{\text{mac}})(m,a)=true$，客户端就接受消息 m。

采用这个协议后，服务器就能够将消息接收者限制为那个产生 pms 的客户端，并将它接受的消息的发送者也限制为同一个客户端。同样的道理，客户端也能够将消息的接收者和发送者限制为知道 $S(k_d)$ 的那个群体（即可以解密 $cpms$ 的群体）。在许多应用领域，例如那些网页事务，客户机都需要验证究竟谁知道 $S(k_d)$。这是证书的用途之一，特别是 $attrs$ 域，它包含了客户机用来确定身份的信息，比如它所连接的服务器的域名。在那些服务器也需要知道客户机信息的应用领域，SSL 提供了一个选项，通过它客户机可以向服务器发送一个证书。

除了在 Internet 上的使用外，SSL 还被用于许多任务。例如，现在 IPSec VPN 具有一个 SSL VPN 的竞争者。IPSec 对点对点的加密很好，即在两个公司的办公室之间；而 SSL VPN 则更为灵活，但不是很有效，因此被用于工作在远程和办公室间的个人用户。

15.5　用 户 验 证

前面所讨论的验证涉及消息和会话。但什么是用户？如果系统不能验证用户，那么验证用户消息也是不可能实现的。因此，操作系统的一个主要的安全问题就是**用户验证**（user authentication）。这种保护方式依赖识别当前执行的程序和进程的能力，这种能力转而依赖于识别每个系统用户的能力。一个用户通常要识别自己。该怎样确定一个用户的身份是否真实呢？通常，用户验证基于以下三个条款中的一条或几条：用户持有的物品（一个密钥或卡）、用户的信息（一个用户鉴别和密码）或用户的特征属性（指纹、视网膜模型或者签名）。

15.5.1　密码

验证用户身份的最常用的方法就是使用**密码**。当用户使用用户 ID 或者账户名识别自己时，系统会要求用户输入密码。当用户提供的密码和系统存储的密码匹配时，系统就认为该用户是合法用户。

缺乏更完善的保护策略时，计算机系统经常用密码来保护对象。密码可以被看做密钥或者权限的特例。例如，一个密码可以被关联到每个资源（例如文件）。用户在产生使用资源的请求时，必须向系统提供密码。如果密码是正确的，系统就允许访问。不同的密码可能会关联到不同的访问权限。例如，对文件执行读操作、附加操作和更新操作时可能会使用不同的密码。

实际上，绝大多数系统仅需要一个密码来使用户获得完全的权限。尽管理论上更多密码将更安全，但在安全与方便之间折中考虑，这样的系统并不会实现。如果因为安全而使一些事不方便，安全问题常被绕过或回避。

15.5.2　密码脆弱的一面

密码易于理解和使用，因而用得特别多。很不幸，密码可能会被猜中，或被意外地泄露，或被监听，或被一个授权用户非法传递给一个未授权用户，这些问题会在接下来的部分讨论。

有两种常见的猜测密码的方法。第一种是入侵者（人或程序）掌握了目标用户的有关信息。用户经常使用一些明显的信息（如他们宠物或配偶的名字）作为密码。另一种方法是使用暴力方法破解：尝试枚举，或者可能的字母、数字和标点的组合，直到找到密码。位数较少的密码在这种方法前显得特别脆弱。例如，一个由十进制数组成的长度为 4 位的密码只有 10 000 种可能，平均 5 000 次命中一个密码。对于每千分之一秒可以试验一个密码的程序，只需要 5 秒就可以猜出一个 4 位的纯数字密码。如果一个系统提供长度较长的密码，允许在密码中区分字母的大小写，允许在密码中使用各种标点符号和数字，那么枚举方法通常会遭到失败。当然，前提是用户必须充分利用密码空间，例如，不应该只在密码中使用小写字母。

除了被猜出外，由于可视化或电子监控，密码还可能被泄露。在用户登录时，入侵者的视线可以越过用户的肩膀偷窥用户密码（**肩膀偷窥**），或者通过键盘上各个键的磨损程度猜测密码。另外还有一种途径：任何人，只要他拥有计算机所常驻的网络的访问权限，他就可以神不知鬼不觉地添加一个网络监视器，通过该监视器就可以监视网络中传输的数据（**嗅探**）、受保护用户的 ID 和密码。但是只要系统将包含密码的数据流加密，就可以轻松解决这个问题。但即使这样的系统仍存在密码被偷窃的问题。例如，如果一个文件包括这个密码，它可被复制在系统外进行分析。考虑一个安装在系统上的特洛伊木马程序，它在击键后被送到应用程序前就捕获了相应信息。

如果将密码记录到一个可能丢失或被偷窥到的地方，泄露问题就会变得特别严重。正如将要看到的一样，一些系统强迫用户使用很难记忆的或者是很长的密码，使得用户将密码记录下来，这比允许使用简单密码的系统更不安全！

最后一个削弱密码安全性的途径是非法传递，这是人性的弱点导致的恶果。绝大多数计算机安装都有一个禁止用户共享账号的规则。实现这个规则有时是为了方便账号管理，但这种做法常常是为了安全。例如，如果几个用户共享一个用户 ID，如果那个用户 ID 出现了安全问题，那么就无从知道此时是哪个用户在使用那个 ID，甚至无法确认该用户是否是授权用户。如果一个 ID 只归一个用户使用，关于该账号的使用状况，自然是直接询问账号拥有者了；用户可能发现账号的异常和入侵。有时候，用户为了帮助朋友或者避开账号管理，有意破坏账号共享规则，这种行为会导致系统被未授权者访问，而有些访问者是有破坏意图的。

密码可以由系统产生，也可以让用户选择。系统产生的密码通常不容易记住，因此用户可能会将密码记录下来。而用户选择的密码很容易被猜中（例如，用户名或喜爱的车）。有的系统会在接受密码前检查密码是否容易被猜中或破解。在一些站点中，管理员会不时地检查用户密码，如果用户密码太短或者太简单，他就会提醒用户重新选择密码。一些系统为密码设定了*有效期*，强制用户定期更新密码（例如，每三个月更换一次）。这个方法并不保险，因为用户可以只准备两个密码，每次都在这两个密码之间切换。为了解决这个问题，一些系统会记录用户使用过的密码。例如，系统会记录每个用户最近使用的 N 个密码。

系统还可以采用简单密码机制的变种。例如，可以频繁地更换密码。极端情况下，每次会话都要更改密码。*每次会话*的结束时都要选择（或者由系统选择或者由用户选择）一个新的密码，新密码将在下次会话时使用。这么一来，即便密码被误用了，也只会被误用一次。当合法用户在下次会话中使用一个当时合法的密码时，他会发现有人曾经入侵过安全系统，当场就可以采取措施进行修复。

15.5.3　密码加密

以上种种密码安全方法，都有一个难以解决的问题，就是怎样在计算机中秘密地存储密码。用户输入密码时要用系统存储的密码来验证用户密码，又要秘密地存放密码，系统怎样才能做到两者兼顾呢？UNIX 系统会对密码进行加密（encryption），这样就不再需要秘密地保存密码列表。每个用户都有一个密码。系统包含一个极其复杂的函数，设计者希望该函数不可逆，而计算函数值却非常简单。也就是说，给定一个值 x，很容易计算出函数值 $f(x)$。给定一个函数值 $f(x)$，却不可能计算出 x 的值。用这个函数加密所有的密码。系统只保存已经加密的密码。当用户给出一个密码时，它被加密并与计算机存储的加密密码对比。即便入侵者看到了存储的已加密密码，因为他不可能从已经加密的密码计算出加密前的密码，因此他不可能得到密码。因此，没有必要秘密存放密码的文件。函数 $f(x)$ 通常是一个经过精密设计和测试的加密算法。

这个方法的缺陷是系统不再全权控制密码。虽然密码已经加密了，但是任何有密码文件备份的人，都可以快速运行密码加密时采用的加密规则，例如给一本字典里的所有词加密，并且将加密结果和密码文件中的密码做比较。如果用户选择的密码恰好是该字典里的一个词，那么这个密码就被破译了。在足够快的计算机上，或者是慢速计算机的集群上，这样的比较只需要几个小时就够了。进一步讲，由于 UNIX 采用的是一个著名的加密算法，因此黑客可能会有一些以前已经破译出来的"用户密码-已加密密码"对，以便快速找到密码。因此，新版本的 UNIX 将加密过的密码保存在一个只有**超级用户**才能读取的文件中。将用户提供的密码和系统存储的密码做比较的程序首先要执行设置用户 ID 的操作，将用户 ID 设置为 root，root 用户可以读取这个文件，而别的用户不行。在加密算法中它们还包括"salt"，或记录随机数字。将"salt"加到密码中，以保证即使两个明文密码一样，所得到的密文也是不一样的。

UNIX 采用的密码方法的另外一个缺陷是：许多 UNIX 系统只注重密码的前 8 个字符，因此用户要充分利用可用的密码空间。为了避免被字典破解法猜中，一些系统不允许用户使用字典中的词作为密码。这里有一个产生安全密码的好方法：选取一个容易记忆的短语，采用它的每个词的首字母，区分大小写字母，并夹带数字或者标点。例如，短语"My mother's name is Katherine."可以产生密码"MmnisK.!"。这个密码很难破译，却很好记。

15.5.4　一次性密码

为了避免密码被嗅探或偷窥，系统可以使用**配对密码**集合。一个会话开始时，系统随机选择并提供一个密码对的一部分，用户必须提供另一个部分。在这种系统中，由系统**挑战**用户，并且要求用户提供正确的答案来**响应**挑战。

可以将这种方法扩展为使用一个算法作为密码。例如，算法可以是一个整数函数。系统选择一个随机的整数并向用户展示该整数。用户用这个整数函数计算系统提供的整数，并将正确结果回复给系统。系统自身也用函数计算该整数。如果两者的结果匹配，就允许访问。

用算法作为密码的方法是不怕泄露的。也就是说，用户输入一个密码，任何一个截取该密码的实体都无法重用该密码。在这个方法变形中，系统和用户共享一个秘密。这个秘密从不在可能会发生泄露的媒体中传播。实际上，这个秘密和一个共享的种子一起，被用来作为一个函数的输入。一个**种子**（seed）是一个随机数或者是一个由字母和数字组成的序列。这个种子来自计算机的验证挑战。这个秘密和这个种子都被用作函数 *f*(*秘密, 种子*) 的输入。这个函数的结果被当做密码传送给计算机。因为计算机同样知道这个秘密和这个种子，它可以执行同样的计算。如果结果匹配，那么用户通过验证。下一次需要验证用户时，系统会产生另外一个种子，接下来的步骤是一样的。但这一次的秘密肯定跟以前的不一样。

在这个**一次性密码**（one-time password）系统中，每个实例的密码都不一样。任何人，如果他在一个会话中捕获了一个密码，并且在另外一个会话中使用该密码，他必定会失败。一次性密码可以避免由密码泄露引起的错误验证。

一次性密码系统以多种方式来现实。在商业中的应用，如 SecureID，采用的是硬件计算器。绝大多数计算器形状上像信用卡、悬挂的密钥链或 USB 设备，但是会带显示屏，同时可能有（或没有）键盘。有些用当前时间作为随机种子，其他的要求用户通过键盘输入共享的秘密，也被称为**个人身份号码**（personal identification number, PIN）。显示屏显示一次性密码。如果同时使用一个一次性密码和一个 PIN，那么就是一种**双因素验证**（two-factor authentication）。这种情况下需要两种不同类型的组件。双因素验证提供的验证保护比单因素验证提供的要好得多。

另一种一次性密码的变形是使用**密码书**或**一次一密码**（one-time pad），它是一个单独使用的密码的列表。这种方法中，按顺序采用列表中的密码，每个密码只使用一次，用过的密码被立刻删除或标记为无效密码。通常所使用的 S/Key 系统的一次性密码的来源要么是一个软件计算器，要么是一本基于这些计算的密码书。当然，用户必须保护好他的密码书。

15.5.5 生物测定学

用做验证的密码的另一个变种是使用生物测定学。手掌或者掌上阅读器通常被用来保护物理访问，如对一个数据中心的访问。这些阅读器从它们的掌上阅读器的缓冲器中读取信息，并将这些信息和存储的参数匹配。这些参数可能包含一个温度图，还有手指长度、手指宽度和指纹模型。这些设备由于占用的空间太大，同时代价也太高，而不适合在普通的计算机验证中使用。

指纹阅读器的精度已经足够高，价位也可以接受，将来它的使用会更加普遍。这些设备读取使用者的指纹模型，并将它们转换成一个数字序列。随着时间的推移，它们会存储一个数字序列集合，调整手指在阅读垫的位置和其他的一些因素，然后软件就能扫描垫子上的一个手指，并将它和存储的序列比较，根据比较结果决定垫子上的手指是否和存储器中的相同。当然，多用户可以存储用户描述文件，扫描器可以区分这些用户。同时要求一个密码和一个用户名，指纹扫描的系统会提供一个精度很高的双因素验证策略。如果在传输过程中加密这些信息，系统将能够抵御欺骗和二次攻击。

多因素认证仍然比较好。考虑一下，一个必须插入一个系统的 USB 设备、一个 PIN 和指纹扫描器具有多健壮的认证。除了用户必须将他的手指按到垫子上并将 USB 接口插入系统中，这种认证方法不比使用一般的密码麻烦。但是，它自身健壮的认证也不能充分保证用户 ID。如果未被加密，认证会话仍可能被拦截。

15.6　实现安全防御

正如存在无数系统威胁和网络安全问题一样，也存在许多安全解决方法。解决方法包括从用户教育到技术，到编写无漏洞软件。绝大多数安全专家赞同**深层防御**（defense in depth）理论，它指出防御层次多好于层次少。当然，该理论应用于多种安全问题。考虑一个没有门锁，或有门锁，或有门锁和警报器的房子的安全。本小节将研究主要的用来加强防御威胁的方法、工具和技术。

15.6.1　安全策略

改进计算机安全性的第一步是需要有一个**安全策略**（security policy）。安全策略变化广泛，但通常包括保护内容的声明。例如，策略可能指出，所有的外部可访问的应用必须在配置前进行代码检测，或者用户不应共享他们的密码，或者公司与外部的所有连接点每六个月进行一次端口扫描。没有适当的安全策略，用户和管理人员是不可能知道什么是允许的，什么是需要的，什么是不允许的。安全策略是一张安全路线图，如果一个站点想从较少安全处转移到较高安全处，它需要这张路线图了解如何到达。

一旦安全策略被采用，它所影响的人应很清楚地知道它，它应该成为他们的向导。同时，安全策略也是一个**活文档**（living document），它被定期检测和更新，以保证它仍旧合适并被遵循。

15.6.2　脆弱性评估

如何决定一个安全策略是否被正确执行呢？最好的办法是执行一个脆弱性评估。这类评估覆盖范围很广，从通过风险评估的社会工程学到端口扫描。例如，风险评估估价所要讨论的实体（程序、管理队伍、系统或设备）的资产，并测定安全事件将对实体带来的影响和降低它的价值的可能性。当已知遭受损失的可能性和潜在的损失时，可以设置一个值来努力保护实体。

绝大多数脆弱性评估的核心活动是**渗透测试**（penetration test），其中实体被扫描已知的脆弱性。由于本书关注操作系统及运行在系统之上的软件，因此下面主要讨论这些方面。

通常脆弱性评估都是在计算机使用得较少时进行，以减少对计算机的影响。在合适时，这类评估是在测试系统上进行，而不是在生产系统上进行的，因为这会导致目标系统或网络设备的不适。

单独系统内的扫描可以检测系统的多个方面：

- 短的或者容易猜中的密码。
- 未授权的特权程序，如设置用户 ID "setuid" 的程序。
- 系统目录中的未授权程序。
- 意外的长时间运行的进程。
- 用户和系统目录下不恰当的目录保护。
- 对系统数据文件（如密码文件、设备驱动、甚至操作系统核心本身）的不恰当保护。
- 程序搜索路径中的不安全入口（如 15.2.1 小节中讨论的特洛伊木马）。
- 通过校验和的值发现的系统程序的改变。
- 意料之外的或者隐蔽的网络监护程序。

安全扫描发现的问题可以自动修复，也可以报告给系统管理员。

连网的计算机和不连网的相比，前者更容易受到安全攻击。除了来自已知访问节点集合的攻击，如直接连接的终端，还要面对来自一个庞大而未知的访问节点集合的攻击，这是一个极其严重的潜在安全问题。即便是通过调制解调器连接到电话线的系统也要比不连网的计算机面临更多的危险。

实际上，美国官方认为，系统的安全性和系统最远能到达的连接的安全性是等同的。例如，一个顶级机密的系统，只有同楼的同样顶级机密的系统能访问到它。只要这个原本封闭的环境和外界有联系，而不管是什么形式的联系，这个系统就丧失了它的顶级机密的等级。一些政府设备采用了最高级别的安全警戒。当终端处于空闲状态时，就将连接终端和这个安全计算机的插头锁在办公室的保险箱里。用户如果要访问计算机，他必具有正确的 ID 来获得访问该楼宇和办公室，必须知道一个物理锁的组合，还有这台计算机本身的验证信息——这是一个多因素验证问题的例子。

不幸的是，对系统管理员和专职计算机安全维护员来说，要将一台计算机锁在一个房间里并拒绝所有的远程访问，这几乎是一件不可能的事。例如，Internet 上连接着数以百万计的计算机。对许多公司和个人来说，Internet 非常重要，是一个不可或缺的资源宝藏。如果将 Internet 看做一个*俱乐部*，那么就像任意一个有着上百万*成员*的俱乐部一样，它里边会有许多好成员，同时也会有一些坏成员。坏成员有很多可以在 Internet 上的使用工具，他们试图访问一些互连的计算机，就像 Morris 借助蠕虫采取的行动一样。

脆弱性扫描可应用到网络中，以定位一些网络安全问题。扫描查找响应请求的端口，如果实际上不应该的服务是可行的，对它们的访问则被封锁或被禁用。然后扫描确定监听端口应用的细节，并试图确定是否每个都具有已知的脆弱性。测试这些脆弱性可以确定系统是否被错误配置或缺少需要的补丁。

但是，考虑端口扫描程序被黑客掌握，而不是那些试图改善安全的人。这些工具帮助黑客找到脆弱性并攻击它们（幸运的是，可以通过异常检测来检测到端口扫描，这将在下一节讨论）。有些工具既有益处，也有害处，这对安全是一个常见的挑战。事实上，有些人主张**隐藏式安全**（security through obscurity），它规定不应该编写工具来测试安全，从而难以发现安全漏洞。另一些人相信这种安全方法并不有效，他们指出，黑客可以编写自己的工具。隐藏式安全被考虑为安全层的一层（只要它不是唯一的层），这似乎是合理的。例如，一个公司可以发布它自己的整体网络配置信息，但如果该信息保密，入侵者就难以知道攻击什么或确定测试什么。但甚至如此，假定该信息仍为保密，也依然存在安全出错问题。

15.6.3　入侵检测

安全系统和工具与入侵检测密切相关。**入侵检测**（intrusion detection）从这个名称来看，它主要是检测对计算机系统的入侵企图或已经成功的入侵，并且启动对入侵的恰当响应。入侵检测会碰到一系列技术标准问题。这些标准包括：

- 检测的时机：实时的（当入侵发生时）或者仅在事件发生后。
- 检测入侵活动时需要检测的输入类型：可以包括用户-shell 命令，进程的系统调用，还有网络包的头部或内容。有时候根据几个相同源头的相关信息就可以检测出某种入侵。
- 响应能力的范围：简单的响应只需要向管理员报告潜在的入侵，或者中止潜在的入侵活动，例如杀死明显参与入侵活动的进程。如果是复杂的响应，系统可能会透明地将入侵活动转向一个**蜜罐**（honeypot），即向入侵者暴露一个错误资源，目的是监控攻击并且获得攻击的相关信息；在攻击者眼中，这个资源是真实的。

入侵检测的设计空间有着极大的自由度，现在已经有许多种入侵检测的解决方案了，统称为**入侵检测系统**（intrusion-detection system, IDS）和**入侵防止系统**（intrusion-prevention system, IDP）。IDS 系统在检测到入侵时响起警报，而 IDP 系统作为一个路由器，除非检测到入侵（此处交通阻塞），否则交通通畅。

但是什么构成入侵呢？实际上，很难定义一个合适的入侵规范。现在流行的是两种并不十分严谨的方法，自动的 IDS 和 IDP 一般都会满足于在这两者间作出一个选择。第一种被称为**基于签名的检测**（signature-based detection），它在系统输入和网络传输中检测预示着攻击的特定行为模式（或**签名**）。这里举一个简单的例子，在网络包中扫描以 UNIX 系统

为目标的字符串 */etc/passwd/*。再举一例，即一个病毒检测软件，它扫描的是已知病毒的二进制码。

第二种方法通常被称为**异常检测**（anomaly detection），涉及在计算机系统中检测异常行为的技术。当然，并不是所有的系统异常行为都预示着入侵，但通常会做这么一个假设：入侵通常会在系统中引入异常行为。异常检测的一个例子，即监视一个监护进程的系统调用，来检测它的系统调用行为是否偏离了正常模式，这可能预示着在监护进程中已经发生了一个破坏它行为的缓冲区溢出。另外一例是通过监视 shell 命令来检测一个给定用户使用的异常命令，或者检测一个用户的异常登录时间，这些可能预示着攻击者已经得到了该账号的访问权限。

基于签名的检测和异常检测可以看做同一个硬币的两个面：基于签名的检测试图描述危险行为并在这些危险行为发生时能够检测出来；而异常检测试图描述正常行为并且在这些行为之外的行为发生时可以检测出来。

这些不同的方法让 IDS 和 IDP 有了很多不同的属性。特别是，异常检测可以检测出以前不知道的入侵方法（所谓**零天攻击**，zero-day attack），而基于签名的检测只能辨别已知模式的攻击。如果某种攻击方式在签名产生时并没有被预测到，那么它可以从基于签名的检测中逃脱。病毒检测软件商都知道这个问题，因此，在一个新的病毒产生并被手动检测到之后，它们必须频繁地更新签名。

并不是说异常检测一定会超越基于签名的检测。实际上，采用异常检测的系统面临着一个重大的挑战：精确设定系统正常行为的基准点。如果在测定系统基准点时系统已经被入侵过，那么这个正常行为的基准点就可能包含入侵行为。即便基准点的测定是在系统干净时进行的，没有受到入侵行为的影响，仍然很难给出一个完美的基准点，因为它必须是正常行为的一个完整描述。否则，**误报错误**（false positive）或错误警告，或更为糟糕的是，**错误漏报**（false negative）的数目将会多得让人难以忍受。

为了说明错误警告发生频率过高的影响，请看由几十台 UNIX 工作站组成的安装，为了进行入侵检测，这里将记录安全相关的所有事件。这样一个小小的安装每天都可能轻易地产生上百万条审计记录。然而，只有一两条值得管理员去做一番调查研究。做一个乐观的假设：每 10 条审计记录中反映一次这样的攻击，就可以用下面这个公式粗略地计算出审计记录真实反映的入侵行为的发生比率：

$$\frac{2\frac{\text{intrusions}}{\text{day}} \times 10\frac{\text{records}}{\text{intrusion}}}{10^6\frac{\text{records}}{\text{day}}} = 0.000\ 02$$

把这个解释为"入侵记录发生的可能性"，可以用 $P(I)$ 表示这个公式；也就是说，事件 I 反映真实入侵行为的记录的发生次数。因为 $P(I) = 0.000\ 02$，还知道 $P(\neg I) = 1 - P$

(I)=0.999 98。现在，让 A 表示这个引发警报的 IDS 事件。一个精确的 IDS 应该会让 $P(I|A)$ 和 $P(\neg I|\neg A)$ 都极大化，也就是说，警报预示着有入侵，没有警报预示着没有入侵。现在让把注意力集中到 $P(I|A)$，可以用**贝叶斯定理**（Bayes' theorem）计算出它的值：

$$P(I \mid A) = \frac{P(I) \times P(A \mid I)}{P(I) \times P(A \mid I) + P(\neg I) \times P(A \mid \neg I)}$$

$$= \frac{0.000\,02 \times P(A \mid I)}{0.000\,02 \times P(A \mid I) + 0.999\,98 \times P(A \mid \neg I)}$$

现在来看错误警报比率 $P(A|\neg I)$ 对 $P(I|A)$ 的影响。即便是在一个真实情形中算是很好的警报比率 $P(A|I)$=0.8，一个似乎不错的错误报警比率 $P(A|\neg I)$=0.000 1 产生 $P(I|A)$ ≈0.14。也就是说，6～7 个警报预示一个真实的入侵。如果一个安全管理员要调查系统的每个警报，那么高的错误警报比率——被称为"圣诞树效应"（Christmas tree effect）是极其浪费人力的，这也会使得管理员很快就放弃对警报的调查。

这个例子反映了一个普遍的 IDS 和 IDP 原理：如果要想有实用性，IDS 和 IDP 必须提供一个极低的错误警报比率。要充分测定正常的系统行为的基准点并不容易，因此，对异常检测系统而言，要达到一个足够低的错误报警比率是一个很大的挑战。然而，研究者们仍然在努力提高异常检测的可用性。入侵检测软件正在演变为实现签名、异常算法和其他算法，并将它们结合起来以达到更为精准的异常检测率。

15.6.4　病毒防护

如前所述，病毒可对系统带来严重破坏。因此病毒防护是重要的安全问题。防病毒软件常用来提供这种保护。有些软件仅对某种已知的病毒有效。它通过查找系统上所有的程序，查找已知的构成病毒的特定指令模式。当它们找到一个已知的模式后，就移除指令，去除程序的病毒。防病毒程序可能需要查找数以百万种病毒。

病毒和反病毒软件都越来越复杂。针对反病毒软件的基本模式匹配方针，一些病毒会在感染其他软件时改变自身形态。反过来，反病毒软件也开始抛弃原有的基本模式匹配方针，转向采用家族模式匹配方针确认病毒。实际上，有些防病毒软件执行一系列检测算法，它们在检测一个签名前能对压缩的病毒解压缩，有些还查找进程异常。例如，打开一个可执行文件来进行写的进程是可疑的，除非它是编译器。另一个广泛采用的技术是在一个**沙盒**（sandbox）中运行一个程序，此沙盒是系统控制或仿真的部分。防病毒软件在允许程序无监控运行前，先在沙盒中分析它的行为。有些防病毒程序不是仅仅扫描文件系统中的文件，而是进行完全的保护。它们寻找启动扇区、接收和发出的邮件、下载的文件、可移除设备或媒体上的文件等。

要使计算机免受病毒感染，最好的方法是预防，或者是实行**安全计算**。购买未拆封的软件、少使用免费软件和盗版软件、少交换磁盘是预防感染的最佳途径。然而，即便是合法软件的新副本也不是百分百安全的。曾经有过这样的例子，一个软件公司的雇员因为对公司不满，就让软件程序的母盘感染上病毒，结果给软件供应商造成了经济损失。如要对付宏病毒，可以在交换 Word 文档时采用另一种被称为**富文本格式（rich text format, RTF）**的文件格式。与原来的 Word 格式相比，RTF 没有附加宏的能力。

另外还有一个防御方法：不要打开来自未知用户的邮件的附件。很不幸，历史表明：在人们发现一个弱点的同一时刻，已经有人在利用这个弱点发动攻击了。例如，2000 年的*爱虫*病毒就是假装成一个来自朋友的情书，在世界范围内广为传播。一旦打开附件中的 Visual Basic 脚本，病毒就开始将自己发送给用户地址簿中的前几个用户。幸运的是，除了阻塞邮件系统，占用用户邮箱的空间，这种病毒没有什么大的危害。然而它确实使"只打开来自己知用户的邮件的附件"失效。这里有一个更有效的预防方法：不要打开任何包含可执行代码的附件。一些公司强制执行该方针：公司的邮件系统服务器会删除所有进入公司内部网的附件。

另外有一项安全防护措施，虽然不能防止感染，但能在早期就发现病毒。用户必须在开始时完全格式化硬盘，特别是启动扇区，它经常是病毒的攻击目标。只上传安全的软件，并为每个文件计算校验和。未经授权的访问不能访问校验和列表。系统每次重启时，都有一个程序重新计算校验和，并将新的计算结果和原来的校验和列表进行比较。如果发现不一致，系统就会给出一个可能感染病毒的警告。这种技术可以与其他技术结合起来使用，例如，可与一个高开销的防病毒扫描，如沙盒，相结合使用。如果程序通过了测试，就可为它生成一个签名。如果该签名与下次程序运行的相匹配，则不再需要病毒扫描了。

Tripwire 文件系统

这里有一个简单的异常检测工具的例子，被称为 **Tripwire 文件系统**完整性检测工具，由美国 Purdue 大学为 UNIX 设计。Tripwire 执行的假设是：许多指令导致系统的目录和文件有了不正常改动。例如，入侵者有可能修改系统程序，例如，插入特洛伊木马的副本，或者在用户 shell 搜索路径的目录中插入新的程序。为了掩盖踪迹，入侵者可能会删除系统的日志文件。Tripwire 是一个监视文件系统的工具，它监控增加、删除和修改文件等操作，并提醒系统管理员注意这些变化。

Tripwire 的操作由配置文件 tw.config 控制，该文件中列举了需要监控修改、删除和添加操作的目录和文件。该配置文件中的每个入口都包含一个选择屏蔽字，它指定了那些要监控修改的文件属性（索引节点属性）。例如，有这么一个选择屏蔽字：它指定监控文件的访问许可，但忽略文件的访问时间。此外，选择屏蔽字还可以指定监控文件内容的改变。监控文件的哈希结果和监控文件本身的效果是一样的，但是，存储文件的哈希结果会比存储文件本身的副本节省多得多的空间。

最初运行时，Tripwire 以文件 tw.config 为输入，并为每个文件或目录计算一个签名，该签名由文件或目录的受监控的属性（索引节点属性和哈希值）组成。这些签名存储在一个数据库中。以后运行时，Tripwire 同时输入文件 tw.config 和先前存储的数据库，为 tw.config 中提及的文件和目录重新计算签名，并将计算结果和数据库中的相应数据（如果存在的话）做比较。需要向管理员汇报的事件包括以下几类：受监控文件或目录的签名与数据库中存储的不同（修改过的文件），受监控文件或目录的签名在数据库中并不存在（添加的文件），数据库中的签名所对应的文件或目录已经不再存在（删除的文件）。

虽然 Tripwire 适用于很多种攻击，但是它确实也有它的局限性。首先，要防止未授权用户修改 Tripwire 程序和相关文件，特别是数据库文件。因此，要将 Tripwire 及其相关文件存储在防篡改的介质中，比如写保护的磁盘，或者严格控制访问的可靠的服务器。但这么做，在合法更新文件和目录之后，更新数据库的操作就不那么方便了。第二个局限是：一些安全相关的文件被*假定*要随时更新，比如系统日志文件，但 Tripwire 不能区分授权修改和未授权修改。因此，如果攻击修改（并未删除）了一个正常情况下也会更改的系统日志，它将有可能从 Tripwire 的检测能力中逃脱。这种情况下，Tripwire 能做的最多就是检测一些显然存在不一致性的情况（例如，如果日志文件收缩了）。Tripwire 有商业版本，也有免费版本，可从 http://tripwire.org 和 http://tripwire.com 找到相关信息。

15.6.5　审计、会计和日志

审计、会计和日志将会降低系统性能，但它们在许多领域（包括安全）都很有用。日志可以是通用的，也可以是特定的。所有的系统调用实现都可以被记录，以分析程序行为（或不当行为）；更为典型的是，可以记录一些可疑的事件。验证失败和授权失败都可以告诉许多关于入侵的尝试。

会计是另一种有潜能的安全管理工具。它可用来发现性能改变，从而反过来揭露安全问题。一个早期的 UNIX 计算机闯入者是通过 Cliff Stoll 在检查会计记录时发现反常现象检测到的。

15.7　保护系统和网络的防火墙

怎样将可靠的计算机安全地连接到一个不可靠的网络呢?其中的一条解决途径是使用防火墙来分离可靠和不可靠的系统。**防火墙**（firewall）是一台夹在可靠系统和不可靠系统之间的计算机、装置或者路由器。网络防火墙限制这两个**安全域**之间的网络访问，并且监控和记录所有的连接。它还会根据源地址或者目的地址、源端口或者目的端口、或者连接的方向来限制连接。例如，网页服务器通过 http（超文本传输协议）和网页浏览器连接。因此，防火墙可以这样控制：只允许所有防火墙外部的主机到防火墙内部的网页服务器的 http 连接。Morris 的 Internet 蠕虫入侵计算机时使用的是 finger 协议，因此，finger 协议无法通过这道防火墙。

实际上，一道网络防火墙可以将一个网络分离成几个域。一个通用的实现方法是：将 Internet 作为一个不可靠的域；将一个被称为**非军事区或隔离区（demilitarized zone, DMZ）**的半可靠和半安全网络作为另外一个域；将一个由公司的计算机组成的局域网作为一个第三域（见图 15.10）。允许这两类连接：从 Internet 到 DMZ 计算机的连接，从公司计算机到 Internet 的连接；禁止以下两类连接：从 Internet 或 DMZ 到公司计算机的连接。以下为可选项：可能允许 DMZ 和一台或多台公司计算机之间的受控连接。例如，一个位于 DMZ 的网页服务器可能需要查询一个位于公司网络的数据库服务器。如果使用防火墙，就会对所有的访问进行管理，并且任意被入侵 DMZ 系统仍然无法访问公司网络中的计算机。

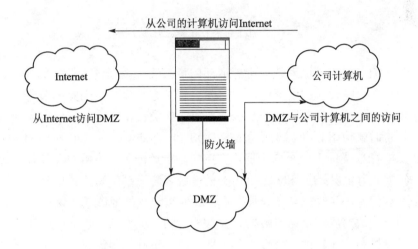

图 15.10　通过防火墙实现域分离的网络安全

当然，防火墙本身必须安全可靠，必须能抵御攻击，否则它保护连接的能力就会被削弱。进一步讲，防火墙无法防止**隧道攻击（tunnel）**或者在防火墙所允许的协议或连接内传播的攻击。防火墙允许 http 连接，它不能防止包含在 http 连接内容中的攻击，因此防火墙无法阻止攻击者利用缓冲区溢出攻击网页服务器。同理，拒绝服务攻击可以像攻击一台普通机器那样攻击一道防火墙。防火墙还有一个弱点，即**欺骗（spoofing）**，一台未授权主机满足一定的授权标准时，就可以伪装成一台授权主机。例如，如果有这么一条防火墙规则：根据主机的 IP 决定是否允许来自该主机的连接，那么一台主机只要成功抢占授权主机的 IP，就可以通过防火墙发送包。

除了常用的网络防火墙外，还有一些其他的新的防火墙，每个都有它自己的优点和缺点。**个人防火墙（personal firewall）**是一个软件层，它包括在操作系统内或作为一个应用来加上去。与限制安全域间的通信不同，它只是限制与一个给定主机的通信。用户可以给他自己的 PC 增加个人防火墙，以使特洛伊木马被拒绝访问 PC 所连接的网络。**应用代理防**

火墙（application proxy firewall）理解网络间会话的应用的协议。例如，SMTP 被用来传输邮件。仅当一个 SMTP 服务器愿意时应用代理接受一个连接，然后开始一个到原目的 SMTP 服务器的连接。当它发送消息时可以监控交通情况，寻找并拒绝非法命令，尝试处理漏洞等。有些防火墙为特定的协议设计。例如，XML 防火墙具有分析 XML 交通和阻挡不允许的或有缺陷的 XML 的特定功能。**系统调用防火墙**（system-call firewall）位于应用和内核之间，监控系统调用的执行情况。例如，在 Solaris 10 中，"最小特权"特征实现多于 50 个系统调用的列表，进程可以或不可以被允许做。例如，不需要产生其他进程的进程可能被取消创建新进程的能力。

15.8 计算机安全分类

美国国防部的可靠计算机系统评价标准部门将系统安全分成 4 类：A、B、C 和 D。该规范被广泛应用于决定设备的安全性，并对安全解决方案建模，因此本节将讨论此问题。D 类安全是最低一级的分类，即保护最少的那类。D 类仅由一个类组成。当系统无法达到其他 3 类的要求时就使用 D 类。例如，MS-DOS 和 Windows 3.1 都是属于 D 类的。

C 类是紧接着 D 类的下一个安全层，它用的是审计能力，为用户及其行为提供任意保护和责任。C 类分为两层：C1 和 C2。C1 类的系统组合了若干种形式的控制，用户可以借助它来保护私有信息，并保护自己的数据不被其他用户意外地读取或破坏。在 C1 环境中，合作用户在同一个敏感层次上访问数据。大部分 UNIX 版本都属于 C1 类。

在一个计算机系统（软件、硬件、防火墙）内，正确地强制执行一个安全方针的所有保护系统的总和，被称为**可靠的计算机基础**（trusted computer base, TCB）。C1 系统的 TCB 控制着用户和文件间的访问，它采用的方式是：允许用户指定和控制个人或定义的组对对象的共享。此外，在用户开始任何一项需要 TCB 仲裁的活动之前，TCB 会要求用户先进行自我识别。这个识别由一个受保护的机制或者密码来完成；TCB 会保护验证数据，使其免遭未授权用户的非法访问。

在 C1 类系统的基础上，C2 类系统增加了一个个体层的访问控制。例如，可以将一个文件的访问权限指定到一个单一个体的层次上。此外，在个体识别的基础上，系统管理员可以选择性地审计任意一个或多个用户的活动。TCB 系统还会保护自己的代码和数据结构。此外，如果之前有一个用户生成了一些信息，并且已经将存储对象释放并返回给系统，则别的用户还是无法访问到那些信息。UNIX 的一些特别的安全版本被证明是属于 C2 层的。

B 类强制保护系统拥有 C2 类系统的所有属性，此外，它们还在每个对象上贴上了敏感标签。B1 类的 TCB 维护系统中每个对象的安全标签；这个标签用于属于强制访问控制的决策。例如，一个在机密层的用户不能访问一个处于更敏感的安全层的文件。在每个可供人读取的输出中，TCB 都会在页眉和页脚标注敏感层次。除了正规的用户名-密码验证信息之外，TCB 还维持着个体用户的清除和授权，并且至少提供两层安全。这些层是等级制的，只要一个对象所处的安全层次不比某用户的高，该用户就可以访问它。例如，一个处于秘密层的用户，他不需要别的访问控制权限，就已经可以访问一个处于机密层的文件。进程间通过使用不同的地址空间实现隔离。

B2 类的系统为每个系统资源（比如存储对象）扩展了敏感标签。系统为每个物理设备设置了最小和最大安全层次，系统用这两个极值来强制执行设备所处物理环境强加在设备上的限制。此外，B2 系统还支持转换信道，支持对那些利用转换信道的事件的审计。

给定一个对象，有些用户和组不具备访问该对象的权限，B3 系统可以创建一个指示这些用户和组的访问控制列表。TCB 还包括一个监控机制，监控那些预示着违反安全策略的事件。该机制会向安全管理员通报该事件，如果有必要，它还会以一种破坏性最小的方式中止该事件。

最高层的分类是 A。从结构上讲，A1 类系统在功能上等价于一个 B3 系统体系，但采用的是正式的设计规则和检验技术，这让系统有了一个高度的保证：TCB 已经正确实现该保证。或许可以由可靠的人，以一种可靠的工具来设计比 A1 类更安全的系统。

使用 TCB 只能保证系统可以强制执行一个安全策略的各个方面，但 TCB 系统不会指定安全策略的内容。通常，一个给定的计算环境会开发一种安全策略以用于**认证**（certification），并且会有一个被安全机构**认可**的计划，如国家计算机安全中心。某些计算环境可能需要别的认证，如 TEMPEST 的认证，该认证的目的在于防御电子窃听。例如，一个 TEMPEST 认证的系统可能会将一些终端屏蔽起来，目的是防止电磁泄露。这层屏蔽确保该终端显示的信息不会被位于屏蔽层之外的仪器探测到。

15.9 实例：Windows XP

Microsoft Windows XP 是一个通用的操作系统，它支持一系列的安全特性和方法。本节将学习 Windows XP 用来完成安全功能的特征。要了解更多关于 Windows XP 的信息和背景知识，可以去看第 22 章的内容。

Windows XP 的安全模型是基于**用户账号**（user account）这个概念的。Windows XP 允许创建任意个用户账号，并允许以任意方式组织这些账号。可以根据需要允许或者拒绝访问系统对象的请求。系统通过一个具有*唯一性*的安全 ID 来识别用户。当用户登录时，Windows XP 会为用户创建一个**安全访问令牌**（security access token），包括用户的安全 ID，用户所在组的安全 ID，以及一个由用户拥有的特权组成的列表。用户特权包括备份文件和目录、关机、以互动方式登录、更改系统时钟等。Windows XP 代表用户运行的每个进程都会得到一份访问标记的副本。无论何时，当用户或者代表用户的进程要访问对象时，系统都会用访问标记中的安全 ID 来允许或者拒绝它们对系统对象的访问。尽管 Windows XP 的模块化设计允许提供自定义的验证包,系统通常还是通过用户名和密码来验证一个账号。例如,用一个视网膜(或眼睛)扫描仪可以用来鉴别用户的身份是否与实际相符。

Windows XP 采用了**主题**(subject)这样一个概念,以确保用户运行的程序对系统的访问权限是系统授权给用户的访问权限的子集。一个**主题**由用户的访问标记和代表用户运行的程序组成,它被用来跟踪和管理用户运行的每个程序的各种许可。Windows XP 运行时用的是"客户端-服务器"模型,因此采用了两类主题来控制访问:简单主题和服务器主题。这里有一个**简单主题**的例子,即大多数用户在登录后都要执行的那个程序。系统根据用户的安全访问令牌给这个简单的主题分配一个**安全上下文**(security context)。**服务器主题**(server subject)被实现为一个受保护服务器的进程,在代替客户机执行任务时,那个受保护的服务器使用的是客户机的安全上下文。

如 15.7 小节所述,审计是一个很有用的安全技术。Windows XP 中内置了审计技术,允许监控多个通用的安全威胁。以下是一些可以用来跟踪威胁的审计例子:登入登出事件失败的审计,其目的是检测随机密码的破解;登入登出成功的审计,其目的是检测异常时段的登录活动;对可执行文件的写访问成功/失败审计,以跟踪病毒的爆发;对文件访问成功/失败的审计,以检测对敏感文件的访问。

Windows XP 中用**安全描述符**(security descriptor)来描述对象的安全属性。安全描述符包括对象持有者(谁可以改变访问许可)的安全 ID、一个仅用于 POSIX 子系统的组安全 ID,一个任意的识别被允许或不被允许访问该对象的用户和组的访问控制列表,一个控制系统产生审计消息的系统访问控制列表。例如,文件 *foo.bar* 的安全描述符可能有持有者 avi 和下面这个任意的访问控制列表:

- avi:所有访问权限。
- 组 cs:访问权限写、读。
- 用户 cliff:没有权限。

此外,它可能还会有一个系统访问-控制列表,内容是每个用户写权限的审计。

一个访问-控制列表由访问-控制入口组成,这些入口包括个体的安全 ID,一个在对象上定义了所有可能行为的访问屏蔽字,屏蔽字中每个行为的值为 AccessAllowed 或 AccessDenied。Windows XP 中文件的访问权限有:ReadData、WriteData、AppendData、Execute、ReadExtendedAttribute、WriteExtendedAttribute、ReadAttributes 和 WriteAttributes。下面来看看它是怎样控制对对象的访问的。

Windows XP 将对象分为两类:容器类对象和非容器类对象。**容器类对象**(container object),如目录,可以在逻辑上包含其他对象。默认做法是:如果在一个容器类对象内创建一个新对象,这个新对象将会从父对象继承许可权限。类似地,如果用户将一个文件从一个目录复制到一个新目录,那么文件将会继承目标目录的许可权限。**非容器类对象**(noncontainer object)不会继承别的许可权限。然而,如果修改一个目录的某个许可权限,它的文件和子目录的相应的许可权限并不会自动改变;如果需要,用户可以显式地更改该许可权限。

此外，系统管理员可以全天禁止或在一天中的部分时间禁止系统的打印机打印，并且借助 Windows XP 性能监视器帮助侦察查找问题。通常，Windows XP 中的某些特性提供了一个很好的安全计算环境。在默认情况下，并不是所有这些特性都是处于激活状态的，这可能是 Windows XP 无数安全漏洞原因之一。另外一个原因是 Windows XP 的大量服务从系统启动时开始，许多应用都安装到 Windows XP 系统上。在一个真实的多用户环境中，系统管理员应该利用 Windows XP 提供的特性和其他安全工具来规划并实现一个良好安全计划。

15.10　小　　结

保护是一个内部问题，而在使用计算机系统的环境中，安全要同时考虑计算机系统和环境——人、建筑物、事务、贵重物品和威胁。

要很好地保护计算机系统中存储的数据，防止它们被未受权者访问、被恶意地损坏或更改、被意外地引入不一致性。与防止数据被恶意访问相比，防止数据意外地丢失一致性要容易得多。完全杜绝恶意滥用计算机存储的数据的现象是不现实的，不过可以采取一些措施，让罪犯付出足够高的代价，这样来阻止绝大多数甚至全部未授权访问。

有几种既可以攻击单个计算机，也可以攻击群体计算机的攻击方式。攻击者可以利用栈和缓冲区的溢出改变自己的系统访问权限层次。病毒和蠕虫可以自我繁殖，有时会感染数千台计算机。拒绝服务攻击会阻碍对目标系统的合法使用。

加密法限制了数据接收方的域，而验证则限制了发送方的域。加密法被用来提供需要存储或传输的数据的保密。对称加密需要一个共享的密钥，而非对称加密提供了一个公共密钥和一个私有密钥。验证与 hashing 组合，可以验证数据未被更改。

用户验证方法用来识别系统的合法用户。除了标准的用户名和密码保护之外，还有一些别的验证方法。一次性密码每次都会改变发送的数据，这样可以避免重复攻击。双因素验证要求有两种形式的验证，比如带有一个激活 PIN 的硬件计算器。多因素验证要求三种或更多的形式。这些方法大大地降低了伪验证的成功概率。

有几种防止或者检测意外安全事故的方法，包括入侵检测系统、防病毒软件、系统事件的审计和日志记录、系统软件变动的检测、系统调用监测和防火墙。

习　　题

15.1　采用更好的程序设计方法或使用特殊的硬件支持，可以避免缓冲区溢出攻击。试讨论这些解决方法。

15.2　别的用户可以通过各种途径得到密码。有没有一种简单的方法来检测有没有发生密码泄露事件？如果有，试解释你的答案。

15.3　如果将所有密码的列表保存在操作系统内部。这种情况下，如果用户看到了这个列表，密码保护就失效了。请提供一个可以避免这个问题的策略（提示：采用不同的内部和外部表示方法）。

15.4　与用户提供的口令一起使用"salt"有什么目的？应该将"salt"保存在何处？如何使用它？

15.5　UNIX 系统增加了一个尚处于实验阶段的特性，即允许用户将程序 watchdog 连接到一个文件，这样一来，无论何时，只要有程序请求访问这个文件，watchdog 就会被调用。然后由 watchdog 允许或拒绝对该文件的访问请求。试从安全的角度出发，分别讨论使用 watchdog 的两个好处和两个坏处。

15.6　UNIX 系统中的程序 COPS 在一个给定的系统中扫描可能存在的安全漏洞，并向用户报告可能存在的问题。使用这种安全系统的两种潜在危险是什么？怎样减少或者消除这些问题？

15.7　讨论一种连接到 Internet 的管理员可以用来减少或消除蠕虫带来的危害的方法，这种方法的缺点是什么？

15.8　你是赞成还是反对美国联邦法庭对 Robert Morris，Jr.的审判——因为他创造并传播了 Internet 蠕虫（参见 15.3.1 小节）？

15.9　为一个银行计算机系统列举 6 种安全措施，并陈述列表中的每个条款与物理环境、人或者操作系统安全的关系。

15.10　对计算机中存储的数据进行加密的两个好处是什么？

15.11　计算机常用的什么程序易受到中间人的攻击？讨论防止这种攻击的方法。

15.12　试比较对称和非对称加密法，并讨论在什么环境下用对称加密法，什么环境下用非对称加密法。

15.13　为什么 $D(k_e, N)(E(k_d, N)(m))$ 不提供发送者的验证？哪种用法可以进行这样的加密？

15.14　试讨论如何使用非对称加密算法以达到下面的目的：

　　a．验证：接收者知道仅发送者能生成消息。

　　b．安全：只有接收者能解密消息。

　　c．验证和安全：只有接收者能解密消息，且他知道只有发送者能生成消息。

15.15　考虑这样一个系统，它每天生成一千万条审计记录，并假定每天有 10 个针对系统的攻击，每个攻击影响 20 条记录。如果入侵检测系统的真实警报率为 0.6，错误警报率为 0.000 5，那么有百分之几的警报是由系统真正的入侵产生的？

文 献 注 记

Hsiao 等[1979]、Landwehr[1981]、Denning[1982]、Pfleeger[1989]和 Pfleeger[2003]、Tanenbaum[2003]、Russell 和 Gangemi[1991]给出了关于安全性的一般论述。Lobel[1986]的书也有一般的论述。Kurose 和 Ross[2005]介绍了计算机安全问题。

Rushby[1981]和 Silverman[1983]论述了安全系统的设计与验证问题。Schell[1983]描述了对于多处理器微机的一个安全内核。Rushby 和 Randell[1983]描述了一个分布式安全系统。

Morris 和 Thompson[1979]论述了密码安全问题。Morshedian[1986]给出了防止被偷盗密码的方法。Lamport[1981]考虑了在非安全通信中的密码授权问题。Seely[1989]论述了密码破解问题。Lehmann[1987]和 Reid[1987]论述了计算机非法闯入的问题。Thompson[1984]讨论了计算机程序信任相关的问题。

Grampp 和 Morris[1984]、Wood 和 Kochan[1985]、Farrow[1986b]、Farrow[1986a]、Filipski 和 Hanko[1986]、Hecht 等[1988]、Kramer[1988]、Garfinkel 等[2003]给出了关于 UNIX 安全性问题的讨论。Bershad 和 Pinkerton[1988]给出了对 BSD UNIX 的 watchdog 的扩展。Farmer 在美国 Purdue 大学描述了 UNIX 的 COPS 安全性扫描包。用户可以用 FTP 程序通过 Internet 在 ftp.uu.net 主机的/pub/security/cops 目录获得。

Spafford[1989]给出了一个关于 Internet 蠕虫的详细技术讨论。Spafford 和其他三篇关于 Internet 蠕虫的文章发表在 *communications of the ACM*（Volume 32，Number 6，June 1989）。

Bellovin[1989]介绍了 TCP/IP 协议套相关的问题。Cheswick 等[2003]讨论了防止此类攻击的常用机制。另一种保护网络受到内部攻击的方法是安全拓扑或路由发现。Kent 等[2000]、Hu 等[2002]、Zapata 和 Asokan[2002]、Hu 和 Perrig[2004]给出了安全路由的解决方案。Savage 等[2000]检测了分布式拒绝服务攻击并提出 IP 跟踪追溯以解决此问题。Perlman[1988]提出了一种在网络包括恶意路由时诊断出错的方法。

有关病毒和蠕虫的信息可以在 http://www.viruslist.com 上找到，也可以在 Ludwig[1998] 和 Ludwig[2002]中找到。其他包括安全更新信息的站点有 http://www.trusecure.com 和 http://www.eeye.com。http://ww.ccianet.org/papers/cyberinsecurity.pdf 上可以找到有关计算机单作（monoculture）的危险性的文章。

Diffie 和 Hellman[1976]、Diffie 和 Hellman[1979]是最早提出使用公开密钥方案的研究者。15.4.1 小节中的以公开密钥为基础的算法是由 Rivest 等[1978]开发的。Lempel [1979]、Simmons [1979]、Denning 和 Denning[1979]、Gifford [1982]、Denning[1982]、Ahituv 等[1987]、Schneier[1996] 以 及 Stallings[2003] 研 究 了 计 算 机 系 统 中 的 加 密 技 术。Akl[1983]、Davies[1983]、Denning[1983]和 Denning[1984]提供了关于数字信号的保护问题。

美国联邦政府当然关心安全性问题。国防部信任计算机系统评估标准 DoD[1985]，也被称为*橘皮书*，描述了一系列安全级别和每个级别的计算机系统需要满足的特性。阅读它是理解安全性问题的一个好的起点。*Microsoft Windows NT Workstation Resource kit*（Microsoft[1996]）描述了 Windows NT 的安全模型以及如何使用这个模型。

Rivest 等[1978]中展现了 RSA 算法。关于 NIST 的 AES 活动的信息可以在 http://www.nist.gov/aes/找到。在这个站点上还可以找到美国其他的加密技术标准。更加完整的关于 SSL 3.0 的论述可以在 http://home.netscape.com/eng/ssl3/找到。在 1999 年，SSL 3.0 经过轻微的修改并以 TLS 的名字呈现在 IETF 请求注解（RFC）上。

15.6.3 小节中演示错误警告次数对 IDS 效果的影响的例子是以 Axelsson[1999]为基础的。Hansen 和 Atkins[1993]中可以找到 swatch 程序和 syslog 一起使用的完整的描述。15.6.5 小节中的关于 Tripwire 的描述是根据 Kim 和 Spafford[1993]写的。Forrest 等[1996]研究了基于系统调用的异常检测问题。

第六部分　分布式系统

　　分布式系统是一组不共享内存和时钟的处理器的集合。也就是说，每个处理器都有它自己的内存，处理器之间的通信通过局域网或广域网进行。分布式系统中处理器的大小和功能不尽相同，它们可能包括小的掌上型实时设备、个人计算机、工作站以及大的计算机系统。

　　分布式文件系统是一个文件服务系统，其用户、服务器、存储设备等分散在各处。因此，服务活动必须通过网络实现，用多个且相互独立的存储器代替单一集中式数据存储。

　　分布式系统的优点在于用户可以访问由系统所维护的资源，进而可以提高计算速度、数据可用性及数据可靠性。由于系统是分布式的，它必须提供处理同步和通信的机制，以处理死锁以及集中式系统中未曾遇到过的错误。

第16章 分布式系统结构

分布式系统是一组不共享内存和时钟的处理器的集合，即每个处理器都有它自己的内存，处理器之间的通信可通过各种通信网络加以实现，如高速总线或电话线。在这一章中，将讨论分布式系统的一般结构以及连接它们的网络，并且把它们和前面所研究的集中式系统相比较，看看两者在操作系统设计上的主要不同之处。第17章将继续讨论分布式文件系统。第18章将介绍分布式操作系统协同工作时所必要的方法。

本章目标
- 提供分布式系统与其网络的概述。
- 讨论分布式操作系统的一般结构。

16.1 动　　机

分布式系统（distributed system）是通过通信网络而松散连接的一组处理器的集合。从分布式系统某一特定的处理器的角度来看，其他处理器及其资源都是远程的，而其本身资源则是本地的。

分布式系统的处理器在大小和功能上不尽相同，可包括小的微处理器、工作站、小型机或大型通用计算机系统。有许多名称被用来称呼这些处理器，如*站点*（site）、*节点*（node）、*计算机*（computer）、*机器*（machine）或*主机*（host），具体用哪一个必须取决于上下文。通常用*站点*来表示一个机器的位置，而用*主机*来表示某个站点的一个特定系统。一般来说，某个站点的某个特定主机即*服务器*，拥有位于其他站点的另一个主机即*客户机*（或用户）所需的资源。图16.1显示了一个分布式系统。

需要建立分布式系统主要有4个方面的原因：*资源共享*、*加快计算速度*、*可靠性*和*通信*。本节将逐一予以简单介绍。

16.1.1 资源共享

如果许多站点（拥有不同的能力）相互连接，那么其中某个站点的用户就可以使用其他站点的可用资源。例如，站点A的某个用户可能正在使用站点B的一台激光打印机，同时，站点B的用户可以访问驻留在站点A上的文件。一般说来，分布式系统的**资源共享**

（resource sharing）提供了诸如远程站点文件的共享、分布式数据库的信息处理、远程站点文件的打印、使用指定远程硬件设备（如一个高速阵列处理器）和其他操作的执行的机制。

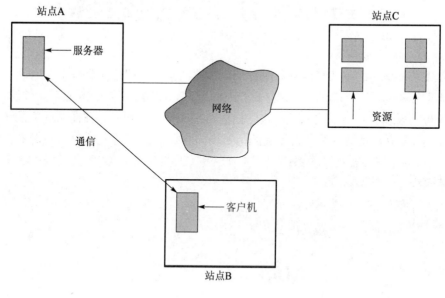

图 16.1 分布式系统

16.1.2 加快计算速度

如果可以将一个特定的计算分化成可以并发运行的子运算，并且分布式系统允许将这些子运算分布到不同的站点，那么这些子运算可以并发地运行，因此**加快了计算速度**（computation speedup）。另外，如果某个站点在超负荷地工作，那么其中一部分可被移到其他站点，以减轻其负荷。这种作业移动被称为**负载分配**（load sharing）。然而，目前在商用系统中，自动负荷共享（在分布式系统中自动地移动作业）尚未得到普遍使用。

16.1.3 可靠性

在分布式系统中，如果一个站点出错，其余站点可以继续工作，因此分布式系统具有更强的可靠性。如果系统由多个大的自治子系统（如通用计算机）组成，那么其中某个出现故障并不影响其他成员。然而，如果系统由小的机器组成，它们中的每一个都担负一些关键的系统操作（如终端字符的 I/O 或文件系统），则单个机器的错误将会终止整个系统的操作。一般来说，如果系统具有足够的冗余（包括硬件和数据），即使某些站点出现故障，系统也会继续运行下去。

分布式系统必须能检测到站点故障，并采取适当的措施恢复故障，当然系统必须不再使用该站点的服务。此外，如果发生故障的站点的操作可以被其他站点接管，那么系统必须保证操作转移的正确。最后，当发生故障的站点恢复后，必须有一个能使其顺利结合到系统中的机制。如同将在第 17 章和第 18 章看到的，这些动作会带来一些问题，其可能的解决方法有多个。

16.1.4　通信

当许多站点通过通信网络相互连接在一起时，不同站点的用户可以有机会交换信息。在较低的层次上，系统间的**消息传递**类似于 3.4 节所述的单个计算机的消息系统。对于给定报文传递的情况下，所有独立系统的高级功能都可扩展到分布式系统。这些功能包括文件传输、登录、发邮件以及远程过程调用（RPC）。

分布式系统的优点在于这些操作可以在彼此相隔很远的情况下执行。例如，两个地理位置分开的人员可以协同进行同一个项目。通过传输项目文件，登录彼此的远程系统以运行程序，交换邮件以协调工作，用户可以尽可能地缩小远程工作本身的局限性。本书的协作编写就是以这种方式完成的。

分布式系统的优点使得企业趋于**减小规模**（downsizing），许多公司用工作站或个人计算机组成的网络替代大型机。通过这种方式，许多公司可获得更好的性价比、更强的资源布置、更灵活的设备扩充、更好的用户界面以及更方便的维护。

16.2　分布式操作系统的类型

本节讨论两种基于网络的通用操作系统：网络操作系统和分布式操作系统。网络操作系统往往易于实现，但与能够提供更多功能的分布式操作系统相比，它更难为用户所访问和使用。

16.2.1　网络操作系统

网络操作系统（network operating system）为那些了解机器多样性的用户提供一个环境，通过登录适当的远程机器或从远程机器传送数据到其自己机器的方式，来访问远程资源。

1. 远程登录

网络操作系统的一个重要功能是允许用户远程登录。Internet 为此提供了 **telnet** 工具。为了举例说明这个工具，假设一个在英国威斯敏斯特大学的用户希望在地址为 *cs.yale.edu* 且位置为美国耶鲁大学的一台计算机上进行计算。为此，该用户必须有那台机器的有效账户。进行远程登录时，用户发出如下命令：

```
telnet cs.yale.edu
```
该命令使得位于英国威斯敏斯特大学的本地机与位于 *cs.yale.edu* 的计算机之间形成 Socket 连接。建立连接后，网络软件创建一个透明的、双向的连接，使用户输入的所有字符都被送到 *cs.yale.edu* 的一个进程上，而该进程的所有输出都被送回用户。远程机器的进程询问用户的登录用户名和口令，获得正确信息后，该进程即作为用户的代理，而用户可以像本地用户所能做的那样在远程机器上进行计算。

2. 远程文件传输

网络操作系统的另一个主要功能是提供一种机制以便从一台机器到另一台机器进行**远程文件传输**（remote file transfer）。在此环境下，每个计算机保持它自己的文件系统。如果某个站点（如 *cs.uvm.edu*）的用户希望访问位于另一位置（如 *cs.yale.edu*）的计算机上的一个文件，则该文件必须被明确地从位于美国耶鲁大学的计算机复制到位于美国佛蒙特大学的计算机上。

Internet 为这种传输提供了**文件传输协议**（file transfer protocol，FTP）。假设位于 cs.uvm.edu 的用户想复制 cs.yale.edu 上的 Java 程序 Server.java，用户必须先调用 FTP 程序，通过执行

```
ftp cs.yale.edu
```
该程序就会询问用户的登录名和口令，一旦收到正确信息，用户还须进入到文件 Server.java 所在的子目录，然后执行下面的命令复制文件

```
get Server.java
```
在此方法中，文件的位置对用户并不是透明的，用户必须准确地知道每个文件的位置。另外，不会发生真正的文件共享，因为用户只能够将文件从一个站点*复制*到另一个站点，因此，可能存在同一文件的多个副本，从而导致浪费空间。此外，如果这些副本被修改，不同的副本将会不一致。

注意，在此例子中，位于美国佛蒙特大学的用户必须有登录 *cs.yale.edu* 的许可，FTP 还提供一种方式，以允许那些没有美国耶鲁大学计算机账户的用户进行远程文件副本。这种远程副本是通过**匿名 FTP**（anonymous FTP）的方法完成的，该方法工作如下：被副本的文件（此为 Server.java）必须放在一个特定的具有允许公共用户读取的子目录下（如 *ftp*），希望副本该文件的用户像以前一样使用 ftp 命令。当需要用户提供登录名时，用户输入 *anonymous*，以及一个任意的口令。

一旦匿名登录完成，系统必须小心保证这种部分授权的用户不能访问所有文件。一般来说，这些用户只允许访问 *anonymous* 用户目录下的文件，该目录下的文件可被任何匿名用户访问，这些用户必须服从文件所在机器的文件保护机制的制约。当然，匿名用户不能访问该目录之外的任何文件。

FTP 的实现机制与 telnet 实现类似，远程站点的一个服务程序负责监视系统 FTP 端口

的连接请求。当执行登录身份验证后，用户就被允许执行远程命令。与 telnet 服务程序允许用户执行任何命令不同，FTP 服务程序只响应预先设定的一组与文件相关的命令。这些命令集包括：

- **get**：从远程机器传送文件到本地机器。
- **put**：将本地机器上的文件传送到远程机器。
- **ls 或 dir**：列出远程机器当前目录下的文件。
- **cd**：改变远程机器的当前目录。

另外，还有些命令允许用户改变传输模式（如二进制或 ASCII 文件）和决定连接状态。

无论是 telnet 还是 FTP 都需要用户改变语句表达。FTP 需要用户知道如何使用与一般操作系统命令完全不同的命令集，telnet 需要一点小的变化：用户必须知道远程系统的正确命令。例如，一个 Windows 用户远程登录到一台 UNIX 机器上，他必须在会话期间使用 UNIX 命令。如果他们不需要使用不同的命令集，那么无疑使用这些工具将更为方便。分布式操作系统就是设计用来改善这个问题的。

16.2.2　分布式操作系统

对于分布式操作系统，用户可以像访问本地资源一样来访问远程资源，从一个站点到另一站点的数据和程序迁移由分布式操作系统所控制。

1. 数据迁移

假设 A 站点的用户想访问 B 站点的数据（如一个文件），系统可用两种基本的方法传送数据。其中一种实现**数据迁移**（data migration）的方法是将整个文件传给 A，然后，所有对此文件的访问都是本地的。当用户不再需要访问文件时，文件的一个副本（如果它已被修改）被传回 B。即使对一个很大的文件进行一个细微的改变，所有的数据都必须被传回。这种机制可被视为一个自动 FTP 系统。这种方法曾被用于将在第 17 章讨论的 AFS（Andrew file system）中，但它被证实效率太差。

另一种方法是只将对当前任务实际*所需*的文件部分传到站点 A，如果接下来需要另一部分，将进行另一次传送。当用户不再需要访问文件时，所有对文件改变都会传回到站点 B（注意它与按需分页的相似处）。Sun Microsystems 公司的网络文件系统（NFS）协议就使用这种方法（参见第 17 章），Andrew 的新版本也是如此。微软的 SMB 协议（运行在 TCP/IP 或 NetBEUI 协议之上）同样允许在网络上共享文件。SMB 将在附录 C.6.1 中加以讨论。

显然，如果仅仅访问一个大文件中的一个很小的部分，后一种方法更好。如果要访问文件的大部分，那么复制整个文件效率更高。在两种方法中，数据迁移包含了比从一个站点传送数据到另一站点更多的内容。如果相关的两个站点不直接兼容，系统还必须完成不同的数据转换（例如，它们使用不同的字符编码或是采用不同的位数或顺序来表示整数）。

2. 计算迁移

在某些情况下，可能想在系统之间传递计算而不是数据，这种方法称为**计算迁移**（computation migration）。例如，设想有这样一项作业：它需要访问不同站点的不同的大文件，以获得这些文件的汇总。也许这样做会更有效率：分别在文件所在的站点访问这些文件，并把处理的结果返回给发起此项作业的站点。通常，如果数据传送的时间比执行远程命令的时间还长，则应使用远程命令。

这种计算可用不同的方法来实现。假设进程 P 想访问站点 A 的一个文件，文件的访问在站点 A 被执行，它可通过一个 RPC 开始。RPC 利用一个**数据报协议**（Internet 上的 UDP）来执行位于远程系统的一个程序（见 3.6.2 小节），进程 P 调用站点 A 的一个预先设定的程序，该程序正确地执行，然后将结果返回给 P。

另一种方法是，进程 P 可向站点 A 发送一条*消息*，之后站点 A 的操作系统将创建一个新的进程 Q，Q 的职能就是执行所指派的任务。当进程 Q 完成后，通过消息系统将所需的结果传回 P。在这样的设计中，进程 P 可以与进程 Q 并发地执行任务，事实上，可以有多个进程在多个站点上并发地运行。

这两种方法都可以用来访问驻留在不同站点上的多个文件。一个 RPC 可能会导致调用另一个 RPC，甚至产生一个到另一站点的消息传递。类似地，进程 Q 可能在它的执行过程中向另一站点发送消息，继而又产生另一个进程，而该进程既可能向 Q 传回一个消息，也可能重复这个循环。

3. 进程迁移

进程迁移是计算迁移的一个逻辑扩展。当一个进程被提交执行时，并不总是在它开始提交的站点上执行，进程的全部或部分可能在不同的站点上执行。该设计可能基于如下考虑：

- **负载平衡**（load balancing）：进程（或子进程）可能被分散在网络上，从而平均工作负荷。

- **计算加速**（computation speedup）：如果单个进程可以被分成能在不同站点上并发运行的多个子进程，那么总的进程周转时间也许会缩短。

- **硬件偏好**（hardware preference）：进程可能具有某些特征使得它更适合在某些特定的处理器上执行（如矩阵求逆在一个数组处理器上，而不是在一个微处理器上）。

- **软件偏好**（software preference）：进程可能需要只在特定站点上才可用的软件，而该软件不能迁移，或它的迁移要比进程迁移昂贵。

- **数据存取**（data access）：就像在计算迁移那样，如果计算所使用的数据非常多，远程执行进程可能比传递所有的数据到本地更为有效。

使用两种互补的技术在一个计算机网络中迁移进程。在第一种方法中，系统设法隐藏进程已经从客户端移走的事实。该方法具有的优点是，用户不必为实现迁移而显式地编程。

同类型的系统不需要用户输入来帮助远程执行程序，因此该方法通常用于在这些系统中获取负载平衡或加速计算。

另一种方法允许（或需要）用户清楚地指明进程应如何迁移。该方法通常用于当迁移进程是为了满足某种硬件偏好或软件偏好。

你可能已经认识到 Web 具有许多分布式计算环境的特征。当然，它提供数据迁移（在一个 Web 服务器和 Web 客户端之间）。同时，它也提供计算迁移。例如，一个 Web 客户机可能触发一个 Web 服务器上的数据库操作。最后，Java 可以提供一种进程迁移形式：Java applets，从服务器传送到它们被执行的客户机上。一个网络操作系统提供了这些功能的大部分，但分布式操作系统使它们融合得更好，并且更容易使用。这样产生的结果就是一个强大而易用的工具——这也是万维网高速增长的原因之一。

16.3 网 络 结 构

网络有两种基本类型：**局域网**（local area network，LAN）和**广域网**（wide area network，WAN），它们之间的不同主要在于地域分布范围。局域网由分布在较小地域范围的处理器组成，如单幢楼或一些紧邻的楼群。而广域网则是由分布在大的地域范围内（如美国）的自治的处理器构成。这些区别主要反映在速度和网络通信可靠性的不同，这些都会影响分布式操作系统的设计。

16.3.1 局域网

局域网作为大型计算机系统的替代品，最早出现于 20 世纪 70 年代。许多企业发现用许多小型的计算机（每个都拥有其独立的应用程序），要比单个大的系统更为经济。由于每个小计算机可能需要一个完整的外部设备（如磁盘或打印机），且由于在一个企业中可能需要某种形式的数据共享，于是很自然地将这些小计算机连接起来，形成了网络。

局域网通常被设计用于覆盖小的区域（如单个建筑物或一些紧邻的楼群），且一般用于办公环境。系统的所有站点之间相隔很近，故它们的通信连接相对于广域网而言具有高速度和低错误率的优点。为了获得这样的速度和可靠性，需要高质量（同时也较贵）的电缆。这种网络可专用于网络数据交换。对于超长距离，使用高品质电缆的费用非常昂贵，一般不用这种专用电缆。

最常用局域网的连接方式是双绞线和光纤。最常见的结构是多路访问总线型、环状和星状网络。通信速度从 1 Mbps，如 AppleTalk、红外网和新的蓝牙无线电网络，到 1 Gbps，如千兆位以太网。其中，10 Mbps 最为常用，**10BaseT Ethernet** 就使用此速率。**100BaseT Ethernet** 需要更高品质的电缆，但它可以达到 100 Mbps，并日渐流行。**基于光纤的 FDDI 网**（Optical fiber based FDDI networking）正在增加它的市场份额，它基于令牌且传输速度超过 100 Mbps。

　　一个典型的局域网可由许多计算机（从大型机到笔记本电脑或 PDA）、各种共享外部设备（如激光打印机或磁盘），以及一个或多个支持访问其他网络的网关（一种特别的处理器）组成（如图 16.2 所示）。以太网的设计通常用来构建局域网，在一个以太网中没有中心控制器，由于是多路访问总线，新的主机可以很容易地加入到网络中。IEEE 802.3 标准中定义了以太网协议。

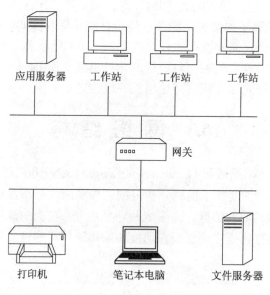

图 16.2　局域网

16.3.2　广域网

　　广域网出现于 20 世纪 60 年代，当时主要作为一个学术研究的项目，希望能在站点之间提供有效的通信，从而允许一个大的用户团体方便且经济地共享硬件和软件。设计和开发的第一个广域网是 **ARPANET**，ARPANET 的研究工作从 1968 年开始，已经从一个 4 站点的实验性网络发展为一个世界范围的网络，即包含了数以百万计计算机的 Internet。

　　由于广域网站点分布在很大的地域上，通信也就相对较慢并且不可靠。典型的连接方式包括电话线、租借（专用数据）线路、微波和卫星连接。这些通信连接由特殊的**通信处理器**（communication processor）控制（如图 16.3 所示），通信处理器负责定义网络站点间的通信接口以及在不同站点之间的信息传输。

　　例如，Internet 为在地域上分开的站点上的主机提供相互通信的功能。这些主机的类型、速度、字长度、操作系统等都不相同。主机通常在局域网上，同时也通过地区网络与 Internet 相连。地区网络，如美国东北地区的 NFS 网，通过**路由器**相互连接形成世界范围的网络（参见 16.5.2 小节）。网络之间的连接通常使用 T1 电话系统业务，它在租用线路上可以提供

1.544 Mbps 的传输速率。对于那些需要更快访问的站点，将 T1 聚集为多 T1 单元，然后并行工作，可以提供更大的吞吐量。例如，T3 就是由 28 个 T1 组成，具有 45 Mbps 的传输速度。路由器控制了每条消息通过网络的路径，路由选择既可是动态的，以增加通信效率；也可是静态的，以减少安全风险或允许计算通信费用。

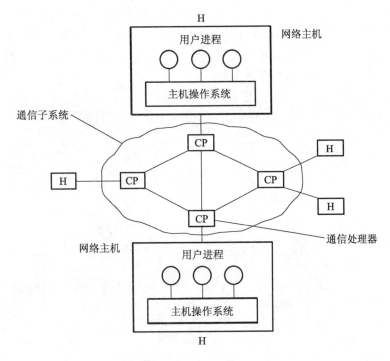

图 16.3 广域网中的通信处理器

其他广域网使用标准的电话线作为主要通信方法。**调制解调器**（modem）用来接收来自计算机的数字信号，并将它转换为用于电话系统的模拟信号，目的端的调制解调器将模拟信号转为数字信号，然后目的端接收这些数字信号。**UNIX 新闻网络**（UNIX news network，UUCP）允许系统彼此之间按预定时间通过调制解调器交换消息，然后消息被发送到其他邻近的系统，或者传播到网络的所有主机（公共信息），或者传送到它们的目的地（私有信息）。广域网通常比局域网慢，它们的传输速度从 1 200 bps～1 Mbps。UUCP 很快被**点到点协议**（Point to Point Protocol，PPP）代替。PPP 通过调制解调器使得家用计算机可以与因特网完全连接。

16.4 网络拓扑结构

分布式系统内的站点可用多种方法物理连接，每种连接方式都有其优点和缺点。可按下面的标准来比较这些结构之间的差异：

- **安装成本**：物理连接系统站点的成本。
- **通信成本**：从站点 A 发送消息到站点 B 的时间和费用。
- **有效性**：不管哪些连接或站点出错，数据能被访问的程度。

图 16.4 描绘了几种不同的拓扑结构，图中用节点来表示站点，用从节点 A 到 B 的边来表示两个站点间的一条直接通信连接。在一个完全连接的网络中，每个站点都与其他所有站点直接相连。然而，连接数是按站点数平方来增长，这将导致巨大的安装成本。因此，全连通网络在大型系统中是不现实的。

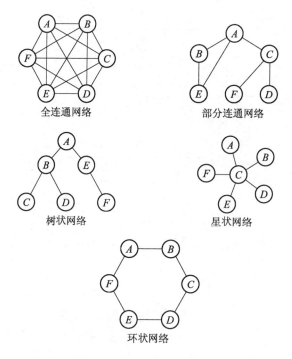

图 16.4 网络拓扑结构

在一个**部分连通网络**（partially connected network）中，直接连接存在于一些（但不是全部）站点之间，因此，这种结构的安装成本要比全连通网络低。当然，如果站点 A 和 B 之间不直接相连，从一个站点发送消息到另一站点就必须通过一系列的通信连接，这将导致较高的通信成本。

如果通信连接出现故障，被传送的消息必须被重新发送。在某些情况下，可能会找到另一条路线，这样消息才能到达目的地。但在另一些情况下，故障将导致某些站点间无法连接。一个系统如果已被分成两个（或多个）相互之间没有任何连接的子系统，那么就称这些子系统为分区。根据这个定义，一个子系统（或分区）可由一个单节点组成。

不同的部分连接网络类型包括树状网络、环状网络、星状网络，如图 16.4 所示。它们具有不同的故障特征、安装成本和通信成本。树状网络的安装成本和通信成本相对较低，然而该结构的一个链路故障将导致该网络被分割。对环状网络结构，发生分割至少要有两个链路故障。因此，环状网络比树状网络更具有可用性。但由于消息可能不得不通过大量的链路，所以它的通信成本较高。对星状网络结构，单个链路的故障将导致网络被分割，但其分开的部分是单个站点，此类分割可视为单个站点的故障。由于每个站点与其他站点至多存在两个链路，星状网络同样具有较低的通信成本。然而，中心站点的故障将导致系统的所有站点都成为无法连接的状态。

16.5 通 信 结 构

前面已经讨论了网络的物理特性，接下来研究其内部工作方式。通信网络的设计必须考虑 5 个基本的问题：

- **命名和名字解析**（naming and name resolution）：两个进程如何定位以便进行通信？
- **路由策略**（routing strategies）：消息如何通过网络被发送？
- **包策略**（packet strategies）：包是被单独发送还是以一系列顺序发送？
- **连接策略**（connection strategies）：两个进程如何发送一系列消息？
- **线路竞争**（contention）：假设网络是一个共享的资源，如何解决冲突需求？

下面将详细讨论上述问题。

16.5.1 命名和名字解析

网络通信的第一个组成部分是网络的系统命名。对于分别位于站点 A 和站点 B 的两个想交换信息的进程来说，它们必须能够指定对方。在一个计算机系统中，每个进程都有一个进程标识，消息可用进程标识标注地址。由于网络系统并不共享内存，开始时它们对目标进程的主机一无所知。

为了解决这个问题，远程系统的进程通常用<主机名，标识符>来标识，其中*主机名*是网络内的唯一名称，*标识符*可以是进程标识符或该主机的其他唯一号码。为了方便用户区分使用，主机名称通常用字符标识，而不是用数字。例如，站点 A 有名为 *homer*、*marge*、*bart* 和 *lisa* 的主机，无疑 *bart* 比 12814831100 更易记住。

名字对人而言是很方便的，但对于机器，数字则更加快速和简单。因此，必须有一种机制来将主机名**解析**（resolve），从而能够把目标系统描述成连网硬件的主机 ID。这个解析机制类似于在程序编译、链接、加载和执行过程中的名称-地址绑定（参见第 8 章）。主机名称有两种可能模式。第一种，每个主机都有一个数据文件，它包含所有网络能访问到的其他主机的名字和地址（类似于编译时的绑定）。该模式的问题在于对网络增加和删除一个主机需要更新所有主机的数据文件。另一种就是将信息分布在网络系统中，而网络必须有一种协议来分布和检索这些信息。这个设计类似于执行时的绑定。第一种方法是 Internet 初期采用的方法，随着 Internet 的发展，它变得无法继续维持，所以现在使用第二种方法，即**域名系统**（domain name system，DNS）。

DNS 规定了主机的命名结构，包括名字到地址的解析。Internet 的主机用一个由多部分组成的名称来进行逻辑编址。命名是从地址的最特殊部分到最一般部分，每个部分用句点分开。例如，*bob.cs.brown.edu* 指的是美国布朗大学计算机系一台名为 *bob* 的计算机（这里的顶级域名是 edu，其他的顶级域名包括用于商业站点的 *com*，用于政府机构的 *org*，以及根据国家来确定的系统）。通常，系统解析地址时以相反的顺序检查主机名的组成部分。每个部分都有一个**名称服务器**（仅仅是系统的一个进程），它接收一个名称并返回负责该名称的名称服务器的地址。最后，连接该主机的名称服务器并返回一个主机 ID。在前面例子中，对于 *bob.cs.brown.edu*，下面的步骤是系统 A 的一个进程请求与 *bob.cs.brown.edu* 通信的结果：

① 系统 A 的内核向名称服务器发出一个关于 *edu* 域的请求，寻找负责 *brown.edu* 的名称服务器的地址。*edu* 域的名称服务器必须在一个已知地址的机器上，以便能向它发送请求。

② *edu* 名字服务器返回 *brown.edu* 名称服务器的主机地址。

③ 系统 A 的内核向该地址的名称服务器查找 *cs.brown.edu*。

④ 返回一个地址，并向该地址发出查找 *bob.cs.brown.edu* 的请求，最后，返回该主机 **Internet 地址**（Internet address）的主机 ID（比方说 128.148.31.100）。

此协议似乎效率不高，但在每个名称服务器上可以保留本地缓存以加快速度。例如，*edu* 名称服务器在它的缓存中可能有 *brown.edu*，告知系统 A 它能解析名称的两个部分，并返回一个指向 *cs.brown.edu* 名称服务器的指针。当然，当名称服务器被移动或地址改变时，必须更新缓存的内容。事实上，这种服务非常重要，人们在协议中添加了许多优化和安全措施。考虑一下如果首级 *edu* 名字服务器崩溃后将会发生什么？很可能没有任何 *edu* 主机的地址能被解析出来，这使得它们根本无法被访问！解决的办法就是用第二个即备份名称服务器来复制主名称服务器的内容。

在引入域名服务器之前，Internet 上所有的主机都需要有一个包含网络的每个主机名和其地址的文件副本。该文件的所有改变都必须在一个站点上注册登记（SRI-NIC 主机），所有的主机必须定时地从 SRI-NIC 主机上复制更新过的文件，以便与新系统联系或找到地址已更改的主机。而采用域名服务后，每个名称服务器站点负责更新该域的主机信息。例如，美国布朗大学的任何主机的改变是 *brown.edu* 名称服务器的责任，而不再需要在其他任何地方公布。由于 *brown.edu* 是直接连接的，DNS 查询将自动地检索到更新信息。域内可能有自治的子域，以进一步分解主机名称和主机 ID 的更改责任。

　　Java 提供了将 IP 名称映射到 IP 地址的程序所必需的 API 设计。图 16.5 所示的程序就是在命令行传递一个 IP 名称（如 *bob.cs.brown.edu*），并输出主机的 IP 地址或返回指明主机名不能被解析的消息。InetAddress 是一个表示 IP 名或地址的 Java 类，一个表示 IP 名称的字符串被传递给该类的 static 方法 getByName()，并返回相应的 InetAddress。然后程序调用 getHostAddress()方法，该方法在内部使用 DNS 查找特指的主机。

```java
/**
 * Usage : java DNSLookUp <IP name>
 *i. e. java DNSLookUp www.wiley.com
 */

public class DNSLookUp{
    public static void main(String[] args) {
        InetAddress hostAddress;

        try {
            hostAddress = InetAddress.getByName(args[0]);
            System.out.println(hostAddress.getHostAddress());
        }
        catch(UnknownHostException uhe) {
            System.err.println("Unknown host: " + args[0]);
        }
    }
}
```

图 16.5　DNS 查询的 Java 程序

　　通常，操作系统负责从它的进程中接收目的地址为<主机名，标识号>的消息，并将消息传送到适当的主机，然后目标主机的内核负责将消息传送给用此标识号命名的进程。此交换比较复杂，16.5.4 小节将讨论它。

16.5.2　路由策略

　　当站点 A 的一个进程想与站点 B 的一个进程通信时，消息是如何传送的呢？如果 A 与 B 之间只有一条物理路径（如星状或树状结构的网络），必须通过该路径来传送消息。如果 A 到 B 有多条物理路径，则存在不同的路由选择。每个站点拥有一张**路由表**（routing table），它描述发送一条消息到其他站点的可选路径。该表可能还包括各条路径通信的速度和成本的信息，必要时，可以手动或通过交换路由信息的程序来更新这些信息。最为通用的三种路由策略是**固定路由、虚拟路由**和**动态路由**：

- **固定路由**（fixed routing）：从 A 到 B 的路径是预先指定且不变的，除非出现硬件错误使该路径不能用。通常选择的是最短路径，以使通信成本最低。
- **虚拟路由**（virtual routing）：从 A 到 B 的路径在一个**会话**期间内是固定的，不同的会话期涉及的从 A 到 B 的消息可以有不同的路径。一个会话期既可以短得仅传送一个文件，也可以长得像远程登录一样。
- **动态路由**（dynamic routing）：从站点 A 传送消息到站点 B 的路径仅在具体传送某个消息时选用。由于该选择决定是动态的，不同的消息可能被分配给不同的路径。站点 A 可能做出一个选择是，将消息传送到站点 C，而站点 C 再决定传送给站点 D 等。最终，有一个站点必须将消息传送给站点 B。通常，一个站点采用最少使用的连接向另一站点发送消息。

这三种方案之间是有权衡的。固定路由无法适应连接故障或负载改变，即如果 A 与 B 之间已经建立了一条路径，消息就必须由此条路径传送，即使该路径产生故障或比其他可能的路径更繁忙。可以用虚拟路由来部分地纠正这个问题，也可用动态路由完全地避免此类问题。固定路由和虚拟路由保证从 A 到 B 的消息按它们所发送的顺序来传送，而用动态路由则可能以乱序的方式到达。可以在每条消息上附加一个序列号来解决这个问题。

动态路由的建立和运行最为复杂，但在复杂环境中它是管理路由的最好方法。UNIX 既为简单网络的主机提供固定路由选择，也为复杂网络环境提供动态路由选择，甚至可以将两者混用。在一个站点中，主机可能仅仅需要知道如何到达连接本地网络与其他网络（如 Internet 或商业网）的系统，这样的一个节点被称为**网关**（gateway）。这些单个主机有一条固定的路由到网关，而网关本身使用动态路由到达网络中的任何其他主机。

路由器是计算机网络负责路由的实体。路由器可以是一台具有路由软件的主机，或一台特殊的设备。无论采用哪种方式，一个路由器必须至少有两个网络连接，否则它将无处发送消息。路由器决定是否要把某个消息从接收到它的网络上传送到其他某个连接到这个路由器的网络。它通过分析此消息的目的 Internet 地址来做出决定。路由器检查它的路由表来决定目标主机的位置，或者至少是目标主机所在的网络。在静态路由情况下，路由表的改变只能通过手工更新来完成（一个新的文件被加载到路由器上）。在动态路由情况下时，可在路由器之间使用**路由协议**（routing protocol）来通知它们网络的变化并允许它们自动更新自己的路由表。网关和路由器都是专用的硬件设备，它们运行固件中的代码。

16.5.3 包策略

消息通常具有不同的长度。为了简化系统设计，通常使用称为**包**（packet）、**帧**（frame）或**数据报**（datagram）的长度固定的消息来实现通信。只包含一个包的通信可以通过用**无连接**（connectionless）的方式发送到它的目的地来实现。一个无连接的消息可能是**不可靠的**（unreliable），此时发送方不能保证，也无法得知此包是否到达了目的地。另一种选择是使用**可靠**（reliable）的包，此时通常有一个从目的地返回的包来表明包已到达（当然，返回的包可能在路上丢失）。如果一个消息太长而不能装入一个包中，或如果包需要在两方之间来回流动，那么需要建立一个允许可靠地交换多个包的连接。

16.5.4　连接策略

一旦消息能够到达它的目的地，进程可建立**通信会话**（communication session）来交换信息。需要通过网络通信的一对进程可以用多种方式连接，最常用的三种方法是**电路交换**、**消息交换和包交换**：

• **电路交换**（circuit switching）：如果两个进程需要通信，则在它们之间建立一个永久的物理链路。在通信会话期间该链路被分配，任何其他进程在此期间都不能使用此连接（即便那两个进程某段时间未进行通信）。这种设计类似于电话系统所用的技术。一旦一条通信线路对两个用户开放（用户 A 和 B），任何人也不能使用这条线路，直到通信被明确终止（例如，一个用户挂断电话）。

• **消息交换**（message switching）：如果两个进程需要通信，则在传送一条消息期间建立一个暂时的链路。物理链路根据需要被动态地分配给通信者，且只分配给很短的时间。每条消息是一组带有系统信息的数据，如来源、目的以及纠错码（error correction code，ECC），以允许通信网络将消息正确地传送到目的地。这种设计类似于邮局系统。每封信被认为是包含目的地址和来源（返回）地址的一条消息。多条消息（来源于不同的用户）可以在同一个链路上传送。

• **包交换**（packet switching）：一个逻辑消息可能不得不被分成许多包，每个包可以被分别传送到它的目的地，因此在包中除数据之外还必须包括一个源地址和目的地址。每个包可以经过网络的不同路径，但当它们到达目的地后必须重新组合在一起。注意，将数据分成多个包、经过不同的路由、在目的地进行重新组合并没有什么不妥。但是，在分解一个音频信号时（假定一次电话通信），如果处理不当，将可能引起较大的混乱。

这三种设计体现着明显的折中思想。电路交换需要一定建立时间，并且可能浪费网络带宽，但运送每个消息时只需很少的系统开销。而对于消息交换和包交换，则只需很少的建立时间，但需更多的开销。同样在包交换中，每个消息被分为若干个包，之后再被重新组合。包交换是数据网络最常用的方法，因为这种方式最大限度地利用了网络带宽。

16.5.5　竞争

根据网络拓扑结构，一个链路可以将计算机网络中两个以上的站点联结起来，因此多个站点可能需要同时在一个链路上传输信息。这种情况主要发生在环状网络和总线型网络结构中。因此，传输的信息可能变得混乱而必须被丢弃。发生这个问题时站点需要能被通知到，以便它们能重新发送报文。如果不采用特别的规定，这种情况可能被重复，从而导致性能下降。现在已经开发了几个避免重复冲突的技术，包括**冲突检测**和**令牌传递**。

- **CSMA/CD**：在通过一个连接传输报文之前，站点必须侦听以确定是否有另一个报文正在此链路上传输，此技术被称为**载波侦听多路存取**（carrier sense with multiple access, CSMA）。如果链路空闲，站点可以开始传输。否则，它必须等待（并继续侦听），直到链路空闲。如果两个或更多站点正好同时开始传输(每个站点都认为没有其他站点使用链路)，则它们必须记录一个**冲突检测**（collision detection，CD），并停止传输。每个站点将在随机的时间间隔后重新尝试。此方法的主要问题在于当系统非常忙时，可能发生许多冲突，从而导致性能下降。不过，CSMA/CD 已经成功地用在以太网这个最常用的网络系统上。限制冲突数的一个策略是限制每个以太网的主机数。加入更多的主机到一个拥挤的网络中可能导致非常低的网络吞吐量。当系统变快时，它们能在单个时间段发送更多的包，因此需要适当减少每个以太网段的系统数量，以保证合理的网络性能。

- **令牌传递**（token passing）：一种独特的称为**令牌**的报文，持续不断地在系统（通常为环状网络结构）中循环。需要传输报文的站点必须等待，直到令牌到达，然后它从环中删除令牌，并开始传送消息。当站点完成它的报文传输，它重新传送令牌。此操作反过来允许另一站点接收和传输令牌，并开始它的报文传输。如果令牌丢失，系统必须检测到此丢失并产生一个新的令牌。它们通常通过一次**选举**，选择一个唯一的站点生成新的令牌。稍后将在 18.6 节中介绍一种选举算法。IBM 和 HP/Apollo 系统采用了令牌传递方法。令牌传递网络的优点在于性能稳定。如果增加新的系统到网络中，可能会延长系统等待令牌的时间，但不会引起像在以太网中那样大的性能下降。当然在轻负荷的网络上，由于系统可随时发送报文，以太网更为有效。

16.6 通 信 协 议

当设计一个通信网络时，由于网络很慢并且容易出错，所以必须处理好协调异步通信操作的问题。此外，网络的系统必须在一个或一组能够支持诸如确定主机名、网络的主机定位、建立连接等操作的协议上取得一致。可以通过将此问题分为多个层次来简化设计问题（以及相关的实现问题）。系统的每层与其他系统上的同等层通信，每层可以有它自己的协议。协议可以通过硬件或软件加以实现。例如，图 16.6 表明了两台计算机之间的逻辑通信，其中最低的三层用硬件实现。依据国际标准化组织（ISO）的标准，其分层如下：

① **物理层**（physical layer）：物理层负责物理传输比特流的机械和电子方面的具体细节。在物理层，通信系统必须在二进制 0 和 1 的电子表示上取得一致，以使当数据作为电信号流传送时，接收方能正确地将数据解释为二进制数据。该层通过网络设备硬件加以实现。

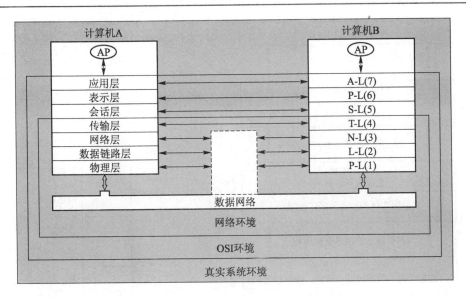

图 16.6　通过 ISO 网络模型通信的两台计算机

② **数据链路层**（data-link layer）：数据链路层负责处理*帧*或分组中的某些固定长度的部分，包括对物理层的错误检测和恢复。

③ **网络层**（network layer）：网络层负责提供连接和通信网络的分组路由，包括处理待发分组的地址，解析输入分组的地址，以及维护路由信息来正确地响应负荷级别的改变。路由器工作在该层。

④ **传输层**（transport layer）：传输层负责提供低层对网络的访问，以及客户机之间的报文传输，包括将报文分为包、维护包顺序、控制流以及产生物理地址。

⑤ **会话层**（session layer）：会话层负责实现会话，或进程与进程之间的通信协议。通常，这些协议是远程登录以及文件和邮件传输的实际通信方式。

⑥ **表示层**（presentation layer）：表示层负责解决网络的不同站点的不同形式，包括字符转换以及半双工和全双工模式（字符 echoing）。

⑦ **应用层**（application layer）：应用层负责与用户直接交互，处理文件传输、远程登录协议、电子邮件以及分布式数据库设计。

图 16.7 概述了 **ISO 协议栈**（protocol stack），这是一组互相配合的协议，它们描述了数据的物理流动。在逻辑上，协议的每一层与其他系统的同层通信。但在物理上，一个报文从应用层或更高的层出发，依次通过每一个更低的层，每一层可以修改此报文，包括添加报文头部。最后，报文到达数据网络层，并被转换成一个或多个包来传输（参见图16.8）。目的系统的数据链路层接收这些数据，在报文沿着协议栈上行的过程中，被分析、修改、剥去头部，最后到达应用层以供接收进程使用。

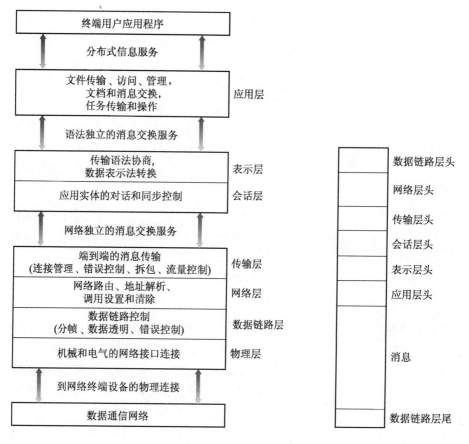

图 16.7 ISO 协议层

图 16.8 ISO 网络报文

ISO 模型使一些早期的网络协议的工作趋于正式化，但它在 20 世纪 70 年代末才得到发展，并没有被推广使用。也许最为广泛使用的协议栈是 TCP/IP 模式，它几乎被所有 Internet 站点所采用。TCP/IP 协议栈比 ISO 模型层数少。理论上，由于它每层组合了好几个功能，比 ISO 网络更难实现，但是也更有效。图 16.9 表示了 TCP/IP 模型和 ISO 模型的对应关系。TCP/IP 应用层负责几个广泛应用于 Internet 的协议，包括 HTTP、FTP、Telnet、DNS 和 SMTP。传输层负责不可靠、无连接的**用户数据报协议**（user-datagram protocol, UDP）和可靠的面向连接的**传输控制协议（TCP）**。**Internet 协议**（IP）负责通过 Internet 传输 IP 数据报。TCP/IP 模式没有正式定义一个连接或物理层，以允许 TCP/IP 能通过

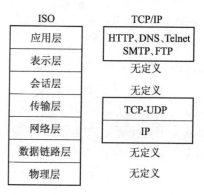

图 16.9 ISO 和 TCP/IP 协议栈

任意物理网络。在 16.9 节中，将考虑在以太网上运行的 TCP/IP 模式。

16.7 健 壮 性

分布式系统可能遇到各种类型的硬件故障。最常见的有链路故障、站点故障以及报文丢失。为了保证系统健壮，必须检测到任何错误，重新配置系统以使计算能继续运行，或者当一个站点或一个链路被修复后得以复原。

16.7.1 故障检测

对于无共享内存的环境，通常无法区分链路故障、站点故障和报文丢失，只能检测到故障发生，而无法确定是哪种类型。一旦检测到一个故障，必须根据特定的应用采取适当的措施。

使用**握手**（handshaking）过程来检测链路或站点故障。假设站点 A 和 B 之间有一条直接的物理链路，在固定时间间隔内，两个站点彼此发送一条 *I-am-up* 报文。如果站点 A 在预先设定的时间内未收到此消息，那么它可以假定 B 已出错，A 和 B 之间的链路出现故障，或来自于 B 的报文被丢失。此时，站点 A 有两个选择。它可以等待另一个时间间隔来接收 B 的 *I-am-up* 报文，或者也可以发送一条 *Are-you-up?* 的报文给 B。

如果站点 A 未接收到一条 *I-am-up* 报文或任何针对它询问的回答，上述过程可以重复进行。站点 A 所能明确的结论仅为发生了某种类型的故障。

通过另一条路由（如果存在）向站点 B 发送一条 *Are-you-up?* 消息，站点 A 可以设法区分链路故障或站点故障。如果站点 B 收到此消息后，它立即明确响应。这个响应告诉 A，B 已准备好，出现的故障应是它们之间的直接链路故障。由于事先不知道报文从 A 到 B 并返回需要多少时间，必须使用一个**超时方案**（time-out scheme）。在 A 发送 *Are-you-up?* 消息时，它指定一个时间间隔用来等待 B 的响应。如果 A 在时间间隔内收到回应消息，它就可以确定 B 已准备好。如果没有收到（即发生超时），那么 A 只能推断可能发生了一个或多个以下情况：

- 站点 B 已停机。
- A 和 B 之间的直接链路（如果有）已停止。
- A 到 B 之间的可选路径已停止。
- 报文已丢失。

然而，站点 A 并不能确定究竟发生了哪种情况。

16.7.2 重构

假定站点 A 通过前面描述的机制发现了故障，它必须启动一个程序，该程序将重新配置系统并继续正常的操作模式。

- 如果 A 与 B 之间的直接链路出现故障，此信息必须被广播到系统的每个站点，以使各个路由表能依此更新。
- 如果系统相信一个站点出错（由于不再能到达该站点），那么系统的每个站点必须被通知到，使它们不再试图使用出错站点的服务。如果是一个负责某些活动（如死锁检测）的中心协调者的站点失效，那么需要进行一次新协调者的选举。类似地，如果失效站点是逻辑环中的一部分，那么必须构建一个新的逻辑环。注意，如果站点未失效（即它已准备好，但不能到达），那么可能会出现不愿看到的情况：有两个站点同为协调者。当网络被断开时，两个协调者（每个负责它们各自的区域）可能启动竞争行动。例如，如果协调者负责实现互斥，可能看到两个进程同时在临界区执行的情形。

16.7.3 故障恢复

当一个出错的链路或站点被修复后，它必须能够与系统重新整合起来。

- 假设 A 和 B 之间链路出现故障。当它被修复后，A 和 B 都必须被通知到。可以通过 16.7.1 小节所介绍的持续的握手程序来完成此通知。
- 假设站点 B 失效。当它被修复后，它必须通知所有其他站点，然后站点 B 可能不得不接收来自其他站点的信息以更新它的本地表，例如，它可能需要路由表、已坏的站点列表或未发送的消息和邮件等信息。如果站点未失效，而是简单地不能到达，那么也需要这些信息。

16.8 设 计 事 项

把处理器和存储设备的多样性设计成对用户透明并不是一件简单的任务。理想的情况是，分布式系统在用户看来就像一个传统的集中式系统。一个透明的分布式系统的用户界面不应区分本地和远程资源，即用户能像在本地一样地访问远程分布式系统，分布式系统应该负责查找资源以及安排适当的交互操作。

透明的另一方面体现在用户的灵活性上。它应该允许用户登录到系统中的任意机器，而不是强迫用户使用特定的机器。一个透明的分布式系统通过在任何登录的机器上安插用户个人环境（如 home 目录）来促进用户灵活性。CMU 的 Andrew 文件系统和 MIT 的 Athena 项目都提供较多的此类功能。NFS 则在较小范围提供此项功能。

另一个设计事项涉及容错性。*容错性*这个术语被广泛地使用。系统应该能在一定程度上容忍通信故障、机器故障（出错停机类型）、存储设备崩溃和存储介质的损耗。尽管出现了这些问题，一个**容错系统**（fault-tolerant system）应该能够继续运行，当然性能或功能可能会有所下降，而且下降程度应该与导致它的故障成合理的比例。当少数部件出错时就中断的系统当然不具备容错性。不幸的是，容错很难实现。大多数商用系统只提供有限的容错能力。例如，DEC/VAX 集群系统允许多个计算机共享一组磁盘。如果一个系统崩溃，用户仍然可以从其他系统访问到所需信息。当然，如果磁盘出现故障，所有系统都将无法访问。不过即使在这种情况下，RAID 仍可以保证数据的继续访问（参见 12.7 节）。

可扩展性（scalability）指的是系统可以适应日益增长的负荷的能力。系统只有有限的资源，在不断增长的负荷下，系统可能变得完全饱和。例如，一个文件系统，当服务器 CPU 按高利用率运转或磁盘几乎全满时，饱和就发生了。可扩展性是一个相对的特性，但它可被准确地测量。一个可扩展的系统面对日益增长的负荷，比一个不可扩展的系统要表现得更好。首先，其性能下降更合理；其次，其资源更慢地达到饱和。即便一个非常完美的设计也不可能适应不断增长的负荷需要。增加新的资源可能会解决这种问题，但它可能给其他资源产生附加的间接负荷（例如，增加新的机器到一个分布式系统中可能阻塞网络，并增加服务量）。更糟糕的是，扩展系统可能导致昂贵的设计修改。一个可扩展的系统应该具有可扩展的潜力，在分布式系统中，这是一种相当重要的能力，因为通过增加新机器或连接两个网络来扩展网络是很平常的事。简单地说，一个可扩展的设计应能承受高服务负荷，适应用户群的增长，能够简单地整合新增的资源。

容错和可扩展性是彼此相关的。一个负荷严重的部件可能瘫痪，就像出故障的部件一样。同样，从故障部件将负荷移到备份部件可能使后者饱和。通常，备用资源对保证可靠性和处理好高峰负荷是必要的。由于资源的多样性，分布式系统的一个内在的优点是拥有容错和可扩展的潜力。当然，不合适的设计可能会掩盖此潜力，所以容错和可扩展的设计要考虑体现控制和数据的分布性。

非常大规模的分布式系统在一定意义上讲仍然是理论上的。没有一个神奇的准则可以确保系统的可扩展性，但指出当前的设计为什么不是可扩展的更容易。下面根据可扩展性讨论一些产生问题的设计，并提出可能的解决办法。

设计大型系统的一个原则是系统的任何部件的服务请求应由一个独立于系统的节点数的常量来限制。对于任何服务机制，如果其负荷要求与其系统大小成比例，那么一旦系统超过一定的规模，该机制必定成为阻碍。增加更多的资源并不能缓解此问题，因为此机制的性能限制了系统的增长。

在建立可扩展（以及能容错）的系统时不应使用中央控制方案和中心资源的方法。集中式的实例有中心身份验证服务器、中心命名服务器以及中心文件服务器。集中式是构成系统的机器间功能不对称的一种形式。理想的选择是一种功能对称结构，即所有的机器在系统操作上具有平等地位，因此每台机器具有一定程度上的自治性。实际上，遵从这样一个准则是行不通的。例如，由于工作站依赖于一个中央磁盘，设立无盘化计算机就违反了功能对称。然而，自治和对称是所希望达到的重要目标。

对称和自治构造的一个实际近似是使用**集群**，整个系统被分成半自治的簇的集合。一个**簇**包括一组计算机以及一个专门的簇服务器，每个簇服务器应当在大部分时间内满足其辖内机器的请求，以使跨簇的资源查询相对很少。当然，此方法依赖于资源查询定位能力和适当安置部件单元的能力。如果簇被很好地平衡，即主管服务器足够满足所有簇的需求，那么它可被用做构建模块来扩大系统。

在任何服务的设计中，如何决定服务器的进程结构是一个主要的问题。当数百个激活的客户机需要同时服务时，服务器就需要能在高峰时期有效地运作。单进程服务器显然不是个好的选择，只要一个请求需要磁盘 I/O，整个服务将会被阻塞。给每个客户机一个进程是一个更好的选择，但必须考虑到进程之间频繁的上下文切换的开销。由于所有的服务器进程需要共享信息；相关的问题也会产生。

对服务器体系结构的最好解决方案是运用第 4 章所介绍的轻量级进程或线程。用一组轻量级进程表示的抽象概念与一组共享资源的多线程控制其实是类似的。通常，一个轻量级进程并不与一特定的客户机绑定，而是服务于不同客户机的单个请求。线程的设计可以是抢占式的或非抢占式的，如果线程允许运行到结束（非抢占式），则它们的共享数据不需要被明确地保护。否则，必须使用一个明确的加锁机制。当然，如果需要服务器是可扩展的，那么某些形式的轻量级进程方案是必需的。

16.9　实例：连网

现在回到 16.5.1 小节提出的名称解析问题，看看在 Internet 上利用 TCP/IP 协议栈是如何操作的，以及如何在不同以太网主机之间传送包。

在一个 TCP/IP 网络中，每一个主机都有一个名字和一个相应的 32 位 Internet 号码（或者主机 ID），这两个字符串都必须是唯一的，且为了便于管理名称空间，它们是分段的。名字是分级的（如 16.5.1 小节所述），它描述了主机名，然后是主机相关的组织名。主机 ID 被分成一个网络号和一个主机号，分开的程度取决于网络的大小。一旦网络管理员分配了一个网络号码，那么该网络的站点就可以自由分配主机号码。

发送系统检测其路由表来确定一个路由器，从而向其发送包。路由器使用主机 ID 的网络部分将包从其来源网络传送到目的网络，然后由目的系统接收包。包可以是一个完整的消息，也可以只是消息的一个部分，这样在消息被重新集成和传递到 TCP/UDP 层并被目的进程接收之前，有很多包存在。

现在已经了解了包是如何从它的源网络转移到目的网络的。在一个网络中，一个包是如何从发送方（如主机或路由器）到接收方的呢？每一个以太网设备都有一个为寻址而分配的唯一的字节号码，被称为**媒体访问控制（MAC）地址**（medium access control address）。局域网的两个设备可用该号码来进行通信。如果一个系统需要发送数据到另一系统，内核生成一个包含目的系统 IP 地址的**地址解析协议**（Address resolution protocol，ARP）包。该包被**广播**通知到以太网的所有其他系统。

广播使用一个特殊的网络地址（通常是最大的地址）来通知所有主机应该接收和处理这个分组。广播进行重发，所以只有局域网的系统才能接收它们。只有 IP 地址与 ARP 请求的 IP 地址相符，系统才做出响应，并将它的 MAC 地址返回给发出询问的系统。为提高效率，主机将 IP-MAC 地址对缓存在其内部表中。缓存的项目是有**时限**的，如果在给定的时间内不需要访问该项目，它最终会从缓存中删除。这样，从网络中移除的主机最终会被**遗忘**。为了提供更好的性能，对使用频繁的主机的 ARP 项可以固化在 ARP 缓存中。

一旦一个以太网设备发布了其主机 ID 和地址，就可以开始通信。进程可以指定通信的主机名，内核获取名字，并使用 DNS 查找来确定目的主机 Internet 号码。信息从应用层通过软件层，最后被传送到硬件层。在硬件层，包（或多个包）在它的头部添加以太网地址，并在尾部添加检测包损坏的**校验和**（参见图 16.10）。包通过以太网设备放到网络上，其数据部分可能包含部分或全部原始报文数据，但它也可能包含一些组成报文的上层头部。换言之，原始报文的所有部分都必须从源发送到目的地，802.3 层（数据链路层）上的所有头部都作为以太网包中的数据。

图 16.10 一个以太网的包

如果目的地与源地在同一局域网内，系统可以查询其 ARP 缓存，以找到主机的以太网地址，然后将包放到电缆上。目的端以太网设备则可发现包的地址，并读取包，再将它上传给协议栈。

如果目的系统与源系统不在同一网络，源系统在其网络上查找适当的路由器并将包发送给它。然后路由器沿着广域网转发包，直到到达它的目的网络。连接目的网络的路由器检查其 ARP 缓存，查找目的主机的以太网号码，并将包发送到主机。尽管在转发过程中，因为要不断使用下一路由器的以太网地址，所以数据链路层的头部会发生改变，分组的其他头部变化很少，直到包被接收且被协议栈处理，并最终通过内核传送到接收进程。

16.10　小　　结

分布式系统是一组不共享存储器或时钟的处理器的集合。每个处理器都有它自己的内存，处理器之间的通信可通过不同的通信线路进行，如高速总线或电话线。分布式系统处理器的大小和功能都不尽相同。它们可能包括小的微处理器、工作站、小型机以及大型通用计算机系统。

系统的处理器通过一个通信网络连接起来，该网络可以用许多方式配置。网络可以完全或部分连接，可以是树状、星状、环状以及总线型拓扑结构。通信网络的设计必须考虑到路由策略和连接策略，必须解决线路竞争和安全问题。

一个分布式系统为用户提供访问系统资源的功能，可通过数据迁移、计算迁移或进程迁移来提供共享资源的访问。

协议栈，就像网络层模型规定的那样，处理消息数据，给它增加信息以保证到达它的目的地。名称系统如域名服务器（DNS）用来将主机名译为网络地址，而另一个协议（如 APR）则需用来将网络号码转换为网络设备的地址（如一个以太网地址）。如果系统位于不同的网络，还需用路由器将包从源网络发送到目的网络。

一个分布式系统可能要遇到各种类型的硬件故障。为使一个分布式系统具有容错能力，它必须能够检测到硬件故障并且重新配置系统。当故障修复后，必须重新配置系统。

习　　题

16.1　计算迁移和进程迁移有何区别？哪个更易于实现，为什么？

16.2　根据下列属性比较不同的网络拓扑结构：

　　a. 可靠性。

　　b. 并发通信适合的带宽。

　　c. 安装代价。

　　d. 路由负责的负载平衡。

16.3　尽管 ISO 的模型把网络分成了 7 个功能层，但是大部分的计算机系统在具体实现时还是采用了较少的几层，为什么这么做？这样做会出现什么样的问题？

16.4　解释为什么把以太网的系统速度提高一倍可能会导致网络性能的下降？用什么方法可以改进这种情况？

16.5　网关和路由器使用专门的网络设备有什么好处？如果选用通用计算机会有什么劣势？

16.6　在何种情况下使用名称服务器要比使用静态主机表更好？使用名称服务器的复杂之处在哪

里？你会采用什么方法来降低为了满足名称转换而产生的网络访问量？

16.7 名称服务器以分级的方式来组织，采用分级方式有何目的？

16.8 考虑一个网络层，当检测到竞争时，它发现竞争并立即重新传送。这种方法可能产生什么问题？如何修正此问题？

16.9 ISO 网络模型较低的层提供没有消息传输保障的数据报服务。传输层协议如 TCP 被用来提供这类可靠性。讨论一下在最低的层提供可靠消息传输的优点和缺点。

16.10 在应用中使用动态路由策略有何意义？使用虚拟路由代替动态路由在哪类应用中有益？

16.11 运行图 16.5 所示的程序，并确定下列主机名的 IP 地址：

- www.wiley.com
- www.cs.yale.edu
- www.javasoft.com
- www.westminstercollege.edu
- www.ietf.org

16.12 考虑一个拥有两个站点 A、B 的分布式系统，站点 A 是否有能力区分以下几种情况：

a. B 停机。

b. A 和 B 之间的链路出现故障。

c. B 的负荷严重过高，反应时间是正常值的 100 倍。

你的回答和分布式系统的故障恢复之间有什么联系吗？

16.13 原始的 HTTP 协议采用 TCP/IP 作为其下层网络协议。对于每一页、每一幅图像、每一个 applet，会创建、使用和销毁一个单独的 TCP 会话。因为建立和销毁 TCP/IP 的开销很大，这种实现方法会出现性能方面的问题。那么是否使用 UDP 就是一个不错的选择呢？你还有别的什么方法来提高 HTTP 的性能吗？

16.14 地址解析协议的作用什么？为什么这样做要比每个主机自己分析包以决定包的目的地址要好呢？令牌网需要这样的协议吗，试做解释。

16.15 把计算机网络设计成对用户透明有什么优缺点？

文 献 注 记

Tanenbaum[2003]、Stallings[2000a]以及 Kurose 和 Ross[2005]讨论了通用计算机网络。Williams[2001]从计算机系统结构的观点描述了计算机网络。

Comer[1999]和 Comer[2000]描述了 Internet 以及其协议。关于 TCP/IP，可以参考 Stevens[1994]和 Stevens[1995]。UNIX 网络编程可以参考 Stevens[1997]和 Stevens[1998]。

Coulouris 等[2001]、Tanenbaum 和 van Steen[2002]研究了分布式操作系统的结构。

有关负载平衡和负荷共享在 Harchol-Balter 和 Downey[1997]以及 Vee 和 Hsu[2000]中有所讨论。Harish 和 Owens[1999]讨论了 DNS 服务器的负载平衡问题。关于进程迁移的讨论参见 Jul 等[1988]、Douglis 和 Ousterhout[1991]、Han 和 Ghosh[1998]以及 Milojicic 等[2000]。关于分布式系统的分布式虚拟机问题参见 Sirer 等[1999]。

第 17 章　分布式文件系统

前一章讨论了网络体系结构以及系统之间传送消息所需的底层协议，本章讨论该基本结构的一个应用。**分布式文件系统**（distributed file system, DFS）是一个经典分时文件系统的分布式实现，该系统中有多个用户共享文件和存储资源（参见第 11 章）。分布式文件系统的目的是为了支持当文件被物理分散在一个分布式系统中时与经典模型相同的共享。

本章将讨论一个 DFS 的设计和实现方法。首先要讨论的是 DFS 一般概念，然后通过分析一个有影响的 DFS——Andrew 文件系统（AFS）来解释这些概念。

本章目标
- 解释提供位置透明性和独立性的命名机制。
- 介绍访问分布式文件的不同方法。
- 比较有状态和无状态的分布式文件服务器。
- 展示分布式文件系统中不同机器上的文件复制怎样增加冗余的可用性。
- 介绍分布式文件系统的一个实例：Andrew 文件系统（AFS）。

17.1　背　　景

如前所述，分布式系统是一个通过通信网络相互连接的松散结合的机器集合。这些计算机可以通过使用分布式文件系统 DFS 共享物理上分散的文件。DFS 通常表示分布式文件系统，而不是商用的 Transarc DFS 产品，后者表示为 *Transarc DFS*。同样，除非特别指出，NFS 指的是 NFS 3 版本。

为了解释 DFS 的结构，需要定义这些术语：服务（service）、服务器（server）和客户机（client）。**服务**是运行在一个或多个机器上的软件实体，它为客户机提供某种类型的功能。**服务器**是运行在单个机器上的服务软件。**客户机**是指能通过一组操作来调用某个服务的进程，这些操作构成了**客户接口**。有时，底层的接口是为机器间交互而定义的，所以也称为**机器间的接口**。

现在利用这些术语，可以说文件系统是用来为客户机提供文件服务的，一个文件服务的客户机接口由一系列简单的文件操作原语组成，如创建一个文件、删除一个文件、读文件、写文件等。文件服务控制的主要硬件是一组本地辅助存储设备（通常是磁盘），文件就存储在其中，并根据客户机的请求从中取回。

DFS 是这样一个文件系统，它的客户机、服务器和存储设备都分散在分布式系统中的机器上。因此，服务活动必须在网络上进行，系统有多个独立的存储设备，而不是单一的集中式数据存储。你会发现，DFS 的具体结构和实现可能会随系统不同而有所不同。在某些结构中，服务器运行在专用的机器上；而在另一些结构中，一台机器既可用作服务器，又可当做客户机。DFS 可作为分布式操作系统的一部分来实现，或者作为专门用来管理传统操作系统和文件系统之间通信的软件层来实现。DFS 与众不同的特征在于系统中的客户机和服务器具有多样性和自治性。

理想情况下，对于客户机而言，DFS 最好能表现得如同一个传统的集中式文件系统，它的服务器和存储设备的多样性和分散性应该被隐藏起来，即 DFS 的客户机接口不应区分本地和远程文件，这就需要 DFS 负责文件定位和安排数据传输。通过将用户环境（即主目录）带到任何一个用户登录的地方，**透明的** DFS 实现了用户的可移动性。

衡量 DFS 最重要的性能指标是满足服务请求所需的时间。在传统的系统中，此时间包括磁盘存取时间和少量的 CPU 处理时间。而在 DFS 中，由于分布式结构的原因，远程访问需要额外的开销。这些额外的开销包括传递请求到服务器所需的时间、通过网络获取响应并返回给客户机的响应时间。除信息的传送外，每一方面上还有运行通信协议软件的 CPU 开销。DFS 的性能可以视为 DFS 透明性的另一方面。也就是，理想的 DFS 的性能应该和传统的文件系统性能差距不大。

DFS 管理一系列分散的存储设备，这是 DFS 的关键特征。DFS 管理的所有存储空间由不同的、远程的、小的存储空间组成。通常，这些连续的存储空间对应于文件集。一个**部件单元**（component unit）是能存储在单个机器上最小的文件集，它独立于其他单元。属于相同部件单元的所有文件必须驻留在相同的位置。

17.2 命名和透明性

命名（naming）是在逻辑对象和物理对象之间建立的映射。例如，用户处理用文件名表示的逻辑数据对象，而系统操作需要管理的是存储在磁道上的物理数据区。通常，用户用一个文本名来关联一个文件，这个名字被映射到一个更低层的数字标识，而它又继续映射到磁盘。这个多级映射提供给用户一个文件的抽象，它隐藏了文件如何存储以及存储在磁盘何处的细节。

在一个透明的 DFS 中，文件抽象还加了一条要求：即文件被存储在网络中的何处。在传统的文件系统中，名字映射范围是磁盘中的某个地址，在 DFS 中，此范围扩展到文件所在的特定机器。将文件抽象处理的概念，再进一步将引发**文件复制**（file replication）的可能性。给定一个文件名，映射返回一系列该文件副本的位置。在这种抽象概念中，多个副本和它们的位置都是被隐藏的。

17.2.1 命名结构

关于 DFS 中的名字映射，需要区分两个概念：

① **位置透明性**：文件名字不揭示任何有关文件物理存储位置的线索。

② **位置独立性**：当文件的物理存储位置改变时，不需要改变文件名。

由于处于不同等级的文件具有不同的名字（如用户级的文本名字和系统级的数字标识），两个定义都是与命名等级相对而言的。位置独立的命名方案是一种动态的映射，因为它能在不同的时间把同样的文件名映射到不同的位置。因此，位置独立性是比位置透明性更强的属性。

实际上，现在大多数 DFS 为用户级的名字提供一个静态的、位置透明的映射，这些系统不支持**文件迁移**（file migration），即不能自动改变文件位置。因此，位置独立性的概念与这些系统无关。文件与一组磁盘块永久地相关联。文件和磁盘可以手动地在机器间移动，但文件迁移意味着一个自动的、由操作系统引发的动作。只有 AFS 和少数实验性的文件系统支持位置独立性和文件可移动性。AFS 支持文件活动的目的是为了管理。一个协议支持 AFS 部件单元的迁移以满足高级用户的请求，而不需要改变相应文件的用户级名字或低级别名。

可以通过下面几个方面来进一步区分位置独立性和静态位置透明性：

• 正如位置独立性所表现的，数据与位置的分离提供了更好的文件抽象。一个文件名应体现出文件的大多数重要属性，即它的内容而不是位置。位置独立性文件可被视为未关联到某个特定的存储位置的逻辑数据容器。如果仅支持静态位置透明性，文件名仍然表明了一个特定的（虽然是隐藏的）物理磁盘块集合。

• 静态位置透明性为用户提供一个方便的共享数据的方法。用户可通过位置透明的方式简单命名文件来共享远程文件，就好像这些文件在本地一样。然而，存储空间的共享就比较麻烦，因为逻辑名仍然静态地关联在物理存储设备上。位置独立性促进了存储空间共享，同时也包括数据对象的共享。当文件能被移动时，整个系统范围内的存储空间就像单个虚拟资源一样，这样的一个优点在于具有了平衡跨系统使用磁盘的能力。

• 位置独立性将命名级别从存储器体系和计算机间结构中分开。相反，如果使用了静态位置透明性（尽管名字是透明的），就容易暴露部件单元和机器间的交流。机器以一种类似于命名结构的方式来配置。这种配置可能会过分限制系统的体系结构，并与其他事项冲突。管理根目录的服务器是一个例子，它使用命名层次结构，但与分散的指导思想相矛盾。

一旦完成名字和位置的分离，客户机就可以访问驻留在远程服务器上的文件。事实上，这些客户机可以是**无盘化**（diskless）的，依靠服务器提供所有的文件，包括操作系统内核，但需要特殊的协议来引导程序。考虑一下无盘工作站获取内核的问题。无盘工作站没有内核，所以它不能用 DFS 代码来获得内核，而是调用一个存储在客户机的只读存储器（ROM）上的特殊引导协议，使其初始化网络，并从一个固定位置获得一个特定的文件（内核或引导代码）。一旦内核通过网络被复制过来并加载，它的 DFS 使得所有其他的操作系统文件都有效。无盘化客户机的优点很多，包括低价格（由于每台机器不需磁盘）和方便性（当一个操作系统更新后，只需修改服务器，而不需改变所有的客户机）。它的缺点在于增加了引导协议的复杂性，以及由于使用网络而不是本地磁盘而引起的性能下降。

现在的流行趋势是使用具有本地磁盘和远程文件服务器的客户机。操作系统和网络软件存储在本地，包含用户数据的文件系统（可能还包括应用）被存储在远程文件系统上。有些客户机系统可能存储常用的应用程序在本地文件系统上，如字处理程序和 Web 浏览器。其他一些不常用的应用可能按需从远程文件服务器**压入**客户机。使客户机具有本地文件系统而不是无盘化的主要原因在于磁盘设备的容量增长很快而价格日趋下降，每年都有新的一代出现。但网络就并非如此，它每年的变化很小。总而言之，系统比网络增长得更快，因此有必要限制网络访问，从而改善系统吞吐量。

17.2.2　命名方案

在 DFS 中主要有三种命名设计方法。最简单的方法是用结合主机名和本地名来对文件进行命名，它保证了在整个系统范围中唯一的名字。例如，在 Ibis 中，文件用"*主机: 本地名*"（*host:local-name*）来唯一地标识文件，其中本地名（*local-name*）是类似于 UNIX 的路径。这种命名方法既不是位置透明的，也不是位置独立的。不过，无论是本地或远程文件，文件操作都是相同的。DFS 被构造为孤立的部件单元的集合，这些部件单元完全是传统的文件系统。在此第一种方法中，部件单元仍然是孤立的，尽管它提供访问远程文件的方法。本书中不再进一步考虑这种设计方案。

第二种方法在 Sun Microsystems 公司的网络文件系统（NFS）中得到广泛应用。NFS 是 ONC+的文件系统组成部件，ONC+是很多 UNIX 厂商支持的网络包。NFS 提供将远程目录加到本地目录的方法，使其目录树看起来一致。早期的 NFS 版本只允许先前已被加载的远程目录被透明地访问。随着**自动加载**的出现，加载可根据需要进行，它基于一个加载点表和一些文件结构名。尽管这种整合是有限且不统一的（因为每台机器可以附加不同的远程目录到它的目录树上），部件还是被整合在一起以支持透明共享，所得的结构是通用的。

第三种方法，能够得到组件文件系统的完整集成。系统中的所有文件都使用单个的全局名字结构。理想的情况是，这种复杂的文件系统结构与传统的文件系统是同构的。而实际上，许多特殊的文件（例如，UNIX 设备文件和特别的机器二进制目录）使其很难达到此目的。

为了评价这些命名结构，可以考虑它们的**管理复杂度**（administrative complexity）。最复杂且最难维护的结构是 NFS 结构，因为任何远程目录都能附加到本地目录树的任何地方，所产生的系统是毫无结构性可言的。如果一个服务器出错而不能用，一些在不同机器上的任意目录集也会变得不可用。此外，由于有一个单独的信任机制控制着哪台机器可以附加哪个目录到它的目录树上，用户可能可以在一台客户机上访问一个远程目录树，但不能在另一台客户机上进行。

17.2.3 实现技术

透明性命名的实现需要提供从文件名到相关位置映射的能力。为保持映射可管理，必须将文件集聚集到部件单元中，并在一个部件单元基础上提供映射，而不是在单个文件的基础上进行操作。此聚集也适用于管理目的。类似 UNIX 的系统使用等级目录树来提供名字——位置的映射，并将文件递归地聚集到目录中。

为了提高关键映射信息的可用性，可以采用复制、本地缓存或二者都用的方法。正如所讲，位置独立性意味着映射会随时间而改变，因此，复制映射虽然简单，却导致信息不可能一起更新。解决的方法是引进底层**位置独立文件标识**（location-independent file identifier）。文本文件名被映射到低层的文件标识，该标识表明了文件属于哪个部件单元。这些标识仍然是位置独立的，它们能自由地被复制和存储，不会因为迁移部件单元使其无效。当然，这不可避免地需要二级映射来将部件单元映射到具体位置上，这个二级映射需要一种简单但持续的更新机制。UNIX 的目录树的实现，就是使用了这种底层的、位置独立的标识，使整个层在部件单元迁移时不变，改变的只是部件单元位置的映射。

实现这些底层标识的常用方法是使用结构化的名字，这些名字是位串形式的，通常有两个部分。第一部分表明了文件属于哪个部件单元，第二部分表明了单元中特指的文件。可能会存在具有更多部分的变种。结构化名字的不变性在于，名字的各个部分仅在其余部分的上下文中总是唯一的。通过避免重用已在使用的名字（通过增加足够多的位（此方法用于 NFS），或通过使用时间戳作为其名字的一部分（如在 Apollo 域中所用）），可以获得所有时间内的唯一性。另一种方法是运用位置透明性系统，如 Ibis，通过再增加一个层次的抽象来产生一个位置独立的命名方法。

将文件聚集在部件单元中以及低层的位置独立文件标识符的应用在 AFS 中得以例证。

17.3 远程文件访问

现有一个用户请求访问远程文件。假设存储该文件的服务器已使用命名方案来定位，现在就必须进行实际数据传输。

完成此传输的方法之一是通过一个**远程服务机制**（remote-service mechanism），访问请求被送到服务器，服务器完成此访问，产生的结果被传送回用户。执行远程服务最常用的方法之一是在第 3 章中所讲的远程过程调用（RPC）。传统文件系统中的磁盘访问方法和

DFS 中的远程服务方法之间很类似：使用远程服务方法类似于对每个访问请求完成一次磁盘访问。

可以用高速缓存方式来保证远程服务机制所期待的性能。在传统的文件系统中，缓存的基本原理在于减少磁盘的 I/O（从而提高性能），而在 DFS 中，目的在于既要减少网络通信量，也要减少磁盘 I/O。下面要讨论在 DFS 中缓存的实现以及与基本的远程服务的对比。

17.3.1 基本的缓存设计

高速缓存的概念很简单。如果满足访问请求所需的数据尚未缓存，这些数据的一个副本从服务器传到客户机系统，访问在缓存的副本上完成。此思想是在缓存中保留最近访问的磁盘块，从而使对同样信息的重复访问可以本地化处理，不再需要额外的网络通信。可以采用某种替换策略（如最少、最近使用）来解决缓存大小限制。在对服务器的访问和通信之间没有直接的关联。文件仍用存储在服务器上的一个主副本来标识，但文件的副本（或文件的部分）被分散到不同的缓存中。当一个存储的副本被更改后，需要反映到主副本上，以保持相关的语义一致性。如何保持缓存副本与主副本之间的一致性是 17.3.4 小节所要讨论的**缓存一致性问题**（cache-consistency problem）。DFS 的高速缓存可被简单的叫做**网络虚拟存储器**，它类似于按需分页的虚拟内存，不过备份存储通常不是本地磁盘，而是远程服务器。NFS 允许交换空间被远程装载，因此尽管性能有所损失，它实际上能在网络上实现虚拟内存。

DFS 中缓存的数据粒度可以从文件的若干块到整个文件之间变化。通常，对于单个访问，存储的数据多于所需的数据，这样可以使较多的访问通过缓存的数据来完成。这个过程很像磁盘先读（如 11.6.2 小节所述）。AFS 将文件存储在大存储块中（64 kB）。本章提到的其他系统支持根据客户机需求缓存单个存储块。增大存储单元就增加了命中率，但也增加了失效代价，因为每个失效都需要传输更多的数据，同时也增加了潜在的一致性问题。选择存储单元涉及考虑诸如网络传输单元和 RPC 协议服务单元（如果用到 RPC 协议）之类的参数。网络传输单元（对以太网而言，是一个包）大约有 1.5 KB，因此大的存储数据单元需要分包后进行传输，然后在接收方进行重新集成。

块的大小和整个缓存的大小对块缓存设计非常重要性。在 UNIX 系统中，块的大小一般为 4 KB 或 8 KB，而对大的缓存（如 1 MB），大一点的块（大于 8 KB）更有利。但对于小的缓存来说，由于大块易导致缓存中只有很少的块，从而产生低的命中率，故大的块对小的缓存无益。

17.3.2 缓存位置

缓存的数据应存在何处呢？在磁盘上还是在主存储器中？磁盘缓存比主存储器具有一个明显的优点：它们是可靠的。如果缓存存储在易失主存储器上，存储数据的更改将在系统崩溃中丢失。然而，如果缓存数据存储在磁盘上，在恢复期间它们将仍保留在磁盘上，并且那时已没有必要再来读取它们了。当然，另一方面，主存储缓存具有自身的几个优点：

- 主存储缓存允许工作站无盘化。
- 从主存储缓存中可以比从磁盘缓存上更快地访问数据。
- 目前的技术趋势是朝着更大、更便宜的主存储器发展，获得的性能加速将会超过磁盘缓存的优点。
- 不管用户缓存位于何处，服务器缓存（用于加快磁盘 I/O）将在主存储器中。如果在用户机器上也用主存储缓存，可以为服务器和用户建立一个单缓存机制。

许多远程访问的实现可被视为缓存和远程服务的混合。例如，在 NFS 中，该实现基于远程服务，但为提高性能将客户机方和服务器方的存储器缓存加大。另一方面，Sprite 的实现基于缓存，但在某些环境中采用远程服务方法。因此，为了评价这两种方法，将评价每种方法被强调的程度。

NFS 协议和大多数实现都不提供磁盘缓存。最近 Solaris 的 NFS 实现（Solaris 2.6 及更高版本）包括一个客户机磁盘缓存可选项，即 **cachefs** 文件系统。一旦客户机从服务器上读取文件块，它将它们存储在内存和磁盘上。如果内存副本被刷新，或者系统重启，就访问磁盘缓存。如果所需的文件块既不在内存中，也不在 cachefs 磁盘缓存上，一个 RPC 被送到服务器，以重新得到文件块，且该块被写入磁盘缓存和内存缓存中，以供客户使用。

17.3.3 缓存更新策略

用于将更改的数据块写回服务器的主副本的策略，对系统的性能和可靠性具有关键性的影响。最简单的方法是，一旦有数据被放置在缓存中，就将它们写到磁盘上。**直写策略**（write-through policy）是可靠的：当一个客户机系统崩溃后，几乎没有数据丢失。然而，此方法需要每次写访问等待，直到信息被送到服务器，所以它导致较差的写性能。直写的缓存等同于使用远程服务来写访问，以及利用缓存进行只读访问。

另一种方法是**延迟写策略**（delayed-write policy），也被称为**回写缓存**（write-back caching），它对主副本的更新是延迟的。更新被写到缓存，稍后才被写到服务器。相对于直写方法，此方法有两个优点。第一，由于是写到缓存，所以写访问完成得更快。第二，数据可在被写回之前被重写，此时只有最后的更新需要写。不足的是，只要用户机崩溃，未写的数据就会丢失，所以延迟写方法存在可靠性问题。

由于更改的数据块被刷新到服务器的时机不同，延迟写方法还有一些变种。一种选择是，当一个数据块从客户机缓存中被逐出后刷新它。此选择可能会得到较好的性能，但有些数据块在写回服务器之前可能会在客户机的缓存上停留很长一段时间。将此方法与直写方法折中，在固定的时间间隔内扫描缓存，刷新自最近扫描后已被修改的数据块，就像 UNIX 扫描它的本地缓存一样。Sprite 使用此方法的时间间隔为 30 秒。NFS 也使用此方法处理文件数据，但在刷新缓存期间，一旦一次写操作被提交给服务器，那么写入必须在它被认为完成之前到达服务器的磁盘。NFS用不同的方式处理元数据（目录数据和文件属性数据），任何一种元数据的改变都同步提交到服务器。因此，这可以使得当客户机或服务器崩溃时避免文件丢失和目录结构恶化。

对具有cachefs的NFS而言，为保持所有副本一致，写操作在写入服务器的同时也要写到本地磁盘的缓存区。因此，具有cachefs的NFS在对cachefs缓存命中的读请求情况下，性能改善要优于普通的NFS；但对于存在缓存失效的读或写请求，则性能要差。对所有的缓存来讲，具有高缓存命中率以获取性能是非常重要的。图17.1所示为cachefs及其直写及回写缓存的使用。

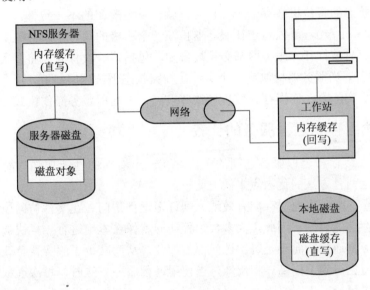

图 17.1 cachefs 及其用于缓存

然而，延迟写的另一种变种是在文件关闭时将数据写回服务器。AFS使用这种**写关闭策略**（write-on-close policy）。在文件打开时间很短或很少被修改的情况下，此方法并未有效地减轻网络通信。另外，写关闭方法在文件被关闭时要求等待写数据的延迟，从而降低了延迟写方法的性能优势。对于要打开很长时间或修改频繁的文件，如果延迟写需要经常刷新，该方法的性能显然优于前者。

17.3.4　一致性

客户机需要判断一个数据的本地缓存副本与主副本是否一致的问题（然后才能使用）。如果客户机确定它的缓存数据已过时，那么这些缓存数据就不能再提供数据访问服务，而需要缓存该数据的一个最新副本。下面两种方法用来验证缓存数据的有效性：

• **客户机发起的方法**（client-initiated approach）：客户机发起一次有效性检查，它与服务器联系，并检查本地数据与主副本是否一致。有效性检查的频率是此方法的关键，并决定其产生的一致性语义。频率范围可以从每次访问前都进行一次检查到只对一个文件的第一次访问进行一次检查（主要是在文件打开的时候）。相对于访问立即被缓存服务而言，伴随有效性检查的访问就被延迟了。作为选择，可在某个固定的时间间隔开始一次检查。有效性检查会增加网络和服务器的负载，这取决于它的频率。

• **服务器发起的方法**（server-initiated approach）：服务器为每个客户机记录它缓存的文件（或文件的一部分）。当服务器检测到一个潜在的不一致时，它必须有所反应。当两个不同的处于竞争状态的客户机缓存一个文件时，就会发生潜在的不一致性。如果实现 UNIX 语义（见 10.5.3 小节），可以通过让服务器扮演一个积极的角色来解决这个潜在的不一致性。无论文件何时被打开，服务器都必须被告知，包括每一次打开后将要采取的模式（读或写）。根据通知，当服务器检测到一个文件在冲突状态下被同时打开，那么服务器使此文件的缓存失效。实际上，使缓存失效将导致转换到一个远程服务操作模式。

17.3.5 高速缓存和远程服务的比较

本质上，在缓存和远程服务之间的选择存在一个潜在的性能加强与简易性降低的矛盾，以下列举这两种方法的优缺点来做一比较：

• 当使用缓存时，本地缓存能有效地处理许多远程访问。在文件访问模式中利用局部性原理使得缓存性能更好。因此，大多数远程访问就像在本地进行一样快捷。更进一步，只是偶尔与服务器连接，而不是每次访问都需如此，从而减少了服务器负载和网络通信，并且扩充的潜力也得到了提高。相反地，当使用远程服务方法时，每次远程访问都要跨越网络进行，结果可能产生网络阻塞、服务器超载，性能会如何也就显而易见了。

• 网络总开销在传输大块数据时（就像在缓存中那样）要比对个别请求的一系列响应传输时（就像在远程服务方法那样）低。而且，如果服务器知道请求总是针对大的、连续的数据段，而不是对随机的数据块，那么服务器上的磁盘访问程序可以被更好地优化。

• Cache 一致性问题是缓存技术的主要缺点。对不常写入的访问模式，缓存技术是很有效的。但当写入频繁时，用来克服一致性问题的机制反而导致了大量诸如性能、网络流量以及服务器负荷的开销。

• 因此缓存技术应在有本地磁盘或大主存的机器上实现。在无盘、小容量存储器的机器上的远程访问应通过远程服务方法来进行。

• 在缓存技术中，由于数据在服务器和客户机之间整体传输，而不是响应一个特殊的文件操作需求，机器间的接口不同于上级的用户接口。另一方面，远程服务方式不过是本地文件系统接口在网络上的扩展，因此，机器间的接口反映了本地用户文件系统接口。

17.4 有状态服务和无状态服务

当客户机访问远程文件时，对服务器端的信息处理有两种方法：一是服务器跟踪被每个客户机访问的每个文件，二是服务器不必了解数据块的用途而直接提供客户机请求的数据块。前者提供的服务是*有状态*的，而后者是*无状态*的。

有状态的文件服务（stateful file service）的典型方案如下：客户机在访问一个文件之前必须完成一个打开 open()操作。服务器从其磁盘上取出有关文件信息并存入内存，将一个对客户机和文件而言唯一的连接描述符提供给客户机（在 UNIX 系统中，服务器取出 inode，并提供给客户机一个文件描述符，它可用作 inode 的内部核心表的索引）。此标识号也被用于以后的访问，直到会话结束。有状态服务的特征体现在会话期间客户机和服务器之间的连接。无论是关闭文件，还是用一个垃圾收集机制，服务器必须收回曾被客户机使用的不再有效的主存空间。在一个有状态服务方法中容错的关键点在于服务器在其主存上保存了客户机的活动信息。AFS 是一个有状态的服务。

无状态的文件服务器（stateless file server）通过使每个请求自立而避免状态信息，即每个请求完全地标识文件和在文件中的位置（为了读和写访问）。服务器不需要在主存中维护一个打开文件列表，尽管它常常为了提高效率而如此做。此外，也没有必要通过打开 open()和关闭 close()操作来建立或终止一个连接。它们都是多余的，因为每个文件操作都是自立的，并不被视为会话的一部分。一个客户机进程可能会打开一个文件，但此打开动作不会引起一个远程消息的发送。读和写将作为远程消息发生（或缓存的查找）。最后由客户端产生的关闭操作将再次只引发一个本地操作。NFS 是一个无状态文件服务。

相比无状态的服务，有状态服务的优点在于增强了性能。文件信息在主存中得到缓存，可以通过连接标识符很容易地访问到，故节省了磁盘存取。此外，有状态的服务知道一个文件是不是顺序访问，故可事先读下一个块。无状态的服务就不能如此了，因为它不知道客户机请求的目的。

考虑在一次服务活动中发生崩溃时，有状态服务和无状态服务的区别变得更加明显。有状态服务器在崩溃中丢失它所有易失的状态。此服务器的完全恢复涉及修复该状态，通常用一个基于与客户机对话的恢复协议来完成。不完全恢复则需要在崩溃发生时停止正在进行中的操作。另一个问题是由客户机出错引起的。服务器需要知道这些错误，以收回已分配的用于记录发生崩溃的客户机进程状态的空间。此现象有时被称为 **orphan 检测和排除**（orphan detection and dlimination）。

无状态的服务则避免了这些问题，因为一个新的服务器能毫无任何困难地对一个自主的请求做出响应。因此，服务器故障和恢复的影响几乎不受注意。在客户机看来，一个慢的服务器和一个正在恢复的服务器是没有区别的。如果未收到响应，客户机继续重新发送它的请求。

使用健壮的、无状态服务的代价是较长的请求报文和较慢的请求处理，因为没有核心中的信息来加快处理。此外，无状态的服务不得不在 DFS 的设计上增加附加的约束。首先，由于每个请求都标识目标文件，需要使用一个统一的、系统范围内的、低层的命名方法。对每个请求进行远程到本地的名字转换将使得对请求的处理更慢。其次，由于客户机重新发送文件操作请求，这些操作必须是幂等的，即如果连续执行几次，每个操作效果相同并返回同样的结果。自主性的读和写访问是幂等的，只要它们使用完全字节计数来表明它们所访问的文件中的位置，而不依靠递增的偏移量（就像在 UNIX 中的读和写系统调用那样）。然而，必须注意，在实现破坏性操作（如删除文件）时，也应该使这些操作是幂等的。

在某些环境中，必须使用有状态的服务。如果服务器采用服务器发起的缓存校验方法，因为它要维护一个记录来表示某个文件被某个客户机缓存，就无法提供无状态的服务。

UNIX 使用文件描述符和隐式的偏移量，因此是有状态的服务。服务器必须维护一张从文件描述符到 inode 的映射表，且必须保存文件中的当前偏移量。这也就是为什么使用无状态服务的 NFS 不使用文件描述符并在每次访问中包括一个显式的偏移量的原因。

NFS V4

迄今为止，对 NFS 的介绍仅涉及 NFS V3 版本。最新的 NFS 标准为 V4，它与前面的版本有本质的区别。其中最大的变化在于现在的协议是有状态的，这意味着从远程文件被打开直至被关闭，服务器在此期间要维护客户机会话的状态。因此，现在的 NFS 协议提供了 open() 和 close() 操作，而之前的 NFS 版本（是无状态的）没有提供这样的操作。进一步讲，之前的协议指定了单独的远程文件 *mount* 协议和锁住远程文件协议，而 V4 则用一个协议提供了所有这些特征。特别地，NFS V4 去除了 *mount* 协议，允许 NFS 工作在网络防火墙环境中。*mount* 协议在 NFS 实现中是一个臭名昭著的安全漏洞。

此外，NFS V4 加强了客户机本地缓存文件数据的能力。此特征改善了分布式文件系统的性能，因为客户机能从本地缓存服务更多的文件存取，而不一定必须通过服务器。NFS V4 还允许客户机请求服务器锁住文件。如果服务器同意此请求，客户机维护此锁，直至被释放或合约到期（客户机也被允许更新已有的合约）。传统地，基于 UNIX 的系统提供建议性的文件加锁，而 Windows 系统使用强制加锁。为了使 NFS 能很好地服务于非 UNIX 系统，NFS V4 也提供了强制加锁。新的加锁和缓存机制都基于**委派**（delegation）的概念，借此服务器将文件的锁和内容委派给请求锁的客户机。被委派的客户机维护具有当前版本文件的缓存，其他客户机可以向该客户机请求锁存取和文件内容，直到被委派的客户机交出锁和委派。

最后，尽管先前的 NFS 版本是基于 UDP 网络的，而 NFS V4 是基于 TCP 的，这使其能更好地调节网络负载。将以上责任交予客户机减少了服务器的负荷，也提高了缓存一致性。

17.5 文 件 复 制

在不同机器上的复制文件对提高有效性而言是有用的冗余。多机器复制也有益于提高性能:选择邻近的一个复制品来服务一个访问请求将使服务时间更短。

复制设计的基本条件是同一文件的不同副本应驻留在彼此故障独立的机器上,即一个副本的有效性不受其余副本有效性的影响。此条件意味着复制管理是位置非透明的。必须提供一种机制来将一个副本放在一个特定的机器上。

对用户隐藏复制的细节是必要的。将一个复制的文件名映射到一个特定的副本上是命名机制的任务。副本的存在对高层是不可见的。在低层,副本必须用不同的更低层的名字区分开来。另一个透明性条件是需要在高层提供复制控制。复制控制包括复制程度和副本放置的确定。在某些环境下,可能希望将这些细节暴露给用户。例如,Locus 提供给用户和系统管理员控制复制机制。

与复制相关的主要问题是它们的更新。从用户的角度来看,一个文件的副本表示的是同样的逻辑实体,因此对任何副本的更新应影响到所有其他的副本。更明确地讲,当对文件副本的访问被视为对副本的逻辑文件的虚拟访问时,必须保持相关的一致性语义。如果一致性并不是最主要的,它就可以为有效性和其他性能方面做出牺牲。在容错范围内的权衡下,有两种选择,要么选择不惜任何代价保持一致性,从而产生不确定的数据块的可能性,要么选择在某些(希望是很少)灾难性错误的情况下,为了保证系统的继续运行而牺牲一致性。例如,Locus 广泛地使用副本,在网络中断时为了保证文件读写操作的有效而牺牲了一致性。

Ibis 使用的是主副本方法的一种变体,名字映射域为一对<*主副本标识,本地副本标识*>(<*primary-replica-identifier, local-replica-identifier*>)。如果不存在本地副本,则使用一个特殊值,因此映射是相对于机器的。如果本地副本是主副本,则标识对中包含两个相同的标识。Ibis 支持按需复制,这是一个类似于整体文件缓存的自动副本控制方法。用此方法,读取一个非本地副本就使其被本地缓存,从而产生一个新的非主副本。更新只在主副本上完成,并通过发送适当的消息使所有其他副本变为不可用。但这无法保证所有非主副本的原子性和连续无效性。因此,一个旧的副本有可能被认为是有效的。为了满足远程写访问,可以将主副本移植到发出请求的机器上。

17.6 实例: AFS

Andrew 是美国卡耐基-梅隆(Carnegie Mellon)大学设计并实现的分布式计算环境。Andrew 文件系统(AFS)在其环境中的客户机上建立了基本的信息共享机制。Transarc 公司继续发展了 AFS，之后被 IBM 收购。IBM 由此生产了一些 AFS 商业工具。后来 AFS 被选做与工业联合的 DFS，产生了 **Transarc DFS**，它是 OSF 组织的分布式计算环境（DCE）的一部分。

2000 年，IBM 的 Transarc 实验室宣布 AFS 将成为一个在 IBM 公共许可证下的开放源代码产品（OpenAFS），Transarc DFS 作为商用产品被取消了。OpenAFS 适用于大多数商用 UNIX、Linux 和微软的 Windows 系统。许多 UNIX 厂商，以及微软公司都支持 DCE 系统和它基于 AFS 的 DFS，并继续研究，以使其成为一个跨平台、能被普遍接受的 DFS。AFS 和 Transarc DFS 非常相似，所以在此讨论 AFS，除非特别提到 Transarc DFS。

AFS 试图寻求解决简单的 DFS（如 NFS）问题的方法，它被认为是特性最丰富的非实验性 DFS。它的特点体现在统一的名称空间、位置独立的文件共享、Cache 一致性的客户端缓存技术和通过 Kerberos 的安全认证。它还包括用副本形式的服务器端缓存技术，以及在源服务不能使用时通过副本自动替换来获得高可用性。AFS 最强大的特点在于它的容量：Andrew 系统可跨越超过 5 000 个工作站。在全世界，介于 AFS 和 Transarc DFS 之间有数百个实现系统。

17.6.1　概述

AFS 对待*客户机*（有时指的是*工作站*）和专用*服务器*是不同的。本来服务器和客户机只能运行 4.2 BSD UNIX 上，但 AFS 已经移植到许多操作系统上。客户机和服务器通过局域网和广域网相连接。

客户机用分空间的文件名来表示：一个**本地名称空间**（local name space）和一个**共享名称空间**（shared name space）。专用服务器（通常的称法是在它们所运行的软件名后加*副*（Vice）字），将名称空间以一种同质、相似、位置透明的文件层次的形式呈现给客户机。本地名称空间是一个工作站的根文件系统，共享的名字空间由此传下去。工作站运行 *Virtue*协议来与 **Vice** 通信，并被要求用本地磁盘来存储它们的本地名称空间。服务器共同负责共享名称空间的存储和管理。本地名称空间是很小的，对每个工作站都有所不同，它包括自治操作和优秀性能所必须的系统程序。同样，本地名称空间还包含临时文件或是工作站拥有者为隐蔽起见，明确地希望存储在本地的文件。

从更细的粒度来看，客户机和服务器是用广域网相互连接的簇结构，每一簇由局域网上的一组工作站和 Vice 的一个代表（被称为**簇服务器**（cluster server））组成，每个簇通过路由器与广域网相连。分解成簇的目的主要在于解决规模问题。为了得到优异的性能，工作站应在大部分时间内使用本簇上的服务器，从而相对地减少跨簇的文件访问。

文件系统体系结构设计也基于规模的考虑。基本的探索方式是服务器将工作卸载给客户机，因为经验表明服务器的 CPU 速度是系统的瓶颈。按此方式，远程文件操作所采用的关键机制是使用大数据块（64 KB）的形式缓存文件，这种方式减少了文件打开的等待延迟，使得读写操作被定向到对缓存副本的操作，而不需要再频繁地访问服务器。

下面是 AFS 设计中几个附加的问题：

- **客户机灵活性**：客户机能从任何工作站访问共享名称空间中的任何文件。当从非常用工作站来访问文件时，可能会出现由于需要缓存文件而导致的最初性能下降。

- **安全性**：由于没有客户机程序在 Vice 机上执行，所以 Vice 接口被认为是可靠性的边界。认证和安全传输的功能是作为基于连接的通信包的一部分来提供的，它们基于 RPC 实现。经过相互认证后，Vice 服务器和客户机通过加密消息进行通信，加密过程通过硬件或软件（更慢）来完成。客户机和组的信息保存在一个受保护的数据库中，这个数据库在每个服务器都有备份。

- **保护**：AFS 提供了**存取列表**来保护目录和常规的 UNIX 位来保护文件。此存取列表包含允许以及不允许访问某个目录的用户信息。因此通过这种设计，可以很容易指定，如除了 Jim 外所有人都可以访问某目录。AFS 支持的访问类型有读、写、查询、插入、管理、锁定和删除。

- **异质性**：对 Vice 定义一个清晰的接口是整合各种不同的工作站硬件和操作系统的关键。为维护异质性，本地*/bin* 目录下的某些文件是指向驻留在 Vice 上的机器特定的可执行文件的符号连接。

17.6.2 共享名称空间

AFS 的共享名称空间由称为**卷**（volume）的单元组成，AFS 的卷通常是很小的部件单元。一般来说，它们与单个客户机上的文件相关。很少有卷驻留在单个磁盘分区上，它们可以在大小上缩放（到一定的限度）。从概念上讲，卷通过一个类似于 UNIX 安装机制的方法聚合在一起。当然，二者的粒度差别是很大的，这是由于在 UNIX 上只能安装一个完整的磁盘分区（含有文件系统）。卷是一个重要的管理单元，在识别和定位一个文件时作用很大。

Vice 文件或目录用一个称为 *fid* 的低层标识符来识别。每个 AFS 目录项把一个名字组件映射为一个 fid。一个 fid 有 96 位长，它有三个等长的部分：一个*卷号*、一个 v *节点*（*vnod*）*号*和一个*唯一号*（*uniquifier*）。**Vnod 号**被用做一个数组的索引，该数组包含单个卷中所有文件的索引节点（inode）。**唯一号**允许 v 节点号的重用，从而保持数据结构的紧凑。fid 是位置透明的，因此，文件从服务器到服务器的移动不会使缓存的目录内容无效。

位置信息保存在一个**卷位置数据库**的卷基上，这个数据库在每个服务器上得到备份。客户机可以通过查询此数据库识别每个卷在系统中的位置。把文件集合成卷使得数据库的大小保持在一个合适的范围内。

为了平衡可用磁盘空间和服务器的利用率，卷需要在磁盘分区和服务器之间移动。当一个卷被送到它的新位置，它的原始服务器留下了临时的查找信息，故位置数据库不需要同步更新。在此卷被传送期间，原来的服务器仍能处理更新，随后送到新的服务器上。在某些时刻卷暂时不可用以便近来的修改能被处理。然后，新的卷在新的站点上再次可用。卷移动操作是原子操作，无论哪个服务器崩溃，操作都会被放弃。

整卷粒度大小的只读复制用于支持 Vice 名称空间中较高层的系统可执行文件和不常更新的文件。卷位置数据库指定了包含一个卷的一个读写副本服务器和一系列只读复制站点。

17.6.3　文件操作和一致性语义

AFS 的基本体系原则是来自服务器的所有文件。因此，一个客户端工作站只在打开和关闭文件期间与 Vice 服务器相互作用，甚至此交互作用并不总是必须的。读和写文件不会引起远程交互（与远程服务方法相反）。这个关键的区别对性能有很大的影响，对文件操作语义也如此。

各个工作站的操作系统截获文件系统调用，并将它们交给其上的一个客户级进程。这个被称为 Venus 的进程缓存来自于 Vice 的文件（当它们被打开时），并在它们被关闭时，将修改的文件副本存回它们原来所在的服务器。Venus 可能只在文件打开或关闭时与 Vice 联系，一个文件的个别字节的读和写将会绕开 Venus，直接在存储的副本上完成。这样产生的结果是，在某些站点上的写不能为另一些站点立即可见。

高速缓存为将来打开缓存文件而被充分利用。Venus 假定缓存项（文件或目录）是有效的，除非另有说明。因此，当一个文件打开以使存储的副本生效时，Venus 不需要与 Vice 联系。有一种被称为回调（callback）的支持此方法的机制可以显著地减少服务器接收的缓存确认请求数量。它按如下方式工作：当一个客户机存储一个文件或目录时，服务器更新用于记录此存储的状态信息，称该客户机对该文件有一次回调。服务器在允许另一客户机修改此文件之前通知该客户机。此时，我们说服务器移除前一个客户机的文件上的回调。只有当文件具有一次回调时，客户机才可以使用缓存的文件来打开文件。如果客户机在修改一个文件之后关闭它，所有存储此文件的其他客户机丧失它们的回调。因此，当这些客户机随后打开该文件时，它们不得不从服务器那里获取一个新的版本。

文件的读和写直接通过内核完成，而不需要 Venus 对存储的副本进行干预。当文件被关闭时，Venus 重获控制，并且如果文件已被局部修改，那它在相应的服务器上更新此文件。因此，只有在服务器打开那些不在缓存区或丧失它们的回调，以及关闭局部修改的文件时，Venus 和 Vice 才有接触的机会。

基本上，AFS 主要是执行会话语义。仅有的例外是除了简单的读和写以外的文件操作（如目录级的保护变化），这些操作在完成之后在网络上立即随处可见到它们。

尽管采用回调机制，仍然可能出现少量的缓存确认通信，通常用来代替由于机器或网络故障引起的回调丢失。当一个工作站被重新启动时，Venus 怀疑所有的缓存文件和目录，然后它为所有这种记录的第一次使用产生一个缓冲区确认请求。

回调机制强制每个服务器维护回调信息，每个客户机维护有效性信息。如果服务器维护的回调信息量过多，服务器可以暂停回调，并通过单方面通知客户机以及解除它们缓存文件的有效性来收回一些存储空间。如果 Venus 维护的回调状态与服务器维护的相应状态相比，变得失去同步，可能会导致某些不一致性。

为了解释路径-名字，Venus 还存储目录内容和符号连接。路径名中的每一部分都可获取，如果它还未被存储，或者如果客户机没有对它的回调，则可以为之建立一个回调。查找通过 Venus 在获取的使用 fids 的目录来进行。没有请求从一个服务器被送到另一个服务器。在一个路径-名字遍历的结束，所有的中间目录和目标文件都被存储到具有回调的缓存区中。将来对此文件的打开调用根本不需要涉及网络通信，除非在此路径名字的部分上回调被破坏。

缓存策略仅有的例外是对目录的修改，为了统一，此目录直接在负责该目录的服务器上生成。对此问题，Vice 接口具有很好定义的操作。Venus 在它的缓存副本上反映了变化，以避免再次取此目录。

17.6.4 实现

客户机进程与一个具有常用系统调用集的 UNIX 内核相衔接。内核被少量修改，以检测对相应操作中 Vice 文件的访问，并将请求转给工作站上客户机级的 Venus 进程。

如前所讲，Venus 一个组件接着一个组件地实现路径-名字解释。它有一个联系卷与服务器位置的映射缓存，以避免服务器查询一个已知的卷位置。如果某个卷未在此缓存区出现，Venus 与任何已经建立连接的服务器联系，请求位置信息，并将此信息加入映射缓存区中。除非 Venus 与服务器之间已经存在连接，否则它将建立一个新的连接，然后利用此连接获取文件或目录。建立连接对身份认证和安全是必要的。当一个目标文件被发现和存储后，本地磁盘上产生一个副本，然后 Venus 返回到内核，此内核打开缓存的副本并向客户机进程返回它的处理。

UNIX 文件系统被 AFS 的服务器和客户机用做低层存储系统。客户机缓存是一个工作站磁盘上的本地目录。此目录中包括的是文件，它们的名字是缓存条目的占位符。Venus 和服务器进程通过后者的索引节点（inode）直接访问 UNIX 文件，以避免昂贵的路径名到索引节点的转换程序（namei）。由于内部的索引节点接口对客户级进程是不可见的（Venus 和服务器进程都是客户级进程），需要增加一些相应的附加的系统调用。DFS 使用它自己的日志文件系统来改善性能和可靠性（相对 UFS）。

Venus 管理两个不同的缓存：一个是关于状态的，另一个是关于数据的。它使用简单的最近最少使用（LRU）算法来保持它们中每一个的大小限制。当一个文件从缓存中被刷新，Venus 通知相应的服务器移除对此文件的回调。状态缓存被维持在虚拟存储器中，以允许 stat()（文件状态返回）系统调用的快速服务。数据缓存驻留在本地磁盘，但 UNIX 的 I/O 缓冲机制在内存中实行一些对 Venus 透明的磁盘区缓存。

文件服务器上的单个客户级进程对客户机的所有请求进行服务。此进程使用一个非抢占调度的轻量级进程包来并发地为许多客户请求服务。RPC 包与轻量级进程包整合，从而允许文件服务器并发地为每个轻量级进程生成或服务一个 RPC。RPC 建立在低层的数据报抽象顶端，整个文件传输被作为这些 RPC 调用的副作用来实现。每个客户机存在一个 RPC，但对这些连接没有一个轻量级进程的优先绑定。取而代之的是，一个轻量级进程池在所有的连接上为客户机请求服务。单个多线程服务器进程的使用允许缓存对服务请求所需的数据结构。不幸的是，单个服务器进程的崩溃会导致此特定服务器瘫痪的惨重后果。

17.7 小　　结

DFS 是这样一个文件服务系统，它的客户机、服务器和存储设备都分散在一个分布式系统的站点上。因此，服务活动必须相应地在网络上进行；有多个独立的存储设备取代了单个集中式数据仓库。

理想情况下，DFS 应将被它的客户机视为一个传统的集中式文件系统。它的服务器和存储设备的多样性和分散性应该透明，即 DFS 的客户机接口对远程和本地文件应无区别。DFS 负责确定文件位置和安排数据的传送。一个透明的 DFS 通过将客户机环境变换到客户机所登录的那个站点而方便了客户机的移动性。

在 DFS 中有几种命名设计方法。最简单的方法是，文件用它们的主机名和本地名的组合来命名，这保证了系统范围内名字的唯一性。另一种方法在 NFS 中广泛使用，它提供一种方法，用于将远程目录附加到本地目录上，以提供相同的目录树。

访问远程文件的请求通常由两种互补的方法来处理。使用远程服务方法，访问请求被传送到服务器，服务器执行访问，并将结果返回给客户机。使用缓存技术，如果满足访问请求所需要的数据尚未在缓存中，就将这些数据的一个副本从服务器送到客户机，访问在缓存的副本上执行。这种思想是在高速缓存中保留最近被访问的磁盘块，使得对相同信息的重复访问能在本地进行，而不再需要额外的网络通信。一种替换策略被用来保证高速缓存的大小，保持缓存副本与主文件一致属于缓存一致性问题。

处理服务器方信息有两种方法。或是服务器跟踪客户机访问的每个文件，或在客户机发出请求但不需要它们的用途信息时，简单地提供数据块。二者分别是有状态服务和无状态服务。

在不同机器上的文件副本是改善有效性的一个有用冗余。由于选择一个较近的副本来为一个访问请求服务将花费更少的服务时间，多机副本也有益于性能改善。

由于位置独立性和位置透明性，AFS 是一个更有特色的 DFS。它还加以大量的一致性语义。缓存和副本被用来改善性能。

习　　题

17.1　DFS 与集中式系统中的文件系统相比，有哪些优点？

17.2　本章讨论的 DFS 例子中哪一个对于处理大的、多客户的数据库应用最有效？为什么？

17.3　讨论 AFS 和 NFS 是否提供如下性能：

  a. 位置透明性。

  b. 位置独立性。

17.4　在什么情况下客户机喜爱一个位置透明的 DFS？在什么情况下客户机喜欢位置独立的 DFS？解释为什么客户机会有这些偏好？

17.5　对于一个完全可靠的网络你会选择一个什么样的分布式系统？

17.6　考虑一下有状态分布式文件系统 AFS。从服务器崩溃中恢复数据，以保持一致性，这需要系统完成什么工作？

17.7　试比较和对照缓存磁盘块在本地客户机和远程服务器上的技术。

17.8　AFS 被设计用来支持大量的客户机。讨论三种用来保证 AFS 可扩展性的技术。

17.9　讨论让客户机把整个路径发送给服务器来请求文件路径转换的优点和缺点。

17.10　像 Apollo Domain 那样，将对象映射到虚拟内存中有哪些好处？有哪些坏处？

17.11　描述 AFS 和 NFS 之间的基本不同点？

17.12　讨论下列系统的客户机是否会从文件服务器得到不一致或失效的数据，如果是，在什么情形下发生：

  a. AFS

  b. Sprite

  c. NFS

文 献 注 记

Davcev 和 Burkhard[1985]描述了关于备份文件的一致性和恢复控制。Brereton[1986]和 Purdin 等[1987]里描述了 UNIX 环境中的备份文件的管理。Wah[1984]论述了分布式系统中的文件布局问题。Svobodova[1984]里给出了关于集中式文件服务器的一个详细综述。

Callaghan[2000]和 Sandberg 等[1985]展示了 Sun 的网络文件系统（NFS）。Morris 等

[1986]、Howard 等[1988]和 Satyanarayanan[1990]论述了 AFS 系统。关于 OpenAFS 的信息可以在 http://www.openafs.org 中找到。

　　还有很多有趣的 DFS 在本书中没有详细论述，包括 UNIX United、Sprite 和 Locus。Brownbridge 等[1982]描述了 UNIX United。Popek 和 Walker[1985]论述了 Locus 系统。Ousterhout 等[1988]和 Nelson 等[1988]描述了 Sprite 系统。Kistler 和 Satyanarayanan[1992]、Sobti 等[2004]讨论了移动存储设备的分布式文件系统。关于基于集群的分布式文件系统已完成了大量的研究（包括 Anderson 等[1995]、Lee 和 Thekkath[1996]、Thekkath 等[1997]和 Anderson 等[2000]）。大型可扩展的分布式存储系统在 Dabek 等[2001]、Kubiatowicz 等[2000]中有所讨论。

第18章　分布式协调

第6章描述了允许进程同步工作的各种机制，还讨论了在事务独立执行或与其他事务并发执行时，保证事务原子属性的方法。第7章描述了操作系统可用来处理死锁问题的多种方法。这一章，将研究如何把集中式同步机制扩展到分布式环境中，以及在分布式系统中处理死锁的方法。

本章目标

- 介绍在分布式系统中实现互斥的方法。
- 解释原子事务在分布式系统中如何实现。
- 说明在第6章中介绍的一些并发控制方法如何经修改后能用在分布式环境中。
- 提出在分布式系统中处理死锁防护、死锁避免和死锁检测的方法。

18.1　事　件　排　序

在集中式系统中，由于系统只有单个公共存储器和时钟，故总能确定两个事件发生的顺序。有许多应用需要确定顺序，如在一个资源分配方案中，指定一个资源必须在得到它的许可后才能被使用。但在分布式系统中，由于没有公共的存储器，也没有公共的时钟，因此，有时不能判断两件事件谁先发生。在分布式系统中，*事前*（*happened-before*）关系仅仅是事件的一个偏序关系。由于决定全序的能力在许多应用中非常关键，在此提出一种分布式算法来将*事前*关系扩充为系统中的所有事件的一致性整体排序。

18.1.1　事前关系

由于只考虑连续进程，在单个进程中执行的所有事件都是有序的。同样，根据因果关系，消息只有在它被发送之后才能被接收。因此，可以如下定义（假设发送和接收一条消息组成一个事件）在一组事件上定义*事前关系*（用→来表示）：

① 如果 A 和 B 是同一进程中的事件，并且 A 在 B 之前执行，则 A→B。

② 如果 A 是某个进程中发送消息的事件，B 是另一进程中接收此消息的事件，则 A →B。

③ 如果 A→B，且 B→C，则 A→C。

一个事件不能在它自己之前发生，所以"→"关系是一个非自反的偏序。

如果事件 A 和 B 不是 "→" 关系（即 A 不在 B 之前发生，B 也不在 A 之前发生），则称这两个事件是**并发**执行的。此时，无论哪个事件都不能以因果关系影响另一个。然而，如果 A→B，则事件 A 可能会影响到事件 B。

如图 18.1 所示，用时空图最能说明并发和*事前*的定义。横坐标表示空间（即不同的进程），纵坐标表示时间。有标记的垂直线表示进程(或处理器)，圆点标记表示事件，波浪线表示从一个进程发送到另一进程的消息。在此图中，当且仅当 A 和 B 或 B 和 A 之间不存在路径，则称事件 A 和 B 是并发的。

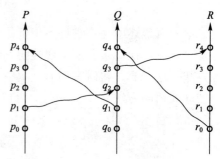

例如，来分析一下图 18.1。一些具有*事前*关系的事件为：

$$p_1 \rightarrow q_2,$$
$$r_0 \rightarrow q_4,$$
$$q_3 \rightarrow r_4,$$
$$p_1 \rightarrow q_4 \quad （由于 p_1 \rightarrow q_2，且 q_2 \rightarrow q_4）。$$

图 18.1 三个并发进程的相对时间

系统中一些具有并发关系的事件有：

$$q_0 \text{ 和 } p_2,$$
$$r_0 \text{ 和 } q_3,$$
$$r_0 \text{ 和 } p_3,$$
$$q_3 \text{ 和 } p_3。$$

无法确定两个并发事件如 q_0 和 p_2 中哪个先发生。然而，由于它们之间并不相互影响（因为其中一个无法知道另一个是否已发生），所以哪个先发生并不重要。重要的只是那些在意两个并发事件先后顺序的进程在某种顺序上达成一致。

18.1.2 实现

为了确定事件 A 是在事件 B 之前发生的，需要一个公共时钟，或者一个完全同步的时钟集。由于这些在分布式系统中都不现实，必须不使用物理时钟来定义一个*事前*关系。

将每个系统事件与一个**时间戳**（timestamp）相关联，然后可以定义**全局排序**（global ordering）的必要条件：对每一对事件 A 和 B，如果 A→B，则 A 的时间戳小于 B 的时间戳（下面将看到相反的不必为真）。

如何在一个分布式系统中执行全局排序的必要条件呢？在*每个进程 P_i* 中定义一个**逻辑时钟**（logic clock）LC_i，逻辑时钟可以通过一个简单的计数器来实现，它在进程中执行的任意两个连续事件之间增加。由于逻辑时钟具有**单调**增加值，它赋予每个事件一个唯一的号码，如果在进程 P_i 中，事件 A 在事件 B 之前发生，则 LC_i（A）$<LC_i$（B）。一个事件的时间戳是该事件的逻辑时钟值。此方法保证了对同一进程中的任意两个事件满足全局

排序的必要条件。

不幸的是，此方法并不能保证跨进程时全局排序的必要条件。为了说明此问题，来考虑两个相互通信的进程 P_1 和 P_2。假设 P_1 发送一条消息给 P_2（事件 A），其中 $LC_1(A)=200$，并且 P_2 接收到消息（事件 B），$LC_2(B)=195$（由于 P_2 的处理器比 P_1 的慢，它的逻辑时钟也就较慢）。由于 A→B，但 A 的时间戳比 B 的时间戳大，故这种情况违反了必要条件。

为了解决此类问题，要求当进程接收到一个时间戳大于它的逻辑时钟当前值的消息时，增加它的逻辑时钟。特别是，如果进程 P_i 接收一个消息（事件 B），其时间戳为 t 并且 $LC_i(B) \leqslant t$，它应增加它的逻辑时钟为 $LC_i(B)=t+1$。因此，在此例子中，当 P_2 接收到来自于 P_1 的消息时，它将增加它的逻辑时钟为 $LC_2(B)=201$。

最后，为了实现全部排序，根据时间戳排序方法，只需遵守如下规则：如果两个事件 A 和 B 的时间戳相同，则事件是并发的。在这种情况下，可以使用进程号来打破僵局，产生一个全局排序。18.4.2 小节将介绍时间戳的使用。

18.2 互 斥

本节将提出若干在分布式环境中实现互斥的算法。假设系统包括 n 个进程，其中每个进程驻留在不同的处理器上。为简化讨论，还假设进程被编上唯一的编号，从 $1 \sim n$，且在进程与处理器之间存在一一对应关系（即每个进程都有它自己的处理器）。

18.2.1 集中式算法

在提供互斥的集中式算法中，系统中的某个进程被选为临界区入口的协调者。每个想调用互斥的进程发送一条*请求*（request）消息给协调者，当此进程接收到一条来自于协调者的*应答*（reply）消息后，它就可以开始进入它的临界区。而在退出它的临界区后，该进程发送一条*释放*（release）消息给协调者并继续进行下去。

在接收一条*请求*消息时，协调者检测是否有其他进程在临界区中。如果没有进程在临界区，协调者马上返回一条*应答*消息。否则，该请求被排队等待。当协调者接收到一条*释放*消息后，它从队列中移出一条*请求*消息（根据一些时序安排算法），并发送一条应答消息给请求进程。

很显然，该算法保证了互斥。另外，如果协调者的时序安排策略公平（例如先来先服务方法（FCFS）），则不会发生饥饿。每次进入临界区，该方法需要三条消息：*请求消息*、*应答消息*和*释放消息*。

如果协调者进程出错，必须有一个新的进程来取代它的位置。在 18.6 小节中，将介绍一些选举新的唯一协调者的算法。一旦选举出一个新的协调者，它必须调查系统中所有的进程，以重构*请求*队列。一旦该队列构造好，计算就可继续进行。

18.2.2　完全分布式的算法

如果要将决策分布到整个系统，解决方法将会复杂很多。在此提出一个基于 18.1 小节中所介绍的事件排序方法的算法。

当进程 P_i 想进入临界区时，它产生一个新的时间戳 TS，并发送一条*请求消息*（P_i, TS）给系统中的所有其他进程（包括它自己）。当这些进程接收到*请求*消息时，它们可能马上回复（即发回一条应答消息给 P_i），或者推迟发送一个应答消息（因为它自己已经在其临界区中）。如果这个进程接收到系统中所有其他进程的*应答*消息，则它可以进入临界区，并对到来的请求进行排队且延迟它们。在退出临界区后，该进程向所有被它延迟的请求发送*应答*消息。

进程 P_i 是否立即回应一条*请求*消息（P_j, TS），基于如下三个因素：

① 如果进程 P_i 已经在它的临界区，则它推迟对 P_j 的应答。

② 如果进程 P_i 不想进入它的临界区，则它立即发送应答给 P_j。

③ 如果进程 P_i 想进入它的临界区却还未进入，则它比较自己的*请求*时间戳和进程 P_j 产生的请求时间戳，如果它自己的*请求*时间戳大于后者，则它马上发送一条应答消息给 P_j（P_j 先请求），否则，应答被推迟。

该算法体现了下面需要的特征：

- 获得了互斥。
- 保证了没有死锁。
- 由于进入临界区是根据时间戳排序，保证没有饥饿。时间戳排序保证进程按 FCFS 次序服务。
- 每次进入临界区所发送消息的数量为 $2 \times (n-1)$，这个数量是当各进程独立且并发地执行时，每次进入临界区所需消息的最小值。

为了说明算法如何工作，来考虑一个包含进程 P_1、P_2 和 P_3 的系统，其中假设进程 P_1 和 P_3 想进入它们的临界区。进程 P_3 发送一条*请求*消息（P_3，时间戳=4）给 P_1 和 P_2，与此同时进程 P_1 发送一条*请求*消息（P_1，时间戳=10）给 P_2 和 P_3，时间戳 4 和 10 从 18.1 节中描述的逻辑时钟中得到。当进程 P_2 接收到这些*请求*消息后，它立即回应。当进程 P_1 接收到 P_3 的*请求*消息后，它立即回应，因为它自己*请求*消息的时间戳（10）大于 P_3 的时间戳（4）。当进程 P_3 接收到进程 P_1 的*请求*消息后，由于它的时间戳（4）小于 P_1 的时间戳（10），它推迟回应。在接收来自于 P_1 和 P_2 的应答后，进程 P_3 可以进入它的临界区。而在退出临界区后，进程 P_3 发送一个应答给进程 P_1，然后进程 P_1 可以进入临界区。

由于此方法需要系统中所有进程参与，它产生三个不想要的额外后果：

① 进程需要知道系统中所有其他进程的标识。当一个新的进程加入到参与互斥算法的进程组中时，必须采取如下措施：

a. 进程必须接收组中所有其他进程的进程名。

b. 新的进程名必须发布到组内所有其他进程中。

这个任务不像它看起来的那么小，因为当新进程加入到进程组中时，某些*请求*和*应答*消息可能在系统中循环。有兴趣的读者可以参考推荐书目以了解更多细节。

② 如果一个进程出错，整个算法就会崩溃。可以通过连续监控系统中所有进程的状态来解决此问题。如果一个进程出错，则所有其他进程都被通知到，以使它们不再发送*请求*消息给出错的进程。当一个进程恢复后，它必须启动允许它重新加入进程组的过程。

③ 未进入其临界区的进程必须经常暂停，以保证其他想进入临界区的进程。

由于上述问题，此协议特别适合于小的、稳定的协作进程集合。

18.2.3 令牌传递算法

另一种提供互斥的算法是在系统的进程之间循环传递一个令牌。**令牌**（token）是在系统中传递的一种特殊的消息。只有令牌的持有者才有权进入临界区。由于只有一个令牌，因此一次只有一个进程能进入临界区。

假定系统中的进程被*逻辑地*组织成一个**环结构**，而实际的物理通信网络则不必为环状。只要进程与另一进程相连，就可以形成一个逻辑环。为了实现互斥，在环中传递令牌。当一个进程得到此令牌，它保管令牌，并可以进入它的临界区。当此进程退出临界区，令牌又将被传递。如果得到令牌的进程不想进入临界区，它将令牌传递给它的邻居。此算法类似于第 6 章所讲的算法 1，只是用令牌代替了一个共享变量。

如果环是单向的，则可保证不会产生饥饿。实现互斥所需的消息数量会有所变化，在争夺高峰时（即每个进程都想进入临界区），每次进入需一条消息，在争夺低各时（即没有进程想进入临界区），则需要无穷的消息。

必须考虑到两种类型的错误。第一，如果令牌丢失，必须通过一次选举来产生新的令牌。第二，如果一个进程出错，必须建立一个新的逻辑环。在 18.6 节中，将提出一个选举算法，当然还有其他算法。重构环的算法将在习题 18.9 中留给读者。

18.3 原 子 性

第 6 章介绍了原子事务的概念，它是一个必须**原子**执行的程序单元，即或者所有与它相关的操作都执行完，或者没有一个完成。当处理分布式系统时，保证事务的原子特性要比在集中式系统中更为复杂。困难源于有几个站点参与了单个事务的执行，这些站点中的一个出错，或连接这些站点的通信失败，都可能导致计算错误。

分布式系统中的**事务协调者**（transaction coordinator）的作用在于保证分布式系统中事

务执行的原子性。每个站点都有它自己的本地事务协调者，负责协调所有始于该站点的事务的执行。对每一件这样的事务，协调者负责如下工作：

- 启动事务的执行。
- 将事务分成若干子事务，并将这些子事务分布到合适的站点去执行。
- 协调事务的结束，它可能导致事务被提交到所有的站点，或在所有站点终止。

假设每个本地站点维护一个恢复用的日志。

18.3.1 两阶段提交协议

为了保证原子性，执行事务 T 所涉及的所有站点必须在执行的最终结果上取得一致。T 必须在所有站点都提交，或在所有站点终止。为保证该特性，T 的事务协调者必须执行一个**提交协议**（commit protocol）。最简单且使用最广泛的协议是**两阶段提交（2PC）协议**，下面就讨论它。

假设 T 是站点 S_i 发起的一个事务，并假设站点 S_i 的协调者为 C_i，当 T 执行完成后（即当执行 T 的所有站点通知 C_i，说 T 已完成），C_i 启动 2PC 协议。

- **第一阶段**：C_i 将记录<prepare T>加到日志中，并将记录存入稳定的存储器中。然后发送一条 *prepare*（T）消息给所有执行 T 的站点。在接收到这样一条消息后，站点上的事务管理者决定是否提交它的 T 部分。如果回答是 *no*，添加一条<*no T*>记录到日志中，然后通过发送一条 *abort*（T）消息给 C_i 来做出反应。如果回答是 *yes*，则添加一条<*ready T*>记录到日志中，然后它将所有符合 T 的日志记录存入稳定的存储器中，然后事务管理者用一条 *ready*（T）消息回答 C_i。

- **第二阶段**：当 C_i 接收到所有其他站点对其所发消息 *prepare*（T）的响应时，或者当消息被送出后已有一段预先指定的时间间隔流逝时，C_i 可以确定是否提交或终止事务 T。如果 C_i 从所有参与的站点处接收到 *ready*（T）消息，则事务 T 可被提交。否则，事务 T 必须被终止。根据此裁决，或者在日志中加入记录<*commit T*>，或者加入记录<*abort T*>，且被强制写入稳定存储器上。此时，事务的状态已经确定。随后，协调者或者发送消息<*commit T*>，或发送消息<*abort T*>给所有参与的站点。当一个站点接收到此消息后，它将消息记录到日志中。

执行 T 的一个站点在它发送 ready(T) 消息给协调者之前的任何时候都可以无条件地终止 T。ready(T) 消息实际上是一个站点许诺以遵循协调者的命令来提交 T 或终止 T。一个站点能做出此承诺的唯一情形是所需的信息已存入到稳定的存储器中。否则，如果站点在发送 T 准备好之后崩溃，它就不可能实现它的承诺。

由于提交一件事务需要全体一致，一旦至少有一个站点采用 *abort*（T）做出反应，那么 T 的命运就确定了。由于协调者站点 S_i 是执行 T 的站点之一，因此协调者可以单方面地终止 T。当协调者将结论（究竟是提交还是终止）写入日志，并强制存入稳定存储器中时，

对 T 的最后裁决才确定。在某些 2PC 协议的实现方式中，一个站点在两阶段协议的最后发送一条 *acknowledge*(T)消息给协调者，当协调者接收到所有站点的 *acknowledge*(T)消息时，它将记录<*complete T*>加到日志中。

18.3.2 2PC 中的错误处理

现在来仔细研究 2PC 如何对各种类型的错误做出反应。正如将要看到的，2PC 协议的一个主要缺点在于协调者的错误可能导致阻塞，使得是否提交或终止 T 的决定被延迟，直到 C_i 恢复。

1. 一个参与站点的出错

当一个参与的站点 S_k 从一次出错中恢复后，它必须检查它的日志来决定那些当错误发生时正在执行的事务的命运。假设 T 就是这样一个事务。S_k 如何处理呢 T? 考虑如下的可能：

- 日志包含一条<commit T>记录。这种情况下，站点执行 redo(T)。
- 日志包含一条<*abort T*>记录。这种情况下，站点执行 undo(T)。
- 日志包含一条<*ready T*>记录。这种情况下，站点必须查阅 C_i 来决定 T 的命运。如果 C_i 仍然在运行，它通知 S_k 究竟 T 是提交还是终止。前一种情况下，执行 redo(T)；后一种情况下，执行 undo(T)。如果 C_i 停机，S_k 必须从其他站点发现 T 的命运，这通过向系统中所有站点发送一条 *query-status*（T）消息来完成。当某个站点接收到此消息后，它必须查阅它的日志来决定是否 T 在那儿执行过，如果是，再决定 T 是被提交还是被终止，然后通知 S_k 此结果。如果没有站点具有适当的信息（即是否提交或终止 T），则 S_k 既不能提交也不能终止 T。则关于 T 的决定被推迟，直至 S_k 能够获得所需的信息。因此 S_k 必须周期性地向其他站点重发 *query-status*（T）消息，直到一个包含所需信息的站点恢复。C_i 所驻留的站点总是会包含所需的信息。
- 日志包含没有关于 T 的控制记录（终止、提交、准备）。缺乏控制记录意味着 S_k 在响应来自于 C_i 的 *prepare*（T）消息之前出错。由于 S_k 的出错阻碍这种响应的发送，在本书的算法中，C_i 必须终止 T。因此，S_k 必须执行 undo(T)。

2. 协调者出错

如果协调者在执行事务 T 提交协议的过程中出错，那么需要由参与的站点决定 T 的命运。大家将会看到，在某些情况下，参与的站点不能决定是否提交或终止 T，故这些站点必须等待出错的协调者恢复。

- 如果一个活动站点在其日志中包含一条<*commit T*>记录，则 T 必须被提交。
- 如果一个活动站点在其日志中包含一条<*abort T*>记录，则 T 必须被终止。
- 如果有些活动站点在其日志中未包含一条<*ready T*>记录，则出错的协调者 C_i 不可能已经决定提交 T。这是因为一个在其日志中没有<*ready T*>记录的站点不会向 C_i 发送一条

ready（*T*）消息，因而可以得出此结论。但是，协调者可以决定终止 *T*，而并不提交 *T*。此时最好终止 *T*，原因是不需要等待 C_i 恢复。

- 如果上述情况都没有，则所有活动站点的日志中必须具有一条<*ready T*>记录，但没有额外的控制记录（如<*commit T*>或<*abort T*>）。由于协调者出错，故在协调者恢复之前，无法确定是否已经做出了决定，或者决定是什么。因此，活动站点必须等待 C_i 恢复。由于 *T* 的命运仍未知，*T* 可能继续占有资源。例如，如果使用了加锁，*T* 可能仍旧保留活动站点上数据的锁。这种情况是不合需要的，因为 C_i 重新生效可能要数小时或数天。其间其他事务也可能被迫等待 *T*。结果是数据不仅在出错的站点（C_i）上无法使用，在活动的站点上也是如此。随着故障时间增长，无法使用的数据量会不断增加。由于在站点 C_i 恢复之前 *T* 被锁住，这种情况被称为*封锁*（blocking）问题。

3．网络出错

当一个连接出错时，所有通过该连接的进程中的消息都不能完整地到达它们的目的地。从连接到该连接的站点来看，其他站点仿佛都出错了。因此，前面所讨论的方法也可用于此。

当许多连接出错时，网络可能会被断开。此时存在两种可能。协调者以及它所有的参与者可能在同一分区上，此时连接失败不影响提交协议。另一种情况是，协调者与它的参与者可能属于几个分区，此时参与者和协调者之间的消息丢失，这就相当于一个连接出错的情况。

18.4　并　发　控　制

下面将转到并发控制问题。本节将说明第 6 章中所讨论的并发控制算法经修改后是如何用于分布式环境的。

分布式数据库系统的事务管理者管理访问存储在本地站点的数据的事务（或子事务），这些事务或是一个本地事务（即一个只在该站点执行的事务），或是全局事务（即在几个站点执行的事务）的一部分。每个事务管理者负责维护一个用于恢复的日志，以及参与适当的并发控制方案，以协调在此站点上所执行事务的并发执行。正如将看到的，第 6 章所讲的并发算法需要做些修改以适应事务的分布性。

18.4.1　加锁协议

第 6 章所讲的两段加锁协议可以用于分布式环境，需要改变的仅仅是锁管理者的实现方式。本节提出几种设计方法，第一种方法处理不允许数据复制的情况，其他方法适用于在多个站点复制数据的更为通用的情况。如第 6 章所讲，假设存在**共享锁模式**和**排他锁模式**。

1．非复制方法

如果系统中没有数据被复制，6.9 节所描述的加锁方法可以这样使用：每个站点维持一个锁管理者，它的功能是管理对存储在站点中的数据的加锁和解锁请求。当一个事务希望在站点 S_i 对数据项 Q 加锁，它简单地发送一条消息给站点 S_i 的锁管理者以请求加锁（以某种加锁方式）。如果数据项 Q 以不一致的方式加锁，则请求被延迟，直到请求被批准。一旦锁管理者认为请求可以被批准，则发回一条消息给初始者，以表明加锁请求已被批准。

此方法具有易于实现的优点。它需要两个消息传递来处理加锁请求，以及另一个消息传递来处理解锁请求。然而，死锁处理更为复杂。由于加锁和解锁请求不在一个站点上生成，第 7 章所介绍的各种死锁处理算法必须要修改，这些修改将在 18.5 节中讨论。

2．单协调者方法

有几种并发控制方法可用在允许数据复制的系统中。在单协调者方法中，系统维护驻留在*单个选定的*站点（比方说 S_i）上的*单个*锁管理者。所有的加锁和解锁请求都在站点 S_i 上生成。当某事务需要对一数据项加锁时，它发送一个加锁请求给 S_i，锁管理者决定是否同意立即加锁。如果同意，它发回一条消息给加锁请求者。否则，请求被延迟，直到被同意，此时发送一条消息给加锁请求者。事务可以从*任意*一个拥有该数据项副本的站点上读取该数据项。在写操作的情况下，所有具有该数据项副本的站点都要涉及写操作。

此方法具有如下优点：

- **易实现**：此方法只需两个消息来处理加锁请求以及一个消息来处理解锁请求。
- **易进行死锁处理**：由于所有的加锁和解锁请求都在一个站点上进行，第 7 章介绍的死锁处理算法可直接应用于此系统。

此方法也有如下缺点：

- **瓶颈**：站点 S_i 成为瓶颈，因为所有请求都要在此处理。
- **脆弱性**：如果站点 S_i 出错，使得并发控制丢失。此时要么必须停止处理，要么必须使用恢复方案。

通过**多协调者方法**（multiple-coordinator approach）可以综合上述优点和缺点，其中锁管理者功能被分布到多个站点上。每个锁管理者管理数据项子集的加锁和解锁请求，每个锁管理者驻留在不同的站点上。这种分布减少了协调者的瓶颈程度，但由于加锁和解锁请求不在一个站点上进行，它增加了死锁处理的复杂性。

3．多数协议

多数协议是对前面所讲的非复制数据方法的修改。系统在每个站点维护一个锁管理者，每个管理者控制存储在站点上的所有数据或其副本的加锁。当某事务希望对一个在 n 个不同的站点上拥有副本的数据项 Q 加锁时，该事务必须对超过半数的站点发送一个加锁请求。每个锁管理者决定是否能立即加锁（只要它开始关注这个消息）。跟前面一样，应答会被延迟，直到请求被批准。直到事务成功地获得对 Q 副本的多数加锁，它才在 Q 上进行操作。

此方法以一种分散的方式来处理复制数据，从而避免了集中控制的缺点。然而它仍然有它自己的缺点：

- **实现**：多数协议比前面几种的方法实现起来复杂得多。它需要 $2(n/2+1)$ 个消息来处理加锁请求，还要 $(n/2+1)$ 个消息来处理解锁请求。

- **死锁处理**：由于加锁和解锁请求不在一个站点上进行，必须修改死锁处理算法（参见 18.5 节）。此外，即便只有一个数据项被加锁，也可能发生死锁。为了说明此问题，考虑一个具有 4 个站点且完全复制的系统。假设事务 T_1 和 T_2 想以排他方式对数据项 Q 加锁，事务 T_1 可能在站点 S_1 和 S_3 上对 Q 加锁成功，而事务 T_2 可能在站点 S_2 和 S_4 上对 Q 加锁成功，然后每个均须等待第三次加锁，故而产生了死锁。

4．偏倚协议

偏倚协议（biased protocol）与多数协议类似，不同之处在于对共享锁的请求比对排他锁的请求得到了更便利的处理。系统在每个站点维护一个锁管理者，每个锁管理者管理所有存储在此站点数据项的锁。共享锁和排他锁以不同的方式处理：

- **共享锁**（shared lock）：当某事务需要对数据项 Q 加锁时，它简单地从一个包含 Q 副本的站点上的锁管理者那里请求对 Q 加锁。

- **排他锁**（exclusive lock）：当一个事务需要对数据项 Q 加锁时，它从所有包含 Q 副本的站点上的锁管理者那里请求对 Q 加锁。

如前所述，对该请求的应答会被延迟，直到它被批准。

此方法具有比多数协议更少读操作开销的优点。因为通常情况下都是读的频率大大高于写的频率，因此这个优点在此显得尤为重要。但是，它的缺点是出现了额外的写开销。并且，偏倚协议与多数协议同样存在处理死锁复杂的缺点。

5．主副本

在数据复制中，可以选择某个副本作为主副本。因此，对每个数据项 Q，Q 的主副本必须准确驻留在一个站点上，该站点被称为 Q 的主站点。当一个事务需要对一数据项 Q 加锁时，它请求在 Q 的主站点上加锁。同前面一样，该请求的应答被延迟，直到它被批准。

因此，主副本使复制数据的并发控制与非复制数据的并发控制类似。此方法实现简单，但如果 Q 的主站点出错，即使存在其他可以访问的包含此副本的站点，Q 也变得不可访问。

18.4.2　时间戳

6.9 节中介绍的时间戳方法的主要思想是每个事务被赋予一个*唯一的*时间戳，用它来决定顺序。因此在将集中式方法扩充到分布式方法时的第一个任务，就是要开发一个能够产生唯一时间戳的方案。之前讨论的协议可以直接应用于非复制环境中。

1．唯一时间戳的产生

有两个主要的方法用来生成唯一的时间戳，一个是集中式，另一个是分布式。在集中式方法中，选择一个站点来分派时间戳。该站点可以使用逻辑计数器或它自己的时钟来完成任务。

在分布式方法中，每个站点利用逻辑计数器或它自己的时钟来生成一个唯一的本地时间戳。全局的唯一时间戳则通过将此本地唯一时间戳与站点标识符相连接来获得，该站点标识符也必须唯一（参见图 18.2）。连接的顺序也非常重要！在低位中使用站点标识符来保证某个站点产生的全局时间戳并不总是大于某些其他站点的时间戳。可将生成唯一时间戳的这种技术与 18.1.2 小节中生成唯一名字的方法进行对比。

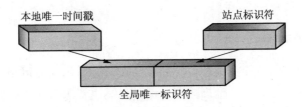

本地唯一时间戳　　　　站点标识符

全局唯一标识符

图 18.2　唯一时间戳的产生

如果一个站点产生本地时间戳的速度比其他站点快，则仍然存在问题。此时，速度快的站点的计数器比其他站点的大。因此，所有产生于速度快的站点的时间戳将大于其他站点生成的时间戳。此时需要有一个机制来保证在整个系统中公平地产生时间戳。为了产生公平的时间戳，在每个站点 S_i 中定义一个逻辑时钟 (LC_i)，它产生唯一的本地时间戳（参见 18.1.2 小节）。为了保证不同的逻辑时钟同步，当具有时间戳 $<x, y>$ 的事务 T_i 访问此站点，其中 x 比 LC_i 的当前值大时，需要站点 S_i 调快它的逻辑时钟。此时，站点 S_i 将它的逻辑时钟调快为 $x+1$。

如果用系统时钟来产生时间戳，假如没有一个站点的系统时钟跑快了或跑慢了，则时间戳是公平的。但由于时钟并不完全精确，因此必须用一个类似于逻辑时钟的技术来保证不会有时钟比其他时钟变得过分超前或过分滞后。

2．时间戳排序方法

6.9 节中介绍的基本时间戳方法可以直接扩展到分布式系统中。如同在集中式系统中，如果没有机制用来防止事务读取一个未提交的数据项，可能导致层叠式回滚。为了消除层叠式回滚，可以把 6.9 节中介绍的基本时间戳方法与 18.3 节中介绍的 2PC 协议相结合，从而保证不会出现层叠滚回的串行能力。在此，将此算法留给读者去开发。

刚才介绍的基本时间戳方法还存在着一些问题，即事务间的冲突通过回滚，而不是通过等待来解决。为减轻此问题，可以缓冲各种读和写操作（即*延迟*它们），直到得到保证这些操作不会引起中止。如果存在一个事务 T_j，它将执行一个 write(x) 操作，但还未完成，且

$TS(T_j) < TS(T_i)$，则事务 T_i 的一个 read(x) 操作必须被延迟。类似地，如果存在一个事务 T_j，它将执行一个 write(x) 操作或一个 read(x) 操作，且 $TS(T_j) < TS(T_i)$，则事务 T_i 的一个 write(x) 操作必须被延迟。可用不同的方法来保证此特性。存在一种被称为**保守的时间戳排序方法**，它需要每个站点为所有那些将要在站点上执行、但为了防止上述问题而必须被延迟了的读写请求分别维护一个读写队列。在此仍将算法留给读者去做。

18.5　死锁处理

第 7 章所讲的死锁预防、死锁避免以及死锁检测算法可以扩展用于分布式系统。下面描述几个这样的分布式算法。

18.5.1　死锁预防和避免

第 7 章所讲的死锁预防和死锁避免算法在经过适当的修改后可用于分布式系统。例如，只需对系统资源简单地定义一个全局排序，就可以利用资源排序的死锁预防技术。即整个系统中所有的资源都被赋予唯一的编号，只有当进程当前未占用编号大于 i 的资源时，才可以请求编号为 i 的资源（在任何处理器上）。类似地，可以在分布式系统中用银行家算法，通过指定系统中的某个进程（*银行家*）作为维护所需信息的进程来实现银行家算法，每个资源请求必须通过银行家引导。

全局资源排序死锁防止方法在分布式环境中易于实现，并且开销很少。银行家算法的实现也较简单，但它可能需要较多的开销。由于出入银行家的消息数量可能很大，故银行家可能成为瓶颈。因此，银行家算法在分布式系统中可能不太实用。

在这节中，提出一种新的死锁预防方法，该方法基于资源抢占的时间戳排序方法。尽管此方法能处理任何分布式系统中可能出现的死锁，为简单起见，只考虑每种资源类型只有单个实例的情况。

为了控制抢占，给每个进程赋予一个优先级号，这些编号用来决定进程 P_i 是否应等待进程 P_j。例如，如果 P_i 比 P_j 有更高的优先级，可以让 P_i 等待 P_j，否则 P_i 应回滚（roll back）。该方法防止了死锁，因为对等待关系图中的每条边 $P_i \rightarrow P_j$，P_i 比 P_j 具有更高的优先级，因此不会形成回路。

此方法的一个问题在于可能产生饥饿，一些优先级特别低的进程可能永远被回滚。可以用时间戳来避免发生此问题。系统中的每个进程在它生成时赋予它一个唯一的时间戳。下面提出了两个相互补充的使用时间戳的死锁预防方法：

- **等待-死亡方法**（wait-die）：该方法基于非抢占技术。当进程 P_i 请求一个正被 P_j 占用的资源时，只有当 P_i 的时间戳小于 P_j 时（即 P_i 比 P_j 老），允许 P_i 等待。否则，P_i 被回滚（死亡）。例如，假设进程 P_1、P_2 和 P_3 的时间戳分别为 5、10 和 15，如果 P_1 请求一个

由 P_2 占有的资源，P_1 将等待；如果 P_3 请求一个 P_2 占有的资源，则 P_3 将被回滚。

- **伤害-等待方法（wound-wait）**：该方法基于抢占技术，对应于等待-死亡系统。当进程 P_i 请求一个正被 P_j 占用的资源时，只有当 P_i 的时间戳大于 P_j 时（即 P_i 比 P_j 年轻），允许 P_i 等待。否则，P_j 被回滚（P_j 被 P_i *伤害*）。回到上一个例子，在进程 P_1、P_2 和 P_3 中，如果 P_1 请求一个由 P_2 占有的资源，则 P_2 资源将被抢占，P_2 被回滚；如果 P_3 请求一个 P_2 占有的资源，则 P_3 等待。

只要一个进程被回滚时，该进程*不再*被赋予新的时间戳，则上面两种方法都能避免饥饿。由于时间戳总是不断增大的，被回滚的进程将最终有一个最小的时间戳，这样，它将不再被回滚。然而在操作时，这两种方法有许多不同：

- 在等待-死亡方法中，老的进程必须等待一个年轻的进程来释放它的资源。因此，进程越老，它越趋于等待。相反，在伤害-等待方法中，一个老的进程永远不会等待一个年轻的进程。

- 在等待-死亡方法中，如果进程 P_i 由于它请求由进程 P_j 占据的资源而死去并被回滚时，则进程 P_i 在被重启后，可能会重新发出同样的排序请求。如果资源仍然被 P_j 占据，P_i 将再次死去。因此，P_i 在得到所需的资源前可能死几次。将这些事件与它们在伤害-等待方法中对比。由于 P_j 请求一个 P_i 占据的资源，进程 P_j 将被伤害并被回滚。当 P_j 被重新启动，请求一个正在被 P_i 占据的资源时，P_j 等待。因此，在伤害-等待方法中将发生更少的回滚。

两种方法都存在的主要问题是可能会发生不必要的回滚。

18.5.2 死锁检测

死锁预防算法即使在没有死锁发生时也可能抢占资源。可以利用死锁检测算法来避免不必要的抢占。构建一张描述资源状态的等待关系图，由于假设每种类型只有单个资源，等待资源图中的一个回路表示一次死锁。

分布式系统中的主要问题是如何维护等待关系图。通过描述几个通用的处理此问题的技术来予以说明。这些方法需要每个站点维持一张*本地*等待关系图，图中的节点对应于所有进程（本地的以及非本地的），它们正在占用或请求本地的资源。例如，图 18.3 中有一个包括两个站点的系统，每个站点维护它的本地等待关系图，注意进程 P_2 和 P_3 在两个图中均出现，表明这些进程已在向两个站点请求资源。

对本地进程和资源，这些本地等待关系图被以通常的方式构建起来。当站点 S_1 中的进程 P_i 需要站点 S_2 中 P_j 占据的资源时，一个请求消息由 P_i 发送给站点 S_2，边 $P_i \rightarrow P_j$ 被加入站点 S_2 的本地等待关系图。

显然，如果任何本地等待关系图存在回路，就发生了死锁。另一方面，即使任何本地等待关系图中没有回路也并不表明没有死锁发生。为了说明此问题，考虑图 18.3 描绘的系统。每个等待关系图都是无环的，但系统中还是存在死锁。为了证明死锁并未发生，必须证实所有的本地图的合并是无环的。但事实上由图 18.3 中的两个资源图得到的合并图（见图 18.4）就包含一条回路，这意味着系统处于死锁状态。

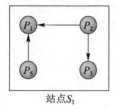 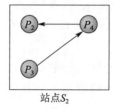 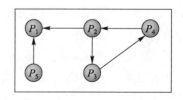

站点S_1　　　　　　　站点S_2

图 18.3　两张本地等待关系图　　　图 18.4　图 18.3 的全局等待关系图

在分布式系统中有许多方法被用来构建等待关系图。下面将介绍几种常用的方法。

1. 集中式方法

在集中式方法中，全局资源图作为所有本地等待关系图的并集，由一个*专门*的进程维护：**死锁检测协调者**。由于系统中存在通信延迟，必须区分两种类型的资源图。*真实图*即时描述了在任何情况下真实但未知的系统状态，就好像一个无所不知的观察者所观察到的那样。*构建图*是在协调者的算法执行期间产生的一个真实图的近似。构建图必须保证不管何时调用检测算法，报告的结果都是正确的。所谓*正确*，意味着：

- 如果存在一个死锁，它被正确地报告。
- 如果报告了死锁，系统事实上已处于死锁状态。

正如将要证明的，构造这样一个正确的算法是不容易的。

等待关系图可以在以下三个不同的时间点得到构造：

- 当从本地等待关系图中增加一条边或删除一条边时。
- 周期性地，当在一个等待关系图中发生了一些变化时。
- 当死锁检测协调者需要调用回路检测算法时。

当调用死锁检测算法时，协调者搜索它的全局图。如果发现一条回路，挑选一个*牺牲者*并使之回滚。协调者必须把这一情况通知所有站点，这些站点反过来回滚牺牲者进程。

先考虑第一种选择。只要从本地等待关系图中增加一条边或删除一条边，本地站点必须发送一条消息给协调者以通知它这个修改。协调者接收到此消息后，更新它的全局等待关系图。

另一个选择（选择 2）是一个站点可以周期性地在一条消息中发送许多这样的变化。回到前面的例子，协调者进程将维护一个如图 18.4 所示的全局等待关系图。当站点 S_2 加入一条边 $P_3 \rightarrow P_4$ 到它的本地等待关系图中时，它也发送一条消息给协调者。类似地，当站点 S_1 由于 P_1 释放 P_5 所请求的资源而删除边 $P_5 \rightarrow P_1$ 时，也发送一条相应的消息给协调者。

注意，两种选择都可能发生不必要的回滚，它产生于如下两种情形：

• 全局等待关系图中可能存在**错误的回路**。为了说明这一点，考虑一个图 18.5 所示的系统快照。假设 P_2 释放它在站点 S_1 所占的资源，导致删除站点 S_1 上的边 $P_1 \rightarrow P_2$；然后进程 P_2 请求由站点 S_2 上的 P_3 所占据的资源，并导致在站点 S_2 上增加边 $P_2 \rightarrow P_3$。如果在站点 S_2 上*增加*边 $P_2 \rightarrow P_3$ 的消息要比从站点 S_1 上*删除*边 $P_1 \rightarrow P_2$ 的消息提前到达，那么当协调者在*加入之后*（*删除之前*），可能会发现错误的回路 $P_1 \rightarrow P_2 \rightarrow P_3 \rightarrow P_1$。此时尽管没有发生死锁也可能启动死锁恢复。

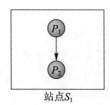 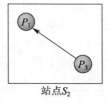 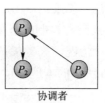

图 18.5 本地和全局等待关系图

• 当一个死锁事实上已发生，并准备选取一个牺牲者，但与此同时一个进程因为某种与死锁不相关的原因被中止（如进程超过了分配给它的时间），这将会产生**不必要的回滚**。例如，假设图 18.3 中站点 S_1 决定终止 P_2，同时协调者已经发现一条回路，并选 P_3 为一个牺牲者，然而 P_2 和 P_3 现在都回滚，尽管只有 P_2 需要回滚。

现在提出第三个选择，这个集中式死锁检测算法检测实际发生的所有的死锁，不检测虚假死锁。为了避免报告虚假死锁，需要为来自于不同站点的请求添加唯一的标识（或时间戳）。当站点 S_1 上的进程 P_i 请求一个位于站点 S_2 上的进程 P_j 的资源时，即发送一条具有时间戳 TS 的请求消息。标为 TS 的边 $P_i \rightarrow P_j$ 被加入 S_1 的本地等待关系图中。只有当站点 S_2 接收到此消息且不立即批准请求资源时，该边才能加入 S_2 的本地等待关系图。在同一站点中，P_i 对 P_j 的请求用一般的方式处理，$P_i \rightarrow P_j$ 的边上不需要附加时间戳。

死锁检测算法如下进行：

① 控制者向系统中的所有站点发送一条开始消息。

② 接收到此消息后，站点将它的本地等待关系图发给协调者。每个图包含关于站点的真实图状态的所有本地信息。该图反映了站点的瞬间状态，但并不涉及其他站点的同步。

③ 当控制者从每个站点收到反馈信息，它如下构建图：

a. 图中每一点表示系统中每一进程。

b. *当且仅*当其中一个等待关系图中存在边 $P_i \rightarrow P_j$，或在多于一个的等待关系图中存在具有时间戳 TS 标识的边 $P_i \rightarrow P_j$ 时，此全局图中存在边 $P_i \rightarrow P_j$。

可以说，如果构建图中包含一个回路，则系统处于死锁状态；如果构建图不包含一个回路，则当由协调者发出开始消息（第 1 步中）而调用死锁算法时，系统未处于死锁状态。

2. 完全分布式方法

在**完全分布式死锁检测算法**中，所有的控制者同等地分担死锁检测的任务。在此方法中，每个站点根据系统的动态行为，构建一个等待关系图来表示全局图的一部分。它的思想是，如果存在一个死锁，则（至少）在一个局部图中存在一个回路。在此介绍一个包括在所有站点构建局部图的算法。

每个站点维护它自己本地的等待关系图。此方法中的等待关系图与先前所讲的有所不同：将一个附加节点 P_{ex} 加到图中。如果 P_i 是在等待另一站点上的、由*任意*进程控制的数据项，则图中存在一条弧 $P_i \rightarrow P_{ex}$。类似地，如果另一站点上的一个进程在等待获取当前由此本地站点上的 P_j 进程控制的资源时，则图中存在一条弧 $P_{ex} \rightarrow P_j$。

为了说明此种情况，来考虑图 18.3 中的两个本地等待关系图。两个图中增加的节点 P_{ex} 生成了图 18.6 所示的本地等待关系图。

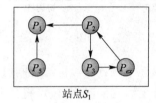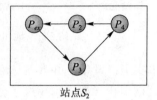

站点S_1 站点S_2

图 18.6 图 18.3 上增加的本地等待关系图

如果一个本地等待关系图包含一条不涉及节点 P_{ex} 的回路，则系统处于死锁状态。然而，如果存在包含节点 P_{ex} 的回路，则意味着*有可能死锁*。为了确定是否存在死锁，必须调用一个分布式死锁检测算法。

假设在站点 S_i，本地等待关系图包含一条涉及节点 P_{ex} 的回路，此回路的形式必为：

$$P_{ex} \rightarrow P_{k1} \rightarrow P_{k2} \rightarrow \cdots \rightarrow P_{kn} \rightarrow P_{ex}$$

它表明站点 S_i 上的进程 P_{kn} 在等待获取其他站点，如 S_j 上的一个数据项。在发现此回路时，站点 S_i 发送一条死锁检测消息给站点 S_j，该消息包含了回路信息。

当站点 S_j 接收到此死锁检测消息时，它用新的信息来更新它的本地等待关系图，然后在新的本地等待关系图上寻找不涉及节点 P_{ex} 的回路。如果存在这样一个回路，则发现死锁，然后调用相应的死锁恢复方法。如果发现一条涉及节点 P_{ex} 的回路，则 S_j 发送一条死锁检测消息给适当的站点，如 S_k。随后，站点 S_k 重复此过程。因此，经过有限次循环，要么发现一个死锁，要么死锁检测计算停止。

为了说明此过程，来分析一下图 18.6 中的本地等待关系图。假设站点 S_1 发现了回路

$$P_{ex} \rightarrow P_2 \rightarrow P_3 \rightarrow P_{ex}$$

由于 P_3 在等待获得站点 S_2 上的一个数据项，一条描述回路的死锁检测消息从 S_1 传送到 S_2。当站点 S_2 收到此消息，则更新它的本地等待关系图，得到如图 18.7 所示的等待关

系图。该图包含回路

$$P_2 \rightarrow P_3 \rightarrow P_4 \rightarrow P_2$$

它不包含节点 P_{ex}，因此，系统处于死锁状态，必须调用相应的恢复方法。

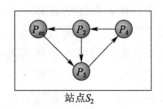

站点S_2

图 18.7　图 18.6 中站点 S_2 增加的本地等待关系图

　　注意，如果站点 S_2 首先在本地等待关系图中发现回路，并发送死锁检测消息给站点 S_1，则结果是相同的。在最坏的情况下，两个站点将同时发现回路，并发送两条死锁检测消息：一个由 S_1 发往 S_2，另一个由 S_2 发往 S_1。这种情况导致了在更新两个本地等待关系图，以及在两个图中寻找回路时产生了不必要的消息传送和开销。

　　为了减少消息通信量，给每个进程 P_i 一个唯一标识，在此用 ID（P_i）表示。当站点 S_k 发现它的本地等待关系图中包含一条涉及节点 P_{ex} 的回路

$$P_{ex} \rightarrow P_{k1} \rightarrow P_{k2} \rightarrow \cdots \rightarrow P_{kn} \rightarrow P_{ex}$$

只有当 ID（P_{kn}）$<$ ID（P_{k1}）时，它才发送一条死锁检测消息给另一站点。否则，站点 S_k 继续正常执行，而将启动死锁检测算法的责任留给其他站点。

　　为了说明此方法，再次分析图 18.6 中所示的由 S_1 和 S_2 维护的等待关系图。假设

$$ID（P_1） < ID（P_2） < ID（P_3） < ID（P_4）$$

假设两个站点同时发现本地回路。S_1 中的回路形式为

$$P_{ex} \rightarrow P_2 \rightarrow P_3 \rightarrow P_{ex}$$

由于 ID（P_3）$>$ ID（P_2），站点 S_1 不发送死锁检测消息给站点 S_2。

　　站点 S_2 中的回路形式为

$$P_{ex} \rightarrow P_3 \rightarrow P_4 \rightarrow P_2 \rightarrow P_{ex}$$

由于 ID（P_2）$<$ ID（P_3），站点 S_2 发送死锁检测消息给站点 S_1，S_1 接收到此消息后，更新它的本地等待图，然后站点 S_1 在图中寻找一条回路并发现系统处于死锁状态。

18.6　选举算法

　　正如在 18.3 节中所指出的，许多分布式算法使用一个协调者进程来完成系统中其他进程所需的功能。这些功能包括实施互斥、为死锁检测维护一个全局等待关系图、替换一个丢失的令牌或控制系统中的输入输出设备。如果协调者由于它所在站点的出错而失败，只

有通过重新启动其他站点上一个新的协调者备份，系统才可以继续执行。决定从何处重新启动协调者的新备份的算法称为**选举算法**（election algorithm）。

选举算法假设一个唯一的优先级号与系统中每个活动进程相关联，为了简化符号，假定进程 P_i 的优先级号为 i。为简化讨论，假定进程和站点之间是一一对应关系，故两者都被称为进程。协调者总是具有最大优先级号的进程。然后，当一个协调者出错时，算法必须选举出具有最大优先级号的活动进程，该优先级号必须送到系统中的每一个活动进程。此外，算法还必须为一个已恢复的进程提供一个机制来认出当前的协调者。

本节介绍两种不同构造的分布式系统的选举算法实例。第一种算法适用于每个进程都能向所有其他进程发送消息的系统，第二种算法适用于组织为环状的系统（逻辑上或物理上）。两种算法每次选举都要发送 n^2 个消息，其中 n 为系统中的进程数。我们假定一个出现错误的进程在恢复的时候知道自己刚才失败了，因此它采取适当的措施来重新加入活动进程集。

18.6.1 Bully 算法

假设进程 P_i 发送一个请求，它在一个时间间隔 T 内未被协调者响应。此时，假设协调者出现错误，并且 P_i 试图选举自己作为新的协调者。该任务通过下面的算法来完成。

进程 P_i 向所有具有更高优先级号的进程发送一条选举消息，然后在时间间隔 T 内等待这些进程的响应。

如果在 T 时间间隔内没有收到任何响应，P_i 就假定所有进程号高于 i 的进程出现错误，并选自己作为新的协调者。进程 P_i 重新启动一个新的协调者备份，并发送一条消息告知所有优先级号小于 i 的活动进程，现在 P_i 是协调者。

然而，如果收到了应答，P_i 在一个时间间隔 T' 内，等待接收一条消息，告诉它一个具有更高优先级号的进程已被选举（某些其他进程选举它自己为协调者，应在时间间隔 T' 内报告此结果）。如果在时间 T' 内没有发送消息，那么就假定具有更高优先级号的进程出现错误，进程 P_i 应重新启动算法。

如果 P_i 不是协调者，则在执行期间的任何时候，P_i 可以从 P_j 接收下面两条消息之一：

① P_j 是新的协调者（$j>i$）。此时进程 P_i 记录该信息。

② P_j 启动一次选举（$j<i$），这时如果 P_i 还没有启动这样的选举进程，则 P_i 发送一条响应消息给 P_j 并开始自己的选举算法。

完成此算法的进程具有最高的进程号，并被选为协调者。它将它的进程号发送给其他所有进程号比它小的活动进程。一个出错的进程恢复之后，它马上开始执行同样的算法。如果没有更高进程号的活动进程，即使现在有一个进程号比它小的活动协调者，恢复的进程也强迫所有其他进程号小于它的进程让它成为协调者进程。由于此原因，该算法被称为

Bully 算法。

下面通过一个简单的例子来演示该算法的实施，该例子包括进程 P_1 到进程 P_4：

① 所有进程都是活动的，P_4 是协调者进程。

② P_1 和 P_4 出现错误。P_2 通过发送一个请求，并在时间 T 内未收到回答来检测到 P_4 出现错误。然后 P_2 通过发送一个请求给 P_3 来开始它自己的选举算法。

③ P_3 收到请求，并响应 P_2，通过发送一个请求给 P_4 来开始它自己的选举算法。

④ P_2 收到 P_3 的响应，开始等待一个时间间隔 T'。

⑤ P_4 在时间 T 内未响应，故 P_3 选举它自己为新的协调者，并发送进程号 3 给 P_1 和 P_2（其中 P_1 由于出现错误而未接收到）。

⑥ 接着，当 P_1 恢复后，它发送一条选举请求给 P_2、P_3 和 P_4。

⑦ P_2 和 P_3 响应 P_1，并开始它们自己的选举算法，沿着与前面相同的事件，P_3 将再次被选举。

⑧ 最后，P_4 恢复并通知 P_1、P_2 和 P_3，它是当前的协调者（由于 P_4 是系统中最大进程号的进程，所以它不发出选举请求）。

18.6.2 环算法

环算法（ring algorithm）假设连接是单一方向的，并且进程将消息发送给它们右边的邻居。算法所用的主要数据结构是**活动列表**（active list），它包含算法结束时系统中所有活动进程的优先级号，每个进程维护它自己的活动列表。该算法如下工作：

① 如果进程 P_i 检测到一个协调者出错，它生成一个新的初始值为空的活动列表，然后发送一条消息 elect(i) 给它的右边邻居，并将进程号 i 加到它的活动列表中。

② 如果进程 P_i 从它左边的进程收到一条消息 elect(j)，它必须用如下三种方式之一进行反应：

    a. 如果这是它见到或发送的第一条 elect 消息，P_i 生成一个具有 i 和 j 的新活动列表，然后发送消息 elect(i)，后面紧跟消息 elect(j)。

    b. 如果 $i \neq j$，即接收的消息不包含 P_i 的进程号，则 P_i 将 j 加到它的活动列表中，并将消息转发到它的右邻居。

    c. 如果 $i = j$，即 P_i 接收到消息 elect(i)，然后 P_i 的活动列表包含系统中所有活动进程的进程号，进程 P_i 现在就能决定活动列表中最大的进程号并用此标识新的协调者进程。

该算法并不指明一个恢复进程如何决定当前协调者进程的进程号。一种解决方法是要求一个恢复进程发送一条询问消息，该消息沿环向前传送到当前的协调者，该协调者又继续发送一条包含它的进程号的应答信息。

18.7　达 成 一 致

　　为了使系统可靠，需要一种机制以允许一组进程在某个公共*值*上达成一致。这样的一致可能由于几个原因而不会发生。第一，通信介质可能出错，导致消息丢失或垃圾消息。第二，进程自己可能出错，导致不可预知的进程行为。此时，最希望的是进程能以一种干净的方式停止它们的执行，而不要偏离正常执行模式。最坏的情况是，进程可能发送垃圾信息或不正确信息给其他进程，甚至与其他出错的进程一起来试图摧毁整个系统的完整性。

　　此问题与**拜占庭将军问题**（Byzantine generals problem）类似。拜占庭军队有几个师，每个师由它自己的将军指挥，去包围敌人的阵地。几个将军必须在是否拂晓时进攻敌人的问题上达成一致。因为如果只由其中几个师去进攻将导致失败，故所有将军取得一致是非常关键的。这些师在地理位置上分布在不同的地方，将军们之间的通信只能通过穿梭于军营之间的信使。下面两个原因可能导致将军们不能达成一致：

　　● 信使可能被敌人抓住而不能传递消息。此情况与计算机系统中的不可靠通信相符，将在 18.7.1 小节中进一步讨论。

　　● 将军中可能有*叛徒*，试图阻止*忠诚*的将军取得一致。此情况与计算机系统中的进程出错相符，将在 18.7.2 小节中进一步讨论。

18.7.1　不可靠通信

　　首先假设进程以一种干净的方式出错，且通信介质是不可靠的。假设站点 S_1 上的进程 P_i 已经向站点 S_2 上的进程 P_j 发送了一个消息，现在它需要知道 P_j 是否接收到消息，以便能决定如何继续进行计算。例如，如果 P_j 收到消息，P_i 可以决定计算函数 *foo*，或者如果 P_j 未收到消息（由于某些硬件原因），则决定计算函数 *boo*。

　　为了检测错误，可以使用一个类似于 16.7.1 小节所讲的**超时方法**（timing-out scheme）。当 P_i 发出一条消息时，它同时指定了一个时间间隔，在此期间它将等待一条来自于 P_j 的应答消息。P_j 接收到消息后，马上发一条应答消息给 P_i。如果 P_i 在规定时间间隔内接收到应答消息，它能确切地得出结论 P_j 已收到它的消息。然而，如果发生一次超时，则 P_i 需要再次发送消息并等待一个应答。这个过程持续到 P_i 要么等到应答消息，要么由系统通知 S_2 已停机。第一种情况中，它将计算 S；后一种情况中，它将计算 F。注意，如果只有两个可行的选择，P_i 必须等到它被告知其中一种情况发生。

　　现在假设 P_j 也需要知道 P_i 是否已收到它的应答消息，以决定如何进行计算。例如，P_j 可能只有在确认 P_i 收到它的应答时，才想计算 *foo*。换言之，当且仅当 P_i 和 P_j 达成一致时，它们才会计算 *foo*。事实证明，当有错误出现时，将不可能完成任务。更为准确地讲，在分布式系统中，P_i 和 P_j 在它们各自的状态下不可能完全达成一致。

现在来证明这个结论。假设存在一个最小序列的消息传输，这些消息被发送后，两个进程都同意计算 foo。假设 m′为 P_i 发送给 P_j 的最后消息，由于 P_i 不知道它的消息是否达到 P_j（消息可能因为错误而丢失），P_i 将不管消息投递的结果，执行 foo。因此，m′可以从系列中被删除，而不会影响这个决定。因此，这个原来的系列不是最小的，与假设相矛盾，从而证明了不存在这样的序列。因此进程永远都不能确保两个都计算 foo。

18.7.2　出错进程

假定通信介质是可靠的，但进程会以不可预知的方式产生错误。考虑一个具有 n 个进程的系统，其中不超过 m 个进程出错。假设每个进程 P_i 具有私有值 V_i，希望设计一个算法允许正常进程 P_i 构建向量 $X_i=(A_{i,1}, A_{i,2}, \cdots, A_{i,n})$ 满足下面的条件：

- 如果 P_i 是正常进程，则 $A_{i,j}=V_j$。
- 如果 P_i 和 P_j 两个都是正常进程，则 $X_i=X_j$。

有几种解决此问题的方法，它们都有以下特点：

- 只有当 $n \geqslant 3 \times m+1$ 时，可以设计一个正确的算法。
- 达到一致的最坏延迟与 m+1 个消息延迟成正比。
- 达到一致需要的消息数量很大，没有任何单个进程是可信赖的，因此所有的进程必须集合所有的信息并做出自己的决定。

在这里，并非要提出一个可能会很复杂的一般性算法，而是提出一个当 m=1、n=4 的简单算法，该算法需要两轮的信息交换：

- 每个进程发送它的私有值到其他三个进程。
- 每个进程将它在第一轮中获得的信息发送给所有其他进程。

一个出错进程显然可能拒绝发送消息。此时，一个正常进程可以选择一个任意值并假装该值由出错进程发送。

一旦这两轮完成，一个正常进程 P_i 能如下构建它的向量 $X_i=(A_{i,1}, A_{i,2}, A_{i,3}, A_{i,4})$：

- $A_{i,j}=V_i$。
- 对于 $j \neq i$ 的情况，如果进程 P_i 报告的三个值中的至少两个值相同，那么这个多数值被用为 $A_{i,j}$ 的值，否则，一个默认值 nil 被用来赋予 $A_{i,j}$。

18.8　小　　结

在一个没有公共存储器和公共时钟的分布式系统中，有时无法决定两个事件发生的准确顺序。事先关系只是分布式系统中的一个部分排序方法。时间戳可用来提供分布式系统中的一致性事件排序。

分布式环境中的互斥可用几种方式实现。在集中式方法中，系统中的一个进程被选来以协调进入临界区的活动。在完全分布式方法中，在整个系统的范围内做出决定。一个可应用于环状网络的分布式算法是令牌环算法。

为了保证原子性，事务 T 执行的所有站点必须在执行的最终结果上达成一致。T 或者在所有的站点提交，或在所有的站点终止。为保证此特性，T 的事务协调者必须执行一个提交协议，使用最广的提交协议是 2PC 协议。

用于集中式系统的多种并发协议经修改后可用于分布式环境。在加锁协议中，所需改变的只是锁管理者实现的方式。在时间戳和确认设计中，所需改变的只是开发一个产生唯一全局时间戳的机制，该机制可将本地时间戳与站点标识相连接，也可当一个更大时间戳的消息到达时，更新自己的本地时钟。

分布式系统中处理死锁的主要方法是死锁检测。主要的问题是决定如何维护等待关系图。组织等待关系图的方法包括集中式方法和完全分布式方法。

有些分布式算法需要用到协调者。如果由于协调者所在的站点错误而引起协调者错误，系统可以通过重新启动其他站点上的协调者备份来继续执行。这是通过维护一个备份协调者以准备在协调者错误时启用。另一个方法是在协调者产生错误后选举一个新的协调者，决定新的协调者备份在哪里重启的算法称为选举算法。Bully 算法和环算法是两种能用来在产生错误时选举一个新的协调者的算法。

习 题

18.1 讨论本章给出的产生全局唯一时间戳的两种方法的优点和缺点。

18.2 本章介绍的逻辑时钟时间戳方法提供了下述保证：如果事件 A 在事件 B 之前发生，那么 A 的时间戳小于 B 的时间戳。但请注意，并不能仅按时间戳来对事件排序。事实上，事件 C 时间戳小于事件 D 的时间戳，并不意味着事件 C 就在事件 D 之前发生，事件 C 和事件 D 可能在系统中同时发生。讨论扩展逻辑时钟时间戳的方式，以区分并发事件和能根据事前关系排序的事件。

18.3 假设你的公司正在建设一个计算机网络，要求你来设计一个实现分布式互斥的算法，你会使用哪一种方案？试说出理由。

18.4 为什么在一个分布式环境中检测死锁比在集中式环境中代价高得多？

18.5 假设你的公司正在建一个计算机网络，要求你来设计一个解决死锁问题的方案。

    a. 你会使用死锁检测或死锁预防方案吗？

    b. 如果你使用死锁预防方案，你会使用哪一种？为什么？

    c. 如果你使用死锁检测方案，你会使用哪一种？为什么？

18.6 为了给并发执行的事务分配资源，在什么情况下等待-死亡方法比伤害-等待方法运行得好？

18.7 考虑死锁检测的集中式和完全分布式方法。比较两种算法的消息复杂性。

18.8 考虑下面的 *hierarchical* 死锁检测算法，在这个算法中，全局等待关系图分布在一些用树结构组织起来的不同*控制器*中。每个非叶的控制器维护一个等待关系图，图中包含了它的子树中控制器的图的相关信息。例如，S_A、S_B、S_C 是控制器，S_C 是 S_A 和 S_B 的最近的共同祖先（S_C 必须唯一，因为处理的是树）。假设结点 T_i 在 S_A 和 S_B 的本地等待关系图中出现，那么 T_i 必须也出现在如下本地等待关系图中：

- 控制器 S_C
- S_C 到 S_A 的路径中的每个控制器
- S_B 到 S_A 的路径中的每个控制器

另外，如果 T_i 和 T_j 在控制器 S_D 的等待关系图中出现，并且在 S_D 的某个孩子的图中存在一条 T_i 到 T_j 的路径，那么在 S_D 的等待关系图中必然存在一个 $T_i \rightarrow T_j$ 的边。

请证明，如果在任何的图中存在一个环，则系统就会死锁。

18.9 从本章中给出的算法导出一个效率更高的针对双向环的选举算法。对于 n 个进程，需要多少个消息？

18.10 考虑如下设置：所有的处理者并没有与唯一的标记符关联，但是处理者的总数量是知道的，并且处理者用双向环组织。在这种设置下，可以构造一个选举算法吗？

18.11 假设在 2PC 的一个事务中出现了一个错误，针对每个可能的错误，解释 2PC 怎样在发生错误时确保事务的原子性。

18.12 考虑错误进程的如下出错模式：进程遵循协议，但是可能在意外的时间点失败。当进程失败时，它们只是停止工作，不再参与到分布式系统中。在这个出错模式下，设计算法在一组进程中达成一致，并讨论可以达成一致的条件。

文 献 注 记

Lamport[1978b]开发了将系统中*事前关系*扩展成所有事件一致排序的分布式算法。Fidge[1991] 、 Raynal 和 Singhal[1996]、 Babaoglu 和 Marzullo[1993]、 Schwarz 和 Mattern[1994]、Mattern[1988]进一步讨论了采用逻辑时钟来描述分布式系统的行为。

Lamport[1978b]也开发了第一个在分布式环境中实现互斥的一般算法。Lamport 的方案对每个关键区要求 $3 \times (n-1)$ 个消息。后来，Ricart 和 Agrawala[1981]设计一个只需要 $2 \times (n-1)$ 分布式算法。18.2.2 小节中给出了他们的算法。Maekawa[1985]给出了一个分布式互斥的平方根算法。Lann[1977]设计了 18.2.3 小节中的对环结构系统的令牌传递算法。Carvalho 和 Roucairol[1983]论述了计算机网络中的互斥问题。Agrawal 和 Abbadi[1991]给出了一个有效且容错的分布式互斥的解决方案。Raynal[1991]给出了一个简单的分布式互斥算法的分类。

Reed 和 Kanodia[1979] （共享内存环境）、 Lamport[1978b] 、 Lamport[1978a] 和 Schneider[1982]（完全脱机的进程）论述了分布式同步问题。Chang[1980]给出了一个哲学家进餐问题的分布式解决方案。

Lampson 和 Sturgis[1976]和 Gray[1978]设计了 2PC 协议。Mohan 和 Lindsay[1983]讨论了两个 2PC 的修改版，叫做假设提交和假设放弃，通过依据事务的结果定义默认的假设来减少 2PC 的开销。

Gray[1981]、Traiger 等[1982]、Spector 和 Schwarz[1983]给出了处理在分布式数据库中实现事务概念问题的文章。Bernstein 等[1987]提供了关于分布式并行控制的全面的论述。

Rosenkrantz 等[1978]发表了时间戳死锁预防算法。Obermarck[1982]设计了 18.5.2 小节中的完全的分布式死锁检测方案。Menasce 和 Muntz[1979]里有习题 18.4 中的 hierarchical 死锁检测方案。Knapp[1987]和 Singhal[1989]提供了一个关于在分发式系统中进行死锁检测的综述。通过采用分布式系统的全局快照也可检测死锁，正如在 Chandy 和 Lamport[1985]中讨论的那样。

Lamport 等[1982]和 Pease 等[1980]论述了拜占庭将军问题。Garcia-Molina[1982]给出了 Bully 算法。Lann[1977]论述了对于环结构系统的选择算法。

第七部分　特殊用途系统

　　目前为止，所讨论的操作系统问题主要关于通用用途的操作系统。然而，特殊用途的操作系统需求和已经描述的大多数系统有所差别。

　　实时系统不仅仅需要保证计算结果的正确性，而且还需要将计算时间维持在特定的截止时间之内。在特定截止时间之后计算出的结果，就算正确，也有可能没有意义。对于此类系统，传统操作系统的调度算法必须针对严格时间限制进行修改。

　　多媒体系统不仅要能够处理传统数据，诸如文本文件、程序和字处理文档，也要能够处理多媒体数据。多媒体数据由连续媒体数据（音频和视频）和传统数据组成。连续媒体数据（如视频帧）必须根据特定时间限制进行传输（例如，每秒 30 帧）。处理连续媒体数据需要对操作系统数据结构做大量修改，特别是内存、磁盘和网络管理等。

第19章 实时系统

目前为止，对操作系统论述主要集中于通用用途的计算机系统（例如，台式机和服务器系统）。在这一章中，将重点介绍实时计算系统。实时系统的要求与前面介绍过的很多系统的要求不同，主要是因为实时系统在一定的截止期限内必须产生结果。本章对实时计算机系统作了一个概述，并介绍了如何建立实时操作系统，以满足这些系统迫切的时间要求。

本章目标
- 解释实时系统的时间要求。
- 区分硬实时系统和软实时系统。
- 讨论实时系统的定义特性。
- 介绍硬实时系统的调度算法。

19.1 概　　述

实时系统不仅要求计算结果正确，而且要求结果必须在一个特定的截止期限内产生。在截止期限过后产生的结果，即使是正确的，也可能没有任何意义。举例来说，假设一个自主机器人在办公楼内传送邮件。如果在机器人已走进墙后，它的视觉控制系统才识别了墙，尽管正确地识别了墙，该系统已不能满足其要求。用具有时间要求的系统与其他有较少严格要求的系统做比较。在一个互动的桌面计算机系统中，期望为互动使用者提供一个快速反应时间，但它并不是强制这样做。像批处理系统这样的系统可能没有什么时间要求。

在传统计算机硬件上执行的实时系统得到了广泛的应用。此外，许多实时系统嵌入在"专门设备"中，如普通的家电产品（例如微波炉和洗碗机），消费数字设备（例如相机和MP3 播放器），通信设备（例如移动电话和黑莓手持设备）。它们也出现在更大的实体中，如汽车和飞机。**嵌入式系统**作为一种处理设备，只是更大系统的一部分，对于用户而言，往往并不是显而易见的。

举例来说，考虑嵌入式系统控制家用洗碗机。嵌入式系统允许各种命令调度洗碗机的运作——水温、清洁类型（轻或重），甚至指示洗碗机开始工作的定时器。洗碗机的用户很可能并没有意识到其实是一台计算机嵌入在设备中。再举一个例子，假设一个嵌入式系统控制了汽车的防抱死制动。汽车的每个车轮有一个传感器监测目前发生了多少滑动及牵引，每个传感器不断将数据传送到系统控制器。参考来自于传感器的数据，控制器告诉每个车轮的制动装置需要施加多少制动压力。对于用户（本例中指汽车的司机）而言，再一次说明了嵌入式计算机系统的应用可能并不明显。不过，需要重点关注的是，并不是所有的嵌入式系统都是实时的。例如，一个嵌入式系统控制的炉子可能没有什么实时要求。

一些实时系统被确定为**安全关键系统**。在一个安全关键系统中，不正确的操作——通常是由于错过了最后期限——导致了某种形式的"灾难"。安全关键系统的例子包括武器系统、防抱死制动系统、飞行管理系统和与健康相关的嵌入式系统，如心脏起搏器。在这些例子中，实时系统必须在指定的最后期限内做出响应，否则，可能会发生严重的损伤或更糟的事情。然而，相当多的嵌入式系统并不属于安全关键系统，其中包括传真机、微波炉、手表及交换机和路由器之类的网络设备。对于这些设备，没有满足最后期限的要求，最多只是使用户不满意。

实时计算有两种类型：硬性和软性。**硬实时系统**有最严格的要求，保证关键实时任务在最后期限内完成。安全关键系统通常指硬实时系统。**软实时系统**限制较少，仅仅指关键实时任务将获得优先于其他任务的权利，并且会保留优先级直到它完成。许多商业操作系统，如 Linux，提供软实时支持。

19.2 系 统 特 性

在本节中，探讨实时系统的特性，解决与设计软实时操作系统和硬实时操作系统均有关的问题。

以下是实时系统的一些典型特性：

- 目标单一。
- 体积小。
- 批量生产成本低。
- 特定的时间要求。

接下来研究每个特性。

与 PC 可以有多方面的用途不同，实时系统通常只能有一个单一的目的，例如控制防抱死制动或在 MP3 播放器上传送音乐。控制飞机航空系统的实时系统不可能也用于播放 DVD。设计一个实时操作系统，满足其单一目的的性质，往往很简单。

很多实时系统存在于物理空间受约束的环境中。假设考虑手表或微波炉中的可用空间数量，比台式机中的可用空间要少。由于空间的约束，大多数的实时系统缺少在标准台式 PC 中的 CPU 处理能力和可用内存。当前大多数的台式机和服务器系统使用 32 位或 64 位处理器，但是很多实时系统却在 8 位或者 16 位处理器上运行。同样地，一个台式 PC 可能有几个吉字节的物理内存，而一个实时系统的物理内存可能少于 1 MB。将系统的**空间**（footprint）作为运行操作系统和它的应用软件所需的内存量。因为内存是有限的，所以大多数的实时操作系统只有很小的空间。

其次，考虑实时系统的实现环境：它们常常用于家电设备和消费设备中。诸如数码相机、微波炉和空调等设备，是在比较重视成本的环境中批量生产的。因此，用于实时系统的微处理器也必须低成本地大批量生产。

一种降低嵌入式控制器成本的方法是采用另一种技术组织计算机系统部件。并非如图19.1 所示那样组织计算机，图中总线为各组件提供了互连机制，许多嵌入式系统控制器使用一种称为**片上系统**（SOC）的方法。在这里，CPU、内存（包括缓存）、存储器管理单元（MMU），以及如 USB 端口等相关的外围端口都包含在单集成电路中。SOC 方法的成本通常要低于图 19.1 中的总线式结构。

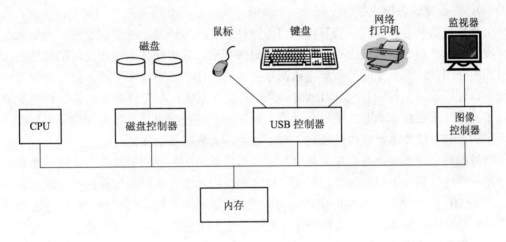

图 19.1　总线式结构

现在看一下以上确定的实时系统的最后一个特性——特定的时间要求。事实上这是这类系统的定义特性。因此，软硬实时操作系统的定义特性是支持实时任务的时间要求，在本章中剩下的部分将重点讨论这个问题。实时操作系统通过使用调度算法来满足时间要求，算法给予了实时进程最高的调度优先级。此外，调度程序必须确保实时任务的优先级不会随着时间的推移而降低。另一个相关的用于处理时间要求的技术是，尽量减少例如中断等事件的响应时间。

19.3　实时内核特性

本节讨论用于设计支持实时进程的操作系统所必需的特性。开始之前，先考虑一下，什么不是实时系统所必需的。首先研究本书前面讨论过的操作系统的一些特性，包括Linux、UNIX 和各种版本的 Windows。这些系统通常提供以下支持：

- 各种外部设备, 如图形显示器、CD 和 DVD 驱动器。
- 防护和安全机制。
- 多个用户。

支持这些功能的往往是一个复杂和大型的内核。例如, Windows XP 有超过 4 千万行的源代码。相反的, 一个典型的实时操作系统通常有一个很简单的设计, 往往只有数千行而非数百万行的源代码。人们并不期望这些简单的系统包括上面列出的特性。

但是为什么实时系统不提供这些对于标准台式机和服务器系统至关重要的特性呢? 有几个原因, 但有三个最突出。第一, 因为大多数的实时系统为一个单一的目的服务, 它们根本不需要台式 PC 的许多功能。考虑一个数字手表: 它显然没有必要支持磁盘驱动器或 DVD, 更不要说虚拟内存。此外, 一个典型的实时系统并没有用户的概念: 系统只需支持一个小数目的任务, 往往需要等待来自于硬件设备(传感器、视觉识别等)的输入。第二, 没有快速处理器和大量内存, 是不可能提供标准台式机操作系统所支持的特性的。正如前面所介绍的, 由于空间的限制, 这两项在实时操作系统中均不可用。此外, 尽管一些系统可以使用非易失性内存(NVRAM)来支持文件系统, 但是许多实时系统缺乏足够的空间来支持外围磁盘驱动器或图形显示器。第三, 支持台式机计算环境中的通用标准, 会大大增加实时系统成本, 这可能使这类系统在经济上变得不切实际。

当考虑到实时系统中的虚拟内存时, 需要考虑其他的情况。第 9 章中所述的虚拟内存特性要求系统包括一个存储器管理单元(MMU), 用以实现逻辑地址向物理地址的转换。不过, MMU 往往会增加系统的成本和功率消耗。此外, 在硬实时环境中, 由逻辑地址向物理地址转换的时间要求可能会被禁止, 尤其是在 TLB 失败的情况下。接下来研究几个用于在实时系统中转换地址的方法。

图 19.2 说明了三种不同的设计者可用于实时操作系统管理地址转换的方法。在这种情况下, CPU 生成一个必须被映射到物理地址 P 的逻辑地址 L。第一种方法是绕过逻辑地址, 使 CPU 直接生成物理地址。这项技术称为**实时寻址模式**, 不采用虚拟内存技术, 并有效地规定 P 等于 L。实时寻址模式的一个问题是缺少进程间的内存保护措施。实时处理模式可能还需要程序员为加载到内存中的程序指定物理位置。不过, 这种方法的优点是系统相当快, 地址转换几乎不花什么时间。在有硬实时限制的嵌入式系统中, 实时寻址模式是相当普遍的。事实上, 一些运行在包含了一个 MMU 的微处理器上的实时操作系统, 往往禁止 MMU, 从而获得直接引用物理地址带来的性能提升。

转换地址的第二种方法是使用如图 8.4 所示的动态重定位寄存器。在这种情况下, 设定重定位寄存器 R 为程序装入的存储单元地址。将重定位寄存器 R 的容量加上 L, 就会产生物理地址 P。一些实时系统按照这种方法来配置 MMU。这种方法明显的优点是, 可以利用 $P=L+R$ 使 MMU 轻松地实现逻辑地址向物理地址的转化。然而, 此类系统在各个进程间仍然缺少进程间的内存保护。

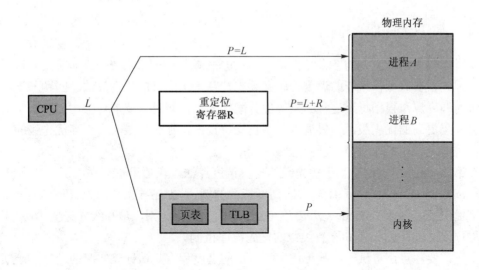

图 19.2 实时系统中的地址转换

实时系统的最后一个方法是，提供第 9 章所述的全部虚拟内存功能。在这种情况下，通过页表和一个转换查看缓存（或 TLB）来实现地址转换。此外，除了允许在任何存储单元装载程序，这一方法还提供进程间的存储保护。对于没有附带磁盘驱动器的系统，不可能实现按需分页调度和交换技术。不过，系统可以使用 NVRAM 闪存提供以上特性。LynxOS 和 OnCore 系统是实时操作系统完全支持虚拟内存的例子。

19.4 实现实时操作系统

介绍了这么多可能的变种之后，现在来确定实现实时操作系统必需的特性。这份列表不是绝对的，有些系统可以比下面列表中的系统提供更多的功能，而其他系统提供的较少。

- 基于优先级的抢占式调度算法。
- 抢占式内核。
- 延迟最小化。

所遗漏掉的一个显著特性是网络支持。不过，决定是否支持如 TCP / IP 等的网络协议很简单：如果实时系统要连接到网络，那么操作系统必须提供连网能力。例如，一个收集实时数据并将该数据传送到一个服务器的系统，显然必须包括网络功能。另外，一个没有与其他计算机系统有连接要求的自包含嵌入式系统显然没有网络需求。

在本节的余下部分，将研究上面列出的基本要求，以及它们如何在一个实时操作系统中实现。

19.4.1 基于优先级的调度

实时操作系统最重要的一个特性是，一旦进程请求 CPU，系统会立即对实时进程做出响应。因此，实时操作系统的调度程序必须支持基于优先级的抢占算法。回顾一下，基于优先级的调度算法根据每个进程的重要性分配优先级。相对重要的任务比那些次重要的任务会被分配更高的优先级。如果调度程序也支持抢占，那么如果一个更高优先级的进程可运行，目前运行在 CPU 中的进程将会被抢占。

在第 5 章详细讨论了基于优先级的抢占调度算法，在那里也列举出了一些 Solaris、Windows XP 和 Linux 操作系统软实时调度特性的例子。上述各系统均为实时进程分配了最高调度优先级。例如，Windows XP 有 32 个不同的优先级别，最高级优先值 16～31 为实时进程预留。Solaris 和 Linux 有类似的优先次序机制。

不过，要注意，提供一个基于优先级抢占的调度程序只保证软实时的功能。硬实时系统必须进一步保证实时任务的处理符合其要求的最后期限，做出这样的保证可能需要额外的调度特性。19.5 节将介绍适合硬实时系统的调度算法。

19.4.2 抢占式内核

非抢占式内核不允许在内核模式下运行的进程被抢占；内核模式的进程将一直运行，直到它退出内核模式，阻塞或自愿放弃对 CPU 的控制。相反，抢占式内核允许运行在内核模式下的任务被抢占。抢占式内核的设计相当困难；而传统的面向用户的应用程序，如电子表格、文字处理器以及 Web 浏览器通常不需要如此快的响应时间。因此，一些商用台式机操作系统，如 Windows XP，是非抢占的。

不过，为了满足实时系统的时间要求，尤其是硬实时系统，抢占式内核是强制性的。否则，当另一任务在内核激活时，实时任务可能不得不等待一段相当长的时间。

有很多不同的方法可以使内核成为可以抢占的。一种方法是在长期的系统调用中插入**抢占点**。抢占点检查是否有一个高优先级的进程需要运行。如果有，则发生上下文切换。然后，当高优先级进程终止时，被中断的进程通过系统调用继续运行。抢占点只能置于内核中的安全区域，也就是说，只有在内核数据结构没有被修改的区域。另一种可以使内核成为抢占的方法是使用同步机制，这已经在第 6 章讨论过。使用此方法，内核总是可以被抢占，因为任何正在更新的内核数据受到免于被高优先级进程修改的保护。

19.4.3 最小化延迟

考虑实时系统的事件驱动特性：该系统通常等待事件实时发生。事件可能出现在软件中，例如定时器到期；或者出现在硬件中，例如远程控制的车辆检测到自己正在接近障碍物。事件发生时，该系统必须尽快做出响应和处理。**事件延迟**是指从事件发生到事件被处理完所经过的时间（见图 19.3）。

通常，不同的事件有不同的延迟要求。举例来说，防抱死制动系统的延迟要求可能会在 3～5 ms，也就是说，从车轮首先检测到它正在滑行，控制防抱死制动的系统有 3～5 ms 的时间做出回应，控制这种情况。任何需要较长时间的回应，均可能会导致汽车转向失去控制。相反，飞机上嵌入式系统控制的雷达可能会容许几秒钟的延迟时间。

有两种类型的延迟影响实时系统的性能：

1．中断延迟。

2．调度延迟。

中断延迟指从中断到达 CPU 到程序开始处理中断的这段时间。当中断发生时，操作系统必须首先完成正在执行的指令，并确定发生中断的类型。它必须在使用特定的中断服务程序（ISR）处理中断之前，保存当前进程的状态。执行这些任务需要的总时间即是中断延迟（见图 19.4）。显然，至关重要的是，实时操作系统应尽量减少中断延迟，以确保实时任务立刻受到关注。

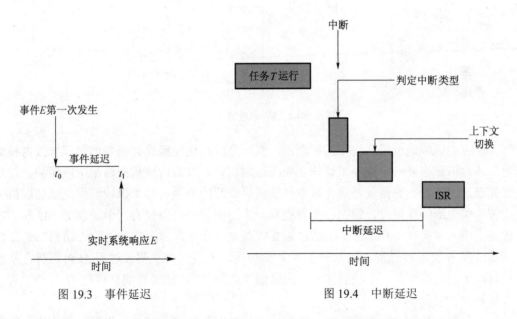

图 19.3　事件延迟　　　　　　　　图 19.4　中断延迟

影响中断延迟的一个关键因素是，当内核的数据结构正在更新时，屏蔽中断的时间。实时操作系统要求中断只能被屏蔽很短的时间。不过，对于硬实时系统，中断延迟不仅要尽量减少，它还必须在一定范围内，保证硬实时内核所需的确定性的行为。

调度程序停止一个进程，并开始另一个进程所需的时间被称为**调度延迟**。保证实时任务即时访问 CPU，要求实时操作系统最小化这种延迟。最有效降低调度延迟的技术是抢占式内核。

图 19.5 给出了调度延迟的构成。调度延迟的**冲突阶段**有两个组成部分：

- 抢占任何在内核内运行的进程。
- 释放低优先级进程占用的而高优先级进程所需的资源。

举例来说，在 Solaris 中，抢占禁用时，调度延迟超过 100 ms。而抢占启用时，调度延迟减少到不到 1 ms。

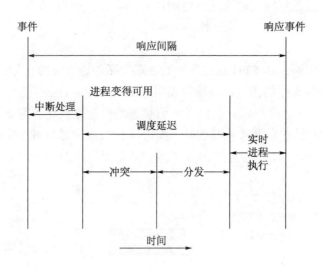

图 19.5 调度延迟

一个可能影响调度延迟发生的问题是，当一个较高优先级进程需要读取或修改内核数据时，该数据正在被一个或一组较低优先级进程访问。因为内核数据通常用锁保护，较高的优先级进程不得不等待较低优先级进程结束对资源的使用。如果该较低优先级进程被另一个较高优先级进程抢占，情况会变得更复杂。举例来说，假设有三个进程 L、M 和 H，其优先次序为 $L < M < H$。假设进程 H 需要资源 R，而 R 目前正在被进程 L 访问。通常情况下，进程 H 会等待进程 L 完成对资源 R 的使用。不过，现在假设进程 M 可运行，从而抢占进程 L。间接地，一个较低优先级的进程（进程 M），已经影响到进程 H 等待进程 L 释放资源 R 的时间。

这个问题，被称为**优先级反转**，可以使用**优先继承协议**来解决。根据这个协议，所有正在访问较高优先级进程所需资源的进程，可以继承较高的优先级，直至它们结束对共享资源的使用。当它们完成后，其优先级恢复至原始值。在上面的例子中，优先继承协议使进程 L 暂时继承了进程 H 的优先级，从而防止进程 M 抢占进程 L 的执行。当进程 L 已完成对资源的使用时，它放弃从 H 继承的优先级，并呈现其原有的优先级。资源 R 现在已可用，接下来进程 H，而不是运行 M。

19.5 实时 CPU 调度

目前为止所介绍的调度主要集中于软实时系统。不过以前也提及过，该系统调度不能保证一个关键进程被调度；它只能保证相对于非关键进程，该进程可以获得优先权。硬实时系统有更严格的要求。一项任务必须在它的最后期限内处理，最后期限截止后的服务如同根本没有服务一样。

接下来研究硬实时系统的调度。不过，在详细介绍单个调度程序之前，必须为即将调度的进程定义某些特性。第一，进程是周期性的。也就是说，它们以固定的间隔（**周期**）请求 CPU。每个周期性进程有一个固定的处理时间 t 让 CPU 处理（一旦它得到了 CPU）、一个截止期限 d 以及一个周期 p。处理时间、截止期限和周期的关系，可表示为 $0 \leqslant t \leqslant d \leqslant p$。周期性任务的**速率**是 $1/p$。图 19.6 说明了随着时间的推移，周期性进程的执行过程。调度程序可以利用这种关系并根据截止期限或者周期性进程的速率要求来分配优先级。

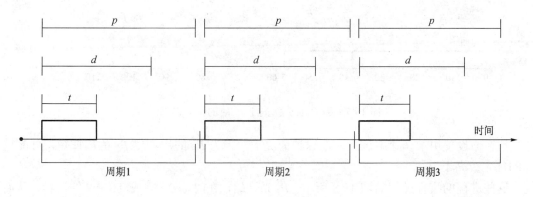

图 19.6　周期性任务

这种调度的不寻常之处在于，进程必须向调度程序声明其截止期限要求。然后，通过使用一种称为**接纳控制**（admission-control）算法的技术，调度程序要么接纳该进程，保证这一进程按时完成；如果它不能保证这项任务在其截止期限内完成，则视为不可能的请求，而将之拒绝。

在以下各节中，将探讨用于解决硬实时系统截止期限要求的调度算法。

19.5.1　单调速率调度

单调速率调度算法使用静态抢占式优先策略调度周期性任务。如果一个低优先级进程正在运行，而又有更高优先级的进程可以运行，它将抢占低优先级进程。一旦进入该系统，每个周期性任务被分配一个与周期相反的优先级：周期越短，优先级越高；周期越长，优先级越低。这个方法的基本原理是任务对 CPU 的请求越多，分配的优先级越高。此外，单调速率调度算法认为一个周期性任务的处理时间对于每次 CPU 区间都是一样的。也就是说，每次进程获得了 CPU，它的 CPU 运行持续时间是相同的。

下面来看一个例子。有两个进程 P_1 和 P_2。P_1 和 P_2 的周期分别是 50 和 100，即，$p_1= 50$ 和 $p_2= 100$。P_1 的处理时间是 $t_1= 20$，P_2 的处理时间是 $t_2= 35$。每个进程的截止期限是，在它开始下一个周期之前完成上一个周期的任务。

首先要弄清楚，是否有可能调度这些任务，使每一个符合其截止期限。如果使用每个进程运行时间与其周期的比例（t_i / p_i）来测量进程 P_i 的 CPU 使用率。P_1 的 CPU 使用率是 20/50= 0.40，P_2 的 CPU 使用率是 35/100 = 0.35，总的 CPU 使用率是 75％。因此，或许可以调度这些任务来满足它们的截止期限，同时仍然给 CPU 留下可用的时间。

首先，假设分配给 P_2 的优先级高于 P_1。P_1 和 P_2 的执行过程如图 19.7 所示。可以看到，P_2 首先开始执行，用时 35。在这一时间点上，P_1 开始执行，在时间点 55 上完成其 CPU 运行。然而，P_1 的截止期限是 50，所以调度程序已经使 P_1 错过了它的截止期限。

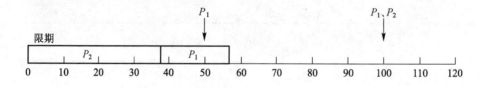

图 19.7 当 P_2 优先级高于 P_1 时的任务调度

现在假设使用单调速率调度，在这种情况下，因为 P_1 的周期比 P_2 的周期短，分配给 P_1 的优先级高于 P_2。

这些进程的执行过程如图 19.8 所示。P_1 先开始，在时刻 20 完成其 CPU 的运行，从而满足其最初截止期限。P_2 在这点开始运行，直至时刻 50。这时，尽管 P_2 的 CPU 运行还有 5 ms 的时间，它仍然被 P_1 抢先。P_1 在时刻 70 完成其 CPU 的运行，在该点，调度程序恢复 P_2 的运行。P_2 在时刻 75 完成其 CPU 的运行，也满足它的最初截止期限。该系统处于闲置状态，直到时刻 100，此时 P_1 再次被调度。

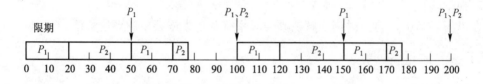

图 19.8 单调速率调度

理论上单调速率调度算法是最理想的算法，如果一个进程集合不能由该算法调度，那么它不能由分配静态优先级的其他算法调度。接下来要研究一套不能被单调速率调度算法调度的进程。假设进程 P_1 周期 $p_1=50$，CPU 运行时间 $t_1=25$。对于 P_2 来说，相应值分别为 $p_2=80$，$t_2=35$。因为进程 P_1 的周期较短，因此单调速率调度将分配给 P_1 一个较高的优先级。两个进程 CPU 的总使用率为 $(25/50)+(35/80)=0.94$，因此，这两个进程被调度似乎是合乎逻辑的，并且留给了 CPU 6% 的可用时间。进程 P_1 和 P_2 调度过程的 Gantt 图如图 19.9 所示。最初，P_1 运行直到其在时刻 25 完成其 CPU 运行。然后进程 P_2 开始运行，直到时刻 50，它被 P_1 抢占。在该点，P_2 仍有 10 ms 的 CPU 运行时间。进程 P_1 运行至时刻 75；不过，P_2 错过了在时刻 80 完成其 CPU 运行的截止期限。

尽管是最理想的，单调速率调度算法仍有一个限制：CPU 使用率是有限的，不可能总是充分发挥 CPU 的资源。最坏的情况下，调度 n 个进程，CPU 的使用率是：

$$2(2^{1/n}-1)$$

如果系统中有一个进程，CPU 使用率是 100%，但是当进程数量接近无穷大时，CPU 的使用率大概会下降到 69%。如果有两个进程，CPU 使用率大约是 83%。对于如图 19.7 和 19.8 所示两个进程的调度，CPU 的综合使用率是 75%，因此，单调速率调度算法能保证调度这两个进程并满足它们的截止期限。对于如图 19.9 所示的两个进程的调度，CPU 的综合使用率大约是 94%。因此，单调速率调度不能保证调度它们来满足它们的截止期限。

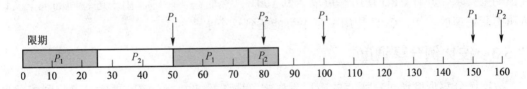

图 19.9 错过单调速率调度截止期限

19.5.2 最早截止期限优先调度算法

最早截止期限优先调度（EDF）算法根据截止期限动态地分配优先级。截止期限越早，优先级越高；截止期限越迟，优先级越低。在 EDF 算法下，当进程可运行时，它必须向系统声明它的截止期限要求。为了反应新的可运行的进程，优先级可能不得不做出调整。注意，这不同于优先级固定的单调速率调度算法。

为了说明 EDF 调度算法，再次调度如图 19.9 所示的进程，在单调速率调度算法下不能满足截止期限要求。回顾 P_1 的值 $p_1=50$，$t_1=25$，P_2 的值 $p_2=80$，$t_2=35$。这两个进程的 EDF 调度过程如图 19.10 所示。进程 P_1 有最早截止期限，因此它的初始优先级高于进程 P_2。在 CPU 运行完 P_1 后，进程 P_2 开始运行。不过，在时刻 50，进程 P_2 开始它的下一个周期时，单调速率调度算法允许进程 P_1 抢先 P_2，而 EDF 算法允许进程 P_2 继续运行。目前

P_2 的优先级高于 P_1，因为它的下一个截止期限（在时刻 80）早于 P_1（在时刻 100）。因此，P_1 和 P_2 均满足了它们的最初截止期限。进程 P_1 在时刻 60 再次开始运行，并在时刻 85 完成它的第二个 CPU 运行，在时刻 100 满足它的第二个截止期限。P_2 在该点开始运行，只在它的下一个周期开始时，即时刻 100 处被 P_1 抢先。因为 P_1（时刻 150）比 P_2（时刻 160）有一个更早的截止期限（时刻 150），所以 P_2 被抢先。在时刻 125，P_1 完成它的 CPU 运算，P_2 恢复执行，在时刻 145 结束，同时满足它的截止期限。系统处于闲置状态，直到时刻 150，此时 P_1 被调度以再次运行。

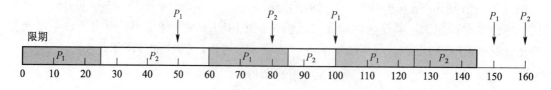

图 19.10 最早截止期限优先调度

和单调速率算法不同，EDF 算法不要求进程是周期性的，也不要求每次运行时，进程必须获得定量的 CPU 时间。唯一的要求是进程可运行时，需要向调度程序声明它的截止期限。EDF 算法的优点是理论上的最优化——理论上，它可以调度进程，使每个进程满足其截止期限要求，并且 CPU 使用率可以达到 100%。然而在实际中，由于进程间的上下文切换和中断处理的占用，CPU 使用率是不可能达到这个水平的。

19.5.3　按比例分享调度

按比例分享调度通过在所有的应用程序中分成 T 份来执行。应用程序可以收到 N 份共享时间，从而确保应用将有 N / T 的总处理器时间。举例来说，假定有一个总的 T = 100 份时间将会在三个进程 A、B 和 C 之间分发，A 被指派了 50 份，B 是 15 份，C 是 20 份。这个方法确保 A 将占有 50% 的总处理器时间，B 将占有 15%，C 将占有 20%。

按比例分享调度程序必须与接纳控制算法结合应用来保证应用程序可以接收到其分配的时间份额。接纳控制算法只接纳请求的份额低于当前可用份额的客户端。在上面的例子中，已分配了总数 100 份中的 50 + 15 + 20 = 75 份。如果一个新的进程 D 要求 30 份，接纳控制器会拒绝 D 进入系统。

19.5.4　Pthread 调度

POSIX 还为实时计算提供了扩展——POSIX.1b。在本节中，将介绍一些与调度实时线程相关的 POSIX Pthread API。Pthread 为实时线程定义了两种调度类别：

- SCHED_FIFO。

- SCHED_RR。

SCHED_FIFO 使用 5.3.1 小节中概述的 FIFO 队列，按照先进先出算法来调度线程。不过，在同等优先级的线程间没有时间分片。因此，FIFO 队列前端的最高优先级实时线程将会得到 CPU 直至其终止或阻塞。SCHED_RR（分时）除了提供同等优先级线程间的时间分片外，其他均与 SCHED_FIFO 类似。Pthread 提供了另外的调度类别——SCHED_OTHER——但它的实现是系统相关的（并没有被指定）；在不同的系统上可能有不同的行为。

为获取和设置调度算法，Pthread API 指定了下列两个函数：

- pthread_attr_getsched_policy (pthread_attr_t *attr, int *policy)。
- pthread_attr_setsched_policy (pthread_attr_t *attr, int policy)。

两个函数的第一个参数均是指向线程的属性的指针。第二个参数或是指向用于设定当前调度算法的整数，用于 pthread_attr_getsched_policy()的整数，或一个整数值——SCHED_FIFO、SCHED_RR、或 SCHED_OTHER，用于 pthread_attr_setsched_policy ()函数。如果这两个函数出现错误，均返回非零值。

在图 19.11 中，给出了使用这个 API 的 Pthread 程序。这个程序首先确定当前调度策略，然后设置调度算法为 SCHED_OTHER。

```
#include <pthread.h>
#include <stdio.h>
#define NUM_THREADS 5

int main(int argc, char*argv[] )
{
    int i, policy;
    pthread_t    tid[NUM_THREADS];
    pthread_attr_t    attr;

    /* get the default attributes */
    pthread_attr_init(&attr) ;

    /* get the current scheduling policy */
    if (pthread_attr_getsched_policy(&attr, &policy) != 0)
        fprintf(stderr,"Unable to get policy.\n");
    else {
        if (policy == SCHED_OTHER)
            printf ("SCHED_OTHER\n") ;
```

```
        else if (policy == SCHED_RR)
             printf ("SCHED_RR\n") ;
        else if (policy == SCHED_FIFO)
             printf ( "SCHED_FIFO\n" ) ;
    }

    /* set the scheduling policy –FIFO, RR or OTHER */
    if (pthread_attr_setsched_policy (&attr, SCHED_OTHER) != 0)
        fprintf(stderr, "Unable to set policy.\n");

    /* create the threads */
    for (i = 0; i < NUM_THREADS; i++)
        pthread_create(&tid[i], &attr, runner, NULL);

    /* now join on each thread */
    for (i = 0; i < NUM_THREADS; i++)
        pthread_join(tid[i], NULL);
}

/* Each thread will begin control in this function */
void *runner(void *param)
{
    /* do some work…*/

    pthread_exit(0) ;
}
```

图 19.11　Pthread 调度 API

19.6　VxWorks 5.x

本节介绍 VxWorks，这是一种流行的支持硬实时的实时操作系统。由风河系统开发的商业 VxWorks 目前被广泛应用于汽车、消费和工业设备，如交换机和路由器等网络设备。VxWorks 也用来控制在 2004 年就开始探索火星的两个探测器：生命号和机遇号。

VxWorks 的结构如图 19.12 所示。VxWorks 以风微核为中心。回顾在 2.7.3 小节中讨论过的微内核是为操作系统内核提供一个基本的最少特性，其他的功能，如连网、文件系统和图形，由内核以外的库提供。这种做法有许多优点，包括使内核的大小最小化，这对空间很小的嵌入式系统来说是很好的特性。

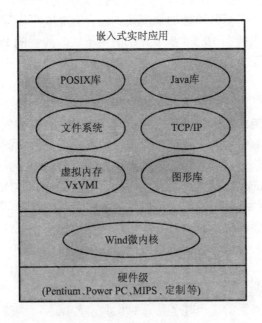

图 19.12　VxWorks 的结构图

实时 Linux

　　在实时环境中，Linux 操作系统的使用越来越多。前面已经介绍了它的软实时调度特性（5.6.3 小节），即系统中的实时任务被分配最高优先级。2.6 版本内核的附加特性使 Linux 越来越适合嵌入式系统。这些特征包括一个完全抢占式内核和一个更高效的调度算法，这个算法不管系统中有多少任务处于激活状态，均在 O(1) 时间运行。通过将内核分成几个模块组件，2.6 版本使 Linux 更容易移植到不同的硬件结构。

　　另一种将 Linux 用于实时环境的方法是将 Linux 操作系统和一个小实时内核结合应用，因此可以提供一个既通用又实时的系统。这是 RTLinux 操作系统所采用的方法。在 RTLinux 中，标准的 Linux 内核作为一项任务在一个小的实时操作系统中运行。实时内核处理所有中断：把中断发送给标准 Linux 内核或实时内核中的服务程序。此外，RTLinux 阻止标准 Linux 内核长期禁用中断，从而确保它不能增加实时系统的延迟。RTLinux 同时提供了不同的调度算法，包括单调速率调度算法（19.5.1 小节）和最早截止期限优先调度算法（19.5.2 小节）。

风微核支持以下基本特性：

● **进程**。风微核为单独的进程和线程（使用 Pthread API）提供支持。不过，类似于 Linux，VxWorks 不能区别进程和线程，而是将两者均视为**任务**。

● **调度**。风微核提供了两种单独的调度模式：含有 256 个不同优先级的抢占和非抢占循环调度算法。调度也支持在 19.5.4 小节介绍的用于实时线程的 POSIX API。

● **中断**。风微内核还负责管理中断。为了支持硬实时要求，中断和调度延迟时间是有限制的。

● **进程间通信**。风微内核提供了共享内存和消息传递作为任务间的通信机制。它也允许任务使用一种称为**管道**的技术来通信。管道与 FIFO 队列有相同的运转方式，但是允许任务通过向文件（管道）中写入来通信。为了保护不同任务共享的数据，VxWorks 提供了带有优先级继承协议的信号量和互斥锁以防止优先级反转。

微内核之外，VxWorks 包括几个组件程序库，用以支持 POSIX、Java、TCP/IP 网络以及类似的程序。所有组件都是可选的，可以让嵌入式系统的设计师根据其具体需要自定义系统。例如，如果不需要网络，TCP / IP 库可以被排除在操作系统的特性以外。该策略可以使设计师只包括需要的特性，因此可以将操作系统的尺寸（或空间）最小化。

VxWorks 采用一种有趣的方法来管理内存，支持两个级别的虚拟内存。第一个级别是很简单的，即在每页的基础上控制缓存。该策略可以使应用程序将某些页指定为非缓存页。当数据由运行在多处理器上的多个任务共享时，共享数据有可能驻留在每个处理器的本地缓存内。除非体系结构支持缓存的一致性，以确保驻留在两个缓存中的同一数据将不会有所不同，否则共享数据不应该存放在缓存中，而只能是存放在主存中，以保证所有的任务对共享数据有一致的视图。

虚拟内存的第二个级别要求可选虚拟内存组件 VxVMI(图 19.12)和 CPU 支持 MMU。通过在含有 MMU 的系统上加载这个可选组件，VxWorks 允许任务可以将某些数据区标记为私有。标记为私有的数据区只能由其所属的任务访问。此外，VxWorks 允许含有内核代码和中断向量的页面声明为只读。因为 VxWorks 不能区分用户模式和内核模式，所有的应用程序都在内核模式下运行，一个应用程序可以访问系统的整个地址空间，所以这是非常有用的。

19.7 小　结

实时操作系统是一种要求在一个截止期限内产生结果的计算机系统；截止期限后产生的结果是无效的。很多实时系统嵌入在消费设备和工业设备中。实时系统有两种类型：软实时系统和硬实时系统。软实时系统的限制最少，它分配给实时任务的调度优先级高于其他任务。硬实时系统必须保证实时任务在其截止期限内处理。除了严格的时间要求之外，实时系统还有目的性单一和可以在小而便宜的设备上运行等更多优点。

实时操作系统可以采用多种技术来满足时间要求。此类系统的调度程序必须支持抢占式优先算法。进一步讲，操作系统允许高优先级实时任务抢占正在运行在内核中的任务。实时操作系统还通过最小化中断和调度延迟来满足其独特的时间需求。

实时调度算法包括单调速率调度算法和最早截止期限优先调度算法。单调速率调度算法为请求 CPU 频繁的任务分配的优先级高于请求较不频繁的任务。最早截止期限优先调度算法按照预期的截止期限分配优先级——截止期限越早，优先级越高。按比例分享调度算法将处理器时间分成数份，每个进程分配有几份时间，以保证每个进程按比例分享 CPU 时间。Pthread API 也提供了多种调度实时线程的特性。

习 题

19.1 确定在以下环境中，硬实时系统还是软实时系统更合适：
   a. 家用温控器
   b. 核电站控制系统
   c. 汽车中的燃油节约系统
   d. 喷气式飞机的着陆系统

19.2 讨论实时系统中优先级的反转问题的解决方法，以及在按比例分享调度程序内是否可以找到解决方案。

19.3 Linux 2.6 版本内核能以没有虚拟内存的方式构造。解释这个特性能吸引实时系统设计者的原因。

19.4 在什么环境下，在满足相关进程的截止期限方面，最早截止期限优先调度程序优于单调速率调度程序？

19.5 考虑两个进程，P_1 和 P_2，$p_1 = 50$, $t_1 = 25$, $p_2 = 75$, $t_2 = 30$。
   a. 这两个进程能否使用单调速率调度算法调度？用 Gantt 图说明你的答案。
   b. 使用 EDF 调度算法解释这两个进程的调度过程。

19.6 引起中断和调度延迟的各种原因是什么？

19.7 解释在一个硬实时系统中，为何中断和调度延迟时间必须是有限制的。

文 献 注 记

Liu 和 Layland [1973]中介绍硬实时系统的调度算法，例如单调速率调度算法和最早截止期限优先调度算法。Jensen 等[1985]、Lehoczky 等[1989]、Audsley 等[1991]、Mok [1983] 和 Stoica 等[1996]介绍了其他的调度算法和前面算法的扩展。Mok [1983]中描述了一种称为最低松弛度优先调度算法的动态优先分配算法。在 Stoica 等[1996]中分析了按比例分享算法。可以从 http://rtlinux.org、http://windriver.com 和 http://qnx.com 获得嵌入式系统中使用的各种通用操作系统的有用信息。Stankovic [1996]中的一篇研究性文章讨论了嵌入式系统领域未来的方向和重要的研究结果。

第20章 多媒体系统

在前面的几章，普遍关心的是如何利用操作系统处理常规数据，如文本文件、程序、二进制文件、文字处理文件、电子表格。然而，操作系统可能还要处理其他类型的数据。在技术上近来的趋势是把**多媒体数据**结合到计算机系统里。多媒体数据由连续媒体（音频和视频）数据以及常规文件构成。连续媒体数据不同于常规数据，因为连续媒体数据，如视频的帧——必须按照一定的时间限制（例如，30帧/秒）来传送（流化）。在这一章中，将探讨连续媒体数据的需求，也将更详细地讨论这些数据和常规数据的不同之处，以及这些不同点如何影响支持多媒体系统的操作系统的设计。

本章目标

- 识别多媒体数据的特性。
- 研究用于压缩多媒体数据的一些算法。
- 探讨多媒体数据操作系统的需求，包括 CPU 和磁盘调度以及网络管理。

20.1 什么是多媒体

术语*多媒体*指在今天普遍使用的一系列应用，这些应用包括音频文件和视频文件，如MP3 音频文件、DVD 电影、电影预览的视频剪辑或从网络上下载的新闻报道。多媒体应用还包括现场网播（万维网上的广播）的发言或体育赛事，甚至生活网络摄影机，使在美国曼哈顿的观众可以观察到在法国巴黎一个咖啡馆中的顾客。多媒体应用不必只是音频，或只是视频，而往往是两者的结合体。举例来说，一部电影可能由单独的音频轨道和视频轨道构成。多媒体应用也不是只能传送到台式个人计算机，而是越来越多地应用到小型设备，包括个人数字助理（PDA）和移动电话。举例来说，股市交易者可能会实时将股票报价传送给她的 PDA。

本节将探讨多媒体系统的几个特点，研究多媒体文件如何从一个服务器传送到客户端系统，也将着眼于表示多媒体视频和音频文件的公共标准。

20.1.1 媒体传送

多媒体数据像任何其他的数据一样，存储在文件系统中。常规文件和多媒体文件的主要区别在于，多媒体文件必须以某一特定速率访问，而常规文件的访问并不需要特定的时间。用视频作为一个例子来说明所谓的"速率"。视频指用一系列图像（正式名称为帧）快速地连续显示来表示。帧显示得越快，视频越流畅。通常情况下，对于人眼来说，看起来流畅的视频需要达到 24～30 帧/秒的速率（在帧已经出现后，眼睛短时间内保留每个帧的图像，该特性被称为**视觉暂留**。24～30 帧/秒的速率，足够使视频看起来流畅）。低于 24 帧/秒的速率将会导致视频看起来时断时续。必须从文件系统以视频被显示的一致速率来访问视频文件。将有相关速率要求的数据称为**连续媒体数据**。

多媒体数据可以从本地文件系统或远程服务器传送到客户端。当数据传送来自于本地文件系统时，将传送称为**本地播放**。这类例子包括在一台笔记本电脑上收看 DVD，或在手持 MP3 播放器上听 MP3 音频文件。在这些例子中，数据由一个常规文件组成，该文件存储在本地文件系统并由该系统在本地播放（即浏览或听取）。

多媒体文件也可以存储在一个远程服务器上，使用**流技术**通过网络传送到客户端。客户端可能是一台个人计算机或一个小型设备，例如一个掌上电脑、PDA 或移动电话。实况连续媒体的数据，如实况网路摄影机，也从服务器传送给客户端。

有两种类型的流技术：渐进式下载和实时流。对于**渐进式下载**，包含音频或视频的媒体文件被下载并存储在客户端的本地文件系统中。当文件正在下载时，客户端就能在本地播放该媒体文件，无须等待该文件下载完毕。因为媒体文件最终存储在客户端系统，所以渐进式下载对于相对较小的媒体文件是最有用的，如短的视频剪辑。

实时流与渐进式下载的不同之处在于，媒体文件被串流传递给客户端，但只是由客户端播放而不存储。因为媒体文件未被存储在客户端系统，对于太大而不能存储在客户端系统上的媒体文件，例如长的视频、因特网无线电和 TV 广播，实时流比渐进式下载更可取。

渐进式下载和实时流都可以允许客户端移动到流媒体中的不同点，正如在 VCR 控制器上可以使用快进和倒带操作，移动到录像带上的不同点。举例来说，可以移动到一个 5 分钟视频流的结尾或重放影片剪辑的某一个区段。这种在流媒体中移动的能力被称为**随机存取**。

有两种类型的实时流可用：实况流和点播流。**实况流**用于传送一个活动，如音乐会或讲座，实况播放就好像它正在实际发生一样。网络上的无线电广播正是实况流的一个例子。事实上，一个本书的作者之所以能够在美国犹他州的家中，定期收听来自美国佛蒙特州的喜爱的电台，正是由于网络的串流直播。实况实时流也可以这样应用，如实况网络摄像机和视频会议。由于它的实况传送，这种类型的实时流不容许客户端随机访问流媒体中的不同点。此外，实况传送意味着客户端想要浏览（或收听）已经正在播放中的一段特殊的流媒体时，他将会稍晚连接到那段流媒体，因此将错过流媒体前面的部分。直播电视或无线电广播也同样。例如，如果在下午 7 点 10 分开始看下午 7 点的新闻，就会错过最初 10 分钟的广播节目。

点播流是用来传送如整部电影和存档的讲座之类的大媒体流。实况流和点播流的区别在于，活动进行时不发生点播流。举例来说，看直播流就像看电视上的新闻广播，而看点播流就像在方便的时候看 DVD 播放机中的电影，没有晚的概念。客户端是否能随机访问媒体，取决于点播流媒体的类型。

著名的流媒体产品的例子包括 RealPlayer，苹果的 QuickTime 和 Windows Media Player。这些产品同时包括了传送媒体的服务器和用于播放的客户端媒体播放器。

20.1.2 多媒体系统的特点

多媒体系统的要求不同于常规的应用软件。通常情况下，多媒体系统具有以下特点：

- 多媒体文件可以相当大。举例来说，100 分钟的 MPEG-1 视频文件，大约需要 1.125 GB 的存储空间；100 分钟的高清电视（HDTV）大约需要 15 GB 的存储容量。存储了成百上千数字视频文件的服务器可能因此需要几个太字节（TB）的存储空间。

- 连续媒体可能需要非常高的数据速率。考虑数字视频中，一副彩色视频帧的分辨率为 800×600 像素。如果使用 24 位代表每个像素的颜色（这会有 2^{24}，大约 1 600 万个不同的颜色），一个单一的帧需要 800×600×24 = 11 520 000 位的数据。如果帧以 30 帧/秒的速率显示，需要超过 345 Mbps 的带宽。

- 播放时，多媒体应用软件对于时间延误是敏感的。一旦连续媒体文件传送到用户端，在媒体播放期间，传送必须以某一速率继续；否则，播放期间，听众或观众将会遇到暂停的现象。

20.1.3 操作系统问题

对于传送连续媒体数据的计算机系统，它必须保证特定的速率和时间要求——也被称为连续媒体的**服务质量**（quality of service，QoS）。

提供的这些 QoS 保证影响，计算机系统中的一些组件，也影响如 CPU 调度、磁盘调度和网络管理等操作系统的问题。具体包括：

- 压缩和解码，可能需要大量的 CPU 处理。
- 必须为多媒体任务安排一定的优先级，以确保满足连续媒体的最后期限要求。
- 同样，文件系统必须能够满足连续媒体的速率要求。
- 网络协议在最小化延迟和抖动的同时，必须支持带宽的要求。

在以后的部分，将探讨这些和其他一些与 QoS 相关的问题。不过首先简要概述一下有关压缩多媒体数据的各种技术。如前所述，压缩对 CPU 提出了很高的要求。

20.2 压 缩

由于多媒体系统大小和速率的要求，多媒体文件往往从原来的形式压缩到非常小的形式。一旦文件被压缩，存储将占用较小的空间，并且可以更快地传送到客户端。当内容通过网络连接传送时，压缩显得尤为重要。在讨论文件压缩时，经常提到**压缩比**，这是原来文件的大小与压缩文件的大小之比。举例来说，一个 800 KB 的文件被压缩到 100 KB，它的压缩比为 8:1。

一旦文件被压缩（**编码**），它必须解压缩（**解码**），然后才可以访问。用于压缩文件的算法特性影响了以后的解压缩。压缩算法被分为**有损压缩和无损压缩**。对于有损压缩，解压缩时会丢失一些原始数据，而无损压缩确保压缩文件始终可以恢复原来的版本。通常，有损压缩技术可以提供更高的压缩率。很明显只有某些类型的数据可以承受有损压缩，即图片、音频和视频。有损压缩算法往往消除某些数据，如人耳无法探测到的非常高或低的频率。一些有损压缩算法通过只存储连续帧之间的差别来压缩视频。无损压缩算法用于压缩文本文件，如计算机程序（例如，**zipping** 文件），因为用户想要使这些压缩文件恢复到它们的原始状态。

许多连续媒体数据的有损压缩方法为商业所用。在本节中，将介绍一种运动图像专家组所用的方法，被称为 MPEG。

MPEG 指数字视频的一组文件格式和压缩标准。因为数字视频也往往包含音频部分，每个标准分为三个层次。第 3 层和第 2 层适用于媒体文件的音频和视频部分。第 1 层被称为**系统层**，包含时间信息，该信息使 MPEG 播放器可以组合音频和视频部分，以便它们在播放期间保持同步。有三个主要的 MPEG 标准：MPEG-1、MPEG-2 和 MPEG-4。

MPEG-1 用于数字视频及其相关的音频流。在 30 帧/秒的速率时，MPEG-1 的分辨率是 352×240 像素，比特率最高可达 1.5 Mbps。这使其质量稍低于常规的 VCR 视频。MP3 音频文件（一种受欢迎的存储音乐的介质）使用 MPEG-1 的音频层（第 3 层）。对于视频，MPEG-1 可以实现高达 200:1 的压缩比，虽然实际中的压缩比要低得多。因为 MPEG-1 并不需要很高的数据传输速率，它常常被用来在互联网上下载较短的视频剪辑。

MPEG-2 提供的质量好于 MPEG-1，用于压缩 DVD 电影和数字电视（包括高清电视，即 HDTV）。MPEG-2 可以识别视频压缩的很多**级别**和**概况**。级别是指视频的分辨率；概况是指视频的质量。通常情况下，分辨率的级别越高和视频的质量越好，所需的数据传输率越高。MPEG-2 编码文件的典型比特率是 1.5～15 Mbps。因为 MPEG-2 要求较高的速率，往往不适合通过网络传送视频，而是通常用于本地播放。

MPEG-4 是最近的标准，用来传输音频、视频和图形，其中包括二维和三维动画层。视听技术使最终用户在文件播放期间，可与其互动。举例来说，一个潜在的房屋购买者可以下载 MPEG-4 文件，并采取虚拟旅游穿过一个她正在考虑购买的房子，当她选择时，可以从一个房间移到另一个房间。MPEG-4 另一个吸引人的特点是，它提供了一个可扩展的质量级别，使其可以在相对缓慢的网络连接，如 56 Kbps 的调制解调器或每秒几兆的超高速局域网上传送。此外，通过提供的可扩展质量级别，MPEG-4 的音频和视频文件可以传送到无线设备（包括掌上电脑、PDA 和手机）上。

这里讨论的三个 MPEG 标准执行有损压缩，以达到高压缩比。MPEG 压缩的基本理念是存储连续帧之间的差别。在此并不介绍 MPEG 如何执行压缩的更多详情，而是鼓励有兴趣的读者参考本章最后的参考书目。

20.3 多媒体内核的要求

由于如 20.1.2 小节所描述的特征，多媒体应用软件对操作系统的服务级别要求往往不同于传统应用软件，如文字处理器、编译器和电子表格等。时间和速率的要求或许是首要关注的问题，因为音频和视频数据的播放要求数据要在某个限定的期限内，并以一个连续的速率传送。传统的应用软件通常没有这样的时间和速率限制。

在固定的间隔或周期请求数据的任务被称为**周期性进程**。举例来说，一个 MPEG-1 视频，播放期间需要的速率可能是 30 帧/秒。保持这个速率要求传送一帧需要的时间大约是 1 / 30 秒或 3.34% 秒。在上下文中考虑截至期限，假定在帧 F_i 之后播放时帧 F_j，而 F_i 在 T_0 时刻播放。那么显示帧 F_j 的截止期限是时刻 T_0 后的 3.34% 秒。如果操作系统无法在这个截止期限内显示帧 F_j，它就会被忽略掉。

如前所述，速率要求和截止期限被称为服务质量（QoS）要求。QoS 有 3 个层次：

- **尽力转发服务**。系统尽最大努力去满足服务质量要求，但是并不做任何保证。
- **软 QoS**。这一级以不同的方式对待不同类型的传输。相对于其他流来说，给予比一定的传输流更高的优先级。然而，正如尽力转发服务，它不做任何保证。
- **硬 QoS**。服务质量的要求得到保障。

传统的操作系统，即本文中已经讨论至今的系统，通常只提供尽力转发服务，且依赖于**过量配置资源**，也就是说，它们简单地假设可用的资源总额会大于最坏的工作量需求。如果需求超过了资源能力，就会采取人工干预，这时必须从系统中移除一个（或几个）程序。不过，下一代多媒体系统不能作出这样的假设。这些系统必须提供能够通过硬 QoS 保证的连续媒体应用软件。因此，在接下来的讨论中，当提到 QoS 时，是指硬 QoS。接下来，探讨能够使多媒体系统提供这种服务水平保证的各种技术。

多媒体应用包括如下 QoS 参数定义：

- **吞吐量**。吞吐量是指在某一个区间内完成的工作总量。对于多媒体应用，吞吐量是指所需的数据传输率。
- **延误**。延误是指从提交最初的请求到产生所期望的结果经过的时间。举例来说，从一个客户端请求一个媒体流到流传送到客户端的时间即是延误。

• **抖动**。抖动与延误有关，但延误指客户端等待收到流的时间，抖动是指流播放期间发生的延误。某些多媒体应用，如可以点播的实时流，可以容忍这样的延误。然而对于连续媒体应用，普遍认为抖动是不可接受的，因为它可能意味着播放时长时间停顿或丢失帧。播放开始前，客户往往可以通过缓冲一定数量的数据来弥补抖动，比如5秒的数据量。

• **可靠性**。可靠性是指在连续媒体的传输和处理过程中如何处理错误。在网络中丢失信息包或者CPU的处理延误都可能引发错误。在这些和其他情况下，因为信息包通常到达得太迟而不能用，故错误不能被予以更正。

客户端和服务器之间的服务质量可以**协商**。例如，连续媒体的数据可能在不同层次的质量级别被压缩：质量越高，所需的数据传输率越高。客户端可以与服务器协商一个特殊的数据传输率，从而播放时允许某一层次的质量。此外，许多媒体播放器允许客户端按照客户端与网络连接的速度来配置播放器。这使客户端针对特殊的连接以特定的速率来接收流服务。客户端与流媒体提供方就这样来协商服务质量。

为了提供QoS保证，操作系统经常使用**接纳控制**，只有当服务器有足够的资源来满足请求时才接受服务请求。大家常在日常生活看到接纳控制。举例来说，一家电影院只有当影院中有座位时，它才会接受那么多的顾客（在许多情况下，日常生活中的接纳控制没有实行，但却是可取的）。如果在多媒体环境中，没有使用接纳控制的命令，对系统的请求可能会变得很多，以致该系统无法满足其QoS保证。

在第6章，讨论了使用信号量作为一种实施一个简单的接纳控制策略的方法。在这种情况下，存在着有限数量的非共享资源。当请求资源时，只要有足够的资源可用，就可以同意请求；否则请求的过程被迫要等到资源可用。可以通过初始化可用资源的信号量为可用资源的数量来执行接纳控制策略。每一个资源的请求是通过一个信号量上的 wait()操作来执行的；资源是由信号量上的 signal()调用来释放的。一旦所有的资源都在使用，随后对wait()的调用将一直阻塞，直到有一个相应的 signal()调用。

实施接纳控制的常用技术是使用**资源保留**。举例来说，文件服务器上的资源可能包括CPU、内存、文件系统、设备和网络（见图20.1）。注意，资源既可以是独占的，也可以是共享的，并且每个资源类型可能是单个或多个实例。要想使用资源，客户端必须提前对资源作出保留请求。如果请求没有通过，保留被拒绝。接纳控制机制为每一类型的资源分配了一个**资源管理器**。对资源的请求具有与QoS相关的需求，如数据传输率。当收到一个资源请求时，资源管理器决定资源是否能满足QoS要求。如果不能，请求可能被拒绝，或可能在客户端和服务器之间协商一个较低水平的QoS。如果请求被接受，资源管理为请求的客户端预留资源，从而保证了客户所期望的QoS需求。在20.7.2小节中，在CineBlitz多媒体存储服务器上，研究用以确保QoS保证的接纳控制算法。

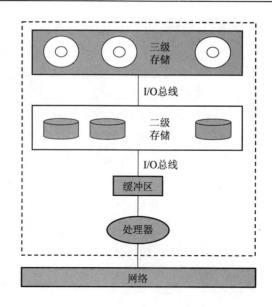

图 20.1　文件服务器上的资源

20.4　CPU 调度

第 19 章介绍了实时系统，区分了**软实时系统**和**硬实时系统**。软实时系统只给关键进程调度优先权。软实时系统确保重要的进程相对于非重要进程有优先调度的权利，但是不保证何时调度关键进程。连续媒体的一个典型的要求就是，数据必须在某一个截止期限内传送到客户端，在截止期限前没有到达的数据是无法使用的。多媒体系统因此要求硬实时调度，保证关键进程会在特定的时间内完成。

另一个需要关注的调度问题是，调度算法使用静态优先级还是动态优先级，先前在第 5 章已讨论的两者的区别。两者之间的区别是，如果调度分配了一个静态优先级，进程的优先级会保持不变。分配动态优先级调度算法，允许优先级别随时间而改变。调度非实时任务时，大多数操作系统使用动态优先级，以便给予交互进程更高的优先级。然而，当调度实时任务时，大多数系统分配静态优先级来简化调度程序的设计。

在 19.5 节讨论的一些实时调度策略，可以用于满足连续媒体应用的速率和截止期限的服务质量需求。

20.5　磁 盘 调 度

之前在 12 章讨论了磁盘调度。在那里，主要侧重于处理常规数据的系统。对于这些系统，调度的目标是公平和吞吐量。因此，大多数磁盘调度程序运用某种形式的 SCAN（12.4.3 小节）或 C-SCAN（12.4.4 小节）算法。

不过连续媒体文件有两个限制因素：截止期限和速率要求，而常规数据文件通常没有这些。必须满足这两个制约因素，才能保证 QoS，同时，必须为满足这两个制约因素而优化磁盘调度算法。不幸的是，这两个制约因素往往相互冲突。连续媒体文件通常需要非常高的磁盘带宽率，以满足它们的数据速率要求。因为磁盘有相对较低的传输速率和相对较高的延迟率，磁盘调度程序必须减少延迟时间，以确保高带宽。不过，降低延迟时间可能会导致调度策略不能根据截止期限来优化。在本节中，将探讨两个能满足连续媒体系统服务质量需求的磁盘调度算法。

20.5.1 最早期限优先调度

作为一个根据截止期限指派优先级的例子，先来看一下 19.5.2 小节介绍的最早期限优先算法（EDF）。EDF 也可以用做磁盘的调度算法，在这里，EDF 根据每个请求必须完成的时间（其截止期限）来为请求排序。EDF 算法与最短寻道时间（SSTF）算法类似（12.4.2 小节），但是 SSTF 首先处理最接近当前柱面的请求。EDF 根据截止期限来处理请求，与截止期限最接近的请求优先处理。

这种方法的问题是，由于磁盘头在整个磁盘空间内可以随意移动，而不会考虑到当前位置，严格按照截止期限处理请求可能会导致需要更多的寻道时间。举例来说，假设磁盘头目前正处于柱面 75，柱面的队列是（根据截止期限排序）是 98，183，105。根据严格的 EDF 调度，磁盘头部会从 75 开始移动，到 98，再到 183，然后回到 105。注意，当磁盘头从 98 移动至 183 时，它经过柱面 105。磁盘调度程序完全可以在到柱面 183 的过程中处理柱面 105 的请求，而仍然保证柱面 183 的截止期限请求。

20.5.2 SCAN-EDF 调度

对于严格的 EDF 调度，它的根本问题是忽略了磁盘读写磁头的位置，它的移动可能是随意的回旋，来来往往于整个磁盘，从而导致不可接受的寻道时间，影响磁盘吞吐量。回顾一下，这是与使用 FCFS 调度（12.4.1 小节）面临的相同问题。最终通过 SCAN 调度解决了这个问题，SCAN 使磁头在磁盘中以一个方向移动，根据接近当前柱面的远近来处理请求。磁盘臂一旦到达磁盘尾部，则掉转方向。这个方法优化了寻道时间。

SCAN-EDF 是一种结合 EDF 和 SCAN 调度的综合算法。SCAN-EDF 以 EDF 开始，但是用 SCAN 顺序来处理有相同截止期限的请求。如果几项要求有不同的截止期限且相当靠近，该怎么办呢？在这种情况下，SCAN-EDF 可以使用批处理请求，按照 SCAN 顺序处理同一批的请求。有很多技术用于有相同截止期限的批请求；重新排序该批中的请求唯一的要求是，必须保证在最后期限内处理那些请求。如果截止期限是平均分布的，批可以组成某一大小的组，例如，每批 10 个请求。

另一种方法是，将批请求划分在一个给定的时间段内，如 100 ms。考虑一个以这种方法划分批处理请求的例子。假设有以下请求，每个请求均有一个特定的截止期限（以 ms 为单位），正在请求柱面：

请求	截止期限	柱面
A	150	25
B	201	112
C	399	95
D	94	31
E	295	185
F	78	85
G	165	150
H	125	101
I	300	85
J	210	90

假设在 0 时刻，目前正在处理柱面 50，磁头正在朝柱面 51 移动。按照前面的批机制，请求 D 和 F 在第一批；A、G 和 H 在第 2 批；B、E 和 J 在第 3 批；C 和 I 在最后一批。每批中的请求将按照 SCAN 顺序来排序。因此，在第 1 批中，会先处理请求 F，然后是请求 D。注意，按照柱面数向后移动，从 85 到 31。在第 2 批，首先处理请求 A；然后磁头朝着柱面的前方移动，处理请求 H，然后是 G。第 3 批按照 E、B、J 的顺序处理。在最后一批中处理请求 I 和 C。

20.6 网 络 管 理

或许前面的多媒体系统 QoS 问题与保留带宽有关。例如，如果一个客户想要浏览以 MPEG-1 压缩的视频，服务质量要求主要取决于系统以要求的速率传送帧的能力。

前面所讨论的问题，如 CPU 和磁盘调度算法，重点是如何使用这些技术，以更好地满足多媒体应用的服务质量要求。不过，如果媒体文件正在网络上传送（也许是 Internet），网络如何传送多媒体数据的问题可以显著地影响 QoS 要求怎样实现。在本节中，将探讨几个与连续媒体的独特要求有关的网络问题。

在开始之前，需要注意的是，通常情况下，目前计算机网络（尤其是 Internet）不提供网络协议保证在规定的时间要求内的数据传送（有一些专有的协议——尤其是那些运行在 Cisco 路由器上的，允许一定的网络流量区分优先次序以满足 QoS 要求，这种专有协议并不在 Internet 上通用，因此并不在本节的讨论范围之内）。

当数据通过网络传送时，传输很可能遇到阻塞、延误和其他的网络传输问题，这些问题是数据发送者所无法控制的。对于有时间要求的多媒体数据，两端主机之间的时间问题必须是同步的，即服务器传送内容的同时，客户端播放它。

专用于时间问题的协议是**实时传输协议**（RTP）。RTP 协议是一种传送实时数据的 Internet 标准，包括音频和视频。它可用于传输媒体格式，如 MP3 音频文件和使用 MPEG 压缩的视频文件。RTP 协议没有提供任何的 QoS 保证；相反，它提供的功能允许接收者消除由于延误和网络堵塞引起的抖动。

在后面的部分，将考虑另外两个解决连续媒体独特需求的方法。

20.6.1　单播和多播

通常情况下，有三种方法用于通过网络从服务器到客户端传送内容：

● **单播**。服务器向一个单独的客户端传送内容。如果相同的内容要向多个客户端传送，服务器必须为每一个客户端建立一个独立的单播。

● **广播**。服务器向所有的客户端传送内容，而不管它们是否愿意接收。

● **多播**。服务器向一组愿意接收内容的客户端传送内容。这种方法介于单播和广播之间。

利用单播传送的问题是，服务器必须为每一个客户端建立一个独立的单播。对于实时流，这看起来特别浪费，因为对于每一个客户端，服务器必须建立几个相同内容的副本。显然，广播并不总是适当的，因为并非所有的客户希望能收到流（可以这么说，广播通常只用于局域网而不可能用于 Internet）。

多播似乎是一个合理的折中方法，因为它允许服务器向愿意接收内容的所有客户端提供单个内容的副本。从应用的角度来看，多播的难度是客户端必须在空间上接近服务器或中间路由器（转播来自于原始服务器的内容）。如果从服务器到客户端的路由必须跨中间路由器，路由器还必须支持多播。如果不符合这些条件，路由过程中的延误可能导致违背连续媒体的时间需求。在最坏的情况下，如果客户端连接到一个不支持多播的中间路由器，客户端将根本无法收到多播流。

目前，大多数的流媒体通过单播渠道传送。不过，多播用于服务器和客户端的构成可以提前得知的各种区域。举例来说，横跨一个国家几个地点的一家公司能确保所有的站点均连接到多播路由器，并且是物理上比较接近的路由器。该组织将可使用多播传送来自于行政长官的发言。

20.6.2　实时流协议

在 20.1.1 小节，描述了流媒体的一些特征。大家可以注意到，用户能够随意地访问一个媒体流，可能回放或暂停，就像用户有一个 VCR 控制器。这是如何实现的？

为了回答这个问题，先看一下流媒体是如何传送到客户端的。一种方法是用超文本传输协议（HTTP，用来传递服务器文档的协议）来流化标准 Web 服务器上的媒体。很多时候，客户端使用**媒体播放器**，如 QuickTime、RealPlayer 或 Windows Media Player，来播放来自于标准 Web 服务器的媒体流。通常情况下，客户端首先请求一个元文件，包括了流媒体文件的地址（或许由统一资源定位器（URL）识别）。元文件被传送到客户端的 Web 浏览器，然后浏览器根据元文件指定的媒体类型开启适合的播放器。举例来说，一个实时音频流会要求使用 RealPlayer，而 Windows Media Player 将用来播放 Windows 媒体流。媒体播放器然后连接到 Web 服务器，并请求流媒体。使用标准的 HTTP 请求，将流从 Web 服务器传送到媒体播放器。这个过程如图 20.2 所示。

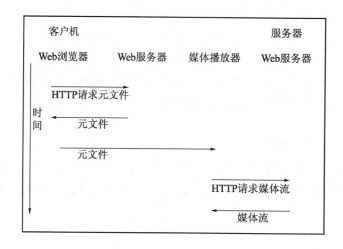

图 20.2　常规 Web 服务器的流媒体

从一个标准的 Web 服务器传送流媒体的问题是，HTTP 被认为是一个无状态协议，因此，一个 Web 服务器并不维护它与客户端的连接状态。因此，客户端很难在流媒体内容传送过程中暂停，因为当客户端希望恢复播放时，暂停命令要求 Web 服务器知道从哪里开始。

另一种方法是使用一个专为流媒体设计的专用流服务器。一种为流服务器和媒体播放器间的通信设计的协议被称为实时流协议（RTSP）。RTSP 相对于 HTTP 的显著优势是，提供了客户端和服务器之间有状态的连接，允许客户端在流播放过程中，暂停或寻求随机位置。使用 RTSP 传送流媒体类似于使用 HTTP（见图 20.2），即用常规 Web 服务器传送元文件。不过，使用 RTSP 传送时，并不是使用 Web 服务器，而是用 RTSP 协议传送来自于流服务器的流媒体。RTSP 的操作如图 20.3 所示。

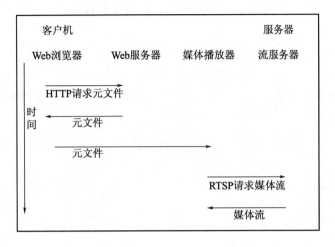

图 20.3 实时流协议（RTSP）

RTSP 定义了作为该协议的一部分的一些命令，这些命令从客户端发送到 RTSP 流服务器。这些命令包括：

- **安装**（SETUP）。服务器为客户端会话分配资源。
- **播放**（PLAY）。服务器为用 SETUP 命令建立客户端会话传送流。
- **暂停**（PAUSE）。服务器暂停传送流，但为该会话保留了资源。
- **拆解**（TEARDOWN）。服务器中断连接，释放为会话分配的资源。

该命令可以图解为服务器的状态机，如图 20.4 所示。其中，RTSP 服务器由 3 个状态构成：**初始化、就绪、播放**。当服务器收到客户端的 RTSP 命令时，依次触发 3 个状态的转移。

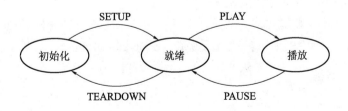

图 20.4 表示 RTSP 的有限状态机

因为流媒体使用 RTSP 而不是 HTTP，可以拥有几个其他优势，但主要是与网络问题有关，因此不在本书的讨论范围之内。有兴趣的读者可以参阅本章的文献注记，以找到更多的资料。

20.7 实例：CineBlitz

CineBlitz 多媒体存储服务器是一种高性能的媒体服务器，它同时支持有速率要求的连续媒体（如视频和音频）和没有速率要求的常规数据（如文本和图像）。CineBlitz 将有速率要求的客户端看做**实时客户端**，而将没有速率要求的客户端看做**非实时客户端**。CineBlitz 通过实现一个接纳控制器来保证满足实时客户端的速率要求，只有当有足够的资源，让数据获取以规定的速率进行，CineBlitz 才会接纳客户端。本节探讨 CineBlitz 磁盘调度和接纳控制算法。

20.7.1 磁盘调度

CineBlitz 磁盘调度程序周期性地处理请求。在每个处理周期的开始，以 C-SCAN 顺序（12.4.4 小节）放置请求。记得前面已讨论过 C-SCAN，即磁盘磁头从磁盘的一端扫描移动到另一端。不过，当到达磁盘末端时，磁头并没有调转方向（如纯 SCAN 磁盘调度，见 12.4.3 小节），而是回到了磁盘的开始端。

20.7.2 接纳控制

CineBlitz 接纳控制算法监测来自于实时和非实时客户端的请求，确保两种类型的客户端均可以接收到服务。此外，接纳控制器必须能提供保证实时客户端需求的速率。为确保公平，只有一部分 p 的时间预留给实时客户端，而其余的 $1-p$ 预留给非实时客户端。这里，探讨实时客户端的接纳控制器，因此，术语"客户端"指实时客户端。

CineBlitz 接纳控制器监测各种系统资源，如磁盘带宽和磁盘延误，同时跟踪可用的缓冲区空间。只要有足够的可用磁盘带宽和缓冲区空间，以保证按照客户端要求的速率检索数据，这时，CineBlitz 接纳控制器才会接纳客户端。

CineBlitz 将对连续媒体文件的请求 R_1，R_2，R_3，$\cdots$，R_n 进行排队，这里 r_i 是请求 R_i 所需的数据速率。队列中的请求是通过**双缓存**（double buffering），以循环次序的方式处理的，这里为每一个请求 R_i 分配了大小为 $2 \times T \times r_i$ 的缓冲区。

在每个周期 I，服务器必须：

① 从磁盘向缓冲区（$I \bmod 2$）获取数据。

② 从$((I+1) \bmod 2)$缓冲区向客户端传输数据。

这个过程如图 20.5 所示。对于 N 个客户端，需要的总的缓冲空间 B 是：

$$\sum_{i=1}^{N} 2 \times T \times r_i \leqslant B \qquad (20.1)$$

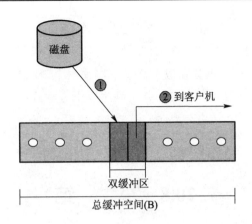

图 20.5　CineBlitz 中的双缓冲

CineBlitz 接纳控制器的基本理念是，按照下列标准限制进入队列中的请求：

① 首先估计每个请求的处理时间。

② 对于所有接纳的请求，只要估计的处理时间总和没有超过处理时间的周期 T，就可以继续接纳请求。

在每一个实时客户端 R_i 的周期内，以速率 r_i 检索 $T \times r_i$ 位。如果 R_1，R_2，$\cdots$，R_n 是当前活跃在系统中的客户端，那么接纳控制器必须确保检索相应实时客户端的 $T \times r_1, T \times r_2, \cdots, T \times r_n$ 位的时间总和不超过周期 T。在后面的部分，将详细探讨接纳策略。

如果磁盘存储块的大小是 b，那么每个周期内对于请求 R_k 能检索到的磁盘存储块的最大个数是 $\lceil (T + r_k)/b \rceil + 1$。此公式中 1 的来由是，如果 $T \times r_k$ 小于 b，那么 $T \times r_k$ 位有可能跨越一个磁盘存储块的最后部分和另一个磁盘存储块的开头部分，而导致检索到两个存储块。磁盘存储块的检索涉及：①寻道到包含存储块的磁道；②旋转延迟时间。如上所述，CineBlitz 使用 C-SCAN 磁盘调度算法，因此以磁盘存储块在磁盘上的位置顺序来检索磁盘块。

如果 t_{seek} 和 t_{rot} 指最坏情况下的寻道和旋转延迟时间，那么处理 N 个请求引起的最大延迟是：

$$2 \times t_{seek} + \sum_{i=1}^{N} \left(\left\lceil \frac{T + r_i}{b} \right\rceil + 1 \right) \times t_{rot} \qquad (20.2)$$

在这个等式中，$2 \times t_{seek}$ 部分指一个周期内产生的最大磁盘寻道延迟。第二部分指磁盘存储块检索的总和乘以最坏情况下的旋转延迟。

如果磁盘的传输率是 r_{disk}，那么对于请求 R_k，传输 $T \times r_k$ 位的数据的时间是 $(T \times r_k) / r_{disk}$。因此，对于请求 R_1，R_2，$\cdots$，R_n 检索 $T \times r_1$，$T \times r_2$，$\cdots$，$T \times r_n$ 位的时间总和即是等式 20.2 的和：

$$\sum_{i=1}^{N} \frac{T \times r_i}{r_{disk}} \qquad (20.3)$$

因此，CineBlitz 接纳控制器只在以下情况下接纳一个新的客户端 R_i，即如果至少有 $2 \times T \times r_i$ 位的空闲缓冲空间可用于客户端，并且满足以下方程式：

$$2 \times t_{seek} + \sum_{i=1}^{N} \left(\left\lceil \frac{T \times r_i}{b} \right\rceil + 1 \right) \times t_{rot} + \sum_{i=1}^{N} \frac{T \times r_i}{r_{disk}} \leqslant T \qquad (20.4)$$

20.8 小   结

多媒体应用普遍地用于现代的计算机系统。多媒体文件包括视频和音频文件，可以被传送到如台式计算机、个人数字助理和手机等系统。多媒体数据和常规数据的主要区别是多媒体数据有特定的速率和截止期限要求。因为多媒体文件有特定的时间要求，所以数据在传送到客户端播放前常常被压缩。多媒体数据或者是从本地文件系统传送，或使用流技术通过网络连接从多媒体服务器传送。

多媒体数据的时间要求被称为服务质量要求，常规的操作系统通常不能保证服务质量。为了提供服务质量，多媒体系统必须提供一种接纳控制形式，即系统只有满足请求的特定的服务质量级别时，才能接受该请求。提供服务质量保证，要求评估一个操作系统如何执行 CPU 调度、磁盘调度和网络管理。CPU 和磁盘调度通常使用连续媒体任务的截止期限要求作为调度标准。网络管理需要使用协议处理由网络所造成的延迟和抖动，以及播放期间允许客户端能够暂停或移动到流中的不同位置。

习   题

20.1 试给出一个能通过 Internet 传送的多媒体应用的例子。

20.2 区分渐进式下载和实时流。

20.3 下列哪些类型的实时流媒体应用可以容忍延误？哪些可以容忍抖动？
- 实况实时流
- 点播实时流

20.4 讨论在以下的系统的组件中，什么技术可以用来满足多媒体应用的服务质量要求：
- 进程调度
- 磁盘调度
- 内存管理

20.5 解释为什么用于传输数据的传统的 Internet 协议不能提供多媒体系统需要的服务质量保证。讨论为提供 QoS 保证，需要做出哪些改变。

20.6 假定数字视频文件正在以 30 帧/秒的速度显示；每一帧的分辨率是 640 × 480 像素，24 位用来代表每种颜色。假设没有压缩，传送该文件需要的带宽是多少？接下来，假设该文件以 200:1 的比率被压缩，那么传送该压缩文件所需要的带宽又是多少？

20.7 一个多媒体应用由 100 幅图像、10 分钟的视频和 10 分钟的音频构成。压缩后图像，视频和音频的大小分别是 500 MB、550 MB 和 8 MB。图像、视频和音频的压缩比分别为 15:1、200:1 和 10:1。图像、视频和音频在压缩之前的大小是多少？

20.8 假设想使用 MPEG-1 技术压缩数字视频文件，目标比特率是 1.5 Mbps。如果视频使用 24 位代表每种颜色，分辨率为 352 × 240 像素，以 30 帧/秒的速率显示该视频，为达到预期的比特率，必需的压缩比是多少？

20.9 考虑两个进程 P_1 和 P_2，在这两个进程中，$p_1 = 50$, $t_1 = 25$; $p_2 = 75$, 和 $t_2 = 30$。

    a. 这两个程序可以安排使用单速率调度吗？用 Gantt 图说明你的答案。

    b. 用 EDF 调度画图表示这两个程序的调度过程。

20.10 下表包含了若干请求以及与它们相关的截止期限和柱面。请求的截止期限发生在 100 ms 以内的归为一批。磁盘头目前正处于柱面 94，并正朝着柱面 95 移动。如果使用 SCAN-EDF 磁盘调度，这些请求如何被归为一批，每批中请求的顺序是怎样的？

请　　求	截 止 期 限	柱　　面
R1	57	77
R2	300	95
R3	250	25
R4	88	28
R5	85	100
R6	110	90
R7	299	50
R8	300	77
R9	120	12
R10	212	2

20.11 重复前面的问题，但这次换成了截止期限在 75 毫秒以内作为一批。

20.12 试对比单播，多播，广播技术通过计算机网络传送内容的不同。

20.13 试解释 HTTP 协议为什么不能用于传送流媒体。

20.14 多媒体文件在执行接纳控制请求时，CineBlitz 系统的操作原则是什么？

文 献 注 记

Fuhrt[1994]提供了一个多媒体系统的概述。通过网络传送多媒体的相关议题可参考 Kurose 和 Ross [2005]。在 Steinmetz [1995]和 Leslie 等[1996]中讨论了操作系统对多媒体的支持。在 Mercer 等[1994]、Druschel 和 Peterson [1993]中讨论了诸如处理能力和内存缓冲器等资源的管理。Reddy 和 Wyllie [1994]很好地概括了与多媒体的输入输出使用相关的问题。在 Regehr 等[2000]中，讨论了用于开发多媒体应用的程序模块。在 Lauzac 等[2003]中，介绍了单速率调度程序的接纳控制系统。在 Bolosky 等[1997] 中，介绍了用于处理视频数据的系统，并讨论了此系统中出现的调度管理问题。实时流协议详情参见 http://www.rtsp.org。MPEG-2 指南参见 Tudor [1995]。视频压缩技术参见 http://www.wave-report.com/tutorials/VC.htm。

第八部分 案 例 研 究

现在可以通过描述真实的操作系统来对本书前面所述的概念进行整合。接下来将详细介绍两个系统——Linux 和 Windows XP。选择 Linux 有两个原因：首先，它很流行，并且随处可以获取到；其次，它还代表了具有完全特征的 UNIX 系统。这为学习操作系统的学生提供了一个机会来读和去修改真实操作系统的源代码。

本部分详细介绍 Windows XP。微软的操作系统越来越流行，无论是在单机市场，还是在工作组服务器市场。之所以选择 Windows XP，是因为它为研究设计和实现与 UNIX 非常不同的现代操作系统提供了一个机会。

另外，本部分还将简要论述其他极具影响的操作系统。笔者对所展示的内容进行了排序，以突出各系统之间的相同点和不同点。但这并不是严格按照时间顺序展现的，也并未反映系统的相对重要性。

最后，本部分还提供了其他三个系统的在线资料。FreeBSD是另一种 UNIX 系统。Linux 继承了多个 UNIX 系统的特性，而FreeBSD 是基于 UNIX 的 BSD 模型的。如同 Linux 一样，FreeBSD 的源代码可免费获取。Mach 操作系统是一个现代操作系统，提供了与 BSD UNIX 的兼容性。Windows 是来自微软的另一个支持 Intel Pentium 和更高级的微处理器的现代操作系统，它与 MS-DOS 和微软 Windows 应用程序兼容。

第 21 章　Linux 系统

本章将深入研究 Linux 操作系统。通过分析一个完整的、真实的系统，读者将看到之前所讨论的概念是如何互相关联与实践的。

Linux 是 UNIX 的一种版本，近些年发展很快。本章将回顾 Linux 的历史及发展过程，同时还将描述 Linux 系统呈现给用户与程序员的接口，而这些接口很大程度上归功于 UNIX。本章也将讨论 Linux 实现这些接口的内部方式。Linux 是一种发展很快的操作系统，本章将从 2003 年发布的 Linux 2.6 版内核开始进行介绍。

本章目标
- 探讨 Linux 所继承的 UNIX 操作系统历史以及 Linux 的设计原则。
- 分析 Linux 进程模式并说明 Linux 如何调度进程和提供进程间通信。
- 研究 Linux 的内存管理。
- 探究 Linux 如何实现文件系统以及管理 I/O 设备。

21.1　Linux 发展历程

Linux 看起来与别的 UNIX 系统非常相似。事实上，UNIX 的兼容性已成为 Linux 项目的主要设计目标。但是 Linux 毕竟比大多数 UNIX 系统年轻得多。它开始于 1991 年，当时由一个名为 Linus Torvalds 的芬兰学生编写并命名为 **Linux**。这个很小但功能完整的内核可运行在 80386 处理器上。在与 Intel 公司的 PC 兼容的 CPU 系列中，80386 是第一个真正的 32 位处理器。

早在 Linux 的开发时期，其源代码可以在 Internet 上免费得到。结果，Linux 的历史成为一个由来自世界各地的许多使用者合作开发的过程，这些开发者几乎完全通过 Internet 通信。最初内核只能部分执行 UNIX 系统服务程序的一个小子集，但现在 Linux 系统已发展到囊括了大多数的 UNIX 功能。

早期 Linux 发展围绕的中心就是操作系统内核——核心（core），它是一种特权执行程序，其主要功能是管理所有的系统资源，与计算机的硬件直接交互。当然，要实现一个完整的操作系统，所需要的不仅仅是这个内核。区分 Linux 内核与 Linux 系统很有意义。**Linux 内核**（Linux kernel）是由 Linux 这个团体从零开始开发的一个完全原创的软件。而 **Linux 系统**（Linux system），正如今天所知道的，它包括很多部分，一些是从零开始编写出来的，一些是从其他的开发方案中借鉴的，还有一些是在和其他团队的合作中实现的。

虽然基本的 Linux 系统是应用程序与用户编程的标准环境，但是它并不强制用任何标准方法与其实现的功能结合为一个整体。当 Linux 日趋成熟时，在 Linux 系统之上出现了另一个功能层面的需求。一个 **Linux 发行版本**（Linux distribution）包括了所有的 Linux 系统的标准部分，加上一套管理工具，这套工具用来简化初始安装和 Linux 系列升级，并且管理在系统上安装卸载软件包。现代发行版本一般也包括了一些工具，如文件系统管理、用户账户的创建与管理、网络的管理、Web 浏览器、字处理器等。

21.1.1　Linux 内核

第一个 Linux 内核 0.01 版于 1991 年 5 月 14 日发布。它不具有网络功能，只能在 80386 兼容的系列 Intel 处理器和 PC 硬件上运行，并且对设备驱动的支持非常有限。虚拟内存子系统也相当简单，并且不支持内存映射文件。然而这个早期的版本也支持写时复制（copy-on-write）共享页面。唯一支持的文件系统是 Minix 文件系统——第一个 Linux 内核就是在 Minix 平台上交叉开发而来。不过，内核确实现了具有保护地址空间的 UNIX 进程。

下一个具有里程碑意义的版本是 Linux 1.0，它于 1994 年 3 月 14 日发布。此版本使 Linux 内核在快速发展的 3 年内达到了顶峰。也许其最大的特点是网络：1.0 版支持 UNIX 的标准 TCP/IP 协议，同时也支持用于网络编程的 BSD 兼容 Socket 接口。设备驱动器支持的增加使得系统能在 Ethernet(使用 PPP 或者 SLIP 协议)串行线或在调制解调器上运行 IP。

1.0 内核同时也包括一个新的、更为强大的文件系统，不再受原先 Minix 文件系统的限制，并支持一系列高性能磁盘访问的 SCSI 控制器。开发者扩展了虚拟内存子系统，从而支持用于交换文件的分页技术和任意文件的内存映射（但是 1.0 版只实现了只读内存映射）。

这个版本也实现了对一系列外部硬件设备的支持。虽然受限于 Intel PC 平台，但是其所支持的硬件已发展到包括软驱、CD-ROM 设备、声卡、一系列鼠标和国际标准键盘。这个内核还能为没有 80387 协处理器的 80386 的用户提供浮点仿真，同时能实现系统 V（System V）的具有 UNIX 风格的**进程间通信**（**IPC**），包括共享内存、信号量机制和消息队列。同时，它还提供进行动态可加载和可卸载内核模块的简单支持。

这时开始了 1.1 版内核的开发，但是无数针对 1.0 的缺陷修正（bug-fix）补丁被陆续的发布。这种模式被采纳为 Linux 内核标准编号方式的规范：小版本号是奇数的内核（例如 1.1、1.3 或 2.1）是**开发内核**（**development kernel**）；而偶数版本号的内核比较稳定，即**产品内核**（**production kernel**）。对稳定内核的更新仅仅是修正而已，而开发内核则很可能包含新的和相对而言还未测试的功能。

1995 年 3 月发布了 1.2 版本的内核。此版本和 1.0 版一样，几乎也没提供功能上的扩展，但是它却支持了更为广泛的硬件，包含新的 PCI 硬件总线体系结构。开发者增加了另外针对 PC 的新特征——支持 80386 CPU 的虚拟 8086 模式，进而允许对 PC 进行 DOS 操作系统的仿真。开发者还更新了网络协议栈，从而为 IPX 协议提供支持，同时通过包含审记和防火墙功能使其 IP 实现更加完善。

1.2 版的内核是最后一个仅适用于 PC 的 Linux 内核。1.2 版 Linux 的源代码版本包含了部分对 SPARC、Alpha 和 MIPS 的 CPU 的支持，但是直到 1.2 版的稳定版本发布后，才开始集成这些体系结构。

Linux1.2 发布版把注意力集中在更广泛的硬件支持与更彻底地实现现有功能上。那时很多新功能正在开发，但是把新代码整合到内核源代码却被推迟到了稳定内核 1.2 版发布以后。结果，1.3 版有大量的新功能增加到了内核上。

此项工作最终于 1996 年 6 月在 Linux 2.0 版中发布，这个版本有了一个新的主版本号，这是因为开发了两大主要新功能：支持多体系结构，包括一个完全的 64 位 Alpha 端口，并支持多处理器体系结构。基于 Linux 2.0 的发行版同样支持 Motorola 68000 系列处理器和 Sun Microsystems 公司的 SPARC 系统。一个 Linux 的派生版本既可运行在 Mach 微内核上，也可运行在 PC 和 PowerMac 系统上。

2.0 版的变化并不仅限于此。内存管理代码得到实质性的改进，从而为文件系统数据提供了一个统一的高速缓冲存储器，它独立于块设备的缓存。这个改变的结果是内核大大增强了文件系统和虚拟内存的性能。文件系统高速缓存技术第一次延伸到了网络文件系统，并且也支持可写存储映射区域。

2.0 版内核同时也大大改进了 TCP/IP 的性能，并且加上了许多新的网络协议，包括 AppleTalk、AX.25 业余无线电网络和 ISDN 的支持。它还增加了加载远程 NetWare 和 SMB（Microsoft LanManager）网络卷的功能。

为处理可加载模块之间的依赖性和按需自动加载模块，在 2.0 版中另一个主要的改进是支持内部内核线程。运行时的内核动态配置通过一种新型的、标准化的配置界面得到了很大改进。其他新特性包括文件系统限额和兼容 POSIX 的实时进程调度。

1999 年 1 月 Linux 2.2 版发布，Linux 又有新的改进。它增加了 UltraSPARC 系统端口。更加灵活的防火墙技术、更优的路由选择和流量管理、支持 TCP 大窗口及可选肯定应答的运用大大提高了网络性能。Acorn、Apple 和 NT 磁盘现在已可读，NFS 得以改善，一种内核模式的 NFS 后台程序也被加了进来。信号处理、中断和一些输入输出，可以在更细的粒度上锁定，进而提高了对称多处理器（SMP）的性能。

2.4 和 2.6 版本的内核增加了对 SMP 系统和日志文件系统的支持，并加强了内存管理系统。2.6 版本修改了进程调度器，提供了一个有效的 $O(1)$ 调度算法。此外，2.6 版本内核是抢占式的，允许进程在内核模式下被抢占。

21.1.2　Linux 系统

从很多方面来讲，Linux 内核形成了 Linux 工程的核心，但是其他组成部分构成了完整的 Linux 操作系统。虽然 Linux 内核完全由针对 Linux 工程的代码组合起来，但是很多组成 Linux 系统的支持软件并不是其专有的，而是与许多其他 UNIX 类型操作系统所共有的。特别值得一提的是，Linux 使用的许多工具是作为 Berkeley 的 BSD 操作系统、MIT 的 X Window 系统以及自由软件基金会的 GNU 项目的一部分开发的。

这种共享的工具在两个方面工作。Linux 主系统库源于 GNU 项目，但是 Linux 团体通过对处理遗漏、低效率、错误等缺点的修正大大改进了这些系统库。其他组件，像 **GNU C 编译器**（GNU C compiler，gcc），质量已经足够高，可以直接运用于 Linux 之中。Linux 下的网络管理工具是从最初给 4.3 BSD 开发的代码中派生而来的。但是更多最新的 BSD 系统，例如 FreeBSD，反过来从 Linux 系统中借用代码，如 Intel 浮点仿真数学库，PC 声卡设备驱动。

Linux 系统作为一个整体是由通过 Internet 合作的开发者形成的松散网络来维护的，其中一小部分小组和个人维护特定部件的完整性。一些公共 FTP 文档站点实际上作为开发组件的标准储藏室。**文件系统层标准**（File System Hierarchy Standard）文档也是由 Linux 团体维护的，作为对各种系统组件保持兼容性的一种手段。这个标准详细说明了一个标准 Linux 文件系统的全部布局，它决定配置文件、库、系统二进制和运行时数据文件应该被保存在哪个目录下。

21.1.3　Linux 发行版

理论上任何人都可以从 FTP 站点上取得最新版本的系统必要组件，来编译安装一个 Linux 系统。在 Linux 的早期发展阶段，这种操作是 Linux 用户必须执行的。然而，随着 Linux 的日趋成熟，不管是个人还是团体都试图通过提供一套标准化的、预编译的程序包来减轻这些工作带来的痛苦，从而使之易于安装。

这些组合，或者发行版，所包括的远远不止一个最基本的 Linux 系统。它们通常包括了附加的系统安装和管理程序，以及许多与 UNIX 共有的预编译和预安装工具包，如新闻服务器、Web 浏览器、文本处理和编辑工具，甚至还有游戏。

第一个发行版简单管理这些文件包的方式是将所有文件包解压到特定位置。不过，高级的程序包管理是现代发行版最重要贡献之一。今天的 Linux 发行版包括了一个程序包跟踪数据库，它能轻松地安装、更新、删除程序包。

在 Linux 的早期阶段，SLS 发行版被认为是第一个完整发行版的 Linux 包的集合。虽然 SLS 版本可作为一个简单的实体进行安装，但是它缺少现在 Linux 发行版具有的程序包管理工具。Slackware 发行版在整体质量上表现出巨大的进步，尽管程序包的管理仍然很差，它仍是 Linux 团体中最广泛安装的版本之一。

自从 Slackware 发布以来，许许多多的商业的和非商业的 Linux 发行版变得随手可得。**Red Hat** 和 **Debian** 是非常流行的发行版，分别来自一家商业的 Linux 支持公司和自由软件 Linux 团体。其他的 Linux 商业支持版本包括 **Caldera**、**Craftworks** 和 **WorkGroup Solutions**。Linux 在德国人中的流行，导致产生许多种专用的德文版本，包括了来自 **SuSE** 与 **Unifix** 的版本。现在有许多的 Linux 流通发行版，在此无法一一列出。Linux 各种发行版之间都兼容。RPM 包文件格式被大多数发行版所使用，或至少被支持。采用这种格式的商业应用软件可被安装运行于任何支持 RPM 文件的发行版上。

21.1.4 Linux 许可

Linux 内核发布遵循了 GNU 通用公共许可（GPL），其条款由自由软件基金会（Free Software Foundation）制定。Linux 并不是公共域的软件：**公共域**（Public domain）意味着作者放弃软件的版权，但是 Linux 代码的版权仍为代码的各位作者所有。Linux 是*自由* 软件，也就是说人们可以随意复制、修改和使用它，并且能毫无约束分发他们自己的副本。

Linux 许可证条款的主要含意在于任何人可以使用 Linux，或者创建自己的 Linux 派生系统（合法的使用），但不能拥有这个派生产品的所有权。在 GPL 下发行的软件不得以二进制产品形式进行发布。如果发布的软件只要包括任何 GPL 的部分，根据 GPL 的规定，二进制产品发行时必须提供源代码（这个限制并不是禁止制造或销售只有二进制的软件发布，而是让任何获得二进制产品的人都有机会获得源代码，代价是合理的发行费用）。

21.2　设 计 原 则

总体设计上，Linux 类似于任何其他的传统的、非微内核的 UNIX 实现。它是一个多用户、多任务的系统，拥有一整套与 UNIX 兼容的工具。Linux 的文件系统追随传统的 UNIX 语义，而且完整地实现了标准的 UNIX 网络模型。Linux 的内部设计细节深受操作系统发展历史的影响。

虽然 Linux 运行于多种平台，但它是从专门的 PC 的体系结构上发展过来的。大量的早期开发是由个人爱好者实现的，而不是靠有良好资金支持的开发和研究团队，所以从一开始 Linux 就试图从有限的资源中开发尽可能多的功能。如今，Linux 可以轻松地运行在几百兆字节内存和几个吉字节的磁盘空间的多处理计算机上，但它依然能运行在 4 MB 以下的 RAM 上。

随着 PC 的日益强大，内存和硬盘的日趋便宜，极简主义的 Linux 内核开始逐渐扩展以实现更多的 UNIX 功能。速度与效率仍然是重要的设计目标，但是当前的很多基于 Linux 的工作却集中在第三个主要的设计目标上——标准化。目前 UNIX 实现多样性带来的后果就是，为一个版本写的源代码未必能在另一个版本上正确编译或运行。甚至当相同的系统调用出现在两个不同的 UNIX 系统上时，它们的行为也未必完全一样。POSIX 标准包含一套规范，详细说明了通用操作系统功能的不同方面，还包括了诸如进程线程和实时操作的扩展相关部分。Linux 根据相应的 POSIX 文档进行设计，至少有两种 Linux 发行版已取得官方的 POSIX 认证。

Linux 给程序员和用户提供了标准的接口，所以任何熟悉 UNIX 的人在使用 Linux 时很少会感到陌生。在此，就不再细说 Linux 环境下的这些接口。关于 BSD 程序员接口和用户界面部分也将很好地应用在 Linux 中。然而，默认情况下，Linux 程序设计接口继承了 SVR4 版的 UNIX 语义，而并不跟随 BSD 的风格。有一个单独的程序库集合用来在这两种语义极为不同的地方实现 BSD 语义。

在 UNIX 世界还存在许多其他的标准，但是 Linux 对这些标准的完全认证却进展缓慢，因为它们通常是收费的，并且认证一个操作系统是否遵照大多数标准的有关费用是庞大的。然而提供一个广泛的软件基础对任何操作系统来说都是十分重要的，因此实现标准是 Linux 开发的一个主要目标，即使其实现没有得到正式的认证。除基本的 POSIX 标准外，当前 Linux 还支持 POSIX 线程（Pthread）扩展和用于实时进程控制的 POSIX 扩展的子集。

Linux 系统由三种主要的代码部分组成，符合大多数传统的 UNIX 实现：

- **内核**：内核负责维护操作系统的重要抽象，包括虚拟内存和进程等。
- **系统库**：系统库定义了一套标准的函数，由此应用程序能够和内核进行交互。这些函数实现了很多功能，这些功能无需使用内核代码的完全特权。
- **系统应用**：系统应用是指那些执行独立的、特定管理任务的程序。有些系统应用只是调用一次来初始化和配置系统的某个方面；其他诸如 UNIX 术语中的*后台程序（daemons）*，将永久地运行，处理如响应网络连接请求，接受来自终端的登入请求，或刷新日志文件之类的任务。

图 21.1 说明了组成一个完整的 Linux 系统的各种组件。这里最主要的区别在于内核与其他非内核的所有部分。所有的内核代码都在处理器的特许模式下运行，并能访问计算机的所有物理资源。Linux 称这个特权模式为**内核模式**（kernel mode）。在 Linux 环境下，任何用户模式的代码都没有被编译到内核中。任何无须以内核模式运行的操作系统支持代码都放入系统库内。

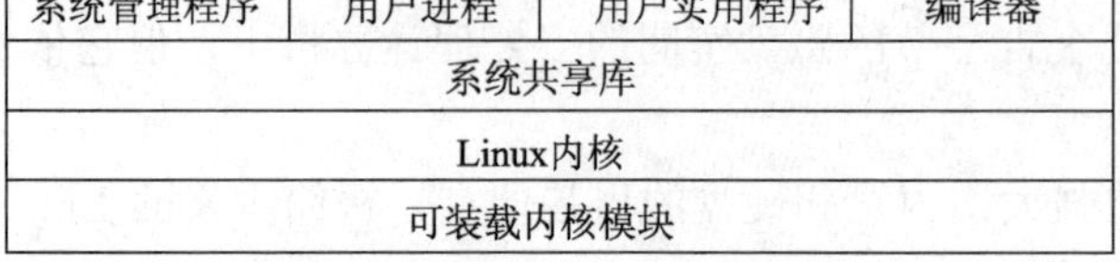

系统管理程序	用户进程	用户实用程序	编译器
系统共享库			
Linux内核			
可装载内核模块			

图 21.1　Linux 系统的组件

虽然各种现代操作系统在其内核中都采用了消息传递体系结构，但是 Linux 还是保留了 UNIX 的历史模型：内核被创建成单一的、整体的二进制形式。最主要的原因是为了提高性能：因为所有的内核代码和数据结构被保存在一个单一的地址空间，当一个进程调用一个操作系统的功能或产生硬件中断时，就没有必要进行上下文转换。不但核心调度和虚拟内存代码占据这个地址空间，而且*所有*的内核代码，包括所有的设备驱动程序、文件系统和网络代码都在这个地址空间内。

尽管所有的内核组件共享同一个区域，但仍有模块化的空间。就像用户应用程序可在运行时加载共享库以引入所需要的代码一样，Linux 内核能在运行时动态装载（或卸载）模块。内核不必预先知道哪个模块可能会被加载——模块完全独立于可装入的组件。

Linux 内核组成了 Linux 操作系统的核心。它提供了运行进程必需的所有功能，并且还提供进行仲裁和保护硬件资源访问的系统服务。内核实现了操作系统所要求的所有特性。然而，从它自己的角度看，Linux 内核提供的操作系统却一点也不像 UNIX 系统。它失去了许多 UNIX 的外部特征，并且它提供的特性也不一定是 UNIX 应用程序所期望的形式。内核并不直接维护正在运行的应用程序可见的系统接口。事实上，应用程序调用的是系统库，接着系统库在必要时调用操作系统服务。

系统库提供了许多类型的功能。在其最简单层，它们允许应用程序提出内核系统服务请求。实现系统调用涉及从非特权用户模式到特权内核模式的控制转移。这种转移的细节在各个体系结构之间是不同的。系统库收集系统调用的参数，如果必要，以特殊形式编排这些参数来完成系统调用。

系统库还可能提供基本系统调用更复杂的形式。例如，C 语言的缓冲文件处理函数全都在系统库中实现，提供了比基本的内核系统调用更高级的文件 I/O 控制。这些库也提供了与系统调用毫无关系的程序，例如排序算法、数学函数和字符串处理程序。所有支持 UNIX 和 POSIX 应用程序运行的必需功能都在系统库中实现。

Linux 系统包含了种类广泛的用户模式的程序——既有系统应用程序又有用户应用程序。系统应用程序包括所有初始化系统的必要程序，如配置网络设备或加载内核模块。持续运行的服务器程序也算是系统应用程序，这些程序主要处理用户登录请求、网络连接请求和打印机队列。

并不是所有的标准应用程序都为关键的系统管理功能服务。UNIX 用户环境包含了大量处理简单日常任务的标准应用程序，如列出目录、删除和移动文件、显示文件内容等。更为复杂的应用程序可进行文本处理，如对文本数据排序或对输入文本执行模式搜索。这些应用程序形成了一个用户在任何 UNIX 操作系统中都能看到的标准工具集；虽然这些应用程序不能执行任何操作系统功能，但是它们却是基本 Linux 系统中一个重要的组成部分。

21.3 内 核 模 块

Linux 内核能够根据需要装载或卸载任意内核代码段。这些可装载的内核模块运行于特权内核模式，所以这些内核模块能够完全访问其运行所在的计算机硬件。理论上，对内核模块的权限并没有限制。典型的例子是，模块可能实现一个设备驱动程序、一个文件系统或一个网络协议。

有几方面的原因可以说明内核模块用起来很方便。Linux 的源代码是开放的，因此任何想编写内核代码的人都能修改内核并且对之进行编译，重启后便能装入那些新功能。然而，当开发一个新的驱动程序时，也不得不反复进行重新编译、重新链接、重新装入整个内核这样烦琐的工作。如果使用内核模块，就无须做一个新的内核来测试新的驱动程序——因为驱动程序可以自行编译并且被装载到正在运行的内核中。当然，一旦一个新的驱动程序被写出来，就可以将它作为一个模块发布，这样其他的用户无须重建内核也能从中受益。

后面这点具有另外的含义。因为 Linux 内核在 GPL 许可下，当加入了具有所有权的组件时，它就不能发布，除非那些新组件也遵守 GPL 而发布，并且它们的源代码根据需要就可得到。内核模块接口允许第三方组织按照自己的条款进行编写和发布不遵循 GPL 的设备驱动或文件系统。

内核模块允许 Linux 系统由一个很小的标准内核构成，而不必包括额外的驱动程序。任何用户需要的设备驱动程序可以在系统启动时被显式地装入，或者系统按需自动装入或卸载。例如，当加载 CD 时就必须装入 CD-ROM 驱动程序，当 CD 从文件系统中去掉后 CD-ROM 驱动程序就从内存中卸载下来。

Linux 环境下模块支持体现在以下三个方面：

- **模块管理**（module management）：允许模块被加载到内存，并能与内核的其他模块进行通信。
- **驱动程序注册**（driver registration）：允许模块告诉内核的其他模块一个新的驱动程序已经可以使用。
- **冲突解决机制**（conflict-resolution mechanism）：允许不同的设备驱动保留硬件资源，并且保护这些资源防止被其他驱动程序无意地使用。

21.3.1 模块管理

装入一个模块不仅仅只是将二进制的内容导入内核空间中。系统必须将模块引用的内核符号或入口点更新为内核地址空间的正确位置。Linux 通过将模块的导入工作分为两个部分来处理引用更新：管理内核存储空间中的模块代码和处理被允许引用的符号。

Linux 内核维护一个内部符号表。这个符号表并不包含内核后期编译中定义的所有符号：符号必须被内核显式地输出。被输出的符号组成了一个定义明确的接口，通过这个接口，模块能与内核进行交互。

虽然内核函数输出的符号需要程序员进行明确的请求，但是将这些符号引入到模块中却不用其他特别的工作。编写模块的程序员只需使用标准的 C 语言外部链接方式：在最终生成二进制文件时，编译器只是简单地将模块中使用到但没有声明的外部符号设置为未解析。当模块被加载到内核的时候，系统工具首先检查这个模块的未解析的引用。所有需要被解析的符号都在内核符号表中进行查找，并把模块代码中未解析的符号替换成当前运行的内核中的该符号的正确地址。至此，模块便被装入内核中。如果系统工具查询内核符号表时无法解析模块中的符号引用，那么该模块就会被拒绝。

装载模块分两个阶段执行。首先，模块加载器为模块向内核申请预订一个连续的虚拟内核存储空间。内核返回分配好的内存地址，加载器就能利用这个内存地址重定位模块中的机器代码来更正加载地址。随后的系统调用把新模块所需的模块和任何标识符表传递给内核。现在模块被逐字地复制到先前分配的地址中，内核符号表根据新的导出符号更新，为以后加载的模块所使用。

最后的模块管理组件是模块请求程序。内核定义了一个能与模块管理程序连接的通信接口。这种连接建立后，当某个进程向尚未安装的设备驱动程序、文件系统或网络服务程序发出请求时，内核将通知管理程序并让管理程序装入所需的服务程序。一旦模块被装入内核，原先的服务请求也就完成了。管理程序进程经常查询内核动态装入的模块是否仍在使用，并将不再使用的模块卸载。

21.3.2　驱动程序注册

一旦模块加载好以后，除非内核的其他部分知道它能够提供什么新功能，否则它只不过是一个孤立的内存块。内核将其所知道的所有驱动程序都保留在动态表中，同时提供了一套允许任何时候从这些表中增加或删除驱动的方法。当加载模块之后，内核确保它调用所需模块的启动程序，并且能在模块卸载之前调用模块清除程序。这些程序负责注册模块的功能。

一个模块能注册多种类型的驱动程序，也可为某种类型的设备注册多个驱动程序。例如，设备驱动程序可能同时需要注册两个单独访问设备的机制。注册表包含以下几项：

- **设备驱动程序**：这些驱动程序包括字符设备（如打印机、终端和鼠标）、块设备（包括所有磁盘驱动器）以及网络接口设备。
- **文件系统**：文件系统可以是任何实现 Linux 的虚拟文件系统调用程序的东西。它可能实现文件在磁盘中的存储格式，但它也可能是一个网络文件系统，例如 NFS 文件系统，或者内容根据需要生成的虚拟文件系统，例如 Linux 的/proc 文件系统。

- **网络协议**：模块可能实现诸如 IPX 这样完整的网络协议，或者可能只是简单实现网络防火墙的一套新的分组过滤规则。
- **二进制格式**：这种格式描述了识别和装载新类型可执行文件的方法。

另外，模块可以在 sysctl 和/proc 表中注册一组新入口，从而允许动态配置此模块（参见 21.7.4 小节）。

21.3.3   冲突解决

商业版 UNIX 通常卖给硬件供应商，以在他们自己的硬件上运行。单一供应商解决方案的一个好处在于软件供应商非常清楚硬件可能采用什么样的配置。另一方面，IBM PC 有大量的硬件配置，并附有大量相应的设备驱动程序，例如网卡、SCSI 控制器和显示适配器。当支持模块设备驱动时，管理硬件配置的问题变得越来越严重，因为现在这些设备的变化越来越快。

Linux 系统提供了一种核心的冲突解决机制，这有助于仲裁对某一硬件资源的访问。其目的在于：

- 防止模块在访问硬件资源时发生冲突。
- 防止**自动检测**（设备驱动程序自动检测设备配置）干扰已有设备驱动程序。
- 解决由于多个驱动程序试图访问同一硬件时产生的冲突问题。例如，并行打印机驱动程序和 PLIP 网络驱动程序可能同时访问并行打印机端口。

最后，内核维护已分配的硬件资源表。PC 只有数量有限的 I/O 端口（硬件 I/O 地址空间中的地址）、信号中断线和 DMA 通道，当任一设备驱动想要访问这些资源时，必须先在内核数据库中预订这些资源。这样的要求顺便也允许系统管理员在任一时间点都能精确地确定哪个资源分配给了哪个驱动程序。

模块需要利用这种机制提前预订它所希望使用的任一硬件资源，如果资源不存在，或者在使用当中，预订将被拒绝，然后由模块决定该如何进一步处理。它可能因为无法进行初始化而要求被卸载；或者可能会继续进行，选择其他硬件资源。

21.4   进 程 管 理

进程是操作系统内服务用户请求活动的基本环境。为了与其他 UNIX 系统相互兼容，Linux 必须使用一种类似于其他 UNIX 版本的进程模式，然而 Linux 在一些关键部分与 UNIX 有所不同。这一部分回顾传统 UNIX 进程模式，并介绍 Linux 的线程模式。

21.4.1   fork()和 exec()进程模式

UNIX 进程管理的基本原理是把创建进程与运行一个新程序这两个截然不同的操作分

开。一个新进程由系统调用 fork()产生，而新的一个程序通过调用 exec()来运行，这是两个完全不同的函数。由 fork()创建的新进程不需要运行新程序——新创建的子进程仅仅是继续执行与父进程同样的程序。同样，运行一个新程序不需要创建新进程：任何进程可以随时调用 exec()。当前运行的程序立刻被中止，新的程序作为已经存在进程的内容开始执行。

这个模型具有极其简单的优点。在运行程序的系统调用过程中，不需要详细说明新程序环境中的每一个细节，新程序只运行于它们所存在的环境。如果父进程想要修改新程序运行的环境，它可以派生一个新进程，然后在子进程中继续运行原先的程序，在最终新程序运行前使用系统调用来修改子进程。

UNIX 环境下，进程包含了所有系统跟踪单一程序的单一执行对应的上下文信息。Linux 环境下，可以将这些内容分为几个特定的部分。一般情况下，进程属性可分为三组：进程特征、进程环境和进程上下文。

1. 进程特征

进程特征主要由以下几项组成：

- **进程 ID**（PID）：每个进程都有一个唯一的标识符。当某一应用程序进行系统调用来触发、修改或等待其他进程时，操作系统便使用 PID 来识别进程。另外，标识符可设置该进程与进程组（举个典型的例子，单一的用户命令可派生出一系列呈树状的进程）以及登录会话的关系。

- **认证**（Credential）：每个进程必须拥有一个相关的用户 ID 和一个或多个用户组 ID（用户组在 10.6.2 小节中讨论过），这些 ID 决定进程访问系统资源和文件的权限。

- **特性**（Personality）：进程的特性不是在传统的 UNIX 系统里就可以找到的，但在 Linux 系统里每个进程都拥有相应的特征标识符，它能对某特定的语义系统调用程序做稍稍的修改。它的主要功能是被仿真库用来要求系统调用程序需与某一 UNIX 的风格相兼容。

大多数的进程标识符受到进程自身的有限控制。如果进程要启动一个新的组或会话，进程的组和会话标识符就会相应地发生改变。在适当的安全检查情况下，进程自身的认证也可改变。然而直到进程结束，进程的主 PID 是不能更改的，并且是唯一的。

2. 进程环境

进程环境从父进程继承而来，由两个以 null 结束的向量组成：参数向量和环境向量。**参数向量**（argument vector）只是简单罗列用于调用运行程序的命令行参数，一般都以程序名开始。**环境向量**（environment vector）则是以列表的形式罗列"NAME=VALUE"对，它把被命名的环境变量和任意文本值联系起来。环境并不占据内核存储空间，而是作为进程栈顶部的第一项数据被保存于进程自己的用户模式地址空间。

当创建一个进程时，其参数与环境向量是无法选择的：新的子进程继承其父进程的环境。然而，当一个新的程序被调用时则会建立一个新的环境。调用 exec()时，进程必须为新的程序提供环境。内核把这些环境变量传递给下一个程序，替换了进程当前的环境。否则，内核将无视这些环境和命令行变量——对它们的描述将完整地留给用户模式的程序库和应用程序。

进程间传递环境变量和子进程对这些变量的继承，都为向用户模式系统软件组件传递信息提供了十分灵活的途径。各种重要的环境变量对于系统软件中相关部分有约定的含义。例如，TERM 变量用来命名连接用户登录会话终端的类型。许多程序利用这个变量来决定如何执行显式用户操作，例如移动光标或滚动文本区域。具有多语言支持的程序利用 LANG 变量来决定用哪种语言来显示其系统信息。

环境变量机制不是为整个系统，而是为每一个进程裁剪出一个略有不同的操作系统环境。用户可彼此独立地选择它们自己的语言或编辑器。

3．进程上下文

进程特征和环境属性通常随着进程的创建而建立，在进程退出前都不会改变。如果需要，进程会改变它自身特征的某方面，或者改变它的环境。从另一方面来说，进程上下文是程序运行在某一时刻的一种状态，是不断改变的。进程上下文包括如下几个部分：

- **调度上下文**：进程上下文最重要的部分是它的调度上下文——调度器挂起和重启进程所需的信息。这种信息包括了所有进程寄存器的副本。浮点寄存器被单独保存并且只在需要用时才恢复，所以不引用浮点算法的进程就不会保存这些寄存器。进程上下文同时也包括了关于调度优先级和等待被传给进程信号的信息。调度上下文的关键部分是进程的内核栈：内核存储器的一个独立的区域，由内核模式代码专用。进程运行时可能用到的系统调用和中断都将使用此栈。

- **审记**：内核保留了最近被进程所使用的资源的相关信息，并且记录了进程在其生存期内所使用全部资源的情况。

- **文件表**：文件表是一个指向内核文件结构的指针数组。当调用文件 I/O 时，进程根据索引访问此表。

- **文件系统上下文**：文件表列出了已打开的文件，而文件系统上下文还用于处理打开新的文件请求。用于搜索新文件的当前根目录和默认目录就被保存在这儿。

- **信号处理程序表**：UNIX 系统能将异步信号传递给进程以响应不同的外部事件。信号处理程序表在进程地址空间中定义了当特殊信号到达时所要调用的程序。

- **虚拟内存上下文**：虚拟内存上下文描述了进程私有地址空间的全部内容，这将在 21.6 节中讨论。

21.4.2　进程与线程

Linux 的 fork() 系统调用提供复制进程的传统功能，并采用 clone() 系统调用提供创建线程的能力。但 Linux 并不区分进程和线程。事实上，在提到程序内控制流时，Linux 通常使用术语*任务*（task）——而不是进程或线程。当调用 clone() 时，它被传递一组标志，以决定在父任务和子任务之间发生多少共享。下表列出了其中一些标志：

标　志	含　义
CLONE_FS	共享文件系统信息
CLONE_VM	共享内存空间
CLONE_SIGHAND	共享信号处理程序
CLONE_FILES	共享打开文件集合

因此，如果将 CLONE_FS、CLONE_VM、CLONE_SIGHAND、CLONE_FILES 传递给 clone()，父任务和子任务将共享相同的文件系统信息（如当前的工作目录）、相同的内存空间、相同的信号处理器及相同的打开文件集。采用这种方式来使用 clone() 等同于在其他系统中创建一个线程，因为父任务及其子任务共享了绝大多数资源。但是，如果在调用clone() 时没有设置这些标志，没有共享发生，得到的结果与系统调用 fork() 类似。

可能因为在主进程数据结构中 Linux 不包含进程的整个上下文，而是将其包含在独立的子上下文内，因此 Linux 并未区分进程和线程。进程的文件系统上下文、文件描述表、信号处理表及虚拟内存上下文被保存在独立的数据结构中。进程数据结构只是简单地包含了指向这些结构的指针，因此通过指向合适的同一子上下文，许多进程可以轻而易举地共享这些子上下文的任何内容。

clone() 系统调用的参数告诉它创建新进程时，哪个子上下文需要复制，哪个需要共享。新的进程总是被赋给新的标识符和新的调度上下文。然而，根据传递的参数，可能创建新的子上下文数据结构，并初始化为父进程的一个副本，也可能设置新进程使用父进程正在使用的同一上下文数据结构。fork() 系统调用只不过是复制所有子上下文，无任何共享的clone() 特例。

21.5　调　度

调度是操作系统通过分配 CPU 时间给不同任务的工作。通常认为调度就是运行或中断进程，但是对 Linux 来说，调度还有另一方面的重要任务，即运行多种内核任务。内核任务包含运行进程所要求的任务和代表设备驱动程序在内部执行的任务。

21.5.1　进程调度

Linux 具有两个不同的进程调度算法：一个是多进程中的公平抢占调度的分时算法；另一个是为实时任务所设计的，其中绝对优先级比公平更为重要。

用于程序分时任务的调度算法在 2.5 版本内核中有重大修改。在 2.5 版本之前，Linux 运行的是传统 UNIX 调度算法的一个变种。在许多问题中，传统 UNIX 调度算法的问题是它没有提供对 SMP 的足够支持，系统任务数量的扩展性不好。2.5 版本内核的根本改变在于它现在提供了一种以常量时间运行的调度算法（被称为 $O(1)$），而不用考虑系统上的任务量。新的调度算法还增加了对 SMP 的支持，包括处理器亲和、负载平衡和维护任务的公平和对交互式任务的支持。

Linux 调度算法是一种抢占式的、基于优先级的算法，具有两个独立的优先级范围：0~99 的**实时**范围和 100~140 的 **nice** 值范围。这两种范围映射到一个全局优先级方法中，低数值表示高优先级。

与其他系统的调度算法不同，Linux 分配给更高优先级任务更长的时间量，反之亦然。由于调度程序的独特性质，这很适合于 Linux，这将在下面的讨论中学习到。图 21.2 表示了优先级与时间片长度的关系。

数值优先级	相对优先级		时间片
0	最高		200 ms
⋮		实时任务	
99			
100		其他任务	
⋮			
140	最低		10 ms

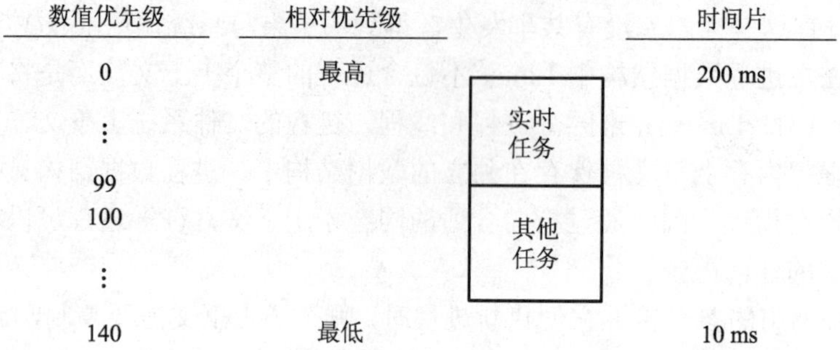

图 21.2　优先级与时间片长度的关系

只要可运行的任务在其时间片内还有时间，它就被认为适合于在 CPU 上运行。当任务耗尽其时间片时，它被认为是**到期的**（expired），并不再适合运行，直到所有其他任务同样耗尽了它们的时间片。内核在一个**运行队列**（runqueue）数据结构中维护所有可运行的任务列表。由于对 SMP 的支持，每个处理器维护它自己的运行队列并独立地调度它自己。每个运行队列包括两个优先级队列——**活动的**（active）和**到期的**（expired）。活动队列包括在其时间片内还有时间的所有任务，而到期队列包括所有到期的任务。每个这样的优先级队列包括根据优先级索引的任务列表（见图 21.3）。调度程序从活动队列中选择最高优先级的任务在 CPU 上执行。在多处理器上，这意味着每个处理器从其自己的运行队列结构中调度最高优先级的任务。当所有任务耗尽其时间片时（即活动队列为空），两个优先级队列相互交换，即到期队列变为活动队列，反之亦然。

任务被分配了一个动态优先级，该优先级是根据任务的交互在 nice 值上加上或减去值（最多是 5）得到的。是否从任务的 nice 值增加或减少取决于任务的交互，而任务的交互取决于在其等待 I/O 时沉睡了多长时间。更具交互性的任务通常具有更长的沉睡时间，因而更可能得到接近–5 的调整，因此调度程序更青睐于这样的交互任务。相反地，具有更短睡眠时间的任务更易于 CPU 受限，因而具有更低的优先级。

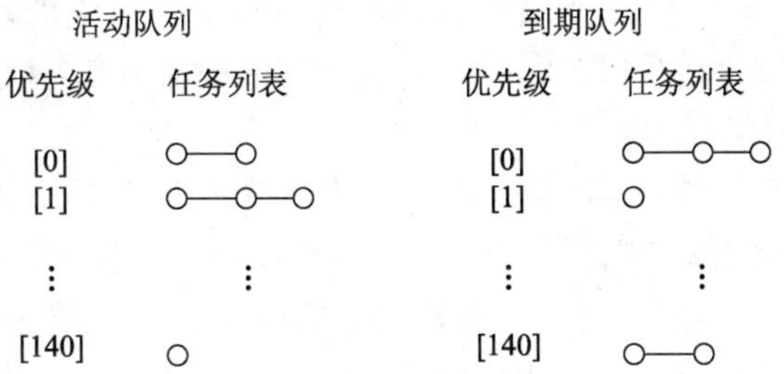

图 21.3　　根据优先级索引的任务列表

当任务耗尽其时间片并被移至到期队列时，将会重新计算任务的动态优先级。因此，当两个队列交换时，新的活动队列中的所有任务已被分配给新的优先级值及相应的时间片长度。

Linux 的实时调度还是比较简单。Linux 实现了 POSIX.1b 所要求的两个实时调度类，即 FCFS（先到先服务）和 round-robin（轮转）调度（已分别在 5.3.1 小节与 5.3.4 小节中介绍过）。这两种情况下，每个进程对它的调度级都有一个附加的优先级。在分时调度中，不同优先级的进程之间在一定程度上还是可以互相竞争的；但在实时调度中，调度程序始终运行具有最高优先级的进程。如果进程的优先级相同，调度程序就运行等待时间最长的进程。FCFS 与 round-robin 调度之间唯一的不同是，FCFS 进程持续运行直到退出或堵塞，而 round-robin 进程运行一定时间后被抢占，并且被放置在调度等待队列的最后，因此在 round-robin 下，具有同等优先级的进程之间自动分时。与分时任务程序不同，实时任务被赋予静态优先级。

Linux 的实时调度是软实时（而不是硬实时）。调度程序严格保证实时进程之间相对的优先级。实时进程一旦变为可以运行时，内核却不能保证多久以后才能调度它。

21.5.2　内核同步

内核调度自身操作的方式与执行进程调度的方式是完全不同的。有两种方式可以请求内核模式执行。正在运行的程序都可以请求操作系统服务，无论是显式的（通过系统调用）或者是隐式的（例如，发生页面故障）。另外，设备驱动程序能产生硬件中断，从而导致 CPU 启动执行一个内核定义的操作来处理这个中断。

摆在内核面前的问题是这些任务可能都试图访问同一个内部数据结构。如果一个内核任务在访问某一数据结构时被抢占而执行一个中断服务程序，在防止数据损坏的情况下，该中断服务程序就不能访问或修改同样的数据。这与临界区的想法相关：访问共享数据的代码不允许并行执行。因此，内核同步涉及的内容远远超出了进程调度本身。需要有一个框架允许内核任务在不违反共享数据的完整性前提下运行。

在 2.6 版本之前，Linux 是非抢占式的，这意味着以内核模式运行的进程不能被抢占——即使一个更高优先级的进程变为可运行。从 2.6 版本开始，Linux 内核变为完全抢占式的，故任务在内核中运行时可以被抢占。

Linux 内核提供了自旋锁或信号量（以及这两种锁的读者-写者版本）来在内核中加锁。在 SMP 机器上，最基本的加锁机制是自旋锁，内核设计允许自旋锁被持有很短时间。在单处理器机器上，自旋锁就不再合适了，而是被替换为禁止或允许内核抢占。即在单处理器机器上，任务禁止内核抢占而不是持有自旋锁。当任务本应该释放自旋锁时，它允许内核抢占。该模式总结如下：

单处理器	多处理器
禁止内核抢占	获得自旋锁
允许内核抢占	释放自旋锁

Linux 采用一种很有趣的方法来禁止内核抢占或允许内核抢占。它提供了两个简单的系统调用（preempt_disable()和 preempt_enable()）来禁止内核抢占或允许内核抢占。但此外，如果内核模式的任务持有自旋锁，内核也不会被抢占。为了加强这个原则，系统中的每个任务具有一个 thread-info 结构，它包括 preempt_count 域，这是一个表示任务持有锁数量的计数器。当获得锁时，preempt_count 增加，同样，当释放锁时，preempt_count 减少。如果当前运行任务的 preempt_count 值大于零，则抢占内核是不安全的。如果该值为零，内核假定不存在悬而未决的对 preempt_disable()的调用，因此内核可被安全地中断。

自旋锁（与使内核抢占有效或无效一起）当且仅当锁被持有较短时间时才用在内核中。当需要持有较长时间锁时，使用信号量。

Linux 使用的第二种保护方法应用于中断服务器程序中的临界区。其基本的工具是处理器的中断控制硬件。通过在临界区禁止出现中断（或使用自旋锁）的方法，内核确保在没有并行访问共享数据结构的风险下继续进程。

禁止中断的行为也要付出代价。在大多数硬件体系结构中，中断的有效和失效指令都很昂贵。而且，只要中断保持失效，所有的 I/O 都被挂起，任何等待服务的设备驱动程序将不得不等待中断恢复使用，因此这将降低性能。Linux 内核使用了一种同步体系结构，允许临界区在它们的整个持续期间运行而不需要禁止中断。这种功能在网络代码中特别有用：在网络设备驱动器中出现的中断标志着一个完整网络包的到达，并在中断服务程序中将执行大量分解、路由、转发包的代码。

Linux 为实现这个体系结构，把中断服务程序一分为二：上半部（top half）与下半部（bottom half）。上半部的是一种普通的中断服务程序，运行时禁止递归中断，更高优先级的中断可以中断程序，但是具有同样的或较低的优先级的中断就没有这种功能。服务程序的**下半部在运行时**所有中断都有效，通过一个微型的调度程序保证下半部的中断服务程序不会被它们自己中断。无论什么时候中断服务程序退出，下半部的调度程序就会被自动调用。

这样的区分意味着在不用担心被中断的前提下，内核就能完成任何与中断相关的复杂的处理过程。如果下半部在执行时出现中断，那么中断就会向下半部发出执行请求，但是执行要往后推迟直到当前运行结束。每一个下半部的执行程序都有可能被上半部（的执行请求）中断，但是不会被相似的下半部中断。

上半部/下半部体系结构的实现机制是：在执行常规前台内核代码时，使被选定的下半部失效。内核通过这个系统可以轻易地为临界区编码。中断处理程序也可把它的临界区编码为下半部，当前台内核想进入一个临界区时，它能禁止任何相关的下半部，以防其他的临界区来中断它。在临界区的最后，内核恢复下半部并运行下半部的任务，而这些任务在临界区的期间被上半部的中断服务程序要求排队等候。

图 21.4 概述了内核内部中断保护的各个层。每一层都可能被运行于上一层的代码所中断，但是不会被运行在同一层或下一层的代码中断（用户模式的代码例外）；当一个分时调度中断发生时，用户进程总是可以被另外的进程抢占。

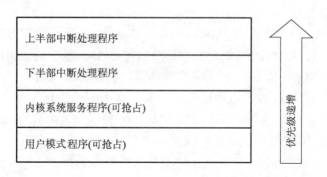

图 21.4　中断保护层

21.5.3　对称多处理技术

Linux 2.0 内核是第一个支持**对称多处理机**（symmetric multiprocessor, SMP）硬件的稳定 Linux 内核，它允许不同的进程在各个处理器上并行执行。刚开始，SMP 的实现限制为同一时间只允许一个处理器执行内核模式的代码。

在 Linux 2.2 内核中，创建单内核自旋锁（有时用 **BKL** 表示"大的内核锁"）以允许多个进程（运行在不同处理器上）在内核中同时处于活动状态。但是，BKL 提供了一个非常粗的加锁粒度。之后发布的内核通过把一个内核自旋锁分为多个锁的方法，使 SMP 的实现更具可扩展性，每个锁只保护内核数据结构的小子集不被其他进程访问。21.5.2 小节中介绍了这种自旋锁。内核 2.6 提供了对 SMP 的增强，包括处理器亲和性和负载平衡算法。

21.6 内 存 管 理

Linux 中，内存管理分为两部分。第一部分处理分配和释放物理内存：分页、分页组和小内存块。第二部分处理虚拟内存，就是内存被映射到正在运行的进程的地址空间上。本节将先描述这两部分，然后研究新程序的可加载部分导入进程的虚拟内存中（对应于 exec() 系统调用）的机制。

21.6.1 物理内存管理

由于特定的硬件特征，Linux 将物理内存分为三个不同的**区域**（zone），以区别不同的内存区域。它们分别为：

- ZONE_DMA。
- ZONE_NORMAL。
- ZONE_HIGHMEM。

这些区域是与体系结构相关的。例如，在 Intel 80x86 结构上，某些 ISA（工业标准结构）设备只能使用 DMA 访问低 16 MB 的内存。在这些系统上，物理内存的第一个 16 MB 组成了 ZONE_DMA。ZONE_NORMAL 标识映射到 CPU 地址空间的物理内存。这个区域用于最常用的程序内存请求。对于不限制可以访问什么 DMA 的结构，并不使用 ZONE_DMA，而是使用 ZONE_NORMAL。最后，ZONE_HIGHMEM（"高地址内存"）指的是没有映射到内核地址空间的物理内存。例如，在 32 位（其中，2^{32} 提供了 4 GB 的地址空间）Intel 结构上，内核映射到地址空间的第一个 896 MB 上，余下的内存被称为**高地址内存**，并从 ZONE_HIGHMEM 开始被分配。图 21.5 给出了 Intel 80x86 结构上区域和物理地址的关系。内核维护每个区域的空页列表。当一个物理内存请求达到时，内核利用合适的区域来满足该请求。

区域	物理内存
ZONE_DMA	< 16 MB
ZONE_NORMAL	16 ~ 896 MB
ZONE_HIGHMEM	> 896 MB

图 21.5 Intel 80x86 上区域和物理地址的关系

Linux 内核中基本的物理内存管理器是**页面分配程序**（page allocator）。每个区域都有它自己的分配程序，此分配程序负责分配和释放区域的所有物理页面，并且能根据要求分配连续的物理页面。分配程序运用**伙伴系统**（buddy system，参见 9.8.1 小节）跟踪可用的物理页面。在这种方法中，伙伴分配程序把可分配内存的毗邻单元配成对（名字由此而来），每个可分配内存区域都有一个与之毗邻的伙伴，只要这两个已分配的内存区域都被释放，它们将合并成更大的区域——*伙伴堆*（buddy heap）。这个更大的区域也有伙伴，它们也能合并成一个更大的空闲区域。相反，如现有的小空间不能满足内存空间的请求，那么系统将相对大一点的内存单元分为两个部分去满足这个请求。各个链表用来记录允许的空闲内存区域大小。Linux 系统中，这种机制下允许分配的最小尺寸是一个物理页面。图 21.6 就是伙伴堆分配的例子，一个 4 KB 的区域等待分配，但是可利用的最小的区域是 16 KB。这个 16 KB 区域递归分解，直到满足要分配的大小。

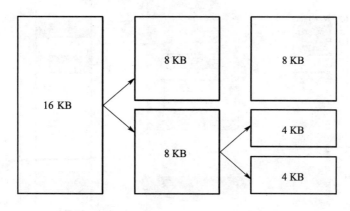

图 21.6　伙伴系统中内存的分割

最终，Linux 内核的所有内存分配以静态或动态的方式存在。静态分配指的是驱动程序在系统启动时获得的内存连续空间，动态分配指的是通过页面分配程序获得的内存空间。然而内核函数并不是一定要使用基本的页面分配程序来获得内存空间。有些特殊的内存管理子系统使用下层的页面分配器来管理自己的内存池。21.6.2 节将描述其中最重要的部分——虚拟内存系统、变长分配程序 kmalloc()、用来分配内核数据结构的内存的 slab 分配程序，以及用来缓存文件页面的页面高速缓存。

Linux 操作系统的许多组件都需要分配完整的页面，但通常都需要小的内存块。内核为任意大小的请求提供附加的分配器，所请求的大小预先不知道，可能只有几个字节，而不是整个页面。与 C 语言的 malloc()函数相似，kmalloc()服务按需分配完整的页面，然后把它们分成较小的几个部分。内核保留了 kmalloc()服务使用的整套页面表。分配内存包括设计出适当的列表，取出表上第一片可利用的空闲块，或者是分配一个新的页面并将其分割开来。kmalloc()系统分配的内存区域被永久地分配，直至它们被显式地释放。kmalloc()系统不能针对内存不足重新定位或回收这些区域。

　　Linux 分配内核的另一种方法被称为 slab 分配。slab 被用来为内核数据结构分配内存，slab 由一个或多个物理上相邻的页组成。**高速缓存**（cache）包括一个或多个 slab，每个唯一的内核数据结构都有一个高速缓存。例如，表示进程描述符数据结构的缓存、文件对象缓存、信号量缓存等。每个缓存的填充对象为其所表示的内核数据结构的实例。例如，表示信号量的缓存保存有信号量对象的实例，表示进程描述符的缓存保存有进程描述符实例，等等。图 21.7 给出了 slab、缓存和对象之间的关系。该图表示 2 个大小为 3 KB 的内核对象和 3 个大小为 7 KB 的对象，它们被保存在各自的缓存中。

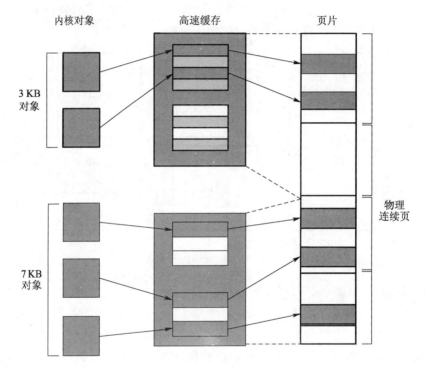

图 21.7　Linux 中的 slab 分配器

　　slab 分配算法采用缓存来保存内核对象。当创建一个缓存时，许多初始化标记为**空闲**的对象被分配给缓存。缓存中的对象数量取决于相关 slab 的大小。例如，一个 12 KB 的 slab（包括 3 个相邻的、大小为 4 KB 的页）可以保存 6 个大小为 2 KB 的对象。最初，缓存中的所有对象标记为空闲，当需要一个新的内核数据结构对象时，分配程序可以从缓存中分配任意空闲的对象来满足需求。缓存中被分配的对象则被标记为**已使用**。

　　现在来考虑一下这样一个案例，内核向 slab 分配程序请求内存以表达进程描述符对象。在 Linux 系统中，进程描述符为 struct task_struct 类型，这需要大概 1.7 KB 的内存。当 Linux 内核创建一个新任务时，它从其缓存中请求 struct task_struct 对象所需的内存，缓存将采用已分配到 slab 中并标记为空闲的 struct task_struct 对象来满足该请求。

在 Linux 中，slab 可能为下面三种状态之一：

- **满的**：slab 中的所有对象均标记为已使用。
- **空的**：slab 中的所有对象均标记为空闲。
- **部分的**：slab 中具有已使用的和空闲的对象。

slab 分配程序首先试图用部分 slab 中的空闲对象来满足请求。如果没有这样的对象，则用空的 slab。如果没有空的 slab 可用，则从物理上相邻的页中分配一个新的 slab 并分配给缓存，并从该 slab 分配对象的内存。

Linux 中另外两种管理自己物理页面的子系统紧密相关。它们分别是页面缓存（page cache）和虚拟内存系统。**页面缓存**是内核的主要缓存，它用于面向块的设备和内存映射文件，同时也是实现与这些设备进行 I/O 操作的主要机制。Linux 本地磁盘文件系统和 NFS 网络文件系统都使用页面缓存。页面缓存缓冲了所有文件内容的页面，且不局限于块设备，它也能缓冲网络数据。虚拟内存系统管理着每个进程虚拟地址空间的内容。这两个系统相互紧密联系，如果想将一个页面的数据读入页面缓存，需要使用虚拟内存系统来映射页面缓存中的页。接下来将更为详细地研究虚拟内存系统。

21.6.2 虚拟内存

Linux 虚拟内存系统负责维护对每个进程都可见的地址空间。它根据需要创建虚拟内存的页面，并管理从磁盘装入页面，或者按照要求将页面交换到磁盘上。在 Linux 系统下，虚拟内存管理程序对进程地址空间有两种不同的视图：作为一组独立的区域，或作为一组页面。

地址空间的第一种视图是逻辑视图，它描述了虚拟内存系统接收到的关于地址空间布局的指令。在这种视图中，地址空间由一组不重叠的区域组成，每个区域都是连续的、页面对齐的地址空间子集。每个区域内部使用 vm_area_struct 结构来定义区域的属性，包括进程的读、写和执行许可以及与区域相关的任何文件的信息。每一个地址空间的区域都被连接到平衡二叉树，这样就可以快速查找任何与虚拟地址相关的区域。

内核还有第二种地址空间的物理视图。这个视图储存在进程的硬件页表中。页表项决定虚拟内存每个页面的确切位置，它是位于磁盘中还是在物理内存中。当进程要访问当前并不存在于页表中的页面时，一组程序便被从内核的中断处理程序调来管理物理视图。在地址空间描述中每个 vm_area_struct 结构包含了指向函数表的字段，它能为任意给定的虚拟内存区域执行关键页面管理函数。所有读写无效页面的请求都被分派到 vm_area_struct 函数表的适当处理程序中去，这样，中心的内存管理程序就无须知道内存区域管理每个可能类型的细节。

1. 虚拟内存区域

Linux 实现了多种虚拟内存区域。第一种区分某类虚拟内存的属性是区域后备存储：这种存储描述了页面来自何处。大多数的内存区域要么通过文件备份，要么没有备份（这是虚拟内存中最简单的备份方式）。这样的区域称为**按需填零内存**（**demand-zero memory**）：当进程试图把一个页面读入该区域，它只是简单地返回一个填满零的内存页面。

文件备份区域充当了文件的某个部分的视窗。无论什么时候进程试图访问这个区域中的页面，页表会被与内核页面缓存中相对应的指定文件偏移量的页面地址填充。物理内存的同一页面被页面缓存和进程页表同时使用，因此文件系统对文件的任何改变会马上被任何映射这个文件到其地址空间的进程发现。任意数量的进程可以映射同一文件的同一区域，它们也可以由于某种原因终止使用相同的物理内存页面。

通过对写操作的反应也定义了虚拟内存区域。进程地址空间的映射区既可以是*私有的*也可以是*共享的*，如果进程对私有映射区进行写操作，那么分页程序就会发现必须使用写时复制（copy-on-write），从而使得这些变化只是局限于该进程。另一方面，对共享域的写（操作）导致了映射到那个区域对象的更新，因此，这些变化马上被正在映射该对象的其他进程发现。

2. 虚拟地址空间的生存周期

内核需要在下述两种情况下创建新的虚拟地址空间：进程通过系统调用 exec()运行新的程序；用 fork()系统调用创建新的进程。第一种情况比较简单，当新的程序被执行时，系统就给予进程一个新的、完全空闲的虚拟地址空间。用虚拟内存区域填充地址空间是加载程序过程的任务。

第二种情况，用 fork()创建新进程，将创建一个当前进程虚拟地址空间的备份。内核复制父进程的 vm_area_struct 描述符，然后为子进程创建一组新的页表。父进程页表直接被复制到子进程中，每个页面的引用计数也随之递增。这样，在派生（fork）后，父进程与子进程共享它们地址空间内存的同一物理页面。

当复制操作到达虚拟内存的私有映射区域时，就会产生另外一种特殊的情况。在这个区域中，父进程写入的任意页面都是私有的，无论是父进程还是子进程对这些页面的更改都不能在其他进程地址空间做出相应的修改。当这些区域的页表项被复制时，就把它们设定为只读并且标记为写时复制（copy-on-write）。只要两个进程都不修改这些页面，那么它们就共享物理内存页面。然而，如果其中任何一个进程想要修改一个写时复制页面，就会检查此页面的引用次数。如果页面仍然是共享的，进程就把页面内容复制到一个崭新的物理页面中，然后使用它的复制页。这种机制确保了只要有可能就共享私有数据页面，只有在万不得已的时候才会复制页面。

3. 交换与分页

虚拟内存系统的一项重要任务是，在需要时将内存页面从物理内存重定位到磁盘。早期的 UNIX 系统是通过换出整个进程内容的方式来实现重定位，但是现代版本的 UNIX 更依赖于内存分页（技术）——虚拟内存的单个页面在物理内存与磁盘之间移动。Linux 并不实现进程整体交换技术，它只使用较新的内存分页机制。

分页系统可分为两部分。第一部分，**策略算法**（policy algorithm）决定哪个页面写到磁盘上，以及什么时候进行写操作。第二部分，**分页机制**（paging mechanism）在必要时把页面数据转移和交换到物理内存中。

Linux 页换出策略（pageout policy）使用的是 9.4.5.2 小节中介绍的标准时钟（或第二次机会）算法的修订版。Linux 使用多轮时钟，每个页面都有*年龄*（*age*）设置，每做一次轮回就调整一次年龄。年龄能衡量页面是否依然年轻，或者说最近页面的活跃程度。经常被访问的页面的年龄值比较高，而很少被访问的页面的年龄值将随着每次轮回逐渐降到零。年龄值将使分页程序根据 LFU（最近最少使用）策略选择被换出的页面。

尽管由于文件系统的额外消耗使得对文件交换明显较慢，分页技术机制同时支持专用交换设备、分区和标准文件的分页。根据使用过的块（每次留存在物理内存中的）的位图，从交换设备分配块，位图总是保存在物理内存中。分配程序使用 next-fit 算法，尽量把页面写到连续磁盘块上，从而提高性能。通过现代处理器上的页表的新特性，分配程序记录页面被换到磁盘上的情况。页表项的 page-not-present 位被设定后，允许页表项的其他位被填充索引，以此识别页被写的地方。

4. 内核虚拟内存

Linux 为其内部的每个进程保留了一个不变的、依赖于体系结构的虚拟地址空间区域。映射到这些内核页面的页表项都设置了保护标志，这样当进程在用户模式下运行时，不能看见或修改这些页面。这个内核虚拟内存区域包含两个区。第一部分是静态区域，它包含系统中指向每个可用的物理存储页面的页表。当运行内核代码时，物理地址到虚拟地址之间只需要简单转换。内核核心和一般页面分配程序所分配的页面都寄存在这个区域中。

剩下来的内核保留部分地址空间并没有特别的用途。在此地址范围的页表项可以被内核修改并按需指向其他内存区域。内核提供了一对允许进程使用这个虚拟内存的工具。函数 vmalloc() 分配任意数量物理上可能不连续的内存到一个连续的虚拟内核区域；函数 vremap() 把一连串的虚拟地址映射到指向内存映射 I/O 设备驱动器所使用的内存区域。

21.6.3　执行与装入用户程序

Linux 内核执行用户程序是通过 exec() 系统调用来启动的。该调用命令内核在当前进程中运行新的程序，用新程序的初始上下文完全覆盖进程当前执行的上下文。系统服务的第一项工作是确认系统调用的进程对正在执行的文件具有操作权。一旦检查通过，内核调用装入程序开始运行该程序。装入程序不必把程序文件的内容装入到物理内存中，但是至少需要建立程序到虚拟内存的映射。

Linux 没有装入新程序的单独例程。相反，Linux 保存了一个可能的装入程序函数表。当调用 exec() 时，表中每个函数都有机会试着装入给定的文件。保留这个装入程序的最初原因是由于在 1.0 和 2.0 版本的内核之间，Linux 的二进制文件标准格式改变了。老版本的 Linux 内核支持 a.out 格式的二进制文件——普遍存在于老版本 UNIX 系统的一种相对简单的格式。较新的 Linux 系统使用的是较现代的 **ELF** 格式，已被大多数现代 UNIX 支持。ELF 格式比 a.out 格式有更多的优点，包括灵活性和扩展性：新的信息可以增加到 ELF 二进制文件中（如增加了调试信息），而不会使装入程序不能识别。通过允许注册多种装入例程，Linux 很容易在一个运行系统里支持 ELF 和 a.out 两种格式的文件。

在 21.6.3.1 和 21.6.3.2 小节中，将着重讨论 ELF 格式二进制文件的装入和运行。装入 a.out 二进制文件更简单，操作起来与 ELF 格式还是比较相似的。

1．程序映射到内存

Linux 中，二进制装入程序并不把二进制文件装入到物理内存，而是把二进制文件的页面映射到虚拟内存区域。只有当程序要访问某一页面时，页错误才会导致页面装入到物理内存。

内核二进制装入程序必须建立初始的内存映射。一个 ELF 格式的二进制文件由一个文件头和几个页面对齐部分组成。ELF 装入程序通过读入的文件头，把文件的各个部分映射到虚拟内存的独立区域中。

图 21.8 列出了由 ELF 装入程序建立的典型内存区域布局。在地址空间一端的保留区

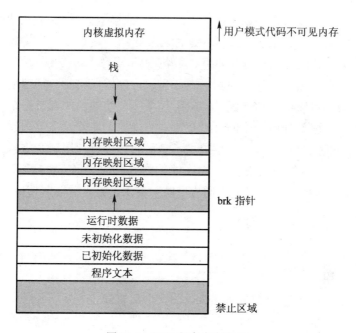

图 21.8　ELF 程序内存布局

域内放的是内核，它在自己的特权虚拟内存区域内不能被用户模式程序访问。剩下来的虚拟内存可被应用程序使用，它可利用内核的内存映射函数建立部分文件映射或者被用于存储应用程序数据。

装入程序的任务是建立初始的内存映射，从而使程序得以开始执行。需要初始化的区域还包括栈、程序代码和数据段。

栈建立在用户模式的虚拟内存的顶部，它向地址减小的方向发展。它包括系统调用exec()程序的参数及环境变量的副本。其他区域建立在靠近虚拟内存的底端。包含程序代码或只读数据的部分二进制文件将作为写保护区映射到内存中，随后映射已初始化的可写数据，然后所有未初始化的数据被映射到私有的按需填零区域。

这些固定大小（fixed-sized）区域之上就是变长(variable-sized)区域。在变长区域里，程序可根据需要扩展，在运行时间内得到分配的数据。每个进程都有一个 brk 指针，它指向这个数据区域的当前范围，进程也可以利用一次系统调用 sbrk()来扩大或者缩小它们的brk 指针区域。

一旦建立了这些映射，装入程序用 ELF 文件头部指定的起始地址来初始化进程的程序计数寄存器，之后就可以调度进程了。

2. 静态链接与动态链接

一旦程序装入并开始运行，二进制文件的所有必要内容都要加载到进程的虚拟地址空间中。然而，大多数程序也需要从系统库中运行函数，这些库函数也需要加载。举个最简单的例子，当程序员编译一个应用程序，所需的库函数被直接嵌入到程序的可执行二进制文件中。这种程序静态链接到它的程序库，而且一旦它们被加载，与之相链接的静态可执行程序便马上开始运行。

静态链接的主要缺点是每个生成的程序都必须包含相同的公用系统库函数的副本。如果考虑物理内存与磁盘空间的使用，把系统库一次性加载到内存显得更加有效。动态链接便允许只加载一次。

Linux 是通过一个特殊的链接库在用户模式下来实现动态链接的。每个动态链接的程序都包含一个小的静态链接函数，当程序开始运行时，该函数就被调用。静态函数只是将链接库映射到内存并运行函数包含的代码。链接库找到程序需要的动态库和这些库所需要的变量和函数名（通过读取包含在 ELF 二进制文件段中的信息），再将程序库转换到虚拟内存中，然后解析这些库中包含的符号。这些共享的程序被映射到内存哪里并不重要，它们被编译成能在内存任何的地址运行的**位置独立的代码（PLC）**。

21.7 文 件 系 统

Linux 保留了 UNIX 的标准文件系统模型。在 UNIX 中，文件不一定要存储在磁盘，它也可以从远程服务器上通过网络获取。UNIX 文件可以是任何有能力处理输入或输出数据流的东西。设备驱动器可以作为文件、进程通信通道或者网络连接，它们看起来也像用户文件。

Linux 内核通过将所有单个文件类型的实现细节隐藏到软件框架虚拟文件系统（VFS）下，来处理所有这些类型的文件。下面，将首先概述虚拟文件系统，然后讨论标准的 Linux 文件系统——ext2fs。

21.7.1 虚拟文件系统

Linux 虚拟文件系统（VFS）是根据面向对象原则来设计的。它有两个部分：文件对象看起来像什么的一组定义；用来处理那些对象的一层软件。VFS 定义的主要对象类型为：

- **inode-object**：描述单个文件。
- **file-object**：描述一个打开的文件。
- **superblock object**：描述整个文件系统。
- **dentry object**：描述单个目录条目。

VFS 为这 4 个对象类型定义了一组操作。每个这些类型的对象都包含一个指向函数表的指针。此函数表罗列了为特殊对象执行操作的函数的地址。例如，一个文件对象操作的缩写 API 包括：

- int open(…)：打开一个文件。
- ssize_t read(…)：从文件中读取。
- ssize_t write(…)：写到文件中。
- int mmap(…)：内存映射文件。

文件对象的完整定义在 struct file_operations 中详细描述，该结构位于文件 /usr/include/linux/fs.h 中。（特定文件类型的）文件对象的实现需要实现文件对象定义中指定的每个函数。

VFS 软件层通过从对象函数表调用适当的函数就能执行在其中一个对象上的操作，而不需要提前知道要处理什么样的一个对象。VFS 不知道或不关心 inode 描述的是网络文件、磁盘文件、网络 Socket，还是目录文件。文件读操作 read()的相应函数总是在函数表的同一位置，VFS 软件层调用此函数时并不关心数据的读入方式。

文件对象和 inode 对象是用于访问文件的机制。inode 对象是包含指向磁盘区块指针的数据结构，该磁盘区块包括实际的文件内容。文件对象描述在一个打开文件中访问数据的位置。进程在未获得指向 inode 的文件对象的情况下不能访问 inode 的数据内容。文件对象跟踪进程当前对文件的读写位置以跟踪顺序文件的 I/O。当文件打开时，它还要记住进程是否请求写许可，并跟踪进程的活动，如果有必要执行自适应预读，在进程发出请求之前读取文件数据到内存，从而改善性能。

文件对象通常属于一个进程，但是 inode 对象则不然。甚至当文件不再被任何进程使用，文件的 inode 对象还是为了提高性能而被 VFS 缓冲（如果不久后文件被再次使用）。所有缓冲的文件数据都与文件 inode 对象连接。inode 还保留了每个文件的标准信息，如文件所有者、文件大小以及最近修改的时间等。

目录文件处理起来和其他的文件有一些细微的差别。UNIX 程序设计接口定义了一系列目录操作方式，例如创建、删除以及对目录中文件的重命名。与读写数据必须首先打开要操作的文件不同，对这些目录操作的系统调用不需要用户打开相关的文件，所以 VFS 是在 inode 对象（而不是文件对象）中定义这些目录的操作方法。

超级块对象表述了一组相连接的文件，这些文件形成了一个自包含的文件系统。操作系统内核为每个以文件系统形式加载的磁盘设备和当前连接的网络文件系统保留一个超级块对象。超级块对象的主要作用是访问 inodes。VFS 通过唯一（文件系统/inode 号）对来定义每个 inode。它通过询问超级块对象，找到 inode 号所对应的特定 inode。

最后，目录对象描述了一个可能包括文件路径名（如/usr）的目录名或实际文件（如 stdio.h）的目录条目。例如，文件/usr/include/stdio.h 包含了：（1）目录入口/，（2）usr，（3）include，（4）stdio.h。其中每个值都用一个独立的目录对象描述。

作为一个如何使用目录对象的例子，考虑这样一种情况，一个进程想要用编辑器打开路径名为/usr/include/stdio.h 的文件。由于 Linux 将路径名处理为文件，翻译这个路径首先需要获取根（/）的 inode，然后操作系统必须从该文件读取以得到文件 include 的 inode，然后继续此过程，直到得到文件 stdio.h 的 inode。由于路径名的翻译可能是一个耗时的任务，Linux 保留了一个目录对象的缓存，在路径名翻译中可以查用该缓存。从目录缓存中获取 inode 比从磁盘文件中要快很多。

21.7.2　Linux ext2fs 文件系统

因为历史原因，Linux 使用的标准磁盘文件系统称为 **ext2fs**。Linux 最初设计使用 Minix 兼容的文件系统，目的是便于和 Minix 开发系统进行数据交换，但是这种文件系统局限于 14 字符的文件名，并且文件大小不能超过 64 MB。Minix 文件系统被一种新的文件系统所取代，此新系统称为**扩展文件系统**（**extfs**）。后来这个文件系统为提高性能和可扩展性又重新设计，增加了一些缺少的功能，这就成为**第二版的扩展文件系统**。

Linux 的 ext2fs 与 BSD Fast File System（FFS）存在很多共性。它使用相似的机制定位某个特定文件的数据块，整个文件系统最多使用三级间接块存储数据块指针。与 FFS 一样，目录文件和标准文件都存储在磁盘上，虽然它们的内容解释方式有所不同。每个目录文件块由条目链表组成，每个条目包含了条目内容长度、文件名和条目引用的 inode 号码。

ext2fs 与 FFS 之间的主要区别在于磁盘分配策略。在 FFS 系统中，磁盘给文件分配了大小为 8 KB 的块,再把块分成 1 KB 的几个碎片(fragment),用来存储小文件或者是在文件末尾填充部分文件块。相反,ext2fs 根本就不使用碎片,而是在更小的单元里进行分配。虽然 ext2fs 也支持 2 KB 和 4 KB 的块,但块的默认大小是 1 KB。

为了保持高性能,操作系统必须尽可能通过群集将物理上相邻 I/O 的请求归集到一起,从而在较大程序块中执行 I/O。群集减少了由设备驱动器、磁盘和磁盘控制器硬件所引起的平均每次请求的消耗。1 KB 的 I/O 请求实在太小,以至于无法保证良好的性能,因此 ext2fs 使用分配策略将文件的逻辑相邻的块放置到磁盘的相邻块中。这样它仅用一次操作就可以处理多个磁盘块的 I/O 请求。

ext2fs 分配策略有两个部分。像 FFS 一样,一个 ext2fs 文件系统被分割成多个**块组**(block group)。FFS 也使用类似**柱面组**(cylinder group)的概念——每个组都对应一个物理磁盘柱面。然而现代磁盘驱动技术根据磁盘的不同密度来压缩扇区(因此有不同的柱面大小,这取决于磁头离磁盘中心的距离)。所以固定长度的柱面组不一定与磁盘结构相对应。

ext2fs 分配文件时必须首先为该文件选择块组。对于数据块,它试图分配和文件的 inode 相同的块组。对于非目录文件的 inode,它选择与文件上级目录相同的块组进行分配。目录文件并不放在一起,而是散布在整个可用的块组中。这些策略被设计成在相同的块组中保存互相关联的信息,同时也在磁盘的块组中分散磁盘的负荷,从而减少磁盘碎片。

在块组中,ext2fs 尽可能使分配保持物理连续,并且尽可能减少碎片。它保留了块组中所有空闲块的位图。当为新文件分配第一个块时,便从块组开始位置查找一个空闲块;当扩展一个文件时,它就从最近分配给文件块的位置开始搜索。搜索分两个阶段。第一阶段,它在位图中搜索一个完整的空字节。如果没有找到,它就寻找任意空位(free bit)。搜索空字节的目的是在可能的地方把至少 8 个大块的磁盘空间分配出去。

一旦一个空闲块被确认,系统继续向后搜索,直到遇见一个已被分配的块。如果在位图中发现一个空字节,则向后搜索,以防止 ext2fs 在先前非零字节中最近分配的块与搜索到的零字节之间产生孔。一旦位或者是字节搜索到了下一个要分配的块,ext2fs 就向前扩大分配到 8 块为止,并对文件预先分配这些特定的块。这样的预先分配在交叉存取的写操作过程中有助于减少碎片,同样因为同时分配多个块,故减少了 CPU 消耗。在关闭一个文件后,预先分配的块返回到空地址位图当中。

图 21.9 说明了分配策略。每行代表分配位图中一系列已设定的和未设定的位(bit),显示了磁盘上已使用的块和空闲的块。在第一个例子中,如果在开始检索的块附近能找到任意足够的空闲块,那么不管它们有多么破碎也要进行分配。如果块之间连在一起并且可能无需磁盘重定向就能都被读出,那么磁盘碎片能得到部分补偿。从长期来看,一旦磁盘上大块空闲区域不足时,把磁盘碎片全部分配到一个文件要比把它们分配到各个文件好得多。在第二个例子中,无法立即在附近发现空闲块,因此在位图中查找整个的空闲字节。如果把字节当做一个整体进行分配,最终只是在空闲区域(free space)前新建了一个碎片

区域，所以在分配前返回查找并且将要分配的资源进行刷新，然后执行默认的 8 块分配。

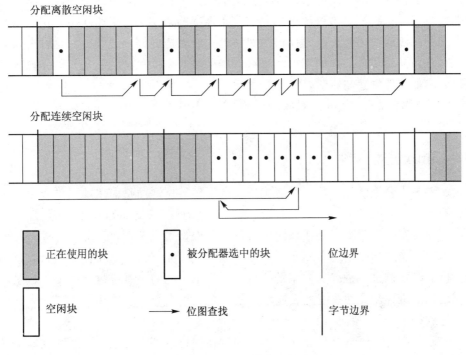

图 21.9　ext2fs 块分配策略

21.7.3　日志

　　Linux 系统有许多不同的文件系统类型。文件系统一个受欢迎的特征是**日志**（journaling），而对文件系统的修改按顺序写入日志。完成特定任务的一组操作称为**事务**（transaction）。一旦事务被写入日志，它就被认为提交了，修改文件系统（如 write()）的系统调用可以返回给用户进程，并允许它继续执行。同时，与事务相关的日志条目被重新在实际的文件系统结构中执行。随着日志的执行，一个指针被更新，以指出什么活动完成了，还有什么活动没有完成。当整个提交的事务完成，将它从日志中删除。日志实际上是一个环形缓存，可能在文件系统的不同分区，甚至可能在不同的磁盘上。拥有独立读写磁头，以减少磁头竞争和寻道时间，这是更有效的方法，但更为复杂。

　　如果系统崩溃，日志中有零个或多个事务。虽然它们已经由操作系统提交，这些事务在文件系统中从来没有完成，因此，必须完成它们。事务可从指针开始执行，直到工作完成，文件系统结构仍然保持一致性，其中仅可能发生的问题是事务被终止，即在系统崩溃前它没被提交。应用于文件系统的事务的任何变化必须撤销，以再次保持文件系统的一致性。崩溃后所需做的是恢复，以消除一致性检查带来的任何问题。

由于应用于内存中的日志比直接向磁盘上的数据结构的更新处理更快，日志文件系统一般比非日志文件系统快。这种改进的原因在于连续的 I/O 比随机 I/O 更具优势。昂贵的对文件系统的同步随机写转为不太昂贵的对文件系统日志的同步连续写。这种变化反过来通过随机写重新异步写入适当的结构。最终的结果是对文件系统的面向元数据操作的重大的性能提高，如文件创建与删除。

ext2fs 不提供日志，但 Linux 系统适用的、另一种常用的、基于 ext2fs 的文件系统 **ext3** 提供了日志。

21.7.4 Linux 进程文件系统

Linux VFS 十分灵活，它甚至可能不用永久存储数据，而是简单地提供一个其他功能的接口就能实现文件系统。Linux **进程文件系统**（process file system），就是所说的*proc* 文件系统，其内容实际上并未存储在任何地方，而是根据用户文件 I/O 请求的需要来计算。

/proc 文件系统并不只限于 Linux。SVR4 UNIX 把/proc 文件系统作为一个有效的接口提供给内核的进程调试支持：文件系统的每个子目录对应的不是磁盘上的某一目录，而是当前系统运行的进程。文件系统列表显示的是每个进程一个目录，并且 ASCII 十进制表述的目录名是进程唯一的进程标识符（PID）。

Linux 实现了这个/proc 文件系统，而且通过在根目录下增加临时目录和文本文件的方式大大扩展了 proc 文件系统。这些新增项对应于内核和相关装入驱动的各种统计数值。/proc 文件系统为程序提供了一种以纯文本文件形式（标准 UNIX 用户环境为进程处理文本提供了强大的工具）访问这些信息的方法。例如，传统的 UNIX ps 命令（显示所有运行进程状态的列表）作为从内核虚拟内存直接读取进程状态的一个特权进程被实现。Linux 下，此命令是一个完全非特权程序，它只是对/proc 的信息进行解析和格式化。

/proc 文件系统必须实现两件事：目录结构和里面的文件内容。因为 UNIX 文件系统被定义为一组以索引节点（inode）号标识的目录和文件，所以/proc 文件系统必须为每个目录和相关文件定义一个唯一的、不变的索引号。一旦映射存在，当用户试图从一个特殊文件索引节点读取内容，或者是在特殊目录的索引节点中执行查找操作的时候，它可利用这个 inode 号来识别需要执行什么样的操作。当从这些文件中读取数据时，/proc 文件系统将组合这些信息，把它们格式化成文本形式，并把它放入请求进程的读缓冲区中。

从 inode 号到信息类型的转换，把 inode 号分割成了两个域（field）。Linux 的一个 PID 有 16 位宽，但是一个 inode 号是 32 位的。inode 号高 16 位可认为是一个 PID，剩下的位用来定义进程所要求的信息类型。

一个零 PID 是无效的，所以 inode 号中的零 PID 的意思是这个 inode 含有全局（而非特定进程的）信息。/proc 中存在的一些全局文件用于报告诸如内核版本、空闲内存、性能状态和当前运行中的驱动程序等信息。

并不是所有在此范围内的 inode 号都被保留：内核可以动态分配新的/proc 索引节点（保存一个已分配 inode 号的位图）。它还保存了已注册全局 proc 文件系统项的树状数据结构：每一项都包含有文件的索引节点号码、文件名、访问权限和用于产生文件内容的特定函数。驱动程序能随时注册和注销此树状结构中的表项，而其特别部分（即出现于/proc/sys 目录下）是为内核变量保留的。一组能读写这些变量的普通处理程序处理此树状结构的文件，因此系统管理员能够在 ASCII 十进制下通过把所要求的新变量写到适当文件的方式来简单调整内核参数变量。

为了能够在应用程序中有效访问这些变量，可以通过 sysctl()这个特殊的系统调用使用/proc/sys 子树。sysctl()采用二进制，而不是文本格式对这些变量进行读写操作，不产生文件系统开销。函数 sysctl()不是另外的工具，它只是读取 proc 动态项树来决定应用程序引用哪一个变量而已。

21.8 输入与输出

对用户来说，Linux 系统的 I/O 系统与其他 UNIX 系统的 I/O 非常相似，只要有可能，所有的设备驱动都以常规文件方式出现。用户可以向设备打开一个访问通道，就像打开其他任何文件一样——在文件系统中，设备是作为对象出现的。系统管理员可以在文件系统中创建特殊文件，该文件指向设备驱动器，用户打开这样的一个文件就可以对指向的设备进行读写操作。文件保护系统决定用户所能访问的文件。通过使用普通的文件保护系统，管理员就可以给每个设备设置访问权限。

Linux 把所有的设备分成三类：块设备、字符设备和网络设备。图 21.10 列出了设备驱动系统的总体结构。

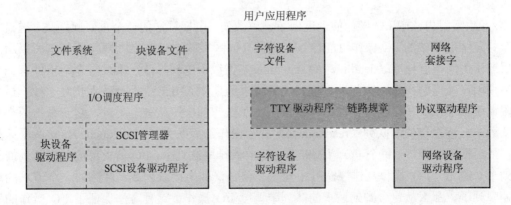

图 21.10 设备驱动块结构

　　块设备（block device）包括了允许自由访问完全独立的、固定大小数据块的所有设备，例如硬盘、软驱、CD-ROM 和闪存。块设备通常用来存储文件系统，但是直接访问某一块设备也是允许的，这样程序可以创建和修复设备所包含的文件系统。应用程序也可以按照意愿直接访问这些块设备。例如，数据库应用程序使用它自己的、精细化的磁盘数据组织方式，而不是使用通用的文件系统。

　　字符设备包括大多数其他设备，如鼠标和键盘。字符设备和块设备的根本区别在于随机访问——块设备可能是随机访问的，而字符设备只能是连续访问的。例如，DVD 支持在某一位置寻找文件，但这对定点设备（如鼠标）是没有意义的。

　　网络设备与块设备和字符设备有所区别。用户不能直接把数据转换到网络设备，必须通过打开内核网络子系统的连接进行间接通信。下面将在 21.10 节中单独讨论网络设备接口。

21.8.1　块设备

　　块设备为系统的所有磁盘设备提供了一个主要接口。对磁盘来说，性能显得尤为重要，块设备系统必须提供确保尽可能快速访问磁盘的功能。这种功能通过 I/O 调度操作来实现。

　　在块设备中，**块代表内核执行 I/O 的单元**。当块被读入内存时，它被保存到缓存中。**请求管理程序**（request manager）属于软件层，它管理将缓冲区内容读入或者写到块设备驱动器。

　　每个块设备驱动程序都有一个单独的请求表。传统上用基于单向电梯（C-SCAN）算法来调度这些请求（利用从每个设备表中插入或删除请求的顺序）。系统以开始扇区号的递增顺序来排列保存请求表。当一个请求被设备驱动程序接受时，并不马上从列表中移走，只有当 I/O 完成后该请求才能被移走。即使在运行请求之前新的请求插入表中，驱动程序仍然继续表上的下一个请求。当产生一个新的 I/O 请求时，请求管理程序就试图合并每个设备表的请求。

　　2.6 版本对内核中 I/O 操作的调度做了一些改变。电梯算法的一个重要问题是，磁盘的一个特定区域集中的 I/O 操作可能导致在磁盘其他区域的请求发生饥饿。2.6 版本所采用的**最后期限 I/O 调度程序**（deadline I/O scheduler）类似于电梯算法，不过每个请求都有一个最后期限，从而解决了饥饿问题。通常，读请求的期限为 0.5 秒，而写请求为 5 秒。最后期限调度程序维护按扇区号排序的即将发生 I/O 操作的排序队列。不过，它还维护两个其他队列——读操作的**读队列**（read queue）和写操作的**写队列**（write queue）。这两个队列根据最后期限来排序。每个 I/O 请求根据需要放入排序队列中，I/O 请求可放入读队列或写队列中。通常，I/O 操作从排序队列中发生。但是，如果读队列或写队列的一个请求的最后期限到了，那么从包含到期请求的队列中调度 I/O 操作。这种方法保证了 I/O 操作的等待时间不会超过它的到期时间。

21.8.2 字符设备

字符设备驱动程序可以是任何不能对固定数据块进行随机访问的设备。任何字符设备驱动程序向 Linux 内核注册的同时必须注册一组函数，这些函数实现了驱动程序能处理的文件 I/O 操作。内核几乎不会预处理对字符设备文件的读写请求，而只是简单地把请求传递给设备，并让设备来处理这个请求。

以上规则的特例是字符设备驱动的特殊子集：终端设备。内核通过一组 tty_struct 结构维护这些驱动程序的标准接口。每个结构都提供缓冲区和对来自终端设备数据流的流控制，并把这些数据传递给链路规程（line discipline）。

链路规程是一个对来自终端设备信息的解释程序。最普通的链路规程是 tty 规程，它把终端数据流挂接到正在运行的用户进程的标准输入输出流上，这些进程才可以和用户终端进行直接交流。多个进程同时运行的情况使得此项工作变得复杂。随着进程被用户唤醒或挂起，tty 链路规程负责连接和释放与之相连接的各个进程终端的输入与输出。

还有其他与用户进程的 I/O 无关的链路规程的实现。PPP 和 SLIP 网络协议通过一个终端设备（如串行链路）对网络连接进行编码。这些协议在 Linux 下以驱动程序形式实现，一端是作为链路规程出现在终端，另一端是作为一个网络设备驱动程序出现在网络系统中。当一个终端激活其中的一个链路规程后，终端上的任一数据将被直接发送到正确的网络设备驱动程序中。

21.9 进程间通信

UNIX 为进程之间通信提供了一个丰富的环境。通信可以是只让别的进程知道事件已经发生，也可以是从一个进程到另一个进程传送数据。

21.9.1 同步与信号

通知进程事件已发生的标准 UNIX 机制是**信号**（signal）。信号可以在任意进程之间互相发送，只是信号被发往另一用户拥有的进程是有条件限制的。然而，信号的数量是有限的，并且它们不能传送信息：进程只知道某个事件发生了。不仅进程能产生信号，内核内部也会产生信号。例如，当数据到达某一网络通道时，内核向服务进程发送一个信号，或者当子进程终止时内核向父进程发送信号，或者是定时器到期时向等待进程发送信号。

Linux 内核内部并不使用信号进行内核模式下进程的通信：如果一个内核模式的进程想等待一个事件发生，通常它不使用信号来接收该事件的通知。事实上，关于内核中异步事件的通信要通过使用调度状态和 wait_queue 结构实现。这些机制可让内核模式下的进程之间能够互相通知相关事件，也可由设备驱动器或网络系统产生事件。只要进程需要等待某事件，它就会自动置身于一个与之相关的等待队列，并告诉调度程序它不再适合运行，一旦事件完成后，内核将唤醒等待队列的每个进程。这个过程使得多个进程可以等待单个事件。例如，几个进程都要从磁盘读文件，一旦数据被成功读入内存，那么它们都将被唤醒。

虽然信号一直是进程间异步通信的主要机制，但是 Linux 也实现了 UNIX V 系统的信号量机制。进程可以很容易地与等待信号一样等待信号量。但是信号量有两个优点：大量的信号量可在多个独立进程间共享，对多信号量的操作可以原子地执行。标准 Linux 内部的等待队列机制与正在使用信号量通信的进程同步。

21.9.2 进程间数据传输

Linux 进程间传输数据有多种机制，标准的 UNIX **管道**（pipe）机制允许子进程从其父进程继承一个通信通道，写入管道一端的数据可以在另一端读出。在 Linux 中，对于虚拟文件系统软件，管道仅仅是以 inode 的另一类型（形式）存在的，每个管道都有一对等待队列，使得读写程序同步。UNIX 同时也定义了一组网络设备，这些设备既可对本地的进程，又可对远程的进程，发送数据流。网络的内容将在 21.10 节中讲述。

进程间共享数据还有两种其他方法。首先，共享内存提供了传送大小不等的数据的一种极为快速的方法：任何被一个进程写到共享区域的数据可以立即被其他已把该区域映射到地址空间的进程读出。共享内存的主要缺点是，就它自身而言，不支持同步操作：进程不能询问操作系统某一个共享的内存是否被写进，也不能在写操作发生之前挂起执行程序。将共享内存和其他进程间通信机制（提供失去的同步）一起使用，共享内存就变得特别强大。

Linux 中共享内存区域是一个不变的对象，可被进程创建和删除。该对象被当做一个很小的独立地址空间来处理。Linux 的分页算法可以挑选共享页面换出到磁盘，就好像它们换出进程的数据页面。共享内存对象充当了共享内存区域的后备存储器，正像文件可以充当内存映射区域的后备存储器一样。当一个文件被映射到虚拟地址空间区域，那么任何发生的页错误都将导致合适的文件页面被映射到虚拟内存区域。相似地，共享内存映射的页错误导致从某一不变的共享内存对象中换入到共享页面。与文件一样，即使当前没有进程把它们映射到虚拟内存，共享内存对象依然记住它们的内容。

21.10 网 络 结 构

网络是 Linux 的关键功能，Linux 既支持标准的 Internet 协议（用于大多数的 UNIX-to-UNIX 通信），也能实现其他非 UNIX 操作系统的许多本地协议。Linux 最初主要运行在 PC 上，而不是大型工作站或服务器系统，因此它支持多种用于 PC 网络的协议，如 AppleTalk 和 IPX。

Linux 内核中的网络通过以下的三个软件层实现：

- Socket 接口。

- 协议驱动。

- 网络设备驱动。

用户应用程序通过 Socket 接口执行所有的请求。该接口类似于 BSD 4.3 Socket 层，因此任何使用 Berkeley Socket 的程序不用改变源代码就能在 Linux 上运行。这个接口在附录 A.9.1 中介绍。BSD Socket 接口十分通用，它能描述范围广泛的网络协议的网络地址。Linux 使用的这个单一接口不限于访问标准 BSD 系统中实现的协议，它还适用于所有被系统所支持的协议。

下一个软件层就是协议栈，在组织形式上它与 BSD 结构有相似之处。任何到达这层的网络数据，不管是来自某一应用的 Socket 还是来自网络设备驱动程序，它们都在数据中包含标记来说明它们包含哪种网络协议。如果有必要，协议之间也可以进行通信。例如，在 Internet 协议集中，不同的协议管理路由、错误报告、丢失数据的可靠再传输。

协议层可以改写数据包、新建数据包、把数据包分割成帧或者重新装配，或者是简单地抛弃刚输入的数据。最后，一旦它处理完数据包，如果数据要送往一个本地连接，就把它们往上传递到 Socket 接口，或者如果数据包需要远程传送，就往下传送到某一设备驱动程序。协议层决定把数据包发送到哪个 Socket 或哪个设备。

网络栈层之间的所有通信是通过传递单一的 skbuff 结构来实现的。一个 skbuff 结构包含有一套指向单个连续内存区域的指针，它描述了构建网络数据包的缓冲区。skbuff 中的有效数据在不一定从 skbuff 缓冲区的起始处开始，也不一定一直横跨到缓冲区的结束。网络代码可以将数据添加到包的任何一端，或者是在数据包的两端裁剪数据，只要结果符合 skbuff 结构。对于现代微处理器，这个能力显得特别重要，CPU 速度的改进已大大超出了主存储器的性能：skbuff 体系结构在处理包头部和校验方面也有灵活性，从而避免了不必要的数据备份。

Linux 网络系统中最重要的协议集合是 TCP/IP 协议组。这个协议组由大量的独立协议组成。IP 协议可以在网络上任意地方的两台不同主机之间实现路由。在路由协议的顶端是 UDP、TCP 和 ICMP 协议。UDP 协议在主机间传送随机的单个数据包；TCP 协议在实现主机间可靠连接的同时，必须保证数据包的有序传递和丢失数据的自动重新传输；ICMP 协议用于传输主机间各种错误信息和状态信息。

数据包（skbuff）在到达网络栈协议之前需要标上一个显示与之相关的协议的内部标识符。不同网络设备驱动程序在其传播介质上使用不同的编码方式对协议类型编码。这样，输入数据的协议识别必须在设备驱动程序中完成。设备驱动程序使用一个已知网络协议识别符的哈希（hash）表来查找合适的协议，并把数据包传输给协议，新的协议可作为内核装入模式加载到哈希数据表中。

　　输入的 IP 数据包被传输到 IP 驱动程序。该层的工作就是实现路由：它决定数据包传送地址，把它传输到合适的内部协议驱动程序（在本地传输）；或者是把它放入一个已选好的网络设备驱动程序队列，并由此把它传送到另外的主机。它通过两个表实现路由方案：持久的传送信息库（FIB）和存储最近路由方案的高速缓存。FIB 包含了路由配置信息，并描述了基于特定目的地址或者是描述多目的地的多点路由。FIB 由一组目的地址检索的哈希表组成，描述最特定路由的列表通常被第一个搜索。对此表的成功查找后的数据被加入到路由缓存中，此缓存以特定目的地址存储路由；缓存中不存储通配符，因此查找起来很快。如果在固定时间段内没有查找命中，路由缓存中的项目就会被终止。

　　在各个阶段，IP 软件将数据包传送到一个独立代码区进行**防火墙管理**（firewall management）——通常出于安全的考虑，根据强制标准进行有选择地过滤数据包。防火墙管理程序保留了大量的**防火墙链**（firewall chain），并使任意链与 skbuff 相匹配。不同的防火墙链有不同的用途：可用于传输数据包，也可用于向该主机输入的数据包，还可用于在该主机中产生的数据。每个防火墙链都是一个规则列表，每个规则将描述大量可能的防火墙做决定的函数以及一些与之相匹配的随机数据。

　　IP 驱动程序实现的其他两个功能是大数据包的解包和重新组装。如果输出的数据包太大而不能加入到某个设备的队列中，那么只要把它分解成小一点的**碎片**（fragment），并把它们都放到驱动程序的队列中。当到达主机时，这些碎片必须被重新组合。IP 驱动程序为每一个等待重组的碎片保留了一个 ipfrag 对象，并且在组合时为每一个组合的数据包保留了一个 ipq。输入的碎片必须和某个已知的 ipq 相匹配。如果找到一个匹配的碎片，就把它放入对应的 ipq 中；否则，就要新建一个 ipq。一旦最后一个 ipq 碎片到达，就组成了一个保存完整的新数据包的 skbuff，这些数据包将被传回 IP 驱动程序。

　　目的地为该主机的 IP 数据包将被传送到一个其他协议驱动程序中。UDP 和 TCP 协议采用同一种方式把数据包和源 Socket、目标 Socket 联系起来：只有它的源地址和目标地址、源端口号及目的端口号才能识别每个相连接的 Socket。Socket 列表以这 4 个"地址-端口"值（address-port）为查找关键字与哈希表相链接。TCP 协议必须处理不可靠连接，因此它维护未确认的发出包的有序列表，以在其超时后重发，并管理乱序到达的数据包，以便在缺少的数据到达时向 Socket 传送。

21.11　安　　全

　　Linux 的安全模型与典型的 UNIX 安全机制密切相关。安全关心的问题可分为两组：
- **认证**：首先在保证有登录权限的情况下，才能访问系统。
- **访问控制**：提供一种核查机制，检查用户是否有权访问某一对象，并且能根据需要禁止用户对某一对象的访问。

21.11.1　认证

　　典型的 UNIX 中的认证是通过使用公共可读的口令文件的方式实现的。用户的口令与一个随机的"salt"值相结合，由单向转换函数进行编码，并将结果存储于口令文件中。使用单向转换函数意味着无法从口令文件中推导出原始的口令，除非是重试和发生错误。当用户给系统提交口令时，保存在口令文件中的 salt 值与口令实现重新结合并通过同样的单向转换函数计算。如果结果与口令文件中的内容相符，那么该口令就被接受。

　　历史上，UNIX 实现这种机制存在着几个问题。口令被限于 8 个字符，可能的 salt 值太小，导致攻击者可以轻易地把通用口令字典和每个可能的 salt 值组合起来，并在口令文件中匹配一个或若干个口令，从而非法访问任意账号。扩展后的口令机制中加密后的口令文件不再公共可读，并且允许更长的口令，或者说使用更安全的方法对口令进行编码。其他引入的认证机制限制了允许用户连接系统的次数或者是把认证信息分布到网络所有相关系统上。

　　UNIX 供应商开发出一种解决此类问题的新的安全机制。**可插入的鉴别模块**（pluggable authentication module，PAM）系统是基于一个任意系统组件（该组件用于认证用户）都能使用的共享库。Linux 下有该系统的实现。正如系统范围配置文件中描述的那样，PAM 根据需要装入认证模块。如果以后要加入新的认证机制，配置文件中也会加入这个机制，并且所有的系统组件马上便能使用它。PAM 模块能指定鉴别的方法，进行账户限制，安装会话功能或口令更改功能（因此，用户改变他们的口令时，所有必要的鉴别机制就要立即更新）。

21.11.2　访问控制

　　UNIX 系统（包括 Linux 系统）的访问控制是通过使用唯一的数字标识符来实现的。用户标识符（uid）识别的是某一个单个用户或者是一组访问权限。组标识符（gid）是用来识别若干个用户权限的一种特殊的标识符。

　　访问控制应用于系统中的多种对象。标准的访问控制机制维护着系统中每个可使用的文件，另外，其他的诸如共享内存段、信号量等共享对象使用的是同样的访问系统。

　　UNIX 系统中，用户和用户组访问控制下的每个对象都有一个对应的 uid 和 gid。用户进程也同样拥有一个单独的 uid，但却拥有若干个 gid 。如果进程的 uid 与对象的 uid 匹配，那么进程对该对象就拥有**用户权限**（user right）或者拥有**所有者权限**（owner right）；如果 uid 不匹配，但是进程 gid 中的任意一项与对象的 gid 相匹配，那么就授予**组权限**（group right），否则，进程拥有**全局权限**（world right）。

　　Linux 是通过赋予对象一种**保护掩码**（protection mask）的方式来实现访问控制的，该保护掩码具体描述在有所有者、组和 world 访问权限的情况下，允许对进程进行访问的方式（读、写、执行等）。这样，对象的所有者就可以对文件进行完全的读、写、执行等访问。特定组中的其他用户可以进行读访问，但不能进行写访问，而其他用户则没有任何访问权。

唯一的例外是特许的**根**（root）uid。带有这种特殊 uid 的进程绕过了通常情况下的访问检查，并允许自动访问系统中的任意对象。这样的进程允许进行某些特许的操作，如读取任意的物理内存，或者是打开保留的网络套接字。在这种机制下，内核就能防止普通用户访问这些资源：大多数重要的内部内核资源毫无疑问将归根 uid 所有。

Linux 实现了标准的 UNIX setuid 机制（在 A.3.2 中有介绍）。这个机制允许程序以不同于运行此程序的用户的权限运行：如 lpr 程序（给打印机队列提交工作的程序）能访问系统的打印队列，而运行该程序的普通用户却不行。UNIX 对 setuid 的实现区分了进程的*真实*uid 和*有效*uid：运行程序的用户的 uid 属于真实 uid，文件拥有者的 uid 属于有效 uid。

Linux 下，有两种方式可增强这个机制。第一种，Linux 实现 POSIX 中描述的 saved use-id 机制，该机制下，进程可以反复地放弃或重新获得它的有效 uid。为了安全起见，程序需要在一个安全的模式下进行大多数操作，它将放弃 setuid 状态所给予的特权，但是希望用它的特权来执行特定的操作。标准 UNIX 通过交换真实 uid 和有效 uid 来实现这个功能。系统保存了先前的有效 uid，但是程序的真实 uid 并不与运行程序的用户 uid 相符。saved uid 允许某一进程设置有效 uid 为它的真实 uid，然后返回到它的有效 uid 的原值，而在任何时候都无须修改它的真实 uid。

Linux 提供的第二种加强方式中，授权有效 uid 权限子集的进程属性。当授权对文件的访问权限时使用 **fsuid** 和 **fsgid** 进程属性。每当有效 uid 和 gid 被设置后，都要设置该属性。然而 fsuid 和 fsgid 也可脱离有效的 id 进行单独设置。这样进程可代表其他用户访问文件，而不需要以任何方式取得这个用户的身份。特别是，服务器进程可利用这个机制服务于某一特定用户的文件，而不用担心该用户杀死或者挂起此进程。

最后，Linux 提供的另外一个机制在现代版的 UNIX 中得到越来越普遍的应用，那就是两个程序之间权限的灵活传递机制。当一个本地网络套接字在系统的任意两个进程间建立时，任一进程都有可能给另外一个进程发送一个打开文件描述符；而其他的进程则接收到指向同一文件的一个复制的文件描述符。这个机制下，客户可以把一个挑选过的单个文件访问权限传送到某些服务器进程，而不需要授权进程的任何权限。例如，打印服务器没有必要读取提交某一项新打印任务的用户的所有文件，打印客户只要把需要打印的任意文件描述符传递给服务器，拒绝服务器访问用户其他文件中的任意一项。

21.12　小　　结

Linux 是一个基于 UNIX 标准的现代开放操作系统。它能高效而稳定地运行在普通 PC 硬件上，也能运行于其他各种平台上。它提供了一个能与标准 UNIX 系统兼容的程序接口和用户接口，并能运行大量 UNIX 应用程序，包括在数量上日益增长的商业软件。

Linux 并不是在真空中发展而成的。一个完整的 Linux 系统包括了许多独立于 Linux 而开发出来的组件。Linux 操作系统的核心是原先的版本，但它支持很多已有的 UNIX 自由软件，从而导致了一个 UNIX 完全兼容的操作系统从商业代码中解放出来。

因为性能的原因，Linux 内核以传统的单内核形式实现，但是在设计方面上它能实现模块化，大多数驱动都能在运行时间内动态装载和卸载。

Linux 是一个多用户系统，提供进程间的保护，并根据分时系统调度程序运行多个进程。刚创建的进程可与父进程共享部分选择过的执行环境，并且支持多线程编程。系统 V 版机制（即消息队列、信号量和共享内存）和 BSD 的 Socket 接口都支持进程间通信。通过 Socket 接口可以同时访问多个网络协议。

对用户而言，文件系统呈现的是一个遵循 UNIX 语义的分级目录树。在其内部，Linux 使用抽象层的概念来管理多个不同的文件系统，并且支持面向设备的、网络化的和虚拟的文件系统。面向设备的文件系统通过与虚拟内存系统一体化的页面缓存来访问磁盘存储器。

存储器管理系统通过页面共享和写时复制（copy-on-write）最大限度地减少与不同进程共享数据的复制。当首次引用页面时是根据需要装入的，如果需要回收物理内存，则根据 LFU 算法把页面换回到备份存储中。

习　题

21.1　用高级语言（如 C 语言）来编写操作系统有何优点和缺点？

21.2　系统调用序列 fork() 和 exec() 最合适的环境是什么？何时用 vfork() 更好 ？

21.3　应该用哪种 Socket 类型来实现计算机间文件传输程序？又应该用何种类型来周期性地测试另一台计算机是否在网络上？试解释你的答案。

21.4　Linux 运行于多种硬件平台。对于不同的处理器和存储器管理体系结构而言，Linux 开发者必须采取什么样的措施来保证系统是可移植的，并最小化针对特殊体系结构的内核代码数量？

21.5　使只有某些定义在内核中的符号被可加载内核模块访问的优点和缺点是什么？

21.6　Linux 内核装载内核模块所采用的冲突解决机制的主要目的是什么？

21.7　讨论一下 Linux 支持的 clone() 操作如何来支持线程和进程？

21.8　可以将 Linux 线程归类为用户级线程还是内核级线程？试给出合理的论据来支持你的答案。

21.9　与复制一个线程的代价相比，创建和调度一个进程要产生什么样的额外成本？

21.10　Linux 调度程序执行软（soft）实时调度。对特定的实时程序设计任务，这种调度方法缺失了哪些必要的功能？怎样向内核中加入这些功能？

21.11　在什么情况下，一个用户进程请求一个操作导致产生零内存区需求？

21.12　什么情况下会导致内存页映射到用户程序地址空间并且写时复制属性可用？

21.13　Linux 中，共享程序库执行操作系统中多种重要的操作。把这些功能放在内核之外的优点是什么？有缺点吗？试加以解释。

21.14 Linux 操作系统的目录结构可以由不同文件系统中的文件组成，包括 Linux/proc 文件系统。支持不同的文件系统对 Linux 内核结构意味着什么？

21.15 Linux setuid 与标准 UNIX 的方式有何不同？

21.16 Linux 的源代码一般在 Internet 上或 CD-ROM 供应商那里可以免费得到。对 Linux 系统的安全性来说，这种可用性有哪三个方面的暗示？

文 献 注 记

Linux 系统是 Internet 的产物，因而有关 Linux 的大多数文档都可以通过 Internet 以某种方式获得。以下是一些主要站点，涉及了最有用的信息：

- Linux 交叉引用页 http://lxr.linux.no/ 包含有当前 Linux 内核的列表，可以通过 Web 浏览，并且可以完全交叉引用。

- http://www.linuxhq.com/ 上的 Linux-HQ 包含了大量有关 Linux 2.x 内核的信息。这个站点也包括了多数 Linux 发行版本的主页链接，还有一些主要的邮件列表档案。

- http://sunsite.unc.edu/linux/ 的 Linux 文档工程（LDP）列出了许多有关 Linux 的书籍，以原始资料的形式作为 Linux 文档工程的一部分。这个工程也包括了 Linux *How-To* 指南，这个指南包含了一些有关 Linux 的提示和技巧。

- *The Kernel Hackers' Guide* 是基于 Internet 的普通内核的指南，位于 http://www.redhat.com:8080/HyperNews/get/khg.html，且此站点内容不断得到丰富。

- 内核新手网站（http://www.kernelnewbies.org）提供了针对新手所介绍的 Linux 内核资源。

另外，还有许多致力于 Linux 的邮件列表。最重要的列表由邮件列表管理者维护，可以通过电子邮件地址 majordomo@vger.rutgers.edu 访问。如果想知道如何访问邮件列表，如何订阅，给这个地址发一封电子邮件，正文只要一句 "help" 就可以了。

最后，Linux 系统自身也可以在 Internet 上获得。完全的 Linux 发布版本可以从有关公司的主页上获得，Internet 上一些地方的 Linux 社区也有当前系统组件的文件。最主要的如下：

- ftp://tsx-11.mit.edu/pub/linux/。

- ftp://sunsite.unc.edu/pub/linux/。

- ftp://linux.kernel.org/pub/linux/。

除了学习 Internet 资源外，也可以读一下 Bovet 和 Cesati[2002]以及 Love[2004]关于 Linux 内核内部问题的研究。

第 22 章 Windows XP

Microsoft Windows XP 操作系统是用于 AMD K6/K7、Intel IA32/IA64 及其后续微处理器的 32/64 位抢占式多任务操作系统。Windows XP 是继 Windows NT、Windows 2000 后的又一个操作系统，它还被用来代替 Windows 95/98 操作系统。该系统的主要目标是安全性、可靠性、易用性、Windows 和 POSIX 应用程序的兼容性、高性能、可扩展性、可移植性以及国际支持。本章将讨论 Windows XP 系统的几个主要目标、使得系统易用的系统分层体系结构、文件系统、网络特性和程序设计接口。

本章目标

- 探索 Windows XP 的设计原则，以及涉及该系统的特定组件。
- 理解 Windows XP 如何运行为其他操作系统设计的程序。
- 提供 Windows XP 文件系统的详细说明。
- 阐明 Windows XP 所支持的网络协议。
- 概述适用于系统与应用程序员之间的接口。

22.1 历　　史

20 世纪 80 年代中期，Microsoft 和 IBM 曾经合作开发 OS/2 操作系统，该系统是用汇编语言编写的，适用于 Intel 80286 系统的单处理机。1988 年，Microsoft 决定重新开发一种称为"新技术"（或者称为 NT）的可移植操作系统，同时支持 OS/2 和 POSIX 的应用程序接口（API）。1988 年 10 月，DEC VAX/VMS 操作系统的设计师——Dave Cutler 受聘，并签订了构建这个新操作系统的合同。

刚开始，Windows NT 开发组打算使用 OS/2 的 API 作为它的本地环境，但是在开发过程中，Windows NT 改为使用 32 位的 Windows API（或 Win32 API），这反映了 Windows 3.0 受欢迎的程度。Windows NT 的第一个版本是 Windows NT 3.1 和 Windows NT 3.1 高级服务器（当时，16 位的 Windows 的版本是 3.1）。Windows NT 4.0 版采用了 Windows 95 的用户界面，并且加入了 Internet Web 服务器和 Web 浏览器软件。另外，为了提高性能，用户界面的例程和图形代码被移植到内核中，但是产生的副作用是降低了系统的可靠性。虽然以前的 NT 版本有移植到过其他微处理器体系结构中，但是由于市场的因素，2000 年 2 月发布的 Windows 2000 停止了对除 Intel（或兼容的）之外的处理器的支持。Windows 2000

在 Windows NT 基础上有重大的改变。它添加了一个基于 X.500 目录服务的活动目录，改善了网络支持和对笔记本电脑的支持，支持即插即用设备，支持分布式文件系统，同时支持更多的处理器和内存。

2001 年 10 月，Windows XP 发布，它是作为 Windows 2000 桌面操作系统的升级以及对 Windows 95/98 的替代产品。2002 年，Windows XP 的服务器版本（被称为 Windows .Net Server）开始使用。Windows XP 采用可视化的设计更新了图形用户界面（GUI），该设计使用了许多最新的硬件优点和**易用**（ease-of-use）特性。系统增加了许多特性来支持自动修复应用程序和操作系统本身的问题。Windows XP 提供了更好的网络性能和设备体验（包括零配置无线、即时通信、流媒体、数字摄影/录像），桌面系统和大型多处理器系统的性能有显著改善，甚至获得了比 Windows 2000 更好的可靠性和安全性。

Windows XP 使用客户机-服务器体系结构（如 Mach）来实现多操作系统特性（例如 Win32 API 和 POSIX），并具有被称为子系统的用户级进程。这种子系统结构允许在对其他操作系统特性没有大影响的情况下，增强某个操作系统特性的功能。

Windows XP 是多用户操作系统，并通过分布式服务或通过 Windows 终端服务器的多个 GUI 实例，来支持并发访问。Windows XP 服务器版支持来自 Windows 桌面系统的并发终端服务器会话。终端服务器的桌面版多路复用了键盘、鼠标和监视器，为每个登录用户提供虚拟会话终端。这种特性被称为快速用户切换，允许用户互相抢占 PC 终端而不必退出。

Windows XP 是第一个带有 64 位版本发布的 Windows 操作系统。本地的 NT 文件系统（NTFS）和许多 Win32 API 一直都是在适当的地方使用 64 位整数——因此，把 Windows XP 扩展到 64 位可以支持大型地址。

Windows XP 有两个桌面版本。专业版适用于工作或家用高级用户。对于从 Windows 95/98 移植过来的家庭用户，Windows XP 个人版提供了可靠并易用的系统，但缺乏能与活动目录无缝工作及运行 POSIX 应用程序所需的高级特性。

Windows .NET 服务器家族采用了与桌面版本相同的核心部件，但增加了另外一系列特性，如 webserver farms、打印机/文件服务器、集群系统、大型数据中心机器。大型数据中心机器在 IA32 系统上可以支持 32 个处理机和 64 GB 的 RAM，在 IA64 系统上可以支持 64 个处理机和 128 GB 的 RAM。

22.2 设 计 原 则

Microsoft 公司发布的 Windows XP 设计目标包括系统的安全性、可靠性、Windows 和 POSIX 应用程序的兼容性、高性能、可扩展性、可移植性和国际支持。

22.2.1 安全性

Windows XP 的**安全性**目标不仅要求遵守使 Windows NT 4.0 获得美国政府 C-2 安全认证的设计标准（C-2 认证在对问题软件和恶意攻击的保护级别中属中等层次），而且还有大量的代码审查和测试，与复杂的自动分析工具相结合，以识别和检测可能代表安全漏洞的潜在的缺陷。

22.2.2 可靠性

Windows 2000 是 Microsoft 公司在 Windows XP 之前发布的最为可靠、稳定的操作系统。其可靠性主要源于成熟的源代码、大量的系统压力测试，以及对驱动程序中许多错误信息的自动检测。Windows XP 的**可靠性**需求则更为严格。Microsoft 公司使用大量手动和自动的代码审查，以识别出超过 63 000 行源文件中可能包含测试没有检测到的问题，然后核实每个区域以确认代码确实是正确的。

Windows XP 扩展了对驱动程序的校验，以捕捉更微小的错误。提高捕捉用户级代码中的编程错误的能力，以及对第三方应用程序、驱动程序和设备实施严格的认证过程。Windows XP 更进一步增加了新的监测 PC 健康状态的工具，包括在用户遇到问题之前下载补丁。Windows XP 通过更好的可视化设计、更简单的菜单、在帮助用户发现如何执行共同任务的便利性方面的改进等，增加了图形用户接口易用性，从而提高了用户可感知的稳定性。

22.2.3 Windows 和 POSIX 应用程序的兼容性

Windows XP 不仅是 Windows 2000 的升级，而且是 Windows 95/98 的替代品。Windows 2000 主要关注商业应用程序的兼容性，而 Windows XP 则要求更为广泛的兼容性，如支持可运行于 Windows 95/98 的用户应用程序。**应用程序兼容性**很难实现，这是因为每个应用程序都检查特定版本的 Windows，可能依赖于特定 API 实现方式，也可能有被以前版本的 Windows 隐藏的一些应用程序错误，等等。

Windows XP 在应用程序与 Win32 API 之间引入了兼容层。该层使得 Windows XP 看起来与原来版本的 Windows 一样。与早期的 Windows NT 版本一样，Windows XP 也支持许多 16 位应用程序，这是通过将 16 位 API 调用转换成 32 位 API 调用的 thunking 层来实现的。同样，64 位版本的 Windows XP 也提供了 thunking 层，它将 32 位 API 调用转换成 64 位 API 调用。Windows XP 的 POSIX 支持也得到了改进。现在有一个新版本的 POSIX 子系统，称为 Interix。绝大多数当今的 UNIX 兼容软件可以在 Interix 中不加修改就能编译和运行。

22.2.4 高性能

Windows XP 为桌面系统（主要受 I/O 性能所限）、服务器系统（CPU 通常为瓶颈）和多线程和多处理器环境（加锁与缓存管理对于可扩展性尤为重要）提供了**高性能**。对于 Windows XP，高性能目标的重要性与日俱增。在发布 Windows 2000 之际，采用 Compaq 硬件，Windows 2000 和 SQL 2000 的组合进入当时 TPC-C 顶端之列。

为了满足性能要求，Windows NT 采用了各种技术，如异步 I/O、优化的网络协议（如优化分布数据的加锁、请求的批处理）、基于内核的图形、高级文件系统数据的缓存。内存管理和同步算法的设计考虑了与传送内存块大小和多处理器相关的性能。

通过降低关键函数的代码路径的长度、采用更好算法与每个处理器的数据结构、对 NUMA（non-uniform memory access）机器采用内存着色、实现更好的加锁协议（如排队自旋锁的扩展性），Windows XP 进一步提高了性能。新的加锁协议有助于降低系统总线周期，它包括无锁链表和队列，原子读-写-改操作的使用（与互锁自增类似）以及其他高级加锁技术。

组成 Windows XP 的各子系统可通过 LPC 互相通信，以提高消息传递性能。除了在内核调度程序内执行外，Windows XP 的各子系统的线程可以被更高优先级线程抢占。因此，系统能更快地响应外界事件。另外，Windows XP 为对称多处理而设计。在多处理器计算机中，多个线程可同时运行。

22.2.5 可扩展性

可扩展性是操作系统随着计算机技术发展与时俱进的能力。为了利用这些不断发展的技术，开发人员在 Windows XP 中采用了分层结构。Windows XP 执行体运行在内核或保护模式下，并提供基本系统服务。在系统执行体之上，多个服务器子系统运行于用户模式下。其中包括模拟不同操作系统的**环境子系统**。因此，为 MS-DOS、Microsoft Windows、POSIX 所编写的程序可运行于 Windows XP 的适当环境中（更多关于环境子系统的信息可参见 22.4 节）。由于模块化结构，可以在不影响执行体的情况下，增加其他环境子系统。另外，Windows XP 在 I/O 系统中加入了可加载驱动程序，这样新文件系统、新 I/O 设备类型、新网络可以在系统运行时加入到系统中。Windows XP 与 Mach 操作系统一样采用了 C/S 结构，并支持由开放软件基金会（Open Software Foundation，OSF）所定义的 RPC 形式的分布式处理。

22.2.6 可移植性

如果一个操作系统能从一个硬件结构移到另一硬件结构，且只需要少量修改，那么这种操作系统就称为**可移植的**。Windows XP 被设计成可移植的。与 UNIX 操作系统一样，Windows XP 的主要部分是用 C/C++ 编写的。绝大多数依赖处理器的相关代码通过 DLL 加以区分，通常称为**硬件抽象层**（hardware-abstraction layer，HAL）。DLL 文件可以映射到进程地址空间，以便进程使用 DLL 函数。Windows XP 内核的上层依赖于 HAL 接口，而不是底层硬件，从而进一步提高了可移植性。HAL 直接操作硬件，从而把 Windows XP 的其他部分与底层硬件的差异隔离开。

虽然由于市场原因，Windows 2000 在发布时只支持 Intel IA32 兼容平台，但是一直到发布之前，Windows 2000 还在 DEC Alpha 平台加以测试来确保其可移植性。Windows XP 运行在 IA32 兼容系列和 IA64 处理器上。Microsoft 公司认识到多平台开发和测试的重要性，因为事实上，兼容性的维护是个要么*使用*、要么*失去*的问题。

22.2.7　国际支持

Windows XP 被设计成为**国际化的**或能在**多国使用的**操作系统。它通过**国际语言支持**（NLS）API 支持多种语言。NLS API 提供了专用函数以格式化日期、时间和货币，以便与各国习惯相符。字符串操作考虑了不同字符集。UNICODE 是 Windows XP 的本地字符集。Windows XP 通过将 ANSI 字符转换成 UNICODE 字符再加以处理（8 位到 16 位转换）来支持 ANSI 字符。系统文本串保存在资源文件中，可以进行替换来支持不同语言的本地化。Windows XP 可以同时支持多种语言，这对于使用多国语言的企业或个人来说是十分重要的。

22.3　系　统　组　件

Windows XP 结构是分层模块化的结构，如图 22.1 所示。主要层次包括运行于保护模式下的 HAL、内核和可执行体以及一组运行于用户模式下的子系统和服务。用户模式子系统分成两类。一类为环境子系统，以模拟不同操作系统；另一类为**保护子系统**，以提供安全功能。这种结构的主要优点是模块之间的互操作十分简单。本节将讨论这些层次和子系统。

22.3.1　硬件抽象层

硬件抽象层（hardware-abstraction layer, HAL）是一个软件层，用来为操作系统的上层隐藏硬件差异，以提高 Windows XP 的可移植性。HAL 有一个可为内核调度程序、可执行体和驱动程序所使用的虚拟机接口。这种方法的一个优点是每个设备驱动程序只需要一个版本，它可运行于各种硬件平台上，而无须移植驱动程序。同时 HAL 支持对称多处理。设备驱动映射设备可直接访问它们，但映射内存的管理细节、配置 I / O 总线、设置 DMA，以及应对主板特定设施都由 HAL 的接口提供。

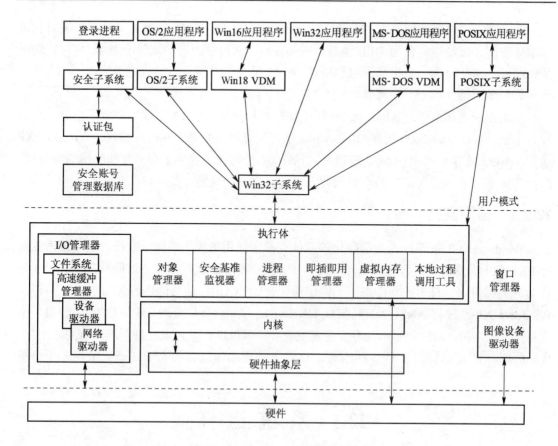

图 22.1　Windows XP 模块化结构图

22.3.2　内核

Windows XP 的内核为执行体和子系统提供了基础。内核驻留于内存，其执行不会被抢占。它有 4 个主要任务：线程调度、中断和异常处理、低层处理器同步以及掉电后的恢复。

内核是面向对象的。Windows 2000 的*对象类型*是系统定义的数据类型，这些类型具有一定的属性（数据值）和一组方法（例如，函数或操作）。*对象*是对象类型的实例。内核通过使用一组对象（属性存储内核数据，而方法执行内核活动）执行其工作。

1.　内核调度程序

内核调度程序为执行体和子系统提供了基础。调度程序的大部分从来不会被换页系统换出内存，它的执行也从不会被抢占。它主要负责线程调度、同步原语的实现、时钟管理、软件中断（异步和延迟过程调用）和异常调度。

2. 线程与调度

与许多现代操作系统一样，Windows XP 也使用进程和线程概念来描述可执行代码。每个进程都有虚拟地址空间和用于初始化进程的信息，如基础优先级和对单个或多个处理器的亲和性。每个进程有一个或多个线程，线程为内核的可执行调度单元。每个线程都有自己的状态，包括实际优先级、处理器亲和性和 CPU 使用信息。

线程有 6 种可能的状态：就绪、备用、运行、等待、过渡和终止。**就绪**表示等待运行。最高优先级线程移到**备用**状态，意味着它是下一个要运行的线程。对于多处理器系统，每个处理器都保持有一个线程处于备用状态。当一个线程在处理器上执行时，就处于**运行**状态。它会一直运行，直到它被更高优先级线程所抢占，或线程终止，或其分配时间片结束，或阻塞于如表示 I/O 完成的事件的调度对象。当线程等待调度对象的信号时，就处于**等待**状态。新线程等待执行所需资源时，就处于**过渡**状态。当线程完成执行时，就进入了**终止**状态。

调度程序采用了 32 级优先级方案以确定线程的执行顺序。优先级分成两类：可变类和实时类。可变类包括优先级为 0~15 的线程，实时类包括优先级为 16~31 的线程。调度程序为每个优先级都采用了队列，并从高到低遍历队列集合，直到找到可以运行的线程为止。如果某个线程具有特定处理器亲和而该处理器不可用，那么调度程序跳过它，继续查找能在可用处理器上运行的线程。如果找不到就绪线程，那么调度程序就执行一个称为空闲线程的特殊线程。

当一个线程的时间片用完时，时钟中断将会对处理器的延迟过程调用（deffered procedure call, DPC）排队，以便重新调度处理器。如果被抢占的线程属于可变优先级类，那么其优先级会降低，但优先级不会低于基础优先级。降低线程优先级往往能限制计算约束（compute-bound）线程的 CPU 消耗。当可变优先级线程从等待状态释放出来时，调度程序会加大其优先级。加大的量取决于线程所等待的设备。例如，等待键盘的线程的优先级会得到较大程度的增加，而等待磁盘的线程会得到中等程度的增加。这种策略能够给予使用鼠标和窗口的交互线程更高的优先级，从而能让以 I/O 为主（I/O bound）的线程保证 I/O 设备一直忙，也能让计算约束线程使用后台的空闲 CPU 周期。这种策略为许多分时操作系统如 UNIX 所使用。另外，与用户活动 GUI 窗口相关的线程的优先级会得到提升，从而增加其响应速度。

当线程进入以下状态就会发生调度：就绪或等待状态、线程终止状态、应用程序改变线程的优先级或处理器亲和性。如果当较低优先级线程运行时，有一个更高优先级的实时线程进入就绪状态，那么较低优先级线程就被抢占。这种抢占能让实时线程在需要时优先使用 CPU。Windows XP 不是硬实时操作系统，因为它不能保证实时线程在某一特定时间限制内可以开始执行。

3．同步原语的实现

操作系统的关键数据结构是作为对象管理的，它们使用共同的工具来分配、引用计数和保证安全。**调度程序对象**（dispatcher object）控制系统的调度和同步。这些对象包括事件、mutant、mutex、信号量、进程、线程和定时器。**事件对象**用来记录事件的发生，以及使事件与某一动作同步。通知事件向所有等待线程发信号，而同步事件向单个线程发信号。对象 **mutant** 用所有权的概念提供了内核模式和用户模式下的互斥。对象 **mutex** 提供了只能在内核模式下使用的无死锁互斥。**信号量对象**作为计数器或门来控制访问某个资源的线程数量。**线程对象**是由内核调度程序调度的实体，它与进程对象相关联（进程对象封装了虚拟地址空间）。**定时器对象**用来跟踪时间，发出时间信号以表示操作过长，或需要中断，或需要调度一个周期性的活动。

许多调度对象可以通过在用户模式下用 open 操作所返回的句柄来访问。用户模式代码的轮询或等待句柄可以用来与其他线程和操作系统同步（参见 22.7.1 小节）。

4．软件中断：异步过程调用和延迟过程调用

调度程序实现两种软件中断：异步过程调用和延迟过程调用。异步过程调用（asynchronous procedure call, APC）打断正在运行的线程并调用一个过程。APC 被用来开始一个新线程的执行、进程终止、传递一个异步（I/O）任务已结束的通知。APC 排队在特定的线程上，并允许系统在进程上下文中执行系统代码或用户代码。

延迟过程调用（deferred procedure call，DPC）被用来延迟中断处理。当处理好所有的设备中断进程后，中断服务例程（ISR）通过排队 DPC 调度余下的处理。调度程序在比设备中断更低的优先级下调度软件中断，以使 DPC 不阻塞其他 ISR。除延迟设备中断处理外，调度程序使用 DPC 来处理计时器到期，以及在调度时间片最后抢占线程执行。

DPC 的执行防止线程在当前处理器调用，也不让 APC 发出 I/O 完成信号。这样做是为了使 DPC 不需要过多时间来完成。另外一种方法是，调度程序维护一个工作线程池。ISR 和 DPC 将有关项加到工作线程上。DPC 子程序存在不能出现页错误、不能调用系统服务和采用可能阻塞执行的其他动作等限制。与 APC 不一样，DPC 子程序并不对处理器中正在运行的进程的上下文做任何假设。

5．异常与中断

内核调度程序也为由硬件或软件所产生的异常和中断提供陷阱处理。Windows XP 定义了多个与体系结构无关的异常，包括：

- 内存访问违例。
- 整数上溢。
- 浮点数上溢或下溢。
- 整数被 0 除。
- 浮点数被 0 除。

- 非法指令。
- 数据不对齐。
- 特权指令。
- 读页错误。
- 访问违例。
- 超出换页文件配额。
- 调试断点。
- 单步调试。

陷阱处理能处理简单异常。更为复杂的异常处理是由内核异常调度程序来完成的。**异常调度程序**创建一个包括异常理由的异常记录，并查找一个异常处理程序来处理它。

当异常在内核模式下发生时，异常调度程序只不过简单地调用一个程序以定位异常处理程序。如果没有找到，那么就出现了一个致命系统错误，这时用户会看到声名狼藉的"蓝屏死机"（表示系统出错）。

对于用户模式下的进程，异常处理就更为复杂，因为环境子系统（例如 POSIX 系统）会为由它所创建的每个进程设置一个调试端口和异常端口。如果调试端口已注册，那么异常处理程序会向该端口发送一个异常。如果调试端口没有找到或不处理所收到的异常，那么调度程序将试图找到一个合适的异常处理程序。如果找不到一个异常处理程序，那么调试程序会被再次调用，以用来捕捉调试错误。如果调试程序没有运行，那么会向进程的异常端口发送一个消息，以让环境子系统能有机会转换这一异常。例如，POSIX 环境将 Windows XP 异常消息转换成 POSIX 信号，再发送给引起异常的线程。最后，如果这些都不行，那么内核就简单地终止包含引起异常线程的进程。

内核的中断调度程序通过调用由设备驱动程序所提供的中断处理程序（ISR）或内核处理子程序处理中断。中断由中断对象表示，中断对象包括处理中断所需要的所有信息。采用中断对象便于让中断处理程序与中断相关联，而不需要直接访问中断硬件。

不同处理器结构，如 Intel 或 DEC Alpha，具有不同类型和不同数量的中断。为了可移植性，中断调度程序将这些硬件中断映射到一个标准集合。中断根据优先级高低划分并按优先级顺序处理。Windows XP 有 32 个中断请求级别（interrupt request level，IRQL）。其中 8 个为内核所保留使用，其他 24 个通过 HAL 表示硬件中断（虽然绝大多数 IA32 系统只用了 16 个）。Windows XP 中断按图 22.2 来定义。

内核采用了**中断向量表**（interrput-dispatch table），以将每个中断级别与处理程序相关联。对多处理器计算机，Windows XP 为每个处理器保留了独立的中断向量表，每个处理器的 IRQL 可以独立设置以屏蔽中断。所有等于或低于处理器 IRQL 的中断会阻塞，直到 IRQL 被内核级线程或从中断处理中返回的 ISR 降低为止。Windows XP 充分利用了这一属性，并采用软件中断来发送 APC 和 DPC，以执行诸如将线程与 I/O 完成同步的系统功能，以启动线程调度或处理定时器。

中断级别	中断类型
31	机器检测或总线出错
30	电源出错
29	处理器间通知(请求另外一个处理器执行; 例如, 分派一个进程或更新TLB)
28	时钟(用于跟踪时间)
27	轮廓
3~26	传统PC IRQ硬件中断
2	分派和延迟的过程调用(DPC)(内核)
1	异步过程调用(APC)
0	被动

图 22.2　Windows XP 的中断级别

22.3.3　执行体

Windows XP 执行体提供一组服务, 以供环境子系统所使用。服务可分成如下几组: 对象管理器、虚拟内存管理器、进程管理器、本地过程调用工具、I/O 管理器、高速缓存管理器、安全引用监视器、即插即用和电源管理器、注册表、启动。

1. 对象管理器

Windows XP 采用了一组通用接口（供用户模式程序使用）以管理内核模式实体。Windows XP 称这些实体为*对象*（object）。管理实体的可执行体部分称为**对象管理器**（object manager）。每个进程都有一个对象表, 用来保存跟踪进程所使用的对象的信息。用户模式代码通过称为句柄的隐性值（可从许多 API 得到）来访问这些对象。对象句柄的创建也包括复制已有句柄（可能来自同一进程, 也可能来自不同的进程）。对象的例子有信号量、mutex、事件、进程和线程。这些称为*可调度对象*。线程能在内核调度程序中阻塞并等待, 直到某个对象接收到信号。进程、线程和虚拟内存 API 使用进程和线程句柄来区别所操作的进程或线程。其他对象的例子包括文件、section、端口和各种内部 I/O 对象。文件对象用来维护文件和设备的打开状态。section 用来映射文件。打开文件使用文件对象描述。本地通信端点是由端口对象实现的。

对象管理器维护 Windows XP 的内部名称空间。与 UNIX 不同（UNIX 采用了文件系统的系统名称空间）, Windows XP 采用了抽象名称空间, 并将文件系统连接为设备。

对象管理器提供了接口, 用于定义对象类型和对象实例, 将名称转换成对象, 维护抽象名称（通过内部目录和符号链接）和管理对象的创建与删除。对象在内核模式下通常采用引用计数来管理, 而在用户模式下采用句柄来处理。然而, 有的内核模式部件也使用了与用户模式相同的 API，因此也用句柄来操作对象。如果句柄在当前进程生存期之后还需要存在，那么它就标记为内核句柄，并保存在系统进程的对象表中。抽象命名空间在重启的时候将不保留，但是可以从保存在注册表中的配置信息发现的即插即用设备和系统组成的对象创建等来进行构造。

Windows XP 执行体允许给予任一对象一个**名称**。一个进程可以创建一个命名对象，而另一进程可以打开这一对象的句柄，从而能与第一个进程进行共享。进程也能通过复制句柄以共享对象，这时对象不必命名。

名称可以是暂时的也可是永久的。永久名称表示一个实体（如磁盘驱动器），这种实体即使在没有进程访问它的时候也存在。暂时名称只有在进程有指向该对象的句柄时才存在。

对象名称与 MS-DOS 和 UNIX 的文件路径名一样组织。名称空间目录由目录对象表示，以包括目录内所有对象的名称。对象名称空间可以通过增加设备对象（以表示包含文件系统的卷），来加以扩展。

对象由一组虚函数来加以操作，每个对象类型提供了这些函数的实现：create()、open()、close()、delete()、query_name()、parse()和 security()。后三个函数需要解释如下：

- 当一个线程有一个指向对象的引用，但需要知道其名称时，可以调用 query_name()。
- 根据对象名称，对象管理器用 parse()来搜索相应对象。
- 调用 security()以对所有对象操作进行安全检查，如进程打开或关闭一个对象时，对安全描述符进行修改时，或复制一个对象句柄时。

parse 过程用来扩展抽象名称空间以包括文件。将路径转换成文件对象是从抽象名称空间的根开始的。路径名部分是由字符"\"而不是 UNIX 中的"/"分隔的。每个部分可从名称空间的当前分析目录下加以查找。名称空间的内部节点可以是目录或符号链接。如果找到叶对象而没有剩余的路径名，就返回叶对象。否则，对剩余路径名，再调用叶对象的 parse 过程。

parse 过程只能被属于 Windows GUI 的、配置管理器（注册表）和（最重要的）表示文件系统的设备对象的少数对象使用。

用于设备对象类型的 parse 过程分配一个文件对象，并初始化用于文件系统的打开或创建 I/O 操作。如果成功，文件对象的域将被填充来描述文件。

总之，文件路径名用于遍历对象管理器名称空间，以将原来绝对路径名转换成（设备对象，相对路径名）对。这个数据对再通过 I/O 管理器传递给文件系统，用来填充文件对象。文件对象本身没有名称，但可通过句柄来引用。

UNIX 文件系统有**符号链接**（symbolic link），从而允许同一文件具有多个别名。由 Windows XP 对象管理器所实现的**符号链接对象**（symbolic link object）用于抽象名称空间内部，而不能用于提供文件系统的文件别名。即使如此，符号链接仍然非常有用。它们可以用来组织名称空间，类似于 UNIX 中的/devices 目录的结构。驱动器字母是符号链接，它可以被再次映射以方便用户或管理员。

驱动器字母是这样一种情况，Windows XP 的抽象名称空间不是全局的。每个登录用户都有自己的驱动器字母集合，以便避免互相干扰。另一方面，终端服务器会话共享同一会话的所有进程。BaseNamedObjects 包括由绝大多数应用程序创建的命名对象。

虽然名称空间不能通过网络直接可见，但是对象管理器的 parse()方法可用于帮助访问位于远程系统的命名对象。当一个进程试图打开位于远程计算机上的对象时，对象管理器调用对应于网络重定向设备对象的分析方法。这样可以允许通过网络访问文件的 I/O 操作。

对象是**对象类型**的实例。对象类型指定如何分配实例、数据域的定义、用于所有对象的虚函数标准集合的实现。这些函数实现的操作包括将名称映射到对象、关闭、删除以及安全检查。

对象管理器为每个对象保存两个计数。指针计数是对对象不同引用的个数。引用对象的保护模式代码必须有一个对象引用，以确保对象在使用时不会被删除。句柄计数是引用对象的句柄表条目的个数。每个句柄也反映在引用计数中。

当关闭对象句柄时，会调用对象关闭子程序。对于文件对象，这种调用会引起 I/O 管理器在关闭最后一个句柄时进行清除操作。清除操作通知文件系统，某文件已不再为用户模式所访问，所以它可以删除共享限制、区域锁和其他与打开子程序相关的状态。

每个用于关闭的句柄从指针计数中删除一个引用，但是内部系统部件可能仍有其他引用。当删除最后引用时，对象的删除方法会被调用。再次使用文件对象作为例子，删除子程序会让 I/O 管理器向文件系统发送一个关闭文件对象的操作。这会引起文件系统释放为该文件对象分配的任何内部数据结构。

在删除临时对象的过程完成后，就从内存中清除对象。通过请求对象管理器保持一个额外对象引用，可以让对象成为永久对象（即直到系统重启之前）。因此即使删除对象管理器之外的最后引用，永久对象也不会被删除。当永久对象再次成为暂时之际，对象管理器就删除引用。如果这是最后引用，那么就删除对象。永久对象很少，主要用于设备、驱动器字母映射和目录与符号链接对象。

对象管理器的工作是管理所有对象的使用。当一个线程需要使用一个对象时，它会调用对象管理器的 open()方法，以获得对象的引用。如果通过用户模式 API 打开对象，那么就会将该对象的引用插入进程的对象表中，并返回一个句柄。

进程获得句柄有很多方法：创建对象，或打开现存对象，或从另一进程接收一个复制句柄，或从**父进程**继承句柄（类似于 UNIX 进程获得文件描述符的方法）。这些句柄都保存在进程的**对象表**中。对象表的每个条目包括对象的访问权限和句柄能否被**子进程**所继承的状态。当一个进程终止时，Windows XP 自动关闭进程的所有打开句柄。

句柄（handle）是所有各种对象的标准接口。与 UNIX 的文件描述符一样，一个对象句柄是进程内的唯一标识符，它表示访问和操作一个系统资源的能力。句柄可以在一个进程内或多个进程之间进行复制。当创建子进程或实现不属于进程的执行上下文时，可在进程之间进行句柄复制。

由于对象管理器是生成对象句柄的唯一实体，所以它也要进行安全性检查。在进程试图打开对象时，对象管理器会检查该进程是否有访问该对象的权限。对象管理器也可强制限额，如通过对所有引用对象所占用内存进行计量，当累加计量超过进程限额时拒绝分配更多内存，这样可以限制进程使用的最大内存。

当登录进程验证一个用户时，也为用户进程附加了访问标记。该访问标记包括各种信息，如安全 ID、组 ID、特权、主组和默认访问控制链表。用户可访问的服务和对象是由这些属性决定的。

控制访问标记与进行访问的每个线程相关联。通常线程没有标记，并默认为进程标记，但是服务通常需要为客户执行代码。Windows XP 允许线程用客户标记，暂时扮演客户角色。因此，线程标记不必与进程标记一样。

在 Windows XP 中，每个对象都用访问控制链表（包括安全 ID 和允许访问权限）加以保护。当一个线程试图访问一个对象时，系统将线程访问标记的安全 ID 与对象的访问控制链表进行比较，以确定是否允许该访问。只有在打开对象时，才进行检查，所以在打开之后，就不可能否认访问。在内核模式下运行的操作系统部件可绕开访问检查，因为内核模式被认为是可以信赖的。内核模式代码必须避免安全弱点，如在不能被信赖的进程中创建用户模式可访问的对象后却没有进行安全检查。

通常，对象创建者决定对象的访问控制列表。如果没有特别指定，那么对象类型的打开子程序就会默认地选择一个，或者从用户访问标记对象中获得一个默认列表。

访问标记有一个域用于控制对象访问的审计。被审计的操作和其用户 ID 会一起记录到系统安全日志中。系统管理员监视这一日志以发现是否有闯入和访问保护对象的企图。

2. 虚拟内存管理器

虚拟内存（virtual memory，VM）**管理器**是管理虚拟地址空间、物理内存分配和调页的执行体部分。VM 管理器的设计假定底层硬件支持到物理的映射、调页机制以及多处理器系统透明的缓存一致性，并且允许多个页表条目映射到同一物理帧。Windows XP 的 VM 管理器采用了基于页面的管理方案，在 IA32 兼容处理器上页面大小为 4 KB，而在 IA64 兼容处理器上页面大小为 8 KB。分配给进程的数据页如不在物理内存中，那么可能在磁盘的**调页文件**或者直接映射到本地或远程文件系统的普通文件中。页也可标记为按需置零，即在分配前用零填充，以清除之前的内容。

对于 IA32 处理器，每个进程有一个 4 GB 的虚拟地址空间。高 2 GB 对所有进程都几乎是相同的，Windows XP 以内核模式来访问操作系统代码和数据结构。每个进程所特有的内核模式区域的重要部分有**页表映射**（page table self-map）、**超空间**（hyperspace）和**会**

话空间（session space）。硬件采用物理页帧来引用进程的页表。VM 管理器将页表映射到进程地址空间的一个 4 MB 区域，所以它们可以通过虚拟地址进行访问。超空间将当前进程的工作集合信息映射到内核模式的地址空间。

会话空间用于同一终端服务器会话的所有进程（而不是系统的所有进程之间）共享 Win32 和其他会话有关的驱动程序。低 2 GB 为每个进程所特有，可以被用户模式和内核模式线程所访问。有的 Windows XP 的配置只为操作系统保留了 1 GB 的空间，允许进程有 3 GB 的地址空间。按 3 GB 模式运行，系统大大降低缓存在内核中的数据量。然而，对于需要自己管理 I/O 的大规模应用程序，如 SQL 数据库，还是值得牺牲一定缓存来换取大用户模式地址空间。

Windows XP VM 管理器分两步来分配用户内存。第一步*保留*进程虚拟地址空间的一部分。第二步通过赋值虚拟内存空间（物理内存或调页文件的空间）来*提交*分配。Windows XP 通过对提交内存加上限额以限制进程所使用的虚拟内存。当进程不再使用虚拟内存时，进程会释放内存以供其他进程使用。用来保留虚拟地址空间和提交虚拟内存的 API 使用进程对象的句柄作为参数。这允许一个进程控制另一进程的虚拟内存。环境子系统就是这样管理其客户进程的内存的。

考虑到性能，VM 管理器允许特权进程锁住物理内存中的某些选定的页，以确保这些页不会被调出调页文件。进程也可分配物理内存，并将它映射到其虚拟地址空间。IA32 处理器的 PAE（physical address extension，物理地址扩展）特征可以使系统的物理内存达到 64 GB。这种内存不能同时映射到进程的地址空间，但是 Windows XP 通过 AWE（address windowing extension）API 使用这些内存，这些 API 分配物理内存并将进程地址空间的虚拟地址区域映射到物理内存的一部分。AWE 的功能主要用于非常大的应用程序，如 SQL 数据库。

Windows XP 通过定义**区域对象**（section object），实现了共享内存。在获得区域对象句柄之后，进程将其所需内存映射其地址空间。这部分称为**视图**（view）。进程重定义对象视图，从而获得对整个对象的访问，每次访问一个区域。

进程可按许多方式控制共享内存区域对象的使用。区域的最大值可以加以约束。区域可被磁盘空间（系统调页文件或普通文件（**内存映射文件**））支持。区域可以有一个*基础*，意味着区域在所有试图访问它的进程中以同一虚拟地址出现。最后，区域中的保护页可以设成只读、读写、读写执行、只可执行、无访问和写时复制。最后两个保护设置需要加以解释。

- *无访问页*如果被访问，会产生异常。例如，异常可用来检查出错程序是否超过了一个数组的结尾。用户模式内存分配器和设备验证器所使用的特别内核分配器可以配置成：在每次分配时把一个无访问页面映射到页尾，以便检测缓冲溢出。

- *写时复制机制*为 VM 管理器提高了物理内存的使用效率。当两个进程需要各自的对象副本时，VM 管理器将一个共享副本映射到虚拟内存并激活内存区域的写时复制属性。如果一个进程试图修改写时复制页中的数据，那么 VM 管理器就为该进程复制一个私有副本。

Windows XP 虚拟地址转换采用了多级页表。对于 IA32 处理器，如果没有使用物理地址扩展，那么每个进程都有一个**页目录**（page directory），包括 1 024 个大小为 4 B 的**页目录条目**（page directory entry，PDE）。每个 PDE 指向一个页表，包括 1 024 个大小为 4 B 的**页表条目**（page table entry，PTE）。每个 PTE 指向一个 4 KB 的物理内存的**页帧**（page frame）。一个进程的总页表大小为 4 MB，因此 VM 管理器可以根据需要换出单个页表。关于这种结构，参见图 22.3。

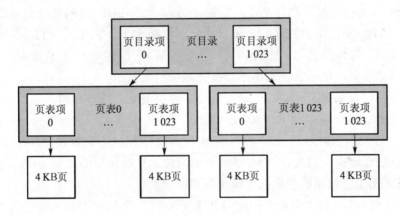

图 22.3 页表层次结构

页目录和页表是硬件通过物理地址引用的。为提高性能，VM 管理器自己将页目录和页表映射到一个 4 MB 的虚拟地址的区域。自我映射允许 VM 管理器将虚拟地址转换成相应的 PDE 和 PTE，而无需额外内存访问。当改变进程上下文时，只需要改变一个页目录条目以映射新进程的页表。出于许多理由，硬件要求每个页目录和页表都只占有一个页。因此，单个页所能容纳的 PDE 或 PTE 的数量决定了虚拟地址如何转换。

下面描述了在 IA32 兼容处理器（不允许使用 PAE）中，虚拟地址如何转换成物理地址。10 位值可以表示 0～1 023 的所有值。因此，10 位值可以选择页目录或页表的任一条目。这个属性用于将虚拟地址指针转换成物理内存的字节地址。32 位虚拟内存地址分成三个部分，如图 22.4 所示。虚拟地址的头 10 位用做页目录的索引。这一地址选择一个页目录条目（PDE），它包括页表的物理页帧。内存管理单元（MMU）采用了虚拟地址的下一个 10 位，以从页表中选择一个 PTE，该 PTE 指定了物理内存的页帧。虚拟地址的剩余 12 位作为页帧中特定字节的偏移。MMU 通过将 PTE 的 20 位与虚拟内存的低 12 位合并，得到了一个指向物理内存特定字节的指针。因此，32 位 PTE 有 12 位可用来描述物理页的状态。IA32 硬件将 3 个位留给操作系统专用，其余位表示该页是否访问过或写过、缓存属性、访问模式、页是否全局和 PTE 是否有效。

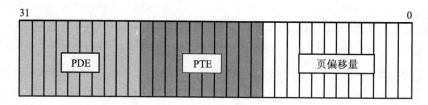

图 22.4　IA32 上虚拟地址和物理地址之间的转换

IA32 处理器运行时如果允许 PAE，则能使用 64 位的 PDE 和 PTE 来表示更大的 24 位页帧号码域。因此，第二级页目录和页表只能分别包括 512 个 PDE 和 PTE。为了提供 4 GB 的虚拟地址空间，则需要使用另一层的页目录以包括 4 个 PDE。32 位虚拟地址转换用 2 位表示顶级目录索引，使用 9 位表示第二级页目录和页表。

为了避免通过查找 PDE 和 PTE 来转换每个虚拟地址的额外开销，处理器使用了**转换后备缓冲器**（translation-lookaside buffer，TLB）。TLB 包含关联快速缓存，以便将虚拟页映射到 PTE。与 IA32 体系结构不一样（TLB 是由硬件 MMU 来管理的），IA64 调用软件陷阱子程序以进行转换，这允许 VM 管理器灵活地选择所使用的数据结构。对于 IA64，Windows XP 采用了三级结构映射用户模式虚拟地址。

对于 IA64 处理器，页大小是 8 KB，但 PTE 有 64 位，所以一个页只能包括 1 024 个（相当于 10 位）PDE 或 PTE。由于采用了 10 位顶级 PDE、10 位二级 PDE、10 位页表和 13 位页偏移，所以对于 IA64 的 Windows XP，进程的虚拟地址空间的用户部分被分为 8 TB（相当于 43 位）。当前版本的 Windows XP 的 8 TB 限制小于 IA64 处理器的能力，但是这是在需要处理 TLB 未命中的内存引用数量和所支持的用户模式地址空间大小之间的一个平衡。

物理页可以有 6 个状态：有效（valid）、空闲（free）、清零（zeroed）、修改（modified）、备用（standby）、坏（bad）和过渡（transition）。

- *有效*页处于被活动进程所使用的状态。
- *空闲*页是没有被 PTE 引用的页。
- *清零*页是已清零的、可满足按需清零异常的空闲页。
- *修改*页则是已经被进程改写，在分配给其他进程之前需要发送到磁盘上。
- *备用*页上的信息已经保存在磁盘上。这些可能是没有修改过的页，或已经写到磁盘上的修改过的页，或为改善局部性而提前读入的页。
- *坏*页不可用，因为硬件已检测到错误。
- 最后，*过渡*页是正在将磁盘数据读入到物理内存中的分配帧。

当 PTE 有效位等于 0 时，VM 管理器定义其他位的格式。PTE 使用几个位来表示无效页的一些状态。页文件的页如果没有调入，就标记为按需清零。映射到区间对象的文件编码到区间对象的指针。已写到页文件的页包括足够信息来查找磁盘上的页等。

页文件 PTE 的真正结构如图 22.5 所示。PTE 含有：5 位用于页保护、20 位用于页文件偏移、4 位用于选择调页文件，以及 3 位用来描述页状态。页文件 PTE 标记 MMU 为无效虚拟地址。因为可执行代码和内存映射文件已有一个磁盘副本，所以它们在调页文件中不需要空间。如果一个这样的页不在物理内存中，那么 PTE 结构就会按如下所述：最高位用于表示页保护，后 28 个位用于索引一个系统数据结构，这个结构中指示了页面文件以及文件中的偏移量，低 3 位表示页状态。

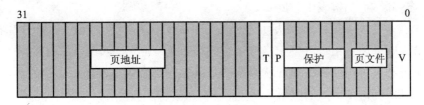

图 22.5　页文件的页表结构（有效位为 0）

无效虚拟地址也可有一些状态，以供调页算法使用。当从一个进程工作集合中删除一页时，它就移到修改链表（以便写磁盘）或直接移到备用链表。如果被移到备用链表而尚未成为空闲页，那么在再次需要时，该页可重新使用而不必从磁盘中读入。当可能时，VM 管理器使用空闲 CPU 周期将空闲链表上的页清零，并把它们移到清零链表。过渡页已被分配了物理页，在 PTE 标记为有效之前等待调页 I/O 的完成。

Windows XP 使用区间对象来描述在进程之间共享的页。每个进程都有其自己的虚拟页表，但是区间对象也包括一组页表以表示主（或原型）PTE。当进程页表的 PTE 标记为有效时，它指向包含页的物理帧，在 IA32 处理器上这是必需的，因为硬件 MMU 直接从内存读取页表信息。然而当共享页标记为无效时，PTE 改为指向与区间对象关联的原型PTE。

与区间对象相关的页表在创建或整理时是虚拟的。唯一需要的原型 PTE 是用来描述那些有当前映射视图的页。这大大地改善了性能，并能有效使用内核虚拟地址。

原型 PTE 包括帧地址以及保护位和状态位。因此，进程首次访问共享页会产生页错误。在首次访问之后，之后的访问按普通方式进行。如果一个进程对 PTE 中标记为只读的写时复制页进行写，那么 VM 管理器就复制一个页，标记为可写，这样该进程事实上就不再有共享页了。共享页决不会出现在页文件中，但可在文件系统中找到。

VM 管理器跟踪**页帧数据库**（page-frame database）内的所有物理内存的页。系统内的每个物理内存帧都有一个条目。条目指向 PTE，而 PTE 反过来又指向帧，这样 VM 管理器可维护页的状态。未被有效 PTE 所引用的帧根据页类型，如清零页、修改页或空闲页，形成链表。

如果共享物理页标记为对某个进程有效，那么该页就不能从内存中删除。VM 管理器跟踪页帧数据库内每个页的有效 PTE 的个数。当数量为零时，物理页就可在其内容写到磁盘上后（如果标记为脏页）重新使用。

当出现页错误时，VM 管理器会找一个物理页以容纳数据。对于按需清零页，第一选择是找一个已清零的页。如果没有这样的页，那么就从空闲链表或备用链表中选择一页，并在使用前进行清零。如果错误页已经标记为过渡转变，那么它可能正在从磁盘中读入，或正在取消映射，或调整且仍然在备用或修改链表上。该线程或者等待 I/O 完成，或者（后一种情况）重新从适当链表中收回页。

否则，必须发出 I/O 请求，从页文件或文件系统中读入页。VM 管理器试图从空闲链表或备用链表中分配可用页。位于修改链表的页直到写回磁盘并转到备用链表上之后才能使用。如果没有页可用，那么线程就阻塞，直到工作集管理器修剪内存的页，或其他进程取消对物理内存的某个页的映射。

Windows XP 为每个进程采用 FIFO 置换策略以取回超过其最小工作集的页。Windows XP 跟踪处于最小工作集的每个进程的页出错，并相应地调节工作集的大小。当进程开始时，进程拥有 50 页的默认工作集。VM 管理器根据年龄会替代或修剪进程的工作集。页的年龄是由没有 PTE 时发生的修剪周期的次数来决定的。根据页 PTE 的修改位是否已设置，调整页可移到备用或修改链表中。

VM 管理器不只调入马上需要的页。研究发现线程的内存引用往往有**局部性**属性。当使用一个页时，可能不久也要使用其相邻页（想一下对数组进行迭代或顺序获取线程可执行代码的指令）。由于局部性，当 VM 管理器调入页时，它也调入一些相邻页。这种提前获取往往降低了页错误的总数量。写也合并在一起，以降低独立 I/O 操作的数量。

除了管理提交的内存，VM 管理器还管理每个进程的保留内存或虚拟地址空间。每个进程都有一个相关的伸展树（splay tree）以描述使用虚拟地址的区域和用途是什么。这允许 VM 管理器按需调入页表。如果出错地址的 PTE 不存在，那么 VM 管理器会搜索进程的虚拟地址描述符（virtual address descriptor，VAD）树以查找地址，使用这一信息以填充缺少的 PTE，并获取该页。在有的情况下，页表的页本身就不在，必须由 VM 管理器透明地分配并初始化它。

3．进程管理器

Windows XP 进程管理器提供了创建、删除和使用进程、线程和作业等服务。它没有关于父子关系或进程层次的知识，这些细节由拥有这些进程的环境子系统处理。进程管理器也不涉及进程调度，只是在进程和线程创建时设置其优先级和亲合性。线程调度在内核调度程序中进行。

每个进程包括一个或多个线程。进程本身可组成称为**作业对象**的大单元，作业对象允许对 CPU 使用、工作集合大小和处理器亲和性加以限制，以同时控制多个进程。作业对象用来管理大数据中心机器。

在 Win32 API 环境中，进程创建的一个例子如下。当 Win32 API 应用程序调用 Create-Process() 时：

① 向 Win32 API 子系统发送一个消息来通知它正在创建一个进程。

② 原来进程内的 CreateProcess() 调用 Windows NT 执行体内的进程管理器的 API，从而真正创建进程。

③ 进程管理器调用对象管理器创建进程对象，返回对象句柄给 Win32 API。

④ Win32 API 再次调用进程管理器为该进程创建一个线程，并返回新进程和线程的句柄。

用于操作虚拟内存、线程和复制句柄的 Windows XP API 会使用进程句柄作为参数，以便子系统可以为新进程执行操作，而不需要在新进程的上下文中直接执行。一旦创建了新进程，就创建了最初的线程，并向线程发送一个异步程序调用，以促使用户模式装入程序开始执行。该装入程序为 ntdll.dll，这是一个链接库，自动地映射到每个新创建的进程中。Windows XP 也支持 UNIX fork() 风格的创建进程，以便支持 POSIX 环境子系统。虽然 Win32 API 环境从客户进程中调用进程管理器，但是 POSIX 采用 Windows XP API 的交叉进程特性从子系统进程中创建新进程。

进程管理器也实现对线程的异步程序调用（APC）的排队和发送。系统用 APC 来开始线程执行，完成 I/O，终止线程和进程，并增加调试程序。用户模式代码也可把 APC 排队到线程上以发送信号形式的通知。为支持 POSIX，进程管理器提供 API 向线程发送通知，这样可以使线程从系统调用的阻塞中返回。

进程管理器的调试程序支持包括暂停和恢复线程，并且从暂停模式开始创建线程。还有其他进程 API 可以读取或设置线程寄存器上下文，以及访问另一进程的虚拟内存。

线程可在当前进程中创建，也可注入另一进程中。在执行体内，现有线程可暂时附加到另一进程。这种方法可以让工作线程需要时在发起该线程工作请求的原始进程上下文中执行。

进程管理器也支持模仿。在具有属于某个用户的安全标记的进程中执行的线程，可设置属于另一用户的线程有关标记。这一功能对 C/S 计算模型是基本的，服务器需要代表具有不同安全 ID 的客户机来执行任务。

4. 本地过程调用工具

Windows XP 实现采用了客户机-服务器模型。环境子系统是实现特定操作系统特性的服务器。客户机-服务器模型除了用于实现环境子系统，还实现了各种操作系统服务。安全性管理、假脱机打印、Web 服务、网络文件系统、即插即用和许多其他特性都是采用这种模型实现的。为了降低内存占用，多个服务通常组织成少数几个进程，这些进程再利用用户模式线程池功能来共享线程和等待消息。

在单个机器上的客户机进程与服务器进程之间，操作系统采用本地过程调用（LPC）工具来传递请求和结果。尤其是，LPC 用来从各种 Windows XP 子系统中请求服务。LPC 在许多方面类似于 RPC 机制（RPC 机制被许多操作系统用来通过网络进行分布处理），但是 LPC 为单个系统内的使用而进行了优化。Windows XP 对开放软件基金会（OSF） RPC 的实现通常采用 LPC 作为本地机器的传输机制。

LPC 是消息传递机制。服务器进程发布一个全局可见的连接端口对象。当一个客户机需要一个子系统的服务时，它便打开这个子系统连接端口对象的一个句柄，并对该端口发送一个连接请求。服务器创建一个信道，并返回一个句柄给客户机。该信道有一对私有通信端口：其中一个用于服务器到客户机的消息，另一个用于客户机到服务器的消息。通信信道支持回调机制，这样客户机和服务器在等待回答时也可接受请求。

当创建 LPC 信道时，必须指定三种消息传递技术中的一种：

① 第一种技术适用于小消息（不到数百字节）。在这种情况下，端口的消息队列用做中间存储，消息从一个进程复制到另一个进程。

② 第二种技术用于较大的消息。在这种情况下，每个信道要创建一个共享内存区间对象。通过消息队列端口发送的消息（包括指针和大小信息）来引用区间对象。这避免了复制大消息。发送者将消息放入共享区间，接收者可直接看到。

③ 第三种技术使用 API 以对进程的地址空间进行直接读和写。LPC 提供函数和同步技术以便服务器访问客户机中的数据。

Win32 API 窗口管理器使用自己的消息传递方式，这与执行体 LPC 工具相独立。当客户机请求连接使用窗口管理器消息，服务器建立三个对象：①专门服务器线程处理请求，②64 KB 区间对象，③事件对对象。*事件对对象*（event-pair object）是同步对象，当客户机线程已经复制一个消息给 Win32 服务器或情况相反时，Win32 子系统将用它来提供通知。区间对象传递消息，事件对对象执行同步。

窗口管理器消息传递有多个优点：

- 区间对象避免了消息复制，这是由于它表示共享内存区域。
- 事件对对象避免了采用端口对象传递包括指针和长度的消息的额外开销。
- 专用服务器线程避免了确定哪个客户线程正在调用服务器的额外开销，这是由于每个客户机线程只有一个服务器线程。
- 内核给这些专用服务器线程优先调度以改善性能。

5. I/O 管理器

I/O 管理器（I/O manager）负责文件系统、设备驱动程序和网络驱动程序。它跟踪设备驱动程序、过滤驱动程序和文件系统的加载，也管理 I/O 请求的缓冲。它与 VM 管理器一起提供内存映射文件 I/O，并控制 Windows XP 的缓存管理器，从而处理整个 I/O 系统的缓存。I/O 管理器本质上是异步的。同步 I/O 是通过显式等待 I/O 操作的完成而提供。I/O 管理器提供多种异步 I/O 完成模型，包括设置事件，向发起线程发送 APC 以及使用 I/O 完成端口（它允许单个线程处理多个其他线程的 I/O 完成）。

每个设备的驱动程序按列表进行安排（因为设备驱动被添加的方式，所以称为驱动栈或 I/O 栈）。I/O 管理器将其收到的请求转换成标准形式，称为 I/O 请求包（I/O Request Packet，IRP）。接着它将 IRP 转递给栈中的第一个设备驱动程序处理。每个设备驱动程序处理完 IRP 之后，它会调用 I/O 管理器以便再传递给栈中的下一个驱动程序，或者完成对 IRP 的操作（如果所有处理都已完成）。

I/O 完成可能出现在不同于原来 I/O 请求的上下文中。例如，如果驱动程序正在执行其 I/O 操作的部分并被强制阻塞较长的时间，那么它可以将 IRP 排队到工作线程，从而在系统上下文中继续处理。在原来的线程中，驱动程序返回一个状态来表示 I/O 请求正在处理，以便线程可与 I/O 操作并行执行。IRP 也可在中断处理程序中处理，并在任意上下文中完成。因为有的最后处理可能需要在发起 I/O 的上下文中进行，所以 I/O 管理器使用 APC 在发起线程的上下文中进行最后的 I/O 完成处理。

栈模型非常灵活。当构造驱动栈时，各种驱动程序有机会将自己作为**过滤驱动程序**（filter-driver）嵌入进来。过滤驱动程序有机会检查且可能修改每个 I/O 操作。安装管理、分区管理和磁盘分条/镜像都是通过过滤驱动程序（在栈的文件系统之下执行）实现功能的例子。文件系统过滤驱动程序在文件系统之上执行，并用来实现许多功能，如层次存储管理、远程启动的单个文件和动态格式转换。第三方也使用文件系统过滤驱动程序来实现病毒检测。

Windows XP 的设备驱动程序是按 Windows 驱动程序模型（Windows Driver Model，WDM）规范来编写的。这个模型列出对设备驱动程序的所有要求，包括如何对过滤驱动程序进行布置、共享公用代码以处理电源和即插即用请求、构造正确的取消逻辑等。

由于 WDM 非常复杂，为新硬件设备编写完整 WDM 设备驱动程序可能需要大量工作。不过，端口/微端口模型避免了这一难题。对于相似类型的设备，如声卡、SCSI 设备、Ethernet 控制器，这些同一类型的设备可以共享该类的公共驱动程序，称为**端口驱动程序**。端口驱动程序实现了一个类型的标准操作，然而可调用设备特定程序（称为**微端口驱动程序**（miniport driver））以实现设备的特定功能。

6. 缓存管理器

许多操作系统中，缓存是由文件系统实现的。但是，Windows XP 提供了中央控制的缓存工具。**缓存管理器**（cache manager）与 VM 管理器密切工作，为 I/O 管理器控制的所有设备提供缓存服务。Windows XP 缓存是基于文件而不是生块（raw block）的。

根据系统现有空闲内存的多少，缓存大小动态改变。记住，进程地址空间的高 2 GB

由系统区域组成，它在所有进程的上下文中可用。VM 管理器将不到一半的空间分配给系统缓存。缓存管理器将文件映射到这个地址空间，使用 VM 管理器来处理文件 I/O。

缓存按 256 KB 的块来划分。每个缓存块可以容纳文件的一个视图（即内存映射区域）。每个缓存块按虚拟地址控制块（virtual-address control block，VACB）来描述，VACB 存储了视图的虚拟地址和文件偏移以及使用视图的进程数量。VACB 驻留在由缓存管理器维护的一个数组中。

对于每个打开的文件，缓存管理器维护一个独立 VACB 索引数组以描述整个文件的缓存。这一数组对每个 256 KB 的文件块都有一个条目；这样，一个 2 MB 的文件就可能有一个 8 条目的 VACB 索引数组。如果那部分文件在缓存中，那么 VACB 索引数组的条目指向 VACB；否则，就为空。当 I/O 管理器收到一个文件的用户级读请求时，I/O 管理器就发送一个 IRP 给设备驱动程序栈（文件所驻留的）。文件系统试图在缓存管理器查找所请求的数据（除非请求显式要求非缓存地读）。缓存管理器计算文件的哪个 VACB 索引数组的条目对应于请求的字节偏移。该条目或指向缓存的视图，或无效。如果无效，那么缓存管理器分配一个缓存块（和 VACB 数组的相应条目），并将该视图映射到缓存块中。缓存管理器接着试图将映射文件的数据复制到调用者的缓存。如果复制成功，那么操作就完成了。

如果复制失败（由于页出错），那么就会引起 VM 管理器向 I/O 管理器发送一个非缓存的读请求。I/O 管理器沿着驱动程序栈向下发送另一请求，这次的请求*调页操作绕过缓存管理器*，数据直接从文件读入并存入为缓存管理器所分配的页中。在完成之后，VACB 就指向这页。现存于缓存的数据被复制到调用者缓冲，原来 I/O 请求就完成了。图 22.6 显示了这些操作的概观。

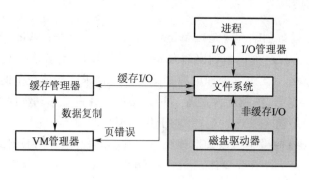

图 22.6　文件 I/O

可能，对缓存文件的同步操作，I/O 按照**快 I/O 机制**（fast I/O mechanism）来处理。这种机制与普通基于 IRP 的 I/O 相并行，但是直接通过调用进入驱动程序栈而不是传递 IRP。由于没有涉及 IRP，操作不会阻塞过长时间，避免了在工作线程上排队。因此，当操作系统到达文件系统并调用缓存管理器时，如果信息不在缓存中，操作就会失败。I/O 管理器接着试图采用普通 IRP 路径操作。

基于内核级的读操作与上述操作相似，只不过数据可直接在缓存中处理，而不必复制到用户空间的缓冲中。为使用文件系统元数据（描述文件系统的数据结构），内核使用缓存管理器的映射接口读入元数据。为了修改元数据，文件系统使用缓存管理器的钉住接口（pinning interface）。钉住（pinning）一页会将该页锁在物理内存页帧中，这样 VM 管理器就不能移动或调出该页。在更新元数据之后，文件系统会请求缓存管理不再钉住页。修改页标记为脏页，以便 VM 管理器将该页清出到磁盘。元数据保存在普通文件中。

为了改善性能，缓存管理保留一个读请求的较小历史纪录，从这一历史纪录可以预测将来的请求。如果缓存管理器从之前的三个请求中发现了特定的模式，如顺序向前或向后访问，那么这会提前将数据读入到缓存（在应用程序提交下个请求以前）。这样，应用程序会发现其数据已在缓存中，而不必等待磁盘 I/O 完成。Win32 API 中的 OpenFile() 和 CreateFile() 函数可以传递参数 FILE_FLAG_SEQUENTIAL_SCAN 标记，这是一个对缓存管理器的提示，以便在线程请求前预取 192 KB。通常，Windows XP 按 64 KB 或者 16 页来执行 I/O 操作。因此，这一提前读是普通量的三倍。

缓存管理器也负责通知 VM 管理器以清出（flush）缓存的内容。缓存管理器的默认行为是回写（write-back）缓存：它先进行 4 s 或 5 s 的积累操作，然后再唤醒回写线程。当需要直写（write-through）缓存时，进程在打开文件时可设置标记，或者进程可调用显式缓存清出（cash-flush）函数。

快写进程可能会用完所有空闲页，而此时缓存写线程还未被唤醒将页清出到磁盘。缓存写通过如下方法防止进程淹没系统。当空闲缓存内存量变低时，缓存管理器会暂时阻塞进程试图写数据，并唤起缓存写线程以将页清出到磁盘。快写进程实际是一个网络文件系统的网络重定向器，阻塞太久会引起网络传输超时重传。这种重传会浪费网络带宽。为防止这种浪费，网络重定向器可让缓存管理器限制缓存内的写积压。

因为网络文件系统需要在磁盘和网络接口之间移动数据，缓存管理器也提供了 DMA 接口用于直接移动数据。直接移动数据避免了通过中间缓存的数据复制。

7. 安全引用监视器

对象管理器对系统实体的集中管理有助于 Windows XP 采用统一机制，对所有用户可访问的实体进行运行时访问确认和审计检查。当进程打开对象句柄时，**安全引用监视器**（security reference monitor，SRM）就检查进程安全标记和对象访问控制链表，从而确定进程是否有必需的权限。

SRM 也负责控制安全标记的特权。用户需要特权来执行文件系统的备份或恢复操作、作为管理员跳过某些检查、调试程序等。标记也可标记为在某些特权方面被加以限制，这样它们就不能访问可被绝大多数用户使用的对象。限制标记主要用来限制不可靠代码执行所带来的损坏。

SRM 的另一职责是记录安全审计事件。C2 安全级要求系统有能力检测和记录对系统资源的访问企图，以便能更容易地跟踪未被授权的访问。由于 SRM 负责进行访问检查，所以它在安全事件日志中产生了大量的审计记录。

8．即插即用和电源管理器

操作系统通过使用**即插即用管理器**（plug-and-play（PnP）manager）来识别和适应硬件配置的变化。为了应用 PnP 技术，设备及其驱动程序必须支持 PnP 标准。在系统运行时，PnP 管理器自动识别安装设备并检测设备的变化。它会跟踪设备所使用的资源及其可能要使用的资源，也负责装入适当驱动程序。硬件资源（主要为中断和 I/O 内存区域）管理的目的之一是确定一个硬件配置，以便所有设备都能正常工作。

例如，如果设备 B 可能使用中断 5，设备 A 可使用 5 或 7，那么 PnP 管理将 5 赋给 B 而将中断 7 赋给 A。在以前版本，用户可能需要撤下设备 A 并重新配置使用中断 7，然后再安装设备 B。因此，在安装新硬件之前，用户必须研究系统资源，查找或记住哪些设备使用哪些硬件资源。PCMCIA 卡、USB、IEEE1394、无线带宽（Infiniband）和其他热插拔设备的大量流行也要求支持动态资源配置。

PnP 管理器按如下方式处理这一动态配置。首先，它从每个总线驱动程序（如 PCI、USB）那里获得设备链表。它装入所安装的驱动程序（如果需要，可安装），并对每个设备的适当驱动程序发送一个 add-device 请求。PnP 管理器算出最佳资源分配，向每个设备驱动程序发送一个 start-device 请求及其为设备分配的资源。如果一个设备需要重新配置，那么 PnP 管理器会发送一个 query-stop 请求，用于请求驱动程序暂停设备。如果驱动程序可暂停设备，那么就完成所有未决操作，并阻止新操作开始执行。接着，PnP 管理器发送一个 stop 请求；然后它可用另一个 start-device 请求来重新配置设备。

PnP 管理器也支持其他请求，如 query-remove。在用户准备弹出 PCCARD 设备时，可使用这一请求，其执行过程类似于 query-stop。当设备出错，或者更为可能的是用户没有停止就直接移去 PCCARD 时，就使用 surprise-remove 请求。remove 请求告诉驱动程序停止使用设备，并释放该设备所分配的所有资源。

Windows XP 支持高级电源管理。虽然这些功能可用于家用系统，降低电源消耗，但是其主要应用是为使用方便和延长笔记本电脑的电源寿命。系统及其单个设备在不使用时可进入低耗电模式（备用或睡眠模式），这样电池主要用于物理内存（RAM）数据的保持。当网络有数据包要接收，或调制解调器的电话响，或用户打开笔记本电脑或按下软电源按钮时，系统便可进入正常模式。Windows XP 通过将物理内存内容存入磁盘，并关机进入*休眠*。在需要继续执行时，可将系统恢复过来。

系统还支持另外一些策略以降低电源消耗。在 CPU 空闲时，Windows XP 不是让处理器处于忙循环，而让系统进入一个需要更少电源消耗的状态。如果 CPU 使用率过低，

Windows XP 会降低 CPU 时钟速度，从而节省大量电能。

9．注册表

Windows XP 将其配置信息保存在被称为**注册表**（registry）的内部数据库中。一个注册表数据库称为 **hive**。对于系统信息、默认用户选项、软件设置和安全等，都有各自的 hive。由于**系统 hive** 的信息需要用来启动系统，所以注册表管理器是作为执行体的部件来实现的。

每次系统成功启动时，它会将系统 hive 保存为 *last-known-good*。如果用户安装了软件，如设备驱动程序，导致所产生的系统 hive 不能用于启动，那么用户通常可用 last-known-good 配置来启动。

因安装第三方应用程序和驱动程序而损坏了系统 hive 是比较常见的，为此 Windows XP 有一称为**系统恢复**（system restore）的部件用来周期性地检测 hive 和其他软件状态，如设备驱动程序和配置文件，这样当系统启动时如不能像以前一样正常工作，那么系统可恢复到以前的工作状态。

10．启动

Windows XP PC 的启动在硬件电源打开时开始，BIOS 开始从 ROM 中执行。BIOS 找到要启动的**系统设备**（system device），从磁盘头装入并执行启动程序。该启动程序对文件系统格式有足够的理解，以便从系统设备的根目录中装入 NTLDR 程序。NTLDR 用于确定哪个设备包含有操作系统。接着，NTLDR 从**启动设备**（boot device）中装入 HAL 库、内核和系统 hive。根据系统 hive，它得知哪些设备驱动程序需要用来启动系统（*启动驱动程序*）并加以装入。最后，NTLDR 开始执行内核。

内核初始化系统并创建两个进程。**系统进程**包括所有内部工作线程，绝不会在用户模式下运行。第一个用户模式进程为 SMSS，类似于 UNIX 的 INIT 进程。SMSS 进一步初始化系统，包括建立调页文件和装入设备驱动程序，并创建 WINLOGON 和 CSRSS 进程。CSRSS 是 Win32 API 的子系统。WINLOGON 启动系统其余部分，包括 LSASS 安全子系统和运行系统所需要的其他服务。

通过根据上次系统启动提前装入磁盘上的文件，系统可优化启动过程。启动时磁盘的访问模式也可用于重新布局磁盘的系统文件，以降低所需要的 I/O 操作的数量。启动系统所需要的进程数目可以通过将多个服务组成一个进程来进一步降低。所有这些方法都有助于降低系统启动时间。当然，Windows XP 睡眠和休眠能力允许用户关掉电源，并在停机处很快重启，这样系统启动时间就不如原来那么重要了。

22.4 环境子系统

环境子系统是建立在 Windows XP 本身的执行体的服务之上的用户模式进程，它能让

Windows XP 运行为其他操作系统(包括 16 位的 Windows 操作系统、MS-DOS 系统、POSIX 系统)开发的程序。每个环境子系统提供独立的应用程序环境。

Windows XP 把 Win32 API 子系统作为主要操作环境,用该子系统来启动所有进程。当执行一个应用程序时,Win32 API 子系统就通过 VM 管理器装入应用程序的可执行代码。内存管理器给 Win32 发回一个状态,告知可执行代码的类型。如果不是 Win32 API 本地可执行的代码,那么 Win32 API 环境将核查合适环境子系统是否已在运行。如果子系统尚未运行,就把它作为用户模式进程来启动。然后,该子系统会控制其应用程序的运行。

环境子系统利用 LPC 工具为客户机进程提供操作系统服务。Windows XP 体系结构不允许应用程序混合使用不同环境的 API 程序。例如,一个 Win32 API 的应用程序不能调用一个 POSIX 例程,这是因为一个应用程序只能有一个环境子系统与其相关联。

因为每个子系统是作为一个独立的用户模式进程运行的,一个子系统出现崩溃并会不影响其他的子系统。但 Win32 API 是个例外,它提供所有的键盘、鼠标和图形显示能力。如果它不能提供这些功能,系统实际上就失败了,需要重启。

Win32 API 环境把应用程序分为两类:要么是基于图形的,要么是基于字符的。*基于字符的应用程序*被认为交互输出到基于字符(命令)的窗口。Win32 API 把基于字符的程序输出结果转换成命令窗口的图形表示。这种转换并不难:当需要调用输出程序时,环境子系统调用 Win32 子程序以显示文本。因为 Win32 API 环境为所有基于字符的窗口执行这一功能,所以可在窗口和剪贴板之间转换屏幕文本。这种转换不但适用于 MS-DOS 程序,而且也适用于 POSIX 命令行程序。

22.4.1　MS-DOS 环境

MS-DOS 环境没有其他 Windows XP 环境子系统那么复杂。它由一个称为**虚拟 DOS 机**(virtual DOS machine,VDM)的 Win32 API 应用程序提供。由于 VDM 只是一个用户模式进程,它的分页和调度与其他的 Windows XP 应用程序一样。VDM 的**指令执行单元**(instruction-execution unit)能执行或模仿 Intel 486 的指令。VDM 还提供程序模仿 MS-DOS ROM BIOS 和“int 21”软中断服务程序,并拥有用于屏幕、键盘以及通信接口的虚拟设备驱动程序。VDM 基于 MS-DOS 5.0 源代码,它给应用程序至少分配 620 KB 的内存空间。

Windows XP 命令 Shell 新建的窗口看起来很像 MS-DOS 环境,可以运行 16 位和 32 位的可执行体。当运行一个 MS-DOS 应用程序时,命令 Shell 就启动一个 VDM 进程执行该项任务。

如果 Windows XP 运行于一个 IA32 兼容处理器上,MS-DOS 图形程序将以全屏模式运行,而字符程序可以全屏或在一个窗口中运行。并不是所有 MS-DOS 应用程序都可运行在 VDM 之下。例如,有些 MS-DOS 程序直接访问磁盘硬件,但是因为磁盘是受限制的(用于保护文件系统),所以就不能运行 Windows XP。总的来说,直接访问硬件的 MS-DOS 应用程序不能在 Windows XP 下运行。

MS-DOS 不是多任务环境，有些应用程序会独占整个 CPU。例如，通过使用过忙的循环体将导致执行过程中时间的延迟或暂停。Windows XP 调度程序中的优先机制会发现这种延迟并自动取消 CPU 的耗费，这导致类似应用程序不能正常运行。

22.4.2　16 位 Windows 环境

Win16 执行程序环境是由一个 VDM 提供的，该 VDM 合并了称为关于*窗口的窗口*（Windows on Windows，用于 16 位应用程序的 WOW32）的额外软件。这一软件提供了 Windows 3.1 内核例程和用于 Windows 管理器和 GDI 子例程的 stub 例程。stub 例程可以调用适当的 Win32 子例程转换或*形实转换*（thunking）16 位地址到 32 位地址。依赖于 16 位 Windows 管理器或 GDI 的内部结构的应用程序可能无法运行，这是因为底层 Win32 实现当然是有别于真正的 16 位 Windows。

WOW32 可以和其他 Windows XP 的应用程序一起进行多任务工作，但是它在很多方面都像 Windows 3.1：一次只能运行一个 Win16 应用程序，所有应用程序都是单一线程，驻留在同一地址空间，共享同一输入队列。这些功能意味着应用程序停止接收输入时，将阻塞所有其他 Win16 应用程序，就像 Windows 3.x 一样。而且一个 Win16 应用程序会因为破坏地址空间而毁损其他 Win16 应用程序。然而，多个 Win16 环境能共存，这可通过从命令行调用 *start /separate win16application* 命令来实现。

还有少量的 16 位应用程序需要继续运行于 Windows XP 之上，但是其中一些需要共同的安装程序。因此，WOW32 环境需要继续存在，因为有的 32 位应用程序没有它就不能安装到 Windows XP 上。

22.4.3　IA64 上的 32 位 Windows 环境

IA64 的 Windows 环境使用 64 位地址和 IA64 指令集合。为了在这种环境中执行 IA32 程序，要求一个辅助层以将 32 位 Win32 调用转换成相应 64 位调用，这与 IA32 之上的 16 位应用程序所要求的一样，因此 64 位 Windows 支持 WOW64 环境。32 位和 64 位 Windows 的实现基本相同，IA64 可以直接执行 IA32 指令，这样 WOW64 提供了比 WOW32 更好的兼容性。

22.4.4　Win32 环境

Windows XP 的主要子系统是 Win32 API。它运行 Win32 API 的应用程序，并管理着所有的键盘、鼠标和屏幕 I/O。因为它是控制环境，所以设计得非常健壮。Win32 API 的几个特点都有助于提高这种健壮性。与 Win16 环境不同，每个 Win32 进程都有它自己的输入队列，窗口管理器把系统的所有输入项调度到适当的进程输入队列，因而一个失效的进程不会阻塞向其他进程的输入操作。

Windows XP 内核也提供抢占式多任务，它可以让用户终止已经失效或者是不再需要的应用程序。在使用任何对象之前，Win32 API 首先校验它们，以防止可能因为应用程序试图使用一个失效且错误的句柄而导致崩溃。Win32 API 子系统可以在使用对象前核实句柄所指向的对象类型。对象管理器一直保持着引用计数，以防止对象在使用中被删除，也防止对象在删除后被利用。

为了实现与 Windows 95/98 系统的更高层的兼容性，Windows XP 允许用户通过一个特定薄层（shim layer）来运行单个应用程序，该薄层可以修改 Win32 API，来更好地模拟这些旧应用程序所期望的行为。例如，有的应用程序需要使用特定版本的系统，而在新系统上却不能运行。通常应用程序有些潜在的错误，这些错误只有在以后的系统实现中才可被发现。例如，只有在堆回收内存的顺序发生变化时，在释放内存之后使用它，才有可能会导致内存被破坏，或者应用程序假定某个子程序返回哪些错误或者地址的有效位的数量。采用 Windows 95/98 薄层运行程序可使系统提供与 Windows 95/98 更加接近的行为，但这也会导致性能降低及与其他应用程序的互操作性降低。

22.4.5　POSIX 子系统

POSIX 子系统被设计用来运行遵循 POSIX 标准的 POSIX 应用程序的，该标准基于 UNIX 模型。POSIX 应用程序能用 Win32 API 子系统或其他 POSIX 应用程序启动。POSIX 应用程序使用 POSIX 子系统的服务器 PSXSS.EXE、POSIX 动态链接库 PSXDLL.DLL 以及 POSIX 控制台会话管理器 POSIX.EXE。

虽然 POSIX 标准并不指定打印技术，但是 POSIX 应用程序还是通过 Windows XP 转向器机制透明地使用打印机。POSIX 应用程序拥有访问 Windows XP 系统中所有文件系统的能力。POSIX 环境在目录树方面实施类似 UNIX 的权限。

由于发布日期的原因，Windows XP 的 POSIX 系统并没有与整个系统一起发布，但是可以另外购买以用于专业桌面系统和服务器。与原来的 Windows NT 版本相比，它提供了与 UNIX 应用程序更高级的兼容性。对于现有常用的 UNIX 应用程序，绝大多数可以不加修改地在最新版本的 Interix 上加以编译和运行。

22.4.6　登录与安全子系统

在访问 Windows XP 的对象之前，用户必须通过登录子系统的认证，即 WINLOGON。WINLOGON 负责响应安全关注序列（Control-Alt-Delete）。安全关注序列是防止特洛伊木马应用程序的必要机制。只有 WINLOGIN 才可截获这个序列以便显示登录屏幕、改变口令和锁住屏幕。为了通过认证，用户必须拥有一个账户以及与该账户相对应的口令。另外，用户可通过智能卡和个人识别码来登录，这取决于该域中有效的安全策略。

本地安全授权系统（LSASS）是一个进程，它产生系统中表示用户的访问令牌。它通常调用一个**授权程序包**（authentication package）并利用来自登录子系统或网络服务器的信息来执行授权操作。通常，授权程序包只是查阅本地数据库中的账户信息并核查确认口令的正确性。接着，安全子系统再为用户 ID 生成访问令牌，其中包含了适当的优先权、配额限制和组 ID。不管什么时候用户试图访问系统中的一个对象，例如打开一个指向对象的句柄，访问令牌都是先传递给核查优先权与配额的安全引用监视器。Windows XP 域的默认授权程序包是 Kerberos。LSASS 也负责实现安全策略，如加强型密码，来认证用户以及执行数据和密码的加密。

22.5　文　件　系　统

在历史上，MS-DOS 系统使用的是文件分配表（FAT）文件系统。16 位的 FAT 文件系统有很多缺点，包括内部文件碎片、2 GB 的大小限制以及缺少文件的访问保护。32 位 FAT 文件系统已经解决了大小和碎片的问题，但是与现代的文件系统相比较，它的性能和功能还是很弱。NTFS 文件系统就好多了。它设计有很多的功能，包括文件恢复、安全、容错、超大文件和文件系统、多种数据流、UNICODE 名称、稀疏文件、加密、日志记录、卷隐藏复制和文件压缩。

Windows XP 使用 NTFS 作为它的基本文件系统，接下来将集中讨论这点。但 Windows XP 仍然继续使用 FAT16 读取软盘和其他可移动介质。尽管 NTFS 有许多优点，FAT32 因其与 Windows 95/98 的互操作性而继续起着重要作用。Windows XP 支持用于 CD 和 DVD 介质的常用格式的其他文件系统类型。

22.5.1　NTFS 内部布局

NTFS 文件系统的基本实体是卷。卷是由 Windows XP 的逻辑磁盘管理器应用程序所创建的，它是基于逻辑磁盘分区的。一个卷可能占据一个磁盘的一部分，也可能占据着整个磁盘，或者是横跨几个磁盘。

NTFS 不与磁盘的单个扇区打交道，而是采用**簇**（cluster）作为磁盘分配的单元。一个簇是由一些磁盘扇区组成的，扇区数是 2 的幂。一个 NTFS 文件系统在格式化时就设置了簇的大小。一个默认簇的大小，对于不超过 512 MB 的卷为一个扇区，对于不超过 1 GB 的卷为 1 KB，对于不超过 2 GB 的卷为 2 KB，而对于更大的卷为 4 KB。这种簇大小比 16 位 FAT 文件系统的簇要小很多，小尺寸也降低了内部碎片的数量。例如，考虑一个 1.6 GB 的磁盘有 16 000 个文件。如果使用的是一个 FAT16 的文件系统，内部碎片可能会达到 400 MB，因为簇的大小是 32 KB。在 NTFS 系统下，保存同样数量的文件只会丢失 17 MB。

NTFS 把**逻辑簇号码**（logical cluster number，LCN）用做磁盘地址。按照磁盘的开头到末端的顺序，给每个簇编号。利用这种方案，根据簇的大小乘以 LCN 所得的结果，系统能计算出一个物理磁盘偏移量（以字节为单位）。

NTFS 中的文件并不是 MS-DOS 或 UNIX 系统的简单的字节流；相反，它是一个结构化的对象，由多种**属性**组成。一个文件的每个属性是一个独立的字节流，这种字节流可以新建、删除、读取和写出。有一些属性是标准的，适用于所有的文件，包括文件名（或多个名称，如果文件有别名，如 MS-DOS 的短名）、创建时间以及说明访问控制的安全描述符。用户数据保存在*数据属性*中。

绝大多数传统数据文件都有一个*无名的*数据属性，用于包含文件所有的数据。然而，其他数据流可以用显式名称来创建。例如，保存在 Windows XP 服务器上的 Macintosh 文件就将资源分支作为命名数据流。COM（component object model）的 IProp 接口采用命名数据流以存储普通文件属性，包括小图像。一般来说，属性可能按需要增加，并通过语法 *file-name:attribute* 来加以访问。只有针对文件查询操作，如运行 dir 命令，NTFS 才返回未命名属性的大小。

NTFS 的每个文件都是保存在一个特殊文件数组中的一条或多条记录中，这个特殊文件称为**主文件表**（master file table，MFT）。记录的大小在文件系统被创建时就确定了，其大小范围在 1～4 KB 之间。一些小的属性存放在 MFT 记录中，并被称为**常驻属性**（resident attribute）。超大的属性，如未命名的巨大的数据，称为**非常驻属性**（nonresident attribute），被保存在一个或多个连续的磁盘盘区中，而指向每个盘区的每个可寻址指针则保存在 MFT 记录中。至于极小的文件，甚至数据属性也完全放在 MFT 记录中。如果一个文件具有多种属性，或者它是高度分散的，那么就需要许多指针来指向所有的存储片，MFT 中的一个记录可能就不够大了。在这种情况下，文件由一个**基本文件记录**（base file record）来描述，基本文件记录也是一条记录，它包含了指向溢出记录（拥有额外的指针和属性）的指针。

NTFS 卷的每个文件都有一个唯一的 ID，称为**文件引用**（file reference）。文件引用是一个 64 位的值，它由一个 48 位的文件号码和一个 16 位的序列号码组成。文件号码就是 MFT 中描述文件的记录号码（即数组插槽）。每次使用一个 MFT 的记录时，其序列号码递增。这种顺序号码允许 NTFS 执行内部一致性检测，如在 MFT 项重用于新文件之后发现一个删除文件的失效引用。

1. NTFS B+树

与在 MS-DOS 和 UNIX 系统中一样，NTFS 的名称空间是根据目录层构成的。每个目录使用一个称为 **B+树**的数据结构，用于保存该目录内的所有文件名称的一个索引。B+树能消除重新组织树的耗费，并具有这样的特性：从树根到树叶的每个路径等长。目录的**索引根**（index root）包括 B+树的顶层。对于一个超大目录，这个顶层包含了磁盘的延伸区，而延伸区保存了此树的剩余部分。目录的每项都包含文件的名称和引用，以及从 MFT 的文件常驻属性中获取的更新时间和文件大小信息的副本。这些信息的副本被保存在目录中，因此就有能力快速生成一个目录列表。因为全部的文件名、文件大小以及更新时间都可以从目录本身获得，所以就没有必要从每个文件的 MFT 记录中获取这些属性。

2. NTFS 元数据

NTFS 卷的元数据均保存在文件中。第一个文件是 MFT。第二个文件用于 MFT 文件遭破坏时的恢复，包括 MFT 头 16 项的一个副本。下面的一些文件也很特殊。它们是日志文件、卷文件、属性定义表、根目录、位图文件、引导文件以及坏簇文件。下面将一一介绍这些文件的作用：

- **日志文件**记录文件系统的所有元数据更新。
- **卷文件**（volume file）包含卷名，执行卷格式化的 NTFS 版本，以及显示卷是否已被损坏而需要一致性校验的一个位。
- **属性定义表**（attribute-definition table）显示卷中用了哪些属性类型，对它们中的每个可以执行什么样的操作。
- **根目录**是文件系统层中的顶级目录。
- **位图文件**（bitmap file）显示卷中的哪一些簇被分配给了文件，以及哪一些是空闲的。
- **引导文件**（boot file）包含 Windows XP 的启动代码，并且必须放在一个特殊的磁盘位置以便简单的 ROM 导入设备的装入程序能很容易地查找到。引导文件还包含 MFT 的物理地址。
- **坏簇文件**（bad-cluster file）跟踪卷内的任意坏区。NTFS 使用这个记录以进行错误恢复。

22.5.2 恢复

在许多简单文件系统中，非正常掉电会导致文件系统的数据结构遭到极其严重的破坏，甚至把整个卷都搞乱了。许多版本的 UNIX 在磁盘上保存了冗余的元数据，它们利用 fsck 程序检查所有文件系统数据结构，得以从崩溃的系统中恢复过来，并把它们强行保存到一个一致的状态。恢复这些数据经常需要删除损坏的文件和释放数据簇，而用户的数据已被写进了这些簇，但尚未完全地记录到文件系统的元数据结构中。这种核查是一个很缓慢的过程，并且会丢失相当数量的数据。

NTFS 为文件系统的健壮性采取了一种不同的方法。对 NTFS，所有文件系统数据结构的更新都在事务中执行。在修改一个数据结构之前，事务会写入一条包含 redo 和 undo 信息的日志记录；在改变完数据结构之后，事务会在日志上写入一条提交记录，表示该事件已操作成功。

在崩溃后，系统通过处理日志记录把文件系统的数据结构恢复到一致状态。首先重复已提交事务的操作，然后撤销对在系统崩溃之前未成功提交事务的操作。一个检查点记录会被周期性地（通常是 5 秒）写入日志中。系统为了从崩溃中恢复过来，并不需要检查点之前的日志记录。这些记录可以删除，所以日志文件不会无限增加。在系统启动之后首次访问一个 NTFS 卷时，NTFS 会自动执行文件系统的恢复。

此方案并不能保证崩溃之后的所有用户文件还能保持正确，它只能确保文件系统的数据结构（元数据文件）没有被损坏，并能反映崩溃之前的已存在的某个一致状态。将事务方案延伸到用户文件是有可能的，Microsoft 公司可能将来会这么做。

日志保存在卷初的第三个元数据文件中。它是在文件系统格式化时，用一个固定的最大尺寸来创建的。它有两个区域：一个是**日志区域**（logging area），它是日志记录的一个循环队列；另一个是**重启区域**（restart area），它包含上下文信息，如记录区域的位置（在恢复期间 NTFS 启动读操作的地方）。事实上，重启区域有两个相关信息的副本，如果一个副本在崩溃中被损坏，那么恢复还是有可能的。

记录功能是由 Windows XP **日志文件服务**（log-file service）所提供的。除了写日志记录和执行恢复操作外，日志文件服务还跟踪日志文件的空闲空间。如果空闲空间太少，那么日志文件服务会把未结束的事务排队，NTFS 会暂停所有新 I/O 操作。在当前正进行的操作完成之后，NTFS 会调用缓存管理器以写出所有数据，接着重新设置日志文件并执行排队的事务。

22.5.3　安全

NTFS 卷的安全性是从 Windows XP 的对象模型中派生出来的。每个 NTFS 文件都引用一个安全描述符，它包含文件所有者的访问令牌和一个访问控制列表，用于规定访问该文件的用户所具有的访问特权。

在正常情况下，NTFS 对遍历目录文件名并不要求许可权限。然而，为了与 POSIX 相兼容，可以启动这些检查。遍历检查本身更加复杂，这是因为现代文件名的解析使用前缀匹配，而不是逐个打开目录名来进行的。

22.5.4　卷管理和容错

FtDisk 是 Windows XP 的容错磁盘驱动程序。在安装后，它提供了多种方法把多个磁盘驱动器组成一个逻辑卷，以便于提高性能、容量或可靠性。

1．卷集合

合并多个磁盘的一种方法是把它们在逻辑上组织成一个超大的逻辑卷，如图 22.7 所示。在 Windows XP 中，这个逻辑卷被称为一个**卷集合**（volume set），它最多可以包含 32 个物理分区。含有一个 NTFS 卷的卷集可以在不扰乱已保存于文件系统中数据的情况下得到扩展。NTFS 卷的位图元数据只是被扩展来描述新增的空间的。NTFS 继续使用和用于单一物理磁盘一样的 LCN 机制。FtDisk 驱动程序提供了从一个逻辑卷偏移到一个特定磁盘偏移的映射。

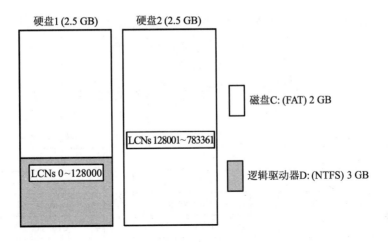

图 22.7　两个磁盘上的卷集

2. 条集合

合并多个物理分区的另一种方法是用循环法交替使用它们的区块以形成所谓的**条集合**（stripe set），如图 22.8 所示。这种方案称为 RAID 0 级或**磁盘分条法**（disk striping），FtDisk 使用的是一个 64 KB 大小的条。逻辑卷的第一个 64 KB 保存在第一个物理分区，逻辑卷的第二个 64 KB 保存在第二个物理分区，以此类推，直到每个分区都分配了 64 KB 的空间。然后，分配绕回到第一个磁盘，分配第二个 64 KB 的区块。条集形成了一个巨大的逻辑卷，但是物理布局可以改善 I/O 的带宽，对于一个巨大的 I/O，所有的磁盘可以并行转移数据。

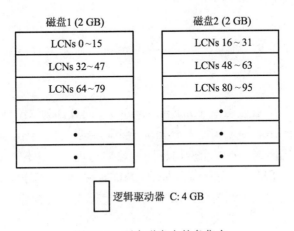

图 22.8　两个磁盘上的条集合

3. 带有奇偶的条集合

这个思路的一个变种是带有**奇偶的条集合**（stripe set with parity），如图 22.9 所示。这个方案也被称为 RAID 5 级。如果条集合拥有 8 个磁盘，那么 7 个数据条分别位于 7 个独立的磁盘，而奇偶条位于第 8 个磁盘上。奇偶条含有数据条的基于字节的异或（exclusive or）。如果这 8 个条中任意一个遭到毁损，系统将通过计算异或并根据剩余 7 个奇偶条的数据来重新构建数据。重建数据的能力使得磁盘阵列在磁盘遭遇错误时丢失数据的可能大大减少。

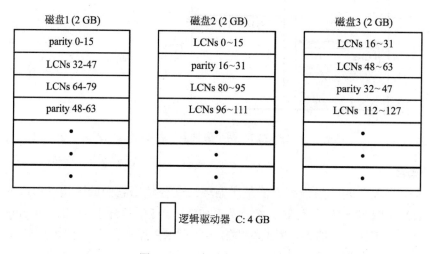

图 22.9 三个磁盘上的条集合

可以注意到，一个数据条的更新同样要重新计算奇偶条，同时向 7 个不同的数据条（写进数据）的 7 个写操作同样也需要更新 7 个奇偶条。如果奇偶条都在同一个磁盘，那么该磁盘将执行 7 次的数据磁盘 I/O 装入操作。为避免建立瓶颈，可以通过给它们赋循环值，从而把奇偶条分摊在所有的磁盘上。用奇偶校验建立一个条集合，至少需要三个位于不同磁盘的大小相同的三个分区。

4．磁盘镜像

一个更健壮的方案是**磁盘镜像**（disk mirroring），或者称为 RAID 1 级，如图 22.10 所示。一个**镜像集合**（mirror set）由两个分别位于不同磁盘的大小相同的分区组成，这样它们的数据内容是完全相同的。当一个应用程序把数据写进一个镜像集合时，FtDisk 就把数据同时写入两个分区。如果一个分区写入失败，FtDisk 还有一个副本安全地存放于镜像中。镜像集合同样可以提高性能，因为读请求会在两个镜像之间进行分割，给予每个镜像一半的工作量。为防护磁盘控制器的失效，可以把一个镜像集合的两个磁盘放在两个独立的磁盘控制器上，这种安排称为**双工集合**（duplex set）。

5．扇区备用与簇重新映射

为处理变坏的磁盘扇区，FtDisk 使用了一种硬件方法，称为扇区备用法，而 NTFS 使用一种软件方法，称为簇重新映射法。**扇区备用法**（sector sparing）是一种由许多磁盘驱动器提供的硬件能力。当一个磁盘驱动器被格式化时，它在逻辑区块号码与磁盘的好扇区之间建立一个映射，同时也保留了未被映射的扇区作为备用。如果一个扇区失效了，FtDisk就命令磁盘驱动器替代一个备用扇区。**簇重新映射法**（cluster remapping）是文件系统执行的一种软件方法。如果一个磁盘区块损坏了，NTFS 通过改变 MFT 中任一受影响的指针，将用一个不同的未分配的区块来置换它。NTFS 还会做上一条标记，以注明损坏区块不再分配给任何文件。

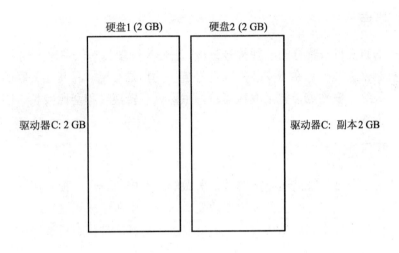

硬盘1 (2 GB)　　　硬盘2 (2 GB)

驱动器C: 2 GB　　　驱动器C: 副本 2 GB

图 22.10　两个磁盘之间的镜像

一个磁盘区块损坏后，通常的结果是数据丢失。但是扇区备用法与簇重新映射法也可能和诸如条集合这样的容错卷结合在一起，以屏蔽磁盘区块的失效。如果读失败，系统会通过读取镜像，或者是通过计算异或，或是用奇偶校验法校验条集合中的奇偶来重新构建丢失的数据。重新构建的数据被存放到一个新的位置，而该位置是用扇区备用法或簇重新映射法取得的。

22.5.5　压缩与加密

NTFS 可以对目录中个别文件或所有数据文件进行数据压缩。在压缩一个文件之前，NTFS 首先把文件的数据分成几个**压缩单元**，压缩单元是 16 个相邻簇的区块。当写进每个压缩单元时，就应用一种数据压缩算法。如果压缩的结果要比 16 簇少，就要保存这个压缩版本。要进行读时，NTFS 能确定数据是否已经被压缩：如果是压缩过的，被保存的压缩单元的长度一定小于 16 簇。为提高性能，当读取连续的压缩单元时，NTFS 会在应用程序发出请求之前提前提取并解压缩。

对于稀疏文件或者是包含多数为零的文件，NTFS 使用另外一种方法来节省空间。因为含有所有为零的文件簇从未被写过，所以实际上并没有被分配和保存在磁盘上，而是以间隙的形式保存在文件 MFT 项的各个虚拟簇的序列号码中。读一个文件时，如果它找到了虚拟簇号码间的间隙，NTFS 只是用零填充调用程序缓冲区的分区。UNIX 用的也是这种方法。

NTFS 支持文件加密，可以对单独的文件或整个目录进行加密。安全系统管理所用的是钥匙，而钥匙恢复服务则用来找回丢失的钥匙。

22.5.6 安装点

安装点是 NTFS 目录特有的一种符号链接。它们为管理员提供了比全局名字（如盘符）更加灵活的机制来管理磁盘卷。安装点以符号链接的形式实现，与其相关联的数据包含其真正的卷名。最终，安装点会完全取代盘符，虽然这一转换过程会比较长，因为许多应用程序依赖盘符方案。

22.5.7 变更日志

NTFS 使用一个日志来描述对文件系统所做的所有修改。用户模式服务可接受这种日志改变的通知，并能确定哪些文件发生了改变。内容索引服务采用这一功能以确定哪些文件需要再次索引。文件复制技术通过这一功能以确定哪些文件需要通过网络加以复制。

22.5.8 卷影子副本

Windows XP 实现了将一个卷变成已知状态并创建一个影子副本（以用于恢复到一致状态）的功能。对一个卷做一个影子副本（shadow copy）采用了一种写时复制的形式，对于影子副本创建之后被修改的块，其原先的内容被隐藏到副本中。为实现卷的一致状态，要求应用程序加以合作，因为系统并不知道应用程序所使用的数据是否处于一致状态，以便重新安全执行应用程序。

Windows XP 服务器版本使用影子副本以有效地维护文件服务器的文件的旧版本。这允许用户看到文件服务器所保存的以前版本的文档。用户使用这个特性，可在不使用备用磁带的情况下恢复偶然删除的文件或只是检查文件的以前版本。

22.6 网 络

Windows XP 同时支持对等网络与客户机/服务器网络，还拥有网络管理程序。Windows XP 中的网络组件支持数据传送、进程间通信、网络中的文件共享以及向远程打印机发送打印任务。

22.6.1　网络接口

为描述 Windows XP 网络，必须先介绍两个内部网络接口，它们是**网络设备接口规范**（network device interface specification，NDIS）和**传输驱动程序接口**（translation driver interface，TDI）。NDIS 接口是由 Microsoft 公司和 3Com 公司于 1989 年合作开发的，主要是为了把网络适配器与传输协议分离开，这样两者可以在互不影响的情况下进行改变。NDIS 驻留在 OSI 模型的"数据连接控制"与"媒体访问控制"层之间的接口，它使得许多协议能够在许多不同的网络适配器中间进行操作。就 OSI 模型来说，TDI 是位于传输层（第四层）和会话层（第五层）之间的接口，此接口允许任意会话层的组件能够使用任何可利用的传输机制（同样的原因导致了 UNIX 中的流机制）。TDI 同时支持基于连接与非连接的传输，具有发送任何类型数据的功能。

22.6.2　协议

Windows XP 以驱动的形式实现传输协议。这些驱动程序可以从系统中动态地装入或卸载，尽管在实际应用中，一次改变之后系统通常需要重新启动。下面将介绍 Windows XP 所支持的几种协议，它们提供了各种网络功能。

1. 服务器消息块

服务器消息块（server message block，SMB）首先用于 MS-DOS 3.1。这个系统使用这一协议通过网络发送 I/O 请求。SMB 协议有 4 种消息类型。消息 Session control 命令用于开始和结束服务器端共享资源的重定向连接。重定向器采用消息 File 访问服务器端的文件。系统使用消息 Printer 向远程打印机队列发送数据并接收状态信息，消息 Message 用于与另一工作站进行通信。SMB 协议是作为 CIFS（Common Internet File System）发布的，现在被多个操作系统所支持。

2. 网络基本 I/O 系统

网络基本 I/O 系统（network basic input/output system，NetBIOS）是用于网络的硬件抽象接口，类似于用于运行 MS-DOS 的 PC 硬件抽象接口 BIOS。NetBIOS 设计于 1980 年代的早期，现已成为标准网络编程接口。NetBIOS 用于建立在网络之上的逻辑名，建立网络逻辑名之间的逻辑连接或会话，支持通过 NetBIOS 或 SMB 请求的可靠会话数据传输。

3. NetBIOS 扩展用户接口

NetBIOS 扩展用户接口（NetBIOS extended user interface，NetBEUI）是由 IBM 公司于 1985 年引入的，用于支持不超过 254 台机器的简单而高效的网络协议。这是 Windows 95 对等网络和 Windows 工作组的默认协议。Windows XP 在与这些网络进行资源共享时，使用 NetBEUI。NetBEUI 限制很多，它使用计算机的真实名称作为地址，而且不支持路由。

4．传输控制协议/互连协议

传输控制协议/互连协议（transmission control protocol/Internet protocol，TCP/IP）用于 Internet，现已成为事实上的标准网络体系结构。Windows XP 采用 TCP/IP 与各种不同的操作系统和硬件平台相连。Windows XP TCP/IP 包括简单网络管理协议（simple network-management protocol，SNMP）、动态主机配置协议（dynamic host configuration protocol，DHCP）、Windows Internet 名称服务（Windows Internet name service，WINS）和 NetBIOS 支持。

5．点到点隧道协议

点到点隧道协议（point-to-point tunneling protocol，PPTP）由 Windows XP 提供，用于在运行 Windows XP 服务器的远程访问服务器模块和与在 Internet 相连的客户机之间进行通信。远程访问服务器可以对连接上所发送的数据进行加密，它们支持 Internet 上的多协议**虚拟私有网络**（virtual private network, VPN）。

6．**Novell NetWare** 协议

Novell NetWare 协议（SPX 传输层的 IPX 数据包服务）广泛地用于 PC LAN。Windows XP 的 NWLink 协议将 NetBIOS 与 NetWare 网络相连。与转向器（如 Microsoft 公司的 NetWare 客户服务或 Novell 公司的用于 Windows 的 NetWare 客户）一起，这个协议允许 Windows XP 客户机与 NetWare 服务器相连。

7．**Web 分布式创作和版本管理协议**

Web 分布式创作和版本管理协议（Web distributed authoring and versioning，WebDAV）是基于 HTTP 协议的，以用于通过网络协作创作。Windows XP 将 WebDAV 转向器建立到文件系统中。通过在文件系统中直接建立 WebDAV 支持，它可与其他特性如加密一起工作，这样个人文件在公共地方也能安全存储。

8．**AppleTalk** 协议

AppleTalk 协议是由 Apple 公司设计的，允许 Macintosh 计算机共享文件的低成本连接。如果位于网络的 Windows XP 服务器运行用于 Macintosh 包的 Windows 服务，那么 Windows XP 系统可通过 AppleTalk 与 Macintosh 计算机共享文件和打印机。

22.6.3　分布式处理机制

虽然 Windows XP 不是分布式操作系统，但是它确实支持分布式应用。Windows XP 的分布式处理支持的机制包括 NetBIOS、命名管道和 Mailslot、Windows Socket、RPC、微软接口定义语言以及组件对象模型（COM）。

1．**NetBIOS**

对于 Windows XP，NetBIOS 应用程序可通过网络采用 NetBEUI、NWLink 或 TCP/IP 进行通信。

2．命名管道

命名管道（named pipe）是面向连接的消息机制。命名管道最初设计成网络 NetBIOS 连接的高层接口。一个进程也可以使用命名管道与同一台机器的另一个进程进行通信。由于命名管道通过文件系统接口加以访问，所以用于文件对象的安全机制也适用于命名管道。

命名管道的名称有一个称为**统一命名习惯**（uniform naming convention，UNC）的格式。UNC 名称看起来像普通远程文件名称。UNC 名称的格式为\\server_name\share_name\x\y\z，其中，server_name 标识网络服务器，share_name 标识可为网络用户所用的网络资源，如目录、文件、命名管道和打印机等，\x\y\z 部分表示普通文件路径名。

3．Mailslot

Mailslot 是无连接的消息传递机制。当通过网络使用时，Mailslot 是不可靠的，即发送给 Mailslot 的消息可能会丢失，以至于要接收它的用户不能接收到。Mailslot 用于广播应用程序，如查找网络组件，它们也为 Windows 计算机浏览服务所使用。

4．Winsock

Winsock 是 Windows XP Socket API。Winsock 是会话层接口，与 UNIX Socket 大部分兼容，但是增加了一些 Windows XP 的扩展。它提供了一个对许多不同传输协议（具有不同寻址方式）的标准接口，这样 Winsock 应用程序可运行于任何与 Winsock 相兼容的协议栈。

5．RPC

远程过程调用（remote procedure call，RPC）是客户机-服务器通信机制，允许一台机器的一个应用程序调用另一台机器上的过程。客户机进程调用本地过程——**存根子程序**（stub routine），将参数打包成一个消息，并通过网络发送给一个特定服务器进程。接着客户端存根子程序就阻塞。同时，服务器解开消息，调用这个过程，并将结果打包成消息，再传递给客户存根。客户存根不再阻塞，接收消息，解开 RPC 的结果，并返回给客户机进程。这种参数打包有时称为**编组**（marshalling）。Windows XP RPC 机制遵守广泛使用的用于 RPC 消息分布计算环境的标准，所以采用 Windows XP RPC 编写的程序可移植性很好。RPC 标准非常详细。它通过规定 RPC 消息的标准数据格式，如二进制大小、计算机字的字节和位的顺序，而隐藏了计算机体系结构的差异。

Windows XP 可通过 NetBIOS 或 TCP/IP 网络的 Winsock 或 LAN Manager 网络的命名管道等，来发送 RPC 消息。以前讨论的 LPC 与 RPC 相似，不过在同一台计算机的两个进程之间的消息传递是通过 LPC 消息进行的。

6．微软接口定义语言

可以通过手工编写代码并按标准形式编排和传递参数，解开参数并执行远程过程，编排和传递返回结果，解开结果并返回给调用程序，这非常麻烦且容易出错。然而，幸运的是，可以根据参数和返回结果的简单描述，自动地生成这部分代码。

Windows XP 提供了微软接口定义语言（Microsoft Interface Definition Language）描述远程过程的名称、参数和结果。这种语言的编译器可生成头文件，以描述远程过程的存根和参数与返回值消息的数据类型。它也为客户端存根过程和服务器端的解开和分派生成源程序。当链接应用程序时，会包括存根过程。当应用程序执行 RPC 存根，所生成的代码处理其他部分。

7. 组件对象模型

组件对象模型（component object model，COM）是为 Windows 开发的进程间通信机制。COM 对象提供了明确定义的接口以操作对象的数据。例如，COM 是 Microsoft 公司的**对象链接和嵌入**（object linking and embedding，OLE）的基础，它可用于在 Microsoft Word 文档中嵌入电子表格。Windows XP 有一个称为 DCOM 的分布式扩展，可通过 RPC 运行于网络之上，以提供一种透明方式来开发分布式应用程序。

22.6.4　重定向器与服务器

对于 Windows XP，只要远程计算机运行 CIFS 服务器（这为 Windows XP 或早期 Windows 系统提供），应用程序可使用 Windows XP I/O API 访问远程计算机的文件，就如同它们位于本地一样。**重定向器**是客户端对象，可转寄对远程文件的 I/O 请求，再为服务器所处理。基于性能和安全原因，重定向器与服务器运行于内核模式。

更为具体的，远程文件的访问按如下方式进行。

① 应用程序调用 I/O 管理器以请求打开一个文件，其文件名采用标准 UNC 格式。

② I/O 管理器建立 I/O 请求包，如 22.3.3.5 小节所述。

③ I/O 管理器知道这是一个远程文件的访问，因此调用一个驱动器，称为 **MUP**（multiple universal naming convention provider）。

④ MUP 向所有注册重定向器异步发送 I/O 请求包。

⑤ 可满足请求的重定向器响应 MUP。为了避免将来再次用同样问题来询问所有重向器，MUP 采用缓存记录哪个重向器可处理这个文件。

⑥ 重定向器向远程系统发送网络请求。

⑦ 远程系统网络驱动程序接收请求，并传递给服务器驱动程序。

⑧ 服务器驱动程序将这个请求转交给合适的本地文件系统驱动程序。

⑨ 调用适当设备驱动程序以访问数据。

⑩ 结果返回给服务器驱动程序，再将数据发回给请求重定向器。接着重定向器通过 I/O 管理器将数据返回给调用应用程序。

对于使用 Win32 API 网络而不是 UNC 服务的应用程序，也有类似过程。不过，所使用的模块是多提供者的路由而不是 MUP。

为了可移植性，重定向器与服务器采用 TDI API 进行网络传输。请求本身用更为高层的协议表示，默认为 22.6.2 小节所述的 SMB 协议。重定向器列表是由系统注册表数据库所维护的。

1．分布式文件系统

UNC 名称并不总是便于使用，因为多个文件服务器可用于提供同样内容的文件，而 UNC 名称显式地包括了服务器名称。Windows XP 支持**分布式文件系统**（distributed file system，DFS）协议，从而允许网络管理员采用单一分布名称空间，而用多个服务器来提供文件服务。

2．目录重定向与客户端缓存

为了使经常在计算机间切换的企业用户更好地使用计算机，Windows XP 允许管理员为用户建立**漫游 profile**，以在服务器上保存用户的偏好和其他设置。这样**目录重定向**可自动地在服务器上存储用户文档和其他文件。但是当一台计算机不再连到网络上（如位于飞机上的笔记本电脑），就出现问题了。为了让用户离线访问其重定向文件，Windows XP 采用**客户端缓存**（client-side caching，CSC）。当在线时，CSC 在本地机上保存服务器文件的副本以提高性能。当文件改变时，再送回到服务器。如果计算机不在线时，这些文件仍然是可用的，只不过文件更新延迟到计算机再次与网络相连时。

22.6.5　域

许多网络环境都有很自然的用户组，如学校计算机实验室的学生或某企业某部门的雇员。通常，需要让组内的所有成员能够访问组内各台计算机的共享资源。为了管理这种组的全局访问权限，Windows XP 采用了域的概念。以前，这些域与 DNS（将 Internet 名称转换成 IP 地址）没有任何关系。然而，现在它们却紧密地联系在一起。

具体地说，Windows XP 的一个域是共享共同安全策略和用户数据库的一组 Windows XP 工作站和服务器。由于 Windows XP 现在将 Kerberos 协议用于信任和验证，所以 Windows XP 的域与 Kerberos 领域完全一样。Windows NT 之前版本采用了主和备份域控制器的概念，现在所有域内的服务器都是域控制器。另外，之前的版本需要单方向地建立域间信任，而 Windows XP 采用了基于 DNS 的分层方法，允许在层次结构中上下传递信任。这种方法降低了用于 n 个域的信任数量，从 $n*(n-1)$ 到 $O(n)$。域内工作站信任域控制器会提供关于每个用户访问权限的正确信息（通过用户访问标记）。不管域控制器如何，所有用户保留限制对其工作站访问的能力。

1．域树与森林

因为一个企业可以有许多部门，而一个学校可有多个班级，所以通常需要管理一个组织的多个域。一个**域树**（domain tree）为一个连续 DNS 命名层次。例如，*bell-labs.com* 可以为树根，而 *research.bell-labs.com*（表示域 research）和 *pez.bell-labs.com*（表示域 pez）为孩子。一个**森林**为一组非连续名字的集合。一个例子是树 *bell-labs.com* 和/或 *lucent.com*。

然而，一个森林可只由一个域树组成。

2．信任关系

信任关系可以在域之间按三种方式建立：单向的、传递的和交叉的。NT 4.0 版本只允许单向信任。**单向信任**（one-way trust）正如其名称所指的：域 A 被告之它可信任域 B。然而，B 并不信任 A，除非配置了另一种信任关系。对于**传递信任**（transitive trust）则是：如果 A 信任 B 且 B 信任 C，那么 A、B、C 互相信任，因为传递信任默认为双向的。传递信任默认用于树内的新域，并且只可配置成用于一个森林内的域。第三种类型，**交叉信任**（cross-link trust），可用于减少验证流量。假如域 A 和 B 为叶节点，而域 A 内的用户使用域 B 的资源。如果使用标准传递信任，那么验证请求必须传递到这两个叶节点的共同祖先；但是如果 A 和 B 已建立了交叉连接，那么验证可直接发送到另一节点。

22.6.6　活动目录

活动目录是 Windows XP 的**轻量级目录访问协议**（lightweight directory access protocol，LDAP）服务的实现。活动目录存储关于域的拓扑信息，保留基于域的用户和组账号及其口令，提供有关**组策略**和 **intellimirror** 的基于域的存储。

管理员使用组策略为桌面偏好和软件建立标准。对许多企业信息技术组，统一显著地降低了计算代价。Intellimirror 与组策略一起使用，以指定什么软件被什么类型用户使用，甚至可根据需要从企业服务器自动安装软件。

22.6.7　TCP/IP 网络的名称解析

对于 IP 网络，**名称解析**可将计算机名称转换成 IP 地址，如将 *www.bell-labs.com* 转换成 135.104.1.14。Windows XP 为名称解析提供了多种方法，包括 WINS（Windows Internet name service）、广播名称解析、DNS、主机文件和 LMHOSTS 文件。绝大多数这些方法被许多操作系统所使用，这里只讨论 WINS。

对于 WINS，两台或多台 WINS 服务器维护"名称-IP 地址"捆绑的动态数据库，而客户机软件询问服务器。至少使用两台服务器，这样即使一台服务器出差错也不会中断 WINS 服务，另外，也可将名称解析负荷分布在多台机器上。

WINS 使用了动态主机配置协议（dynamic host-configuration protocol，DHCP）。DHCP 可自动地更新地址配置 WINS 数据库，而无须用户或管理员的干预。当 DHCP 客户机开始时，会广播消息 discover。每个收到消息的 DHCP 服务器会用消息 offer 加以应答，它包括客户机所需要的 IP 地址和配置信息。客户机选择一个配置，并向所选择的 DHCP 服务器发送一个消息 request。DHCP 服务器用之前所给的 IP 地址和配置信息及地址**租赁**，来加以响应。这个租赁允许客户机在给定时间内有权使用这个 IP 地址。当租赁时间用完一半时，客户机会试图续租这个地址。如果不能续租，那么客户机必须获取一个新地址。

22.7 程序接口

Win32 API 是 Windows XP 功能的基本接口。本节描述 Win32 API 的 5 个主要方面：访问内核对象、进程间共享对象、进程管理、进程间通信和内存管理。

22.7.1 访问内核对象

Windows XP 内核为应用程序提供了许多服务。应用程序通过操作内核对象来取得这些服务。若进程要访问一个名为 XXX 的内核对象，就要调用 CreateXXX 函数来打开一个指向 XXX 的句柄。这个句柄对该进程来说是唯一的。如果 Create()函数调用失败，将返回一个 0，或者是返回一个名为 INVALID_HANDLE_VALUE 的特殊常量，这都取决于打开了哪个对象。进程通过调用 CloseHandle()函数可以关闭任何一个句柄。如果使用对象的进程数降到 0 时，系统将删除这个对象。

22.7.2 进程间共享对象

Windows XP 提供三种方法用以在进程间共享对象。第一种方法是，子进程继承了一个指向对象的句柄。当父进程调用 CreateXXX 函数时，父进程将 SECURITIES_ATTRIBUTES 结构的 bInheritHandle 字段设定为 TRUE。该字段能新建一个可遗传的句柄。然后，新建的子进程把 TRUE 值传递到 CreateProcess()函数的 bInheritHandle 参数。图 22.11 列出了一个代码例子，它用于创建一个信号量句柄并为子进程所继承。

假定子进程知道共享的句柄，那么父进程与子进程通过共享对象可以成功地进行进程间的通信。在图 22.11 中，子进程从第一个命令行参数中取得句柄的值，然后与父进程共享信号量。

```
SECURITY_ATTRIBUTES sa;
sa.nlength = sizeof(sa);
sa.lpSecurityDescriptor = NULL;
sa.bInheritHandle = TRUE;
Handle a_semaphore = CreateSemaphore(&sa,1,1,NULL);
char command_line[132];
ostrstream ostring(command_line,sizeof(command_line));
ostring<< a_semaphore <<ends;
CreateProcess("another_process.exe",command_line,
        NULL,NULL,TRUE,…);
```

图 22.11 通过继承句柄使得子进程能共享一个对象

　　共享对象的第二种方法是，在创建对象时进程给该对象命名，以便第二个进程打开已命名的对象。这种方法有两个缺点：第一个缺点是，Windows XP 不提供任何方法来检查选定的名称对象是否已经存在。第二个缺点是，对象名空间是全局的，没有考虑对象类型。例如，需要两个截然不同的对象时，两个程序可以新建一个名为 *pipe* 的对象。

　　命名对象的优点是不相关进程也可以很容易地进行共享。第一个进程调用 CreateXXX 函数并在 lpszName 参数中提供一个名字。如图 22.12 所示，第二个进程通过用同样的名字以调用 OpenXXX()（或 CreateXXX），可取得一个共享该对象的句柄。

```
//Process A
...
Handle a_semaphore = CreateSemaphore(NULL,1,1,"MySEM1");
...
//Process B
...
Handle b_semaphore = OpenSemaphore(SEMAPHORE_ALL_ACCESS,
    FALSE,"MySEM1");
...
```

图 22.12　通过名称查找共享一个对象

　　共享对象的第三种方法是，通过调用 DuplicateHandle()函数。这种方法要求一些其他的进程间通信方法来传递复制句柄。在进程中给定一个指向某一进程的句柄及句柄的值，另一个进程就能取得同一对象的一个句柄，这样就可共享它了，这种方法的一个例子如图 22.13 所示。

```
...
//Process A wants to give Process B access to a semaphore

//process A
Handle a_semaphore = CreateSemaphore(NULL,1,1,NULL);
//send the value of the semaphore to Process B
//using a message or shared memory object
...
//Process B
Handle process_a = OpenProcess(PROCESS_ALL_ACCESS,FALSE
    process_id_of_A);
Handle b_semaphore;
DuplicateHandle(process_a,a_semaphore,
    GetCurrentProcess(),&b_semaphore,
    0,FALSE,DUPLICATE_SAME_ACCESS);
//use b_semaphore to access the semaphore
...
```

图 22.13　通过传递一个句柄来共享一个对象

22.7.3 进程管理

在 Windows XP 系统中,进程是应用程序的一个执行实例,而**线程**是一个可由操作系统调度的代码单元。这样,一个进程包含一个或多个线程。当一些其他的进程调用 CreateProcess()例程时,一个进程就被启动了。该例程装入进程所使用的所有动态链接库,并新建一个**主线程**(primary thread)。CreateThread()函数可创建另外的线程。每个线程建立时都有自己的栈,除非在调用 CreateThread()函数时加以特别规定,否则栈的默认值是 1 MB。因为有些 C 运行时函数维护 static 变量,如 errno 函数,一个多线程的应用程序需要对非同步访问加以保护。包装函数 beginthreadex()提供了适当的同步。

1. 实例句柄

装入进程地址空间的每个动态链接库或可执行文件通过一个**实例句柄**(instance handle)加以标识。实例句柄的值实际上是文件加载处的虚拟地址。应用程序把模块的名字传递到 GetModuleHandle(),以便能取得指向该模块的句柄。如果把 NULL 传递过去作为名字,就会返回进程的基地址。最低的 64 MB 的地址空间是不会使用的,因此一个企图使用 NULL 指针的错误程序会得到一个访问违例的警告。

Win32 API 环境的优先级基于 Windows XP 的调度模型,但并不是所有的优先值都会被选用。Win32 使用了 4 个优先级:

① IDLE_PRIORITY_CLASS(优先级为 4)。

② NORMAL_PRIORITY_CLASS (优先级为 8)。

③ HIGH_PRIORITY_CLASS(优先级为 13)。

④ REALTIME_PRIORITY_CLASS(优先级为 24)。

进程通常属于 NORMAL_PRIORITY_CLASS,除非其父进程是属于 IDLE_PRIORITY_CLASS,或者是调用 CreateProcess 函数时已经指定了其他的优先级。一个进程的优先级可以用 SetPriorityClass()函数来改变,或者由传递给 START 命令的参数改变。例如,命令 START /REALTIME cbserver.exe 可以在 REALTIME_PRIORITY_CLASS 中运行 cbserver 程序。注意,只有拥有*增长调度优先级*特权的用户才能把进程移到 REALTIME_PRIORITY_CLASS 中。默认地,管理员和重要用户拥有这样的权利。

2. 调度规则

当用户运行一个交互式程序时,系统需要为该进程提供特别好的性能。为此,Windows XP 有一套在 NORMAL_PRIORITY_CLASS 中适用于进程的特殊调度规则。Windows XP 区分两类进程:前台进程(即在屏幕上当前正在被选择的)与后台进程(当前没有被选择的)。当一个进程移到了前台进程中,Windows XP 就成倍地增加调度时间片——经常是 3 倍(这种倍数通过系统控制面板的性能选项可以改变)。在分时抢占发生之前,这种增长使得前台进程运行的时间延长 3 倍。

3．线程优先级

线程按其所属类型所确定的最初优先级而开始。线程优先级可以通过 SetThread-Priority()函数改变。该函数带有一个参数，以表示一个优先级与其类型的基本优先级的相互关系：

- THREAD_PRIORITY_LOWEST: base –2。
- THREAD_PRIORITY_BELOW_NORMAL : base –1。
- THREAD_PRIORITY_NORMAL: base +0。
- THREAD_PRIORITY_ABOVE_NORMAL: base +1。
- THREAD_PRIORITY_HIGHEST: base +2。

另外的两个设定也可用于调整优先级。回想一下，22.3.2 节中提到的内核的两个优先级：16～31 是实时级，0～15 是可变优先级。THREAD_PRIORITY_IDLE 设定 16 为实时线程的优先级，而 1 为可变优先线程的优先级。THREAD_PRIORITY_TIME_CRITICAL 设定了 31 为实时线程的优先级，而 15 为可变优先线程的优先级。

正如在 22.3.2 小节中所讨论的一样，内核动态调整一个线程的优先级，这依赖于该线程是 I/O 限制还是 CPU 限制。Win32 API 提供了一种使这种调整失效的方法，就是采用 SetProcessPriorityBoost()和 SetThreadPriorityBoost()函数。

4．线程同步

线程也可在**挂起状态**（suspended state）中加以创建：在其他进程通过调用 Resume-Thread()函数之前，该线程不能执行。而 SuspendThread()函数则相反。这些函数设定一个计数器，如果一个线程被暂停过两次，那么在它可以运行之前必须恢复（resume）两次。为使并行访问能同步共享对象，内核提供了同步对象，如信号量和互斥。

另外，线程同步可以通过 WaitForSingleObject()或 WaitForMultipleObjects()函数来实现。Win32 API 的另一个同步方法是临界区。临界区是一个同步代码区域，同时其中只能有一个线程在执行。线程通过调用 InitializeCriticalSection()函数创建临界区。应用程序在进入临界区之前必须调用 EnterCriticalSection() 函数，并且在退出临界区之时调用 LeaveCriticalSection()函数。这两个例程能确保在多个线程试图并行进入临界区的情况下，在任一时候只允许处理一个线程，而其他线程等候在 EnterCriticalSection()例程。临界区机制比内核同步对象处理起来要快一些，这是因为它直到首次碰到临界区的竞争时才分配内核对象。

5．Fiber

Fiber 是用户模式代码，它根据用户定义的调度算法进行调度。一个进程里面可能拥有多个 Fiber，就像它拥有多个线程一样。线程与 Fiber 之间主要的区别在于线程可以并发执行，但是在同一时间只允许执行一个 Fiber，甚至多处理机的硬件也是如此。这种机制被包含在 Windows XP 里，是为了有助于移植那些旧版本的 UNIX 应用程序，这些程序当时是专为 Fiber 执行程序模型所编写的。

系统通过调用 ConvertThreadFiber()或 CreateFiber()来创建 Fiber。这两个函数的主要区别是 CreateFiber()函数在创建了 Fiber 之后并没有开始执行。如要开始执行的话，应用程序必须调用 SwitchToFiber()函数。应用程序通过调用 DeleteFiber()函数可终止一个 Fiber。

6. 线程池

对于执行少量工作的应用程序和服务，重复创建或删除线程可能代价昂贵。线程池为用户模式程序提供了三种服务：可以提交工作请求的队列（通过 QueueUserWorkItem() API）、可用于为可等待句柄捆绑回调的 API（RegisterWaitForSingleObject()）、为超时捆绑回调的 API（CreateTimerQueue()和 CreateTimerQueueTimer()）。

线程池的目的是提高性能。线程相对比较昂贵，不管有多少线程，一个处理器在某一时刻只能运行一个线程。线程池试图通过延迟工作请求（为多个请求重新使用每个线程）并提供足够线程来有效利用机器的 CPU，以降低实际的线程数量。等待和定时回调 API 通过使用更少线程（而不是为处理每个可等待句柄或超时都使用一个线程），以允许线程池进一步降低进程内的线程数量。

22.7.4 进程间通信

Win32 API 应用程序有多种方式处理进程间的通信。一种方法是通过共享内核对象。另一种方法是通过传递消息，这是一种特别受 Windows GUI 应用程序欢迎的方法。一个线程要向另一个线程或一个窗口发送一条消息，可以通过调用 PostMessage()、PostThreadMessage()、SendMessage()、SendThreadMessage()，或者 SendMessageCallback()来实现。投递（posting）一条消息与发送（sending）一条消息的区别在于：投递例程是异步的，它们会立即返回，且调用线程事实上并不知道什么时候消息被发送成功；发送例程是同步的，在发送和处理完消息之前它们会阻塞调用程序。

另外，在发送一条消息时，线程也可以随着消息发送数据。由于进程拥有各自独立的地址空间，所以数据必须复制。系统通过调用 SendMessage()函数来复制数据，通过调用此函数来发送一条 WM_COPYDATA 类型的信息，并附带一个 COPYDATASTRUCT 数据结构。该数据结构含有要传输数据的长度与地址。消息一旦发送，Windows XP 就把数据复制到一个新的内存区块，并给予接收进程新区块的虚拟地址。

与 16 位的 Windows 环境不同，每个 Win32 API 线程都拥有它自己的输入队列，可以从该队列接收信息。（所有输入都以消息的形式接收。）这种结构比起 16 位的 Windows 的共享输入队列更加可靠，因为有了独立的队列，一个出错应用程序不会阻止其他应用程序的输入。如果一个 Win32 API 的应用程序不能调用 GetMessage()函数来处理位于其输入队列上的事件，那么这个队列将被填满，在 5 s 之后，系统将给该程序标记为"没有响应"。

22.7.5　内存管理

Win32 API 为应用程序使用内存提供了如下几种方法：虚拟内存、内存映射文件、堆以及线程本地存储。

1．虚拟内存

应用程序调用 VirtualAlloc()函数保留或提交虚拟内存，调用 VirtualFree()函数回收或释放内存。这些函数使得应用程序可以指定在内存的什么地方分配虚拟地址。它们能够在页面大小的倍数上进行操作，而且已分配区域的起始地址必须大于 0x10000。参见图 22.14 中所示的函数。

```
//allocate 16 MB at the top of our address space
void *buf = VirtualAlloc(0,0x1000000,MEM_RESERVE|MEM_TOP_DOWN,
                         PAGE_READWRITE);
//commit the upper 8 MB of the allocated space
VirtualAlloc(buf+0x800000,0x800000,MEM_COMMIT,PAGE_READWRITE);
//do something with the memory
//now decommit the memory
VirtualFree(buf+0x800000,0x800000,MEM_DECOMMIT);
//release all of the allocated address space
VirtualFree(buf,0,MEM_RELEASE);
```

图 22.14　分配虚拟内存的代码

进程可以通过调用 VirtualLock()函数把一些已提交的页面锁定在物理内存中。进程可以锁定的页面数量最大可达 30，除非进程首先调用了 SetProcessWorkingSetSize()函数以增加最大的工作集大小。

2．内存映射文件

应用程序使用内存的另一种方法是把一个文件映射到它的地址空间。内存映射对于两个进程共享内存也不失为一种简便的方法：两个进程都把同一文件映射到它们的虚拟内存。内存映射是一个多级过程，参见图 22.15 中的例子。

如果进程想要映射一些地址空间，只是与另一个进程共享某一内存区域，那么就不需要什么文件。进程可以用一个 0xffffffff 的文件句柄和一个特定的大小调用 CreateFileMapping()函数。文件映射对象的结果可以通过以下方式来共享：继承、名字查找和复制。

```
//open the file or create it if it does not exit
HANDLE hfile = CreateFile("somefile",GENERIC_READ|GENERIC_WRITE,
    FILE_SHARE_READ|FILE_SHARE_WRITE,NULL,OPEN_ALWAYS,
    FILE_ATTRIBUTE_NORMAL, NULL);
//create the file mapping 8 MB in size
HANDLE hmap = CreateFileMapping(hfile,PAGE_READWRITE,
    SEC_COMMIT,0,0x800000,"SHM_1");
// Now get a view of the space mapped
void *buf = MapViewOfFile(hmap,FILE_MAP_ALL_ACCESS,0,0,0x800000);
//do something with the mapped file
// Now unmap the file
UnmapViewOfFile(buf);
CloseHandle(hmap);
CloseHandle(hfile);
```

图 22.15　一个文件的内存映射的代码

3．堆

应用程序使用内存的第三种方法是堆。Win32 环境中的堆只是保留地址空间的一个区域。当一个 Win32 进程被初始化时，就新建了一个带有 1 MB 的**默认堆**（default heap）。因为许多 Win32 函数使用默认堆，所以对堆的访问需要同步，以保护堆空间的分配数据结构不会被并发的多线程破坏。

Win32 API 提供了几个堆管理函数，这样进程就可以分配和管理一个私有堆。这些函数是 HeapCreate()、HeapAlloc()、HeapRealloc ()、HeapSize()、HeapFree()和 HeapDestroy()。Win32 API 还提供了 HeapLock() 和 HeapUnlock()函数，这样线程就可以对堆进行互斥访问。与 VirtualLock()函数不一样的是，这些函数只执行同步操作，它们不能把页面锁定到物理内存中。

4．线程本地存储

应用程序使用内存的第四种方法是线程本地存储机制。那些依赖于全局或静态数据的函数在一个多线程环境下通常不能正确地工作。例如，C 运行时间函数 strtok()在分析一个字符串时，使用一个静态变量来跟踪它的当前位置。为使两个并发线程正确执行 strtok()函数，它们需要有各自*当前位置*变量。线程本地存储机制基于每一个线程分配全局存储器。它同时提供了创建线程本地存储的动态与静态的两种方法。其中，动态方法参见图 22.16。

```
//reserve a slot for a variable
DWORD var_index = TlsAlloc();
//set it to the value 10
TlsSetValue(var_index,10);
//get the value back
int var = TlsGetValue(var_index);
//release the index
TlsFree(var_index);
```

图 22.16 动态线程本地存储代码

为使用一个线程本地的静态变量，应用程序应该按如下方式声明变量，以确保每个线程都拥有它自己的私有副本：

_ _declspec(thread) DWORD cur_pos = 0;

22.8 小 结

Microsoft 公司设计的 Windows XP 是一个具有扩展性、可移植性的操作系统，是一个可以利用新技术和硬件优势的操作系统。Windows XP 支持多种操作环境和对称多处理技术，包括 32 位处理器、64 位处理器及 NUMA 计算机。提供基本服务的内核对象的使用，对客户机-服务器计算的支持，使得 Windows XP 可以支持多种广泛的应用环境。例如，Windows XP 可以运行为 MS-DOS、Win16、Windows 95、Windows XP 和 POSIX 编译的程序。它提供了虚拟内存、完整的高速缓存技术以及抢占式调度方法。Windows XP 提供了比以往 Microsoft 操作系统提供的更为健壮的安全模式，并包含了国际化的功能。Windows XP 运行在多种类型的计算机上，因此用户可以选择和更新硬件来匹配他们的预算及性能需求，而不需要改变他们运行的应用程序。

习 题

22.1 在 Windows XP 中，在什么环境下使用延迟过程调用工具？

22.2 句柄是什么？进程如何获取句柄？

22.3 试描述虚拟内存管理器的管理方法。如何提高虚拟内存管理器的性能？

22.4 试描述一个 Windows XP 所提供的不可访问页设施的有用的应用。

22.5 IA64 处理器包含可用来处理 64 位地址空间的寄存器，但 Windows XP 将用户程序的地址空间限制为 8 TB，这相当于 43 位地址空间。为什么要这样做？

22.6 试介绍三种本地过程调用中所采用数据通信技术。什么样的设置最有利于应用不同消息传递技术?

22.7　在 Windows XP 中，用什么来管理缓存？如何管理？

22.8　Win16 执行体环境的目的是什么？在此环境中程序执行有何限制？在 Win16 环境中不同的应用程序的执行有何保护措施？在 Win16 环境执行的应用和 32 位应用之间有何保护措施？

22.9　试介绍 Windows XP 提供的两个用户模式的进程，使它们成为其他操作系统开发的运行程序。

22.10　NTFS 目录结构与 UNIX 操作系统的目录结构有何不同？

22.11　进程是什么？在 Windows XP 中是如何管理它的？

22.12　Windows XP 提供的 fiber 抽象是什么？它与线程抽象有何不同？

文 献 注 记

Solomon 和 Russinovich[2000]概述了 Windows XP 的有关内容，并对系统内部以及系统组件的技术细节进行了较详细地描述。Tate[2000]是一本很不错的关于 Windows XP 使用的参考手册。The Microsoft Windows XP Server Resource Kit（Microsoft[2000 b]）是关于 Windows XP 使用和部署的六卷本帮助手册。The Microsoft Developer Network Library（Microsoft [2000a]）每个季度都会出版，它为 Windows XP 以及其他 Microsoft 产品提供了丰富的信息资源。

Iseminger[2000]为 Windows XP 活动目录提供了一份不错的参考。Richter[1997]详细讨论了如何利用 Win32 API 进行程序设计的问题。Silberschatz 等[2001]中有关于 B+树的一个不错的讨论。

第 23 章 有影响的操作系统

现在读者已经了解了操作系统的最基本概念（如 CPU 调度、内存管理、进程等），那么就可以分析这些概念是如何应用到几个较老但却非常有影响的操作系统上了。像 XDS-940 或者 THE 这样的系统是独一无二的系统，其他的诸如 OS/360 等也都是被广泛应用的。介绍的顺序突出了系统的相似点和不同点，并不是严格按照年代或重要性的顺序排列。认真学习过操作系统的学生都应该熟悉这些系统。

当描述早期的一些系统时，本书列出了一些参考文献以供进一步阅读。无论是技术内容还是其风格，这些系统的设计者所写的论文都非常重要。

23.1 早 期 系 统

早期的计算机外形巨大，从控制台运行。程序员同时也是计算机系统的操作员，编写程序之后，直接从操作员的控制台对该程序进行操作。首先，把程序以人工方式从前端面板操作开关（一次一个指令），或从纸带，或从穿孔卡片装入内存。然后，按下适当的按键，设定开始地址并开始执行该程序。当程序运行时，程序员或者操作员通过控制台的显示灯来监控程序的执行。如果发现错误，程序员可以暂停该程序，检查存储器和寄存器的内容，并直接从控制台调试该程序。结果被打印输出在纸带上，或在卡上打孔，以便于以后打印。

23.1.1 专用计算机系统

随着时间的推移，人们开发了一些额外的软件和硬件。读卡机、行式打印机、磁带变得很普遍。汇编程序、装入程序和连接程序的成功设计大大减轻了程序设计的负担。由于通用函数库的创建，可以把通用函数复制到一个新的程序，而不用重新再写一遍，提供了软件的可重用性。

执行输入输出的程序相当重要。每个新的 I/O 设备都有自己的特性，因此需要仔细地进行程序设计。一种叫做设备驱动程序的特殊子程序就是为每个 I/O 设备编写的。设备驱动程序知道如何使用一个具体设备的缓冲区、标记、寄存器、控制位和状态位。每种类型的设备都有自己的驱动程序。一个简单的任务，例如从纸带读出器读取字符，就会涉及特定设备的一系列复杂操作。程序员不必每次都写一些必要代码，而可以直接从库中读取驱动程序。

后来，出现了 FORTRAN、COBOL 和其他语言的编译器，编译器使编程变得更加容易，但是计算机的操作却变得更复杂了。例如，为了执行一个 FORTRAN 语言程序，程序员首先需要把 FORTRAN 编译器装到计算机上。编译器通常保留在磁带上，因此必须把专门的磁带装到一个磁带驱动器上。程序通过读卡机读出，并写到另一个磁带上。FORTRAN 编译器生成汇编语言输出，它需要进行汇编编译。这个过程需要汇编程序装入其他的磁带，还需要连接汇编程序的输出以支持库程序。最后，二进制对象格式的程序就可以执行了。和以前一样，可以把它装入到内存并从控制台对其进行调试。

运行一个作业包含相当长的**启动时间**（set-up time）。每个作业由许多独立的步骤组成：

① 装入 FORTRAN 编译程序带。
② 运行编译程序。
③ 卸载编译程序带。
④ 装入汇编程序带。
⑤ 运行汇编程序。
⑥ 卸载汇编程序带。
⑦ 装入目标程序。
⑧ 运行目标程序。

如果在任何一步发生错误，程序员或操作员都不得不重新开始启动。每个作业步骤都可能包括装入和卸载磁带、纸带和穿孔卡片。

作业的启动时间确实是个问题。当装入磁带时，或者程序员在操作控制台时，CPU 处于空闲状态。应该记住的是，在早期，计算机很少并且很昂贵。一台计算机要花费数百万美元，而且还不包括运作费用，诸如电源、冷却、程序员等。这样，计算机时间就变得非常宝贵，机主希望尽可能多地使用计算机。他们需要从其投资中得到尽可能高的**利用率**。

23.1.2 共享计算机系统

从两个方面提供解决方案。首先，雇用一个专业的计算机操作员，这样程序员就不再操作机器。当一个作业完成时，操作员就开始下一个。因为操作员比程序员更具有装带的经验，从而减少了安装时间。程序员提供所有需要的卡或带，以及如何运行该项作业的一个简短描述。当然，操作员不能在控制台对一个不正确的程序进行调试，因为操作员不懂程序。因此，万一程序出错，就会输出存储器和寄存器数据，程序员不得不进行调试。输出存储器和寄存器数据后，可以让操作员立即继续进行下一个作业，把更棘手的调试问题留给程序员。

其次，有相似要求的作业可以捆绑在一起，作为一个批处理在计算机上运行，以减少安装时间。例如，假设操作员分别收到一个 FORTRAN 作业、一个 COBOL 作业和另外一个 FORTRAN 作业。如果以那样的顺序运行，那么她将不得不先安装 FORTRAN（如装入编译程序带等），然后安装 COBOL，再安装 FORTRAN。但是， 如果把两个 FORTRAN 作业当做一个批处理来运行，那么她只需要安装一次 FORTRAN，节省了操作时间。

但是还存在问题。例如，当一个作业结束时，操作员必须发布通知说该作业已停止（通过观察控制台），确定*为什么*停止（是正常终止还是非正常终止），（需要时）清理存储器和寄存器，为下一个作业装入合适的设备，并重启计算机。在作业转换过程中，CPU 是闲置的。

为克服时间闲置的问题，人们开发了**自动作业定序方法**（automatic job sequencing）。利用这个技术，创建了第一个基本操作系统。一个被称为**常驻监督程序**的小程序被创建用来在作业之间的自动传递控制（见图 23.1）。常驻监督程序总是在存储器里（或者说是*常驻*）。

图 23.1　常驻监督程序的内存布局

计算机一打开，常驻监督程序就被激活了，并把控制传递给程序。当程序终止时，就把控制返回给常驻监督程序，然后它又继续用于下一个程序。这样，常驻监督程序就可以在程序之间和作业之间自动排序。

但是常驻监督程序又是如何知道该执行哪个程序呢？以前，操作员手头都会有一份简单说明书，说明什么样的程序将在什么样的数据上运行。**控制卡片**的引入使得可以直接向监督程序提供这些信息。这个思路很简单：除了一个作业的程序或数据之外，程序员还添加了控制卡片，控制卡片包含了指示程序运行的对常驻监督程序的指令。例如，如果一个正常的用户程序需要运行下面三个程序中的一个：FORTRAN 编译程序（FTN）、汇编程序（ASM）和用户程序（RUN）。对每个程序可以使用一个不同的控制卡片：

- $FTN：执行 FORTRAN 编译程序。
- $ASM：执行汇编程序。
- $RUN：执行用户程序。

以上的卡片将会告诉常驻监督程序运行哪一个程序。

可以使用另外的两个控制卡片来界定每个作业的界限:

- $JOB:作业的第一张卡片。
- $END:作业的最后一张卡片。

这两张卡片对程序员分配机器资源很有帮助。参数可用于定义作业名、账号管理等。其他类型的控制卡片可以定义为其他的功能,如请求操作员装载或卸载带等。

控制卡片有一个问题,就是如何区分数据卡片和程序卡片。通常的方法是通过卡片上的某一个特殊字符或格式来标识它们。很多系统都在第一栏利用美元符号($)来标识一类控制卡片,其他的使用不同的代码。IBM 的作业控制语言(JCL)在前面两列使用斜杠标志(//)。图 23.2 中的例子显示了一个简单的批处理系统卡片组构造。

常驻监督程序有这样几个明确的部分:

- 控制卡片解释程序:负责在执行时读出和执行卡片上的指令。
- 装入程序:由控制卡片解释程序激活,不断地把系统程序和应用程序装入内存。
- 设备驱动程序:它既可以被控制卡片解释程序调用,也可以被装入程序调用,以使系统的 I/O 设备执行 I/O 操作。系统程序和应用程序经常与相同的设备驱动程序连接,这样保证了操作的连贯性,同时节省内存空间和程序设计的时间。

这些批处理系统的用处非常大。常驻监督程序提供了如控制卡片展示那样的自动作业排序方法。当一个控制卡片显示要运行某一程序时,监督程序就把程序装入到内存并传递控制权给它。当程序运行结束时,它就把控制权传回监督程序,这样监督程序就可以读取下一个控制卡片,并装入适当的程序,以此类推。在所有的控制卡片为任务得到解释之前,这样的循环会不断重复。然后,监督程序就自动继续下一个作业。

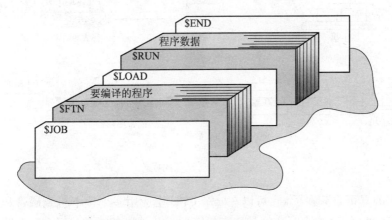

图 23.2　一个简单批处理系统的卡片板

转换到自动作业排序的批处理系统可以提高性能。这个问题非常简单,即人与计算机比较起来，人要慢得多。因此，通过操作系统软件来替代人工操作十分必要。自动作业排序法消除了人工的安装时间和作业排序。

正如前面所指出的一样，即使使用了这样的安排，CPU 还是经常闲置。问题在于机械 I/O 设备的速度本来就比电子设备慢。即使是一个较慢的 CPU 也可以运行在毫秒级的范围内，每秒执行成千上万条指令。另一方面，一个快速读卡器每分钟可以读取 1 200 张卡，即每秒钟读取 20 张卡。这样，CPU 及其 I/O 设备之间在速度上的差别将会是三个以上的数量级或更多。当然，随着时间的推移，技术的进步导致了更加快速的 I/O 设备的出现。不幸的是，CPU 的速度增长得很快，问题非但没有得到解决，反而是恶化了。

23.1.3 I/O 叠加

一个通用的方法是把速度比较慢的读卡机（输入设备）和行式打印机（输出设备）用磁带设备替换掉。20 世纪 50 年代晚期和 60 年代早期，大多数的计算机系统都是批处理系统，它们从读卡机中读取并写到行式打印机或卡片穿孔机中。并不是让 CPU 直接从卡片中读取，而是首先需要通过一个单独的设备把卡片复制到一条磁带上。当磁带足够满时，就把它卸下并转载到计算机上。当需要一个卡片作为某一程序的输入时，就要从磁带上读取相应的记录。类似地，把输出结果写到磁带，可以以后再打印磁带内容。读卡机和行式打印机都是*脱机*（off-line）操作，而不用通过主机，如图 23.3 所示。

脱机操作的主要优点是主机不再受读卡机和行式打印机速度的制约，而是受限于快得多的磁带设备的速度。对所有 I/O 使用磁带的这种技术可以应用在任何类似的设备上（如读卡机、卡片穿孔机、绘图仪、纸带和打印机）。

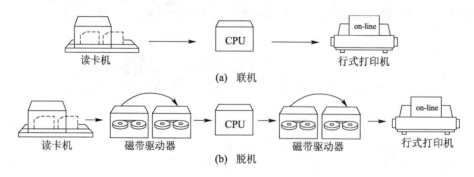

图 23.3 I/O 设备的操作

脱机操作的真正收获在于，它可以在一个 CPU 上应用多个读卡机到磁带和磁带到打印机系统。如果 CPU 处理的输入速度是读卡机读取卡片速度的两倍，那么两个读卡机同时工作可以产生足够的磁带使 CPU 保持忙碌状态。但这也有一个缺陷——要运行一个特殊作业时就出现一个较长的延迟。必须首先读到磁带，然后，必须等到有足够的其他作业被读到磁带上来"填满"它。磁带必须重绕、卸载、手工装载到 CPU，并把它安装到一个空带驱动器上。当然，对于批处理系统来说是很合理的。许多相似的作业在导入计算机之前可以被成批地放到磁带上。

虽然作业的脱机准备会持续一些时间，但是在大多数系统中它很快地被替代。磁盘系统变得随处可见，并大大改进了脱机操作。磁带系统的问题在于，当 CPU 对磁带的一端进行读操作时，读卡器就不能在磁带的另一端写。因为磁带从本质上讲是一种**顺序存取设备**，所以在倒带和读整个磁带之前必须先写。磁盘系统消除了这个问题，它属于一种**随机存取设备**。因为磁头可以从磁盘的一个区域滑动到另一个区域，磁盘可以快速地从磁盘上正在被读卡机使用的用于存储新卡片的区域，转移到 CPU 读取下一张卡片所需要的位置上。

磁盘系统中，卡片直接从读卡机读到磁盘上。卡片映像的位置被记录到由操作系统保管的表格中。当执行某一作业时，操作系统就可以通过从磁盘读取来满足该作业的读卡机输入请求。同样地，当作业要求打印机输出一行时，该行就被复制到一个系统缓冲区中并被写到磁盘上。当完成作业时，实际上已经打印出了输出结果。这种处理形式被称为**假脱机**（spooling）（见图 23.4）。spooling 是 simultaneous peripheral operation on line 的缩写。从本质上讲，假脱机利用磁盘作为一个巨大的缓冲区，以便于在输入设备上尽可能地提前读取，也便于存储输出文件，直到输出设备能够接收它们。

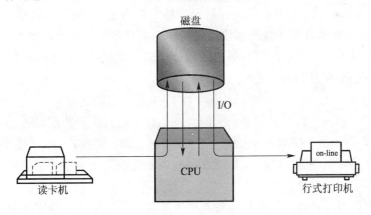

图 23.4 假脱机

假脱机技术也用于在远程站点中处理数据。CPU 通过通信路径把数据传送到某一远程打印机（或者是从远程读卡机接收一项完整的输入作业）。远程处理以它自己的速度完成，不需要 CPU 的干涉。当处理过程结束时需要通知 CPU，这样才可以对下一批数据进行假脱机操作。

假脱机技术可以把一项作业的 I/O 与其他多项作业的计算重叠起来进行。即使是一个简单的系统，在打印不同作业的输出结果时，spooler 可能在读取另一项作业的输入。在此期间，还执行其他某项作业（或者是多项作业），从磁盘读取它们的"卡片"，并把它们的输出行"打印"到磁盘。

假脱机技术在系统性能方面具有一个明显的优点。用一些磁盘空间和表，一项作业的计算就可以与其他多项作业的输入输出交叠进行。这样，假脱机技术就可以保持 CPU 和 I/O 设备以更高的速率运行。假脱机技术很自然地导致了多道程序设计技术，它是所有现代操作系统的基础。

23.2 Atlas

Atlas 操作系统（Kilburn 等[1961]、Howarth 等[1961]）诞生于 20 世纪 50 年代末和 60 年代早期英国英格兰的曼彻斯特大学。它的很多在当时是很新奇的基本功能现已成为现代操作系统的标准部分。设备驱动程序是该系统的主要部分。另外，通过一组被称为*额外代码（extra codes）*的特殊指令增加了系统调用。

Atlas 是具有假脱机技术的批处理操作系统。假脱机技术使得系统根据外部设备的有效性来调度作业，外部设备包括磁带机、纸带读卡机、纸带穿孔机、行式打印机、卡片阅读机、卡片穿孔机。

然而 Atlas 最显著的功能是它的内存管理。**核心存储器**（core memory）在当时很新，也很贵。像 IBM 650 的许多计算机都使用磁鼓作为最基本的存储器。虽然 Atlas 系统把磁鼓作为它的主存储器，但是它拥有少量的核心存储器用做磁鼓的一个高速缓存器。按需调页技术用于在核心存储器和磁鼓之间自动转换信息。

Atlas 系统使用一台 48 位字的由英国生产的计算机。它的地址是 24 位的，但以十进制方式编码，这样只允许一百万字的寻址空间。在当时这已算是一个超级大的地址空间了。Atlas 的物理内存是一个 98 KB 字的磁鼓以及一个 16 KB 字的内核。内存被分割成多个 512 字的页面，因此物理内存有 32 帧。由 32 个寄存器组成的关联内存实现了从一个虚拟地址到一个物理地址之间的映射。

如果某一页面发生故障，就调用一种页面置换算法。存储器帧通常是空的，所以磁鼓转换器可以马上启动。页面置换算法试图在过去行为的基础上预测未来的内存访问行为。当一个帧被访问的时候，该帧的引用位被置位。每隔 1 024 条指令就把引用位读入内存，并且将保留这些位的最后 32 个值。这种做法用来定义时间，把最近的参考时间点定义为 t_1，把最后的两个参考时间之间的间隔定义为 t_2。选择用于替换的页面遵循如下的规则：

- 任意页面如果有 $t_1 > t_2 + 1$，则认定不再使用该页面。
- 如果所有的页面都有 $t_1 \leqslant t_2$，那么把该页面用 $t_2 - t_1$ 的值最大的那个页面替换。

页面置换算法假定程序能够循环访问内存。如果最后两次引用的时间间隔为 t_2，那么另外一次引用应该在 t_2 时间单元后。如果引用没有出现（$t_1 > t_2$），由此可以假定该页面不再被使用，并替换该页面。如果所有的页面都在使用，那么在最长时间里不需要使用的页面就被替换掉，而下一个引用时间就应是 t_2-t_1。

23.3 XDS-940

XDS-940 操作系统（Lichtenberger 和 Pirtle [1965]）由美国加利福尼亚大学伯克利分校设计。和 Atlas 操作系统一样，它在内存管理中使用了分页技术，不同的是， XDS-940 是一个分时操作系统。

分页技术只用于重定位，在按需调页中并没有用到。任何用户进程的虚拟内存都只有 16 KB 字，而物理内存则有 64 KB 字。每个页面是 2 KB 字。页表存放在寄存器中。因为物理内存比虚拟内存大，所以同时可容纳多个用户进程。当页面包含了只读的可重入代码后，通过共享页面可以增加用户数量。进程存放在磁鼓里，根据需要从内存中调进和调出。

XDS-940 系统是从改进过的 XDS-930 系统中构建起来的。它对基本计算机做了一些典型的改变，使得操作系统可以编写得更加合适。它增加了用户监督模式。某些指令，如 I/O 和 Halt，定义为特权指令。操作系统限制在用户模式执行特权指令。

在用户模式指令集中加入了一条系统调用指令。这条指令用于创建新资源（如文件），以便操作系统可以管理物理资源。例如，文件被分配到磁鼓的 256 字的物理块中。位图（bit map）用于管理空闲的磁鼓区块。每个文件都有一个索引块，它指向实际的数据块。索引块是链接在一起的。

XDS-940 同时也规定了允许进程创建、启动、暂停以及删除子进程的系统调用。任何一个程序员都可以构建一个系统进程。分离的进程可以共享内存以实现通信和同步。进程的创建过程定义了一个树状结构，进程是树的根节点，而它的子进程则是树下面的枝节。每个子进程可以依次创建更多的子进程。

23.4 THE

THE 操作系统（Dijkstra[1968]、McKeag 和 Wilson[1976]）由荷兰 Eindhoven 的 Technische Hogeschool 设计。它是一个批处理系统，运行在一台荷兰产的计算机 EL X8 上，带有 27 位字的 32KB。此系统因它清晰的设计而著名，特别是它的层结构，并使用了一组引入信号量以用于同步的并发进程。

但是，与 XDS-940 不一样的是，THE 系统中的进程集合是静态的。操作系统本身被设计为一组协同进程。另外，创建了 5 个用户进程担任活动代理，用于编译、执行以及打印用户程序。当完成一项作业时，该进程将返回到输入队列中去选择另一个作业。

系统使用基于优先权的 CPU 调度算法。优先权在每隔两秒钟就要重新计算一次，并且与最近所使用的 CPU 时间成反比（在最后的 8～10 s）。此方案给了 I/O 约束的进程和新进程以更高的优先级。

内存管理会因为缺少硬件支持而受到限制。然而，由于系统受到限制，并且只能用 Algol 编写用户程序，因此使用了一种软件页面调度方法。Algol 编译程序自动生成对系统程序的调用，这些调用保证了所请求的信息都在内存中，如有必要可进行交换。备份存储器是一个 512 KB 字的磁鼓。使用了一个 512 字的页面，带 LRU 页面置换策略。

另外，THE 系统的主要关注点是死锁控制。银行家算法提供了避免死锁的方法。

与 THE 系统紧密关联的是 Venus 系统（Liskov[1972]）。Venus 系统也采用一种分层结构的设计，使用信号量机制来同步进程。该设计中的低层部分是用微码来实现的，但却提供了一个更快速的系统。内存管理被改成使用段页式存储器。系统同时也是作为一个分时系统来设计的，而不仅仅是一个批处理系统。

23.5 RC4000

与 THE 系统一样，RC4000 系统基本上是以它的设计概念而出名的。它是由 Regnecentralen，特别是 Brinch-Hansen（Brinch-Hansen[1970]、Brinch-Hansen[1973]）为丹麦产的 RC4000 计算机而设计的。其目标并不是设计一个批处理系统或一个分时系统，也不是其他特殊的系统。它的真正的目的是想建立一个操作系统的核心程序或内核，在此基础上可以构建一个完整的操作系统。这样，系统结构就被分层了，并且只提供了较低的层——内核。

内核支持多个并发进程的集合。采用了轮转法的 CPU 调度器来支持进程。虽然进程可以共享内存，但是主要的通信和同步机制还是采用由内核提供的**消息系统**。进程间的通信是通过交换长度固定为 8 字的消息。所有的消息保存在一个公共的缓冲池的各个缓冲区中。当不再需要使用某个消息缓冲区时，将把它返回到公共缓冲池中。

消息队列与每个进程都相关联。它包含了所有已发往进程但进程还未接收到的消息。消息以 FIFO 的方式从队列中移出。系统支持 4 个原语操作，这些操作是自动执行的：

- **send-message** (in *receiver*, in *message, out buffer*)。
- **wait-message** (out *sender*, out *message*, out *buffer*)。
- **send-answer** (out *result* , in *message*, in *buffer*)。
- **wait-answer** (out *result, out message*, in *buffer*)。

最后的两步操作允许进程一次交换多条消息。

这些原语要求进程以 FIFO 的方式处理消息队列，同时，当有其他进程在处理它们的消息时进程会自动阻塞起来。为消除这些限制，开发者提供了两条额外的通信原语，这样进程就可以以任意方式来等待下一个报文的到来或者是回应、服务报文队列。

- **wait-event** (**in** *previous-buffer*, **out** *next-buffer* , **out** *result*)。
- **get-event** (**out** *buffer*)。

I/O 设备也是作为进程来处理的。设备驱动程序是一些代码，这些代码可以把设备中断和寄存器转换到消息中。这样，通过向终端发送消息的方式，进程就可以写某一终端。设备驱动程序将会接收到消息。并把字符输出到终端。一个输入字符会导致系统中断，并会传输到设备驱动程序上。设备驱动程序将从输入的字符中创建一个消息并把它发送到一个等待的进程中。

23.6 CTSS

CTSS（Compatible Time-Sharing System）系统（Corbato 等[1962]）由美国麻省理工学院设计，当时作为一个实验性质的分时系统。它在一台 IBM 7090 计算机上实现，最终可以同时支持多达 32 个交互式用户。系统向用户提供一组交互式的命令，这样他们就能通过终端处理文件、编译和运行程序。

这台 IBM 7090 计算机有一个 32 KB 的内存，由 36 位字组成。监督程序用去了 5 KB 字，留下 27 KB 给用户。用户的内存映像在内存与一个快速磁鼓之间进行交换。CPU 调度使用多级反馈队列算法。第 i 级的时间总额为 $2 \times i$ 个时间单位。如果程序在一个时间片里没有完成它的 CPU 计算，它将被转移到队列的下一层，并得到两倍的时间。位于最高级的（拥有最短的时间片）程序会先执行。一个程序的最初级别是由它的大小决定的，时间片至少应该和交换时间等长。

CTSS 取得了极大的成功，到 1972 年时已被广泛应用。虽然它也有局限性，但是，它成功地展示了分时是一种简便而实用的计算模式。CTSS 带来的一种结果是分时系统的快速发展，另一个结果是 MULTICS 的发展。

23.7 MULTICS

MULTICS 操作系统（Corbato 和 Vyssotsky[1965]、Organick[1972]）由美国麻省理工学院设计，它是 CTSS 的一个延伸产品。CTSS 和其他早期分时系统的成功，使人们产生了继续快速开发一个更大和更好系统的强烈需求。当出现了大型计算机后，CTSS 的设计者们就开始创建一个分时的公用程序，可以像电力一样提供计算服务。大型的计算机系统通过电话线连接到整个城市的家庭和办公室的终端上。操作系统将是一个连续运行的分时系统，有一个可以共享程序和数据的、巨大的文件系统。

MULTICS 是由一个来自 MIT 的团队、GE（后来它把计算机部门卖给了 Honeywell）和贝尔实验室（1969 年退出该项目组）共同设计的。基本的 GE 635 计算机主要通过额外的段页式存储硬件被改进为一个新的计算机系统——GE 645。

虚拟地址由一个 18 位的段号和一个 16 位字的偏移量组成。段被分成大小为 1 KB 字的多个页面。其中采用了二次机会页面置换算法。

分段式虚拟地址空间被合并到了文件系统中，每段就是一个文件。段是根据文件名来寻址的。文件系统本身就是一个多级的树状结构，允许用户建立自己的子目录结构。

和 CTSS 一样，MULTICS 运用了多级反馈队列进行 CPU 调度。通过与每个文件相关联的访问列表以及对执行进程的保护组环来实现保护。该系统几乎全部是用 PL/1 语言编写的，有 300 000 行代码。它被扩展到一个多处理机系统后，可以在系统继续运行的情况下从服务中抽出一个 CPU 用于维护。

23.8　IBM OS/360

操作系统发展过程中战线最长的无疑是 IBM 计算机上的操作系统。早期的 IBM 计算机，如 IBM 7090 和 7094，是普通 I/O 子程序发展的主要代表。接下来是常驻监督程序、优先级指令、内存保护以及简单的批处理。这些系统是在不同的场合中单独开发出来的。结果，IBM 要面临许许多多不同的计算机、不同的语言以及不同的系统软件。

IBM/360 就是为了改变这种状况而设计的。IBM/360 当初的设计目标是一系列的计算机，包含从小型商务计算机到超大型科研用计算机的整个领域。这些系统只需要一组软件，都使用同样的操作系统——OS/360（Mealy 等[1966]）。这个举措是想减少 IBM 的维护问题，并使得用户可以把程序和应用程序从一个 IBM 系统向另一个 IBM 系统自由移动。

不幸的是，OS/360 试图为人们做任何事，但结果所做的任务没有一项是特别好的。文件系统包含了定义每个文件类型的类型域，为固定长度和非固定长度的记录文件、分块和不分块的文件定义了不同的文件类型。在该系统中使用了连续分配的方法，这样用户不得不去猜每个输出文件的大小。作业控制语言（JCL）给每个可能的选项都加上了参数，使得普通用户不能理解。

存储器管理程序受到了体系结构的牵制。虽然用上了基地址寄存器寻址方式，但是程序还是可以访问和修改基地址寄存器，因此 CPU 就生成了绝对地址。这种安排禁止了动态的重定位，在加载时候绑定程序的物理地址。这样产生了两个独立版本的操作系统：OS/MFT 运用了固定区域，OS/MVT 运用了变化区域。

该系统是由成千上万的程序员用汇编语言写成的，结果有数百万行的代码。操作系统本身的代码和表格就需要大量内存。操作系统本身的开销常常耗费了一半的 CPU 时钟周期。随后的几年里又开发了新的版本，旨在增加新的功能和纠错。然而，纠正了一个错误经常导致系统中某些远程部分出现另一个错误。因此系统中经常会有一定数量的已知错误。

OS/360 在 IBM 370 体系结构中增加了虚拟内存。底层的硬件提供了一个段页式的虚拟内存。OS 的新版本对这个硬件有多种不同的用法。OS/VS1 建立了一个很大的虚拟地址空间，并在虚拟内存中运行 OS/MFT。这样，操作系统本身也就被分页了，用户程序也是如此。OS/VS2 的第一个版本在虚拟内存中运行 OS/MVT。最后，OS/VS2 的第二个版本（现称为 MVS）为每个用户提供它自己的虚拟内存。

MVS 基本上还是一个批处理操作系统。CTSS 系统是在 IBM 7094 上运行的，但是 MIT 认为 IBM 7094 的后续产品 360 的地址空间对 MULTICS 系统来说实在太小了，因此他们改变了供应商。然后，IBM 决定创建自己的分时系统，即 TSS/360 (Lett 和 Konigsford[1968])。和 MULTICS 系统一样，TSS/360 应该是一个巨大的分时公用系统。但是基本的 360 体系结构被修改成 67 模型以提供虚拟内存。有几个站点在 TSS/360 之前购买了 360/67。

然而 TSS/360 被延误了，在 TSS/360 出来之前，就有其他分时系统被开发出来以作为临时系统。OS/360 中加入了一个分时选项（TOS），IBM 的剑桥科学中心开发了 CMS 系统作为一个单用户系统，CP/67 提供了在其上运行的虚拟机（Meyer 和 Seawright[1970]、Parmelee 等[1972]）。

当 TSS/360 最终面世时，它却失败了。它太庞大而且太慢。结果，没有一个站点从临时系统转向 TSS/360 系统。现在，IBM 系统上的分时大部分或者由 MVS 下的 TSO 提供，或者由 CP/67（又称为 VM）下的 CMS 提供。

TSS/360 和 MULTICS 系统到底出了什么问题？问题的一部分在于这些高级系统太大、太复杂且不容易理解。另外一个问题是，可以从一个大型的远程计算机上获得计算能力的假设。现在看来，大多数的计算只需要由小型的单机（即个人计算机）来完成，而不是由试图要为用户做任何事情的超大型的、远程分时系统来完成。

23.9 Mach

Mach 操作系统的祖先是 Accent 操作系统，该操作系统是由 Carnegie Mellon 大学研制成功的（Rashid 和 Robertson[1981]）。Mach 的通信系统和哲学理念是从 Accent 中衍生出来的，但是系统的许多其他的重要部分（如虚拟内存系统、任务和线程管理）是从 SCRATCH（Rashid[1986]、Tevanian 等[1989]和 Accetta[1986]）中发展而来的。Tevanian 等[1987a]和 Black[1990]详细描述了 Mach 的调度程序。Mach 早期的版本中存在的共享内存和内存分页技术是 Tevanian 等[1987b]提出的。

Mach 操作系统是根据下面三个重要的目标来设计的：

- 模仿了 4.3BSD UNIX 系统，因此 UNIX 系统中的可执行文件可以在 Mach 系统中正确地运行。
- 是一个现代的操作系统，可以支持多种内存模型、并行和分布式计算。
- 有一个比 4.3BSD 更简单、更容易修改的内核。

从 BSD UNIX 系统开始,Mach 的发展走过了一条不断创新的路程。Mach 代码起初是在 4.2BSD 内核中发展起来的,当完成 Mach 组件时,BSD 的内核组件就逐渐被 Mach 组件代替。当 BSD 组件更新至 4.3BSD 时就得到了 Mach 的组件。到了 1986 年,虚拟内存和通信子系统已运行在 DEC VAX 系列计算机上了,包括 VAX 的多处理机版本。紧接着,就出现了 IBM RT/PC 的版本和 SUN 3 工作站的版本。1987 年,Encore Multimax and Sequent Balance 多处理机的版本也完成了,包括任务和线程支持,以及第一个官方的系统版本,分别为版本 0 和版本 1。

有了版本 2 之后,通过在内核里包含多数的 BSD 代码,Mach 实现了与相关 BSD 系统的兼容。Mach 的一些新特性和新功能使得它的内核要比相应的 BSD 内核大。Mach 3 把 BSD 代码移到了内核之外,剩下了一个小得多的微内核。系统只执行内核中基本的 Mach 功能。所有 UNIX 相关的代码都放到用户模式的服务程序中执行。将 UNIX 相关的代码排除在内核之外,这样就可以用其他的操作系统来替代 BSD,或者是在微内核的顶部同时执行多个操作系统的接口。除了 BSD 系统之外,用户模式的执行也朝着 DOS 系统、Macintosh 操作系统和 OSF/1 系统的方向发展。此方法与虚拟机的概念相似,但是,虚拟机是由软件来定义的(Mach 内核接口),而不是硬件。从第 3 版开始,Mach 在许多种类的系统中都可以用,包括单处理机 Sun、Intel、IBM、DEC 机器和多处理机 DEC、Sequent 和 Encore 系统。

当开放软件基金会(OSF)在 1989 年宣布将使用 Mach 2.5 作为它新的基本操作系统(OSF/1)时,Mach 引起了前沿产业的注意。最初的 OSF/1 版本出现在一年之后,现在已完善为 UNIX System V,第 4 版,即在 UNIX 国际会员中入选的操作系统。OSF 会员包括许多重要的技术公司,如 IBM、DEC 和 HP。OSF 后来改变了方向,只有 DEC UNIX 还是基于 Mach 内核的。

Mach 2.5 也是 NeXT 工作站的操作系统的基础。它是苹果计算机公司有名的 Steve Job 的智慧的结晶。

UNIX 在发展过程中并不关注多处理技术,与之相反,Mach 加入了多处理技术以支持整个系统。从共享内存系统到进程间无内存可共享的系统,它的多处理技术支持都是非常灵活的。Mach 使用轻量级进程,在一个任务(或地址空间)中以多线程方式执行,从而支持多处理技术和并行计算技术。作为唯一通信方式的消息的广泛应用保证了保护机制的彻底性和有效性。通过集成消息到虚拟内存,Mach 也能保证消息可以被有效地处理。最后,通过让虚拟内存使用消息与管理后备存储的后台程序进行通信,Mach 在设计和实现这些内存目标管理的任务上提供了很大的灵活性。通过提供低级的,或者说是原始的系统调用,Mach 缩小了内核的大小同时允许了用户级的操作系统仿真,很像 IBM 的虚拟机系统。

本书的以前版本中专门设有 Mach 系统的章节。这一章(出现在第 4 版)在网上也可浏览到（http://www.os-book.com）。

23.10　其他系统

当然，除了以上介绍过的几种操作系统外，还有另外的操作系统，而且它们中的大多数具有一些有趣的特性。Burroughs 计算机家族的 MCP 操作系统（McKeag 和 Wilson[1976]）是第一个用系统程序设计语言编写的系统。它支持分段和多个 CPU。用于 CDC 6000（McKeag 和 Wilson[1976]）的 SCOPE 操作系统也是一个多 CPU 的系统。它的多进程的协同和同步设计得非常好。Tenex（Bobrow 等[1972]）是早期用于 PDP-10 上的一个按需调页系统，PDP-10 对后来的分时系统有巨大影响，如 DEC-20 的 TOPS-20。适用于 VAX 的 VMS 操作系统是基于 RSX 操作系统的，因为 PDP-11CP/M 是适用于 8 位微型计算机的最普遍的操作系统，今天这个系统已很少存在了。MS-DOS 是在 16 位微型计算机上应用最普遍的操作系统。图形用户接口（GUI）使得计算机用起来更加方便，也越来越受到欢迎。Macintosh 操作系统和 Microsoft Windows 是这个领域的两大权威。

习　题

　　23.1　讨论一下在早期由人工操作的计算机系统上运行程序，计算机操作员在决定程序顺序时应考虑什么。

　　23.2　在早期的计算机中应采用什么优化措施来最小化 CPU 与 I/O 之间的速度差？

　　23.3　考虑一下在 Atlas 中使用的页置换算法。它与 9.4.5.2 小节所述的时钟算法有何不同？

　　23.4　考虑一下 CTSS 和 MULTICS 所采用的多级反馈队列。假设一个程序在完成一个 I/O 操作和块之前，在每次被调度时都使用 7 个时间单元。当该程序在不同的时间被调度执行时，应该分配给它多少个时间单元？

　　23.5　在支持用户模式服务器的 Mach 操作系统中有哪些影响 BSD 的功能？

参 考 文 献

[Abbot 1984] C. Abbot, "Intervention Schedules for Real-Time Programming", *IEEE Transactions on Software Engineering*, Volume SE-10, Number 3 (1984), pages 268–274.

[Accetta et al. 1986] M. Accetta, R. Baron, W. Bolosky, D. B. Golub, R. Rashid, A. Tevanian, and M. Young, "Mach: A New Kernel Foundation for UNIX Development", *Proceedings of the Summer USENIX Conference* (1986), pages 93–112.

[Agrawal and Abbadi 1991] D. P. Agrawal and A. E. Abbadi, "An Efficient and Fault-Tolerant Solution of Distributed Mutual Exclusion", *ACM Transactions on Computer Systems*, Volume 9, Number 1 (1991), pages 1–20.

[Agre 2003] P. E. Agre, "P2P and the Promise of Internet Equality", *Communications of the ACM*, Volume 46, Number 2 (2003), pages 39–42.

[Ahituv et al. 1987] N. Ahituv, Y. Lapid, and S. Neumann, "Processing Encrypted Data", *Communications of the ACM*, Volume 30, Number 9 (1987), pages 777–780.

[Ahmed 2000] I. Ahmed, "Cluster Computing: AGlance at Recent Events", *IEEE Concurrency*, Volume 8, Number 1 (2000).

[Akl 1983] S. G. Akl, "Digital Signatures: A Tutorial Survey", *Computer*, Volume 16, Number 2 (1983), pages 15–24.

[Akyurek and Salem 1993] S. Akyurek and K. Salem, "Adaptive Block Rearrangement", *Proceedings of the International Conference on Data Engineering* (1993), pages 182–189.

[Alt 1993] H. Alt, "Removable Media in Solaris", *Proceedings of the Winter USENIX Conference* (1993), pages 281–287.

[Anderson 1990] T. E. Anderson, "The Performance of Spin Lock Alternatives for Shared-Money Multiprocessors", *IEEE Trans. Parallel Distrib. Syst.*, Volume 1, Number 1 (1990), pages 6–16.

[Anderson et al. 1989] T. E. Anderson, E. D. Lazowska, and H. M. Levy, "The Performance Implications of Thread Management Alternatives for Shared-Memory Multiprocessors", *IEEE Transactions on Computers*, Volume 38, Number 12 (1989), pages 1631–1644.

[Anderson et al. 1991] T. E. Anderson, B. N. Bershad, E. D. Lazowska, and H. M. Levy, "Scheduler Activations: Effective Kernel Support for the User-Level Management of Parallelism", *Proceedings of the ACM Symposium on Operating Systems Principles* (1991), pages 95–109.

[Anderson et al. 1995] T.E.Anderson, M. D. Dahlin, J.M.Neefe,D.A.Patterson, D. S. Roselli, and R. Y. Wang, "Serverless Network File Systems", *Proceedings of the ACM Symposium on Operating Systems Principles* (1995), pages 109–126.

[Anderson et al. 2000] D. Anderson, J. Chase, and A. Vahdat, "Interposed Request Routing for Scalable Network Storage", *Proceedings of the Fourth Symposium on Operating Systems Design and Implementation* (2000).

[Asthana and Finkelstein 1995] P. Asthana and B. Finkelstein, "Superdense Optical Storage", *IEEE Spectrum*, Volume 32, Number 8 (1995), pages 25–31.

[Audsley et al. 1991] N. C. Audsley, A. Burns, M. F. Richardson, and A. J. Wellings, "Hard Real-Time Scheduling: The Deadline Monotonic Approach", *Proceedings of the IEEE Workshop on Real-Time Operating Systems and Software* (1991).

[Axelsson 1999] S. Axelsson, "The Base-Rate Fallacy and Its Implications for Intrusion Detection", *Proceedings of the ACM Conference on Computer and Communications Security* (1999), pages 1–7.

[Babaoglu and Marzullo 1993] O. Babaoglu and K. Marzullo. "Consistent Global States of Distributed Systems: Fundamental Concepts and Mechanisms", pages 55–96. Addison-Wesley (1993).

[Bach 1987] M. J. Bach, *The Design of the UNIX Operating System*, Prentice Hall (1987).

[Back et al. 2000] G. Back, P. Tullman, L. Stoller, W. C. Hsieh, and J. Lepreau, "Techniques for the Design of Java Operating Systems", *2000 USENIX Annual Technical Conference* (2000).

[Baker et al. 1991] M. G. Baker, J. H. Hartman, M. D. Kupfer, K.W. Shirriff, and J. K. Ousterhout, "Measurements of a Distributed File System", *Proceedings of the ACM Symposium on Operating Systems Principles* (1991), pages 198–212.

[Balakrishnan et al. 2003] H. Balakrishnan, M. F. Kaashoek, D. Karger, R. Morris, and I. Stoica, "LookingUpData in P2P Systems", *Communications of the ACM*, Volume 46, Number 2 (2003), pages 43–48.

[Baldwin 2002] J. Baldwin, "Locking in the Multithreaded FreeBSD Kernel", *USENIX BSD* (2002).

[Barnes 1993] G. Barnes, "A Method for Implementing Lock-Free Shared Data Structures", *Proceedings of the ACM Symposium on Parallel Algorithms and Architectures* (1993), pages 261–270.

[Barrera 1991] J. S. Barrera, "A Fast Mach Network IPC Implementation", *Proceedings of the USENIX Mach Symposium* (1991), pages 1–12.

[Basu et al. 1995] A. Basu,V. Buch,W.Vogels, and T. von Eicken, "U-Net:AUser-Level Network Interface for Parallel and Distributed Computing", *Proceedings of the ACM Symposium on Operating Systems Principles* (1995).

[Bayer et al. 1978] R. Bayer, R. M. Graham, and G. Seegmuller, editors, *Operating Systems-An Advanced Course*, Springer Verlag (1978).

[Bays 1977] C. Bays, "A Comparison of Next-Fit, First-Fit and Best-Fit", *Communications of the ACM*, Volume 20, Number 3 (1977), pages 191–192.

[Belady 1966] L. A. Belady, "A Study of Replacement Algorithms for a Virtual-Storage Computer", *IBM Systems Journal*, Volume 5, Number 2 (1966), pages 78–101.

[Belady et al. 1969] L.A.Belady, R.A.Nelson,and G. S. Shedler, "AnAnomaly in Space-Time Characteristics of Certain Programs Running in a PagingMachine", *Communications of the ACM*, Volume 12, Number 6 (1969), pages 349–353.

[Bellovin 1989] S. M. Bellovin, "Security Problems in the TCP/IP Protocol Suite", *Computer Communications Review*, Volume 19: 2, (1989), pages 32–48.

[Ben-Ari 1990] M. Ben-Ari, *Principles of Concurrent and Distributed Programming*, Prentice Hall (1990).

[Benjamin 1990] C. D. Benjamin, "The Role of Optical Storage Technology for NASA", *Proceedings, Storage and Retrieval Systems and Applications* (1990), pages 10–17.

[Bernstein and Goodman 1980] P. A. Bernstein and N. Goodman, "Time-Stamp-Based Algorithms for Concurrency Control in Distributed Database Systems", *Proceedings of the International Conference on Very Large Databases* (1980), pages 285–300.

[Bernstein et al. 1987] A. Bernstein, V. Hadzilacos, and N. Goodman, *Concurrency Control and Recovery in Database Systems*, Addison-Wesley (1987).

[Bershad 1993] B. Bershad, "Practical Considerations for Non-Blocking Concurrent Objects", *IEEE International Conference on Distributed Computing Systems* (1993), pages 264–273.

[Bershad and Pinkerton 1988] B. N. Bershad and C. B. Pinkerton, "Watchdogs: Extending the Unix File System", *Proceedings of the Winter USENIX Conference* (1988).

[Bershad et al. 1990] B. N. Bershad, T. E. Anderson, E. D. Lazowska, and H. M. Levy, "Lightweight Remote Procedure Call", *ACM Transactions on Computer Systems*, Volume 8, Number 1 (1990), pages 37–55.

[Bershad et al. 1995] B.N.Bershad,S.Savage, P. Pardyak, E.G. Sirer,M. Fiuczynski, D. Becker, S. Eggers, and C. Chambers, "Extensibility, Safety and Performance in the SPIN Operating System", *Proceedings of the ACM Symposium on Operating Systems Principles* (1995), pages 267–284.

[Beveridge and Wiener 1997] J. Beveridge and R. Wiener, *Mutlithreading Applications in Win32*, Addison-Wesley (1997).

[Birrell 1989] A. D. Birrell. "An Introduction to Programming with Threads". Technical Report 35, DEC-SRC (1989).

[Birrell and Nelson 1984] A. D. Birrell and B. J. Nelson, "Implementing Remote Procedure Calls", *ACM Transactions on Computer Systems*, Volume 2, Number 1 (1984), pages 39–59.

[Black 1990] D. L. Black, "Scheduling Support for Concurrency and Parallelism in the Mach Operating System", *IEEE Computer*, Volume 23, Number 5 (1990), pages 35–43.

[Blumofe and Leiserson 1994] R. Blumofe and C. Leiserson, "SchedulingMultithreaded Computations byWork Stealing", *Proceedings of the Annual Symposium on Foundations of Computer Science* (1994), pages 356–368.

[Bobrow et al. 1972] D.G. Bobrow, J. D. Burchfiel,D. L.Murphy, and R. S. Tomlinson, "TENEX, a Paged Time Sharing System for the PDP-10", *Communications of the ACM*, Volume 15, Number 3 (1972).

[Bolosky et al. 1997] W. J. Bolosky, R. P. Fitzgerald, and J. R. Douceur, "Distributed Schedule Management in the Tiger Video Fileserver", *Proceedings of the ACM Symposium on Operating Systems Principles* (1997), pages 212–223.

[Bonwick 1994] J. Bonwick, "The Slab Allocator: An Object-Caching Kernel Memory Allocator", *USENIX Summer* (1994), pages 87–98.

[Bonwick and Adams 2001] J. Bonwick and J. Adams, "Magazines and Vmem: Extending the Slab Allocator to Many CPUs and Arbitrary Resources", *Proceedings of the 2001 USENIX Annual Technical Conference* (2001).

[Bovet and Cesati 2002] D. P. Bovet and M. Cesati, *Understanding the Linux Kernel, Second Edition*, O'Reilly & Associates (2002).

[Brain 1996] M. Brain,*Win32 System Services, Second Edition*, PrenticeHall (1996).

[Brent 1989] R. Brent, "Efficient Implementation of the First-Fit Strategy for Dynamic Storage Allocation", *ACM Transactions on Programming Languages and Systems*, Volume 11, Number 3 (1989), pages 388–403.

[Brereton 1986] O. P. Brereton, *"Management of Replicated Files in a UNIX Environment"*, *Software—Practice and Experience*, Volume 16, (1986), pages 771–780.

[Brinch-Hansen 1970] P. Brinch-Hansen, "The Nucleus of a Multiprogramming System", *Communications of the ACM*, Volume 13, Number 4 (1970), pages 238–241 and 250.

[Brinch-Hansen 1972] P. Brinch-Hansen, "Structured Multiprogramming", *Communications of the ACM*, Volume 15, Number 7 (1972), pages 574–578.

[Brinch-Hansen 1973] P. Brinch-Hansen, *Operating System Principles*, Prentice Hall (1973).

[Brookshear 2003] J. G. Brookshear, *Computer Science: An Overview, Seventh Edition*, Addison-Wesley (2003).

[Brownbridge et al. 1982] D. R. Brownbridge, L. F. Marshall, and B. Randell, "The Newcastle Connection or UNIXes of the World Unite!", *Software—Practice and Experience*, Volume 12, Number 12 (1982), pages 1147–1162.

[Burns 1978] J. E. Burns, "Mutual Exclusion with Linear Waiting Using Binary Shared Variables", *SIGACT News*, Volume 10, Number 2 (1978), pages 42–47.

[Butenhof 1997] D. Butenhof, *Programming with POSIX Threads*, Addison-Wesley (1997).

[Buyya 1999] R. Buyya, *High Performance Cluster Computing: Architectures and Systems*, Prentice Hall (1999).

[Callaghan 2000] B. Callaghan, *NFS Illustrated*, Addison-Wesley (2000).

[Calvert and Donahoo 2001] K. Calvert and M. Donahoo, *TCP/IP Sockets in Java: Practical Guide for Programmers*, Morgan Kaufmann (2001).

[Cantrill et al. 2004] B. M. Cantrill, M. W. Shapiro, and A. H. Leventhal, "Techniques for the Design of Java Operating Systems", *2004 USENIX Annual Technical Conference* (2004).

[Carr and Hennessy 1981] W. R. Carr and J. L. Hennessy, "WSClock—A Simple and Effective Algorithm for Virtual Memory Management", *Proceedings of the ACM Symposium on Operating Systems Principles* (1981), pages 87–95.

[Carvalho and Roucairol 1983] O. S. Carvalho and G. Roucairol, "On Mutual Exclusion in Computer Networks", *Communications of the ACM*, Volume 26, Number 2 (1983), pages 146–147.

[Chandy and Lamport 1985] K. M. Chandy and L. Lamport, "Distributed Snapshots: Determining Global States of Distributed Systems", *ACM Transactions on Computer Systems*, Volume 3, Number 1 (1985), pages 63–75.

[Chang 1980] E. Chang, "N-Philosophers: An Exercise in Distributed Control", *Computer Networks*, Volume 4, Number 2 (1980), pages 71–76.

[Chang and Mergen 1988] A. Chang and M. F. Mergen, "801 Storage: Architecture and Programming", *ACM Transactions on Computer Systems*, Volume 6, Number 1 (1988), pages 28–50.

[Chase et al. 1994] J. S. Chase, H. M. Levy, M. J. Feeley, and E. D. Lazowska, "Sharing and Protection in a Single-Address-Space Operating System", *ACM Transactions on Computer Systems*, Volume 12, Number 4 (1994), pages 271–307.

[Chen et al. 1994] P. M. Chen, E. K. Lee, G. A. Gibson, R. H. Katz, and D. A. Patterson, "RAID: High-Performance, Reliable Secondary Storage", *ACM Computing Survey*, Volume 26, Number 2 (1994), pages 145–185.

[Cheswick et al. 2003] W. Cheswick, S. Bellovin, and A. Rubin, *Firewalls and Internet Security: Repelling the Wily Hacker*, second edition, Addison-Wesley (2003).

[Cheung and Loong 1995] W.H.Cheung and A.H. S. Loong, "Exploring Issues of Operating Systems Structuring: From Microkernel to Extensible Systems", *Operating Systems Review*, Volume 29, (1995), pages 4–16.

[Chi 1982] C. S. Chi, "Advances in Computer Mass Storage Technology", *Computer*, Volume 15, Number 5 (1982), pages 60–74.

[Coffman et al. 1971] E. G. Coffman, M. J. Elphick, and A. Shoshani, "System Deadlocks", *Computing Surveys*, Volume 3, Number 2 (1971), pages 67–78.

[Cohen and Jefferson 1975] E. S. Cohen and D. Jefferson, "Protection in the Hydra Operating System", *Proceedings of the ACM Symposium on Operating Systems Principles* (1975), pages 141–160.

[Cohen and Woodring 1997] A. Cohen and M. Woodring, *Win32 Multithreaded Programming*, O'Reilly & Associates (1997).

[Comer 1999] D. Comer, *Internetworking with TCP/IP, Volume II, Third Edition*, Prentice Hall (1999).

[Comer 2000] D. Comer, *Internetworking with TCP/IP, Volume I, Fourth Edition*, Prentice Hall (2000).

[Corbato and Vyssotsky 1965] F. J. Corbato and V. A. Vyssotsky, "Introduction and Overview of the MULTICS System", *Proceedings of the AFIPS Fall Joint Computer Conference* (1965), pages 185–196.

[Corbato et al. 1962] F. J. Corbato, M. Merwin-Daggett, and R. C. Daley, "An Experimental Time-Sharing System", *Proceedings of the AFIPS Fall Joint Computer Conference* (1962), pages 335–344.

[Coulouris et al. 2001] G. Coulouris, J. Dollimore, and T. Kindberg, *Distributed Systems Concepts and Designs, Third Edition*, Addison Wesley (2001).

[Courtois et al. 1971] P. J. Courtois, F. Heymans, and D. L. Parnas, "Concurrent Control with 'Readers' and 'Writers' ", *Communications of the ACM*, Volume 14, Number 10 (1971), pages 667–668.

[Culler et al. 1998] D. E. Culler, J. P. Singh, and A. Gupta, *Parallel Computer Architecture: A Hardware/Software Approach*, Morgan Kaufmann Publishers Inc. (1998).

[Custer 1994] H. Custer, *Inside the Windows NT File System*, Microsoft Press (1994).

[Dabek et al. 2001] F. Dabek, M. F. Kaashoek, D. Karger, R. Morris, and I. Stoica, "Wide-Area Cooperative Storage with CFS", *Proceedings of the ACM Symposium on Operating Systems Principles* (2001), pages 202–215.

[Daley and Dennis 1967] R. C. Daley and J. B. Dennis, "Virtual Memory, Processes, and Sharing in Multics", *Proceedings of the ACM Symposium on Operating Systems Principles* (1967), pages 121–128.

[Davcev and Burkhard 1985] D. Davcev and W. A. Burkhard, "Consistency and Recovery Control for Replicated Files", *Proceedings of the ACM Symposium on Operating Systems Principles* (1985), pages 87–96.

[Davies 1983] D. W. Davies, "Applying the RSA Digital Signature to Electronic Mail", *Computer*, Volume 16, Number 2 (1983), pages 55–62.

[deBruijn 1967] N. G. deBruijn, "Additional Comments on a Problem in Concurrent Programming and Control", *Communications of the ACM*, Volume 10, Number 3 (1967), pages 137–138.

[Deitel 1990] H. M. Deitel, *An Introduction to Operating Systems, Second Edition*, Addison-Wesley (1990).

[Denning 1968] P. J. Denning, "The Working Set Model for Program Behavior", *Communications of the ACM*,

Volume 11, Number 5 (1968), pages 323–333.

[Denning 1980] P. J. Denning, "Working SetsPast and Present", *IEEE Transactions on Software Engineering*, Volume SE-6, Number 1 (1980), pages 64–84.

[Denning 1982] D. E. Denning, *Cryptography and Data Security*, Addison-Wesley (1982).

[Denning 1983] D. E. Denning, "Protecting Public Keys and Signature Keys", *Computer*, Volume 16, Number 2 (1983), pages 27–35.

[Denning 1984] D. E. Denning, "Digital Signatures with RSA and Other Public-Key Cryptosystems", *Communications of the ACM*, Volume 27, Number 4 (1984), pages 388–392.

[Denning and Denning 1979] D. E. Denning and P. J. Denning, "Data Security", *ACM Comput. Surv.*, Volume 11, Number 3 (1979), pages 227–249.

[Dennis 1965] J. B. Dennis, "Segmentation and the Design of Multiprogrammed Computer Systems", *Communications of the ACM*, Volume 8, Number 4 (1965), pages 589–602.

[Dennis and Horn 1966] J. B. Dennis and E. C. V. Horn, "Programming Semantics for Multiprogrammed Computations", *Communications of the ACM*, Volume 9, Number 3 (1966), pages 143–155.

[Di Pietro and Mancini 2003] R. Di Pietro and L. V. Mancini, "Security and Privacy Issues of Handheld and Wearable Wireless Devices", *Communications of the ACM*, Volume 46, Number 9 (2003), pages 74–79.

[Diffie and Hellman 1976] W. Diffie and M. E. Hellman, "New Directions in Cryptography", *IEEE Transactions on Information Theory*, Volume 22, Number 6 (1976), pages 644–654.

[Diffie and Hellman 1979] W. Diffie and M. E. Hellman, "Privacy and Authentication", *Proceedings of the IEEE* (1979), pages 397–427.

[Dijkstra 1965a] E. W. Dijkstra. "Cooperating Sequential Processes". Technical Report, Technological University, Eindhoven, the Netherlands (1965).

[Dijkstra 1965b] E.W. Dijkstra, "Solution of a Problem in Concurrent Programming Control", *Communications of the ACM*, Volume 8, Number 9 (1965), page 569.

[Dijkstra 1968] E. W. Dijkstra, "The Structure of the Multiprogramming System", *Communications of the ACM*, Volume 11, Number 5 (1968), pages 341–346.

[Dijkstra 1971] E. W. Dijkstra, "Hierarchical Ordering of Sequential Processes", *Acta Informatica*, Volume 1, Number 2 (1971), pages 115–138.

[DoD 1985] *Trusted Computer System Evaluation Criteria*. Department of Defense (1985).

[Dougan et al. 1999] C. Dougan, P. Mackerras, and V. Yodaiken, "Optimizing the Idle Task and OtherMMU Tricks", *Proceedings of the Symposium on Operating System Design and Implementation* (1999).

[Douglis and Ousterhout 1991] F. Douglis and J. K. Ousterhout, "Transparent Process Migration: Design Alternatives and the Sprite Implementation", *software*, Volume 21, Number 8 (1991), pages 757–785.

[Douglis et al. 1994] F. Douglis, F. Kaashoek, K. Li, R. Caceres, B. Marsh, and J. A. Tauber, "Storage Alternatives for Mobile Computers", *Proceedings of the Symposium on Operating Systems Design and Implementation* (1994), pages 25–37.

[Douglis et al. 1995] F. Douglis, P. Krishnan, and B. Bershad, "Adaptive Disk Spin-Down Policies for Mobile Computers", *Proceedings of the USENIX Symposium on Mobile and Location Independent Computing* (1995), pages 121–137.

[Draves et al. 1991] R. P. Draves, B. N. Bershad, R. F. Rashid, and R. W. Dean, "Using continuations to implement thread management and communication in operating systems", *Proceedings of the ACM Symposium on Operating Systems Principles* (1991), pages 122–136.

[Druschel and Peterson 1993] P. Druschel and L. L. Peterson, "Fbufs: A High-Bandwidth Cross-Domain Transfer Facility", *Proceedings of the ACM Symposium on Operating Systems Principles* (1993), pages 189–202.

[Eastlake 1999] D. Eastlake, "Domain Name System Security Extensions", *Network Working Group, Request for Comments: 2535* (1999).

[Eisenberg and McGuire 1972] M. A. Eisenberg and M. R. McGuire, "Further Comments on Dijkstra's Concurrent Programming Control Problem", *Communications of the ACM*, Volume 15, Number 11 (1972), page 999.

[Ekanadham and Bernstein 1979] K. Ekanadham and A. J. Bernstein, "Conditional Capabilities", *IEEE Transactions on Software Engineering*, Volume SE-5, Number 5 (1979), pages 458–464.

[Engelschall 2000] R. Engelschall, "Portable Multithreading: The Signal Stack Trick For User-Space Thread Creation", *Proceedings of the 2000 USENIX Annual Technical Conference* (2000).

[Eswaran et al. 1976] K. P. Eswaran, J. N. Gray, R. A. Lorie, and I. L. Traiger, "The Notions of Consistency and Predicate Locks in a Database System", *Communications of the ACM*, Volume 19, Number 11 (1976), pages 624–633.

[Fang et al. 2001] Z. Fang, L. Zhang, J. B. Carter, W. C. Hsieh, and S. A. McKee, "Reevaluating Online Superpage Promotion with Hardware Support", *Proceedings of the International Symposium on High-Performance Computer Architecture*, Volume 50, Number 5 (2001).

[Farrow 1986a] R. Farrow, "Security for Superusers, or How to Break the UNIX System", *UNIX World* (May 1986), pages 65–70.

[Farrow 1986b] R. Farrow, "Security Issues and Strategies for Users", *UNIX World* (April 1986), pages 65–71.

[Feitelson and Rudolph 1990] D. Feitelson and L. Rudolph, "Mapping and Scheduling in a Shared Parallel Environment Using Distributed Hierarchical Control", *Proceedings of the International Conference on Parallel Processing* (1990).

[Fidge 1991] C. Fidge, "Logical Time in Distributed Computing Systems", *Computer*, Volume 24, Number 8 (1991), pages 28–33.

[Filipski and Hanko 1986] A. Filipski and J. Hanko, "Making UNIX Secure", *Byte* (April 1986), pages 113–128.

[Fisher 1981] J. A. Fisher, "Trace Scheduling: A Technique for Global Microcode Compaction", *IEEE Transactions on Computers*, Volume 30, Number 7 (1981), pages 478–490.

[Folk and Zoellick 1987] M. J. Folk and B. Zoellick, *File Structures*, Addison-Wesley (1987).

[Forrest et al. 1996] S. Forrest, S. A. Hofmeyr, and T. A. Longstaff, "A Sense of Self for UNIX Processes", *Proceedings of the IEEE Symposium on Security and Privacy* (1996), pages 120–128.

[Fortier 1989] P. J. Fortier, *Handbook of LAN Technology*, McGraw-Hill (1989).

[FreeBSD 1999] FreeBSD, *FreeBSD Handbook*, The FreeBSD Documentation Project (1999).

[Freedman 1983] D. H. Freedman, "Searching for Denser Disks", *Infosystems* (1983), page 56.

[Fuhrt 1994] B. Fuhrt, "Multimedia Systems: An Overview", *IEEE MultiMedia*, Volume 1, Number 1 (1994), pages 47–59.

[Fujitani 1984] L. Fujitani, "Laser Optical Disk: The Coming Revolution in On-Line Storage", *Communications of the ACM*, Volume 27, Number 6 (1984), pages 546–554.

[Gait 1988] J. Gait, "The Optical File Cabinet: A Random-Access File System for Write-On Optical Disks", *Computer*, Volume 21, Number 6 (1988).

[Ganapathy and Schimmel 1998] N. Ganapathy and C. Schimmel, "General Purpose Operating System Support for Multiple Page Sizes", *Proceedings of the USENIX Technical Conference* (1998).

[Ganger et al. 2002] G. R. Ganger, D. R. Engler, M. F. Kaashoek, H. M. Briceno, R. Hunt, and T. Pinckney, "Fast and Flexible Application-Level Networking on Exokernel Systems", *ACM Transactions on Computer Systems*, Volume 20, Number 1 (2002), pages 49–83.

[Garcia-Molina 1982] H. Garcia-Molina, "Elections in Distributed Computing Systems", *IEEE Transactions on Computers*, Volume C-31, Number 1 (1982).

[Garfinkel et al. 2003] S.Garfinkel,G. Spafford,and A. Schwartz, *PracticalUNIX & Internet Security*, O'Reilly & Associates (2003).

[Gibson et al. 1997a] G. Gibson, D. Nagle, K. Amiri, F. Chang, H. Gobioff, E. Riedel, D. Rochberg, and J. Zelenka. "Filesystems for Network-Attached Secure Disks". Technical Report, CMU-CS-97-112 (1997).

[Gibson et al. 1997b] G. A. Gibson, D. Nagle, K. Amiri, F. W. Chang, E. M. Feinberg, H. Gobioff, C. Lee, B. Ozceri, E. Riedel, D. Rochberg, and J. Zelenka, "File Server Scaling with Network-Attached Secure Disks", *Measurement and Modeling of Computer Systems* (1997), pages 272–284.

[Gifford 1982] D. K. Gifford, "Cryptographic Sealing for Information Secrecy and Authentication", *Communications of the ACM*, Volume 25, Number 4 (1982), pages 274–286.

[Goldberg et al. 1996] I.Goldberg, D. Wagner, R. Thomas, and E.A. Brewer, "A Secure Environment for Untrusted Helper Applications", *Proceedings of the 6th Usenix Security Symposium* (1996).

[Golden and Pechura 1986] D. Golden and M. Pechura, "The Structure of Microcomputer File Systems", *Communications of the ACM*, Volume 29, Number 3 (1986), pages 222–230.

[Golding et al. 1995] R. A. Golding, P. B. II, C. Staelin, T. Sullivan, and J.Wilkes, "Idleness is Not Sloth", *USENIX Winter* (1995), pages 201–212.

[Golm et al. 2002] M. Golm, M. Felser, C. Wawersich, and J. Kleinoder, "The JX Operating System", *2002 USENIX Annual Technical Conference* (2002).

[Gong 2002] L. Gong, "Peer-to-Peer Networks in Action", *IEEE Internet Computing*, Volume 6, Number 1 (2002).

[Gong et al. 1997] L. Gong, M. Mueller, H. Prafullchandra, and R. Schemers, "Going Beyond the Sandbox: An Overview of the New Security Architecture in the Java Development Kit 1.2", *Proceedings of the USENIX Symposium on Internet Technologies and Systems* (1997).

[Goodman et al. 1989] J. R. Goodman, M. K. Vernon, and P. J. Woest, "Efficient Synchronization Primitives for Large-Scale Cache-Coherent Multiprocessors", *Proceedings of the International Conference on Architectural Support for Programming Languages and Operating Systems* (1989), pages 64–75.

[Gosling et al. 1996] J. Gosling, B. Joy, and G. Steele, *The Java Language Specification*, Addison-Wesley (1996).

[Govindan and Anderson 1991] R. Govindan and D. P. Anderson, "Scheduling and IPC Mechanisms for ContinuousMedia", *Proceedings of the ACM Symposium on Operating Systems Principles* (1991), pages 68–80.

[Grampp and Morris 1984] F. T. Grampp and R. H. Morris, "UNIX Operating-System Security", *AT&T Bell Laboratories Technical Journal*, Volume 63, (1984), pages 1649–1672.

[Gray 1978] J. N. Gray, "Notes on Data Base Operating Systems", in **[Bayer et al. 1978]** (1978), pages 393–481.

[Gray 1981] J. N. Gray, "The Transaction Concept: Virtues and Limitations", *Proceedings of the International Conference on Very Large Databases* (1981), pages 144–154.

[Gray 1997] J. Gray, *Interprocess Communications in UNIX*, Prentice Hall (1997).

[Gray et al. 1981] J. N. Gray, P. R. McJones, and M. Blasgen, "The Recovery Manager of the System R Database Manager", *ACM Computing Survey*, Volume 13, Number 2 (1981), pages 223–242.

[Greenawalt 1994] P. Greenawalt, "Modeling Power Management for Hard Disks", *Proceedings of the Symposium on Modeling and Simulation of Computer Telecommunication Systems* (1994), pages 62–66.

[Grosshans 1986] D. Grosshans, *File Systems Design and Implementation*, Prentice Hall (1986).

[Grosso 2002] W. Grosso, *Java RMI*, O'Reilly & Associates (2002).

[Habermann 1969] A. N. Habermann, "Prevention of System Deadlocks", *Communications of the ACM*, Volume 12, Number 7 (1969), pages 373–377, 385.

[Hall et al. 1996] L. Hall, D. Shmoys, and J. Wein, "Scheduling To Minimize Average Completion Time: Off-line and On-line Algorithms", *SODA: ACMSIAM Symposium on Discrete Algorithms* (1996).

[Halsall 1992] F. Halsall, *Data Communications, Computer Networks and Open Systems*, Addison-Wesley (1992).

[Hamacher et al. 2002] C. Hamacher, Z. Vranesic, and S. Zaky, *Computer Organization, Fifth Edition*, McGraw-Hill (2002).

[Han and Ghosh 1998] K. Han and S. Ghosh, "A Comparative Analysis of Virtual Versus Physical Process-Migration Strategies for Distributed Modeling and Simulation of Mobile Computing Networks", *Wireless Networks*, Volume 4, Number 5 (1998), pages 365–378.

[Hansen and Atkins 1993] S. E. Hansen and E. T. Atkins, "Automated System Monitoring and Notification With Swatch", *Proceedings of the USENIX Systems Administration Conference* (1993).

[Harchol-Balter and Downey 1997] M. Harchol-Balter and A. B. Downey, "Exploiting Process Lifetime Distributions for Dynamic Load Balancing", *ACM Transactions on Computer Systems*, Volume 15, Number 3 (1997), pages 253–285.

[Harish and Owens 1999] V. C.Harish and B.Owens, "Dynamic Load Balancing DNS", *Linux Journal*, Volume 1999, Number 64 (1999).

[Harker et al. 1981] J.M.Harker, D. W. Brede, R. E. Pattison,G. R. Santana, and L. G. Taft, "A Quarter Century of Disk File Innovation", *IBM Journal of Research and Development*, Volume 25, Number 5 (1981), pages 677–689.

[Harrison et al. 1976] M. A. Harrison,W. L. Ruzzo, and J. D. Ullman, "Protection in Operating Systems", *Communications of the ACM*,Volume 19, Number 8 (1976), pages 461–471.

[Hartman and Ousterhout 1995] J. H. Hartman and J. K. Ousterhout, "The Zebra Striped Network File

System", *ACM Transactions on Computer Systems*, Volume 13, Number 3 (1995), pages 274–310.

[Havender 1968] J.W. Havender, "Avoiding Deadlock in Multitasking Systems", *IBM Systems Journal*, Volume 7, Number 2 (1968), pages 74–84.

[Hecht et al. 1988] M. S. Hecht, A. Johri, R. Aditham, and T. J. Wei, "Experience Adding C2 Security Features to UNIX", *Proceedings of the Summer USENIX Conference* (1988), pages 133–146.

[Hennessy and Patterson 2002] J. L. Hennessy and D. A. Patterson, *Computer Architecture: A Quantitative Approach, Third Edition*, Morgan Kaufmann Publishers (2002).

[Henry 1984] G. Henry, "The Fair Share Scheduler", *AT&T Bell Laboratories Technical Journal* (1984).

[Herlihy 1993] M. Herlihy, "A Methodology for Implementing Highly Concurrent Data Objects", *ACM Transactions on Programming Languages and Systems*, Volume 15, Number 5 (1993), pages 745–770.

[Herlihy and Moss 1993] M. Herlihy and J. E. B. Moss, "Transactional Memory: Architectural Support For Lock-Free Data Structures", *Proceedings of the Twentieth Annual International Symposium on Computer Architecture* (1993).

[Hitz et al. 1995] D. Hitz, J. Lau, and M. Malcolm, "File System Design for an NFS File Server Appliance", *Technical Report TR3002 (http://www.netapp.com/tech library/3002.html), NetApp* (1995).

[Hoagland 1985] A. S. Hoagland, "Information Storage Technology—A Look at the Future", *Computer*, Volume 18, Number 7 (1985), pages 60–68.

[Hoare 1972] C. A. R. Hoare, "Towards a Theory of Parallel Programming", in **[Hoare and Perrott 1972]** (1972), pages 61–71.

[Hoare 1974] C. A. R. Hoare, "Monitors: An Operating System Structuring Concept", *Communications of the ACM*, Volume 17, Number 10 (1974), pages 549–557.

[Hoare and Perrott 1972] C. A. R. Hoare and R. H. Perrott, editors, *Operating Systems Techniques*, Academic Press (1972).

[Holt 1971] R. C. Holt, "Comments on Prevention of System Deadlocks", *Communications of the ACM*, Volume 14, Number 1 (1971), pages 36–38.

[Holt 1972] R. C. Holt, "Some Deadlock Properties of Computer Systems", *Computing Surveys*, Volume 4, Number 3 (1972), pages 179–196.

[Holub 2000] A. Holub, *Taming Java Threads*, Apress (2000).

[Hong et al. 1989] J. Hong, X. Tan, and D. Towsley, "A Performance Analysis of Minimum Laxity and Earliest Deadline Scheduling in a Real-Time System", *IEEE Transactions on Computers*, Volume 38, Number 12 (1989), pages 1736–1744.

[Howard et al. 1988] J. H. Howard, M. L. Kazar, S. G. Menees, D. A. Nichols, M. Satyanarayanan, and R. N. Sidebotham, "Scale and Performance in a Distributed File System", *ACM Transactions on Computer Systems*, Volume 6, Number 1 (1988), pages 55–81.

[Howarth et al. 1961] D. J. Howarth, R. B. Payne, and F. H. Sumner, "The Manchester University Atlas Operating System, Part II: User's Description", *Computer Journal*, Volume 4, Number 3 (1961), pages 226–229.

[Hsiao et al. 1979] D. K. Hsiao, D. S. Kerr, and S. E. Madnick, *Computer Security*, Academic Press (1979).

[Hu and Perrig 2004] Y.-C. Hu and A. Perrig, "SPV: A Secure Path Vector Routing Scheme for Securing BGP", *Proceedings of ACM SIGCOMM Conference on Data Communication* (2004).

[Hu et al. 2002] Y.-C. Hu, A. Perrig, and D. Johnson, "Ariadne: A Secure On-Demand Routing Protocol for Ad Hoc Networks", *Proceedings of the Annual International Conference on Mobile Computing and Networking* (2002).

[Hyman 1985] D. Hyman, *The Columbus Chicken Statute and More Bonehead Legislation*, S. Greene Press (1985).

[Iacobucci 1988] E. Iacobucci, *OS/2 Programmer's Guide*, Osborne McGraw-Hill (1988).

[IBM 1983] *Technical Reference*. IBM Corporation (1983).

[Iliffe and Jodeit 1962] J. K. Iliffe and J. G. Jodeit, "A Dynamic Storage Allocation System", *Computer Journal*, Volume 5, Number 3 (1962), pages 200–209.

[Intel 1985a] *iAPX 286 Programmer's Reference Manual*. Intel Corporation (1985).

[Intel 1985b] *iAPX 86/88, 186/188 User's Manual Programmer's Reference*. Intel Corporation (1985).

[Intel 1986] *iAPX 386 Programmer's Reference Manual*. Intel Corporation (1986).

[Intel 1990] *i486 Microprocessor Programmer'sReference Manual*. Intel Corporation (1990).

[Intel 1993] *Pentium Processor User's Manual, Volume 3: Architecture and Programming Manual*. Intel Corporation (1993).

[Iseminger 2000] D. Iseminger, *Active Directory Services for Microsoft Windows 2000. Technical Reference*, Microsoft Press (2000).

[Jacob and Mudge 1997] B. Jacob and T. Mudge, "Software-Managed Address Translation", *Proceedings of the International Symposium on High Performance Computer Architecture and Implementation* (1997).

[Jacob and Mudge 1998a] B. Jacob and T. Mudge, "Virtual Memory in Contemporary Microprocessors", *IEEE Micro Magazine*, Volume 18, (1998), pages 60–75.

[Jacob and Mudge 1998b] B. Jacob and T. Mudge, "Virtual Memory: Issues of Implementation", *IEEE Computer Magazine*, Volume 31, (1998), pages 33–43.

[Jacob and Mudge 2001] B. Jacob and T. Mudge, "Uniprocessor Virtual Memory Without TLBs", *IEEE Transactions on Computers*, Volume 50, Number 5 (2001).

[Jacobson and Wilkes 1991] D. M. Jacobson and J. Wilkes. "Disk Scheduling Algorithms Based on Rotational Position". Technical Report HPL-CSP-91-7 (1991).

[Jensen et al. 1985] E. D. Jensen, C. D. Locke, and H. Tokuda, "A Time-Driven Scheduling Model for Real-Time Operating Systems", *Proceedings of the IEEE Real-Time Systems Symposium* (1985), pages 112–122.

[Johnstone and Wilson 1998] M. S. Johnstone and P. R. Wilson, "The Memory Fragmentation Problem: Solved?", *Proceedings of the First International Symposium on Memory management* (1998), pages 26–36.

[Jones and Liskov 1978] A. K. Jones and B. H. Liskov, "A Language Extension for Expressing Constraints on Data Access", *Communications of the ACM*, Volume 21, Number 5 (1978), pages 358–367.

[Jul et al. 1988] E. Jul, H. Levy, N. Hutchinson, and A. Black, "Fine-Grained Mobility in the Emerald System", *ACM Transactions on Computer Systems*, Volume 6, Number 1 (1988), pages 109–133.

[Kaashoek et al. 1997] M. F. Kaashoek, D. R. Engler, G. R. Ganger, H.M. Briceno, R. Hunt, D. Mazieres, T. Pinckney, R. Grimm, J. Jannotti, and K. Mackenzie, "Application performance and flexibility on exokernel systems", *Proceedings of the ACM Symposium on Operating Systems Principles* (1997), pages 52–65.

[Katz et al. 1989] R. H. Katz, G. A. Gibson, and D. A. Patterson, "Disk System Architectures for High

Performance Computing", *Proceedings of the IEEE* (1989).

[Kay and Lauder 1988] J. Kay and P. Lauder, "A Fair Share Scheduler", *Communications of the ACM*, Volume 31, Number 1 (1988), pages 44–55.

[Kent et al. 2000] S. Kent, C. Lynn, and K. Seo, "Secure Border Gateway Protocol (Secure-BGP)", *IEEE Journal on Selected Areas in Communications*, Volume 18, Number 4 (2000), pages 582–592.

[Kenville 1982] R. F. Kenville, "Optical Disk Data Storage", *Computer*, Volume 15, Number 7 (1982), pages 21–26.

[Kessels 1977] J. L. W. Kessels, "An Alternative to Event Queues for Synchronization in Monitors", *Communications of the ACM*, Volume 20, Number 7 (1977), pages 500–503.

[Khanna et al. 1992] S. Khanna, M. Sebree, and J. Zolnowsky, "Realtime Scheduling in SunOS 5.0", *Proceedings of the Winter USENIX Conference* (1992), pages 375–390.

[Kieburtz and Silberschatz 1978] R. B. Kieburtz and A. Silberschatz, "Capability Managers", *IEEE Transactions on Software Engineering*, Volume SE-4,Number 6 (1978), pages 467–477.

[Kieburtz and Silberschatz 1983] R. B. Kieburtz and A. Silberschatz, "Access Right Expressions", *ACM Transactions on Programming Languages and Systems*, Volume 5, Number 1 (1983), pages 78–96.

[Kilburn et al. 1961] T. Kilburn, D. J. Howarth, R. B. Payne, and F. H. Sumner, "The Manchester University Atlas Operating System, Part I: Internal Organization", *Computer Journal*, Volume 4, Number 3 (1961), pages 222–225.

[Kim and Spafford 1993] G. H. Kim and E. H. Spafford, "The Design and Implementation of Tripwire: A File System Integrity Checker", *Technical Report, Purdue University* (1993).

[King 1990] R. P. King, "Disk Arm Movement in Anticipation of Future Requests", *ACM Transactions on Computer Systems*, Volume 8, Number 3 (1990), pages 214–229.

[Kistler and Satyanarayanan 1992] J. Kistler and M. Satyanarayanan, "Disconnected Operation in the Coda File System", *ACM Transactions on Computer Systems*, Volume 10, Number 1 (1992), pages 3–25.

[Kleinrock 1975] L. Kleinrock, *Queueing Systems, Volume II: Computer Applications*, Wiley-Interscience (1975).

[Knapp 1987] E. Knapp, "Deadlock Detection in Distributed Databases", *Computing Surveys*, Volume 19, Number 4 (1987), pages 303–328.

[Knowlton 1965] K. C. Knowlton, "A Fast Storage Allocator", *Communications of the ACM*, Volume 8, Number 10 (1965), pages 623–624.

[Knuth 1966] D. E. Knuth, "Additional Comments on a Problem in Concurrent Programming Control", *Communications of the ACM*,Volume 9,Number 5 (1966), pages 321–322.

[Knuth 1973] D. E. Knuth, *The Art of Computer Programming, Volume 1: Fundamental Algorithms, Second Edition*, Addison-Wesley (1973).

[Koch 1987] P. D. L. Koch, "Disk File Allocation Based on the Buddy System", *ACM Transactions on Computer Systems*, Volume 5, Number 4 (1987), pages 352–370.

[Kopetz and Reisinger 1993] H. Kopetz and J. Reisinger, "The Non-Blocking Write ProtocolNBW: ASolution to a Real-Time Synchronization Problem", *IEEE Real-Time Systems Symposium* (1993), pages 131–137.

[Kosaraju 1973] S. Kosaraju, "Limitations of Dijkstra's Semaphore Primitives and Petri Nets", *Operating Systems Review*, Volume 7, Number 4 (1973), pages 122–126.

[Kramer 1988] S. M. Kramer, "Retaining SUID Programs in a Secure UNIX", *Proceedings of the Summer USENIX Conference* (1988), pages 107–118.

[Kubiatowicz et al. 2000] J. Kubiatowicz, D. Bindel, Y. Chen, S. Czerwinski, P. Eaton, D. Geels, R. Gummadi, S. Rhea, H.Weatherspoon,W.Weimer, C.Wells, and B. Zhao, "OceanStore: An Architecture for Global-Scale Persistent Storage", *Proc. of Architectural Support for Programming Languages and Operating Systems* (2000).

[Kurose and Ross 2005] J. Kurose and K. Ross, *Computer Networking—A Top-Down Approach Featuring the Internet, Third Edition*, Addison-Wesley (2005).

[Lamport 1974] L. Lamport, "A New Solution of Dijkstra's Concurrent Programming Problem", *Communications of the ACM*, Volume 17, Number 8 (1974), pages 453–455.

[Lamport 1976] L. Lamport, "Synchronization of Independent Processes", *Act a Informatica*, Volume 7, Number 1 (1976), pages 15–34.

[Lamport 1977] L. Lamport, "Concurrent Reading and Writing", *Communications of the ACM*, Volume 20, Number 11 (1977), pages 806–811.

[Lamport 1978a] L. Lamport, "The Implementation of Reliable Distributed Multiprocess Systems", *Computer Networks*, Volume 2, Number 2 (1978), pages 95–114.

[Lamport 1978b] L. Lamport, "Time, Clocks and the Ordering of Events in a Distributed System", *Communications of the ACM*, Volume 21, Number 7 (1978), pages 558–565.

[Lamport 1981] L. Lamport, "Password Authentication with Insecure Communications", *Communications of the ACM*, Volume 24, Number 11 (1981), pages 770–772.

[Lamport 1986] L. Lamport, "The Mutual Exclusion Problem", *Communications of the ACM*, Volume 33, Number 2 (1986), pages 313–348.

[Lamport 1987] L. Lamport, "A Fast Mutual Exclusion Algorithm", *ACM Transactions on Computer Systems*, Volume 5, Number 1 (1987), pages 1–11.

[Lamport 1991] L. Lamport, "The Mutual Exclusion Problem Has Been Solved", *Communications of the ACM*, Volume 34, Number 1 (1991), page 110.

[Lamport et al. 1982] L. Lamport, R. Shostak, and M. Pease, "The Byzantine Generals Problem", *ACM Transactions on Programming Languages and Systems*, Volume 4, Number 3 (1982), pages 382–401.

[Lampson 1969] B. W. Lampson, "Dynamic Protection Structures", *Proceedings of the AFIPS Fall Joint Computer Conference* (1969), pages 27–38.

[Lampson 1971] B. W. Lampson, "Protection", *Proceedings of the Fifth Annual Princeton Conference on Information Systems Science* (1971), pages 437–443.

[Lampson 1973] B. W. Lampson, "A Note on the Confinement Problem", *Communications of the ACM*, Volume 10, Number 16 (1973), pages 613–615.

[Lampson and Redell 1979] B.W. Lampson and D. D. Redell, "Experience with Processes and Monitors in Mesa", *Proceedings of the 7th ACM Symposium on Operating Systems Principles (SOSP)* (1979), pages 43–44.

[Lampson and Sturgis 1976] B. Lampson and H. Sturgis, "Crash Recovery in a Distributed Data Storage System", *Technical Report, Xerox Research Center* (1976).

[Landwehr 1981] C. E. Landwehr, "Formal Models of Computer Security", *Computing Surveys*, Volume 13,

Number 3 (1981), pages 247–278.

[Lann 1977] G. L. Lann, "Distributed Systems—Toward a Formal Approach", *Proceedings of the IFIP Congress* (1977), pages 155–160.

[Larson and Kajla 1984] P. Larson and A. Kajla, "File Organization: Implementation of a Method Guaranteeing Retrieval in One Access", *Communications of the ACM*, Volume 27, Number 7 (1984), pages 670–677.

[Lauzac et al. 2003] S. Lauzac, R. Melhem, and D. Mosse, "An Improved Rate-Monotonic Admission Control and Its Applications", *IEEE Transactions on Computers*, Volume 52, Number 3 (2003).

[Lee 2003] J. Lee, "An End-User Perspective on File-Sharing Systems", *Communications of the ACM*, Volume 46, Number 2 (2003), pages 49–53.

[Lee and Thekkath 1996] E. K. Lee and C. A. Thekkath, "Petal: Distributed Virtual Disks", *Proceedings of the Seventh International Conference on Architectural Support for Programming Languages and Operating Systems* (1996), pages 84–92.

[Leffler et al. 1989] S. J. Leffler, M. K. McKusick, M. J. Karels, and J. S. Quarterman, *The Design and Implementation of the 4.3BSD UNIX Operating System*, Addison-Wesley (1989).

[Lehmann 1987] F. Lehmann, "Computer Break-Ins", *Communications of the ACM*, Volume 30, Number 7 (1987), pages 584–585.

[Lehoczky et al. 1989] J. Lehoczky, L. Sha, and Y. Ding, "The Rate Monotonic Scheduling Algorithm: Exact Characterization and Average Case Behaviour", *Proceedings of 10th IEEE Real-Time Systems Symposium* (1989).

[Lempel 1979] A. Lempel, "Cryptology in Transition", *Computing Surveys*, Volume 11, Number 4 (1979), pages 286–303.

[Leslie et al. 1996] I. M. Leslie, D. McAuley, R. Black, T. Roscoe, P. T. Barham, D. Evers, R. Fairbairns, and E. Hyden, "The Design and Implementation of an Operating System to Support Distributed Multimedia Applications", *IEEE Journal of Selected Areas in Communications*, Volume 14, Number 7 (1996), pages 1280–1297.

[Lett and Konigsford 1968] A. L. Lett andW. L. Konigsford, "TSS/360: A Time-Shared Operating System", *Proceedings of the AFIPS Fall Joint Computer Conference* (1968), pages 15–28.

[Leutenegger and Vernon 1990] S. Leutenegger and M. Vernon, "The Performance of Multiprogrammed Multi-processor Scheduling Policies", *Proceedings of the Conference on Measurement and Modeling of Computer Systems* (1990).

[Levin et al. 1975] R. Levin, E. S. Cohen, W. M. Corwin, F. J. Pollack, and W. A. Wulf, "Policy/Mechanism Separation in Hydra", *Proceedings of the ACM Symposium on Operating Systems Principles* (1975), pages 132–140.

[Levine 2003] G. Levine, "Defining Deadlock", *Operating Systems Review*, Volume 37, Number 1 (2003).

[Lewis and Berg 1998] B. Lewis and D. Berg, *Multithreaded Programming with Pthreads*, Sun Microsystems Press (1998).

[Lewis and Berg 2000] B. Lewis and D. Berg, *Multithreaded Programming with Java Technology*, Sun Microsystems Press (2000).

[Lichtenberger and Pirtle 1965] W. W. Lichtenberger and M. W. Pirtle, "A Facility for Experimentation in

Man-Machine Interaction", *Proceedings of the AFIPS Fall Joint Computer Conference* (1965), pages 589–598.

[Lindholm and Yellin 1999] T. Lindholm and F. Yellin, *The Java Virtual Machine Specification, Second Edition*, Addison-Wesley (1999).

[Ling et al. 2000] Y. Ling, T. Mullen, and X. Lin, "Analysis of Optimal Thread Pool Size", *Operating System Review*, Volume 34, Number 2 (2000).

[Lipner 1975] S. Lipner, "A Comment on the Confinement Problem", *Operating System Review*, Volume 9, Number 5 (1975), pages 192–196.

[Lipton 1974] R. Lipton. "On Synchronization Primitive Systems". Ph.D. Thesis, Carnegie-Mellon University (1974).

[Liskov 1972] B. H. Liskov, "The Design of the Venus Operating System", *Communications of the ACM*, Volume 15, Number 3 (1972), pages 144–149.

[Liu and Layland 1973] C. L. Liu and J.W. Layland, "Scheduling Algorithms for Multiprogramming in a Hard Real-Time Environment", *Communications of the ACM*, Volume 20, Number 1 (1973), pages 46–61.

[Lobel 1986] J. Lobel, *Foiling the System Breakers: Computer Security and Access Control*, McGraw-Hill (1986).

[Loo 2003] A.W. Loo, "The Future of Peer-to-Peer Computing", *Communications of the ACM*, Volume 46, Number 9 (2003), pages 56–61.

[Love 2004] R. Love, *Linux Kernel Development*, Developer's Library (2004).

[Lowney et al. 1993] P. G. Lowney, S. M. Freudenberger, T. J. Karzes, W. D. Lichtenstein, R. P. Nix, J. S. O'Donnell, and J. C. Ruttenberg, "The Multiflow Trace Scheduling Compiler", *Journal of Supercomputing*, Volume 7, Number 1-2 (1993), pages 51–142.

[Lucco 1992] S. Lucco, "A Dynamic Scheduling Method for Irregular Parallel Programs", *Proceedings of the Conference on Programming Language Design and Implementation* (1992), pages 200–211.

[Ludwig 1998] M. Ludwig, *The Giant Black Book of Computer Viruses, Second Edition*, American Eagle Publications (1998).

[Ludwig 2002] M. Ludwig, *The Little Black Book of Email Viruses*, American Eagle Publications (2002).

[Lumb et al. 2000] C.Lumb, J. Schindler,G.R. Ganger,D.F.Nagle, and E.Riedel, "Towards Higher Disk Head Utilization: Extracting Free Bandwidth FromBusy Disk Drives", *Symposium on Operating Systems Design and Implementation* (2000).

[Maekawa 1985] M. Maekawa, "A Square Root Algorithm for Mutual Exclusion in Decentralized Systems", *ACM Transactions on Computer Systems*, Volume 3, Number 2 (1985), pages 145–159.

[Maher et al. 1994] C. Maher, J. S. Goldick, C. Kerby, and B. Zumach, "The Integration of Distributed File Systems and Mass Storage Systems", *Proceedings of the IEEE Symposium on Mass Storage Systems* (1994), pages 27–31.

[Marsh et al. 1991] B. D. Marsh, M. L. Scott, T. J. LeBlanc, and E. P. Markatos, "First-Class User-Level Threads", *Proceedings of the 13th ACM Symposium on Operating Systems Principle* (1991), pages 110–121.

[Massalin and Pu 1989] H. Massalin and C. Pu, "Threads and Input/Output in the Synthesis Kernel", *Proceedings of the ACM Symposium on Operating Systems Principles* (1989), pages 191–200.

[Mattern 1988] F. Mattern, "Virtual Time and Global States of Distributed Systems", *Workshop on Parallel and Distributed Algorithms* (1988).

[Mattson et al. 1970] R. L. Mattson, J. Gecsei, D. R. Slutz, and I. L. Traiger, "Evaluation Techniques for Storage Hierarchies", *IBM Systems Journal*, Volume 9, Number 2 (1970), pages 78–117.

[Mauro and McDougall 2001] J. Mauro and R. McDougall, *Solaris Internals: Core Kernel Architecture*, Prentice Hall (2001).

[McCanne and Jacobson 1993] S. McCanne and V. Jacobson, "The BSD Packet Filter: A New Architecture for User-level Packet Capture", *USENIX Winter* (1993), pages 259–270.

[McGraw and Andrews 1979] J. R. McGraw and G. R. Andrews, "Access Control in Parallel Programs", *IEEE Transactions on Software Engineering*, Volume SE-5, Number 1 (1979), pages 1–9.

[McKeag and Wilson 1976] R. M. McKeag and R. Wilson, *Studies in Operating Systems*, Academic Press (1976).

[McKeon 1985] B. McKeon, "An Algorithm for Disk Caching with Limited Memory", *Byte*, Volume 10, Number 9 (1985), pages 129–138.

[McKusick et al. 1984] M. K.McKusick,W. N. Joy, S. J. Leffler, and R. S. Fabry, "A Fast File System for UNIX", *ACM Transactions on Computer Systems*, Volume 2, Number 3 (1984), pages 181–197.

[McKusick et al. 1996] M. K.McKusick, K. Bostic, and M. J. Karels, *The Design and Implementation of the 4.4 BSD UNIX Operating System*, John Wiley and Sons (1996).

[McVoy and Kleiman 1991] L.W. McVoy and S. R. Kleiman, "Extent-like Performance from a UNIX File System", *Proceedings of the Winter USENIX Conference* (1991), pages 33–44.

[Mealy et al. 1966] G. H. Mealy, B. I. Witt, and W. A. Clark, "The Functional Structure of OS/360", *IBM Systems Journal*, Volume 5, Number 1 (1966).

[Mellor-Crummey and Scott 1991] J. M. Mellor-Crummey and M. L. Scott, "Algorithms for Scalable Synchronization on Shared-Memory Multiprocessors", *ACMTransactions on Computer Systems*, Volume 9,Number 1 (1991), pages 21–65.

[Menasce and Muntz 1979] D. Menasce and R. R. Muntz, "Locking and Deadlock Detection in Distributed Data Bases", *IEEE Transactions on Software Engineering*, Volume SE-5, Number 3 (1979), pages 195–202.

[Mercer et al. 1994] C.W. Mercer, S. Savage, and H. Tokuda, "Processor Capacity Reserves:Operating System Support for Multimedia Applications", *International Conference on Multimedia Computing and Systems* (1994), pages 90–99.

[Meyer and Seawright 1970] R. A. Meyer and L. H. Seawright, "A Virtual Machine Time-Sharing System", *IBM Systems Journal*, Volume 9, Number 3 (1970), pages 199–218.

[Microsoft 1986] *Microsoft MS-DOS User's Reference and Microsoft MS-DOS Programmer's Reference*. Microsoft Press (1986).

[Microsoft 1996] *Microsoft Windows NT Workstation Resource Kit*. Microsoft Press (1996).

[Microsoft 2000a] *Microsoft Developer Network Development Library*. Microsoft Press (2000).

[Microsoft 2000b] *Microsoft Windows 2000 Server Resource Kit*. Microsoft Press (2000).

[Microsystems 1995] S. Microsystems, *Solaris Multithreaded Programming Guide*, Prentice Hall (1995).

[Milenkovic 1987] M. Milenkovic, *Operating Systems: Concepts and Design*, McGraw-Hill (1987).

[Miller and Katz 1993] E. L. Miller and R. H. Katz, "An Analysis of File Migration in a UNIX Supercomputing Environment", *Proceedings of the Winter USENIX Conference* (1993), pages 421–434.

[Milojicic et al. 2000] D. S. Milojicic, F. Douglis, Y. Paindaveine, R.Wheeler, and S. Zhou, "Process Migration", *ACM Comput. Surv.*, Volume 32, Number 3 (2000), pages 241–299.

[Mockapetris 1987] P. Mockapetris, "Domain Names—Concepts and Facilities", *Network Working Group, Request for Comments: 1034* (1987).

[Mohan and Lindsay 1983] C. Mohan and B. Lindsay, "Efficient Commit Protocols for the Tree of Processes Model of Distributed Transactions", *Proceedings of the ACM Symposium on Principles of Database Systems* (1983).

[Mok 1983] A. K. Mok. "Fundamental Design Problems of Distributed Systems for the Hard Real-Time Environment". Ph.D. thesis, Massachussetts Institute of Technology, Cambridge, MA (1983).

[Morris 1973] J. H. Morris, "Protection in Programming Languages", *Communications of the ACM*, Volume 16, Number 1 (1973), pages 15–21.

[Morris and Thompson 1979] R. Morris and K. Thompson, "Password Security: A Case History", *Communications of the ACM*, Volume 22, Number 11 (1979), pages 594–597.

[Morris et al. 1986] J. H. Morris, M. Satyanarayanan, M. H. Conner, J. H. Howard, D. S.H. Rosenthal, and F.D. Smith, "Andrew: A Distributed Personal Computing Environment", *Communications of the ACM*, Volume 29, Number 3 (1986), pages 184–201.

[Morshedian 1986] D. Morshedian, "How to Fight Password Pirates", *Computer*, Volume 19, Number 1 (1986).

[Motorola 1993] *Power PC 601 RISC Microprocessor User's Manual*. Motorola Inc. (1993).

[Myers and Beigl 2003] B. Myers and M. Beigl, "Handheld Computing", *Computer*, Volume 36, Number 9 (2003), pages 27–29.

[Navarro et al. 2002] J. Navarro, S. Lyer, P. Druschel, and A. Cox, "Practical, Transparent Operating System Support for Superpages", *Proceedings of the USENIX Symposium on Operating Systems Design and Implementation* (2002).

[Needham and Walker 1977] R. M. Needham and R. D. H. Walker, "The Cambridge CAP Computer and Its Protection System", *Proceedings of the Sixth Symposium on Operating System Principles* (1977), pages 1–10.

[Nelson et al. 1988] M.Nelson, B.Welch, and J. K.Ousterhout, "Caching in the Sprite Network File System", *ACM Transactions on Computer Systems*, Volume 6, Number 1 (1988), pages 134–154.

[Norton and Wilton 1988] P. Norton and R. Wilton, *The New Peter Norton Programmer's Guide to the IBM PC & PS/2*, Microsoft Press (1988).

[Nutt 2004] G. Nutt, *Operating Systems: A Modern Perspective, Third Edition*, Addison-Wesley (2004).

[Oaks and Wong 1999] S. Oaks and H. Wong, *Java Threads, Second Edition*, O'Reilly & Associates (1999).

[Obermarck 1982] R. Obermarck, "Distributed Deadlock Detection Algorithm", *ACM Transactions on Database Systems*, Volume 7, Number 2 (1982), pages 187–208.

[O'Leary and Kitts 1985] B. T. O'Leary and D. L. Kitts, "Optical Device for a Mass Storage System", *Computer*, Volume 18, Number 7 (1985).

[Olsen and Kenley 1989] R. P. Olsen and G. Kenley, "Virtual Optical Disks Solve the On-Line Storage Crunch", *Computer Design*, Volume 28, Number 1 (1989), pages 93–96.

[Organick 1972] E. I. Organick, *The Multics System: An Examination of Its Structure*, MIT Press (1972).

[Ortiz 2001] S. Ortiz, "Embedded OS's Gain the Inside Track", *Computer*, Volume 34, Number 11 (2001).

[Ousterhout 1991] J. Ousterhout. "The Role of Distributed State". In CMU Computer Science: a 25th Anniversary Commemorative (1991), R. F. Rashid, Ed., Addison-Wesley (1991).

[Ousterhout et al. 1985] J.K.Ousterhout, H. D.Costa, D.Harrison, J.A.Kunze, M. Kupfer, and J. G. Thompson, "A Trace-Driven Analysis of the UNIX 4.2 BSD File System", *Proceedings of the ACM Symposium on Operating Systems Principles* (1985), pages 15–24.

[Ousterhout et al. 1988] J. K. Ousterhout, A. R. Cherenson, F. Douglis, M. N. Nelson, and B. B. Welch, "The Sprite Network-Operating System", *Computer*, Volume 21, Number 2 (1988), pages 23–36.

[Parameswaran et al. 2001] M. Parameswaran, A. Susarla, and A. B. Whinston, "P2P Networking: An Information-Sharing Alternative", *Computer*, Volume 34, Number 7 (2001).

[Parmelee et al. 1972] R. P. Parmelee, T. I. Peterson, C. C. Tillman, and D. Hatfield, "Virtual Storage and Virtual Machine Concepts", *IBM Systems Journal*, Volume 11, Number 2 (1972), pages 99–130.

[Parnas 1975] D. L. Parnas, "On a Solution to the Cigarette Smokers' Problem Without Conditional Statements", *Communications of the ACM*, Volume 18, Number 3 (1975), pages 181–183.

[Patil 1971] S. Patil. "Limitations and Capabilities of Dijkstra's Semaphore Primitives for Coordination Among Processes". Technical Report, MIT (1971).

[Patterson et al. 1988] D. A. Patterson, G. Gibson, and R. H. Katz, "A Case for Redundant Arrays of Inexpensive Disks (RAID)", *Proceedings of the ACM SIGMOD International Conference on the Management of Data* (1988).

[Pease et al. 1980] M. Pease, R. Shostak, and L. Lamport, "Reaching Agreement in the Presence of Faults", *Communications of the ACM*, Volume 27, Number 2 (1980), pages 228–234.

[Pechura and Schoeffler 1983] M. A. Pechura and J. D. Schoeffler, "Estimating File Access Time of Floppy Disks", *Communications of the ACM*, Volume 26, Number 10 (1983), pages 754–763.

[Perlman 1988] R. Perlman, *Network Layer Protocols with Byzantine Robustness*. PhD thesis, Massachusetts Institute of Technology (1988).

[Peterson 1981] G. L. Peterson, "Myths About the Mutual Exclusion Problem", *Information Processing Letters*, Volume 12, Number 3 (1981).

[Peterson and Davie 1996] L. L. Peterson and B. S. Davie, *Computer Networks: a Systems Approach*, Morgan Kaufmann Publishers Inc. (1996).

[Peterson and Norman 1977] J. L. Peterson and T. A. Norman, "Buddy Systems", *Communications of the ACM*, Volume 20, Number 6 (1977), pages 421–431.

[Pfleeger and Pfleeger 2003] C. Pfleeger and S. Pfleeger, *Security in Computing, Third Edition*, Prentice Hall (2003).

[Philbin et al. 1996] J. Philbin, J. Edler, O. J. Anshus, C. C. Douglas, and K. Li, "Thread Scheduling for Cache Locality", *Architectural Support for Programming Languages and Operating Systems* (1996), pages 60–71.

[Pinilla and Gill 2003] R. Pinilla and M. Gill, "JVM: Platform Independent vs. Performance Dependent", *Operating System Review* (2003).

[Polychronopoulos and Kuck 1987] C. D. Polychronopoulos and D. J. Kuck, "Guided Self-Scheduling: A practical Scheduling Scheme for Parallel Supercomputers", *IEEE Transactions on Computers*, Volume 36,

Number 12 (1987), pages 1425–1439.

[Popek 1974] G. J. Popek, "Protection Structures", *Computer*, Volume 7, Number 6 (1974), pages 22–33.

[Popek and Walker 1985] G. Popek and B. Walker, editors, *The LOCUS Distributed System Architecture*, MIT Press (1985).

[Prieve and Fabry 1976] B. G. Prieve and R. S. Fabry, "VMIN—An Optimal Variable Space Page-Replacement Algorithm", *Communications of the ACM*, Volume 19, Number 5 (1976), pages 295–297.

[Psaltis and Mok 1995] D. Psaltis and F. Mok, "Holographic Memories", *Scientific American*, Volume 273, Number 5 (1995), pages 70–76.

[Purdin et al. 1987] T. D. M. Purdin, R. D. Schlichting, and G. R. Andrews, "A File Replication Facility for Berkeley UNIX", *Software—Practice and Experience*, Volume 17, (1987), pages 923–940.

[Purdom, Jr. and Stigler 1970] P. W. Purdom, Jr. and S. M. Stigler, "Statistical Properties of the Buddy System", *J. ACM*, Volume 17, Number 4 (1970), pages 683–697.

[Quinlan 1991] S. Quinlan, "A Cached WORM", *Software—Practice and Experience*, Volume 21, Number 12 (1991), pages 1289–1299.

[Rago 1993] S. Rago, *UNIX System V Network Programming*, Addison-Wesley (1993).

[Rashid 1986] R. F. Rashid, "From RIG to Accent to Mach: The Evolution of a Network Operating System", *Proceedings of the ACM/IEEE Computer Society, Fall Joint Computer Conference* (1986).

[Rashid and Robertson 1981] R. Rashid and G. Robertson, "Accent: A Communication-Oriented Network Operating System Kernel", *Proceedings of the ACM Symposium on Operating System Principles* (1981).

[Raynal 1986] M. Raynal, *Algorithms for Mutual Exclusion*, MIT Press (1986).

[Raynal 1991] M. Raynal, "A Simple Taxonomy for Distributed Mutual Exclusion Algorithms", *Operating Systems Review*, Volume 25, Number 1 (1991), pages 47–50.

[Raynal and Singhal 1996] M. Raynal and M. Singhal, "Logical Time:Capturing Causality in Distributed Systems", *Computer*, Volume 29, Number 2 (1996), pages 49–56.

[Reddy and Wyllie 1994] A. L. N. Reddy and J. C. Wyllie, "I/O issues in a Multimedia System", *Computer*, Volume 27, Number 3 (1994), pages 69–74.

[Redell and Fabry 1974] D. D. Redell and R. S. Fabry, "Selective Revocation of Capabilities", *Proceedings of the IRIA International Workshop on Protection in Operating Systems* (1974), pages 197–210.

[Reed 1983] D. P. Reed, "Implementing Atomic Actions on Decentralized Data", *ACM Transactions on Computer Systems*, Volume 1, Number 1 (1983), pages 3–23.

[Reed and Kanodia 1979] D. P. Reed and R. K. Kanodia, "Synchronization with Eventcounts and Sequences", *Communications of the ACM*, Volume 22, Number 2 (1979), pages 115–123.

[Regehr et al. 2000] J. Regehr, M. B. Jones, and J. A. Stankovic, "Operating System Support for Multimedia: The Programming Model Matters", *Technical Report MSR-TR-2000-89, Microsoft Research* (2000).

[Reid 1987] B. Reid, "Reflections on Some Recent Widespread Computer Break-Ins", *Communications of the ACM*, Volume 30, Number 2 (1987), pages 103–105.

[Ricart and Agrawala 1981] G. Ricart and A. K. Agrawala, "An Optimal Algorithm for Mutual Exclusion in Computer Networks", *Communications of the ACM*, Volume 24, Number 1 (1981), pages 9–17.

[Richards 1990] A. E. Richards, "A File System Approach for Integrating Removable Media Devices and

Jukeboxes", *Optical Information Systems*, Volume 10, Number 5 (1990), pages 270–274.

[Richter 1997] J. Richter, *Advanced Windows*, Microsoft Press (1997).

[Riedel et al. 1998] E. Riedel, G. A. Gibson, and C. Faloutsos, "Active Storage for Large-Scale Data Mining and Multimedia", *Proceedings of 24th International Conference on Very Large Data Bases* (1998), pages 62–73.

[Ripeanu et al. 2002] M. Ripeanu, A. Immnitchi, and I. Foster, "Mapping the Gnutella Network", *IEEE Internet Computing*, Volume 6, Number 1 (2002).

[Rivest et al. 1978] R. L. Rivest, A. Shamir, and L. Adleman, "On Digital Signatures and Public Key Cryptosystems", *Communications of the ACM*, Volume 21, Number 2 (1978), pages 120–126.

[Rodeheffer and Schroeder 1991] T. L. Rodeheffer and M. D. Schroeder, "Automatic reconfiguration in Autonet", *Proceedings of the ACM Symposium on Operating Systems Principles* (1991), pages 183–197.

[Rosenblum and Ousterhout 1991] M. Rosenblum and J. K. Ousterhout, "The Design and Implementation of a Log-Structured File System", *Proceedings of the ACM Symposium on Operating Systems Principles* (1991), pages 1–15.

[Rosenkrantz et al. 1978] D. J. Rosenkrantz, R. E. Stearns, and P. M. Lewis, "System Level Concurrency Control for Distributed Database Systems", *ACM Transactions on Database Systems*, Volume 3, Number 2 (1978), pages 178–198.

[Ruemmler and Wilkes 1991] C. Ruemmler and J. Wilkes. "Disk Shuffling". Technical Report, Hewlett-Packard Laboratories (1991).

[Ruemmler and Wilkes 1993] C. Ruemmler and J. Wilkes, "Unix Disk Access Patterns", *Proceedings of the Winter USENIX Conference* (1993), pages 405–420.

[Ruemmler and Wilkes 1994] C. Ruemmler and J. Wilkes, "An Introduction to Disk Drive Modeling", *Computer*, Volume 27, Number 3 (1994), pages 17–29.

[Rushby 1981] J. M. Rushby, "Design and Verification of Secure Systems", *Proceedings of the ACM Symposium on Operating Systems Principles* (1981), pages 12–21.

[Rushby and Randell 1983] J. Rushby and B. Randell, "A Distributed Secure System", *Computer*, Volume 16, Number 7 (1983), pages 55–67.

[Russell and Gangemi 1991] D. Russell and G. T. Gangemi, *Computer Security Basics*, O'Reilly & Associates (1991).

[Saltzer and Schroeder 1975] J. H. Saltzer and M. D. Schroeder, "The Protection of Information in Computer Systems", *Proceedings of the IEEE* (1975), pages 1278–1308.

[Sandberg 1987] R. Sandberg, *The Sun Network File System: Design, Implementation and Experience*, Sun Microsystems (1987).

[Sandberg et al. 1985] R. Sandberg, D. Goldberg, S. Kleiman, D. Walsh, and B. Lyon, "Design and Implementation of the Sun Network Filesystem", *Proceedings of the Summer USENIX Conference* (1985), pages 119–130.

[Sargent and Shoemaker 1995] M. Sargent and R. Shoemaker, *The Personal Computer from the Inside Out, Third Edition*, Addison-Wesley (1995).

[Sarisky 1983] L. Sarisky, "Will Removable Hard Disks Replace the Floppy?", *Byte* (1983), pages 110–117.

[Satyanarayanan 1990] M. Satyanarayanan, "Scalable, Secure and Highly Available Distributed File Access",

Computer, Volume 23, Number 5 (1990), pages 9–21.

[Savage et al. 2000] S. Savage, D. Wetherall, A. R. Karlin, and T. Anderson, "Practical Network Support for IP Traceback", *Proceedings of ACM SIGCOMM Conference on Data Communication* (2000), pages 295–306.

[Schell 1983] R. R. Schell, "A Security Kernel for a Multiprocessor Microcomputer", *Computer* (1983), pages 47–53.

[Schindler and Gregory 1999] J. Schindler and G. Gregory, "Automated Disk Drive Characterization", *Technical Report, Carnegie-Mellon University* (1999).

[Schlichting and Schneider 1982] R. D. Schlichting and F. B. Schneider, "Understanding and Using Asynchronous Message Passing Primitives", *Proceedings of the Symposium on Principles of Distributed Computing* (1982), pages 141–147.

[Schneider 1982] F. B. Schneider, "Synchronization in Distributed Programs", *ACM Transactions on Programming Languages and Systems*, Volume 4, Number 2 (1982), pages 125–148.

[Schneier 1996] B. Schneier, *Applied Cryptography, Second Edition*, JohnWiley and Sons (1996).

[Schrage 1967] L. E. Schrage, "The Queue M/G/I with Feedback to Lower Priority Queues", *Management Science*, Volume 13, (1967), pages 466–474.

[Schwarz and Mattern 1994] R. Schwarz and F. Mattern, "Detecting Causal Relationships in Distributed Computations: In Search of the Holy Grail", *Distributed Computing*, Volume 7, Number 3 (1994), pages 149–174.

[Seely 1989] D. Seely, "Password Cracking: A Game of Wits", *Communications of the ACM*, Volume 32, Number 6 (1989), pages 700–704.

[Seltzer et al. 1990] M. Seltzer, P. Chen, and J. Ousterhout, "Disk Scheduling Revisited", *Proceedings of the Winter USENIX Conference* (1990), pages 313–323.

[Seltzer et al. 1993] M. I. Seltzer, K. Bostic, M. K. McKusick, and C. Staelin, "An Implementation of a Log-Structured File System for UNIX", *USENIX Winter* (1993), pages 307–326.

[Seltzer et al. 1995] M. I. Seltzer, K. A. Smith, H. Balakrishnan, J. Chang, S. McMains, and V. N. Padmanabhan, "File System Logging versus Clustering: A Performance Comparison", *USENIX Winter* (1995), pages 249–264.

[Shrivastava and Panzieri 1982] S. K. Shrivastava and F. Panzieri, "The Design of a Reliable Remote Procedure Call Mechanism", *IEEE Transactions on Computers*, Volume C-31, Number 7 (1982), pages 692–697.

[Silberschatz et al. 2001] A.Silberschatz,H. F. Korth, and S.Sudarshan, *Database System Concepts, Fourth Edition*, McGraw-Hill (2001).

[Silverman 1983] J. M. Silverman, "Reflections on the Verification of the Security of an Operating System Kernel", *Proceedings of the ACM Symposium on Operating Systems Principles* (1983), pages 143–154.

[Silvers 2000] C. Silvers, "UBC: An Efficient Unified I/O and Memory Caching Subsystem for NetBSD", *USENIX Annual Technical Conference—FREENIX Track* (2000).

[Simmons 1979] G. J. Simmons, "Symmetric and Asymmetric Encryption", *Computing Surveys*, Volume 11, Number 4 (1979), pages 304–330.

[Sincerbox 1994] G. T. Sincerbox, editor, *Selected Papers on Holographic Storage*, Optical Engineering Press (1994).

[Singhal 1989] M. Singhal, "Deadlock Detection in Distributed Systems", *Computer*, Volume 22, Number 11 (1989), pages 37–48.

[Sirer et al. 1999] E. G. Sirer, R. Grimm, A. J. Gregory, and B. N. Bershad, "Design and Implementation of a Distributed Virtual Machine for Networked Computers", *Symposium on Operating Systems Principles* (1999), pages 202–216.

[Smith 1982] A. J. Smith, "Cache Memories", *ACM Computing Surveys*, Volume 14, Number 3 (1982), pages 473–530.

[Smith 1985] A. J. Smith, "Disk Cache-Miss Ratio Analysis and Design Considerations", *ACM Transactions on Computer Systems*, Volume 3, Number 3 (1985), pages 161–203.

[Sobti et al. 2004] S.Sobti,N.Garg, F. Zheng, J. Lai, Y. Shao,C.Zhang,E.Ziskind, A. Krishnamurthy, and R. Wang, "Segank: A Distributed Mobile Storage System", *Proceedings of the Third USENIX Conference on File and Storage Technologies* (2004).

[Solomon 1998] D. A. Solomon, *Inside Windows NT, Second Edition*, Microsoft Press (1998).

[Solomon and Russinovich 2000] D. A. Solomon and M. E. Russinovich, *Inside Microsoft Windows 2000, Third Edition*, Microsoft Press (2000).

[Spafford 1989] E. H. Spafford, "The Internet Worm: Crisis and Aftermath", *Communications of the ACM*, Volume 32, Number 6 (1989), pages 678–687.

[Spector and Schwarz 1983] A. Z. Spector and P. M. Schwarz, "Transactions: A Construct for Reliable Distributed Computing", *ACMSIGOPS Operating Systems Review*, Volume 17, Number 2 (1983), pages 18–35.

[Stallings 2000a] W. Stallings, *Local and Metropolitan Area Networks*, Prentice Hall (2000).

[Stallings 2000b] W. Stallings, *Operating Systems, Fourth Edition*, Prentice Hall (2000).

[Stallings 2003] W. Stallings, *Cryptography and Network Security: Principles and Practice, Third Edition*, Prentice Hall (2003).

[Stankovic 1982] J. S. Stankovic, "Software Communication Mechanisms: Procedure Calls Versus Messages", *Computer*, Volume 15, Number 4 (1982).

[Stankovic 1996] J. A. Stankovic, "Strategic Directions in Real-Time and Embedded Systems", *ACM Computing Surveys*, Volume 28, Number 4 (1996), pages 751–763.

[Staunstrup 1982] J. Staunstrup, "Message Passing Communication Versus Procedure Call Communication", *Software—Practice and Experience*, Volume 12, Number 3 (1982), pages 223–234.

[Steinmetz 1995] R. Steinmetz, "Analyzing the Multimedia Operating System", *IEEE MultiMedia*, Volume 2, Number 1 (1995), pages 68–84.

[Stephenson 1983] C. J. Stephenson, "Fast Fits: A New Method for Dynamic Storage Allocation", *Proceedings of the Ninth Symposium on Operating Systems Principles* (1983), pages 30–32.

[Stevens 1992] R. Stevens, *Advanced Programming in the UNIX Environment*, Addison-Wesley (1992).

[Stevens 1994] R. Stevens, *TCP/IP Illustrated Volume 1: The Protocols*, Addison-Wesley (1994).

[Stevens 1995] R. Stevens, *TCP/IP Illustrated, Volume 2: The Implementation*, Addison-Wesley (1995).

[Stevens 1997] W. R. Stevens, *UNIX Network Programming—Volume I*, Prentice Hall (1997).

[Stevens 1998] W. R. Stevens, *UNIX Network Programming—Volume II*, Prentice Hall (1998).

[Stevens 1999] W. R. Stevens, *UNIX Network Programming Interprocess Communications—Volume 2*, Prentice

Hall (1999).

[Stoica et al. 1996] I. Stoica,H. Abdel-Wahab, K. Jeffay, S. Baruah, J. Gehrke, and G. Plaxton, "AProportional Share Resource Allocation Algorithm for Real-Time, Time-Shared Systems", *IEEE Real-Time Systems Symposium* (1996).

[Su 1982] Z. Su, "A Distributed System for Internet Name Service", *Network Working Group, Request for Comments: 830* (1982).

[Sugerman et al. 2001] J. Sugerman,G.Venkitachalam, and B. Lim, "Virtualizing I/O Devices on VMware Workstatin's Hosted Virtual Machine Monitor", *2001 USENIX Annual Technical Conference* (2001).

[Sun 1990] *Network Programming Guide*. Sun Microsystems (1990).

[Svobodova 1984] L. Svobodova, "File Servers for Network-Based Distributed Systems", *ACM Computing Survey*, Volume 16, Number 4 (1984), pages 353–398.

[Talluri et al. 1995] M. Talluri,M. D. Hill, and Y. A. Khalidi, "A NewPage Table for 64-bit Address Spaces", *Proceedings of the ACM Symposium on Operating Systems Principles* (1995).

[Tamches and Miller 1999] A. Tamches and B. P. Miller, "Fine-Grained Dynamic Instrumentation of Commodity Operating SystemKernels",*USENIX Symposium on Operating Systems Design and Implementation* (1999).

[Tanenbaum 1990] A. S. Tanenbaum, *Structured Computer Organization, Third Edition*, Prentice Hall (1990).

[Tanenbaum 2001] A. S. Tanenbaum, *Modern Operating Systems*, Prentice Hall (2001).

[Tanenbaum 2003] A. S. Tanenbaum, *Computer Networks, Fourth Edition*, Prentice Hall (2003).

[Tanenbaum and Van Renesse 1985] A. S. Tanenbaum and R. Van Renesse, "Distributed Operating Systems", *ACM Computing Survey*, Volume 17, Number 4 (1985), pages 419–470.

[Tanenbaum and van Steen 2002] A. Tanenbaum and M. van Steen, *Distributed Systems: Principles and Paradigms*, Prentice Hall (2002).

[Tanenbaum and Woodhull 1997] A. S. Tanenbaum and A. S. Woodhull, *Operating System Design and Implementation, Second Edition*, Prentice Hall (1997).

[Tate 2000] S. Tate, *Windows 2000 Essential Reference*, New Riders (2000).

[Tay and Ananda 1990] B. H. Tay and A. L. Ananda, "A Survey of Remote Procedure Calls", *Operating Systems Review*, Volume 24, Number 3 (1990), pages 68–79.

[Teorey and Pinkerton 1972] T. J. Teorey and T. B. Pinkerton, "A Comparative Analysis of Disk Scheduling Policies", *Communications of the ACM*, Volume 15, Number 3 (1972), pages 177–184.

[Tevanian et al. 1987a] A. Tevanian, Jr., R. F. Rashid, D. B. Golub, D. L. Black, E. Cooper, and M. W. Young, "Mach Threads and the Unix Kernel: The Battle for Control", *Proceedings of the Summer USENIX Conference* (1987).

[Tevanian et al. 1987b] A. Tevanian, Jr., R. F. Rashid,M.W. Young,D. B.Golub, M. R. Thompson, W. Bolosky, and R. Sanzi. "A UNIX Interface for Shared Memory and MemoryMapped Files Under Mach". Technical Report, Carnegie-Mellon University (1987).

[Tevanian et al. 1989] A. Tevanian, Jr., and B. Smith, "Mach: The Model for Future Unix", *Byte* (1989).

[Thekkath et al. 1997] C. A. Thekkath, T.Mann, and E. K. Lee, "Frangipani: A Scalable Distributed File System", *Symposium on Operating Systems Principles* (1997), pages 224–237.

[Thompson 1984] K. Thompson, "Reflections on Trusting Trust", *Communications of ACM*, Volume 27,

Number 8 (1984), pages 761–763.

[Thorn 1997] T. Thorn, "Programming Languages for Mobile Code", *ACM Computing Surveys*, Volume 29, Number 3 (1997), pages 213–239.

[Toigo 2000] J. Toigo, "Avoiding a Data Crunch", *Scientific American*, Volume 282, Number 5 (2000), pages 58–74.

[Traiger et al. 1982] I. L. Traiger, J. N. Gray, C. A. Galtieri, and B. G. Lindsay, "Transactions and Consistency in Distributed DatabaseManagement Systems", *ACM Transactions on Database Systems*, Volume 7, Number 3 (1982), pages 323–342.

[Tucker and Gupta 1989] A. Tucker and A. Gupta, "Process Control and Scheduling Issues for Multiprogrammed Shared-Memory Multiprocessors", *Proceedings of the ACM Symposium on Operating Systems Principles* (1989).

[Tudor 1995] P. N. Tudor. "MPEG-2 video compression tutorial". *IEEE Colloquium on MPEG-2 - What it is and What it isn't* (1995).

[Vahalia 1996] U. Vahalia, *Unix Internals: The New Frontiers*, Prentice Hall (1996).

[Vee and Hsu 2000] V. Vee and W. Hsu, "Locality-Preserving Load-Balancing Mechanisms for Synchronous Simulations on Shared-Memory Multiprocessors", *Proceedings of the Fourteenth Workshop on Parallel and Distributed Simulation* (2000), pages 131–138.

[Venners 1998] B. Venners, *Inside the Java Virtual Machine*, McGraw-Hill (1998).

[Wah 1984] B. W. Wah, "File Placement on Distributed Computer Systems", *Computer*, Volume 17, Number 1 (1984), pages 23–32.

[Wahbe et al. 1993a] R. Wahbe, S. Lucco, T. E. Anderson, and S. L. Graham, "Efficient Software-Based Fault Isolation", *ACM SIGOPS Operating Systems Review*, Volume 27, Number 5 (1993), pages 203–216.

[Wahbe et al. 1993b] R. Wahbe, S. Lucco, T. E. Anderson, and S. L. Graham, "Efficient Software-Based Fault Isolation", *ACM SIGOPS Operating Systems Review*, Volume 27, Number 5 (1993), pages 203–216.

[Wallach et al. 1997] D. S. Wallach, D. Balfanz, D. Dean, and E. W. Felten, "Extensible Security Architectures for Java", *Proceedings of the ACM Symposium on Operating Systems Principles* (1997).

[Wilkes et al. 1996] J. Wilkes, R. Golding, C. Staelin, and T. Sullivan, "The HP AutoRAID Hierarchical Storage System", *ACM Transactions on Computer Systems*, Volume 14, Number 1 (1996), pages 108–136.

[Williams 2001] R. Williams, *Computer Systems Architecture—A Networking Approach*, Addison-Wesley (2001).

[Williams 2002] N. Williams, "An Implementation of Scheduler Activations on the NetBSD Operating System", *2002 USENIX Annual Technical Conference, FREENIX Track* (2002).

[Wilson et al. 1995] P. R. Wilson, M. S. Johnstone, M. Neely, and D. Boles, "Dynamic Storage Allocation: A Survey and Critical Review", *Proceedings of the International Workshop on Memory Management* (1995), pages 1–116.

[Wolf 2003] W. Wolf, "A Decade of Hardware/Software Codesign", *Computer*, Volume 36, Number 4 (2003), pages 38–43.

[Wood and Kochan 1985] P. Wood and S. Kochan, *UNIX System Security*, Hayden (1985).

[Woodside 1986] C. Woodside, "Controllability of Computer Performance Tradeoffs Obtained Using Controlled-Share Queue Schedulers", *IEEE Transactions on Software Engineering*, Volume SE-12,

Number 10 (1986), pages 1041–1048.

[Worthington et al. 1994] B. L. Worthington, G. R. Ganger, and Y. N. Patt, "Scheduling Algorithms for Modern Disk Drives", *Proceedings of the ACM Sigmetrics Conference on Measurement and Modeling of Computer Systems* (1994), pages 241–251.

[Worthington et al. 1995] B. L. Worthington, G. R. Ganger, Y. N. Patt, and J. Wilkes, "On-Line Extraction of SCSI Disk Drive Parameters", *Proceedings of the ACM Sigmetrics Conference on Measurement and Modeling of Computer Systems* (1995), pages 146–156.

[Wulf 1969] W. A. Wulf, "Performance Monitors for Multiprogramming Systems", *Proceedings of the ACM Symposium on Operating Systems Principles* (1969), pages 175–181.

[Wulf et al. 1981] W. A. Wulf, R. Levin, and S. P. Harbison, *Hydra/C.mmp: An Experimental Computer System*, McGraw-Hill (1981).

[Yeong et al. 1995] W. Yeong, T. Howes, and S. Kille, "Lightweight Directory Access Protocol", *Network Working Group, Request for Comments: 1777* (1995).

[Young et al. 1987] M. Young, A. Tevanian, R. Rashid, D. Golub, and J. Eppinger, "The Duality of Memory and Communication in the Implementation of a Multiprocessor Operating System", *Proceedings of the ACM Symposium on Operating Systems Principles* (1987), pages 63–76.

[Yu et al. 2000] X. Yu, B. Gum, Y. Chen, R. Y.Wang, K. Li, A. Krishnamurthy, and T. E. Anderson, "Trading Capacity for Performance in a Disk Array", *Proceedings of the 2000 Symposium on Operating Systems Design and Implementation* (2000), pages 243–258.

[Zabatta and Young 1998] F. Zabatta and K. Young, "A Thread Performance Comparison: Windows NT and Solaris on a Symmetric Multiprocessor", *Proceedings of the 2nd USENIX Windows NT Symposium* (1998).

[Zahorjan and McCann 1990] J. Zahorjan and C. McCann, "Processor Scheduling in Shared-Memory Multiprocessors", *Proceedings of the Conference on Measurement and Modeling of Computer Systems* (1990).

[Zapata and Asokan 2002] M. Zapata and N. Asokan, "Securing Ad Hoc Routing Protocols", *Proc. 2002 ACM Workshop on Wireless Security* (2002).

[Zhao 1989] W. Zhao, editor, *Special Issue on Real-Time Operating Systems*, Operating System Review (1989).

原版相关内容引用表

图 1.9：来自 Hennesy 和 Patterson 的 *Computer Architecture: A Quantitative Approach* 第三版中第 394 页的图 5.3。该书由 Morgan Kaufmann Publishers 出版，Copyright© 2002。经出版商授权后重印。

图 3.9：来自 Iaccobucci 的 *OS/2 Programmer's Guide* 第 20 页的图 1.7。该书由美国纽约的 McGraw-Hill 出版商出版，Copyright © 1988。经出版商授权后重印。

图 6.8：来自 Khanna/Sebree/Zolnowsky 的 *Realtime Scheduling in SunOS 5.0*，文章在 1992 年 1 月在美国加利福尼亚州旧金山市举行的 Winter USENIX 会议上发表。有来自作者的授权。

图 6.10 来自 Sun Microsystems 公司，并经过授权后修改。

图 9.21：来自 *80386 Programmer's Reference Manual* 第 5-12 页的图 5-12。经 Intel 授权后重印。Copyright/Intel Corporation 1986。

图 10.16：来自 IBM 公司的 *IBM Systems Journal*，3 号刊第 10 卷，Copyright © 1971。经 IBM 授权后重印。

图 12.9：来自 Leffler/McKusick/Karels/Quarterman 的 *The Design and Implementation of the 4.3 BSD UNIX Operating System* 196 页的图 7.6。该书由美国马塞诸塞州 Reading 市的 Addison-Wesley 出版商出版，Copyright © 1989。经出版商授权后重印。

图 13.9：来自 *Pentium Processor User's Manual: Architecture and Programming Manual* 第三卷，Copyright © 1993。经 Intel 许可后重印。

图 15.4、图 15.5、图 15.7：来自 Halsall 的 *Data Communications, Computer Networks, and Open Systems* 第 3 版 14 页的图 1.9，15 页的图 1.10 和 18 页的图 1.11。该书由美国马塞诸塞州 Reading 市的 Addison-Wesley 出版，Copyright © 1992。经出版商授权后重印。

第 7 章和第 17 章的章节来自于 Silberschatz/Knorth 的 *Database System Concepts* 第 3 版。具体为第 451~454 页的第 13.5 节，第 471~472 页的第 14.1.1 小节，第 476~479 页的第 14.1.3 小节，第 482~485 页的第 14.2 节，第 512~513 页的第 15.2.1 小节，第 517~518 页的第 15.4 节，第 523~524 页的第 15.4.3 小节，第 613~617 页的第 18.7 节，第 617~622 页的第 18.8 节。该书由美国纽约的 McGraw-Hill 出版商出版，Copyright © 1997。经出版商授权后重印。

英汉名词对照表

2PC protocol, *see* two-phase commit protocol 2PC 协议

10BaseT Ethernet 10BaseT 以太网

16-bit Windows environment 16 位 Windows 环境

32-bit Windows environment 32 位 Windows 环境

100BaseT Ethernet 100BaseT 以太网

A

aborted transactions 中断的事务

absolute code 绝对代码

absolute path names 绝对路径名

abstract data type 抽象数据类型

access 访问

  anonymous 匿名

  controlled 受控制的

  file, *see* file access 文件

access control, in Linux 访问控制，在 Linux 中

access-control list (ACL) 访问控制列表

access latency 访问延迟

access lists (NFS V4) 访问列表（NFS V4）

access matrix 访问矩阵

  and access control 与访问控制

  defined 定义的

  implementation of （的）实现

  and revocation of access rights 与访问权限的撤销

access rights 访问权限

accounting (operating system service) 审计（操作系统服务）

accreditation 授权

ACL (access-control list) 访问控制列表

active array (Linux) 活动数组（Linux）

Active Directory (Windows XP) 活动目录（Windows XP）

active list 活动列表

acyclic graph 非循环图

acyclic-graph directories 非循环图目录

adaptive mutex 适应性互斥

additional-reference-bits algorithm 附加引用位算法

additional sense code 附加检测码

additional sense-code, qualifier 附加检测码，合格者

address(es) 地址

  defined 定义的

  Internet 因特网

  linear 线性

  logical 逻辑

  physical 物理

  virtual 虚拟

address binding 地址绑定

address resolution protocol (ARP) 地址解析协议

address space 地址空间

  logical vs. physical 逻辑与物理

  virtual 虚拟

address-space identifiers (ASIDs) 地址空间标识

administrative complexity 管理复杂度

admission control 许可控制

admission-control algorithms 许可控制算法

advanced encryption standard (AES) 高级加密标准

advanced technology attachment (ATA) buses 高级技术附件总线

advisory file-locking mechanisms 建议式文件加锁机制

AES (advanced encryption standard) 高级加密

system model for （的）系统模型

  write-ahead logging of 预写日志（的）

attacks, *see also* **denial-of-service** 攻击

  man-in-the-middle 中间人

  replay 重放

  zero-day 零天

attributes 属性

authentication 认证

  breaching of 违反

  and encryption 与加密

  in Linux Linux（中/的）

  two-factor 双重因素

  in Windows Windows（中/的）

automatic job sequencing 自动作业排序

automatic variables 自动变量

automatic work-set trimming (Windows XP) 自动工作集修剪（Windows XP）

automount feature 自动挂载特性

autoprobes 自动探测

auxiliary rights (Hydra) 附属权限（Hydra）

B

back door 后门

background processes 后台进程

backing store 后备存储

backups 备份

bad blocks 坏块

bandwidth 带宽

  disk 磁盘

  effective 有效

  sustained 支持

banker's algorithm 银行家算法

base file record 基本文件记录

base register 基址寄存器

basic file systems 基本文件系统

batch files 批处理文件

batch interface 批处理接口

Bayes' theorem Bayes 定理

Belady's anomaly Belady 异常

best-fit strategy 最佳匹配策略

biased protocol 偏倚协议

binary semaphore 二元信号量

binding 绑定

biometrics 生物测量学

bit(s) 位

  mode 模式

  modify (dirty) 修改（脏）

  reference 参考

  valid-invalid 有效-无效

  bit-interleaved parity organization 位交织奇偶结构

bit-level striping 位级别分散读写模式

bit vector (bit map) 位向量（位图）

black-box transformations 黑盒变换

blade servers 刀片服务器

block(s) 块

  bad 坏

  boot 引导

  boot control 启动控制

  defined 定义的

  direct 直接

  file-control 文件控制

  index 索引

  index to （的）索引

  indirect 间接（的）

  logical 逻辑

  volume control 卷控制

block ciphers 块密码

block devices 块设备

block groups 块组

blocking, indefinite 阻塞，非确定

blocking I/O 阻塞 I/O

blocking (synchronous) message passing 阻塞（同步）消息传递

block-interleaved distributed parity 块交织分布式奇偶结构

block-interleaved parity organization 块交织奇偶结构

block-level striping 块级别分散读写模式

block number, relative 块号，相对的

boot block 引导块

boot control block 启动控制块

boot disk (system disk) 启动盘（系统盘）

booting 引导

boot partition 启动分区

boot sector 引导区

bootstrap programs 引导程序

bootstrap programs (bootstrap loaders) 引导程序
（引导加载器）

boot viruses 启动病毒

bottom half interrupt service routines 下半部分中
断服务例程

bounded-buffer problem 有限缓冲问题

bounded capacity (of queue) 有限容量（的队列）

breach of availability 违反可用性

breach of confidentiality 违反机密性

breach of integrity 违反完整性

broadcasting 广播

B+ tree (NTFS) B+树（NTFS）

buddy heap (Linux) 伙伴堆（Linux）

buddy system (Linux) 伙伴系统（Linux）

buddy-system allocation 伙伴系统分配

buffer 缓冲
    circular 环型
    defined 定义的

buffer cache 缓冲缓存

buffering 缓冲

buffer-overflow attacks 缓冲溢出攻击

bully algorithm 欺负算法

bus 总线
    defined 定义的
    expansion 扩展
    PCI

bus architecture 总线体系结构

bus-mastering I/O boards 采用总线控制的 I/O
主板

busy waiting 忙等待

bytecode 字节码

Byzantine generals problem 拜占庭将军问题

C

cache 缓存
    buffer 缓冲
    defined 定义的
    in Linux Linux（中/的）
    as memory buffer 作为内存缓冲
    nonvolatile RAM 非易失性 RAM
    page 页
    and performance improvement 与性能改进
    and remote file access 与远程文件访问
        and consistency 与一致性
        location of cache 缓存的位置
        update policy 更新策略
    slabs in 的块
    unified buffer 统一缓存
    in Windows XP Windows XP（中/的）

cache coherency 缓存一致性

cache-consistency problem 缓存一致性问题

cachefs file system cachefs 文件系统

cache management 缓存管理

caching 缓存
    client-side 客户端
    double 双重
    remote service vs. 远程服务（的）
    write-back 回写

callbacks 回调

Cambridge CAP system 剑桥 CAP 系统

cancellation, thread 取消，线程

cancellation points 取消点

capability(-ies) 容量

capability-based protection systems 基于容量的保
护系统
    Cambridge CAP system 剑桥 CAP 系统
    Hydra Hydra

capability list 容量表

carrier sense with multiple access (CSMA) 载波监
听多路访问

cascading termination 级联终止

CAV (constant angular velocity) 常转角速度

compaction 压缩

compiler-based enforcement 基于编译器的强制执行

compile time 编译时间

complexity, administrative 复杂性，管理的

component object model(COM) 组件对象模型（COM）

component units 组件单元

compression 压缩
  in multimedia systems 在多媒体系统中
  in Windows XP Windows XP（中/的）

compression ratio 压缩率

compression units 压缩单元

computation migration 计算迁移

computation speedup 计算加速

computer environments 计算机环境
  client-server computing 客户端-服务器计算
  peer-to-peer computing 对等计算
  traditional 传统
  Web-based computing 基于网络的计算

computer programs, see application programs 计算机程序

computer system(s) 计算机系统
  architecture of 的架构
    clustered systems 集群系统
    multiprocessor systems 多处理器系统
    single-processor systems 单处理器系统
  distributed systems 分布式系统
  file-system management in 文件系统管理
  I/O structure in （的）I/O 结构
  memory management in （的）内存管理
  operating system viewed by 被当做…看的操作系统
  operation of （的）操作
  process management in （的）进程管理
  protection in （的）保护
  secure 安全
  security in （的）安全
  special-purpose systems 专用系统
    handheld systems 手持系统

    multimedia systems 多媒体系统
    real-time embedded systems 实时嵌入式系统
  storage in （的）存储
  storage management in （的）存储管理
    caching 缓存
    I/O systems I/O 系统
    mass-storage management 大容量存储管理
  threats to 对…的威胁

computing, safe 计算，安全

concurrency control 并发控制
  with locking protocols 用加锁协议
  with timestamping 利用时间戳

concurrency-control algorithms 并发控制算法

conditional-wait construct 条件等待构造

confidentiality, breach of 机密性，违反

confinement problem 约束问题

conflicting operations 冲突的操作

conflict phase (of dispatch latency) 冲突阶段（分发延迟）

conflict resolution module (Linux) 冲突解决模块（Linux）

connectionless messages 无连接消息

connectionless (UDP) socket 无连接 UDP 套接字

connection-oriented (TCP) socket 面向连接的 TCP 套接字

conservative timestamp-ordering scheme 保守的时间戳排序算法

consistency 一致性

consistency checking 一致性检查

consistency semantics 一致性语义

constant angular velocity (CAV) 恒定角速度

constant linear velocity (CLV) 恒定线速度

container objects (Windows XP) 容器对象（Windows XP）

contention 竞争

contention scope 冲突域

context (of process) 上下文（进程的）

context switches 上下文切换

contiguous disk space allocation 邻接磁盘空间分配

M

Q

queue(s) 队列
  capacity of 容量
  input 输入
  message 消息
  ready 就绪
queueing diagram 排队图
queueing-network analysis 排队网络分析

R

race condition 竞争条件
RAID (redundant arrays of inexpensive disks) 磁盘阵列
  levels of （的）级别
  performance improvement 性能改进
  problems with （的）问题
  reliability improvement 可靠性改进
  structuring 结构化
RAID array 磁盘阵列
RAID levels 磁盘阵列级别
RAM (random-access memory) 随机访问存储器
random access 随机访问
random-access devices 随机访问设备
random-access memory (RAM) 随机访问存储器
random-access time (disks) 随机访问时间（磁盘）
rate-monotonic scheduling algorithm 单速率调度算法
raw disk 生磁盘
raw disk space 生磁盘空间
raw I/O 原始 I/O
raw partitions 生分区
RBAC (role-based access control) 基于角色的访问控制
RC 4000 operating system RC 4000 操作系统
reaching algorithms 可达算法
read-ahead technique 预读技术
readers 读者
readers-writers problem 读-写问题
reader-writer locks 读写锁
reading files 读文件

read-modify-write cycle 读-修改-写周期
read only devices 只读设备
read-only disks 只读磁盘
read-only memory (ROM) 只读存储器
read queue 读队列
read-write devices 读写设备
read-write disks 读-写磁盘
ready queue 就绪队列
ready state 就绪状态
ready thread state (Windows XP) 就绪线程状态（Windows XP）
real-addressing mode 实地址模式
real-time class 实时类
real-time clients 实时客户端
real-time operating systems 实时操作系统
real-time range (Linux schedulers) 实时范围（Linux 调度器）
real-time streaming 实时流
real-time systems 实时系统
  address translation in 地址转换
  characteristics of （的）特征
  CPU scheduling in （的）CPU 调度
  defined 定义的
  features not needed in （的）不需要的特性
  footprint of 的轨迹
  hard 硬
  implementation of （的）实现
    and minimizing latency 与最小化延迟
    and preemptive kernels 与抢占式内核
    and priority-based scheduling 与基于优先级的调度
  soft 软
  VxWorks example VxWorks 例子
real-time transport protocol (RTP) 实时传输协议
real-time value (Linux) 实时值（Linux）
reconfiguration 重配置
records 记录
  logical 逻辑
  master boot 主引导
recovery 恢复

X

Z

郑 重 声 明

策划编辑　武林晓
责任编辑　许　可
封面设计　张　楠
责任绘图　杜晓丹
版式设计　王　莹
责任校对　殷　然
责任印制　耿　轩